中国科学院科学出版基金资助出版

现代化学基础丛书　35

碳负离子化学

徐建华　编著

科学出版社
北京

内 容 简 介

本书内容包含碳负离子化学的一些主要领域：碳负离子的结构和立体化学；碳负离子的稳定性（前体碳氢酸的酸性）以及影响碳氢酸酸性和碳负离子稳定性的结构因素，取代基效应和环境效应；碳负离子在溶液和固态中的聚集形态及其对反应活性的影响；碳负离子的来源和产生方法；碳负离子的一些基本反应（各类导致 C—C 键生成的缩合反应、重排反应等）及其机理；碳负离子的对映选择性反应等。对以碳负离子为反应中心的一些新型有机活性中间体，如通过 Lewis 碱对不饱和体系加成而产生的两性离子中间体的反应（如 Morita-Baylis-Hillman 反应、Rauhurt-Currier 反应、Lu（3＋2）反应等）也着重进行了介绍。

本书可作为大学有机化学专业及相关专业（有机化工、精细化工、药物化学、生物化学、环境化学等）大学生和研究生学习有机化学、高等有机化学、物理有机化学和有机合成化学等课程的参考书，也可供从事有关课程教学的教师和在上述领域进行工作的研究人员参考。

图书在版编目 CIP 数据

碳负离子化学 / 徐建华编著. —北京：科学出版社，2014. 2
（现代化学基础丛书：35）
ISBN 978-7-03-039211-4

Ⅰ. ①碳… Ⅱ. ①徐… Ⅲ. ①阴碳离子 Ⅳ. ①O621. 14

中国版本图书馆 CIP 数据核字（2013）第 281392 号

责任编辑：周巧龙 丛洪杰 / 责任校对：郑金红
责任印制：徐晓晨 / 封面设计：陈 敬

科学出版社出版
北京东黄城根北街 16 号
邮政编码：100717
http://www.sciencep.com
北京凌奇印刷有限责任公司印刷
科学出版社发行 各地新华书店经销
*
2014 年 2 月第 一 版 开本：720×1000 1/16
2017 年 1 月第三次印刷 印张：36 1/2
字数：706 000

POD定价： 198. 00元
（如有印装质量问题，我社负责调换）

《现代化学基础丛书》序

如果把牛顿发表“自然哲学的数学原理”的1687年作为近代科学的诞生日，仅300多年中，知识以正反馈效应快速增长：知识产生更多的知识，力量导致更大的力量。特别是20世纪的科学技术对自然界的改造特别强劲，发展的速度空前迅速。

在科学技术的各个领域中，化学与人类的日常生活关系最为密切，对人类社会的发展产生的影响也特别巨大。从合成DDT开始的化学农药和从合成氨开始的化学肥料，把农业生产推到了前所未有的高度，以致人们把20世纪称为“化学农业时代”。不断发明出的种类繁多的化学材料极大地改善了人类的生活，使材料科学成为了20世纪的一个主流科技领域。化学家们对在分子层次上的物质结构和“态-态化学”、单分子化学等基元化学过程的认识也随着可利用的技术工具的迅速增多而快速深入。

也应看到，化学虽然创造了大量人类需要的新物质，但是在许多场合中却未有效地利用资源，而且产生了大量排放物造成严重的环境污染。以至于目前有不少人把化学化工与环境污染联系在一起。

在21世纪开始之时，化学正在两个方向上迅速发展。一是在20世纪迅速发展的惯性驱动下继续沿各个有强大生命力的方向发展；二是全方位的“绿色化”，即使整个化学从“粗放型”向“集约型”转变，既满足人们的需求，又维持生态平衡和保护环境。

为了在一定程度上帮助读者熟悉现代化学一些重要领域的现状，科学出版社组织编辑出版了这套《现代化学基础丛书》。丛书以无机化学、分析化学、物理化学、有机化学和高分子化学五个二级学科为主，介绍这些学科领域目前发展的重点和热点，并兼顾学科覆盖的全面性。丛书计划为有关的科技人员、教育工作者和高等院校研究生、高年级学生提供一套较高水平的读物，希望能为化学在21世纪的发展起积极的推动作用。

朱清时

前　　言

碳负离子是基本的有机反应活性中间体之一；碳负离子化学在有机合成、有机化学结构理论和有机反应机理研究中都占有重要地位。因此，碳负离子化学不仅是基础有机化学的重要组成部分，也是有机合成化学和物理有机化学中的重要领域。

自 20 世纪 80 年代以来，碳负离子化学的研究在很多方面都取得了重大的进展，并出现了一些新的研究领域。例如通过建立碳氢酸的溶液和气相酸性的定量系统，扩大了碳氢酸强度的研究范围，为深入研究碳负离子结构与活性的关系建立了基础；通过引入超强酸化基团和超强碱体系，碳氢酸的结构类型更为广泛，从而扩展了碳负离子的来源和碳负离子反应的应用范围；借助低温技术和多核核磁共振等方法，对碳负离子的溶液结构和聚集形态及其对反应活性和立体化学的影响进行了深入细致的研究；在这些研究的基础上，发展和深化了对碳负离子反应机理的认识，在实现碳负离子的对映选择性反应方面也已成绩斐然。这些新的进展使碳负离子化学知识近年来迅速扩张，呈现出新的面貌。

在碳负离子化学方面，国外从 1965 年以来已有几本专著出版[1-6]，其中最新的出版于 2002 年[6]；而国内至今尚未出版过关于碳负离子化学的参考书。作者在长期讲授研究生高等有机化学和物理有机化学课程的过程中，深感目前国内缺少有关有机反应活性中间体的结构、性质以及反应机理的参考书。因此，作者在教学实践的基础上，撰写了本书。本书在讨论碳负离子化学的上述基础性内容的同时，注重介绍近年来的新成果。此外，近年来出现的一些新型碳负离子合成子，以及一些以碳负离子为反应中心的新型有机活性中间体的化学受到很多关注。例如，经膦、叔胺等 Lewis 碱对烯、炔等不饱和体系加成而生成的两性离子中间体的反应，包括 Morita-Baylis-Hillman 反应、Rauhurt-Currier 反应和 Lu(3＋2)环加成反应等，都已取得了丰硕的成果，并开始在合成工作中崭露头角。本书也重点对这些极为活跃的新领域进行了较为系统的介绍。这些内容都是首次进入碳负离子化学参考书。

因此，本书的撰写意在为我国有机化学课程的教学提供一本当前较为缺少的有关反应中间体的参考书，并增进对上述可视为碳负离子化学中的新领域的认识和了解，促进有关研究工作的深入和这些新反应在有机合成中的推广应用。

需要指出的是，碳负离子化学的内容极为广泛，难以在一本书内全面涉及；因此目前已出版的有关碳负离子的专著[1-6]都是在讨论碳负离子化学的一些基础内容之外，选择性地介绍部分课题。由于篇幅有限，本书也只能在介绍碳负离子化学的核心内容的基础上，对几个代表性领域进行重点介绍。在其他教科书和参考书中较为常见的一些内容(如烯醇负离子进行的烃化反应、Michael 加成反应等)，以及近年来研究进展很大但内容过多且已有系列专著加以介绍的一些领域(如有机锂化合物化学等)未进行详细介绍。

胡宏纹院士和吴养洁院士对本书的撰写给予了大力支持和帮助；刘有成院士也给予了热情的鼓励和支持。南京大学化学化工学院为作者的工作提供了大力支持；化学化工学院张艳教授及其研究组也在书稿的撰写和整理过程中给予了很多帮助。本书得到中国科学院科学出版基金的资助；科学出版社的周巧龙和丛洪杰两位编辑为本书的出版做了很多工作，在此一并致以深切的感谢。

徐建华

目　　录

第 1 章　碳负离子的结构

1.1　中心碳原子为 sp^3、sp^2 和 sp 杂化的碳负离子在气相和溶液中的结构

碳负离子(R^-)可视为碳氢酸(RH)的共轭碱,中心碳原子外围有 8 个电子,带有负电荷。由于碳原子的电负性较低,碳负离子远不如一些高电负性元素的负离子(如氧负离子、卤素负离子)稳定。并且碳负离子的稳定性也在更大程度上依赖于本章后面将要讨论的各种能导致负电荷去局部化和能为负电荷提供静电相互作用的稳定因素。

按照价层电子对互斥理论(valence shell electron pair repulsion theory, VSEPR 理论)[1-6],在三配位的碳负离子(R_3C^-)中,为使三个连接配位基团的键与碳原子上未用于成键的电子对之间具有最小的斥力,碳原子应采取四面体构型,相当于 sp^3 杂化。一对未共用电子占据 sp^3 杂化轨道中的一支。由于简单碳负离子的不稳定性,虽然在实验上较难直接研究它们的结构细节,但很多高等级的计算结果都支持三配位碳负离子的四面体构型[7-13]。例如,最简单的原型碳负离子——甲基负离子(CH_3^-),计算的 H—C—H 键角为 109.4°,与甲烷中接近;而 C—H 键键长则为 1.101 Å(1 Å$=10^{-10}$ m,下同)[10]。CH_3^- 的这一四面体构型在实验上已为其在气相中的光电子能谱的振动结构研究证实[14,15]。光电子能谱研究还表明,CH_3^- 构型翻转(图 1-1)的活化能很低,仅为 2.14 kcal/mol[16,17]。这比其等电子体 NH_3 的构型翻转能垒还要低约 4 kcal/mol。其他简单的饱和碳负离子也都采取 sp^3 杂化的四面体构型。

图 1-1　sp^3 杂化的碳负离子的四面体构型及构型翻转

与碳原子的较低的电负性相应,在气相中用光电子能谱法测定的甲基负离子 CH_3^- 的电子结合能仅约为 1.8 kcal/mol[14,15]。而很多计算结果[18-21]和从实测的气相酸性进行的估计结果[18]都表明,其他一些简单的伯碳负离子(如乙基碳负离子、正丙基碳负离子)和一些仲碳负离子(如异丙基碳负离子,$MeCH^-Me$;仲丁基碳负离子,$MeCH_2CH^-Me$)的电子结合能为负值。这意味着在气相中,它们是不能稳定存在的物种,将自动排出一个电子而转变为相应的自由基。实际上,在气相中用碰撞引发脱羧的方法使相应的羧基负离子脱去二氧化碳而产生碳负离子并用质谱进行观察时,也确实未能检测到这些简单碳负离子的存在[22-24]。在这

些实验中，能够检测到的简单烷基碳负离子有新戊基、环丙甲基等少数几种伯碳负离子，环丙基等仲碳负离子和 α-甲基环丙基等叔碳负离子。与较早的估计[22]相反，最近的高等级计算(G3(MP2)//B3LYP/6-311G(d)和 6-311+G(d)方法)结果建议叔丁基碳负离子的电子结合能可能为正值((1.5±2)kcal/mol)[21]，但至今在气相中仍未成功地观测到它。虽然简单烷基碳负离子在气相中很不稳定或甚至不能存在，但在溶液中，由于正离子(如金属离子)的存在以及溶剂化，它们可变得较为稳定。

烷基碳负离子的翻转能垒很小，表明其四面体结构与平面结构的能量差很小。因此，当碳负离子上连有一个或多个芳基、烯基、羰基、硝基等共轭基团时，则中心原子可采取 sp^2 杂化，具有平面构型，如苄基负离子($PhCH_2^-$)即具有平面结构(图 1-2)[25,26]。此时孤对电子在 p 轨道中，可与邻近的共轭基团共轭，使负电荷向后者转移而去局部化，使碳负离子能量降低。例外的是 $^-CH_2CN$ 和 $^-CH_2NC$，它们具有介于平面和四面体之间的构型。这是由于氰基和异氰基(NC)是较弱的共轭拉电子基团。它们不具备较强的使 C^- 从 sp^3 转变为 sp^2 平面构型并经共轭去局部化而稳定碳负离子的能力，而主要通过自身较大的极化度，经离子-偶极相互作用以及极性效应来稳定碳负离子[27-29]。

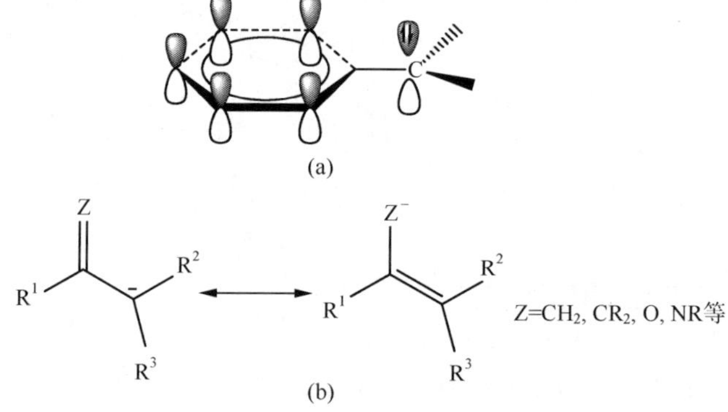

图 1-2　(a) 苄基负离子；(b) sp^2 杂化碳负离子中负电荷的去局部化

乙烯式碳负离子，如乙烯基负离子($CH_2{=}CH^-$)，中心碳原子也是 sp^2 杂化，具有平面结构。但未共用电子对是在 sp^2 杂化轨道中的一支内(图 1-3 中的(a))[30-32]。由于 sp^2 轨道比 sp^3 轨道具有更多的 s 轨道成分，sp^2 轨道中的一对电子受 C 原子核的维系作用更强。这使乙烯式碳负离子具有较高的电子结合能，如用光电子能谱测定的乙烯基负离子($CH_2{=}CH^-$)的电子结合能为 15.4 kcal/mol[30]。同时，在 sp^2 杂化碳负离子中由于构型翻转时需要破裂 π 键，因此构型翻转的活化能较高，如乙烯基负离子的构型翻转活化能为 31 kcal/mol[31-33]。

炔基碳负离子(如 $CH{\equiv}CH^-$)的中心碳原子为 sp 杂化，具有直线结构(图 1-3

中的(b))。由于未共用电子对所在轨道的 s 成分更高，乙炔基负离子具有很高的电子结合能(68 kcal/mol)[30]。

图 1-3　(a)乙烯基负离子；(b) 乙炔基负离子

简单的烯基碳负离子和炔基碳负离子中，一对未成键电子分别处在与烯基和炔基的 π 体系正交的 sp^2 和 sp 杂化原子轨道中，负电荷不能向 π 体系去局部化，是动力学上高度不稳定的活性中间体。

在溶液中，碳负离子与金属正离子处于结合状态。结合程度除与碳负离子的结构和金属离子(一般为碱金属离子或镁离子)有关外，与溶剂极性也有很大关系。在电离(ionization)能力很高的溶剂，如六甲基磷酰三胺(hexamethyl phosphoramide，HMPA)、二甲基亚砜(DMSO)等中，C—Li 和 C—Mg 键具有很强的离子键性质，电离程度可以很高。如果同时溶剂的离解(dissociation)能力也很强，则碳负离子能以显著数量存在于较为松弛的离子对中，如溶剂分离离子对(solvent separated ion pair，SSIP)和自由离子(free ions)中。但在常用于研究碳负离子锂盐的四氢呋喃(tetrahydrofuran，THF)等极性较小的溶剂中，C—碱金属键可视为具有不同程度离子键性质的极性共价键，或视为极性共价键与离子键的共振杂化体(式(1-1))[34-42]。可以把碳原子与金属原子的电负性之差用作近似判断 C—金属键的离子性的一个指标。因此 C—Li 键的离子键性质依次比 C—Na、C—K 和 C—Cs 键小。虽然最近的一些理论计算结果提示 C—碱金属键有很强的离子键性质[34-40]，但关于 C—Li 等键本质的准确描述，现在仍有较大争论[34-42]。

$$\mathrm{R{-}M} = \overset{\delta^-}{\mathrm{R}}{-}\overset{\delta^+}{\mathrm{M}} \longleftrightarrow \overset{-}{\mathrm{R}}{-}\overset{+}{\mathrm{M}} \tag{1-1}$$

取决于 C—金属键的电离和离解程度，碳负离子与其金属离子在溶液中可存在于从紧密离子对(contact ion pair，CIP)到自由离子的不同紧密程度的离子对中。离子对之间还有不同程度的缔合。离子对的形式和离子对之间的缔合程度对碳负离子的反应性能和反应的立体化学都有重要的影响[43-50]。虽然我们通常把有机锂化合物写成单体的形式(RLi)，实际上在 THF 等极性较小的醚型溶剂以及在烃类溶剂中，由于碳负离子和 Li^+ 的较高电荷密度以及溶剂的较低的介电常数，碳负离子锂盐的离子对之间有较强的静电相互作用，而处于缔合状态，并存在于其单体、二聚体、四聚体以及更高缔合度的缔合体之间的动态平衡中。离子对的形态，离子对间缔合作用的平衡位置以及各种缔合物之间的转变速率与 RLi 的结构、溶剂、外加金属配体和外加盐(LiCl，LiBr，LiI 等)、温度等因素有关。例如，甲

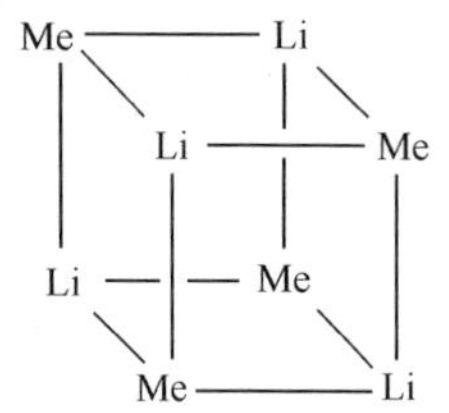

图 1-4 甲基锂在乙醚溶剂中的四聚体结构

基锂(MeLi)、乙基锂(EtLi)和正丁基锂(*n*-BuLi)在乙醚和四氢呋喃(THF)溶液中,以及叔丁基锂(*t*-BuLi)和五甲基镁锂(Me_5Li_3Mg)在烃类溶剂中都主要存在于四聚体[51-58]。在乙醚溶液中,甲基锂的四聚体形式如图 1-4 所示,每一个甲基负离子都可与三个锂离子相互作用,反之亦然[54-56]。

烷基锂的缔合使它们难溶于低极性的烃类溶剂,也降低了它们在溶液中的反应活性。配位型溶剂,如醚型溶剂,以及外加叔胺配体,如 *N*,*N*,*N'*,*N'*-四甲基乙二胺(*N*,*N*,*N'*,*N'*-tetramethylethylenediamine,TMEDA)等 Lewis 碱的存在,倾向于把大的缔合体拆解为缔合程度较小的缔合物,因此有利于提高碳负离子的溶解度和反应活性。除了 TMEDA 以外,常用于与烷基锂(RLi)中的锂原子配位以促进 RLi 缔合体解缔合的配体 Lewis 碱还有 *N*,*N*,*N'*,*N'*-四乙基乙二胺(*N*,*N*,*N'*,*N'*-tetraethylethylenediamine,TEEDA)、*N*,*N*,*N'*,*N''*,*N''*-五甲基二亚乙基三胺(*N*,*N*,*N*,*N''*,*N''*-pentamethyldiethylenetriamine,PMDTA)、*N*,*N*,*N'*,*N''*,*N'''*,*N'''*-六甲基三亚乙基四胺(*N*,*N*,*N'*,*N''*,*N'''*,*N'''*-hexamethyltriethylenetetramine,HMTTA)、(*R*,*R*)-*N*,*N*,*N'* *N'*-四甲基环己基-1,2-二胺((*R*,*R*)-*N*,*N*,*N'N'*-tetramethylcyclohexane-1,2-diamine,(*R*,*R*)-TMCDA)、(*R*,*R*)-*N*,*N*,*N'N'*-四乙基环己基-1,2-二胺((*R*,*R*)-*N*,*N*,*N'N'*-tetraethylcyclohexane-1,2-diamine,(*R*,*R*)-TECDA)、(—)-鹰爪豆碱((—)-sparteine)、1,4-二氮杂双环[2.2.2]辛烷(DABCO)等叔胺,以及六甲基磷酰三胺(HMPA)、乙二醇二甲醚(DME)、12-冠-4(12-crown-4)等。

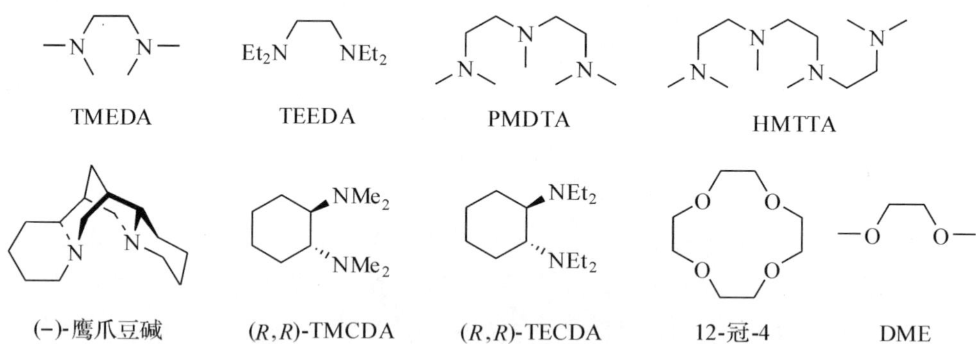

配位型溶剂和叔胺等使有机锂化合物解缔合的程度取决于 RLi 和 Lewis 碱的结构、溶剂和 LiX(X=Cl,Br,I)等盐的存在。作为最小的烷基锂,MeLi 中正负电荷之间的静电作用很强,它在固体和乙醚或四氢呋喃溶液中都以四聚体形式存在。加入 TMEDA 也不能使四聚体解缔合,而只是生成$(MeLi)_4(TMEDA)_2$的聚合结构。只有鹰爪豆碱(sparteine)[57]和(*R*,*R*)-TMCDA[58]可以把四聚体解缔合为二聚结构。RLi 和配体叔胺中有大位阻基团有利于形成缔合度较小的结构。例如,有机合成中最常用的有机锂-Lewis 碱组合——(正丁基锂-TMEDA)在溶液中

以二聚体形式存在[59,60]。(正丁基锂-TMEDA)二聚体的晶体结构见图 1-5。两个 Li 原子分别被两个 TMEDA 配位，由 Li1—C1—Li2—C5 四个原子组成的四元环不是一个平面，而两个正丁基对于这个环为 *cis*-排列。碱性最强的烷基锂——叔丁基锂由于叔丁基较高的立体要求，较易解缔合。它在配位型溶剂乙醚的溶液中存在于二聚体形式[61]；而二元叔胺鹰爪豆碱则更可将 *t*-BuLi 解缔合为单体[62]。图 1-6 为从戊烷溶液中析出的*t*-BuLi-鹰爪豆碱单体的晶体结构。PhLi 在乙醚与 TMEDA 的混合液中生成$(PhLi)_2\cdot(TMEDA)_1$和 $(PhLi)_2\cdot(TMEDA)_2$两种二聚体[63]；后者的晶体结构也已测定。其中，两个苯基被两个锂原子桥连，而锂原子是四配位的(分别与两个苯基和一个 TMEDA 中的两个氮原子配位)。两种 C—Li 键键长分别为 2.208 Å 和 2.278 Å[64]。

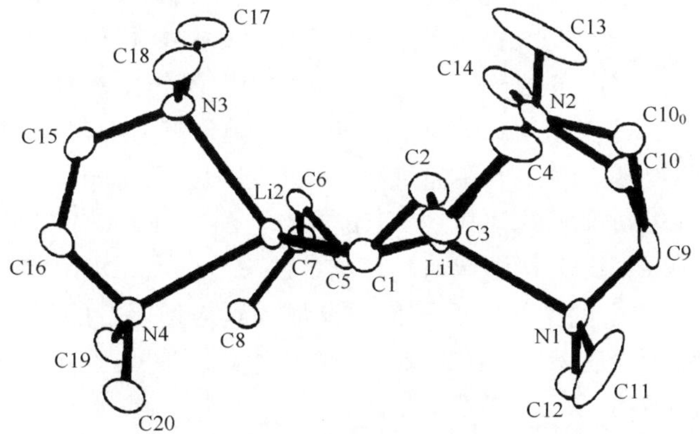

图 1-5　$(n\text{-BuLi}\cdot\text{TMEDA})_2$的晶体结构

(Copyright 1993 American Chemical Society. Nichols M. A.；Williard, P. C. Solid structures of *n*-butyl lithium-TMEDA, -THF, and -DME complexes. J. Am. Chem. Soc., 1993, 115: 1568-1572.)

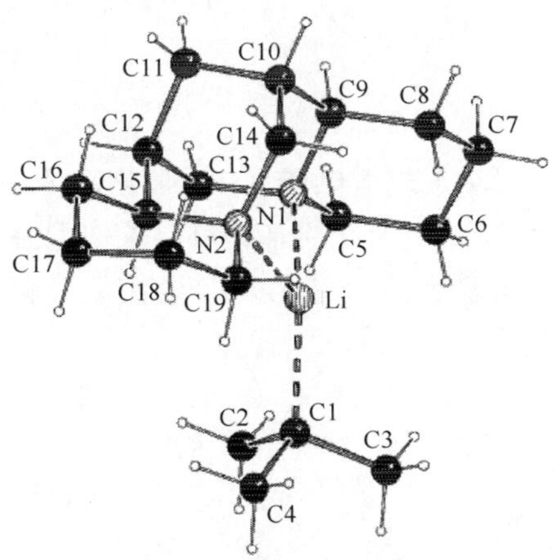

图 1-6　*t*-BuLi·鹰爪豆碱的晶体结构

(Copyright 2003 Wiley. Strohmann, C.；Seibel, T.；Strohfeldt, K. [*t*-BuLi·(－)-sparteine]: Molecular structure of the first monomeric butyllithium compound. Angew. Chem. Int. Ed., 2003, 42: 4531-4533.)

前已述及，简单饱和烃的碳负离子具有 sp^3 杂化的四面体构型，且构型翻转的能垒很低，仅为 2～5 kcal/mol。而为了保持构型的稳定性，室温时的翻转能垒应在 16 kcal/mol 以上。因此，饱和烃碳负离子在室温时即处于快速的构型翻转平衡中。如果中心碳原子是手性的，而在其他碳原子上又没有手性辅助基团的话，它们在反应中将不能保持手性，而是得到外消旋的产物。翻转能垒随着 C—M 键的共价性的增强而提高。因此，有机汞化合物中的 C—Hg 键是极性共价键，它们在室温时反应可以保持构型[65]。碳负离子的构型翻转能垒也与它们的离子对形态和离子对的缔合状况有关。在离子对中，与金属离子结合得更紧密时，翻转能垒也提高。

环丙基碳负离子中带负电荷的碳原子的杂化情况处于 sp^2 和 sp^3 之间，为 $sp^{2.28}$。它具有较高的构型翻转能垒（计算的气相中翻转能垒约为 16 kcal/mol）[66-71]。这主要是由于翻转有较大的空间位阻。翻转中需经过 sp^2 杂化的平面过渡态。此时三个键夹角为 120°，而环丙烷环中键角仅为 60°，比四面体构型碳原子中的 109°要小得多。因此不易通过平面构型过渡态而翻转。例如，(*S*)-2，2-二苯基-1-甲基环丙基负离子的锂盐在 THF 或者乙醚中在－8～29℃被亲电试剂二氧化碳捕获时，得到 100％构型保持的产物（式(1-2)）[71]。2，2-二苯基-1-氟（或氯、甲氧基）环丙基负离子的钠盐在质子化时也都得到构型保持的环丙烷产物。当环丙烷负离子 α-碳上接有苯基、硝基、羰基、烯基等共轭取代基时，有利于 α-碳采取平面构型，此时翻转能垒可以降低。

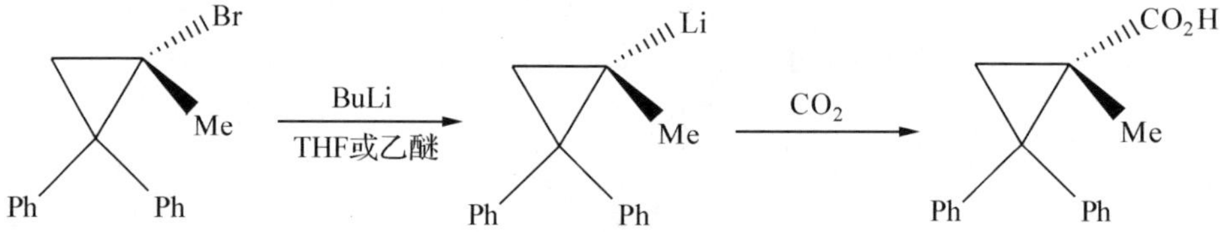

(1-2)

乙烯基碳负离子中，一对未成键电子在 sp^2 杂化轨道中，轨道中 s 成分的增加使碳负离子的构型稳定性提高。因此烯基碳负离子构型翻转的能垒较高[72,73]。

例如，*E*-或 *Z*-1，2-二氯乙烯在 OD^-/HOD 溶液中经碳负离子中间体而进行的 H/D 交换反应中，都各自完全保持构型（式(1-3)）[72]。

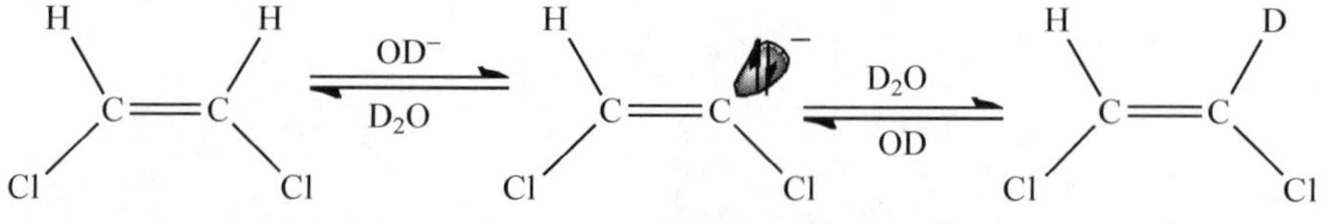

(1-3)

α-碳原子上有羰基等经共轭效应使负电荷去局部化的基团时，乙烯基碳负离子的构型稳定性下降，易发生顺反异构化反应。此时碳负离子已不再是 sp^2 杂化的弯曲结构，而是具有 sp 杂化的直线结构，如在 $CH_2{=}C^-{-}CHO$ 中，一对电子所在的 p 轨道与羰基的 π 轨道共轭(式(1-4))[73]。例如，2-(2,2,4,6,6-五甲基亚环己基)-1-苯基乙酮在甲醇钠/甲醇溶液中进行 H/D 交换反应时，只有 30%构型保持的产物(式(1-5))[74]。

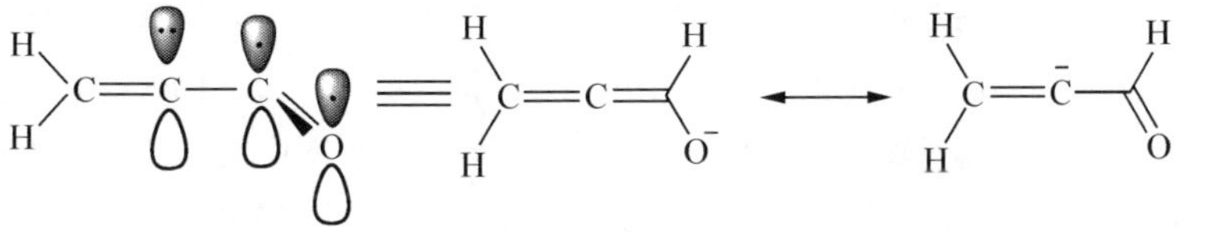

(1-4)

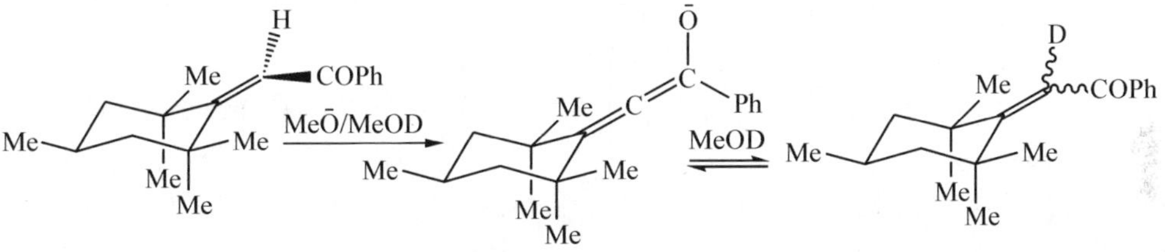

(1-5)

碳负离子的金属盐在溶液中的存在状态——C—M 键的离解程度、离子对的形式和缔合状态等除可用常规的溶液依数性质(沸点升高、冰点降低等)和电导等方法[75-80]研究外，也可用 ^1H NMR 和 ^{13}C NMR、红外、紫外-可见光谱等进行研究，并可以与它们的晶体结构进行比较。正是这些光谱研究，特别是核磁共振光谱的研究，对碳负离子的结构和在溶液中的形态提供了大量更为深入的知识。而有机锂、有机钠化合物的晶体结构研究则为这些化合物的结构提供了直接的证明。

1.2 碳负离子结构的光谱研究

1.2.1 核磁共振谱

核磁共振技术是研究溶液和固体中碳负离子的结构和聚集状态的重要工具[81-85]。特别是对碳负离子的锂盐已进行了很多研究。

从烃(RH)转变为碳负离子(R^-)时，中心碳原子上电子密度升高。但化学位移与电荷密度的关系并不如此简单。δ 值还取决于局部抗磁屏蔽和顺磁去屏蔽效应，磁各向异性，环电流等因素。特别是碳谱中，碳原子的 δ 值主要取决于顺磁去屏蔽效应，这使从中性烃转变为碳负离子时，取决于前体烃的结构，中心碳原子及其上质子的 δ 值发生的改变大相径庭。对饱和烃，中心碳原子及其上质子的 δ 值与前体烃相比移向高场；而对乙烯式碳负离子(局部化的 sp^2 轨道中)，则中心碳原子及其上质子的 δ 值移向低场。如异丙基负离子($CH_3CH^-CH_3$)中，仲碳上质子

的 δ 值从中性烃中的 1.3 ppm 移至约 −0.7 ppm[86]，而碳原子的 δ 值则从中性烃中的 16 ppm 移至负离子中的 10.3 ppm(六聚体中)[87,88]。在甲基锂的碳谱中，甲基碳的 δ 值取决于溶剂和温度，在 −10～−20 ppm[86]。δ 值移向高场的程度，与分子中各位置的磁各向异性、环电流、溶剂和金属离子，以及温度有关。相反，苯基锂的 α-碳的 δ 值从中性烃中的 129 ppm 大幅向低场移至 196 ppm(单体中)[89,90]；而苯环上质子的平均 δ 值从苯中的 7.26 改变为 7.41。乙烯基锂的 α-碳原子的 δ 值则由中性烃中的 123 ppm 移至 191 ppm(二聚体中)[91]。^{13}C NMR 谱覆盖的化学位移范围较广(0～200 ppm)，是 ^{1}H NMR 的 20 倍，从前体烃转变为碳负离子时，碳原子的 δ 值的改变也远比 ^{1}H NMR中质子的 δ 值的改变要大，是碳原子上电荷密度改变程度的更为敏感的指标。而且在具有环形 π 电子体系的碳负离子中，^{13}C NMR谱中，环上碳原子的化学位移受环电流的影响较小。

除上述饱和烃和乙烯式碳负离子外，对一系列具有环状或开链的 π 体系的碳负离子(负电荷在处于共轭 π 体系中的 p 轨道中，如烯丙基、苄基、环戊二烯基和环庚三烯基负离子，环辛四烯双负离子等)的 NMR 谱中质子和碳原子的化学位移值(δ_H 和 δ_C)与该 sp^2 碳原子上 π 电荷密度(ρ_C)之间的关系已进行了大量研究。研究结果表明，δ 和 ρ_C 之间有近似的定量关联(式(1-6))[92,93]。

$$\delta=\delta_O-\kappa\rho_C \qquad \text{对}^{1}\text{H NMR：}\ \delta_O=18.2,\ \kappa=10.7$$
$$\text{对}^{13}\text{C NMR：}\ \delta_O=290,\ \kappa=160 \qquad (1\text{-}6)$$

式中，δ_O 是在相应的中性 π 体系的 NMR 谱中各该碳原子的化学位移；ρ_C 为各碳原子上的 π 电荷密度(如中性苯分子中各碳上 ρ_C 为 1，而环戊二烯负离子中各碳上 ρ_C 为 1.2)；κ 表示化学位移对电荷密度改变的敏感程度。

对一系列 1,n-二苯基直链共轭烯烃的碳负离子 $Ph(CH)_nPh^-$(n=1,3,5,7,9,…。如 n=1 时为 $PhCH^-Ph$，而 n=11 时可为 $Ph(CH{=}CH)_3CH^-(CH{=}CH)_2Ph$ 或 $Ph(CH{=}CH)_4CH^-CH{=}CHPh$ 等)，在 DMSO-d_6 中和 18-冠-6 存在时(冠醚用于消除离子对效应)的 ^{13}C NMR 研究中，得出的各碳原子上 ρ_C 与其 δ_C 间的经验关系则与式(1-6)稍有不同(式(1-7))[94,95]。例如，对 1,7-二苯基-1,3,5-庚三烯的负离子($PhC{=}CHCH{=}CHCH{=}CHCH^-Ph$)，按式(1-7)求得的各碳原子上的电荷密度如图 1-7 所示。

$$\delta_C = 132.7 + 187.3\rho_C \qquad (1\text{-}7)$$

由图 1-7 和其他 1,n-二苯基共轭多烯的 NMR 研究可以得出，在这些直链共轭烯烃的碳负离子中，π 电荷密度的分布规律为：①π 电荷密度沿着碳链做交替分布。②对含有奇数个碳原子的直链共轭多烯，π 电荷密度集中于碳链中心部分的碳原子上。③在增加链长 n 时，负电荷能够传导的最大距离为 26～31 个碳原子，在 n 更大时，两边苯环(作为负电荷的陷阱)上的 π 电荷密度已与中性分子中无差别。

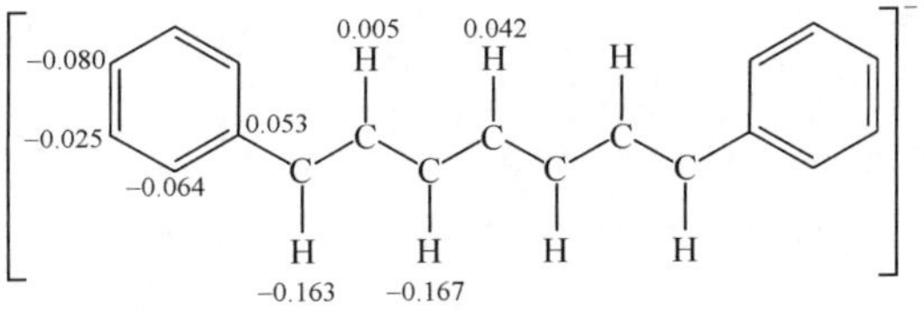

图1-7　1,7-二苯基-1,3,5-庚三烯负离子中的电荷密度分布

在烯丙基负离子[96]、环状多烯以及其他开链多烯的负离子中[97,98],也都发现π电荷密度在碳原子上的交替分布。

核磁共振数据也可以对溶液中碳负离子与金属离子之间的离子对的形态给出有用的信息[86-91,99-101]。^{13}C NMR谱中,碳负离子的化学位移也是离子对的紧密程度和缔合状态的敏感指标。对苄基型碳负离子,当离子对趋于紧密,即金属离子与碳负离子更为接近时,与金属离子最靠近的那一个碳原子上负电荷密度将加大,该碳原子及其上氢原子的屏蔽程度增加,δ值移向高场。而其他碳原子及与它们连接的氢原子的δ值相应地移向低场。例如,在2-甲基四氢呋喃(MTHF)、四氢呋喃(THF)以及1,2-二甲氧基乙烷(DME)三种溶剂中,在不同温度下对三种苄基型负离子——α-三甲基硅基苄基负离子($PhC^- HSiMe_3Li^+$)、二苯甲基负离子($Ph_2CH^- Li^+$,$DPM^- Li^+$)和三苯甲基负离子($Ph_3C^- Li^+$,$TPM^- Li^+$)的^{13}C核磁共振研究表明,α-碳原子的δ值可以用作离子对紧密程度的指标[85,102]。当离子对从CIP向SSIP再向自由离子逐渐离解时,α-碳的δ值逐渐向低场移动。对较小的$PhC^- HSiMe_3Li^+$发现,室温时α-碳的δ值不随溶剂改变而改变。这表明它在这三种溶剂中都以CIP形式存在。对$DPM^- Li^+$,当温度降低,离子对从CIP向SSIP离解时,在THF中,α-碳的化学位移向低场移动10.6 ppm,而在MTHF中,则向低场移动12.8 ppm。对$TPM^- Li^+$,从CIP向SSIP离解时,α-碳的δ值向低场分别移动了6.0 ppm(THF)和7.4(MTHF)ppm。这些研究表明,这几种碳负离子盐的溶剂化状况随温度而改变。室温时,在这三种溶剂中,$DPM^- Li^+$存在于CIP和SSIP的平衡之中,而SSIP的比例随溶剂极性增大而按MTHF＜THF＜DME的顺序升高。$TPM^- Li^+$则在室温时在三种溶剂中都处于SSIP。只有在MTHF中,当温度升高时,可检测到$TPM^- Li^+$有部分从SSIP转变为CIP。在离子对形态改变时,苯环对位碳原子的δ值则发生与α-碳相反方向的改变。在离子对变得紧密时,它的δ值移向低场,但变动的数值较小。

还注意到,当离子对形态改变时,α-碳的δ值的改变与金属离子有关。当为较大的K、Rb、Cs等离子时,化学位移的改变比为Li^+时要小。例如,对$DPM^- Li^+$,在THF中从CIP转变为SSIP时,α-碳的化学位移的改变为10.6 ppm;而对$DPM^- Na^+$,同样从CIP转变为SSIP时,α-碳的化学位移只向低场移动了

5.0 ppm。这是由于较大的正离子引起碳负离子电荷极化的能力较小,因此在离子对形态改变时,α-碳上电子密度的改变较小。

α-碳的 δ 值也与离子对缔合状态有关。如前述的异丙基锂、乙烯基锂和苯基锂的化学位移都随缔合程度而改变。在乙醚溶液中,苯基锂 α-碳的化学位移在四聚体中为 174 ppm,在二聚体中为 187 ppm[89];而在四氢呋喃中,乙烯基锂二聚体的 δ 值为 191 ppm,四聚体则为 183 ppm[91]。

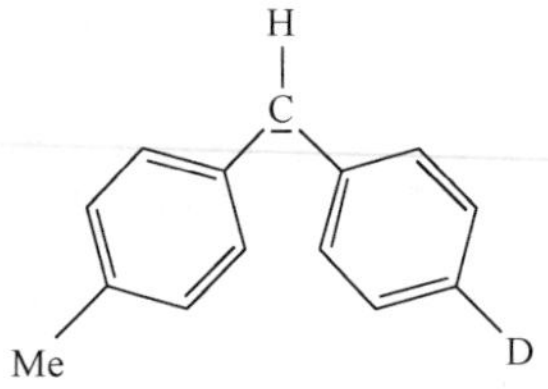

图 1-8 碳负离子 **A** 的结构式

动态核磁测量还被用于研究碳负离子中由于负电荷去局部化而导致的中心碳原子与邻近原子间有部分 π 键生成而引起的单键旋转能垒的升高[89,102-104]。例如,在碳负离子 **A** 中(图 1-8),对位给电子甲基的存在使负电荷向此苯环的去局部化减少,使 α-碳与此苯环 1 位碳的 π 键程度较小,因此这个键的旋转能垒比连接另一个苯环的键的要低[105,106]。

^{13}C—H 偶合常数(J_{C-H})的大小是该碳原子杂化轨道中 s 成分大小的敏感指示[107-113]。在中性烃分子中,sp^2 杂化碳原子的 J_{C-H} 为 160～170 Hz,而 sp^3 杂化碳原子的 J_{C-H} 为 120～130 Hz。在碳负离子中,带负电荷的碳原子如为 sp^2 杂化,则 J_{C-H} 比在中性烃分子中稍低。例如,环戊二烯中,sp^2 碳原子 J_{C-H} 为 170 Hz,而在负离子中,则 J_{C-H} 为 157 Hz。sp^3 碳原子的 J_{C-H} 在碳负离子中与在中性烃中接近。因此,从碳氢酸中离解一个质子生成碳负离子时,如果带负电荷的碳原子仍保持 sp^3 杂化,则 J_{C-H} 不会有大的变化。但如在碳负离子中,带负电荷的碳原子转变成为 sp^2 杂化的平面结构,则 J_{C-H} 有较大变化。一般来说,在碳原子构型发生改变时,J_{C-H} 的改变(ΔJ_{C-H})与该碳原子上杂化原子轨道的 s 成分的改变的大小有关(式(1-8))[108]。但在碳负离子中,负电荷的存在会使 ΔJ_{C-H} 比按式(1-8)预测的小 10～20 Hz。

$$0.2(\Delta J_{C-H}) = \Delta(s\%) \tag{1-8}$$

式中,$\Delta(s\%)$ 是原子轨道中 s 成分的改变。

从 ^{1}H NMR 谱中邻碳上质子间的偶合常数大小与二面角的关系可以对碳负离子的立体化学得出有用的信息(Karplus 关系式)[114]。如果碳负离子按 NMR 时间标度处于快速的构型翻转中,则可把测得的邻氢的偶合常数与 *cis*-和 *trans*-模型化合物碳负离子中的邻氢偶合常数相比较,以得出碳负离子中两种构型的比例。如果构型翻转速度相对于 NMR 时间标度而言很慢,以至可以分别测得两种构型各自的吸收,则可以通过峰面积的积分直接得出两者的浓度。

^{6}Li、^{7}Li 和 ^{133}Cs 的核磁共振研究也已为有机锂和有机铯化合物在溶液中的结构和缔合状态提供了很多知识[81-91]。^{6}Li 的天然丰度为 7.42%,核四极矩为 -8×10^{-28} cm^2,自旋量子数为 1;^{7}Li 的天然丰度为 92.58%,核四极矩为 -4.5×10^{-26}

cm^2，自旋量子数为 3/2；^{133}Cs 的天然丰度为 100%，核四极矩为 -3×10^{-27} cm^2，自旋量子数为 7/2。它们是碱金属元素中核四极矩最小的同位素。碱金属的其他同位素核四极矩较大；快速的核四极弛豫过程而导致的谱线加宽和难以进行核 Overhauser 效应（NOE）实验，使这些碱金属同位素的核磁共振研究较少。^6Li 的很小的核四极矩使其吸收峰尖锐，一维和二维核磁都可有较高的分辨度。^6Li 的化学位移值及其在有邻近的其他元素的标记同位素存在时的变化（同位素指纹法，isotope fingerprint method[82,86]），^6Li 与 ^1H、^{13}C、^{15}N、^{29}Si、^{31}P 等同位素的自旋耦合方式的研究，以及 ^6Li—^1H（和 ^7Li—^1H）的 NOE 实验和 ^6Li—^{13}C 的 COSY 谱等均可有效应用于研究有机锂的溶液结构和聚集形态。作为同位素指纹法应用的一个例子，2，3-二甲基环丙烷的 ^6Li 盐 **A**（图 1-9）与 α-氘标记的 ^6Li 盐（D）-**A** 以 1∶1 的比例溶于加有 1 eq① LiBr 的乙醚-THF（1∶1）中时，58.9 MHz 的 ^6Li NMR 谱在 δ 0.8 ppm 处有锂的一个双重峰[86]。这是由氘代与未氘代时锂的化学位移不同引起的（同位素指纹法）。由于谱中并未另有 LiBr 的锂吸收峰出现，这表明溶液中 **A** 以混合二聚体（**A**·LiBr）的形式存在，而不是存在于 **A** 的单体或二聚体等缔合形式中。在不加 LiBr 的 1∶1 的 **A** 与（D）-**A** 的乙醚-THF（1∶1）溶液中，温度为 187 K 时，谱图中的主要吸收是 ^6Li 的一个三重峰，这是 **A** 的二聚体（$\mathbf{A}_2$）的吸收。如图 1-9 所示，在 RLi 的二聚体中，每个锂原子与两个配体 R 相连，在 1∶1 的氘代（以 d 表示）和非氘代（以 h 表示）的 **A** 的混合物中，**A** 中锂原子旁的两个环丙基 R 可为 dd、dh、hd 和 hh 四种情况，其中 dh 和 hd 时，^6Li 的化学位移相同，因此在二聚体中，出现强度比为 1∶2∶1 的三重吸收。把温度降低至 161 K 并用 73.5 MHz 的仪器测量时，谱图转变为两个互相交盖的三重峰。这表明 **A** 实际上是存在于两种非对映异构的二聚体 *dl* 和 *meso*（图 1-9）中。而在 163K 时，从两种非对映异构的二聚体的信号强度比可知，两者之间的平衡常数为 0.48，$\Delta G^{\ominus}$ 为 1.1 kJ/mol。同样可以推知，在四聚体中，由于每个锂原子旁有三个有机配体 R（参见图 1-4 中甲基锂的四聚体结构），在 1∶1 的氘代和非氘代混合溶液中，每个锂原子旁的三个 R 可分别为 ddd、ddh、dhh、hhh 等四种情况，考虑到四种情况的统计分布，^6Li 应表现为强度比为 1∶3∶3∶1 的四重吸收。2，3-二甲基环丙烷的 ^6Li 盐 **A** 在不加 LiBr 盐的纯乙醚溶液中时，^6Li NMR 谱图中有三个强度相近（1.15∶1.23∶1.00）的单峰，说明 **A** 存在于三种不同的缔合体中；用同位素指纹法（加入等量的氘标记的 **A**）时，则表现为一个双峰、一个三重峰和一个五重峰。这显示出在纯乙醚溶液中，除了有一个单体和一个二聚体外，还有一个在缔合体内存在快速交换过程的四聚体存在（当存在快速的缔合体内交换过程时，在图 1-4 所示的四聚体内，与 Li 邻近的和不邻近的 R 可交换，使 ^6Li 旁的环境可为 hhhh、hhhd、hhdd、hddd、dddd；这使 ^6Li

① eq 指当量，为非法定用法，为了遵从学科和读者阅读的习惯，本书仍沿用这一用法

表现为强度比为 1∶4∶6∶4∶1 的五重吸收）。

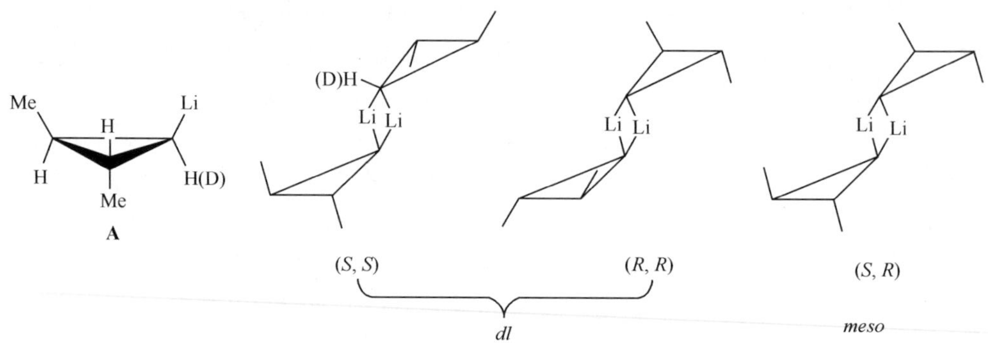

图 1-9 **A** 的锂盐的非对映立体异构体

^{6}Li 与^{1}H、^{13}C、^{15}N、^{29}Si、^{31}P 等同位素的自旋耦合测量也可用于研究有机锂化合物在溶液中的溶剂化和缔合状态。^{6}Li 的自旋量子数为 1，因此在碳原子只与一个^{6}Li 原子相连的 RLi 单体中，^{6}Li 使与之相连的碳原子的^{13}C NMR 吸收裂分为强度比为 1∶1∶1 的三重峰；在二聚体内，碳原子与两个^{6}Li 原子相连，这使碳原子的吸收裂分为强度比为 1∶2∶3∶2∶1 的五重峰；而在碳原子与三个^{6}Li 原子相连的四聚体中，碳原子呈强度比为 1∶3∶6∶7∶6∶3∶1 的七重峰。如果存在快速的缔合体内交换过程，则谱线加宽而使^{6}Li-^{13}C 耦合无法测量；当存在快速的缔合体间交换过程时，则因涉及 C—Li 键的离解，使^{6}Li-^{13}C 耦合消失。

1.2.2 碳负离子结构的 X 射线结晶分析研究

一些较为稳定的碳负离子（主要是芳甲基类碳负离子）的晶体已在加有前述叔胺配体或冠醚以络合金属离子的条件下制备，它们的晶体结构也已测定[115-120]。这些晶体结构虽不代表碳负离子及其金属离子和配体在溶液中的结构，但仍可为溶液结构和离子间相互作用提供参考信息。[Ph_2CH^-]Li^+[12-冠-4]$_2$ 和[Ph_3C^-]Li^+[12-冠-4]$_2$ 的晶体结构[121]表明，它们的中心碳原子都具有 sp^2 杂化的平面构型，而且在 Ph_2CH^- 中，两个苯环与中心碳原子都在一个平面内；但在 Ph_3C^- 中，三个苯环成螺旋桨式排列。在[$PhCH_2Li$ · DABCO]$_n$ 的晶体中[122]，Li^+ 位于苄基平面的上方，而 Li^+ 的上方与两个 DABCO 的 N 原子配位，同时 Li^+ 与 α-碳以及苯环上的 1 位碳和两个邻位碳共四个碳原子都在成键距离之内。Li 离子与苯环之间的这种配位结构在苄基锂与其他叔胺配体或醚型溶剂作为配体而生成的晶体中是普遍现象[123-125]。

参 考 文 献

[1] Gillespie, R. J.; Popelier, P. L. A. Chemical Bonding and Molecular Geometry. Oxford: Oxford University

Press,2001.

[2] Hargittai,I. The VSEPR Model of Molecular Geometry. Boston : Allyn and Bacon,1991.

[3] Gillespie,R. J. Fifty years of the VSEPR model. Coord. Chem. Rev. ,2008,25: 1315-1327.

[4] Gillespie,R. J. ;Robinson,E. A. Models of molecular geometry. Chem. Soc. Rev. ,2005,34: 396-407.

[5] Gillespie,R. J. ;Robinson,E. A. Electron domains and the VSEPR model of molecular geometry. Angew. Chem. Int. Ed. Engl. ,1996,35: 495-514.

[6] Gillespie,R. J. The VSEPR model revisited. Chem. Soc. Rev. ,1992,21: 59-69.

[7] Williams,J. E. Jr. ;Streitwieser,A. Jr. Ab initio SCF-MO calculations on carbanions. Methyl,ethyl,vinyl, and ethynyl anions. J. Am. Chem. Soc. ,1975,97: 2634-2644.

[8] Surratt, G. T. ; Goddard, W. A. Theoretical studies of CH_3, CH_3^+ and CH_3^- using correlated wavefunctions. Chem. Phys. ,1977,23: 39-50.

[9] Kalcher,J. ;Janoschek,R. Small carbanions and their parent neutral systems in the multiconfigurational SCF+CI approach. Chem. Phys. ,1986,104: 251-263.

[10] Dixon,D. A. ; Feller, D. ; Peterson, K. A. Accurate calculations of the electron affinity and ionization potential of the methyl radical. J. Phys. Chem. A,1997,101: 9405-9409.

[11] Schlegel, H. B. ; Skancke, A. Thermochemistry, energy comparisons, and conformational analysis of hydrazine,triazane,and triaminoammonia. J. Am. Chem. Soc. ,1993,115: 7465-7471.

[12] Nobes, R. H. ; Poppinger, D. ; Li, W. K. ; et. al. Molecular orbital theory of carbanions// Buncel, E. , Durst,T. Comprehensive Carbanion Chemistry, Part C: Ground and Excited Reactivity. New York: Elsevier,1987: 16-20.

[13] Marynick,D. S. ;Dixon,D. A. Electron affinity of the methyl radical: structures of the methyl radical and methyl anion. Proc. Natl. Acad. Sci. U. S. A. ,1977,74: 410-413.

[14] Ellison,G. B. ;Engelking,P. C. ;Lineberger,W. C. An experimental determination of the geometry and electron affinity of methyl radical. J. Am. Chem. Soc. ,1978,100: 2556-2558.

[15] Mitchell,S. E. ;Conklin,P. M. ;Farley,J. W. First observation of autodetachment lifetimes of methide, CH_3^-. J. Chem. Phys. ,2003,118: 11017-11025.

[16] Rauk, A. ; Allen, L. C. ; Mislow, K. Pyramidal inversion. Angew. Chem. , Int. Ed. Engl. , 1970, 9: 400-414.

[17] Kraemer,W. P. ;Spirko,V. ;Malmqvist,R. A. ;et. al. Inversion vibration energies of CH_3^- and adiabatic electron-afinity of CH_3. J. Mol. Spectrosc. ,1991,147: 526-540.

[18] Schleyer,P. von R. ;Spitznagel,G. W. The ethyl,1- and 2-propyl,and other simple alkyl carbanions do not exist. Tetrahedron Lett. ,1986,27,4411-4414.

[19] Li,W. K. ;Nobes,R. H. ;Radom,L. Structures and rearrangement processes for the prototype alkyl, alkenyl and alkynyl anions: a theoretical study of the ethyl,ethenyl and ethynyl anions. J. Mol. Struct. THEOCHEM,1987,34: 67-79.

[20] Kollmar,H. The stability of alkyl anions. A molecular orbital theoretical study. J. Am. Chem. Soc. , 1978,100: 2665-2669.

[21] Petrou,P. S. ;Nicolaides,A. V. Electron affinities of a homologous series of tertiary alkyl radicals and their C-H bond dissociation energies (BDEs). Tetrahedron,2009,65: 1655-1659.

[22] DePuy,C. H. ;Gronert,S. ;Barlow,S. E. ;et. al. The gas-phase acidities of the alkanes. J. Am. Chem. Soc. ,1989,111: 1968-1973.

[23] Graul, S. T.; Squires, R. R. Generation of alkyl carbanions in the gas phase. J. Am. Chem. Soc., 1990, 112: 2506-2516.

[24] Squires, R. R. Gas-phase carbanion chemistry. Acc. Chem. Res., 1992, 25: 461-467.

[25] Eiden, G. C.; Lu, K. -T.; Badenhoop, J.; et. al. Threshold photoionization spectra of benzyl radical: cation vibrational states and ab initio calculations. J. Chem. Phys., 1996, 104: 8886-8895.

[26] Bradamante, S.; Pagani, G. A. Benzyl and heteroarylmethyl carbanions: structure and substituent effects. Adv. Carbanion Chem., 1996, 2: 189-263.

[27] Richard, J. P.; Williams, G.; Gao, J. Experimental and computational determination of the effect of the cyano group on carbon acidity in water. J. Am. Chem. Soc., 1999, 121: 715-726.

[28] Wiberg, K. B.; Castejon, H. Carbanions 2. Intramolecular interactions in carbanions stabilized by carbonyl, cyano, isocyano, and nitro groups. J. Org. Chem., 1995, 60: 6327-6334.

[29] Bernasconi, C. F.; Wenzel, P. J. Kinetics of proton transfer from 2-nitro-4-X-phenylacetonitriles to piperidine and morpholine in aqueous Me_2SO. Solvent and substituent effects on intrinsic rate constants. Transition state imbalances. J. Am. Chem. Soc., 1996, 118: 11446-11453.

[30] Ervin, K. M.; Gronert, S.; Barlow, S. E.; et. al. Bond strengths of ethylene and acetylene. J. Am. Chem. Soc., 1990, 112: 5750-5759.

[31] Ervin, K. M.; Lineberger, W. C. Photoelectron spectra of $C2^-$ and $C2H^-$. J. Phys. Chem., 1991, 95: 1167-1177.

[32] Walborsky, H. M.; Turner, L. M. Vinyl anion. J. Am. Chem. Soc., 1972, 94: 2273-2279.

[33] Nobes, R. H.; Poppinger, D.; Li, W. K.; et. al. Molecular orbital theory of carbanions// Buncel, E.; Durst, T. Comprehensive Carbanion Chemistry, Part C: Ground and Excited Reactivity. New York: Elsevier, 1987: 1-92.

[34] Reed, A. E.; Weinstock, R. B.; Weinhold, F. Natural population analysis. J. Chem. Phys., 1985, 83: 735-746.

[35] Koizumi, T.; Kikuchi, O. Ab initio MO calculations of NMR spin-spin coupling constants in methyllithium, tert-butyllithium, and methyllithium oligomers. Organometallics, 1995, 14: 987-991.

[36] Streitwieser, A.; Bachrach, S. M.; Dorigo, A.; et. al. Bonding, structures and energies in organolithium compounds// Sapse, A. -M.; Schleyer, P. V. R. Lithium Chemistry: A Theoretical and Experimental Overview. New York: Wiley, 1995: 1-43.

[37] Kwon, O.; Sevin, F.; McKee, M. L. Density functional calculations of methyllithium, *t*-butyllithium, and phenyllithium oligomers: effect of hyperconjugation on conformation. J. Phys. Chem. A, 2001, 105: 913-922.

[38] Ponec, R.; Roithova, J.; Girones, X.; et. al. On the nature of C—Li bonding in lithiated hydrocarbons and lithiocarbons. J. Phys. Chem. A, 2002, 106: 1019-1025.

[39] Matito, E.; Poater, J.; Bickelhaupt, F. M.; et. al. Bonding in methylalkalimetals $(CH_3M)_n$ (M=Li, Na, K; n=1, 4). Agreement and divergences between AIM and ELF analyses. J. Phys. Chem. B, 2006, 110: 7189-7198.

[40] Bickelhaupt, F. M.; Sola`, M.; Guerra, C. F. Covalency in highly polar bonds. Structure and bonding of methylalkalimetal oligomers $(CH_3M)_n$ (M=Li-Rb; n=1, 4). J. Chem. Theory Comput., 2006, 2: 965-980.

[41] Stey, T.; Stalke, D. Lead structures in lithium organic chemistry// Rappoport, Z.; Marek, I. The

Chemistry of Organolithium Compounds, Vol. 1. Chichester: Wiley, 2004: 47-120.

[42] Jemmis, E. D.; Gopakumar, G. Theoretical studies in organolithium chemistry// Rappoport, Z.; Marek, I. Chemistry of Organolithium Compounds, Vol. 1. Chichester: Wiley, 2004: 1-45.

[43] Streitwiesr, A.; Reyes, J. R.; Singhapricha, T.; et. al. Ab Initio modeling of organolithium equilibria. J. Org. Chem., 2010, 75: 3821-3830.

[44] Streitwieser, A. Perspectives on computational organic chemistry. J. Org. Chem., 2009, 74: 4433-4446.

[45] Streitwieser, A. Ion pair aggregates and reactions; experiment and theory. J. Mol. Model., 2006, 12: 673-680.

[46] Kolonko, K. J.; Guzei, I. A.; Reich, H. J. Structure and dynamics of α-aryl amide and ketone enolates: THF, PMDTA, TMTAN, HMPA, and crypt-solvated lithium enolates, and comparison with phosphazenium analogues. J. Org. Chem., 2010, 75: 6163-6172.

[47] Reich, H. J.; Borst, J. P. Direct NMR spectroscopic determination of organolithium ion pair structures in THF/HMPA solution. J. Am. Chem. Soc., 1991, 113: 1835-1837.

[48] Gruver, J. M.; Liou, L. R.; McNeil, A. J.; et. al. Solution structures of lithium enolates, phenolates, carboxylates, and alkoxides in the presence of N,N,N',N'-tetramethylethylenediamine: a prevalence of cyclic dimers. J. Org. Chem., 2008, 73: 7743-7747.

[49] Pratt, L. M.; Truhlar, D. G.; Cramer, C. J.; et. al. Aggregation of alkyllithiums in tetrahydrofuran. J. Org. Chem., 2007, 72: 2962-2966.

[50] Ciula, J. C.; Streitwieser, A. Carbon acidity. 81. Dependence of aggregation on the basicity of some cesium enolates in THF. J. Org. Chem., 1992, 57: 431-432.

[51] Ogle, C. A.; Huckabee, B. K.; Johnson, H. C., IV; et. al. Isolation, characterization, and crystal structure of $[MeLi \cdot THF]_4$. Organometallics, 1993, 12: 1960-1963.

[52] Weiss, E.; Sauermann, G.; Thirase, G. Metal alkyl and aryl compounds. XXIX. Preparation and crystal structure of methylsodium with variable methyllithium content, compounds with $(CH_3Na)_4$ and $(CH_3Li)_4$ units. Chem. Ber., 1983, 116: 74-85.

[53] Weiss, E.; Lucken, E. A. C. The crystal and electronic structure of methyllithium. J. Organomet. Chem., 1964, 2: 197-205.

[54] McKeever, L. D.; Waack, R.; Doran, M. A.; et. al. Nuclear magnetic resonance study of structure and bonding in methylithium. J. Am. Chem. Soc., 1969, 91: 1057-1061.

[55] West, P.; Waack, R. Colligative property measurements on oxygen- and moisture-sensitive compounds. I. Organolithium reagents in donor solvents at 25 degree. J. Am. Chem. Soc., 1967, 89: 4395-4399.

[56] Seitz, L. M.; Brown, T. L. Organometallic exchange reactions. I. Lithium-7 and proton nuclear magnetic resonance spectra of methyllithium and ethyllithium in ether. J. Am. Chem. Soc., 1966, 88: 2174-2178.

[57] Strohmann, C.; Strohfeldt, K.; Schildbach, D.; et. al. Crystal structures of (+)-sparteine surrogate adducts of methyllithium and phenyllithium. Organometallics, 2004, 23: 5389-5391.

[58] Strohmann, C.; Gessner, V. H. Crystal structures of the chiral diamine (R,R)-TMCDA with the commonly used alkyllithium bases methyllithium, *iso*-propyllithium, and *sec*-butyllithium. J. Am. Chem. Soc., 2007, 129: 8952-8953.

[59] Rutherford, J. L.; Hoffmann, D.; Collum, D. B. Consequences of correlated solvation on the structures and reactivities of RLi-diamine complexes: 1,2-addition and α-lithiation reactions of imines by TMEDA-solvated n-butyllithium and phenyllithium. J. Am. Chem. Soc., 2002, 124: 264-271.

[60] Nichols M. A.; Williard, P. C. Solid-state structures of *n*-butyllithium-TMEDA, -THF, and -DME complexes. J. Am. Chem. Soc., 1993, 115: 1568-1572.

[61] Kottke, T.; Stalke, D. Structures of the classical synthesis reagents $(BuLi)_6$ and $(Me_3CLi)_4$ and the metastable $(Me_3CLi \cdot OEt_2)_2$. Angew. Chem., Int. Ed. Engl., 1993, 32: 580-582.

[62] Strohmann, C.; Seibel, T.; Strohfeldt, K. [*t*-BuLi (—)-sparteine]: Molecular structure of the first monomeric butyllithium compound. Angew. Chem. Int. Ed., 2003, 42: 4531-4533.

[63] Reich, H. J.; Green, D. P.; Medina, M. A.; et. al. Aggregation and reactivity of phenyllithium solutions. J. Am. Chem. Soc., 1998, 120: 7201-7210.

[64] Thoennes, D.; Weiss, E. Metal alkyl and aryl compounds. XX. Preparation and crystal structure of dimeric phenyllithium *N*, *N*, *N′*, *N′*-tetramethylethylenediamine, bis [*μ*-phenyl-(*N*, *N*, *N′*, *N′*-tetramethylethylenediamine)lithium]. Chem. Ber., 1978, 111: 3157-3161.

[65] Jensen, F. R.; Whipple, L. D.; Wedegaertner, D. K.; et. al. Electrophilic aliphatic substitution. V. Organomercurials. 3. Isomers for electrophilic studies. Resolution of 2-bromomercuributane, assignment of configuration, and cleavage of the enantiomorphs by bromine. J. Am. Chem. Soc., 1960, 82: 2466-2469.

[66] Boche, G.; Walborsky, H. M. Cyclopropane derived reactive intermediates. Chichester: Wiley, 1990.

[67] Wiberg, K. B.; Castejon, H. Carbanions 2. Intramolecular interactions in carbanions stabilized by carbonyl, cyano, isocyano, and nitro groups. J. Org. Chem., 1995, 60: 6327-6334.

[68] Baschky, M. C.; Peterson, K. C.; Kass, S. R. Stereospecificity in the gas phase. formation and characterization of configurationally stable cyclopropyl anions. J. Am. Chem. Soc., 1994, 116: 7218-7224.

[69] Chou, P. K.; Dahlke, G. D.; Kass, S. R. Unimolecular rearrangements of carbanions in the gas phase. 2. Cyclopropyl anions. J. Am. Chem. Soc., 1993, 115: 315-324.

[70] Walborsky, H. M.; Allen, L. E.; Traenckner, H. J.; et. al. Cyclopropanes. XXX. Haller-Bauer cleavage of phenyl cyclopropyl ketones. J. Org. Chem., 1971, 36: 2937-2941.

[71] Walborsky, H. M.; Impastato, F. J.; Young, A. E. Cyclopropanes. XV. The optical stability of 1-methyl-2,2-diphenylcyclopropyllithium. J. Am. Chem. Soc., 1964, 86: 3283-3288.

[72] Miller, S. I.; Lee, W. G. The vinyl carbanion. J. Am. Chem. Soc., 1959, 81: 6313-6319.

[73] Caramella, P.; Houk, K. N. The influence of electron-withdrawing substituents on the geometries and barriers to inversion of vinyl anions. Tetrahedron Lett., 1981, 22: 819-822.

[74] Arnett, J. F.; Walborsky, H. M. Vinyl anion. II. J. Org. Chem., 1972, 37: 3678-3683.

[75] Arnett, E. M.; Palmer, C. A. The aldol reaction of lithiopinacolonate with substituted benzaldehydes. Solvent and structure effects on aggregation, electrochemistry, and heat of reaction. J. Am. Chem. Soc., 1990, 112: 7354-7360.

[76] Arnett, E. M.; Fisher, F. J.; Nichols, M. A.; et. al. Structure-energy relations for the aldol reaction in nonpolar media. A. J. Am. Chem. Soc., 1990, 112: 801-808.

[77] Arnett, E. M.; Moe, K. D. Proton affinities and aggregation states of lithium alkoxides, phenolates, enolates, b-dicarbonyl enolates, carboxylates, and amidates in tetrahydrofuran. J. Am. Chem. Soc., 1991, 113: 7288-7293.

[78] Shobatake, K.; Nakamoto, K. Metal isotope and high pressure effects on the infrared active skeletal vibrations in metal sandwich compounds. Inorg. Chim. Acta, 1970, 4: 485-487.

[79] Halaska, V.; Lochmann, L. Aggregation of a-lithio esters of carboxylic acids. Collect. Czech. Chem.

Commun. ,1973,38：1780-1782.

[80] Denbesten,R. ;Harder,S. ;Brandsma,L. A method for the determination of the degree of association of organolithium compounds in liquid ammonia. J. Organomet. Chem. ,1990,385：153-159.

[81] Grutzner, J. B. Applications of NMR in carbanion chemistry. Encycl. Nucl. Magn. Reson. , 2002, 9：481-497.

[82] Eppers,O. ;Guenther,H. NMR spectroscopy of organolithium compounds. XI. Deuterium/proton isotope shifts for lithium-6 NMR：first experimental detection and applications to structural problems in the field of organolithium compounds. Helv. Chim. Acta,1990,73：2071-2082.

[83] Jackman, L. M. ; Bortiatynski, J. Structures of lithium enolates and phenolates in solution. Adv. Carbanion Chem. ,1992,1：45-87.

[84] Corset, J. Spectroscopic studies of the structure of carbanionic species in nonaqueous solutions：identification of reactive intermediates. Pure Appl. Chem. ,1986,58：1133-1146.

[85] O'Brien D H. The nuclear magnetic resonance of carbanions// Buncel,E. ;Durst,T. Comprehensive Carbanion Chemistry,Part A：Structure and Activity. New York：Elsevier,1980：271-322.

[86] Gunther,H. Selected topics from recent NMR studies of organolithium compounds. J. Braz. Chem. Soc. , 1999,10：241-262.

[87] Thomas,R. D. ;Jensen,R. M. ;Young,T. C. Aggregation states and exchange properties of alkyllithium compounds in hydrocarbon solvent from carbon-13-lithium-6 coupling. Organometallics. , 1987, 6：565-571.

[88] Bywater,S. ;Lachance,P. ;Worsfold,D. J. Carbon-13 nuclear magnetic resonance studies of organo alkali metal compounds. Models of polymerization systems. J. Phys. Chem. ,1975,79：2148-2153.

[89] Reich,H. J. ;Green,D. P. ;Medina,M. A. ;et. al. Aggregation and reactivity of phenyllithium solutions. J. Am. Chem. Soc. ,1998,120：7201-7210.

[90] Berger, S. ; Fleischer, U. ; Geletneky, C. ; et. al. The ^{13}C chemical shift of the ipso carbon atom in phenyllithium. Chem. Ber. ,1995,128：1183-1186.

[91] Bauer,W. ;Griesinger,C. Vinyllithium：dynamic behavior in tetrahydrofuran solution and comprehensive analysis of NMR spin-spin coupling constants. J. Am. Chem. Soc. ,1993,115：10871-10882.

[92] Müllen,K. Reduction and oxidation of annulenes. Chem. Rev. ,1984,84：603-646.

[93] O'Brien, D. H. ; Russel, C. R. ; Hart, A. Carbon-13 magnetic resonance of allyl, pentadienyl,and arylmethyl carbanions. Empirical calculation of π-electron densities. J. Am. Chem. Soc. , 1975, 97：4410-4412.

[94] Tolbert,L. M. ;Ogle,M. E. Carbon-13 NMR spectroscopy of α,ω-diphenylpolyenyl anions. Confirmation of charge localization in solition model compounds. J. Am. Chem. Soc. ,1989,111：5958-5959.

[95] Tolbert,L. M. ;Ogle,M. E. How far can a carbanion delocalize Carbon-13 NMR studies on soliton model compounds. J. Am. Chem. Soc. ,1990,112：9515-9527.

[96] Worsfold,D. J. ;Bywater,S. Degree of association of polystyryl-, polyisoprenyl-, and polybutadienyllithium in hydrocarbon solvents. Macromolecules. ,1972,5：393-397.

[97] Reimers, J. R. ; Craw, J. S. ; Hush, N. S. Solitons in finite and infinite length negative-defect trans-polyacetylene and the corresponding Brooker (polymethinecyanine) cations. 3. Relation between predicted soliton charge-density wave structure of odd polyene anions and carbon-13 NMR chemical shifts. J. Phys. Chem. ,1993,97：2778-2787.

[98] Bergander, K. ; He, R. ; Chandrakumar, N. ; et. al. NMR spectroscopy of organo-lithium compounds. Part XVI. The aggregation behavior of butyllithium, phenyllithium, and lithium diisopropylamide in dimethoxy- and diethoxymethane. Tetrahedron, 1994, 50: 5861-5868.

[99] Bagno, A. ; Rastrelli, F. ; Saielli, G. NMR techniques for the investigation of solvation phenomena and non-covalent interactions. Prog. Nucl. Magn. Reson. Spectrosc., 2005, 47: 41-93.

[100] Günther H. High-resolution^{6,7} Li-NMR of organolithium compounds// Gielen, M. ; Willem, R. ; Wrackmeyer, B. Advanced Applications of NMR to Organometallic Chemistry. Chichester: Wiley, 1996: 247-290.

[101] Bauer, W. ; Schleyer, P. von R. Recent results in NMR spectroscopy of organolithium compounds. Adv. Carbanion Chem., 1992, 1: 89-175.

[102] O'Brien, D. H. ; Russell, C. R. ; Hart, A. J. Solvation of alkali metal cations of arylmethyl anions by ethereal solvents. J. Am. Chem. Soc., 1979, 101: 633-639.

[103] Takahashi, K. ; Kondo, Y. ; Asami, R. ; et. al. Carbon-13 NMR spectra of arylmethyl carbanions. Org. Magn. Reson., 1974, 6: 580-582.

[104] Fraenkel, G. ; Russell, J. G. ; Chen, Y. -H. Nuclear magnetic resonance studies of structure and hindered rotation in tertiary benzylic metal compounds. J. Am. Chem. Soc., 1973, 95: 3208-3215.

[105] Bank, S. ; Marcantonio, R. P. ; Bushweller, C. H. Electronic and ion-pairing effects of a methyl group on a diphenylmethyl anion determined by restricted aryl rotation. J. Org. Chem., 1984, 49: 5091-5093.

[106] Bushweller, C. H. ; Sturges, J. S. ; Cipullo, M. ; et. al. Restricted rotation in diphenylmethyl anions. Proton and carbon-13-proton DNMR evidence for different rates of rotation in the lithium salt of the 4-deuterio-4'-methyldiphenylmethyl anion. Tetrahedron Lett., 1978: 1359-1362.

[107] Pihlaja, K. ; Kleinpeter, E. Carbon-13 NMR Chemical Shifts in Structural and Stereochemical Analysis. New York: Wiley-VCH, 1994.

[108] Barchiesi, E. ; Bradamante, S. ; Ferraccioli, R. ; et. al. Experimental charge maps in diactivated carbanions: access to charge demands of primary electron-withdrawing functionalities. J. Chem. Soc., Perkin Trans. 2, 1990: 375-383.

[109] Gil, V. M. S. The relation of directly bonded C-H coupling constants to s-characters revisited. Theor. Chim. Acta, 1989, 76: 291-293.

[110] Marshall, J. L. Carbon-Carbon and Carbon-Proton NMR Couplings: Applications to Organic Stereochemistry and Conformational Analysis. Weinheim: Verlag Chemie International, 1983.

[111] Shoolery, J. N. Dependence of C^{13}-proton spin coupling constants on s character of the bond. J. Chem. Phys., 1959, 31: 1427-1428.

[112] Muller, N. ; Pritchard, D. E. C13 splittings in proton magnetic resonance spectra. II. Bonding in substituted methanes. J. Chem. Phys., 1959, 31: 1471-1476.

[113] Muller, N. ; Pritchard, D. E. C13 splittings in proton magnetic resonance spectra. I. Hydrocarbons. J. Chem. Phys., 1959, 31: 768-771.

[114] Minch, M. J. Orientational dependence of vicinal proton-proton NMR coupling constants: the karplus relationship. Concepts in Magn. Reson., 1994, 6: 41-56.

[115] Gessner, V. H. ; Daeschlein, C. ; Strohmann, C. Structure formation principles and reactivity of organolithium compounds. Chem. Eur. J., 2009, 15: 3320-3334.

[116] Boche, G. ; Lohrenz, J. C. W. ; Opel, A. From "carbanions" to carbenoids: the structure of lithiated

amines and lithiated ethers// Sapse, A. -M. , Schleyer, P. v. R. Lithium Chemistry: A Theoretical and Experimental Overview. New York: Wiley, 1995: 195-226.

[117] Pauer, F. ; Power, P. P. Structures of lithium salts of heteroatom compounds// Sapse, A. -M. , Schleyer, P. V. R. Lithium Chemistry: A Theoretical and Experimental Overview. New York: Wiley, 1995: 295-392.

[118] Weiss, E. Structures of alkali-metal organic and related compounds. Angew. Chem. , Int. Ed. Engl. , 1993, 32: 1501-1523.

[119] Williard, P. G. Carbanions of alkali and alkaline earth cations: (i) "Synthesis and structural characterization"//Trost, B. M. ; Fleming, I. Comprehensive Organic Synthesis: Vol. 1. Oxford: Pergamon, 1991: 1-48.

[120] Setzer, W. N. ; Schleyer, P. v. R. X-ray structural analyses of organolithium compounds. Adv. in Organomet. Chem. , 1985, 24: 353-451.

[121] Olmstead, M. M. ; Power, P. P. The isolation and X-ray structures of lithium crown ether salts of the free phenyl carbanions [$CHPh_2$]$^-$ and [CPh_3]$^-$. J. Am. Chem. Soc. , 1985, 107: 2174-2175.

[122] Zarges, W. ; Marsch, M. ; Harms, K. ; et. al. Crystal structure of α-(trimethylsilyl) benzyllithium · tetramethylethylenediamine [$C_6H_5CH(SiMe_3)Li$ · TMEDA] and α-(phenylthio) benzyllithium · 3tetrahydrofuran [$C_6H_5CH(SPh)Li$ · $(THF)_3$]-two benzyllithium compounds with central chirality. Chem. Ber. , 1991, 124: 543-549.

[123] Patterman, S. P. ; Karle, I. L. ; Stucky, G. D. Complexation in ion pair bonding. Structure of benzyllithium triethylenediamine. J. Am. Chem. Soc. , 1970, 92: 1150-1157.

[124] Beno, M. A. ; Hope, H. ; Olmstead, M. M. ; et. al. Isolation and X-ray crystal structures of the solvate complexes [$Li(Et_2O)benzyl$]$_x$ and [$Li(THF)_2mesityl$]$_2$. Organometallics. , 1985, 4: 2117-2121.

[125] Brooks, J. J. ; Stucky, G. D. π-Groups in ion pair bonding. Triphenylmethyllithium tetramethylethylenediamine. J. Am. Chem. Soc. , 1972, 94: 7333-7338.

第 2 章　碳氢酸的酸性和碳负离子的稳定性

有机化合物中的 C—H 键，取决于周围的化学环境，总是具有一定的酸性，可以在足够强的碱的作用下，发生异裂，脱去质子而生成碳负离子。因此，可以把含有这些 C—H 键的有机化合物称为碳氢酸或烃酸(carbon acid)。实际上，碳氢酸在碱的作用下离解以及从卤代烃制备金属有机化合物(烃基锂、格氏试剂等)也是在有机合成工作中产生碳负离子的两种主要方法。因此，需要对各类有机化合物的酸性强度有定量的了解，以便选用适当的碱-溶剂体系来经碳氢酸的离解或经碳负离子的交换反应来产生碳负离子。同时，碳负离子的稳定性与碳氢酸的酸性成反比。碳氢酸的酸性越强，其共轭碱碳负离子越稳定。为了更好地理解不同结构的有机化合物具有不同酸性强度的原因，帮助预测各种有机化合物的酸性强弱和相应的碳负离子的稳定性，需要对影响碳氢酸酸性强弱的各种结构和环境因素有深入的了解。本节将首先讨论测定碳氢酸强度的方法，并建立涵盖有机化学中感兴趣的各类有机化合物的酸性强度的定量数据。然后讨论分子结构和环境因素对有机化合物酸性强度和碳负离子稳定性的影响。

2.1　溶液中有机化合物的热力学酸性强度及其测量方法

酸的强度可由该酸在某一溶剂中的离解平衡来研究(式(2-1))。在这一平衡反应中，溶剂 S 是作为参考碱，接受从酸中离解出来的质子。

$$\mathrm{RH} + \mathrm{S} \xrightleftharpoons{K_a} \mathrm{R}^- + \mathrm{SH}^+ \tag{2-1}$$

式(2-1)的平衡常数 K_a 的大小，是酸的强度的定量标度。K_a 越大，RH 的酸性越强。酸性强度也可以用酸的 pK_a 值来表示($pK_a = -\lg K_a$)。pK_a 正值越大，酸的酸性越弱，而 pK_a 正值越小，或负值越大，酸性越强。

水是研究 Brønsted 酸和碱的强度时广泛使用的溶剂。但水具有较强的两性。溶剂的两性可用它的自离解常数 K_{auto}(式(2-2))来衡量[1-4]。

$$\begin{aligned} &2\mathrm{SH} \xrightleftharpoons{K_{auto}} \mathrm{SH}_2^+ + \mathrm{S}^- \qquad K_{auto} = [\mathrm{SH}_2^+][\mathrm{S}^-] \\ &2\mathrm{H_2O} \xrightleftharpoons{K_w} \mathrm{H_3O}^+ + \mathrm{OH}^- \quad pK_w = 14 \end{aligned} \tag{2-2}$$

水的 K_{auto} 较大 (10^{-14})[5]，表明它具有较强的两性。这使它在碳氢酸强度研究中作为溶剂的应用受到限制。因水的两性而产生的拉平效应(leveling effort)[6]，使在水中不能测定比水合质子(H_3O^+)更强的酸，也不能测定比水本身更弱的酸。

25 摄氏度时，$K_w=[H^+][OH^-]=1.01\times10^{-14}$，因此水本身的 p$K_a$约为 15.75。这样，在水中不能通过碳氢酸的自动离解(式(2-1))来研究 pK_a在 12～15 的弱酸的强度。水合质子的 pK_a为－1.74[7,8]，因此在水中也不能准确测定 pK_a小于1～2的强酸的强度。

在水中加入强碱可以扩大研究的弱酸的范围。在强碱(M^+OH^-)的水溶液(或水与有机溶剂的混合溶剂的溶液)中，使用酸度函数 H_- 的方法[9-17]，可以把弱酸的研究范围从水溶液中的 pK_a为 0～14 向更高 pK_a的方向扩展约 12 个 pK_a单位。而在水中加入强酸，可以扩大强酸的研究范围。在强酸的浓水溶液中，应用酸度函数 H_0的方法[9,10,18-23]，可以把强酸的研究范围从 pK_a约为 0 向负值方向扩展约 12 个 pK_a单位。这样，在水溶液中通过酸的自动离解以及酸度函数 H_0和 H_- 的方法，可以测定的酸的强度范围包含 36～37 个 pK_a单位[24-30]。但有机化学中感兴趣的酸的强度范围远比此要广，涵盖超过 60 个 pK_a单位。特别是在弱的碳氢酸的方向，很多有机化合物的 pK_a值在 30 以上。例如，饱和烃的 pK_a在 50 以上。因此在水溶液中和水-有机混合溶剂中无法通过自动离解或 H_- 酸度函数的方法来研究它们的强度。这就需要过渡到酸性更弱的有机溶剂中去研究弱碳氢酸的酸性[31]。

用于研究弱碳氢酸酸性的有机溶剂主要有两类。一类是非质子溶剂，如二甲基亚砜(DMSO)、*N*-甲基吡咯烷酮(*N*-methylpyrrolidin-2-one，NMP)、乙二醇二甲醚(DME)、四氢呋喃(THF)、乙腈等。在较早期的工作中，也应用过乙醚、苯等。它们的自动离解(式(2-2))很轻微(DMSO 的 pK_{auto}为 33，NMP 的 pK_{auto}为 24.15，乙腈的 pK_{auto}>33.3 等)[1-4]，酸性和碱性都很弱，是非拉平性溶剂。因此在其中可研究的酸的强度范围较大。另一类是强碱性的质子溶剂，如环己基胺(cyclohexylamine，CHA)、液氨(pK_{auto}＝29.8)等。非质子溶剂的极性比水小。在这些溶剂中，未离解的中性碳氢酸分子的溶剂化较好，而由酸离解产生的碳负离子由于得不到氢键的稳定作用而溶剂化较差。与此相反，在水溶液中，中性碳氢酸分子的溶剂化较差，而碳负离子却可通过氢键溶剂化作用来稳定。因此，在非质子溶剂中，碳氢酸的离解平衡(式(2-1))要比在水中偏向左方，表现出比在水中更弱的酸性。由于这个原因，同时也由于在有机溶剂中研究的本来就是较弱的碳氢酸的酸性，它们的离解程度很轻微，因此不适于按式(2-1)的测量自动离解程度的方法来研究它们的酸性。在有机溶剂中，一般是通过碳负离子的交换反应，即以一个碳氢酸 R_1H 与另一个强度与之不同的酸 R_2H 的碳负离子的盐($R_2^-M^+$)进行碳负离子交换，从式(2-3)所示的平衡反应来研究碳氢酸的强度的。

$$R_1H + R_2^- \xrightleftharpoons{K_{eq}} R_1^- + R_2H \tag{2-3}$$

$$K_{eq}=\frac{[R_1^-][R_2H]}{[R_1H][R_2^-]}=\frac{K_a(R_1H)}{K_a(R_2H)}=10^{pK_a(R_2H)-pK_a(R_1H)} \tag{2-4}$$

即

$$pK_a(R_1H) = pK_a(R_2H) + pK_{eq} \tag{2-5}$$

在平衡常数 K_{eq}的表达式(式(2-4))中,$K_a(R_1H)$和 $K_a(R_2H)$分别为烃酸R_1H和 R_2H 在该溶剂中的酸性离解平衡常数。由式(2-4)可见,如果 R_1H 是比 R_2H 更强的酸,即 R_1H 的 pK_a小于 R_2H 的 pK_a,则 K_{eq}大于 1,而当 R_2H 的 pK_a比 R_1H 的 pK_a小时,则 $K_{eq}<1$。由式(2-3)可见,只要实验测定参与平衡的四个物种(R_1H、R_2H、R_1^-、R_2^-)的浓度以求出 K_{eq},且如果已知其中一个酸的 pK_a,即可由式(2-5)得出另一酸的 pK_a。实验中常把两个酸性强度相近(pK_a相差不超过两个 pK_a单位)的酸置于该溶剂中,并加入一强碱(常为该溶剂的共轭碱,但也可为外加的其他强碱),使建立如式(2-3)的平衡,然后测定四个物种的浓度。实际上因实验中使用的 R_1H 和 R_2^- 的初始浓度是已知的,且反应有 1∶1 的化学计量关系,只要测定$[R_2^-]/[R_2H]$或$[R_1^-]/[R_1H]$即可知平衡中全部四种物种的浓度。常用的测定$[R^-]/[RH]$的方法是紫外可见光谱法。这是因为 RH 脱质子为 R^- 后,紫外可见光谱中的吸收发生较大红移,而使碳负离子在长波方向上有较强吸收。也可以用 NMR 法来测定烃和碳负离子的浓度。但 NMR 不是很灵敏的定量检测技术,仅当被测物种有较高的稳态浓度时,才能得到准确的结果。

在式(2-3)表示的碳负离子交换平衡中,未标明与碳负离子相关联的金属正离子(M^+)。实际上,取决于所用的有机溶剂的极性,以及碳负离子的结构和金属离子的种类,在溶液中,R^- 和 M^+ 可处于从自由离子到紧密离子对(CIP)的不同紧密程度的结合状态中;而且离子对之间还可发生程度不同的缔合。离子对的紧密程度和缔合状态显然要影响到碳负离子的稳定性。金属离子与碳负离子结合得越紧密,碳负离子的稳定性越高,式(2-3)中的平衡越移向右方。因此,离子对的存在及其形式对通过碳负离子交换平衡而测定的 K_{eq}以及由之而得的待测酸的 pK_a都有影响。在碳氢酸强度的研究中,取决于使用溶剂的不同导致的溶液中是否存在离子对,发展了两套碳氢酸强度系统,即离子酸性 (ionic acidity)[32] 和离子对酸性(ion pair acidity)[33,34]。

2.1.1　离子酸性

DMSO(介电常数 $\varepsilon=46.7$)、NMP($\varepsilon=32.2$)等极性非质子溶剂,由于介电常数较高,对离子对的离解能力较强。同时,它们又能通过离子-偶极相互作用对金属离子提供较好的溶剂化作用。因此,在这些溶剂的稀溶液中,R^- 和 M^+ 主要处于自由离子状态,不存在重要的离子对(ion pairing)现象。此时,可以认为碳负离子的稳定性不受金属离子的影响,碳负离子交换的平衡常数 K_{eq} 以及由之求得的碳氢酸的 pK_a也不受正离子的影响。平衡可用式(2-3)表示,不需把金属离子(M^+)包含在式中。由于在这些高介电常数溶剂中测得的 pK_a与离子对无关,可称为离子酸性(ionic acidity)[32,35-37]。

建立有机酸的离子酸性体系方面的工作，主要是从 20 世纪六七十年代以来，在 DMSO[32,35-37]、NMP[38]和乙腈[39-44]等溶剂中进行的，其中最为系统的是 Bordwell 等在 DMSO 溶液中建立的一套离子酸性体系[32]。

下面介绍 DMSO 中的离子酸性。

DMSO 的介电常数很高，为 46.7。因此，R^-M^+ 在 DMSO 中的离解程度很高。很多研究都表明，在 Bordwell 等研究过的大量不同结构的碳氢酸的碳负离子盐 R^-M^+ 中，如果 M^+ 为钾离子(K^+)，则当 R^- 的浓度在 0.02 mol/L 左右或更低时，碳负离子几乎完全存在于自由离子状态[45-50]。因此，可以用不包含 M^+ 的式(2-3)来表示碳负离子交换平衡，而用式(2-5)来计算碳氢酸的 pK_a。

DMSO 本身的 pK_a 值为 35.1[51]，在 DMSO 中可以测定 pK_a 小于此值的弱酸的酸性。这比水中可测得酸的强度范围向弱酸方向扩展了约 20 个 pK_a 单位。对于 $pK_a \geqslant 33$ 的弱酸的 pK_a 值，则不能在 DMSO 中进行较为准确的测定[51]。在建立直至 pK_a 值约为 33 的这一广阔的强度范围内酸的定量强度时，Bordwell 等选择了一系列 pK_a 值为 2～31 的弱酸“指示剂”(indicator，InH)作为测定其他酸的 pK_a 的参考标准[38-41,49,51-54]。选择指示剂的条件是：①指示剂的共轭碱(碳负离子 In^-)需在光谱的可见光区内有吸收；且在 In^- 有吸收的波长上，pK_a 待测的另一酸 RH 的负离子应无吸收而是透明的。②In^- 和 InH 的吸收应符合 Beer 定律，即其吸光度 A 应与物种的浓度成正比。③In^- 应对过量存在的 InH 稳定，并至少能在 $DMSO/CH_3SOCH_2^-K^+$ 碱体系中稳定存在约 20 min，以满足进行精确的光谱测定的要求。④在 DMSO 溶液中，InH/In^- 应能与 pK_a 待测的酸 RH 建立稳定的碳负离子交换平衡。⑤为了使测量更为准确，平衡不宜过于偏右或偏左，而应位于适中位置(如平衡时[In^-]过大而剩余[InH]过小，或反之[In^-]很小而剩余[InH]很大时，[R^-]/[RH]与[In^-]/[InH]均不易准确测定)。这就要求选用的指示剂与待测 RH 的 pK_a 值相差不应超过 2。从这些条件可以看出，对指示剂的主要要求是其负离子 In^- 在 DMSO 溶液中进行碳负离子交换的实验条件下，在光谱的可见光区内(>400 nm)待测酸的负离子无吸收的波长上具有持续一定时间的稳定吸收。因此，可用作指示剂的化合物多是一些具有较大共轭体系的分子；同时，也要考虑选用的这一套指示剂属于不同的结构类型，以便能够覆盖较广的 pK_a 范围。常用的指示剂有芴、9-甲基芴、9-苯基芴、芴的增环衍生物、9-苯基氧杂蒽、1,3,3-三苯基丙烯、三苯甲烷、二苯甲烷等。在测量时，如果待测酸 RH 的负离子在可见光区的另一波长上有较强吸收，则可经光谱测量同时测定[R^-]/[RH]和[In^-]/[InH]，而计算 K_{eq}。然后可用式(2-5)，从指示剂的已知 pK_a 值求得待测酸的 pK_a 值。在这些情况下，由于 R^- 与 In^- 都在可见光区有强吸收而可测其浓度，因此称为双指示剂法(double indicator method)[53]。但在很多情况下，待测酸的负离子 R^- 在可见光区没有强吸收，如很多不具备较大共轭体系的分子，它们的负离子的吸收多在近紫外区（λ_{max}＜400 nm），在这个波长范围内，R^-的吸收常会与中性 InH 和 RH 本身的长波吸收带有部分重叠，因此不能准确测定[R^-]。这时，可以只测定指示剂的[In^-]/[InH]，然后通过负离子交换平衡（式(2-3)）的化学计量关系（[R^-]$_{平衡}$＝[In^-]$_{初始}$－[In^-]$_{平衡}$），求出[R^-]/[RH]，再计算 K_{eq}，求出 pK_a(RH)。这就是单指示剂法(single indicator method)[38-44,51,52,54]。采用单指示剂法的另一种情况是有时一个待测酸的负离子在可见光区有较强吸收，而又很难找到一个 pK_a与之接近，而又在与其有较大不同的波长上有强吸收的指示剂；这时，也可以把待测酸作为它自己的指示剂，而与一个其负离子[In^-]在可见光区无吸收的指示剂联用，只实测[R^-]/[RH]，然后通过平衡的化学计量关系，求出[In^-]/[InH]，再计算 K_{eq}和待测酸的 pK_a[55]。

双指示剂法同时直接测定[R^-]/[RH]与[In^-]/[InH]，由此计算 K_{eq}和 pK_a，比单指示剂法更为可靠和准确。单指示剂法中，体系中的痕量水和杂质可能造成部分[In^-]被消耗而未用于产生[R^-]；同时，如果[In^-]在测量过程中有少量分解，则也使一部分[In^-]未用于产生[R^-]。这都使由化学计量关系（式(2-3)）计算的[R^-]$_{平衡}$偏大，结果使计算的 RH 的 pK_a偏低。但实验表明，Bordwell 所选用的指示剂都比较稳定，在进行测定的较短时间内不会有显著分解。而且，可以对同一个 RH 采用几种不同的指示剂进行几次实验，以保证求得的 pK_a的准确性。实际上，目前已有报道的 DMSO 中的有机酸的 pK_a数据大多是用单指示剂方法测定的。

实验上，在测定某酸 RH 的 pK_a时，可通过对其 pK_a的大致估计和实验，选用一与其 pK_a相差不超过 2 单位的指示剂。先把从 KH 与 DMSO 反应制备的 $CH_3SOCH_2^-K^+$ 盐加入除氧的无水 DMSO 中，再加入过量的指示剂 InH，使 $CH_3SOCH_2^-K^+$ 完全被反应而使等量的 InH 转变为 In^-。此时由测得的吸光度 A 和 In^-的 ε 值可求得[In^-]，而此即为开始时加入的[$CH_3SOCH_2^-K^+$]。再用已知量的 RH 的 DMSO 溶液对 InH/In^-溶液进行滴定，即每加入一份 RH 后用光谱法测定[In^-]，由此得出平衡中四个物种（R^-、RH、In^-、InH）的浓度，求出 K_{eq}，再按式(2-5)由 K_{eq}和指示剂的 pK_a，求出 RH 的 pK_a。这样把连续几次加入 RH 后求出的几个 pK_a加以平均，即得到待测酸 RH 的 pK_a。当然，还可以对该碳氢酸 RH 再选用另外一两种指示剂重复进行上述实验，以使求得的 pK_a值更为精确。如果 RH 的碳负离子不够稳定，不能较长时间保持浓度不变，则可只加一次 RH，而直接由这一单点实验求出 pK_a。当然，这时求出的 pK_a值的误差要比多点实验得出的平均值 pK_a的误差稍大一些。由两个以上指示剂的多点实验测定的 pK_a值误差一般不超过±0.1 pK_a。Bordwell 的研究组共测定了超过 1200 种有机酸在DMSO中的 pK_a值，并选取其中约 300 种代表性化合物，将它们的 pK_a集中列表，进而讨论 DMSO 中的酸性与它们在水溶液中的酸性以及离子对酸性和气相酸性的关系[32,56]。DMSO 溶液中有机酸的 pK_a值，是有机化学中迄今规模最大、最系统的一套碳氢酸酸性强度数据[32,57]。它为预测类似结构化合物的 pK_a值以及探讨结构对酸性的影响提供了基础。在本书的附录Ⅱ中，列举了一些不同结构类型的碳氢酸在 DMSO 中的 pK_a值。为了便于与水溶液中的酸性以及后述的离子对酸性和气相酸性进行比较，附录Ⅱ中也给出了这些碳氢酸的气相酸性和它们在水溶液中以及在 THF 中和环己基胺(CHA)中的离子对酸性强度(pK_a)。

DMSO 中的 pK_a值是以纯 DMSO 为标准状态的，因此是一套“绝对”的 pK_a值，可写为 pK_a(DMSO)。这正如水溶液中的 pK_a值是以纯水为标准状态的一套绝对 pK_a系统 (pK_a(H_2O)) 一样。在把这套以 DMSO 纯溶剂为标准状态的有机酸的酸性(pK_a值)与以纯水为标准状态的水溶液中有机酸的酸性[24~29]进行比较时，发现对一些其共轭碱体积较大，电荷较分散且极化度较大的酸，它们在这两种溶剂中的 pK_a值比较接近。如丙二腈(共轭碱为 $^-CH(CN)_2$)在水和 DMSO 中的 pK_a值均为 11。而苦味酸(2,4,6-三硝基苯酚)在这两种溶剂中的 pK_a值均为 0。又如，茚在 DMSO 和水溶液中的 pK_a值分别为 20.1 和 20.2，而芴在 DMSO 和水溶液中的 pK_a值分别为 22.6 和 22.2。相反，对一些具有小而电荷集中的负离子的酸，则在水中的酸性远比在 DMSO 中为强。例如，乙酸在 DMSO 中的 pK_a值为 12.3，在水中的 pK_a值为 4.75；三氟乙醇(共轭碱为 CF_3CH^-OH)在 DMSO 中的 pK_a值为 23.6，而在水中为 12.4。这是因为在从水中转换到 DMSO 中时，未离解的中性酸分子在两种溶剂中的溶剂化都不会很强，因此溶剂化能不会相差很大，而 H^+在两种溶剂中都可较好地溶剂化(DMSO 也是很好的氢键受体)。因此，一个酸在这两种溶剂中转换时，酸性的改变主要是由共轭碱负离子的溶剂化程度的改变引起的。大而电荷分散的负离子在水中的氢键溶剂化较差，而在较软的DMSO 中，则可经色散力得到较好的非特异性溶剂化。因此，这些负离子在这两种溶剂中获得的溶剂化稳定作用相近，这使它们的共轭酸具有相似的酸性。相反，小而电荷集中的负离子在水中有较强的氢键溶剂化作用，而在 DMSO 中则由于失去了氢键溶剂化作用，且与 DMSO 无较强的离子-偶极相互作用(DMSO 分子中，带部分正电荷的羰基碳原子被两个甲基屏蔽)而不稳定。对这些负离子，它们的前体酸在水中的离解平衡远比在 DMSO 中偏向右方，表现出更强的酸性。

同样还是由于在不同溶剂中转换时，碳氢酸强度(pK_a值)的改变在很多情况下主要是由于碳负离子的溶剂化改变引起的，而较大的、电荷较为分散的负离子在极性不同的溶剂中的溶剂化都较弱而且相对固定；因此，具有这些大而电荷分散的负离子的酸的强度对溶剂的改变不敏感。上面已经看到，在水中和 DMSO 中，这些酸的 pK_a较为接近。DMSO 作为极性非质子溶剂，对各种负离子的溶剂化都较弱。这使得在 DMSO 中测得的那些具有较大共轭体系而电荷较为分散的负离子的碳氢酸强度(pK_a)与它们在不能对负离子提供任何溶剂化的气相中的强度(见 2.2 节)也有比较好的平行关系[56,58-60]。

还应注意,在不同溶剂中转换时,质子的溶剂化能如果改变较大,也可以使酸的酸性发生较大改变。例如,苯酚在 DMSO、NMP 和 MeCN 三种溶剂中的 pK_a值分别为 18.0、20.1 和 27.2,相差较大。这三种溶剂都是极性非质子溶剂,它们对苯酚负离子的溶剂化都较差。苯酚酸性差别较大主要是由 H^+ 在这三种溶剂中的溶剂化能的差别造成的。其中乙腈是较弱的氢键受体,对质子溶剂化较弱,因此在乙腈中,苯酚酸性最弱。

2.1.2 离子对酸性

在脂烃和芳烃、醚类等极性较低的非质子溶剂中,碳负离子和金属离子存在于紧密程度不同的离子对中。离子对之间还可以发生缔合。这些都会影响碳负离子的稳定性,因而也影响相应的碳氢酸的酸性。在离子对中,金属离子与碳负离子的结合比在自由离子状态下更为紧密,这使式(2-1)所示的平衡移向右方,平衡常数 K_a加大。因此由式(2-1)计算得到的 RH 的 pK_a值变小,RH 的酸性增强。离子对的缔合将使碳负离子交换平衡进一步向右方移动。结果也使测得的 pK_a值变小。由于离子对及其缔合对 pK_a的影响,在这些低极性溶剂中测得的碳氢酸酸性(pK_a)实际上不是绝对的(内在)酸性强度标准,而只是相对的酸性强度标度,可称为离子对酸性(ion pair acidity)[33,34]。在这些溶剂中测得的各 RH 的“pK_a”值严格来说也不能称为 pK_a而可称为 pK_{IP}。这与水中和 DMSO 中建立的是以它们的无限稀释的溶液为标准状态的绝对酸性强度系统是不一样的。

建立离子对酸性系统的工作开始得很早。早在 20 世纪 30 年代,McEwen 等就已在乙醚和苯溶液中研究一些碳氢酸与其他碳氢酸的负离子的钾盐或钠盐的交换平衡(式(2-6)),并根据式(2-7)和式(2-8)测定 RH 的 pK_a[61-65]。此后的一些研究者又通过研究 RH 在乙醚中与其他碳负离子的锂盐的交换平衡[66],RH 在四氢呋喃(THF)中与 R_2^1Hg 的交换平衡[67,68]以及 RH 在环己基胺(cyclohexylamine, CHA)中与 R_1^- 的锂盐[33,69,70]和铯盐[33,71,72]的交换平衡来建立碳氢酸的酸性强度系统。这些在不同溶剂中测得的离子对酸性在 20 世纪 60 年代由 Cram 加以收集和整理,并人为地指定 9-苯基芴具有它在水溶液中用 H_- 酸度函数法测定的 pK_a值 18.5,再以此为准对其他碳氢酸的 pK_a值加以相应的校正从而汇编为一套碳氢酸的离子对酸性系统。按照对此系统有贡献的研究者的姓的首个字母,一般把此标度称为 MSAD 标度[73]。由于这个酸性系统是由不同溶剂中的工作拼凑而成的,酸的 pK_a值准确性不高。而且由于金属有机化合物(RM)在乙醚和苯中的溶解度不高,能够研究的酸的种类也较少。因此 MSAD 标度作为离子对酸性系统现在已为更新、更准确而且研究规模也更大的四氢呋喃中的离子对酸性系统所代替。

$$R_1H + R_2^- M^+ \xrightleftharpoons{K_{eq}} R_1^- M^+ + R_2H \tag{2-6}$$

$$K_{eq} = \frac{[R_1^- M^+][R_2H]}{[R_1H][R_2^- M^+]} \tag{2-7}$$

$$pK_{eq} = pK_{IP}(R_1H) - pK_{IP}(R_2H) \tag{2-8}$$

离子对酸性中目前应用较广的主要是 Streitwieser 研究组所做的四氢呋喃(THF)和环己基胺(cyclohexylamine,CHA)中的两套酸性系统。其中在 CHA 中的研究进行较早[33,69-72]。CHA 是碱性溶剂,对多数有机化合物有较好的溶解度。CHA 的共轭碱的锂盐和铯盐($CHA^- Li^+$和 $CHA\ ^-Cs^+$)在 CHA 中有较好的溶解度,可在负离子交换反应中用作碱。CHA 的 pK_a值为 41.6。因此在 CHA 中可研究 pK_a接近 38 的弱酸的强度。这比 DMSO 中可研究的范围扩大了 6 个 pK_a单位。CHA 的介电常数很小($\varepsilon=4.7$),离解性能较差,碳负离子的 Li^+ 盐和 Cs^+ 盐在 CHA 中均存在于离子对中。一些碳氢酸在 CHA 中的离子对酸性强度(pK_a值)可见本书的附录Ⅱ。

下面介绍 THF 中的离子对酸性。

在使用有机金属化合物(如有机锂试剂和格氏试剂)作为碳负离子来源的有机合成工作中,THF 是最常用的溶剂之一。因此研究碳氢酸在 THF 中的酸性强度很有意义。THF 的介电常数为 7.39,也是离解能力较差的溶剂。碳负离子的 Li^+ 盐和 Cs^+ 盐在 THF 中都主要存在于离子对中,离子对间还有不同程度的缔合。因此,在 THF 中通过式(2-6)的交换平衡测得的也是离子对酸性,要受离子对紧密程度和离子对缔合的影响,不是绝对的酸性标度。但研究 THF 中的酸性,研究离子对及其缔合状况,以及它们对酸性的影响,正好可以为在 THF 中使用碳负离子的实际反应提供有关碳负离子的状态与活性的直接知识。除此之外,THF 易于纯化,对多数有机化合物及其盐有较好的溶解度;熔点较 DMSO 和 CHA 等低,可在更广的温度范围内研究 pK_a与温度的关系,以获得离解过程更准确的 ΔH 和 ΔS 值,用以解释碳氢酸结构、溶剂、离子对及其缔合等因素对酸性的影响。

THF 本身的 pK_a值尚无报道,但从异丙苯(pK_{CHA}为 40.7)的负离子在 THF 中可稳定存在,而甲苯(pK_{THF}为 41.2)的负离子在 THF 中则不稳定(与 THF 发生负离子交换而被质子化)的实验事实可知,应为 40～41[74]。在适当的条件下,在 THF 中可测 pK_a接近 40 的弱酸的强度。

在 THF 中测定碳氢酸的离子对酸性的工作,主要是由 Streitwieser 研究组进行的[34,75-80]。为此,也要使用一系列涵盖整个 pK_a测量范围的指示剂。对这些指示剂的要求也如在研究 DMSO 中的离子酸性时一样,即它们的负离子应较为稳定,并在吸收光谱的可见光区(＞400 nm)有较强吸收。在使用 Li^+ 盐时[75-78],只能方便地测定 pK_a＜25 的弱酸。对 pK_a值更高的弱酸,它们与指示剂负离子锂盐的交换反应速率太慢;而碳负离子的锂盐又很活泼,交换时间较长时有可能消耗于副反应而达不到稳定的平衡浓度。使用 Cs^+ 盐时[74,79-82]，交换反应速率比用 Li^+ 盐时快[76,79,83]，而且碳负离子铯盐与中性前体等之间的副反应相对较慢。因此，使用铯盐时，可测定接近 40 的 pK_a 值。

测定某酸 RH 的酸性时，选用一个 pK_a 与之相差不超过 1～2 个 pK_a 单位且其负离子在可见光区的不同波长上有吸收的指示剂。测量时，在两者的 THF 溶液中，加入适当的碱(由于 THF 本身的共轭碱不稳定，在使用 Li^+ 盐时，常用 9,10,10-三甲基二氢蒽的锂盐(9-lithio-9,10,10-trimethyldihydroanthracene, LiTMDA))和四甲基硅烷的锂盐(LiTMS)作为碱，而在用 Cs^+ 盐时，常用 $Ph_3C^-Cs^+$、$PhC^-Me_2Cs^+$、$Ph_2C^-HCs^+$ 等作为碱以建立式(2-6)所示的交换平衡。通过紫外-可见光谱测量来确定 R^- 和 In^- 的浓度，再从实验开始时加入的中性 RH 和 InH 的数量，确定确立平衡时的[InH]和[RH]。通过式(2-8)来计算 RH 的 pK_{IP} 值。

为了提高测得的 pK_{IP} 的准确性，一般对同一 RH，应选用两三种不同的指示剂，进行上述实验，并把求得的 pK_{IP} 值加以平均。如果研究的 RH 的负离子盐(R^-M^+)在可见光区没有吸收，也可以仅从由 UV 测量实测的指示剂负离子的浓度，从平衡反应的化学计量关系来确定 R^- 的浓度($[R^-M^+]_{平衡}=[In^-M^+]_{初始}-[In^-M^+]_{平衡}$，式中 $[R^-M^+]_{平衡}$ 和 $[In^-M^+]_{平衡}$ 分别为达到平衡时的 $[R^-M^+]$ 和 $[In^-M^+]$，而 $[In^-M^+]_{初始}$ 为实验开始未加 RH 时 In^-M^+ 的初始浓度)，再用式(2-7)计算 K_{eq}(单指示剂法)[70,84]。值得注意的是，在用式(2-7)计算平衡常数时，是使用实测的表观浓度，而不是用活度来进行计算的。这是因为在实验时所用 RH 和指示剂(InH)以及它们的负离子的浓度较低时(约为 10^{-4} mol/L)，可以近似假定 RH 和 InH 与它们的负离子的活度系数比相等($\gamma_{RH}/\gamma_{R^-M^+}=\gamma_{InH}/\gamma_{In^-M^+}$)。

有一些酸的分子中有两个等同的可脱去的质子(如茚、芴等)；另一些酸的负离子有两个等同的可质子化位置(如 2-苯基茚等)。对这些酸，测得的 pK_a 值需加以统计校正，以获得按每个可脱质子计算的 pK_{IP}(per H)，即

$$pK_{IP}(\text{per H}) = pK_{IP} \pm \lg 2 = pK_{IP} \pm 0.3 \quad (2\text{-}9)$$

例如对芴，C-9 上有两个等同的可脱去的质子；因此，实测的 K_{IP}(实测)为 $2K_{IP}$；而

$$pK_{IP}(\text{per H}) = pK_{IP}(\text{实测}) + \lg 2 = pK_{IP}(\text{实测}) + 0.3 \quad (2\text{-}10)$$

而 1,3-二苯基茚的负离子在 C-1 和 C-3 上有两个等同的位置可以被质子化，因此

$$pK_{IP}(\text{per H}) = pK_{IP}(\text{实测}) - \lg 2 = pK_{IP}(\text{实测}) - 0.3 \quad (2\text{-}11)$$

为了把在 THF 中建立的相对离子对酸性与迄今规模最大的一套碳氢酸酸性系统，即 DMSO 中的离子酸性相联系并进行比较，Streitwieser 等建议在 THF 中用 Li^+ 盐和 Cs^+ 盐测得的两套酸性系统中，都人为地指定芴具有它在 DMSO 中的

pK_a值(22.90(per H))[78],然后把它在 THF 中实测的值与 22.90 的差值也用于对其他碳氢酸在 THF 中实测的 pK_a 值加以校正,以建立 THF 中 Li^+ 盐[75-78]和 Cs^+ 盐[74,79-82]的两套酸性系统。

在 THF 中,已研究过其离子对酸性的有机酸主要有:①一些烃类碳氢酸,如各种芴和茚的衍生物[75,76,79,80,82,85]、羰基化合物(酮,二酮,酰胺,酯等)[84,86-95]、苄基类碳氢酸($PhCH_2X$ 和 $PhCHX_2$,X＝H,Ph,CN,CO_2R 等)[96]、砜和亚砜[97]、多卤代芳烃[98]、炔类[99]、硅烷(R_3SiCH_2H)[100]、1,3-二噻烷衍生物[101]等。②氮氢酸,如 R_2NH[102]、咔唑衍生物[103]等。由于 Streitwieser 等在 THF 中测定离子对酸性时主要是应用双指示剂法,因此研究的主要是负离子在可见光区具有吸收、具有较大共轭体系的分子。而对硝基脂烃、脂族羰基化合物(脂酮、醛、酯)、脂腈、多卤代烃等的离子对酸性未测定过;而很多这些化合物在 DMSO 中的离子酸性,则已用单指示剂法在 DMSO 中测定过。在本书的附录Ⅱ中,列举了一些不同结构的碳氢酸在 THF 溶液中的 pK_a值。

总之,DMSO 中的离子酸性是目前有机化学中规模最大的一套非水溶液中的酸性系统。作为不受离子对及其缔合影响的离子酸性,它与气相酸性有较好的相关性,从而为讨论分子结构对各类有机酸酸性的影响提供了较为系统的参考数据。它也为在有机合成工作中从碳氢酸制备碳负离子时选择适当的碱和反应条件提供了依据。而在 THF 中建立的离子对酸性虽不是绝对酸性体系,却为在 THF 中使用碳负离子进行合成反应时碳负离子的存在状态提供了直接的信息,可用于帮助判断碳负离子的活性、反应机理和立体化学。此外,在 THF 中可测的弱酸的范围可至 pK_a＝40 左右,也比 DMSO 中可测的范围大。

2.1.3　离子对缔合对碳氢酸酸性的影响

在离子对酸性中,酸的 pK_a值与离子对的存在形式和缔合状况有关。离子对越紧密,碳负离子通过与金属离子相互作用而得到的稳定作用越强,酸的离解平衡就越偏向右方,其 pK_a值越低。研究 THF 中的离子对酸性时发现,对于电荷较为去局部化的碳负离子,如选用的二十几种指示剂的负离子,它们与锂盐一般生成溶剂分离离子对(SSIP, $R^- \| Li^+$)[77,78],而与铯盐则生成紧密离子对(CIP, R^-Cs^+)[74,78,96]。这是因为较小的 Li^+ 与较大而电荷分散的碳负离子作用较弱(离子-离子相互作用能$\propto 1/r$,r 为正负离子间的距离。对去局部化的 R^-,r 较大),因而 Li^+ 与较小的溶剂分子间的离子-偶极相互作用可以有效地与 R^- 与 Li^+ 间的相互作用竞争(虽然离子-偶极相互作用能$\propto 1/r^2$,但 Li^+ 的 r 较小)。这使得 Li^+ 在与 R^- 配位的同时,还与几个 THF 分子配位,生成 SSIP。而在 R^-Cs^+ 中,较大的 Cs^+ 与中性溶剂分子的相互作用($\propto 1/r^2$,但 r 较大)较弱,不能与 R^- 与 Cs^+ 之间的相互作用($\propto 1/r$)竞争,因此生成 CIP。当然,如果碳负离子较小而且电荷集中,

则情况会与上述不同。例如,羰基化合物的烯醇负离子,负电荷较多集中于氧原子上,它们与 Li^+ 的作用比与 Cs^+ 的作用更强。此时 $R^- Li^+$ 与 $R^- Cs^+$ 都生成 CIP。且前者的离子对离解常数更小。实际上在测定上述各类碳氢酸在 THF 中的铯盐和锂盐两套离子对酸性时,使用的碳负离子的浓度很低(约为 10^{-4} mol/L),此时 $R^- Li^+$ 的 SSIP 与 $R^- Cs^+$ 的 CIP 都处于单体状态,不存在离子对的明显缔合;测得的 pK_{IP}在一定的浓度范围内与浓度无关。

在 CIP 和 SSIP 中,正负电荷同处于一个溶剂笼子中,它们都是不导电的。同时,CIP 和 SSIP 与自由离子的光谱吸收也有差别。当离子对离解而变得松弛时,吸收红移,λ_{max}变大。因此,可以用电导法[78]或紫外-可见光谱法[101]测定从 CIP 离解为 SSIP 和自由离子,以及从 SSIP 离解为自由离子的离解常数(式(2-12))。

$$R^- M^+ \xrightleftharpoons{K_d} R^- + M^+ \tag{2-12}$$

对那些在离子对酸性研究中常用的具有去局部化负离子的指示剂,已测定了它们在 THF 中与 Li^+ 的 SSIP 和与 Cs^+ 的 CIP 在室温时的离解平衡常数 K_d。结果表明,这些指示剂 Li^+ 盐的 SSIP($In^- \parallel Li^+$)的 K_d 相差不大,都在 $7\times10^{-6} \sim 23\times10^{-6}$ mol/L,即约为 1×10^{-5} mol/L。而它们与 Cs^+ 的 CIP($In^- Cs^+$)的 K_d则在 $1.5\times10^{-8} \sim 20\times10^{-8}$ mol/L[78]。

从 $R^- M^+$ 离子对在 THF 中的这些离解平衡常数和实测的 RH 的 pK_{IP},可以通过式 (2-13)的热力学循环,按式(2-14)来估计离子酸性,即当 $R^- M^+$ 完全离解为自由离子(free ions,FI)时应有的 pK_{FI}值[78,84]。

$$\begin{array}{ccc} R_1^- M^+ + R_2H & \xrightleftharpoons{K_{eq}} & R_1H + R_2^- M^+ \\ \Big\Updownarrow K_{d1} & & \Big\Updownarrow K_{d2} \\ R_1^- + M^+ + R_2H & \xrightleftharpoons{K_{FI}} & R_1H + R_2^- + M^+ \end{array} \tag{2-13}$$

$$K_{FI} = K_{eq}K_{d2}/K_{d1}, \text{所以 } pK_{FI} = pK_{eq} - \frac{\lg K_{d2}}{\lg K_{d1}} \tag{2-14}$$

这些 pK_{FI}是无限稀释的 THF 溶液中 R_1H 与 R_2H 的 ΔpK_a值,即两者的以 THF 为标准状态的绝对 pK_a值之差($pK_{FI} = pK_a(R_2H) - pK_a(R_1H) = pK_{eq} - \lg(K_{d2}/K_{d1})$)。但因在 THF 中还没有一个化合物的绝对 pK_a值是已知的,因此这些 pK_{FI}虽然给出了各 RH 间的 ΔpK_a,但由之仍不能计算 THF 中各酸的绝对酸性。但 $pK_{eq} = pK_{IP}(R_2H) - pK_{IP}(R_1H)$,因此,$pK_{FI} = pK_a(R_2H) - pK_a(R_1H) = pK_{eq} - \lg(K_{d2}/K_{d1}) = pK_{IP}(R_2H) - pK_{IP}(R_1H) - \lg(K_{d2}/K_{d1})$。由于在 THF 中,具有电荷较为去局部化的负离子的碳氢酸(如上述各种指示剂),它们的负离子与 Li^+ 或 Cs^+ 形成的离子对的离解常数对结构的改变不甚敏感,与 Li^+ 的 SSIP 的离解常数都为 1×10^{-5} mol/L 左右,而与 Cs^+ 的 CIP 的离解常数也相差不大(1×

10^{-8}～20×10^{-8} mol/L)，$\lg(K_{d2}/K_{d1})$一项常可忽略。这样，对这些负电荷较为去局部化的碳氢酸，近似可认为 $pK_{FI}=pK_a(R_2H)-pK_a(R_1H)=pK_{IP}(R_2H)-pK_{IP}(R_1H)$。可以看到，如果人为地指定芴的 pK_{IP}具有其在 DMSO 中的 pK_a之值(22.9(per H))，则求得的各酸的 $pK_{IP}(Li^+)$和 $pK_{IP}(Cs^+)$，与它们在无限稀释的 THF 溶液中的离子酸性 pK_{FI}是一样的，且与 DMSO 中的 pK_a不仅有很好的平行关系，而且在数值上也很接近(以 pK_a(DMSO)对 $pK_{IP}(Li^+$,THF) 或 $pK_{IP}(Cs^+$,THF)作图，近似可得斜率为 1 的直线)[78]。当然，对那些负离子电荷较为集中的碳氢酸，它们的离子对的离解常数 K_d远比指示剂的离子对(R^-M^+)的离解常数小。它们在 THF 中的 pK_{IP}要比在 DMSO 中的 pK_a小几个数量级。例如，1,1-二苄基甲酮($PhCH_2COCH_2Ph$)的 $pK_{IP}(Li^+$,THF)为 11.62[88]，而它在 DMSO 中的离子酸性为 18.7。这里，约为 7 的 ΔpK 表明，离子对($PhCH_2^-COCH_2Ph\ Li^+$)在 THF 中的离解常数为指示剂(9-苯基芴和 9-联苯基芴)的离子对的离解常数的约 10^{-7}倍。值得注意的是，在 THF 中，酮、酰胺等羰基化合物的负离子(烯醇负离子)中，负电荷集中于氧原子上，这时，它们与 Li^+ 和 Cs^+ 都生成 CIP，且与 Li^+ 的结合更为紧密。这可以从一些酮的 Li^+ 酸性远比 Cs^+ 酸性为高看出。例如，*N*,*N*-二甲基联苯乙酰胺($PhPhCH_2CONMe_2$)在 THF 中的 pK_{Li} 为 19.77，而 pK_{Cs} 为 24.87，这表明其负离子与 Li^+ 的 CIP 的离解平衡常数约为其与 Cs^+ 的 CIP 的离解常数的 10^{-5}倍[93]。

碳负离子与金属离子除了存在于离子对中以外，在 THF 等低极性溶剂中，离子对之间还可以通过静电相互作用发生缔合(式(2-15))。

$$2R^-M^+ \xrightleftharpoons{K_{1,2}} (R^-M^+)_2 \xrightleftharpoons[R^-M^+]{K_{2,3}} (R^-M^+)_3\cdots\cdots$$
$$nR^-M^+ \xrightleftharpoons{K_{ag}} (R^-M^+)_n \tag{2-15}$$

离子对缔合的结果是使离子对变得更为稳定，式(2-6)所示的负离子交换平衡更加移向右方，表现为实测的 pK_{IP}值更低。式(2-15)的化学计量关系表明，当$[R^-M^+]$浓度升高时，缔合程度加大(K_{ag}加大)，因此式(2-6)的平衡更加移向右方。如果发现实测的 pK_{IP}值随溶液浓度发生变化，在浓度加大时 pK_{IP}变小，就表明在实验中使用的浓度范围内发生了离子对缔合现象。通过定量研究碳负离子盐的 pK_{IP}随盐的浓度的变化，还可以测定离子对的离解常数(K_d)和离子对的平均缔合数 $\bar{n}$(式(2-16)和式(2-17))[84]

$$\text{(a)}\ K_{obs}=\sum_n nK_{1,n}K_o^n\left(\frac{[R^-Li^+]}{K_{obs}}\right)^{n-1},\quad \text{(b)}\ K_{obs}=K_o+2K_dK_o^2\frac{[R^-Li^+]}{K_{obs}} \tag{2-16}$$

$$pK_{obs}=\frac{1-\bar{n}}{\bar{n}}\lg[R^-M^+]+b \tag{2-17}$$

式(2-16(a))中，K_{obs}是在不同浓度时实测的 RH 的离子对酸性，而 K_o是 R^-M^+存在于单体而无缔合时应有的酸性。$K_{1,n}$则是 R^-M^+的离子对缔合为 n 聚体时的缔合平衡常数。例如，对单体缔合为二聚体的情况，由式(2-16(a))可得式(2-16(b))。式中 K_d是单体与二聚体的缔合平衡常数。此时，把 K_{obs}对$[R^-M^+]/K_{obs}$作图，截距给出 K_d，再从斜率求出 K_o。式(2-17)中，pK_{obs}是实测的各浓度时 RH 的离子对酸性，b 是一常数，而 $\bar{n}$ 是在所测浓度范围内离子对的平均缔合数。如果浓度改变范围不大，离子对的缔合状况不发生很大的改变，以 pK_{obs}对 lg $[R^-M^+]$作图，可得直线关系，由其斜率可计算该离子对在所测浓度范围内的平均缔合数。

除了 Streitwieser 研究组和其他一些研究者[104-106]在 THF 中的工作外，对一些碳氢酸在 1，2-二氯乙烷[107]、庚烷[108,109]、液氨[110]、N，N-二甲基甲酰胺(DMF)[111]溶液中的离子对酸性也已有研究。

由于指示剂法用紫外-可见光谱测定离子酸性和离子对酸性在实验上的限制，以及溶剂拉平效应对酸性测量范围的影响，目前已定量研究过其溶液酸性强度的化合物的数量和结构类型仍然受到一定限制。特别是在实验测定很弱或很强的碳氢酸的强度和研究一些反应中间体的酸性，以及同一分子中不同 C—H 键的酸性时会遇到困难。对碳氢酸的溶液酸性进行理论计算，可以弥补实验方法的这些不足，扩大研究的碳氢酸的范围，为讨论结构-酸性关系提供更完整的参考数据。同时，通过理论计算还可以模拟研究碳负离子和离子对在溶液中的微观结构，有助于深入讨论反应性能。计算溶液酸性的困难主要来自在计算气相离解能的基础上，需对离解平衡中物种的溶剂化能进行可靠的计算。近年来，通过精细选择能量计算方法和计算溶剂化能的理论模型，已对碳氢酸在水溶液中[112]和有机溶剂中[113-119]的酸性强度进行了较为精确的计算。在这些计算中，为了避免计算质子溶剂化能时的误差，一般不直接用碳氢酸的离解平衡(见后述气相酸性中的式(2-18))来进行计算，而是从碳负离子的交换反应(式(2-3)和式(2-6))，以一个标准酸的实验测定的 pK_a为基准，通过交换反应的自由能变化来计算其他酸的 pK_a。这样，计算两个碳氢酸及它们的负离子的溶剂化能时的误差大部分相互抵消，提高了计算精度。对 105 种不同结构类型的 C—H、O—H、N—H 有机酸在 DMSO 中的离子酸性进行的计算，与实验测定值的误差为±2 个 pK_a单位[118]。对一些杂环化合物和芳烃的不同位置上的 pK_a(DMSO)(很多未实验测定过)也进行了计算，与实验值的误差(对已实验测定过的化合物)为±1.1 个 pK_a单位[114]。对 65 种碳氢酸的 THF(Cs^+)离子对酸性进行的计算与实验值的平均误差为 1.2 个 pK_a单位[113]；其中，只有 15 种在 DMSO 中的 pK_a曾实验测定过。在计算了其余酸的 pK_a(DMSO)后，比较了 pK_a(DMSO)和 pK(THF/Cs^+)。结果表明，Streitwieser 原来在为数不多的碳氢酸的基础上发现的 DMSO 中的离子酸性与 THF(Cs^+)离子对酸性之间在数值上的接近对这些不同结构的碳氢酸是共同现象：pK_a(DMSO)=

pK(THF/Cs^+)－1.5。计算还揭示，此种似乎意外的符合是由于碳负离子与 Cs^+ 生成离子对，以及离子对在 THF 中溶剂化需要的能量与碳负离子在 DMSO 中溶剂化需要的能量之间有很好的相关关系，即在 THF 中离子对的形成与溶剂化过程与在 DMSO 中碳负离子的溶剂化过程相似。

2.2　气相酸性[120,121]

严格来说，应从气相中的酸性强度数据来讨论分子结构对分子酸性的影响。在溶液中，取决于溶剂的极性，有机负离子的溶剂化能一般为 50～90 kcal/mol[122]，而两个酸性相近(如 ΔpK_a 为 1～2 时)的碳氢酸的离解自由能(ΔG_A)之差则仅有 2～3 kcal/mol(由 $K_a = e^{-\Delta G_A/(RT)}$，在室温时 $pK_a = \Delta G_A/(2.3RT) = \Delta G_A(\text{kcal/mol})/1.37$)。因此，两者的共轭碱的溶剂化能的差别往往掩盖了它们的分子结构决定的碳负离子的内在稳定性，即内在酸性(intrinsic acidity)的差别。这就是同样的两个酸在不同的溶剂中，相对强度有时可以发生反转的原因。例如，在气相中，环戊二烯的酸性比茚为弱(两者的酸性离解自由能(ΔG_A)分别为 347.7 kcal/mol 和 344.6 kcal/mol)，而在 DMSO 中，则环戊二烯(pK_a(DMSO) 18.0)是比茚(pK_a(DMSO) 20.12)强的酸。又如，在气相中，环戊二烯的酸性比硝基甲烷(ΔG_A 为 351 kcal/mol)强；但在水溶液中，硝基甲烷(pK_a(水)为 10.2)的酸性比环戊二烯(pK_a(水)为 16)强得多。这显然是由于小而电荷较为集中的或极性较大的负离子在溶液中的较强的溶剂化造成的。只有在气相中，才可以消除溶剂化对碳负离子稳定性的改造，表现出碳负离子真实的内在稳定性。气相酸性(gas phase acidity)才是分子本身内在酸性的真实度量。

在气相中研究化合物酸性的另一个优点是，在气相中不存在由于溶剂的两性性质而产生的拉平效应，可测量的酸性强度的范围比在溶液中更广。目前已研究过的气相酸性的范围从最强的高氯酸($HClO_4$)(ΔG_A＝281.4 kcal/mol)到最弱的甲烷(ΔG_A＝409 kcal/mol)，已涵盖了超过 90 个 pK_a 单位。

化合物的气相酸性可由其按式(2-18)进行酸性离解时的离解焓 ΔH_A 或离解自由能 ΔG_A 来表示。ΔH_A 在数值上也可视为负离子 A^-(HA 的共轭碱)的质子亲和势(proton affinity，PA)。

$$HA \rightleftharpoons H^+ + A^-$$

HA 的气相酸性：ΔH_A，ΔG_A　　(2-18)

A^- 的质子亲和势：$PA(A^-) = \Delta H_A(HA)$

化合物的 ΔH_A 和 ΔG_A 正值越大，酸性越弱。随着 ΔH_A 和 ΔG_A 的减小，酸性逐渐增强。对碱而言，质子亲和势越高(PA 正值越大)，碱性越强。因此，质子亲和势的大小，常用来表示碱的气相碱性强度。

实际上，酸 H—A 的气相酸性 ΔH_A 可视为 H—A 键在气相中进行异裂的离解能。由于 C—H 键异裂的能量很高，而在无溶剂的条件下生成的质子和负离子（A^-）又得不到任何溶剂化的稳定作用，气相中，式(2-18)所示的酸的离解平衡都是大吸热反应，平衡严重偏向左方。例如，氯化氢(HCl)室温时在气相中的离解自由焓(ΔH_A)为 328.1 kcal/mol，它的离解平衡常数为 10^{-241} 左右($pK_a=241$)。由于生成的 H^+ 和负离子的浓度太低，这样的离解平衡无法通过实验测定。但我们可以对式(2-18)设计一个热力学循环（式(2-19)），由此可得式(2-20)。

$$\begin{array}{ccc} HA & \xrightleftharpoons{\Delta H_A} & H^+ + A^- \\ D(HA)\downarrow & & \uparrow e^- \mid -EA(A\cdot) \\ H\cdot + A\cdot & \xrightarrow[IP(H\cdot)]{-e^-} & H^+ + A\cdot \end{array} \tag{2-19}$$

$$\Delta H_A = D(HA) + IP(H\cdot) - EA(A\cdot) \tag{2-20}$$

式(2-20)中，氢原子的电离势($IP(H\cdot)$，313.6 kcal/mol)[123]是固定的，因此酸 HA 的气相离解焓取决于 H—A 键均裂的离解焓(键能)$D(HA)$和自由基 A·的电子亲和势 $EA(A\cdot)$。实际上，可以近似把 H—A 键的离解能视为中性 HA 分子稳定性的度量，而把 A·的电子亲和势视为负离子 A^- 的稳定性的度量，它们的差值与 HA 的酸性强度直接相关。很多简单的小分子自由基(·OH，·SH，$\cdot CH_3$，$\cdot NH_2$，·CN，·F，·Cl，·Br，·I 等)的电子亲和势都已准确测定(误差在 0.1～0.3 kcal/mol)[124-126]，因此可以从式(2-20)来计算酸的以 ΔH_A 表示的气相酸性。也可以用式(2-18)的标准自由能变化(ΔG_A)来表示气相酸性，由于 $\Delta G=\Delta H-T\Delta S$，从 ΔH_A 转换为 ΔG_A 时，需进行离解熵 ΔS_A 的校正。

$$\Delta S_A = S_{H^+} + S_{A^-} - S_{HA} \tag{2-21}$$

而

$$S = S_e + S_t + S_v + S_r \tag{2-22}$$

式中，S 为该物种(HA、H^+ 或 A^-)的绝对熵值。S_e、S_t、S_v、S_r 分别为该物种的电子、平动、振动、转动的熵值[127]。因此

$$\Delta S_A = \Delta S_e + \Delta S_t + \Delta S_v + \Delta S_r \tag{2-23}$$

在 HA 的离解平衡中不涉及自旋不成对电子，也不涉及电子激发态物种，ΔS_e 应为零。ΔS_v 取决于离解过程中简正振动方式的数目和频率的改变。在 HA 离解为 H^+ 和 A^- 的过程中，由于 H—A 键的振动频率较高，损失此一简正振动方式对 S_v 的影响较小；而 A^- 中其他振动方式及频率与 HA 中相比也无较大改变。这样，ΔS_v 对总的 ΔS_A 也无重要贡献。ΔS_t 取决于离解过程中分子质量的变化，对分子质量很小的分子，离解掉一个质子就会导致平动熵值的较大改变。对一般多原子分

子，ΔS_t不重要。在 ΔS_A中，主要需要考虑的是 ΔS_r，它主要与离解过程中体系的转动惯量(I_i)、对称数和基团内旋转能垒的改变有关。其中，除对很轻的分子外，离解过程中转动惯量(I_i)无较大改变，而对称数改变的贡献为

$$\Delta S_r = -R\ln[\sigma(A^-)/\sigma(AH)] \tag{2-24}$$

式中，σ 为物种的对称数。如果在离解过程中，HA 中某些基团的内旋转能垒发生较大改变，甚至在极端情况下某些基团的内旋转消失(如碳正离子脱质子生成烯烃(式(2-25))时，

$$R\overset{+}{C}HCH_3 \xrightarrow{-H^+} RCH{=}CH_2 \tag{2-25}$$

或出现新的基团内旋转，也会引起熵值的改变；可根据基团的自由内旋转和阻碍内旋转的已知熵值加以估计。实际上，对大多数化合物，考虑上述各种因素对 ΔS_A的贡献后，在式(2-18)代表的离解过程中，ΔS_A一般不大且相对固定，为 2～10 cal/(mol·K)[128]，对 ΔG_A的贡献远不如 ΔH_A大。因此，以 ΔG_A表示的气相酸性与 ΔH_A相差不大，常在几个 kcal/mol 左右。必要时可以用量子化学方法对酸的离解平衡中的各物种的结构参数和振动频率等进行计算，以求出 ΔS_A，以对 ΔH_A与 ΔG_A进行更为精确的转换[129-135]。这对较为复杂的体系，如生物大分子的气相酸性的测定，是很有意义的。

目前，虽然已有较多的简单自由基 A·的电子亲和势(EA(A·))被准确测定过，并可用于计算相应的小分子酸的气相酸性 ΔH_A和 ΔG_A，但大量较复杂的多原子分子的自由基的电子亲和势还是未知的。对这些化合物，由式(2-18)所示的离解平衡，按式(2-20)来直接计算它们的气相酸性还不可能。对这些情况，可通过在建立溶液酸性时采用的负离子交换平衡反应(式(2-6))来确立酸的相对酸性(式(2-26))。

$$A^- + HB \overset{K}{\rightleftharpoons} HA + B^- \tag{2-26}$$

对式(2-26)的平衡常数 K，可以用高压质谱(high pressure mass spectrometry，HPMS)[136-140]或离子回旋质谱(ion cyclotron resonance mass spectrometry)[141-145]法直接测定 A^-和 B^-的相对浓度以及 HA 和 HB 的分压来计算。也可以用流动余辉(flowing afterglow)质谱法[146-150]测定负离子交换平衡的正向和反向速率常数来求取($K=k_1/k_2$)。

$$\Delta G = \Delta\Delta G_A = \Delta G_A(HA) - \Delta G_A(HB) = -RT\ln K \tag{2-27}$$

式中，K 是实测的负离子交换的平衡常数，而 ΔG_A(HA)和 ΔG_A(HB)分别为酸 HA 和 HB 的气相酸性。如果其中一个酸的 ΔG_A已知，则可求得另一个酸的 ΔG_A。实际上，仅当两个酸的 ΔG_A相差不超过 10～20 kJ/mol 时，$[A^-]/[B^-]$比值适中，平衡常数 K 才能准确测定。因此，大多数化合物的 ΔG_A未能通过直接以某一小分子酸(其绝对 ΔG_A已由 D(HA)和 EA(A·)精确计算而得)为参照酸，而按式(2-27)

直接求得。实际上是通过一系列的负离子交换平衡测量，建立一个大量的酸的相对酸性的“台阶”，然后与某一个或几个其绝对气相酸性（ΔG_A）已按式（2-20）精确测定的小分子酸挂钩[131,151]，而求出各酸的气相酸性 ΔG_A。然后可通过上述估计或计算 ΔS_A的方法把 ΔG_A转换为 ΔH_A。

如果可以在不同温度下测定上述负离子交换平衡反应的平衡常数，则可用 Van′t Hoff 公式（式（2-28）），以 $\ln K$ 对 $1/T$ 作图，从图中斜率和截距分别求出 $\Delta\Delta H_A$和 $\Delta\Delta S_A$。这样就可以得到各酸的 ΔH_A。

$$\ln K = -\frac{\Delta G}{RT} = -\frac{\Delta H}{RT} + \frac{\Delta S}{R}$$

$$\Delta H = \Delta\Delta H_A; \quad \Delta S = \Delta\Delta S_A \tag{2-28}$$

在本书的附录Ⅱ中列举了一些不同结构类型的碳氢酸的气相酸性（ΔH_A和 ΔG_A）。为了对有机化学中感兴趣的各类酸的气相酸性强度获得较为完整的概念，也列出了一些具有代表性的含 O—H、N—H、S—H 等酸性基团的化合物的气相酸性，这些气相酸性的测定误差多数为±（1～3）kcal/mol。

由式（2-20）可见，分子 HA 的气相酸性（离解焓 ΔH_A）取决于 H—A 键的离解能和自由基 A·的电子亲和势 EA（A·）。因此，如果能准确测定气相酸性，而 EA（A·）也已知，则可由 ΔH_A和 EA（A·）（当然还有 H·的电离势）来计算 H—A 的键能。当然，这个方法只适于测定如 C—H、O—H、N—H 等含氢化学键的键能。这对于测定烃类分子中的各种 C—H 键的键能特别有用。很多饱和烃、烯烃、炔烃和芳烃分子的 C—H 键的键能都已用此法进行了测定[152]，并与其他方法（如从原子夺氢反应的热化学和光电离质谱法）测定的结果进行了比较，以得出精确的键能值。

运用上述键能-自由基电子亲和势方法和负离子交换平衡方法已测定了 1000 多种有机酸的气相酸性[132,135,153-160]。对气相酸性进行的这些实验研究，为讨论分子结构对酸性的影响提供了基础。同时，通过把气相酸性与溶液酸性进行比较还可以提供溶剂效应对酸性的影响的知识[56,58,60,157,158]。这些实测的气相酸性还可以用于与通过量子化学计算而得的气相酸性进行比较。由于不涉及溶剂化作用的影响，对式（2-18）的 ΔG_A代表的气相酸性可以直接从分子性质进行计算，把不同方法和精密等级的计算结果与实验测定的气相酸性相比较，可以帮助改进计算方法。目前，一些高等级的计算方法对小分子和中等大小分子计算的气相酸性在很多情况下已能与实验值符合得很好（误差可在 1 kcal/mol 左右）。随着计算方法的不断改进和发展，理论计算将可在气相酸性研究中发挥更大作用。例如，可以设计目前尚未知的可能的超强酸[161-164]和超强碱[165-168]，研究一些由于现有实验方法的局限性而难以测定的气相酸性（如负离子难以产生或不稳定的酸的酸性[132,169]以及分子中的除酸性最强的一个 C—H 键以外的其他酸性较弱的 C—H 键的酸性等)。需要注意的是,目前已报道的气相酸性只有少部分是直接与前述其 ΔH_A已经按式(2-18)精确测定的小分子挂钩而直接测定的;大部分则是与一些二级标准化合物挂钩,再通过后者与一级小分子标准化合物挂钩的。因此测量二级标准化合物时的误差要带入测定结果。此外,受技术条件的限制,气相酸性的测定目前仍主要只在少数实验室中进行。不同时期和不同实验室已报道的 ΔH_A和 ΔG_A误差大小不同。对一部分化合物,不同实验组报道的数值有时有几个 kcal/mol 的差别。而且有些同一系列的化合物中的不同成员的气相酸性是由不同实验组报道的,在把这些数据整合而一同排列比较时,应考虑不同作者测量结果之间的系统误差,为此可参阅原始文献做出评估。

由于溶剂对中性酸分子、质子和酸的共轭碱负离子的复杂的非特异性和特异性溶剂化作用,似乎很难想象气相酸性与溶液中的酸性会有较好的相关关系。但在比较一些其负离子具有较大的共轭体系,使负电荷高度去局部化的碳氢酸的气相酸性与 DMSO 和 THF 中的酸性时发现,这些酸的强度顺序在气相中与溶液中有很好的平行关系。这是因为这些溶剂作为好的氢键受体,对质子的溶剂化都较好,而电荷高度去局部化的碳负离子在这些溶剂中的溶剂化都较差且溶剂化能相差不大。因此,虽然由于负离子在溶液中得到溶剂化的稳定作用而使这些酸的离解平衡在溶液中比在气相中大大偏向右方,具有远比气相中更高的绝对酸性,但各酸的相对强度都基本保持不变。例如,以 15 个增环的环戊二烯衍生物(环戊二烯、茚和芴的衍生物)的气相酸性(ΔG_A)对 DMSO 中的 pK_a,或将 pK_a换算为 ΔG_A($pK_a=\Delta G_A/(2.303RT)$)作图,可得斜率为 1.08 的直线($\gamma=0.994$)。这表明,不但各酸在气相中与 DMSO 中的强度顺序相同,而且各酸之间强度的差别(以 pK_a或 ΔG_A表示)也没有改变。斜率为 1.08 表明,结构对酸性强度的影响,在从气相转到 DMSO 中时,只是稍有衰减。当然,对于电荷较为集中的碳负离子,溶剂化的影响会更为重要和复杂。但对同一系列的结构相似的碳负离子(如取代甲苯系列,取代苯乙腈系列等),由于在同一溶剂中的溶剂化能相差不大,它们的共轭酸的相对强度在气相中与 DMSO 中在很多情况下能有较好的平行关系,即碳负离子的结构和取代基效应对其稳定性(共轭酸的酸性)的影响趋势在气相中得到保持。但这种影响的程度在溶液中有不同程度的衰减。

溶剂化作用对有机化合物的内在酸碱性的影响,还可以从对同系物醇[170-177]、胺[178-180]、硫醇[181-184]和羧酸等在溶液中和气相中的相对酸碱强度的影响看出,例见表 2-1。表中给出了由实验研究得出的这几类化合物在气相中和溶液中的相对酸碱性强度顺序。也给出了一部分化合物的已测定的 ΔH_A和 pK_a值。

表 2-1 醇、胺和硫醇在气相和溶液中的相对酸性和碱性

脂醇的酸性	气相中	t-BuOH>i-PrOH>EtOH>MeOH(>H_2O)
	ΔH_A/(kcal/mol)	374.7　375.1　378.3　382　391
	溶液中	t-BuOH<i-PrOH<EtOH<MeOH[25]
	pK_a(水)	19.2　17.1　15.9　15.1
脂醇的碱性	气相中	t-BuOH>i-PrOH>EtOH>MeOH(>H_2O)
	PA/(kcal/mol)	191.8　189.5　185.6　180.3
	溶液中	t-BuOH<i-PrOH<EtOH<MeOH<H_2O
	pK_a(ROH_2^+,水)	−1.94　−2.05　−1.74
脂胺的酸性	气相中	t-BuNH_2>i-PrNH_2>EtNH_2>MeNH_2
	ΔH_A/(kcal/mol)	396.6　397.3　399.3　403.2
	纯溶液中	MeNH_2<NH_3
	pK_a(水)	35
脂胺的碱性	气相中	t-BuNH_2>i-PrNH_2>EtNH_2>MeNH_2
	PA/(kcal/mol)	223.3　220.8　218.0　214.9
	溶液中	t-BuNH_2≈i-PrNH_2≈EtNH_2≈MeNH_2≈NH_3
	pK_a(RNH_3^+,水)	10.4　10.8　10.6　10.6　10.5
硫醇的酸性	气相中	t-BuSH>i-PrSH>EtSH>MeSH
	ΔH_A/(kcal/mol)	352.5　353.4　355.7　357.6
	溶液中	t-BuSH<i-PrSH<EtSH<MeSH
	pK_a(水)	11.22　10.86　10.33　9.96

由表 2-1 可以看出，从气相中表现出来的这些同系物的内在酸碱强度来看，无论是作为酸被除去质子的酸性还是作为碱接受一个质子的碱性，都是具有较大烷基的化合物的强度较高。这是因为对这些脂肪族化合物，它们的共轭碱(负离子)或共轭酸(正离子)都只能从与烷基的离子-偶极相互作用获得稳定。较大的烷基具有较大的极化度，对正离子和负离子都可以提供更强的稳定作用。而在这些化合物的纯溶液或水溶液中，则溶剂分子对正负离子的特异性溶剂化作用(对负离子的氢键溶剂化作用和通过杂原子对正离子的电子对给体-受体溶剂化作用)以及非特异性溶剂化作用(大量溶剂分子的极化度提供的离子-偶极相互作用)对这些化合物的共轭酸或共轭碱提供的稳定作用远比分子内电荷-偶极相互作用提供的稳定作用大。而在这些系列中，烷基较大的成员对正负离子的溶剂化作用产生较大的立体阻碍。因此，烷基较小的同系物由于其共轭酸(或碱)受到较强的溶剂化作用而常表现出更强的酸性或碱性。

这些例子表明，对脂肪族酸碱而言，在气相中，烷基的极化度大小对决定酸碱

强度起主要作用，而在溶液中，溶剂化作用以及烷基对溶剂化的位阻起主要作用。

对于生成去局部化的负离子的碳氢酸而言，它们在气相中的酸性由负离子中的电荷去局部化程度决定，能生成负电荷高度去局部化的负离子的碳氢酸酸性较强。如前已述及，茚(ΔH_A=352 kcal/mol)比环戊二烯(ΔH_A=354 kcal/mol)的酸性更强。而在溶液中，共轭体系较小，电荷较为集中的碳负离子得到的溶剂化稳定作用更强，往往表现出更强的酸性。如在 DMSO 中，上述酸的强度与在气相中时相反。因此，在气相中，一般倾向于生成具有较大的共轭体系的去局部化碳负离子，而在溶液中则往往倾向于产生电荷较为集中、共轭体系较小的碳负离子。当然，对碳负离子本身的热力学稳定性与溶剂化稳定作用需要进行综合考虑。例如，虽然在 DMSO 中环戊二烯(pK_a 18)酸性比茚(pK_a 20.1)强，而茚的酸性又比芴(pK_a 22.6)强，但具有更大的平面共轭体系的 fluoradene (pK_a 10.5)则具有比环戊二烯更强的酸性，这是负电荷在大共轭体系中高度去局部化的结果。

2.3　动力学酸性

溶液中平衡酸性的测量，有赖于定量测量式(2-3)和式(2-6)所示的碳负离子交换平衡。受溶剂拉平效应的影响，在某溶剂中不能测定 pK_a 比该溶剂的 pK_a 还高的弱酸的强度。此外，当弱酸的 pK_a 值与溶剂的 pK_a 值接近时，在溶液中与参考酸的负离子建立交换平衡的速度常太慢，或生成的碳负离子已因太活泼而不能稳定积累起来。此时实际上也无法实验测定平衡酸性。同时，测定平衡酸性一般应用紫外-可见光谱技术。这要求待测酸与参考酸在可见光区(>400 nm)有较强的吸收，因此主要适用于分子中具有较大共轭体系的酸。对于很多不具备大共轭体系的碳氢酸，如饱和烃、卤代烃等，则难以用紫外-可见光谱法测定平衡酸性。在这些情况下，可以用动力学方法测定一些弱酸在强碱溶液中与溶剂发生氢同位素交换的相对速率来比较它们的相对酸性强度。例如，可以测定无同位素标记的酸(RH)在强碱(一般是溶剂的共轭碱，但也可以用叔丁醇钾、环己基胺铯等其他强碱)的作用下，与标记的溶剂，即氘代或氚代的溶剂(SD 或 ST)进行 H/D 或 H/T 交换的速率。也可以测定标记的酸(RD 或 RT)与未标记的溶剂(SH)在强碱作用下的氢同位素交换的速率，见式(2-29)和式(2-30)。

$$RH + S^- \underset{k_{-1}}{\overset{k_1}{\rightleftharpoons}} R^- + SH \tag{2-29}$$

$$R^- + SD \xrightarrow{k_2} RD + S^- \tag{2-30}$$

由于弱酸 RH 的负离子 R^- 是强碱，其质子化(式(2-30))总是比 RH 的脱质子快得多，而 RH 的脱质子速率是同位素交换的速率决定步骤，决定了交换反应的速率。因此可以把氢同位素交换反应的速率(即 RH 转变为 RD 的速率)视为 RH

酸性强度的衡量。在比较一系列弱酸在同一(溶剂-碱)体系中的同位素交换速率时,交换速率快的具有较强的酸性,而交换速率慢的,酸性较弱。由于研究的是弱酸,氢同位素交换可能很慢,但可以通过延长反应时间(如至几星期或数月),使交换反应达到可以准确测量的转化率。例如,在浓度为 1 mol/L 的氨基钾(KNH_2)的氘代液氨(ND_3)溶液中,环己烷在 120℃反应 180 h 后,环己烷平均每个分子中只有一个氢被交换[185,186]。

对一系列结构相近的弱酸,如果通过动力学测量确定了它们的氢同位素交换速率(k_a),而同时对这一系列中的部分成员,又可通过平衡测量测得它们的平衡酸性(pK_a),则往往还可经 Brønsted 关系式(式(2-31)),建立起平衡酸性与动力学酸性(kinetic acidity)的线性关系。

$$k_a = G_A K_a^{\alpha} \text{ 或 } \lg k_a = \lg G_A + \alpha \lg K_a \tag{2-31}$$

以那些动力学酸性 k_a和热力学酸性 K_a都已知的酸的 lg k_a对 lg K_a作图,可得斜率为 α,截距为 lg G_A的直线。这样,对此系列中那些只知道其动力学酸性(k_a)的酸,也可以利用式(2-31)表示的直线关系,求出它们的热力学平衡酸性 pK_a[187-189]。

例如,在环己基胺(CHA)中,以 $CHA^- Li^+$ 为碱,对一系列芳基甲烷、二芳基甲烷和三芳基甲烷,测定了它们的氚代的 α 位碳上的 C—T 键与无标记的溶剂 CHA 的 H/T 交换速率 k_r。在把它们的 lg k_r对 pK_a作图时,得到斜率为 0.314 的直线[188]。由于其中部分化合物的平衡酸性 pK_a是已知的,因此可以对那些已测得 k_r,而 pK_a为未知的化合物用 Brønsted 关系式求出它们的 pK_a。用此法估计的甲苯在 CHA 中的 pK_a为 41。

由上述可见,动力学酸性的测定是测量弱酸强度的重要方法。很多弱酸的酸性都已用动力学方法进行了研究,如一些开链烷烃[190-192]和环烷烃[193-194]、立方烷[195]、末端炔烃[196,197]、取代甲苯与二甲苯[198]、二芳基甲烷与三芳基甲烷[187-189]、脂酮[199,200]、氟苯和多氟代苯[201-203]、氯苯和多氯代苯[202,204]、芳烃[205,206]和多硝基苯[206,207]等。此外,也用动力学酸性的方法研究了与过渡金属配位对一系列杂环化合物(咪唑、*N*-甲基咪唑、噻唑、2,6-二甲基吡啶、嘌呤等)的酸性的影响[208-212],质子化对一系列含氮杂环的酸性的影响[213,214],以及结构因素如环上取代基对咪唑盐和噻唑盐脱质子而生成 *N*-杂环卡宾的速率的影响等[215]。

用动力学酸性的方法,通过测定同一分子内不同部位的 C—H 键进行氢同位素交换的速率,还可以定量比较这些 C—H 键间的相对酸性强度。例如,通过测定 1-、2-、9-位氚代的三蝶烯(triptycene)在 CHA 中以 $CHA^- Cs^+$ 为碱时的 H/T 交换速率(与参考化合物 2-位氚代甲苯和氚代苯在同一体系中的 H/T 交换速率比较),发现桥头位置(C9)上碳氢键的动力学酸性远比无取代的环己烷中的 C—H 键酸性要强,而与苯的 C—H 键的酸性相近[216]。这一酸性比在脂环烷中大幅增强,可能是由三蝶烯中三个苯环的拉电子效应以及桥头 C—H σ 键中 s 轨道成分增加所造成的。而比较此分子中苯环上的两种不同 C—H 键的动力学酸性表明，它们都比无取代苯中的 C—H 键活泼，而 1-位 C—H 键的酸性强度又是 2-位C—H 键的 7.3 倍。又如，比较双环[2.2.1]庚烷(norbornane)与环己烷的动力学酸性表明，前者中桥头叔碳上的 C—H 键的交换速率为环己烷中的 C—H 键的 7.7 倍；而四个亚甲基上 C—H 键的交换约为环己烷中 C—H 键交换速率的 4 倍，而仅比环戊烷中 C—H 键交换速率稍慢[190]。

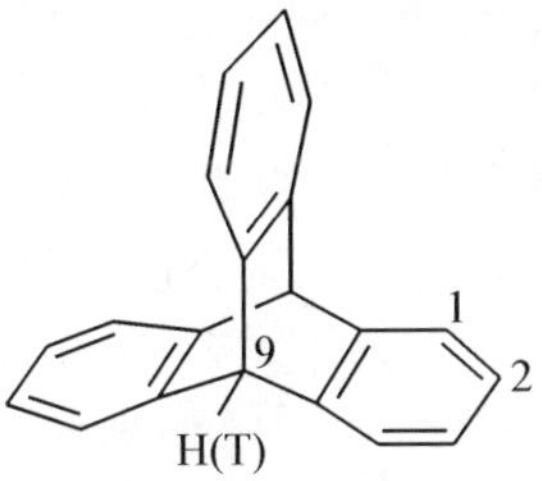

三蝶烯 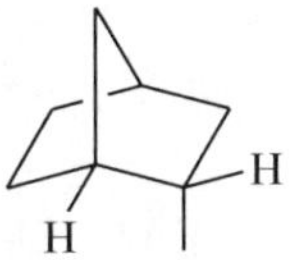　　[2.2.1]庚烷 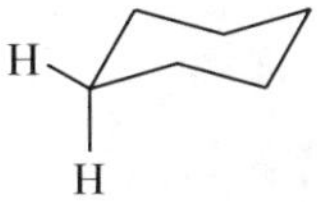　　环己烷

在动力学酸性测量中需要考虑的一个影响因素是离子对的内返回(internal return)。式(2-29)和式(2-30)是测定碳氢酸动力学酸性时反应的简化动力学表示，其中式(2-30)可以代表几个连续的步骤，如第一步中生成的 R^- 与 SH 经氢键而结合的络合物离解(式(2-32)中的 k_2)，并与氘代溶剂发生交换(式(2-32)中的 k_3)，然后再发生氢同位素交换并离解为氘代产物 RD 等。这样，交换反应的总的动力学可以用式(2-32)表示[217]。

$$\mathrm{RH} + \mathrm{S}^- \underset{k_{-1}}{\overset{k_1}{\rightleftharpoons}} \mathrm{R}^- \cdots\cdots \mathrm{HS} \underset{k_{-2}}{\overset{k_2}{\rightleftharpoons}} \mathrm{R}^- + \mathrm{HS} \xrightarrow[\text{快}]{k_3} \mathrm{R}^- + \mathrm{DS} \xrightarrow[\text{快}]{k_4} \mathrm{RD} + \mathrm{RS}^- \tag{2-32}$$

在 $R^-\cdots\cdots HS$ 离解(k_2)后，溶液主体中的大量 DS 取代 HS(k_3)以及碳负离子的质子化(k_4)都是快速的过程，它们可以不计入动力学表示式中。因此可用式(2-29) 和式(2-30)来作为简化的交换反应图示来进行动力学处理。从式(2-32)可见，碳负离子既可以通过 k_{-1}代表的“内返回”(internal return)过程发生反向质子转移而回到 RH 和 S^-，也可以经 k_2 以及其后的过程而发生同位素交换，得到 RD。如果 k_{-1}较大，则在第一步中生成的 R^- 将有相当大一部分又质子化而回到 RH，只有一部分可以继续反应而得到同位素交换产物。这样，交换反应的速率就不能完全反映 RH 脱质子反应(式(2-29))的速率，即其动力学酸性。结合式(2-29) 和式(2-30)，对中间体 R^- 用稳态假定，可得

$$[\mathrm{R}^-] = \frac{k_1[\mathrm{RH}][\mathrm{S}^-]}{k_2 + k_{-1}}$$

$$\text{交换反应速率} = k_2[\mathrm{R}^-] = \frac{k_1 k_2}{k_2 + k_{-1}}[\mathrm{RH}][\mathrm{S}^-]$$

这样,实测的反应速率常数 k_{obs} 为

$$k_{obs}=\frac{k_1k_2}{k_2+k_{-1}} \tag{2-33}$$

仅当 $k_2 \gg k_{-1}$,即不存在内返回或内返回很轻微时,k_{obs} 才等于 k_1,实测的交换反应速率才能完全代表酸 RH 的脱质子反应速率。在这种情况下,由于脱质子反应(式(2-29))是反应速率决定步骤,如果用氘和氚标记的两种原料 RD 和 RT 同时与未标记的溶剂 SH 在碱 S^- 存在时进行同位素交换反应,则可观察到较大的一级动力学同位素效应(k_D/k_T)[187,188,218,219]。相反,如果 k_{-1} 与 k_2 相比不太小或甚至大于 k_2,即存在严重的内返回过程,则 k_{obs} 不能作为 k_1(即 RH 的动力学酸性)的定量量度。因此,可以用一级动力学同位素效应的测量来判断所研究的交换反应体系中是否存在严重的内返回。为此,可如上述用两个不同标记的反应物 RD 与 RT 的混合物与无标记的溶剂 SH 进行交换反应,以测得 k_D^{obs}/k_T^{obs}。由式(2-33)可见:

$$\frac{k_D^{obs}}{k_T^{obs}}=\frac{k_1^D}{k_1^T}\cdot\frac{k_2^D}{k_2^T}\cdot\frac{k_2^T+k_{-1}^T}{k_2^D+k_{-1}^D} \tag{2-34}$$

由于 k_2 所代表的反应(式(2-32))主要是一个分离扩散的过程,不涉及 C—H 键的断裂,可以预期不会有重要的一级动力学同位素效应;即 $k_2^D=k_2^T$。同时,如果有严重的内返回,即 $k_{-1}\gg k_2$,则式(2-34)成为

$$\frac{k_D^{obs}}{k_T^{obs}}=\frac{k_1^D}{k_1^T}\cdot\frac{k_{-1}^T}{k_{-1}^D} \tag{2-35}$$

在 k_1 过程中的同位素效应 k_1^D/k_1^T 与其逆反应(k_{-1})中的同位素效应(k_{-1}^D/k_{-1}^T)应相互抵消。这样,在存在严重的内返回过程时,$k_D^{obs}/k_T^{obs}\approx 1$,没有明显的一级动力学同位素效应。因此,一级动力学同位素效应的缺失表明在同位素交换反应中存在严重的内返回现象,即脱质子过程发生在整个交换反应的速率决定步骤之前。此时测得的质子交换反应速率不能反映化合物的真实相对酸性。这也是在一些情况下对一些化合物测得的相对同位素交换速率与这些化合物的气相酸性顺序不符合的原因[217]。

2.4 质子转移反应的速率理论——Marcus 理论

酸碱催化反应的 Brønsted 催化定律从实验角度处理质子交换反应的动力学(质子交换反应速率 k_a)和热力学(平衡酸性 K_a)之间的关系。从理论上看,质子转移反应的动力学取决于这一反应的活化自由能 $\Delta G^{\neq}$。Marcus 最初在发展电子转移反应的速率理论时,从考虑电子转移活化能 $\Delta G^{\neq}$ 的角度出发,发展了电子转移反应的速率理论[220-224]。出发点是把 $\Delta G^{\neq}$ 分解为两部分。一部分是两个反应物在电子转移过程发生前进行必要的结构(如键长和键角)改变需要的能量,称为内配

位圈重组能(innersphere reorganization energy)。另一部分是为适应反应物的这些结构变化,溶剂化层进行相应的改变而需要的能量,称为外配位圈重组能(outsphere reorganization energy)。由此得出电子转移反应的活化自由能的计算公式(式(2-36))。

$$\Delta G^{\neq} = \Delta G_0^{\neq}\left(1 + \frac{\Delta G^{\ominus}}{4\Delta G_0^{\neq}}\right) \tag{2-36}$$

式中, $\Delta G^{\neq}$ 是电子转移反应的活化自由能。$\Delta G_0^{\neq}$ 则是当反应的标准自由能变化 $\Delta G^{\ominus}$ 为零时反应的活化自由能。

式(2-36)后来也被用于计算原子(如质子[225-227],氢原子[228],氢负离子 H^-[229])转移反应[230]和一些基团(如甲基)转移反应[231,232]的活化自由能。

由于式(2-36)中的 $\Delta G_0^{\neq}$ 是当质子转移反应的标准自由能变化 $\Delta G^{\ominus}$ 为零,即平衡常数 $K=1$ 时反应的活化自由能,即反应不具有热力学推动力时的活化自由能,因此常被称为该反应的内在能垒(intrinsic energy barrier)。$\Delta G_0^{\neq}$ 越高,该质子转移反应的速率越慢。因此,可以把 $\Delta G_0^{\neq}$ 视为该反应的内在活性(intrinsic reactivity)的量度。$\Delta G_0^{\neq}$ 可由该质子转移反应的动力学和热力学测量来求得。如测定某酸的脱质子反应的速率常数 k_a 及其平衡常数(pK_a),由此得出反应的 $\Delta G^{\neq}$ 和 $\Delta G^{\ominus}$,再用式(2-36)求得 $\Delta G_0^{\neq}$。由于 $\Delta G_0^{\neq}$ 反映了该反应的内在活性,可以用 $\Delta G_0^{\neq}$ 来讨论结构改变对质子转移反应的活性的影响[233,234]。

2.5　影响碳氢酸酸性和碳负离子稳定性的因素

碳原子的电负性(2.5)比氧(3.5)和氮(3.0)原子的要小,不易接受负电荷。这使碳氢酸的酸性,即相应的碳负离子的稳定性,要比含氧酸(O—H 酸)和氮氢酸(N—H 酸)在更大程度上依赖于取代基等能分散负电荷或使负电荷能稳定存在的结构因素。也正是由于结构因素对酸性的巨大影响,碳氢酸的强度范围要比含氧酸和氮氢酸(N—H 酸)的范围大得多。最强的碳氢酸在气相和溶液中的强度都可以与一些无机强酸相比,而最弱的碳氢酸如饱和烃,则 pK_a(DMSO)在 50 以上。

2.5.1　碳负离子的结构与稳定性的关系

1. 中心碳原子的轨道杂化状况对碳负离子稳定性的影响[235]

碳氢酸的 C—H 键中,碳原子用于与氢原子成键的杂化原子轨道的 s 成分越大,这个 C—H 键的酸性越强。这是因为 s 轨道是紧密围绕着原子核呈球形对称分布的。杂化轨道中 s 轨道成分越大,p 轨道成分越小,这个杂化轨道就越靠近碳原子核,方向性越差。这使它与氢原子的 1 s 轨道的交盖也越差,并使碳原子对氢原子的维系能力降低。而生成的碳负离子中，负电荷处于这个含 s 成分较高的轨道中，受核正电荷的吸引较强，也更为稳定。例如，乙烷、乙烯和乙炔的用 C—H 键的离解焓（ΔH_A）来表示的气相酸性分别为 421 kcal/mol、409 kcal/mol 和 379 kcal/mol。乙炔的酸性最强。乙烯和苯的 C—H 中，碳原子都是 sp^2 杂化，它们的酸性比乙烷强。由表 2-2 可见，在饱和烃中，环丙烷表现出较强的酸性。我们知道，sp^3 杂化碳原子中，四个键的夹角为 109°，而 sp^2 杂化碳原子上三个键的夹角为 120°，sp 杂化的碳原子上的两个键的夹角为 180°。键的夹角越小，碳原子的杂化轨道的 p 轨道成分越高。在环丙烷中，为了满足环内三个 C—C 键间仅为 60°的夹角，每个碳原子用于生成两个 C—C 键的杂化原子轨道需要含有较多的 p 轨道成分。而碳上用于生成环外 C—H 键的杂化轨道则含有较多的 s 轨道成分。理论计算[236]和核磁共振 ^{13}C—H 耦合常数的数值[237-239]都表明，环丙烷碳原子用于生成 C—H 键的原子轨道是介于 sp^2 和 sp^3 之间而较接近于 sp^2 杂化的（约为 $sp^{2.3}$），具有约 30%的 s 轨道成分。因此，环丙烷的酸性介于烷烃与烯烃之间，而与烯烃更为接近。但在环增大时，碳原子上用于生成 C—H 键的杂化轨道迅速转变为 sp^3 杂化，环丁烷和环戊烷具有与开链烷烃相似的酸性。

表 2-2 碳氢酸的酸性与 C—H 键中碳原子杂化轨道中 s 成分的关系

化合物	C 原子的杂化轨道	s 成分/%	NMR 谱中的 $J(^{13}C—H)$/Hz	ΔH_A/(kcal/mol)
CH_3CH_3	sp^3	25	125	421
$CH_2{=}CH_2$	sp^2	33	156	409
$CH_2{=}C{=}CH_2$	sp^2	33	167	381
PhH	sp^2	33	159	401
环丙烷	$sp^{2.3}$	30	161	412
$CH{\equiv}CH$	sp	50	249	379
环丁烷	—	27	134	417
环戊烷	—	—	128	416

2. 芳性

C—H 键离解后，如果生成的碳负离子是在一个有 $4n+2$ 个 π 电子的平面环状结构中，则因具有芳性而特别稳定。表 2-3 中一些化合物的气相酸性（ΔH_A）和溶液酸性（pK_a）说明了这一现象。环戊二烯生成具有芳性的碳负离子，它的酸性比它的开链异构体 1,3-戊二烯强得多[240]。而环庚三烯生成反芳性的负离子，其酸性比其开链异构体 1,3,5-庚三烯要弱。环丙烯碳负离子也是反芳性的，其共轭酸的酸性很弱。

表 2-3　一些生成芳性和反芳性碳负离子的碳氢酸的酸性

化合物	负离子的 π 电子数	ΔH_A/(kcal/mol)	pK_a(DMSO)
 $CH_2{=}CH{-}CH{=}CH{-}CH_3$	6	369	～35
	6(芳性)	354	18
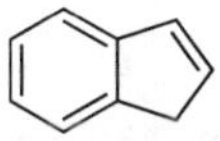	10(芳性)	352	20.1
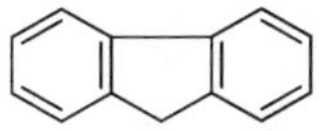	14(芳性)	351	22.6
	8(反芳性)	375	30.9
$CH_2{=}CH{-}(CH{=}CH)_2CH_3$	8	365	—
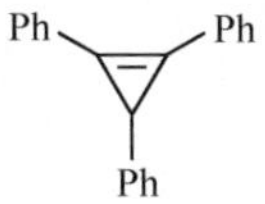 Ph, Ph, Ph	4(反芳性)	385	约 50
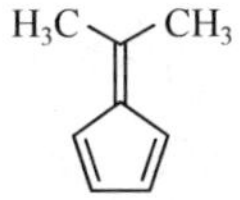 H_3C, CH_3	6(芳性)	354	—

6,6-二甲基富烯的甲基上的 C—H 键酸性较强。它在离解时生成的碳负离子中,负电荷去局部化至五元环中,成为环戊二烯负离子式的具有芳性的碳负离子(式(2-37))[241]。

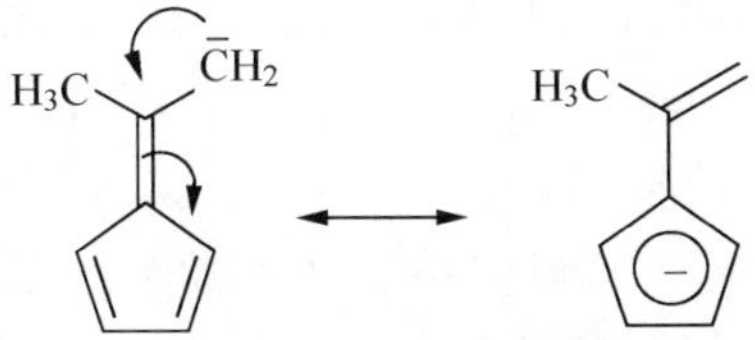

H_3C　$\bar{C}H_2$　⟷　H_3C　　(2-37)

在比较环戊二烯、茚和芴的酸性时(本书的附录Ⅱ),可以看到,随着共轭体系的加大,化合物在 DMSO 中的酸性下降,而在气相中的酸性却稍有增强。这是因为在溶液中,共轭体系较小而电荷比较集中的碳负离子,通过与溶剂分子的离子-偶极相互作用得到的溶剂化稳定作用较强。而在气相中,无此种溶剂化作用。此时,负电荷的去局部化程度越高,负离子越稳定。同时共轭体系较大的碳负离子提供的极化度稳定作用(分子内离子-偶极相互作用)也较大。虽然由于负电荷已是高度去局部化的,但此种极化度作用不会很显著。

2.5.2　影响碳负离子稳定性的取代基效应[242-246]

除了碳负离子本身的结构以外,连接于碳负离子上的取代基对碳负离子的稳定性也有巨大的影响。取代基的影响来自于它们的极性效应(polar effect)、共轭效应(conjugative effect,或 resonance effect)和立体效应。其中极性效应[246]包括诱导效应(inductive effect,简写为 I 效应)、场效应(field effect,简写为 F 效应)和极化度效应(polarizability effect,简写为 P 效应)。这些效应的大小取决于取代基在碳负离子中的连接位置。它们的作用方式可用图 2-1 表示。

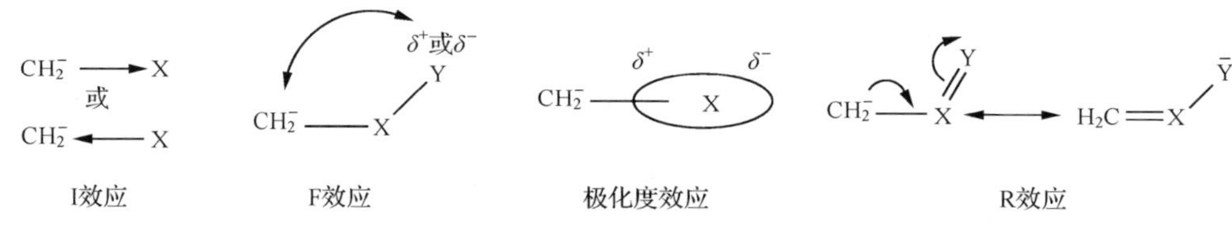

图 2-1　取代基的极性效应和共轭(R)效应

极性效应通过取代基与碳负离子之间的静电相互作用发挥作用。其中诱导效应是取代基通过它与碳原子的电负性不同,经过碳链吸引或排斥负电荷,使碳负离子中心的负电荷减少或增加,而使之稳定或不稳定。场效应则是经空间(而非经碳链)传递的静电相互作用,它也可以使碳负离子稳定(当取代基的正电荷和碳负离子的负电荷相互作用时)或不稳定(当取代基的负电荷和碳负离子相互作用时)。极化度效应则是取代基内的电荷分布在碳负离子负电荷的作用下发生极化,产生诱导偶极;后者经离子-偶极相互作用而使碳负离子稳定。与诱导效应不同,场效应和极化度效应不引起碳负离子中负电荷的移动。由于极性效应(I,F 和极化度效应)本质上是静电相互作用,随着取代基与碳负离子间距离的增加,其效应迅速衰减。在气相中,取代基与碳负离子中心之间每增加一个亚甲基,诱导效应大约衰减 1.95 倍。而在溶液中,衰减更大。在共轭效应中,sp^2杂化碳负离子上填满一对电子的 p 轨道与取代基的 π 体系共轭,使负电荷去局部化。

在本书的附录Ⅱ中也列举了很多单取代甲烷 CH_3X 的气相和溶液酸性。从中可见,不同取代基影响碳氢酸酸性和碳负离子稳定性的能力有很大不同。

从这些 CH_3X 的酸性强度来看,α-取代基稳定相邻碳负离子的总能力由强到弱的顺序如表 2-4 所示。表中 ΔH_A是碳氢酸 CH_3X 的气相酸性(C—H 键的气相离解焓)。

表 2-4　取代基影响 α-碳负离子稳定性的能力

取代基 X	C(O)CN>	CF_3SO_2>	NO>	$COCF_3$>	NO_2>	COPh>	SO_2Ph>	SO_2Me>
CH_3X 的 ΔH_A/(kcal/mol)	345	347	—	349	357	361	363	366
取代基 X	C(O)H>	COMe>	CO_2Me>	CN>	SOMe>	$CONMe_2$>	Ph>	I>
CH_3X 的 ΔH_A/(kcal/mol)	366	369	372	373	374	375	381	386
取代基 X	C≡CMe≈	CH=CHMe>	Br>	Cl>	NMe_2>	OMe>	F>	H>Me
CH_3X 的 ΔH_A/(kcal/mol)	389	389	393	396	406	407	409	417　421

可以看到，除烷基外，几乎所有的取代基都可以稳定 α-碳负离子。应该注意，这些基团影响碳负离子稳定性的机理是很复杂又各不相同的。但大致可以把它们根据作用机理分几类加以讨论。

1. 同时经极性与共轭效应稳定碳负离子的基团

有些基团可以同时经共轭和极性效应来稳定与它们相连的碳负离子，包括硝基(NO_2)，醛、酮、酯、酰胺等中的羰基(C=O)，苯基和部分杂芳基。这些基团本身都是具有平面结构的 π 体系，用于与碳负离子连接的中心原子为 sp^2 杂化。具有这些 α-取代基的碳氢酸在离解时，碳原子由四面体构型的 sp^3 杂化转为 sp^2 杂化，使碳负离子填满一对电子的 p 轨道与取代基的 π 体系共轭，导致负电荷的去局部化而使碳负离子得到稳定。当然，这些"平面性"的取代基也通过极性效应(I、F 和极化度)来稳定碳负离子。其中苯基的极性效应较弱。但从前述三蝶烯分子桥头 C—H 键的较强酸性(离子对酸性 pK_a 约为 42，比简单烷烃强得多，而与苯的酸性相近)可以看到，苯基可以通过诱导效应和极化度效应来稳定碳负离子。硝基和各类羰基的基团电负性和基团偶极矩较大，极化度也较大。它们的拉电子能力远比苯基强，这除了与它们比苯基更强的诱导和场效应以外，更重要的是负电荷可经共轭去局部化效应转移至电负性更高的氧原子上(式(2-38))。在这些碳负离子中，共振式 **A** 和 **B** 的贡献是主要的。最近的计算结果还表明，在各种羰基中，虽然酯基和酰胺基的诱导拉电子效应比酮羰基略强，但酮羰基的共轭去局部化能力则远比酯基和酰胺基强[247]，因此酮羰基是比酯基和酰胺基更强的拉电子基团。

$$R\bar{C}H{-}NO_2 \longleftrightarrow \underset{\mathbf{A}}{R{-}\underset{H}{C}{=}\overset{+}{N}(O^-)_2} \qquad R\bar{C}H{-}C(=O)R \longleftrightarrow \underset{\mathbf{B}}{R{-}\underset{H}{C}{=}C(O^-)R} \tag{2-38}$$

由于两个羰基的共同作用，各类 β-二羰基化合物—— β-二酮(如乙酰丙酮)、β-酮酸酯(如乙酰乙酸乙酯)、丙二酸酯、氰乙酸乙酯等，都具有较强的酸性；它们的

pK_a(DMSO)为 12～18。一些环状的 β-二羰基化合物，如环戊二酮、环己二酮、Meldrum's 酸、巴比妥酸等的酸性比开链的 β-二羰基化合物更强。它们的碳负离子中，两个羰基与碳负离子填满一对电子的 p 轨道在同一平面内，可以很好地共轭，使负电荷充分地去局部化到两个氧原子上。如果此种共平面性遭到破坏，则碳负离子稳定性下降，不易生成。如式(2-39)的碳负离子 **A** 中，填满一对电子的近于 sp^3 杂化的轨道与两个羰基的 π 轨道正交，无法去局部化，其前体酸的酸性较弱。

(2-39)

对这些同时可以经极性效应和共轭效应来稳定 α-碳负离子的基团，为了估计它们的极性效应和共轭效应的相对重要性，可以比较当某基团的两种效应都能充分发挥效应时以及其共轭效应受阻而只有极性效应能发挥作用时分子的酸性。例如，在 9-苯基氧杂蒽(9-phenylxanthene)分子中，由于苯基的两个邻位氢与氧杂蒽环上 1,8-位上两个氢原子之间的位阻，苯基平面与氧杂蒽环相互正交。此时苯基只能通过极性效应使 α-碳负离子稳定，它与 9-位上无苯基的氧杂蒽的 pK_a分别为 27.9 和 30.3(per H)[248]。这个 2.4 的 pK_a之差是苯基的极性效应的量度。而在无明显空间位阻的烷烃中，导入一个苯基会使酸性提升 9～10 个 pK_a单位。这是极性与共轭效应加和的结果。由此可以估计，苯基的[共轭/极性]效应比约为 4∶1，苯基的共轭效应远比极性效应重要。为了估计其他拉电子基团的共轭与极性效应的相对重要性，可以考虑一系列 GCH_2EWG 型分子。其中 EWG 是一个辅助的拉电子基团，用来使分子具有较强的易准确测定的 pK_a 值。EWG 可以为 SO_2Ph、CN、COPh 等。如果以三甲基铵基(Me_3N^+)作为只具有极性效应而完全无共轭效应的标准基团(Hammett 极性效应参数 F 为 0.86，表 2-5)，则测定 G 分别为 Me_3N^+ 和同时具有极性效应和共轭效应的基团如硝基或各种羰基的上述分子的 pK_a值，并从各系列反应的 ρ 值和各取代基 G 的极性效应参数 F 值(表 2-5)计算出只考虑极性效应时的 pK_a值，将之与实测的 pK_a值比较，则可以近似估计这些基团 G 中共轭与极性效应各自对提升母体化合物(CH_3EWG)酸性的贡献和[共轭/极性]效应的相对重要性。为了使比较更为可靠，可对 EWG 分别为 SO_2Ph、CN 和 COPh 的三个系列的化合物进行上述测定和计算。由此得出的共轭/极性效应比顺序为：Ph＞COPh＞COMe＞NO_2。而且对除 NO_2 以外的前三个基团，共轭效应在不同程度上都比极性效应更为重要[248]。

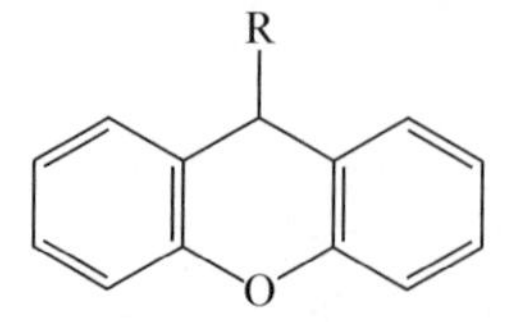

R=Ph, pK_a=27.9
R=H, pK_a=30.3
氧杂蒽

表 2-5　取代基的电性效应常数(σ_m, σ_p, F, R, σ_p^-, σ_R^-)和立体效应常数(E_s)[252-255]

基团	σ_m	σ_p	F	R	σ_p^-	σ_R^-	E_s
$^+NMe_3$	0.88	0.82	0.86	−0.04	—	—	—
N_2^+	1.76	1.91	1.58	0.33	3.43	1.85	—
CF_3	0.43	0.54	0.38	0.16	0.65	0.27	−1.16
CCl_3	0.40	0.46	0.38	0.09	—	—	−2.06
$CHCl_2$	0.31	0.32	0.31	0.01	—	—	−1.54
CBr_3	0.28	0.29	0.28	0.01	—	—	−2.43
$CHBr_2$	0.31	0.32	0.31	0.01	—	—	−1.86
$CH(CN)_2$	0.53	0.52	0.52	0.00	—	—	—
$C(CN)_3$	0.97	0.96	0.92	0.04	—	—	—
C_6F_5	0.26	0.27	0.27	0.00	0.43	0.11	—
C_6Cl_5	0.25	0.24	0.27	−0.03	—	—	—
CN	0.56	0.66	0.51	0.15	1.00	0.49	—
NC	0.48	0.49	0.47	0.02	—	—	—
SCN	0.51	0.52	0.49	0.03	0.59	0.23	—
SCF_3	0.40	0.50	0.36	0.14	0.64	0.28	—
SOMe	0.52	0.49	0.52	−0.03	0.73	0.21	—
SO_2Me	0.60	0.72	0.53	0.19	1.13	0.60	—
SO_2Ph	0.62	0.68	0.58	0.10	1.21	0.65	—
SO_2CF_3	0.83	0.96	0.74	0.22	1.63	0.89	—
$S(O)(CF_3){=}NSO_2CF_3$	1.23	1.40	1.09	0.31	2.3	1.44	—
CH_3	−0.07	−0.17	0.01	−0.18	—	—	0
Et	−0.07	−0.15	0.00	−0.15	—	—	−0.07
i-Pr	−0.04	−0.15	0.04	−0.19	—	—	−0.47
t-Bu	−0.10	−0.20	−0.02	−0.10	—	—	−1.54
F	0.34	0.06	0.45	−0.39	−0.03	−0.48	+0.78
Cl	0.37	0.23	0.42	−0.19	0.19	−0.23	+0.27
Br	0.39	0.23	0.45	−0.22	0.25	−0.20	+0.08
I	0.35	0.18	0.42	−0.24	0.27	−0.15	−0.16
NO	0.62	0.91	0.49	0.42	1.63	1.14	—
NO_2	0.71	0.78	0.65	0.13	1.27	0.62	—
CHO	0.35	0.42	0.33	0.09	1.03	0.70	—
$COCH_3$	0.38	0.50	0.33	0.17	0.84	0.51	—
COPh	0.34	0.43	0.31	0.12	0.83	0.52	—
CO_2CH_3	0.37	0.45	0.34	0.11	0.75	0.41	—

续表

基团	σ_m	σ_p	F	R	σ_p^-	σ_R^-	E_s
$CON(CH_3)_2$	—	—	—	—	0.70	—	—
C≡CH	0.21	0.23	0.22	0.01	0.53	0.31	—
$CH=CH_2$	0.06	−0.04	0.13	−0.17	—	—	—
2-呋喃基	0.06	0.06	0.10	−0.08	0.21	0.11	—
环丙基	−0.07	−0.21	0.02	−0.23	−0.09	−0.11	—
2-吡啶基	0.33	0.17	0.40	−0.23	0.55	0.15	—
3-吡啶基	0.23	0.25	0.24	0.01	0.58	0.34	—
4-吡啶基	0.27	0.44	0.21	0.23	0.81	0.60	—
Ph	0.06	−0.01	0.12	−0.13	0.02	−0.10	−2.55
MeO	0.12	−0.27	0.29	−0.56	—	—	−0.99
NMe_2	−0.16	−0.83	0.15	−0.98	—	—	—

也可以通过计算在碳负离子的平面构象(共轭效应可充分发挥作用)与“正交”构象(碳原子的 2p 轨道与取代基的 π 轨道相互正交,使共轭效应无法发挥作用)的能量差来估计共轭效应与极性效应的相对重要性。例如硝基的引入使 $^-CH_2NO_2$ 比 $^-CH_3$ 稳定 61 kcal/mol。而 $^-CH_2NO_2$ 中 C—NO_2 键的旋转能垒为 28 kcal/mol,旋转至正交构象时,$^-CH_2NO_2$ 负离子会失去共轭稳定能,因此这 33 kcal/mol 相当于平面构象与正交构象的能量差;这样,在 61 kcal/mol 的总稳定能中,28 kcal/mol 来自共轭效应,而 33 kcal/mol 来自极性效应。对 $^-CH_2CHO$,它与 $^-CH_3$ 相比的稳定能为 51 kcal/mol,其中 34 kcal/mol 来自共轭效应,而 17 kcal/mol 来自极性效应。这也表明,羰基是以共轭效应为主的基团,而硝基是两种效应都比较强的基团[249]。

当这些同时具有共轭效应和极性效应的拉电子取代基不是与碳负离子直接连接,而是通过苯环来与碳负离子相连时,它们的效应与在苯环上的位置有关。在间位时,它们只表现为极性拉电子基团,没有显著的共轭效应;而拉电子能力可由它们的 Hammett σ_m 衡量[250]。但在对位时,它们可以与碳负离子发生“贯穿共轭”(through conjugation),把负电荷转移到电负性更高的氧原子上,如图 2-2 所示,从而表现出比在 Hammett 方程定义取代基参数 σ 时使用的苯甲酸系列中有更强的拉电子能力。为了表现这些共轭拉电子基在对位时的这种比正常 σ 值更强的“超额”拉电子能力,定义了一套 σ_p^- 值[251]。显然,σ_p^- 是对位共轭基团的总的拉电子能力的量度,它包含共轭效应(由 σ_R^- 量度)和极性效应(由 F 值量度,注意:这里 F 参数是诱导效应 I 和场效应 F 之和)两部分的贡献。而在无贯穿共轭时,如在取代苯甲酸的电离平衡中,则对位基团使用正常的 σ_p 值(σ_p 为极性(F)与共轭(R)效应之和)(参见表 2-5)[252-255]。

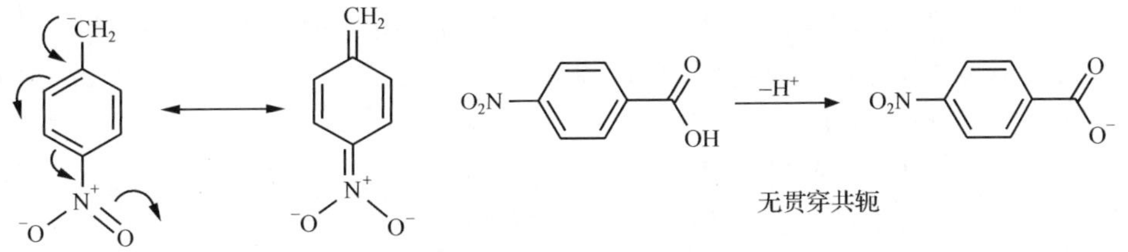

图 2-2　对硝基苄基负离子和对硝基苯甲酸根负离子中的共轭效应

2. 主要通过极性效应来稳定碳负离子的基团

有些基团主要通过极性效应来使与之相连的碳负离子稳定。这主要包括 $^{+}NMe_3$、CN、NC、SOMe、SO_2Me、SO_2CF_3 和带有拉电子基的烷基 CH_2X 和 CHX_2（X=CN，NO_2，COR，CO_2R，$CONR_2$，SOR，SO_2R，Cl，Br 等，但不包含 F（含氟基团的效应，将在后面讨论））。这些基团，除了 CN 和 NC 以外，本身都是四面体构型的（亚砜基 SOR 和砜基 SO_2R 中的 S 原子也是四面体构型的），没有与碳负离子上的 2p 轨道共轭的能力。同时，如果碳负离子上不连有其他能使它转为 sp^2 杂化平面构型的共轭取代基如苯基和羰基，则碳负离子仍将保持脱质子前的 sp^3 杂化的四面体构型。这些取代基主要通过诱导效应（很高的基团电负性）、场效应（基团的很大的内部偶极矩）和极化度效应来稳定碳负离子，而不存在负电荷经 pπ-pπ 共轭向 SOR 和 SO_2R 的去局部化（但应注意，对 $^{-}CH_2SOR$ 和 $^{-}CH_2SO_2R$，除了极性效应外，碳负离子填满的 sp^3 轨道与取代基中 S—R 的 σ^* 轨道的相互作用，即负超共轭效应，对稳定碳负离子也有较重要的作用，见后）。例如，$CF_3SO_2CH_2^-$ 基本是四面体构型的，其结构可用 $CF_3SO_2CH_2^-$ 来表示，而共振式 **I** 没有重要的贡献[256-258]。即使在碳负离子上接一个苯基（三氟甲磺酸苄酯），其结构仍可用 **A** 来表示，而其他包含有共轭去局部化效应的共振结构，如 **B**～**D**，都无重要贡献[52]。**B** 和 **C** 无重要贡献表明，负电荷经共轭向 SO_2R 和苯环的去局部化都很轻微；而 **D** 无重要贡献表明，对 CF_3SO_2 这一超强的极性效应（I 与 F 效应）拉电子基团，超共轭也不重要。对三氟甲磺基烷烃（$CF_3SO_2CH_2R$）的脱质子速率和 pK_a 的关系的研究表明，它们的脱质子反应都有很高的内在反应性能，$\Delta G_0^{\neq}$ 很小；这意味着在它们脱质子的过程中，结构的重组很少。因此，中心碳原子应未发生重新杂化（rehybridization）过程，仍保持 sp^3 杂化[256,257]。

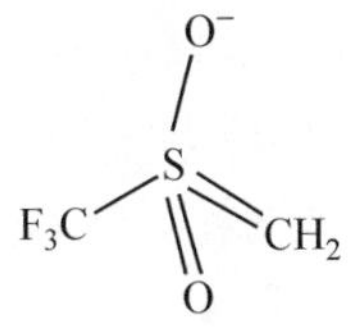

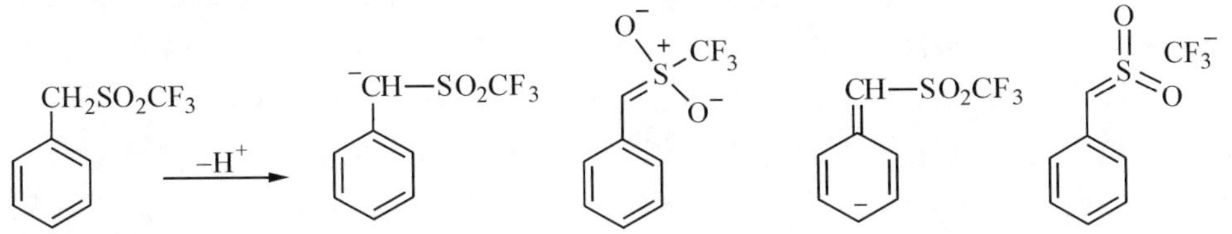

在以上列举的“四面体型”的主要经极性效应来稳定碳负离子的基团中，氰基和异氰基比较特别。它们本身具有直线形结构，碳原子为 sp 杂化。它们的 π 体系应有与碳负离子的 p 轨道共轭的可能；但实际上，它们主要是经诱导效应和极化度效应来稳定碳负离子的基团[249,259-263]。实验表明，CH_3CN、RCH_2CN(R 为烷基)、$CH_2(CN)_2$和 $RCH(CN)_2$在离解时，生成的碳负离子仍在相当大程度上保持四面体构型。例如，在 $^-CH_2CN$、$^-C(Me)_2CN$ 中，碳负离子的四面体角 θ(见图示)分别为 33.6°和 39.3°(标准的 sp^3结构中，θ 为 60°，而 sp^2结构的 θ 为 0°)。异氰基烷烃 RCH_2NC(R=Me，*i*-Pr，环丙基等)在离解时则生成接近于四面体构型的碳负离子。例如，$^-CH_2NC$ 和 $^-C(Me)_2NC$ 的四面体角分别为 52.7°和 54.4°，已与典型的四面体型烷基碳负离子如异丙基负离子(四面体角为 55.1°)接近。与此相应，这些氰基烃的质子转移反应的内在能垒($\Delta G_0^{\neq}$)较小，而内在反应速率(k_0)较高，表明离解过程中结构的重组较小[262]。它们的碳负离子的结构可主要用式 **E** 表示。而代表共轭去局部化作用的式 **F** 的贡献较小[249,259-263]。

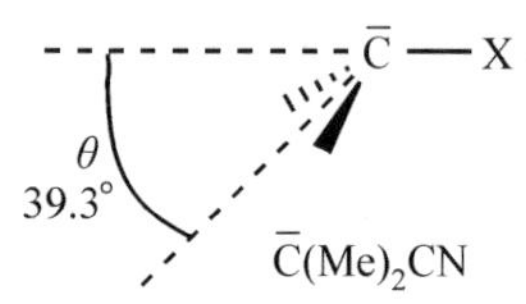

$$\underset{\textbf{E}}{R\bar{C}HCN} \qquad \underset{\textbf{F}}{RCH{=}C{=}N^-}$$

烷氧基和 *N*,*N*-二烷基氨基直接与碳负离子相连时，也经诱导效应(由于 O、N 原子的较高电负性)和极化度效应使碳负离子稳定。但 C—O 键较短(1.43 Å)，氧原子上两个孤对电子与碳负离子中 sp^3 轨道电子对之间有较强的静电排斥作用($+I_\pi$)；而如果碳负离子采取平面构型，则氧原子上一个与碳负离子的 p 轨道平行的填满一对电子的 2p 轨道与碳负离子的填满的 p 轨道之间的共轭相互作用(+R)也会对碳负离子起去稳定化作用。这两种去稳定化作用在很大程度上抵消了极性效应的稳定作用[264-267]。C—N 键较长(1.47 Å)，对 *N*,*N*-二甲氨基而言，这些去稳定作用不如烷氧基那样重要；但 N 原子的电负性(3.0)比氧(3.5)的小，诱导拉电子能力较弱。总的来说，甲氧基和 *N*,*N*-二甲氨基对 α-碳负离子都表现为较弱的起稳定作用的基团[264-267]。例如，平面构型的 9-甲氧基芴(pK_a(DMSO)为 22.1)和 9-(*N*,*N*-二甲氨基)芴(pK_a(DMSO) 22.5)碳负离子，仅比无取代基的芴(pK_a(DMSO) 22.6)的碳负离子的稳定性稍有提高[268]。而当碳负离子的 α-位连有两个烷氧基时，$+I_\pi$和可能的+R 效应影响更大。例如，在 2-苯基-1,3-二噁烷(2-phenyl-1,3-dioxane)的碳负离子中，为了减少两个氧原子的$+I_\pi$效应并消除它们的+R 效应，尽管 2-位碳原子上还连有有利于它采取平面构型的苯基，碳负离子仍基本是四面体构型的，而且它的平伏 C—H 键(在 **A** 中)比直立 C—H 键(**B** 中)的酸性要强：苯基在直立键上的 **A** 可在 THF 中、−78℃时被 *t*-BuOK/*n*-BuLi (Lochmann-Schlosser 碱)脱质子。而苯基在平伏键上的 **B**，以及苯基环己烷则不能在同样条件下进行质子交换[267]。这是因为由 **A** 生成的碳负离子中，填满一对电子的 sp^3 轨道与氧的直立的一个电子对之间的 $+I_\pi$ 效应较小，且与 $O_2—C_3$ 和 $O_6—C_5$ 的 σ^* 轨道之间可以有起稳定作用的n-σ^* 相互作用(**C**)。

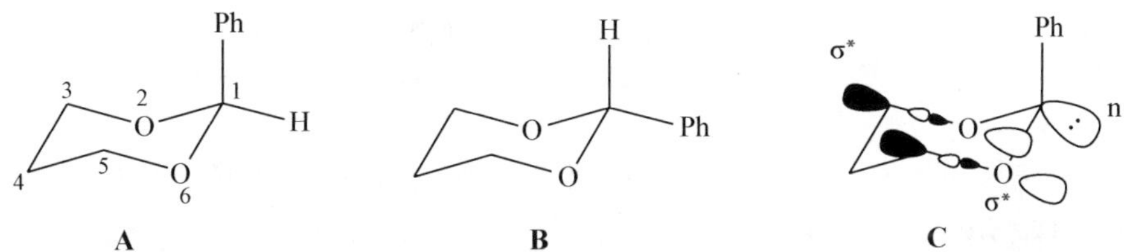

三甲基铵基(Me_3N^+)是一个只通过极性效应(I、F 和极化度效应)来稳定 α-碳负离子的基团，不具备共轭效应。9-三甲基铵基芴的 pK_a(DMSO)为 17.8，与 9-苯基芴的 17.9 相近。又如，$PhCH_2{}^+NMe_3$ 的 pK_a(DMSO)为 31.9，与 $PhCH_2Ph$ 的 32.2 相近，但 $PhCOCH_2{}^+NMe_3$ (pK_a(DMSO) = 14.6)的酸性则比 $PhCOCH_2Ph$ (pK_a(DMSO) = 17.7)强。可见，Me_3N^+ 具有与苯基(主要通过共轭去局部化作用来稳定碳负离子)相近或更强的稳定碳负离子的能力。

过去一般认为硝基是最强的拉电子基之一，它同时经共轭效应和极性效应来稳定碳负离子。但现在知道，虽然 CF_3SO_2、$C_2F_5SO_2$ 等全氟磺酰基主要经极性效应(I、F 和极化度效应)来稳定碳负离子，但它们是比硝基更强的拉电子基[257,259,269-278]。全氟磺酰基取代甲烷比相应的硝基取代甲烷的酸性要强，这从表 2-6 中列举的一些强的碳氢酸的酸性强度可以看出[279,280]。实际上，像 $(CF_3CO)_3CH$ 和 $(CF_3SO_2)_3CH$ 这样的强酸，它们在 DMSO 中的 $pK_a < 2$，已无法在这一溶剂中测定。其中 $(CF_3SO_2)_3CH$ 的 pK_a 的计算值为 −18.8(H_2O)[132]，已具有超强酸的酸性。

表 2-6　一些强碳氢酸 RH 的酸性

碳氢酸	ΔH_A/(kcal/mol)	pK_a(DMSO)[32,58]
$CH_2(NO_2)_2$	—	3.6
$CH_2(CN)_2$	336	11.1
$CH(CN)_3$	—	−7
$(CF_3CO)_2CH_2$	317	2.32
$(CF_3CO)_3CH$	301	<2
$(CF_3SO_2)_2CH_2$	302	2.4
$(CF_3SO_2)_3CH$	289	<2(计算值为 −18.8(H_2O))

近来发现，如果把这些磺酰基中的一个氧原子用$=NSO_2CF_3$ 来代替，得到的 $S(O)(CF_3)=NSO_2CF_3$ 基是比 CF_3SO_2 还要强得多的拉电子基[256,281-283]。这可以

从比较式(2-40)中几个苄基三氟甲基砜在DMSO中的酸性强度看出。

$$X-C_6H_4-CH_2SO_2CF_3 \tag{2-40}$$

X	H	NO_2	CF_3SO_2	$S(O)(CF_3)=NSO_2CF_3$
pK_a	14.62	9.46	8.85	6.45
ΔpK_a	0	−5.16	−5.57	−8.17

需要注意的是,虽然以上这些“四面体型”的基团在直接与碳负离子的中心原子连接时(α-取代),由于倾向于使后者保持未离解前的sp^3杂化而表现为极性效应基团,没有显著的共轭效应;但当它们连接于苯环上时,它们对苯环上α-位碳负离子的稳定作用则取决于基团在苯环上的位置。当这些取代基在碳负离子的间位时,仍表现为“纯粹”的极性效应基团。此时,它们稳定碳负离子的能力体现在它们的Hammett σ_m值的大小上。但当取代基在对位时,则除了CHX_2和CX_3(X=卤素或CN)等以sp^3杂化碳原子为中心原子的基团外,其他基团如SOR、SO_2R、C_6F_5、CN等,可表现出相当大的共轭效应,这是它们在直接与碳负离子相连(α-取代碳负离子)或处在苯环间位时所不具有的。此种共轭效应与极性效应叠加,使这些对位基团表现出远比在间位时更强的稳定碳负离子的能力。这可以从它们的Hammett σ_p^-(对位时的总的拉电子能力)以及σ_R^-(σ_p^-中共轭效应的贡献)和F(σ_p^-中极性效应的贡献)参数的数值看到(表2-5)。从表中可见,有些基因(SOR,SO_2R,C_6F_5,CN等)的σ_p^-比σ_m大得多。表中的σ_R^-和F值则分别是在σ_p^-代表的总拉电子能力中,共轭效应和极性效应的贡献。

甲氧基在苯环间位时,仍表现为极性效应的拉电子基团,σ_m为正值;而且此时因距碳负离子中心已较远,$+I_\pi$的去稳定作用已不重要。N,N-二甲氨基则在间位时已经表现为弱的给电子基团。在对位时,由于与碳负离子中心已相距较远,诱导拉电子效应已有较大衰减;而氧、氮原子上的一个填满一对电子的2p轨道与苯环π体系和碳负离子填满的p轨道之间的去稳定化的共轭效应(+R)表现为主要效应。这使RO和R_2N在对位时表现为降低碳氢酸酸性而使碳负离子不稳定的基团。例如,p-(N,N-二甲氨基)甲苯(p-Me_2NPhMe)的气相离解焓ΔH_A为386 kcal/mol,是比甲苯(ΔH_A = 381 kcal/mol)弱的酸,在苯乙腈衍生物中,p-$MeOPhCH_2CN$,m-$MeOPhCH_2CN$和$PhCH_2CN$的ΔH_A分别为345 kcal/mol、343 kcal/mol和344 kcal/mol。间甲氧基苯甲腈的酸性比苯乙腈强,而对甲氧基苯乙腈则比苯乙腈弱。

当然,对像甲氧基和N,N-二甲氨基这样的对位共轭给电子基团,σ_p和σ_p^-是一样的。

当取代基不是与碳负离子直接连接,也不是通过苯环或双键等π体系,而是通过饱和碳链与碳负离子连接时,基团的共轭效应不再起作用,都表现为极性效应基团。此时，随着两者距离的加大，取代基效应迅速衰减。

3. 对共轭效应的空间位阻和共轭效应的饱和[248,284]

共轭取代基对碳负离子的稳定作用要求前者的 π 体系与后者的 2p 轨道共平面。如果由于位阻原因，这一平面性要求不能满足，取代基的共轭效应就要降低。前面已经看到，9-苯基-9，10-二氢蒽和 9，10-二氢蒽的 pK_a 只相差 1.6。这可以看作完全是由苯基的极性效应造成的；因为在前者中，苯环与蒽环的共平面性由于位阻而被破坏。在比较二苯甲烷和芴时（式(2-41)）可以看到，在芴中两个苯环由于并接而被强制与碳负离子共平面，它的酸性（pK_a(DMSO) 22.6）要比二苯甲烷（pK_a 32.2）强 9.6 个 pK_a 单位。同样，在 fluoradene（7b*H*-indeno[1，2，3-*jk*]fluorene）中，三个苯环被强制于一个平面内且与碳负离子共平面，其酸性（pK_a 10.5）要比三苯甲烷（pK_a 30.6）高 20 个数量级。

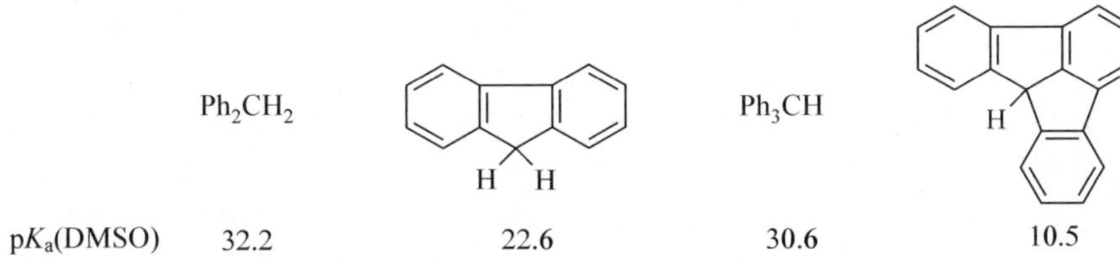

	Ph_2CH_2	芴	Ph_3CH	fluoradene
pK_a(DMSO)	32.2	22.6	30.6	10.5

(2-41)

在比较具有共轭拉电子基（苯基，羰基，硝基等）的单取代甲烷和多取代甲烷（CH_3X，CH_2X_2 和 CHX_3，X 为共轭拉电子基）的酸性时发现，在已有第一个取代基后，再继续导入第二个和第三个同样取代基时，虽然仍能使化合物的酸性有所提升，但提高的速率却依次下降。例如，用动力学酸性外推估计的甲烷的 pK_a(DMSO) 是 56，而甲苯的 pK_a 是 43；在 CH_4 中用第一个苯基取代一个氢原子后，酸性增强了 13 个 pK_a 单位。二苯甲烷的 pK_a(DMSO) 是 33.3，三苯甲烷为 30.6。导入第二个和第三个苯基分别使酸性提高 9.7 个和 2.7 个 pK_a。又如，在 CH_4、CH_3COCH_3、$CH_2(COMe)_2$、$CH(COMe)_3$ 系列中，ΔpK_a 依次为 26.5、13.3 和 8.6。在硝基烃、氰基烃中，也可见类似现象，见表 2-7。

这些现象表明，取代基对碳负离子的共轭稳定作用随取代基的数量增加而渐呈饱和。其原因之一是先前导入的取代基的共轭拉电子作用已使碳负离子上剩余的可供以后再导入的取代基进行共轭去局部化的负电荷密度大幅减少，因此效应逐渐减弱。第二个原因是取代基逐渐增加时，碳负离子周围的空间位阻加大，使基团与碳负离子之间的共平面性破坏，共轭效应减弱。例如，对三苯甲基负离子盐的 X 射线结晶分析表明，三个苯环与中心碳原子都不再是共平面的，但三个苯环与中心碳原子平面的偏转角度不同，不是对称的螺旋桨状排列。在以 Me_4N^+ 为正离子的盐中，三个苯环从中心碳原子平面偏转的角度分别为 11.5°、26.1°、61.1°[285]。此外，连续导入取代基时，基团间的静电排斥作用使碳负离子的能量升高，也减弱了基团稳定碳负离子的效果。

显然,取代基连续导入时出现的饱和效应的严重程度应与基团本身的大小有关。因此,饱和效应大小的顺序为 Ph>RCO>NO_2>CN[284]。这从表 2-7 的数据可以看到。硝基虽然是很强的拉电子基,但有较严重的饱和效应,而且多硝基烃是不稳定的化合物;因此,通过增加硝基来提升碳氢酸的酸性有一定的限度。氰基是直线型的较小基团,导入 CN 基引入的位阻很小。因此,氰基的饱和效应较小。从表 2-7 可见,连续导入氰基时,它们增强酸性的效应未随氰基的增多而明显减弱。

表 2-7　基团共轭效应的饱和

化合物	ΔH_A /(kcal/mol)	$\Delta\Delta H_A$ /(kcal/mol)	pK_a (DMSO)	ΔpK_a (DMSO)	pK_a (水)	ΔpK_a (水)
CH_4	417	36	56	13	48	6.8
$PhCH_3$	381	17	43	9.7	41.2	7.8
Ph_2CH_2	364	6	33.3	2.7	33.4	1.9
Ph_3CH	358		30.6		31.5	
CH_4	417	48	56	29.5		
CH_3COCH_3	369	25	26.5	13.2		
$CH_2(COMe)_2$	344		13.3	4.7		
$CH(COMe)_3$			8.6			
CH_4	417	60	56	38.8	48	37.76
CH_3NO_2	357		17.2	13.6	10.24	6.64
$CH_2(NO_2)_2$			3.6	1.6	3.6	3.54
$CH(NO_2)_3$			<2		0.06	
CH_4	417		56	24.9	48	23
CH_3CN			31.1	20.0	25	13.8
$CH_2(CN)_2$			11.1	18.1	11.2	16.3
$CH(CN)_3$			−7		−5.1	
CH_4	417	21				
CH_3Cl	396	20				
CH_2Cl_2	376	18				
$CHCl_3$	358					

由于取代基的极性效应(诱导效应,场效应和极化度效应)是通过静电相互作用来稳定碳负离子的,因此也会随着取代基连续导入经诱导效应引起的碳负离子中心负电荷的减少而减弱。但静电相互作用没有方向性,也不受空间位阻的影响,

不会呈现共轭效应那样严重的饱和效应。因此，连续导入取代基时出现的饱和效应主要是共轭去局部化效应逐渐减少造成的。结果是随着取代基的连续导入，取代基的[共轭/极性]效应比逐渐下降。而对一些只通过极性效应来稳定碳负离子的基团，它们在被连续导入时，引起的化合物酸性增强呈较好的加和性，没有严重的饱和效应。正如表 2-7 最后一栏中氯代甲烷的气相酸性数据表明的，依次引入 Cl 原子时，都引起几乎相同的酸性增加。氰基的饱和效应较小，除了它本身有较小的位阻使多取代时不会严重影响共轭效应之外，也是因为它主要是一个极性效应基团。在取代甲苯的酸性中也注意到，间位取代基的影响呈较好的加和性，这也是因为间位基团主要是通过诱导效应影响甲苯酸性的(由于与碳负离子距离较远，间位基团的场效应和极化度效应已不重要)。

4. *“硝基烃反常”*

硝基烷烃(RCH_2NO_2)具有很强的酸性。这表现在它们在气相中的离解焓 ΔH_A 较小，而在溶液中的离解平衡常数 K_a 较大，pK_a 较小。但在质子溶剂(水，醇)中研究硝基烷烃的质子交换反应和硝基烷烃碳负离子的亲核反应时，发现了一系列动力学行为与热力学酸性强度发生偏差的反常情况，称为“硝基烃反常”(nitroalkane anomaly)。这些反常行为表现在以下几个方面：①在研究硝基烷烃在水溶液中、强碱作用下的脱质子反应的动力学时，发现它们的脱质子反应速率远比从它们较强的热力学酸性所应期待的要慢。例如，在水溶液中，以 26 个具有不同取代基的小分子碳氢酸在碱作用下脱质子反应的速率对它们在水溶液中的 pK_a 作 Brønsted 关系图($\lg k_a$-pK_a)时，得到一条直线。但图中两个硝基烃 CH_3NO_2 和 $CH_3CH_2NO_2$ 的点从直线向下偏移了 2～3 个 pK_a 单位[286]。这表明与其他无硝基的碳氢酸相比，它们脱质子的速率是从它们的 pK_a 所预期的 10^{-3}～10^{-2} 倍。②在水中用碱对一系列硝基烃进行脱质子反应时，反应速率在化合物酸性增强(pK_a 减小)时反而减慢。虽然热力学酸性强度顺序是 $(CH_3)_2CHNO_2 > CH_3CH_2NO_2 > CH_3NO_2$，但脱质子反应速率的顺序却与此相反[287-288]。③硝基烃在溶液中的脱质子反应的 Brønsted 关系式表现出反常的 α 值。在式(2-42)的反应中，几个不同系列的硝基烃在不同溶剂中的 α 值都大于 1[289-292]。这表明，取代基 X 的改变，对脱质子反应速率的影响远比对平衡酸性的影响大。④硝基烃碳负离子在参与一些亲核取代反应及与一些碳正离子反应时，表现出的亲核性与由其前体碳氢酸的 pK_a 预测的相反：硝基烃(RCH_2NO_2)的酸性越弱(pK_a 越高)，其碳负离子 RC^-HNO_2 的亲核性反而越低[293-295]。但硝基烃的这些反常行为，只在质子溶剂中出现，而在气相中[296,297]和极性非质子溶剂 DMSO 中[293,298]不表现出任何反常。

$$\text{X-C}_6\text{H}_4\text{-CHRNO}_2 \xrightleftharpoons{OH^-} \text{X-C}_6\text{H}_4\text{-}\bar{\text{C}}\text{RNO}_2 + H_2O \tag{2-42}$$

R	H	Me	Me
溶剂	水	50% 1,4-二噁烷	5% MeOH-H_2O
α	1.54	1.18	1.37

为了探究硝基烃的上述反常行为的原因，可以考虑硝基烃在质子转移过程中的结构变化。实际上，在质子转移完成后，生成的碳负离子的主要贡献结构不是Ⅰ，而是Ⅱ，负电荷主要集中在两个氧原子上。而在质子溶剂中，这一结构还由于得到氢键溶剂化而更为稳定（Ⅲ）。但在脱质子过程的过渡态Ⅳ中，正在脱除中的质子与生成的碳负离子之间仍有较强的静电相互作用，使负电荷仍主要集中于α-碳原子上，而此碳原子的 sp^3 杂化也没有较大改变。此时，硝基尚不能充分发挥其通过共轭去局部化而稳定碳负离子的作用，因而脱质子过程不能充分受益于硝基对碳负离子的稳定作用。这使脱质子的速率要比从 pK_a 预测的慢。同时，较大的 R 基团可对溶剂化的碳负离子Ⅲ中的双键有较大的稳定作用，这使硝基烃的酸性强度为$(CH_3)_2CHNO_2 > CH_3CH_2NO_2 > CH_3NO_2$。但在脱质子的过渡态Ⅳ中，较大的烃基 R 却不利于负电荷在碳原子上的集聚，从而导致 $CH_3NO_2 > CH_3CH_2NO_2 > (CH_3)_2CHNO_2$的脱质子速率顺序。而在式(2-42)的脱质子过程中，同样也是由于电荷去局部化落后于脱质子过程，在过渡态Ⅳ中负电荷仍主要集中于碳原子而未向氧原子有较大的去局部化，芳环对Ⅳ起更大的稳定作用，导致大于 1 的 α 值。这种由于质子转移超前于负电荷向硝基的去局部化而使过渡态和碳负离子中电荷分布状态的不同，可称之为“过渡态的不平衡”（transition state inbalance）[233-234,299]。

$$\underset{\text{Ⅰ}}{R\bar{C}HNO_2} \qquad \underset{\text{Ⅱ}}{R{-}\underset{H}{C}{=}\overset{+}{N}(O^-)(O^-)} \qquad \underset{\text{Ⅲ}}{R{-}\underset{H}{C}{=}\overset{+}{N}(\bar{O}\cdots H{-}OR)(\bar{O}\cdots H{-}OR)} \qquad \underset{\text{Ⅳ}}{B\cdots\overset{\delta^+}{H}{-}\overset{\delta^-}{C}(H)(R){-}NO_2}$$

硝基烃脱质子反应中过渡态的电荷不平衡现象[287,288,296,297,299-306]虽然可以对上述反常行为提供解释，但它们的脱质子过程在气相中和在极性非质子溶剂如 DMSO 中却并不表现出反常行为。而有些计算结果表明，气相质子转移过程中，也在一定程度上存在过渡态与生成的碳负离子之间的电荷不平衡现象[296,297]。因此，过渡态不平衡可能不是硝基烃反常的全部原因。除了过渡态的电荷不平衡性之外，产物碳负离子在质子溶剂中的很强的溶剂化，即碳负离子Ⅲ比过渡态Ⅳ得到更有效的溶剂化稳定作用也应是反常的一个重要原因。也就是说，硝基烃在质子溶剂中的 pK_a 由于其碳负离子得到很强的氢键溶剂化稳定作用而比其他具有相同

脱质子焓 ΔH 的小分子酸低很多，表现出反常高的热力学酸性。

关于“硝基烃反常”的原因，虽仍未完全解决，特别是过渡态的电荷不平衡状态是否是硝基烃反常的主要原因尚无定论，但过渡态的电荷不平衡性却不只发生在硝基烃的脱质子过程中，也应出现在其他很多质子交换反应中[233,234,299]。可以想象，其他由共轭拉电子基(芳基，重键，羰基等)稳定的碳负离子，在由碳氢酸脱质子而产生的过程中，中心碳原子从 sp^3 杂化向 sp^2 杂化的转变都会落后于脱质子过程，而发生过渡态的电荷不平衡现象。例如，由环戊二烯、茚、芴等脱质子而生成具有大共轭体系的碳负离子时，中心碳原子需重新杂化，使质子转移超前于负电荷的去局部化。图 2-3 表明，在环戊二烯脱质子的过渡态中，质子仍与杂化状况尚无重大改变的碳原子有较强的静电相互作用，使负电荷主要集中在此碳原子上，而未向 π 体系有较大的去局部化。因此，分子 π 体系部分的结构改变对脱质子速率的影响较小。在甲醇-甲醇钠体系中对一系列环戊二烯衍生物(环戊二烯，茚，芴等)经脱质子反应进行 H/T 交换反应时，以反应速率对化合物的 pK_a 作 Brønsted 关系图，得到的 α 为 0.37[307]。这表明结构改变对平衡常数 K_a 的影响远比对质子转移反应速率的影响大。

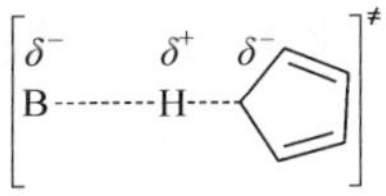

图 2-3　环戊二烯质子转移的过渡态

上述对硝基烃和其他具有 α-共轭稳定基团的烷烃在质子转移反应中表现出的反常行为的分析表明，对于碳氢酸的脱质子过程以及碳负离子的亲核反应，仅当在反应过程前后，反应中心碳原子的结构未变时(如 RCH_2X 脱质子生成碳负离子 RC^-HX 前后，α-碳原子的杂化状况未变)，反应速率与碳氢酸的 pK_a 才会有良好的相关关系。也只有在这些情况下，才能从碳氢酸的热力学酸性(pK_a)来较好地预测碳负离子的亲核反应性能。

2.5.3　卤素原子的效应

卤素原子的电负性参数为：氟，4.0；氯，3.0；溴，2.8；碘，2.5。除碘外，都比碳原子(2.5)高。它们与碳负离子连接时，可以通过诱导拉电子效应使前者的负电荷密度降低而得到稳定。此外，除氟以外，卤素原子还可以通过极化度效应来稳定碳负离子。卤素原子的极化度参数为：I(5.35)＞Br(3.05)＞Cl(2.18)＞F(0.557)。这与它们的电负性的顺序相反。实际上，卤代烷烃的酸性强度顺序与分子中卤素原子的极化度顺序相同，而与卤原子电负性的顺序相反。例如，单卤代甲烷 CH_3X 的气相酸性强度为 CH_3I (ΔH_A 386 kcal/mol)＞CH_3Br (ΔH_A 393 kcal/mol)＞CH_3Cl (ΔH_A 396 kcal/mol)＞CH_3F (ΔH_A 409 kcal/mol)。卤仿的酸性强度也具有同样的顺序：CHI_3＞$CHBr_3$＞$CHCl_3$＞CHF_3。它们在 Cs^+CHA^-/CHA 体系中的离子对酸性(pK_a(CsCHA))分别为 22.5、22.7、24.4 和 30.5[308]。这些似乎都表明，α-卤素原子稳定碳负离子的能力中，极化度效应比诱导效应更为重要。

最近的一些计算结果提出了一些新的解释[309]。用密度泛函理论(DFT)和MP2方法对 CH_2X^- 碳负离子和其前体 CH_3X 的能量计算表明，与通常认为的相反，F原子对 CH_2X^- 提供最强的 α-稳定作用，且 α-稳定作用的大小为：$CH_2F^- > CH_2Cl^- > CH_2Br^- > CH_2I^-$，但与此同时，卤原子对中性前体的稳定作用也遵循相同的顺序：$CH_3F > CH_3Cl > CH_3Br > CH_3I$，而且在碳负离子 CH_2X^- 中，稳定性从F到I下降得比中性前体 CH_3X 中要慢，这可能是 $CH_3X \longrightarrow CH_2X^- + H^+$ 的离解焓从 CH_3F 到 CH_3I 逐渐下降，即 CH_3I 比 CH_3F 表现出更强的酸性的真正原因。图2-4表示了卤原子对碳负离子 $^-CH_2X$ 和对中性前体 CH_3X 的稳定作用的轨道相互作用。可以看到，在 $CH_2^{-\cdot}$ 与 $X^\cdot$ 成键为 CH_2X^- 时，由于卤原子的单占据轨道(SOMO)的能量从F到I逐渐升高，CH_2X^- 的占据轨道能量也是逐渐升高的。在 $CH_3^\cdot$ 与 $X^\cdot$ 生成 CH_3X 时，也呈现相同的趋势。但从F→I时，CH_3X 中占据轨道的能量上升的程度比在 CH_2X^- 中更大((2a－2b)>(1a－1b))。

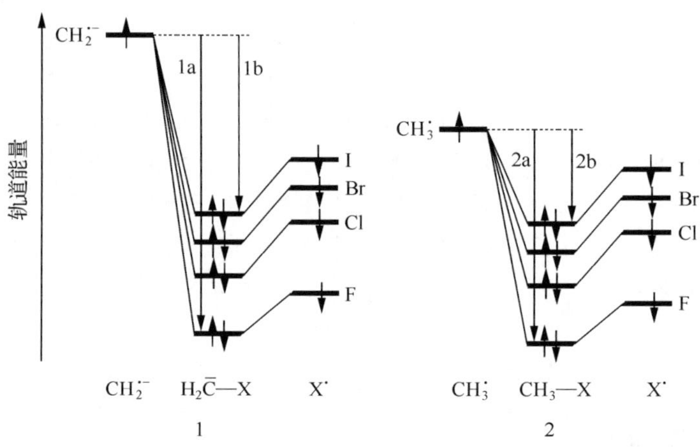

图2-4　$^-CH_2X$ 和 CH_3X 中C—X键生成中的轨道相互作用图

需要注意的是氟原子的情况比较特殊，它具有一些特别性质[310-314]。①氟是周期表中电负性最高的元素，具有很强的诱导效应。②氟原子的van der Waals半径为1.35 Å，在周期表中是仅比氢原子(van der Waals半径1.20 Å)稍大的最小的原子之一。③很高的电负性和很小的原子半径表明氟原子的核外电子受核电荷的强烈吸引，不容易发生极化。这从它极小的极化度(0.557)上也可以看出。④氟原子的2s和2p轨道可以很好地与其他第二周期元素(C，N，O)的相应轨道交盖。氟原子的这些特性使它是一个缺乏极化度效应的很强的诱导拉电子基团，但又可以是一个共轭给电子基团。它除了可以通过诱导拉电子效应来稳定碳负离子之外(取决于氟原子在碳负离子中的位置——是在碳负离子中心原子的 α-位、β-位还是更远的位置)，还具有其他卤原子不具备的一些电子效应。

1. 当氟原子直接与碳负离子相连(α-取代)时

当氟原子直接与碳负离子相连(α-取代)时，如果后者是 sp^3 杂化的，那么氟原子通过诱导拉电子($-I_\sigma$)效应使之稳定。如果碳负离子是 sp^2 杂化的，则氟原子除仍可经诱导效应拉电子外，由于 C—F 键很短(1.41 Å)，氟原子上的 2p 轨道中的电子对与碳负离子 2p 轨道中的电子对会有较强的排斥作用($+I_\pi$效应)[315]。$+I_\pi$效应对 sp^3 杂化碳负离子也存在，但由于四面体构型中，碳负离子填满一对电子的 sp^3 轨道与氟原子上两个填满的 2p 轨道相距较远，不如在碳负离子为 sp^2 杂化时严重(图 2-5)。此外，氟原子上一个 2p 轨道与碳负离子的 2p 轨道之间的共轭相互作用，即两个各填满一对电子的 2p 轨道之间的 pπ-pπ 相互作用(+R 效应)，也起使碳负离子不稳定化的作用[316]。对 α-氯代碳负离子而言，由于 C—Cl 键较长(1.79 Å)，$-I_\pi$效应已远不如 α-氟代时严重。同时，氯原子的 3p 轨道与碳负离子的 2p 轨道的交盖较差，+R 效应也已不如 α-氟代时重要。α-氟原子很强的诱导拉电子效应以及经$+I_\pi$和+R 效应对碳负离子的去稳定化作用，使 α-氟代碳负离子倾向于采取碳氢酸离解前具有的 sp^3 杂化的四面体结构，而且在离解为碳负离子时，C—F 键伸长(由于$+I_\pi$效应)。因此，不仅氟代甲基负离子 $^-CH_2F$、$^-CHF_2$、$^-CF_3$和其他 α-氟代烷基负离子是四面体构型的，而且当 α-位还有其他倾向于使碳负离子采取 sp^2 杂化的共轭取代基存在时，α-氟代仍可使碳负离子采取 sp^3 杂化构型[317]。例如，虽然 $^-CH_2NO_2$是平面构型的，但 $F_2C^-NO_2$更接近于四面体构型。但应注意 $^-CH_2CHO$和 F_2C^-CHO都是平面构型的；这反映了羰基是比硝基更为有效的共轭效应基团。这在前述的羰基具有比硝基更大的(共轭/极性)效应比上也表现出来。也正是由于 $F_2C^-NO_2$是 sp^3 杂化的，F 原子主要经$-I_\sigma$效应使碳负离子稳定化，而去稳定化的$+I_\pi$效应已不如在 sp^2 杂化的碳负离子中那样重要。因此，虽然这一基本为 sp^3 杂化的 $F_2C^-NO_2$负离子只能通过硝基的极性(I 和 F)和极化度效应以及氟原子的诱导($-I_\sigma$)效应来使之稳定，它的前体酸F_2CHNO_2的酸性却比硝基可以完全发挥其共轭和极性稳定作用的 CH_3NO_2要强(计算的气相

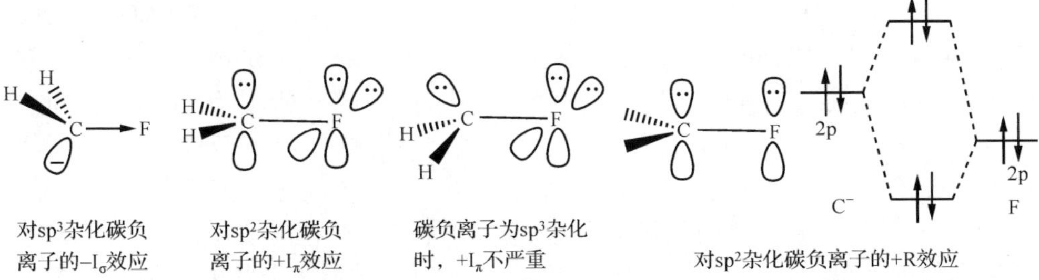

图 2-5　α-F 原子的电子效应

C—H 键离解焓 ΔH_A 分别为 348.2 kcal/mol 和 354.9 kcal/mol)。与此相似，近四面体构型的 FC^-HCN 负离子比 $^-CH_2CN$ 的稳定性要高(气相 C—H 离解焓分别为362 kcal/mol和373 kcal/mol)。$PhSO_2$ 是一个比较强的共轭效应基团，常使与之连接的碳负离子采取 sp^2 杂化的平面构型。例如，$PhSO_2CH_2^-$、$(PhSO_2)_2CH^-$、$(PhSO_2)_2C^-Cl$、$(PhSO_2)_2C^-Br$ 都是平面构型的。但已测定的第一个 α-氟代碳负离子($(PhSO_2)_2C^-F \cdot n\text{-}Bu_4N^+$)的晶体结构表明[318]，$(PhSO_2)_2C^-F$ 却是更接近于四面体构型；其碳负离子的四面体角 θ(如图 2-6 所示)为 49°(标准的 sp^3 结构中，θ 为 60°，而 sp^2 结构的 θ 为 0°)。C—F 键长(1.404 Å)比中性氟代烷烃分子中的 C—F 键长(1.32～1.38 Å)加大。计算的 C—F 键序相应较低(0.633)。

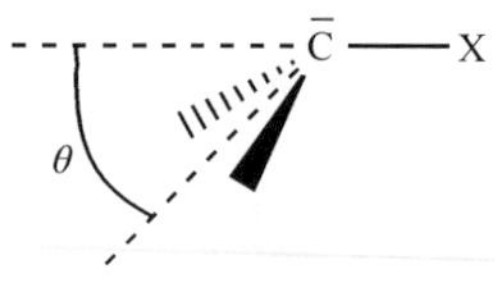

图 2-6　碳负离子的四面体角 θ

还应注意到，作为周期表中电负性最高的元素，虽然 α-氟原子经很强的诱导效应使负电荷分布到氟原子上，使碳负离子变得稳定，但这种负电荷大量分布在氟原子上的状况在脱质子以前的氟代烷中就已经存在。对 CH_3F、CH_2F_2 和 CHF_3 分子的电子结构的 MP2/6-31G^* 计算表明[319]，在 CH_3F 中，氟原子上已经通过诱导拉电子效应具有了很高的负电荷密度(约为−0.7)。而且，随着分子中氟原子的增加，在 CH_2F_2 和 CHF_3 分子中，每个氟原子上的电荷密度也为−0.7，即每个增加的氟原子仍然获得与第一个氟原子同样的负电荷，它们的拉电子能力并不呈现明显的衰减，同时碳原子上的电荷密度则从 CH_3F 中的 0.682 转变到 CHF_3 中的 1.998。由于氟代程度逐渐增加时，碳原子上的正电荷成线性增加，而每个氟原子上的负电荷并未减少；这使碳原子与氟原子之间的静电吸引力逐渐增强，使 C—F 键长随氟代程度的提高而逐渐缩短。这三个氟代烷脱质子成为相应的碳负离子后，每个氟原子上的负电荷比它们在中性烃中时仅稍微增加(从−0.7 增至−0.74)。这显然是由于氟很强的诱导拉电子效应在中性分子中已充分发挥作用，使其氟原子上的负电荷已近饱和的缘故。但在脱质子后，碳负离子的四面体化程度比在甲烷碳负离子 CH_3^- 中增加，而且随着氟原子数的增加，碳负离子的四面体化程度越来越高。θ 角从 CH_3^- 时的 47°逐渐增加：$^-CH_2F$ 为 71.6°，$^-CHF_2$ 为 74.5°，CF_3^- 为 75.1°。这使 F—C—H 和 F—C—F 夹角不断减小，而中心碳原子用于与 H 和 F 原子成键的杂化轨道中的 p 成分不断增加，而容纳电子对的 n 轨道的 s 成分也逐渐增加。这也是氟代使酸性不断升高的一个原因。因此，氟代烃很高的酸性是由于在它们的碳负离子中，氟原子经诱导效应使负电荷分布在电负性很高的氟原子上，以及碳原子上的电子对是容纳于一个 s 成分很高的轨道中。而这两个因素，都与 α-氟代碳负离子的 sp^3 构型有关：在 sp^3 构型中，氟原子的诱导效应可以充分发挥而不被 $+I_\pi$ 和 +R 效应抵消，同时也使碳原子上的电子对容纳于含 s 成分较高的轨道而不是一个 p 轨道中。

能够表明 α-氟原子在 sp^2 杂化碳负离子中的效应的一个例子是 9-氟芴。它的热力学酸性与芴相近（pK_a(DMSO)分别为 22.3 和 22.6），而动力学酸性的研究表明，它在 MeO^-/MeOH 中的质子交换速率约为芴的 1/8[320,321]。这里，因生成的是 sp^2 杂化的平面碳负离子，α-氟代经 +R 和 $+I_\pi$ 效应使碳负离子不稳定，抵消了诱导拉电子效应。

2. 当氟原子连接于碳负离子的 β-位原子上时

当氟原子连接于碳负离子的 β-位原子上时（如在 $R^1R^2\bar{C}CH_nF_{3-n}$ 以及在α-三氟甲基稳定的碳负离子 $R^1R^2\bar{C}CF_3$ 中），对碳负离子起较强的稳定作用[308,322]。例见表 2-8。由表可见，1,1,1-三氟甲烷的气相酸性比乙烷高 52 kcal/mol，即 37.7 个 pK_a 单位。而三（三氟甲基）甲烷的酸性更强。它在 DMSO 中的 pK_a 为 12.6，酸性强度与乙酸（pK_a(DMSO)＝12.3）相近，是比丙二酸二乙酯等β-二羰基化合物还要强的酸。

表 2-8　β-氟代烷的气相酸性

化合物	ΔH_A^a/(kcal/mol)	$\Delta(\Delta H_A)^b$/(kcal/mol)	pK_a(DMSO)
CH_3CH_3	421	—	—
CF_3CH_3	369	52	约 35
$(CF_3)_3CH$	334	87	12.6
F_2 F F_2 F_2 F_2 H F_2	342	79	约 20.5

a 化合物的气相 C—H 键解离焓；b 各化合物与 CH_3CH_3 的 ΔH_A 值之差

β-氟代碳负离子这种较强的稳定作用主要来源于以下几个因素。

(1) 氟甲基的诱导拉电子效应（$-I_\sigma$）和极化度效应（$^-CH_2—CF_3$）。同时，由于氟原子与碳负离子的距离增加，α-氟代时 $+I_\pi$ 的去稳定化作用已不重要。

(2) β-氟原子与碳负离子的负离子超共轭效应（negative hyperconjugation 或 anionic hyperconjugation）[319,322-329]。

β-氟代时的负离子超共轭效应（亦可称为负超共轭效应）可视为碳负离子填满一对电子的 n 轨道与 β-C—F 键的成键 σ 轨道和反键 σ^* 轨道的相互作用（图 2-7）。其中 n 轨道与 C—F 的 σ 轨道的相互作用是去稳定化的，而与 C—F 的 σ^* 轨道的相互作用是稳定化的。因此，超共轭作用的结果取决于哪一种相互作用更为重要。对 β-氟代烃这样的缺电子烃，其 C—F 的 σ 和 σ^* 轨道能量都较低，因此，n 轨道与成键的 $\sigma_{C—F}$ 轨道的能量差较大，n-$\sigma_{C—F}$ 相互作用较弱。而 $\sigma^*_{C—F}$ 与 n 轨道能量差小，

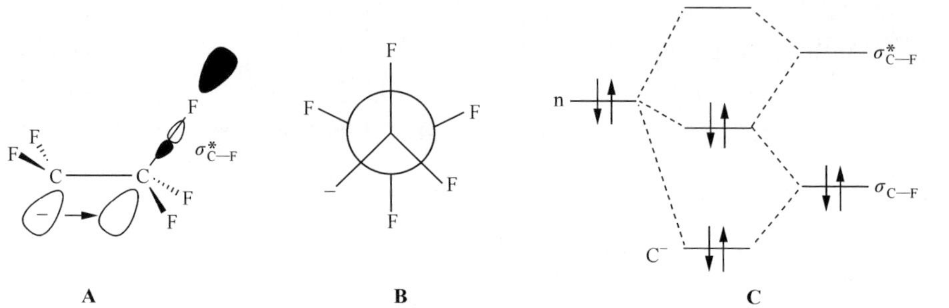

图 2-7 β-氟代烃中的负超共轭效应

A n_C-σ^* 的轨道相互作用；**B** β-氟代烃的最稳定构象；**C** 轨道能级图

相互作用较强。结果是使碳负离子的能量降低，而负电荷向氟原子去局部化。从图 2-7 中的 **A** 和 **B** 可以看到，轨道相互作用在 C—F 键与碳负离子的 n 轨道共平面且处于反平行位置时最为有利。从价键结构来看，可以把负超共轭写为 β-碳与 F 原子之间的双键-无键共振结构[323,328]，如 $CF_3CH_2^-$ 可写为式(2-43)，而 $(CF_3)_3C^-$ 可写为式(2-44)。

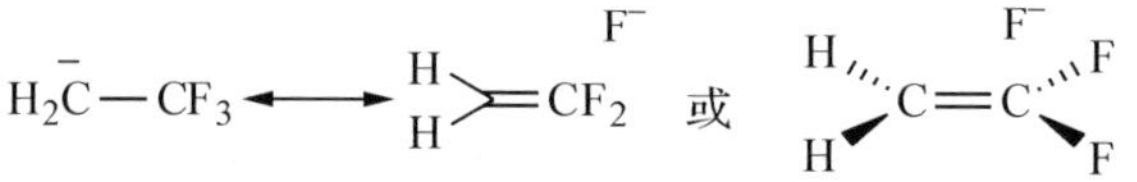

$$H_2\bar{C}-CF_3 \longleftrightarrow H_2C{=}CF_2\ F^- \text{ 或 } H_2C{=}CF_2\ F^- \quad (2\text{-}43)$$

$$(F_3C)_2\bar{C}-CF_3 \longleftrightarrow (F_3C)(CF_3)C{=}CF_2\ F^- \longleftrightarrow F_2C{=}C(CF_3)(CF_3)\ F^- \longleftrightarrow \text{等} \quad (2\text{-}44)$$

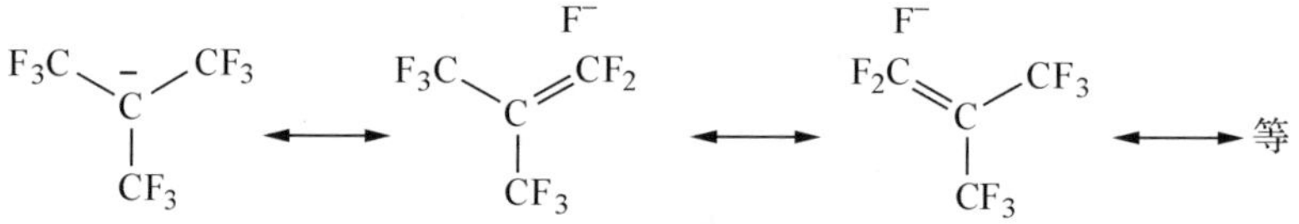

共10个共振式

对 β-氟代碳负离子结构的很多计算结果都支持负超共轭效应的存在。例如，在对 CH_3CHF_2、CH_2FCHF_2、CH_3CF_3、CH_2FCF_3、HCF_2CHF_2 和 HCF_2CF_3 这一系列 α,β-多氟代乙烷的碳负离子结构的计算研究中发现，都以 β-氟原子对 α-碳上 n 轨道处于反平行的构象(如图 2-7 中 **A**、**B** 所示)最为稳定[324]。而且在这一构象中，C_β—F 键比在中性分子中显著加长(负超共轭使 σ^*_{C-F} 反键轨道中分得电荷密度，使 C_β—F 键减弱)，且 β-F 原子上负电荷密度大为增加。这些计算还表明，像 $^-CH_2CH_2F$ 和 $^-CH_2CHF_2$ 这样的碳负离子已不能稳定存在，易消去 F^- 而成为烯烃。实际上，我们确实知道，很多 β,β,β-三氟代乙基碳负离子是很不稳定的，容易发生消去反应成为烯烃(式(2-45))[330]，它们的金属盐常需要在 −100℃以下制备。为了使 β,β,β-三氟代乙基碳负离子变得较为稳定，需要在 α-位碳原子加上拉电子取代基，如使式(2-45)中的 R 为 CO_2R、COR、SO_2R、NO_2 或苯基，或在 α-碳上有两个 F 或 Cl 原子，以降低 α-碳上的负电荷密度。也可以使它们与 Pd、Ti 等金属配位来变得稳定。只有在这些情况下，这些 α-三氟甲基碳负离子才能作为稳定的亲核试剂在合成反应中加以应用。

(2-45)

β-氟代碳负离子中负超共轭效应的存在，还得到其他很多实验结果的支持。例如，对 1,4-二(三氟甲基)全氟环丁烷碳负离子(图 2-8)盐的晶体结构测定表明[331]，碳负离子是平面构型的，其中 C_α—C_β键长比中性分子中短，而 C_β—F 键长增加，F—C_β—F 夹角较小。电荷密度计算表明，F 原子上负电荷密度比中性前体中增加。又如，从表 2-8 可见，三(三氟甲基)甲烷($(CF_3)_3CH$)的酸性比 1-氢全氟双环[2.2.1]庚烷的酸性强(气相离解焓 ΔH_A 相差 8 kcal/mol，即约 5.8 个 pK_a 单位)[322]。这两个化合物中，影响 C—H 键酸性的极性效应——诱导效应、场效应和极化度效应相近，酸性的差别是由于后者中 C—H 键位于桥头位置，离解后碳原子不能采取 sp^2 的平面结构，其孤对电子的 n 轨道与 C_β—F 不平行，无法发生有效的负超共轭，氟原子只能经诱导拉电子作用来稳定碳负离子。

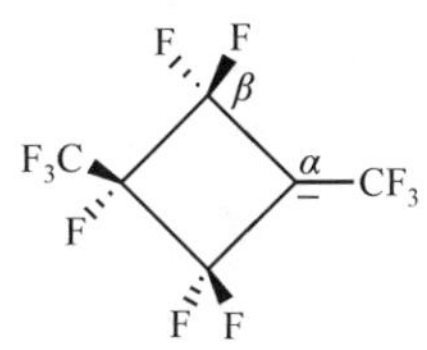

图 2-8　1,4-二(三氟甲基)全氟环丁烷碳负离子

3. 当氟原子连接在苯环上时

当氟原子连接在苯环上时，上述与 Cl、Br、I 不同的电子效应也表现出来。Cl、Br 和 I 在间位时，经较强的诱导效应和场效应来稳定碳负离子；在邻、对位时，则也有一定的共轭效应。氟原子对苯环上的碳负离子的效应也取决于两者的相对位置[332-334]。氟苯的酸性强度研究表明，酸性强度顺序为：o-氟苯($\Delta H_A=388$ kcal/mol)$>$$m$-氟苯($\Delta H_A=394$ kcal/mol)$>$$p$-氟苯($\Delta H_A=396$ kcal/mol)[332]。这是因为苯环上的氟原子不直接与碳负离子相连，已没有明显的$+I_\pi$和$+R$效应(见化合物 **A**)。而 F 原子的诱导拉电子效应和极化度效应通过碳链传递，随距离增加而衰减。

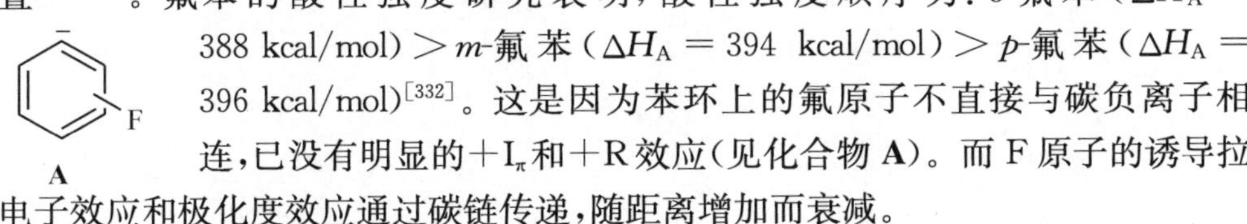

对苄基型的碳负离子，由于负电荷主要是向苯环的邻、对位去局部化，这些位置负电荷密度较大。如果邻、对位有氟原子存在，则与在 α-氟代碳负离子中一样，会有$+I_\pi$和$+R$效应(式 **B**,**C**)，对碳负离子起去稳定化作用。而氟原子在间位时，则不受影响。这使氟代甲苯的酸性强度顺序为：o-$FPhCH_3$($\Delta H_A=375$ kcal/mol)[335]$=$$m$-$FPhCH_3$($\Delta H_A=375$ kcal/mol)[121]$>$$p$-$FPhCH_3$($\Delta H_A=380$ kcal/mol)[336]。邻位氟原子较强的诱导效应($-I_\sigma$)弥补了$+I_\pi$和$+R$效应对碳负离子的去稳定化效应。对位氟原子的诱导拉电子效应基本上被$+I_\pi$和$+R$效应的去稳定化作用抵

消，使 *p*-氟甲苯的酸性仅比甲苯(ΔH_A=382 kcal/mol)稍有增强。对位氟原子的 $+I_\pi$ 和+R 效应也在它的负的 σ_p^-(−0.03)和 σ_R^-(−0.48)值上得到表现。

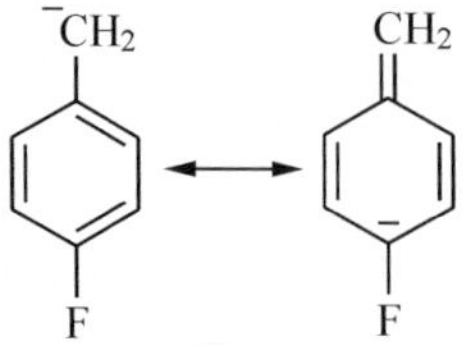

B 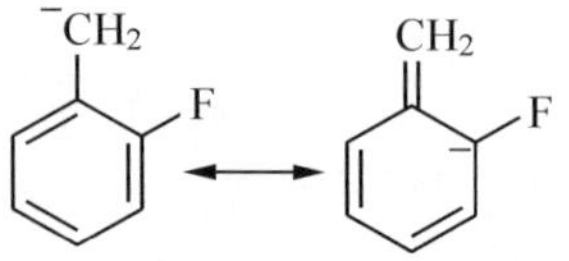　　C

三氟甲基是一个很强的极性拉电子基团。前已述及，在 α-三氟甲基碳负离子(如三氟乙基 $^-CH_2CF_3$)中，由于还存在很强的负超共轭效应，它们易发生消去 F^- 的反应而不稳定。因此，对多氟代乙烷的酸性尚无系统研究。但当三氟甲基连于苯环上时，它们对环上或环侧链上碳负离子的效应也与它们在苯环上的位置有关。三氟甲基苯的邻、间、对位的 C—H 键的酸性顺序为 *o*- > *m*- > *p*-。计算的 ΔH_A 值分别为 386.3 kcal/mol，389.3 kcal/mol 和 389.9 kcal/mol[337]。显然，由于不存在负超共轭和 $+I_\pi$ 以及+R 效应，三氟甲基是经极性效应($-I_\sigma$，F)来稳定碳负离子的。这些效应在邻位更强(见 **D**)。与此不同的是，三氟甲基对苄基碳负离子的稳定性的影响，需要考虑负超共轭效应。在邻和对三氟甲基甲苯的碳负离子中，除了 CF_3 的诱导拉电子效应和场效应以外，存在负超共轭效应(式 **E** 和 **F**)，而在间位则只有诱导效应起作用。这样，三氟甲基甲苯的酸性强度顺序为[336] *p*-CF_3PhCH_3 (ΔH_A=367 kcal/mol)>*m*-CF_3PhCH_3 (ΔH_A=369 kcal/mol)(*o*-CF_3PhCH_3 的气相酸性未有报道)。

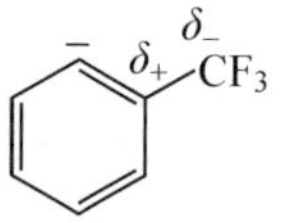

D 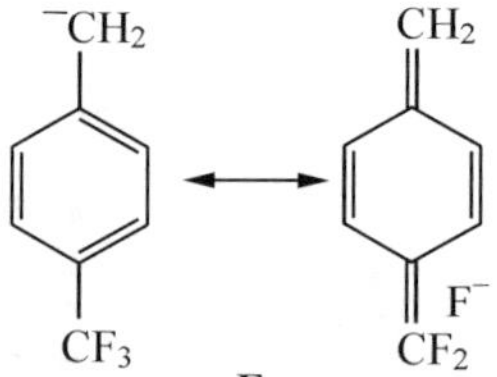　　E 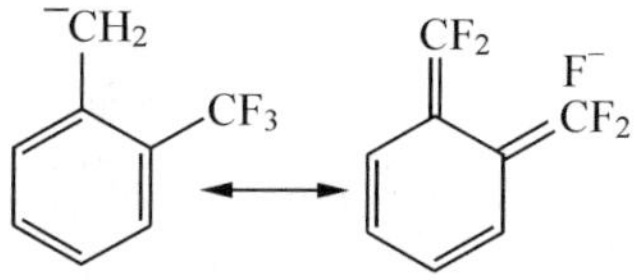　　F

结论：

(1) 氯、溴原子通过诱导拉电子效应和极化度效应使碳负离子稳定，碘原子经极化度效应来稳定碳负离子。

(2) α-氟代碳负离子经氟原子的 $-I_\sigma$ 效应稳定化，而 $+I_\pi$ 和+R 效应则使之去稳定化。这些效应的共同作用使 α-氟代碳负离子一般采取 sp^3 杂化的四面体构型。仅当 α 位还有很强的共轭基团时，才会采取 sp^2 杂化。对 sp^3 杂化的碳负离子，α-氟代使酸性增强，而对 sp^2 杂化碳负离子，α-氟代有时反而使酸性减弱。

(3) β-氟代总是使碳氢酸的酸性增强。这是氟原子的诱导效应和负超共轭效应共同作用的结果。

2.5.4　第三周期及以后周期元素的效应

我们都知道第二周期元素 N(3.0)(括号中为该原子的电负性,后同)、O(3.5)、F(4.0)原子的电负性都比碳(2.5)高。含有这些元素的基团,如 R_2N、RO 和 F 等与 C—H 键连接时,都能使后者的酸性升高。第三周期的元素 Si(1.8)、P(2.1)、S(2.5)、Cl(3.0)和第四、第五周期元素 As(2.0)、Se(2.4)、Br(2.8)、Te(2.1)和 I(2.5)中,除了 Cl 和 Br 以外,原子电负性都比碳元素低(Si,P,As,Se,Te)或与之相近(S,I)。但含有这些元素的基团如 R_3Si、R_2P、RS、Cl、R_2As、RSe、Br、RTe、I 以及这些元素的鎓盐 R_3P^+、R_2S^+、R_3As^+、R_2Se^+、R_2Te^+ 和它们的高氧化态基团如 $P(O)R_2$、$P(O)(OR)_2$、RSO、RSO_2 等不仅能使与之相连的 C—H 键的酸性增强,而且它们增强酸性和稳定相邻碳负离子的能力都比含有 C、N、O 原子的相应基团(R_3C,R_2N,RO)要高。表 2-9 中列举了一些含有第三及以后周期元素原子的基团的化合物的气相酸性(ΔH_A)和在 DMSO 溶液中的酸性(pK_a(DMSO))数据。从表 2-9 中各栏数据的纵向比较可以看到,对同一族元素的取代基,它们稳定 α-碳负离子的能力与原子的电负性并不符合。在卤代甲烷中的情况已在 2.5.3 节中讨论过,在第Ⅱ栏中可以看到,用 PhO、PhS 和 PhSe 分别代替苯乙酮甲基上的一个氢原子,各使酸性升高了 4.6、7.7 和 6.1 个 pK_a 单位。取代基增强酸性的能力为 PhS>PhSe>PhO。而在含第五族元素原子的基团中(第Ⅲ栏),Me_2P 增强酸性的能力比 Me_2N 强。在第四族元素基团中,SiR_3 稳定碳负离子的能力远比 CR_3 要强。

表 2-9　含第三及以后周期元素的基团的化合物的气相酸性和溶液酸性

Ⅰ			Ⅱ			Ⅲ			Ⅳ		
化合物	ΔH_A[1)]	pK_a[2)]	化合物	ΔH_A	pK_a[3)]	化合物	ΔH_A	pK_a[3)]	化合物	ΔH_A	pK_a
CH_4	417		CH_4	417	约 56						
CH_3F	409		CH_3OMe	407	约 49	CH_3NMe_2	406		CH_3t-Bu	411	
CH_3Cl	396		CH_3SMe	390	约 45	CH_3PMe	385		CH_3SiMe_3	391	
CH_3Br	393										
CH_3I	386										
CHF_3	378	30.5	$PhCOCH_3$		24.72				CH_3CH_3	421	
$CHCl_3$	358	24.4	$PhCOCH_2OPh$		21.1				CH_3SiH_3	377	
$CHBr_3$	350	22.7	$PhCOCH_2SPh$		17.1						
CHI_3	—	22.5	$PhCOCH_2SePh$		18.6						

续表

Ⅰ			Ⅱ			Ⅲ			Ⅳ		
化合物	ΔH_A[1)]	pK_a[2)]	化合物	ΔH_A	pK_a[3)]	化合物	ΔH_A	pK_a[3)]	化合物	ΔH_A	pK_a
			$Me_2O^+CH_2Ph$		30.1[4)]	$Et_3N^+CH_2Ph$		30.8			
			$Bu_2S^+CH_2Ph$		18.9	$Ph_3P^+CH_2Ph$		17.4			
			$Bu_2Se^+CH_2Ph$		23.5	$Ph_3As^+CH_2Ph$		22.7			
			$Bu_2Te^+CH_2Ph$		23.7						
			CH_3SMe	390	约 45	$PhCH_3$		43			
			CH_3SOMe	374	35.1	$PhCH_2PPh_2$					
			CH_3SO_2Me	366	31.1	$PhCH_2P(O)Ph_2$		27.5			
			$CH_3S^+Me_2$		24.5	$PhCH_2P(O)(OEt)_2$		27.6			
						$PhCH_2P^+Ph_3$		17.6			

1) ΔH_A是该化合物以 kcal/mol 为单位的气相离解焓；2) 此栏中为化合物在环己基胺/环己基胺铯盐(Cs^+CHA^-)体系中的离子对酸性；3) DMSO 溶液中的离子酸性；4) 计算值

为了了解为何第三及以后周期的杂原子取代基具有比第二周期杂原子取代基更强的稳定相邻碳负离子的能力，需要分析这些杂原子取代基稳定碳负离子能力的来源。

1. 极性(I 与 F)效应

第二周期的 N、O、Cl 的电负性都比 C 高；而诱导效应的大小与基团电负性成正比。这些元素的取代基主要通过诱导效应稳定碳负离子(式(2-46))。

$$^-CH_2 \rightarrow X \qquad X = N, O, Cl \tag{2-46}$$

同时，对这些原子半径较小的杂原子，由于 C—杂原子键(C—X 键)较短，碳负离子 n 轨道中的一对电子与杂原子 X 上的孤对电子之间的静电排斥作用也会部分抵消这些基团稳定碳负离子的能力。当碳负离子具有 sp^2 杂化的平面构型，孤对电子在 2p 轨道中时，与杂原子上 2p 轨道中电子对的排斥作用比在 sp^3 杂化的碳负离子中(孤对电子在 sp^3 轨道中)更为明显。

杂原子电负性的顺序为 O>S>Se>Te，N>P>As，C>Si，这显然与表 2-9 中所显示的这些元素的基团稳定碳负离子的能力的顺序不符。而且第三及以后周期的 Si、P、S、As、Se、Te 等元素的电负性都比 C 元素低；因此，这些第三及以后周期元素稳定碳负离子的能力并不能用极性(I 与 F)效应来说明。

2. 极化度效应

原子序数较大的杂原子具有较大的极化度，可以通过更强的离子-偶极相互作用来稳定碳负离子。杂原子的极化度参数为 Si(5.38)、N(1.10)、P(3.63)、As(4.31)、O(0.802)、S(2.90)、Se(3.77)、Te(5.5)和 Cl(2.18)、Br(3.05)、I(5.35)。由此可见，这些极化度的顺序与诱导效应(电负性)的顺序是相反的。显然，对第三及以后周期元素的取代基，极化度效应是它们稳定碳负离子能力的重要原因。

3. 负超共轭效应

对碳负离子而言，此种负超共轭效应(negative hyperconjugation)有时又称为负离子超共轭(anionic hyperconjugation)。

很多分子轨道的计算结果都表明，对含第三及以后周期元素基团的碳负离子，与在前述 β-氟代甲烷中的情况(图 2-7)相似，负超共轭，即在碳负离子$^{-}CH_2$—X—R 中，C 原子上填满一对电子的 n 轨道与取代基中与之处于反平行位置的一个反键的 X—R σ 轨道(σ^*_{X-R})的相互作用，会使负电荷向 XR 基团去局部化，使碳负离子变得稳定(图 2-9)。当然，这种 n-σ^* 轨道相互作用的强弱取决于：①n 轨道与 σ^* 轨道的距离与取向。仅当两者接近并近于平行而利于交盖时，才能发生较强的相互作用。②n 轨道与 σ^* 轨道的能量差。由于 X—R 的 σ^* 轨道的能量总是比碳原子上 n 轨道的能量高，任何能使 σ^*_{X-R}轨道能量降低的因素都有利于发生此种负超共轭效应。

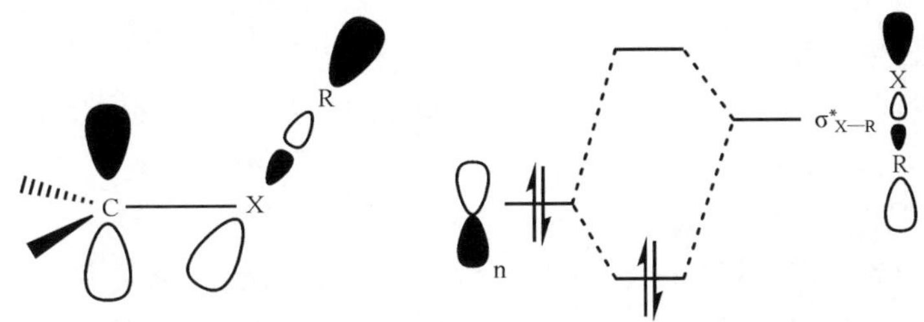

图 2-9　碳负离子 $R^1R^2C^-$—XR 中的 n-σ^* 相互作用

对一些 $^{-}CH_2$—X—R 型碳负离子进行的分子轨道计算[338]表明，在 $^{-}CH_2SR$ 和 $^{-}CH_2PR_2$ 中，碳原子上填满一对电子的 n 轨道与 X—R 键(S—R 和 P—R 键)的 σ^* 轨道的能量差远比在 $^{-}CH_2OR$ 和 $^{-}CH_2NR_2$ 中的 n-σ^* 能量差要小；同时 C—S 和 C—P 的 σ^* 轨道也比在 $^{-}CH_2OR$ 和 $^{-}CH_2NR_2$ 中更加集中于杂原子 S 和 P 上(σ^* 中，杂原子处的原子轨道系数较大)，这些都使得由 n-σ^* 相互作用引起的负超共轭作用对 P、S 基团 PR_2 和 SR 较为重要；而在 $^{-}CH_2OR$ 和$^{-}CHNR_2$ 中，没有较强的 n-σ^* 相互作用。对 $^{-}CH_2PR_2$ 和 $^{-}CH_2SR$ 而言，由于 C—S 键(1.81 Å)比C—P 键(1.87 Å)短，n-σ^*_{S-R}相互作用比 n-σ^*_{P-R}相互作用更强，前者通过负超共轭效应稳定碳负离子的能力比后者强。除了这些第五和第六族元素外，含有第四

族元素硅的基团 SiR_3 也有低能量的 $\sigma^*_{Si—R}$ 轨道。在含硅的碳负离子 $^-CH_2SiR_3$ 中，n 轨道与 Si—R 的 σ^* 轨道相互作用导致的负超共轭，以及 SiR_3 较大的极化度，对稳定碳负离子也起重要作用[339-342]。

n-σ^* 相互作用的强弱显然也应与碳负离子 $^-CH_2R$ 的构象有关。对 $^-CH_2PR_2$[338,343]、$^-CH_2SR$[338,343]、$^-CH_2SO_2R$[338,344-347]、$^-CH_2P(O)R_2$[348,349] 等碳负离子的计算表明，这些碳负离子的稳定性，即相对能量都与它们的构象有关；而能量最低，即最稳定的构象，是其中杂原子—R 的 σ^* 轨道与碳原子上的 n 轨道处于反平行位置的构象。图 2-10 中为碳负离子 $R^1R^2C^-SO_2R$[344-347] 和 $R^1R^2C^-P(O)(OH)_2$[348,349] 的能量最低的构象。显然，这些构象中 $\sigma^*_{X—R}$（$\sigma^*_{S—R}$ 和 $\sigma^*_{P—O}$）与 n 轨道相互平行，最有利于两者间的相互作用。n-σ^* 相互作用使负电荷向 S—R 和 P—O(H) 的 σ^* 轨道去局部化，使这些构象比其他构象更为稳定。同时，在 $^-CH_2PR_2$ 和 $^-CH_2SO_2R$ 等碳负离子中，当 R 是拉电子基时，能使 P—R 和 S—R 的 σ^* 轨道能量下降；同时 P—R 和 S—R 键的极性加大，也使在 σ^* 中，P 与 S 原子的轨道系数加大（在成键 σ 轨道中，P、O 原子的轨道系数较小）更有利于 n-σ^* 的相互作用。例如，在一系列 $^-CH_2PR_2$ 型碳负离子中，稳定性顺序为 $^-CH_2PF_2 > {^-CH_2P(OH)_2} > {^-CH_2P(NH_2)_2} > {^-CH_2P(CH_3)_2} > {^-CH_2PH_2}$[348]。而对于 $^-CH_2SO_2R$ 型碳负离子，$^-CH_2SO_2CF_3$ 和 $^-CH_2SO_2F$ 的稳定性相近，但都比 $^-CH_2SO_2CH_3$ 高[344]。一些磺酰基碳负离子的晶体结构研究已证明图 2-10 所示的构象确实是最稳定的构象。例如，在 $PhCH_2C^-(Ph)SO_2CF_3Li^+ \cdot 2THF$ 的晶体结构中[344]，碳负离子是平面构型的，其 n 轨道与 S—CF_3 键平行，而与两个 S—O 键都处于 *gauche* 位置，与图 2-10 相符。进而，从假设的等键反应（式(2-47)和式(2-48)）计算的反应热估计，$CF_3SO_2CH_2^-$ 的最稳定构象（n 与 σ^* 轨道处于反平行的构象）比 $CH_3SO_2CH_2^-$ 的相应构象稳定 21.8 kcal/mol；而两者的 n 与 σ^* 轨道处于正交位置的构象的能量差为 15.2 kcal/mol。因此，在这 21.8 kcal/mol 的稳定作用中，估计有约 2/3（约 15 kcal/mol）来自 CF_3SO_2 的比 CH_3SO_2 更强的极性（I 与 F）效应；另约 1/3 则来自 $CF_3SO_2CH_2^-$ 中更强的负超共轭效应。而对 $CH_3SO_2CH_2^-$，由于 σ^* 轨道能量较高，负超共轭效应较小。计算还表明，由于 $^-CH_2SO_2CF_3$ 和 $^-CH_2SO_2F$ 中较强的 n-σ^* 相互作用，碳负离子的碳原子与硫原子之间的键（C_α—S）具有了一部分双键性质，而负电荷所在碳原子的四面体化程度减小。同时，由于绕 C_α—S 键的旋转能垒升高，碳负离子的构型稳定性提高[344]。当然，在 $R^1R^2C^-SO_2CF_3$ 或 $R^1R^2C^-SO_2F$ 中，如果 R^1 与 R^2 是具有较大位阻的基团，可以进一步提高碳负离子的构型稳定性。磺酰基碳负离子的这种立体构型特点，可以在手性合成中得到应用。在碳负离子 $R^1R^2C^-SO_2CF_3$ 中，使用具有较大位阻的 R^1 和 R^2 基团，反应可以得到较高的对映选择性。

$$CH_3SO_2CH_3 + CH_3^- \longrightarrow CH_3SO_2CH_2^- + CH_4 \tag{2-47}$$

$$CF_3SO_2CH_3 + CH_3^- \longrightarrow CF_3SO_2CH_2^- + CH_4 \tag{2-48}$$

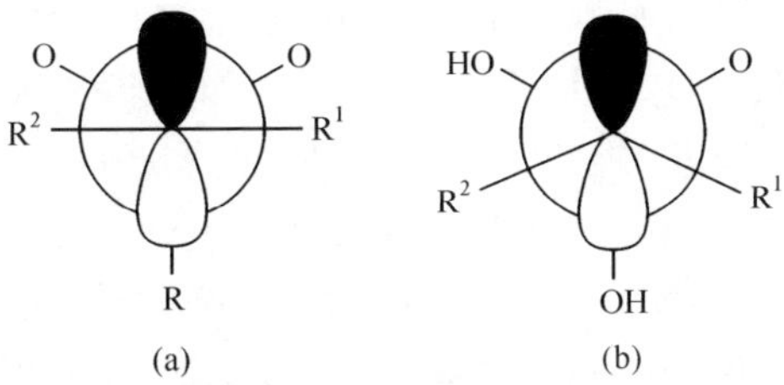

图 2-10　碳负离子 $R^1R^2C^-SO_2R$(a)和 $R^1R^2C^-P(O)(OH)_2$(b)的最稳定构象

负超共轭作用使碳负离子 $^-CH_2$—X—R 中负电荷向 X—R 部分去局部化，使 R 上分得相当程度的负电荷。因此可以用与含氟碳负离子中相似的无键式的共振结构如式(2-49)中 **A** 来定性表示负超共轭作用。

$$^-CH_2—X—R \longleftrightarrow \underset{\textbf{A}}{H_2C{=}XR^-} \tag{2-49}$$

除了使碳负离子的能量降低以外，负超共轭作用还使碳负离子 $^-CH_2XR_n$ 的结构与其前体 CH_3XR_n 相比发生一系列变化[343-349]。除了 C—X 键因具有部分双键性质而缩短外，由于 X—R 的反键 σ^* 轨道中得到了一定的电子密度，X—R 键减弱，其键长增加。特别是处于与碳负离子上 n 轨道反平行位置上的一个 X—R 键的伸长更为明显。同时，R—X—R 键角加大。这些结构变化不仅为很多计算结果表明，也已在一些含有硫[344,350-356]、磷[357-362]基团的碳负离子的晶体结构中得到证明。例如，在吡啶叶立德(图 2-11(a))中[357]，碳负离子为平面结构，它的 C—P 键长(1.72 Å)比在前体烃中(计算的 C—P 键长为 1.94 Å) 缩短了 0.2 Å，而两个 P—Cl 键都比在前体烃中的长度变长了，特别是其中一个与碳负离子平面垂直的 P—Cl 键的键长从前体中的 2.08 Å 伸长至 2.18 Å。而另一个 P—Cl 键则仅仅伸长了 0.02 Å。又如，磷叶立德(图 2-11(b))的晶体结构表明，它的 P—Cl 键比在前体鏻盐中显著加长。在这里，虽然 P—*t*-Bu 的 P—C σ^* 轨道也可能与碳负离子的 n 轨道作用，但 P—Cl 的 σ^* 轨道比 P—C 的 σ^* 的能量要低。因此，更有利于与 n 轨道作用[352]。

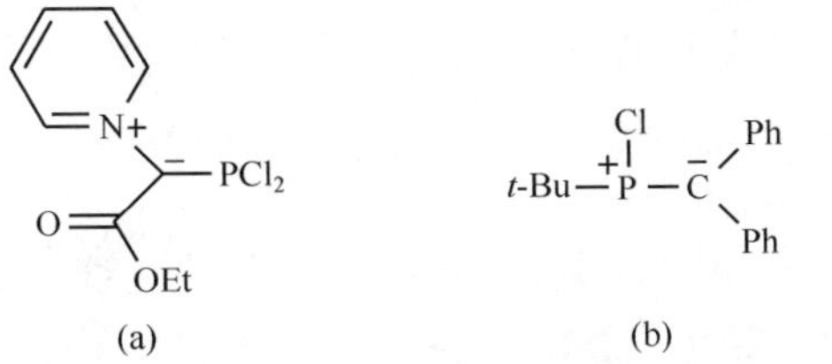

(a)　　(b)

图 2-11　吡啶叶立德(a)和磷叶立德(b)的结构式

第三周期及以后周期杂原子取代基通过较大的极化度效应和负超共轭效应而具有比第二周期元素取代基更强的稳定碳负离子的能力的现象，在这些元素的鎓盐的酸性中也体现出来，如第六主族中，增强酸性的能力为 $Bu_2S^+ > Bu_2Se^+ \approx Bu_2Te^+ > Me_2O^+$；而第五主族中，$Ph_3P^+ > Ph_3As^+ > Et_3N^+$。当然，这些带正电荷的基团的效应远比相应的中性基团要强。例如，$MeSCH_2CN$ 的 pK_a(DMSO)为 24.3，而 $Me_2S^+CH_2CN$ 的 pK_a(DMSO)为 14.6。$MeSCH_3$ 和 $Me_2S^+CH_3$ 的 pK_a(DMSO)则分别约为 45 和约为 17.8。这是由于带正电荷的基团具有更强的诱导和场效应；同时，带正电荷的基团中杂原子上增加的一个烃基也使基团的极化度加大，帮助稳定碳负离子。还可以看到，在含有上述元素的基团中，提高元素的氧化度，会使基团增强酸性的能力大为提高。例如，RSO—、RSO_2—、—P(O)R_2、—P(O)$(OR)_2$等具有比 RS—和 R_2P—更强的稳定碳负离子的能力[363,364]（表 2-9）。这主要是由于高氧化度元素基团具有更大的基团电负性和基团偶极矩，使诱导效应(I)和场效应(F，由基团偶极与碳负离子间的静电相互作用引起)更强(如下式中 $RSO_2CH_2^-$(Ⅰ) 和 $RSOCH_2^-$(Ⅱ)的比较)[364]。

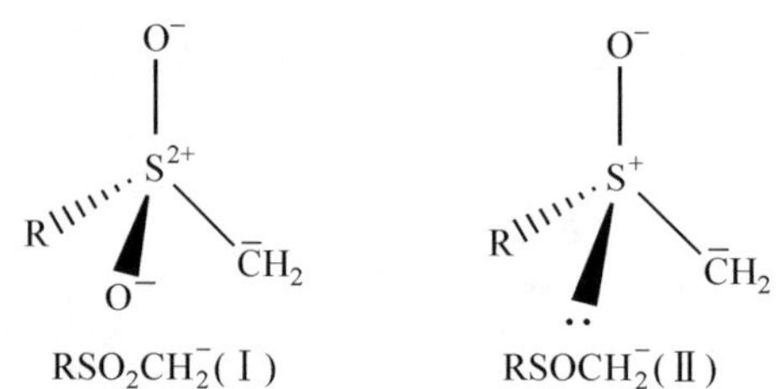

从表 2-9 中可以看到，虽然提高元素的氧化度会使得基团稳定碳负离子的能力加强，但在氧化度相同时，同族元素的基团稳定碳负离子的能力仍保持与正常价态的基团时相同的顺序，即 S>Se≈Te>O 和 P>As >N。

因此，第三周期及部分第四周期杂原子取代基稳定碳负离子的能力，主要来自于极化度效应和负超共轭效应，而负超共轭效应对直接连接于碳负离子的含有 Si、P、S 等元素的基团较为重要。对于含有高价态的以及带有正电荷的杂原子基团如 SOR、SO_2R、$^+SR_2$、P(O)R_2、P(O)$(OR)_2$、$^+PR_3$等，则它们的很高的基团电负性导致的很强的诱导效应以及很高的基团偶极矩导致的很强的场效应也起到重要作用。特别是对像 CF_3SO_2、$CF_3S(O){=}NSO_2CF_3$ 这样的“超级酸化基团”(superacidifier)，它们极强的增强 C—H 键酸性的作用可能主要来自极性效应，而负超共轭效应的贡献可能相对较小[259,365]。在这方面，已报道的计算与实验结果并不完全一致，尚无定论[256-259,344,365]。

以上我们谈论了周期表同一族中各杂原子取代基稳定碳负离子的能力。虽然目前对具有相同配体烃基的同周期杂原子取代基的效应已有的数据还不多，难以进行系统的比较；但从有限的已有数据中可以看到一些复杂的情况。例如，在气相中，从 CH_3Cl 到 CH_3SCH_3 再到 CH_3PMe_2，酸性依次稍有增加，这与杂原子的电负性的顺序相反。但在 DMSO 溶液中，$PhCH_2P^+Bu_3$（pK_a 21.9）却比 $PhCH_2S^+Bu_2$（pK_a=17.8）要弱。从极化度来看，P（极化度参数 24.5）＞S（极化度参数 19.6）＞Cl（极化度参数 2.18），再加上从 Cl→S→P 时，为填充电子的价层，配体烃基的数量依次增加（Cl、SMe 和 PMe_2；$^+SBu_2$ 和 $^+PBu_3$），使含磷基团的极化度最大。而从负超共轭来看 C—S 键比 C—P 键短，前者的 n_C-σ^*_{Y-R} 相互作用更强，上述酸性数据表明，在气相中，极化度效应对稳定碳负离子起主要作用；而在 DMSO 溶液中，碳负离子通过与周围溶剂分子的离子-偶极溶剂化作用使负电荷向溶剂分子方向靠近。因此，取代基的极化度效应的重要性下降，是含硫基团（SMe 和 $^+SBu_2$）更强的极性和负超共轭效应在起主要作用。

在以上杂原子基团的负超共轭效应的讨论中，我们提到，当烷氧基直接与碳负离子相连，如在 $^-CH_2OR$ 中时，不能通过 n_C-σ^*_{X-R} 负超共轭效应稳定碳负离子，但当烷氧基处于碳负离子的 β-位时，如在 $^-CH_2CH_2OR$ 中，则可以通过 n_C-σ^*_{X-R} 相互作用，即 n_C 轨道与 C_β—O 的 σ^* 轨道的有利的相互作用来稳定碳负离子，这可用式(2-50)的价键结构来表示。这与前面讨论 β-F 原子稳定碳负离子的情况是一样的，在 σ^*_{C-O} 中，由于 C—O 键的极性，在 σ^* 轨道中，C_β 上的轨道系数较大，而在成键的 σ_{C-O} 轨道中 O 原子上系数大，这导致较强的 n_C-σ^*_{C-O} 相互作用，使 OR 可以有效地通过负超共轭效应来稳定碳负离子。例如，计算表明，在碳负离子 $^-CH_2CH_2OH$ 的最稳定的构象中，CH_2—O 与 α-碳原子上的 n 轨道处于反平行位置，即最有利于与 n_C 轨道相互作用的位置。在这一构象中，$^-CH_2CH_2OH$ 比丙烷碳负离子 $^-CH_2CH_2CH_3$ 稳定 23.5 kcal/mol，而在 $^-CH_2CH_2OH$ 处于 CH_2—O 键 α-碳上的 n 轨道相互正交的不稳定构象时，它只比 $^-CH_2CH_2CH_3$ 稳定 10.3 kcal/mol。在这个构象中，不存在有效的 n_C-σ^*_{C-O} 相互作用，这 10.3 kcal/mol 的稳定作用显然是由 OH 基团的诱导拉电子效应产生的。由此可以估计，在最稳定构象时，$^-CH_2CH_2OH$ 与 $^-CH_2CH_2CH_3$ 相比的 23.5 kcal/mol 的稳定能中有约 13.2 kcal/mol 来自于负超共轭。β-烷氧基的这种较强的增强 α-碳上 C—H 键的酸性的能力还可以从其他一些例子中看到。① $PhSO_2CHTCH_2OPh$ 和 $PhSO_2CHTCH_2OMe$ 在 EtO^-/EtOH 溶液中进行氚/氢（T/H）交换反应的速率分别比 $PhSO_2CHTCH_3$ 快 5 万倍和 3.7×10^3 倍[366]。这里，除了可以看到负超共轭的重要作用外，苯氧基 PhO 比甲氧基 MeO 的更强的增强酸性的能力显然也与其共轭效应和更强的诱导和场效应和更大的极化度有关。②在研究一些 α-磺酰基-β-烷氧基环己烷，氧杂环己烷和双环[2.2.1]庚烷衍生物 **1**～**5** 的动力学酸性时[367-368]，发现 α-氢的 H/D 交换速率 k_{OR} 都比 β-位上无烷氧基的交换速率 k_H 要快得多，k_{OR}/k_H 在数百至数万之间，但具体比值取决于 H—C_α—C_β—O 键的二面角，即 C_α—H 与 C_β—O 之间的相对取向。当二面角为 0°或 180°，即 C_α—H 与 C_β—O

相互平行或反平行时，k_{OR}/k_H最大，而当二面角为 90°，即 C_α—H 与 C_β—O 正交时，k_{OR}/k_H为最小。这显然与二面角为 0°或 180°时，碳负离子的 n 轨道与 C_β—O 的 σ^* 轨道可以进行最有效的相互作用，导致更强的负超共轭效应有关。而在 90°时，负超共轭不发挥作用，只有烷氧基的 I、F 和极化度效应起作用。

$$\bar{C}H_2—CH_2—OR \longleftrightarrow CH_2=CH_2O^-R \qquad (2\text{-}50)$$

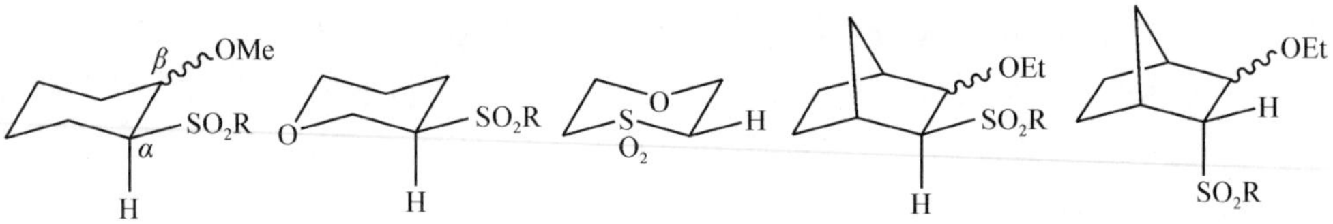

1　2　3　4　5

不仅是羟基和烷氧基，其他杂原子取代基，如 NH_2、NR_2 等，在 β-位时也能通过负超共轭效应稳定碳负离子。

4. 关于 3d 轨道共轭

对第三周期元素比第二周期元素更强的稳定碳负离子的能力的另一种解释是，第三周期元素空的 3d 轨道可以与碳负离子的填满一对电子的 2p 轨道共轭(dπ-pπ 共轭)，使负电荷向杂原子去局部化，从而使碳负离子得到稳定[369-383]。这可以用价键结构(式(2-51))来表示；而此种 3d 轨道参与的共轭作用是第二周期元素基团所不具备的。3d 轨道共轭也是一种共轭的电荷去局部化稳定作用。在这一点上与负超共轭效应有相似之处，而与极化度效应不涉及电荷向杂原子基团去局部化不同。但近年来的很多计算结果都表明，P、S、Cl 等第三周期元素的 3d 轨道能量太高，轨道也太大，难以与碳负离子的 2p 轨道发生有效的相互作用[384-389]。同时，3d 轨道共轭要求碳负离子为 sp^2 杂化的平面结构，即填满轨道为 2p 轨道(sp^3 轨道指向与 3d 轨道相反的方向)，而很多由 P、S、Cl 基团稳定的碳负离子呈 sp^3 杂化的四面体构型或是介于平面与四面体构型之间。因此，目前一般认为，3d 轨道共轭对第三周期元素基团稳定碳负离子的作用可能没有重要贡献。而且，从表 2-9 可以看到，第四周期的 As、Se 等也具有比第二周期的 N、O 更强的稳定碳负离子的能力，这只能用它们较大的极化度来解释。

$$^-H_2C—X—R \longleftrightarrow H_2C=\bar{X}—R \qquad (2\text{-}51)$$

结论：

(1) 第三周期及以后周期元素的基团(R_3Si, R_2P, R_2As, RS, RSe, RTe, Cl, Br, I)，除了氯和溴以外，电负性都比碳低或与之近似，它们稳定碳负离子的能力来自于基团的很大的极化度；对含 S、P、Si 的基团(RS, R_2P, R_3Si)，它们的 R—X(X 为 S, P 或者 Si)σ^* 轨道与碳负离子的填满一对电子的 n 轨道之间的负超共轭作用使负电荷向 R 基团去局部化，也是导致碳负离子稳定化的一个重要原因。

(2) 在负超共轭效应较为重要的含 S、P、Si 的碳负离子($RSC^- R^1R^2$，$R_2PC^- R^1R^2$，$R_3SiC^- R^1R^2$)中，一个 X—R 键(X=S，P 或 Si)能与碳负离子的 n 轨道处于反式共平面以充分实现 n-σ^*_{X-R}相互作用的构象最为稳定。负超共轭还使碳负离子中 C—X 键(C—S，C—P 或者 C—Si)键长缩短，X—R(S—R，P—R，Si—R)键长增加。

(3) 含高价态 S、P 原子的基团(RSO，RSO_2，$R_2P(O)$，$(RO)_2P(O)$等)比相应的含正常价态 S、P 原子的基团(RS 和 R_2P)具有更强的稳定碳负离子的能力。这来源于：①这些基团很大的内在偶极与碳负离子之间的静电吸引相互作用。②这些基团很高的电负性导致的强诱导拉电子效应。③由于 σ^*_{C-X}轨道能量降低而导致的较有利的负超共轭效应。④较大的基团极化度效应。但对负超共轭在像 CF_3SO_2 和 R_FSO_2 这样具有极强极性(I，F 和极化度)拉电子效应的基团稳定碳负离子的能力中的相对重要性，目前看法尚不一致。

参 考 文 献

[1] Kreshkov，A. P. Present-day theory and practice of the analytical chemistry of nonaqueous solutions. Talanta，1970，17：1029-1044.

[2] Popovych，O.；Tomkins，R. P. T. Acid-base chemistry// Popovych，O.；Tomkins，R. P. T. Nonaqueous Solution Chemistry. New York：Wiley，1981：201-253.

[3] Trémillon，B. Acidity and protolysis phenomena// Trémillon，B. Chemistry in Non-Aqueous Solvents. Boston：Reidel，1974：59-129.

[4] Reichardt，C. Solvents and Solvent Effects in Organic Chemistry. 2nd Ed. Weinheim：VCH，1988：431-433.

[5] Harned，H. S.；Owen，B. B. The physical chemistry of electrolytic solutions. 3rd Ed. New York：Reinhold，1958.

[6] Harned，H. S. The activity coefficient and ionic concentration product of water in sodium and potassium chloride solutions. J. Am. Chem. Soc.，1925，47：930-940.

[7] King，E. J. Acid-base Equilibria. New York：Pergamon，1965：299-301.

[8] King，E. J. Acid-base behavior// Covington，A. K.；Dickinson，T. Physical Chemistry of Organic Solvent Systems. New York：Plenum Press，1973：331-403.

[9] Cox，R. A.；Yates，K. Acidity functions：an update. Can. J. Chem.，1983，61：2225-2243.

[10] Rochester，C. H. Acidity Functions. New York：Academic Press，1970.

[11] Bowden，K. Acidity functions for strongly basic solutions. Chem. Rev.，1966，66：119-131.

[12] Steiner，E. C.；Gilbert，J. M. The acidities of weak acids in dimethyl sulfoxide. II. The Hammett acidity function. J. Am. Chem. Soc.，1965，87：382-384.

[13] Bowden，K.；Stewart，R. Strongly basic systems—V：H-acidity scale based on the ionization of carbon acids. Tetrahedron，1965，21：261-266.

[14] Steiner，E. C.；Starkey，J. D. Acidities of weak acids in dimethyl sulfoxide solutions. III. Comments on the H_- acidity scales. J. Am. Chem. Soc.，1967，89：2751-2752.

[15] Bowden，K.；Cockerill，A. F. The acidity of weak carbon acids. Part I. H-acidity scale based on the

ionisation of substituted fluorenes. J. Chem. Soc. B, 1970: 173-179.

[16] Cockerill, A. F.; Lamper, J. E. Acidity of hydrocarbons. Ionisation constants for some substituted 9-phenylfluorenes. J. Chem. Soc. B, 1971: 503-507.

[17] Cox, R. A.; Stewart, R. The ionization of feeble organic acids in DMSO-water mixtures. Acidity constants derived by extrapolation to the aqueous state. J. Am. Chem. Soc., 1976, 98: 488-494.

[18] Hammett, L. P. Reaction rates and indicator acidities. Chem. Rev., 1935, 16: 67-79.

[19] Paul, M. A.; Long F. A. H_0 and related indicator acidity functions. Chem. Rev., 1957, 57: 1-45.

[20] Long, F. A.; Pall, M. A. Application of the H_0 acidity function to kinetics and mechanisms of acid catalysis. Chem. Rev., 1957, 57: 935-1010.

[21] Hammett, L. P. The quantitative study of acids and bases// Hammett, L. P. Physical Organic Chemistry. 2nd Ed. New York: McGraw-Hill, 1970: 263-313.

[22] Liler, M. Reaction Mechanisms in Sulfuric Acid. New York: Academic Press, 1971.

[23] Hammett, L. P.; Deyrup, A. J. A series of simple basic indicators. I. The acidity functions of mixtures of sulfuric and perchloric acids with water. J. Am. Chem. Soc., 1932, 54: 2721-2739.

[24] Serjeant, E. P.; Dempsey, B. Ionazation Constants of Organic Acids in Aqueous Solution; IUPAC Chemical Data Series, No. 23. Oxford: Pergamon Press, 1979.

[25] Perrin, D. D.; Dempsey, B.; Serjeant, E. P. pK_a Prediction for Organic Acids and Bases. London: Chapman & Hall, 1981.

[26] Stewart, R. The Protons: Applications to Organic Chemistry. Orlando: Academic Press, 1985.

[27] Rezende, M. C. The acidity of carbon acids in aqueous solutions: correlations with theoretical descriptors. Tetrahedron, 2001, 57: 5923-5930.

[28] Perrin, D. D. Dissociation Constants of Organic Bases in Aqueous Solution. 1st Ed. London: Butterworths, 1965; 1972 (Suppl.).

[29] Bell, R. P. The Proton in Chemistry. Ithica: Cornell University Press, 1959.

[30] Pearson, R. G.; Dillon, R. L. Rates of ionization of pseudo acids. IV. Relation between rates and equilibria. Rates of ionization of pseudo acids. J. Am. Chem. Soc., 1953, 75: 2439-2443.

[31] Izutsu, K. Acid-base Dissociation Constants in Dipolar Aprotic Solvents; IUPAC Chemical Data Series No. 35. Oxford: Blackwell Scientific, 1990.

[32] Bordwell, F. G. Equilibrium acidities in dimethyl sulfoxide solution. Acc. Chem. Res., 1988, 21: 456-463.

[33] Streitwieser, A., Jr.; Juaristi, E.; Nebenzahl, L. L. Equilibrium carbon acidities in solution// Buncel, E.; Durst, T. Comprehensive Carbanion Chemistry, Part A. New York: Elsevier, 1980: 323-381.

[34] Streitwieser, A. Perspectives on computational organic chemistry. J. Org. Chem., 2009, 74: 4433-4446.

[35] Ritchie, C. D. Acidity in nonaqueous solvents. VII. Proton transfers in dipolar aprotic solvents. 5. Solvation and geometric factors in the rates of proton transfer reactions. J. Am. Chem. Soc., 1969, 91: 6749-6753.

[36] Ritchie, C. D.; Uschold, R. E. Acidity in nonaqueous solvents. VI. Further studies of weak acids in dimethyl sulfoxide solution. J. Am. Chem. Soc., 1968, 90: 2821-2824.

[37] Ritchie, C. D.; Uschold, R. E. Acidity in nonaqueous solvents. V. Acidity scales in dimethyl sulfoxide solution. J. Am. Chem. Soc., 1967, 89: 2752-2753.

[38] Bordwell, F. G.; Branca, J. C.; Hughes, D. L.; et. al. Equilibriums involving organic anions in dimethyl sulfoxide and N-methylpyrrolidin-2-one: acidities, ion pairing, and hydrogen bonding. J. Org. Chem.,

1980,45：3305-3313.

[39] Kütt,A.;Leito,I.;Kaljurand,I.;et. al. A comprehensive self-consistent spectrophotometric acidity scale of neutral Brønsted acids in acetonitrile. J. Org. Chem.,2006,71：2829-2838.

[40] Kaljurand,I.;Kütt,A.;Soovä li,L.;et. al. Extension of the self-consistent spectrophotometric basicity scale in acetonitrile to a full span of 28 pK_a units:unification of different basicity scales. J. Org. Chem.,2005,70：1019-1028.

[41] Rodima,T.;Mäemets,V.;Koppel,I. Synthesis of *N*-aryl-substituted iminophosphoranes and NMR spectroscopic investigation of their acid-base properties in acetonitrile. J. Chem. Soc.,Perkin Trans. 1,2000:2637-2644.

[42] Kaljurand,I.;Rodima,T.;Leito,I.;et. al. Self-consistent spectrophotometric basicity scale in acetonitrile covering the range between pyridine and DBU. J. Org. Chem.,2000,65：6202-6208.

[43] Leito,I.;Kaljurand,I.;Koppel,I. A.;et. al. Spectrophotometric acidity scale of strong neutral Brønsted acids in acetonitrile. J. Org. Chem.,1998,63：7868-7874.

[44] Eckert,F.;Leito,I.;Kaljurand,I.;et. al. Prediction of acidity in acetonitrile solution with COSMO-RS. J. Comput. Chem.,2009,30：799-810.

[45] Hogen-Esch,T. E.;Smid,J. Studies of contact and solvent-separated ion pairs of carbanions. I. Effect of temperature,counterion,and solvent. J. Am. Chem. Soc.,1966,88：307-318.

[46] Brauman,J. I.;Bryson,J. A.;Kahl,D. C.;et. al. Equilibrium acidities in dimethyl sulfoxide. J. Am. Chem. Soc.,1970,92：6679-6680.

[47] Smid,J. Spectrophotometric studies of ion-pair equilibriums// Szwarc,M. Ions and ion pairs in organic reactions. New York：Wiley,1972：85-151.

[48] Streitwieser,A. Jr.;Chang,C. J.;Reuben,D. M. E. Acidity of hydrocarbons. XLIV. Equilibrium ion-pair acidities of 9-alkylfluorenes in cyclohexylamine. J. Am. Chem. Soc.,1972,94：5730-5734.

[49] Arnett. E. M.;Moriarity,T. C.;Small,L. E.;et. al. Weak acids in strong bases. I. Thermochemical method for comparing acidities. J. Am. Chem. Soc.,1973,95：1492-1495.

[50] Exner J. H.;Steiner,E. C. Solvation and ion pairing of alkali-metal alkoxides in dimethyl sulfoxide. Conductometric studies. J. Am. Chem. Soc.,1974,98：1782-1787.

[51] Olmstead,W. N.;Margolin,Z.;Bordwell,F. G. Acidities of water and simple alcohols in dimethyl sulfoxide solution. J. Org. Chem.,1980,45：3295-3299.

[52] Matthews,W. S.;Bares,J. E.;Bartmess,J. E.;et. al. Equilibrium acidities of carbon acids. VI. Establishment of an absolute scale of acidities in dimethyl sulfoxide solution. J. Am. Chem. Soc.,1975,97：7006-7014.

[53] Bordwell F. G.;McCollum G. J. Carbon acids. 10. Resonance saturation of substituent effects in the fluorene series. J. Org. Chem.,1976,41：2391-2395.

[54] Keeffe,J. R.;Morey,J.;Palmer,C. A.;et. al. The nitroalkane anomaly-solvent dependence. J. Am. Chem. Soc.,1979,101：1295-1297.

[55] Bordwell,F. G.;Zhao,Y. Effects of nitro groups on acidities and homolytic bond dissociation enthalpies of the acidic C—H bonds in carbon acids and their radical anions. J. Org. Chem.,1995,60：6348-6352.

[56] Taft,R. W.;Bordwell,F. G. Structural and solvent effects evaluated from acidities measured in dimethyl sulfoxide and in the gas phase. Acc. Chem. Res.,1988,21：463-469.

[57] Reich,H. J. Bordwell pK_a Table (Acidity in DMSO) [2012-09-25]. http://www.chem.wisc.edu/areas/reich/pkatable/.

[58] Koppel, I. A.; Koppel, J.; Pihl, V.; et. al. Comparison of Brønsted acidities of neutral CH acids in gas phase and dimethyl sulfoxide. J. Chem. Soc., Perkin Trans. 2, 2000: 1125-1133.

[59] Koppel, I.; Koppel, J.; Maria, P. -C; et. al. Comparison of Brønsted acidities of neutral NH-acids in gas phase, dimethyl sulfoxide and water. Int. J. Mass Spectrom. Ion Processes, 1998, 175: 61-69.

[60] Bordwell, F. G.; Bartmess, J. E.; Drucker, G. E.; et. al. Acidities of carbon acids. V. Correlation of acidities in dimethyl sulfoxide with gas-phase acidities. J. Am. Chem. Soc., 1975, 97: 3226-3227.

[61] McEwen, W. K. A Further study of extremely weak acids. J. Am. Chem. Soc., 1936, 58: 1124-1129.

[62] Antipin, I. S.; Vedernikov, A. N.; Konovalov, A. I. Cryptate ion-pair acidity scale for organic compounds in benzene. Zh. Org. Khim., 1986, 22: 446-447.

[63] Conant, J. B.; Wheland, G. W. The study of extremely weak acids. J. Am. Chem. Soc., 1932, 54: 1212-1221.

[64] Langford, C. H.; Burwell, R. L., Jr. Strongly basic solutions in tetramethylene sulfone (sulfolane). J. Am. Chem. Soc., 1960, 82: 1503-1504.

[65] Streitwieser, A.; Brauman, J. I. Spectra of some alkali salts of hydrocarbons. J. Am. Chem. Soc., 1963, 85: 2633-2636.

[66] Applequist D. E.; O'Brien, P. F. Equilibria in halogen-lithium interconversions. J. Am. Chem. Soc, 1963, 85: 743-748.

[67] Dessy, R. E.; Salinger, R. M. Carbanion stabilities-exchange reactions between organomercury and organomagnesium compounds. Tetrahedron Lett., 1963, 4: 729-734.

[68] Dessy, R. E.; Kitching, W.; Psarras, T.; et. al. Organometallic electrochemistry. II. Carbanion stabilities. J. Am. Chem. Soc., 1966, 83: 460-467.

[69] Streitwieser, A., Jr.; Hammons, J. H.; Ciuffarin, E.; et. al. Acidity of hydrocarbons. XXI. Equilibrium acidities of some hydrocarbons toward lithium cyclohexylamide in cyclohexylamine. J. Am. Chem. Soc., 1967, 89: 59-62.

[70] Streitweiser, A., Jr.; Reuben, D. M. E. Acidity of hydrocarbons. XXXV. Equilibrium acidities of phenylacetylene and tert-butylacetylene in cyclohexylamine. J. Am. Chem. Soc., 1971, 93: 1794-1795.

[71] Streitwieser, A., Jr.; Ciuffarin, E.; Hammons, J. H. Acidity of hydrocarbons. XXII. Relative equilibrium acidities of hydrocarbons toward cesium cyclohexylamide. J. Am. Chem. Soc., 1967, 89: 63-67.

[72] Streitwiesr, A., Jr.; Scannon, P. J. Acidity of hydrocarbons. I. Equilibrium ion pair acidities of thiophene, benzothiophene, thiazole, benzothiazole, and benzofuran toward cesium cyclohexylamide in cyclohexylamine. J. Am. Chem. Soc., 1973, 95: 6273-6276.

[73] Cram, D. J. Fundamentals of Carbanion Chemistry. New York: Academic Press, 1965.

[74] Bors, D. A.; Kaufman, M. J.; Streitweiser, A., Jr. Carbon acidity. 67. The indicator scale of cesium ion pairs in tetrahydrofuran. J. Am. Chem. Soc., 1985, 107: 6975-6982.

[75] Streitwieser, A.; Reyes, J. R.; Singhapricha, T.; et. al. Ab initio modeling of organolithium equilibria. J. Org. Chem., 2010, 75: 3821-3830.

[76] Streitwieser, A.; Wang, D. Z.; Stratakis, M.; et. al. Extended lithium ion pair indicator scale in tetrahydrofuran. Can. J. Chem., 1998, 76: 765-769.

[77] Gronert, S.; Streitwieser, A., Jr. Carbon acidity. 71. The indicator scale of lithium ion pairs in tetrahydrofuran. J. Am. Chem. Soc., 1986, 108: 7016-7022.

[78] Kaufman, M. J.; Gronert, S.; Streitwieser, A., Jr. Carbon acidity. 73. Conductimetric study of lithium

and cesium salts of hydrocarbon acids. A scale of free ion acidities in tetrahydrofuran. Revision of the ion pair scales. J. Am. Chem. Soc. ,1988,110: 2829-2835.

[79] Streitwieser, A. ; Ciula, J. C. ; Krom, J. A. ; et. al. Carbon acidity. 78. Extended cesium ion pair indicator scale in tetrahydrofuran. J. Org. Chem. ,1991,56:1074-1076.

[80] Streitwieser, A. , Jr. ; Bors, D. A. ; Kaufman, M. J. Equilibrium cesium ion pair acidities in tetrahydrofuran. J. Chem. Soc. ,Chem. Commun. ,1983: 1394-1395.

[81] Fraser, R. R. ; Mansour, T. S. ; Savard, S. Acidity measurements on pyridines in tetrahydrofuran using lithiated silylamines. J. Org. Chem. ,1985,50: 3232-3234.

[82] Facchetti, A. ; Kim, Y. -J. ; Streitwieser, A. Comparisons of ion pair acidities of some acidic carbon acids. J. Org. Chem. ,2000,65: 4195-4197.

[83] Gareyev, R. ; Ciula, J. C. ; Streitwieser, A. Lithium and cesium ion-pair acidities of dibenzyl ketone. Aggregation of lithium and cesium ion pairs of the enolate ion and dianion. J. Org. Chem. , 1996, 61: 4589-4593.

[84] Kaufman, M. J. ; Streitwieser, A. , Jr. Carbon acidity. 72. Ion pair acidities of phenyl alkyl ketones. Aggregation effects in ion pair acidities. J. Am. Chem. Soc. ,1987,109: 6092-6097.

[85] Gronert, S. ; Streitwieser, A. , Jr. Carbon acidity. 74. The effects of hetero-substituted pendant groups on carbanion reactivity. Solvent separated-contact ion pair equilibria and relative pKLi/THF′s for 9-substituted fluorenyllithiums in tetrahydrofuran. The importance of internal chelation. J. Am. Chem. Soc. ,1988,110: 2836-2842.

[86] Abbotto, A. ; Streitwieser, A. Aggregation of the lithium enolate of *p*-phenylisobutyrophenone in THF: the unexpected importance of monomer. J. Am. Chem. Soc. ,1995,117: 6358-6359.

[87] Abu-Hasanayn, F. ; Stratakis, M. ; Streitwieser, A. Aggregation and alkylation kinetics of the lithium enolate of p-(phenylsulfonyl)isobutyrophenone. J. Org. Chem. ,1995,60: 4688-4689.

[88] Gareyev, R. ; Ciula, J. C. ; Streitwieser, A. Lithium and cesium ion-pair acidities of dibenzyl ketone. Aggregation of lithium and cesium ion pairs of the enolate ion and dianion. J. Org. Chem. , 1996, 61: 4589-4593.

[89] Abbotto, A. ; Leung, S. S. -W. ; Streitwieser, A. ; et. al. The role of monomer in alkylation reactions of the lithium enolate of p-phenylisobutyrophenone in tetrahydrofuran. J. Am. Chem. Soc. , 1998, 120: 10807-10813.

[90] Facchetti, A. ; Streitwieser, A. Ion pair first and second acidities of some β-diketones and aggregation of their lithium and cesium enediolates in THF. J. Org. Chem. ,2004,69: 8345-8355.

[91] Wang, D. Z. ; Kim, Y. -J. ; Streitwieser, A. Aggregation and alkylation of enolates of 2-phenyl-α-tetralone and 2,6-diphenyl-α-tetralone. J. Am. Chem. Soc. ,2000,122: 10754-10760.

[92] Streitwieser, A. ; Wang, D. Z. -R. Aggregation and reactivity of the lithium enolate of 2-biphenylylcyclohexanone in tetrahydrofuran. J. Am. Chem. Soc. ,1999,121: 6213-6219.

[93] Facchetti, A. ; Streitwieser, A. Ion pair acidities and aggregation of some amide and oxazoline enolates in THF. J. Org. Chem. ,1999,64: 2281-2286.

[94] Gronert, S. ; Streitwieser, A. Carbon acidity. 76. The remarkably low second pK_a of 1-naphthylacetic acid. Lithium ion pair acidity in tetrahydrofuran. J. Am. Chem. Soc. ,1988,110: 4418-4419.

[95] Wang, D. Z. -R. ; Streitwieser, A. Carbon acidity. 106. Aggregation and ion pair acidity in THF: lithium and cesium enolates of α-phenylcyclohexanone. Can. J. Chem. ,1999,77: 654-658.

[96] Kaufman, M. J.; Gronert, S.; Bors, D. A.; et. al. Carbon acidity. 70. Equilibrium ion pair acidities in tetrahydrofuran of benzylic carbon acids stabilized by an adjacent cyano, carboalkoxy, and sulfonyl substituent. Delocalization and aggregation of ion pairs. J. Am. Chem. Soc., 1987, 109: 602-603.

[97] Streitweiser, A.; Wang, G. P.; Bors, D. A. Carbon acidity. 96. Equilibrium acidities of some sulfones and sulfoxides in tetrahydrofuran. Tetrahedron, 1997, 53: 10103-10112.

[98] Stratakis, M.; Wang, P. G.; Streitwieser, A. Equilibrium ion pair acidities of polyhalogenated benzenes in THF. Extrapolation to benzene. J. Org. Chem., 1996, 61: 3145-3150.

[99] Gareyev, R.; Streitwieser, A. Lithium and cesium ion-pair acidities of some terminal acetylenes and aggregation in tetrahydrofuran. J. Org. Chem., 1996, 61: 1742-1747.

[100] Streitwieser, A.; Xie, L.; Wang, P.; et. al. Carbon acidity. 77. Ion pair carbon acidities of some silanes in tetrahydrofuran. J. Org. Chem., 1993, 58: 1778-1784.

[101] Xie, L.; Streitwieser, A. Equilibrium lithium ion pair acidities of 2-phenyl-1, 3-dithiane and 2-*p*-biphenylyl-1, 3-dithiane: a new approach. J. Org. Chem., 1995, 60: 1339-1346.

[102] Krom, J. A.; Petty, J. T.; Streitwieser, A. Carbon acidity. 86. Lithium and cesium ion-pair acidities of diphenylamine in tetrahydrofuran. The aggregation of lithium and cesium diphenylamide. A new method for the determination of aggregation constants in dilute solution. J. Am. Chem. Soc., 1993, 115: 8024-8030.

[103] Abbotto, A.; Streitwieser, A.; Stratakis, M.; et. al. Ion pair properties of lithium and cesium salts of carbazole. J. Am. Chem. Soc., 1998, 120: 1718-1723.

[104] Abdur-Rashid, K.; Fong, T. P.; Greaves, B.; et. al. An acidity scale for phosphorus-containing compounds including metal hydrides and dihydrogen complexes in THF: toward the unification of acidity scales. J. Am. Chem. Soc., 2000, 122: 9155-9171.

[105] Antipin, I. S.; Gareyev, R. F.; Vedernikov, A. N.; et. al. Cryptate acidity scales. Solvent polarity effect on ion-pair and free ion acidity of organic compounds. J. Phys. Org. Chem., 1994, 7: 181-191 and references therein.

[106] Fraser, R. R.; Mansour, T. S.; Savard, S. Acidity measurements on pyridines in tetrahydrofuran using lithiated silylamines. J. Org. Chem., 1985, 50: 3232-3234.

[107] Kutt, A.; Rodima, T.; Saame, J.; et. al. Equilibrium acidities of superacids. J. Org. Chem., 2011, 76: 391-395.

[108] Leito, I.; Rodima, T.; Koppel, I. A.; et. al. Acid-base equilibria in nonpolar media. 1. A spectrophotometric method for acidity measurements in heptane. J. Org. Chem., 1997, 62: 8479-8483.

[109] Rōōm, E.-I.; Kaljurand, I.; Leito, I.; et. al. Acid-base equilibria in nonpolar media. 3. Expanding the spectrophotometric acidity scale in heptane. J. Org. Chem., 2003, 68: 7795-7799.

[110] Lagowski, J. J. Solution phenomena in liquid ammonia. Pure Appl. Chem., 1971, 25: 429-456.

[111] Reutov, O. A.; Beletskaya, I. P.; Butin, K. P. CH-acids. Oxford: Pergamon, 1978. Maran, F.; Celadon, D.; Severin, M. G.; et. al. Electrochemical determination of the pK_a of weak acids in *N*, *N*-dimethylformamide. J. Am. Chem. Soc., 1991, 113: 9320-9329.

[112] Pliego, J. R., Jr.; Riveros, J. M. Theoretical calculation of pK_a using the cluster-continuum model. J. Phys. Chem. A, 2002, 106: 7434-7439.

[113] Fu, Y.; Shen, K.; Liu, L.; et. al. First-principle calculation of equilibrium cesium ion-pair acidities in tetrahydrofuran. J. Am. Chem. Soc., 2007, 129: 13510-13519.

[114] Shen, K. ; Fu, Y. ; Li, J. -N. ; et. al. What are the pK_a values of C—H bonds in aromatic heterocyclic compounds in DMSO? Tetrahedron, 2007, 63: 1568-1576.

[115] Li, J. -N. ; Fu, Y. ; Liu, L. ; et. al. First-principle predictions of basicity of organic amines and phosphines in acetonitrile. Tetrahedron, 2006, 62: 11801-11813.

[116] Li, J. -N. ; Liu, L. ; Fu, Y. ; et. al. What are the pK_a values of organophosphorus compounds? Tetrahedron, 2006, 62: 4453-4462.

[117] Qi, X. -J. ; Liu, L. ; Fu, Y. ; et. al. Ab initio calculations of pK_a values of transition-metal hydrides in acetonitrile. Organometallics, 2006, 25: 5879-5886.

[118] Fu, Y. ; Liu, L. ; Li, R. -Q. ; et. al. First-principle predictions of absolute pK_a's of organic acids in dimethyl sulfoxide solution. J. Am. Chem. Soc. , 2004, 126: 814-822.

[119] Ding, F. ; Smith, J. M. ; Wang, H. First-principles calculation of pK_a values for organic acids in nonaqueous solution. J. Org. Chem. , 2009, 74: 2679-2691.

[120] Gal, J. F; Maria, P. C. ; Raczyńska, E. D. Thermochemical aspects of proton transfer in the gas phase. J. Mass Spectrom. , 2001, 36: 699-716.

[121] Ervin, K. M. Experimental techniques in gas-phase ion thermochemistry. Chem. Rev. , 2001, 101: 391-444.

[122] Pliego, J. R. , Jr. ; Riveros, J. M. Gibbs energy of solvation of organic ions in aqueous and dimethyl sulfoxide solutions. Phys. Chem. Chem. Phys. , 2002, 4: 1622-1627.

[123] Gurvich, L. V. ; Veyts, I. V. ; Alcock, C. B. Thermodynamic Properties of Individual Substances. 4th Ed. New York: Hemisphere, 1989. Vol. 1 (Elements O, H (D, T), F, Cl, Br, I, He, Ne, Ar, Kr, Xe, Rn, S, N, P and their compounds), Part 1, Methods and computation. 1-551; Part 2, Tables. 1-340.

[124] Ervin, K. M. ; Lineberger, W. C. Photoelectron spectroscopy of molecular anions// Adams, N. G. , Babcock, L. M. Advances in Gas Phase Ion Chemistry, Vol. 1. Greenwich: JAI, 1992: 121-166.

[125] Rienstra-Kirakofe, J. C. ; Tschumper, G. S. ; Nandi, S. ; et. al. Atomic and molecular electron affinities: photoelectron experiments and theoretical computations. Chem. Rev. , 2002, 102: 231-282.

[126] Andersen, T. ; Haugen, H. K. ; Hotop, H. Binding energies in atomic negative ions. III. J. Phys. Chem. Ref. Data, 1999, 28: 1511-1533.

[127] Benson, S. W. Thermochemical Kinetics. 2nd Ed. New York: Wiley, 1976.

[128] Hunter, E. P. L. ; Lias, S. G. Evaluated gas phase basicities and proton affinities of molecules: an update. J. Phys. Chem. Ref. Data, 1998, 27: 413-656.

[129] East, A. L. L. ; Smith, B. J. ; Radom, L. Entropies and free energies of protonation and proton-transfer reactions. J. Am. Chem. Soc. , 1997, 119: 9014-9020.

[130] East, A. L. L. ; Radom, L. Ab initio statistical thermodynamical models for the computation of third-law entropies. J. Chem. Phys. , 1997, 106: 6655-6674.

[131] Ervin, K. M. ; Deturi, V. F. Anchoring the gas-phase acidity scale. J. Phys. Chem. A, 2002, 106: 9947-9956.

[132] Gotowski, K. E. ; Dixon, D. A. Ab initio prediction of the gas- and solution-phase acidities of strong Brønsted acids: the calculation of pK_a values less than -10. J. Phys. Chem. A, 2006, 110: 12044-12054.

[133] Namazian, M. ; Coote, M. L. Gas-phase acidity, bond dissociation energy and enthalpy of formation of fluorine-substituted benzenes: a theoretical study. J. Fluorine Chem. , 2009, 130: 621-628.

[134] He, X. ; Fusti-Molmar, L. ; Merz, K. M. , Jr. Accurate benchmark calculations on the gas-phase

basicities of small molecules. J. Phys. Chem. A，2009，113：10096-10103.

[135] Danikiewicz，W. How reliable are gas-phase proton affinity values of small carbanions? A comparison of experimental data with values calculated using Gaussian-3 and CBS compound methods. Inter. J. Mass Spectrom.，2009，285：86-94.

[136] Kebarle，P. Ion-molecule equilibria at high pressure//Armentrout，P. B. Encyclopedia of Mass Spectrometry. Oxford：Elsevier，2003：Vol. 1.

[137] Kebarle，P. Gas phase ion thermochemistry based on ion-equilibria. From the ionosphere to the reactive centers of enzymes. Int. J. Mass Spectrom.，2000，200：313-330.

[138] Kebarle，P. Equilibrium studies of the solvated proton by high pressure mass spectrometry. Thermodynamic determinations and implications for the electrospray ionization process. J. Mass Spectrom.，1997，32：922-929.

[139] Kebarle，P. Pulsed electron high pressure mass spectrometer// Farrar，J. M.，Saunders，W. Techniques for the Study of Ion/Molecule Reactions. New York：Wiley，1988：221-286.

[140] McMahon，T. B. High-pressure mass spectrometry// Minas da Piedade，M. E. Energetics of Stable Molecules and Reactive Intermediates. Dordrecht：Kluwer Academic，1999：259-380.

[141] Lehman，T. A.；Bursey，M. M. Ion Cyclotron Resonance Spectrometry. New York：Wiley，1976.

[142] Kemper，P. R.；Mowers，M. T. Ion cyclotron resonance spectrometry// Farrar，J. M.；Saunders，W. Techniques for the Study of Ion/Molecule Reactions. New York：Wiley，1988：1-59.

[143] Amster，I. J. Fourier transform mass spectrometry. J. Mass Spectrom.，1996，31：1325-1337.

[144] Marshall，A. G.；Endrickson，C. L.；Jackson，G. S. Fourier transform ion cyclotron resonance mass spectrometry：a primer. Mass Spectrom. Rev.，1998，17：1-35.

[145] Marshall，A. G.；Verdun，F. R. Fourier Transform in NMR，Optical and Mass Spectrometry. Amsterdam：Elsevier，1990.

[146] Review：Smith，D.；Adams，N. G. The selected ion flow tube (SIFT)：studies of ion-neutral reactions. Adv. At. Mol. Phys.，1988，24：1-49.

[147] Squires，R. R. Advances in flowing afterglow and selected-ion flow tube techniques. Int. J. Mass Spectrom. Ion Processes，1992，118：503-518.

[148] Squires，R. R. Atmospheric chemistry and the flowing afterglow technique. J. Mass Spectrom.，1997，32：1271-1272.

[149] Graul，S. T.；Squires，R. R. Advances in flow reactor techniques for the study of gas-phase ion chemistry. Mass Spectrom. Rev.，1988，7：263-358.

[150] Adams，N. G.；Smith，D. Flowing afterglow and selected ion flow tube [in ion-molecule reactions]// Farrar，J. M.；Saunders，W. Techniques for the Study of Ion/Molecule Reactions. New York：Wiley，1988：165-220.

[151] Eyet，N.；Villano，S. M.；Bierbaum，V. M. Anchoring the gas-phase acidity scale：from formic acid to methanethiol. Int. J. Mass Spectrom.，2009，283：26-29.

[152] Berkowitz，J.；Ellison，G. B.；Gutman，D. Three methods to measure RH bond energies. J. Phys. Chem.，1994，98：2744-2765.

[153] Bartmess，J. E. Negative ion energetics data// Mallard，W. G.；Linstrom，P. J. NIST chemistry webBook，NIST standard reference database Number 69. [2013-09-23]. http://webbook.nist.gov.

[154] Lias，S. G.；Bartmess，J. E.；Liebman，J. F.；et. al. Gas-phase ion and neutral thermochemistry. J. Phys. Chem. Ref.，1988，17：861.

[155] Koppel, I. A.; Taft, R. W.; Anvia, F.; et. al. The gas phase acidity of very strong neutral Brønsted acids. J. Am. Chem. Soc., 1994, 116: 3047-3057.

[156] Leito, I.; Raamat, E.; Kutt, A.; et. al. Revision of the gas-phase acidity scale below 300 kcal/mol J. Phys. Chem. A, 2009, 113: 8421-8424.

[157] Bordwell, F. G.; Bartmess, J. E.; Hautala, J. A. Alkyl effects on equilibrium acidities of carbon acids in protic and dipolar aprotic media and the gas phase. J. Org. Chem., 1978, 43: 3095-3101.

[158] Schlosser, M.; Marzi, E.; Cottet, F.; et. al. The acidity of chloro-substituted benzenes: a comparison of gas phase, Ab initio, and kinetic data. Chem. Eur. J., 2001, 7: 3511-3516.

[159] Kuett, A.; Movchun, V.; Rodima, T.; et. al. Pentakis(trifluoromethyl)phenyl, a sterically crowded and electron-withdrawing group: synthesis and acidity of pentakis (trifluoromethyl) benzene, -toluene, -phenol, and-aniline. J. Org. Chem., 2008, 73: 2607-2620.

[160] Jones, C. M.; Bernier, M.; Carson, E.; et. al. Gas-phase acidities of the 20 protein amino acids. Int. J. Mass Spectrom., 2007, 267: 54-62.

[161] Brand, H.; Liebman, J. F.; Schulz, A. Cyano-, nitro- and nitrosomethane derivatives: structures and gas-phase acidities. Eur. J. Org. Chem., 2008: 4665-4675.

[162] Vianello, R.; Maksic, Z. B. The engineering of powerful non-ionic superacids *in silico*—a DFT-B3LYP study of open chain polycyanopolyenes. New J. Chem., 2009, 33: 739-748.

[163] Vianello, R.; Liebman, J. F.; Maksic, Z. B. In search of ultrastrong Brønsted neutral organic superacids: a DFT study on some cyclopentadiene derivatives. Chem. Eur. J., 2004, 10: 5751-5760.

[164] Vianello, R.; Maksic, Z. B. Strong acidity of some polycyclic aromatic compounds annulated to a cyclopentadiene moiety and their cyano derivatives-a density functional B3LYP study. Eur. J. Org. Chem., 2005: 3571-3580.

[165] Coles, M. P.; Aragon-Saez, P. J.; Oakley, S. H.; et. al. Superbasicity of a bis-guanidino compound with a flexible linker: a theoretical and experimental study. J. Am. Chem. Soc., 2009, 131: 16858-16868.

[166] Glasovac, Z.; Eckert-Maksic, M.; Maksic, Z. B. Basicity of organic bases and superbases in acetonitrile by the polarized continuum model and DFT calculations. New J. Chem., 2009, 33: 588-597.

[167] Desptovic, I.; Maksic, Z. B.; Vianello, R. Design of Brønsted neutral organic bases and superbases by computational DFT methods: cyclic and polycyclic quinones and [3]carbonylradialenes. Eur. J. Org. Chem., 2007: 3402-3413.

[168] Raab, V.; Gauchenova, E.; Merkoulov, A.; et. al. 1, 8-Bis (hexamethyltriaminophosphazenyl) naphthalene, HMPN: a superbasic bisphosphazene “proton sponge”. J. Am. Chem. Soc., 2005, 127: 15738-15743.

[169] Namazian, M.; Coote, M. L. Gas-phase acidity, bond dissociation energy and enthalpy of formation of fluorine-substituted benzenes: a theoretical study. J. Fluorine Chem., 2009, 130: 621-628.

[170] Olmstead, W. N.; Margolin, Z.; Bordwell, F. G. Acidities of water and simple alcohols in dimethyl sulfoxide solution. J. Org. Chem., 1980, 45: 3295-3299.

[171] Brauman, J. I.; Blair, L. K. Gas-phase acidities of alcohols. Effects of alkyl groups. J. Am. Chem. Soc., 1968, 90: 6561-6562.

[172] Brauman, J. I.; Blair, L. K. Alkyl substituent effects on gas-phase acidities. Influence of hybridization. J. Am. Chem. Soc., 1971, 93: 4315-4316.

[173] Tunon, I.; Silla, E.; Pascual-Ahuir, J. -L. Theoretical study of the inversion of the alcohol acidity scale in aqueous solution. Toward an interpretation of the acid-base behavior of organic compounds in

solution. J. Am. Chem. Soc. ,1993,115: 2226-2230.

[174] Brinck, T. ; Murray, J. S. ; Politzer, P. Relationships between the aqueous acidities of some carbon, oxygen, and nitrogen acids and the calculated surface local ionization energies of their conjugate bases. J. Org. Chem. ,1991,56: 5012-5015.

[175] Murto, J. Nucleophilic reactivity of alkoxide ions towards 2,4-dinitrofluorobenzene and the acidity of alcohols. Acta Chem. Scand. ,1964,18: 1043-1053.

[176] Hine, J. ; Hine, M. The relative acidity of water, methanol and other weak acids in isopropyl alcohol solution. J. Am. Chem. Soc. ,1952,74: 5266-5271.

[177] Ballinger, P. ; Long, F. A. Acid ionization constants of alcohols. II. Acidities of some substituted methanols and related compounds. J. Am. Chem. Soc. ,1960,82: 795-798.

[178] Munson, M. S. B. Proton affinities and the methyl inductive effect. J. Am. Chem. Soc. , 1965, 87: 2332-2336.

[179] Coetzee, J. F. ; Padmanabhan, G. R. Properties of bases in acetonitrile as solvent. IV. Proton acceptor power and homoconjugation of mono- and diamines. J. Am. Chem. Soc. ,1965,87: 5005-5010.

[180] Seybold, P. G. Analysis of the pK_a's of aliphatic amines using quantum chemical descriptors. Int. J. Quantum Chem. ,2008,108: 2849-2855.

[181] Irving, R. J. ; Melander, L. ; Wadso, I. Thermodynamics of ionization of some thiols in aqueous solution. Acta Chem. Scand. ,1964,18: 769-787.

[182] Kreevoy, M. M. ; Eichinger, B. E. ; Stary, F. E. ; et. al. The effect of structure on mercaptan dissociation constants. J. Org. Chem. ,1964,29: 1641-1642.

[183] Kreevoy, M. M. ; Harper, E. T. ; Duvall, R. E. ; et. al. Inductive effects on the acid dissociation constants of mercaptans. J. Am. Chem. Soc. ,1960,82: 4899-4902.

[184] Modena, G. ; Paradisi, C. ; Scorrano, G. Solvation effects on basicity and nucleophilicity// Bernardi, F. , Csizmadia, I. G. , Mangini, A. Organic Sulfur Chemistry. Amsterdam: Elsevier, 1985: 568-595.

[185] Buncel, E. Carbanions: Mechanistic and Isotopic Aspects. Amsterdam: Elsevier, 1975: 19.

[186] Streitwieser, A. ; Xie, L. ; Speers, P. ; et. al. Kinetic acidities of some hydrocarbons by tritium NMR. Magn. Reson. Chem. ,1998,36: S209-S211.

[187] Streitwieser, A. Jr. ; Owens, P. H. ; Sonnichsen, G. ; et. al. Acidity of hydrocarbons. XLVII. Primary kinetic isotope effects and internal return in hydrogen isotope exchange of toluene and triphenylmethane with lithium cyclohexylamide. J. Am. Chem. Soc. ,1973,95: 4254-4257.

[188] Streitwieser, A. , Jr. ; Granger, M. R. ; Mares, F. ; et. al. Acidity of hydrocarbons. XLVIII. Kinetic acidities of mono-, di-, and triarylmethanes toward lithium cyclohexylamide. J. Am. Chem. Soc. ,1973, 95: 4257-4261.

[189] Cram, D. J. ; Kollmeyer, W. D. Electrophilic substitution at saturated carbon. XXXVII. A kinetic-thermodynamic acidity correlation of carbon acids. J. Am. Chem. Soc. ,1968,90: 1791-1797.

[190] Streitwieser, A. ; Keevil, T. A. ; Taylor, D. R. ; et. al. Kinetic acidity of aliphatic hydrocarbons. Hydrogen isotope exchange with cesium cyclohexylamide in cyclohexylamine. J. Am. Chem. Soc. ,2005, 127: 9290-9297.

[191] Streitwieser, A. ; Taylor, D. R. Kinetic acidity of methane. Arkivoc, 2002: 70-78.

[192] Streitwieser, A. ; Taylor, D. R. Kinetic acidity of methane. J. Chem. Soc. , Chem. Commun. , 1970: 1248-1248.

[193] Streitwieser, A., Jr.; Young, W. R. Acidity of hydrocarbons. XXXII. Kinetic acidities of medium-sized cycloalkanes. Pyramidal alkyl anions. J. Am. Chem. Soc., 1969, 91: 529-530.

[194] Streitwieser, A., Jr.; Young, W. R.; Caldwell, R. A. Acidity of hydrocarbons. XXX. Kinetic isotope effects of the cesium cyclohexylamide catalyzed proton exchange of cyclohexane with cyclohexylamine. J. Am. Chem. Soc., 1969, 91: 527-528.

[195] Streitwieser, A.; Dixon, R. E.; Williams, P. G.; et. al. Kinetic acidity of cubane. J. Am. Chem. Soc., 1991, 113: 357-358.

[196] Kresge, A. J.; Powell, M. F. General base-catalyzed hydrogen exchange of 1-octyne, (4-nitrophenyl) acetylene, and 3-(phenyldimethylammonio)-1-propyne. Brønsted relations and normal acid behavior. J. Org. Chem., 1986, 51: 822-824.

[197] Kresge, A. J.; Powell, M. F. Rates of base-catalyzed hydrogen exchange of terminal acetylenes in aqueous solution. Absence of a resonance interaction. J. Org. Chem., 1986, 51: 819-822.

[198] Hofman, J. E.; Muller, R. J.; Schriesheim, A. Ionization rates of weak acids. II. Base-catalyzed proton exchange between polyalkylbenzenes and tritiated dimethyl sulfoxide. J. Am. Chem. Soc., 1963, 85: 3002-3006.

[199] Jones, J. R.; Stewart, R. Ionization of acetophenone-α-t in strongly basic media. J. Chem. Soc. B, 1967: 1173-1175.

[200] Warkentin, J.; Barnett, C. Relative rates of base-catalyzed enolization of methyl alkyl ketones in aqueous dioxane. J. Am. Chem. Soc., 1968, 90: 4629-4633.

[201] Schlosser, M.; Marzi, E. The kinetic acidity of oligofluorobenzenes correlated with their gas phase deprotonation energies. Chem. Eur. J., 2005, 11: 3449-3454.

[202] Heiss, C.; Marzi, E.; Mongin, F.; et. al. Remote trimethylsilyl groups interfering with the ortho deprotonation of fluoroarenes and chloroarenes. Eur. J. Org. Chem., 2007: 669-675.

[203] Schlosser, M.; Marzi, E. The kinetic acidity of oligofluorobenzenes correlated with their gas phase deprotonation energies. Chem. Eur. J., 2005, 11: 3449-3454.

[204] Schlosser, M.; Marzi, E.; Cottet, F.; et. al. The acidity of chloro-substituted benzenes: a comparison of gas phase, ab initio, and kinetic data. Chem. Eur. J., 2001, 7: 3511-3516.

[205] Streitwieser, A.; Shah, K.; Reyes, J. R.; et. al. Kinetic and equilibrium lithium acidities of arenes: theory and experiment. J. Phys. Chem. A, 2010, 114: 8793-8797.

[206] Buncel, E.; Zabel, A. W. Catalysis of hydrogen exchange in m-dinitrobenzene. J. Am. Chem. Soc., 1967, 89: 3082-3084.

[207] Bundel, E.; Symons, E. A. Hydrogen exchanges studies. VIII. Base-catalyzed hydrogen exchange of 1, 3, 5-trinitrobenzene in aqueous dimethylformamide. J. Org. Chem., 1973, 38: 1201-1204.

[208] Buncel, E.; Clement, O.; Onyido, I. Metal ion effects in isotopic hydrogen exchange in biologically important heterocycles. Acc. Chem. Res., 2000, 33: 672-678.

[209] Clement, O.; Roszak, A. W.; Buncel, E. Hydrogen-deuterium exchange studies in platinum (II) complexes of 1-methylimidazole. J. Am. Chem. Soc., 1996, 118: 612-620.

[210] Brodsky, N. R.; Nguyen, N. M.; Rowan, N. S.; et. al. The pK_a and isomer determinations of cobalt (III) imidazole and histidine complexes by NMR and X-ray crystallography. Inorg. Chem., 1984, 23: 891-897.

[211] Jones, J. R.; Taylor, S. E. Isotopic hydrogen exchange in purines. Mechanisms and applications. Chem.

Soc. Rev. ,1981,10：329-344.

[212] Jones,J. R. ;Taylor,S. E. Proton transfer from heterocyclic compounds. Part 8. Methylated guanosine and inosine derivatives and the question of zwitterionic involvement. J. Chem. Soc. ,Perkin Trans. 2, 1979：1587-1589.

[213] Stewart,R. ;Srinivasan,R. Proton activating factors in general acid and general base catalysis. Acc. Chem. Res. ,1978,11：271-277.

[214] Lee, T. W. S. ; Rettig, S, J. ; Stewart, R. Six pyrimidonium salts：determination of their crystal structures and studies of their prototropic behavior in solution. Can. J. Chem. ,1984,62：1194-1202.

[215] Fahlbusch,T. ;Frank,M. ;Schats,J. ;et. al. Kinetic acidity of supramolecular imidazolium salts-effects of substituent, preorientation, and counterions on H/D exchange rates. J. Org. Chem. , 2006, 71：1688-1691.

[216] Streitwieser,A. ,Jr. ;Ziegler,G. R. Acidity of hydrocarbons. XXXIII. Kinetics acidities of the hydrogens in triptycene toward cesium cyclohexylamide. J. Am. Chem. Soc. ,1969,91：5081-5084.

[217] Koch,H. F. ;Biffinger,J. C. ;Mishima,M. ;et. al. Comparison of $\Delta G^{\ominus}$(acid)(gas phase) and kinetic acidities measured in methanolic sodium methoxide G. J. Phys. Org. Chem. ,1998,11：614-617.

[218] Koch, H. F. Proton-transfer reactions between carbon and oxygen. Acc. Chem. Res. , 1984, 17：137-144.

[219] Streitwieser, A. , Jr. ; Hollyhead, W. B. ; Sonnichsen, G. ; et. al. Acidity of hydrocarbons. XXXVIII. Kinetic acidity and Brøensted correlation of di- and triarylmethanes with methanolic sodium methoxide. J. Am. Chem. Soc. ,1971,93：5096-5102.

[220] Marcus, R. A. The theory of oxidation-reduction reactions involving electron transfer. I. J. Chem. Phys. ,1956,24：966-978.

[221] Marcus,R. A. Electron transfer reactions-theory and experiment (Nobel Lecture) Angew. Chem. ,Int. Ed. Engl. ,1993,32：1111-1121.

[222] Marcus, R. A. ; Eyring H. Chemical and electrochemical electron-transfer theory. Annu. Rev. Phys. Chem. ,1964,15：155-196.

[223] Marcus, R. A. ; Sutin N. Electron transfers in chemistry and biology. Biochim. Biophys. Acta, Rev. Bioenerg. ,1985,811：265-322.

[224] Sutin,N. Theory of electron transfer reactions：insights and hindsights. Prog. Inorg. Chem. ,1983,30：441-498.

[225] Cohen,A. O. ;Marcus,R. A. Slope of free energy plots in chemical kinetics. J. Phys. Chem. ,1968,72：4249-4256.

[226] Keefe,J. R. ;Kresge,A. J. Catalysis by small molecules in homogeneous solution// Bernasconi,C. F. Investigation of Rates and Mechanisms of Reactions. Part I. New York：Wiley,1986：747.

[227] Bunting,J. W. ;Stefanidas,D. Equilibrium and kinetic acidities of benzylic ketones. Application of the Marcus equation to the deprotonation of carbon acids. J. Am. Chem. Soc. ,1988,110：4008-4017.

[228] Alabugin,I. V. ;Manoharan,M. ;Breiner,B. ;et. al. Control of kinetics and thermodynamics of [1,5]-shifts by aromaticity：a view through the prism of Marcus theory. J. Am. Chem. Soc. ,2003,125：9329-9342.

[229] Lee,I. -S. H. ;Chow,K. -H. ;Kreevoy,M. M. The tightness contribution to the Brønsted α for hydride transfer between NAD+ analogues. J. Am. Chem. Soc. ,2002,124：7755-7761.

[230] Marcus,R. A. H and other transfers in enzymes and in solution: theory and computations,a unified view. 2. Applications to experiment and computations. J. Phy. Chem. B,2007,111: 6643-6654.

[231] Albery,W. J. ;Kreevoy,M. M. Methyl transfer reactions. Adv. Phys. Org. Chem. ,1978,16: 87-157.

[232] Lewis,E. S. ;Hu,D. D. Methyl transfers. 8. The Marcus equation and transfers between arenesulfonates. J. Am. Chem. Soc. ,1984,106: 3292-3296.

[233] Bernasconi,C. F. The principles of nonperfect synchronization. Adv. Phys. Org. Chem. ,1992,27: 119-238.

[234] Bernasconi,C. F. Intrinsic barriers of reactions and the principle of nonperfect synchronization. Acc. Chem. Res. ,1987,20: 301-308.

[235] Bordwell,F. G. ;Algrim,D. ;Fried,H. E. The equilibrium acidity of phenylacetylene. J. Chem. Soc. , Perking Trans. 2,1979: 726-728.

[236] Alkorta,I. ;Elguero,J. Carbon acidity and ring strain: a hybrid HF-DFT approach (Becke3LYP/6-311++G* *). Tetrahedron,1997,53: 9741-9748.

[237] Fahey,R. C. ;Graham,G. C. ;Piccioni,R. L. Molecular orbital calculations of spin-spin coupling constants for hydrocarbons. J. Am. Chem. Soc. ,1966,88: 193-197.

[238] Muller,N. ;Pritchard,D. E. C13 splittings in proton magnetic resonance spectra. I. Hydrocarbons. J. Chem. Phys. ,1959,31: 768-771.

[239] Bovey,F. A. ;Jelinski,L. ;Mirau. P. AsSpin// Bovey,F. A. ;Jelinski,L. ;Mirau. P. A. Nuclear Magnetic Resonance Spectroscopy. Diego: Academic Press,1988:147-253.

[240] Bordwell,F. G. ;Druker,G. E. ;Fried,H. E. Acidities of carbon and nitrogen acids: the aromaticity of the cyclopentadienyl anion. J. Org. Chem. ,1981,46: 632-635.

[241] Knight,D. B. ;Harrelson,J. A. Thermodynamic acidity of 6,6-dimethylfulvene and 6-phenyl-6-methylfulvene in dimethyl sulfoxide. Chem. Comm. ,1987:116-117.

[242] Exner,O. ;Bohm,S. Theory of substituent effects: recent advances. Curr. Org. Chem. ,2006,10: 763-778.

[243] Krygowski,T. M. ;Stepien,B. T. σ- and π-electron delocalization: Focus on substituent effects. Chem. Rev. ,2005,105: 3482-3512.

[244] Exner,O. ;Friedl,Z. Transmission of substituent effects: the through-space and through-bond models and their experimental verification. Prog. Phys. Org. Chem. ,1993,19: 259-294.

[245] Taft,R. W. Protonic acidities and basicities in the gas phase and in solution: substituent and solvent effects. Prog. Phys. Org. Chem. ,1983,14: 247-350.

[246] Reynolds,W. F. Polar substituent effects. Prog. Phys. Org. Chem. ,1983,14: 165-203.

[247] Fersner,A. ;Karty,J. M. ;Mo Y. Why are esters and amides weaker carbon acids than ketones and acid fluorides? Contributions by resonance and inductive effects. J. Org. Chem. ,2009,74,7245-7253.

[248] Bordwell,F. G. ;Bares,J. E. ;Bartmess,J. E. ;et. al. Carbon acids. 12. Acidifying effects of phenyl substituents. J. Org. Chem. ,1977,42: 321-325.

[249] Wiberg,K. B. ;Castejon,H. Carbanions. 2. Intramolecular interactions in carbanions stabilized by carbonyl,cyano,isocyano,and nitro groups. J. Org. Chem. ,1995,60: 6327-6234.

[250] Hammett,L. P. Effect of structure upon the reactions of organic compounds. Benzene derivatives. J. Am. Chem. Soc. ,1937,59: 96-103.

[251] Okamoto,Y. ;Brown,H. C. Directive effects in aromatic substitution. XXIX. Rates of solvolysis of

phenyldimethylcarbinyl chlorides containing substituents (NMe_3^+, CO^{2-}) bearing a charge. J. Am. Chem. Soc., 1958, 80: 4976-4979.

[252] Hansch, C.; Leo, A.; Taft, R. W. A survey of Hammett substituent constants and resonance and field parameters. Chem. Rev., 1991, 91: 165-195.

[253] Shorter, J. Substituent effect parameters and models applied in organic chemistry. Stud. Org. Chem. (Amsterdam), 1991, 42, 77-147.

[254] Williams, A. Free Energy Relationships in Organic and Bio-Organic Chemistry. Cambridge: Royal Society of Chemistry, 2003: 297.

[255] Chapman, N. B.; Shorter, J. Correlation Analysis in Chemistry. New York: Plenum Press, 1978.

[256] Terrier, F.; Magnier, E.; Kizilian, El.; et. al. Superacidifiers: Assessing the activation and the mode of charge transmission of the extraordinary electron-withdrawing SO_2CF_3 and $S(O)(:NSO_2CF_3)CF_3$ substituents in carbanion stabilization. J. Am. Chem. Soc., 2005, 127: 5563-5571.

[257] Terrier, F.; Kizilian, E.; Goumont, R.; et. al. α-Sulfonyl carbanions: combined kinetic, thermodynamic, and NMR approaches for the study of the ionization of benzyltriflones in Me_2SO and H_2O-Me_2SO mixtures. J. Am. Chem. Soc., 1998, 120: 9496-9503.

[258] Glendening, E. D.; Shrout, A. L. Influence of resonance on the acidity of sulfides, sulfoxides, sulfones, and their group 16 congeners. J. Phys. Chem. A, 2005, 109: 4966-4972.

[259] Goumont, R.; Magnier, E.; Kizilian, E.; et. al. Acidity inversions of α-NO_2 and α-SO_2CF_3 activated carbon acids as a result of contrasting solvent effects on transfer from water to dimethyl sulfoxide solutions. J. Org. Chem., 2003, 68: 6566-6570.

[260] Richard, J. P.; Williams, G.; Gao, J. Experimental and computational determination of the effect of the cyano group on carbon acidity in water. J. Am. Chem. Soc., 1999, 121: 715-726.

[261] Moutiers, G.; Thuet, V.; Terrier, F. The nitroalkane behaviour of (4-nitrophenyl) nitromethane: a kinetic and structural study in H_2O-Me_2SO mixtures. J. Chem. Soc., Perkin Trans. 2, 1997: 1479-1486.

[262] Bernasconi, C. F.; Wenzel, P. J. Kinetics of proton transfer from 2-nitro-4-X-phenylacetonitriles to piperidine and morpholine in aqueous Me_2SO. Solvent and substituent effects on intrinsic rate constants. Transition state imbalances. J. Am. Chem. Soc., 1996, 118: 11446-11453.

[263] Abbotto, A.; Bradamante, S.; Pagani, G. Charge mapping in carbanions. Weak charge demand of the cyano group as assessed from a carbon-13 NMR study of carbanions of. alpha. -activated acetonitriles and phenylacetonitriles: breakdown of a myth. J. Org. Chem., 1993, 58: 449-455.

[264] Yakovleva, E. A.; Tsvetkov, E. N.; Lobanov, D. I.; et. al. Protophilic deuteroexchange of some organophosphorus(III) compounds. Tetrahedron Lett., 1966, 4161-4166.

[265] Bordwell, F. G.; Van Der Puy, M.; Vanier, N. R. Carbon acids. 9. The effects of divalent sulfur and divalent oxygen on carbanion stabilities. J. Org. Chem., 1976, 41: 1885-1886.

[266] Streitwieser, A.; Juaristi, E.; Nebenzahl, L. L. Equilibrium carbon acidities in solution// Buncel, E.; Durst, T. Comprehensive Carbanion Chemistry, Part A. New York: Elsevier, 1980: 323.

[267] Jernigan, M. T.; Eliel, E. L. Stereochemistry of carbanions derived from 1,3-dioxanes. J. Am. Chem. Soc., 1995, 117: 9638-9644.

[268] Bordwell, F. G.; Zhang, X. M. Polarizability effects of alkyl groups in RCH_2, R, RS, RSO_2, RO, and R_2N moieties in families of weak acids on the stabilities of adjacent anions and radicals in DMSO solution. J. Am. Chem. Soc., 1994, 116: 973-976.

[269] Berger, S. T. A.; Ofial, A. R.; Mayr, H. Inverse solvent effects in carbocation carbanion combination reactions: The unique behavior of trifluoromethylsulfonyl stabilized carbanions. J. Am. Chem. Soc., 2007, 129: 9753-9761.

[270] Goumont, R.; Kizilian, E.; Buncel, E.; et. al. Super acidifiers: the origin of the exceptional electron transmission capability of the SO_2CF_3 group in carbanion stabilization. Org. Biomol. Chem., 2003, 1: 1741-1748.

[271] Boiko, V. N.; Kirii, N. V.; Yagupol′skii L. M. The activation of SNAr reactions by the superstrong electron-withdrawing substituent $CF_3S(O){:}NSO_2CF_3$. J. Fluorine Chem., 1994, 67: 119-123.

[272] Yagupol'skii, L. M.; Garlyanskajte, R. Yu; Kondratenko, N. V. *N*-(trifluoromethylsulfonyl) arenesulfonimidoyl and *N*, *N′*-bis (trifluoromethylsulfonyl) arenesulfonodiimidoyl chlorides. Synthesis, 1992: 749-750.

[273] Yagupol'skii L. M.; Popov, V. I.; Pavlenko, N. V.; et. al. New principle of construction of superstrongly electron-accepting substituents. Zh. Org. Khim., 1986, 22: 2169-2173.

[274] Kondratenko, N. V.; Popov, V. I.; Radchenko, O. A.; et. al. *S*-aryl-*S*-(trifluoromethyl)-*N*-[(trifluoromethyl) sulfonyl] sulfoximides. Zh. Org. Khim., 1986, 22: 1716-1721.

[275] Yagupol'skii, L. M.; Yagupol'skaya, L. N. Electronic nature of fluorine-containing substituents. Dokl. Akad. Nauk SSSR 1960, 134: 1381-1383.

[276] Yagupol'skii, L. M.; Bystrov, V. F.; Utyanskaya, E. Z. Chemical shifts of the magnetic resonance of F19 nuclei in fluorobenzenes with fluorinated substituents. Dokl. Acad. Nauk USSR 1960, 135: 377-380.

[277] Sheppard, W. A.; Taft, R. W. Electronic properties of *di*-, *tri*-, *tetra*-, and hexacoordinate sulfur substituents. J. Am. Chem. Soc., 1972, 94: 1919-1923.

[278] Sheppard, W. A. The effect of fluorine substitution on the electronic properties of alkoxy, alkylthio and alkylsulfonyl groups. J. Am. Chem. Soc., 1963, 85: 1314-1318.

[279] Kutt, A.; Rodima, T.; Saame, J.; et. al. Equilibrium acidities of superacids. J. Org. Chem., 2011, 76: 391-395.

[280] Gotowski, K. E.; Dixon, D. A. Ab initio prediction of the gas- and solution-phase acidities of strong Brønsted acids: The calculation of pK_a values less than -10. J. Phys. Chem., 2006, 110: 12044-12054.

[281] Yagupol'skii, L. M.; Petrik, V. N.; Kondratenko, N. V.; et. al. The immense acidifying effect of the supersubstituent $=NSO_2CF_3$ on the acidity of amides and amidines of benzoic acids in acetonitrile. J. Chem. Soc., Perkin Trans. 2, 2000: 1950-1955.

[282] Koppel, A. I.; Koppel, J.; Leito, I. V.; et. al. The enormous acidifying effect of the supersubstituent $=NSO_2CF_3$ on the acidity of derivatives of benzenesulfonamide and toluene-p-sulfonamide in the gas phase and in dimethyl sulfoxide. J. Chem. Soc. Perkin Trans. 2, 2001: 229-232.

[283] Burk, P.; Koppel, I. A.; Koppel, I.; et. al. Superacidity of neutral Brønsted acids in gas phase. J. Comput. Chem., 1996, 17: 30-41.

[284] Bordwell, F. G.; Druker, G. E. Acidities of indene and phenyl-, diphenyl-, and triphenylindenes. J. Org. Chem., 1980, 45: 3325-3328.

[285] Harder, S. Schlenk's early "free" carbanions. Chem. Eur. J., 2002, 8: 3229-3232.

[286] Pearson, R. G.; Dillon, R. L. Rates of ionization of pseudo acids. IV. Relation between rates and equilibria. J. Am. Chem. Soc., 1953, 75: 2439-2443.

[287] Kresge, A. J. Nitroalkane anomaly. Can. J. Chem., 1974, 52: 1897-1903.

[288] Kresge, A. J.; Drake, D. A.; Chang, Y. Secondary isotope-effects on ionization of nitropropane. Can. J. Chem., 1974, 52: 1889-1896.

[289] Bordwell, F. G.; Boyle, W. J., Jr. Acidities, Brønsted coefficients, and transition state structures for 1-arylnitroalkanes. J. Am. Chem. Soc., 1972, 94: 3907-3911.

[290] Bordwell, F. G.; Boyle, W. J., Jr. Brønsted coefficients and ρ values as guides to transition-state structures in deprotonation reactions. J. Am. Chem. Soc., 1971, 93: 511-512.

[291] Bordwell, F. G.; Boyle, W. J., Jr.; Yee, K. C. Equilibrium and kinetic acidities of nitroalkanes and their relation to transition state structures. J. Am. Chem. Soc., 1970, 92: 5926-5932.

[292] Fukuyama, M.; Flanagan, P. W. K.; Williams, F. T., Jr.; et. al. Thermodynamic and kinetic acidity properties of nitroalkanes. Correlation of the effects of structure on the ionization constants and the rate constants of neutralization of substituted 1-phenyl-1-nitroethanes. J. Am. Chem. Soc., 1970, 92: 4689-4699.

[293] Bug T.; Lemek, T.; Mayr, H. Nueleophilicities of nitroalkyl anions. J. Org. Chem., 2004, 69: 7565-7576.

[294] Eliad, L.; Hoz, S. The nitro anomaly and Brønsted β_{nuc} values in S_N2 reactions on chlorine. J. Phys. Org. Chem., 2002, 15: 540-543.

[295] Grinblat, J.; Ben-Zion, M.; Hoz, S. Halophilic reactions: anomalies in bromine transfer reactions. J. Am. Chem. Soc., 2001, 123: 10738-10739.

[296] Yamataka, H.; Ammal, S. C. Nitroalkane anomaly: computational study with cluster and continuum modeling. Arkivoc, 2003: 59-68.

[297] Yamataka, H.; Mishima, M. Does nitroalkane anomaly exist in the gas phase? J. Am. Chem. Soc., 1999, 121: 10223-10224.

[298] Keeffe, J. R.; Morey, J.; Palmer, C. A.; et. al. The nitroalkane anomaly-solvent dependence. J. Am. Chem. Soc., 1979, 101: 1295-1297.

[299] Bernasconi, C. F. The principle of nonperfect synchronization: more than a qualitative concept? Acc. Chem. Res., 1992, 25: 9-16.

[300] Bernasconi, C. F.; Wenzel, P. J. Is there a transition-state imbalance for proton transfers in the gas phase? Ab initio study of the carbon-to-carbon proton transfer from acetaldehyde to its enolate ion. J. Am. Chem. Soc., 1994, 116: 5405-5413.

[301] Bernasconi, C. F.; Wenzel, P. J. Kinetics of proton transfer from 2-nitro-4-X-phenylacetonitriles to piperidine and morpholine in aqueous Me_2SO. Solvent and substituent effects on intrinsic rate constants. Transition state imbalances. J. Am. Chem. Soc., 1996, 118: 11446-11453.

[302] Bernasconi, C. F.; Wenzel, P. J.; Keeffe, J. R.; et. al. Intrinsic barriers and transition state structures in the gas phase carbon-to-carbon identity proton transfers from nitromethane to nitromethide anion and from protonated nitromethane to *aci*-nitromethane. An ab initio study. J. Am. Chem. Soc., 1997, 119: 4008-4020.

[303] Bernasconi, C. F.; Ali, M.; Gunter, J. C. Kinetic and thermodynamic acidities of substituted 1-benzyl-1-methoxy-2-nitroethylenes. Strong reduction of the transition state imbalance compared to other nitroalkanes. J. Am. Chem. Soc., 2003, 125: 151-157.

[304] Beksic, D.; Betran, J.; Lluch, J. M.; et. al. Ab initio study of nitromethane deprotonation by $(OH)^-$ ·

nH$_2$O clusters. J. Phys. Chem. A,1998,102: 3977-3984.

[305] Bordwell,F. G. ;Hughes,D. L. Base-catalyzed isomerization of 3-butenenitrile. Relative nucleophilicities of carbanions, nitranions, oxanions, and thianions toward hydrogen. J. Am. Chem. Soc. , 1985, 107: 4737-4744.

[306] Sato,M. ;Kitamura,Y. ;Yoshimura,N. ;et. al. Proton-transfer reactions of nitroalkanes: the role of *aci*-nitro species. J. Org. Chem. ,2009,74: 1268-1274.

[307] Streitwieser,A. ,Jr. ;Hollyhead,W. B. ;Pudjaatmaka,A. H. ;et. al. Acidity of hydrocarbons. XXXVII. Broensted correlation and hydrogen isotope exchange kinetics of fluorenes, benzfluorenes, and indene with methanolic sodium methoxide. J. Am. Chem. Soc. ,1971,93: 5088-5096.

[308] Streitwieser,A. ;Holtz,D. ;Ziegler,G. R. ;et. al. Carbon acidity. 53. Kinetic and equilibrium acidities of fluorinated bicycloalkanes. J. Am. Chem. Soc. ,1976,98: 5229-5234.

[309] Bickelhaupt,F. M;Hermann,H. L;Boche,G. Alpha-stabilization of carbanions: fluorine is more effective than the heavier halogens. Angew. Chem. Int. Ed. ,2006,45: 823-826.

[310] Begue,J. P. ;Bonnet-Delpon,D. Bioorganic and Medicinal Chemistry of Fluorine. Hoboken: Wiley,2008.

[311] Uneyama,K. Organofluorine Chemistry. Oxford:Wiley-Blackwell,2006.

[312] Chambers R. D. Fluorine in Organic Chemistry. Oxford: Wiley-Blackwell,2004.

[313] Kirsch,P. Modern Fluoroorganic Chemistry:Synthesis,Reactivity and Applications. Weinheim: Wiley-VCH,2004.

[314] O'Hagan,D. Understanding organofluorine chemistry. An introduction to the C—F bond. Chem. Soc. Rev. ,2008,37: 308-319.

[315] Holtz,D. Critical evaluation of the concept of fluorine hyperconjugation. Prog. Phys. Org. Chem. ,1971, 8: 1-74.

[316] Klabunde, K. J. ; Burton, D. J. Acidities of polyfluorinated hydrocarbons. II. Hexafluoropropanes, trifluoroethanes,and haloforms. Intermediate carbanion stability and geometry. J. Am. Chem. Soc. , 1972,94: 5985-5990.

[317] Castejon,H. J. ;Wiberg,K. B. Effect of fluorine substitution on the carbon acidity of methane,methyl isocyanide,acetonitrile,acetaldehyde,and nitromethane. J. Org. Chem. ,1998,63: 3937-3942.

[318] Prakash, G. K. S. ; Wang, F. ; Shao, N. ; et. al. A persistent α-fluorocarbanion and its analogues: Preparation,characterization,and computational study. Angew. Chem. Int. Ed. ,2009,48: 5358-5362.

[319] Wiberg,K. B. ;Rablen,P. R. Origin of the stability of carbon tetrafluoride: negative hyperconjugation reexamined. J. Am. Chem. Soc. ,1993,115: 614-625.

[320] Streitwiesr,A. ;Mares,F. Acidity of hydrocarbons. XXIX. Kinetic acidities of benzal fluoride and 9-fluorofluorene. A pyramidal benzyl anion. J. Am. Chem. Soc. ,1968,90: 2444-2445.

[321] Saunders,W. H. ,Jr. Negative ion hyperconjugation in fluorocarbanions and the nature of the borderline between E1cB and E2 mechanisms. An ab initio study. J. Org. Chem. ,1999,64: 861-865.

[322] Koppel, I. A. ; Pihl, V. ; Koppel, J. ; et. al. Thermodynamic acidity of $(CF)_3CH$ and 1-H-undecafluorobicyclo[2. 2. 1] heptane: The concept of anionic (fluorine) hyperconjugation. J. Am. Chem. Soc. ,1994,116: 8654-8657.

[323] Roberts,J. D. ;Webbe,R. L. ;McElhill,E. A. The electrical effect of the trifluoromethyl group. J. Am. Chem. Soc. ,1950,72: 408-411.

[324] Saunders,W. H. Negative ion hyperconjugation in fluorocarbanions and the nature of the borderline

between E1cB and E2 mechanisms. An ab initio study. J. Org. Chem. ,1999,64：861-865.

[325] Saunders, W. H. Negative ion hyperconjugation and its relevance to the mechanism of E1cB reactions. An ab initio study. J. Org. Chem. ,1997,62：244-245.

[326] Borden, W. T. Effects of electron donation into C—F σ^* orbitals：explanations, predictions and experimental tests. Chem. Commun. ,1998:1919-1925.

[327] Rahman, M. M. ; Lemal, D. M. ; Dailey, W. P. Negative hyperconjugation. The rotation-inversion barrier in alpha. -fluoramines. J. Am. Chem. Soc. ,1988,110：1964-1966.

[328] Dixon, D. A. ; Fukunaga, T. ; Smart, B. E. Structures and stabilities of fluorinated carbanions. Evidence for anionic hyperconjugation. J. Am. Chem. Soc. ,1986,108：4027-4031.

[329] Farnham, W. B. Fluorinated carbanions. Chem. Rev. ,1996,96：1633-1640.

[330] Uneyama, K. ; Katagiri, T. ; Amii, H. α-Trifluoromethylated carbanion synthons. Acc. Chem. Res. , 2008,41：817-829.

[331] Farnham, W. B. ; Dixon, D. A. ; Calabrese, J. C. Molecular and electronic structure of an isolated perfluorocarbanion. Crystal structure of tris(dimethylamino)sulfonium 1,3-bis(trifluoromethyl)-2,2,3,4,4-pentafluorocyclobutanide. J. Am. Chem. Soc. ,1988,110：2607-2611.

[332] Mansoor, N. ; Michelle, C. L. Gas-phase acidity, bond dissociation energy and enthalpy of formation of fluorine-substituted benzenes：a theoretical study. J. Fluorine Chem. ,2009,130：621-628.

[333] Buker, H. H. ; Nibbering, N. M. M. ; Espinosa, D. ; et. al. Additivity of substituent effects in the fluoroarene series：equilibrium acidity in the gas phase and deprotonation rates in ethereal solution. Tetrahedron Lett. ,1997,38：8519-8522.

[334] Schlosser, M. Parametrization of substituents：effects of fluorine and other heteroatoms on OH, NH, and CH acidities. Angew. Chem. Int. Ed. ,1998,37：1496-1513.

[335] Kim, J. B. ; Wenthold, P. G. ; Lineberger, W. C. Ultraviolet photoelectron spectroscopy of *o*-, *m*-, and *p*-halobenzyl anions, J. Phys. Chem. A, 1999,103：10833-10841.

[336] Meot-ner, M. ; Kafafi, S. A. Carbon acidities of aromatic compounds. J. Am. Chem. Soc. , 1988, 110, 6297-6303.

[337] Kovacevic, B. ; Maksic, Z. B. ; Primorac, M. Acidity of substituted benzenes-an ab initio study of the influence of methoxy, trifluoromethyl and trifluoromethoxy groups by a novel trichotomy formula. Eur. J. Org. Chem. ,2003,3777-3783.

[338] Wiberg, K. B. ; Castejon, H. Stabilization of carbanions. 1. Origin of the increased acidity of dimethyl sulfide as compared to dimethyl ether. J. Am. Chem. Soc. ,1994,116：10489-10497.

[339] Brook, M. A. Silicon in Organic, Organometallic, and Polymer Chemistry. New York：Wiley, 2000.

[340] Peterson, D. J. Carbonyl olefination reaction using silyl-substituted organometallic compounds. J. Org. Chem. ,1968,33：780-784.

[341] Itami, K. ; Kamei, T. ; Mitsudo, K. ; et. al. Pyridyl group assisted deprotonation of a methyl group on silicon: complex induced proximity effect and novel hydroxymethylation. J. Org. Chem. ,2001,66：3970-3976.

[342] Yfit, D. S. ; Howard, J. A. K. ; Davidson, M. G. Bonding in phosphorus ylides：topological analysis of experimental charge density distribution in triphenylphosphonium benzylide. J. Chem. Soc. , Perkin Trans. 2, 2000:249-253.

[343] Schleyer, P. v. R. ; Kos, A. J. The importance of negative (anionic) hyperconjugation. Tetrahedron,

1983,39: 1141-1150.

[344] Raabe, G.; Gais, H-J.; Fleischhauer, J. Ab initio study of the effect of fluorination upon the structure and configurational stability of α-sulfonyl carbanions: The role of negative hyperconjugation. J. Am. Chem. Soc., 1996, 118: 4622-4630.

[345] Koch, R.; Anders, E. PM3-MO calculations of monolithiated sulfones, sulfoxides, and 1,3-dithianes: comparison with ab initio or X-ray results. J. Org. Chem., 1994, 59: 4529-4534.

[346] Bors, A. D.; Streitwieser, A. Theoretical study of carbanions and lithium salts derived from dimethyl sulfone. J. Am. Chem. Soc., 1986, 108: 1397-1404.

[347] Oae, S.; Uchida, Y. Behavior of α-sulfinyl and α-sulfonyl carbanions// Patai, S., Rappoport, Z., Stirling, C. J. M. The Chemistry of Sulphones and Sulphoxides. New York: Wiley, 1988: 583-664.

[348] Leyssens, T.; Peeters, D. Negative hyperconjugation in phosphorus stabilized carbanions. J. Org. Chem., 2008, 73: 2725-2730.

[349] Kranz, M.; Denmark, S. E. An ab initio study of the P-C bond rotation in phosphorus-stabilized carbanions: the phosphoryl versus thiophosphoryl group. J. Org. Chem., 1995, 60: 5867-5877.

[350] Amstutz, R.; Schweizer, W. B.; Seebach, D.; et. al. Tetrameric cubic structures of two solvated lithium enolates. Helv. Chim. Acta, 1981, 64: 2617-2621.

[351] Amstutz, R.; Seebach, D.; Seiter, P.; et. al. Crystal structure of 2-lithio-2-methyl-1,3-dithianetetramethylethylenediamine(1/1). Angew Chem., Int. Ed. Engl., 1980, 19: 53-54.

[352] Gruetzmacher, H.; Pritzkow, H. Three independent molecules in the unit cell of a phosphorus ylide; changes in the molecular geometry on rotation about the phosphorus-carbon ylide bond. Angew. Chem., Int. Ed. Engl., 1992, 31: 99-101.

[353] Gais, H. J.; Muller, J.; Vollhardt, J.; et. al. Structure of a free, unassociated alkyl-substituted α-sulfonyl carbanion: isolation and X-ray crystal structure analysis of the inclusive lithium cryptate (Me_2CSO_2Ph)(Li · [2.1.1]cryptand). J. Am. Chem. Soc., 1991, 113: 4002-4003.

[354] Boche, G. Structure of lithium compounds of sulfones, sulfoximides, sulfoxides, thio ethers and 1,3-dithianes, nitriles, nitro compounds and hydrazones. Angew. Chem., Int. Ed. Engl., 1989, 28: 277-297.

[355] Gais, H. J.; Vollhardt, J.; Lindner, H. J. Solid-State and solution structure of α-(phenylsulfonyl) allyllithium. Angew. Chem., Int. Ed. Engl., 1986, 25: 939-941.

[356] Amstutz, R.; Dunitz, J. D.; Seebach, D. Crystal structure of 2-lithio-2-phenyl-1,3-dithiane-tetrahydrofuran-tetramethylethylenediamine(1/1/1); "X-X" electron density distribution in lithiomethyl- and lithiophenyldithiane. Angew. Chem., 1981, 93: 487-488.

[357] Bansal, R. K.; Gupta, N.; Singh, S.; et. al. Experimental and theoretical examinations of $n \rightarrow \sigma^*$ negative hyperconjugation in pyridinium dichlorophosphinomethylide. Tetrahedron Lett., 2004, 45: 7771-7773.

[358] Cramer, C. J.; Denmark, S. E.; Miller, P. C.; et. al. Structure and dynamics of phosphorus(V)-stabilized carbanions: a comparison of theoretical, crystallographic, and solution structures. J. Am. Chem. Soc., 1994, 116: 2437-2447.

[359] Denmark, S. E.; Swiss, K. A.; Wilson, S. R. Solution- and solid-state structure and dynamics of thiophosphonamide anions: electronic tuning of rotational barriers. J. Am. Chem. Soc., 1993, 115: 3826-3827.

[360] Denmark, S. E.; Miller, P. C.; Wilson, S. R. Configuration, conformation, and colligative properties of a

phosphorus-stabilized anion. J. Am. Chem. Soc. ,1991,113: 1468-1470.

[361] Denmark, S. E. ; Dorow, R. L. The solution and solid state structure of a phosphorus-stabilized carbanion. J. Am. Chem. Soc. ,1990,112: 864-866.

[362] Zarges,W. ;Marsch,M. ;Harms,K. ;et. al. [$(C_2H_5O)_2P(O)CHPhLi \cdot N(CH_2CH_2)_3N$]: solid state structure aggregation in THF solution and model calculations on the structure of a Wadsworth-Horner-Emmons reagent. Chem. Ber. ,1991,124: 861-866.

[363] Qi,C. Z. ;Du,Y. J. ;Lu,Y,Q. ;et. al. Equilibrium acidities and homolytic bond dissociation enthalpies of the acidic C—H bonds in phosphonates and related phosphorus containing compounds. J. Org. Chem. ,2009,74: 8078-8085.

[364] Bordwell,F. G. ;Liu,W. -Z. Effects of sulfenyl,sulfinyl and sulfonyl groups on acidities and homolytic bond dissociation energies of adjacent C—H and N—H bonds. J. Phys. Org. Chem. ,1998,11: 397-406.

[365] Berger,S. T. A. ;Ofial,A. R. ;Mayr,H. Inverse solvent effects in carbocation carbanion combination reactions: the unique behavior of trifluoromethylsulfonyl stabilized carbanions. J. Am. Chem. Soc. , 2007,129: 9753-9761.

[366] Thomas, P. J. ; Stirling, C. J. M. Elimination and addition reactions. Part 31. Polar effects on the ionization of sulfones,nitriles,and ketones. J. Chem. Soc. ,Perkin Trans. 2,1977: 1909-1913.

[367] King,J. F. ; Rathore,R. ; Guo,Z. ; et. al. Experimental evidence for negative hyperconjugation as a component of the polar effect: variation of the ease of α-sulfonyl carbanion formation with the orientation of a α-alkoxy substituent. J. Am. Chem. Soc. ,2000,122: 10308-10324.

[368] King,J. F. ;Li,M. ;Cheng,A. Z. ;et. al. Variation of the ease of α-sulfonyl carbanion formation with the orientation of different substituents: experimental evidence for the generality of negative hyperconjugation as an important substituent effect. Can. J. Chem. ,2003,81: 638-646.

[369] Cilento,G. The expansion of the sulfur outer shell. Chem. Rev. ,1960,60: 147-167.

[370] Price,C. C. ;Oae,S. Sulfur Bonding. New York: Ronald Press,1962.

[371] Cram,D. J. Fundamentals of Carbanion Chemistry. New York: Academic Press,1965: 71-84.

[372] Johnson,A. W. ;Jones,H. L. Chemistry of ylides. XVIII. A ^{19}F nuclear magnetic resonance study of electronic interactions in phosphonium salts, ylides, and oxides. J. Am. Chem. Soc. , 1968, 90: 5232-5236.

[373] Mitchell,K. A. R. Use of outer d orbitals in bonding. Chem. Rev. ,1969,69: 157-178.

[374] Eliel,E. L. ; Hartmann,A. A. ; Abatjoglou,A. G. Organosulfur chemistry. II. Highly stereoselective reactions of 1,3-dithianes. Contrathermodynamic formation of unstable diastereoisomers. J. Am. Chem. Soc. ,1974,96: 1807-1816.

[375] Bordwell,F. G. ;Vanier,N. R. ;Matthews,W. S. ;et. al. Acidities of carbon acids. VII. Conjugation and strain in some cyclopropyl anions. J. Am. Chem. Soc. ,1975,97: 7160-7162.

[376] Bordwell,F. G. ;Bares,J. E. ;Bartmess,J. E. ;et. al. Carbon acids. 13. Acidifying effects of phenylthio substituents. J. Org. Chem. ,1977,42: 326-332.

[377] Lehn,J. -M. ; Wipff,G. Stereoelectronic effects. 5. Stereoelectronic properties, stereospecificity, and stabilization of. alpha. -oxa and. alpha. -thia carbanions. J. Am. Chem. Soc. ,1976,98: 7498-7505.

[378] Dixon D. A. ;Dunning T. H. ;Eades R. A. ;et. al. Generalized valence bond description of simple ylides. J. Am. Chem. Soc. ,1983,105: 7011-7017.

[379] Wolfe,S. ;Lajohn,L. A. ;Bernardi,F. ;et. al. D-orbital effects and the structure of the α-thiocarbanion.

Tetrahedron Lett. ,1983,24,3789-3792.

[380] Wolfe,S. ;Stolow,A. ;Lajohn,L. A. A theoretical reexamination of carbanions adjacent to sulfoxide, sulfone and sulfonium centers. Tetrahedron Lett. ,1983,24：4071-4074.

[381] Bernardi,F. ;Mangini,A. ;Tonachini,G. ;et. al. A comparative theoretical study of the effects of first- and second-row substituents in α-substituted carbanions. J. Chem. Soc. , Perkin Trans. 2, 1985：111-114.

[382] Wolfe,S. ;Bernardi,F. ;Csizmadia,I. G. ;et. al. sulfur-containing carbanions and related species. Stud. Org. Chem. (Amsterdam),1985,19：133-190.

[383] Cheng,J. P. ;Liu,B. ;Zhao,Y. ;et. al. Effects of adjacent onium cations and remote substituents on the $H-A^+$ bond equilibrium acidities in dimethyl sulfoxide solution. An extensive ylide thermodynamic stability scale and implication for the importance of resonance effect on ylide stabilities. J. Org. Chem. , 1999,64：604-610.

[384] Schleyer, P. V. R. ; Clark, T. ; Kos, A. J. ; et. al. Structures and stabilities of α-hetero-substituted organolithium and organosodium compounds. Energetic unimportance of d-orbital effects. J. Am. Chem. Soc. ,1984,106：6467-6475.

[385] Streitwieser,A. ,Jr. ;Rajca,A. ;McDowell,R. S. ;et. al. Semipolar phosphorus-oxygen and phosphorus-carbon bonds. A theoretical study of hypophosphite and related methylenephosphoranes. J. Am. Chem. Soc. ,1987,109：4184-4188.

[386] Bachrach,S. M. Molecular structure of phosphonium ylides. J. Org. Chem. ,1992,57：4367-4373.

[387] Francl,M. M. ;Pellow,R. C. ;Allen,L. C. Phosphoranes：multiple bonding and substituent effects. J. Am. Chem. Soc. ,1988,110：3723-3728.

[388] Reed, A. E. ; Schleyer, P. v. R. Chemical bonding in hypervalent molecules. The dominance of ionic bonding and negative hyperconjugation over d-orbital participation. J. Am. Chem. Soc. , 1990, 112：1434-1445.

[389] Gilheany, D. G. No d orbitals but Walsh diagrams and maybe banana bonds：chemical bonding in phosphines,phosphine oxides,and phosphonium ylides. Chem. Rev. ,1994,94：1339-1374.

第 3 章　碳负离子的产生

碳负离子是有机合成中最重要的反应中间体之一。作为碳亲核试剂(也可简称为亲核剂),它们与各种亲电试剂的反应构成了有机化学中相当大一部分合成价值最高的 C—C 键生成反应。本章讨论碳负离子的来源和产生方法[1-4]。

对于带有一个或一个以上可通过极性效应(诱导效应、场效应和极化度效应)和共轭去局部化效应来稳定碳负离子的拉电子基团的碳氢酸,它们的酸性较强,可以直接在适当强度的碱的作用下脱去质子而形成碳负离子。而对缺乏这些稳定碳负离子的结构因素的弱碳氢酸,则需经从它们的卤化物进行金属化反应等间接方法来制备碳负离子。

3.1　从碳氢酸脱质子产生碳负离子

3.1.1　用于碳氢酸脱质子反应的碱-溶剂体系

在碱的作用下从碳氢酸脱去质子,是产生碳负离子的最直接方法,也是最常用的方法之一[5-7]。一些常用作碳负离子前体的碳氢酸和它们在不同溶剂中的 pK_a 值列于表 3-1。更多的碳氢酸的 pK_a值可参见本书的附录Ⅱ。

表 3-1　一些常用作碳负离子前体的碳氢酸的酸性

	pK_a(DMSO)	pK_a(MeCN)	pK_a(THF)	pK_a(水)
烃类				
$PhCH_3$	42		41	41
4-$CNPhCH_3$	31			
4-NO_2PhCH_3	20.4			
Ph_2CH_2	32.2	33.7	33.3	33.4
Ph_3CH	31	31.45	31.3	31.5
$CH_2{=}CHC\underline{H}_3$	(44)			
$(CH_2{=}CH)_2C\underline{H}_2$	35			
$PhC{\equiv}C\underline{H}$	28.8			23
$HC{\equiv}C\underline{H}$				25
环戊二烯	18.1	16.25	16.1	15.5

续表

	pK_a(DMSO)	pK_a(MeCN)	pK_a(THF)	pK_a(水)
芴	20.1	19.93	19.8	20
羰基化合物				
$C\underline{H}_3CONMe_2$	34-35			29.4
$C\underline{H}_3CO_2Et$	27.5			24.5
$PhC\underline{H}_2CO_2Et$	22.6			
$C\underline{H}_3COCH_3$	26.5			19.3
$C\underline{H}_3COCH_2CH_3$	24.4			
$PhCOC\underline{H}_3$	24.7		24.5	17.7
$PhCOC\underline{H}_2Ph$	17.1			
环戊酮(α-H)	25.8			
环己酮(α-H)	26.4			
活性亚甲基化合物				
$CH_2(CO_2Et)_2$	15.9			13.3
$C_2H_5CH(CO_2Et)_2$	19.1			
$CH_3COCH_2CO_2Et$	14.2			10.7
$CH_2(COMe)_2$	13.3			
$CH_3CH(COMe)_2$	15.1			
$PhCOCH_2COCH_3$	14.2			
$CH_2(COPh)_2$	13.4			9.0
$NCCH_2CO_2Et$	12.5			10.2
$CH_2(CN)_2$	11.1	22.2		11.2
$PhCOCH_2NO_2$	7.7			
$CH_2(NO_2)_2$	3.6			3.6
$CH_2(CHO)_2$				5.9
1,3-环己二酮	10.3			
5,5-二甲基环己二酮	11.2			5.25
巴比妥酸	7.32			4.83
腈				
CH_3CN	31.3			28.9
$PhCH_2CN$	21.9			
硝基化合物				
CH_3NO_2	17.2			10.2

续表

	pK_a(DMSO)	pK_a(MeCN)	pK_a(THF)	pK_a(水)
$MeCH_2NO_2$	16.7			
$PhCH_2NO_2$	12.2			
砜和亚砜				
$PhSO_2CH_3$	29.5	27.2	27.3	23
$CH_3SO_2CH_3$	31.1		28.8	23
$PhCH_2SO_2CH_2Ph$	23.9			
$PhCH_2SO_2Me$	29.0			
CH_3SOCH_3	35.1			33

在碳氢酸 RH 的脱质子反应(式(3-1))中,平衡常数 K_e的大小决定了脱质子反应可以进行的程度。

$$RH + B^- \xrightleftharpoons{K_e} R^- + HB \tag{3-1}$$

$$K_e = \frac{[R^-][HB]}{[RH][B^-]} = \frac{K_a(RH)}{K_a(HB)} = 10^{pK_a(HB)-pK_a(RH)} = 10^{\Delta pK_a} \tag{3-2}$$

式(3-2)中, K_a(RH)和 K_a(HB)分别为 RH 和碱(B^-)的共轭酸 HB 在用于进行脱质子反应的溶剂中的酸性电离平衡常数。由式(3-2)可见,仅当碱的强度足够大,以至其共轭酸的 pK_a比碳氢酸的 pK_a大时,K_e才大于 1。此时,用与碳氢酸等当量的碱,可以使大部分或全部碳氢酸(取决于 ΔpK_a 的大小)转变为碳负离子。而在碱的强度小于碳氢酸的共轭碱的强度时($pK_a(HB) < pK_a(RH)$),$K_e<1$。此时用与 RH 等当量的碱只能部分地使碳氢酸转变为其负离子,而且当 ΔpK_a为 1、2、3 时,1 当量的碱只能分别把 10%、1%、0.1%的 RH 转变为碳负离子。当然,此时可通过加大碱的用量,在一定程度上提高 RH 脱质子化的程度。

常用于对碳氢酸进行脱质子反应的一些碱-溶剂体系见表 3-2。

表 3-2 常用于从碳氢酸中产生碳负离子的碱-溶剂体系

碱	共轭酸的 pK_a	常用溶剂
水	−1.74(水)	
NH_3	9.24	液氨
Et_3N	10.7(水)	水,MeCN,CH_2Cl_2,DMSO 等
K_2CO_3	10.25(水)	水,丙酮
KOH,NaOH	15.75(水)、15.7(MeOH)、33.4(DMSO)	水,醇,DMSO
MeONa	15.9(MeOH)、29.0(DMSO)	甲醇

续表

碱	共轭酸的 pK_a	常用溶剂
EtONa	18(EtOH)、28.9(DMSO)	乙醇,乙醚,DMSO 等
t-BuOK	19(*t*-BuOH)、32.2(DMSO)	*t*-BuOH,THF,乙醚,DME,PhH,DMSO 等
NH_3	10.5(DMSO)、27.6(液氨)	液氨
$NaNH_2$	约 33(液氨)	液氨,THF,乙醚,DME
KNH_2	约 44(DMSO)	液氨,DMSO,苯,甲苯,乙醚
$NaNH_2$/*t*-BuOK (2∶1)	—	THF,DME
NaH、KH	约 40	不溶于有机溶剂,可在 DMF、己烷、苯、甲苯、二甲苯、THF、DME、CH_2Cl_2 等中悬浮使用
$LiN(SiMe_3)_2$(LiHMDS)	29.5(THF)	THF,乙醚,乙醚-己烷,苯,甲苯等
$LiN(i\text{-}Pr)_2$(LDA)	35.7(THF)	THF,乙醚,HMPA,戊烷,己烷,庚烷等
LiTMP	37.3(THF)	THF,乙醚,甲苯等
n-BuLi	约 50	己烷,THF,乙醚等

可参考表 3-1 中的 pK_a值和表 3-2 中所列各种碱-溶剂体系的大致适用范围,并结合实际需要(如仅需在脱质子平衡反应中从碳氢酸中部分产生碳负离子还是需要把全部碳氢酸转变为碳负离子),来考虑需用的碱-溶剂体系,并通过实验研究,确定适当的反应条件。

在选用适当的碱-溶剂体系时,有两个问题需要注意。一是不仅应考虑碱的强度,还应考虑碱的亲核性。碱金属的氢氧化物(NaOH,KOH 等)、伯醇的共轭碱(MeONa,EtONa 等)、氨的共轭碱($NaNH_2$,KNH_2)以及烷基锂(*n*-BuLi 等)不仅是强碱,也是强亲核剂。在与具有较强的亲电基团的碳氢酸反应时,它们可与受体发生亲核反应(对羰基的亲核加成,对卤代烃的亲核取代等)而不是夺质子反应。只有在不存在碱作为亲核剂参与反应的可能,或碱作为亲核剂参与的反应不能与其作为碱进行的夺质子反应竞争时,才应考虑应用这些亲核性的强碱体系;否则应选用 *t*-BuOK、二异丙基氨基锂(LDA)、2,2,6,6-四甲基哌啶基锂(LTMP)、二环己基氨基锂($LiN(Cy)_2$)和六甲基二硅基氨基锂($[(Me)_3Si]_2NLi$,LHMDS)等大位阻的非亲核性强碱。

还需要注意到,碳氢酸的酸性强度和碱的强度都与溶剂有很大关系。溶剂还在很大程度上决定了碳负离子与其反离子的结合形态和反应活性。因此,溶剂的适当选择也是成功进行碳负离子反应的一个重要前提。

在表 4-2 中的碱-溶剂体系中,水的碱性最弱[8],而其酸性超过绝大多数碳氢酸,不适用于产生它们的碳负离子。碳酸钾的碱性较强(水溶液中 pK_a 为

10.25[7]),可用于从1,3-二羰基化合物等较强的碳氢酸中产生碳负离子。它在丙酮等有机溶剂中的溶解度不高,但常在两相反应条件下应用于进行 Knoevenagel 缩合、1,3-二羰基化合物的 C2-烃化反应,以及从具有活化基团的膦盐(如 $RCOCH_2P^+Ph_3$等)和锍盐脱质子产生相应的叶立德。

碱金属的氢氧化物(NaOH,KOH 等)和伯醇的共轭碱如 MeONa、EtONa 等是亲核性较强的碱。它们在从质子溶剂转至极性非质子溶剂时,负离子失去了氢键溶剂化作用,变得更为活泼;而正离子则由于与溶剂的离子-偶极相互作用而被较强地溶剂化,使离子对的离解程度加大。这些都使上述负离子碱的活性(碱性和亲核性)提高。例如,水在水溶液中的 pK_a为 15.75,而在 DMSO 中为 31.4;甲醇在醇溶剂和 DMSO 溶液中的 pK_a分别为 15.9 和 29.0;而叔丁醇在醇和 DMSO 中的 pK_a分别为 19 和 32.2[9-13]。可见水和醇的共轭碱(NaOH,KOH,MeONa,*t*-BuOK 等)在从水、醇溶液中转至 DMSO 溶液中时,碱性强度都可有十个数量级以上的提升。这些碱在 DMSO 中的碱性已足以使 $pK_a \leqslant 30$ 的弱酸脱质子。例如,KOH/DMSO 就是一个可用于从 $pK_a < 29$ 的碳氢酸中产生碳负离子的很好碱性介质[12,13]。它已成为从末端炔烃产生碳负离子的最适宜的碱-溶剂体系之一[12]。KOH 在 DMSO 中溶解度较小(0.04mol/L),可将之悬浮于 DMSO 中,在有效的搅拌下使用。

考虑到溶解度,以及调节试剂碱性的需要,这些碱也常在水-DMSO 混合溶液中应用。此时它们的碱性仍比在水、醇溶液中强得多。例如,浓度为 1 mol/L 的 MeONa 在甲醇中的酸度函数 H_- 为 17.0,而浓度仅为 0.01 mol/L 的 MeONa 在 1∶1的 DMSO/甲醇中的 H_- 已为 15.0。0.01 mol/L 的 MeONa 在 10∶1 和 20∶1的 DMSO-甲醇溶液中的 H_-分别达到 18.0 和 21.0,已超过 1 mol/L 的 MeONa 在甲醇中的碱性。KOH 在 DMSO 中的水含量降至 25%时,H_- 已为 20,而在 99%的 DMSO 中,H_- 可达 30~32[14,15]。习惯上,常把 H_- 值>26 的碱性体系称为超强碱[7]。因此,KOH/DMSO 和 BuOK/DMSO 已可视为超强碱。从实用角度考虑,NaOH、KOH、MeONa 和 EtONa 在醇-非质子溶剂中的碱性,已可从很多醛、酮产生足够浓度的碳负离子,用于进行后续的烃化、缩合等反应。为了解决 K_2CO_3 和 NaOH、KOH 等碱金属氢氧化物在有机溶剂中的溶解度问题,它们还经常被在相转移催化(phase transfer catalysis,PTC)条件下应用[16-19]。此时,碱在铵盐等相转移催化剂存在下,在纯有机溶剂或有机-水两相体系中在激烈搅拌下产生的 OH^- 进入有机相,或在水-有机两相的界面与碳氢酸进行反应,产生碳负离子,然后在有机相中与亲电试剂反应。近年来,已设计合成了很多新的手性铵盐相转移催化剂,并用它们在 PTC 条件下产生碳负离子而进行立体选择性的烃化反应、Michael 加成、Mannich 反应、Aldol 缩合等反应,取得了很好的效果。

在醇的共轭碱中,叔丁醇钾的碱性最强[8-11,20],同时由于叔丁基的巨大位阻,它也是一个非亲核性的碱，并在 THF、乙醚等有机溶剂中有更好的溶解度。虽然比 t-BuOK 更弱的碱如 KOH、EtONa 等的醇溶液也能把 β-二羰基化合物较完全地转化为碳负离子，但用 t-BuOK 时反应更快，而且由于碱的亲核性而引起副反应更少。t-BuOK 在 DMSO 中的 pK_a 为 32[10]，是比 KOH/DMSO 更强的碱性体系。t-BuOK/DMSO 已可使烯丙基和苄基的 C—H 键部分去质子化，生成低浓度的碳负离子，并进行同位素交换和双键异构化等反应。当然，t-BuOK 在醚型溶剂中的碱性仍不足以使没有附加拉电子基团的脂酮完全转化为碳负离子，同时，对于具有不同的脱质子部位的不对称脂酮，由于烯醇负离子的钾盐可发生快速的分子内质子转移而使区域异构体的碳负离子处于平衡，这使烃化反应或缩合反应中生成的产物较为复杂。在这些情况下，最好应用非亲核性的有机胺的锂盐（LDA 等）作为碱，它们可在动力学条件下区域选择性地在取代较少的碳原子上产生碳负离子，避免了后续烃化和缩合等反应的复杂化。

液氨的 pK_a 为 27.6（液氨中）[21,22]，是一个碱性较强的溶剂，与水、醇等质子溶剂不同，它不是一个强的氢键给体，对负离子的溶剂化较弱；但它是一个较强的氢键受体，并能使正离子较强地溶剂化。这与极性非质子溶剂有些相似。液氨对无机离子化合物如金属盐等的溶解度比水差，但对除简单烷烃以外的极性有机化合物（卤代烃、羰基化合物、醇、醚、胺等）和大多数芳烃都有良好的溶解度，或能与它们混溶[23,24]。碳氢酸在液氨中的表观 pK_a 值比在水中和在 DMSO 中的 pK_a 值稍小，但呈较好的线性关系，斜率分别为 0.8 和 0.7。因此，在液氨溶液中，较强的碳氢酸（水中 $pK_a<11$，或 DMSO 中 $pK_a<15$ 者）不需外加其他碱即可完全电离[25]，如 5,5-二甲基环己二酮（pK_a（水）5.25）、乙酰乙酸乙酯（pK_a（水）10.7）等即是如此。而丙二酸二乙酯（pK_a（水）13.3）和苯乙酮（pK_a（水）17.7）等则不能有效地电离。液氨的介电常数不高（$\varepsilon=15.9$），不是很好的离解性溶剂，因此碳氢酸电离后仍主要存在于离子对及其缔合体中，但仍能与亲电试剂反应。例如，2-乙酰基环戊酮（0.2 mol/L）在液氨中电离后，室温时与苄氯（0.01 mol/L）的反应在 5 min 内即可完成，得到烃化产物[25]。较弱的碳氢酸（pK_a（DMSO）<33）可经在液氨中加入 KNH_2、$NaNH_2$、t-BuOK 等碱来转化为碳负离子。但 NH_3 的共轭碱（NH_2^-）的亲核性较强，这使它们只能用于亲电试剂不易与 NH_2^- 发生反应或允许发生这些反应的场合。KNH_2-液氨是从卤代芳烃和卤代杂环芳烃产生芳炔中间体并用 NH_2^- 加以捕获时常用的碱性体系[26]。KNH_2 和 $NaNH_2$ 也常用于从 β-二羰基化合物中产生双负离子，然后在热力学上较不稳定的末端碳原子上进行区域选择性烃化[27]。

液氨的一个特殊性质是它在溶解碱金属和除铍、镁以外的碱土金属时，可产生大量溶剂化电子（式(3-3)），形成具有强还原性的蓝色均相溶液。很多亲电的有机化合物可在这一溶液中接受一个电子而生成负离子自由基，并参与后续反应[23,24]（如 $S_{RN}1$ 反应[28]）。

$$M + NH_3(\text{液氨}) \longrightarrow M^+(NH_3) + e^-(NH_3) \qquad (3\text{-}3)$$

液氨的上述性质，使它成为进行碳负离子反应的一个较好的溶剂[22,23]。

NaH 和 KH 是比 $NaNH_2$ 和 KNH_2 更强的碱，而 KH 的碱性又比 NaH 更强[29]。KH 可使 $pK_a<40$ 的碳氢酸脱质子。例如，DMSO(水溶液中 pK_a 35.1)和环戊二烯(水溶液中 pK_a 18.1)都可在室温时在 THF 中被 KH 定量地转化为碳负离子[30,31]。KH 和 NaH 还可以有效地使单酮($RCOCH_3$、环酮等)转化为碳负离子，而不发生显著的自缩合或还原等副反应[30,31]。

仲胺的共轭碱(MNR_2，M＝Li、Na、K)比氨的相应的共轭碱(MNH_2)更强[32-34]。这是因为在氨基中用给电子的烷基代替 H 原子后，氮原子上的负电荷密度更高。在 MNR_2 中，钾盐的碱性比相应的钠盐和锂盐更强，如 $KN(i\text{-}Pr)_2$ 的碱性比 $LiN(i\text{-}Pr)_2$ 强。烷基对碱性强度的影响则更为重要，碱性强度顺序为 LTMP(2,2,6,6-四甲基哌啶基锂)＞LDA(二异丙基氨基锂)＞LHMDA(六甲基二硅基氨基锂，$LiN(SiMe_3)_2$)。

烷基锂的碱性比氨基锂更强。最常用的烷基锂试剂是三种丁基锂 *n*-BuLi、*sec*-BuLi 和 *t*-BuLi。总的碱性强度顺序为 *t*-BuLi＞*sec*-BuLi＞*n*-BuLi＞PhLi＞$LiNR_2$[5-7,35-37]。烷基锂试剂在烷烃溶剂中比较稳定，但因缔合为六聚体或四聚体，反应活性较差。在 THF、乙醚、DME 等醚型溶剂中，由于醚中氧原子对锂原子的较强的配位作用，缔合体离解为二聚体和单体，反应活性较高。还可以通过向烷基锂的溶液中加入二元或多元叔胺(参见第 1 章第 4 页)作为配体，通过胺与锂原子的配位促进 RLi 缔合体的解缔合。向烷基锂的溶液中加入冠醚以络合金属离子，也可提高反应活性[35-37]。

正丁基锂由于价廉且更为稳定而易于操作，比异丁基锂和叔丁基锂更为常用。它可用来使活化的苄基型或烯丙式的 C—H 键脱质子而锂化。如三苯甲烷、茚、烯丙基苯($PhCH_2CH=CH_2$)、甲基吡啶、甲基喹啉(异喹啉)、末端炔烃等均可在 *n*-BuLi 的 THF 溶液中进行锂化反应。*n*-BuLi 也常用于对一些砜、亚砜和硫醚进行脱质子反应。但因亲核性较强，易与反应物中的亲电基团反应，*n*-BuLi 应慎用于羰基化合物、活化的砜和亚砜、磷酸酯、腈和其他含有亲电的 C＝N、C＝S 双键的化合物以及含有第三、四、五周期元素的化合物的脱质子反应。对这些化合物，用亲核性更弱的 LDA 等有机氨基锂试剂更为适宜。

由于位阻的原因，*sec*-BuLi 和 *t*-BuLi 的亲核性比 *n*-BuLi 弱，又由于它们在溶液中的缔合度比 *n*-BuLi 轻，碱性则比后者更强。它们可以用于对更弱的碳氢酸进行脱质子反应。

除了亲核性以外，烷基锂试剂对醚型溶剂和一些叔胺配体如 TMEDA 的反应活性也是限制它们作为强碱的应用范围的一个因素。除了最不活泼的甲基锂以外，其他烷基锂试剂在室温都可与乙醚反应，使其 C_α—H 键脱质子而金属化，导致分子裂解[38,39]；它们从 THF 中夺质子的活性更高[40-42]。室温时，*n*-BuLi 在 THF 中的半衰期仅约为 2 h；而 *sec*-BuLi 和 *t*-BuLi 更不稳定[40]。烷基锂在室温也能与一些叔胺配体，如 TMEDA[43,44]、(*R*,*R*)-TMCDA((*R*,*R*)-*N*,*N*,*N'*,*N'*-四甲基环己-1,2-二胺)[45]、(*R*,*R*)-TECDA((*R*,*R*)-*N*,*N*,*N'*,*N'*-四乙基环己二胺)[46]等反应。在醚型溶剂中用烷基锂作为碱时，如果反应温度不够低，烷基锂与醚型溶剂和配体的直接反应而引起的自身分解时常是导致反应产率下降的原因。因此烷基锂在醚型溶剂中，需在低温下使用(通常是－78℃或更低)。它们在 THF 溶液中使用的温度范围是：MeLi，小于 0℃；*n*-BuLi，小于－35℃；*s*-和 *t*-BuLi，－78℃；PhLi，－10～0℃。

丁基锂试剂的一个重要应用是使带有杂原子取代基的芳烃进行区域选择性的锂化反应。这些带杂原子的基团(如 NR_2，CH_2NR_2，$(CH_2)_2NR_2$，OMe，OCH_2OMe，F，CF_3，CH═NR，SO_2NR_2，2-噁唑啉基，$CONEt_2$，$OCONEt_2$ 等)都通过诱导拉电子效应使所接碳原子邻位的 C—H 键活化，几乎把锂化完全定位于这些邻位的 C—H 键，因此称为邻位锂化(direct *ortho*-lithialion)或邻位金属化(direct ortho-metalation, DoM)反应[47-51]。其中酰胺基($CONR_2$)和磺酰胺基(SO_2NR_2)的定位效应比烷氧基(RO)、胺基(NR_2)和羧基(CO_2H)更强。芳烃邻位锂化后得到的芳基锂化合物可作为亲核剂与各种亲电试剂反应，导致 C—C 键的生成。*sec*-BuLi 是进行邻位锂化反应时最好的试剂。*n*-BuLi 的碱性虽然也足以使大多数带杂原子取代基的芳烃发生邻位锂化反应，但它较强的亲核性使之易对羰基进行亲核加成，因而不能用于含有 $CONEt_2$、$OCONEt_2$ 等含羰基基团的芳烃的锂化反应。

丁基锂试剂也是对杂环芳烃进行区域选择性锂化反应的试剂[52-55]。环上的杂原子(N，NR，O，S)通过诱导拉电子效应使其邻位的 C—H 键活化，使锂化优先发生于邻位(式(3-4)(a))。如环上杂原子的间位有第二个杂原子，则可使它们共同的邻位 C—H 键酸性更强(式(3-4)(b))。

(a) [X-杂环] —RLi→ [2-Li-X-杂环]　　(b) [X,Y-杂环] —RLi→ [2-Li-X,Y-杂环]　　(3-4)

3.1.2　超强碱

顾名思义，“超强碱”(superbases)是具有超强碱性的碱。但对这一名称的应用目前还比较随意，并无统一的标准和定义。除了 KOH/DMSO 和 *t*-BuOK/DMSO 等少数单一碱金属构成的强碱可称为超强碱以外，通常把两类强碱归入超强碱的范围，一类是复合型碱金属强碱，另一类是不含金属元素的有机超强碱。

1. 复合型碱金属超强碱[56-62]

在单一组分的碱金属强碱中，烷基锂，特别是三种丁基锂，是最强的碱。但如把烷基锂与另一碱金属强碱如醇钠、醇钾或氢化钾混合，则可得到比其中两个单一组分都更强的碱，形成超强碱体系。其中最强也是最常用的是物质的量比（摩尔比）为 1 ∶ 1 的 *n*-BuLi/*t*-BuOK 在 THF 中的溶液，称为 Lochmann-Schlosser 碱[56-59,63-67]。这一试剂在−75℃稳定，在−50℃时也能短时间稳定存在。一般是在−50℃时使用。它的碱性比 *n*-BuLi 强，而比 *n*-BuK 稍弱，但比后者更为稳定，溶解度也更好而更易于操作。值得注意的是，像 Lochmann-Schlosser 碱这样的由两种负离子和两种金属离子（Li 和 K）构成的复合型强碱在使碳氢酸脱质子时生成的是比锂盐更为活泼的碳负离子钾盐（式(3-5)）。

$$n\text{-BuLi}/t\text{-BuOK} + \text{RH} \longrightarrow \text{RK} + t\text{-BuOLi} + n\text{-C}_4\text{H}_{10} \qquad (3\text{-}5)$$

复合碱具有比 *n*-BuLi 更强的碱性是因为 *n*-BuLi 中的锂离子与 *t*-BuOK 中的带负电荷的叔丁氧基配位，削弱了 *n*-BuLi 的 C—Li 键，使 *n*-Bu 上负电荷更为集中（式(3-6)）。

$$n\text{-C}_3\text{H}_7\text{-}\overset{-}{\text{C}}\text{H}_2\cdots\text{Li} \leftarrow \overset{-}{\text{O}}(\cdots\text{K}^+)\text{-}t\text{-Bu} \qquad (3\text{-}6)$$

n-BuLi/*t*-BuOK 或碱性更强的 *sec*-BuLi/*t*-BuOK 超强碱体系可以用于对苄基和烯丙式 C—H 键以及芳环上的 C—H 键进行脱质子反应[63]。它们与烯烃的反应有两种可能方式：从非极性烯烃的烯键上夺质子产生乙烯式碳负离子，而对极性烯烃则更常是对 C═C 双键进行亲核加成并引发烯烃的阴离子聚合[64-67]。

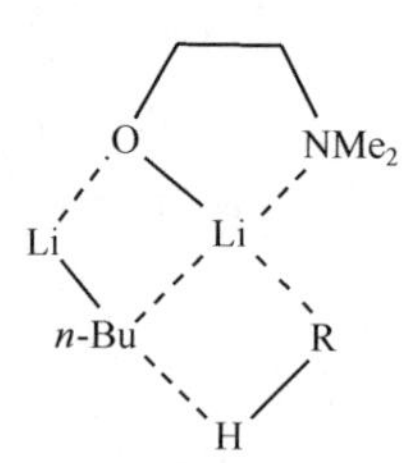

图 3-1　*n*-BuLi/LiDMAE 碱对 R—H 的锂化反应

在上述体系中，如果用氨基醇锂代替叔丁醇钾，则形成另一类只含一种碱金属的复合型超强碱体系。如正丁基锂/2-（*N*，*N*-二甲氨基）乙醇锂（*n*-BuLi/$Me_2NCH_2CH_2OLi$（缩写为 LiDMAE），2 ∶ 1，甲苯或己烷溶液）就是其中常用的一种，常被称为 Caubére 碱（图 3-1）[60,61]。这一体系已成为对吡啶、喹啉等杂环进行区域选择性锂化反应时常用的碱性试剂之一[68,69]。

除了 3.1.1 节中已述及的 Lochmann-Schlosser 碱、Caubére 碱之外，有些单组分的碱金属强碱如叔丁醇钾、氢化钠、氢化钾，乃至氢氧化钾等，如果悬浮在 DMSO、HMPA 等极性非质子溶剂中使用，或在它们的醚或烃类悬浮液中加入 TMEDA、冠醚等络合剂时，也可使碱性提高。有时把它们也称为超强碱。

2. “酸根”型复合金属化试剂[70-74]

实际上，可以想象，像在 Lochmann-Schlosser 试剂或 Caubére 试剂中那样，通过加入另一种金属碱使第一种碱得到活化的可能性还应有很多。这既应可以通过混合两种具有不同金属和不同负离子的碱（如在 Lochman-Schlosser 试剂中那样），或混合两种具有相同金属离子，但具有不同负离子的碱（如在 Caubére 试剂中那样）来实现；也应可以通过混合具有不同金属，但具有相同负离子的碱来实现；可能的组合方式有很多。沿着这个思路，近年来发展了很多“酸根”(ate)型的复合金属强碱体系。目前主要有两类：一类是把一个碱金属的烷基衍生物（RLi、RNa、RK）与一个其他金属（Zn、Mg、Al、Cd、Fe、Cu、Mn 等）的烷基衍生物（R_nM）或氨基化合物（$(R_2N)_nM$）混合而得的新型碳氢键的金属化试剂[70-73]。例如，当 RLi 与 R_2Zn 以 1∶1 的比例混合时，得到三烃基锌锂（$LiZnR_3$，lithium trialkylzincate）；而两者以 2∶1 混合时，得到 Li_2ZnR_4。其他一些典型的例子如：LiZn(*t*-Bu)$_2$TMP（由 1∶1 的 LiTMP 与二叔丁基锌组成（THF 溶剂），TMP＝2，2，6，6-四甲基哌啶基，见图 3-2 中的 **A**）、三丁基镁锂（lithium tributylmagnesiate，LiMg(*n*-Bu)$_3$）、LiAl(*i*-Bu)$_3$(TMP)等。另一类是把一个氨基镁或氨基锌与氯化锂以一定的化学计量混合，见图 3-2 中的 **B**。氯化锂的加入使氨基镁和氨基锌的低聚缔合体分解，提高了试剂的溶解度和动力学碱性[74-78]。这两类“酸根”型金属化试剂稳定性好，但又有很强的动力学碱性，对碳氢酸进行金属化反应的条件温和方便。反应不需要在低温（如－78℃或更低温度）进行，而常在－10℃或室温进行；反应迅速，常可在几小时内完成；金属化反应的选择性很高，且有时显示出与用氨基锂试剂时不同的选择性。同时，用这些复合型金属化试剂处理弱碳氢酸时，得到的不是有机锂化合物，而是生成 C—Zn、C—Mg、C—Al、C—Cu、C—Cd 等具有较强共价性质的碳金属键。这些碳金属键在保持了较强的亲核性的同时，碱性较弱；它们在随后与亲电试剂反应时，条件温和，反应的化学选择性和区域选择性均较好，对有机合成中常见的酯基、酰胺基、氰基、醚等敏感官能团均有较好的相容性。

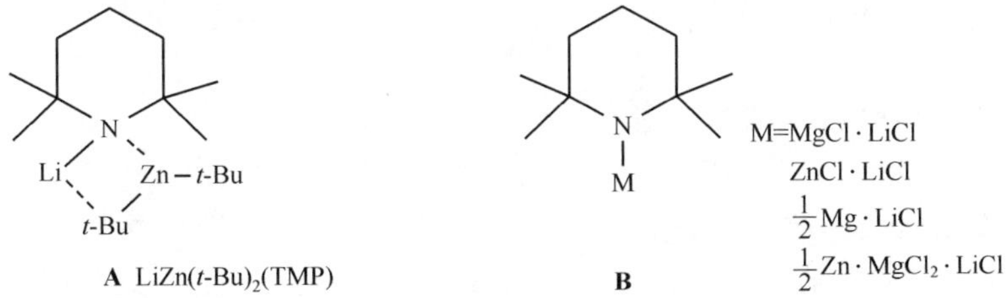

图 3-2　一些以 TMP 为基础的大位阻“酸根”型金属化试剂

在这些金属化反应中，虽然最终生成的不是碳—碱金属键，但碱金属试剂如

RLi,R_2NLi等的加入是必需的,金属化反应不能在复合试剂中任一组分(RLi、R_2Zn、R_2Mg等)的单独存在下完成。因此,这些反应有时被称为碱金属参与的金属化反应(alkali metal mediated metalations,AMMMs)。

由于复合型强碱如*n*-BuLi/*t*-BuOK(Lochmann-Schlosser 试剂)以及酸根型金属化试剂有很多优点,如较高的稳定性、在有机溶剂中较高的溶解度、很强的动力学碱性、金属化反应的高选择性以及对官能团的良好的容忍性,它们在弱碳氢酸,特别是芳烃和杂环芳烃的环上 C—H 键的区域选择性金属化反应,以及烯烃的金属化反应中正逐渐取代传统的单组分强碱如烷基锂等,成为最有效的常用试剂。

3. 有机超强碱

除了上述含有金属离子的碱之外,近年来有机 Brønsted 强碱和超强碱的设计、合成和应用也受到很多关注并取得很大进展[79,80]。

1) 质子海绵型超强碱[81-83]

传统的有机碱基本上都是胺类化合物,属于弱碱范畴;特别是芳胺的碱性比脂胺更弱。但如果在稠环芳烃环上的适当位置放置两个氨基,使得其中一个被质子化后可在两者之间生成分子内氢键,则此二元胺的碱性可有很大提升。最早的例子是*N*,*N*,*N*′,*N*′-四甲基-1,8-萘二胺(**1**)[84],它的共轭酸在水溶液中的pK_a为12.0,在 DMSO 中的pK_a为7.47[85-87](表 3-3)。

表 3-3 质子海绵型超强碱的 pK_a

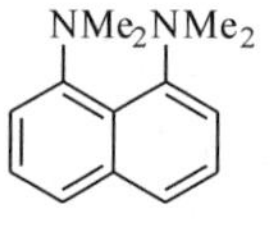 NMe₂ NMe₂ (萘) **1**	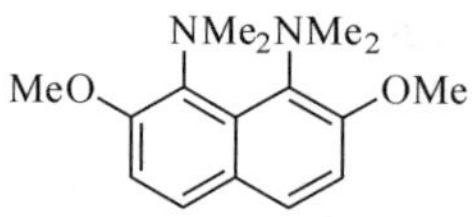 MeO, NMe₂NMe₂, OMe	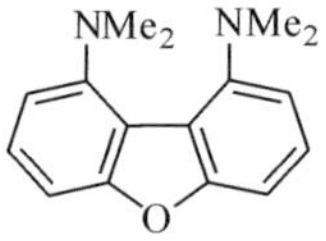 NMe₂ NMe₂ (二苯并呋喃)	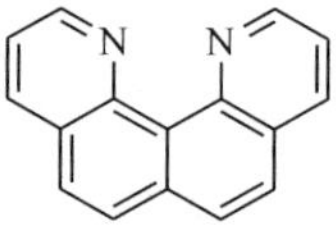 N N	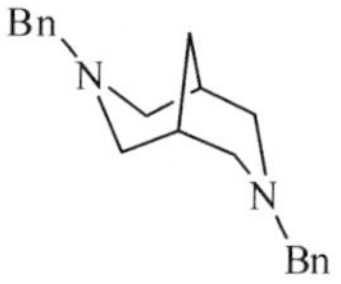 Bn–N … N–Bn
12.0(H_2O)	16.3(H_2O)			
18.2(MeCN)				21.25(MeCN)
16.8(THF)				
7.47(DMSO)	11.5(DMSO)	12.3(DMSO)	12.8(DMSO)	

化合物**1**具有强碱性的原因可能有:①质子化后可生成分子内氢键,使共轭酸较为稳定。②质子化时消除了在中性胺中存在的两个 N 原子上未共用电子对之间的排斥作用以及因此而导致的分子的空间位阻(这也可能使共轭酸中萘环的芳香性提高)。③质子化前后溶剂化状况的改变。这些因素使**1**具有很高的热力学碱性(质子亲和性),而在质子化后又有很低的动力学酸性,不易再释出质子。这就是它被称为“质子海绵”(proton sponge)的原因。

对**1**的结构进行改造以提升其碱性可沿两条途径进行。一是改变芳环骨架的结构或使用脂族多环骨架来调节两个氨基的相对取向和距离，以导致质子化时可生成更强的分子内氢键[88,89]。二是改变氨基上的取代基以及在氨基近旁导入其他取代基以调节两个氨基的电子与空间环境和两个氨基间的基态相互作用(支撑效应，buttressing effect)，加大质子化时的位阻消解作用[90,91]。沿着这两条思路设计合成的一些碱性更强的“质子海绵”型强碱见表 3-3。

上述“质子海绵”型二元胺虽然碱性很强，但它们在质子化后的动力学酸性很弱，不易参与快速的质子转移而完成催化循环。它们在非极性非质子溶剂中的溶解度不大，抗自动氧化的稳定性也较低，这些都限制了它们在有机合成中作为强碱性催化剂的应用。

2) 脒和胍

脒[79,92]和胍[79,93]是另两类有机强碱。它们的共轭酸在水溶液中的 pK_a 为 12～15[92-94]。碱性远比一般有机胺强，也比 K_2CO_3 的水溶液略强，但比 NaOH 和 KOH 的水溶液稍弱。脒和胍的碱性远比伯胺(RNH_2)强的原因是在它们的分子中引入了亚氨基，这是脒和胍分子中碱性最强的位置。在亚氨基被质子化后，正电荷可以分散到大共轭体系中去；因此它们的共轭酸正离子具有较多的共振结构(式(3-7))。

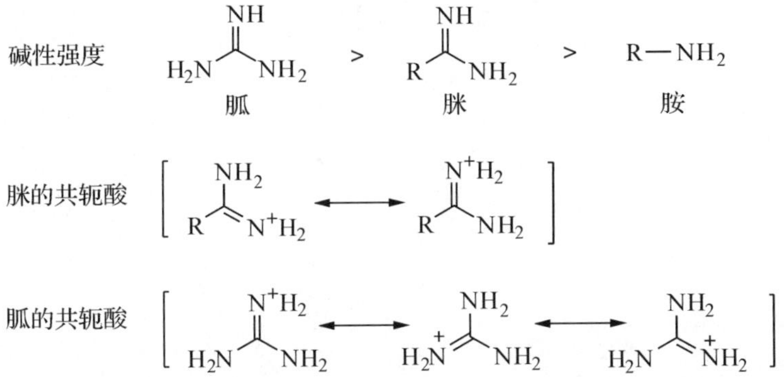

碱性强度　胍 > 脒 > 胺 ($R—NH_2$)

脒的共轭酸

胍的共轭酸　　　　(3-7)

双胍(biguanides)的 pK_a 比相应的胍要高几个数量级，碱性有很大提升(图 3-3 中双胍的 pK_a(水)为 17.1)；而植入了一个以上环脒结构的多元脒类化合物的碱性也比脒强得多。例如含有三个环脒结构单元的 **2** 的共轭酸在乙腈中的 pK_a 为 31.94，比只含一个环脒单元的 DBU 的碱性提高了七个多数量级。双胍和 **2** 的碱性提升的原因是质子化后正电荷可以在更大的共轭体系中去局部化；另一个可能的原因是它们的共轭酸可经分子内氢键得到稳定(图 3-3)。

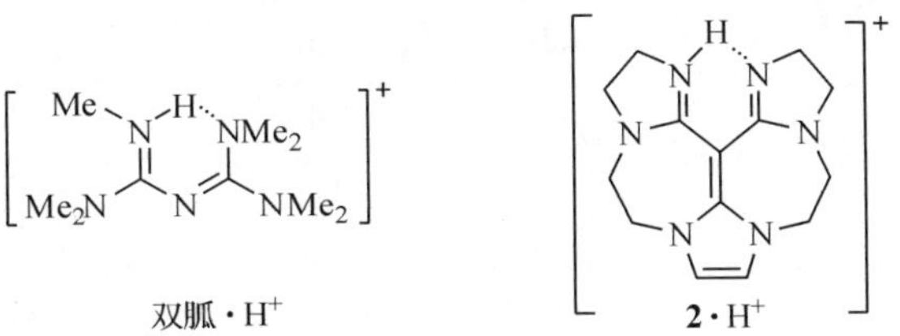

双胍 · H^+　　　　**2** · H^+

图 3-3　双胍和 **2** 的共轭酸

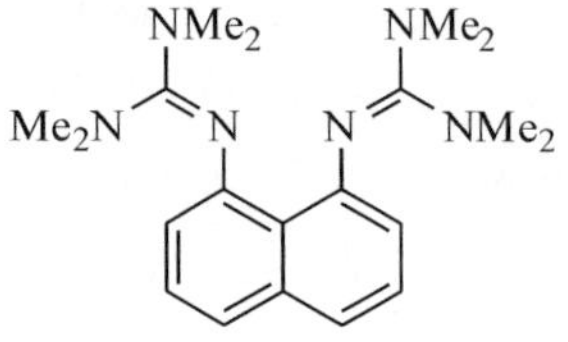

TMGN

把质子海绵的 1,8-萘二胺的骨架与胍的结构[—N═C(NR_2)]结合,可以形成更强的碱[95,96]。例如,化合物 TMGN 在乙腈溶液中的 pK_a为 25.1,比 1,8-二(*N*,*N*-二甲基氨基)萘(质子海绵)高了近 7 个 pK_a单位。

胍和脒已作为强碱性催化剂在很多有机反应中得到应用[97]。

3) 磷腈

1985 年以后,出现了一类新的有机超强碱——磷腈(phosphazenes)[79,80,98,99]。磷腈的核心结构是连有一个亚氨基和三个氨基的四配位磷原子。取决于分子中这样的磷原子的数目 *n*,可以把它们简写为 P*n*。磷腈的共轭酸在乙腈中的 pK_a多为 26～47[100-108],是比"质子海绵"类和开链与环状的单胍及单脒更强的碱,它们的碱性已与氨基锂试剂相近(表 3-4)。

表 3-4 磷腈类有机超强碱

		R	R′	pK_a			
				MeCN	THF	DMSO	水
P1	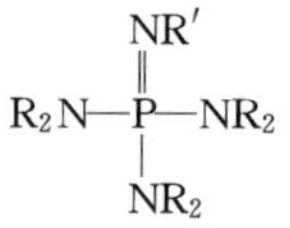 $(R_2N)_3P{=}NR'$	Me	Me	27.52			
		Me	*t*-Bu	26.98	21.4	15.7	
		Me	H	25.85			13.32
		—$(CH_2)_4$—	*t*-Bu	28.42	22.8		
P2	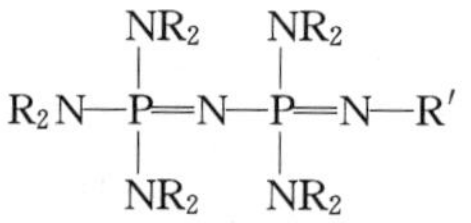 $R_2N{-}P(NR_2)_2{=}N{-}P(NR_2)_2{=}N{-}R'$	Me	Et	32.94	28.1	21.1	
		Me	Ph	26.46	(15.4)		
		—$(CH_2)_4$—	Ph	27.55	23.1		
P3 交叉型	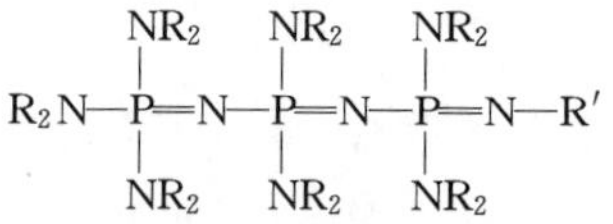 $R_2N{-}P(NR_2)_2{=}N{-}P(NR_2)_2{=}N{-}P(NR_2)_2{=}N{-}R'$	Me	*t*-Bu	38.6		26.2	
		Me	Ph	31.48			
		—$(CH_2)_4$—	Ph				
P3 直线型	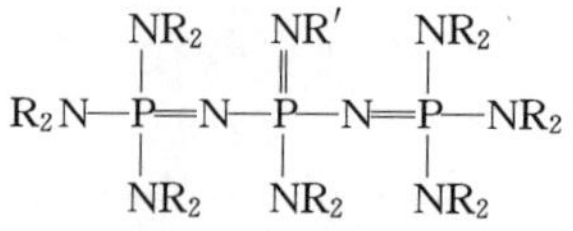 $R_2N{-}P(NR_2)_2{=}N{-}P(NR_2)({=}NR'){-}N{=}P(NR_2)_2{-}NR_2$	Me	*t*-Bu	36.6			
P4 交叉型	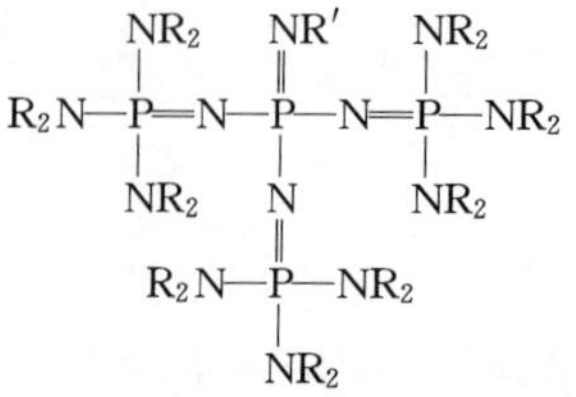 $R_2N{-}P(NR_2)_2{=}N{-}P({=}NR')(N{=}P(NR_2)_3){-}N{=}P(NR_2)_2{-}NR_2$	Me	*t*-Bu	42.7		30.2	
		—$(CH_2)_4$—	*t*-Bu	44.0			

续表

		R	R′	pK$_a$			
				MeCN	THF	DMSO	水
P5 交叉型	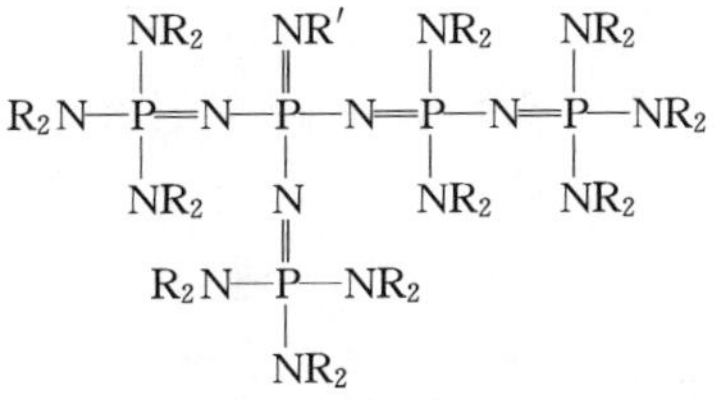 $R_2N-P(NR_2)_2=N-P(=NR')(N=P(NR_2)_3)-N=P(NR_2)_2-N=P(NR_2)_2-NR_2$	Me	*t*-Bu	45.3		>32	
		—$(CH_2)_4$—	*t*-Bu	46.9			
P5 直线型	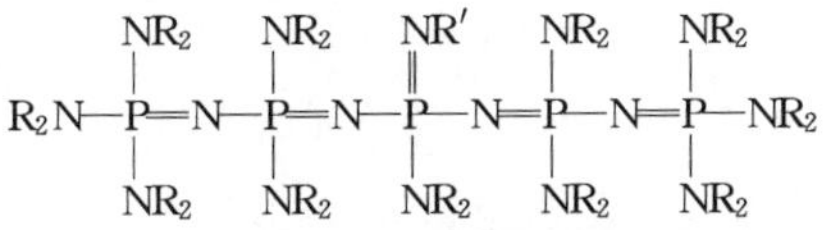 $R_2N-P(NR_2)_2=N-P(NR_2)_2=N-P(=NR')(NR_2)-N=P(NR_2)_2-N=P(NR_2)_2-NR_2$	Me	*t*-Bu	(44.0)			

磷腈的碱性与分子中四配位的磷原子的数目和磷原子上亚氨基和氨基的结构有关。从表 3-4 中的数据可以看到,氨基和亚氨基的给电性越强,位阻越大,分子的碱性越强。而随着分子中四配位的磷原子数目在一定范围内的增加,磷腈的碱性也逐渐增强。但取决于磷腈的结构,在四配位的磷原子的数目达到 5~7 个以后,碱性即达到饱和而不再明显增强[100]。在磷腈中,用四氢吡咯基代替 *N*,*N*-二甲氨基(dma)作为 NR_2,可使碱性提高。而在 P3 以上的具有同样数目磷原子的磷腈中,具有分支结构的磷腈比具有直链结构的磷腈碱性更强。这是由于在中性分子中,直链结构中的共轭比支链体系中更好;因此,前者接受质子的能力较差。

磷腈的强碱性也是来自质子化后正电荷可以在大共轭体系中广泛地去局部化。因此,如果在磷腈的三个氨基中引入胍的结构,可使碱性得到进一步提升[109]。例见图 3-4 中的 **3** 和 **4**。可见,三胍基磷腈(**3**)的碱性(pK_a(THF)=32.0)比相应的 *t*-BuP1$(dma)_3$(pK_a(THF)=21.4)提高了 10 个数量级,使得胍基磷腈置身于目前最强的有机超强碱之列。另一个提升磷腈碱性的途径是将其基本结构单元植入到 1,8-萘二胺类的"质子海绵"型强碱结构中[110]。例见图 3-4 中的 **5**。

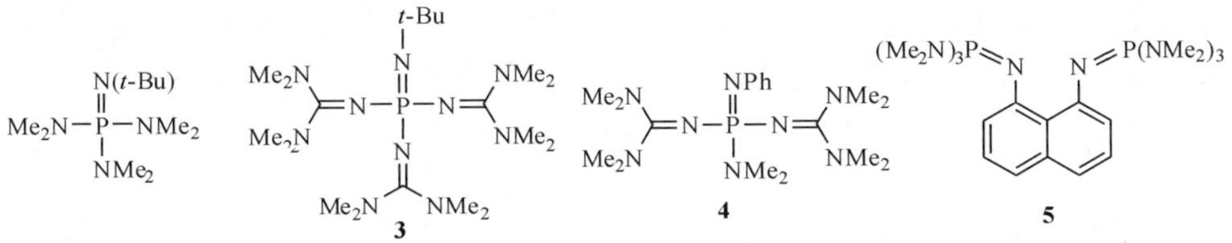

图 3-4 胍基磷腈(**3**,**4**)和双磷腈质子海绵(**5**)

由图 3-4 可见,把三甲基胍基(TMG)植入萘的 1,8-位后(pK_a(MeCN)=29.9),碱性比原来的质子海绵(1,8-二(*N*,*N*-二甲氨基)萘,pK_a(MeCN)=19.9)

提高了 10 个数量级。

另一类有机非离子型超强碱是含磷的二环 proazaphophatrane 类超强碱，也称 Verkade 碱(式(3-8))[111-113]。由式(3-8)可见，这些碱的强度与 P2 磷腈相近。在这些碱分子的笼状结构中，底部桥头氮原子旁三个亚甲基上氢原子的相互作用使得此氮原子上的三个键变得平坦，这导致分子中桥头位置的磷与氮原子之间的距离较小，约为 3 Å。这些碱的质子化并不是发生在氮原子上，而是发生于磷原子上。质子化以后，底部的氮原子与磷原子之间生成跨环的配位键，这使得氮原子向上收缩，使磷氮键长缩短至约 2 Å。氮原子上电子对向质子化的磷原子的配位去局部化是导致强碱性的原因。

R	pK_a(MeCN)	pK_a(DMSO)
H		29.6
Me	32.9	26.8
i-Pr	33.43	
i-Bu	33.53	

(3-8)

脒、胍、磷腈、Verkade 碱等有机强碱和超强碱都是非离子型碱。虽然它们在反应中常需以化学计量使用，但它们与酸的质子交换反应是可逆的，反应后可以回收而重复使用。它们在常用有机溶剂中溶解度较好，对空气和水汽不敏感。作为大位阻的非离子型碱，在从酸性化合物夺取质子后，后者生成的负离子没有金属正离子配位，处于接近裸离子的状态，反应性能较高。因此，反应常可在较温和的条件下进行，副反应较少，选择性也较好。有机强碱和超强碱的结构易于改造，碱性和亲核性可在很大范围内调节。这些优点，使得它们作为碱性试剂在制备碳负离子和催化各类亲核试剂参与的反应中有着很广的应用前景[79,80,97]。环脒 DBU 和 DBN 作为非亲核性强碱早已为人们所熟知[97,114]。TMG 等胍[79,80,97,115,116]和 *t*-BuP4 等磷腈[79,117-125]也已获得较多应用。但总的来说，新型有机超强碱在有机合成中的应用还有很大的拓展空间。

用 ab initio 和 DFT 等量子化学方法可以计算有机碱的气相质子亲和势(PA)和在溶液中的 pK_a[96,126-132]。这些计算不仅可以帮助解释上述各类有机超强碱碱性的成因，也可在设计新的超强碱体系时起到很大作用。可以从前述导致超强碱碱性的结构因素出发，设计新的可能的超强碱，然后计算它们在气相中的 PA 和溶液中的 pK_a，预测它们的碱性，以帮助选择更为合理的结构进行合成和性质研究。

3.2 金属有机化合物作为碳负离子的来源或亲核试剂

金属有机化合物中的碳—金属键(C—M)，取决于金属的种类和氧化态，具有从离子键到极性不同的共价键的性质，可以用作碳负离子试剂或亲核剂与亲电试剂反应[133-141]。对这些金属有机试剂如有机锂[35-37,142,143]、有机镁[137,144-147]、有机钙[148,149]、有机铝[150-152]、有机锡[137,153]、有机铜[137,154-158]、有机钛[159-161]、有机锆[137,161,162]、有机铬[163-165]、有机锌[166,167]、有机镉[168,169]、有机汞[170,171]、有机锰[172,173]等的制备方法和反应已经进行了较多研究。

碱金属(Li、Na、K)和碱土金属(Mg、Ca 等)化合物可以通过活化的金属对卤代烃的直接氧化加成来制备(式(3-9)[35,142,143]和式(3-10)[144-149])。

$$RX + M \longrightarrow RM + X^- \qquad (M = Li, Na, K) \tag{3-9}$$

$$RX + M \longrightarrow RMX \qquad (M = Mg, Ca, Ba) \tag{3-10}$$

新制备的活化锌粉[166,167]或锌铜合金[174,175]也可以与溴代或碘代烃进行氧化加成,得到有机锌产物(式(3-11))。

$$RX + Zn \longrightarrow RZnX \tag{3-11}$$

除了烷基锂、格氏试剂和烷基锌之外,其他金属的有机化合物,除各有其特定的制备方法以外,大多可以通过卤素-金属交换(halogen-metal exchange)反应[133,136,137,140,141];金属-金属(metal-metal exchange)交换反应,即金属转移(transmetalation)反应[133,136,137,140,141];有机金属氢化物对烯烃和炔烃的加成反应——氢金属化(hydrometalation)反应[176-179](如应用 R_2BH 的硼氢化反应、应用 Bu_3SnH 的锡氢化反应、应用 Cp_2ZrHCl 的锆氢化反应、应用 R_3SiH 的硅氢化反应、应用 DIBAL-H 或 LAH 的铝氢化反应等);有机金属化合物对烯烃和炔烃的加成反应——碳金属化(carbometalation)反应(如应用格氏试剂的镁金属化反应、应用 R_3Al 的铝金属化反应等)等诸多方法来制备[177-182]。

3.3　脂肪族羧酸的脱羧反应

脂肪族羧酸的脱羧反应也是产生碳负离子的一个方法。但简单脂肪族羧酸的脱羧反应一般需在高温下进行,合成价值有限[183,184]。一个例子是从色氨酸脱羧生成色胺[184]。β-酮酸($RCOCH_2CO_2H$)可在室温脱羧[185,186]。羧基旁具有强拉电子基的羧酸脱羧也较为容易,如草酸、硝基乙酸、三氯乙酸、苯环上有强拉电子基的苯乙酸(2,4,6-三硝基苯乙酸、2,4-二硝基苯乙酸、4-硝基苯乙酸)、二苯基乙酸、三苯基乙酸等均可在极性溶剂中加热或室温时脱羧生成碳负离子[187-190];但后者迅速被质子化,得到从原羧酸减少一个碳原子的烷烃。因此,从这些羧酸的负离子直接加热脱羧产生碳负离子的反应至今在合成上少有应用。

苯环上具有强拉电子基的苯乙酸的负离子,可以在光照下经其激发态脱羧而产生碳负离子。例如,一系列芳基乙酸在中性及弱碱性水溶液中主要以共轭碱的形式存在。它们在光照时都以较高的量子产率(Φ)脱羧而产生相应的碳负离子(式(3-12))[191-194],后者随后被水质子化而得到烷烃。能够有效地对脱羧进行光活化的拉电子基有硝基、三氟甲基、酰基等;而缺乏拉电子取代基的苯乙酸,在同样条件下不能脱羧。

$$\text{R—Ph—CH(R}^1\text{)COO}^- \xrightarrow[\text{(0.16 mol/L NaOH)}]{h\nu,\ \text{CD}_3\text{CN,D}_2\text{O}} \text{R—Ph}\overset{-}{\text{C}}\text{H—R}^1 \xrightarrow{\text{D}^+} \text{R—Ph—CHD—R}^1 \qquad (3\text{-}12)$$

R^1 = H; R = 2-CF_3, 3-CF_3, 4-CF_3, 2,4-$(CF_3)_2$, 3,5-$(CF_3)_2$, 2-NO_2, 3-NO_2, 3-MeCO, 4-MeCO, 3-PhCO, 4-PhCO. $\Phi = 0.22 \sim 0.74$

R^1 = OH; R = Ph. $\Phi = 0.4$　　R = R^1 = H, $\Phi = 0$

酮洛酚(ketoprofen,**6**)是一个非甾体抗炎药。由于在临床应用中时常表现出光毒性,对它的光化学进行了较为详细的研究[195,196]。它在 pH=7.4(生理条件下的 pH)的水溶液中经光解而产生碳负离子,量子产率为 0.75。在这一介质中,其寿命约为 200 ns,主要蜕变途径为被水质子化[196]。为了研究这一碳负离子的反应性能,使用了不同的介质来产生它以延长其寿命。结果发现,在无水的非质子溶剂 DMSO 和 THF 中,以及在干燥的分子筛的空腔中,质子化反应均可被有效抑制,而使得碳负离子的寿命大为延长,并可进行消去、取代等反应。例如,化合物 **7** 在含有氢化钠的 DMSO 溶液中(NaH 作为干燥剂和碱)在光照下主要经碳负离子的分子内亲核取代发生环化反应,得到产物 **8**(式(3-13))。对成环反应的速率常数 k 的测量表明,碘化物的成环反应速率最快,而氯化物最慢;生成五元环的反应速率约比生成六元环时高两个数量级。

6　　**7** —Cl(Br,I) $\xrightarrow[\text{DMSO, NaH}]{h\nu,\ k}$ **8** $(CH_2)_n$

R=H, Me; n=2, 3. k为$<1.1\times10^4\,s^{-1}\sim>5\times10^7\,s^{-1}$

(3-13)

在包裹于 NaY 型分子筛中时,酮洛酚脱羧产生的碳负离子的寿命约为10 μs,约为在水溶液中时的 50 倍,而在加有少量氢化钠(作为干燥剂和碱)的 THF 溶液中,这一碳负离子的寿命可长达数十分钟。此时,它甚至可以与外加的碘甲烷发生分子间的亲核取代反应。

在由 **6** 产生的碳负离子的 α-碳原子上如果有一个较好的离去基团,如在化合物 **9** 中,则有可能发生消去反应(式(3-14))。

9 $\xrightarrow[\text{H}_2\text{O, pH= 7.4}\ -\text{CO}_2]{h\nu}$ $\xrightarrow{-\text{X}^-}$ **10**

X= Cl, Br, I, OAc, OMe, 布洛芬的共轭碱(布洛芬(ibuprofen) = t-Bu—C_6H_4—CH(Me)CO_2H)

(3-14)

确实，在由化合物 **9** 产生的碳负离子中，分子内的消去反应压倒了分子间的质子交换反应，对于像卤素负离子(Cl^-、Br^-、I^-)和羧酸根($MeCOO^-$，布洛芬的共轭碱(4-*t*-BuPhCH(Me)COO^-))这样的离去基团，都定量地得到消去产物并释放出这些负离子。即使是对像 MeO^- 这样很差的离去基团，消去反应也是主要反应(消去产物/质子化产物＝4/1)。这些高效率而干净的消去反应，特别是消去布洛芬的反应(量子产率约 70％)，表明有可能利用像化合物 **9** 这样的布洛芬衍生物的光引发脱羧-消去连续反应用作药物的缓释方法。这些化合物易于合成，羧基负离子的存在又导致较高的水溶性，消去时的副产物 **10** 对光的吸收相对较弱且化学活性不高，这些使得它们成为设计光控药物缓释剂(photocage)时一个很有希望的结构。在 **9** 的基础上，又用呫吨酮(xanthone)为母体结构，合成了化合物 **11**[197]，它保留了化合物 **9** 作为 photocage 的全部优点，如消去反应的高量子产率、优良的溶解度以及生成非干扰性的消去产物等。同时，**11** 在生物研究中常用的氮激光器在 337nm 的输出波长处的吸收强度更大，而消去产物则在此波长吸收比 **10** 为弱。

11　X= OAc, OCONHPh

(3-15)

最近的量化计算表明，在用 330 nm 左右的光进行照射时，**9** 是经一($\pi\pi^*$)性质的长程电荷转移激发态进行脱羧的[198]。羧基负离子是这一分子内电荷转移的推动力，这也是中性的酮洛酚分子在此波长光照时不能发生脱羧的原因(缺乏这一从基态(S_0态)到电荷转移激发态的跃迁)；但对于脱羧过程到底是从激发单重态还是三重态进行的，仍有争论[199]。

参考文献

[1] Williams, J. O. ; Kelly, M. J. Tricoordinate anions, cations, and radicals// Katritzky, A. R. ; Meth-Cohn, O. ; Rees, C. W. Comprehensive Organic Functional Group Transformations. Vol. 1. Oxford: Elsevier, 1995: 843-951.

[2] Balasubramanian, M. Tricoordinated stabilized cations, anions, and radicals, $^+CX_1X_2X_3$, $^-CX_1X_2X_3$, and $CX_1X_2X_3$// Katritzky, A. R. ; Taylor, R. J. K. Comprehensive Organic Functional Group Transformations II. Vol. 6. Oxford: Elsevier, 2005: 713-727.

[3] Bates, R. B. ; Ogle, C. A. Carbanion Chemistry. Berlin: Springer-Verlag, 1983: 13-28.

[4] Stowell, J. C. Carbanions in Organic Synthesis. New York: Wiley, 1979: 3-19.

[5] Reich, H. J. ; Rigby, J. H. Handbook of Reagents for Organic Synthesis: Acidic and Basic Reagents. New York: Wiley, 1999.

[6] Paquette, L. A. ; Crich, D. ; Fuchs, P. L. ; et. al. Encyclopedia of Reagents for Organic Synthesis. Chichester:

Wiley,2010.

[7] Busca,G. Bases and basic materials in chemical and environmental processes. Liquid versus solid basicity. Chem. Rev. ,2010,110: 2217-2249.

[8] Pliego,J. R. ,Jr. ;Riveros,J. M. Gibbs energy of solvation of organic ions in aqueous and dimethylsulfoxide solutions. Phys. Chem. Chem. Phys. ,2002,4: 1622-1627.

[9] Van der Mierde,H. ;van der Voort,P. ;De Vos,D. ;et. al. Ruthenium-catalyzed approach to the friedländer quinoline synthesis. Eur. J. Org. Chem. ,2008:1625-1631.

[10] Olmstead, W. N. ; Margolin, Z. ; Bordwell, F. G. Acidities of water and simple alcohols in dimethyl sulfoxide solution. J. Org. Chem. ,1980,45: 3295-3299.

[11] Kane,B. J. ;Marcelin,G. ;Traynor,S. G. Chemistry of the 2-pinanols. 1. Pinanoxide basicities. J. Org. Chem. ,1980,45: 895-900.

[12] Trofimov,B. A. ;Gusarova,N. K. Acetylene: new prospects of classical reactions. Russ. Chem. Rev. , 2007,76: 507-527.

[13] Kawabata, T. ; Moriyama, K. ; Kawakami, S. ; et. al. Powdered KOH in DMSO: an efficient base for asymmetric cyclization via memory of chirality at ambient temperature. J. Am. Chem. Soc. ,2008,130: 4153-4157.

[14] Cox,R. A. ;Stewart R. The ionization of feeble organic acids in DMSO-water mixtures. Acidity constants derived by extrapolation to the aqueous state. J. Am. Chem. Soc. ,1976,98: 488-494.

[15] Bowden,K. Acidity functions for strongly basic solutions. Chem. Rev. ,1966,66: 119-131.

[16] Zlotin,S. G. ;Kryshtal,G. V. ;Zhdankina,G. M. ;et. al. Regio-,stereo-,and enantioselective reactions of carbon acids catalyzed by recoverable organic catalysts bearing ionic liquid moieties. Pure Appl. Chem. , 2009,81: 2059-2068.

[17] Maruoka,K. Practical aspects of recent asymmetric phase-transfer catalysis. Org. Process Res. Dev. , 2008,12: 679-697.

[18] Dalko, P. I. ; Moisan, L. In the golden age of organocatalysis. Angew. Chem. Int. Ed. , 2004, 43: 5138-5175.

[19] Makosza,M. ;Krylova,I. Remarks on the mechanism of phase-transfer catalyzed carbanion generation in two-phase systems. Tetrahedron,1999,55: 6395-6402.

[20] Pearson,D. E. ;Buehler,C. A. Potassium tert-butoxide in synthesis. Chem. Rev. ,1974,74: 45-86.

[21] Coulter,L. V. ;Sinclair,J. R. ;Cole,A. G. ;et. al. The heat capacity,entropy and heat content of sodium amide from 15-degrees-k to 300-degrees-k the thermodynamics of amide ion in liquid ammonia. J. Am. Chem. Soc. ,1959,81: 2986-2989.

[22] De Graaff,G. B. R. ;den Hertog,H. J. ;Melger,W. Ch. Orientation of the amide ion. Addition to the triple bond in monosubstituted benzynes. Tetrahedron Lett. ,1965,6: 963-968.

[23] Lagowski,J. J. Liquid ammonia. Synt. React. Inorg. M. 2007,37: 115-153.

[24] Ji,P. ; Atherton, J. ; Page, M. I. Organic reactivity in liquid ammonia. Org. Biomol. Chem. , 2012, 10: 5732-5739.

[25] Ji,P. ;Powles,N. T. ;Atherton,J. H. ;et. al. Ionization of carbon acids in liquid ammonia. Org. Lett. , 2011,13: 6118-6121.

[26] Hoffmann,R. W. Dehydrobenzene and Cycloalkynes. New York: Academic Press,1967.

[27] Harris,T. M. ;Harris,C. M. γ-Alkylation and γ-arylation of dianions of β-dicarbonyl compounds. Org.

React. ,1969,17：155-211.

[28] Rossi,R. A;Pierini,A. B;Penenory,A. B. Nucleophilic substitution reactions by electron transfer. Chem. Rev. ,2003,103：71-167.

[29] Pinnick,H. W. Potassium hydride in organic synthesis. A review. Org. Prep. Proced. Int. ,1983,15：199-223.

[30] Brown,C. A. Facile reaction of potassium hydride with ketones-rapid quantitative formation of potassium enolates from ketones via kaliation. J. Org. Chem. ,1974,39：1324-1325.

[31] Brown,C. A. ;Yamashita,A. Saline hydrides and superbases in organic reactions. 9. Acetylene zipper-exceptionally facile contrathermodynamic multipositional isomerization of alkynes with potassium 3-aminopropylamide. J. Am. Chem. Soc. ,1975,97：891-892.

[32] Fraser, R. R. ; Mansour, T. S. Acidity measurements with lithiated amines：steric reduction and electronic enhancement of acidity. J. Org. Chem. ,1984,49：3442-3443.

[33] Furlong, J. J. P. ; Lewkowicz, E. S. ; Nudelman, N. S. Relative acidity and basicity of amines in tetrahydrofuran and the influence of these factors on the carbonylation of lithium amides. J. Chem. Soc. ,Perkin Trans. 2,1990:1461-1465.

[34] Collum,D. B. ;McNeil,A. J. ;Ramirez,A. Lithium diisopropylamide：solution kinetics and implications for organic synthesis. Angew. Chem. Int. Ed. ,2007,46：3002-3017.

[35] Seyferth,D. Alkyl and aryl derivatives of the alkali metals：strong bases and reactive nucleophiles. 2. Wilhelm Schlenk' s organoalkali-metal chemistry. The metal displacement and the transmetalation reactions. Metalation of weakly acidic hydrocarbons. Superbases. Organometallics,2009,28：2-33.

[36] Gessner,V. H. ;Daeschlein,C. ;Strohmann,C. Structure formation principles and reactivity of organolithium compounds. Chem. Eur. J. ,2009,15：3320-3334.

[37] Weiss,E. Structures of organo-alkali metal complexes and related compounds. Angew. Chem. Int. ,Ed. Engl. ,1993,32：1501-1670.

[38] Maercker,A. ;Demuth,W. Mechanism of cleavage of diethyl ether by alkyllithium compounds. Differing mechanisms of decomposition of α- and β-deuterated diethyl ether. Angew. Chem. Int. Ed. ,1973,12：75-76.

[39] Gilman,H. ;Haubein,A. H. ;Hartzfeld,H. The cleavage of some ethers by organolithium compounds. J. Org. Chem. ,1954,19：1034-1040.

[40] Stanetty,P. ;Mihovilovic,M. D. Half-lives of organolithium reagents in common ethereal solvents. J. Org. Chem. ,1997,62：1514-1515.

[41] Jung,M. E. ;Blum,R. B. Generation of the enolate of acetaldehyde from noncarbonyl substances and its C-alkylation,O-acylation and O-silylation. Tetrahedron Lett. ,1977,43：3791-3794.

[42] Bates,R. B. ;Kroposki,L. M. ;Potter,D. E. Cycloreversions of anions from tetrahydrofurans. Convenient synthesis of lithium enolates of aldehydes. J. Org. Chem. ,1972,37：560-562.

[43] Köhler,F. H. ;Hertkorn,N. ;Blümel,J. Notizen. Die metallierung von *N*,*N*,*N'*,*N'*-tetramethylethylendiamin (TMEDA). Chem. Ber. ,1987,120：2081-2082.

[44] Harder,S. ;Lutz,M. Lithiation of *N*,*N*,*N'*,*N'*-tetramethylethylenediamine and the structure in a mixed organolithium aggregate. Organometallics,1994,13：5173-5176.

[45] Strohmann, C. ; Gessner, V. H. From monomeric *t*-BuLi · (*R*,*R*)-TMCDA to α-lithiated (*R*,*R*)-TMCDA. Angew. Chem. Int. Ed. ,2007,46：8281-8283.

[46] Gessner, V. H. ; Strohmann, C. Lithiation of diamine ligands to chiral building blocks: syntheses, selectivities, and lithiated intermediates. Organometallics, 2010, 29: 1858-1861.

[47] Maggi, R. ; Schlosser, M. Optional site selectivity in the metalation of *o*- and *p*-anisidine through matching of reagents with neighboring groups. J. Org. Chem. , 1996, 61: 5430-5434.

[48] Clayden, J. Organolithiums: Selectivity for Synthesis. Tetrahedron Organic Chemistry. Vol. 23. Oxford: Pergamon, 2002.

[49] Hartung, C. G. ; Snieckus, V. The directed ortho metalation reaction-a point of departure for new synthetic aromatic chemistry// Astruc, D. Modern Arene Chemistry. Weinheim: Wiley-VCH, 2002: 330-367.

[50] Snieckus, V. Directed ortho metalation. Tertiary amide and O-carbamate directors in synthetic strategies for polysubstituted aromatics. Chem. Rev. , 1990, 90: 879-933.

[51] Gschwend, H. W. ; Rodriguez, H. R. Heteroatom-facilitated lithiations. Org. React. , 1979, 26: 1-360.

[52] Chinchilla, R. ; Najera, C. ; Yus, M. Metalated heterocycles and their applications in synthetic organic chemistry. Chem. Rev. , 2004, 104: 2667-2722.

[53] Campos, K. R. Direct sp^3 C—H bond activation adjacent to nitrogen in heterocycles. Chem. Soc. Rev. , 2007, 36: 1069-1084.

[54] Queguiner, G. ; Marsais, F. ; Snieckus, V. ; et. al. Directed ortho-metalation of pyridines, quinolines, and diazines. Adv. Heterocycl. Chem. , 1991, 52: 187-304.

[55] Narasimhan, N. S. ; Mali, R. S. Syntheses of heterocyclic compounds involving aromatic lithiation reactions in the key step. Synthesis, 1983, 957-986.

[56] Lochmann, L. Reaction of organolithium compounds with alkali metal alkoxides-a route to superbases. Eur. J. Inorg. Chem. , 2000: 1115-1126.

[57] Schlosser, M. Superbases for organic synthesis. Pure Appl. Chem. , 1988, 60: 1627-1634.

[58] Schlosser, M. Superbases as powerful tools in organic syntheses. Mod. Synth. Methods, 1992, 6: 227-271.

[59] Caubere, P. Complex bases and complex reducing agents. New tools in organic synthesis. I. Activation of sodamide: sodamide containing complex bases. Top. Curr. Chem. , 1978, 73: 49-103. 60.

[60] Caubere, P. Applications of sodamide-containing complex bases in organic synthesis. Acc. Chem. Res. , 1974, 7: 301-308.

[61] Caubère, P. Unimetal superbases. Chem. Rev. , 1993, 93: 2317-2334.

[62] Schlosser, M. ; Strunk, S. The super-basic butyl lithium/potassium tert-butoxide mixture and other LICKOR reagents. Tetrahedron Lett. , 1984, 25, 741-744.

[63] Lochmann, L. ; Petránek, J. Interactions of alkoxides. XX. More efficient metalation of alkyl benzenes by modified superbases from butyl lithium and potassium alkoxides. Effect of alkoxide structure and concentration. Tetrahedron Lett. , 1991, 32: 1483-1486.

[64] Gordon III, B. ; Blumenthal, M. Delocalized carbanions: synthesis and polymerization of 2, 3-disubstituted-1, 3-butadienes. Polym. Bull. (Berlin, Ger), 1985, 14: 69-72.

[65] Bahl, J. J. ; Bates, R. B. ; Gordon III, B. 2, 3-Dimethylenebutadiene dianion; convenient procedure for allylic metalation of conjugated dienes. J. Org. Chem. , 1979, 44: 2290-2291.

[66] Brandsma, L. ; Verkmijsse, H. D. ; Schade, C. ; et. al. The first successful direct metalation of ethane. J. Chem. Soc. , Chem. Commun. , 1986: 260-261.

[67] Verkruijsse, H. D. ; Brandsma, L. Preparative metalation of norbornene and norbornadiene. Recl. Trav.

Chim. Pays-Bas, 1986, 105: 66-68.

[68] Gros, P.; Fort, Y. *n*-BuLi/Lithium aminoalkoxide aggregates: new and promising lithiating agents for pyridine derivatives. Eur. J. Org. Chem., 2002: 3375-3383.

[69] Gros, P.; Fort, Y. Combinations of alkyllithiums and lithium aminoalkoxides for generation of functional pyridine organometallics and derivatives. Eur. J. Org. Chem., 2009: 4199-4209.

[70] Haag, B.; Mosrin, M.; Ila, H.; et. al. Regio- and chemoselective metalation of arenes and heteroarenes using hindered metal amide bases. Angew. Chem. Int. Ed., 2011, 50: 9794-9824.

[71] Mulvey, R. E. Avant-garde metalating agents: structural basis of alkali-metal-mediated metalation. Acc. Chem. Res., 2009, 42: 743-755.

[72] Mulvey, R. E.; Mongin, F.; Uchiyama, M.; et. al. Deprotonative metalation using ate compounds: synergy, synthesis, and structure building. Angew. Chem. Int. Ed., 2007, 46: 3802-3824.

[73] Mulvey, R. E. Modern ate chemistry: applications of synergic mixed alkali-metal-magnesium or -zinc reagents in synthesis and structure building. Organometallics, 2006, 25: 1060-1075.

[74] Bresser T.; Knochel, P. Selective magnesiation or zincation of highly functionalized alkenes and cycloalkenes using 2,2,6,6-tetramethylpiperidyl bases. Angew. Chem. Int. Ed., 2011, 50: 1914-1917.

[75] Krasovskiy, A.; Krasovskaya, V.; Knochel, P. Mixed Mg/Li amides of the type $R_2NMgCl \cdot LiCl$ as highly efficient bases for the regioselective generation of functionalized aryl and heteroaryl magnesium compounds. Angew. Chem. Int. Ed., 2006, 45: 2958-2961.

[76] Rohbogner, C. J.; Clososki, G. C.; Knochel, P. A general method for meta and para functionalization of arenes using $TMP_2Mg \cdot 2LiCl$. Angew. Chem. Int. Ed., 2008, 47: 1503-1507.

[77] Bresser, T.; Mosrin, M.; Monzon, G.; et. al. Regio- and chemoselective zincation of sensitive and moderately activated aromatics and heteroaromatics using TMPZnCl center dot LiCl. J. Org. Chem., 2010, 75: 4686-4695.

[78] Mosrin, M.; Knochel, P. Regio- and chemoselective metalation of chloropyrimidine derivatives with $TMPMgCl \cdot LiCl$ and $TMP_2Zn \cdot 2MgCl_2 \cdot 2LiCl$. Chem. Eur. J., 2009, 15: 1468-1477.

[79] Ishikawa, T. Superbases for organic synthesis: guanidines, amidines, phosphazenes and related organocatalysts. Chichester: Wiley, 2009.

[80] Pozharskii, A. F.; Ozeryanskii, V. A.; Filatova, E. A. Heterocyclic superbases: retrospective and current trends. Chem. Heterocycl. Compd., 2012, 48: 200-219.

[81] Pozharskii, A. F.; Ozeryanskii, V. A. Proton sponges// Rappoport, Z. The Chemistry of Anilines. Chichester: Wiley, 2007: 931-1026.

[82] Staab, H. A.; Saupe, T. 'Proton sponges' and the geometry of hydrogen bonds: aromatic nitrogen bases with exceptional basicities. Angew. Chem. Int. Ed., 1988, 27: 865-879.

[83] Alder, R. W. Strain effects on amine basicities. Chem. Rev., 1989, 89: 1215-1223.

[84] Alder, R. W.; Bowman, P. S.; Steele, W. R. S.; et. al. The remarkable basicity of 1,8-bis(dimethylamino)naphthalene. Chem. Commun., 1968: 723-724.

[85] Hibbert, F. J. Temperature-jump study of proton-transfer from protonated 1,8-bis-(dialkylamino) naphthalenes to hydroxide ion in water and aqueous dioxin. Chem. Soc., Perkin Trans. 2, 1974: 1862-1866.

[86] Benoit, R. L.; Lefebvre, D.; Frechette, M. Basicity of 1,8-bis(dimethylamino)naphthalene and 1,4-diazabicyclo[2.2.2]octane in water and dimethylsulfoxide. Can. J. Chem., 1987, 65: 996-1001.

[87] Howard, S. T. Relationship between basicity, strain, and intramolecular hydrogen bond energy in proton sponges. J. Am. Chem. Soc., 2000, 122: 8238-8244.

[88] Zirnstein, M. A.; Staab, H. A. Quino [7,8-h] quinoline, a new type of "proton sponge". Angew. Chem. Int. Ed., 1987, 26: 460-461.

[89] Wüstefeld, H.-U.; Kaska, W. C.; Schuth, F.; et. al. Transition metal complexes with the proton sponge 4,9-dichloroquino[7,8-h]quinoline: highly twisted aromatic systems and an extreme "out-of-plane" position of the coordinated transition metal atom. Angew. Chem. Int. Ed., 2001, 40: 3182-3184.

[90] Pozharskii, A. F.; Ryabtsova, O.; Ozeryanskii, V. A.; et. al. Organometallic synthesis, molecular structure, and coloration of 2,7-disubstituted 1,8-bis(dimethylamino)naphthalenes. How significant is the influence of 'buttressing effect' on their basicity? J. Org. Chem., 2003, 68: 10109-10122.

[91] Guo, H.; Salahub, D. R. Origin of the high basicity of 2,7-dimethoxy-1,8-bis (dimethylamino) naphthalene: implications for enzyme catalysis. J. Mol. Struct.: THEOCHEM, 2001, 547: 113-118.

[92] Häfelinger, G.; Kuske, F. K. H. General and theoretical aspects of amidines and related compounds// Patai, S., Rappoport, Z. The Chemistry of Amidines and Imidates. Vol. 2. Chichester: Wiley, 1991: 3-100.

[93] Yamamoto, Y.; Kojima, S. Synthesis and chemistry of guanidine derivatives// Patai, S.; Rappoport, Z. The Chemistry of Amidines and Imidates. Vol. 2. Chichester: Wiley, 1991: 485-526.

[94] Koppel, I.; Koppel, J.; Leito, I. Basicity of 3-aminopropionamidine derivatives in water and dimethyl sulphoxide. Implication for a pivotal step in the synthesis of distamycin a analogues. J. Phys. Org. Chem., 1996, 9: 265-268.

[95] Raab, V.; Kipke, J.; Gschwind, R. M.; et. al. 1,8-Bis(tetramethylguanidino) naphthalene (TMGN): a new, superbasic and kinetically active proton sponge. Chem. Eur. J., 2002, 8: 1682-1693.

[96] Kovačević, B.; Maksić, Z. B. The proton affinity of the superbase 1,8-bis(tetramethylguanidino) naphthalene and some related compounds-a theoretical study. Chem. Eur. J., 2002, 8: 1694-1702.

[97] Taylor, J. E.; Bull, S. D.; Williams, J. M. J. Amidines, isothioureas, and guanidines as nucleophilic catalysts. Chem. Soc. Rev., 2012, 41: 2109-2121.

[98] Stewart, F. Phosphazenes// Allen, D. W.; Loakes, D.; Tebby, J. C. Organophosphorus Chemistry. Vol. 41. London: Royal Society of Chemistry, 2012: 349-384.

[99] Allen, C. W. Linear, cyclic, and polymeric phosphazenes. Coord. Chem. Rev., 1994, 130: 137-173.

[100] Schwesinger, R.; Schlemper, H. Penta-alkylated polyaminophosphazenes-extremely strong, neutral nitrogen bases. Angew. Chem. Int. Ed., 1987, 26: 1167-1169.

[101] Schwesinger, R.; Hasenfratz, C.; Schlemper, H.; et al. How strong and how hindered can uncharged phosphazene bases be? Angew. Chem. Int. Ed., 1993, 32: 1361-1363.

[102] Koppel, I. A.; Schwesinger, R.; Breuer, T.; et. al. Intrinsic basicities of phophorus imines and ylides: a theoretical study. J. Phys. Chem. A, 2001, 105: 9575-9586.

[103] Kisanga, P. B.; Verkade, J. G.; Schwesinger, R. pK_a measurements of $P(RNCH_2CH_3)_3N$. J. Org. Chem., 2000, 65: 5431-5432.

[104] Kaljurand, I.; Kütt, A.; Sooväli, L.; et. al. Extension of the self-consistent spectrophotometric basicity scale in acetonitrile to a full span of 28 pK_a units: Unification of different basicity scales. J. Org. Chem., 2005, 70: 1019-1028.

[105] Rodima, T.; Mäemets, V.; Koppel, I. Synthesis and *N*-aryl-substituted iminophosphoranes and NMR

spectroscopic investigation of their acid-base properties in acetonitrile. J. Chem. Soc. ,Perkin Trans. 1, 2000:2637-2644.

[106] Rodima, T. ; Kaljurand, I. ; Pihl, A. ; et al. Acid-base equilibria in non-polar media 2. Self-consistent basicity scale in THF solution ranging from 2-methoxypyridine to EtP1(pyrr) phosphazene. J. Org. Chem. ,2002,67: 1873-1881.

[107] Kaljurand, I. ; Rodima, T. ; Pihl, A. ; et. al. Acid-base equilibria in nonpolar media 4. Extension of the self-consistent basicity scale in THF medium. Gas-phase basicities of phosphazene. J. Org. Chem. , 2003,68: 9988-9993.

[108] Soovāli, L. ;Rodima, T. ;Kaljurand, I. ;et. al. Basicity of some P1 phosphazenes in water and in aqueous surfactant solution. Org. Biomol. Chem. ,2006,4: 2100-2105.

[109] Kolomeitsev, A. A. ; Koppel, I. A. ; Rodima, T. ; et. al. Guanidinophosphazenes: design, synthesis, and basicity in THF and in the gas phase. J. Am. Chem. Soc. ,2005,127: 17656-17666.

[110] Raab, V. ; Gauchenova, E. ; Merkoulov, A. ; et. al. 1, 8-Bis (hexamethyltriaminophosphazenyl) naphthalene, HMPN: a superbasic bisphosphazene proton sponge. J. Am. Chem. Soc. , 2005, 127: 15738-15743.

[111] Verkade, J. G. ;Kisanga, P. B. Proazaphosphatranes: a synthesis methodology trip from their discovery to vitamin A. Tetrahedron,2003,59: 7819-7858.

[112] Verkade, J. G. ; Kisanga, P. B. Recent applications of proazaphosphatranes in organic synthesis. Aldrichimica Acta,2004,37: 3-14.

[113] Verkade, J. G. Atranes: new examples with unexpected properties. Acc. Chem. Res. , 1993, 26: 483-489.

[114] Oediger, H. ;Moeller, F. ;Eiter, K. Bicyclic amidines as reagents in organic syntheses. Synthesis, 1972: 591-598.

[115] Ishikawa, T. Guanidine chemistry. Chem. Pharm. Bull. ,2010,58: 1555-1564.

[116] Ishikawa, T. ;Kumamoto, T. Guanidines in organic synthesis. Synthesis, 2006: 737-752.

[117] Naka, H. ;Ito, K. ;Ueno, M. ;et. al. Activation of organozinc reagents with *t*-Bu-P4 base for transition metal-free catalytic S_N2' reaction. New J. Chem. ,2010,34: 1700-1706.

[118] Tang, J. S. ; Xie, Y. X. ; Wang, Z. Q. ; et. al. Phosphazene base-catalyzed intramolecular cascade reactions of aryl-substituted enynes. Synthesis, 2010: 3204-3210.

[119] Ueno, M. ;Hori, C. ;Suzawa, K. ;et. al. Catalytic activation of silylated nucleophiles using *t*-Bu-P4 as a base. Eur. J. Org. Chem. ,2005: 1965-1968.

[120] Imahori, T. ;Hori, C. ;Kondo, Y. Functionalization of alkynes catalyzed by *t*-Bu-P4 base. Adv. Synth. Catal. ,2004,346: 1090-1092.

[121] Kraus, G. A. ; Zhang, N. ; Verkade, J. G. ; et. al. Deprotonation of benzylic ethers using a hindered phosphazene base. A synthesis of benzofurans from ortho-substituted benzaldehydes. Org. Lett. , 2000,2: 2409-2410.

[122] Leito, I. ; Rodima, T. ; Koppel, I. A. ; et. al. Acid-base equilibria in nonpolar media. 1. A spectrophotometric method for acidity measurements in heptane. J. Org. Chem. ,1997,62: 8479-8483.

[123] Misaka, H. ;Sakai, R. ;Satoh, T. ;et. al. Synthesis of high molecular weight and end-functionalized poly (styrene oxide) by living ring-opening polymerization of styrene oxide using the alcohol/phosphazene base initiating system. Macromolecules, 2011,44: 9099-9107.

[124] Kakuchi, T. ;Chen, Y. ;Kitakado, J. ;et. al. Organic superbase as an efficient catalyst for group transfer polymerization of methyl methacrylate. Macromolecules, 2011, 44: 4641-4647.

[125] Pietzonka, T. ;Seebach, D. The p4-phosphazene base as part of a new metal-free initiator system for the anionic polymerization of methyl methacrylate. Angew. Chem. , Int. Ed. Engl. , 1993, 32: 716-717.

[126] Bucher, G. DFT calculations on a new class of C3-symmetric organic bases: highly basic proton sponges and ligands for very small metal cations. Angew. Chem. Int. Ed. , 2003, 42: 4039-4042.

[127] Singh, A. ;Ganguly, B. DFT studies toward the design and discovery of a versatile cage-functionalized proton sponge. Eur. J. Org. Chem. , 2007: 420-422.

[128] Singh, A. ;Ganguly, B. Novel tetracyclic proton sponge. J. Phys. Chem. , 2007, 111: 6468-6471.

[129] Maksic, Z. B. ;Kovacevic, B. Absolute proton affinity of some polyguanides. J. Org. Chem. , 2000, 65: 3303-3309.

[130] Kovacevc, B. ; Maksic, Z. B. ; Vianello, R. The proton affinity of some extended π-systems involving guanidine and cyclopropenimine subunits. J. Chem. Soc. Perkin Trans. 2, 2001: 886-891.

[131] Kovacevic, B. ; Baric, D. ; Maksic, Z. B. Basicity of exceedingly strong non-ionicbases in acetonitrile-Verkade's superbase and some related phosphazenes. New J. Chem. , 2004, 28: 284-288.

[132] Kovacevic, B. ; Maksic, Z. B. High basicity of phosphorus-proton affinity of tris-(tetramethylguanidylphosphine) and tris(hexamethyltriaminophosphazenyl)phosphine by DFT calculations. Chem. Commun. , 2006: 1524-1526.

[133] Rifin, D. H. B. Synthesis of "Nucleophilic" organometallic reagents// Caron, S. Practical Synthetic Organic Chemistry. Hoboken: Wiley, 2011: 575-607.

[134] Abbott, J. K. C. ;Dougan, B. A. ;Xue, Z. -L. Synthesis of organometallic compounds// Xu, R. ;Pang, W. ;Huo, Q. Modern Inorganic Synthetic Chemistry. Amsterdam: Elsevier B. V. , 2011: 269-293.

[135] Deagostino, A. ; Prandi, C. ; Tabasso, S. ; et. al. Polar organometallic reagents, an evergreen tool for tuning the reactivity of unsaturated systems. Curr. Org. Chem. , 2011, 15: 2390-2412.

[136] Crabtree, R. ;Mongos, M. Comprehensive Organometallic Chemistry III. 13 Vol. Oxford: Elsevier, 2006.

[137] Knochel, P. Handbook of Functionalized Organometallics: Applications in Synthesis. Weinheim: Wiley-VCH, 2005.

[138] Chinchilla, R. ; Najera, C. ; Yus, M. Metalated heterocycles and their applications in synthetic organic chemistry. Chem. Rev. , 2004, 104: 2667-2722.

[139] Schlosser, M. Organometallics in Synthesis: a manual. 2nd Ed. West Sussex: Wiley, 2002.

[140] Abel, E. W. ;Stone, F. G. A. ;Wilkinson, G. Comprehensive Organometallic Chemistry II: a Review of the Literature 1982-1994. 14 Vol. Oxford: Pergamon, 1995.

[141] Jenkins, P. R. Organometallic reagents in synthesis. Oxford: Oxford Chemistry Primers, No. 3, Oxford University Press, 1992.

[142] Rappoport, Z. ;Marek, I. The Chemistry of Organolithium Compounds. Chichester: Wiley, 2004.

[143] Seyferth, D. Alkyl and aryl derivatives of the alkali metals: useful synthetic reagents as strong bases and potent nucleophiles. 1. Conversion of organic halides to organoalkali-metal compounds. Organometallics, 2006, 25: 2-24.

[144] Seyferth, D. The Grignard Reagents. Organometallics, 2009, 28: 1598-1605.

[145] Silverman, G. S. ;Rakita, P. Handbook of Grignard Reagents. New York: Marcel Dekker, 1996.

[146] Richey, H. G. , Jr. Grignard Reagents: New Developments. New York: Wiley & Sons, 1999.

[147] Yamamoto, H.; Oshima, K. Main Group Metals in Organic Synthesis. New York: Wiley & Sons, 2004.

[148] Westerhausen, M. Recent developments in the organic chemistry of calcium. An element with unlimited possibilities in organometallic chemistry? Z. Anorg. Allg. Chem., 2009, 635: 13-32.

[149] William, D. B.; Damian, G. A.; Karin, R. S. Synthesis and stabilization-advances in organoalkaline earth metal chemistry. Chem. Commun., 2010: 4449-4465.

[150] Dagorne, S.; Atwood, D. A. Synthesis, characterization, and applications of group 13 cationic compounds. Chem. Rev., 2008, 108: 4037-4071.

[151] Eisch, J. J. Aluminum// Abel, E. A.; Stone, F. G. A.; Wilkinson, G. Comprehensive Organometallic Chemistry II. Vol. 1: Lithium, Beryllium, and Boron Groups. Oxford: Elsevier, 1995: 431-502.

[152] Eisch, J. J. Aluminum// Abel, E. A.; Stone, F. G. A.; Wilkinson, G. Comprehensive Organometallic Chemistry. Vol. 11: Main-group Metal Organometallics in Organic Synthesis. Oxford: Elsevier, 1995: 277-311.

[153] Davies, A. G.; Gielen, M.; Pannell, K. H.; et. al. Tin Chemistry: Fundamentals, Frontiers, and Applications. Chichester: Wiley, 2008.

[154] Yoshikai, N.; Nakamura, E. Mechanisms of nucleophilic organocopper (I) reactions. Chem. Rev., 2012, 112: 2339-2372.

[155] Breit, B; Schmidt, Y. Directed reactions of organocopper reagents. Chem. Rev., 2008, 108: 2928-2951.

[156] Rappoport, Z.; Marek, I. The Chemistry of Organocopper Compounds: Part 1 and Part 2. Chichester: Wiley, 2009.

[157] Krause, N. Modern Organocopper Chemistry. Chichester: Wiley, 2009.

[158] Lipshutz, B. H.; Sengupta, S. Organocopper reagents: substitution, conjugate addition, carbo/metallo-cupration, and other reactions. Org. React., 1992, 41: 135-631.

[159] Hughes, D. L. Applications of organotitanium reagents. Top. Organomet. Chem. 2004, 6: 37-61.

[160] Sato, F.; Urabe, H.; Okamoto, S. Synthesis of organotitanium complexes from alkenes and alkynes and their synthetic applications. Chem. Rev., 2000, 100: 2835-2886.

[161] Marek, I. Titanium and Zirconium in Organic Synthesis. Weinheim: Wiley-VCH, 2002.

[162] Zhang, Z. H.; Li, T. S. Applications of zirconium (IV) compounds in organic synthesis. Curr. Org. Chem., 2009, 13: 1-30.

[163] Kazuhiko, T. Addition of organochromium reagents to carbonyl compounds. Org. React., 2004, 64: 253-612.

[164] Fuerstner, A. Carbon-carbon bond formation involving organochromium (III) reagents. Chem. Rev., 1999, 99: 991-1045.

[165] Espenson, J. H. Chemistry of organochromium(III) complexes. Acc. Chem. Res., 1992, 25: 222-227.

[166] Knochel, P. Chemistry of Organozinc Compounds. Chichester: Wiley, 2006.

[167] Jones, P. Organozinc Reagents: a Practical Approach. Oxford: Oxford University Press, 1999.

[168] Jones, P. R.; Desio, P. J. The less familiar reactions of organocadmium reagents. Chem. Rev., 1978, 78: 491-516.

[169] Shirley, D. A. The synthesis of ketones from acid halides and organometallic compounds of magnesium, zinc, and cadmium. Org. React., 1954, 8: 28-58.

[170] Larock, R. C. Organomercury Compounds in Organic Synthesis. New York: Springer-Verlag: Heidelberg, 1985.

[171] Larock, R. C. Organomercurials in organic synthesis. Tetrahedron, 1982, 38: 1713-1754.

[172] Cahiez, G.; Duplais, C.; Buendia, J. Chemistry of organomanganese (II) compounds. Chem. Rev., 2009, 109: 1434-1476.

[173] Concellón, J. M.; Rodríguez-Solla, H.; del Amo V. Recent synthetic applications of manganese in organic synthesis. Chem. Eur. J., 2008, 14: 10184-10191.

[174] Yeh, M. C. P.; Chen, H. G.; Knochel, P. 1,2-Addition of a functionalized zinc-copper organometallic [RCu(CN)ZnI) to an α,β-unsaturated aldehyde: (*E*)-2-(4-hydroxy-6-phenyl-5-hexenyl)-1*H*-isoindole-1,3(2*H*)-dione. Org. Synth., 1992, 70: 195-203.

[175] Tamaru, Y.; Ochiai, H.; Nakamura, T.; et. al. Ethyl 5-oxo-6-methyl-6-heptenoate from methacryloyl chloride and ethyl 4-iodobutyrate. Org. Synth., 1989, 67: 98-104.

[176] Vieira, M. L.; Zinn, F. K.; Comasseto, J. V. J. Hydrotelluration of alkynes: a unique route to Z-vinyl organometallics. J. Braz. Chem. Soc., 2001, 12: 586-596.

[177] Asao, N.; Yamamoto, Y. Lewis acid-catalyzed hydrometalation and carbometalation of unactivated alkynes. Bull. Chem. Soc. Jpn., 2000, 73: 1071-1087.

[178] Casson, S.; Kocienski, P. The hydrometalation, carbometalation, and metallometalation of heteroalkynes. Contemp. Org. Synth., 1995, 2: 19-34.

[179] Casson, S.; Kocienski, P. The synthesis of α-heteroalkenylmetals via hydrometalation and metallometalation of alkynes// Batesson, J. H.; Mitchel, M. B. Organometallic Reagents in Organic Synthesis. London: Academic, 1994: 129-159.

[180] Marek, I.; Chinkov, N.; Banon-Tenne, D. Carbometalation reactions// De Meijere, A., Diederich, F. Metal-catalyzed Cross-coupling Reactions. 2nd Ed. Weinheim: Wiley-VCH, 2004: 395-478.

[181] Fallis, A. G.; Forgione, P. Metal mediated carbometallation of alkynes and alkenes containing adjacent heteroatoms. Tetrahedron, 2001, 57: 5899-5913.

[182] Knochel, P. Carbometallation of alkenes and alkynes// Trost, B. M.; Fleming, I.; Semmelhack, M. F. Comprehensive Organic Synthesis. Vol. 4. New York: Pergamon, 1991: 865-911.

[183] Hunter, D. H.; Hamity, M.; Patel, V.; et. al. Crown ether catalysis of decarboxylation: a general survey of reactivity and a detailed analysis of the triphenylacetate anion. Can. J. Chem., 1978, 56: 104-113.

[184] Kametani, T.; Takano, S.; Hibino, S.; et. al. Syntheses of heterocyclic compounds. CDLXXXI. Simple preparation of tryptamine. Synthesis, 1972: 475.

[185] Pedersen, K. J. The ketonic decomposition of β-ketocarboxylic acids. J. Am. Chem. Soc., 1929, 51: 2098-2107.

[186] Huang C. L.; Wu C. C.; Lien M. H. Ab initio studies of decarboxylations of the β-keto carboxylic acids $XCOCH_2COOH$ (X=H, OH, and CH_3). J. Phys. Chem. A, 1997, 101: 7867-7873.

[187] Buncel, E.; Venkatachalam, T. K. A spectrophotometric study of 4-nitro-, 2,4-dinitro- and 2,4,6-trinitrobenzyl carbanions. Decarboxylation of (nitrophenyl)acetate anions. J. Org. Chem., 1984, 49: 413-417.

[188] Verhoek, F. H. The kinetics of the decomposition of trinitrobenzoates in ethyl alcohol. J. Am. Chem. Soc., 1939, 61: 186-191.

[189] Pedersen, K. J. Decomposition of nitroacetic acid in concentrated aqueous solutions of some nonelectrolytes. Acta Chem. Scand., 1947, 1: 437-447.

[190] Häßermann, A.; Rominger, F.; Straub, B. F. CO_2 on a tightrope: stabilization, room-temperature

decarboxylation, and sodium-induced carboxylate migration. Chem. Eur. J. 2012, 18: 14714-14185.

[191] Margerum, J. D.; Petrusis, C. T. The photodecarboxylation of nitrophenylacetate ions. J. Am. Chem. Soc., 1969, 91: 2467-2472.

[192] Xu, M.; Wan, P. Efficient photodecarboxylation of aroyl-substituted phenylacetic acids in aqueous solution: a general photochemical reaction. Chem. Commun., 2000: 2147-2148.

[193] Huck, L. A.; Xu, M.; Forest, K.; et. al. Efficient photodecarboxylation of 3- and 4-acetylphenylacetic acids in aqueous solution. Can. J. Chem., 2004, 82: 1760-1768.

[194] Burns, M. D.; Lukeman, M. Efficient photodecarboxylation of trifluoromethyl-substituted phenylacetic and mandelic acids. Photochem. Photobiol., 2010, 86: 821-826.

[195] Castell, J. V.; Gomez, M. J.; Miranda, M. A.; et. al. Photolytic degradation of ibuprofen—toxicity of the isolated photoproducts on fibroblasts and erythrocytes. Photochem. Photobiol., 1987, 46: 991-996.

[196] Cosa, G.; Lukeman, M.; Scaiano, J. C. How drug photodegradation studies led to the promise of new therapies and some fundamental carbanion reaction dynamics along the way. Acc. Chem. Res., 2009, 42: 599-607.

[197] Blake, J. A.; Lukeman, M.; Scaiano, J. C. Photolabile protecting groups based on the singlet state photodecarboxylation of xanthone acetic acid. J. Am. Chem. Soc., 2009, 131: 4127-4135.

[198] Xu, Y.; Chen, X.; Fang, W. H.; et. al. pH- and wavelength-dependent photodecarboxylation of ketoprofen. Org. Lett., 2011, 13: 5472-5475.

[199] Li, M. D.; Ma, J.; Su, T.; et. al. Direct observation of triplet state mediated decarboxylation of the neutral and anion forms of ketoprofen in water-rich, acidic, and PBS solutions. J. Phys. Chem., 2012, 116: 5882-5887.

第 4 章　烯醇负离子参与的缩合反应

碳负离子作为碳亲核剂，可与一系列亲电试剂反应[1-4]，如与卤代烃发生饱和碳原子上的亲核取代反应(S_N2)[5-7]，对羰基化合物进行羰基加成反应[8,9]，对活化烯烃进行亲核加成反应(Michael 加成)[10,11]等。磷和硫等硫属原子(S，Se，Te)的叶立德中的碳负离子中心也是碳亲核剂，它们也可与羰基化合物等亲电试剂发生不同反应[8,12,13]。这些反应构成了有机合成中最有用的 C—C 键生成反应中的很大一部分。碳负离子的重排反应虽然不如碳正离子那样常见，但其中一些也具有重要的合成价值(见第 5 章)。由于篇幅的限制，本书将只对上述部分反应进行重点讨论。本章讨论由羰基化合物脱质子产生的烯醇负离子(enolates)参与的一些缩合反应。

烯醇负离子是羰基化合物在碱的作用下脱去一个 α-质子而生成的去局部化的负离子，如式(4-1)所示。

$$\mathrm{RC(=O)CH_2R'} \xrightarrow[-\mathrm{BH^+}]{\mathrm{B}} \mathrm{R(O^-)C{=}CHR'} \longleftrightarrow \mathrm{RC(=O)\overset{-}{C}HR'} \equiv \mathrm{RC(\overset{\ominus}{O}\cdots)CHR'} \qquad (4\text{-}1)$$

烯醇负离子可与卤代烃、环氧乙烷等进行取代反应(烃化反应)，对羰基化合物进行加成并导致一系列以 Aldol 反应为代表的生成 C—C 键的缩合反应[11,14,15]。我们将以 Aldol 反应为代表，主要讨论烯醇负离子与羰基化合物之间导致 C—C 键生成的缩合反应。

4.1　Aldol　反　应

Aldol 反应是一个可烯醇化的，即具有至少一个 α-氢的羰基化合物(醛、酮、羧酸根、酯或酰胺)的烯醇盐对一个醛或酮的羰基进行加成而得到 β-羟基羰基化合物的反应[16-29]。经典的 Aldol 反应是在碱金属强碱(MOH 或 MOR，如 KOH，NaOH，EtONa 等)的催化下在质子溶剂(如醇或水-醇混合物)中可逆条件下进行的。由于羧酸衍生物(羧酸根、酯和酰胺)的 α-C—H 键的酸性较弱，难以在上述碱性体系中被以显著数量脱质子，因此，它们很少作为 Aldol 给体(烯醇负离子)参与经典的 Aldol 反应。在 Aldol 反应中，烯醇负离子对羰基加成后生成的 β-羰基醇盐在质子溶剂中立即被质子化而得到中性的 Aldol 产物(式(4-2))。这些碱催化的 Aldol 反应常是轻微放热的($\Delta G^\ominus \leqslant 0$)[30-33]，这是因为产物可由分子内氢键的生成而得以稳定。但酮的烯醇盐对另一分子酮的加成位阻很大，ΔG_0 常大于 0，平衡完全偏向左方；这使两个酮之间的 Aldol 反应在使用催化量碱金属碱的反应条件下一般不能发生。因此，经典的用 MOH 或 MOR 催化的 Aldol 反应是指可烯醇化的醛或酮与另一分子醛之间（R^3＝H）生成 β-羟基醛（aldol）或 β-羟基酮的反应。

催化剂MOH
或MOR，质子溶剂
(4-2)

碱催化的 Aldol 反应产物在反应条件下有可能部分通过其共轭碱发生 E1cB 消去反应而得 α,β-不饱和羰基化合物。消去反应也可在反应后用酸性水溶液进行后处理（有时需要加热）时发生（式(4-3)）。

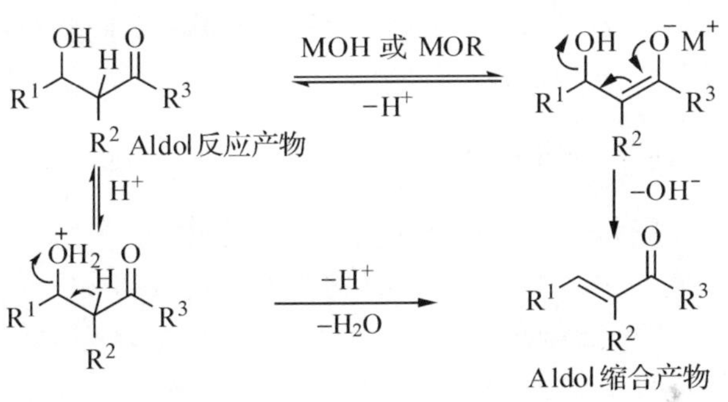

Aldol反应产物　MOH 或 MOR　$-H^+$　H^+　$-OH^-$　$-H^+$　$-H_2O$
Aldol缩合产物
(4-3)

为了与得到稳定的 Aldol 产物的反应相区别，得到消去产物的反应称为 Aldol 缩合反应。消去是否易于发生与产物结构有关。以芳醛作为 Aldol 受体的反应，在用酸性水溶液处理反应混合物后几乎总是发生消去而得到 Aldol 缩合的产物。此种由芳醛与可烯醇化的醛（脂醛）或酮进行的得到消去产物的反应被称为 Claisen-Schmidt 反应[34-37]。与此相反，以脂醛作为 Aldol 受体时，水解后一般不发生较严重的消去，β-羟基醛（酮）可作为主要产物分离。

酮与酮之间的碱催化 Aldol 反应虽然缺乏热力学推动力，但产物通过 E1cB 而进行的消去是不可逆的。如果在反应中有较快的消去发生，则可以得到 Aldol 缩合（但不是 Aldol 反应）的产物。不过在此种碱性条件下，得到的消去产物常可作为 Michael 受体继续与烯醇负离子反应，因此，反应的合成价值仍不高。同时在两个不同的醛或酮之间进行的 Aldol 反应称为交叉 Aldol 反应（cross Aldol reaction），此时，可能得到不止一个产物。如果其中只有一个反应物是可烯醇化的（如脂醛或脂酮与芳醛进行反应），由它产生的烯醇负离子既可进攻前体醛（或酮），也可进攻另一个不可烯醇化的醛或酮，有可能得到两种不同化学成分的产物。如果考虑到反应中可能生成两个手性碳（当烯醇负离子的 α-碳上有取代基时），则共可得两对非对映异构体的四个产物。在两个反应物都具有 α-H 时，由于醛与酮的 α-

H 酸性相差不大(ΔpK_a一般在 1～2 以下)，可能生成两种不同的烯醇。它们分别与两种前体羰基化合物反应，可得四种不同化学成分的产物；或当有两个手性碳生成时，可得四对非对映立体异构体产物。当然，烯醇负离子总是更倾向于进攻亲电性更强的一个羰基化合物，使产物中这一产物的比例较高。如果 Aldol 给体酮是不对称的，在 α 和 α' 位各有一个可脱去的质子，则由此酮可生成两种不同区域选择性的烯醇盐，使情况更为复杂。

当然，有一些情况可使上述复杂化得到减轻。首先，可烯醇化的酮一般总是只能作为 Aldol 给体参与反应，而不易作为受体(亲电试剂)参与反应(与醛相比，酮的位阻较大而亲电性较低)；其次，芳醛和肉桂醛不具有酸性 α-H，只能作为 Aldol 受体。因此，芳醛和肉桂醛与可烯醇化酮进行的交叉 Aldol 反应可得到单一的产物。芳醛或肉桂醛衍生物与脂醛的交叉反应也是可行的，但仍可存在后者与其烯醇盐的自缩合反应(self-condensation)的干扰。而两个不同脂醛间的反应和脂醛与可烯醇化酮之间的反应不可能是高化学选择性的，一般导致较复杂的产物。

4.1.1 预生成的烯醇盐(preformed enolates)的 Aldol 反应

经典的 Aldol 反应和 Aldol 缩合的上述缺点和限制，是由于应用了热力学控制的反应条件造成的。对于不对称酮，有两个不同的 α-H 原子，可以生成两种不同的烯醇盐，如 2-甲基环己酮在碱的作用下脱质子可以生成区域异构的烯醇盐 Ⅰ 和 Ⅱ (式(4-4))。

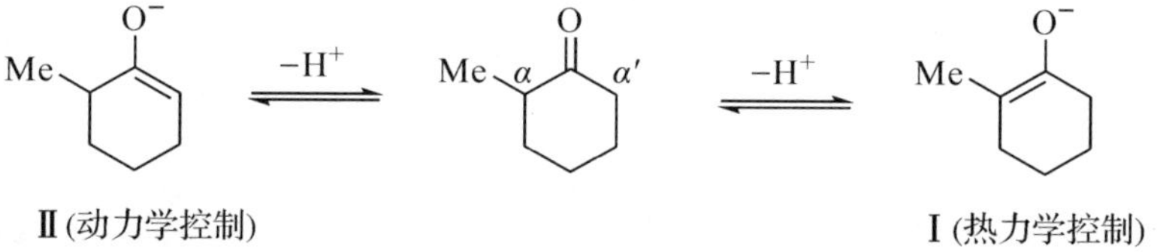

Me, O⁻ (Ⅱ) $\xrightarrow{-H^+}$ Me α, O, α' $\xrightarrow{-H^+}$ Me, O⁻ (Ⅰ) (4-4)

Ⅱ(动力学控制) Ⅰ(热力学控制)

1. 烯醇盐生成的区域选择性

由于没有甲基取代的 α' 位的酸性要比有甲基取代的 α 位稍强，前者脱质子更快。在应用动力学控制的反应条件使脱质子反应不可逆时，优先生成 Ⅱ。但如脱质子反应是在可逆条件下进行的，则生成的 Ⅱ 可经重新质子化和脱质子向热力学上更为稳定的 Ⅰ 转化，使 Ⅰ 成为主要生成的烯醇盐。有利于生成动力学控制的烯醇盐的条件是：使用略高于化学计量的大位阻的非亲核性强碱如氨基锂 LDA、LTMP 等(而不用亲核性较强的氨基钠、氨基钾)，在低温和非质子溶剂中进行较短时间的反应[18,21,38]。在这些条件下，过量的大位阻强碱使全部酮快速转化为优先生成的 Ⅱ，且 Ⅱ 与 Li^+ 生成的是较为共价的 Li—O 键，质子受体能力较差。由于没有可以作为质子给体的中性酮剩余，而非质子溶剂的酸性又很弱；同时强碱的共轭酸，如从 LDA 生成的二异丙基胺(i-Pr_2NH)的酸性远比Ⅱ的共轭酸(中性的酮)弱，它们也不能有效地使Ⅱ质子化而促进逆反应；在这些条件下，主要生成动力学控制产物。例如在−78℃，在 THF 中用稍过量的 LDA 为碱时，生成的Ⅱ占 99%，而Ⅰ仅占 1%[39]。进行脱质子反应的热力学条件是：应用质子溶剂和亲核性碱(其共轭酸的酸性较强)，在碱中用与碳负离子生成松弛的离子键的 Na、K 离子；应用不足量的碱；反应在较高温度并较长时间进行[18,21,38]。在这些条件下，生成的Ⅱ可经快速的质子化进入逆反应，并转化为更为稳定的Ⅰ。例如，即使仍用 LDA 作为碱，并仍在 THF 中于−78℃进行反应，如果 LDA 的用量小于化学计量，则反应体系中剩余的中性酮已足以作为质子给体促进逆反应，使最终生成的烯醇盐中 80%为Ⅰ，而仅 20%为Ⅱ[39]。如果改用不足化学计量的 i-Pr_2NMgBr 为碱，则生成 97%的Ⅰ[40,41]。此时，生成的Ⅱ中，氧负离子与 Mg 的配位较为松弛，质子受体能力更强，逆反应更易发生。

对于像 2-甲基-3-戊酮(式(4-5))[18,21,42-44]和 2-戊酮[45]这样的开链不对称酮，在用略超化学计量的 LDA、三苯甲基锂等大位阻强碱在 THF 等非质子溶剂中低温下进行脱质子反应时，也生成动力学控制的烯醇盐，即在取代较少的碳原子上脱质子。

$$\text{MeCH}_2\text{COCH(Me)Me} \xrightarrow[\text{THF, }-78℃]{\text{LDA}} \text{MeCH=C(O}^-\text{Li}^+\text{)CH(Me)Me} \tag{4-5}$$

2. 烯醇盐生成的(Z)/(E)选择性

通过分别选用动力学控制和热力学控制的反应条件，即可控制从不对称酮生成烯醇盐时的选择性，使后续与醛的交叉 Aldol 反应只从一种烯醇盐进行。

在上述讨论中，忽略了烯醇盐生成时的立体化学问题。实际上，α-碳上有取代基的酮($R^1CH_2COR^2$)在脱质子时可以生成(Z)-和(E)-两种几何异构的烯醇盐((Z)-和(E)-分别指氧负离子与 R^1处于顺式和反式位置)(式(4-6))。由于两种异构体在与醛进行后续的 Aldol 反应时会导致产物立体化学的不同，最好也能选择性地生成(Z)-和(E)-中的一种。

$$R^1CH_2COR^2 \xrightarrow[-\text{HB}]{M^+B^-} \underset{(Z)\text{-}}{R^1CH{=}C(O^-M^+)R^2} + \underset{(E)\text{-}}{R^1CH{=}C(O^-M^+)R^2} \tag{4-6}$$

LDA 等金属强碱引发的脱质子反应是经过六元环的椅式过渡态进行的。这一过渡态是由金属离子与羰基的配位和碱中的氮负离子与被其夺取的氢原子之间正在生成的键组装起来的(式(4-7))[18,21,46]。在酮 $R^1CH_2COR^2$ 脱质子的两种可能的过渡态 TS1 和 TS2 中,需要考虑避免两种位阻:一是酮中 R^1 与 R^2 之间的 *gauche* 位阻,二是 R^1 与 LDA 中氮原子上异丙基之间可能的 1,3-位阻。显然,如果 R^2 是不产生较大位阻的烷氧基 OR(如在酯的脱质子反应中),或位阻较小的烃基(如乙基酮),则经 TS1 进行脱质子反应时,R^1 与 R^2 间无较大位阻,而又可避免 TS2 中存在的直立键上的 R^1 与 LDA 中氮原子上异丙基之间的1,3- 位阻。因此,酯和小位阻酮(R^2 为乙基等时)优先经 TS1 进行脱质子反应得 *E*-构型的烯醇盐。而对酰胺和大位阻酮(R^2 为 *t*-Bu,Ar 等大位阻基团的酮),TS1 中 R^1 与 R^2 之间的 1,2-位阻变得比 TS2 中 R^1 与 *i*-Pr 间的 1,3-位阻更为重要,因此转而主要经 TS2 进行脱质子反应,得 *Z*-烯醇盐。

TS1 → (*E*)-　　TS2 → (*Z*)-　　(4-7)

表 4-1 中列举了一些酮、酯、酰胺在用氨基锂强碱进行脱质子反应时生成的烯醇盐的(*Z*)/(*E*)选择性[44,46-48]。

表 4-1　醛、酮、酯和酰胺在氨基锂($LiNR_2$)作用下生成烯醇锂盐时的(*Z*)/(*E*)选择性和在与苯甲醛进行 Aldol 反应时的 *syn/anti* 选择性[44,46,48,59]

	碱	溶剂	(*Z*)/(*E*)	*syn/anti*
醛(EtCHO)				
	a	THF-己烷	100∶0	50∶50
	a		0∶100	65∶35
酮(EtCOR)				
R=Et	LDA	THF	16∶84	
	LDA	THF-1. 1eq TMEDA	83∶17	
	LDA	THF-1. 1 eq HMPA	92∶8	
	LDA	THF-己烷	30∶70	64∶36
	LHMDS	THF-己烷	66∶34	77∶23
	LTMP	THF-己烷	20∶80	66∶34
	$(Me_2PhSi)_2NLi$	THF	100∶0	
R=*i*-Pr	LDA	THF-己烷	60∶40	82∶18
	LHMDS	THF-己烷	98∶2	90∶10
	a	THF	0∶100	45∶55
R=*t*-Bu	LDA 或 LHMDS	THF-己烷	均>98∶2	均>98∶2

续表

	碱	溶剂	(*Z*)/(*E*)	*syn*/*anti*
R=Ph	LDA 或 LHMDS	THF-己烷	均>98∶2	88∶12
R=1-金刚基	LDA	THF-己烷	>98∶2	>98∶2
R=环己基	LDA	THF	61∶39	
	LHMDS	THF	85∶15	
	$(Me_2PhSi)_2NLi$	THF	99∶1	
R=2,4,6-Me_3Ph	LDA	THF-己烷	5∶95	8∶92
	LHMDS	THF-己烷	87∶13	88∶12
	LTMP	THF-己烷	烯醇盐不溶	4∶96
酰胺($EtCONR_2$)				
R=Et	LDA	THF	>97∶3	
R=$(CH_2)_4$	LDA	THF	>97∶3	
R=*i*-Pr	LDA	THF-己烷	81∶19	63∶37
酯($EtCO_2R$)				
R=MeO	LDA	THF-己烷	5∶95	62∶38
R=*t*-BuO	LDA	THF-己烷	5∶95	49∶51
酯(*n*-$PrCO_2R$)				
R=MeO	LDA	THF 0℃	9∶91	
R=MeO	LDA	THF-6%HMPA	47∶53	
R=MeO	LDA	THF-23%HMPA	84∶16	
R=*t*-Bu	LDA	THF	5∶95	
R=*t*-Bu	LDA	THF-23%HMPA	7∶23	
酯(RCH_2CO_2Me)				
R=Ph	LDA	THF	71∶29	
	LDA	THF-23%HMPA	95∶5	
R=*t*-Bu	LDA	THF	3∶97	
	LDA	THF-23%HMPA	91∶9	

a 用甲基锂处理(*Z*)-和(*E*)-烯醇的三甲基硅醚产生烯醇锂盐

除了 TS 中的位阻效应(TS1 中的 1,2-相互作用和 TS2 中的 1,3-相互作用)以外,也需要考虑 TS 中的立体电子效应[49-51]。例如,在从环己烷脱质子时,平伏键上的 C—H_e与羰基之间的二面角为$-8°$,接近于在同一平面内。如果脱除 H_e,则脱质子的 TS 中正在断裂的 $C(sp^3)$—H_e键的 σ 轨道将接近于与羰基的 π^* 轨道正交;而脱除直立键上的 H_a时,由于 C—H_a的 sp^3轨道与羰基的 π^* 轨道的二面角

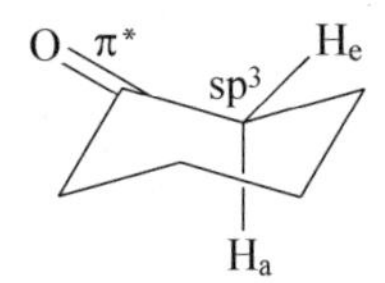

比较接近 90°，正在断裂的 C—H_a键正好可以与羰基 π* 轨道平行而可有效交盖(σ-π* 交盖)，导致负电荷的去局部化。因此，在用强碱对环己酮脱质子时(如进行 H/D 交换反应)，脱除的是 H_a而非 H_e。在式(4-7)中的 TS1 与 TS2 中，发生脱质子的 C—H 键与羰基平面的二面角约为 60°(假定 TS1 和 TS2 具有与椅式环己烷相近的构象)，也可存在比较有利的羰基 π*-sp^3(C—H)交盖。

当然脱质子时的(*E*)/(*Z*)选择性要受到溶剂、碱的位阻和碱中的金属离子等因素的影响。例如，丁酸甲酯($EtCH_2CO_2Me$)在用 LDA 在 THF 中于 0℃脱质子时，(*E*)/(*Z*)为 91/9，而在体系中加入 23 vol %① HMPA 后，(*E*)/(*Z*)反转为 16/84[45]。这是因为 HMPA 对 Li 的很强的配位作用，使 Li 对羰基的配位减弱；可能已使脱质子反应不再经式(4-7)中的六中心环式 TS1 进行；而在一开环的过渡态中，R^1与 R^2处于反式(类似于 TS2 中 R^1与 R^2的排列)比处于顺式(类似于 TS1 中 R^1 与 R^2 的排列)更为有利，从而导致 *Z*-烯醇盐的优先生成。此外，氨基锂(R_2NLi)中烃基 R 加大时，应不利于经 TS2 进行脱质子，这使(*E*)-烯醇盐的产率增加。

经典的碱催化的 Aldol 反应用不足量的碱在质子溶剂中进行反应，是平衡条件下的反应。在使用两个不同羰基化合物(如两个不同的可烯醇化的醛，或可烯醇化的醛与酮)的交叉反应中，存在化学选择性不高(可生成两种自缩合和两种交叉反应产物)、逆反应(retro-Aldol 反应)较为严重使反应的转化率有时不高等问题。为了解决这些问题，近代的 Aldol 反应实践是在动力学条件下用稍过量的碱，先将一个羰基化合物完全转化为烯醇负离子，然后加入第二个羰基化合物进行反应。例如，在酮与醛的反应中，可预先制备酮的烯醇盐，然后加入醛进行反应，以得到单一的产物。当然，对不对称酮，此法只能得到动力学控制的烯醇盐区域异构体。如果要得到热力学控制的烯醇盐来进行反应，则可先在热力学条件下制备烯醇盐，并加入乙酐将烯醇盐作为乙酸酯加以捕获，然后加入第二个羰基化合物，再用甲基锂对烯醇的乙酸酯去保护，以进行反应[42,52]；或把热力学控制的烯醇盐转化为烯醇硅醚[53,54]，再与第二个羰基化合物反应(即 Mukaiyama Aldol 反应，见后)。

酯[44,46,48,55]、酰胺[44,46,48,56]以及羧酸本身(在碱性介质中以羧酸根负离子的形式存在)酸性较弱，不能参与经典的以 MOH 或 MOR(M=K，Na)在质子溶剂中催化的 Aldol 反应。但它们可以在动力学控制条件下在非质子溶剂中用过量 LDA 等大位阻强碱定量地转化为烯醇盐，然后与第二个羰基化合物反应。因此，在近代的 Aldol 反应的实践中，通过预先制备烯醇负离子(preformed enolate)并使它与随后加入的作为亲电试剂的醛或酮反应，使 Aldol 反应的应用范围有了较大的扩展。

① vol%指体积分数，为非法定用法，为了遵从学科惯例和读者阅读的习惯，本书仍沿用这一用法

4.1.2　烯醇盐反应的立体化学

在 α-取代酮($R^1CH_2COR^2$)与醛的 Aldol 反应中,产生两个手性碳原子。在未使用手性原料和手性催化剂时,可生成两个外消旋的非对映立体异构产物——*syn* 和 *anti*(式(4-8))。

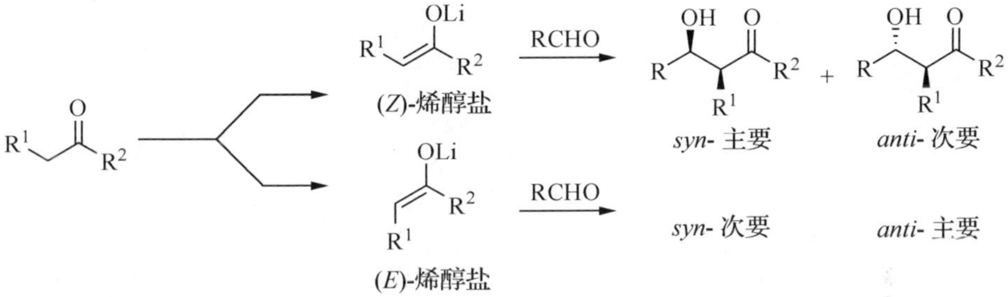

RCHO
(*Z*)-烯醇盐
syn- 主要　*anti*- 次要
RCHO
(*E*)-烯醇盐
syn- 次要　*anti*- 主要

(4-8)

很多实验结果表明[18,21,44,46,57-62],由(*Z*)-烯醇盐出发,产物以 *syn*-构型为主;而由(*E*)-烯醇盐出发,则以 *anti*-产物较多;但此种 *E*-烯醇盐 *anti*-产物的选择性常不如从(*Z*)-烯醇盐出发时对 *syn*-产物的选择性高。一些典型的例子见表 4-1。

可用一些不同的 Aldol 反应的过渡态模型来解释烯醇盐构型与产物构型之间的这种(*Z*)-*syn*、(*E*)-*anti* 关系。其中提出最早也是应用最广的是 Zimmerman-Traxler 过渡态模型[63]。这一模型最初是用来解释苯乙酸双负离子的镁盐与醛酮的缩合反应(Ivanov 缩合)的,现在也常成功地用于解释 Aldol 反应的立体化学。按照这个模型,烯醇盐的 Aldol 反应经一芳性的六元环椅式过渡态进行(图 4-1)。过渡态中包含有反应中正在生成和破裂的各键,并通过 Li 原子与烯醇和醛羰基中的两个氧原子的配位组装为闭合的六元环状。图 4-1 表示了醛以两种不同取向分别与(*Z*)-和(*E*)-烯醇盐接近而进行反应时的四种可能过渡态(**A**,**B**,**C**,**D**),(*Z*)-和(*E*)-烯醇盐各有两种。当然图中所绘都是醛从烯醇盐的背面(从纸面后方)接近烯醇盐进行反应的情况。而醛如从烯醇盐的前方接近烯醇盐进行反应,则还有 **A**,**B**,**C**,**D** 的对映体的四种过渡态。

在(*Z*)-烯醇盐的反应中,过渡态 **A** 中除了 R 与 R^1 之间轻微的 *gauche* 相互作用外,没有其他重要的位阻作用。而在 **B** 中,醛中的 R 与烯醇盐的 R^2 存在不利的 1,3-相互作用。因此,(*Z*)-烯醇盐的反应优先经过渡态 **A** 进行,主要得到 *syn*-产物。在(*E*)-烯醇盐的反应中,过渡态 **D** 中存在 R 与 R^2 间的 1,3-位阻,而在 **C** 中,R 在 e 键,避免了这一 1,3-位阻,而仅有较轻微的 1,2-相互作用。这使反应优先经 **C** 进行,它应得到 *anti*-产物。

由 **B** 的结构也可以解释为什么实验中发现,当(*Z*)-烯醇盐中 R^2 减小时,反应的 *syn*-选择性变差。由表(4-1)和式(4-9)可见,对丙醛的烯醇盐($R^2=H$)与苯甲

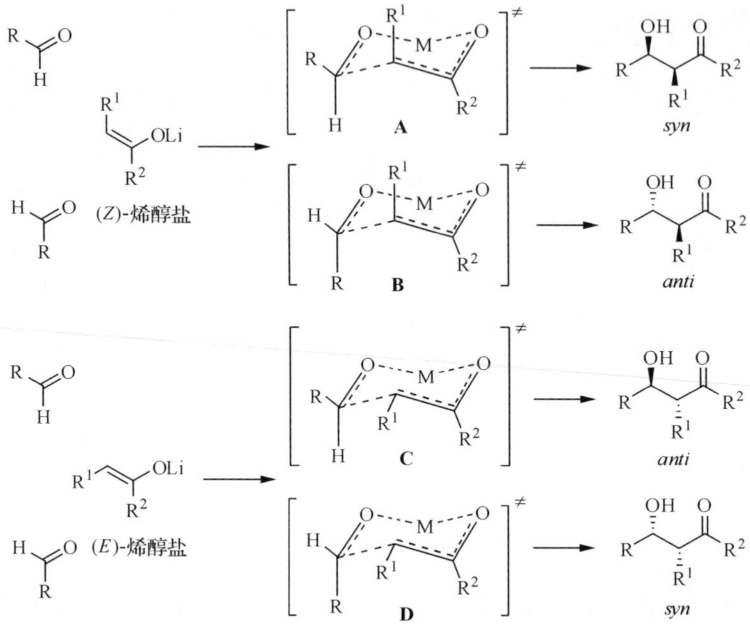

图 4-1 醛与烯醇盐 Aldol 反应的 Zimmerman-Traxler 过渡态模型

醛的反应，从纯的(*Z*)-异构体出发，反应得 1∶1 的 *syn*-和 *anti*-产物，未显示出对 *syn*-产物的选择性。显然，此时过渡态 **A** 与 **B** 能量相近，反应可经两条途经以相近的比例进行。同样，对(*E*)-烯醇盐的反应，当 R^2 为氢时(醛的烯醇盐)，**D** 中的 1,3-位阻很小，而 **C** 中则存在有同处 e 键上的 R 与 R^1 间的 1,2-位阻，此时反应可较多地经 **D** 进行。得到较多的 *syn*-产物(表 4-1 和式(4-10))。还可以看到，在 **A** 中，当烯醇盐中的取代基 R^1 加大时，R 与 R^1 之间的 *gauche* 相互作用将加大，使反应经 **A**

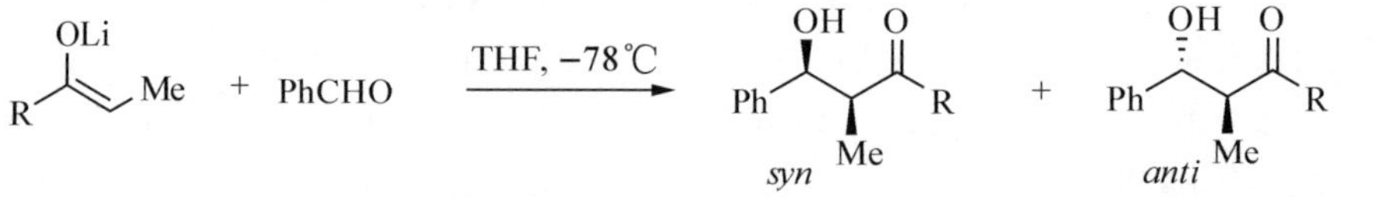

(4-9)

R	*syn*	*anti*
H	50	50
i-Pr	90	10
t-Bu	98.7	1.3

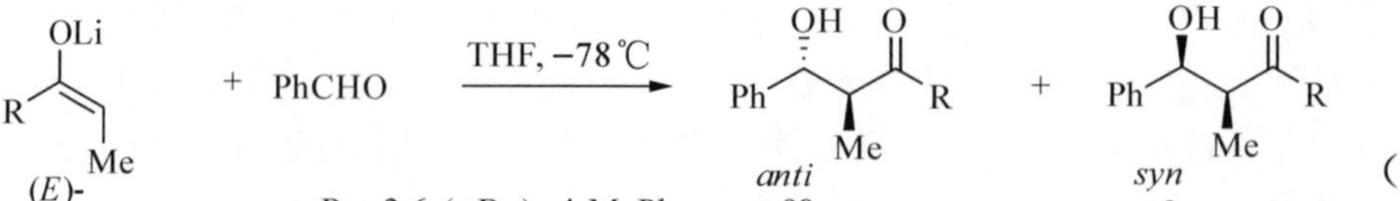

(4-10)

R	*anti*	*syn*
2,6-(t-Bu)$_2$-4-MePh	>98	<2
MeO	60	40
Et	60	40
H	40	60

进行变得较为不利。当 R^1 足够大时，可使(*Z*)-烯醇盐的反应由以 *syn*-产物为主反转为以 *anti* 产物为主(式(4-11))。

$$t\text{-Bu}C(OLi){=}CHR + t\text{-BuCHO} \xrightarrow{\text{乙醚，}20℃} \underset{syn}{t\text{-BuCH(OH)CH(R)COBu-}t} + \underset{anti}{t\text{-BuCH(OH)CH(R)COBu-}t} \tag{4-11}$$

R	syn	anti
Me	100	0
i-Pr	29	71
t-Bu	0	100

Zimmerman-Traxler 过渡态模型成功解释了(*Z*)-烯醇盐中的高 *syn* 选择性以及当烯醇盐中的 R^2 减小或 R^1 加大时，*syn* 选择性的下降，也解释了(*E*)-烯醇盐的 *anti* 选择性，但不能很好地解释为什么(*E*)-烯醇盐的 *anti* 选择性经常比(*Z*)-烯醇盐的 *syn* 选择性要差。为了解释这一现象，提出了一些不同假定[64]：①当烯醇盐中的 R^2 加大时，反应经船式过渡态进行[61,65]；②(*Z*)-的反应经半椅式 TS 进行，而(*E*)-的反应则经椅式和扭曲船式 TS 竞争进行等[66,67]。这些假定都可解释部分实验结果。

4.1.3　Mukaiyama Aldol 反应

用预先区域选择性和立体选择性(*Z*/*E* 选择性)制备一个羰基化合物的烯醇盐，再加入第二个羰基化合物进行反应的方法，克服了经典的强碱(MOH，MOR)催化的平衡条件下的 Aldol 反应中平衡常数可能较小，使转化率较低，以及反应的化学选择性和区域选择性不高等问题；并通过使用 LDA 等氨基锂强碱，把反应扩大到可应用于羧酸(经双负离子)、酯、酰胺等弱碳氢酸的烯醇盐的反应。除了前述预先制备一个羰基化合物的锂盐(钠盐、钾盐)或镁盐以外，也可以先把烯醇锂盐用氯硅烷(R_3SiCl)捕获，生成稳定的烯醇硅醚[53,54,68]，再让后者在 Lewis 酸或 Lewis 碱催化下进行 Aldol 反应，这就是 Mukaiyama Aldol 反应，或称 Mukaiyama 反应[69-73]。Lewis 酸是这类反应中最常用的催化剂，反应过程如式(4-12)示。

$$R^1COR^2 \xrightarrow{\text{Lewis酸(LA)}} R^1C(=O\text{-}LA)R^2 \xrightarrow{R^3R^4C{=}C(OSiR_3)R^5} \left[R^1R^2C(O^-LA)CR^3R^4C^+(OSiR_3)R^5 \longleftrightarrow R^1R^2C(O^-LA)CR^3R^4C(=O^+SiR_3)R^5 \right]$$

$$\xrightarrow{-LA} \underset{\mathbf{1}}{R^1R^2C(OSiR_3)CR^3R^4COR^5} \qquad \xrightarrow{H_2O} \underset{\mathbf{2}}{R^1R^2C(OH)CR^3R^4COR^5} \qquad \underset{\mathbf{3}}{R^1R^2C(O\text{-}LA\cdots O{=})CR^3R^4CR^5} \tag{4-12}$$

对不对称酮,可以分别在动力学控制和热力学控制条件下制备两种区域异构的烯醇锂盐,然后用氯硅烷(R_3SiCl)捕获。生成的烯醇硅醚的(E)和(Z)异构体可以通过蒸馏或层析加以分离,再用于进行 Aldol 反应。烯醇硅醚的亲核活性不如烯醇锂盐或镁盐高,在室温时不能直接与醛、酮反应,需要加入 Lewis 酸催化剂以活化醛、酮的羰基,或加入 Lewis 碱以活化烯醇硅醚后,反应才能发生。这也为使用手性催化剂进行不对称 Aldol 反应提供了条件。

1. Lewis 酸催化的 Mukaiyama Aldol 反应

醛的反应活性较高,在用 Lewis 酸催化时,与烯醇硅醚的反应一般在−78℃或更低温度进行,而酮的 Lewis 酸催化反应则一般需在室温进行[72-77]。Mukaiyama Aldol 反应中最常用的反应条件之一是在略超化学计量的 $TiCl_4$ 存在时在二氯甲烷等溶剂中进行。

与经典的碱催化平衡条件下的 Aldol 反应相比,Mukaiyama Aldol 反应是不可逆的,转化率很高。与应用预先制备的烯醇锂盐(preformed lithium enolate)的 Aldol 反应相比,Mukaiyama Aldol 反应用 Lewis 酸或 Lewis 碱催化,不需要在强碱性介质中进行,反应条件温和;可应用于含有对碱敏感的官能团的化合物,同时也较少发生产物脱水为 Aldol 缩合产物的情况。此外,强碱催化的 Aldol 反应,即使应用预制备的烯醇锂盐,一般也只能与醛进行反应,而酮的反应活性很低;但在 Mukaiyama 反应中,生成的初级产物是与 Lewis 酸配位的 **3**(式(4-12)),或是比 β-羟基酮 **2** 更稳定的 β-硅氧基酮 **1**,不易发生逆反应;因此,可用于酮与酮之间的交叉 Aldol 反应。例见式(4-13)[73]。

$$\text{OSiMe}_3\text{-cycloalkene} + (\text{PhCH}_2)_2\text{CO} \xrightarrow[\text{CH}_2\text{Cl}_2,\ \text{rt}]{\text{TiCl}_4} \text{2-[C(OH)(CH}_2\text{Ph)}_2]\text{-cycloalkanone} \quad n=1,\ 18\ \text{h},\ 61\%;\ n=2,\ 1\ \text{h},\ 64\%$$

$$\text{PhC(OSiMe}_3)\text{=CH}_2 + \text{MeCOMe} \xrightarrow[\text{CH}_2\text{Cl}_2,\ \text{rt},\ 5\ \text{h}]{\text{TiCl}_4} \text{PhCOCH}_2\text{C(OH)Me}_2 \quad 73\% \tag{4-13}$$

醛羰基的亲电性比酮羰基高,而后者又比酯羰基高;在反应物中同时具有两个不同类型的羰基时,反应有很好的化学选择性(式(4-14))[73,78]。

$$\text{PhCOCHO} + \text{PhCH=C(OSiMe}_3)\text{Me} \xrightarrow[\text{CH}_2\text{Cl}_2,\ -78℃]{\text{TiCl}_4} \text{PhCOCH(OH)CH(Ph)COMe} \quad 83\%$$

$$\text{MeCOCO}_2\text{Et} + \text{1-(OSiMe}_3)\text{cyclohexene} \xrightarrow[\text{CH}_2\text{Cl}_2,\ \text{rt}]{\text{TiCl}_4} \text{2-[C(OH)(Me)CO}_2\text{Et]cyclohexanone} \quad 88\% \tag{4-14}$$

也可用缩醛或缩酮作为醛、酮的前体在 $TiCl_4$ 等催化下与烯醇硅醚反应[79-82]。例见式(4-15)[79]。

$$R^1R^2C(OR)_2 + Ph\text{~}CH{=}C(OSiMe_3)Me \xrightarrow[CH_2Cl_2,\ -78^\circ C]{TiCl_4} R^1R^2C(OR)CH(Ph)C(O)Me \tag{4-15}$$

R = Me: R^1, R^2 = H, OMe (原甲酸三甲酯), 64%;
$R^1, R^2 = (CH_2)_4$, 91%; $R^1 = R^2$ = Me, 66 %

R = Et: R^1, R^2 = H, Ph, 95 %

烯酮的缩酮(ketene acetal)可由酯的烯醇锂盐与 R_3SiCl 反应来制备。它们的亲核性比醛、酮的烯醇硅醚更强。例如,异丁醛的烯醇硅醚($Me_2C{=}C(H)OTMS$)的 Mayr π-亲核常数 N 为 4.39(CH_2Cl_2),而异丁酸甲酯的烯醇硅醚($Me_2C{=}C(OMe)(OTMS)$)的 N 值为 9.49,两者的亲核反应活性相差约 10^5 倍[83]。因此,烯酮缩酮与醛、酮的反应(式(4-16))[84-88]比醛、酮的烯醇硅醚的反应更易进行,并常以高产率得到偶联产物。例见式(4-17)[84]。

$$R^1R^2CHCO_2Et \xrightarrow[2)\ Me_3SiCl]{1)\ LDA} R^1R^2C{=}C(OEt)(OSiMe_3) \xrightarrow[\text{Lewis 酸}]{R^3C(O)R^4} R^3R^4C(OH)C(R^1)(R^2)C(O)OEt \tag{4-16}$$

$$PhH_2C\text{~}CH{=}C(OMe)(OSiMe_3) + R^1C(O)R^2 \xrightarrow[2)\ 5\ \%\ NaHCO_3\ \text{水溶液}]{1)\ 1.1\ eq\ TiCl_4,\ CH_2Cl_2,\ -78^\circ C,\ 3\ h} R^1R^2C(OH)CH(CH_2Ph)C(O)OMe + R^1R^2C(OSiMe_3)CH(CH_2Ph)C(O)OMe \tag{4-17}$$

$R^1C(O)R^2$ =	OH 产物	Me_3SiO 产物
PhCHO	84 %	8 %
$PhCH_2CH_2CHO$	93 %	6 %
环己酮	71 %	<1 %

一个对比经典的碱催化 Aldol 反应以及 Lewis 酸和 Lewis 碱催化的 Mukaiyama Aldol 反应的结果的例子是二苯甲酮与异丁酸甲酯烯醇硅醚在不同条件下的反应(式(4-18))[89,90]。式(4-18)中的反应 b 表明在强碱催化下,酮的 Aldol 反应的逆反应很容易进行。这是反应 a 中,2 h 后产物产率只有 1%的原因。反应 c 中的 Lewis 酸催化剂 Tf_2NSiMe_3 是由外加的 $C_6F_5NH_3^+NTf_2^-$ 与烯醇硅醚在反应现场生成的。

a Ph(C=O)Ph + $Me_2C=C(O^-Na^+)OMe$ —THF, −78℃, 2 h→ 1 1 %

b 1 —1 eq $NaN(SiMe_3)_2$ / THF, −78℃, 1 min→ Ph(C=O)Ph 87 % + 1 13 %

c Ph(C=O)Ph + $Me_2C=C(OSiMe_3)OMe$ —1) 5 mol %[①] Tf_2NSiMe_3 甲苯, −50～−45℃, 1 h; 2) aq HCl-MeOH, rt, 1 h→ 98 % (4-18)

d Ph(C=O)Ph + $Me_2C=C(OSiMe_3)OMe$ —1 mol % 4 / THF, −78℃, 2 h→ 97 %

已用于 Mukaiyama Aldol 反应的 Lewis 酸催化剂有很多。除了 $TiCl_4$[91] 以外，镧系金属的盐[92-98]，特别是可在含水溶剂中使用的 $Ln(OTf)_3$（Ln＝Yb，Gd，Lu）及它们的配合物，因可用于不需严格除水的有机溶剂以及水-有机混合溶剂，受到很多关注[99-104]。一些其他主族和过渡金属盐，如 Mg[105,106]、Ga[107]、Sn[108]、Bi[109]、Cu[110]、Fe[111,112]、Zr[113]、Pd[114]、Pt[115] 等的盐或配合物等也已得到应用。三苯甲基正离子盐 $Ph_3C^+X^-$（X＝ClO_4，OTf，$SbCl_6$等）[116,117]和一些含硅的 Lewis 酸，如 TMSOTf、$TMSNTf_2$、$TMSC(C_6F_5)Tf_2$ 等[118-120]，从它们与巴豆醛配位后引起的后者的 ^1H NMR 信号的位移大小来看，活化羰基的能力比 $TiCl_4$、$AlCl_3$ 和 BF_3 等更强[121-123]。与 $TiCl_4$ 常需以化学计量使用不同，这些碳基和硅基 Lewis 强酸，常只需以 1 mol %～5 mol %的催化量使用，即可有效催化 Mukaiyama Aldol 反应。

2. Brønsted 酸催化的 Mukaiyama Aldol 反应

除了 Lewis 酸之外，一些 Brønsted 酸也已成功用于催化 Mukaiyama Aldol 反应[124,125]，如三氟甲磺酸（TfOH）、一些磺酰亚胺（邻苯二磺酰亚胺，Tf_2NH 等）[123-125]和磷酰亚胺衍生物[125-128]，以及强的碳氢酸如 $Tf_2CHCH_2CHTf_2$[118] 等。Brønsted 强酸催化的反应可能经两种反应机理进行。一是通过对羰基的质子化而使之活化，二是酸（BH）先与少量烯醇硅醚反应生成硅基化的 Lewis 酸，再由后者对羰基进行活化[118,120,126]。后一种催化方式（式(4-19)）与用上述硅基 Lewis 酸（TMSOTf，$TMSNTf_2$，$TMSCTf_3$等）催化的反应相似。机理中的一些细节与催化剂中的负离子 B^- 有关。当负离子为 ^-OTf 时，可能主要按式(4-19)反应，但当负

① mol%指摩尔分数，为非法定用法，为了遵从学科惯例和读者阅读的习惯，本书仍沿用这一用法

离子为亲核性很差的$^-NTf_2$或$^-CTf_3$时，它们无法从**E**′中接受硅基正离子。此时酮(R^1R^2CO)可作为**E**′中硅基正离子的接受体，产生**E**和反应产物，完成催化循环[120]。

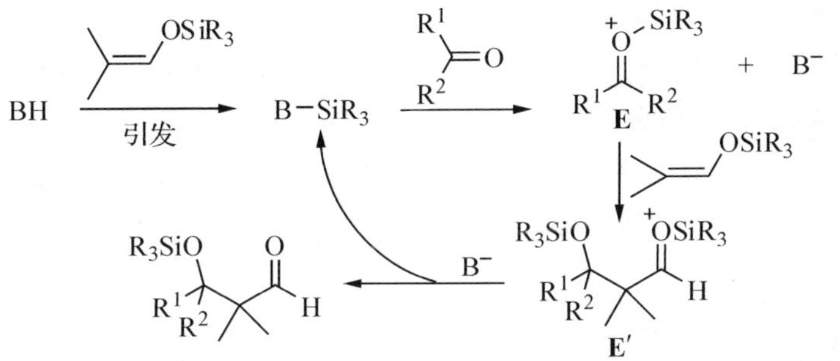

(4-19)

手性酸**5**可在室温(式(4-20))或－86℃催化苯甲醛与苯乙酮烯醇硅醚的反应[125]。如果在反应体系中加入能够抑制 Brønsted 酸催化作用的 2,6-二叔丁基吡啶(DTBP)，则在低温时(－86℃)可以完全抑制反应，但对室温时进行的反应则无影响。同时，如果反应时先把酸与烯醇硅醚在室温混合，使酸**5**先被硅基化，然后再加入醛，则在室温下反应可以顺利进行，而产物产率和 ee 值与将醛、烯醇硅醚和酸**5**一起混合进行反应时相同，但在低温时反应则无法进行。这些实验结果表明，室温时反应是按式(4-19)中的机理(即由硅基化的酸作为 Lewis 酸催化剂)进行的；而在－86℃的低温，则经酸**5**对醛羰基的直接质子化途径进行。

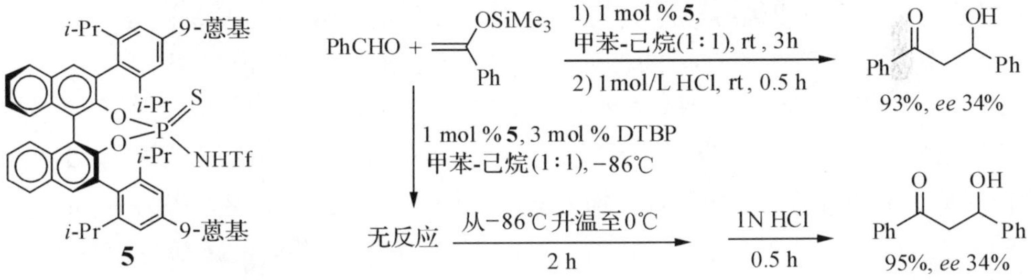

(4-20)

3. Lewis 碱催化的 Mukaiyama Aldol 反应

Mukaiyama Aldol 反应除可用 Lewis 酸和 Brønsted 酸经活化醛酮的羰基来进行以外，也可以用 Lewis 碱催化，通过活化烯醇硅醚以提高其亲核性来进行[129-132]。常用的 Lewis 碱有 F^- ($R_4N^+F^-$，TASF(二氟三甲基硅酸-三(二甲氨基)锍盐，$(Me_2N)_3S^+Me_3SiF_2^-$，CsF 等)[133-136]，很多含氧和含氮化合物的共轭碱，如乙酸盐(LiOAc 等)[137,138]、其他羧酸盐($RCO_2^-M^+$)[139]、醇钠[140,141]、酚钠[89,142]、氨基锂(Ph_2NLi、$PhCONH^-Li^+$、琥珀酰亚胺锂、邻苯二甲酰亚胺锂)[143,144]、吡啶-

2-酮的锂盐[145]、50%（质量分数）NaOH（相转移催化条件下），以及 KH[146]，膦[147]，吡啶 *N*-氧化物-LiCl[148]，1-甲基咪唑-LiCl[149]，$CaCl_2$[150]，膦酰胺（phosphoramide）[151]，Verkade 碱[152]，DBU[153]，*N*-杂环卡宾（NHC）[154]等。其中除了氟负离子是由于很强的 Si—F 键(键能 135 kcal/mol)而部分或主要通过使烯醇硅醚转变为“裸”烯醇负离子(式(4-21))[132-135]来促进反应外，其他 Lewis 碱可能主要是通过具有未共用电子对的杂原子与烯醇硅醚中的硅原子配位，生成超价的(hypervalent) 即五配位的硅原子，增加烯醇硅醚的电子密度而使其活化(式(4-22))[140,143,152,154]。

$$R^1R^2C{=}C(R^3)OSiMe_3 \xrightarrow{F^-} R^1R^2C{=}C(R^3)O^- + Me_3SiF \qquad (4\text{-}21)$$

$$R^1R^2C{=}C(R^3)OSiMe_3 \xrightarrow{LB:} R^1R^2C{=}C(R^3)O\text{-}Si(LB)Me_3 \qquad (4\text{-}22)$$

4.1.4 Mukaiyama Aldol 反应中的非对映立体选择性

烯醇硅醚中的硅原子不像烯醇锂盐或硼酸酯那样可以与醛的羰基有较强的配位作用；一般认为 Mukaiyama Aldol 反应是经非环过渡态进行的[155-157]。反应的非对映选择性取决于烯醇硅醚的双键构型(*E* 或 *Z*)以及醛中羰基 α-和 β-位碳原子上是否有取代基存在和它们的性质(烃基或杂原子取代基、位阻等)。对(*Z*)-和(*E*)-烯醇硅醚，反应的非对映选择性不高，常同时给出 *syn* 和 *anti* 两种产物。例如，环己酮的烯醇硅醚与苯甲醛的反应，在分别用 $TiCl_4$、$SnCl_4$ 和 $BF_3 \cdot Et_2O$ 催化时(CH_2Cl_2作为溶剂，－78℃)，产物的 *anti*/*syn* 比例各为 75∶25、76∶24 和 74∶26[73]。而对 α-和 β-取代以及 α,β-二取代醛与乙醛和甲基酮的烯醇硅醚($CH_2{=}CHOSR_3$或 $CH_2{=}C(R')OSiR_3$，无(*E*)、(*Z*)异构体)的反应，则反应的非对映选择性可借一些开环的过渡态模型来解释。

对 α-取代醛，可用预测亲核剂对羰基进行亲核加成的非对映立体选择性的 Felkin-Anh 模型来解释[158-160]。按照这个模型，亲核剂从最有利于其填满一对电子的轨道与羰基的 π^* 轨道相互作用的方向(与羰基平面约成 105°角，即 Dunitz-Burgi 轨迹[161,162])进攻羰基，且此时应避免它与羰基 α-取代基之间的位阻作用。因此，羰基 α-位上较大的取代基应处于亲核剂的反式位置，而两个较小的取代基与进攻的亲核剂处于交叉排列。例见式(4-23)。式中 R_L 表示较大的一个基团。

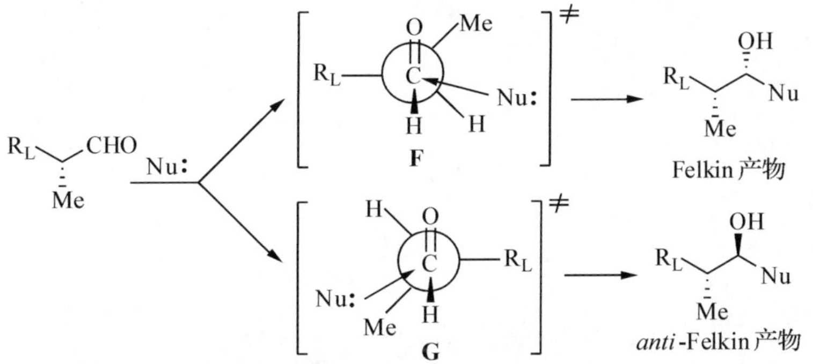

(4-23)

在满足上述条件的两种过渡态 **F** 和 **G** 中，亲核剂在 **F** 中沿 Dunitz-Burgi 轨迹进攻羰基时没有明显位阻。而在 **G** 中则存在 Nu 与甲基之间的位阻相互作用。按照 Felkin-Anh 模型的预测，反应主要经过渡态（TS）**F** 进行，得到 *syn*-产物。显然，如果 R_L 与 α-碳上其他两个基团的大小差别变得更大，将使 Felkin-Anh 规则预测的非对映选择性更为加强。当亲核剂(Nu)的位阻加大时，Felkin-Anh 选择性也将加强。在使用具有很大位阻的“超级硅基”(super silyl)——三(三甲基硅基)硅基(tris(trimethylsilyl)silyl，TTMSS，$(Me_3Si)_3Si$)的烯醇硅醚与一些 α-取代醛进行反应时，产物的 Felkin-Anh 选择性（*syn*-选择性）确实很高[163-165]（式(4-24)[165]）。

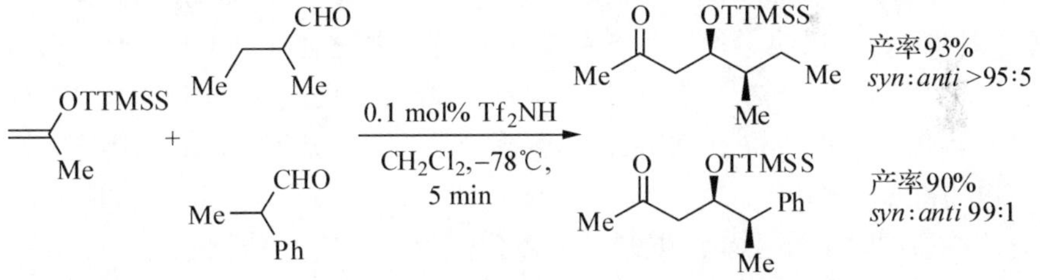

(4-24)

Felkin-Anh 模型的另一种情况是，当醛的 α-位取代基为一杂原子基团 X(X＝OR，$OSiR_3$，OCO_2R，N(R)TS 等)时，应将此基团作为最大基团置于进攻羰基的亲核剂的反式位置，以使 C_α-杂原子键的反键 σ^* 轨道与从相反方向进入的亲核剂（Nu）的 HOMO 有最大的交盖。这就是“polar Felkin-Anh（PFA）模型”[159,166-170]。这一模型预测，在烯醇硅醚与 α-杂原子取代基醛的反应中，主要产物应具有反式构型(式(4-25))。这与很多实验结果相符。例见式(4-26)[171]。

polar Felkin-Anh TS　　*anti*-　　(4-25)

Cornforth-Evans TS

(4-26)

	3,4-*anti* PFA 产物	3,4-*syn*	
R = Bn, OP = OBn	77	23	总产率 67 %
R = *i*-Pr, OP = OBn	80	20	总产率 67 %
R = *i*-Pr, OP = OTBS	82	18	总产率 66 %

另一个可用于预测亲核剂对 α-碳上有杂原子取代基的羰基进行加成的立体化学的过渡态模型是 Cornforth-Evans 模型(式(4-25))[171-175]。在这个模型中,亲核剂的进攻是在醛的一个与 PFA 模型不同的旋转异构体(rotamer)发生的,在这一构象中,杂原子取代基与羰基处于反式位置,以最大限度地避免 C—X 键与羰基之间的不利的偶极-偶极相互作用。可以看到,对 α-碳上无进一步取代的酮的烯醇醚(即 CH_2═C(R)(OTMS)),PFA 模型与 Cornforth-Evans 模型的预测是一致的,都导致 3,4-*anti* 产物。但对 α-碳上有取代基的烯醇醚(RCH═C(R′)(OTMS)),因其有(*Z*)、(*E*)两种异构体,它们与 α-杂原子取代醛反应时,用以上两种模型预测的产物立体化学会有不同。实验结果表明,在这些情况下,Cornforth-Evans 模型的预测更为准确[175]。

应该注意,虽然预测烯醇硅醚与 α-取代醛反应产物立体化学的 Felkin-Anh 模型、polar Felkin-Anh 模型以及 Cornforth-Evans 模型对反应中能量较低的过渡态的分析得到一些理论计算结果的支持[168-170,173,174],但仍应视为经验规律。实际反应中,影响这些反应的立体化学的因素很多。例如,烯醇硅醚本身的结构与位阻、醛中α-取代基的结构与性质、甚至反应条件等都可对反应的立体化学产生重要影响,使实际发生的立体化学结果与从上述模型预测的结果发生偏离。例如,在式(4-26)的反应中,虽然与 CH_2═C(OTMS)Me 的反应表现出了良好的 3,4-*anti* 选择性,但当烯醇硅醚中的甲基改为更大的异丙基或叔丁基时(CH_2═C(OTMS)(*i*-Pr)或 CH_2═C(OTMS)(*t*-Bu)),产物的 3,4-*anti* 选择性发生下降甚至反转[171]。又如,虽然 α-烷氧基和 α-硅氧基醛等的反应可由 PFA 和 Cornforth-Evans 模型预测,但 α-氯代醛(RCH(Cl)CHO)与烯醇硅醚反应的产物的 *anti*/*syn* 选择性却不明显。而且当烯醇硅醚的位阻加大时,也可表现出与 PFA 和 Cornforth-Evans 模型预测相反的选择性(主要得到 *syn* 产物)[176]。

当醛的 β-碳上有杂原子取代基(OR,$OSiR_3$,OAc,Cl)时,也对反应的立体选择性有影响。此时,主要生成 1,3-*anti* 的产物。例见式(4-27)和式(4-28)[177,178]。

R	R′	1,3-*anti*	1,3-*syn*	总产率
R = *p*-MeOPh	R′ = *t*-Bu	89	11	总产率 82 %
	R′ = *i*-Pr	92	8	总产率 91 %
	R′ = Me	91	9	总产率 89 %
R = Bu_3Si	R′ = *t*-Bu	86	14	总产率 79 %
	R′ = *i*-Pr	80	20	总产率 84 %
	R′ = Me	93	7	总产率 87 %

(反应条件:$BF_3 \cdot Et_2O$, CH_2Cl_2, −78℃)

(4-27)

X	1,3-*anti*	1,3-*syn*	总产率
X = *p*-MeOPh,	81	19	总产率 87 %
X = $OSiBu_3$	73	27	总产率 90 %
X = OAc	43	57	总产率 79 %
X = Cl	83	17	总产率 84 %

(反应条件:$BF_3 \cdot Et_2O$, CH_2Cl_2, −78℃)

(4-28)

这一良好的 1,3-*anti* 选择性可从考虑亲核剂(烯醇硅醚)进攻时醛的适宜构象来解释。在反应的过渡态中,正在生成的 C—C 键需与 α-碳上的取代基成交叉排列的关系,而 β-碳上的立体中心则与进攻的亲核剂处于 *anti* 位置(式(4-29)),这样使 Nu 与醛中的 α-碳上的取代基间的位阻最小。在满足这样条件的六种可能过渡态中,考虑到 R_β 与羰基、R_β 与醛基氢原子之间的位阻以及羰基和 C—X 键之间不利的偶极相互作用,只有过渡态 **H** 中避免了这些使过渡态能量升高的因素,并允许 Nu 在不感受到较大位阻的情况下接近羰基[177]。

(4-29)

在醛的 α-碳上有烃基,而 β-碳上同时又有杂原子取代基(如烷氧基)时,产物的立体化学取决于 α 和 β 取代基之间的立体关系。此时可将导致 1,2-*syn*-选择性的 Felkin-Anh 过渡态(式(4-23)中的 **F**)与导致 1,3-*anti* 选择性的过渡态(式(4-

29)中的 **H**)结合起来考虑。如果醛中的 α-取代基与 β-烷氧基相互处于反式(*anti*-)，则它们在诱导生成 1,2-*syn* 和 1,3-*anti* 产物时的影响将相互加强，这导致产物以很高的 1,3-*anti*(1,2-*syn*)选择性生成。例见式(4-30)[177]。而当醛中 α-烃基和 β-烷氧基处于顺式(*syn*-)时，它们对产物生成时的立体化学引导不能互相加强。此时发现，如果进攻的烯醇醚位阻较小，则 β-取代基起主要作用，优先导致 1,3-*anti* 产物的生成。如果烯醇硅醚位阻较大，则 α-取代基起主要作用，生成较多的 1,3-*syn* 产物。例见式(4-31)[177]。

$BF_3\cdot Et_2O$, CH_2Cl_2, −78℃

R	R'	产物 1	产物 2	总产率
R = 4-MeOPh	R' = *t*-Bu	99	1	总产率 94 %
	R' = *i*-Pr	98	2	总产率 91 %
	R' = Me	97	3	总产率 86 %
R = Bu_3Si	R' = *t*-Bu	99	1	总产率 91 %
	R' = *i*-Pr	95	5	总产率 93 %
	R' = Me	71	29	总产率 85 %

(4-30)

$BF_3\cdot Et_2O$, CH_2Cl_2, −78℃

R	R'	产物 1	产物 2	总产率
R = 4-MeOPh	R' = *t*-Bu	96	4	总产率 89 %
	R' = *i*-Pr	56	44	总产率 98 %
	R' = Me	17	83	总产率 82 %
R = Bu_3Si	R' = *t*-Bu	96	4	总产率 93 %
	R' = *i*-Pr	87	13	总产率 91 %
	R' = Me	58	42	总产率 93 %

(4-31)

这些立体选择性的 Mukaiyama Aldol 反应已在一些天然产物的全合成中得到成功的应用。例如，利用 α,β-反式二取代醛中两个取代基在立体诱导中互相加强的作用，在植物生长抑制剂(—)-pironetin 的合成中，通过 α,β-反式二取代醛(**6**)与烯醇硅醚的反应，以很高的非对映选择性(只得到一个非对映体产物)合成了关键中间体 **7**(式(4-32))[179]。

$BF_3\cdot Et_2O$　**6**　**7** 86 %, (*de* 100 %)　(−) - pironetin

(4-32)

又如，在具有抗病毒活性的海洋天然产物(－)-hennoxazole 的合成中，利用 β-烷氧基醛与烯醇硅醚反应时的 1,3-*anti* 选择性，合成了关键中间体 **8**。产物中 1,3-*anti*/1,3-*syn* 值约为 7∶1(式(4-33))[180]。

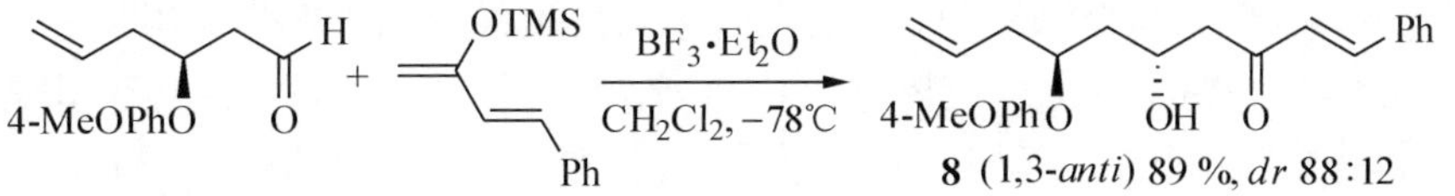

$BF_3 \cdot Et_2O$，CH_2Cl_2，$-78℃$

8 (1,3-*anti*) 89 %, *dr* 88:12

(4-33)

4.1.5　烯醇硼酸酯的反应

与把烯醇盐变为烯醇硅醚相似，也可以把烯醇盐转变为稳定的烯醇硼酸酯(boron enolate)，并在制备现场，或在分离纯化后与醛、酮进行 Aldol 反应[16,17,20,23,24,181]。

烯醇硼酸酯可由酮在弱碱性的叔胺作用下与三氟甲磺酸硼酯(R_2BOTf)反应制备(式(4-34))[182]。常用的叔胺是二异丙基乙基胺(i-Pr_2NEt，即 Hünig 碱)、2,6-二甲基吡啶、三乙胺等。对不对称酮，制备烯醇硼酸酯时的区域选择性可通过采用不同的反应条件来加以控制。用二异丙基乙基胺为碱，n-Bu_2BOTf 为烯醇负离子捕获剂，在－78℃进行较短时间反应时，得到动力学控制的产物，例见式(4-35)[182]。而在用 2,6-二甲基吡啶为碱，用 9-硼双环[3.3.1]壬烷(9-borabicyclo [3.3.1]nonane，9-BBN)的三氟甲磺酸酯(9-BBN triflate)捕获烯醇负离子时，则主要得到热力学控制的烯醇硼酸酯异构体(式(4-36))[183]。

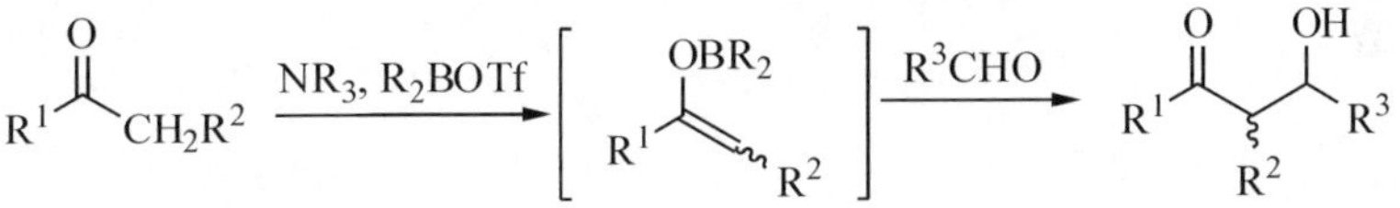

NR_3, R_2BOTf；R^3CHO　(4-34)

1.1 eq i-Pr_2NEt，1.1 eq Bu_2BOTf，乙醚，－78℃；n-$C_5H_{11}CHO$

R = i-Pr, Et

无其他区域异构产物

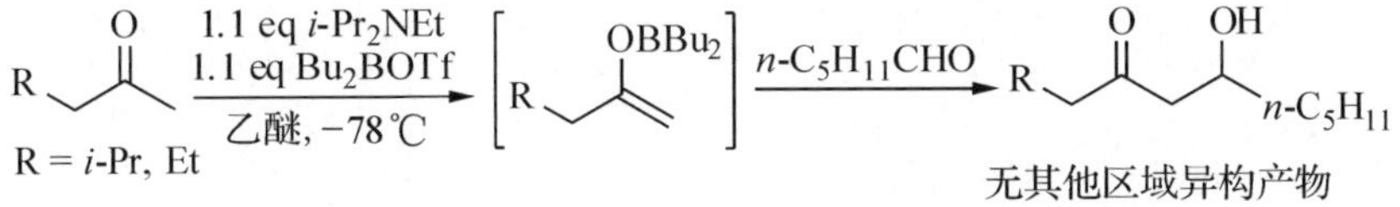

(4-35)

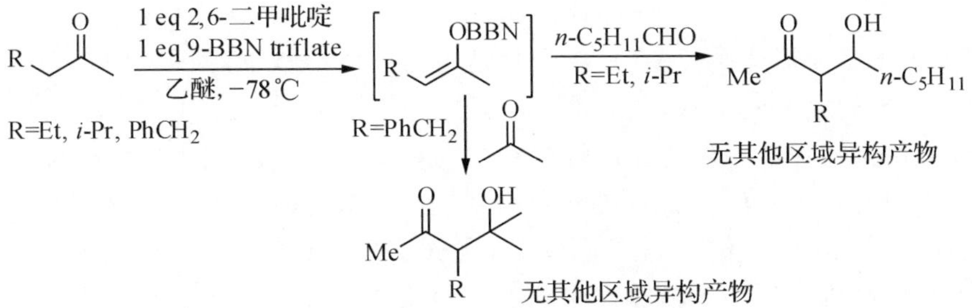

1 eq 2,6-二甲吡啶，1 eq 9-BBN triflate，乙醚，－78℃；n-$C_5H_{11}CHO$，R=Et, i-Pr

R=Et, i-Pr, $PhCH_2$

R=$PhCH_2$

无其他区域异构产物　(4-36)

无其他区域异构产物

通过调节硼试剂的结构和反应条件，则可控制烯醇硼酸酯生成时的(*Z*)/(*E*)选择性，使主要生成其中的一种[181-194]。总的趋势是：硼原子上的配体基团位阻较小(如 *n*-Bu)，而离去基团较好(OTf)的硼化试剂(如 *n*-Bu_2BOTf)与位阻较大的叔胺(如 Hünig 碱)，有利于选择性地生成(*Z*)-烯醇硼酸酯，例见式(4-37)[184,193]。相反，硼化试剂中，硼原子上的配体基团位阻较大(如环己基，Cy)，离去基团较差(如 Cl)，而叔胺的位阻比较小(如 Et_3N)，且酮(R^1CH_2COR)中羰基 α-位的取代基(R)较大时，则优先生成(*E*)-构型的烯醇硼酸酯。例见式(4-38)[193]和式(4-39)[192]。由式(4-37)～式(4-39)可见，(*Z*)/(*E*)选择性还与酮的结构，特别是羰基 α-位的基团(R^1CH_2COR 中的 R)有关；R 的位阻改变较大时，(*Z*)/(*E*)选择性有时可有倒转(式(4-37)和式(4-38))。

$$\mathrm{MeCH_2COR} \xrightarrow[i\text{-}Pr_2NEt,\ 乙醚]{Bu_2BOTf} (Z)\text{-}\mathrm{MeCH{=}C(OBBu_3)R} + (E)\text{-}\mathrm{MeCH{=}C(OBBu_3)R} \tag{4-37}$$

R	(*Z*)-	(*E*)-	
R = *t*-Bu	25	75	0℃
i-Pr	45	55	−78℃
Et	>97	<3	−78℃
Ph	97	3	25℃

$$\mathrm{PhCH_2COR} \xrightarrow[CCl_4,\ 0℃]{Cy_2BCl,\ Et_3N} (Z)\text{-}\mathrm{PhCH{=}C(OBCy_2)R} + (E)\text{-}\mathrm{PhCH{=}C(OBCy_2)R} \tag{4-38}$$

R	(*Z*)-	(*E*)-
R = Me	>97	<3
Et	40	60
Ph	20	80
i-Pr	<3	>97

$$\mathrm{MeCH_2COR} \xrightarrow[CCl_4,\ 0℃]{Cy_2BCl,\ Et_3N} (Z)\text{-}\mathrm{MeCH{=}C(OBCy_2)R} + (E)\text{-}\mathrm{MeCH{=}C(OBCy_2)R} \tag{4-39}$$

R	(*Z*)-	(*E*)-
R = Et	21	79
Ph	<3	>97
i-Pr	<3	>97
t-Bu	<3	>97

烯醇硼酸酯的 Aldol 反应中，立体选择性也有在烯醇锂盐的反应中存在的从(*Z*)-烯醇盐主要得到 *syn*-加成产物，而(*E*)-烯醇盐则倾向于给出较多的 *anti*-产物的规律；而且此种选择性表现得比用烯醇锂盐时要更高。这是因为烯醇硼酯的反应与烯醇锂盐相似，也是经六元环的过渡态进行的，这与 Mukaiyama 反应中烯醇硅醚经开环过渡态不同。但在烯醇硼酯反应的过渡态中(图 4-2)，B—O 键的键长(1.4 Å)要比烯醇锂盐反应的过渡态中的 Li—O 键长(1.9～2.2 Å)短得多。从而

使烯醇硼酯的过渡态更为紧凑和坚硬，这使过渡态中直立键上的 1,3-相互作用最大化，使(*Z*)-硼酸酯的反应更倾向于在过渡态 **I** 中进行，而(*E*)-硼酸酯的反应更倾向于在过渡态 **K** 中进行。

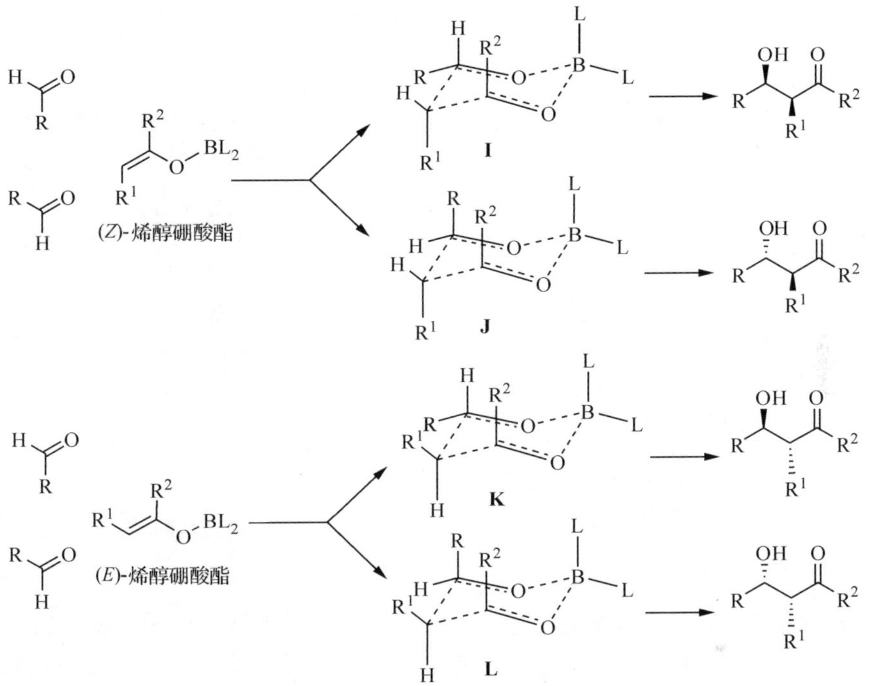

图 4-2　*Z*-和 *E*-烯醇硼酸酯与醛的 Aldol 反应的过渡态

烯醇硼酸酯的 Aldol 反应中此种更高的(*Z*)-*syn*、(*E*)-*anti* 选择性可由式(4-40)[184]、式(4-41)[195]和式(4-42)[184]的例子中看到。

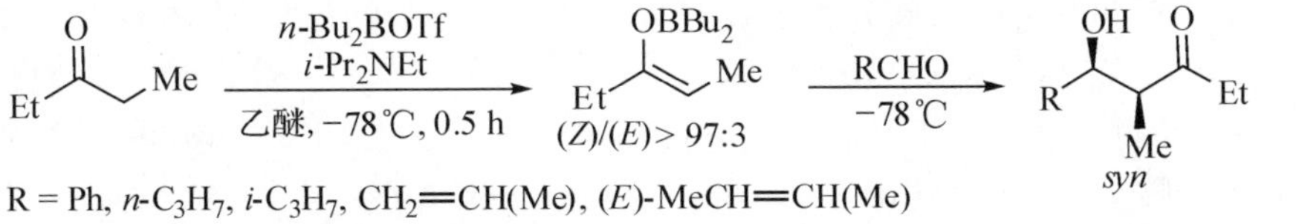

(4-40)

R = Ph, *n*-C_3H_7, *i*-C_3H_7, CH_2=CH(Me), (*E*)-MeCH=CH(Me)

总产率61%~77%, *syn*:*anti* 72:28~>97:3

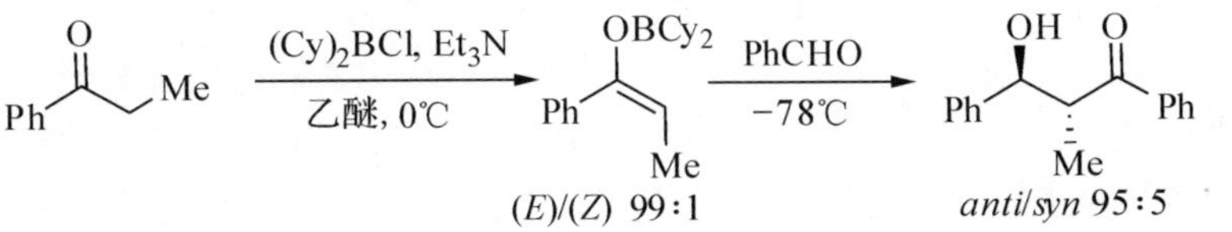

(4-41)

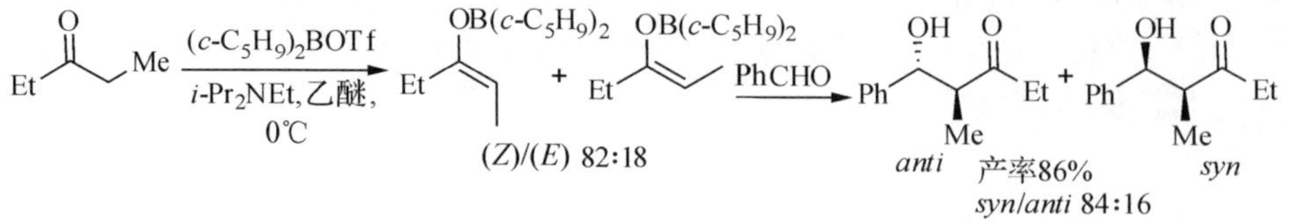

(4-42)

又如，在式(4-43)的反应中，如果改用氨基锂从相应的酮先选择性地制备(*Z*)-和(*E*)-烯醇锂盐来进行反应，则由(*Z*)/(*E*)=95∶5的烯醇锂盐出发与PhCHO反应，*syn*/*anti* 只有90∶10，而从(*E*)/(*Z*)=91∶9的烯醇锂盐出发，则 *anti*/*syn* 仅为52∶48[175]。

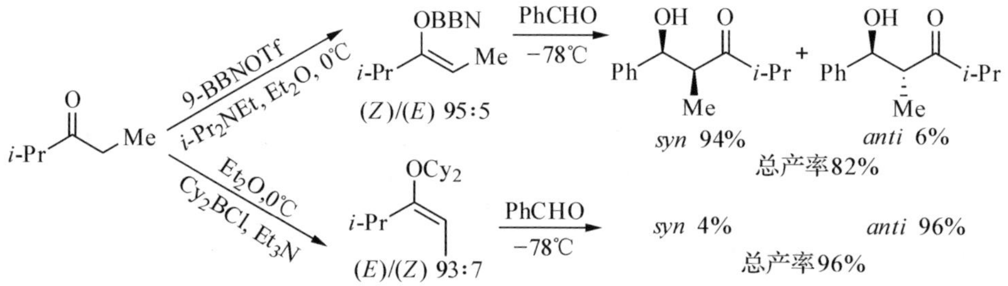

(4-43)

烯醇硼酯反应的主要限制是在由羰基化合物制备它们时，用的是弱碱叔胺，这使它们只能由具有较强C—H酸性的酮、酰亚胺等羰基化合物制得；而对酯、酰胺、腈等，目前还没有制备它们的烯醇硼盐的较好方法。

4.1.6 Vinylogous Aldol 反应

与很多官能团的性质可以通过共轭双键传递一样，烯醇硅醚的亲核反应性能也可以通过共轭的双键或叁键传递，并可在这一共轭体系的另一端与醛酮等亲电试剂发生Aldol反应，这就是vinylogous Aldol反应[196-203]。以α,β-不饱和羰基化合物**9**为例(式(4-44))，它在碱的作用下可在α'位的R^1上(如果**9**是酮的话)或在γ-碳原子上脱质子，分别得到烯醇**10**和**11**，再进行Aldol反应；而**11**的反应又可以在γ-或α-碳原子上发生(式(4-44))。当然，如果**9**是α,β-不饱和酯或酰胺，则不存在生成**10**的问题。但对α,β-不饱和酮(**9**中的R^1为烷基时)，在Aldol反应中常用的标准的动力学反应条件下(用LDA为碱，THF，低温)，几乎是完全在α'-位上脱质子生成交叉共轭的**10**，进行正常的Aldol反应；而通过选择性地直接在γ-碳上脱质子以生成热力学上更为稳定的直线共轭的**11**，则目前仍缺乏通用的方法。因此，在vinylogous Aldol反应中仍主要是应用从醛和酯生成的烯醇盐。

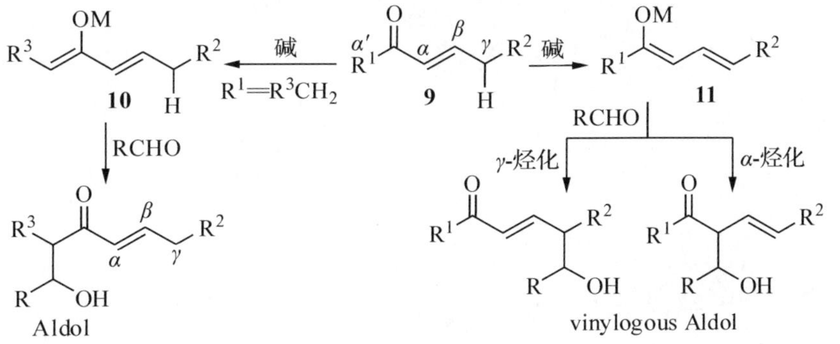

(4-44)

应用在反应现场生成的烯醇锂盐(或钠盐,镁盐等)直接与醛酮进行的反应,称为直接 Aldol 反应(direct Aldol reaction)。在 vinylogous Aldol 反应中,除了可以用共轭的烯醇锂盐等进行此种直接反应外,像在普通非共轭烯醇的反应中可以应用预先制备好的烯醇硅醚进行间接的 Aldol 反应(indirect Aldol reaction),即 Mukaiyama Aldol 反应一样,也可应用预先制备好的共轭烯醇硅醚来与醛酮等进行反应。这时应用的仍主要是 α,β-不饱和醛、酯和酰胺等产生的共轭烯醇硅醚,以及从 α,β-不饱和内酯、内酰胺产生的呋喃、噻吩、吡咯等杂环共轭烯醇硅醚[204,205],例见图 4-3。

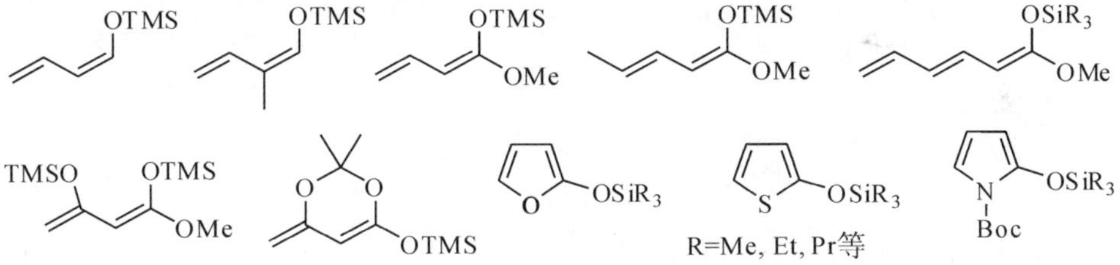

图 4-3 vinylogous Aldol 反应中常用的 α,β-不饱和烯醇硅醚

如式(4-44)所示,在共轭烯醇盐(或硅醚)的 Aldol 反应中,存在区域选择性问题,即导致正常 Aldol 产物的 α-烃化与导致 vinylogous Aldol 产物的 γ-烃化的竞争,例见式(4-45)[206]和式(4-46)[207]。α-和 γ-产物的比例取决于共轭烯醇前体的性质,α-和 γ-碳上的取代情况,烯醇盐中的正离子,羰基化合物(Aldol 受体)的结构以及温度、时间和溶剂等反应条件。从式(4-46)可以看到,动力学的反应条件(低温,短时间反应,化学计量的碱)有利于生成非共轭的 α-加成产物,而热力学控制的反应条件(较高的温度,长时间反应,不足化学计量的碱)则有利于生成共轭的 γ-加成产物。α-产物可在延长反应时间或升温时转化为更稳定的 γ-产物。

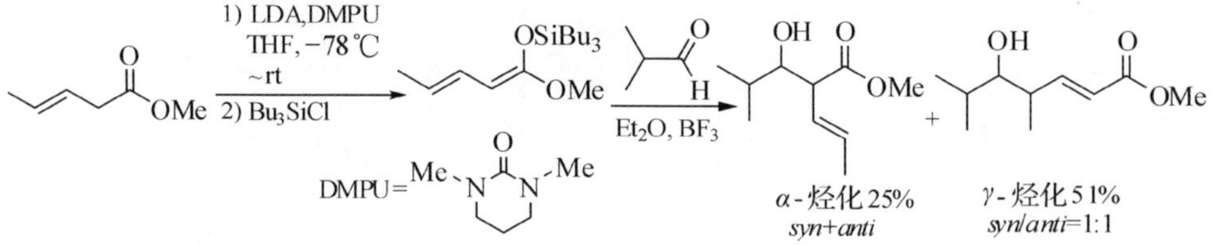

1) LDA,DMPU THF, −78℃ ~rt 2) Bu_3SiCl → $OSiBu_3$ / OMe; Et_2O, BF_3 → α-烃化 25% *syn+anti*; γ-烃化 51% *syn/anti*=1:1

DMPU=

(4-45)

LDA / THF → O^-Li^+, NMe_2; RCHO,THF; A: −5℃, 5~15 min; B: −5℃加醛，过夜中升至室温 → α-加成 + γ-加成

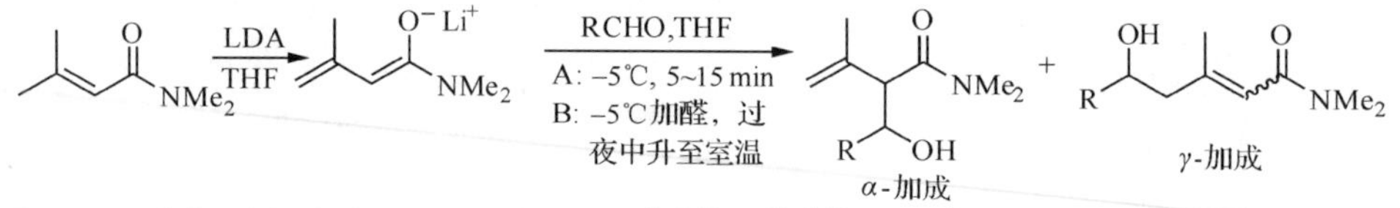

R	Ph	3,4-(OCH_2O)Ph	3,4($MeO)_2$Ph	*n*-Pr	3-吡啶基	2-吡啶基	4-吡啶基	PhCH═CH	环己酮	二苯甲酮
产物比 α/γ										
方法A	80:20	82:18[a]	88:12[a]	100:0[a]	100:0	100:0	100:0	100:0	94:6	100:0[a]
方法B	0:100	0:100[a]	0:100	13:87[a]	15:85	100:0	100:0	100:0		

a 醛在 −78℃ 时加入

(4-46)

为了避免 α-加成反应的竞争，设计了一些大位阻的 Lewis 酸，它们在反应中与共轭烯醇盐中氧原子的配位使烯醇盐中的 α-碳原子被屏蔽，从而选择性地在 γ-碳上发生反应[208-211]。三(2,6-二苯基苯氧基)铝(aluminum tris(2,6-diphenylphenoxide,ATPH)中的铝原子与共轭烯醇前体(醛、酮、酯等)的羰基的配位使羰基 α-位碳原子被包裹于 ATPH 的腔中，在大位阻氨基锂如 LTMP 等的作用下，只能在 γ-位上参与反应，例见式(4-47)[208]。

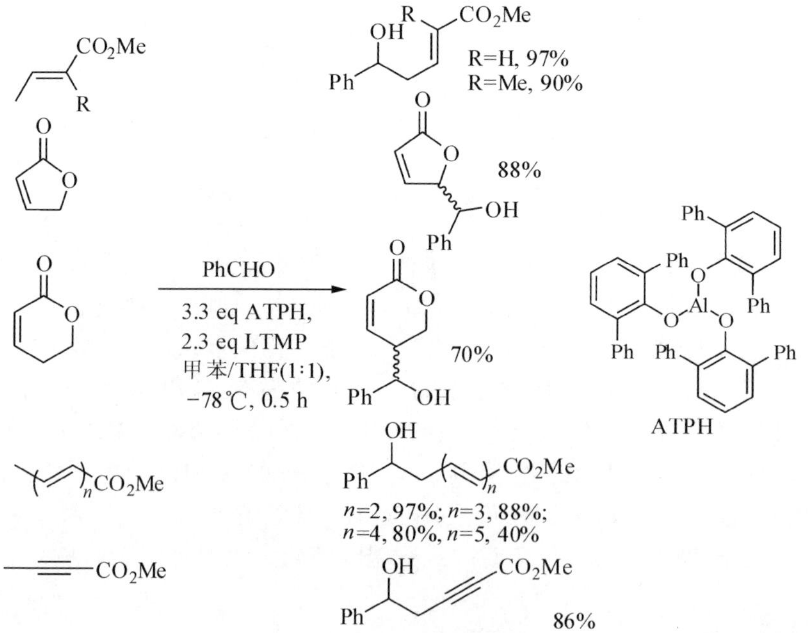

PhCHO, 3.3 eq ATPH, 2.3 eq LTMP, 甲苯/THF(1∶1), −78℃, 0.5 h

R=H, 97%; R=Me, 90%

88%

70%

n=2, 97%; *n*=3, 88%; *n*=4, 80%, *n*=5, 40%

86%

ATPH

(4-47)

在反应体系中,ATPH 不仅与共轭烯醇的氧原子配位,也会与作为 Aldol 受体的醛酮配位,并屏蔽了后者的 α-碳原子,这使可烯醇化的醛酮也可用于反应,而不致因它们也被脱质子生成烯醇盐而出现严重的自缩合等副反应。当然,被ATPH 配位的羰基由于位阻因素不能与亲核试剂反应,实际参与反应的应是部分与被配位的醛酮处于平衡的未配位烯酮,这使自缩合等副反应难以完全避免。因此,ATPH 用于可烯醇化的醛酮的反应时,效果稍差(式(4-48))[208]。

n-BuCHO + (E)-巴豆酸甲酯 (CO_2Me) + 2-甲基-2-丁烯酸甲酯 (CO_2Me, 2eq) —[3.3 eq ATPH, 2.3 eq LTMP, 甲苯/THF(1:1), −78℃, 0.5 h]→ n-Bu-CH(OH)-CH₂-CH=CH-CO_2Me 22%; n-Bu-CH(OH)-CH₂-CH=C(Me)-CO_2Me 42%　(4-48)

在 α,β-不饱和酮的脱质子反应中,有 α′和 γ-两个脱质子位置(式(4-44)),而且 α′-碳上的 C—H 键酸性更强,这使在 Aldol 反应中目前较为通用的动力学条件(LDA 等大位阻碱,低温,短时间反应)下,α′-位脱质子可为主要反应,而不能发生 vinylogous Aldol 反应。但在反应体系中加入 ATPH 后,它对 α,β-不饱和酮的羰基的配位,完全屏蔽了 C(α′)—H 键,使脱质子反应仅能在 γ-位上发生。这为解决 α,β-不饱和酮参与 vinylogous Aldol 反应提供了一个解决方法(式(4-49))[208]。

(CH₃)C(R)=CH-COMe + R′CHO —[1) 2.2 eq ATPH, 甲苯, −78℃; 2) 1.2 eq LDA, THF, −78℃]→ R′-CH(OH)-CH₂-C(R)=CH-C(O)-Me　R′=Ph: R=H, 82%; R=Me, 84%; R′=c-C_6H_{11}; R=Me, 65%

3-甲基环己-2-烯酮 + RCHO —[1) 2.2 eq ATPH, 甲苯, −78℃; 2) 1.2 eq LDA, THF, −78℃]→ 3-(CH₂CH(OH)R)环己-2-烯酮　R=Ph, 86%; R=t-Bu, 99%; R=n-Bu, 73%; R=PhCH═CH, 68%

环己-2-烯酮 + PhCHO —[1) 2.2 eq ATPH, 甲苯, −78℃; 2) 1.2 eq LDA, THF, −78℃]→ 4-(CH(OH)Ph)环己-2-烯酮　70%

(4-49)

在 ATPH 的基础上。又发展了三(2,6-二(2-萘基)苯氧基)铝(aluminum tris (2,6-di-2-naphthyl phenoxide),ATNP)作为 Lewis 酸,它不但对共轭烯醇盐的反应提供了更高的 γ-加成选择性,而且在用于可烯醇化的醛(作为 Aldol 受体)时,也能更好地避免由醛的 α-氢脱质子而带来的副反应,以较高产率得到 vinylogous Aldol 反应产物;反应对醛中的官能团的容忍性也较好,例见式(4-50)[212]。

$$\text{CH}_3\text{CH=CHCO}_2\text{Me} + \text{RCHO} \xrightarrow[\text{THF, } -78^\circ\text{C}]{\text{3.3 eq ATNP, 2.3 eq LMTP}} \text{RCH(OH)CH}_2\text{CH=CHCO}_2\text{Me}$$

ATNP：2,6-二(2-萘基)苯基-Al

R=n-Bu, t-Bu, n-C_6H_{13}, c-C_6H_{11}, $PhCH_2CH_2$, Et_3SiOCH_2, $MeCH(OCH_2Ph)CH_2$, PhCH=CH. 43%~97%

(4-50)

2-硅氧基呋喃、噻唑和吡咯作为杂环二烯醇硅醚，它们与醛、酮、缩醛、α-酮酸酯($RCOCO_2R'$)的 vinglogous Aldol 反应在丁烯酸内酯、2,5-二氢噻吩-2-酮和 3-吡咯烷-2-酮的 5-位碳原子上导入了一个含羟基和其他基团的叔碳或季碳原子(式(4-51))。这些产物都是合成很多天然产物的重要原料，已在全合成中得到大量应用[213,214]。

$$\text{X=O, S, NR} \xrightarrow{\text{Me}_3\text{SiNEt}_2,\ \text{Me}_3\text{SiCl}} \text{Me}_3\text{SiO-} \xrightarrow{\text{R}^1\text{CHO}} \text{5-(CH(OH)R}^1\text{)} \quad (4\text{-}51)$$

4.2 烯醇负离子参与的其他缩合反应

在 Aldol 反应中，是一个醛或酮的烯醇负离子对另一个醛或酮的羰基进行亲核进攻而导致缩合反应。除了醛和酮以外，羧酸衍生物(酯、内酯、酰胺、内酰胺、酸酐、酰亚胺等)也可以在适当的强碱的作用下在 α-碳上脱质子而生成烯醇负离子，并对另一羰基化合物进行亲核进攻而引起缩合反应。取决于两个羰基化合物的结构，这些由羧酸衍生物的烯醇负离子参与的缩合反应构成了一大类导致碳-碳键生成的具有重要合成价值的人名反应。

在这些反应中，如果被烯醇负离子进攻的羰基化合物也是羧酸衍生物($RCOX$, $X=OR^1$, NR^1_2, $OCOR^1$, NR^1COR^2 等)，则因 X 可作为离去基团在反应中离去，反应产物不再是 Aldol 反应中的醛醇(aldol)或酮醇，而是 1,3-二羰基化合物(式(4-52))。

$$R^1CH_2COX^1 \xrightarrow{\text{碱}} R^1CH{=}C(O^-)X^1 \xrightarrow{RCOX} RC(O^-)(X)CH(R^1)COX^1 \xrightarrow{-X^-} RCOCH(R^1)COX^1 \quad (4\text{-}52)$$

X, X^1 = OR, NR_2, OCOR, NRCOR, 等.

虽然产物 1,3-二羰基化合物中两个羰基共同的 α-位上的 C—H 键的酸性比反应物更强，会在碱性条件下脱质子，但生成的 α-羰基烯醇负离子的亲核性较差，一般不会由于它们对反应物的亲核进攻而引起较严重的交叉偶联副反应。

4.2.1 Claisen 缩合

这是一个酯的烯醇负离子进攻另一个酯的羰基而导致的两个酯之间的缩合反

应，产物是 β-酮酸酯(式(4-53))[215-218]。

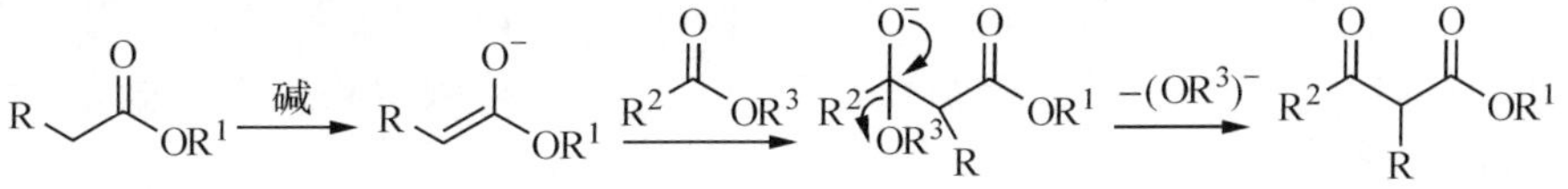

(4-53)

缩合可以是两分子同一个酯之间的自缩合(self-condensation)，例见式(4-54)[219]，也可以是两个不同的酯之间的交叉缩合(cross condensation)。在两

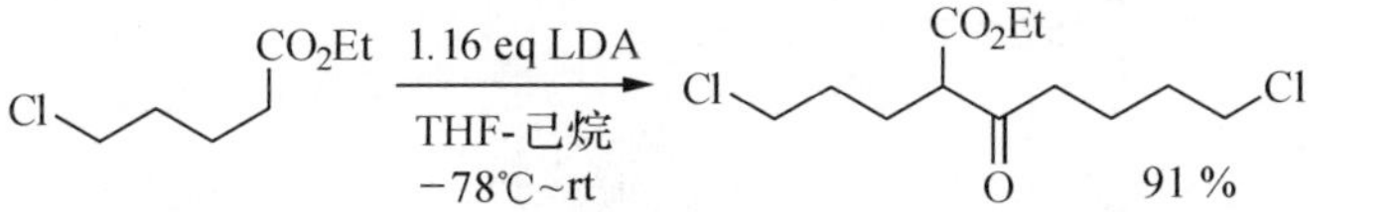

(4-54)

个不同的酯之间的缩合反应中，交叉缩合要与两个酯的自身缩合竞争。为了抑制自缩合反应，可以采用动力学的反应条件，即先用 1 eq 的强碱将第一个酯完全转化为烯醇负离子，再与第二个酯反应；也可以在酯的 OR 部分使用大位阻的叔丁基。尽管如此，两个都有酸性 α-H 的酯之间的交叉偶联仍难以避免自缩合反应的干扰。式(4-55)是这类交叉 Claisen 缩合的少数较为成功的例子之一[220]。反应采用了动力学的反应条件。当两个酯中只有一个具有酸性 α-H 时，交叉缩合常较为成功。

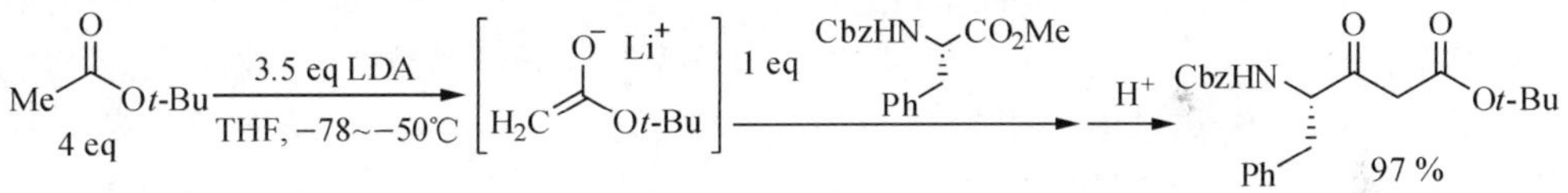

(4-55)

酯的烯醇负离子也可以与醛、酮进行缩合；反之，醛、酮的烯醇负离子也可以与酯进行缩合，这些反应可称为 Claisen 反应，以与两个酯之间的 Claisen 缩合相区别。

4.2.2 Dickmann 缩合

这是 α,ω-二酯分子中的一个酯的烯醇负离子与另一个酯的缩合反应，即分子内 Claisen 缩合反应，产物是环状 β-酮酸酯[221-223]。反应的进行受两个酯基的相对位置和生成的环的大小影响，例见式(4-56)。虽然由式中的三酯分子通过分子内缩合可能生成 **12**、**13**、**14** 三种产物，实验结果表明，**12** 是主要产物[224]。

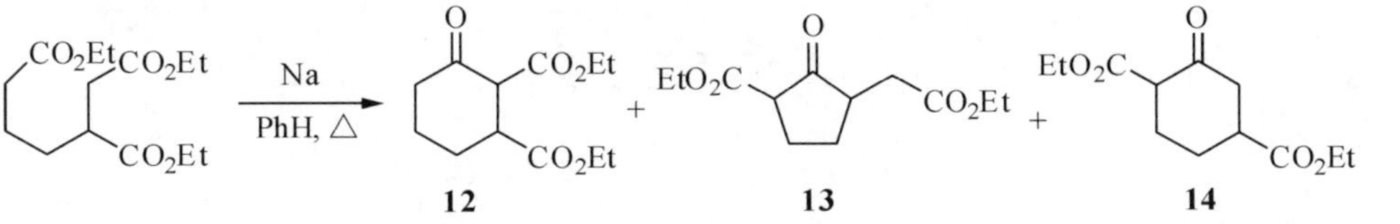

(4-56)

在式(4-57)中,用 Dickmann 缩合为关键步骤合成了天然产物(+)-isonitramine[225]。式中经碱性条件下的水解脱羧把中间产物 β-酮酸酯Ⅲ转化为环酮Ⅳ。类似的 Dickmann 缩合-水解脱羧过程在很多含有环酮结构的天然产物的合成中都得到应用。

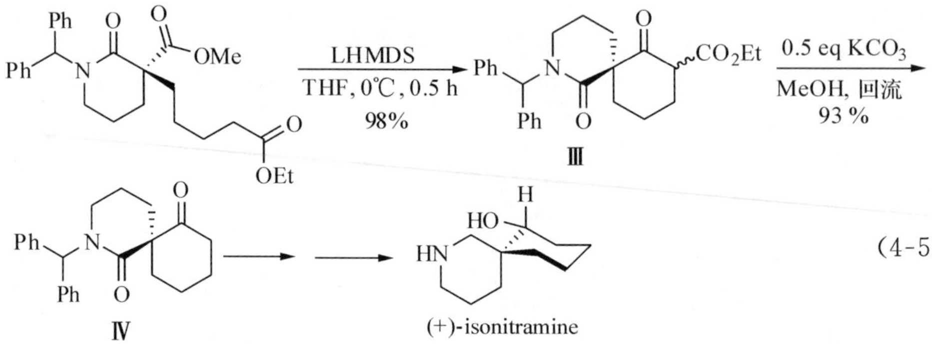

LHMDS / THF, 0℃, 0.5 h / 98%; 0.5 eq KCO_3 / MeOH, 回流 / 93 %

Ⅲ Ⅳ (+)-isonitramine

(4-57)

4.2.3 Knoevenagel 缩合

1,3-二羰基化合物等活性亚甲基化合物酸性较强,可用伯胺或仲胺,或在乙腈或丙酮等极性非质子溶剂中以 K_2CO_3 为碱,产生较高浓度的烯醇负离子,并与醛酮(一般是不含有 α-酸性氢原子的)进行缩合,得到双键一端接有两个拉电子基的烯烃(式(4-58))[226-230]。活性亚甲基化合物($EWG^1CH_2EWG^2$)中,拉电子基团的范围很广,可为羰基(醛基、酮羰基、酯基)、CN、NO_2、SOR、SO_2R 等,初级产物Ⅴ中 C_α—H 键酸性较强,将在碱性的反应介质中经 E1cB 过程脱水而生成烯烃为最终产物。

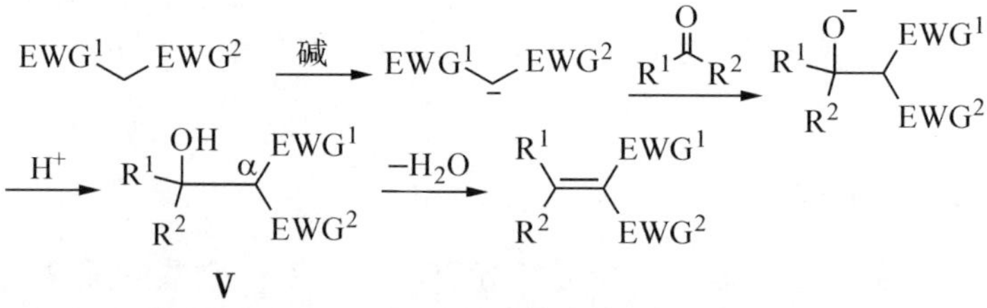

$$EWG^1CH_2EWG^2 \xrightarrow{碱} EWG^1\bar{C}HEWG^2 \xrightarrow{R^1COR^2} R^1R^2C(O^-)CH(EWG^1)(EWG^2) \xrightarrow{H^+} \underset{\text{V}}{R^1R^2C(OH)C_\alpha H(EWG^1)(EWG^2)} \xrightarrow{-H_2O} R^1R^2C{=}C(EWG^1)(EWG^2) \quad (4\text{-}58)$$

如果用丙二酸或丙二酸酯为反应物,则产物二酸将在反应中发生脱羧而得到 α,β-不饱和羧酸,如肉桂酸或丙烯酸衍生物(式(4-59))。

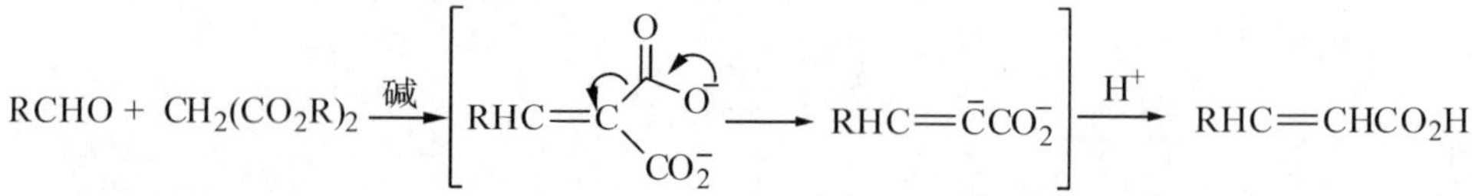

$$RCHO + CH_2(CO_2R)_2 \xrightarrow{碱} \left[RHC{=}C(CO_2^-)(CO_2^-) \longrightarrow RHC{=}\bar{C}CO_2^-\right] \xrightarrow{H^+} RHC{=}CHCO_2H \quad (4\text{-}59)$$

环状1,3-二羰基化合物与醛缩合后得到的 α,β-不饱和羰基化合物可作为亲电的 1-氧杂二烯(O═C—C═C)，与富电子烯烃(烯醇醚、烯醇硅醚等)进行反转电性要求的 hetero-Diels-Alder 反应，得到增环的吡喃衍生物。这在很多天然和非天然的含吡喃环的多环杂环化合物的合成中得到广泛应用[231,232]。例如，通过 2,5-二羟基苯醌与烯醛的连续的 Knoevenagel 缩合和分子内 Diels-Alder 反应合成了一系列具有抗癌活性的双吡喃并邻苯醌，例见式(4-60)[233]。

6 mol % EDDA, EtOH, 回流; 6 eq; EDDA = $H_2NCH_2CH_2NH_2 \cdot 2HOAc$; Knoevenagel 缩合; 反转电性要求的 hetero-Diels–Alder 反应; 70 %　(4-60)

4.2.4　Henry 反应

硝基烷烃的酸性较强(表 3-1)，与很多活性亚甲基化合物相近，它们也可以在伯胺、仲胺和碳酸钾等弱碱作用下脱质子而与醛酮进行缩合反应，即 Henry 反应，或称 nitro-Aldol 反应(式(4-61))[234-237]。反应产物是硝基醇。硝基醇产物中有酸性较强的 C_β—H 键，可在碱作用下脱水而得到硝基烯烃。

RCH_2NO_2 —碱→ $R\bar{C}HNO_2$ —R^1COR^2→ $R^1R^2C(O^-)CH(R)NO_2$ —H^+→ $R^1R^2C(OH)CH(R)NO_2$ —碱, $-H_2O$→ $R^1R^2C{=}C(R)NO_2$　(4-61)

如果产物中 R^1 或 R^2 为共轭基团(如芳基)，则硝基醇往往在 Henry 反应条件下自发脱水而直接得到硝基烯烃。因此，Henry 反应是合成 β-硝基醇和硝基烯的方法。在式(4-62)中，硝基溴甲烷在手性铜盐 **15** 存在下与醛进行缩合反应，以很高的对映选择性得到硝基醇产物。后者可在羟基被保护后，在极性反转的酰胺合成(umpolung amide synthesis，UAS)中转化为 α-氧代酰胺[238]。

RCHO + $BrCH_2NO_2$ —1) 10 mol % $LCuX_2$(**15**), i-PrOH, 0℃; 2) $CH_2(OMe)_2$, P_2O_5, $CHCl_3$, rt→ R–CH(OMOM)–CH(Br)NO_2 —H_2N–CH(Me)Ph, NIS, K_2CO_3, DME/H_2O, 0℃→ R–CH(OMOM)–C(O)NH–CH(Me)Ph

MOM = $MeOCH_2$; X = 2-IPhCO_2^-; L = (t-Bu 取代的双噁唑啉, Ph_2C 桥连)　(4-62)

4.2.5　Stobbe 反应

这是丁二酸酯在乙醇钠、叔丁醇钾等中等强度碱的作用下与醛酮进行的缩合反应(式(4-63))[239,240]。中间体 **M** 易经五元环过渡态环化为内酯 **N**,因此 **M** 不会被质子化而得到醇产物。**N** 在碱性条件下脱质子,得到烯烃为最终产物。能发生 Dickmann 缩合的二酯,不适于进行 Stobbe 重排。

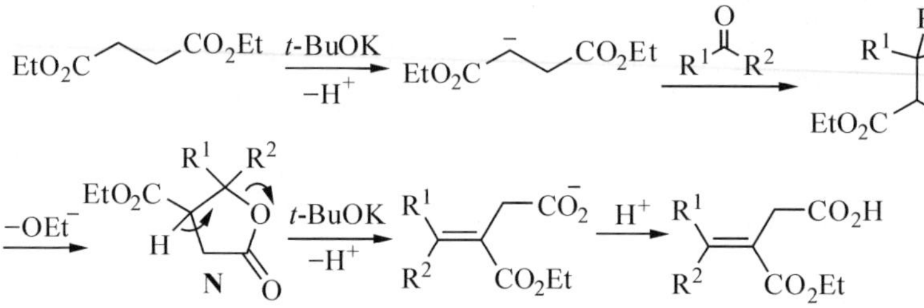

(4-63)

除了丁二酸酯以外,高邻苯二甲酸酯(**16**)[241]和一些 2-亚甲基丁二酸酯(如 **17**)[242]也可以进行 Stobbe 缩合,例见式(4-64)[242]。

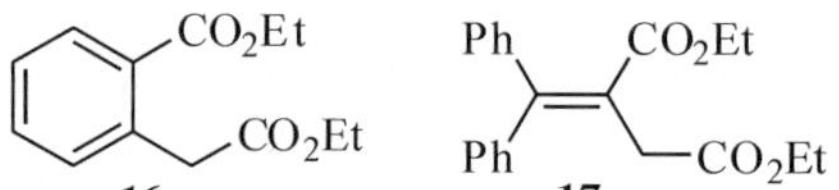

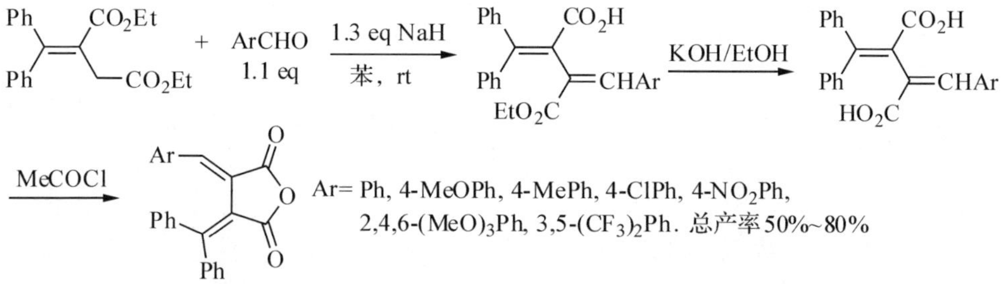

(4-64)

4.2.6　Darzens 缩合反应

Darzens 缩合反应是 α-卤代酯在碱的作用下与醛酮的缩合反应(式(4-65))[243-245]。α-卤代酯的碳负离子对醛或酮加成后,经分子内 S_N2 反应而得到环氧乙烷产物——缩水甘油酸酯(glycidic ester)。

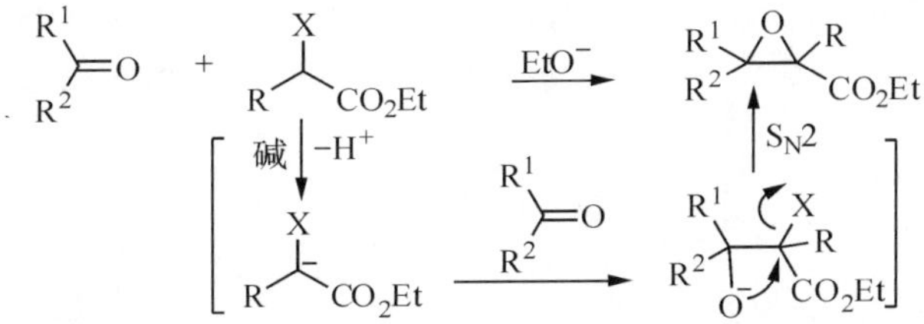

(4-65)

α-卤代酮、α-卤代酰胺、α-卤代腈、α-卤代砜等也可在碱催化下与醛或酮发生 Darzens 类型的缩合反应。

硫叶立德与羰基化合物的反应得到环氧乙烷产物，也是按 Darzens 反应的机理进行的。式(4-66)是用手性樟脑硫叶立德作为反应物，在碱催化下与醛进行的一个对映选择性缩合反应[246]。

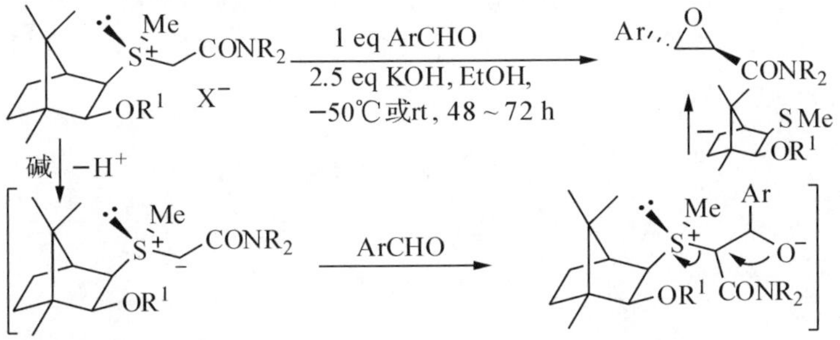

(4-66)

α-卤代羰基化合物也可与活性亚胺进行类似的缩合反应，产物是氮杂环丙烷，即 aza-Darzens 反应。式(4-67)是一个用手性磷酸 **18** 的镁盐催化的不对称 aza-Darzens 反应[247]。

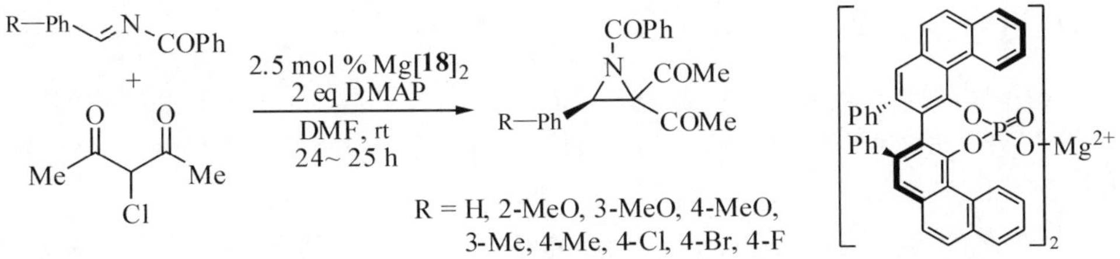

(4-67)

4.2.7　Perkin 缩合反应

在 Perkin 缩合反应中，酸酐作为活性亚甲基化合物，在碱的作用下在其 α-碳上脱质子产生碳负离子，与芳香醛进行缩合，得到肉桂酸衍生物(式(4-68))[248-252]。因此，Perkin 反应也可称为肉桂酸合成(cinnamic acid synthesis)反应。

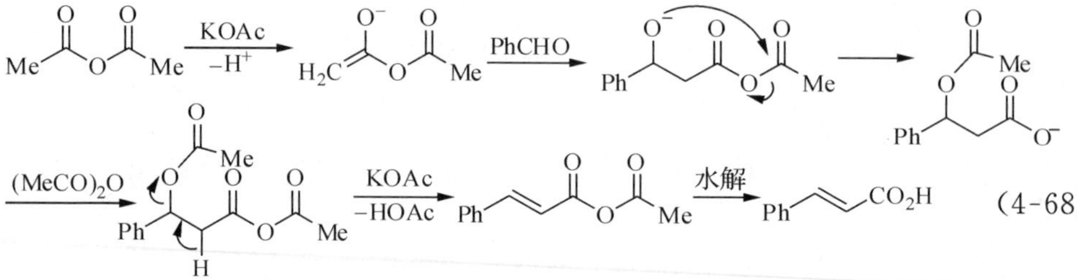

(4-68)

反应通常用构成酸酐的羧酸的共轭碱作为碱，一般只用于芳醛。也可以直接用羧酸作为反应物，在乙酐中反应。反应时生成该羧酸与乙酸的混酐或该羧酸本身的酸酐(两者应处于酸酐的交换平衡中)，在脱质子后再与芳醛反应。例如，通过式(4-69)的反应合成了具有广谱抗癌活性的(*Z*)-二苯乙烯类天然产物 combretastatin A-4[252]。

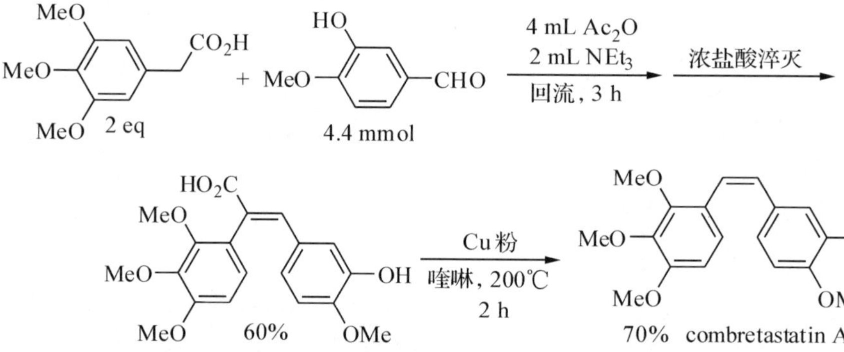

(4-69)

反应中，需用 2 eq 苯乙酸，因其部分消耗用于生成苯乙酸酐。

4.2.8 Thorpe 反应

脂腈在非质子溶剂中可在醇钠或 LDA 等强碱作用下在 α-碳上产生碳负离子，并与另一分子脂腈进行缩合反应，即 Thorpe 反应[253-255]。缩合可在同一个腈的两分子间进行，也可在两个不同的腈之间进行(交叉缩合反应)。式(4-70)表示了同一个腈的自身缩合反应。反应的产物是亚胺，但如反应后用酸性水溶液处理，亚胺可水解而得到酮产物。

$$\mathrm{RCH_2CN} \xrightarrow{\text{碱}} \mathrm{R\bar{C}HCN} \xrightarrow{\mathrm{RCH_2CN}} \left[\mathrm{RCH_2C(=N^-)CH(R)CN}\right] \xrightarrow{\mathrm{H_3O^+}}$$

$$\mathrm{RCH_2C(=NH)CH(R)CN} \rightleftharpoons \mathrm{RCH_2C(NH_2)=C(R)CN} \xrightarrow{\mathrm{H_3O^+}} \mathrm{RCH_2C(=O)CH(R)CN} \qquad (4\text{-}70)$$

在式(4-71)中，用腈甲基芳基醚的自身缩合反应合成了一系列 β-氰基烯胺衍生物[256]。

$$\mathrm{ArOCH_2CN} \xrightarrow[\text{THF, 0℃, 0.5 h}]{\text{叔戊醇钾}} \left[\mathrm{K^+\ {}^-N{=}C(CH_2OAr)CH(OAr)CN}\right] \xrightarrow{\text{aq NaHCO}_3} \mathrm{H_2N(ArOCH_2)C{=}C(OAr)CN} \qquad (4\text{-}71)$$

Ar = 2-MePh, 4-MeOPh, 2-(t-Bu)Ph, 2,6-Me_2Ph, 4-BrPh, 3-CF_3Ph, 1-萘基, 2-萘基

86%~99%，(Z)/(E) 50/50 ~ 95/5 (以Z为主)

反应可在无溶剂条件下进行。式(4-72)就是一个在无溶剂条件下进行的交叉缩合反应，反应后只需将反应混合物水洗，用醚提取后纯化即可[257]。

$$\mathrm{R\text{-}C_6H_4\text{-}C(NH_2){=}C(Ph)CN} \xleftarrow[\text{80℃, 3 h, 室温过夜}]{\text{1 eq PhCH}_2\text{CN, 2.8 eq }t\text{-BuOK}} \mathrm{R\text{-}C_6H_4\text{-}CN} \xrightarrow[\text{80℃, 3 h, 室温过夜}]{\text{1 eq MeCN, 2.8 eq }t\text{-BuOK}} \mathrm{R\text{-}C_6H_4\text{-}C(NH_2){=}CHCN}$$

(E)- R = H, 70 %; R = Me. 62 %　　　　(Z)- R = H, 70%; R = Me. 74%

(4-72)

二腈分子可以发生分子内 Thorpe 缩合，生成 5～8 元环甚至更大环的烯胺或环酮，这与 Dickmann 的二酯分子内缩合相似，例见式(4-73)[257]。

$$\text{二腈} \xrightarrow[\text{无溶剂}]{\text{0.6 eq }t\text{-BuOK}} \text{2-氨基环烯-1-甲腈} \qquad (4\text{-}73)$$

n = 1, 室温，过夜，74%
n = 2, 80℃, 3 h, 83%

参考文献

[1] Cram, D. J. Fundamentals of Carbanion Chemistry. New York: Academic Press, 1965.

[2] Buncel, E. Carbanions. Mechanistic and Isotopic Aspects. Amsterdam: Elsevier, 1975.

[3] Stowell, J. C. Carbanions in Organic Synthesis. New York: Wiley, 1979.

[4] Buncel, E.; Dust, J. M. Carbanion Chemistry: Structures and Mechanisms. Washington, D C: American Chemical Society, 2002.

[5] Smith, M. B; March, J. Aliphatic nucleophilic substitution// Smith, M. B; March, J. March's Advanced Organic Chemistry: Reactions Structures and Mechanism. 6th Ed. Hoboken: Wiley, 2007: 293-500.

[6] Bandini, M. ; Cozzi, P. G. Nucleophilic substitution on Csp3 carbon atoms// Bandini, M. ; Umani-Ronchi, A. Catalytic Asymmetric Friedel-Crafts Alkylations. Weinheim: Wiley-VCH, 2009: 167-202.

[7] Bruckner, R. Nucleophilic substitution reactions at the saturated C atom// Bruckner, R. Advanced Organic Chemistry: Reaction Mechanisms. San Diego: Academic Press, 2002: 43-83.

[8] Smith, M. B; March, J. Addition to carbon-hetero Multiple Bonds//Smith, M. B; March, J. March's Advanced Organic Chemistry: Reactions Structures and Mechanism. 6th Ed. Hoboken: Wiley, 2007: 879-981.

[9] Bruckner, R. Addition of hydride donors and organometallic compounds to carbonyl compounds// Bruckner, R. Advanced Organic Chemistry: Reaction Mechanisms. San Diego: Academic Press, 2002: 305-346.

[10] Smith, M. B; March, J. Addition to carbon-carbon multiple bonds// Smith, M. B; March, J. March's Advanced Organic Chemistry: Reactions Structures and Mechanism. 6th Ed. Hoboken: Wiley, 2007: 734-878.

[11] Bruckner, R. Chemistry of the alkaline earth metal enolates// Bruckner, R. Advanced Organic Chemistry: Reaction Mechanisms. San Diego: Academic Press, 2002: 373-434.

[12] Bruckner, R. Reaction of ylides with saturated or α,β-unsaturated carbonyl compounds// Bruckner, R. Advanced Organic Chemistry: Reaction Mechanisms. San Diego: Academic Press, 2002: 347-372.

[13] Clark, J. S. Nitrogen, Oxygen and Sulfur Ylide Chemistry. Oxford: Oxford University Press, 2002.

[14] Bruckner, R. ; Harmata, M. Organic Mechanisms, Reactions, Stereochemistry and Synthesis. Berlin: Springer-Verlag, 2010: Chapters 12 and 13, 487-517, 519-593.

[15] Zabicky, J. The chemistry of metal enolates: Part 1 and Part 2. Chichester: John Wiley & Sons Ltd. , 2009.

[16] Yang, J. Aldol reactions// Yang, J. Six-membered Transition States in Organic Synthesis. Hoboken: John Wiley & Sons, Inc. , 2008: 49-96.

[17] Mahrwald, R. Modern Aldol Reactions. Vol. 1 and Vol. 2. Weinheim: WILEY-VCH, 2004.

[18] Heathcock, C. H. Modern enolate chemistry: regio- and stereoselective formation of enolates and the consequence of enolate configuration on subsequent reactions//Scheffold, R. Modern Synthetic Methods. Basel-Weinheim: Verlag, Helvetica Chimica Acta-VCH, 1992: 1-102.

[19] Mukaiyama, T. The directed Aldol reaction. Org. React. , 1982, 28: 203-331.

[20] Cowden, C. J. ; Paterson, I. Asymmetric Aldol reactions using boron enolates. Org. React. , 1997, 51: 1-200.

[21] Heathcock, C. H. The Aldol reaction: Group I and Group II enolates//Trost, B. M. ; Fleming, I. Comprehensive Organic Synthesis. Vol. 2. Pergamon Press: New York, 1991: 181-238.

[22] Mahrwald, R. Diastereoselection in Lewis-acid-mediated Aldol additions. Chem. Rev. , 1999, 99: 1095-1120.

[23] Carreira, E. M. ; Fettes, A. C; Marti, C. Catalytic enantioselective Aldol addition reactions. Org. React. , 2006, 67: 1-216.

[24] Brodmann, T. ; Lorenz, M. ; Schaeckel, R. ; et. al. Highly stereoselective Aldol reactions in the total syntheses of complex natural products. Synlett, 2009: 174-192.

[25] Bisai, V. ; Bisai, A. ; Singh, V. K. Enantioselective organocatalytic Aldol reaction using small organic molecules. Tetrahedron, 2012, 68: 4541-4580.

[26] Trost, B. M. ; Brindle, C. S. The direct catalytic asymmetric Aldol reaction. Chem. Soc. Rev. , 2010, 39: 1600-1632.

[27] Zlotin, S. G. ; Kucherenko, A. S. ; Beletskaya, I. P. Organocatalysis of asymmetric Aldol reaction.

Catalysts and reagents. Russ. Chem. Rev. ,2009,78：737-784.

[28] Carreira, E. M. Aldol reaction：methodology and stereochemistry//Otera, J. Modern Carbonyl Chemistry. Weinheim：Wiley VCH,2000：227-248.

[29] Abiko, A. Boron-mediated Aldol reaction of carboxylic esters. Acc. Chem. Res. ,2004,37：387-395.

[30] Wheeler, S. E. ; Moran, A. ; Pieniazek, S. N. ; et. al. Accurate reaction enthalpies and sources of error in DFT thermochemistry for Aldol, mannich, and α-aminoxylation reactions. J. Phys. Chem. A, 2009, 113：10376-10384.

[31] Arnett, E. M. ; Fisher, F. J. ; Nichols, M. A. ; et. al. Thermochemistry of a structurally defined Aldol reaction. J. Am. Chem. Soc. ,1989,111：748-749.

[32] Arnett, E. M. ; Fisher, F. J. ; Nichols, M. A. ; et. al. Structure-energy relations for the Aldol reaction in nonpolar media. J. Am. Chem. Soc. ,1989,111：801-808.

[33] Guthrie, J. P. Equilibrium constants for a series of simple Aldol condensations and linear free energy relations with other carbonyl addition reactions. Can. J. Chem. ,1978,56：962-973.

[34] Schmidt, J. G. Ueber die einwirkung von aldehyd auf furfurol. Ber. Dtsch. Chem. Ges. , 1880, 13：2342-2345.

[35] Schmidt, J. G. Ueber die einwirkung von aceton auf furfurol und auf bittermandelöl bei gegenwart von alkalilauge. Ber. Dtsch. Chem. Ges. ,1881,14：1459-1461.

[36] Claisen, A. Claparède, compounds of acetone and methyl oxide with benzaldehyde, and the constitution of acetophoron. Ber. Dtsch. Chem. Ges. ,1881,14：349-353.

[37] House, H. O. The Aldol condensation and related reactions// House, H. O. Modern Synthetic Reactions. 2nd Ed. Menlo Park：Benjamin/Cummings,1972：629-733.

[38] House, H. O. The alkylation of active methylene compounds//House, H. O. Modern Synthetic Reactions. 2nd Ed. Menlo Park：Benjamin/Cummings,1972：492-628.

[39] House, H. O. ; Gall, M. ; Olmstead H. D. The chemistry of carbanions. XIX. The alkylation of enolates from unsymmetrical ketones. J. Org. Chem. ,1971,36：2361-2371.

[40] Wulff, W. D. ; Peterson, G. A. ; Bauta, W. E. ; et. al. A regioselective entry to vinyllithiums from unsymmetrical ketones via enol triflates. J. Org. Chem. ,1986,51：277-279.

[41] Crisp, G. T. ; Scott, W. J. A convenient synthesis of vinyl triflates from enones. Synthesis,1985,335-337.

[42] House, H. O. ; Trost, B. M. The chemistry of carbanions. X. The selective alkylation of unsymmetrical ketones. J. Org. Chem. ,1965,30：2502-2512.

[43] Godenschwager P. F. ; Collum D. B. Lithium hexamethyldisilazide-mediated enolizations：influence of triethylamine on E/Z selectivities and enolate reactivities. J. Am. Chem. Soc. ,2008,130：8726-8732.

[44] Heathcock, C. H. ; Buse, C. T. ; Kleschick, W. A. ; et. al. Acyclic stereoselection. 7. Stereoselective synthesis of 2-alkyl-3-hydroxy carbonyl compounds by Aldol condensation. J. Org. Chem. , 1980, 45：1066-1081.

[45] Stork, G. ; Kraus, G. A. ; Garcia, G. A. Regiospecific Aldol condensations of the kinetic lithium enolates of methyl ketones. J. Org. Chem. ,1974,39：3459-3460.

[46] Ireland, R. E. ; Mueller, R. H. ; Willard A. K. The ester enolate claisen rearrangement. stereochemical control through stereoselective enolate formation. J. Am. Chem. Soc. ,1976,98：2868-2877.

[47] Fataftah, Z. A. ; Kopka, I. E. ; Rathke, M. W. Role of HMPT and TMEDA in control of enolate stereochemistry for reactions of lithium amides with 3-pentanone. J. Am. Chem. Soc. , 1980, 102：

3859-3860.

[48] Masamme, S.; Ellingboe, J. W.; Choy, W. Aldol strategy: coordination of the lithium cation with an alkoxy substituent. J. Am. Chem. Soc., 1982, 104: 5526-5528.

[49] Corey, E. J.; Sneen, R. A. Stereoelectronic control in enolization-ketonization reactions. J. Am. Chem. Soc., 1956, 78: 6269-6278.

[50] Bordwell, F. G.; Scamehorn, R. G. Lack of steric hindrance and of stereoelectronic control in proton removal from 4,4-disubstituted cyclohexanones. J. Am. Chem. Soc., 1968, 90: 6749-6751.

[51] Behnam, S. M.; Behnam, S. E.; Ando, K.; et. al. Stereoelectronic, torsional, and steric effects on rates of enolization of ketones. J. Org. Chem., 2000, 65: 8970-8978.

[52] House, H. O.; Auerbach, R. A.; Gall, M.; et. al. Chemistry of carbanions. XXII. C- vs. O-acylation of metal enolates. J. Org. Chem., 1973, 38: 514-522.

[53] House, H. O.; Czuba, L. J.; Gall, M.; et. al. The chemistry of carbanions. XVIII. Preparation of trimethylsilyl enol ethers. J. Org. Chem., 1969, 34: 2324-2336.

[54] Stork, S.; Hudrlik, P. E. Isolation of ketone enolates as trialkylsilyl ethers J. Am. Chem. Soc., 1968, 90: 4462-4464.

[55] Seebach, D.; Amstutz, R.; Laube, T.; et. al. Structures of three lithium ester enolates by X-ray diffraction: derivation of reaction path for cleavage into ketene and alcoholate. J. Am. Chem. Soc., 1985, 107: 5403-5409.

[56] Polt, R.; Seebach, D. Stereoselective alkylation of glycine units in dipeptide derivatives: "chirality transfer" via a pivalaldehyde *N*,*N*-acetal center. J. Am. Chem. Soc., 1989, 111: 2622-2632.

[57] Fellmann, P.; Dubois, J. E. Aldol condensation: effects of alkyl substituents on the stereochemistry of the reaction between an enolate and an aldehyde or ketone. Tetrahedron, 1978, 34: 1349-1357.

[58] Dubois, J. E.; Dubois, M. Aldol condensation: influence of solvent and cation on stereoselectivity. Chem. Commun., 1968: 1567-1568.

[59] Fataftah, Z. A.; Kopka, I. E.; Rathke, M. W. Role of HMPT and TMEDA in control of enolate stereochemistry for reactions of lithium amides with 3-pentanone. J. Am. Chem. Soc., 1980, 102: 3959-3960.

[60] Heathcock, C. H. Acyclic stereocontrol through the Aldol condensation. Science, 1981, 214: 395-400.

[61] Evans, D. A.; Nelson, J. V.; Taber, T. R. Stereoselective Adol condensations. Top. Stereochem. 1982, 13: 1-115.

[62] Heathcock, C. H. Stereoselective Aldol reactions//Buncel, E.; Durst, T. Comprehensive Carbanion Chemistry, Part B. New York: Elsevier, 1984: 177-237.

[63] Zimmerman, H. E.; Traxler, M. D. Stereochemistry of the Ivanov and Reformatskii reaction. J. Am. Chem. Soc., 1957, 79: 1920-1923.

[64] Denmark, S. E.; Henke, B. R. Investigations on transition-state geometry in the Aldol condensation. J. Am. Chem. Soc., 1991, 113: 2177-2194.

[65] Evans, D. A.; McGee, L. R. Aldol diastereoselection via zirconium enolates. Product-selective, enolate structure independent condensations. Tetrahedron Lett., 1980, 25: 3975-3978.

[66] Gennari, C.; Todeschini, R.; Baretta, M. G.; et. al. Theoretical studies of stereoselective Aldol condensations. J. Org. Chem., 1986, 51: 612-616.

[67] Kuwajima, I.; Nakamura, E. Reactive enolates from enol silyl ethers. Acc. Chem. Res., 1985, 18: 181-187.

[68] Brownbridge, P. Silyl enol ethers in synthesis-part II. Synthesis, 1983: 85-104.

[69] Mukaiyama, T. Explorations into new reaction chemistry. Angew. Chem. Int. Ed., 2004, 43: 5590-5614.

[70] Mukaiyama, T.; Matsuo, J. I. Boron and silicon enolates in crossed Aldol reaction// Mahrwald, R. Modern Aldol Reactions. Vol. 1. Enolates, Organocatalysis, Biocatalysis and Natural Product Synthesis. Weinheim: Wiley-VCH. 2004: 127-160.

[71] Mukaiyama, T. The directed Aldol reaction. Org. React., 1982, 28: 203-331.

[72] Mukaiyama, T.; Narasaka, K.; Banno, K. New Aldol type reaction. Chem. Lett., 1973: 1011-1014.

[73] Mukaiyama, T.; Banno, K.; Narasaka, K. New cross-Aldol reactions. Reactions of silyl enol ethers with carbonyl compounds activated by titanium tetrachloride. J. Am. Chem. Soc., 1974, 96: 7503-7509.

[74] Wenke, G.; Jacobsen, E. N.; Totten, G. E.; et. al. Silyl ketene acetal chemistry: steric limitations in Lewis acid-promoted addition of ketones. Synth. Commun., 1983, 13: 449-458.

[75] Hollis, T. K.; Robinson, N. P.; Bosnich, B. Homogeneous catalysis. Titanium complex [$TiCp_2(CF_3SO_3)_2$] and zirconium complex [$ZrCp_2(CF_3SO_3)_2THF$], fast and efficient catalysts for the Mukaiyama cross-Aldol reaction. Tetrahedron Lett., 1992, 33: 6423-6426.

[76] Oishi, M.; Aratake, S.; Yamamoto, H. Remarkable enhancement of catalyst activity of trialkylsilyl sulfonates on the Mukaiyama Aldol reaction: a new approach using bulky organoaluminum cocatalysts. J. Am. Chem. Soc., 1998, 120: 8271-8272.

[77] Marx, A.; Yamamoto, H. Aluminum bis (trifluoromethylsulfonyl) amides: new highly efficient and remarkably versatile catalysts for C—C bond formation reactions. Angew. Chem. Int. Ed., 2000, 39: 178-181.

[78] Banno, K.; Mukaiyama, T.; New cross Aldol reactions. Titanium tetrachloride-promoted reactions of silyl enol ethers with carbonyl compounds containing a functional group. Bull. Chem. Soc. Jpn., 1976, 49: 2284-2291.

[79] Mukaiyama, T.; Hayashi, M. New synthesis of β-alkoxy ketones and β-keto acetals. Chem. Lett., 1974: 15-16.

[80] Mukaiyama, T.; Murakami, M. Cross-coupling reactions based on acetals. Synthesis, 1987: 1043-1054.

[81] Murata, S.; Suzuki, M.; Noyori, R. Trialkylsilyl triflates. A stereoselective Aldol-type condensation of enol silyl ethers and acetals catalyzed by trimethylsilyl trifluoromethanesulfonate. J. Am. Chem. Soc., 1980, 102: 3248-3249.

[82] Downey, C. W.; Johnson, M. W.; Tracy, K. J. One-pot enol silane formation-Mukaiyama Aldol-type addition to dimethyl acetals mediated by TMSOTf. J. Org. Chem., 2008, 73: 3299-3302.

[83] Burfeindt, J.; Patz, M.; Mulller, M.; et. al. Determination of the nucleophilicities of silyl and alkyl enol ethers. J. Am. Chem. Soc., 1998, 120: 3629-3634.

[84] Saigo, K.; Osaki, M.; Mukaiyama, T. New method for the preparation of β-hydroxyesters. Titanium tetrachloride-promoted reaction of ketene alkyl trialkylsilyl acetals with carbonyl compounds. Chem. Lett., 1975: 989-990.

[85] Saigo, K.; Osaki, M.; Mukaiyama, T. The titanium tetrachloride-promoted reaction of ketene alkyl trialkylsilyl acetals with acetals or an orthoformate. Chem. Lett., 1976: 769-770.

[86] Chan, T. H.; Aida, T.; Lau, P. W. K.; et. al. Chemistry of enol silyl ethers. Part III. Stereoselection in the condensation between ethyl propionate and aldehydes. Tetrahedron Lett., 1979, 20: 4029-4032.

[87] Dubois, J. E.; Axiotis, G.; Bertounesque, E. Ketene bis(trimethylsilyl) acetals. Cross-Aldol condensation

with aldehydes. Stereochemistry of the reaction. Tetrahedron Lett. ,1984,25：4655-4658.

[88] Gennari, C. ; Beretta, M. G. ; Bernardi, A. ; et. al. Lewis acid mediated Aldol condensations using thioester silyl ketene acetals. Tetrahedron,1986,42：893-909.

[89] Hatano,M. ;Takagi,E. ;Ishihara,K. Sodium phenoxide-phosphine oxides as extremely active Lewis base catalysts for the Mukaiyama Aldol reaction with ketones. Org. Lett. ,2007,9：4527-4530.

[90] Nagase,R. ;Osada,J. ;Tamagaki,H. ;et. al. Pentafluorophenylammonium trifluoromethanesulfonimide：mild,powerful,and robust catalyst for Mukaiyama Aldol and mannich reactions between ketene silyl acetals and ketones or oxime ethers. Adv. Synth. Catal. ,2010,352：1128-1134.

[91] Mukaiyama,T. New synthetic methods. 21. Titanium tetrachloride in organic synthesis. Angew. Chem. Int. Ed. ,1977,16：817-826.

[92] Kobayashi,S. ;Sugiura,M. ;Kitagawa,H. ;et. al. Rare-earth metal triflates in organic synthesis. Chem. Rev. ,2002,102：2227-2302.

[93] Shibasaki, M. ; Yoshikawa, N. Lanthanide complexes in multifunctional asymmetric catalysis. Chem. Rev. ,2002,102：2187-2210.

[94] Vougioukas,A. E. ;Kagan, H. B. Lanthanides as Lewis-acid catalysts in Aldol addition, cyanohydrin-forming,and oxirane ring opening reactions. Tetrahedron Lett. ,1987,28：5513-5516.

[95] Gong,L. ;Streitwieser,A. Organolanthanide catalysis of a Mukaiyama addition reaction. J. Org. Chem. , 1990,55：6235-6236.

[96] Kobayashi,S. ;Hachiya,I. ;Takahori,T. Lanthanide trifluoromethanesulfonates as reusable catalysts：Aldol reactions of organic solvents. Synthesis,1993:371-373.

[97] Kobayashi,S. ;Hachiya,I. ;Ishitani,H. ;et. al. Scandium trifluoromethanesulfonate ($Sc(OTf)_3$) as a novel reusable Lewis acid catalyst in Aldol and Michael reactions. Synlett,1993：472-474.

[98] Kobayashi,S. ;Hachiya,I. Lanthanide triflates as water-tolerant Lewis acids. Activation of commercial formaldehyde solution and use in the Aldol reaction of silyl enol ethers with aldehydes in aqueous media. J. Org. Chem. ,1994,59：3590-3596.

[99] Mei,Y. ;Averill,D. J. ;Allen,M. J. Study of the lanthanide-catalyzed,aqueous,asymmetric Mukaiyama Aldol reaction. J. Org. Chem. ,2012,77：5624-5632.

[100] Mei, Y. ; Dissanayake, P. ; Allen, M. J. A new class of ligands for aqueous, lanthanide-catalyzed enantioselective Mukaiyama Aldol reactions. J. Am. Chem. Soc. ,2010,132：12871-12873.

[101] Hamada,T. ;Manabe,K. ;Ishikawa,S. ;et. al. Catalytic asymmetric Aldol reactions in aqueous media using chiral bis-pyridino-18-crown-6-rare earthmetal triflate complexes. J. Am. Chem. Soc. ,2003,125：2989-2996.

[102] Kobayashi,S. ;Manabe,K. Development of novel Lewis acid catalysts for selective organic reactions in aqueous media. Acc. Chem. Res. ,2002,35：209-217.

[103] Kobayashi,S. ;Hachiya,I. Lanthanide triflates as water-tolerant Lewis acids. Activation of commercial formaldehyde solution and use in the Aldol reaction of silyl enol ethers with aldehydesin aqueous media. J. Org. Chem. ,1994,59：3590-3596.

[104] Loh, T. P. ; Chua, G. L. ; Vittal, J. J. ; et. al. Highly stereoselective indium trichloride-catalyzed asymmetric Aldol reaction of formaldehyde and a glucose-derived silyl enol ether in water. Chem. Commun. ,1998:861-862.

[105] Li,W. D. Z. ;Zhang,X. X. Chemoselective Aldol reaction of silyl enolates catalyzed by MgI_2 etherate.

Org. Lett. ,2002,4: 3485-3488.

[106] Fujisawa H;Sasaki Y;Mukaiyama T. Magnesium bromide diethyl etherate mediated highly diastereoselective Aldol reaction between an aldehyde and a silyl enol ether. Chem. Lett. ,2001: 190-191.

[107] Li,H. -J. ;Tian,H. -Y. ;Wu,Y. -C. ;et. al. Aqueous asymmetric Mukaiyama Aldol reaction catalyzed by chiral gallium Lewis acid with trost-type semi-crown ligands. Adv. Synth. Catal. , 2005, 347: 1247-1256.

[108] An,D. L. ;Peng,Z. H. ;Orita,A. ;et. al. Organotin perfluorooctanesulfonates as air-stable Lewis acid catalysts:synthesis,characterization,and catalysis. Chem. Eur. J. ,2006,12: 1642-1647.

[109] Ollevier,T. Bismuth-catalyzed addition of silyl nucleophiles to carbonyl compounds and imines. Top. Curr. Chem. ,2012,311: 69-114.

[110] Krüger,J. ;Carreira,E. M. Apparent catalytic generation of chiral metal enolates: enantioselective dienolate additions to aldehydes mediated by Tol-BINAP · Cu(II) fluoride complexes. J. Am. Chem. Soc. ,1998,120: 837-838.

[111] Ollevier,T. ;Plancq,B. Highly enantioselective Mukaiyama Aldol reaction in aqueous conditions using a chiral iron(II) bipyridine catalyst. Chem. Commun. ,2012: 2289-2291.

[112] Jankowska,J. ;Paradowska,J. ;Rakiel,B. ;et. al. Iron(II) and zinc(II) complexes with designed pybox ligand for asymmetric aqueous Mukaiyama-Aldol reactions. J. Org. Chem. ,2007,72: 2228-2231.

[113] Yamashita,Y. ;Ishitani,H. ;Shimizu,H. ;et. al. Highly anti-selective asymmetric Aldol reactions using chiral zirconium catalysts. Improvement of activities,structure of the novel zirconium complexes,and effect of a small amount of water for the preparation of the catalysts. J. Am. Chem. Soc. ,2002,124: 3292-3302.

[114] An,D. L. ;Peng,Z. H. ;Orita,A. ;et. al. Catalytic asymmetric Aldol reaction via chiral Pd(II) enolate in wet DMF. J. Org. Chem. ,1995,60: 2648-2649.

[115] Fujimura,O. Platinum-catalyzed enantioselective Aldol addition of ketene silyl acetals to aldehydes. J. Am. Chem. Soc. ,1998,120: 10032-10039.

[116] Mukaiyama,T. ;Kobayashi,S. ;Tamura,M. ;et. al. An efficient and extremely mild catalyst system, combined use of trityl chloride and tin(II) chloride,in the Aldol and Michael reactions. Chem. Lett. , 1987: 491-496.

[117] Kobayashi,S. ;Murakami,M. ;Mukaiyama,T. Trityl salts as efficient catalysts in the Aldol reaction. Chem. Lett. ,1985: 1535-1538.

[118] Yanai,H. ;Yoshino,Y. ;Takahashi,A. ;et. al. Carbon acid induced Mukaiyama Aldol type reaction of sterically hindered ketones. J. Org. Chem. ,2010,75: 5375-5378.

[119] Hara,K. ;Akiyama,R. ;Sawamura,M. Strong counter anion effects on the catalytic activity of cationic silicon Lewis acids in Mukaiyama Aldol and Diels-Alder reactions. Org. Lett. ,2005,7: 5621-5623.

[120] Hiraiwa,Y. ;Ishihara,K. ;Yamamoto,H. Crucial role of the conjugate base for silyl Lewis acid-induced Mukaiyama Aldol reactions. Eur. J. Org. Chem. ,2006:1837-1844.

[121] Childs,R. F. ;Mulholland,D. L. ;Nixon,A. The Lewis acid complexes of α,β-unsaturated carbonyl and nitrile compounds. A nuclear magnetic resonance study. Can. J. Chem. ,1982,60: 801-808.

[122] Mathieu,B. ;Ghosez,L. Trimethylsilyl bis(trifluoromethanesulfonyl)imide as a tolerant and environmentally benign Lewis acid catalyst of the Diels-Alder reaction. Tetrahedron,2002,58: 8219-8226.

[123] Hasegawa,A. ;Ishihara,K. ;Yamamoto,H. Trimethylsilyl pentafluorophenylbis(trifluoromethanesul-

fonyl)methide as a super Lewis acid catalyst for the condensation of trimethylhydroquinone with isophytol. Angew. Chem. Int. Ed. ,2003,42: 5731-5733.

[124] Boxer,M. B. ;Albert,B. J. ;Yamamoto,H. The super silyl group in diastereoselective Aldol and cascade reactions. Aldrichimica Acta,2009,42: 3-15.

[125] Cheon,C. H. ;Yamamoto,H. Super Brønsted acid catalysis. Chem. Commun. ,2011: 3043-3056.

[126] Boxer,M. B. ;Yamamoto,H. Tris(trimethylsilyl)silyl-governed aldehyde cross-Aldol cascade reaction. J. Am. Chem. Soc. ,2006,128: 48-49.

[127] Barbero,M. ;Bazzi,S. ;Cadamuro,S. ;et. al. An environmentally friendly Mukaiyama Aldol reaction catalyzed by a strong Brønsted acid in solvent-free conditions. Org. Biomol. Chem. , 2011, 9: 2192-2197.

[128] Cheon,C. H. ;Yamamoto H. *N*-triflylthiophosphoramide catalyzed enantioselective Mukaiyama Aldol reaction of aldehydes with silyl enol ethers of ketones. Org. Lett. ,2010,12: 2476-2479.

[129] Denmark,S. E. ;Beutner G. L. Lewis base catalysis in organic synthesis. Angew. Chem. Int. Ed. ,2008, 47: 1560-1638.

[130] Gawronski,J. ;Wascinska,N. ;Gajewy,J. Recent progress in Lewis base activation and control of stereoselectivity in the additions of trimethylsilyl nucleophiles. Chem. Rev. ,2008,108: 5227-5252.

[131] Denmark,S. E. ;Fujimori,S. Catalytic enantioselective Aldol additions with chiral Lewis bases// Mahrwald,R. Modern Aldol Reactions. Vol. 2. Weinheim: Wiley-VCH,2004: 229-326.

[132] Denmark,S. E. ;Stavenger,R. A. Asymmetric catalysis of Aldol reactions with chiral Lewis bases. Acc. Chem. Res. ,2000,33: 432-440.

[133] Ooi,T. ;Maruoka,K. Asymmetric organocatalysis of structurally well-defined chiral quaternary ammonium fluorides. Acc. Chem. Res. ,2004,37: 526-533.

[134] Yamago,S. ;Machii,D. ;Nakamura,E. Simple diastereoselectivity of the Aldol reaction of persubstituted enolates. Stereoselective construction of quaternary centers. J. Org. Chem. ,1991,56: 2098-2106.

[135] Kuwajima,I. ;Nakamura,E. Reactive enolates from enol silyl ethers. Acc. Chem. Res. , 1985, 18: 181-187.

[136] Noyori,R. ;Nishida,I. ;Sakata,J. Tris(dialkylamino)sulfonium enolates. Synthesis, structure and reactions. J. Am. Chem. Soc. ,1983,105: 1598-1608.

[137] Fujisawa,H. ;Takahashi,E. ;Mukaiyama,T. Lewis base catalyzed Mannich-type reactions between trimethylsilyl enol ethers and aldimines. Chem. Eur. J. ,2006,12: 5082-5093.

[138] Nakagawa,T. ;Fujisawa,H. ;Nagata,Y. ;et. al. Lithium acetate-catalyzed Aldol reaction between aldehyde and trimethylsilyl enolate in anhydrous or water-containing *N*,*N*-dimethylformamide. Bull. Chem. Soc. Jpn. ,2004,77: 1555-1567.

[139] Kawano,Y. ;Kaneko,N. ;Mukaiyama,T. Lewis base-catalyzed perfluoroalkylation of carbonyl compounds and imines with (perfluoroalkyl) trimethylsilane. Bull. Chem. Soc. Jpn. , 2006, 79: 1133-1145.

[140] Hatano,M. ;Suzuki,S. ;Takagi,E. ;et. al. Highly efficient synthesis of functionalized tertiary alcohols catalyzed by potassium alkoxide-crown ether complexes. Tetrahedron Lett. ,2009,50: 3171-3174.

[141] Fujisawa,H. ;Nakagawa,T. ;Mukaiyama,T. Product-catalyzed Aldol reaction between trimethylsilyl enolates and aldehydes. Adv. Synth. Catal. ,2004,346: 1241-1246.

[142] Fujisawa H. ;Nagata Y. ;Sato Y. ;et. al. Ammonium phenoxides-catalyzed *syn*-selective Aldol reaction

between an aldehyde and an trimethylsilyl enolate. Chem. Lett. ,2005: 842-843.

[143] Mukaiyama, T. ; Fujisawa, H. ; Nakagawa, T. Lewis base catalyzed Aldol reaction of trimethylsilyl enolates with aldehydes. Helv. Chim. Acta, 2002, 85: 4518-4531.

[144] Fujisawa, H. ; Mukaiyama, T. A catalytic Aldol reaction between ketene silyl acetals and aldehydes promoted by lithium amide under non-acidic conditions. Chem. Lett. ,2002: 182-183.

[145] Fujisawa, H. ; Mukaiyama, T. Lithium pyrrolidone catalyzed Aldol reaction between aldehyde and trimethylsilyl enolate. Chem. Lett. ,2002: 858-859.

[146] Swamy, V. M. ; Sarkar, A. Alkali metal hydride or aqueous hydroxide induced conjugate addition of trimethylsilyl enol ethers to enones. A convenient alternative to Lewis acid mediated reaction. Tetrahedron Lett. ,1998, 39: 1261-1264.

[147] Matsukawa, S. ; Okano, N. ; Imamoto, T. Phosphine catalyzed Aldol reaction between ketene silyl acetals and aldehydes: nucleophilic O—Si and C—Si bond cleavage by phosphines. Tetrahedron Lett. , 2000, 41: 103-107.

[148] Hagiwara, H. ; Inoguchi, H. ; Fukushima, M. ; et. al. Aldol reaction of trimethylsilyl enolate with aldehyde catalyzed by pyridine *N*-oxide as a Lewis base catalyst. Synlett, 2005: 2388-2390.

[149] Hagiwara, H. ; Inoguchi, H. ; Fukushima, M. ; et. al. Practical Aldol reaction of trimethylsilyl enolate with aldehyde catalyzed by *N*-methylimidazole as a Lewis base catalyst. Tetrahedron Lett. ,2006, 47: 5371-5373.

[150] Miura, K. ; Nakagawa, T. ; Hosomi, A. Lewis base-promoted Aldol reaction of dimethylsilyl enolates in aqueous dimethylformamide: use of calcium chloride as a Lewis base catalyst. J. Am. Chem. Soc. , 2002, 124: 536-537.

[151] Flowers, R. A. ; Xu, X. ; Timmons, C. ; et. al. A polymer-supported phosphoramide as a Lewis-base catalyst for the catalytic Aldol reaction. Eur. J. Org. Chem. ,2004: 2988-2990.

[152] Chintareddy, V. R. ; Wadhwa K. ; Verkade, J. G. $P(PhCH_2NCH_2CH_2)_3N$ catalysis of Mukaiyama Aldol reactions of aliphatic, aromatic, and heterocyclic aldehydes and trifluoromethyl phenyl ketone. J. Org. Chem. , 2009, 74: 8118-8132.

[153] Shen, Z. L. ; Ji, S. J. ; Loh, T. P. An environmentally friendly procedure for Mukaiyama Aldol and Mukaiyama-Michael reactions using a catalytic amount of DBU under solvent- and metal-free conditions. Tetrahedron Lett. ,2005, 46: 507-508.

[154] Song, J. J. ; Tan, Z. ; Reeves, J. T. ; et. al. *N*-heterocyclic carbene-catalyzed Mukaiyama Aldol reactions. Org. Lett. ,2007, 9: 1013-1016.

[155] Heathcock, C. H. ; Davidsen, S. ; Hug, K. ; et. al. Acyclic stereoselection. 36. Simple diastereoselection in the Lewis acid mediated reactions of enol silanes with aldehydes. J. Org. Chem. ,1986, 51: 3027-3037.

[156] Wong C. T. ; Wong, M. W. Mechanism of metal chloride-promoted Mukaiyama Aldol reactions. J. Org. Chem. ,2007, 72: 1425-1430.

[157] Denmark, S. E. ; Lee, W. Investigations into transition-state geometry in the Mukaiyama directed Aldol reaction. Chem. Asian J. ,2008, 3: 327-341.

[158] Chérest, M. ; Felkin, H. ; Prudent, N. Torsional strain involving partial bonds. The stereochemistry of the lithium aluminum hydride reduction of some simple open-chain ketones. Tetrahedron Lett. ,1968, 18: 2199-2204.

[159] Anh, N. T. Regio and stereoselectivities in some nucleophilic reactions. Top. Curr. Chem. ,1980, 88:

145-162.

[160] Mengel, A.; Reiser, O. Around and beyond Cram's rule. Chem. Rev., 1999, 99: 1191-1223.

[161] Bürgi, H. B.; Dunitz, J. D.; Shefter, E. Geometrical reaction coordinates. II. Nucleophilic addition to a carbonyl group. J. Am. Chem. Soc., 1973, 95: 5065-5067.

[162] Bürgi, H. B.; Dunitz, J. D. From crystal statics to chemical dynamics. Acc. Chem. Res., 1983, 16: 153-161.

[163] Boxer, M. B.; Albert, B. J.; Yamamoto, H. The super silyl group in diastereoselective Aldol and cascade reactions. Aldrichimca Acta, 2009, 42: 3-15.

[164] Brady, P. B.; Yamamoto, H. Rapid and stereochemically flexible synthesis of polypropionates: super-silyl-governed Aldol cascades. Angew. Chem. Int. Ed., 2012, 51: 1942-1946.

[165] Boxer, M. B.; Akakura, M.; Yamamoto, H. Ketone super silyl enol ethers in sequential reactions: diastereoselective generation of tertiary carbinols in one pot. J. Am. Chem. Soc., 2008, 130: 1580-1582.

[166] Chérest, M.; Felkin, H.; Prudent, N. Torsional strain involving partial bonds. The stereochemistry of the lithium aluminium hydride reduction of some simple open-chain ketones. Tetrahedron Lett., 1968, 9: 2199-2204.

[167] Anh, N. T.; Maurel, F.; Lefour, J. M. 1, 2-Asymmetric induction: why is a methyl group sometimes "smaller" than a hydrogen atom? New J. Chem., 1995, 19: 353-364.

[168] Anh, N. T.; Eisenstein, O. Theoretical interpretation of 1-2 asymmetric induction. The importance of antiperiplanarity. Nouv. J. Chim., 1977, 1: 61-70.

[169] Wu, Y. D.; Tucker, J. A.; Houk, K. N. Stereoselectivities of nucleophilic additions to cyclohexanones substituted by polar groups. Experimental investigation of reductions of trans-decalones and theoretical studies of cyclohexanone reductions. The influence of remote electrostatic effects. J. Am. Chem. Soc., 1991, 113: 5018-5027.

[170] Frenking, G.; Köhler, K. F.; Reetz, M. T. On the origin of π-facial diastereoselectivity in nucleophilic additions to chiral carbonyl compounds. 4. Calculated transition state structures for the addition of nucleophiles to 2-methoxypropanal and 2-*N*, *N*-dimethyl-aminopropanal. Tetrahedron, 1993, 49: 3983-3994.

[171] Evans, D. A.; Cee, V. J.; Siska, S. J. Asymmetric induction in methyl ketone Aldol additions to α-alkoxy and α, β-bisalkoxy aldehydes: a model for acyclic stereocontrol. J. Am. Chem. Soc., 2006, 128: 9433-9441.

[172] Cornforth, J. W.; Cornforth, R. H.; Mathew, K. K. A general stereoselective synthesis of olefins. J. Chem. Soc., 1959, 112-127.

[173] Paddon-Row, M. N.; Rondan, N. G.; Houk, K. N. Staggered models for asymmetric induction-attack trajectories and conformations of allylic bonds from ab initio transition structures of addition-reactions. J. Am. Chem. Soc., 1982, 104: 7162-7166.

[174] Cee, V. J.; Cramer, C. J.; Evans, D. A. Theoretical investigation of enolborane addition to α-heteroatom-substituted aldehydes. Relevance of the Cornforth and polar Felkin-Anh models for asymmetric induction. J. Am. Chem. Soc., 2006, 128: 2920-2930.

[175] Evans, D. A.; Siska, S. J.; Cee, V. J. Resurrecting the Cornforth model for carbonyl addition: studies on the origin of 1, 2-asymmetric induction in enolate additions to heteroatom-substituted aldehydes.

Angew. Chem. Int. Ed. ,2003,42：1761-1765.

[176] Borg,T. ;Danielsson,J. ;Somfai,P. Mukaiyama Aldol addition to α-chloro-substituted aldehydes. Origin of the unexpected syn selectivity. Chem. Commun. ,2010,46：1281-1283.

[177] Evans, D. A. ; Dart, M. J. ; Duffy, J. L. ; et. al. A stereochemical model for merged 1, 2- and 1, 3-asymmetric induction in diastereoselective Mukaiyama Aldol addition reactions and related processes. J. Am. Chem. Soc. ,1996,118：4322-4343.

[178] Evans, D. A. ; Duffy, J. L. ; Dart, M. J. 1, 3-Asymmetric induction in the Aldol addition reactions of methyl ketone enolates and enolsilanes to β-substituted aldehydes. A model for chirality transfer. Tetrahedron Lett. ,1994,35：8537-8540.

[179] Keck, G. E. ; Knutson, C. E. ; Wiles, S. A. Total synthesis of the immunosupressant (－)-pironetin (PA48153C). Org. Lett. ,2001,3：707-710.

[180] Yokokawa, F. ; Asano, T. ; Shioiri, T. Total synthesis of the antiviral marine natural product (－)-hennoxazole A. Org. Lett. ,2000,2：4169-4172.

[181] Kim, B. M. ; Williams, S. F. ; Masamune, S. The Aldol reaction：group III enolates// Trost, B. M. ; Fleming, I. ; Heathcock, C. H. Comprehensive Organic Syntheses. Vol. 2. Oxford：Pergamon Press, 1991：239-275.

[182] Mukaiyama, T. ; Inoue, T. New cross-Aldol reaction via vinyloxyboranes. Chem. Lett. ,1976：559-562.

[183] Inoue, T. ; Uchimaru, T. ; Mukaiyama, T. New directed cross-Aldol reaction using 9-trifluoromethylsulfonyl-9-borabicyclo[3. 3. 1]nonane. Chem. Lett. ,1977：153-154.

[184] Evans, D. A. ; Nelson, J. V. ; Vogel, E. ; et. al. Stereoselective Aldol condensations via boron enolates. J. Am. Chem. Soc. ,1981,103：3099-3111.

[185] Evans, D. A. ; Vogel, E. ; Nelson, J. V. Stereoselective Aldol condensations via boron enolates. J. Am. Chem. Soc. ,1979,101：6120-6123.

[186] Masamune, S. ; Mori, S. ; Horn, D. V. ; et. al. Stereoselective synthesis of β-hydroxy-α-methylketones via *Z*- and *E*-vinyloxyboranes generated directly from cyclohexyl ethyl ketone. Tetrahedron Lett. , 1979,20：2229-2232.

[187] Hirama, M. ; Garvey, D. S. ; Lu, L. D. L. ; et. al. Use of the E-vinyloxyborane derived from S-phenyl propanethioate for stereospecific Aldol-type condensation. A simplified synthesis of the Prelog-Djerassi lactonic acid. Tetrahedron Lett. ,1979,20：3937-3940.

[188] Li, Y. ; Paddon-Row, M. N. ; Houk, K. N. Transition structures of Aldol reactions. J. Am. Chem. Soc. , 1988,110：3684-3686.

[189] Li, Y. ; Paddon-Row, M. N. ; Houk, K. N. Transition structures for the Aldol reactions of anionic, lithium, and boron enolates. J. Org. Chem. ,1990,55：481-493.

[190] Bernardi, A. ; Capelli, A. M. ; Gennari, C. ; et. al. Transition-state modeling of the Aldol reaction of boron enolates：a force field approach. J. Org. Chem. ,1990,55：3576-3581.

[191] Brown, H. C. ; Ganesan, K. ; Dhar, R. Enolboration. An examination of the effect of the leaving group (X) on the stereoselective enolboration of ketones with various R_2BX/triethylamine. New reagents for the selective generation of either *Z* or *E* enol borinates from representative ketones. J. Org. Chem. , 1993,58：147-153.

[192] Brown, H. C. ; Ganesan, K. ; Dhar, R. Enolboration. An examination of the effect of variable steric requirements of R on the stereoselective enolboration of ketones with R_2BCl/Et_3N. Bis(bicyclo[2. 2.

2] octyl) chloroborane/triethylamine, a new reagent which achieves the selective generation of *E* enolborinates from representative ketones. J. Org. Chem. ,1992,57: 3767-3772.

[193] Brown, H. C. ; Dhar, R. K. ; Ganesan, K. ; et. al. Dicyclohexylchloroborane/triethylamine as a convenient reagent for regio- and stereoselective enolboration of representative classes of ketones. J. Org. Chem. ,1992, 57: 2716-2721.

[194] Brown, H. C. ; Dhar, R. K. ; Ganesan, K. ; et. al. Dicyclohexylchloroborane/triethylamine as a convenient reagent for enolboration of ketones and other carbonyl derivatives. J. Org. Chem. ,1992, 57: 499-504.

[195] Brown, H. C. ; Dhar, R. K. ; Bakshi, R. K. ; et. al. Major effect of the leaving group in dialkylboron chlorides and triflates in controllinon: a valuable, yet understated carbon-carbon bond-forming maneuver. J. Am. Chem. Soc. ,1989,111:3441-3442.

[196] Casiraghi, G. ; Battistini, L. ; Curti, C. ; et al. The vinylogous Aldol and related addition reactions: ten years of progress. Chem. Rev. ,2011,111:3076-3154.

[197] Casiraghi, G. ; Zanardi, F. ; Appendino, G. ; et al. The vinylogous aldol reaction: a valuable, yet understated carbon-carbon bond-forming maneuver. Chem. Rev. ,2000,100:1929-1972.

[198] Bisai, V. Organocatalytic asymmetric vinylogous Aldol reactions. Synthesis,2012,44:1453-1463.

[199] Pansare, S. V. ; Paul, E. K. The organocatalytic vinylogous Aldol reaction: recent advances. Chem. Eur. J. ,2011,17:8770-8779.

[200] Denmark, S. E. ; Heemstra, J. R. ; Beutner, G. L. Catalytic, enantioselective, vinylogous Aldol reactions. Angew. Chem. Int. Ed. ,2005,44:4682-4698.

[201] Mukaiyama, T. ; Ishida, A. Convenient method for the preparation of δ-alkoxy-α, β-unsaturated aldehydes by reaction of acetals with 1-trimethylsiloxy-1,3-butadiene. Chem. Lett. ,1975:319-322.

[202] Ishida, A. ; Mukaiyama, T. New method for the preparation of polyenals from δ-alkoxy-α,β-unsaturated aldehydes. Chem. Lett. ,1975:1167-1170.

[203] Ishida, A. ; Mukaiyama, T. A new method for the preparation of δ-alkoxy-α, β-unsaturated aldehydes and polyenals. Bull. Chem. Soc. Jpn. ,1977,50:1161-1168.

[204] Rassu, G. ; Zanardi, F. ; Battistini, L. ; et. al. The vinylogous Aldol addition of heterocyclic silyloxy-dienes: application in synthesis. Synlett,1999:1333-1350.

[205] Casiraghi, G. ; Zanardi, F. ; Battistini, L. ; et. al. Advances in exploring heterocyclic dienoxysilane nucleophiles in asymmetric synthesis. Synlett,2009:1525-1542.

[206] Hassfeld, J. ; Christmann, M. ; Kalesse, M. Rapid access to polyketide scaffolds via vinylogous Mukaiyama Aldol reactions. Org. Lett. ,2001,13:3561-3564.

[207] Majewski, M. ; Mpango, G. B. ; Thomas, M. T. ; et. al. Metalated unsaturated amides. regio- and stereoselective γ-alkylation J. Org. Chem. ,1981,46:2029-2045.

[208] Saito, S. ; Shiozawa, M. ; Yamamoto, H. Mixed crossed Aldol condensation between conjugated esters and aldehydes using aluminum *tris* (2, 6-diphenylphenoxide). Angew. Chem. Int. Ed. , 1999, 38: 1769-1771.

[209] Saito, S. ; Nagahara, T. ; Shiozawa, M. ; et. al. Molecular recognition of α, β-unsaturated carbonyl compounds using aluminum tris (2, 6-diphenylphenoxide) (ATPH): structural and conformational analysis of ATPH complexes and application to the selective vinylogous Aldol reaction. J. Am. Chem. Soc. ,2003,125:6200-6210.

[210] Saito, S.; Shiozawa, M.; Ito, M.; et. al. Conceptually new directed Aldol condensation using aluminum *tris*(2,6-diphenylphenoxide). J. Am. Chem. Soc., 1998, 120: 813-814.

[211] Takikawa, H.; Ishihara, K.; Saito, S.; et. al. Asymmetric vinylogous direct Aldol reaction using aluminum tris[2,6-bis(4-alkylphenyl)phenoxide]. Synlett, 2004: 732-734.

[212] Jeffrey, A. G.; Sammakia, T. The vinylogous Aldol reaction of unsaturated esters and enolizable aldehydes using the novel Lewis acid aluminum tris(2,6-di-2-naphthylphenoxide). Org. Lett., 2012, 14: 2678-2681.

[213] Fiorenza, M.; Reginato, G.; Ricci, A.; et. al. Regioselective functionalization of heterocyclic rings: synthesis and reactions of 1-methyl-2-(trimethylsiloxy)pyrrole and 2- (trimethylsiloxy)thiophene. J. Org. Chem., 1984, 49: 551-553.

[214] Fiorenza, M.; Ricci, A.; Romanelli, N.; et. al. Regioselective functionalization of the $\Delta\alpha,\beta$-butenolide ring via group IV-B organometallics. Heterocycles, 1982, 19: 2327-2329.

[215] Davis, B. R.; Garratt, P. J. Acylation of esters, ketones and nitriles// Trost, B. M.; Fleming, I. Comprehensive Organic Synthesis. Vol. 2. Pergamon Press: New York, 1991: 795-863.

[216] Benetti, S.; Romagnoli, R.; De Rosi, C.; et. al. Mastering β-keto esters. Chem. Rev., 1995, 95: 1065-1115.

[217] House, H. O. Acylation at Carbon// House, H. O. Modern Synthetic Reactions. 2nd Ed. Menlo Park: Benjamin/Cummings, 1972: 735-816.

[218] Hauser, C. R.; Swamer, F. W.; Adams, J. T. The acylation of ketones to form β-diketones or β-keto aldehydes. Org. React., 1954, 8: 59-196.

[219] Cooke, M. P., Jr. Formation of polycyclic carbocycles through metal-halogen exchange-initiated intramolecular conjugate addition reactions. J. Org. Chem., 1993, 58: 2910-2912.

[220] Honda, Y.; Katayama, S.; Kojima, M.; et. al. Synthesis of optically active α-aminoalkyl α'-halomethyl ketone: a cross-Claisen condensation approach. Org. Lett., 2002, 4: 447-449.

[221] Dieckmann, W. Formation of closed chain compounds from open carbon chains. Chem. Ber., 1894, 27: 102-103.

[222] Maklad, N. S. Dieckmann condensation// Li, J. J. Name Reactions for Carbocyclic Ring Formations. Hoboken: Wiley, 2010: 93-108.

[223] Schaefer, J. P.; Bloomfield, J. J. Dieckmann condensation. (Including the Thorpe-Ziegler condensation). Org. React., 1967, 15: 1-203.

[224] Sen, K.; Bagchi, P. Studies in Dieckmann cyclization. I. Cyclization of triethyl pentane-1, 2, 5-tricarboxylate. J. Org. Chem., 1958, 23: 1125-1128.

[225] Park, Y.; Lee, Y. J.; Hong, S.; et. al. Highly enantioselective total synthesis of (+)-isonitramine. Org. Lett., 2012, 14: 852-854.

[226] Knoevenagel, E. Condensation of malonic acid with aromatic aldehydes by ammonia and amines. Chem. Ber., 1898, 31: 2596-2619.

[227] McDonald, I. M. Knoevenagel reaction// Li, J. J. Name Reactions for Homologations. Wallingford: Wiley, 2009: Pt. 1, 474-501.

[228] Jones, G. Knoevenagel condensation. Org. React., 1967, 15: 204-599.

[229] House, H. O. Modern synthetic reactions. 2nd Ed. Benjamin: Menlo Park, 1972: 646-653.

[230] Tietze, L. F.; Beifuss, U. The Knoevenagel reaction// Trost, B. M.; Fleming, I. Comprehensive Organic

Synthesis. Oxford: Pergamon Press, 1991: 341-394.

[231] Majumdar, K. C.; Taher, A.; Nandi, R. K. Synthesis of heterocycles by domino-Knoevenagel-hetero-Diels-Alder reactions. Tetrahedron, 2012, 68: 5693-5718.

[232] Tietze, L. F.; Rackelmann, N. The domino-Knoevenagel-hetero-Diels-Alder reaction and related transformations// Zhu, J.; Bienayme, H. Multicomponent Reactions. Weinheim: Wiley-VCH, 2005: 121-168.

[233] Jimenez-Alonso, S.; Perez-Lomas, A. L.; Estevez-Braun, A.; et. al. Bis-pyranobenzoquinones as a new family of reversal agents of the multidrug resistance phenotype mediated by *p*-glycoprotein in mammalian cells and the protozoan parasite Leishmania. J. Med. Chem., 2008, 51: 7132-7143.

[234] Henry, L. Nitro-alcohols. C. R. Hebd. Seances Acad. Sci., 1895, 120: 1265-1268.

[235] Wang, A. X. Henry reaction. //Li, J. J. Name Reactions for Homologations. Wallingford: Wiley, 2009: Pt. 1, 404-419.

[236] Luzzio, F. A. The Henry reaction: recent examples. Tetrahedron 2001, 57: 915-945.

[237] Hass, H. B.; Riley, E. F. The nitro paraffins. Chem. Rev., 1943, 32: 373-430.

[238] Leighty, M. W.; Shen, B.; Johnston, J. N. Enantioselective synthesis of α-oxy amides via umpolung amide synthesis. J. Am. Chem. Soc., 2012, 134: 15233-15236.

[239] Johnson, W. S.; Daub, G. H. The Stobbe condensation. Org. React., 1951, 6: 1-73.

[240] Hurd, R. N.; Shah, D. H. Stobbe condensations of dimethyl 3,5-bis(benzyloxy)homophthalate. J. Org. Chem., 1973, 38: 607-609.

[241] Loewenthal H. J. E.; Pappo, R. The Stobbe condensation with dimethyl homophthalate. J. Chem. Soc., 1952: 4799-4804.

[242] Liu, J.; Brooks, N. R. Stereoselective Stobbe condensation of ethyl methyl diphenylmethylenesuccinate with aromatic aldehydes. Org. Lett., 2002, 4: 3521-3524.

[243] Ballester, M. Mechanisms of the Darzens and related condensations. Chem. Rev., 1955, 55: 283-300.

[244] Berti, G. Stereochemical aspects of the synthesis of 1,2-epoxides. Top. Stereochem., 1973, 7: 93-251.

[245] Darzens, G. General method of the synthesis of aldehydes with the help of substituted glycidic acids. Compt. Rend., 1904, 139: 1214-1217.

[246] Aggarwal, V. K.; Charmant, J. P. H.; Fuentes, D.; et. al. Highly enantioselective synthesis of glycidic amides using camphor-derived sulfonium salts. Mechanism and applications in synthesis. J. Am. Chem. Soc., 2006, 128: 2105-2114.

[247] Larson, S. E.; Li, G.; Rowland, G. B.; et. al. Catalytic asymmetric aza-Darzens reaction with a vaulted biphenanthrol magnesium phosphate salt. Org. Lett., 2011, 13: 2188-2191.

[248] Li, J. Perkin reaction// Li, J. J.; Corey, E. J. Name Reactions for Functional Group Transformations. Hoboken: Wiley, 2007: 363-368.

[249] Johnson, J. R. Perkin reaction and related reactions. Org. React., 1942, 1: 210-265.

[250] Perkin, W. H. On the hydride of aceto-salicyl. J. Chem. Soc., 1868, 21: 181-186.

[251] Perkin, W. H. On the formation of coumarin and of cinnamic and of other analogous acids from the aromatic aldehydes. J. Chem. Soc., 1877, 32: 388-427.

[252] Gaukroger, K.; Hadfield, J. A.; Hepworth, L. A.; et. al. Novel syntheses of cis and trans isomers of combretastatin A-4. J. Org. Chem., 2001, 66: 8135-8138.

[253] Mullins, R. J.; Danneman, M. W. Thorpe-Ziegler cyclization// Li, J. J. Name Reactions for Carbocyclic

Ring Formations. Hoboken：Wiley，2010：578-588.

[254] Fleming，F. F. ；Shook，B. C. Nitrile anion cyclizations. Tetrahedron，2002，58：1-23.

[255] Baron，H. ；Remfry F. G. P. ；Thorpe，J. F. The formation and reactions of imino-compounds. Part I. Condensation of ethyl cyanoacetate with its sodium derivative. J. Chem. Soc. ，1904，85：1726-1761.

[256] Barkin，J. L. ；Faust，M. D. Jr. ；Trenkle，W. C. Cytosine analogues from substituted acetonitriles via Thorpe condensation. Org. Lett. ，2003，5：3333-3335.

[257] Yoshizawa，K. ；Toyota，S. ；Toda，F. Efficient solvent-free Thorpe reactions. Green Chem. ，2002，4：68-70.

第 5 章　碳负离子的重排反应

在碳负离子的重排反应中，一个迁移基团向碳负离子中心迁移，而把一对电子留在原来与迁移基团相连的碳原子上[1-3]，因此可称为亲电重排，如式(5-1)所示的[1,2]-σ 重排。这类重排远不如迁移基团向碳正离子中心迁移的亲核性重排普遍。碳负离子的[1,2]-σ 迁移重排是涉及四个电子的过程，按照轨道对称守恒原理，以烃基为迁移基团的四电子 σ-迁移重排中，σ 组分和 π 组分中必须有一个是异面的，即[1,2]重排可经迁移基团以同面方式进行构型反转的迁移($2\sigma_a + 2\pi_s$，式(5-2)中的 **a**)，或以异面方式进行构型保持的迁移($2\sigma_s + 2\pi_a$，式(5-2)中的 **b**)[4-7]。显然，在一个三元环的过渡态中，这两种方式都遭遇极大的立体张力而难以实现。这与碳正离子的两电子重排中迁移基团以构型保持的同面方式($2\sigma_s + 2\pi_s$)进行无明显主体张力的 σ-迁移(式 5-2 中的 **c**)完全不同。

R　　R　　(5-1)

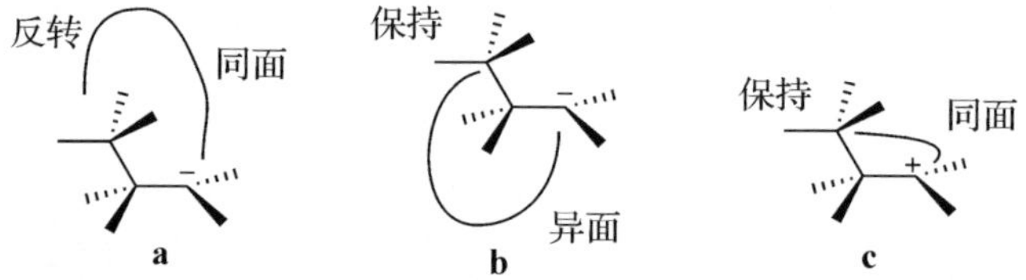

反转　同面　保持　异面　保持　同面　(5-2)

a　**b**　**c**

由于这个原因，至今未发现按协同机理进行的碳负离子[1,2] σ-迁移重排反应。而已知的碳负离子的一些[1,2]迁移重排，如[1,2]-Wittig 重排、Stevens 重排等涉及烃基从一个杂原子(O、N 或 S)向碳负离子进行的[1,2]迁移以及苄基的[1,2]迁移(Gronvenstein-Zimmerman 重排)等，都是经分步机理进行的。目前也没有碳负离子的[1,3]-,[1,4]- 等烃基迁移反应的肯定报道[8-10]。但有一些从杂原子向 α-碳负离子进行的[2,3]-迁移重排，如烯丙基醚碳负离子的[2,3]-Wittig 重排、硫叶立德的[2,3]-迁移重排，以及苄基铵叶立德的 Sommelet-Hauser 重排等，是经轨道对称守恒原理允许的协同机理(或至少部分经协同机理)进行的。

本章将对碳负离子的一些重要重排反应进行讨论。

5.1　[1,2]-Wittig 重排

在醚类化合物的 α-碳负离子($RCH^- OR^1$)中，α′-位的烃基 R^1 可以发生从氧到

碳的[1,2]-迁移，这就是[1,2]-Wittig 重排（式(5-3)）[11-15]。反应的推动力是把碳负离子转化为更为稳定的氧负离子，而反应的结果是把醚转变为醇。

$$RCH_2OR^1 \xrightarrow{n\text{-BuLi 或 LDA 等强碱}} \underset{RCHOR^1}{\overset{Li}{|}} \longrightarrow \underset{R^1}{\overset{RCH-OLi}{|}} \xrightarrow{H_2O} \underset{R^1}{\overset{RCH-OH}{|}} \quad (5\text{-}3)$$

迁移的基团 R^1 可为烷基、烯基、炔基以及芳基等。而 R 则应为能够对碳负离子起稳定作用的基团，如烯基、炔基、芳基等，以使 α-氢具有足够的酸性。目前也已有 R 为酮羰基[16-19]、酯羰基[20-21]、酰胺基[22,23]、亚氨基[24]、腈基[25]以及咪唑盐[26]等的醚的[1,2]-Wittig 重排的报道。

5.1.1　[1,2]-Wittig 重排的机理

溶液中的[1,2]-Wittig 反应，一般认为是按式(5-4)的均裂机理进行的，即碳负离子中的 O—R^1 键均裂，得到 R^1 的自由基和羰负离子自由基(ketyl anion radical)，然后经自由基对复合得到产物[12,13]。另一种可能的机理是碳负离子的 O—R^1键发生异裂，得到的 R^1 负离子对醛 RCHO 进行亲核加成而得产物（式(5-5)）[27,28]。

$$R\bar{C}HO-R^1 \longrightarrow \left[\overset{Li^+}{R\bar{C}H-O\cdot} \longleftrightarrow \overset{\cdot R^1}{\ } \overset{Li^+}{R\dot{C}H-O^-}\right] \xrightarrow[H^+]{\text{复合}} R-\underset{R^1}{\overset{H}{C}}-OH \quad (5\text{-}4)$$

$$R\bar{C}H-O-R^1 \longrightarrow RCH{=}O \;\; R^{1-} \xrightarrow{H^+} R-\underset{R^1}{\overset{H}{C}}-OH \quad (5\text{-}5)$$

大多数实验结果都支持式(5-4) 所示的均裂机理。这些事实主要是：①迁移基团(R^1)的迁移倾向为：苄基，烯丙基＞烷基＞乙烯基，芳基[29-31]。②在以 5-己烯基这样的可作为自由基反应探针的基团为迁移基团的反应中，观察到有 5-己烯基的成环产物生成[32,33]。例如，二苯甲基(5-己烯基)醚($Ph_2CH—O—(CH_2)_4CH═CH_2$)在用 n-BuLi 或 MeLi 为碱进行的重排中，都有约 15％的 5-己烯基成环的产物（式(5-6)中的 **2**）生成。而 5-己烯基负离子是不发生成环反应的。式中产物 **3** 与 **4** 是由 5-己烯自由基或环戊甲基自由基与自旋去局部化的二苯甲酮负离子基中的一个苯基在其邻或对位进行自由基对复合而生成的。③用其他方法制备的二苯甲酮负离子基与 5-己烯自由基（$\cdot CH_2(CH_2)_3CH═CH_2$）进行反应时，得到与式(5-6)相似的结果。成环产物（**2**＋**3b**＋**4b**）与未成环产物（**1**＋**3a**＋**4a**）的比例很接近[32,33]。

$$Ph_2CHO(CH_2)_4CH{=}CH_2 \xrightarrow{n\text{-BuLi 或 MeLi}} Ph_2\bar{C}O(CH_2)_4CH{=}CH_2 \longrightarrow [Ph_2\dot{C}{-}\bar{O} + H_2\dot{C}\text{(CH}_2)_3CH{=}CH_2 \rightleftharpoons H_2\dot{C}\text{-环戊基}] \longrightarrow 1 + 2 + 3 + 4 \qquad (5\text{-}6)$$

1: $Ph_2C(OH)(CH_2)_4CH{=}CH_2$; 2: $Ph_2C(OH)CH_2$-环戊基; 3: 邻位R取代的二苯甲酮; 4: 对位R取代的二苯甲酮

3a 和 4a: R = $(CH_2)_4CH{=}CH_2$

3b 和 4b: R = $-CH_2-$环戊基

也有一些实验结果表明，至少对某些特定反应物，反应仍可能部分经式(5-5)的异裂机理进行。例如，二苄醚在用甲基锂作为碱进行重排时，得到少量甲基锂对苯甲醛的加成产物 α-羟基苯乙烷(式(5-7)中的 **6**)[34]。这表明反应至少部分是通过式(5-5)中的异裂机理进行的。但在其他苄基醚($PhCH_2OR$，R 不为苄基)的反应中，则未发现有 **6** 这样的由苯甲醛生成的产物。

$$PhCH_2OCH_2Ph \xrightarrow[\text{溶剂}]{MeLi} Ph\bar{C}HOCH_2Ph \longrightarrow PhCHO + \bar{C}H_2Ph \longrightarrow PhCH(OH)CH_2Ph\ (\mathbf{5}) \qquad (5\text{-}7)$$

5：[1,2] 重排产物

$$PhCHO \xrightarrow{MeLi} PhCH(OH)Me\ (\mathbf{6}) + PhCH_3$$

乙醚/THF(1∶1)为溶剂，**5/6** = 32/1
THF 为溶剂，**5/6** = 4.5/1
THF/DME(1∶1)为溶剂，**5/6** = 3/1

[1,2]-Wittig 重排反应也可以在气相中发生。实验表明，气相中的 Wittig 反应是按式(5-5) 的异裂方式进行的[35,36]。溶液和气相中的上述两种反应机理也得到 ab initio 计算结果的支持[37,38]。二甲醚碳负离子($^-CH_2OCH_3$)的 CAS-MCSCF 和 CCSD(T)计算表明，自由的负离子在气相中倾向于异裂为甲醛和甲基负离子。但在计算中加入锂正离子后，经均裂生成羰负离子自由基($CH_2^{\cdot}$ —O^-)的途径在能量上变得更为有利。这是由于锂离子与氧负离子的紧密结合使负离子得到稳定。在计算中加入 DMSO 溶剂分子后，溶剂化作用将使锂离子对氧负离子的稳定作用削弱，但均裂途径仍比异裂途径更为有利[37]。

[1,2]-Wittig 反应的立体化学结果常是迁移的基团的构型或多或少得到保持，而羰负离子基的构型发生反转[37-39]。迁移基团构型得到保持的原因是在碳负离子均裂而得到的[$R\dot{C}H$—O^- $\cdot R^1$]自由基对处于溶剂笼内，寿命很短。一个例证是在苄基环丙甲基醚的重排反应中，作为自由基时钟(radical clock)的环丙甲基只发生了 6%的开环反应(式(5-8))[40]。快速的笼内自由基对复合使得在[1,2]-Wittig 重排中，迁移基团常能较好地保持构型。

$$PhCH_2OCH_2\text{-环丙基} \xrightarrow[THF]{MeLi} [Ph\bar{C}HOCH_2\text{-环丙基}] \longrightarrow PhCH(OH)CH_2\text{-环丙基}\ (94\%) + CH_2{=}CHCH_2CH_2CH(OH)Ph\ (6\%) \qquad (5\text{-}8)$$

5.1.2 [1,2]-Wittig 重排在有机合成中的应用

[1,2]-Wittig 重排在强碱性条件下进行，底物不能含有对 BuLi、LDA 等强碱敏感的官能团；反应产率对碱、溶剂和底物结构都很敏感，往往不是很高（例见式(5-9)[41]，式(5-10)[42]和式(5-11)[22]）。这使它在复杂有机化合物合成中的应用至今仍不够广泛。

Bu_3Sn … PhH_2CH_2C … (Z)-7 —n-BuLi→ [PhH_2CH_2C … Li … (Z)-8] —H_2O→ PhH_2CH_2C … OH (Z)-**9**, 16 % + PhH_2CH_2C … O … (Z)-**10**, 18 % + PhH_2CH_2C … CH_2CH_2Ph (Z)-**11**, 16 %

(5-9)

R^1 … OH … O … R^2 —2.5 eq n-BuLi / THF, −78℃~rt, 1 h→ [R^1 … OLi … Li … O … R^2] → R^2 … OH … OH … R^1

R^1 = H, 5-Cl, 4-MeO; R^2 = H, 2-MeO, 4-Me, 4-t-Bu. 9例, 31%~91%

(5-10)

R^2 … O … O … N … R^1 —LHMDS / THF, −30 ~ 0℃→ R^2 … R^1 … O … N … OH　(5-11)

R^1= Me, n-Bu, $CH_2CH{=}CH_2$, Ph, $(CH_2)_2OSiBu_3$; R^2=H, 4-Me, 4-MeO, 3,4-$(MeO)_2$, 4-NO_2.
10例, 35%~67 %. syn/anti 2.1/1~5.9/1. R^2 为硝基，R^1为Me时，得复杂产物

反应中应用的碳负离子一般是用烷基锂（BuLi 等）或氨基锂（LDA）等作为碱，从醚的 α-碳原子除去质子而生成，但也可以通过金属交换反应（SnR_3-Li[43-45]，SeR-Li[46]交换）、金属-卤素交换反应[47]或硫醚的还原锂化[48,49]来生成。例见式(5-9)和式(5-12)。

$$\underset{\text{Li}}{\text{RCH}}-\text{OR}' \xleftarrow[\text{Li, 4,4'-二叔丁基联苯}]{\text{X = Cl}} \underset{\text{X}}{\text{RCH}}-\text{OR}' \xrightarrow[n\text{-BuLi}]{\text{X = SnR}_3} \underset{\text{Li}}{\text{RCH}}-\text{OR}' \qquad (5\text{-}12)$$

[1,2]-Wittig 重排在有机合成中也已有一些较为成功的应用。特别是将它与 Mannich 反应[50]或 Aldol 反应[51]等串联，可以立体选择性地合成一些复杂分子。例如，式(5-13)是一个[1,2]-Wittig 重排-Aldol 反应的串联反应。反应物 **12** 在碱和 Bu_2BOTf 的作用下生成烯醇硼酸酯 Ⅰ 而发生[1,2]-Wittig 重排，在得到的产物 Ⅱ 中，硼与两个氧原子的配合，使 Ⅱ 在碱和 Bu_2BOTf 的作用下脱质子时得到两个 $OBBu_2$ 基处于顺式的烯二醇硼酸酯 Ⅲ。Ⅲ 与醛进行 Aldol 反应而立体选择性地得

到产物 **13**。**13** 在用 $LiAlH_4$ 还原以脱去手性辅基后，产物 **14** 具有很高的 *ee* 值[51]。

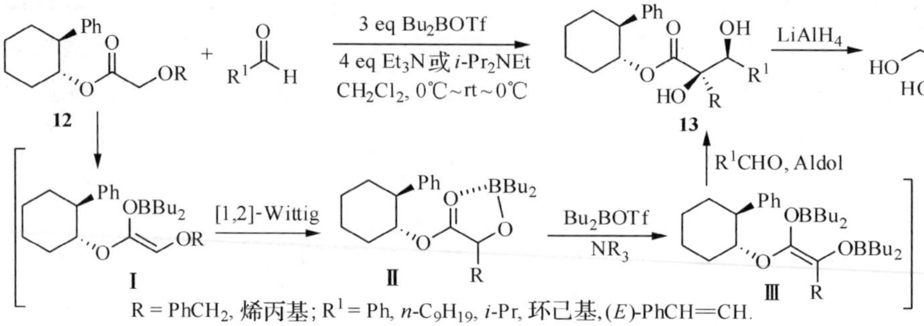

$R = PhCH_2$, 烯丙基; $R^1 = Ph$, n-C_9H_{19}, i-Pr, 环己基, (E)-PhCH=CH.
8例. **13**, 59 %~88%, *dr* 8:1~20:1; **14**, *ee* 75%~95%

(5-13)

这个串联反应进而被用于制备在天然产物支链孢酸(alternaric acid)全合成中的关键中间体 **15a** 和 **15b**(式 5-14)[51]。**15a** 和 **15b** 中的主要非对映异构体(如式中所示)都是 Felkin 模型对 α-取代醛的反应预测的产物。

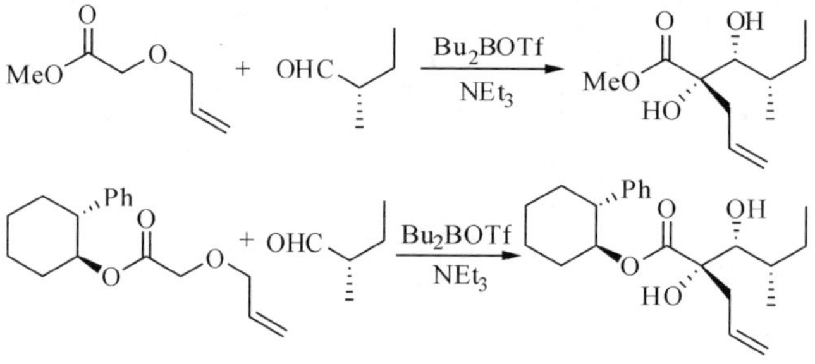

15a 63 %, *dr* 2:1

15b 80%, *dr* >20:1

(5-14)

又如式(5-15)中，在 **16** 的 Wittig 重排中生成的 α-羟基酯在转变为烯醇硼酸酯后，与 **17** 进行 Mannich 反应，以高 *dr* 值得到产物 **18**。从产物 **18** 中除去手性辅基后，以很高的 *ee* 值得到 α-烷基-α-羟基-β-氨基酸酯 **19**[50]。

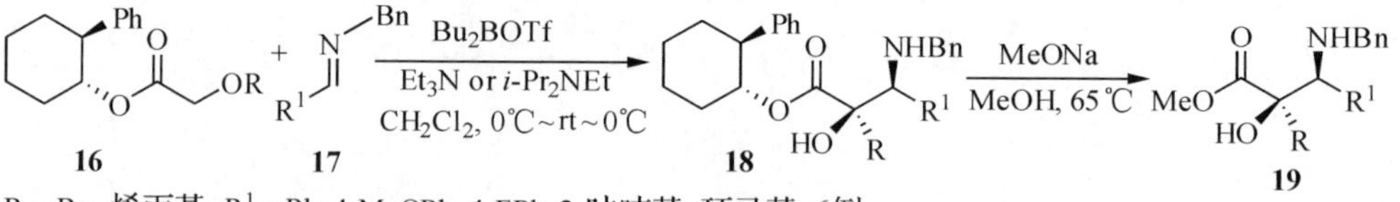

R = Bn, 烯丙基; R^1 = Ph, 4-MeOPh, 4-FPh, 2-呋喃基, 环己基. 6例.
18的产率 54%~85%, *dr*≥20:1, 从产物**18**中除去手型辅基后得**19**, *ee* 90%~96 %

(5-15)

具有缩醛结构的醚是[1,2]-Wittig 反应中较好的底物。这一方面是由于 α-氧代自由基具有相对较高的稳定性，同时也是由于这些自由基的中心碳原子上的单占据轨道与环上氧原子的直立 p 轨道之间有利的相互作用(anomeric effect)使自由基具有很高的构型稳定性。这些因素使反应产率和立体选择性都较好，例见式(5-16)[52]。

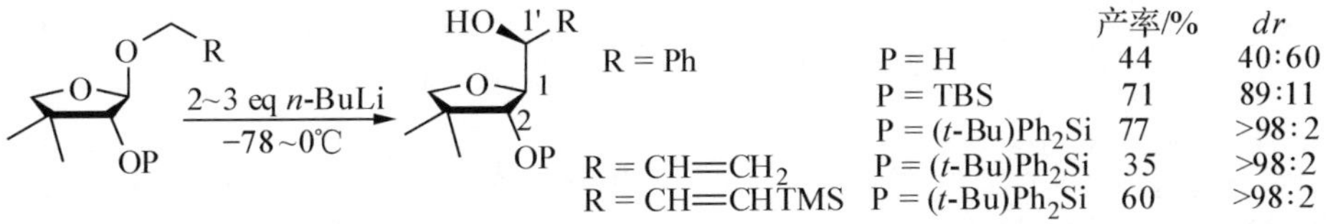

2~3 eq n-BuLi, −78~0℃

R	P	产率/%	dr
R = Ph	P = H	44	40:60
	P = TBS	71	89:11
	P = (t-Bu)Ph_2Si	77	>98:2
R = CH═CH_2	P = (t-Bu)Ph_2Si	35	>98:2
R = CH═CHTMS	P = (t-Bu)Ph_2Si	60	>98:2

(5-16)

这些反应已在糖苷类化合物的结构改造中得到成功应用。例如，式(5-17)的反应把 *O*-糖苷转化为在 C1 和 C1′上具有两个相邻手性季碳的 1*β*-*C*-糖苷[53]。在反应物的缩醛部分加上炔基以及在脱质子的碳原子上连接乙烯基和 2-三甲硅基乙炔基都是为了提高生成的自由基的稳定性，并使产物具有多官能团的特征。从原料 *β*-(*R*)-**20** 的差向异构体 *β*-(*S*)-**20** 出发，在同样反应条件下，也得到产物 *β*-(*S*)-**21**(式(5-18))。

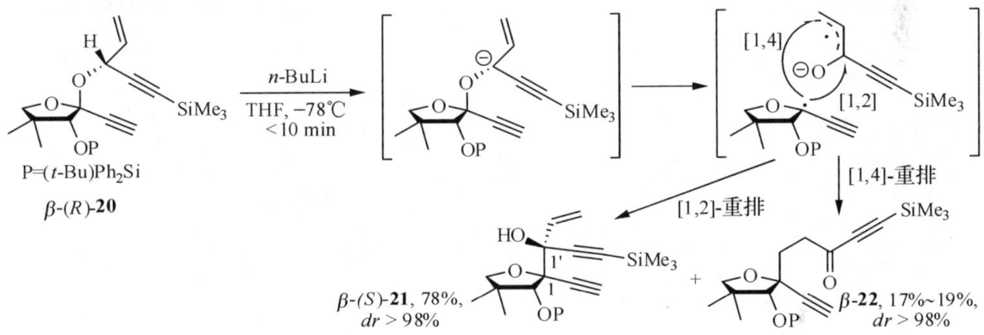

P=(t-Bu)Ph_2Si; *β*-(*R*)-**20**; n-BuLi, THF, −78℃, <10 min; [1,4]-重排; [1,2]-重排; *β*-(*S*)-**21**, 78%, dr > 98%; *β*-**22**, 17%~19%, dr > 98%

(5-17)

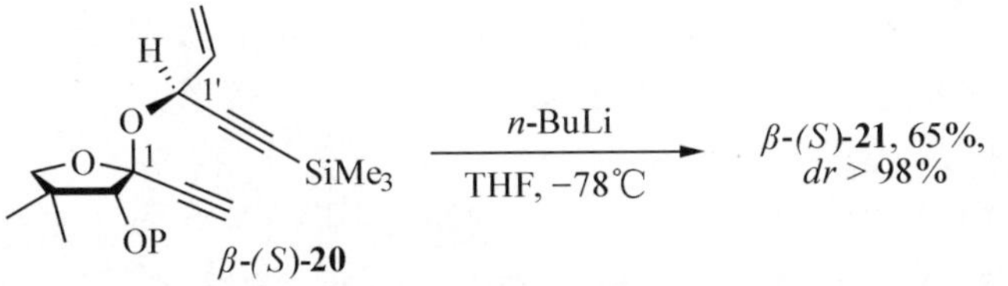

β-(*S*)-**20** —n-BuLi, THF, −78℃→ *β*-(*S*)-**21**, 65%, dr > 98%　(5-18)

在这些反应中，迁移基团的构型几乎完全保持，而新生成的叔醇上的立体中心(C1′)也有很高的非对映选择性(dr>98%)。

[1,2]-Wittig 重排也在 BINOL 的结构改造中得到应用[54]。从(*S*)-BINOL 的苄基醚出发，得到了在 2′-位上导入了手性叔醇官能团的产物(式(5-19))。

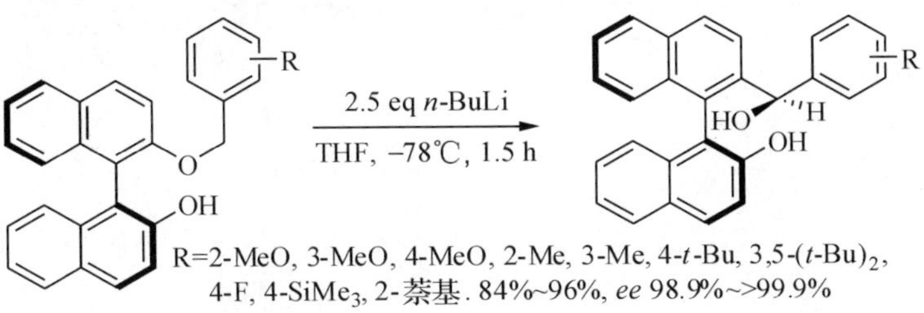

2.5 eq n-BuLi, THF, −78℃, 1.5 h　(5-19)

R=2-MeO, 3-MeO, 4-MeO, 2-Me, 3-Me, 4-t-Bu, 3,5-(t-Bu)$_2$, 4-F, 4-$SiMe_3$, 2-萘基. 84%~96%, ee 98.9%~>99.9%

5.2 [2,3]-Wittig 重排

烯丙基烷基醚的碳负离子可经一个六电子的五元环芳性过渡态发生协同的[2,3]-迁移重排，即[2,3]-Wittig 重排（式(5-20)）[55-58]。这一重排多数情况下是经一个信封状(envelope)的过渡态 **A** 进行的[59-61]。这是因为在这一过渡态，可以在生成的 C(2′)—C(3)键中产生头对头交盖，而同时 C(1)—C(1′) σ 键又可以与 C(2)—C(3)的 π 键发生有利的正交盖(**B**)。可以看到，[2,3]-Wittig 重排与中性体系的[3,3]-σ 迁移重排(如 Cope 重排)是相似的，都经一六电子的芳性过渡态进行。在决定反应速率的前沿轨道相互作用中，[2,3]-Wittig 重排须考虑碳负离子的填满一对电子的 p 轨道(HOMO)与双键上的 π^* (LUMO)间的相互作用。能使前者 HOMO 能量提高的取代基将加快反应。因此，碳负离子上的基团使负电荷去局部化的能力较弱时，反应较快[55,57,58]。

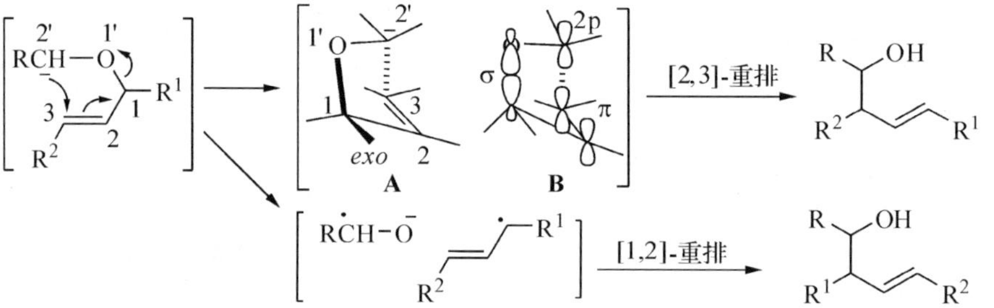

[2,3]-重排　[1,2]-重排　*exo*　A　B　(5-20)

与在[1,2]-Wittig 反应中一样，R 仍应为对碳负离子起稳定作用的基团，如 Ph、CH=CH_2、CO_2Et、COMe 等，以便用强碱产生碳负离子。但重排反应速率会随着 R 的拉电子能力增强(碳负离子 2p 轨道能量的下降)而下降。对因缺乏稳定碳负离子的取代基而酸性较弱的反应物，也可如在[1,2]-Wittig 反应一节中已讨论过的那样，经 Sn-Li 交换[43-45]、卤素-Li 交换[47,62]和硫醚的还原锂化[48,49,63]等途径，由有机锡、有机硫醚、卤代烃等前体产生相应的碳负离子。

对这些烯丙基醚，[2,3]-重排并不总是唯一的反应途径，有时会在不同程度上受到经均裂过程进行的[1,2]-Wittig 重排的竞争，例见式(5-21)[49]。

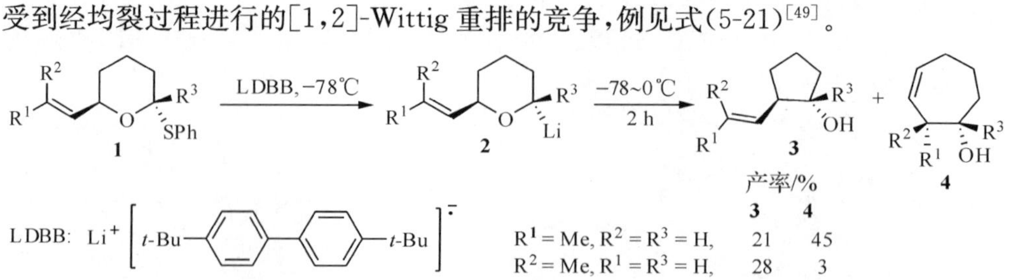

LDBB, −78℃　−78~0℃, 2 h

LDBB: $Li^+ [t\text{-Bu}-C_6H_4-C_6H_4-t\text{-Bu}]^{\cdot-}$

	产率/% 3	4
R^1 = Me, $R^2 = R^3$ = H,	21	45
R^2 = Me, $R^1 = R^3$ = H,	28	3
$R^1 = R^3$ = Me, R^2 = H,	79	0

(5-21)

硫醚反应物 **1** 在用 4,4′-二叔丁基联苯负离子自由基的锂盐(lithium 4,4-di-*t*-butylbiphenylide,LDBB)进行还原锂化后成为锂盐 **2**,后者发生竞争性的[1,2]-和[2,3]-Wittig 重排,分别得缩环产物 **3** 和扩环产物 **4**。产物 **4** 中原来与锂原子连接的碳负离子的构型发生反转。产物 **3** 和 **4** 的比例与反应物的结构有关。

5.2.1 [2,3]-Wittig 重排的立体化学

如果反应物中烯丙基的亚甲基上有取代基 R^1,则重排产物中的双键可有顺反两种构型。实际上,由于在"信封"状的过渡态(式(5-20)中的 **A**)中,R^1 总是倾向于占据 *exo* 位置(**A** 中 C1 上的 e 键)以减小位阻,产物中双键一般都是(*E*)-构型的,例见式(5-22)[64]和式(5-23)[65]。

[2,3]-重排　　(5-22)

(*E*)-*syn*　(*E*)-*anti*　(*Z*)

R	原料构型	产率/%	产物(*E*)-*syn*/(*E*)-*anti*	产物(*E*)/(*Z*)
$CH=CH_2$	(*Z*)-	84	92/8	100/0
	(*E*)-	75	40/60	100/0
$C(Me)=CH_2$	(*Z*)-	93	93/7	100/0
	(*E*)-	89	40/50	90/10
Ph	(*Z*)-	89	93/7	100/0
	(*E*)-	95	20/62	100/0
$C\equiv CH$	(*Z*)-	89	91/9	100/0
	(*E*)-	63	10/82	92/8
$C\equiv CSiMe_3$	(*Z*)-	62	>92/8	100/0

(5-23)

但如果同时在烯丙基的 2-位碳原子上还有一个大位阻取代基,则它与 R^1 间的空间位阻将使 R^1 占据 *exo*-位置的过渡态的优势减弱,各可能过渡态之间的能量差减小,这使产物的(*E*)-选择性减弱[66]。

在烯丙基醚 $RCH_2OCH_2CH=CHR^1$ 的[2,3]-Wittig 重排中,产物中可生成两个手性中心(式(5-24))。产物的非对映立体选择性在很多情况下也可以通过考虑在信封状过渡态中,使各基团处在立体和电性上最有利的排列来预测和解释。一个规律是:双键为(*Z*)-构型的反应物优先生成具有 *syn*-构型(赤式,*erythro*-)的产物,而双键为(*E*)-构型的反应物倾向于生成具有 *anti*-构型(苏式,*threo*-)的产物,即(*Z*)-*syn* 和(*E*)-*anti* 关系[67-69]。例见式(5-25)[67]。

$$R\bar{C}HOCH_2CH=CHR^1 \longrightarrow \quad (5\text{-}24)$$

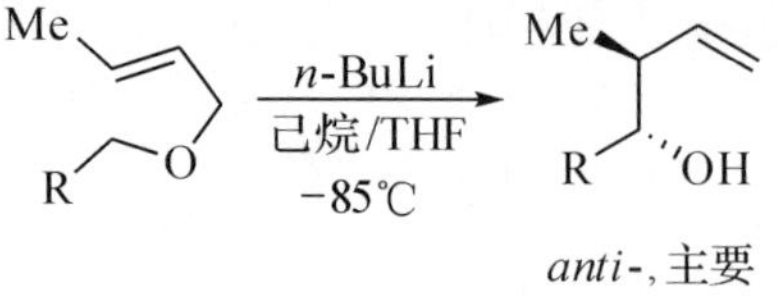

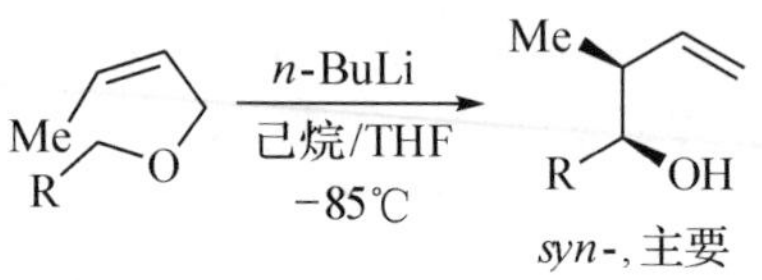

R	反应物的(*E*)/(*Z*)	产物的*anti*/*syn*[a]
CH=CH$_2$	93:7	79:21(84:16)
	5:95	12:88(8:92)
C(Me)=CH$_2$	93:7	67:33(72:28)
	17:83	16:84(5:95)
C≡CH	93:7	93:7(99:1)
	2:98	12:88(10:90)
Ph	93:7	37:63(39:61)
	5:95	7:93(5:95)
4-MeOPh	93:7	56:44(60:40)
	2:98	1:99(0:100)
(*E*)-CH=CHPh	93:7	71:29(74:26)
	2:98	30:70(28:72)

Me, R, O → (*n*-BuLi, 己烷/THF, −85℃) → Me, R, OH; *anti*-, 主要

Me, R, O → (*n*-BuLi, 己烷/THF, −85℃) → Me, R, OH; *syn*-, 主要

a 括号中是换算的当反应物为纯的(*E*)或(*Z*)时产物的*anti*/*syn*值

(5-25)

可以看到，当R为乙烯基、乙炔基、苯基时，除了对R为Ph时的(*E*)-反应物是例外以外，其他情况下都明显表现出(*Z*)-*syn* 和(*E*)-*anti* 关系，而且(*Z*)-*syn* 的选择性比(*E*)-*anti* 的选择性更好。式中有些反应的选择性很高，已使它们可以在合成中得到实际应用。

与上述规则不符的是以羰基为碳负离子稳定基团(R＝COOH，CO_2R，$CONR_2$)的反应物。对这些反应物，呈现较好的(*E*)-*syn* 关系，而(*Z*)-反应物的非对映立体选择性不高[70-72]。这可能是由于在式(5-20)中的过渡态内，C2′上的R为烃基时，优先占据*exo*-位，而含羰基的基团则优先占据*endo*-位。

如果发生迁移的基团是炔丙基，则得到联烯产物。这使炔丙基醚的[2,3]-Wittig重排反应成为合成联烯基醇的一个方法(式(5-26))[73,74]。

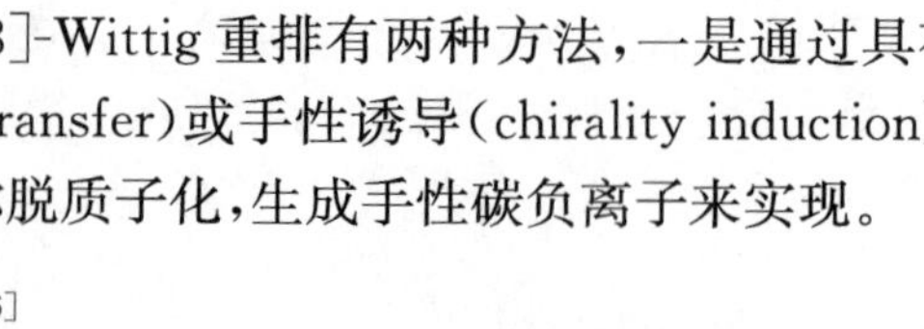

R^2, R^1, O, R → R^1, R^2, OH, R (5-26)

5.2.2 不对称[2,3]-Wittig重排[75]

进行不对称[2,3]-Wittig重排有两种方法，一是通过具有手性中心的原料经手性转移(chirality transfer)或手性诱导(chirality induction)来实现；二是从非手性反应物通过不对称脱质子化，生成手性碳负离子来实现。

1. 手性转移[65,76]

重排中，烯丙基γ-碳上的手性可以通过立体上有利的五元环信封状过渡态转移到产物中生成的两个手性中心(C3 和 C4)。手性转移的有效性取决于反应物中 γ-碳的构型，双键的构型以及碳负离子上的稳定基团 R(式(5-27))。这几个因素决定反应中优势的五元环信封状过渡态中各基团的相对排列，例见式(5-28)[64,65]。这些反应都表现出了较高的(Z)-*syn* 选择性，而在 *syn* 产物中，从反应物的 C1 向产物中的 C3 和 C4 的手性转移，几乎是完全的，在式(5-28)中的反应(1)中，*syn*-产物的 *ee* 值(91%)与原料相同，手性转移效率为 100%。

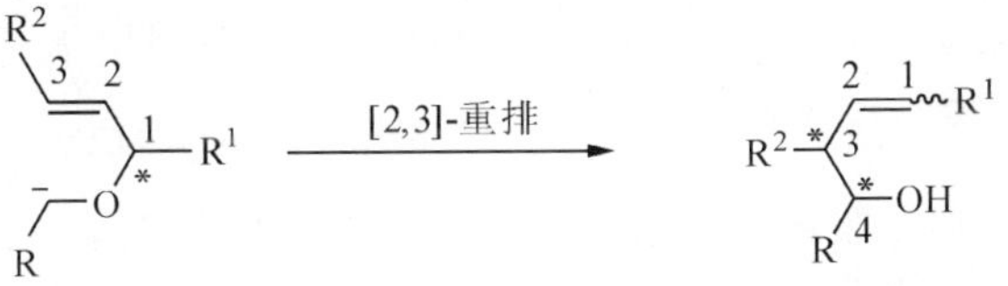

[2,3]-重排　(5-27)

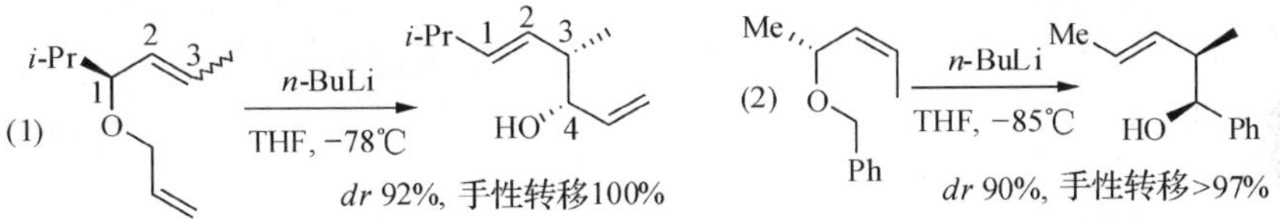

(1) *n*-BuLi, THF, −78℃　*dr* 92%, 手性转移100%　(2) *n*-BuLi, THF, −85℃　*dr* 90%, 手性转移>97%　(5-28)

2. 不对称诱导

在碳负离子中心([2,3]-迁移的终端，migrating terminus)[77]或在烯丙基的双键碳原子上(α-碳或 β-碳)[78]可连接手性辅助基团，以诱导反应中产生的立体中心的手性。

在式(5-29)[77]的反应中，在碳负离子的稳定基团——酯基中加入了(−)-8-苯基盖基作为不对称诱导基团。反应在氨基锂强碱存在时进行，表现出了很高的 *syn*-选择性(90%～92%)和非对映面选择性(两种 *syn*-产物的对映选择性 95%～97%)，但对烯丙基上无 γ-取代基的反应物($R^1=H$)，反应的 2*S* 选择性较差。这表明 R^1 在五元环过渡态中对决定反应的面选择性起重要作用。

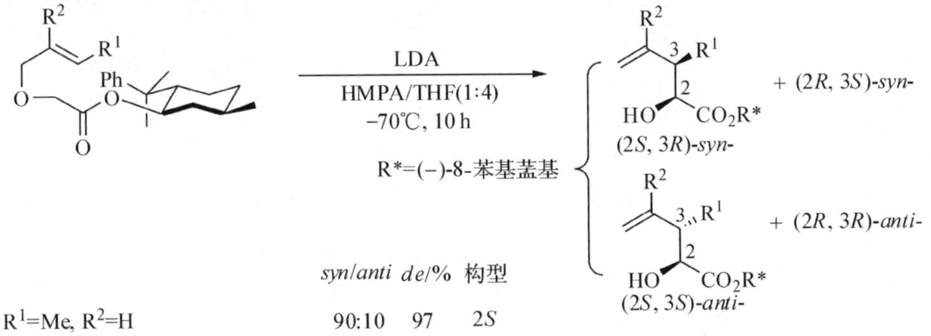

LDA, HMPA/THF(1:4), −70℃, 10 h

R*=(−)-8-苯基盖基

(2*S*, 3*R*)-*syn*- + (2*R*, 3*S*)-*syn*-

(2*S*, 3*S*)-*anti*- + (2*R*, 3*R*)-*anti*-

	syn/*anti*	*de*/%	构型
R^1=Me, R^2=H	90:10	97	2*S*
R^1=*n*-Bu, R^2=H	92:8	95	2*S*
反应物为 $Me_2C{=}CHCH_2OCH_2CO_2R^*$		96	2*S* 主要产物为
$R^1=R^2$=H		11	2*S*
R^1=H, R^2=Me		4	2*S*

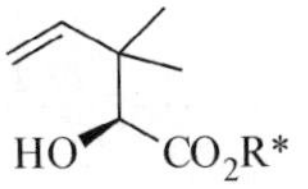

(5-29)

在烯丙基的 α-或 β-位上连接手性基团也可以对反应起手性诱导作用(式(5-30))[78]。

(5-30)

3. 从非手性反应物经不对称脱质子反应生成手性碳负离子而进行对映选择性反应

应用手性碱或非手性碱-手性配体组合,可以从非手性反应物产生手性碳负离子作为重排中的迁移终端。在[2,3]-Wittig 重排中,原碳负离子的构型发生反转。而从碳负离子向新生成的两个立体中心的手性诱导可经过不同途径进行。一是手性碱优先夺取两个对映质子中的一个。如手性碳负离子生成的选择性很高,且具有较高的构型稳定性,在反应过程中没有显著的外消旋化,则反应可以得到高的对映选择性。在这些情况下,反应的对映选择性取决于不对称脱质子过程。如果在脱质子过程中两种互为对映体的碳负离子均可生成且处于平衡,但其中一种占优势,且可迅速重排,反应也可有较好的对映选择性。又如果两个对映体碳负离子处于快速平衡,但其中一种重排的速率远远超过另一种,则也能得到较高对映选择性的产物(动态的动力学拆分,dynamic kinetic resolution)。

(1) 用手性强碱从非手性产物中产生手性碳负离子,以进行不对称重排[79,80]。虽然这一方法因不需使用手性反应物而具有很大优点,但迄今效果很好的例子不多。很多时候只得到中等产率和不高的 *ee* 值。一个较为成功的例子见式(5-31)[79]。与三羰基铬配位的烯丙基苄基醚在手性碱 **5** 的作用下重排,以较高的 *ee* 值得到产物,但产率有时不高。

1.1 eq **5**, 1 eq LiCl, THF, −78~50℃

$R^1=R^2=H$, 80%, *ee* 96%
$R^1=R^2=Me$, 82%, *ee* 84%

syn/anti 95:5
82%, *ee* 96%

syn/anti 1:1, 总产率24%
syn: *ee*≥90%, *anti*:*ee*≥90%

(5-31)

(2) 用手性配体与非手性碱配合，从非手性反应物产生碳负离子，进行不对称重排。这是目前研究较多的领域。已用过的手性配体有鹰爪豆碱(sparteine)和 α-异鹰爪豆碱(isosparteine)[81-83]、手性叔胺 **6**[84]、手性二噁唑啉衍生物 **7**[85,86]等。但目前手性诱导效果很好的反应仍不多。

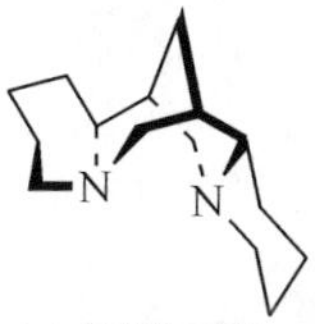

(−)-鹰爪豆碱 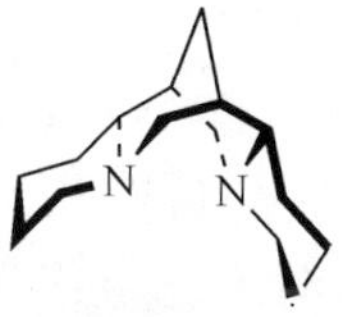　(−)-α-异鹰爪豆碱 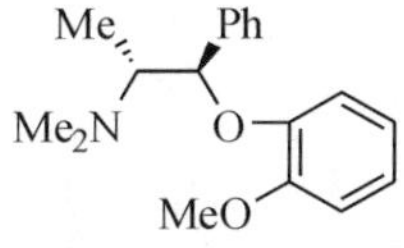　**6** 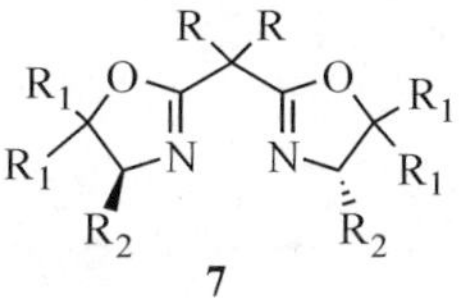　**7**

4,4′-二叔丁基二噁唑啉 **7a** 与叔丁基锂配合，在用于苄基烯丙基醚的不对称[2,3]-Wittig 反应时取得较好效果(式(5-32))[86]。除了苯基上邻位有甲氧基时以外，其他产物的 *ee* 值较高。反应中碳负离子的构型发生反转。通过比较单氘代苄基氢的两个对映体在此条件下的重排反应，表明反应的手性诱导是由苄基的不对称脱质子化和手性碳负离子在反应中有效的手性转移引起的，而手性配体 **7a** 不仅引起了不对称脱质子的作用，它与碳负离子锂盐的配位还防止了手性碳负离子的外消旋化。不加配体 **7a** 时，优先脱除氢而非氘原子，但相应生成的手性碳负离子在反应中外消旋化，产物的 *ee* 值较低。而加入配体 **7a** 时，两个单氘代的对映体反应物中，只有(*R*)-苄基醚能顺利脱质子并以高 *ee* 值进行重排，而(*S*)-苄基醚则不能顺利脱质子和重排，而发生反应物的分解。

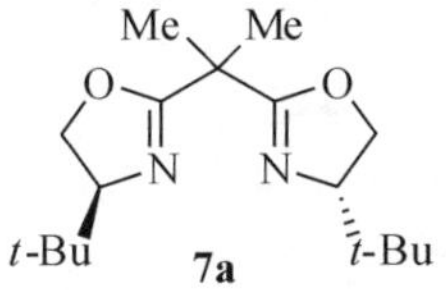

10 eq *t*-BuLi，5 eq **7a**，已烷，−78℃，2 h；产物 (1*R*,2*S*)-　(5-32)

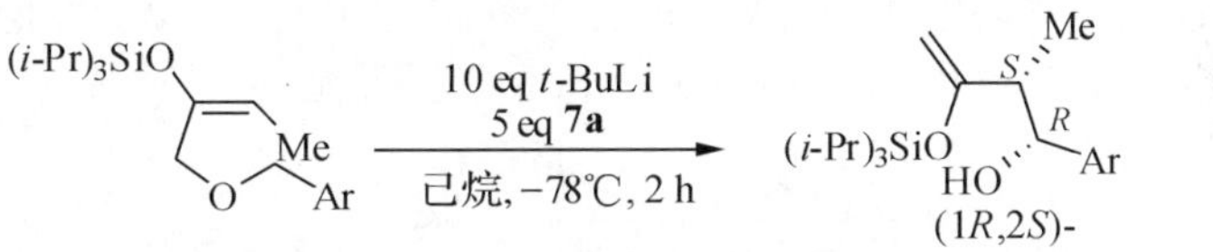

7a

Ar = Ph, 4-MeOPh, 3-MeOPh, 2-MeOPh, 3,4-$(MeO)_2$Ph, 3,5-$(MeO)_2$Ph, 2,3-$(MeO)_2$Ph, 2,5-$(MeO)_2$Ph, 3,4,5-$(MeO)_3$Ph

产率 32%~76%, *ee* 8%~98%

当然，在进行不对称反应时，溶剂、碱和其他添加剂(LiCl 等)也会对碳负离子的构型稳定性和过渡态的立体化学产生很大影响[87,88]。只有在优化的反应条件下进行反应，才能得到更好的立体选择性。

在[2,3]-Wittig 重排中，反应物中的杂原子不仅可以是氧，也可以是 N[89,90]、S[91,92]、Si[93,94]等原子(式(5-33))。

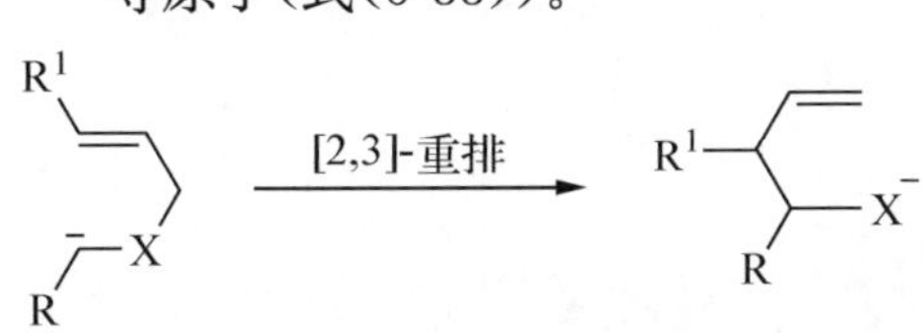

[2,3]-重排　(5-33)

X=S,　thia-Wittig 重排
X=NR,　aza-Wittig 重排
X=SiR_3,　sila-Wittig 重排

在这些反应中，产物分别是烯丙硫醇、烯丙胺和烯丙基硅烷，在 aza-[2,3]-

Wittig 重排中，还有一类是导致 β-内酰胺或氮杂环丙烷的开环而生成扩环产物的反应[95,96]。例见式(5-34)[96]。在这些反应中，小环张力的解除促进了反应。

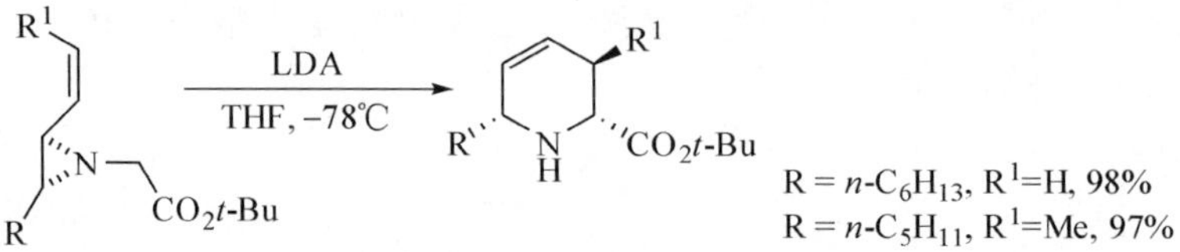

$R = n\text{-}C_6H_{13}$, R^1=H, 98%
$R = n\text{-}C_5H_{11}$, R^1=Me, 97%
(5-34)

硫和氮原子上带有烯丙基的硫和氮叶立德也可进行此类协同的[2,3]-σ-迁移重排(式(5-35))，这将在 Stevens 重排反应(5.3 节)中详细讨论。

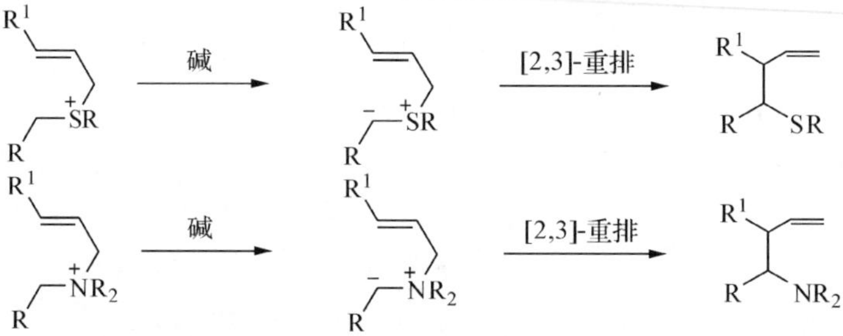

(5-35)

由于[2,3]-Wittig 重排需要通过用强碱产生碳负离子来进行，不对称反应迄今主要通过上述的手性沿烯丙基链的转移，在碳负离子或烯丙基双键上连接手性基团进行不对称诱导，以及进行不对称脱质子反应等方式进行；而在强碱性反应条件下，难以实行有机催化的不对称[2,3]-Wittig 重排反应。但已有报道把烯胺催化用于这一重排，用四氢吡咯(**8a**)作为仲胺催化剂，实现了在温和条件下有机催化的[2,3]-Wittig 重排(式(5-36))[97]。反应机理见式(5-37)。

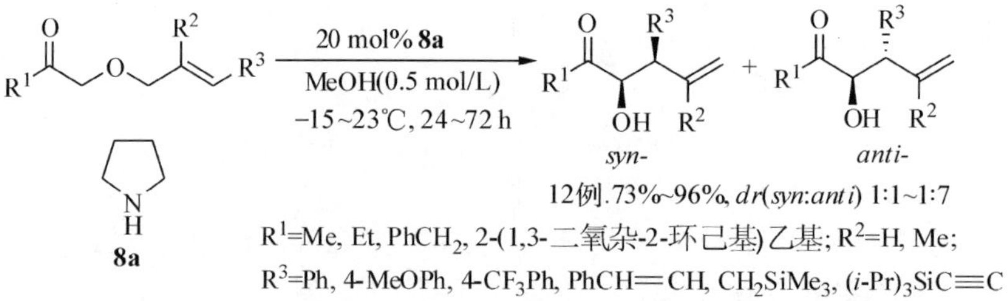

syn-　*anti-*
12例，73%~96%，*dr*(*syn*:*anti*) 1:1~1:7
R^1=Me, Et, $PhCH_2$, 2-(1,3-二氧杂-2-环己基)乙基; R^2=H, Me;
R^3=Ph, 4-MeOPh, 4-CF_3Ph, PhCH═CH, CH_2SiMe_3, $(i\text{-}Pr)_3SiC≡C$
(5-36)

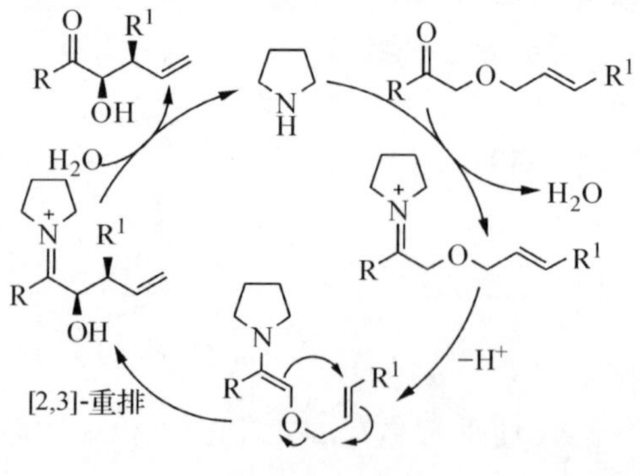

(5-37)

在烯胺催化反应条件下，也实现了手性转移反应(式(5-38))[97]。这个接近100%的手性转移也表明，反应是经协同机理进行的。

20 mol% 吡咯烷；MeOH(0.5 mol/L)，−5℃，24 h；86%，*syn/anti* 4:1，*ee*(*syn*) 92%　(5-38)

进而用手性仲胺 **8b** 为催化剂，从非手性原料出发，实现了有机催化的不对称[2,3]-Wittig 重排反应(式(5-39))[97]。

20 mol% **8b**；MeOH(0.5 mol/L)，rt，5天；75%，*dr* 2:1，*ee* 60% (*syn*-产物)　**8b**

(5-39)

这一烯胺催化的反应不使用强碱，反应条件温和，并为进行有机催化的不对称[2,3]-Wittig 重排反应提供了平台。

5.3　Stevens 重排

季铵盐或锍盐在碱的作用下脱质子而生成的叶立德，可发生[1,2]-重排反应(式(5-40)和式(5-41)中的(a))，分别得到叔胺和硫醚产物。当式(5-40)和式(5-41)中的 R^1 为烯丙基时，则叶立德可发生[2,3]-重排(式(5-40)和式(5-41)中的(b)，式(5-35))[98-105]。

(a) 碱 → 自由基对复合 → [1,2]-Stevens重排

(b) 碱 → [2,3]-Stevens重排　(5-40)

(a) 碱 → 自由基对复合 → [1,2]-thia-Stevens重排

(b) 碱 → [2,3]-thia-Stevens重排　(5-41)

式(5-40)和式(5-41)中的 Z 为能稳定碳负离子的基团,如苯基、羰基(RCO、CO_2R 等),以便在强碱的作用下经脱质子产生叶立德中间体。在[1,2]-重排中(式(5-40)和式(5-41)中的(a)),均裂总是导致最稳定的自由基生成。

这些反应在机理上与[1,2]-和[2,3]-Wittig 重排很相似:[1,2]-重排目前普遍认为是经均裂-自由基对复合机理进行;而[2,3]-重排则都是经六电子、五元环的周环过渡态进行的协同的同面 σ-迁移反应。[1,2]-重排的均裂-自由基对复合机理得到很多实验事实的支持,如^{14}C 标记试验[105],自由基对反应中出现笼外产物(如二聚产物)且笼效应的程度与反应介质的黏度有关[106-108],以及证明自由基对存在的 CIDNP 实验结果[109]等。最近对 N-苄基铵盐的[1,2]-Stevens 重排和 Sommelet-Hauser 重排(S-H 重排,见 5.4 节)的密度泛函理论研究(UDFT-MO5-2x)支持了[1,2]-Stevens 重排的均裂-自由基对复合机理和 Sommelet-Hauser 重排的协同机理,并表明,当叶立德较为稳定(碳负离子上连有拉电子基)时,对 Stevens 重排较为有利;而由于两个反应的速率决定步骤中活化熵的较大差别(导致均裂和双基生成的活化熵较高,而周环过渡态的活化熵很低),较低的反应温度应更有利于 Sommelet-Hauser 重排[110]。这些都与已有的实验事实符合。

在铵盐和锍盐中有烯丙基而可发生[2,3]-重排时,它将成为优先的反应方式,而[1,2]-Stevens 和 S-H 重排都不再发生(式(5-42))[111]。这反映了协同周环反应在热力学上的优势,使涉及均裂过程的分步反应和导致芳性破坏的周环反应(S-H 重排)都不能与之竞争。

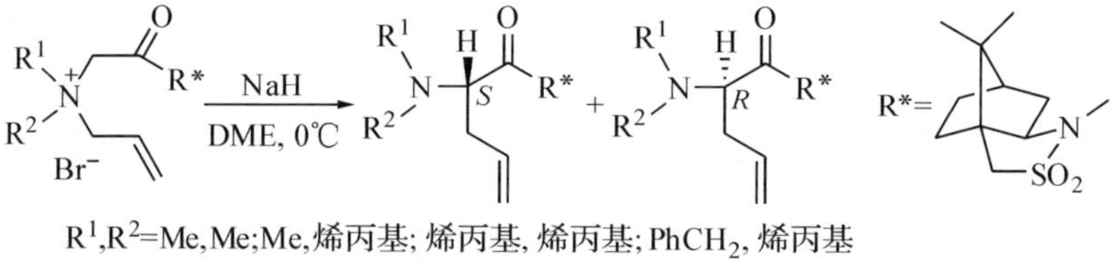

NaH, DME, 0℃ (5-42)

R^1,R^2=Me,Me;Me,烯丙基;烯丙基,烯丙基;$PhCH_2$,烯丙基

总产率 80%~99%, R/S 2:98~>99:1

用季铵盐为原料在强碱作用下产生叶立德进行 Stevens 反应有一些缺点和限制。

(1) 用强碱从季铵盐中脱质子产生叶立德时,如果季铵盐的一个烃基具有 β-氢,常会遇到竞争的 β-脱质子而引起的 Hoffmann 消去副反应。两条反应途径的竞争,取决于反应物结构和反应条件(式(5-43))[112]。

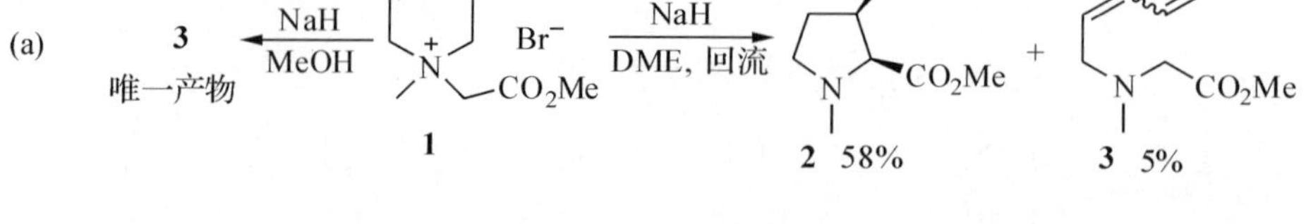

(a) 3 唯一产物 ← NaH, MeOH — 1 → NaH, DME, 回流 → 2 58% + 3 5%

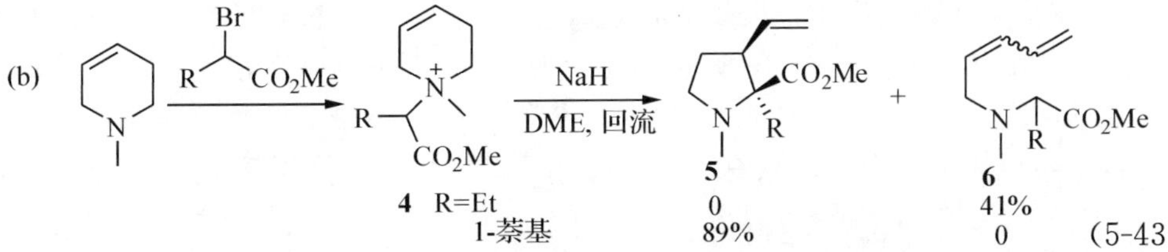

(b) [反应式：N-甲基四氢吡啶与 R-CH(Br)CO$_2$Me 反应生成季铵盐 4，再经 NaH, DME, 回流 得到 5 + 6]

	5	6
4 R=Et	0	41%
1-萘基	89%	0

(5-43)

季铵盐 **1** 在 NaH 作用下可发生 Stevens 重排得到 **2**，也可发生 Hoffmann 消去得到 **3**。反应在非质子溶剂中进行时，以重排产物为主，而在质子溶剂中进行时，则只得到消去产物。季铵盐 **4** 在以 NaH 为碱、DME 为溶剂时反应，如果 R 为乙基或正丁基，只得到消去产物 **6**，而 R 为芳基时，则以重排产物 **5** 为主。

(2) 当用叔胺和卤代烃合成季铵盐时(如式(5-43)的反应(b))，如果与铵盐配对的负离子的亲核性较强，有可能对一个烃基进行亲核进攻而导致脱烃基反应。对 Stevens 反应中常用的含苄基、烯丙基和烷基的季铵盐，时常会遇到这一问题。在盐中用非亲核性的负离子如 OTf^-、BF_4^- 等可以避免这一问题。

(3) 如果在季铵盐中有两个可以脱质子的部位，则用强碱时，生成的一般是热力学控制的(较为稳定的)碳负离子。要制备动力学控制的碳负离子，则需用其他方法。例如，可用 F^- 从预先制备的含硅烷基的季铵盐或锍盐中脱去硅基(式(5-44))[113,114]。

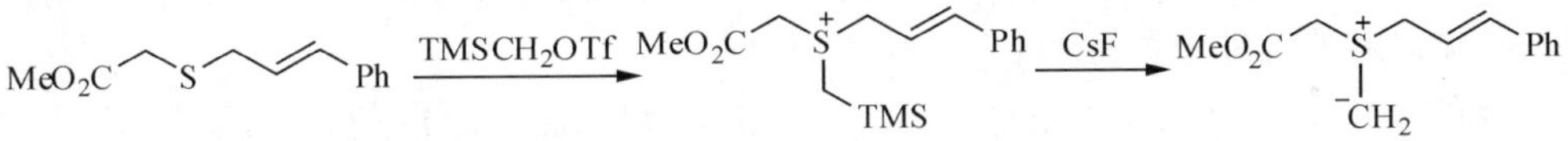

[反应式：MeO$_2$C–CH$_2$–S–CH$_2$CH=CHPh —TMSCH$_2$OTf→ MeO$_2$C–CH$_2$–S$^+$(CH$_2$TMS)–CH$_2$CH=CHPh —CsF→ MeO$_2$C–CH$_2$–S$^+$($^-$CH$_2$)–CH$_2$CH=CHPh]

(5-44)

(4) 在 *N*-苄基季铵盐的碱催化反应中，可能有 Sommelet-Hauser 重排反应的竞争[115-117]。例见式(5-45)[115]。

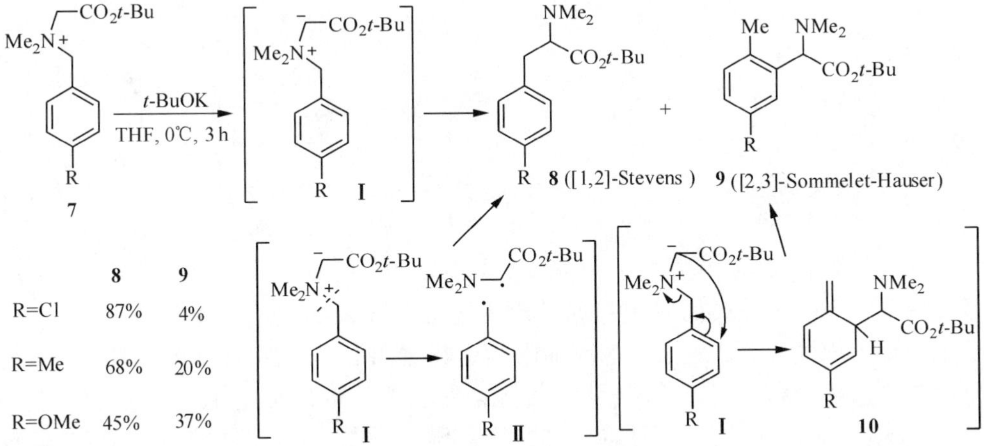

[反应式：7 —t-BuOK, THF, 0℃, 3 h→ [I] → 8 ([1,2]-Stevens) + 9 ([2,3]-Sommelet-Hauser)；I → II → 8；I → 10 → 9]

	8	9
R=Cl	87%	4%
R=Me	68%	20%
R=OMe	45%	37%

(5-45)

反应物**7**在碱的作用下产生的叶立德Ⅰ可以通过C—N键均裂和自由基对Ⅱ的复合得[1,2]-Stevens产物**8**,也可以经协同周环反应得产物**10**,后者经氢的1,3-迁移重新芳化而得产物**9**。产物**8**与**9**的比例取决于反应物的结构(见式(5-45)),也与反应条件有关。只有在适当选择反应物结构并优化反应条件,使优先发生其中一种反应时,才能提高反应的合成价值。

为了解决用强碱从鎓盐中脱质子产生叶立德以进行重排时可能遇到的这些困难,很多Stevens重排反应采用了其他方法来产生叶立德。原则上,任何制备铵和锍叶立德的方法都可以用于制备Stevens重排和S-H重排的反应物。其中目前应用较多的方法之一是通过卡宾对叔胺或硫醚的加成来制备叶立德。

过渡金属Rh、Cu等的配合物可催化卡宾前体重氮化合物的脱氮,促进叔胺、硫醚、膦等亲核剂对金属卡宾配合物(类卡宾)的加成,导致叶立德的生成(式(5-46))[118,119]。

$$R^1R^2C{=}N_2 \xrightarrow[-N_2]{ML_n} R^1R^2C{=}ML_n \longleftrightarrow R^1R^2\overset{+}{C}{-}\overset{-}{M}L_n \xrightarrow[-ML_n]{R_3N} R^1R^2C(\overset{+}{N}R_3)(\overset{-}{M}L_n) \xrightarrow{-ML_n} R^1R^2\overset{-}{C}{-}\overset{+}{N}R_3 \tag{5-46}$$

用过渡金属催化重氮化合物脱氮的优点是产生活性比自由卡宾略低的金属卡宾配合物,它与叔胺等的加成,比用直接热解或光解从重氮化合物产生活性很高的自由卡宾来进行加成,反应较为单纯,产率较高。

这些由过渡金属催化的类卡宾对叔胺、硫醚加成而产生的叶立德进行的Stevens重排反应条件温和,适用的底物范围较广,已在合成工作中得到较多应用。

环铵叶立德经Stevens重排进行扩环反应是铵叶立德重排反应的一个重要应用,已成为合成吡咯烷和四氢吡啶衍生物的一个有价值的方法,例见式(5-47)[120]和式(5-48)[121]。

$$\text{N-R-2-}CO_2Me\text{-azetidine} + MeO\text{-}CO\text{-}C(=N_2)\text{-}R^1 \xrightarrow[\text{或}CH_2Cl_2,\text{微波},180℃]{10\text{ mol}\%,\ Cu(acac)_2,\ PhMe,\text{回流}} [\text{Ⅲ}] \longrightarrow \text{N-R-2-}R^1\text{-2,3-bis}(CO_2Me)\text{pyrrolidine} \tag{5-47}$$

$R=PhCH_2, n\text{-}C_5H_{11}, CH{=}CHCH_2; R^1=H, CO_2Et, COPh$. 8例. 20%~81%

当$R=PhCH_2, R^1=COPh$时, 重氮化合物消耗很慢, 得复杂产物

在这类扩环反应中,叶立德中间体(式(5-47)中的Ⅲ和式(5-48)中的Ⅳ)中总是环内的C—N键均裂而使此C原子成为迁移基团。如式(5-47)所示,即使N原子上的环外取代基(R)是像苄基或烯丙基这样通常优先发生迁移的基团时,也是环内基团发生迁移。显然,小环张力的解除是这一迁移的推动力。

在式(5-47)的反应中,用催化量的二(乙酰基丙酮)铜为催化剂通过类卡宾对叔胺加成-Stevens重排一锅反应得到取代吡咯烷衍生物。式(5-48)则以螺环铵盐

脱质子和叶立德的 Stevens 重排为关键步骤，以良好的总产率合成了天然产物(±)-娃儿藤碱，这是迄今合成该生物碱的最短路线。

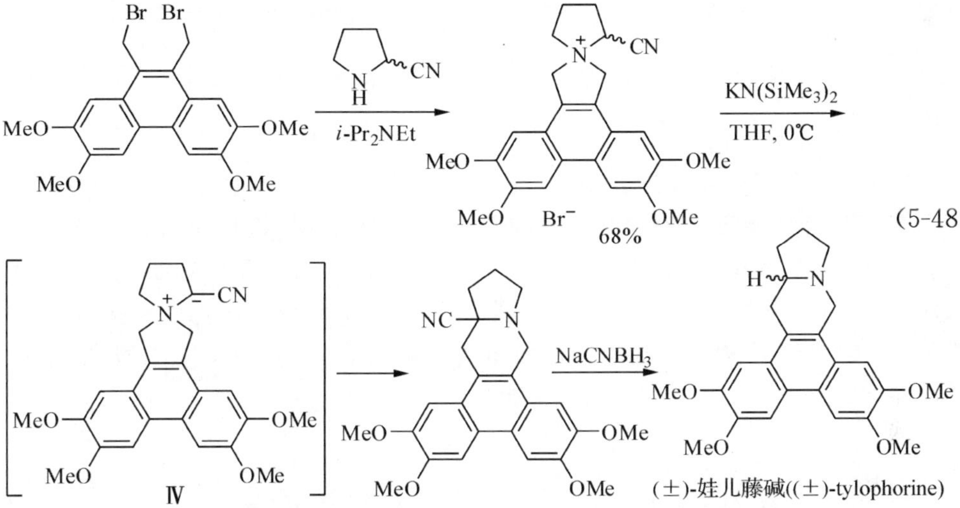

重排与还原两步总产率85%,
或从二溴化物开始, 经一锅反应直接得产物, 产率49%

(5-48)

由环状硫醚与类卡宾加成生成的锍叶立德的 Stevens 重排也导致环状硫醚的扩环。在式(5-49)中[122]，三氟甲磺酸铜在手性配体 **11a** 或 **11b** 存在时催化叶立德Ⅴ的生成，后者的重排以较高产率和中等至较高的对映选择性得到扩环产物。

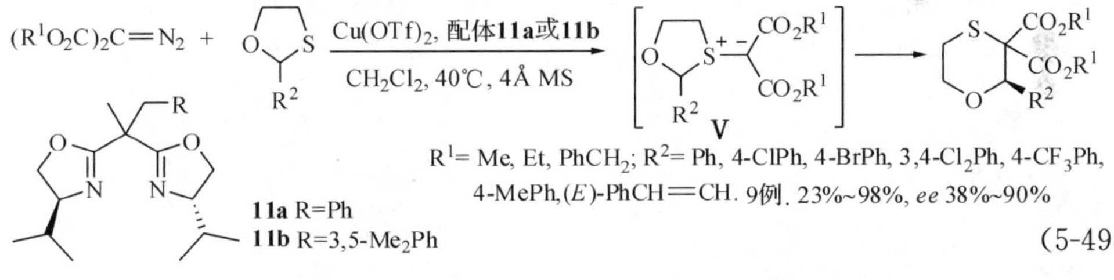

R^1= Me, Et, $PhCH_2$; R^2= Ph, 4-ClPh, 4-BrPh, 3,4-Cl_2Ph, 4-CF_3Ph, 4-MePh, (*E*)-PhCH=CH. 9例. 23%~98%, *ee* 38%~90%

11a R=Ph
11b R=3,5-Me_2Ph

(5-49)

过渡金属催化的分子内的卡宾-叔胺加成以及生成的叶立德的重排也是合成环胺的一个有用方法。例如，铜催化的化合物 **12** 的分子内卡宾-叔胺加成产生叶立德Ⅵ，后者经 Stevens 重排得到一系列具有桥头 N 原子的三环化合物，其中 n=1 的产物是苯并氮杂䓬类(benzazepine)生物碱的三环基本骨架(式(5-50))[123]。

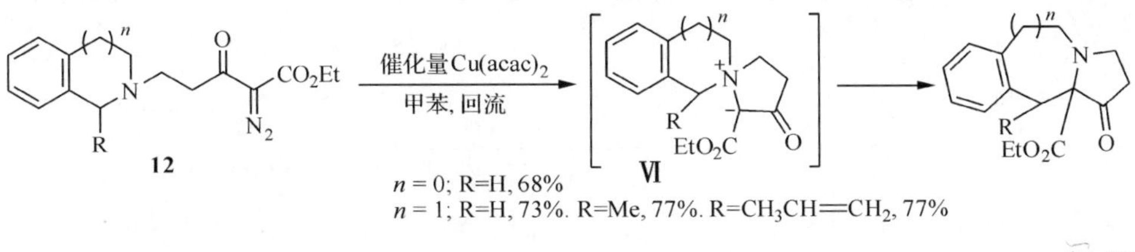

n = 0; R=H, 68%
n = 1; R=H, 73%. R=Me, 77%. R=$CH_3CH{=}CH_2$, 77%

(5-50)

除了用前述的从铵盐或锍盐脱质子、在 F^- 作用下从 α-三甲基硅基叔胺脱硅基以及过渡金属催化的类卡宾对叔胺或硫醚的加成三种方法制备 Stevens 或 S-H 重排中需要的叶立德以外，近年来也发展了一些新的制备铵、锍叶立德的方法。

1. 通过叔胺对炔键与过渡金属的 π-络合物的分子内亲核加成产生铵叶立德[124,125]

在用亲电的过渡金属配合物处理 *N*-(2-炔基苯基)四氢吡咯时(式(5-51))，炔键因与金属配位而被亲电活化，可被叔胺进行分子内亲核进攻而得到含金属的铵叶立德，后者在 Stevens 重排后，经 R 基团的 1,2-迁移从金属卡宾配合物中释出金属而得到产物。作为亲电的过渡金属催化剂，使用的是金属羰基配合物 $W(CO)_6$ 或 $ReBr(CO)_5$。作为亲核基团的叔胺可为四氢吡咯，也可为其他饱和含氮杂环，反应需在光照下进行，以促进钨配合物的生成。

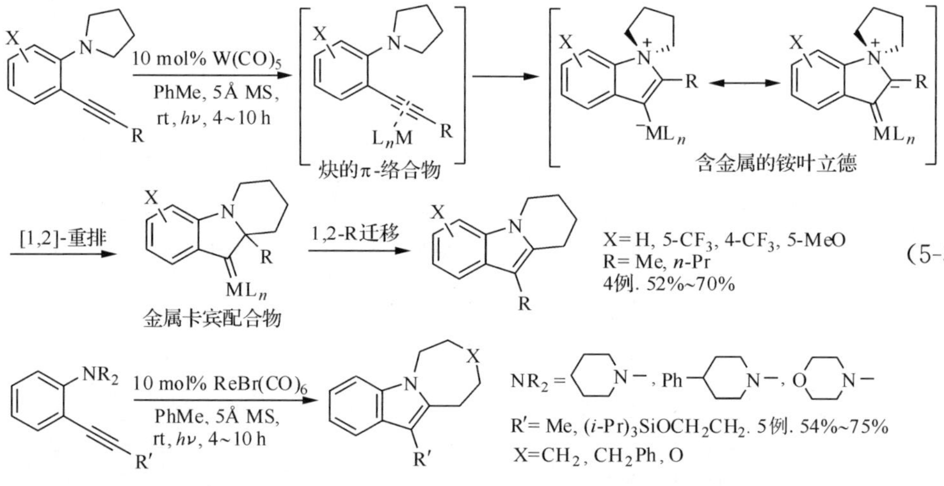

10 mol% $W(CO)_5$; PhMe, 5Å MS, rt, $h\nu$, 4～10 h

炔的π-络合物　　含金属的铵叶立德

[1,2]-重排　　金属卡宾配合物　　1,2-R迁移

X= H, 5-CF_3, 4-CF_3, 5-MeO
R= Me, *n*-Pr
4例. 52%～70%
(5-51)

10 mol% $ReBr(CO)_6$; PhMe, 5Å MS, rt, $h\nu$, 4～10 h

NR_2 = 哌啶-1-基, 4-苯基哌啶-1-基, 吗啉-4-基
R′= Me, $(i\text{-Pr})_3SiOCH_2CH_2$. 5例. 54%～75%
X=CH_2, CH_2Ph, O

2. 烯丙基碳酸酯在钯催化下与叔胺产生铵叶立德

叔胺在钯催化下可作为分子间亲核剂与烯丙基碳酸酯反应，生成烯丙基季铵盐。后者在外加碱(Cs_2CO_3)或在反应中释出的 Brønsted 碱(^-OAc)的作用下脱质子生成铵叶立德，并发生[2,3]-重排。例见式(5-52)和式(5-53)[126]。反应机理见式(5-54)。

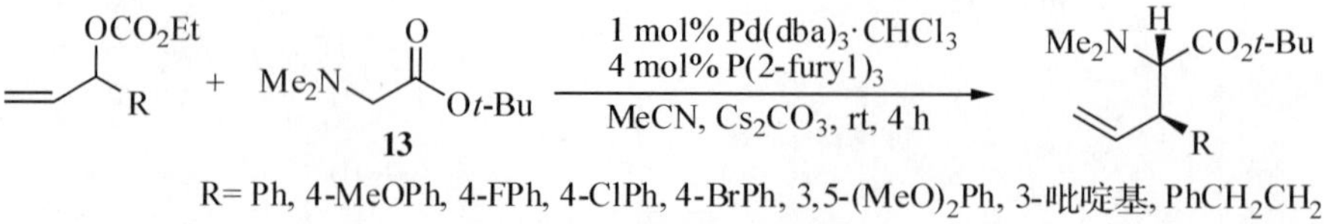

OCO_2Et + $Me_2NCH_2CO_2t\text{-Bu}$ (**13**) —— 1 mol% $Pd(dba)_3\cdot CHCl_3$, 4 mol% $P(2\text{-furyl})_3$; MeCN, Cs_2CO_3, rt, 4 h → Me_2N, H, $CO_2t\text{-Bu}$, R　(5-52)

R= Ph, 4-MeOPh, 4-FPh, 4-ClPh, 4-BrPh, 3,5-$(MeO)_2Ph$, 3-吡啶基, $PhCH_2CH_2$
产率76%～89%， *dr* 5:1～12:1

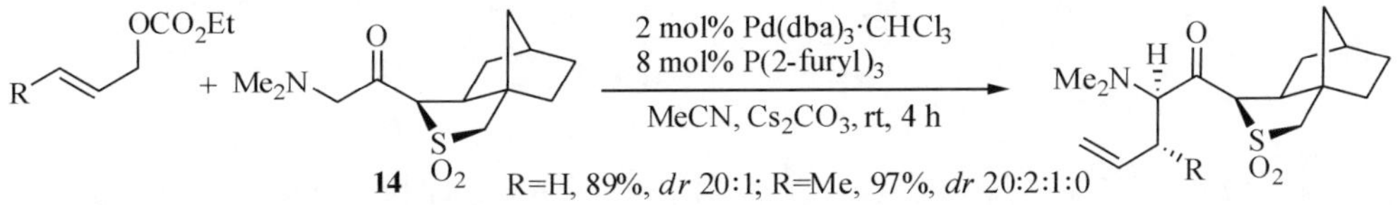

(5-53)

零价钯对烯丙基碳酸酯的氧化加成得到 Pd(Ⅱ)-π 烯丙基配合物Ⅶ，叔胺与Ⅶ的加成是一个不利于铵盐生成的平衡过程。但Ⅷ一旦生成，迅即脱质子成为叶立德Ⅸ，并经过[2,3]-重排得到产物。由于Ⅷ的生成平衡偏向左方，而它生成后又迅速消耗，在反应中未能检测到季铵盐中间体Ⅷ。

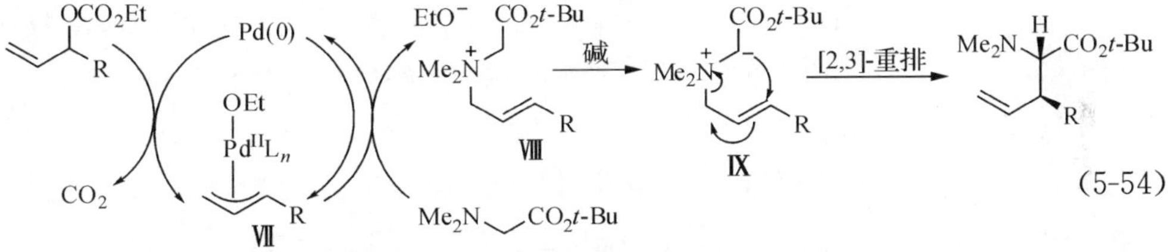

(5-54)

一些 *N*-苄基甘氨酰胺衍生物的 Stevens 重排可以在 Lewis 酸存在下进行，这是避免使用强碱性条件来引发这一重排的另一方法[127,128]。例如，*N*-苄基脯氨酰胺可在 BBr_3 存在下进行高度立体选择性的重排，得到含有手性季碳原子的脯氨酸衍生物(式(5-55))[127]。

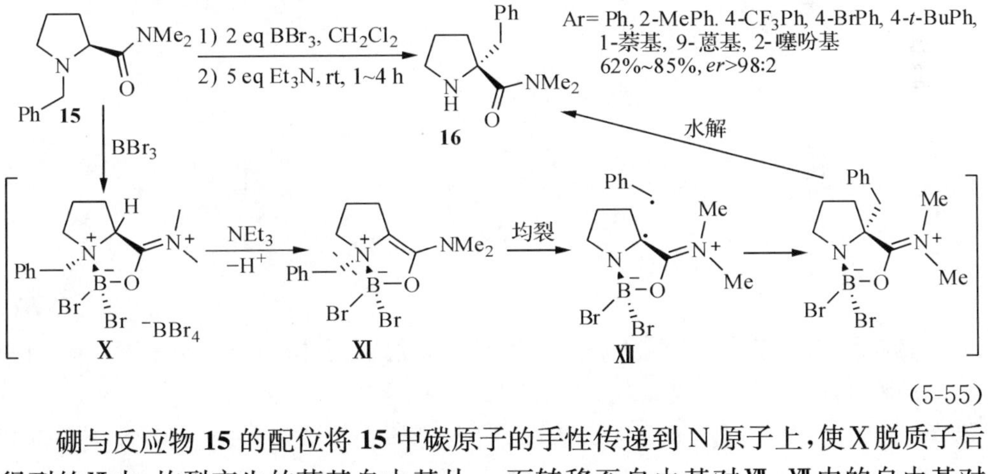

(5-55)

硼与反应物 **15** 的配位将 **15** 中碳原子的手性传递到 N 原子上，使Ⅹ脱质子后得到的Ⅺ中，均裂产生的苄基自由基从 α-面转移至自由基对Ⅻ，Ⅻ中的自由基对复合把 N 原子上的手性传递至发生 C—C 键生成的碳原子。由于这一连续的 C—N—C 手性转移，产物 **16** 以很高的 *ee* 值生成。

5.4 Sommelet-Hauser 重排[129-133]

前已述及，苄基铵盐和苄基锍盐在碱的作用下反应时，可发生[1,2]-Stevens 重排和[2,3]- Sommelet-Hauser 重排(S-H 重排)的竞争(式(5-45))；但常可通过调节反应物的结构和优化反应条件(碱，溶剂，反应温度等)来使其中一种成为主要反应。最近的理论计算结果提示，叶立德的碳负离子上连有拉电子基使叶立德较为稳定时，以及反应温度较低时，都有利于 S-H 重排[110]。一些实验结果表明，苄基铵叶立德的苯基上有拉电子基团可促进 S-H 重排[134]。非质子溶剂往往有利于 Stevens 重排，质子溶剂则有利于 S-H 重排；而 *t*-BuOK-THF 则是使一些由氨基酸衍生的苄基铵叶立德优先进行 S-H 重排的一个较好的介质[115]。

S-H 重排反应是轨道对称守恒原理允许的协同反应，经五元环状的六电子芳性过渡态进行。式(5-56)和式(5-57)分别为铵和锍叶立德的 S-H 反应的机理。

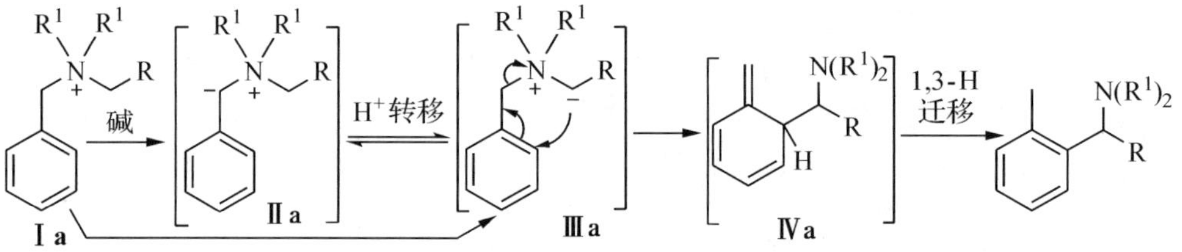

Ⅰa —碱→ [Ⅱa] ⇌(H⁺转移) [Ⅲa] → [Ⅳa] —1,3-H 迁移→ 产物 $N(R^1)_2$, R

(5-56)

Ⅰb —碱→ [Ⅱb] ⇌(H⁺转移) [Ⅲb] → [Ⅳb] —1,3-H迁移→ 产物 SR^1, R

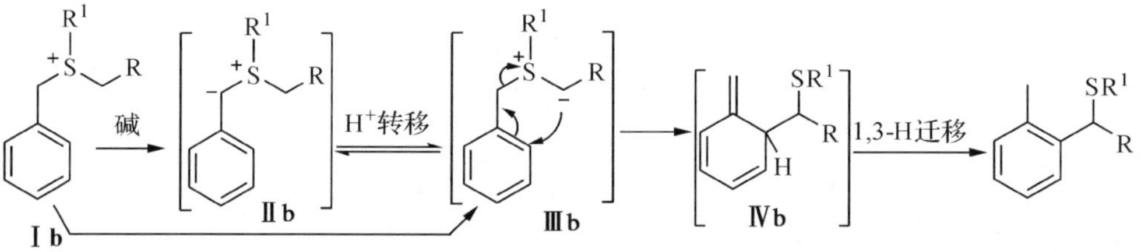

(5-57)

铵盐 **Ⅰa** 或锍盐 **Ⅰb** 在碱的作用下生成叶立德中间体(式(5-56)和式(5-57)中的 **Ⅲa**，**Ⅲb**)，取决于 R 的性质，**Ⅲa**，**Ⅲb** 可分别直接由铵盐或锍盐生成或经先生成的苄基碳负离子叶立德(**Ⅱa**，**Ⅱb**)通过质子转移平衡生成，后者经周环反应得苯环去芳化的产物 **Ⅳa** 和 **Ⅳb**，**Ⅳb** 经 1,3-氢迁移反应重新芳化而得产物。

Sommelet-Hauser 重排反应的起始物——铵和锍叶立德，通常是从铵盐和锍盐前体在碱的作用下脱质子而来，也可以经 F^- 引发的硅烷基铵盐脱硅基而来(例见后述式(5-67)、式(5-70)、式(5-71))，或经碱引发的锡烷基苄基铵盐的脱锡基反应(式(5-58))制备[135]。铑催化的重氮化合物对硫醚的加成是制备锍叶立德的一个较好方法(式(5-59))[136]。在这些苄基锍叶立德的反应中,都未见竞争性的经分步机理进行的[1,2]-迁移重排(Stevens 重排)产物生成。

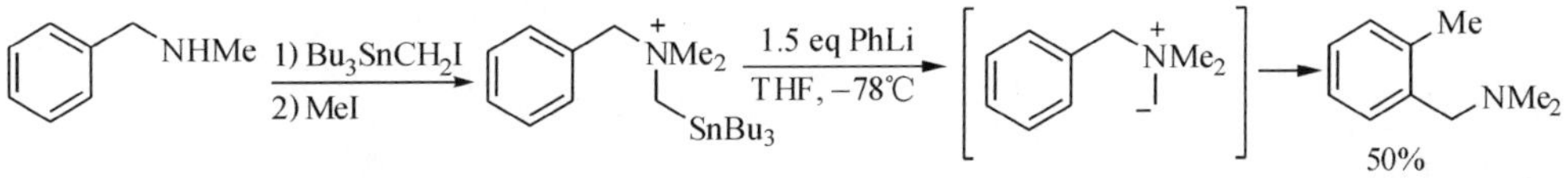

(5-58)

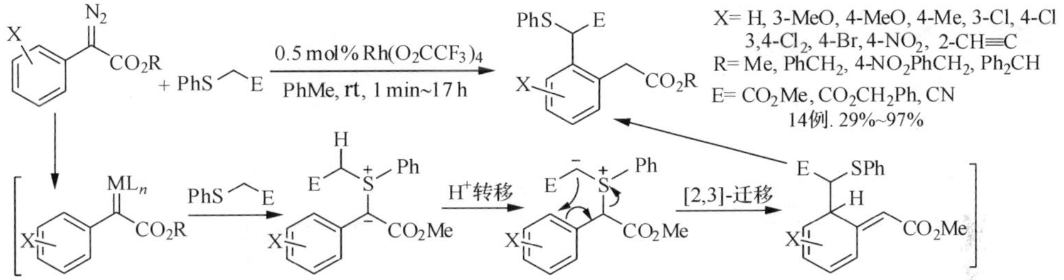

(5-59)

从合成角度来看,S-H 反应是①合成邻位取代的苯衍生物;②使芳环去芳化并在环上产生季碳原子;③对含氮(硫)脂环进行扩环的有用方法。

1. 邻位取代的苯衍生物的合成

从式(5-58)和式(5-59)可以看到,S-H 重排是合成邻位取代的苯衍生物很有用的方法。除了这些例子外,以下的结果可进一步说明这一点。

二烷基硫醚、β-酰基硫醚和β-烷氧羰基硫醚都可在低温与氯分子生成稳定的络合物。这些络合物与苯胺反应生成氮基锍盐(azasulfonium salt),后者在用碱处理时经叶立德发生 S-H 重排而得邻位取代的苯胺(式(5-60))或吲哚和吲哚-2-酮(式(5-61)、式(5-62))[137]。

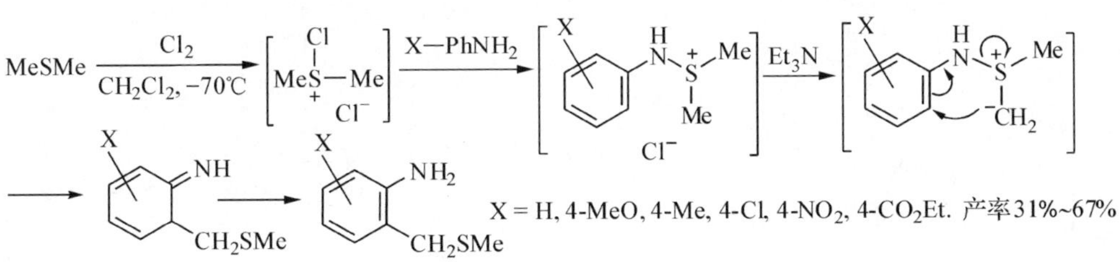

(5-60)

$$\mathrm{MeSCH_2COMe} \xrightarrow[\mathrm{CH_2Cl_2,\ -70^\circ C}]{\mathrm{Cl_2}} [\mathrm{MeS^+(Cl)CH_2COMe\ Cl^-}] \xrightarrow{\mathrm{X{-}PhNH_2}} [\mathrm{X{-}C_6H_4NH{-}S^+(Me)CH_2COMe\ Cl^-}] \xrightarrow{\mathrm{Et_3N}}$$

X = H, 4-MeO, 2-MeO, 4-Cl, 4-CO$_2$Et. 产率 33%~ 68%

(5-61)

$$\mathrm{MeS^+(Cl)CH_2CO_2Et\ Cl^-} \xrightarrow[\mathrm{CH_2Cl_2,-70^\circ C}]{\mathrm{X{-}PhNH_2}} [\mathrm{X{-}C_6H_4NH{-}S^+(Me)CH_2CO_2Et\ Cl^-}] \xrightarrow{\mathrm{NEt_3}} [\mathrm{X{-}C_6H_4NH{-}S^+(Me)CH^-CO_2Et}]\ \mathbf{V}$$

(5-62)

$$\longrightarrow \xrightarrow{\text{Raney Ni}}$$

X = H,2-Me,4-Me,2-Me-4-CO$_2$Et 34%~84% 55%~76%

在这些反应中，氨基锍盐也可以由 *N*-氯苯胺(X—PhNHCl)与硫醚反应来制备[138]。

用铑催化的 α-酯基类卡宾对次磺酰胺(sulfenamide)的加成来直接产生式(5-62)中的锍叶立德中间体Ⅴ以进行重排而合成吲哚-2-酮，反应中不需要外加碱，反应条件更为简单，底物的适用范围也更广(式(5-63))[139]。

$$\mathrm{X{-}C_6H_4N(R)SAr} + \mathrm{MeC(=N_2)CO_2Me} \xrightarrow[\mathrm{DCE,\ 0^\circ C,\ 10\ h}]{\mathrm{2\ mol\%\ Rh_2(OAc)_4}} [\mathbf{V}] \longrightarrow [\ ] \longrightarrow \longrightarrow$$

X = H, 4-MeO, 4-F, 4-Cl, 4-CF$_3$, 4-NO$_2$
R = Me, Bn, CH$_2$═CHCH$_2$, *i*-Pr
Ar = Ph, 4-MePh, 4-MeOPh, 4-ClPh, 4-BrPh
12例. 30%~79%

(5-63)

不对称 S-H 重排反应也已有报道(式(5-64))[134]。在 *N*-苄基季铵盐 **1** 的酯基部分接有手性辅助基团(—)-8-苯基薴基，它在以 *t*-BuOK 为碱时，发生 S-H 重排，当 R^1 为吸电子基时，以较高产率和很好的立体选择性得到产物 **2**。

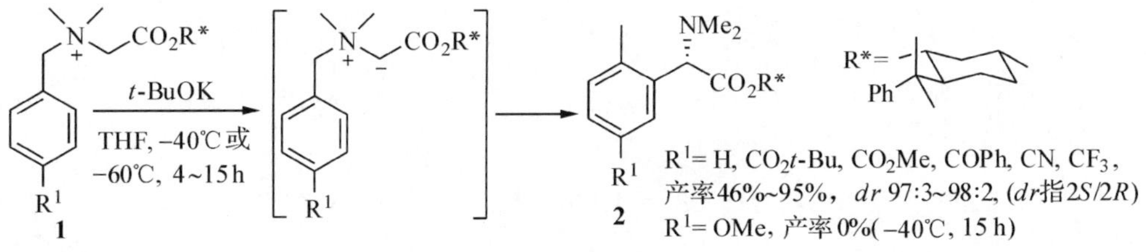

R^1= H, CO_2t-Bu, CO_2Me, COPh, CN, CF_3,
产率46%~95%，*dr* 97:3~98:2, (*dr*指2*S*/2*R*)
R^1= OMe, 产率0%(−40℃, 15 h)

t-BuOK; THF, −40℃或 −60℃, 4~15 h

(5-64)

而当 R^1 为给电子基时，则不发生 S-H 重排。在式(5-64)的条件下，没有明显的 Stevens 反应发生。但改变反应条件时，Stevens 重排甚至可以成为主要反应。例见式(5-65)。

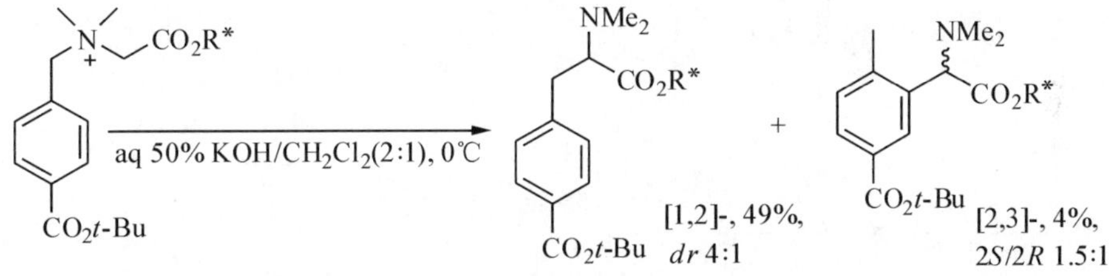

aq 50% KOH/CH_2Cl_2(2:1), 0℃

[1,2]-, 49%, *dr* 4:1　　[2,3]-, 4%, 2*S*/2*R* 1.5:1

(5-65)

2. 芳环的去芳化和环上季碳原子的生成

从式(5-56)可见，S-H 重排的直接结果是芳环的去芳化，得到具有环外双键的环己二烯产物。在有些情况下，可以在反应中分离得到这一中间产物[140,141]。如果环外双键的两个邻位都有取代基，则由于无法通过 1,3-氢迁移而重新芳化，这一具有环上季碳原子的去芳化产物将成为反应的最终产物。因此，芳环邻位上有取代基的苄基铵或锍叶立德的 S-H 重排反应是芳基去芳化并在环上导入季碳原子的一个重要方法。

例如，2,4,6-三取代的苄基三甲基铵盐可在液氨中用 $NaNH_2$ 为碱进行 S-H 重排(式(5-66))[142,143]。去芳化的产物对酸和高温敏感，故用水蒸气蒸馏加以分离。

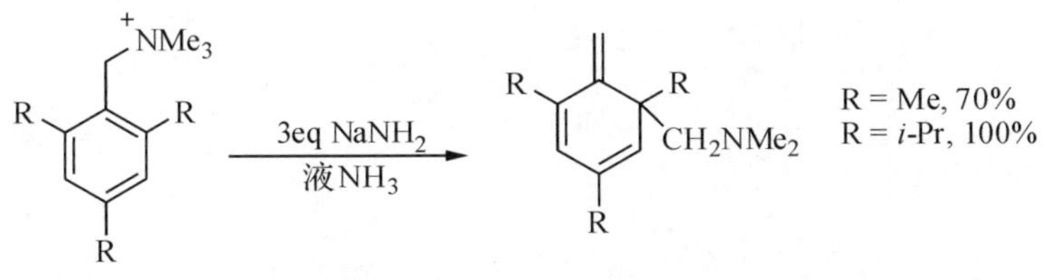

3eq $NaNH_2$; 液NH_3

R = Me, 70%
R = *i*-Pr, 100%

(5-66)

也可以通过 F^- 引发的硅烷基铵盐的脱硅基反应来产生叶立德，进行重排(式(5-67))[141]。

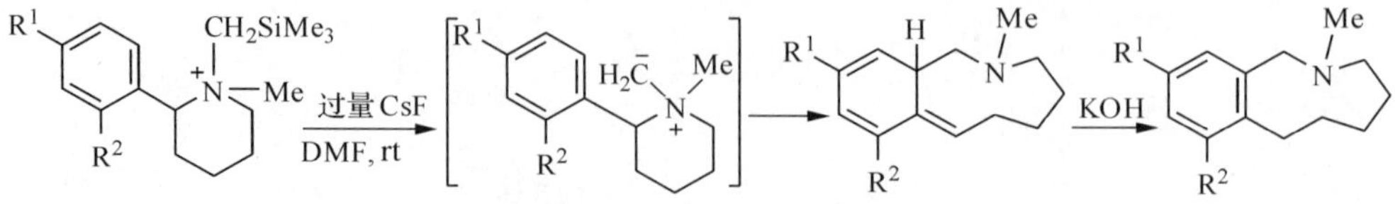

R^1 = H, Me, MeO; R^2 = H, Me, MeO. 5例. 产率53%~74%

(5-67)

苄基锍叶立德的 S-H 重排也很容易进行，而且很少遇到[1,2]-Stevens 重排的竞争。例如，式(5-68)中，反应的产率很高，而且对环状锍盐叶立德，反应的非对映选择性也很高[144]。这是由于在重排的五元环过渡态中，硫原子上的孤对电子倾向于具有 *exo*-取向[145]，这使过渡态 **A** 比 **B** 在能量上更为有利。在 **B** 中不但硫原子上的孤对电子为不利的 *endo*-取向，且五元环与环己二烯环上甲基间存在空间位阻。

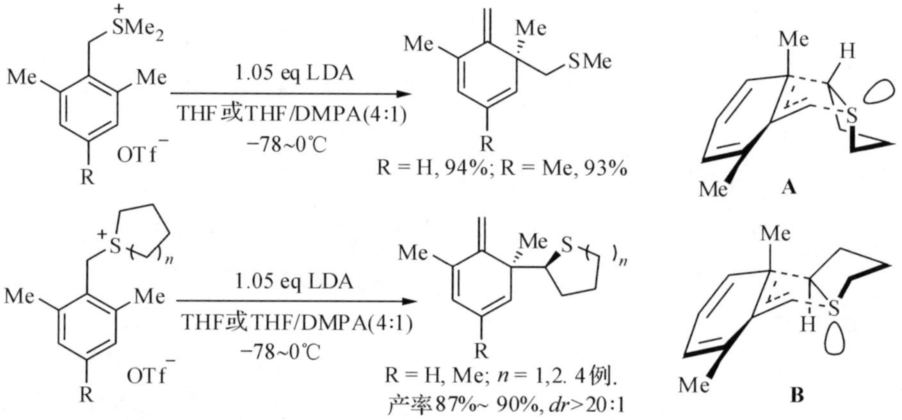

R = H, 94%; R = Me, 93%

(5-68)

R = H, Me; *n* = 1,2. 4例.
产率87%~ 90%, *dr*>20:1

用手性氨基锂为碱，对锍叶立德进行对映选择性的脱质子反应，可以进行对映选择性的 S-H 重排，以中等的 *ee* 值得到产物(式(5-69))[146]。

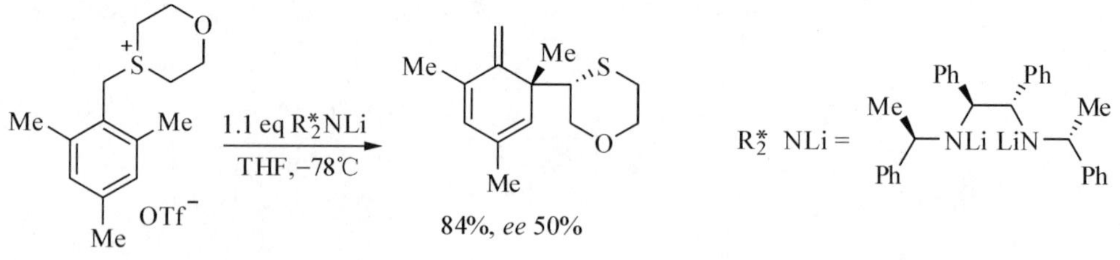

84%, *ee* 50%

(5-69)

3. 环胺的扩环反应

从式(5-67)可见环铵叶立德经 S-H 重排得到扩环产物。对六元环铵叶立德重排得到九元环胺。其他例子如式(5-70)所示[147]。式中产物 **5** 是次级产物。

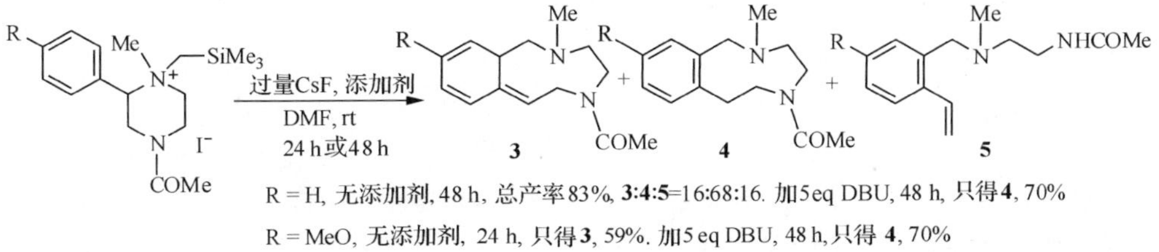

R = H, 无添加剂, 48 h, 总产率 83%, **3**:**4**:**5**=16:68:16. 加5eq DBU, 48 h, 只得**4**, 70%

R = MeO, 无添加剂, 24 h, 只得**3**, 59%. 加5 eq DBU, 48 h, 只得 **4**, 70%

(5-70)

一些苯并环铵盐在溶液中可存在两种构象，由它们脱质子分别得两种构象的叶立德，例见式(5-71) [148]。^{1}H NMR 数据表明，硅基铵盐在 $CDCl_3$ 溶液中有两个构象异构体。**6** 在 DMF 溶液中在 CsF 作用下脱质子时生成相应的两种不同构象的叶立德Ⅵ与Ⅶ，只有在Ⅵ中碳负离子才与苯环靠近并可发生 S-H 重排得 **7**。而Ⅶ中因碳负离子距苯环较远，只能经均裂机理进行[1,2]-Stevens 重排，得 **8**。产物 **7** 与 **8** 之比为 71∶29，与^{1}H NMR 数据显示的两种铵盐在溶液中的比例(69∶31)相近。

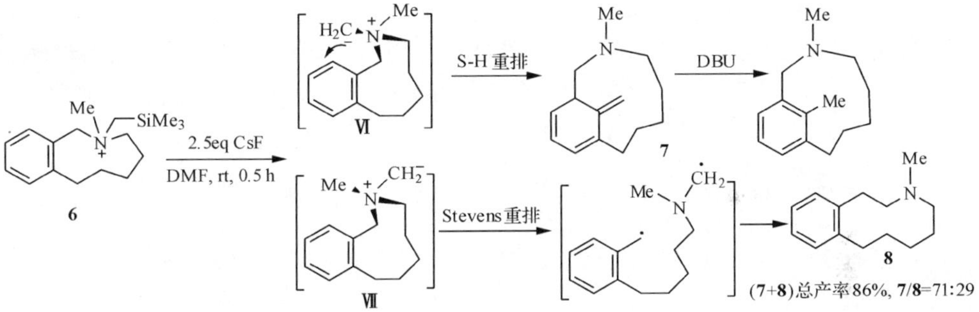

(**7**+**8**)总产率86%, **7**/**8**=71:29

(5-71)

其他一些苯并环铵盐，见式(5-72)中的 **9**[149]、**10** 和 **11**[148]，由它们产生的叶立德也有类似情况。

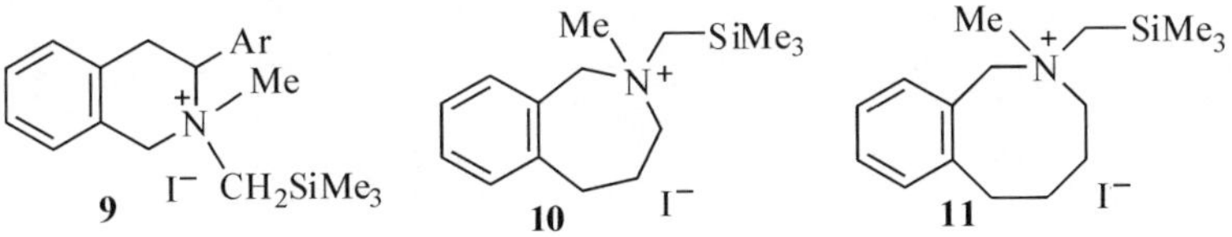

(5-72)

5.5　Favorskii 重排

开链或环状 α-卤代酮可在亲核性碱的作用下发生碳骼重排，α′-位上的烃基向携卤的 α-碳进行亲核迁移，同时脱卤生成羧酸衍生物，这一反应称为 Favorskii 重排(式(5-73))[150-155]。

$$X = Cl, Br, I, OH, OR, OSO_2R等 \quad Nu = OH^-, RO^-, R_2NH, {}^-CH(COR)_2等 \qquad (5\text{-}73)$$

由式(5-73)可见,除了α-卤代酮以外,一些α-羟基、α-烷氧基、α-磺酰氧基酮也可以进行 Favorskii 重排。此外,一些α-卤代酮亚胺也是进行这一重排的适当反应物(参见 5.5.3 节)。

Favorskii 重排多在质子溶剂或醚溶剂的溶液中进行,使用的亲核性碱可为 OH^-、RO^-、伯胺或仲胺(产物分别为羧酸、羧酸酯和酰胺),以及碳负离子(产物为重排的酮)等。取决于反应物的结构和反应条件(碱,溶剂等),伴随着重排,可在不同程度上有对卤素的直接亲核取代,脱氢卤生成环氧乙烷等副产物,使产率受到影响。但随着携卤碳原子上烃基取代的增加,反应速率和产物产率都可以提高;这是因为α-取代的增加抑制了亲核性碱对卤素的直接取代等副反应。

5.5.1 Favorskii 重排反应的机理

自 1894 年α-卤代酮的重排反应被报道[154]以来,曾经对这一反应提出过多种可能机理。目前普遍认为,取决于反应物的结构,Favorskii 重排可按两种不同机理进行。

1. 环丙酮机理

对具有α′-氢的反应物,重排经环丙酮中间体进行(式(5-74))。α′-碳原子在碱作用下脱质子生成烯醇负离子,由后者出发,经分子内 S_N2 反应直接产生,或先经 S_N1 脱卤负离子而得去局部化的两性离子 oxyallyl Ⅰ,再由Ⅰ产生环丙酮中间体Ⅱ。碱对Ⅱ中羰基的亲核加成和环丙烷中一个 C—C 键的异裂导致碳负离子Ⅲ或Ⅳ的生成,其经质子化而得到产物 **1** 或 **2**。

$$-H^+ \quad -X^-/S_N1 \quad 电环闭环 \quad 分子内S_N2, -X^- \quad \text{I} \quad \text{II} \quad Nu \quad a:\ \text{III} \xrightarrow{H^+} \mathbf{1} \quad b:\ \text{IV} \xrightarrow{H^+} \mathbf{2} \qquad (5\text{-}74)$$

环丙酮是高度活泼的中间体，虽然至今在 Favorskii 反应中尚未分离到过环丙酮中间体，但很多实验事实都支持了环丙酮中间体的存在。

(1) 在用^{14}C标记羰基碳和 α-碳原子的 α-氯代环己酮的重排中，产物中的^{14}C平均分布于两个产物中的羰基和一个环上碳原子上，这表明反应经一对称的环丙酮中间体进行(式(5-75))[156,157]。

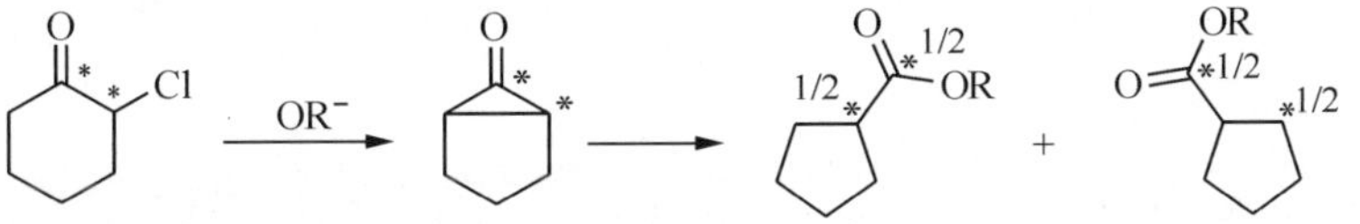

(5-75)

(2) 对同分异构的 α-和 α'-卤代酮，重排得到同一产物[158-159]，而在把另行合成的环丙酮Ⅴ用碱处理时，也得到这一产物(式(5-76))[160]。这表明从两个卤代酮出发进行的重排是经同一环丙酮中间体Ⅴ进行的。

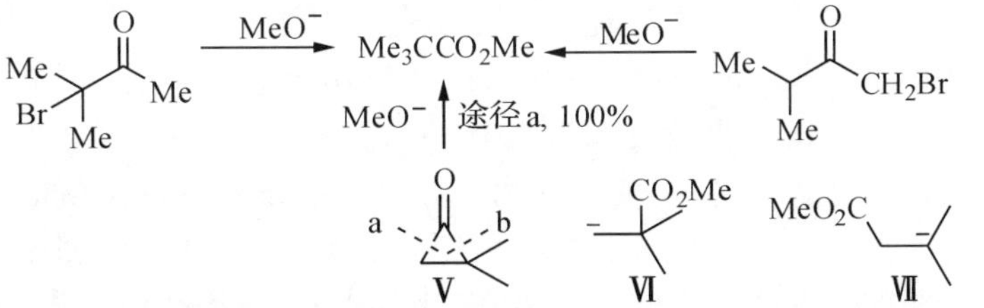

(5-76)

(3) 环丙酮的半缩酮是较为稳定的化合物，可在碱的作用下转变为环丙酮。用碱处理环丙酮半缩酮时，可以得到与从相应的 α-卤代酮重排时相同的产物(式(5-77))[161]。

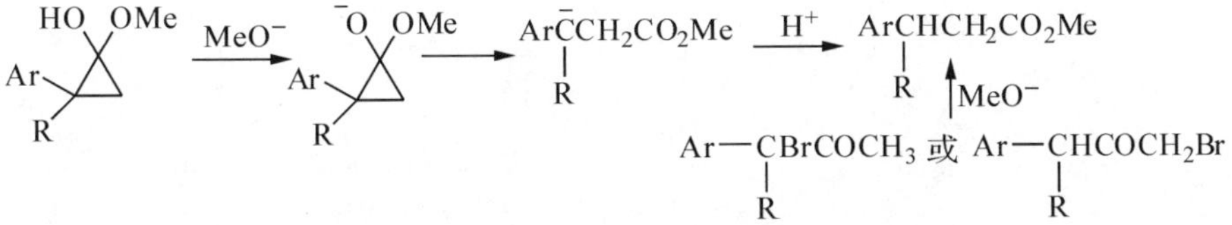

(5-77)

环丙酮中间体Ⅱ(式(5-74))生成的可能途径有两条。它可经烯醇负离子的分子内 S_N2 反应生成，也可经在 S_N1 中脱去氯负离子而得的去局部化的两性离子 oxyallyl Ⅰ 的 2π 电子的对旋电环化反应生成。虽然立体电子效应要求在分子内 S_N2 的途径中，烯醇负离子内亲核剂(平面碳负离子中的填满一对电子的 2p 轨道)应处于 C—X 的 σ^* 轨道的背面，而这将导致很大的立体张力，似乎是不利的；但在一些反应中，特别是当反应在不利于发生 S_N1 离解过程的非极性溶剂中进行时，确实发现 α-碳原子的构型发生反转[162,163]。而当同样的反应在质子溶剂中进行时，反应则是非立体专一性的[164]，与反应经 oxyallyl 中间体进行相符。在某些反应中，可能分子内 S_N2 和电环闭环两种机理都发挥作用[165]。实际上，已知取代环丙酮的热外消旋化和异构化反应是经中间体两性离子 oxyallyl Ⅰ 进行的[166-168]。

一个表明在重排反应中可能存在两性离子 oxyallyl 的例子见式(5-78)[169]。

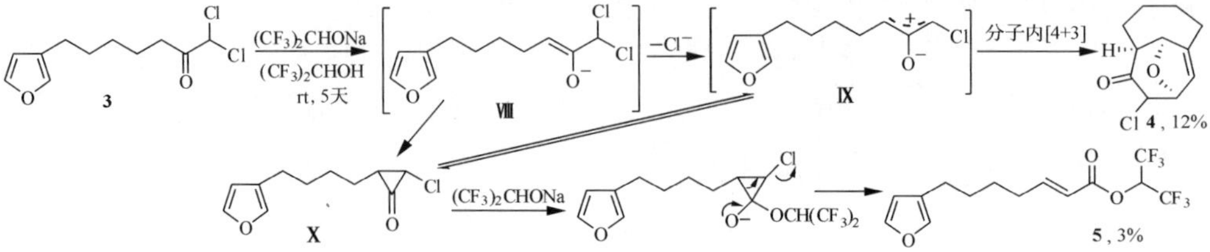

(5-78)

反应物 **3** 的烯醇负离子Ⅷ脱去氯负离子得 oxyallyl Ⅸ,后者可与呋喃环发生分子内[4+3]环加成反应得产物 **4**,也可直接经环丙酮中间体Ⅹ进行 Favorskii 重排,并在消去 HCl 后得产物 **5**。和烯丙基正离子相似,与二烯进行分子间或分子内[4+3]反应是两性离子 oxyallyl 的特征反应之一[166-168]。但环丙酮本身也能与二烯体进行[4+3]环加成反应,而且这一环加成是否必须经过 oxylallyl 中间体进行尚无定论[166-168, 170];因此式(5-78)的结果仍难以作为 oxyallyl 参与反应的确凿证明。

环丙烷可通过 a 和 b 两种裂解方式开环(式(5-74)),一般总是导致生成最稳定碳负离子的裂解方式占优势,使反应可有较高的区域选择性。例如,式(5-76)中生成的产物是由更为稳定的伯碳负离子Ⅵ而非较不稳定的仲碳负离子Ⅶ而来的[160]。又如,在式(5-77)和式(5-79)中,产物是由导致生成更为稳定的苄基碳负离子的裂解途径生成的[158]。但立体因素有时也可以影响环丙酮开环的选择性[171-172]。例如,式(5-80)中环丙酮中的一个 C(O)—C 键的巨大的立体张力使它优先进行裂解,尽管由此得到的是较不稳定的碳负离子[172]。

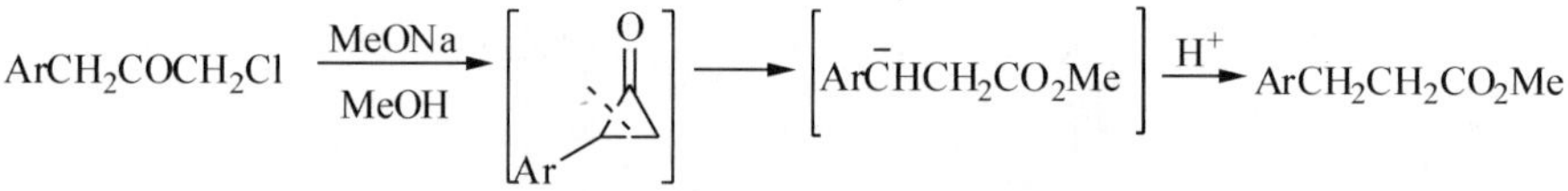

$$ArCH_2COCH_2Cl \xrightarrow[MeOH]{MeONa} [\text{cyclopropanone(Ar)}] \longrightarrow [Ar\bar{C}HCH_2CO_2Me] \xrightarrow{H^+} ArCH_2CH_2CO_2Me \quad (5\text{-}79)$$

Ar = Ph, 3-MePh, 4-MePh, 3-MeOPh, 4-MeOPh, 产率≈100%
Ar = 3-ClPh, 62%; Ar = 3-NO_2Ph, 26%; Ar = 4-NO_2Ph, 0%

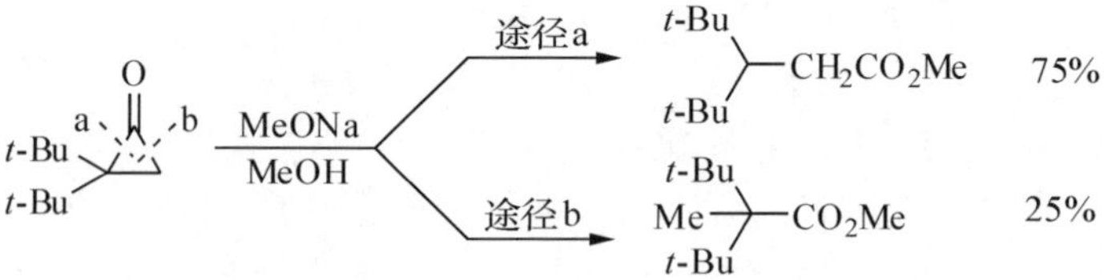

$$\xrightarrow[MeOH]{MeONa} \begin{cases} \text{途径a: } (t\text{-Bu})_2CHCH_2CO_2Me \quad 75\% \\ \text{途径b: } Me(t\text{-Bu})_2C\text{-}CO_2Me \quad 25\% \end{cases} \quad (5\text{-}80)$$

2. Semi-Benzylic 机理

一些在 α'-碳原子上不具有酸性氢原子的 α-卤代酮也可以发生 Favorskii 重排,这些反应也可称为 quasi-Favorskii 重排[173,174]。这些 α'-碳上不具有氢原子的反应物以及一些 α'-碳原子上氢原子酸性较低(如多环化合物中桥头碳原子上的氢原子)或受到立体屏蔽而难以脱去的反应物,不能生成环丙酮中间体。它们的重排是经一与苯羟乙酸重排类似的机理进行的(式(5-81))。例见式(5-82)[175]。

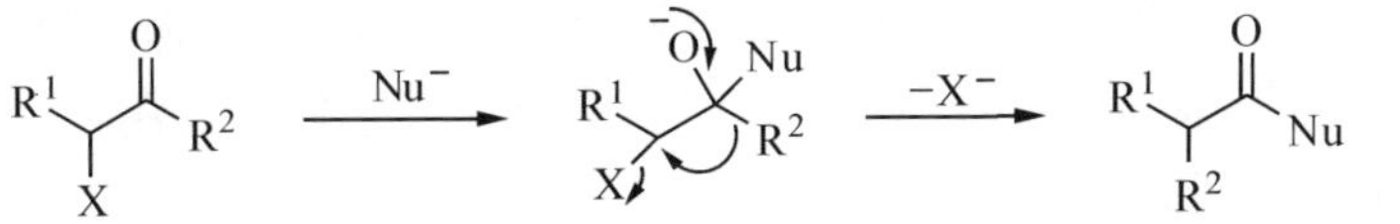

Nu⁻　　−X⁻　　(5-81)

3.3 eq DBU　MeOH, 回流　　XI　　−HCl

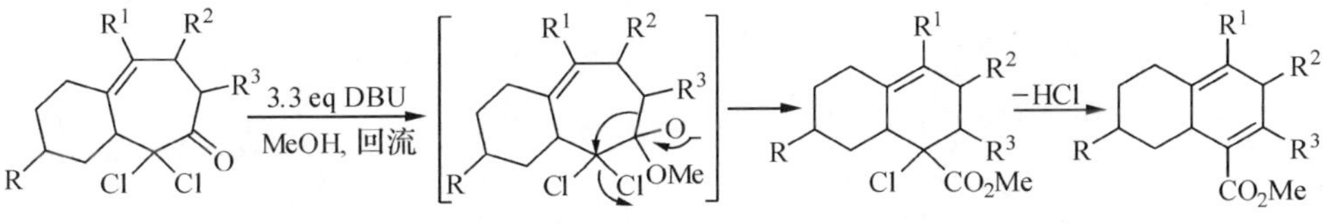

R, R^1, R^2, R^3 = H 或 Me. 7例. 产率58%~84%

(5-82)

可以看到,在经 semi-benzylic 机理进行重排时,由一个 α-卤代酮只会得到一个产物,而不会像经环丙酮中间体进行时那样可经环丙酮的两种裂解方式得到两个异构体产物;同时,由同分异构的 α-和 α'-卤代酮出发只能得到不同的产物,而不可能像式(5-76)那样得到同样的产物。

按这一机理进行重排的立体要求是迁移的基团应处于 C—X 键的背面,这使在重排产品中,原来携带卤素的碳原子构型发生反转。在很多反应中,确实观察到这一现象,见式(5-83)[176]。

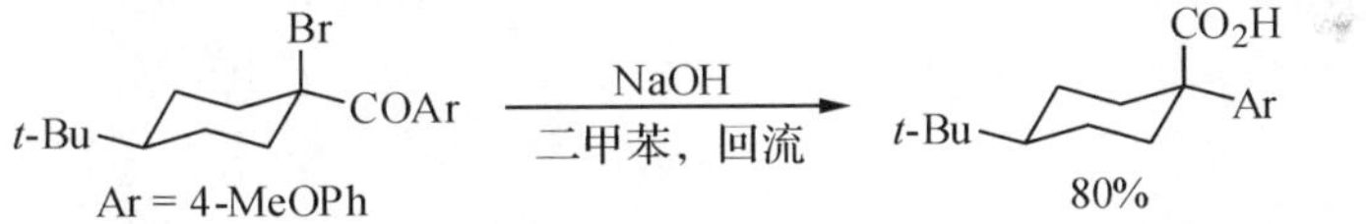

NaOH　二甲苯, 回流　　Ar = 4-MeOPh　　80%　　(5-83)

不能排除在某些具有 α'-H 的反应物的重排反应中,环丙酮中间体机理和 semi-benzylic 机理可能在不同程度上同时起作用。对某些反应物,反应机理也有可能随反应条件的改变而发生改变。例见式(5-84)[177]。

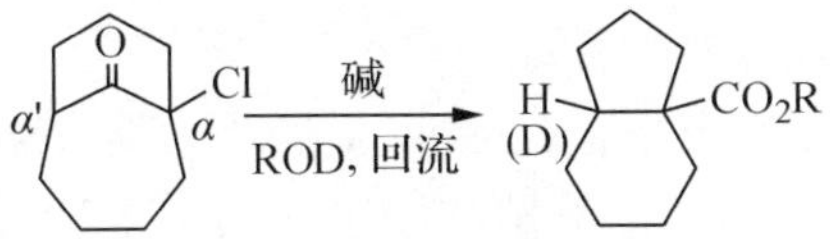

碱	溶剂	α'-氘代度	机理
MeONa	MeOD	0	semi-benzylic
t-BuOK	t-BuOD	83%	环丙酮中间体

碱　ROD, 回流　　(5-84)

式(5-84)中双环卤代酮的重排在氘代溶剂中进行。经环丙酮中间体进行的重排中,初产物碳负离子需被溶剂质子化才能得到产物,经这一机理进行的反应,产物中 α'-碳上应有氘原子。而 semi-benzylic 机理的重排直接得到中性产物,不需与溶剂进行质子交换。这样可以从产物中的 α'-碳原子上是否植入了从溶剂来的氘原子区分两种机理。由式(5-84)可见,在用 MeONa/MeOD 进行反应时,重排按 semi-benzylic 机理进行,而在 t-BuOK/t-BuOD 中进行的是正常的 Favorskii 重排。碱的强度或位阻的差别都可能是引起机理转变的原因。

5.5.2 Favorskii 重排反应中的亲核性碱

在 Favorskii 重排反应中最常用的亲核性碱是 OH^-、OR^-、RNH_2、R_2NH 等氧和氮亲核剂。近年来，碳负离子作为亲核性碱也得到较多应用，此时产物是重排的酮(式(5-85)[178]和式(5-86)[179])。

2.7 eq *n*-BuLi, 2.5 eq CH_3Z; THF, −78~−15℃, −78~0℃ 或 −78~rt, 0.5~6 h; Br; O; Z 60%~88% (5-85)

Z = CN, $P(O)(OMe)_2$, $P(O)Ph_2$, CO_2t-Bu, $CONMe_2$, $C(Ph){=}NNMe_2$, SO_2Ph, $SO_2N(CH_2CH{=}CH_2)_2$, $CH{=}CH_2$

RLi; THF, −78~0℃; Br; O; R; OH; **6**; **7**; **8**; (5-86)

R = Ph, 3-MeOPh, 4-MeOPh, 2-呋喃基，2-噻吩基，$Me_2C{=}CH$, $PhC{\equiv}C$

以上两式中的反应，由于反应物中羰基 α′-位的桥头 C—H 键酸性很弱，都是经 semi-benzylic 机理进行的。在式(5-85)中，亲核性碱都是带有拉电子基的 sp^3 杂化碳负离子。而在式(5-86)中，亲核性碱都是芳基、杂芳基、烯基和炔基等 sp^2 和 sp 杂化的碳负离子。在式(5-86)中，产物 **6** 由亲核剂 R^- 对羰基进行加成后未再继续进行重排而得到。产物 **7** 和 **8** 分别是 Favorskii 重排产物和碳负离子 R^- 对 **7** 中的羰基加成而得的产物。三个产物的比例与反应条件密切相关：在 −78℃的低温反应时，主要产物是 **6**(取决于 R，产率为 63%～97%)。这是因为用碳亲核剂时，对反应物中羰基加成后得到的是较为稳定的叔醇产物，而不像使用氧、氮亲核剂时生成不稳定的半缩酮式中间体(式(5-82)中的Ⅺ)。显然，使用碳亲核剂时，反应更容易停留在生成羰基加成产物的阶段。但在式(5-86)的反应中，如果把反应温度从 −78℃逐渐升至室温，则 **6** 得以进行重排，使 **7** 成为主要产物(产率为 44%～90%)。而在使用两倍以上的过量碱(RLi)并使反应温度从 −78℃升温至室温时，**8** 成为主要产物(产率 61%～93%)。通过这些反应，在重排产物中导入了多种可用于进行后续化学转换的碳官能团。类似反应已在合成前列腺素天然产物 tricycloclavulone的母环结构 **A** 中得到应用(式(5-87)[180])。式中重排产物 **9** 在第一代 Grubbs 催化剂(G_I)作用下发生二烯的闭环复分解反应得到 **10**。由后者进而可得 **A**。

在通过环丙酮中间体进行的正常 Favorskii 重排中，使用碳负离子作为亲核性碱时的温和反应条件，使这些反应有了另一个合成应用，即常可通过控制反应条件使反应停止于亲核剂对环丙酮的羰基加成这一步。这为合成活泼的环丙醇衍生物提供了一个新的方法。

$Me_2C{=}CHLi$, THF, −78℃, 2 h; 96%; $Me_2C{=}CHLi$, −78~−30℃; **9**, 90%; $H_2C{=}CH_2$, G_I, rt; **10**, 50%; **A**; tricycloclavulone　　(5-87)

对开链的 α-卤代酮，如果携卤的 α-碳原子是伯碳或仲碳原子，则它们与碳负离子的反应只经对卤原子的直接 S_N2 取代途径进行，不发生 Favorskii 重排(式(5-88)[181])。

XH_2C–CO–CH(R^1)(R^2)；XHC(R^1)–CO–CH(R^2)(R^3)　$\xrightarrow{NaCH(CO_2Et)_2}$　$(EtO_2C)_2HCH_2C$–CO–CH(R^1)(R^2)，$R^1, R^2 = H$ 或 Me；$(EtO_2C)_2HCHC(R^1)$–CO–CH(R^2)(R^3)，$R^1 = Me, i\text{-}Pr$　　(5-88)

当 α-碳原子为叔碳原子时，则除少数例外之外，一般可在碳负离子(例如 $NaCH(CO_2Et)_2$)作用下生成环丙醇产物(式(5-89)[181])。

1eq $NaCH(CO_2Et)_2$, THF, 回流　　(5-89)

$R^1 = R^2 = Me, R^3 = H$, 51%; $R^1 = R^2 = R^3 = Me$, 42%;
$R^1,R^2 = (CH_2)_5$, $R^3 = H$, 53%; $R^1,R^2 = (CH_2)_4$, $R^3 = H$, 56%

α-卤代环酮在类似条件下也可发生停留于环丙醇产物的反应(式(5-90))[182,183]。

0.83 eq $NaCH(CO_2Et)_2$, PhH, 0℃~rt; $n = 1, 2$, R = H, Me; 4例, 42%~62%

1eq $NaCH(CO_2Et)_2$, THF, 0℃~rt; $NaCH(CO_2Et)_2$; 59%

(5-90)

这些单环或双环的环丙醇产物既可在碱性条件下加热而开环得到正常的 Favorskii 重排产物，也可以经热解、水解、氧化等反应进行多种化学转化，是有用的有机合成中间体。

碳亲核剂参与的 Favorskii 重排已用于对长寿自由基——氮氧自由基进行结构改造(式(5-91))[184,185]。吡咯烷和哌啶氮氧自由基是常用的自由基捕获剂和医用低频顺磁共振影像学中重要的自旋探针。在用氧、氮亲核剂与哌啶氮氧自由基进行反应时，发生正常的 Favorskii 重排而得缩环产物[184]；而用丙二酸二甲酯等活性亚甲基化合物的碳负离子钠盐为亲核性碱时，反应则停留于生成环丙醇产物的阶段，得到新奇的双环氮氧自由基[185]。

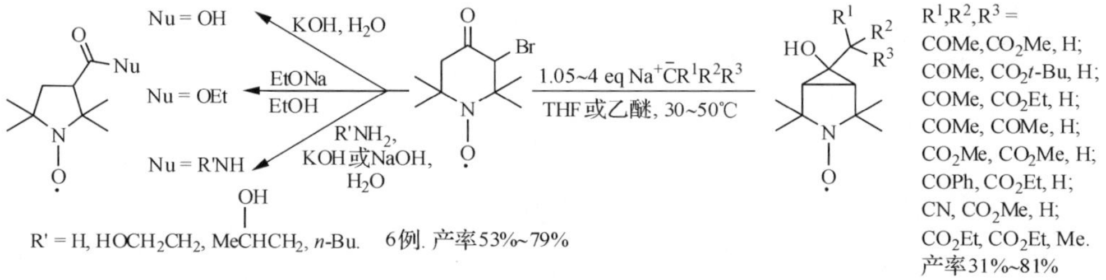

Nu = OH　KOH, H_2O
Nu = OEt　EtONa, EtOH
Nu = R'NH　R'NH_2, KOH或NaOH, H_2O
R' = H, $HOCH_2CH_2$, MeCH(OH)CH_2, *n*-Bu.　6例. 产率53%~79%
1.05~4 eq $Na^+\bar{C}R^1R^2R^3$　THF或乙醚, 30~50℃
R^1,R^2,R^3 = COMe, CO_2Me, H; COMe, CO_2t-Bu, H; COMe, CO_2Et, H; COMe, COMe, H; CO_2Me, CO_2Me, H; COPh, CO_2Et, H; CN, CO_2Me, H; CO_2Et, CO_2Et, Me.
产率31%~81%

(5-91)

Favorskii 重排也可以通过碳亲核剂对 α'-卤代的 α,β-不饱和酮的 Michael 加成来引发(式(5-92))[186]。共轭加成中得到的烯醇负离子脱卤闭环为环丙酮。在过量碳负离子存在时，它对环丙酮中的羰基加成得环丙醇产物。当 X 为较好的离去基团如 Br、甲磺酸根($^-$OMs)时，可得中等产率的环丙醇产物，但当 X 为离去能力较弱的基团如 OAc 时，反应停留于共轭加成阶段，只得到 Michael 加成产物。

$NaCH(CO_2Me)_2$　X=OAc　Michael加成产物
$-X^-$　$(MeO_2C)_2HC$　$CH(CO_2Me)_2$
当X为Br或OMs时，产率为10%~56%

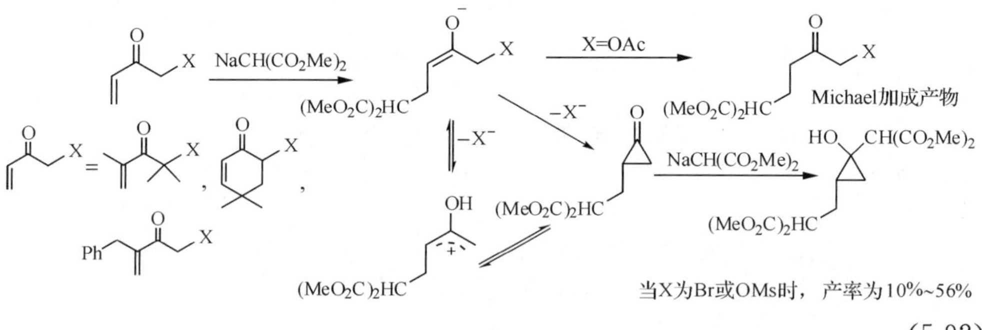

(5-92)

5.5.3　α-卤代酮亚胺的 Favorskii 重排

α-卤代酮亚胺也可在亲核性碱的作用下进行未完成的 Favorskii 重排，反应一般止于生成环丙胺。例见式(5-93)[187,188]。

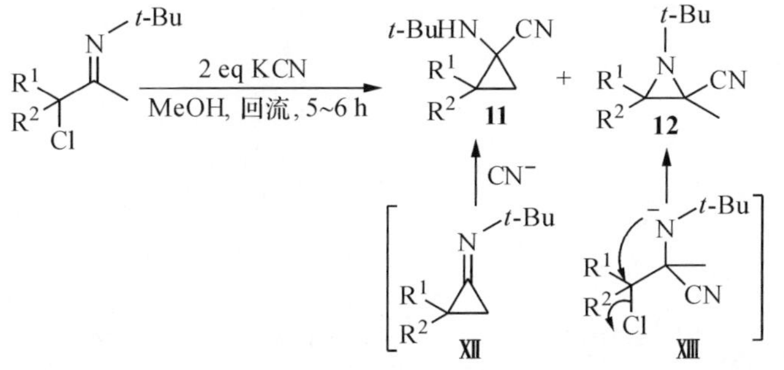

	产率/%	
	11	12
$R^1=R^2=Me$	47	35
$R^1=R^2=Et$	93	<5
$R^1=R^2=n\text{-}Pr$	92	<6
$R^1=n\text{-}Pr, R^2=Me$	90	<5

(5-93)

式(5-93)中产物 **11** 是通过环丙酮亚胺中间体Ⅻ生成的，而副产物氮杂环丙烷 **12** 是由 CN^- 对反应物中的亚氨基直接加成后经中间体ⅩⅢ的分子内 S_N2 反应生成的，用亲核性较弱而碱性更强的醇钠作为碱，可避免这一副反应的发生(式(5-94))[189]。产物 **13** 在用过量 KCN 处理时，得 1-氰基环丙胺。

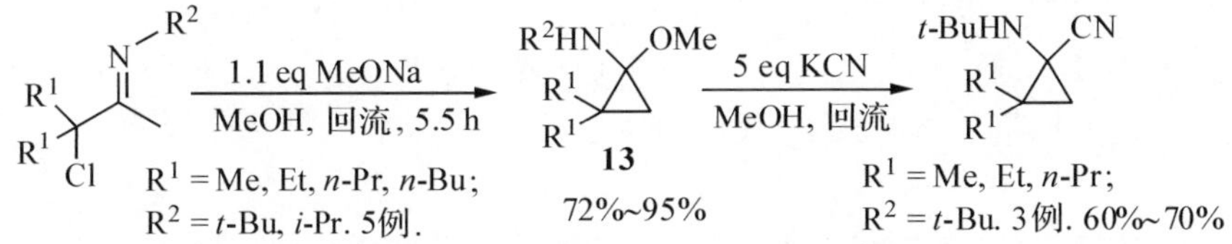

(5-94)

α-苄基 α-氯代亚胺在用 KCN 为碱时，如亚胺氮原子上有叔丁基，反应中无氮杂环丙烷生成(式(5-95))[189]。但当氮原子上为异丙基时，这一副产物可占总产物的一半左右。

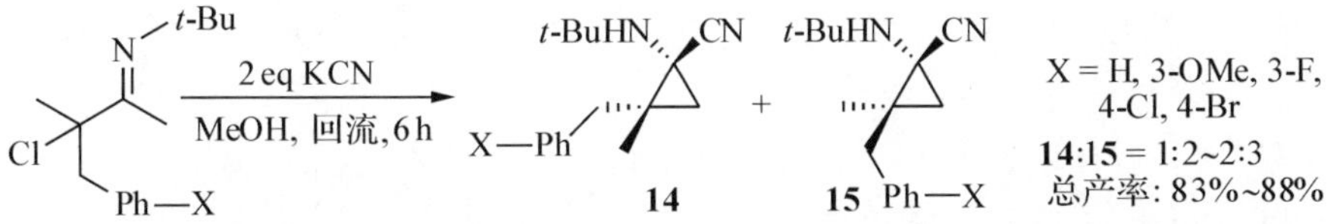

(5-95)

这些 1-氰基环丙胺可水解或氨解为可作为植物生长调节剂的 1-氨基环丙烷羧酸的衍生物。

5.5.4 Oxy-Favorskii 重排

α-卤代内酯可经亲核性碱对羰基的加成进行缩环反应。反应涉及氧负离子对携卤碳原子的亲核进攻(式(5-96))[190]，故称为 oxy-Favorskii 重排。这是合成含氧脂环化合物的一个有用方法。例如，可以从双环 α-卤代内酯的重排合成作为很多天然产物核心结构的氧杂双环化合物，例见式(5-96)。

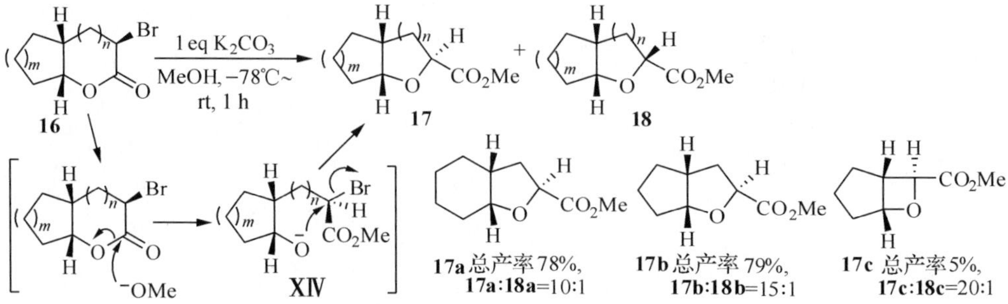

(5-96)

碱对反应物**16**中羰基的加成使内酯开环得中间体ⅩⅣ，ⅩⅣ中氧负离子从溴原子背面的S_N2进攻使携溴的α-碳原子构型反转，以很高的立体选择性得到产物。对照实验表明，少量差向异构化产物**18a**～**18c**的生成是由重排之前携卤的α-碳的部分外消旋化引起的。

除了甲醇可以作为亲核剂以外，伯胺和仲胺如$MeNH_2$、i-$PrNH_2$也可以在碳酸钾存在时作为**16**的重排亲核剂。当α-碳为叔碳原子时，重排是高度立体选择性的，并在含氧脂环上导入季碳原子(式(5-97))。

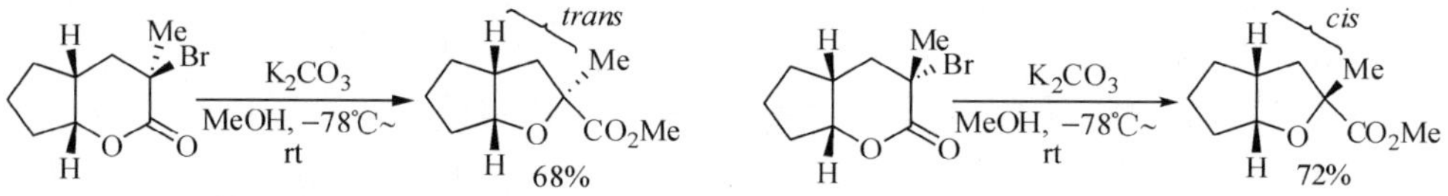

(5-97)

上述反应已被用于双环醚类天然产物(±)-communiol E的全合成(式(5-98))[190]。

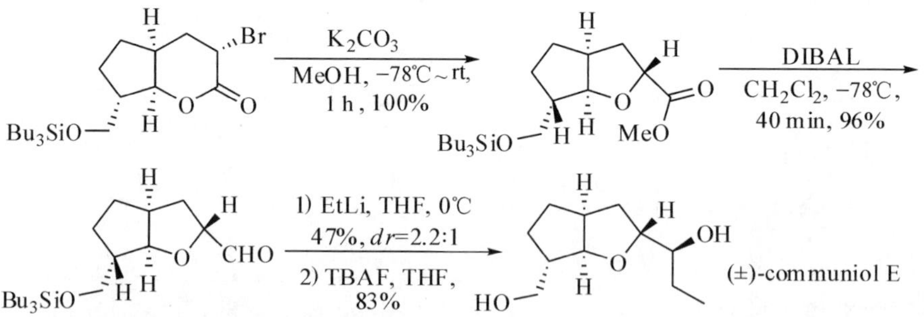

(5-98)

α-碳上有好的离去基团(CF_3SO_2O，CH_3SO_2O，I等)的糖内酯可通过立体专一性的oxy-Favorskii重排得到高度取代的四氢呋喃衍生物。例如，C-5上的碳取代基与被保护的二醇处于反式的一系列δ-内酯可在碱性条件下缩环，产物可作为C-核苷和多抗霉素(polyoxins)类的合成前体(式(5-99)和式(5-100))[191]。

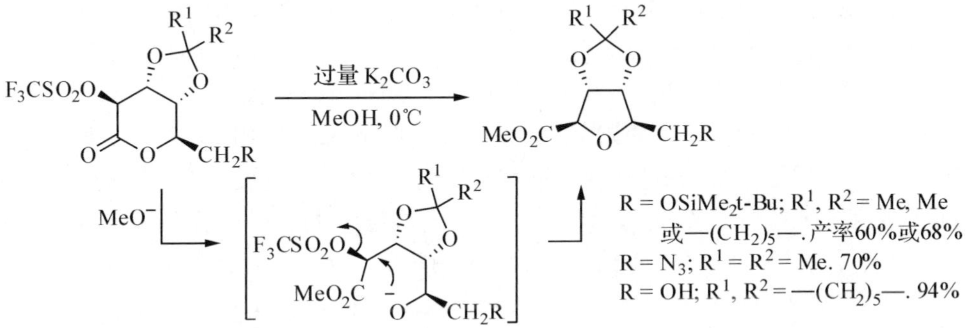

过量 K_2CO_3, MeOH, 0℃

R = $OSiMe_2$t-Bu; R^1, R^2 = Me, Me 或—$(CH_2)_5$—. 产率60%或68%
R = N_3; R^1 = R^2 = Me. 70%
R = OH; R^1, R^2 = —$(CH_2)_5$—. 94%

(5-99)

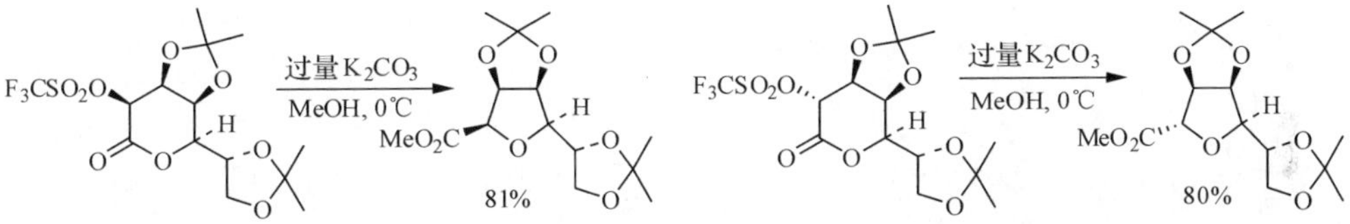

过量 K_2CO_3, MeOH, 0℃　81%　　过量 K_2CO_3, MeOH, 0℃　80%

(5-100)

在这些反应中,开环中间体内氧负离子对离去基团的背面进攻导致 α-碳的构型反转,而糖官能团未有任何差向异构化。

5.5.5 Favorskii 重排的合成应用

Favorskii 重排主要用于合成高度支链化的羧酸衍生物或酮(用碳亲核剂时),以及用于 α-卤代环酮的缩环反应。在以上讨论中,已经看到这方面的一些例子。缩环反应主要用于合成三元以及五元以上脂环的羧酸衍生物。其中从 α-卤代环丁酮重排为环丙烷羧酸的反应是经 semi-benzylic 机理进行的。这显然是因为不易生成双环[1.1.0]丁酮这一有高度张力的中间体。具有 α′-H 原子的六元以上 α-卤代环酮的缩环反应则是经环丙酮中间体进行的。Favorskii 重排很少成功用于合成单环的四元环的羧酸衍生物(但可用于从 α-卤代 γ-内酯经 oxy-Favorskii 重排合成氧杂环丁烷-2-甲酸酯[192])。

此外,缩环反应在合成具有高度张力的多环桥环化合物中也有很多应用。α,α′-或α,α-二卤代酮的重排反应则是合成 α,β-不饱和羧酸衍生物的一个有用方法。

1. Favorskii 重排在合成多环化合物中的应用

Favorskii 重排是合成具有高度张力的多环化合物的最重要方法之一。立方烷(**19**)[193-197]和高立方烷(**20**)[198-202]衍生物,一系列双环[*m*.*n*.0]烷烃,包括双环[2.2.0]己烷(**21**)衍生物[203]都已用相应的前体 α-卤代酮的 Favorskii 重排合成。

[n]-棱烷([n]-prismanes)是一类高度对称的$(CH)_n$多面体化合物。它们新奇的结构特点和反应性受到很多注意[204,205]。其中立方烷([4]-棱烷,**19**)[193-197]和[5]-棱烷(**22**)[206]都已用 Favorskii 重排制备(式(5-101)和式(5-102))。更高级的[6]-棱烷(化合物**23**)、[7]-棱烷和[8]-棱烷,也已考虑探索用 Favorskii 重排进行合成[207-212]。但张力最高的[3]-棱烷(**24**)是用其他方法合成的[213];尝试用 Favorskii 重排未能得到该化合物(式(5-103))[214]。这是由于缩环反应一般需要在较高温度下进行,而[3]-棱烷在高温条件下是不稳定的(90℃时半衰期为 11 h)。

19 **20** **21** **22** **23** **24**

$h\nu$ 95%; 10% KOH 95%; 25% KOH 55%

1) $SOCl_2$ 2) $(CH_3)_3COOH$/吡啶 98%; 二异丙苯 150℃ ≈30% **19** (5-101)

$h\nu$ >95%; 34%; 41%; 20% aq. KOH 60%~65%; 2,4,6-三异丙基硝基苯 120~150℃ **22**, 两步共42% (5-102)

NaOH, THF 回流, 4天 → $C_6H_5CO_2^-Na^+$ 96%; KOH, H_2O 回流, 26 h → 原料分解 (5-103)

Favorskii 重排也是合成具有小桥环的多环化合物的有效方法。例见式(5-104)[215,216]。

(a) aq. KOH 155℃ → 79%

(b) 25 → aq. KOH, DMF, 回流, 82% → 26 → KH/PhNH$_2$, DMF或THF, rt, 6 h, 85% → 27 (CONHPh)　　(5-104)

25 → KH/PhNH$_2$, THF, rt, 7 h, 85% → 27

在式(5-104)的反应(b)中，由樟脑溴化而得的反应物 **25** 在用 KOH 处理时生成中间产物 **26**。**26** 在 $PhNH^-K^+$作用下进行 Favorskii 重排得三环[3.2.0.0^{2,6}]庚烷产物 **27**。**27** 也可以直接从 **25** 用 $PhNH^-Li^+$处理生成，产率为 85%。

2. 从 α,α'-或 α,α-二卤代酮合成 α,β-不饱和羧酸衍生物

由式(5-78)和式(5-82)可以看到，从开链和环状的 α,α-二卤代酮的 Favorskii 重排可以合成 α,β-不饱和羧酸衍生物。在这些反应中，α-卤代环丙酮是中间产物。由于氯代环丙酮中间产物也可以由 α,α'-二卤代酮在碱的作用下生成，因此，也可以从 α,α'-二卤代酮的重排来合成 α,β-不饱和羧酸衍生物。实际上，这些反应比 α,α-二卤代酮的重排研究得更多。

在氯代环丙酮中间产物生成以后，可以通过亲核剂对其羰基加成，经两种机理开环，得到产物(式(5-105))。一是可以通过协同机理(途径 a)消去氯负离子得产物 **28**。二是氯代环丙酮也可经先生成碳负离子再质子化的分步机理而得产物(途径 b)。此时反应优先生成更为稳定的 α-氯代碳负离子及其质子化产物 **29**。实际上，在已研究过的体系中，大多按途径 a 进行反应，得到顺式的烯烃产物 **28**；只有在少数情况下，由途径 b 生成的产物才成为主要产物[217,218]。

$$\text{氯代环丙酮} \xrightarrow{R^1O^-} \text{加成物} \begin{cases} \xrightarrow[-Cl^-]{a} \text{R-CH=CH-CO}_2\text{R}^1\ (\mathbf{28}) \\ \xrightarrow{b} \text{R-CH(CO}_2\text{R}^1\text{)-}\overset{-}{\text{C}}\text{HCl} \xrightarrow{H^+} \text{R-CH(CO}_2\text{R}^1\text{)-CH}_2\text{Cl} \xrightarrow{-HCl} \text{CH}_2\text{=C(R)CO}_2\text{R}^1\ (\mathbf{29}) \end{cases} \quad (5\text{-}105)$$

式(5-106)[219]和式(5-107)[220,221]分别是开链体系和环体系中的一些例子。

$$R^1R^2CBr\text{-CO-CHBrR}^3 \xrightarrow[Et_2O,\ 0\sim5℃]{MeONa} R^1R^2C\text{=}CR^3CO_2Me$$

$R^1=R^2=Me, R^3=H$; $R^1=Me, R^2=Et, R^3=H$; $R^1,R^2=—(CH_2)_4—, R^3=H$; $R^1=R^2=Me, R^3=i\text{-}Pr$
4例. 46%~84%

(5-106)

$$\mathbf{30} \xrightarrow[HOAc]{Br_2} \text{二溴代物} \xrightarrow[CH_2Cl_2]{NH_3} \text{环戊烯酮甲酰胺 (CONH}_2\text{)}$$

从**30**起，总产率82%

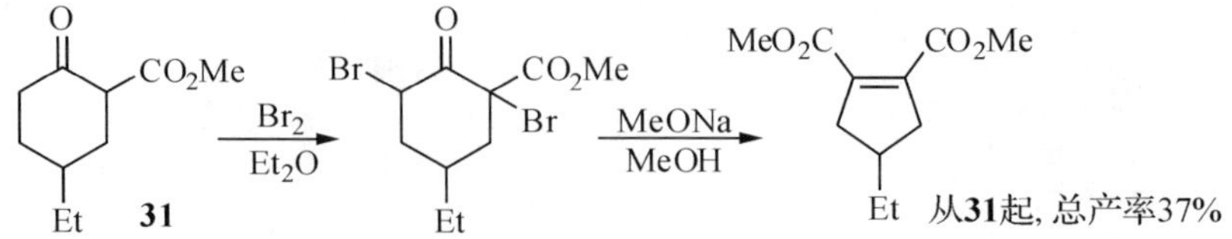

(5-107)

应用α,α'-二卤代酮在超强碱体系(KOH-DMSO)中的Favorskii重排,制备了(E)-2-叔丁基-4,4-二甲基戊烯-2-酸,这是已知的位阻最大的烯烃之一(式(5-108))[222]。

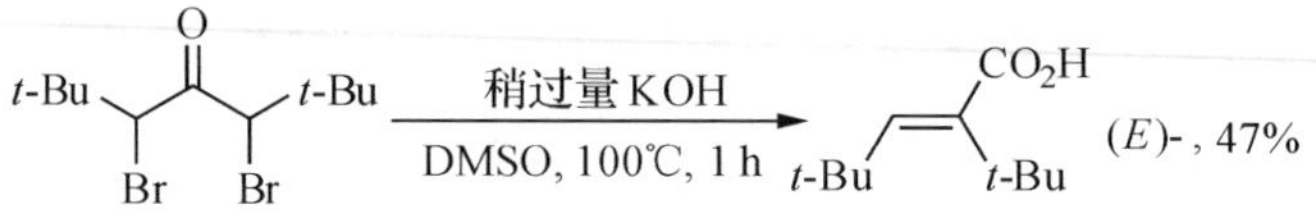

(5-108)

3. 1,6-亚甲基[10]轮烯(1,6-methano[10]annulene)的制备

Favorskii重排是合成过去未见的在亚甲基桥上和轮烯环上都有取代基的亚甲基[10]轮烯衍生物时的关键步骤(式(5-109))[223]。

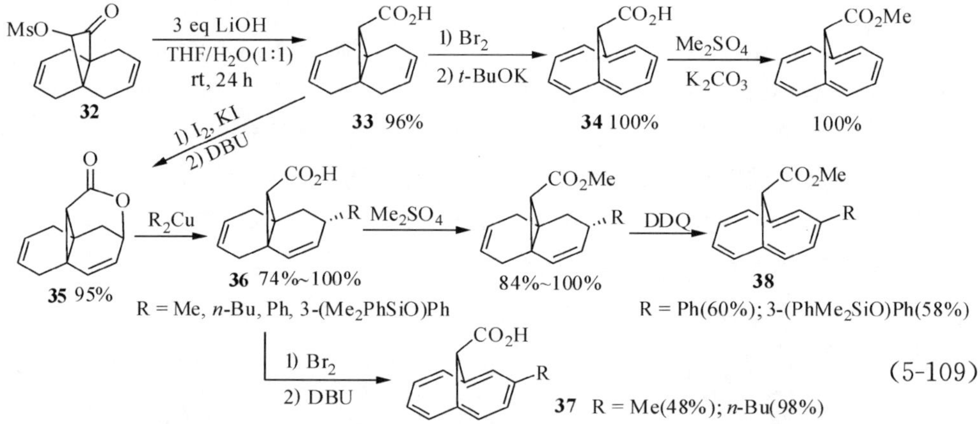

(5-109)

[4.4.2]桨翼烷([4.4.2]propellane)**32**经semi-benzylic机理进行Favorskii重排得[4.4.1]桨翼烷**33**。后者在先后用溴(CH_2Cl_2,0℃)和t-BuOK(THF,0℃)处理后芳化为11-羧基-1,6-亚甲基[10]轮烯**34**。**33**也可在用I_2/KI和DBU处理后转化为内酯**35**,再用二芳基或二烷基铜处理烃化为**36**,并在相继用溴和DBU处理后转化为3-烃基-11-羧基-1,6-亚甲基[10]轮烯**37**。如先把**36**酯化,再用DDQ处理芳化则得3-烃基-11-甲氧羰基-1,6-亚甲基[10]轮烯**38**。

5.6 Ramberg-Bäcklund重排

一个与Favorskii重排具有某些相似之处的碳负离子重排是Ramberg-

Bäcklund 重排。这是 α-卤代砜在碱的作用下消去卤化氢和二氧化硫而生成烯烃的反应(式(5-110))[224-229]。

$$R^1R^2C(X)-SO_2-CH(H)R^3R^4 \xrightarrow[-HX,\ -SO_2]{B} R^1R^2C=CR^3R^4 \tag{5-110}$$

5.6.1 Ramberg-Bäcklund 重排反应的机理

目前普遍接受的 Ramberg-Bäcklund 重排(以下简称 RB 重排)反应的机理见式(5-111)。

$$R^1CH_2SO_2CH(R^2)X \underset{快}{\overset{碱,\ -H^+}{\rightleftharpoons}} \left[R^1\overset{-}{C}HSO_2CH(R^2)X\right]_{\text{I}} \xrightarrow{慢} \text{环砜 II (顺式/反式)} \xrightarrow[快]{-SO_2} R^1CH=CHR^2\ (顺) + R^1CH=CHR^2\ (反) \tag{5-111}$$

反应物在碱的作用下,在快速的平衡过程中脱质子得碳负离子Ⅰ,后者经分子内亲核取代反应脱去卤负离子而得环砜(episulfone)Ⅱ,并迅速脱去 SO_2 而得产物。

上述机理得到很多实验事实的支持。α-溴代二苄砜($PhCH_2SO_2CHBrPh$)在用甲醇钠为碱,氘代甲醇(MeOD)为溶剂进行重排反应时,在反应进行了一个半衰期后分离回收的原料中,α-和 α'-氢已全部被氘交换[230]。这表明脱质子是速率决定步骤之前的快速的平衡过程。由于环砜中间体在碱性条件下不稳定,而迅速分解为产物,在反应过程中一般无法分离或观测到这一中间体。但也已在个别情况下在卤代砜的反应中在低温下分离到环砜中间体[231]。将其置于进行 RB 重排的反应条件下时,以比从 α-氯代砜出发时更快的速率分解为烯烃产物。这些都表明环砜中间体的存在,而其快速分解不是反应的速率决定步骤。环砜在中性条件下较为稳定;也已用其他方法制备了一些三元环砜,它们在加热或被置于碱性条件下时,都可以分解为烯烃[232,233]。

在式(5-111)中,α-卤代砜的脱质子过程应是通过能使生成的碳负离子的 sp^3 σ 轨道与 S—C(α)的 $\sigma*$ 轨道发生有利的相互作用的构象进行的(式(5-112)中的 **A**),这使 C(α')—H 键处于平分 SO_2 中两个 S—O 键间夹角的方位。碳负离子(**B**)生成后,经快速的翻转和 C—S 键的自由旋转到达适于进行分子内 S_N2 反应的构象(**C**),脱去 X^- 而生成环砜。因此,生成环砜时,α-和 α'-碳原子的构型都发生反转。对照实验表明,独立合成的环砜的热分解或碱催化分解是立体专一性的,即从

trans-环砜只得到(E)-烯烃，而由 *cis*-环砜只得到(Z)-烯烃[234]。实际上，在 RB 重排中，反应的立体选择性往往不高，经常得到(Z)-和(E)-烯烃的混合物。因此，在从碳负离子生成环砜时，应有两种异构体环砜同时生成(式(5-111))。这是由于一些环砜可在强碱性介质中发生差向异构化(见 5.6.2 节)。

(5-112)

环砜的分解可视为螯变反应，但如这一反应经协同机理进行，则需经异面(antarafacial)过程进行。对这一三元环反应物而言，异面过程的过渡态将有极大的立体张力。因此这一反应更可能是经分步机理进行的(如经一单重态双基的快速复合以保持构型)。

5.6.2 Ramberg-Bäcklund 重排反应的立体化学

RB 重排反应中时常得到(Z)-和(E)-烯烃的混合物，两者的比例取决于生成的两种异构体环砜中间体的比例。已知有些 *cis*-环砜中间体在强碱的作用下会通过脱质子-重新质子化过程差向异构化为 *trans*-环砜。例如，苄基 α-溴代苄基砜($PhCH_2SO_2CBrCHPh$)的 *cis*-环砜在 MeONa 的作用下会迅速转化为 *trans*-[234]，而 *cis*-1,2-二甲基环砜则可在更强碱(*t*-BuOK)的作用下向 *trans*-转变[235]。因此，RB 重排反应中烯烃产物的(Z)-/(E)-值，不仅与反应物结构有关，也与使用的碱、溶剂等反应条件有关。在常规条件下进行 RB 重排反应时常用的碱-溶剂体系中，KOH/水体系常有利于生成(Z)-烯烃，而 *t*-BuOK(或 *t*-BuOLi，*t*-BuOCs)/*t*-BuOH 则常有利于(E)-烯烃的生成，例见式(5-113)[236,237]。但这一趋势在后述的各种进行 RB 重排反应的改进方法中并不适用。

(5-113)

反应条件: KOH, H_2O, 加热, 65%, (Z)/(E) 82:18；
t-BuOK, *t*-BuOH, 加热, 85%, (Z)/(E) 24:76

Ramberg-Bäcklund 重排反应中的 α-卤代砜可为开链砜或环砜，常用的 X 是卤素原子，反应活性顺序为 I>Br ≫Cl。此外，$PhSO_2$[238-241]、CF_3SO_2[242]也是反应物砜中好的离去基团。而对甲苯磺酸根负离子(OTs^-)则表现为远不如 Cl^- 活泼的离去基团[243]。进行 RB 重排反应时最常用的碱-溶剂体系是 KOH/水、MeONa/MeOH 和 t-BuOK/THF（或 t-BuOH，DMSO）。其他碱性试剂如 $NaHCO_3$/水、NaH-KH/DMSO[244]、MeLi/Et_2O[245]、n-BuLi/THF[246]、Et_3COK/THF[247]、$LiAlH_4$/二噁烷[248]、DBU/$CHCl_3$[249]等，以及相转移催化条件[250]也已得到应用。

5.6.3 Ramberg-Bäcklund 重排反应的一些改进

在实施 RB 重排反应时经常遇到的一个问题是需要寻找合适的方法来制备 α-卤代砜反应物。为了省去预先制备 α-卤代砜一步，最好能在反应现场把砜直接卤化而进入重排，实现一锅反应。在这方面已有一些较为成功的方法。

1. Meyers *方法*

这是用四氯化碳作为氯源，把粉末状 KOH 悬浮于 CCl_4/t-BuOH 中，用以处理砜，在一锅反应中实现了砜的 α-氯化和氯代砜的重排[251]。本法对二苄基砜（式(5-114)）[251]、苄基二苯甲基砜和二烯丙基砜（式(5-115)）[252]的效果常较好。

$$PhCH_2SO_2CH_2Ph \xrightarrow[t\text{-BuOH/H}_2\text{O, 20~80℃}]{\text{固体KOH, CCl}_4} PhCH{=}CHPh \quad (E)\text{-, 100\%}$$

$$PhCH(Me)SO_2CH(Me)Ph \xrightarrow[t\text{-BuOH/H}_2\text{O, 20~80℃}]{\text{固体KOH, CCl}_4} PhC(Me){=}C(Me)Ph$$

从 dl 原料出发，100%，(Z)/(E) 28:72
从 meso 原料出发，100%，(Z)/(E) 90:10

(5-114)

$$\xrightarrow[t\text{-BuOH, rt}]{\text{KOH, CCl}_4} \qquad (5\text{-}115)$$

(E)-，产率：69%~89%

$R = Me, Me_2C{=}CH(CH_2)_2, Me_2C{=}CH(CH_2)_2C(Me){=}CH(CH_2)_2$

Meyers 方法的应用也有一些限制。对二(伯烷基)砜，易生成 α,α-和 α,α′-二卤代砜，后者成环后易消去 HCl 并开环为乙烯基磺酸盐（式(5-116)）[253]。对二(仲烷基)砜，则 RB 重排反应要与从 CCl_3^- 产生的二氯卡宾（:CCl_2）对产物烯烃的加成反应竞争（式(5-117)）[251]。

$$R^1CH_2SO_2CH_2R^2 \xrightarrow[t\text{-BuOH/H}_2\text{O}]{\text{KOH, CCl}_4} \left[\begin{array}{c} R^1CCl_2SO_2CH_2R^2 \\ R^1CHClSO_2CHClR^2 \end{array}\right] \rightarrow \text{氯代环砜} \rightarrow \text{环砜烯} \xrightarrow{OH^-} R^1CH{=}C(SO_3K)R^2 + KO_3S(R^1)C{=}CHR^2$$

(5-116)

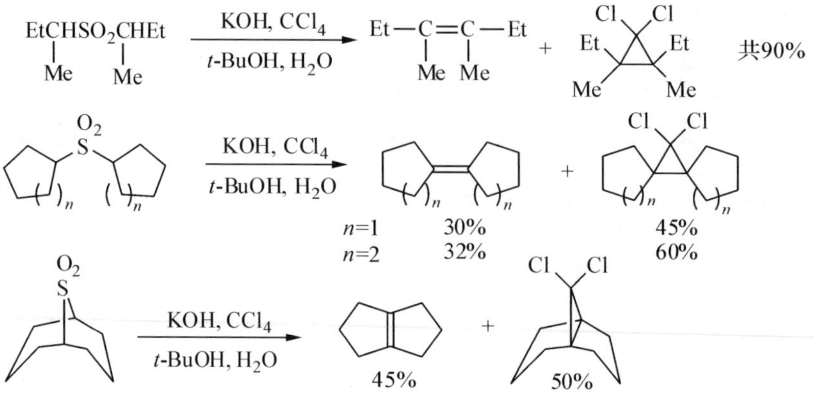

$$EtCHSO_2CHEt(Me)(Me) \xrightarrow[t\text{-BuOH, }H_2O]{KOH,\ CCl_4} Et-C(Me)=C(Me)-Et + \text{(Cl}_2\text{-cyclopropane, Et, Et, Me, Me)} \quad 共90\%$$

$$\xrightarrow[t\text{-BuOH, }H_2O]{KOH,\ CCl_4} \qquad (5\text{-}117)$$

n=1　30%　45%

n=2　32%　60%

$$\xrightarrow[t\text{-BuOH, }H_2O]{KOH,\ CCl_4} \quad 45\% \; + \; 50\%$$

也可以用六氯乙烷代替四氯化碳作为卤源化合物(式(5-118)[254]和式(5-119)[255])。

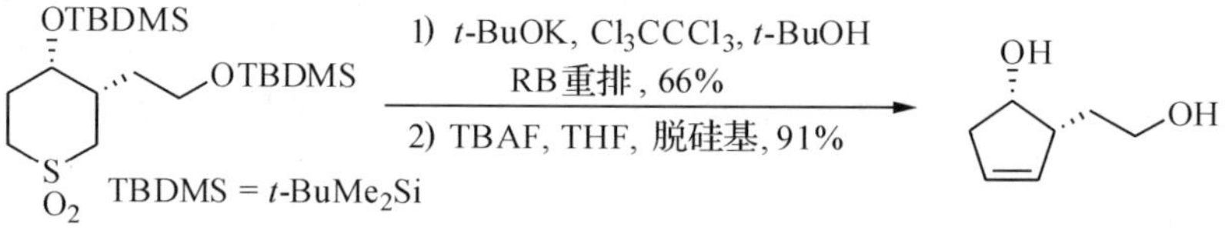

OTBDMS　OTBDMS　TBDMS = t-BuMe_2Si

$$\xrightarrow[2)\ TBAF,\ THF,\ 脱硅基,\ 91\%]{1)\ t\text{-BuOK},\ Cl_3CCCl_3,\ t\text{-BuOH};\ RB重排,\ 66\%} \qquad (5\text{-}118)$$

$$\xrightarrow[DME,\ rt,\ 2\ h]{NaH,\ Cl_3CCCl_3} \quad 75\% \qquad (5\text{-}119)$$

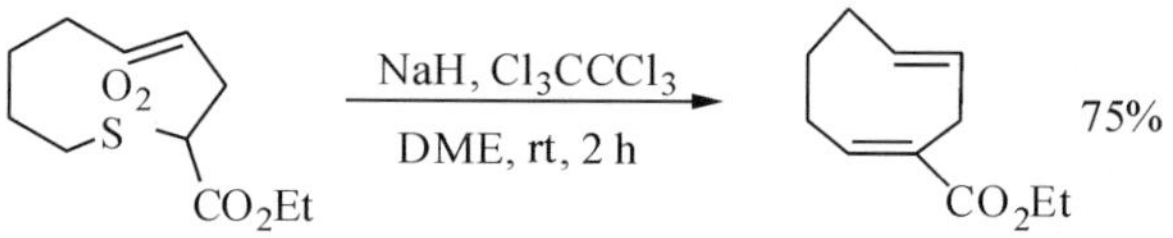

2. Chan 方法

Meyers 方法的主要缺点是对伯烷基砜(包括二(伯烷基)砜和苄基伯烷基砜)易发生二卤代反应生成乙烯基磺酸盐等副产物,以及对仲烷基砜常有较严重的二氯卡宾对烯烃产物加成的副反应。针对这些问题,Chan 方法对反应条件进行了两个改进。一是改用 CBr_2F_2 为卤源,它在碱性反应条件下不易生成卡宾(或即使有少量卡宾(:CF_2)生成,它对烯烃的加成活性也很低);二是用氧化铝负载的 KOH 代替粉末状 KOH,加大碱与反应液的接触面积,在反应中使 α-单卤代砜迅速转化为环砜而抑制了 α,α-和 α,α'-二卤代反应。在 Chan 方法中,除了 t-BuOH 外,也常加入对砜溶解度更好的 CH_2Cl_2 为溶剂。这些使 Chan 的 CBr_2F_2-KOH/Al_2O_3-t-BuOH 体系对包括二(伯烷基)砜和仲烷基砜在内的各种结构类型的砜都能取得较好的效果,例见式(5-120)[256]。

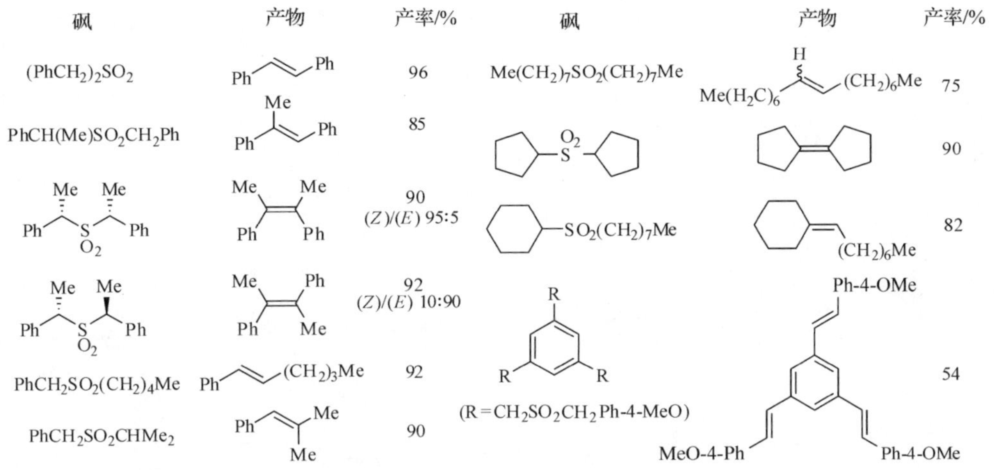

砜	产物	产率/%
$(PhCH_2)_2SO_2$	Ph, Ph	96
$PhCH(Me)SO_2CH_2Ph$	Me, Ph, Ph	85
Me, Me, Ph, S, Ph, O_2	Me, Me, Ph, Ph	90 (Z)/(E) 95:5
Me, Me, Ph, S, Ph, O_2	Me, Ph, Ph, Me	92 (Z)/(E) 10:90
$PhCH_2SO_2(CH_2)_4Me$	Ph, $(CH_2)_3Me$	92
$PhCH_2SO_2CHMe_2$	Ph, Me, Me	90
$Me(CH_2)_7SO_2(CH_2)_7Me$	H, $Me(H_2C)_6$, $(CH_2)_6Me$	75
O_2, S		90
$SO_2(CH_2)_7Me$	$(CH_2)_6Me$	82
R, R, R ($R=CH_2SO_2CH_2Ph$-4-MeO)	Ph-4-OMe, MeO-4-Ph, Ph-4-OMe	54

(5-120)

CBr_2F_2 的沸点为 23℃，它更适宜于在室温以下使用，而不便于在加热条件下使用。对于一些需要加热才能反应的反应物，可以改用沸点为 47℃ 的 $CBrF_2CBrF_2$（$C_2Br_2F_4$）来代替 CBr_2F_2，这就是 Franck 方法[257]，如在从砜基糖制备 *exo*-糖烯时（(式 5-121)）[257]，需用 $C_2Br_2F_4$ 代替 CBr_2F_2，在加热条件下才能反应。

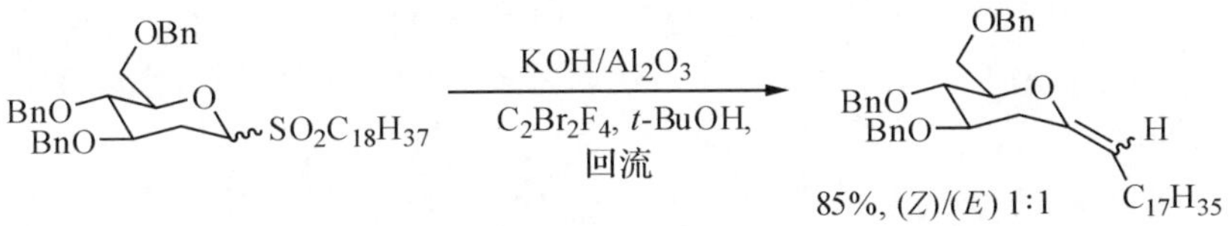

$$\text{OBn, BnO, BnO, O}-\sim SO_2C_{18}H_{37} \xrightarrow[\text{C}_2\text{Br}_2\text{F}_4,\ t\text{-BuOH, 回流}]{\text{KOH/Al}_2\text{O}_3} \text{OBn, BnO, BnO, O}=\text{CH}-C_{17}H_{35}\quad 85\%,\ (Z)/(E)\ 1:1 \tag{5-121}$$

$CBrF_2CBrF_2$ 的沸点仍然较低；它和 CBr_2F_2 也都是已在工业中遭禁用的对臭氧层造成破坏的卤氟烃。最近已有把不破坏臭氧的固体溴化试剂 $CBrCl_2CBrCl_2$（$C_2Br_2Cl_4$）用于 RB 重排反应的尝试，并对一些二苄基砜、二伯烷基砜和环砜取得了良好的效果；但对已实验的仲烷基砜效果不佳[258]。

在用 Meyers、Chan 和 Franck 的反应条件进行 RB 重排反应时，多数情况下产物以(*E*)-烯烃为主，但产物的立体化学与反应物结构和反应条件有关。一个比较三种反应条件的不同结果的例子见式(5-122)[259]。这是从二苄基砜合成二芳乙烯类天然产物 combretastatin A-4 及其类似物时的结果。虽然在用 Meyers 条件进行二苄基砜的反应时，经常只得到或绝大部分得到(*E*)-二芳基乙烯，但在式(5-122)的反应中，(*Z*)-产物较多或成为主要产物，而用 Chan 和 Franck 方法时，则仍主要得到(*E*)-产物。

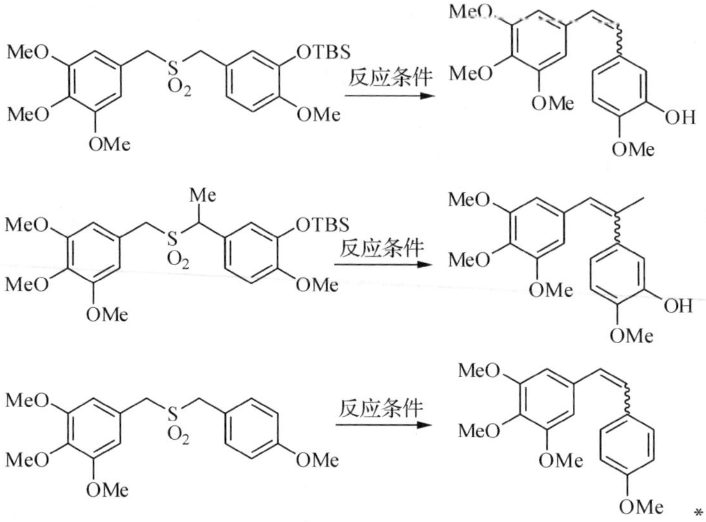

反应物	反应条件	$(E)/(Z)$	总产率
3,4,5-三甲氧基苄基(3-OTBS-4-甲氧基苄基)砜	Meyers	47:53	69%
	Chan	90:10	81% *
	Franck	85:15	72%
3,4,5-三甲氧基苄基(1-(3-OTBS-4-甲氧基苯基)乙基)砜	Meyers	65:35	70%
	Chan	69:31	59% *
	Franck	90:10	59%
3,4,5-三甲氧基苄基(4-甲氧基苄基)砜	Meyers	42:58	38%
	Chan	91:9	47%
	Franck	97:3	89%

*羟基未脱保护，仍为OTBS

反应条件：

Meyers: CCl_4, t-BuOH, KOH, H_2O, △, 12 h

Chan: CBr_2F_2, t-BuOH, KOH/Al_2O_3, 0℃~rt, 12 h

Franck: $C_2Br_4F_2$, t-BuOH, KOH/Al_2O_3, △, 12 h

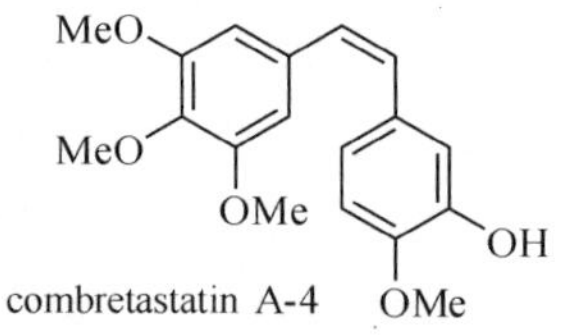

combretastatin A-4

(5-122)

值得注意的是：这些在 Meyers 条件下得到较多(Z)-产物的反应物，都是苯环上有强给电子基的砜。

由于 Chan(Franck)方法的上述优点，近年来在应用 RB 重排反应的合成工作中已越来越多地采用这个方法。

5. Michael 加成引发的 RB 重排反应

显然，在 RB 重排反应中，导致环砜生成的 α-卤代-α′-碳负离子也可以由亲核剂对 α-卤代-α′-乙烯基砜的共轭加成来生成。已报道的这类由 Michael 加成引发的 RB(Michael induced RB, MIRB)重排反应有两类，一类是由亲核剂对 α-卤代-α,β-不饱和砜的加成引发的(式(5-123))[260]，另一类是亲核剂对 α-卤代-α′-二烯基砜的加成引发的(式(5-124))[261]。

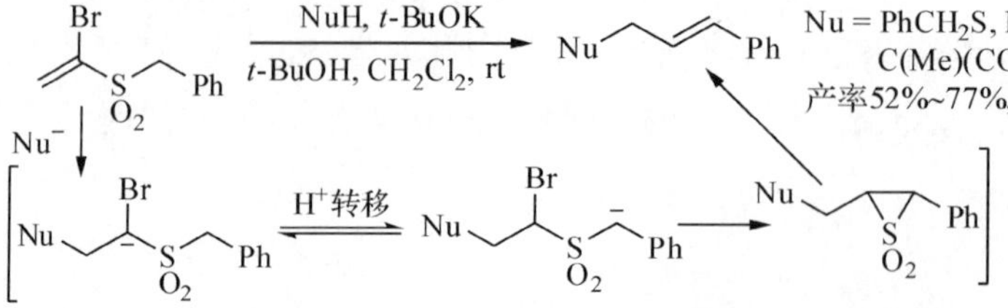

NuH, t-BuOK, t-BuOH, CH_2Cl_2, rt

Nu = $PhCH_2S$, MeO, $PhCH_2NH$, $C(Me)(CO_2Me)_2$

产率52%~77%, $(E)/(Z)$=93:7~25:75

H^+转移

(5-123)

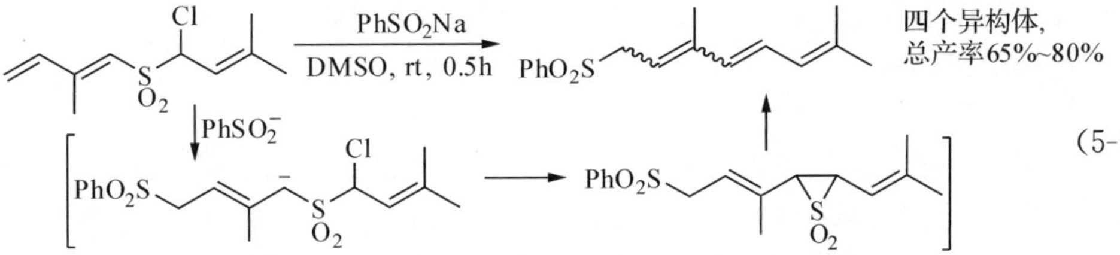

四个异构体，总产率65%~80%

(5-124)

这些 MIRB 反应的优点是避免了在反应中使用强碱，反应条件温和。式(5-124)的反应只适用于 α′-二烯基砜的反应，而 α′-乙烯基砜的类似反应未见报道。式(5-123)的反应，由于反应物 α-溴化乙烯基砜可方便地从相应的乙烯基砜用 Br_2/Et_3N 溴化-脱氢卤反应而得到，因此对合成 γ-取代丙烯衍生物具有合成价值。

4. 预包装的 RB 试剂

一些含有 α-卤代砜基的化合物经一步反应(如与烯烃进行自由基加成或与 1,3-二烯进行 Diels-Alder 反应)可生成新的 α-卤代砜化合物，后者只需用碱处理即可得碳原子数增加了的 RB 烯烃产物。这些试剂可称为预包装的 RB 试剂(prepackaged Ramberg-Bäcklund reagents)[262]。

1) α-卤代烷基磺酰溴(XCH_2SO_2Br)

$ClCH_2SO_2Br$(**1**)、$BrCH_2SO_2Br$(**2**)、$MeCH(Br)SO_2Br$(**3**)和 ICH_2SO_2Br(**4**)这四个试剂，可经自由基机理与烯烃加成，加成产物用弱碱(如 Et_3N)处理消去 HBr 而得 α-溴磺酰基烯烃，后者在用碱处理时进行 RB 重排反应而得增加了一个碳原子的烯烃，例见式(5-125)和式(5-126)[263]。

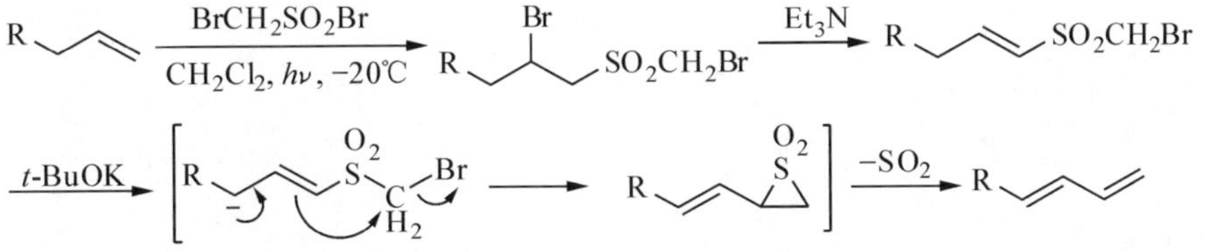

(5-125)

R = *n*-Pr, *n*-C_5H_{11}, *n*-C_6H_{13}, Ph, PhO, $HO(CH_2)_8$, Me_3Si. 38%~86%, (*Z*)/(*E*) 1:10~9:1

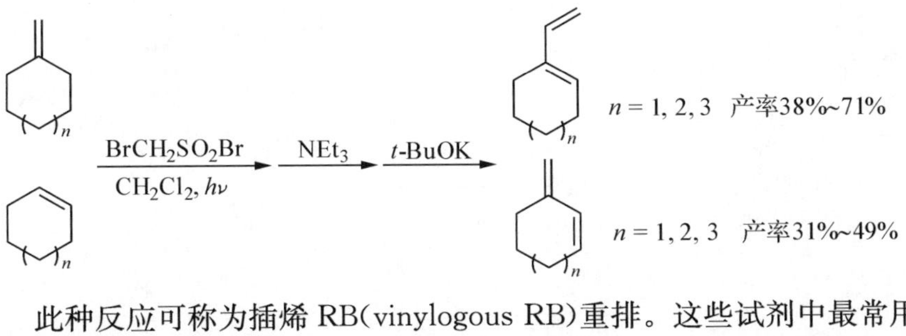

n = 1, 2, 3　产率38%~71%

n = 1, 2, 3　产率31%~49%

(5-126)

此种反应可称为插烯 RB(vinylogous RB)重排。这些试剂中最常用的是化合物 **2**。虽然 **1**～**4** 在很多情况下可以在热反应条件下自发地或在有自由基引发剂存在时与烯烃加成，但反应条件不易控制，并有试剂分解为 SO_2 和 CH_2Br_2 等副反应发生。较好的做法是在－20℃时在 Pyrcx 玻璃容器(可透过波长 290 nm 以上的光)中照射 **2** 与烯烃的 CH_2Cl_2 溶液。此时，烯烃与 **2** 的加成产物常以定量产率生成。

式(5-125)中的反应还可以重复进行，即以 1,3-二烯产物为原料，重复以上处理，而得到 1,3,5-三烯产物(式(5-127)[263])。但由于共轭三烯不再能够与 $BrCH_2SO_2Br$ 加成，不能再继续由之合成共轭四烯。

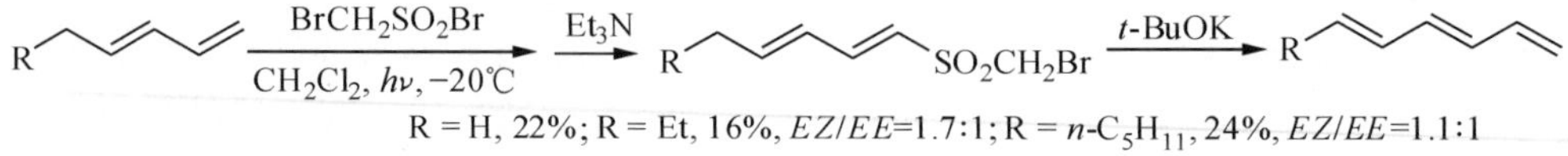

R = H, 22%; R = Et, 16%, *EZ*/*EE*=1.7:1; R = *n*-C_5H_{11}, 24%, *EZ*/*EE*=1.1:1

(5-127)

2) 乙烯基氯甲基砜

一些乙烯基氯甲基砜 **5**～**7** 可作为亲二烯剂通过与共轭二烯的 Diels-Alder 反应得到氯甲基磺基环烷烃，后者可在碱的作用下发生 RB 重排反应得到具有环外双键的烯烃产物。例如，用联烯基砜 **7** 与共轭烯烃加成后再进行 RB 重排反应，可得具有两个环外双键的共轭二烯(式(5-128)和式(5-129)[262])。如果用 **5** 或 **6** 作为预包装的 RB 试剂，则得具有一个环外双键的环烯烃。

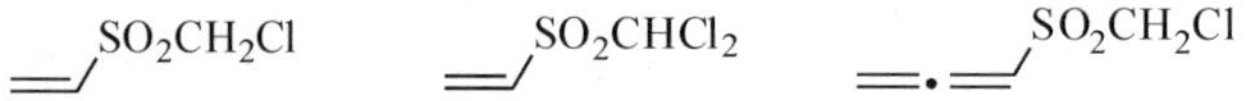

5 **6** **7**

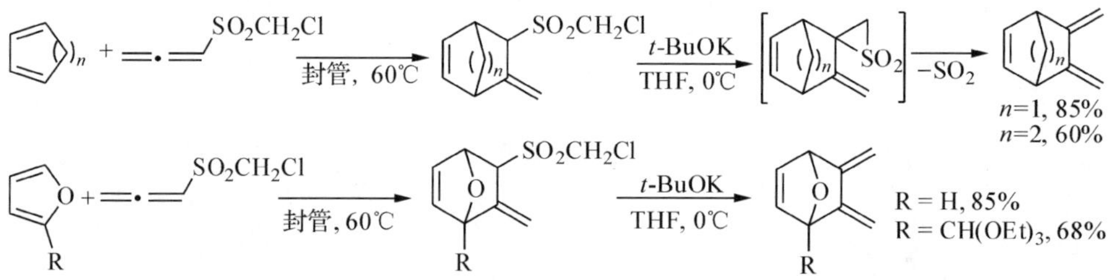

n=1, 85%
n=2, 60%

R = H, 85%
R = CH(OEt)$_3$, 68%

(5-128)

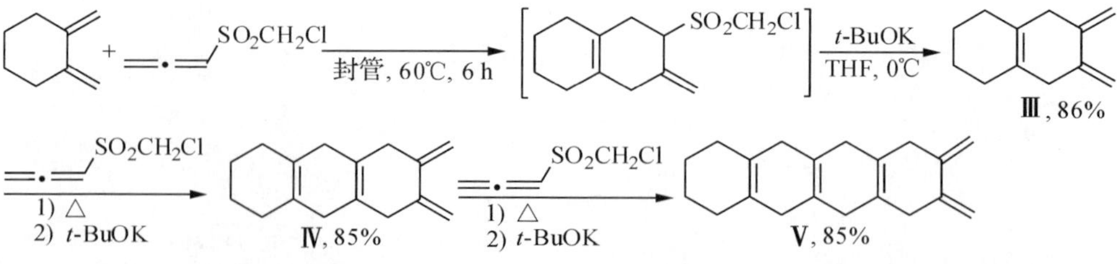

Ⅲ, 86%

Ⅳ, 85%

Ⅴ, 85%

(5-129)

式(5-129)中是一个重复进行的反应。前一个 Diels-Alder 加成-RB 重排中得到的产物(Ⅲ和Ⅳ)可以与另一当量的 **7** 重复这一过程，最终得产物Ⅴ。应用这一

方法，合成了具有四个环外双键的六环带状环烯（式(5-130)[264]）

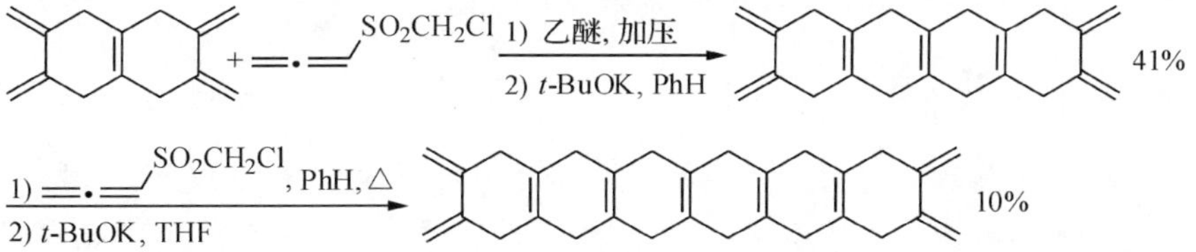

1) 乙醚，加压；2) t-BuOK, PhH　41%

1) SO_2CH_2Cl, PhH, △；2) t-BuOK, THF　10%　(5-130)

5. Epoxy Ramberg-Bäcklund (ERB)反应

除了卤素(Cl, Br, I)和磺酸根等之外，环氧乙基也可在 RB 重排反应中用作离去基团。这一方法的优点是在反应中生成了烯丙醇衍生物（式(5-131)）[265,266]。例见式(5-132)。

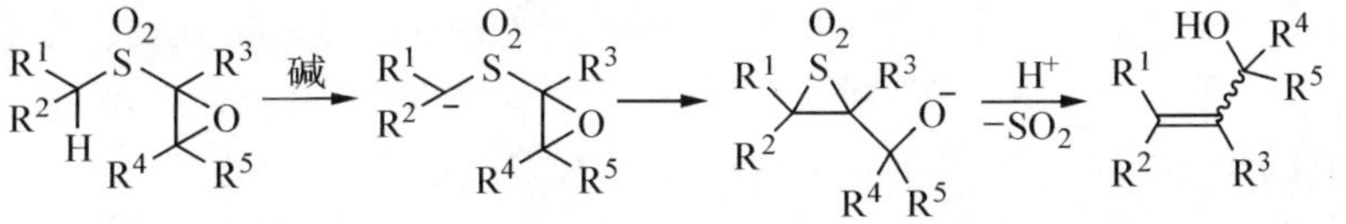

碱；H^+, $-SO_2$　(5-131)

由式(5-132)可以看到，在环氧乙烷环的 C1 和 C2 上有不同取代基时，反应均能较好进行，以中等至较高的产率得到产物。在反应(c)中，从含有一个羟基的原料合成了二醇产物。

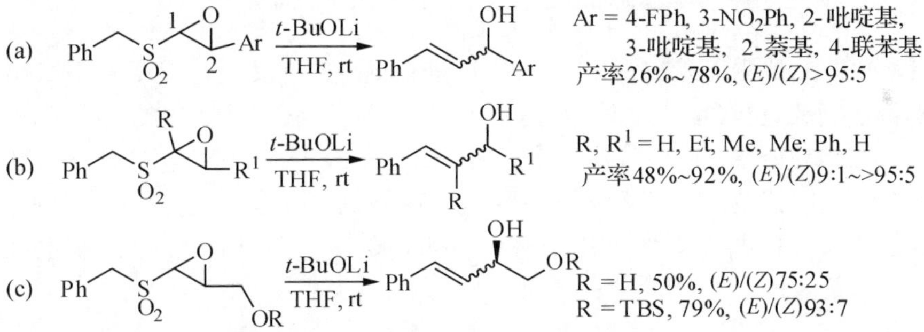

(a) t-BuOLi, THF, rt　Ar = 4-FPh, 3-NO_2Ph, 2-吡啶基, 3-吡啶基, 2-萘基, 4-联苯基　产率26%~78%, (E)/(Z)>95:5

(b) t-BuOLi, THF, rt　R, R^1 = H, Et; Me, Me; Ph, H　产率48%~92%, (E)/(Z)9:1~>95:5　(5-132)

(c) t-BuOLi, THF, rt　R = H, 50%, (E)/(Z)75:25；R = TBS, 79%, (E)/(Z)93:7

ERB 反应的规模也有一定的限制。首先是砜基 α-位需有一酸性氢原子，因此上述反应中砜基 α-位均为苄基。如果 α-H 的酸性不够，需用更强的碱，反应产率也较低（式(5-133)）。

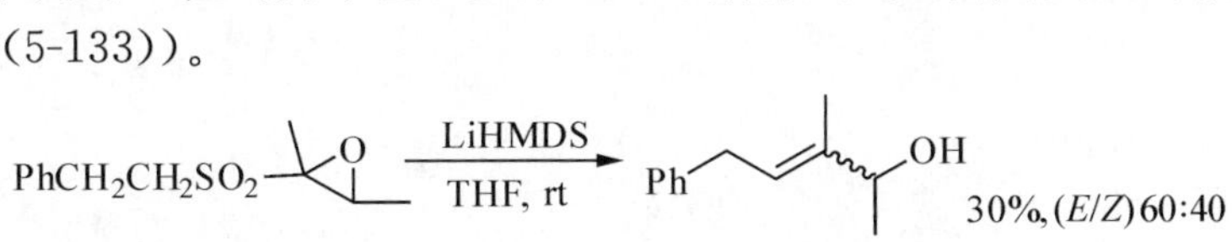

$PhCH_2CH_2SO_2$—　LiHMDS, THF, rt　30%, (E/Z)60:40　(5-133)

此外，如果 α-碳原子上有烷基取代，也不能很好进行（式(5-134)）。此时为了把产物与未反应的原料较好分开，需把烯丙醇产物转化为乙酸酯。

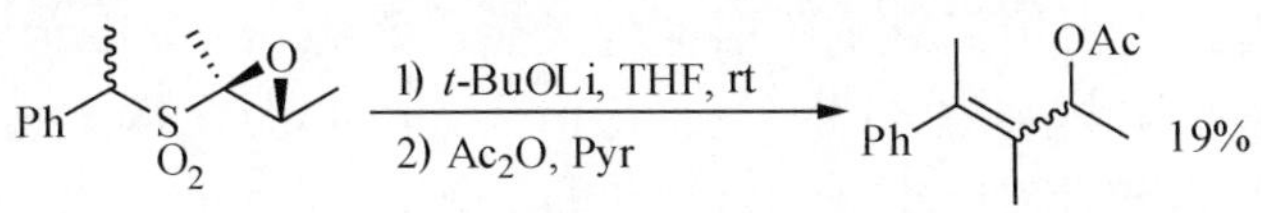

1) t-BuOLi, THF, rt；2) Ac_2O, Pyr　19%　(5-134)

5.6.4 Ramberg-Bäcklund 重排反应的合成应用

1. RB 重排在合成开链共轭多烯中的应用

RB 重排是对开链多烯进行立体选择性合成的一个有效方法。从前述可以看到，经 α-卤代二烯丙基砜的 RB 重排反应[252,267]（式(5-115)），经（氯代烯丙基）(1,3-二烯基)砜的 MIRB(式(5-124))和 vinylogous RB 重排反应（式(5-127)）都可以合成 1,3,5-三烯。

在这些反应中，新生成的双键以(*E*)-式为主，应用 RB 重排反应合成共轭四烯及具有更多 C═C 双键的多烯可有两种方法。

第一种方法是像由二烯丙基砜的重排制备 1,3,5-三烯那样，用砜基一侧或两侧都具有共轭双键的砜进行重排，得到增加一个双键的多烯。例如，可由烯丙基戊二烯基砜在 Chan 反应条件下合成全反式的 1,3,5,7-辛四烯（式(5-135)）[268]。反应物中双键的构型在产物中保持，而新生成的双键是(*E*)-构型的。

$$\xrightarrow[\text{CBr}_2\text{F}_2,\ \text{CH}_2\text{Cl}_2,\ 0^\circ\text{C}]{\text{KOH/Al}_2\text{O}_3} \tag{5-135}$$

R^1, R^2, R^3, R^4, R^5 = Ph, H, Me, H, H; Ph, Me, Me, H, H; Ph, Me, H, Me, H; Ph, Me, H, Me, Me; Ph, H, H, Ph, H; Ph, Me, H, Ph, H; Ph, H, H, $SiMe_3$, H. 80%~92%

由锡基化的二烯丙基砜(**1**)用 Chan 方法进行 RB 重排反应合成了 1,6-二锡基化的 1,3,5-己三烯，也可以类似地由 **2** 进行重排得到 1,8-二锡基化的 1,3,5,7-辛四烯和 1,10-二锡基化的 1,3,5,7,9-癸五烯（式(5-136)）[269]。在这些反应中，新生成的双键都以(*E*)-式为主，而反应物中原有的双键的(*E*)-构型也在反应中保持。这些 1,ω-二锡基化的共轭多烯可用于进行三组分的双重 Stille 偶联反应，生成具有更大共轭体系的产物[270,271]。

$$\xrightarrow[\text{THF},\ 0^\circ\text{C}\sim\text{rt}]{\text{CBr}_2\text{F}_2,\ \text{KOH/Al}_2\text{O}_3}$$

1

R, R^1, R^2 = H 或 Me, 5例. 52%~75%, *EEE*/*EZE* 80:20~100:0

$$\xrightarrow[\text{THF},\ 0^\circ\text{C}\sim\text{rt}]{\text{CBr}_2\text{F}_2,\ \text{KOH/Al}_2\text{O}_3}$$

2

n=1, 52%, 全*E*/*EEZE* 95:5; *n*=2, 45%, 全*E*/*EEZEE* 92:8

(5-136)

用这一方法还合成了具有抗癌活性的天然产物 apoptolidin 中的 C1～C11 片段（式(5-137)）[272]和酮基类胡萝卜素（keto carotenoid）中的斑蝥素（canthaxanthin）（式(5-138)），虾青素（astaxanthin）和虾红素（astacene）[273]。在这些反应中，

新生成的双键也都是反式的。

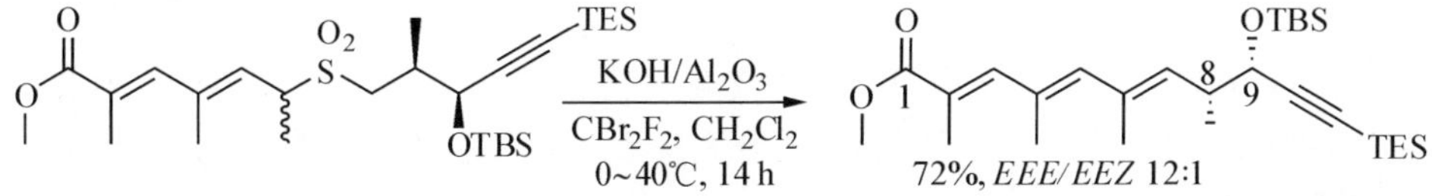

KOH/Al_2O_3, CBr_2F_2, CH_2Cl_2, 0~40℃, 14 h

72%, *EEE*/*EEZ* 12:1

(5-137)

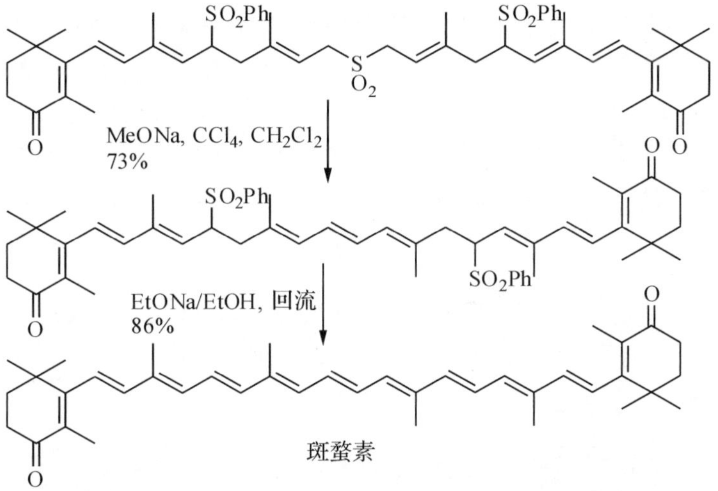

MeONa, CCl_4, CH_2Cl_2 73%

EtONa/EtOH, 回流 86%

斑蝥素

(5-138)

第二种方法是在分子中将多个二苄基砜单元连接起来，然后在 Meyers 或 Chan 的反应条件下进行 RB 重排反应。用此法可以合成聚苯乙炔衍生物。例如，在式(5-139)的反应中通过苄溴与硫醇酯的反应合成了低聚程度可控的二苄基硫醚链。后者被氧化为硫砜后用 Meyers 方法进行一锅内卤化和 RB 重排反应，以很高产率得到两端为卟啉基的低聚苯乙炔[274]。

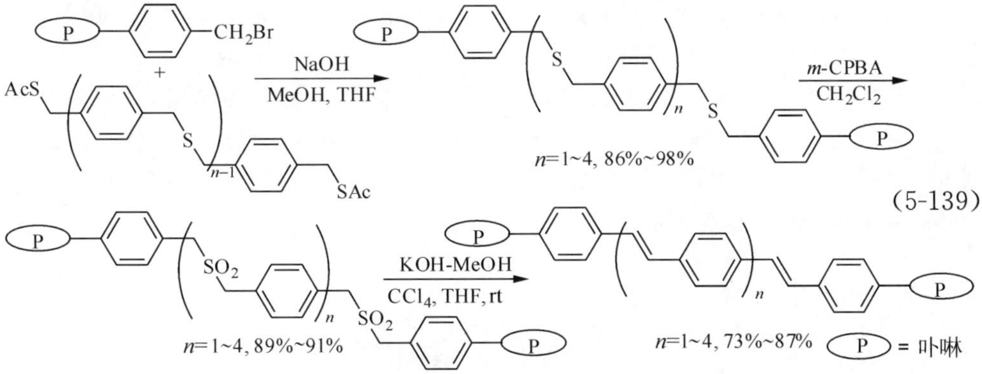

NaOH, MeOH, THF

n=1~4, 86%~98%

m-CPBA, CH_2Cl_2

(5-139)

KOH-MeOH, CCl_4, THF, rt

n=1~4, 89%~91%

n=1~4, 73%~87%　P = 卟啉

式(5-136)～(5-139)的反应说明，RB 重排反应是合成两端具有功能基团的共轭多烯和聚苯乙炔功能分子的有效方法。

2. RB 重排在合成环烯烃中的应用

α-卤代环砜经 RB 重排缩环，是合成环烯烃和杂环烯烃的一个重要方法。这些反应往往比开链砜的 RB 重排更为干净，副反应较少。RB 重排已应用于合成增环的和具有桥头烯键的环丁烯衍生物、环戊烯衍生物（2-和 3-取代环戊烯，多羟基烷氧基环戊烯，氨基环戊烯，环戊烯酮等）、环己烯和 1，4-环己二烯衍生物，以及一些中环烯烃。最近的研究结果显示，RB 重排反应在大环化合物的合成中也有很好的应用前景。

一些多环的环丁烯如 **8**（式（5-140））[275]、**9**[276]和 **10**[277]都已经用 RB 重排反应合成。具有桥头双键的双环[5.1.1]-壬-1(8)-烯（**11**）也以中等产率被合成（式（5-141））[278]。

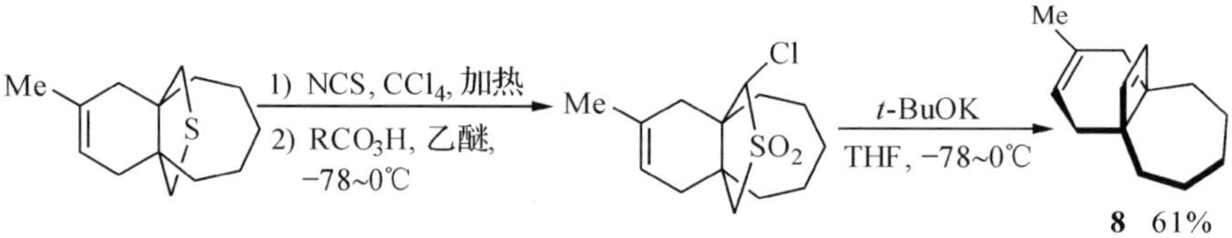

1) NCS, CCl_4, 加热；2) RCO_3H, 乙醚, −78~0℃；t-BuOK, THF, −78~0℃；**8** 61% (5-140)

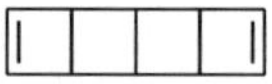

9 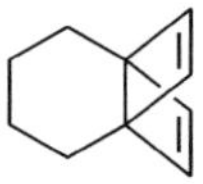　**10**

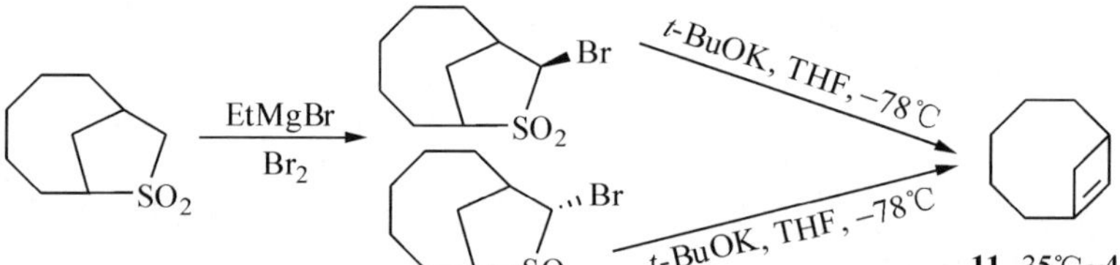

EtMgBr, Br_2；t-BuOK, THF, −78℃；**11**, 35℃~49% (5-141)

多氧取代的环戊烯（polyoxygenated cyclopentenes）是很多天然产物（如前列腺素，mannostatins，trehazolamine，cyclopentitols 等）中的结构单元，也是这些天然产物的合成砌块。一些多氧取代的环戊烯可用硫代五碳糖为原料，氧化为砜后，用 Meyers 方法经 RB 重排制备（式（5-142））[279,280]。而苄基化的 5-硫代-*D*-吡喃葡萄糖苷在氯化后（化合物 **12**）可用于经 RB 重排反应制备环戊烯 **13**。**13** 是合成 trehazolamine 的一个高级中间体。

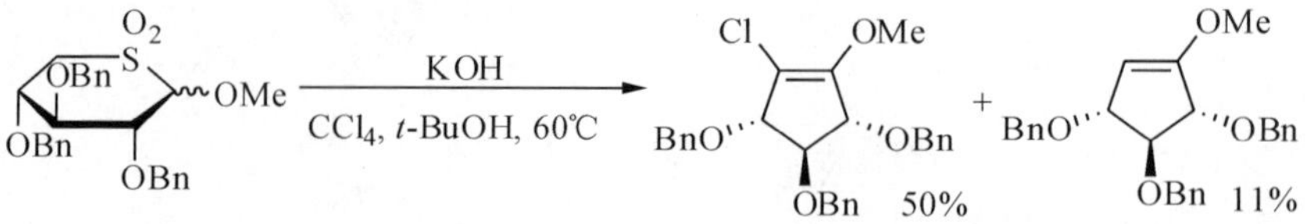

KOH, CCl_4, t-BuOH, 60℃；50%　+　11%

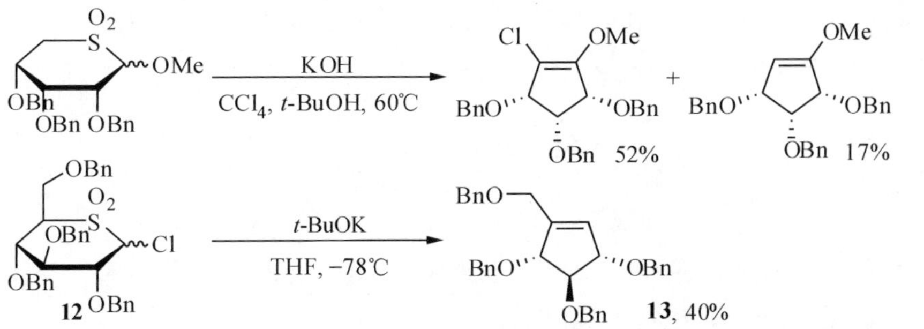

(5-142)

2-和3-取代的环戊烯酮也可以从适当的环砜的RB重排反应来合成(式(5-143))[281]。

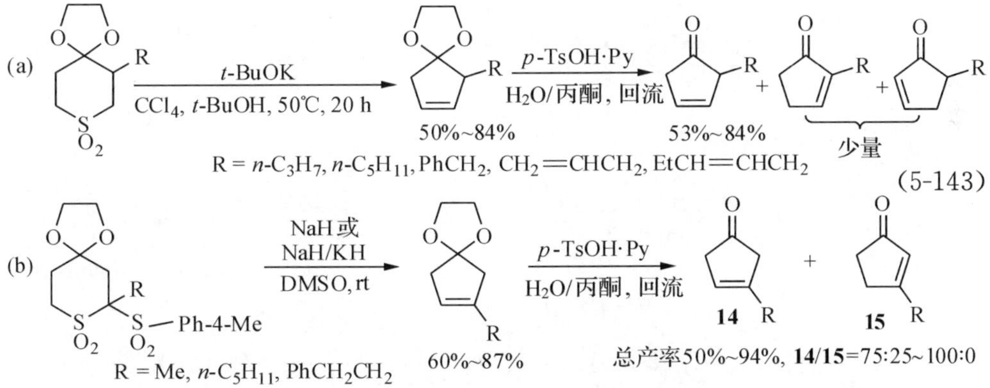

(5-143)

在式(5-143)的反应(b)中,反应物环砜上的离去基团是4-$MePhSO_2$。

手性环砜的RB重排反应也被用来制备手性烯丙基和高烯丙基化合物(式(5-144)[282])

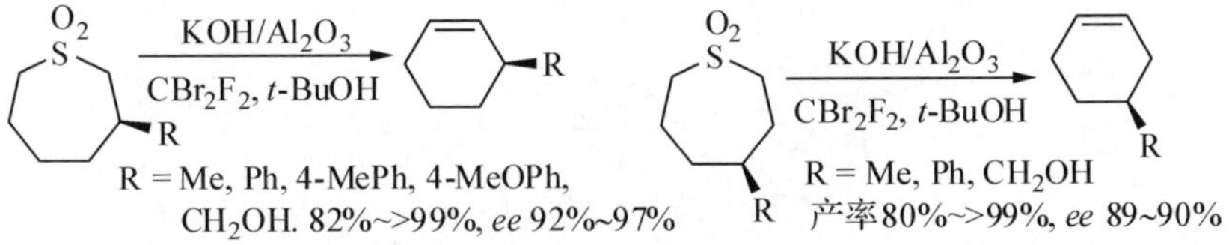

(5-144)

从天然的山梨醇和甘露醇出发,分别合成了手性环砜**16a**和**16b**,它们在Meyers条件下重排,得到(−)-牛奶菜醇F((−)-conduritol F)**17a**和(+)-牛奶菜醇B(**17b**)(式(5-145)[283])。

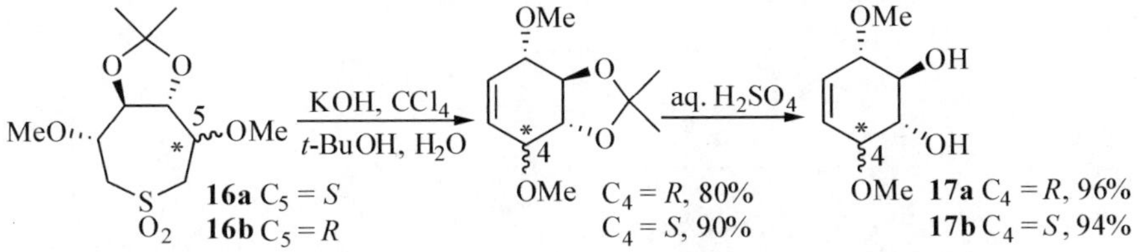

(5-145)

RB 重排反应也成功用于合成高度活泼的反式桥接的环丙烷衍生物 *trans*-双环[4.1.0]-庚-3 烯(式(5-146))[284]。

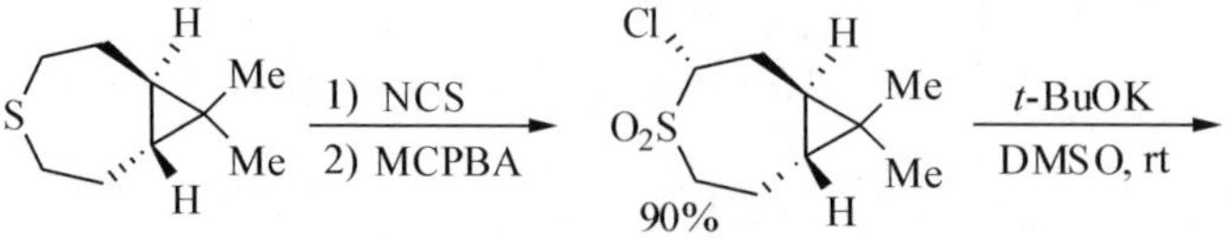

(5-146)

中到大环碳环和杂环存在于很多天然产物中，RB 重排反应在合成中到大环碳环[285-287]和杂环[288-292]时也常是优先选择的方法。

从 1-氧-5-硫杂壬烷 **18** 出发，经氯化、氧化和 RB 重排反应合成了中环醚天然产物 *cis*-和 *trans*- lauthisan(式(5-147))[288]。

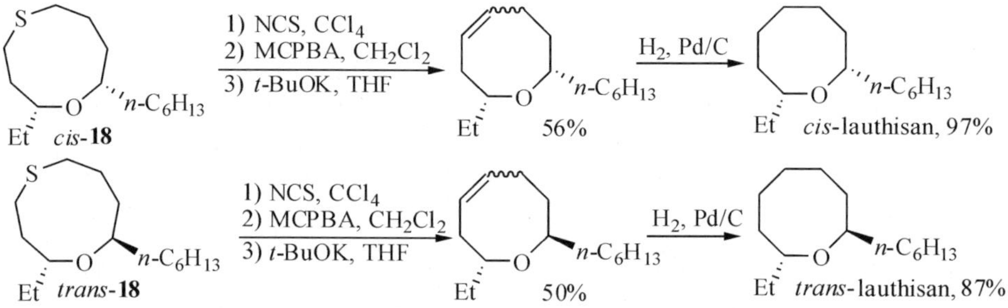

(5-147)

在用 RB 重排反应合成中到大环的环胺时，比较了用 KOH 水溶液、*t*-BuOK (THF)和 Chan 反应条件时产物的立体化学(式(5-148))[289]。这些结果也表明，用较弱的 KOH 为碱时，生成较多的 *cis*-烯烃，用碱性更强的 *t*-BuOK 时，*trans*-产物较多，而在 Chan 反应条件下，环烯烃中双键以张力较小的 *cis*-构型为主。

硫醚	烯烃	碱	*trans*:*cis*	产率/%
		t-BuOK	*cis*	66
		aq. KOH	*cis*	43
		Chan	*cis*	63
		t-BuOK	*cis*	41
		aq. KOH	*cis*	33
		Chan	*cis*	33
		t-BuOK	94:6	100
		Chan	65:35	59
		t-BuOK	95:5	54
		Chan	60:40	67

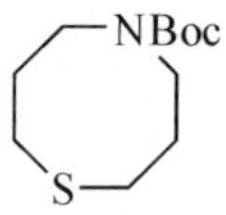

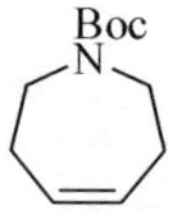

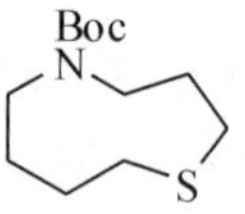

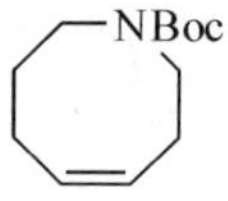

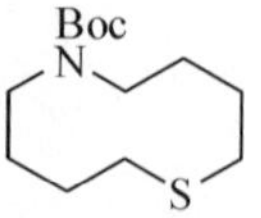

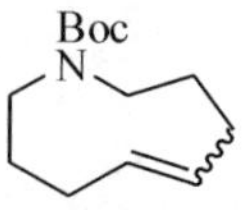

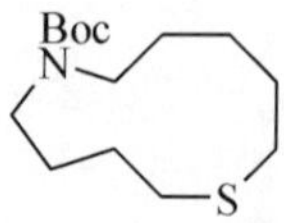

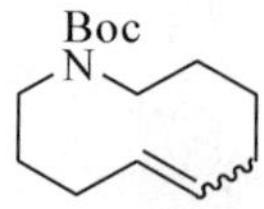

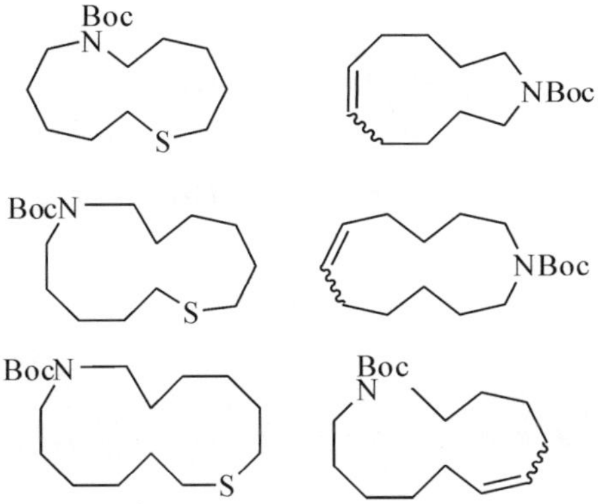

t-BuOK	98:2	97
aq. KOH	61:39	57
Chan	73:27	68
t-BuOK	99:1	76
aq. KOH	62:38	70
Chan	85:15	62
t-BuOK	94:6	93
aq. KOH	44:56	79
Chan	61:39	53

(5-148)

一个合成环烯的有用的策略是把二烯的闭环复分解(RCM)反应与砜的 RB 重排反应结合使用。用这一策略,不仅合成了六七元环的环二烯(式(5-149))[293],而且合成了大环内酯天然产物 aigialomycin D(式(5-150))[292]。在式(5-150)中,二烯反应物在第二代 Grubbs 催化剂(G_{II})催化下进行 RCM 反应,然后在 Meyers 反应条件下进行 RB 重排反应,产物 **19** 在脱去保护基后得 aigialomycin D(产物 **20**)。

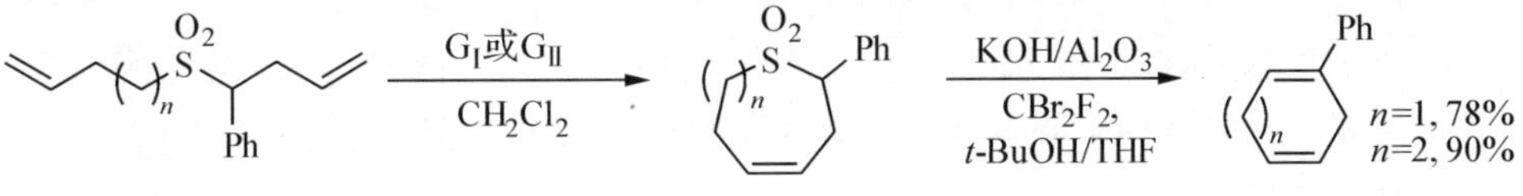

G_I或G_{II}, CH_2Cl_2; KOH/Al_2O_3, CBr_2F_2, t-BuOH/THF; n=1, 78%; n=2, 90%

(5-149)

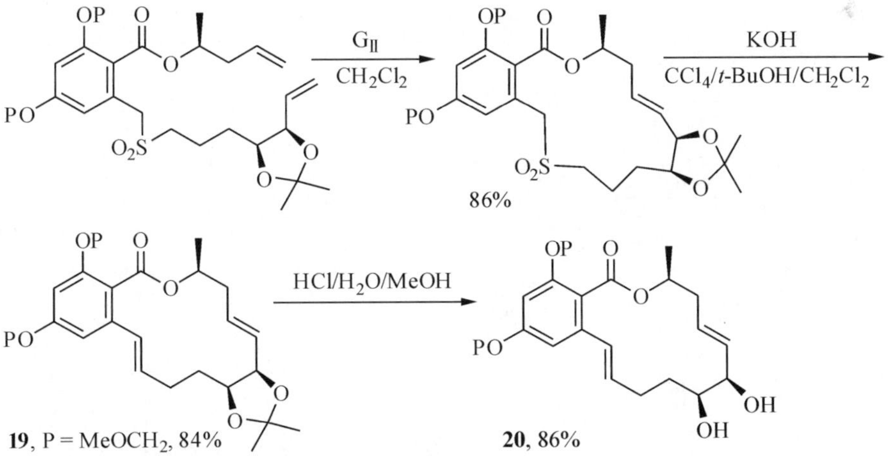

G_{II}, CH_2Cl_2, 86%; KOH, CCl_4/t-BuOH/CH_2Cl_2

(5-150)

19, P = $MeOCH_2$, 84%; $HCl/H_2O/MeOH$; **20**, 86%

含有共轭的烯二炔结构的十元碳环是一些通过 Bergman 环化反应造成 DNA 裂解而产生抗癌作用的天然产物的基本结构单元。RB 重排反应也已用于合成有 10～16 个碳原子的环烯二炔分子。例见式(5-151)[294]。其中十元环产物($n=2$ 时)需用 MeLi 为碱才能得到,这可能是因为较小的 α-卤代环砜生成三元环砜中间体时受到较大的立体张力。

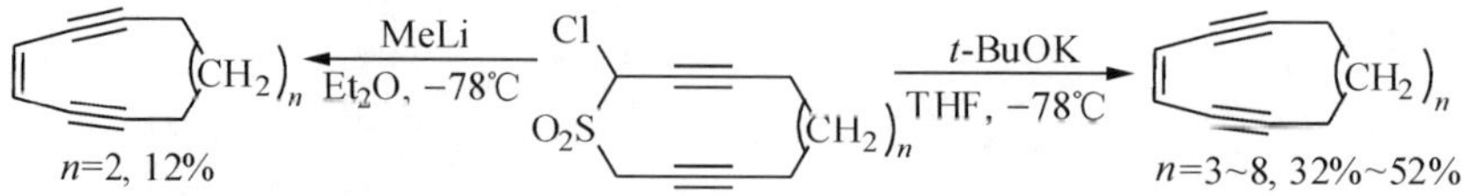

(5-151)

由二炔丙基砜在 Chan 反应条件下的 RB 重排反应也合成了一系列开链的烯二炔[295]。

3. RB 重排在环蕃化合物合成中的应用

RB 重排已成为合成环蕃化合物的主要方法之一[296]。

早期的工作用 Meyers 方法合成了一系列[2,n]环蕃(式(5-152))[297]，但本法不适用于合成 $n<5$ 的产物。

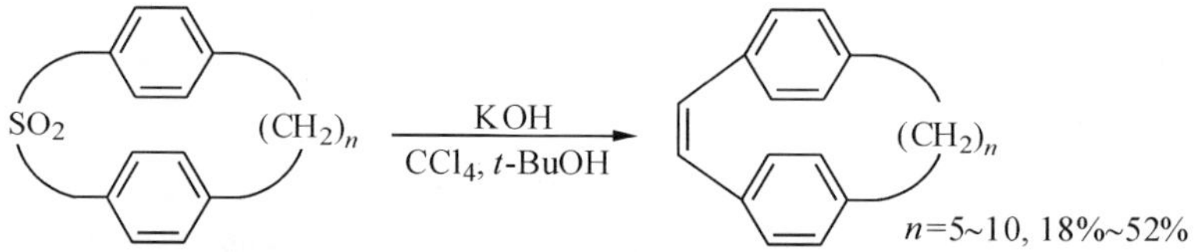

(5-152)

Chan 反应条件则被用于合成光学活性的[12][12]对环蕃(式(5-153))[298]。反应中用(－)-薹基为手性辅基，从外消旋的二苄氯反应物 **21** 制备了一对非对映异构体双黄原酸酯 **22a** 和 **22b**。它们分别转化为二硫醇后经成环和氧化为砜后进行 RB 重排，得到 **25a** 和 **25b**，**25a** 和 **25b** 在双键被氢化后分别得(＋)-和(－)-[12][12]对环蕃 **26a** 和 **26b**。

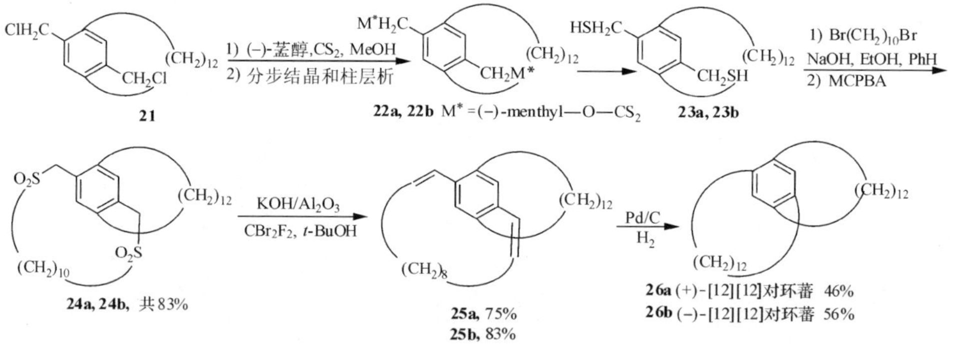

(5-153)

用类似方法合成了[14][14]metaparacyclophane(式(5-154)[299])。

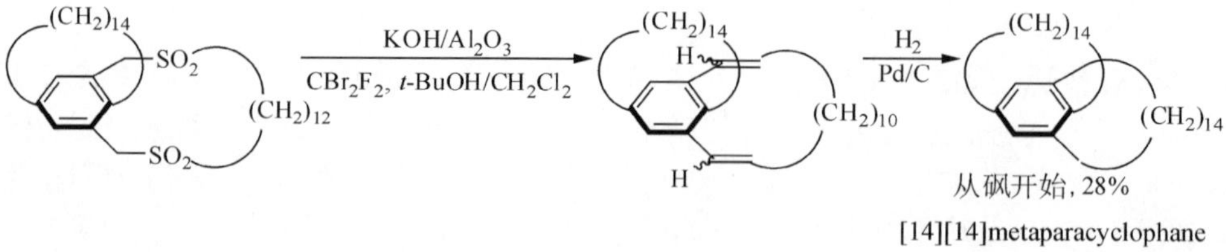

(5-154)

这些结果都表明，RB 重排反应在合成具有较长桥接链的环蕃化合物时，常是很有效的方法。

近年来，人们已经分离出了很多环蕃天然产物。其中有的也已用 RB 重排反应合成。例如，从大环二砜 **27** 的 RB 重排反应得到[7][7]对环蕃 **28** 的两个异构体(*EE*/*EZ*=12∶1)，其中 *EZ*-**28** 可用 $Pd(MeCN)_2Cl_2$ 处理转化为 *EE*-**28**。由 *EE*-**28** 转化为二羟基对环蕃 **29** 后，由 **29** 可分别得到从兰绿藻中分离出来的柱形对环蕃天然产物 cylindrocyclophane F 和 A(式(5-155)[300])。

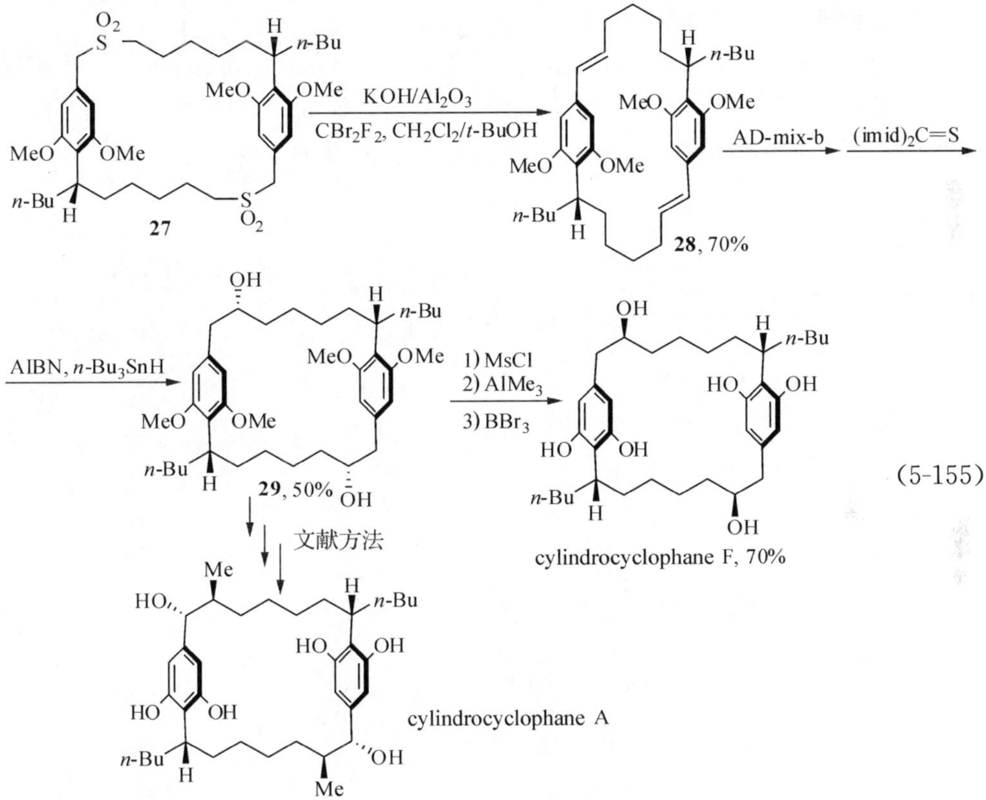

(5-155)

4. RB 重排反应在 *exo*-糖烯、C-糖苷、C-连二糖等糖衍生物合成中的应用[301-303]

1) *exo*-糖烯

exo-糖烯(*exo*-glycal)本身是糖苷酶抑制剂，也是合成 C-糖苷等的重要中间体。用 RB 重排反应合成 *exo*-糖烯可从易得的呋喃糖和吡喃糖出发，在将之转化为羟基保护的 S-糖苷后，再氧化为砜，然后用 Meyers 或 Chan 方法进行 RB 重排反应(式(5-156))。

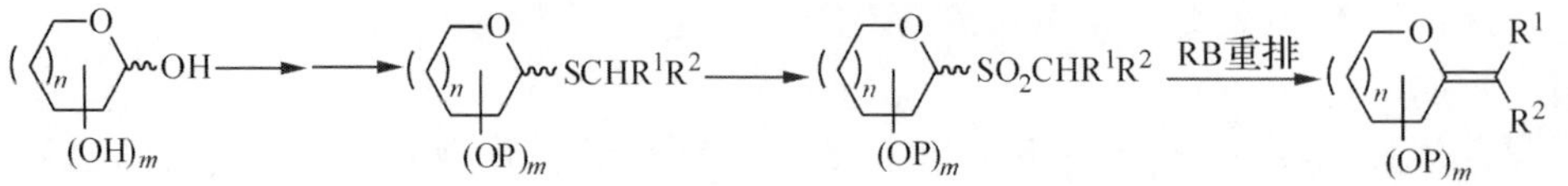

(5-156)

这是目前制备取代 *exo*-糖烯(R^1，$R^2 \neq$ H)的一个较好的通用方法。用这一方法合成了一系列由葡萄糖、半乳糖、甘露糖、木糖、核糖等衍生的 *exo*-糖烯(式(5-157)[302,304-307])。

2) C-糖苷

exo-糖烯可经硼氢化反应，催化加氢或离子氢化(ionic hydrogenation)使环外双键转变为C—C单键而生成C-糖苷。但在Pd催化加氢中，会发生部分苄基保护基的脱保护；同时，只得到β-C-糖苷，而不能得到α-C-糖苷。从 *exo*-糖烯还合成了一些螺环糖苷。

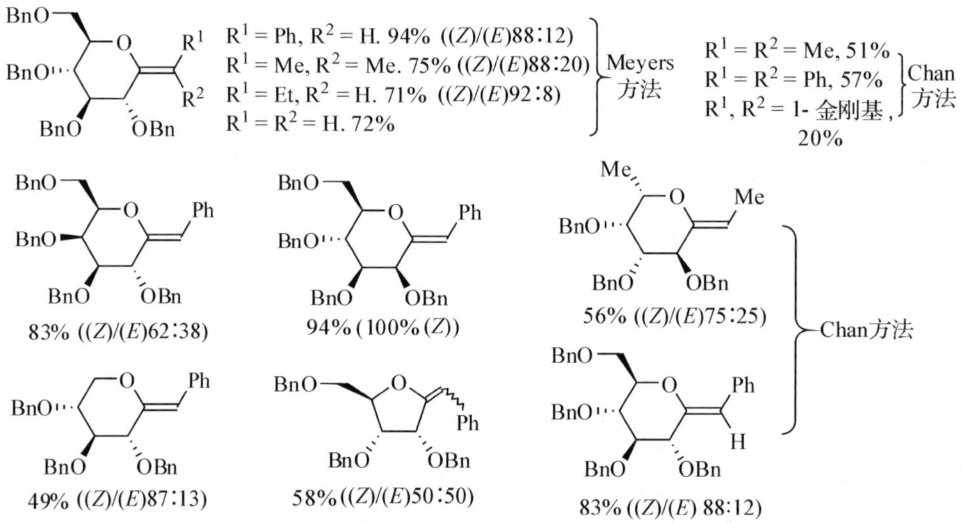

(5-157)

用RB重排反应合成C-糖苷的另一个方法是先通过糖与砜甲基磷酸酯(**30**)的Horner-Wadsworth-Emmons(HWE)烯化反应和分子内Michael加成合成糖基砜 **31**，然后在Chan或Meyers条件下进行RB重排反应而得C-糖苷产物(式(5-158)[302])。

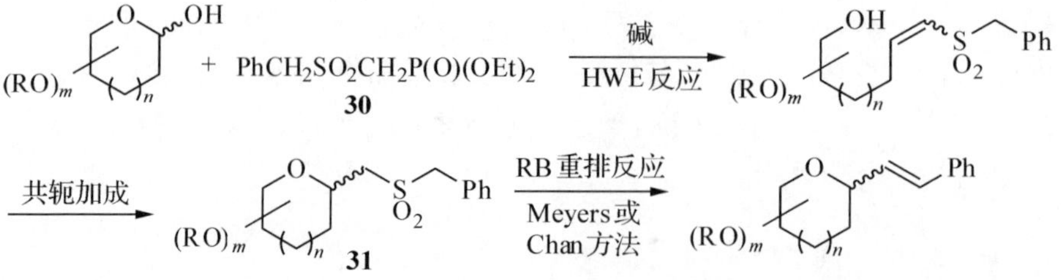

(5-158)

用此法制备了一系列保护的呋喃糖 C-糖苷，例见式(5-159)[308]。

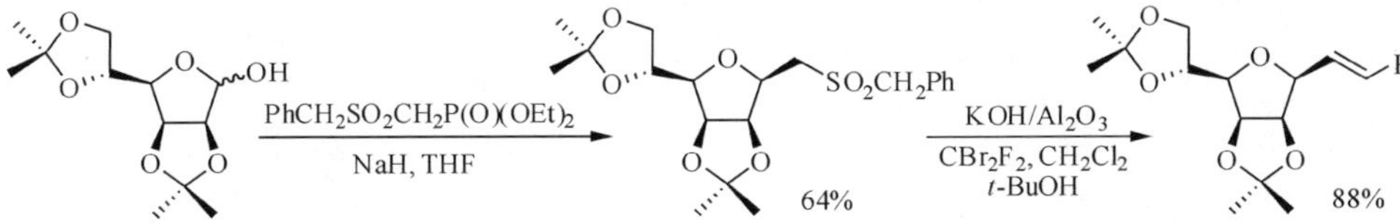

$PhCH_2SO_2CH_2P(O)(OEt)_2$, NaH, THF → SO_2CH_2Ph 64%；KOH/Al_2O_3, CBr_2F_2, CH_2Cl_2, *t*-BuOH → Ph 88%

(5-159)

如果在 HWE 反应中应用从糖烯衍生的磷酸酯，此法也可用于制备碳连接双糖(C-linked disaccharide)[308,309]（式(5-160)中的(a)[308]）和碳连接糖基氨基酸[310,311]（式(5-160)中的(b)）。

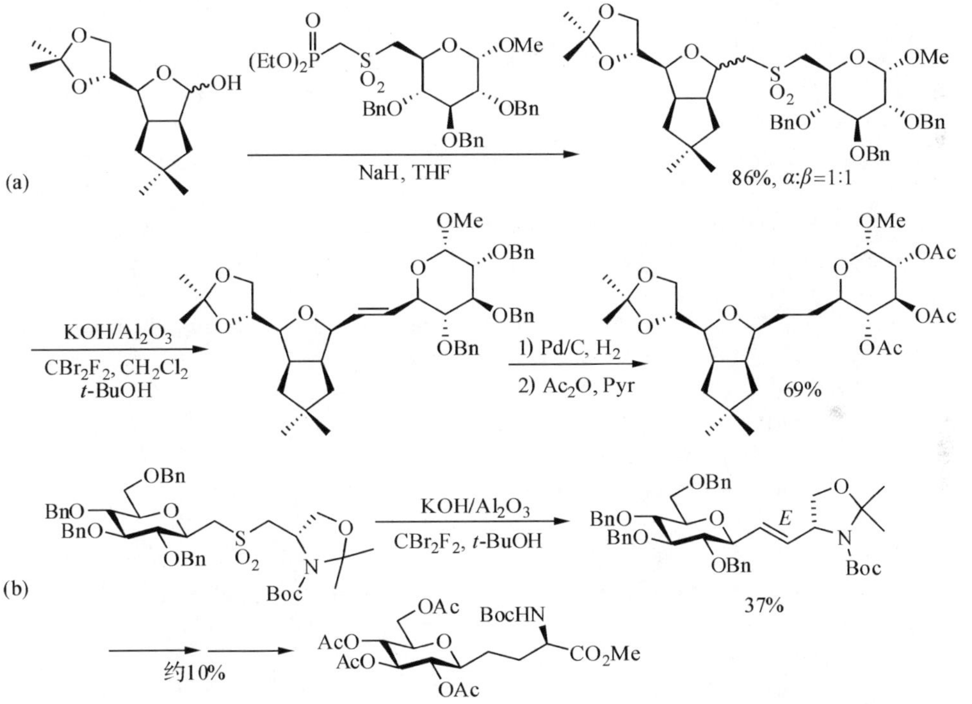

(a) $(EtO)_2P(O)CH_2SO_2$-(OMe, OBn, OBn, OBn), NaH, THF → 86%, $\alpha:\beta$=1:1；KOH/Al_2O_3, CBr_2F_2, CH_2Cl_2, *t*-BuOH →；1) Pd/C, H_2 2) Ac_2O, Pyr → (OMe, OAc, OAc, OAc) 69%

(b) (OBn, BnO, BnO, OBn, O_2, Boc) KOH/Al_2O_3, CBr_2F_2, *t*-BuOH → (OBn, BnO, BnO, OBn, *E*, Boc) 37% → → 约10% (OAc, AcO, AcO, OAc, BocHN, CO_2Me)

(5-160)

参 考 文 献

[1] Hunter, D. H.; Stothers, J. B.; Warnhoff, E. W. Rearrangement in carbanions// DeMayo, P. Rearrangements in Ground and Excited States. Vol. 1. New York: Academic Press, 1980: 391-470.

[2] Buncel, E.; Dust, J. M. Carbanion Chemistry: Structures and Mechanisms. New York: Oxford University Press, 2003: 264-314.

[3] Buncel, E. Carbanions: Mechanistic and Isotopic Aspects. Amsterdam: Elsevier, 1975: 171-203.

[4] Woodward, R. B.; Hoffmann, R. The Conservation of Orbital Symmetry. New York: Academic Press, 1970.

[5] Woodward, R. B. ; Hoffmann, R. The conservation of orbital symmetry. Angew. Chem. Int. Ed. , 1969, 8: 781-853.

[6] Zimmerman, H. E. Möbius-Hueckel concept in organic chemistry. Application of organic molecules and reactions. Acc. Chem. Res. , 1971, 4: 272-280.

[7] Zimmerman, H. E. MO Following: the molecular orbital counterpart of electron pushing. Acc. Chem. Res. , 1972, 5: 393-401.

[8] Gilchrist, T. L. ; Storr, R. C. Organic Reactions and Orbital Symmetry. 2nd Ed. London: Cambridge University Press, 1979: 242-304.

[9] Borosky, G. L. Ab Initio calculations of [1,2]-shifts in carbanions. Theoretical predictions of certain facile rearrangements. J. Org. Chem. , 1998, 63: 3337-3345.

[10] Staley, S. W. ; Cramer, G. M. ; Kingsley, W. G. Contrasting reactivities of the spiro [2S] octadienyl and spiro [2. 7] decatrienyl anions. J. Am. Chem. Soc. , 1973, 95: 5052-5054.

[11] Marshall, J. A. The Wittig Rearrangement// Trost, B. M. ; Fleming, I. Comprehensive Organic Synthesis. Vol. 3. London: Pergamon, 1991: 975-1014.

[12] Tomooka, K. ; Yamamoto, H. ; Nakai, T. Recent developments in the 1,2-Wittig rearrangement. Liebigs Ann. , 1997: 1275-1281.

[13] Schöllkopf, U. Recent results in carbanion chemistry. Angew. Chem. , Int. Ed. Engl. , 1970, 9: 763-773.

[14] Wiitig, G. ; Löhmann, L. Cationotropic isomerization of benzyl ethers by lithium phenyl. Justus Liebigs Ann. Chem. , 1942, 550: 260-268.

[15] Wiitig, G. Progress in organic anion chemistry. Angew. Chem. , Int. Ed. Engl. , 1954, 66: 10-17.

[16] Curtin, D. Y. ; Leskowitz, S. Cleavage and rearrangement of ethers with bases. Ⅱ. Reaction of the benzhydryl and trityl ethers of benzoin with potassium hydroxide. J. Am. Chem. Soc. , 1951, 73: 2633-2636.

[17] Curtin, D. Y. ; Proops, W. R. Cleavage and rearrangement of ethers with bases. Ⅲ. Ethers of benzoin and ethyl mandelate. J. Am. Chem. Soc. , 1954, 76: 494-499.

[18] Paquette, L. A. ; Zeng, Q. Base-promoted 1,2-shifts in α-benzyloxy ketones. Tetrahedron Lett. , 1999, 40: 3823-3826.

[19] Vilotijevic, I. ; Yang, J. ; Hilmey, D. ; et. al. Base-promoted ring contraction of eight-membered cyclic acyloins and their ethers to Cs-symmetric α-ketols. Synthesis, 2003: 1872-1874.

[20] Bertrand, M. B; Wolfe, J. P. Tandem Wittig rearrangement/Aldol reactions for the synthesis of glycolate Aldols. Org. Lett. , 2006, 8: 4661-4663.

[21] Giampietro, N. C. ; Wolfe, J. P. Asymmetric tandem Wittig rearrangement/Mannich reactions. Angew. Chem. Int. Ed. , 2010, 49: 2922-2924.

[22] Hameury, T. ; Guillemont, J. ; Van Hijfte, L. ; et. al. [1,2]-Wittig rearrangement of (benzyloxy) acetamides. Synlett, 2008: 2345-2347.

[23] Garbi, A. ; Allain, L. ; Chorki, F. ; et. al. Novel [1, 2]- and [2, 3]-Wittig rearrangements of α-benzyloxy β-CF3-β-lactam enolates. Org. Lett. , 2001, 3: 2529-2531.

[24] Miyata, O. ; Koizumi, T. ; Asai, H. ; et. al. Imino 1,2-Wittig rearrangement of hydroximates and its application to synthesis of cytoxazone. Tetrahedron, 2004, 60: 3893-3914.

[25] Cast, J. ; Stevens, T. S. ; Holmes, J. Molecular rearrangement and fission of ethers by alkaline reagents. J. Chem. Soc. , 1960: 3521-3527.

[26] Miyashita, A. ; Matsuoka, Y. ; Suzuki, Y. ; et. al. A new method of synthesizing deoxybenzoins from 1,3-dimethyl-2-[α-(benzyloxy) benzyl] imidazolium and 1, 3-dimethyl-2-[α-(benzyloxy) benzyl]

benzimidazolium iodides based on a Wittig-type rearrangement. Chem. Pharm. Bull., 1997, 45: 1235-1242.

[27] Antoniotti, P.; Tonachini, G. Mechanism of the anionic Wittig rearrangement. An ab initio theoretical study. J. Org. Chem., 1998, 63: 9756-9762.

[28] Antoniotti, P.; Tonachini, G. Ab initio theoretical investigation on the Wright-West and Wittig anionic migration reactions. J. Org. Chem., 1993, 58: 3622-3632.

[29] Schäfer, H.; Schöllkopf, U.; Walter, D. Wanderungstendenz von alkylgruppen bei der Wittig-umlagerung. Tetrahedron Lett., 1968, 2809-2814.

[30] Lansbury, P. T.; Pattison, V. A.; Sidler, J. D.; et. al. Mechanistic aspects of the rearrangement and eliminationreactions of a-metalated benzyl alkyl ethers. J. Am. Chem. Soc., 1966, 88: 78-84.

[31] Solov'yanov, A. A.; El-Sayed, A. A. A.; Beletskaya, I. P.; et. al. Carbanion reactivity. XXIII. Wittig rearrangement of 9-fluorenol ethers under conditions of phase-transfer catalysis. Zh. Org. Khim., 1987, 23: 1365-1377 (Russ. CAN108:221393).

[32] Garst, J. F.; Smith, C. D. Wittig rearrangements of aralkyl alkyl ethers. J. Am. Chem. Soc., 1976, 98: 1526-1537.

[33] Garst, J. F.; Smith, C. D. Mechanisms of Wittig rearrangements and ketyl-alkyl iodide reactions. J. Am. Chem. Soc., 1973, 95: 6870-6871.

[34] Lansbury, P. T.; Pattison, V. A. Reactions of α-metalated ethers. J. Org. Chem., 1962, 27: 1933-1939.

[35] Sheldon, J. C.; Taylor, M. S.; Bowie, J. H.; et. al. The gas phase 1,2-Wittig rearrangement is an anion reaction. A joint experimental and theoretical study. J. Chem. Soc., Perkin Trans. 2, 1999: 333-340.

[36] Eichinger, P. C. H.; Bowie, J. H. Gas-phase carbanion rearrangements. Deprotonated benzyl and allyl ethers. J. Chem. Soc., Perkin Trans. 2, 1988: 497-506.

[37] Tomooka, K.; Igarashi, T.; Nakai, T. [1, 2]-Wittig rearrangement of enantio-defined α-alkoxyalkyllithiums: structural requirement and steric course at the Li-bearing terminus. Tetrahedron, 1994, 50: 5927-5932.

[38] Verner, E. J.; Cohen, T. Stereochemical analysis of totally stereoselective, competing [1,2]- and [2,3]-Wittig rearrangements. Inversion at the lithium-bearing carbon atom. J. Am. Chem. Soc., 1992, 114: 375-377.

[39] Hoffmann, R.; Brückner, R. A novel entry into Wittig rearrangements - a stereoselective [1,2]-Wittig rearrangement with inversion of configuration at the carbanion center. Chem. Ber., 1992, 125: 1957-1963.

[40] Lansbury, P. T.; Pattison, V. A. The Wittig rearrangement of the benzyl ethers of cyclobutanol andcyclopropylcarbinol. J. Am. Chem. Soc., 1962, 84: 4295-4298.

[41] Tomooka, K.; Inoue, T.; Nakai, T. Stereochemistry and mechanism of vinyl-migrating [1,2]-Wittig rearrangement of α-lithioalkyl vinyl ethers. Chem. Lett., 2000: 418-419.

[42] Gao, G.; Gu, F. L.; Jiang, J. X.; et. al. Neighboring lithium-assisted [1,2]-Wittig rearrangement: practical access to diarylmethanol-based 1,4-diols and optically active BINOL derivatives with axial and sp^3-central chirality. Chem. Eur. J., 2011, 17: 2698-2703.

[43] Still, W. C.; Mitra, A. A highly stereoselective synthesis of 2-trisubstituted olefins via [2,3]-sigmatropicrearrangement. Preference for a pseudoaxially substituted transition state. J. Am. Chem. Soc., 1978, 100: 1927-1928.

[44] Sawyer, J. S.; Kucerovy, A.; MacDonald, T. L.; et. al. Physical properties and synthetic utility of

α-alkoxyorganolithium species as studied through ligand selectivity in tin-lithium exchange. J. Am. Chem. Soc., 1988, 110: 842-853.

[45] Tomooka, K.; Igarashi, T.; Nakai, T. [1,2]-Wittig rearrangement of enantio-defined α-alkoxyalkyllithiums: stereochemistry at the Li-bearing terminus and mutual recognition of enantiomers during the radical recombination. Tetrahedron Lett. 1993, 34: 8139-8142.

[46] Hoffmann, R.; Rueckert, T.; Brueckner, R. [1,2]-Wittig rearrangement of a lithioalkyl benzyl ether with inversion of configuration at the carbanion C atom. Diastereoselective reductions of cyclohexyl radicals with Li^{+} $arene^{-}$. Tetrahedron Lett., 1993, 34: 297-300.

[47] Gómez, C.; Maciá, B.; Lillo, V. J.; et. al. [1,2]-Wittig rearrangement from chloromethyl ethers. Tetrahedron, 2006, 62: 9832-9839.

[48] Broka, C. A.; Shen, T. Reductive lithiation mediated anionic cyclizations and [2,3]-sigmatropic rearrangements. J. Am. Chem. Soc., 1989, 111: 2981-2984.

[49] Verner, E. J.; Cohen, T. Inversion of configuration in the displacement of lithium by hydrogen during a transannular 1,4-hydrogen transfer accompanying a [1,2]-Wittig rearrangement. J. Org. Chem., 1992, 57: 1072-1073.

[50] Giampietro N. C.; Wolfe J. P. Asymmetric tandem Wittig rearrangement/Mannich reactions. Angew. Chem. Int. Ed., 2010, 49: 2922-2924.

[51] Giampietro, N. C.; Kampf, J. W.; Wolfe, J. P. Asymmetric tandem Wittig rearrangement/Aldol reactions. J. Am. Chem. Soc., 2009, 131: 12556-12557.

[52] Tomooka, K.; Yamamoto, H.; Nakai, T. [1,2]-Wittig rearrangement of acetal systems: a highly stereocontrolled conversion of O-glycosides to C-glycosides, J. Am. Chem. Soc., 1996, 118: 3317-3318.

[53] Tomooka, K.; Yamamoto, H.; Nakai, T. Stereoselective synthesis of highly functionalized C-glycosides based on acetal [1,2] and [1,4] Wittig rearrangements. Angew. Chem. Int. Ed., 2000, 39: 4500-4502.

[54] Gao, G. A.; Gu, F. L.; Jiang, J. X.; et. al. Neighboring lithium-assisted [1, 2]-Wittig rearrangement: practical access to diarylmethanol-based 1,4-diols and optically active BINOL derivatives with axial and sp(3)-central chirality. Chem. Eur. J., 2011, 17: 2698-2703.

[55] Tomooka, K. Rearrangements of organolithium compounds// Rappoport, Z.; Marek, I. The Chemistry of Organolithium Compounds. Vol. 1. Chichester: Wiley, 2004: 749-828.

[56] Nakai, T.; Tomooka, K. Asymmetric [2,3]-Wittig rearrangement as a general tool for asymmetric synthesis. Pure Appl. Chem., 1997, 69: 595-600.

[57] Nakai, T.; Mikami, K. The [2,3]-Wittig rearrangement. Org. React., 1994, 46: 105-209.

[58] Nakai, T.; Mikami, K. [2,3]-Wittig sigmatropic rearrangements in organic synthesis. Chem. Rev., 1986, 86: 885-902.

[59] Wu, Y. D.; Houk, K. N.; Marshall, J. A. Transition structure for the [2,3]-Wittig rearrangement and analysis of stereoselectivities. J. Org. Chem., 1990, 55: 1421-1423.

[60] Takahashi, T.; Nemoto, H.; Kanda, Y.; et. al. Macroring contraction methodology: 3. Total syntheses of costunolide and haageanolide using transannular [2, 3]-Wittig rearrangement of 13-membered diallylic ethers as key reaction. Tetrahedron, 1987, 43: 5499-5520.

[61] Mikami, K.; Uchida, T.; Hirano, T.; et. al. Different transition structures for [2, 3]-Wittig rearrangements of stabilized and unstabilized allyloxy methyl anions: rationale for the dichotomous sense of stereoselection. Tetrahedron, 1994, 50: 5917-5926.

[62] Macia, B.; Gomez, C.; Yus, M. [2, 3]-Wittig rearrangement by a chlorine-lithium exchange.

Tetrahedron Lett., 2005, 46: 6101-6104.

[63] Kruse, B.; Brueckner, R. Reductive lithiation of sulfides and sulfones - a novel entry into [2,3]-Wittig rearrangements. Chem. Ber., 1989, 122: 2023-2025.

[64] Sayo, N.; Shirai, F.; Nakai, T. 1,4-Chirality transfer via the [2,3]-Wittig rearrangement of the chiral allylic propargyl ether system. A new, practical entry to chiral propargylic alcohols. Chem. Lett., 1984: 255-257.

[65] Tsai, D. J. S.; Midland, M. M. Acyclic Stereocontrol through diastereo- and enantioselective [2,3] sigmatropic Wittig rearrangements. J. Org. Chem., 1984, 49: 1842-1843.

[66] Mikami, K.; Kishi, N.; Nakai, T. Sigmatropic rearrangements of 2-(trimethylsilyl) allyl alcohol derivatives: facile and general entries to functionalized vinylsilanes. Chem. Lett., 1982: 1643-1646.

[67] Mikami, K.; Kimura, Y.; Kishi, N.; et. al. Acyclic diastereoselection in the [2,3]-Wittig sigmatropic rearrangement of a series of isomeric crotyl ethers. A conceptual model for the transition -state geometry. J. Org. Chem., 1983, 48: 279-281.

[68] Mikami, K.; Azuma, K.; Nakai, T. Enhancement of erythro-selectivity in the [2, 3]-Wittig rearrangement of crotyl propargyl ether system and its use in the stereocontrolled formal synthesis of (±)-oudemansin. Chem. Lett., 1983: 1379-1382.

[69] Mikami, K.; Azuma, K.; Nakai, T. [2,3]-Wittig sigmatropic rearrangement of crotyl propargyl ether system. An emerging tool for control of acyclic stereochemistry. Tetrahedron, 1984, 40: 2303-2308.

[70] Barbazanges, M.; Meyer, C.; Cossy, J.; et. al. Synthesis of 1,2-amino alcohols by sigmatropic rearrangements of 3-(*N*-tosylamino) allylic alcohol derivatives. Chem. Eur. J., 2011, 17: 4480-4495.

[71] Takahashi, O.; Maeda, T.; Mikami, K.; et. al. [3,3]Claisen vs. [2,3]-Wittig shift in thermal and fluoride ion -promoted rearrangements of the O- and C-silylated forms of α -allyloxy esters. Chem. Lett., 1986: 1355-1358.

[72] Kachinsky, J. L. C.; Salomon, R. G. Regiospecific synthesis of β,γ-unsaturated ketones from allylic alcohols. Claisen rearrangement of α-allyloxy ketone enol derivatives. J. Org. Chem., 1986, 51: 1393-1401.

[73] Tomooka, K.; Harada, M.; Hanji, T.; et. al. Ortho-[2,3]-Wittig rearrangement of benzyl propargyl ethers: striking preference over the competing [1,2]-Wittig shift. Chem. Lett., 2000: 1394-1395.

[74] Marshall, J. A.; Wang, X. J. Synthesis of enantioenriched α-hydroxy-α-allenylacetic acids by [2,3] Wittig rearrangement of α-(propargyloxy)acetates. J. Org. Chem., 1991, 56: 4913-4918.

[75] Nakai, T.; Tomooka, K. Asymmetric [2,3]-Wittig rearrangement as a general tool for asymmetric synthesis. Pure Appl. Chem., 1997, 69: 595-600.

[76] Sayo, N.; Kitahara, E.; Nakai, T. Highly enantiospecific and erythro-selective [2, 3]-Wittig rearrangement of enantiomerically enriched allylic benzyl ethers. A new, formal chiral synthesis of l-ephedrine. Chem. Lett., 1984: 259-262.

[77] Takahashi, O.; Mikami, K.; Nakai, T. Asymmetric [2,3]-Wittig rearrangement involving a chiral ester enolate terminus. A chiral synthesis of erythro-α -hydroxy-β -alkyl carboxylic acid derivatives. Chem. Lett., 1987: 69-72.

[78] Nakai, E; Nakai, T. Asymmetric induction in the [2,3]-Wittig rearrangement of allylic ethers with a chiral substituent. New entries to stereocontrol over three contiguous chiral centers. Tetrahedron Lett., 1988, 29: 4587-4590.

[79] Gibson, S. E.; Ham, P.; Jefferson, G. R. Highly enantioselective chiral base mediated [2,3]-Wittig rearrangement. J. Chem. Soc., Chem. Commun., 1998: 123-124.

[80] Marshall, J. A.; Wang, X. J. Chiral base-induced [2, 3]-Wittig rearrangement of acyclic α -

(propargyloxy) acetic acids and amides. J. Org. Chem., 1992, 57: 2747-2750.

[81] Kawasaki, T.; Kimachi, T. Sparteine-mediated enantioselective [2,3]-Wittig rearrangement of allyl ortho-substituted benzyl ethers and ortho-substituted benzyl prenyl ethers. Tetrahedron, 1999, 55: 6847-6862.

[82] Kang, J.; Cho, W. O; Cho, H. G.; et. al. Asymmetric [2,3]-Wittig rearrangements in the presence of sparteine derivatives. Bull. Korean. Chem. Soc., 1994, 15: 732-739.

[83] Kawasaki, T.; Kimachi, T. Enantioselective [2,3]-Wittig rearrangement via sparteine-mediated lateral metalation of *N*, *N*-dialkyl-oallyloxymethylbenzamidesand o-substituted benzyl prenyl ethers. Synlett, 1998: 1429-1431.

[84] Manabe, S. Enantioselective [2,3] sigmatropic rearrangement mediated by a butyllithium-chiral ligand complex. Chem. Commun., 1997: 737-738.

[85] Kitamura, M.; Hirokawa, Y.; Yoshioka, Y.; et. al. Bis(oxazoline) ligand-mediated asymmetric [2,3]-Wittig rearrangement of benzyl ethers: reaction mechanism based on the hydrogen/deuterium exchange effect. Tetrahedron, 2012, 68: 4280-4285.

[86] Kitamura, M.; Hirokawa, Y.; Maezaki, N. Asymmetric [2,3]-Wittig rearrangement of oxygenated allyl benzyl ethersin the presence of a chiral di-*t*Bu-bis(oxazoline) ligand: a novel synthetic approach to THF lignans. Chem. Eur. J., 2009, 15: 9911-9917.

[87] Ikemoto, H.; Sasaki, M.; Takeda, K. Solvent effects on the steric course of the [2, 3]-Wittig rearrangement of (*S*, *E*)-[3-(allyloxy)prop-1-ene-1, 3-diyl]dibenzene and derivatives. Eur. J. Org. Chem., 2010: 6643-6650.

[88] Hart, S. A.; Trindle, C. O.; Etzkorn, F. A. Solvent-dependent stereoselectivity in a Still-Wittig rearrangement: an experimental and ab initio study. Org. Lett., 2001, 3: 1789-1791.

[89] Palacios, F.; Alonso, C.; Aparicio, D.; et. al. The aza-Wittig reaction: an efficient tool for the construction of carbon-nitrogen double bonds. Tetrahedron, 2007, 63: 523-575.

[90] Vogel, C. The aza-Wittig rearrangement. Synthesis, 1997: 497-511.

[91] Snider, B. B.; Hrib, N. J.; Fuzesi L. Allylic cyanobis(methylthio)methylation. Insertion of a functionalized carbon in an allylic carbon-hydrogen bond. J. Am. Chem. Soc., 1996, 118: 7115-7117.

[92] Brickmann, K.; Hambloch, F.; Spolaore, E.; et. al. [2,3]-Thia-Wittig rearrangements of α-lithiated sulfides via de-aromatized cyclohexadiene intermediates proceed with inversion of configuration at the carbanionic center. Chem. Ber., 1994, 127: 1949-1957.

[93] Kawachi, A.; Maeda, H.; Nakamura, H.; et. al. Chirality transfer during the [2, 3]-sila-Wittig rearrangement and cyclopropanation reaction of optically active [(sec-allyloxy) silyl]lithiums. J. Am. Chem. Soc., 2001, 123: 3143-3144.

[94] Kawachi, A.; Doi, N.; Tamao, K. The sila-Wittig rearrangement. J. Am. Chem. Soc., 1997, 119: 233-234.

[95] Somfai, P.; Panknin, O. Investigations of the [2,3]-sigmatropic rearrangements of vinylaziridines and allylic amines. Synlett, 2007: 1190-1202.

[96] Ahman J.; Somfai, P. Enantioselective total synthesis of (—)-indolizidines 209B and 209D via a highly efficient aza-[2,3]-Wittig rearrangement of vinylaziridines. Tetrahedron, 1995, 51: 9747-9756.

[97] McNally, A.; Evans, B.; Gaunt, M. J. Organocatalytic sigmatropic reactions: development of a [2, 3]-Wittig rearrangement through secondary amine catalysis. Angew. Chem. Int. Ed., 2006, 45: 2116-2119.

[98] Vanecko, J. A.; Wan, H.; West, F. G. Recent advances in the Stevens rearrangement of ammonium ylides. Application to the synthesis of alkaloid natural products. Tetrahedron, 2006, 62: 1043-1062.

[99] Sweene, J. B. Sigmatropic rearrangements of "onium" ylides. Chem. Soc. Rev., 2009, 38: 1027-1038.

[100] Clayden, J.; Donnard, M.; Lefranc, J.; et. al. Quaternary centres bearing nitrogen (α-tertiary amines) as productsof molecular rearrangements. Chem. Commun., 2011: 4624-4639.

[101] Marko, I. E. The Stevens and Related Rearrangements// Trost, B. M.; Fleming, I. Comprehensive Organic Synthesis. Vol. 3. Oxford: Pergamon, 1991: 913-927.

[102] Pine, S. H. Base-promoted rearrangements of quaternary ammonium salts. Org. React., 1970, 18: 403-464.

[103] Stevens, T. S.; Creighton, E. M.; Gordone, A. B.; et. al. The degradation of quaternary ammonium salts. I. J. Chem. Soc., 1928: 3193-3197.

[104] Stevens, T. S. Degradation of quaternary ammonium salts. II. J. Chem. Soc., 1930: 2107-2113.

[105] Johnstone, R. A. W.; Stevens, T. S. Degradation of quaternary ammonium salts. IX. Demonstration of the strictly intramolecular character of a rearrangement. J. Chem. Soc., 1955: 4487-4488.

[106] Baldwin, J. E.; Erickson, W. F.; Hackler, R. E.; et. al. Simultaneous observation of a radical pathway and retention in a Stevens rearrangement of a sulfonium ylide: significance for a general theory of ylide rearrangements. J. Chem. Soc., Chem. Commun., 1970: 576-578.

[107] Ollis, W. D.; Rey, M.; Sutherland, I. O. Base catalyzed rearrangements involving ylide intermediates. Part 15. The mechanism of the Stevens [1, 2] rearrangement. J. Chem. Soc., PerkinTrans. 1, 1983: 1009-1027.

[108] Chantrapromma, K.; Ollis, W. D.; Sutherland, I. O. Base catalyzed rearrangements involving ylide intermediates. Part 18. Competing [1,2], [1,3], and [1,4] rearrangements of ammonium ylides. J. Chem Soc., Perkin Trans. 1, 1983: 1049-1061.

[109] Dolling, U. H.; Closs, G. L.; Cohen, A. H.; et. al. Mechanism of the Stevens rearrangement. Quantitative chemically induced dynamic nuclear polarization (CIDNP) study. J. Chem. Soc., Chem. Commun., 1975: 545-547.

[110] Ghigo, G.; Cagnina, S.; Maranzana, A.; et. al. The mechanism of the Stevens and Sommelet-Hauser rearrangements. A theoretical study. J. Org. Chem., 2010, 75: 3608-3617.

[111] Workman, J. A.; Garrido, N. P.; Sancon, J.; et. al. Asymmetric [2,3]-rearrangement of glycine-derived allyl ammonium ylids. J. Am. Chem. Soc., 2005, 127: 1066-1067.

[112] Sweeney, J. B.; Tavassoli, A.; Cartera, N. B.; et. al. [2, 3]-Sigmatropic rearrangements of didehydropiperidinium ylids. Tetrahedron, 2002, 58: 10113-10126.

[113] Vedejs, E.; Martinez, G. R. Methylides from trimethylsilyl methyl sulfonium, -ammonium, -immonium, and -phosphonium salts. J. Am. Chem. Soc., 1979, 101: 6452-6454.

[114] Sato, Y.; Sakakibara, H. Formation of ammonium ylides by the cleavage of siliconcarbon bonds of triphenylsilylmethylammonium salts. J. Organomet. Chem., 1979, 166: 303-307.

[115] Tayama, E.; Takedachi, K.; Iwamoto, H.; et. al. Remarkable enhancement effect of potassium tert-butoxide/THF solution in base-induced Sommelete-Hauser rearrangements. Tetrahedron, 2010, 66: 9389-9395.

[116] Jończyk, A.; Lipiak, D. Sigmatropic rearrangements of ammonium benzylides: new preparative and mechanistic aspects. J. Org. Chem., 1991, 56: 6933-6937.

[117] Jończyk, A.; Lipiak, D.; Sienkiewicz, K. New [1, 4] sigmatropic rearrangement of ammonium benzylides: synthesis of ortho-cyanomethyl-substituted aromatic aldehydes. Synlett, 1991: 493-496.

[118] Doyle, M. P.; McKervey, M. A.; Ye, T. Modern Catalytic Methods for Organic synthesis with

Diazo Compounds. New York: Wiley, 1998.

[119] West, F. G.; Clark, J. S. Ammonium, oxonium and sulfonium ylides. 2. 1 Generation of ammonium ylides from metal carbenoids. //Clark, J. S. Nitrogen, Oxygen and Sulfur Ylide Chemistry. Oxford: Oxford University Press, 2002: 115-134.

[120] Bott, T. M.; Vanecko, J. A.; West, F. G. One-carbon ring expansion of azetidines via ammonium ylide[1,2]-shifts: a simple route to substituted pyrrolidines. J. Org. Chem., 2009, 74: 2832-2837.

[121] Lahm, G.; Stoye, A.; Opatz, T. A five-step synthesis of (±)-tylophorine via a nitrile-stabilizedammonium ylide. J. Org. Chem., 2012, 77: 6620-6623.

[122] Qu, J. P.; Xu, Z. H.; Zhou, J.; et. al. Ligand-accelerated asymmetric [1,2]-Stevens rearrangement of sulfur ylides via decomposition of diazomalonates catalyzed by chiral bisoxazoline/copper complex. Adv. Synth. Catal., 2009, 351: 308-312.

[123] Padwa, A.; Beall, L. S.; Eidell, C. K.; et. al. An approach toward isoindolobenzazepines using the ammonium ylide/Stevens [1,2]-rearrangement sequence. J. Org. Chem., 2001, 66: 2414-2421.

[124] Takaya, J.; Udagawa, S.; Kusama, H.; et. al. Synthesis of *N*-fused tricyclic indoles by a tandem [1,2]-Stevens-type rearrangement/1,2-alkyl migration of metal-containing ammonium ylides. Angew. Chem. Int. Ed., 2008, 47: 4906-4909.

[125] Li, G.; Huang, X.; Zhang, L. Platinum-catalyzed formation of cyclic-ketone-fused indoles from *N*-(2-alkynylphenyl)lactams. Angew. Chem. Int. Ed., 2008, 47: 346-349.

[126] Soheili A.; Tambar, U. K. Tandem catalytic allylic amination and [2,3]-Stevens rearrangement of tertiary amines. J. Am. Chem. Soc., 2011, 133: 12956-12959.

[127] Tuzina, P.; Somfai, P. Asymmetric lewis acid mediated [1,2]-rearrangement of proline-derived ammonium ylides. Org. Lett., 2009, 11: 919-921.

[128] Tuzina, P.; Somfai, P. Lewis acid mediated [1,2]-rearrangement of ammonium ylides. Tetrahedron Lett., 2007, 48: 4947-4949.

[129] Marko, I. E. Sommelet-Hauser Rearrangement// Trost, B. M.; Fleming, I. Comprehensive Organic Synthesis. Vol. 3. Oxford: Pergamon, 1991: 965-971.

[130] Clark, J. S. Nitrogen, Oxygen, and Sulfur Ylide Chemistry. Oxford: Oxford University, 2002: 1-113.

[131] Beall, L. S.; Padwa, A. Application of nitrogen ylide cyclizations for organic synthesis. Adv. Nitrogen Heterocycl., 1998, 3: 117-158.

[132] Sommelet, M. A special kind of molecular rearrangement. Compt. rend., 1937, 205: 56-58.

[133] Kantor, S. W.; Hauser, C. R. Rearrangements of benzyltrimethylammonium ion and related quaternary ammonium ions by sodium amide involving migration into the ring. J. Am. Chem. Soc., 1951, 73: 4122-4131.

[134] Tayama, E.; Kimura, H. Asymmetric Sommelet-Hauser rearrangement of *N*-benzylic ammonium salts. Angew. Chem. Int. Ed., 2007, 46: 8869-8871.

[135] Maeda, Y.; Sato, Y. Reaction of *N*, *N*-dimethyl-*N*-[(trialkylstannyl) methyl] benzylammonium iodides with organolithium compounds. J. Org. Chem., 1996, 61: 5188-5190.

[136] Liao, M.; Peng, L.; Wang, J. Rh(Ⅱ)-catalyzed Sommelet-Hauser rearrangement. Org. Lett., 2008, 10: 693-696.

[137] Gassman, P. G.; Gruetzmacher, G.; van Bergen, T. J. Generation of azasulfonium salts from halogen -sulfide complexes and anilines. the synthesis of indoles, oxindoles, and alkylated aromatic aminesbearing cation stabilizing substituents. J. Am. Chem. Soc., 1974, 96: 5512-5517.

[138] Gassman, P. G.; van Bergen, T. J. Oxindoles. A new, general method of synthesis. J. Am. Chem.

Soc. , 1974, 96: 5508-5512.

[139] Li, Y. ; Shi, Y. ; Huang, Z. ; et. al. Catalytic thia-Sommelet-Hauser rearrangement: application to the synthesis of oxindoles. Org. Lett. , 2011, 13: 1210-1213.

[140] Shirai, N. ; Watanabe, Y. ; Sato, Y. Intermediate in Sommelet-Hauser rearrangement of *N*, *N*-dimethylbenzylammonium *N*-methylides. J. Org. Chem. , 1990, 55: 2767-2770.

[141] Shirai, N. ; Sumiya, F. ; Sato, Y. ; et. al. Rearrangement of 1-methyl-2-(substituted-phenyl) piperidinium 1-methylides in a neutral medium. J. Org. Chem. , 1989, 54: 836-840.

[142] Hauser, C. R. ; van Eenam, D. N. Rearrangement of 2,4,6-trimethylbenzyltrimethylammonium ion by sodium amide to form an exo-methyl enecyclohexadieneamine and its reactions. J. Am. Chem. Soc. , 1957, 79: 5512-5520.

[143] Van Eenam, D. N. ; Hauser, C. R. Rearrangement of 2,4,6-triisopropyl benzyltrimethylammonium ion by sodium amide to form an exo-methyl enecyclohexadieneamine and its reactions. J. Am. Chem. Soc. , 1957, 79: 5520-5524.

[144] Berger, R. ; Ziller, J. W. ; van Vranken, D. L. Stereoselectivity of the thia-Sommelet [2, 3]-dearomatization. J. Am. Chem. Soc. , 1998, 120: 841-842.

[145] Wu, Y. D. ; Houk, K. N. Theoretical studies of transition structures and stereoselectivities of the [2,3]-Wittig rearrangement of sulfur ylides. J. Org. Chem. , 1991, 56: 5657-5661.

[146] McComas, C. C. ; van Vranken, D. L. Application of chiral lithium amide bases to the thia-Sommelet dearomatization reaction. Tetrahedron Lett. , 2003, 44: 8203-8205.

[147] Kitano, T. ; Shirai, N. ; Motoi, M. ; et. al. Sommelet-Hauser or Stevens rearrangement of 1-methyl-2-(substituted phenyl)piperazinium 1-methylides. Ring enlargement of piperazines to seven- or nine-membered cyclic amines. J. Chem. Soc. , Perkin Trans. 1, 1992: 2851-2854.

[148] Narita, K. ; Shirai, N. ; Sato, Y. Rearrangement of 2-benzocycloammonium *N*-methylides. J. Org. Chem. , 1997, 62: 2544-2549.

[149] Kawanishi, N. ; Shirai, N. ; Sato, Y. ; et. al. Rearrangement of *cis*- and *trans*-2-methyl-3-(substitutedphenyl)- 1, 2, 3, 4-tetrahydroisoquinolinium-2-methylides. J. Org. Chem. , 1995, 60: 4272-4275.

[150] Guijarro, D. ; Yus, M. The Favorskii rearrangement: synthetic applications. Curr. Org. Chem. , 2005, 9: 1713-1735.

[151] Mann, J. The Favorskii rearrangement// Trost, B. M. ; Fleming, I. Comprehensive Organic Synthesis. Vol. 3. New York: Pergamon, 1991: 839-859.

[152] Baretto, A. ; Waegill, B. A survey of Favorskii rearrangement mechanisms: influence of the nature and strain of the skeleton// Abramovitch, R. A. Reactive Intermediates. New York: Plenum, 1982: 527-585.

[153] Kende, A. S. The Favorskii rearrangement of haloketones. Org. React. , 1960, 2: 261-316.

[154] Akhrem, A. A. ; Ustynynk, T. K. ; Titov, Y. A. Favorskii rearrangement. Usp. Khim. 1970, 39: 1560-1590.

[155] Favorskii, A. E. ; Boshowski, V. Isomeric transformations of cyclic α-monochloro ketones. J. Russ. Phys. Chem. Soc. , 1914, 46: 1097-1102.

[156] Loftfield, R. B. On the mechanism of the Favorskii rearrangement of alpha-halo ketones. J. Am. Chem. Soc. , 1950, 72: 632-633.

[157] Loftfield, R. B. The alkaline rearrangement of alpha-haloketones. 2. The mechanism of the Faworskii reaction. J. Am. Chem. Soc. , 1951, 73: 4707-4714.

[158] Bordwell, F. G. ; Scamehorn, Richard G. ; Springer, W. R. Favorskii rearrangements. Ⅱ. Further

evidence for anionization-π-participation mechanism. J. Am. Chem. Soc., 1969, 91: 2087-2093.

[159] McPhee, W. D.; Klingsberg, E. The reaction of some alpha-chloroketones with alkali. J. Amer. Chem. Soc., 1944, 66: 1132-1136.

[160] Hammond, W. B.; Turro, N. J. Cyclopropanones. 3. 2,2-Dimethylcyclopropanone. J. Am. Chem. Soc., 1966, 88: 2880-2881.

[161] Bakker, B. H.; van Ramesdonk, H. J.; Steinberg, H.; et. al. Chemistry of small ring compounds. 30. Reactions of arylcyclopropanone hemiacetals with bases and acids. Recl. Trav. Chim. Pays-Bas, 1975, 94: 64-69.

[162] Stork, G.; Borowitz, I. J. The synthesis of substituted 1-methylcyclohexanecarboxylic acids and the stereochemistry of the Favorskii rearrangement. J. Am. Chem. Soc., 1960, 82: 4307-4315.

[163] Ambrosini, M.; Baricordi, N.; Benetti, S.; et. al. A convenient preparation of 3-isopropyl-1-methylcyclopentylmethanol and 1-isopropyl-3-methylcyclopentylmethanol via Favorskii rearrangement. Tetrahedron: Asymmetry, 2009, 20: 2145-2148.

[164] House, H. O.; Frank, G. A. The effect of solvent change on the Favorskii rearrangement of α-halo ketones. J. Org. Chem., 1965, 30: 2948-2956.

[165] Bordwell F. G.; Strong, J. G. Favorskii rearrangements stereochemistry of reaction with 2-bromo-4-methyl-4-phenylcyclohexanone. J. Org. Chem., 1973, 38: 579-585.

[166] Turro, N. J. Cyclopropanones. Acc. Chem. Res., 1969, 2: 25-32.

[167] Wasserman, H. H.; Clark, G. M.; Turley, P. C. Recent aspects of cyclopropanone chemistry. Top. Curr. Chem., 1974, 47: 73-156.

[168] Mann, J. The synthetic utility of oxyallyl cations. Tetrahedron, 1986, 42: 4611-4659.

[169] Grainger, R. S.; Owoare, R. B.; Tisselli, P.; et. al. A synthetic alternative to the type-II intramolecular 4+3 cycloaddition reaction. J. Org. Chem., 2003, 68: 7899-7902.

[170] Cho, S. Y.; Lee, H. I.; Cha, J. K. [4+3] cycloaddition of cyclopropanone hemiacetals. Org. Lett., 200, 3: 2891-2893.

[171] Rappe, C.; Knufsson, L.; Turro, N. J.; et. al. Favorskii rearrangements. Evidence for steric control in the fission of crowded cyclopropanone intermediates. J. Am. Chem. Soc., 1970, 92: 2032-2035.

[172] Crandall, J. K.; Machleder, W. H. Allene epoxidation. Isolation of a cyclopropanone. J. Am. Chem. Soc., 1968, 90: 7347-7349.

[173] Tchoubar, B.; Sackur, O. Alkaline dehalogenation of 1-chlorocyclohexyl methyl ketone and 1-chlorocyclohexyl phenyl ketone. Transposition into α-substituted cyclohexanecarboxylic acids. Compt. rend., 1939, 208: 1020-1022.

[174] Cope, A. C.; Graham, E. S. Reactions of 1-bromobicyclo [3. 3. 1]nonan-9-one. J. Am. Chem. Soc., 1951, 73: 4702-4706.

[175] Li, Z.; Alameda-Angulo, C.; Quiclet-Sire, B.; et. al. A flexible approach to hexahydronaphthalene-1-carboxylates. Tetrahedron, 2011, 67: 9844-9852.

[176] Baudry, D.; Begue, J. P.; Charpentier-Morize, M. Stereochemistry and mechanism of the dehalogenation of α-bromo ketones without α′-hydrogen atoms under quasi-Favorskii rearrangement conditions. Bull. Soc. Chim. Fr., 1971, 1416-1424.

[177] Warnhoff, E. W.; Wong, C. M.; Tai, W. T. Mechanistic changes in a Favorskii reaction. J. Am. Chem. Soc., 1968, 90: 514-515.

[178] Harmata, M.; Wacharasindhu, S. Addition of functionalized nucleophiles to a bridgehead bromoketone. Synthesis, 2007: 2365-2369.

[179] Harmata, M. ; Wacharasindhu, S. The addition of sp^2- and sp-hybridized nucleophiles to a bridgehead bromoketone. J. Org. Chem. , 2005, 70: 725-728.

[180] Harmata, M. ; Wacharasindhu, S. The [4+3]-cycloaddition/quasi-Favorskii process. Synthesis of the carbocyclic core of tricycloclavulone. Org. Lett. , 2005, 7: 2563-2565.

[181] Sakai, T. ; Katayama, T. ; Takeda, A. Malonate anion induced Favorskii-type rearrangement. 2. Reaction of acyclic alpha-halo ketones with carbanions leading to cyclopropanols. J. Org. Chem. , 1981, 46: 2924-2931.

[182] Sakai, T. ; Amano, E. ; Kawabata, A. A. ; et. al. Malonate anion induced Favorskii-type rearrangement - reaction of cyclic alpha-halo ketones with sodiomalonates. J. Org. Chem. , 1980, 45: 43-47.

[183] Sakai, T. ; Tabata, H. ; Takeda, A. Malonate anion induced Favorskii-type rearrangement. 3. Reaction of methyl-substituted alpha-chlorocyclohexanones with sodiomalonates. J. Org. Chem. , 1983, 48: 4618-4621.

[184] Sosnovsky, G. ; Cai, Z. A study of the Favorskii rearrangement with 3-bromo-4-oxo-2, 2, 6, 6-tetramethylpiperidine-1-oxyl. J. Org. Chem. , 1995, 60: 3414-3418.

[185] Babic, A. ; Pecar, S. Synthesis of novel bicyclic nitroxides using partial Favorskii rearrangement. Synlett, 2008,8: 1155-1158.

[186] Barbee, T. R. ; Hedeel, G. ; Heeg, M. J. ; et. al. Functional group hybrids. Reactivity of α'-nucleofuge α,β-unsaturated ketones. 2. Reactions with malonate anion. Concerning the mechanism of the Favorskii rearrangement. J. Org. Chem. , 1991, 56: 6773-6781.

[187] De Kimpe, N. ; Sulmon, P. ; Brunet, P. Synthesis of 2,2-dialkyl-1-aminocyclopropanecarboxylic acids from α-chloro ketimines. J. Org. Chem. , 1990, 55: 5777-5784.

[188] Kimpe, N. D. ; Stanoeva, E. ; Schamp, N. Intramolecular trapping of a cyclopropylidenamine during the Favorskii rearrangement of α-chloroketimines. Tetrahedron Lett. , 1988, 29: 589-592.

[189] Aelterman, W. ; Tehrani, K. A. ; Coppens, W. ; et. al. Syntheses and reactions of 1-amino-2, 2-dialkylcyclopropane-1-carbonitriles and -carboxamides - Potential precursors of ACC derivatives. Eur. J. Org. Chem. , 1999: 239-250.

[190] Kobayashi, S. ; Kinoshita, T. ; Kawamoto, T. ; et. al. Stereocontrolled synthesis of substituted bicyclic ethers through oxy-Favorskii rearrangement: total synthesis of (±)-communiol E. J. Org. Chem. , 2011, 76: 7096-7103.

[191] Choi, S. S. ; Myerscough, P. M. ; Fairbanks, A. J. ; et. al. The ring contraction of δ-lactones with leaving group α-substituents: a strategy for the synthesis of 2, 5-disubstituted highly functionalised homochiral tetrahydrofurans. J. Chem. Soc. , Chem. Commun. , 1992: 1605-1607.

[192] Wilson, F. X. ; Fleet, G. W. J. ; Witty, D. R. ; et. al. Synthesis of the oxetane nucleosides α- and β -noroxetanocin. Tetrahedron: Asymmetry, 1990, 1: 525-526.

[193] Eaton, P. E. ; Cole, T. W. , Jr. The cubane system. J. Am. Chem. Soc. , 1964, 86: 962-964.

[194] Eaton, P. E. ; Cole, T. W. , Jr. Cubane. J. Am. Chem. Soc. , 1964, 86: 3157-3158.

[195] Luh, T. Y. ; Stork. L. M. Preparation of 1, 4-dicarboxycubane. J. Org. Chem. , 1972, 37: 338-339.

[196] Barborak. J. C. , Wstts, L. ; Pettit, R. A convenient synthesis of the cubane system. J. Am. Chem. Soc. , 1966, 88: 1328-1329.

[197] Moriarty, R. M. ; Khosrowshahi, J. S. Functionalization of cubanes and homocubanes via oxidative displacement of iodine using hypervalent iodine. Synth. Commun. , 1989, 19: 1395-1403.

[198] Scherer, K. V. , Jr. ; Lunt, R. S. III; Ungefug, G. A. Action of alkali on cage chloro ketones.

Tetrahedron Lett., 1965, 1199-1205.

[199] Dunn, G. L.; DiPasquo. V. J.; Hmver. J. E. Synthesis of pentacyclo[4. 3. 0. $0^{2,5}$. $0^{3,8}$. $0^{4,7}$]nonane and some 4-substituted derivatives. Tetrahedron Lett., 1966, 3737-3742.

[200] Schleyer, P. V.; Harper. J. J.; Dunn. G. L., et. al. Degenerate 9-homocubyl cation. J. Am. Chem. Soc., 1967, 89: 698-699.

[201] Dunn, G. L.; DiPasquo. V. J.; Hoover, J. R. E. Synthesis of pentacyclo[4. 3. 0. $0^{2,5}$. $0^{3,8}$. $0^{4,7}$] nonane (homocubane) and some of its derivatives. J. Org. Chem., 1968, 33: 1454-1459.

[202] Klunder, A. J. H.; Ariaans, G. J. A.; van der Loop, E. A. R. M.; et. al. Control of cage-opening reactions in the 1,3-bishomocubane and homocubane systems. Tetrahedron, 1986, 42: 1903-1915.

[203] Dauben, W. G.; Chitwood, J. L.; Scherer, K. V., Jr. Solvolysis of bicyclo[2. 2. 0] hexane-1-methyl *p*-Nitrobenzoate. J. Am. Chem. Soc., 1968, 90: 1014-1020.

[204] Forman, M. A. The synthesis and reactions of prismanes recent developments. Org. Prep. Proced. Int., 1994, 26: 291-320.

[205] Mehta, G.; Padma, S. Syntheses of prismanes// Osawa, E.; Yonemitsu, O. Carbocyclic Cage Compounds. New York: VCH, 1992: 183-215.

[206] Eaton, P. E.; Or, Y. S.; Branca, S. J.; et. al. The synthesis of pentaprismane. Tetrahedron, 1986, 42: 1621-1631.

[207] Eaton, P. E.; Chakraborty, U. R. Octahydro [0. 0] paracyclophane and perhydro [0. 0] paracyclophane. J. Am. Chem. Soc., 1978, 100: 3634-3635.

[208] Mehta, G.; Padma, S. Synthetic studies towards prismanes - seco-(6)-prismane. Tetrahedron, 1991, 47: 7783-7806.

[209] Mehta, G.; Padma, S. Synthetic studies towards prismanes: 1,4-bishomo-[6]-prismane (garudane). Tetrahedron, 1991, 47: 7807-7820.

[210] Mehta, G.; Padma, S. D_{2h}-Bishomohexaprismane ("Garudane"). Design of the face-to-face 2+2 dimer of norbornadiene. J. Am. Chem. Soc., 1987, 109: 7230-7232.

[211] Mehta, G.; Reddy, S. H. K.; Padma, S. Synthetic studies towards prismanes: exploratory efforts en route to [7]-prismane homo- and secologs. Tetrahedron, 1991, 47: 7821-7836.

[212] Forman, M. A.; Dailey, W. P. Convenient synthesis of the 1,4-bishomo-6-secoheptaprismane ring system. J. Org. Chem., 1993, 58: 1501-1507.

[213] Katz, T. J.; Acton, N. Synthesis of prismane. J. Am. Chem. Soc., 1973, 95: 2738-2739.

[214] Boyer, L. E.; Brazzillo, J.; Forman, M. A.; et. al. Favorskii reactions of a bromoquadricyclanone. J. Org. Chem., 1996, 61: 7611-7613.

[215] Fong, W. C.; Thomas, R.; Scherer, K. V., Jr. Favorskii rearrangement of 1-bromo-7, 7-dimethylnorbornanone. Tetrahedron Lett., 1971, 3789-3790.

[216] Lu, T. J.; Liu, S. W.; Wang, S. H. Formation of (1*S*, 2*S*, 5*R*, 6*S*)-(+)-6-Carbanilino-1, 5-dimethyltricyclo[3. 2. 0. $0^{2,6}$] heptane from (1*R*, 4*S*)-(+)-3, 8, 8-tribromocamphor via a facile intramolecular cyclization-Favorskii rearrangement process. J. Org. Chem., 1993, 58: 7945-7947.

[217] Schamp, N.; De Kimpe, N.; Coppens, W. Favorskii rearrangement of dichlorinated methyl ketones. Tetrahedron, 1975, 31: 2081-2087.

[218] Schamp, N.; Coppens, W., Favorskii rearrangement of dichloromethyl ketones. Tetrahedron Lett., 1967, 28: 2697-2699.

[219] Wagner, R. B.; Moore, J. A. The rearrangement of α,α'-dibromoketones. J. Am. Chem. Soc., 1950, 72: 974-977.

[220] Keana, J. F. W.; Seyedrezai, S. E. Synthesis of diamagnetic structural analogues of representative

doxyl, proxyl, piperidine, and pyrroline nitroxide spin labels. J. Org. Chem., 1982, 47: 347-352.

[221] White, J. D.; Dillon, M. P.; Butlin, R. J. Total synthesis of (±)-byssochlamic acid. J. Am. Chem. Soc., 1992, 114: 9673-9674.

[222] Ionkin, A. S.; Marshall, W. J.; Fish, B. M. Highly sterically hindered olefins: a case of *E*- and *Z*-di-tert-butyl α,β-unsaturated acids. Org. Lett., 2008, 10: 2303-2305.

[223] Barrett, D. G.; Liang, G.-B.; McQuade, D. T.; et. al. Synthetic studies on the 1,6-methano[10] annulene skeleton: a new route that provides derivatives substituted at the bridge and on the annulene ring. J. Am. Chem. Soc., 1994, 116: 10525-10532.

[224] Taylor, R. J. K.; Casy, G. The Ramberg-Bäcklund reaction. Org. React., 2003, 62: 357-475.

[225] Paquette, L. A. The Ramberg-Bäcklund rearrangement. Org. React., 1977, 25: 1-71.

[226] Clough, J. M. The Ramberg-Bäcklund Rearrangement//Trost, B. M.; Fleming, I. Comprehensive Organic Synthesis. Vol. 3. Oxford: Pergamon Press, 1991: 861-886.

[227] Wang, X-L; Cao, X-P; Zhou, Z-L. Application of Ramberg-Bäcklund reaction in construction of carbon-carbon double bond. Youji Huaxue, 2003, 23: 120-128.

[228] Braverman, S.; Cherkinsky, M.; Raj, P. Recent progress on rearrangements of sulfones. Sulfur Rep., 1999, 22: 49-84.

[229] Ramberg, L.; Bäcklund, B. The reactions of some monohalogen derivatives of diethyl sulfone. Ark. Kemi. Mineral. Geol., 1940, 27: 1-50. Chem. Abstr., 1940, 35: 4725.

[230] Bordwell, F. G.; Williams, J. M., Jr. Ramberg-Bäcklund reaction of benzyl alpha-halobenzyl and halomethyl sulfones. J. Am. Chem. Soc., 1968, 90: 435-439.

[231] Sutherland, A. G.; Taylor, R. J. K. The first isolation of an episulphone intermediate from a Ramberg-Bäcklund reaction. Tetrahedron Lett., 1989, 30: 3267-3270.

[232] Jeffery, S. M.; Sutherland, A. G.; Pyke, S. M.; et. al. Isolation of episulfones from the Ramberg-Bäcklund rearrangement. Part 2. X-Ray molecular structure of 2, 3-epithio-8, 8-dimethyl-6, 10-dioxaspiro[4. 5]decane *S*,*S*-dioxide and of *r*-6-benzyl-*t*-7,*t*-8-epithio-1,4-dioxaspiro[4. 4]nonane *S*,*S*-dioxide. J. Chem. Soc., Perkin Trans. 1, 1993: 2317-2327.

[233] Ewin, R. A.; Loughlin, W. A.; Pyke, S. M.; et. al. The isolation of episulphones from the Ramberg-Bäcklund rearrangement; Part 3. Synlett, 1993: 660-662.

[234] Bordwell, F. G.; Williams, J. M., Jr.; Hoyt, E. B., Jr.; et. al. The decomposition of thiirane 1, l-dioxides (episulfones). J. Am. Chem. Soc., 1968, 90: 429-435.

[235] Neureiter N. P.; Bordwell, F. G. Mechamism for the formation of cis-alkenes from α-chloro sulfones. J. Am. Chem. Soc., 1963, 85: 1209-1210.

[236] Neureiter, N. P. Reaction of acyclic alpha-halo sulfones with base. Stereochemistry of intermediate episulfones. J. Am. Chem. Soc., 1966, 88: 558-564.

[237] Scholz, D. Neue synthesemethoden, 3. tetrahydrothiopyran-3-on-1, 1-dioxid, ein nützlicher 4-C-baustein zur stereoselektiven synthese von (*Z*)-oder (*E*)- γ,δ-ungesättigten carbonsäuren. Chem. Ber., 1981, 114: 909-915.

[238] Hendrickson, J. B.; Palumbo, P. S. A new synthesis of cyclopentenones-dihydrojasmone. J. Org. Chem., 1985, 50: 2110-2112.

[239] Matsuyama, H.; Miyazawe, Y.; Takei, Y.; et. al. Regioselective synthesis of cyclopentenones from 4-thianone. J. Org. Chem., 1987, 52: 1703-1710.

[240] Ranasinghe, M. G.; Fuchs, P. L. Ramberg-Bäcklund syntheses and chemodirected annulations of exocyclic allylsilanes. J. Am. Chem. Soc., 1989, 111: 779-782.

[241] Scarpetti, D.; Fuchs, P. L. Synthesis via vinyl sulfones. 38. Cytochalasin support studies. 12.

Fluoride-ion mediated intramolecular sulfenylation of alpha-silyl sulfones-Ramberg-bäcklund annulation to exocyclic fused olefins. J. Am. Chem. Soc., 1990, 112: 8084-8090.

[242] Hendrickson, J. B.; Boudreaux, G. J.; Palumbo, P. S. Nuclear synthons: mesyltriflone as an olefin polyanion equivalent. J. Am. Chem. Soc., 1986, 108: 2358-2366.

[243] Meyers, C. Y.; Hua, D. H.; Peacock N. J. Unexpected behavior of an α-tosyloxy sulfone compared with an a-chloro sulfone in base-induced reactions. J. Org. Chem., 1980, 45: 1719-1721.

[244] Matsuyama, H.; Miyazawa, Y.; Kobayashi, M. Regioselective alkylation and the Ramberg-Bäcklund type reaction of α-(*p*-tolylsulfonyl) thiane *S*,*S*-dioxide. A new route to the synthesis of 3-alkyl-3-cyclopentenones. Chem. Lett., 1986, 433-436.

[245] Nicolaou, K. C.; Ogawa, Y.; Zuccarello, G.; et. al. DNA cleavage by a synthetic mimic of the calicheamicin-esperamicin class of antibiotics. J. Am. Chem. Soc., 1988, 110: 7427-7428.

[246] Ranasinghe, M. G.; Fuchs, P. Ramberg-Bäcklund syntheses and chemodirected annulations of exocyclic allylsilanes. J. Am. Chem. Soc., 1989, 111: 779-782.

[247] Boeckman, R. K., Jr.; Yoon, S. K.; Heckendorn, D. K. Synthetic studies directed toward the eremantholides. 2. A novel application of the Ramberg-Bäcklund rearrangement to a highly stereoselective synthesis of (+)-eremantholide A. J. Am. Chem. Soc., 1991, 113: 9682-9684.

[248] Paquette, L. A.; Wingard, R. E., Jr.; Photis, J. M. Perpendicularly oriented π systems. thermal activation of annulated bicyclo[4. 2. 0]octatrienes and establishment of the tetracyclo[4. 2. 0. $0^{2,8}$. $0^{5,7}$]octatriene pathway of bond relocation. J. Am. Chem. Soc., 1974, 96: 5801-5806.

[249] Raj, C. P.; Pichnit, T.; Braverman, S. Synthesis of exocyclic cisoid dienes by Ramberg-Bäcklund rearrangement. Tetrahedron Lett., 2000, 41: 1501-1504.

[250] Hartman, G. D.; Hartman, R. D. The phase-transfer catalyzed Ramberg-Bäcklund reaction. Synthesis, 1982: 504-506.

[251] Meyers, C. Y.; Make, A. M.; Matthews, W. S. Ionic reactions of carbon tetrachloride. survey of reactions with ketones, alcohols, and sulfones. J. Am. Chem. Soc., 1969, 91: 7510-7512.

[252] Biichi, G.; Freidinger, R. M. A new synthesis of allylic sulfones and their conversion to polyolefins. β-carotene from vitamin A. J. Am. Chem. Soc., 1974, 96: 3332-3333.

[253] Meyers, C. Y.; Ho, L. L.; McCollum, G. J.; et. al. Mechanism of the formation of alkenesulfonic acids from the reaction of sulfones with CCl_4-KOH. Intermediacy of gem-α-dichloro sulfones and the thiirene 1,1-dioxides. Tetrahedron Lett., 1973, 14: 1843-1846.

[254] Fujisawa, T.; Mobele, B. I.; Shimizu, M. Enantioselective reduction of 4-oxo-3-tetrahydrothiopyranyl-acetates with bakers-yeast and application to the synthesis of a prostaglandin intermediate in optically pure form. Tetrahedron Lett., 1991, 32: 7055-7058.

[255] Vedejs, E.; Singer, S. Ramberg-Bäcklund sulfur extrusion from 2-carboethoxy sulfones. J. Org. Chem., 1978, 43: 4884-4885.

[256] Chan, T.-L.; Fong, S.; Man T.-O.; et. al. A new one flask Ramberg-Bäcklund reaction. J. Chem. Soc., Chem. Commun., 1994: 1771-1772.

[257] Yang, G.; Franck, R. W.; Byun, H.-S.; et. al. Convergent C-glycolipid synthesis via the Ramberg-Bäcklund reaction: active antiproliferative glycolipids. Org. Lett., 1999, 1: 2149-2151.

[258] Soderman, S. C.; Schwan, A. L. 1,2-Dibromotetrachloroethane: an ozone-friendly reagent for the in situ Ramberg-Bäcklund rearrangement and its use in the formal synthesis of E-resveratrol. J. Org. Chem., 2012, 77: 10978-10984.

[259] Robinson, J. E.; Taylor, R. J. K. A Ramberg-Bäcklund route to the stilbenoid anti-cancer agents combretastatin A-4 and DMU-212. Chem. Commun., 2007: 1617-1619.

[260] Evans P.; Taylor, R. J. K. Novel tandem conjugate addition/Ramberg-Bäcklund rearrangements. Synlett, 1997: 1043-1044.

[261] Burger, J. J.; Chen, T. B. R. A.; de Waard, E. R.; et. al. The Michael induced Ramberg-Bäcklund homologation to conjugated isoprenoids. Tetrahedron, 1981, 37: 417-424.

[262] Block, E.; Jeon, H. R.; Putman, D.; et. al. Prepackaged Ramberg-Bäcklund reagents: useful tools for organic synthesis. Tetrahedron, 2004, 60: 7525-7541.

[263] Block, E.; Aslam, M.; Eswarakrishnan, V.; et. al. α-Haloalkanesulfonyl bromides in organic synthesis. 5. Versatile reagents for the synthesis of conjugated polyenes, enones, and 1,3-oxathiole 1,1-dioxides. J. Am. Chem. Soc., 1986, 108: 4568-4580.

[264] Graham, R. J.; Paquette, L. A. Molecular ladders constituted of laterally-fused 1,4-cyclohexadiene subunits. Open-chain models of the [n]beltenes. J. Org. Chem., 1995, 60: 5770-5777.

[265] Evans, P.; Johnson, P.; Taylor, R. J. K. The Epoxy-Ramberg-Bäcklund reaction (ERBR): a sulfone-based method for the synthesis of allylic alcohols. Eur. J. Org. Chem., 2006: 1740-1754.

[266] Wladislaw, B.; Marzorati, L.; Russo, V. F. T.; et. al. Novel reaction-decarboxylative Ramberg-Bäcklund rearrangement in some alpha-isopropyl sulfonyl carboxylic esters. Tetrahedron Lett., 1995, 36: 8367-8370.

[267] Cao, X.-P.; Chan, T.-L.; Chow, H.-F.; et. al. Stereoselective synthesis of substituted 1,3,5-hexatrienes from diallylic sulfones. J. Chem. Soc., Chem. Commun., 1995: 1297-1298.

[268] Cao, X. P. Stereoselective synthesis of substituted all-trans 1,3,5,7-octatetraenes by a modified Ramberg-Bäcklund reaction. Tetrahedron, 2002, 58: 1301-1307.

[269] Burghart, J.; Sorg, A.; Brueckner, R. Stereocomplementary syntheses of 1,omega-distannylated e, z-isomeric conjugated trienes, tetraenes, and pentaenes. Chem. Eur. J., 2011, 17: 6469-6483.

[270] Sorg, A.; Siegel, K.; Brückner, R. Stereoselective syntheses of dihydroxerulin and xerulinic acid, anti-hypocholesterolemic dyes from the fungus *Xerula melanotricha*. Chem. Eur. J., 2005, 11: 1610-1624.

[271] Sorg, A.; Brückner, R. Unexpected cis-selectivity in (Sylvestre) Julia olefinations with Bu_3Sn-containing allyl benzothiazolyl sulfones: stereoselective synthesis of 1, 3-butadienyl- and 1, 3, 5-hexatrienylstannanes. Synlett, 2005: 289-293.

[272] Bouchez, L. C.; Vogel, P. Synthesis of the C(1)-C(11) polyene fragment of apoptolidin with a new sulfur dioxide-based organic chemistry. Chem. Eur. J., 2005, 11: 4609-4620.

[273] Choi, S.; Koo, S. Efficient syntheses of the keto-carotenoids canthaxanthin, astaxanthin, and astacene. J. Org. Chem., 2005, 70: 3328-3331.

[274] Ono, N.; Tomitab, H.; Maruyama, K. A New synthetic method for oligo(phenylenevinylenes) terminated with porphyrins. J. Chem. Soc. Perkin Trans. 1, 1992: 2453-2456.

[275] Paquette, L. A.; Trova M. P. Dynamic properties of chiral cyclooctatetraenes. Total inhibition of the racemization process by 1,4-annulation. J. Am. Chem. Soc., 1988, 110: 8197-8201.

[276] Martin, H.-D.; Mayer, B.; Puffer, M.; et. al. Small and medium rings. 39. Pterodactyladiene (tetracyclo[4.4.0.02,5.07,10]deca-3,8-diene). Angew. Chem. Int. Ed., 1981, 20: 677-678.

[277] Weinges, K.; Klessing, K. Condensed ring systems. VI. Synthesis of [4.2.2]propella-7,9-diene, a Dewar benzene bridged in 1,4-position. Chem. Ber., 1974, 107: 1915-1924.

[278] Konrad, B. B.; Marco, P. L. The intramolecular Ramberg-Bäcklund reaction: a convenient method for the synthesis of strained bridgehead olefins. Helv. Chim. Acta, 1983, 66: 1090-1100.

[279] McAllister, G. D; Taylor, R. J. K. The synthesis of polyoxygenated, enantiopure cyclopentene derivatives using the Ramberg-Bäcklund rearrangement. Tetrahedron Lett., 2001, 42: 1197-1200.

[280] Zhang, J. ; Niu, Y. ; Cao, X. ; et. al. Convenient one-pot synthesis of thiosugars and their efficient conversion to polyoxygenated cycloalkenes. Tetrahedron, 2012, 68: 4242-4247.

[281] Matsuyama, H. ; Miyazawa, Y. ; Tokai, Y. ; et. al. A Regioselective synthesis of cyclopentenones from 4-thianone. J. Org. Chem. , 1987, 52: 1703-1710.

[282] Zhou, T. ; Peters, B. ; Maldonado, M. F. ; et. al. Enantioselective synthesis of chiral sulfones by Ir-catalyzed asymmetric hydrogenation: a facile approach to the preparation of chiral allylic and homoallylic compounds. J. Am. Chem. Soc. , 2012, 134: 13592-13595.

[283] Cerè, V. ; Mantovani, G. ; Peri, F. ; et. al. A general procedure to enantiopure conduritols: sulfur-mediated synthesis of (+)-conduritol B and (−)-conduritol F derivatives and of (−)-conduritol E and F. Tetrahedron, 2000, 56: 1225-1331.

[284] Gassman, P. G. ; Mlinarib-Majerski, K. Synthesis and photoinduced electron-transfer promoted isomerization of 7, 7-dimethyl- trans -bicycle[4. 1. o] hept-3-ene. J. Org. Chem. , 1986, 51: 2397-2398.

[285] Rigby, J. H. ; Warshakoon, N. C. ; Payen, A. J. Studies on chromium(0)-promoted higher-order cycloaddition-based benzannulation. Total synthesis of (+)-Estradiol. J. Am. Chem. Soc. 1999, 121, 8237-8245.

[286] Mlinarić-Majerski, K. ; Pavlović, D. ; Marinić, Z. A facile, general route to adamantanophanes. Synthesis and conformational behavior of [4. 4] (1, 3) adamantanophan -*trans*, *trans*-1, 8-diene. Tetrahedron Lett. , 1996, 37: 4829-4832.

[287] Doomes, E. ; McKnight, A. A. Conversion of 3, n-dithiabicyclo[n. 3. 1]alkatrienes to bicyclo[*n*. 3. 1] alkapentaenes. J. Heterocycl. Chem. , 1995, 32: 1467-1471.

[288] Coster, M. J. ; De Voss, J. J. Medium ring ethers by ring expansion-ring contraction: synthesis of lauthisan. Org. Lett. , 2002, 4: 3047-3050.

[289] MaGee, D. I. ; Beck, E. J. Use of the Ramberg-Bäcklund rearrangement for the synthesis of medium and large heterocyclic alkenes: stereoselective olefin formation. J. Org. Chem. , 2000, 65: 8367-8371.

[290] Alvarez, E. ; Diaz, M. T. ; Liu, H. ; et. al. Synthesis of unsaturated trans-fused polyether frameworks via O-linked oxacycles: a convergent approach. J. Am. Chem. Soc. , 1995, 117: 1437-1438.

[291] MaGee, D. I; Beck, E. J. The use of the Ramberg-Bäcklund rearrangement for the formation of aza-macrocycles: a total synthesis of manzamine C. Can. J. Chem. , 2000, 78: 1060-1066.

[292] Baird, L. J. ; Timmer, M. S. M. ; Teesdale-Spittle, P. H. ; et. al. Total synthesis of aigialomycin D using a Ramberg-Bäcklund/RCM strategy. J. Org. Chem. , 2009, 74: 2271-2277.

[293] Yao, Q. Synthesis of cyclic sulfones by ring-closing metathesis. Org. Lett. , 2002, 4: 427-430.

[294] Nicolaou, K. C. ; Zuccarello, G. ; Riemer, C. ; et. al. Design, synthesis, and study of simple monocyclic conjugated enediynes. The 10-membered ring enediyne moiety of the enediyne anticancer antibiotics. J. Am. Chem. Soc. , 1992, 114: 7360-7371.

[295] Cao, X. ; Yang, Y. ; Wang, X. A direct route to conjugated enediynes from dipropargylic sulfones by a modified one-flask Ramberg-Bäcklund reaction. J. Chem. Soc. , Perkin Trans. 1, 2002: 2485-2489.

[296] Bodwell, G. J. ; Nandaluru, P. R. Olefination reactions in the synthesis of cyclophanes. Isr. J. Chem. , 2012, 52: 105-138.

[297] Potter, S. E. ; Sutherland, I. O. Syntheses and reactions of [2, *n*]paracyclophan-(*n*+7)-enes. J. Chem. Soc. , Chem. Commun. , 1973: 520-521.

[298] Chan, T,-L. ; Hung, C.-W. ; Man T.-O. ; et. al. A new route to optically active [12][12]

paracyclophanes. J. Chem. Soc., Chem. Commun., 1994: 1971-1972.

[299] Wei, C.; Mo, K.-F.; Chan, T.-L. [14][14]Metaparacyclophane: first example of an [m][n] metaparacyclophane. J. Org. Chem., 2003, 68: 2948-2951.

[300] Nicolaou, K. C.; Sun, Y.-P.; Korman, H.; et. al. Asymmetric total synthesis of cylindrocyclophanes a and f through cyclodimerization and a Ramberg-Bäcklund reaction. Angew. Chem. Int. Ed., 2010, 49: 5875-5878.

[301] Taylor, R. J. K.; McAllister, G. D.; Franck, R. W. The Ramberg-Bäcklund reaction for the synthesis of C-glycosides, C-linked-disaccharides and related compounds. Carbohydr. Res., 2006, 341: 1298-1311.

[302] Taylor, R. J. K. Recent developments in Ramberg-Bäcklund and episulfone chemistry. Chem. Commun., 1999, 217-227.

[303] 冯建鹏；王小龙；曹小平. Ramberg-Bäcklund 反应在功能有机分子合成中的应用. 有机化学，2006，26：158-167.

[304] Griffin, F. K.; Paterson, D. E.; Murphy, P. V.; et. al. A new route to exo-glycals using the Ramberg-Bäcklund rearrangement. Eur. J. Org. Chem., 2002: 1305-1322.

[305] Belica, P. S.; Franck, R. W. Benzylic C-glycosides via the Ramberg-Bäcklund reaction. Tetrahedron Lett., 1998, 39: 8225-8228.

[306] Pasetto, P.; Franck, R. W. Synthesis of both possible isomers of the northwest quadrant of altromycin B. J. Org. Chem., 2003, 68: 8042-8060.

[307] Zhu, X.; Jin, Y.; Wickham, J. Efficient synthesis of methylene exo-glycals: another use of glycosylthiomethyl chlorides. J. Org. Chem., 2007, 72: 2670-2673.

[308] McAllister, G. D.; Paterson, D. E.; Taylor, R. J. K. A simplified Ramberg-Bäcklund approach to novel C-glycosides and C-linked disaccharides. Angew. Chem. Int. Ed., 2003, 42: 1387-1391.

[309] Griffin, F. K.; Paterson, D. E.; Taylor, R. J. K. Ramberg-Bäcklund approaches to the synthesis of c-linked disaccharides. Angew. Chem. Int. Ed., 1999, 38: 2939-2942.

[310] Paterson, D. E.; Griffin, F. K.; Alcaraz, M.-L.; et. al. A Ramberg-Bäcklund approach to the synthesis of C-glycosides, C-linked disaccharides, and C-glycosyl amino acids. Eur. J. Org. Chem., 2002: 1323-1336.

[311] Campbell, A. D.; Paterson, D. E.; Raynham, T. M.; et. al. Exo-glycal approaches to C-linked glycosyl amino acid synthesis. Chem. Commun., 1999: 1599-1600.

第 6 章　Lewis 碱与活化烯、炔加成而得两性离子中碳负离子参与的反应

叔胺、膦、硫醚等路易斯(Lewis)碱具有很强的亲核性;它们可以对活化烯烃(═—EWG, EWG 为拉电子基团)、联烯(═ · ═—EWG)或炔烃(≡—EWG)进行亲核加成,得到两性离子(zwitterion)中间体(图 6-1 中的 **A**)。**A** 中的碳负离子中心可作为 Brønsted 碱或作为新的亲核中心参与后续的化学反应。作为碱,这些碳负离子可与一些酸性适当的前亲核剂(pronucleophile, NuH)进行质子交换,从 NuH 中产生亲核剂 Nu^-;后者可与不饱和体系加成,生成 C—Nu 键(取决于亲核剂的类型,可为 C—C、C—O、C—N 键等)。**A** 中的碳负离子也可作为亲核中心与亲电试剂(醛、酮等羰基化合物,其他活化烯烃或炔烃,活化亚胺、酰卤、卤代烃、环氧乙烷衍生物等)进行反应,生成 C—C 键,并在反应后脱去作为催化剂的路易斯碱。在中间体 **A** 中,活化烯烃或炔烃的 α-碳原子转化为亲核反应中心,实现了极性转换(umpolung)。由此导致的反应的异常化学选择性以及反应物(活化烯烃和亲电试剂)与催化剂体系(不同碱性和亲核性的路易斯碱的选择和共催化剂的应用)的多样性,使近十几年来这类新型的两性离子中间体与亲电试剂反应的研究受到极大的关注,发现了很多在有机合成上具有广泛应用前景的新反应,也为反应机理研究提供了很多新的课题[1-11]。

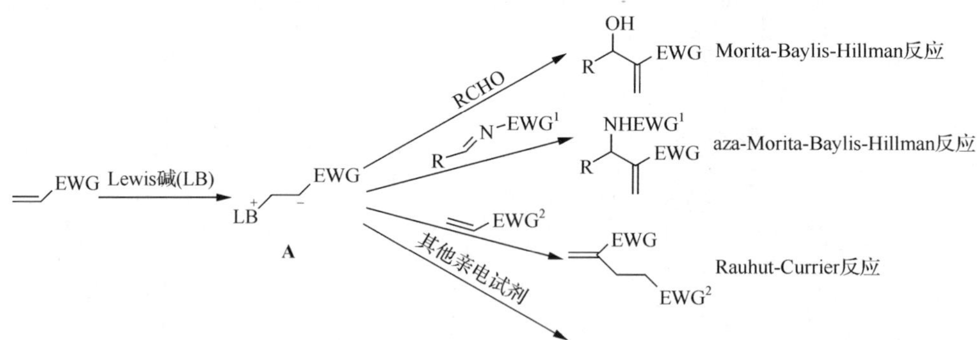

图 6-1　Lewis 碱与活化烯烃加成而得的两性离子中的碳负离子中心与各类亲电试剂的反应

6.1 两性离子中的碳负离子作为 Brønsted 碱参与的反应——膦催化的前亲核剂(NuH)对活化烯烃和炔烃的亲核加成[1,3,4,7,9]

在反应体系中没有外加的亲电物种如醛、对甲苯磺酰亚胺(ArCH ═NTs)等,而又有一些中性的前亲核剂(pronucleophile, NuH)存在时,膦对活化烯烃、联烯和炔烃进行亲核加成而得的两性离子中,碳负离子可以起 Brønsted 碱的作用,从 NuH 中接受质子,产生亲核剂 Nu^-。后者可加到另一分子中性烯烃(在与活化烯烃的反应中)或由两性离子质子化而得的乙烯基鏻盐(在与活化炔烃的反应中)上而得到 Michael 加成的产物。

6.1.1 膦引发的对活化烯烃的 Michael 加成反应

在膦的催化下,前亲核剂可以对活化烯烃进行 Michael 加成反应(式(6-1))。

$$\text{CH}_2{=}\text{CH–EWG} + \text{NuH} \xrightarrow{R_3P} \text{Nu–CH}_2\text{CH}_2\text{–EWG} \quad (6\text{-}1)$$

EWG为拉电子基团, 如COR, CO_2R, CN, $P(O)(OR)_2$等

1. 碳亲核剂对活化烯烃的加成

一些碳氢酸可以在膦催化下对活化烯烃进行共轭加成。例如,β-二羰基化合物等活性亚甲基化合物可以作为前亲核剂与活化烯烃加成(式(6-2)~式(6-5))[12-15]。

$$CH_2(CO_2Me)_2 + CH_2{=}CHCOMe \xrightarrow[\text{MeCN, rt, 0.1 h}]{3\text{ mol\% P}(n\text{-Bu})_3} (MeO_2C)_2CH{-}CH_2CH_2COMe \quad 95\%$$

$$CH_2(CO_2Me)_2 + CH_2{=}CHP(O)(OEt)_2 \xrightarrow[\text{MeCN, rt}]{10\text{ mol\% P}(n\text{-Bu})_3} (MeO_2C)_2CH{-}CH_2CH_2P(O)(OEt)_2 \quad 60\%$$

$$CH_2(CO_2Me)_2 + CH_3CH{=}CHCN \xrightarrow[\text{MeCN, rt}]{10\text{ mol\% P}(n\text{-Bu})_3} NCCH_2CH(CH_3)CH(CO_2Me)_2 \quad 90\% \quad (6\text{-}2)$$

$$CH_2(CO_2Me)_2 + CH_2{=}C(CH_3)CO_2Et \xrightarrow[\text{MeCN, rt}]{10\text{ mol\% P}(n\text{-Bu})_3} EtO_2CCH(CH_3)CH_2CH_2CH(CO_2Me)_2 \quad 73\%$$

i-Pr–CH₂CH₂–CH(CN)CO₂Et + CH₂=CH–Z $\xrightarrow[\text{MeCN, rt}]{P(NMe_2)_3}$ i-Pr–CH₂CH₂–C(CN)(CO₂Et)–CH₂CH₂–Z　Z = COMe, 77%; Z = COOMe, 99%

i-Pr–CH₂CH₂–CH(CO₂Me)₂ + CH₂=CH–CO₂Me $\xrightarrow[\text{MeCN, rt}]{P(NMe_2)_3}$ i-Pr–CH₂CH₂–C(CO₂Me)(MeO₂C)–CH₂CH₂–CO₂Me　81%

(6-3)

MeO(O=)C–CH(n-Bu)–C(=O)OMe + CH₂=CH–Z $\xrightarrow[\text{MeCN, rt} \sim 100℃]{PPh_3 \text{ 或 } P(n\text{-}Bu)_3}$ (MeO₂C)₂C(n-Bu)–CH₂CH₂–Z　42%~99%　(6-4)

Z= CN, COMe, COOEt, P(O)(OEt)₂, 4-吡啶基

2-乙氧羰基环戊酮 + CH₂=CH–Z $\xrightarrow[\text{MeCN, rt至回流}]{10\ mol\%\ PPh_3}$ 2-(CH₂CH₂Z)-2-CO₂Et-环戊酮　71%~89%　(6-5)

Z= COMe, COOEt, CN

虽然这些反应的结果与常规的强碱(甲醇钠或氢氧化钠等)催化的碳负离子对活化烯烃的 Michael 加成相同,但两者机理不同;而且膦催化的反应在中性体系和室温或<100℃的温度下进行,反应条件温和,是强碱催化的 Michael 加成反应较好的补充和替代方法。

叔胺类催化剂如 DABCO 和三乙胺等在很多情况下不能催化上述反应(特别是对酸性较弱的碳氢酸的反应),而碱性比叔胺弱,亲核性却比叔胺强的膦却能有效催化上述反应。这表明膦在反应中是起亲核剂的作用而非碱的作用。反应是通过一个链式机理进行的(式 (6-6))[12,15,16]

R_3P + CH₂=CH–Z ⟶ $R_3\overset{+}{P}$–CH₂–$\overset{-}{C}$H–Z (**A**),　$R_3\overset{+}{P}$–CH₂–$\overset{-}{C}$H–Z (**A**) + NuH ⟶ $R_3\overset{+}{P}$–CH₂CH₂–Z + Nu^-

Nu^- + CH₂=CH–Z ⟶ Nu–CH₂–$\overset{-}{C}$H–Z (**B**),　Nu–CH₂–$\overset{-}{C}$H–Z (**B**) + NuH ⟶ Nu–CH₂CH₂–Z + Nu^-

(6-6)

可以看到,在反应的开始阶段,有少量的膦要与烯烃加成以产生两性离子 **A**,而 **A** 作为碱从 NuH 中接受质子。产生的 Nu^- 与另一分子中性烯烃加成,生成加成负离子 **B**。后者再与另一分子 NuH 进行质子交换而得产物和新的 Nu^-。随后反应按链式方式进行。膦只是起了在开始阶段引发反应的作用,实际上不是反应的催化剂。同时,这些反应能否成功进行取决于 NuH 的酸性。只有当两性离子 **A**

中碳负离子的碱性足以从 NuH 中夺取质子时，反应才能顺利进行。如果 NuH 的酸性太弱，这一质子交换反应不能进行，加成反应也就难以发生。

硝基烷烃也可作为碳氢酸在膦催化下对活化烯烃进行 Michael 加成(式(6-7)[14]和式(6-8)[17])。

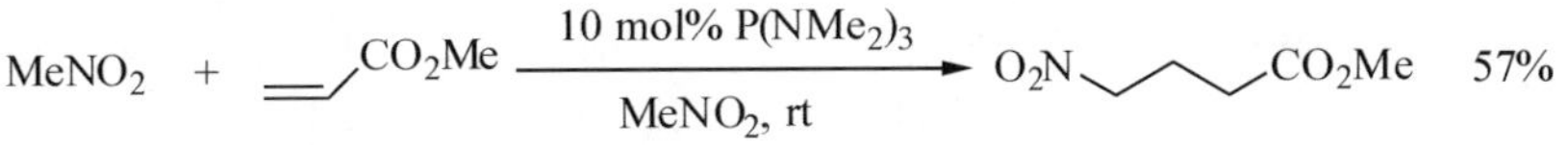

$MeNO_2$ + $CH_2{=}CHCO_2Me$ —(10 mol% $P(NMe_2)_3$; $MeNO_2$, rt)→ $O_2N(CH_2)_3CO_2Me$ 57% (6-7)

Z-烯烃 —(0.5 mol% PBu_3; THF, rt)→ O_2N…Z
Z=COMe, 70% (0.1 mol% PBu_3)
Z=COOEt, 82%
Z=CN, 20%

$\rangle$—NO_2 + CN-烯烃 —(1 mol% PBu_3; 过量 $\rangle$—NO_2)→ O_2N…CN 75%

CN-烯烃 —(10 mol% PBu_3; 过量 $\rangle$—NO_2)→ O_2N…CN 33%

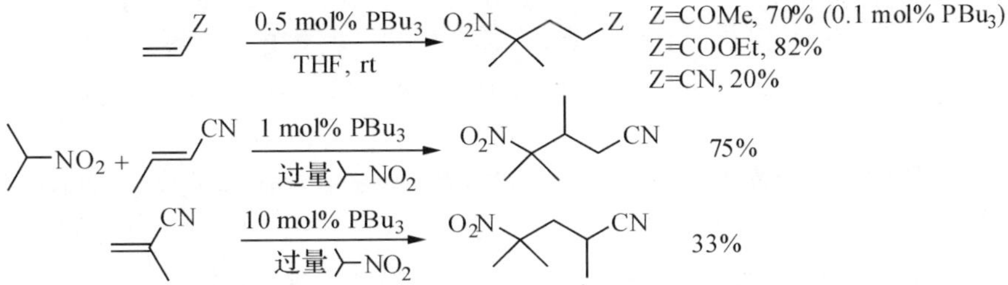

(6-8)

一些环状 β-二羰基化合物也可以在膦催化下与活化烯烃加成(式(6-9))[15]。

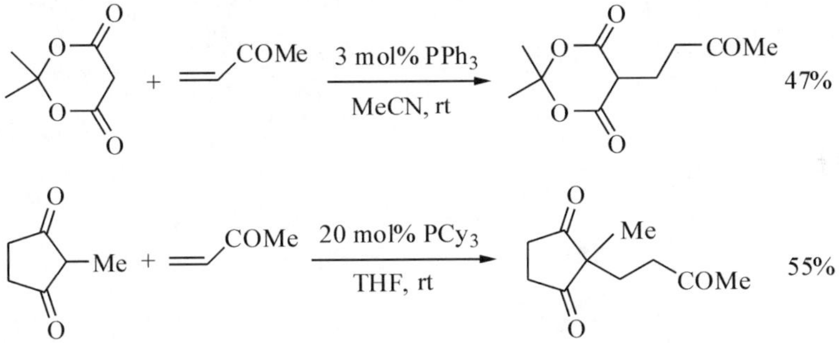

+ COMe-烯烃 —(3 mol% PPh_3; MeCN, rt)→ …COMe 47%

(6-9)

…Me + COMe-烯烃 —(20 mol% PCy_3; THF, rt)→ …Me, COMe 55%

2. 醇和水对活化烯烃的加成反应

膦可以催化醇、酚和水等氧亲核剂对活化烯烃的 Michael 加成反应[16, 18-21]。例见式(6-10)[18]。

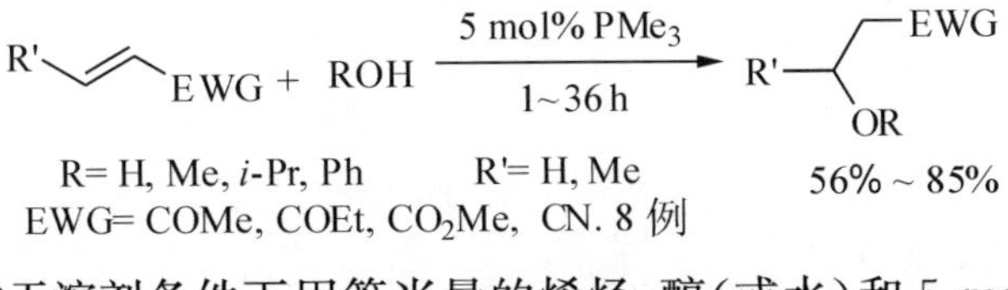

R'—CH=CH—EWG + ROH —(5 mol% PMe_3; 1~36 h)→ R'CH(OR)CH$_2$EWG (6-10)

R= H, Me, *i*-Pr, Ph　R'= H, Me　56% ~ 85%
EWG= COMe, COEt, CO_2Me, CN. 8 例

上述反应在无溶剂条件下用等当量的烯烃、醇(或水)和 5 mol%的膦在室温进行。作为催化剂，三烷基膦(PMe_3 和 PBu_3)的效果最好。亲核性较弱的三芳基膦活性稍差，但在以较高浓度使用并在较高温度反应时，对位阻较小的醇(甲醇，烯

丙醇,炔丙醇)和末端烯烃也可以得到较好的效果(式(6-11))[19]。DABCO 和三乙胺则不能催化这些反应。

$$\text{CH}_2=\text{CH-EWG} + \text{ROH} \xrightarrow[\text{回流 } 2\sim24\ \text{h}]{10\ \text{mol\% PPh}_3} \text{RO-CH}_2\text{CH}_2\text{-EWG} \quad (6\text{-}11)$$

1 : 3 22% ~ 79%

EWG= CN, COOMe

R= Me, Et, *n*-Pr, *n*-Bu, $CH_2{=}CHCH_2$, $HC{\equiv}CCH_2$, Ph. 9例

高度共轭的烯酮,如 PhCH ═CHCOMe,因亲电性较差,不能进行上述反应。环烯酮则在上述条件下发生烯酮二聚与 Michael 加成的竞争。伯醇与仲醇都能在三烷基膦催化下进行反应(式(6-10)),但用叔丁醇作为亲核剂与 CH_2 ═$CHCO_2Et$ 和 CH_2 ═CHCOMe 反应时,则只发生烯烃二聚。

三甲基膦的 pK_a(水)为 8.65[22]。它的碱性不足以使醇脱质子(MeOH 的 pK_a(水)为 15.5)[23,49]。同时碱性稍强的三乙胺 (pK_a(水)为 9.76)[24] 和 DABCO (pK_a(水)为 8.82)[25]也不能催化上述反应。这些表明膦是作为亲核剂而不是碱催化上述反应。反应是按式(6-6)的机理进行的。

上述反应与近年来出现的一些金属配合物催化的醇和水对活化烯烃的加成[26,27],是在温和条件下从醇、水和烯烃直接合成 β-烷氧基酮(或酯,腈)和 β-羟基酮(酯,腈)这两类重要的天然产物基本结构单元和有机合成中间体的较好方法。虽然一些活化烯烃的 β-烷氧基化反应也可在强碱(NaOH[28,29],EtONa[30],$R_4N^+OH^-$[31])催化下进行,但这些反应条件较为苛刻,并可能遭遇较为严重的 retro-Michael 加成反应的干扰,影响产率。丙烯酸酯与醇的碱催化加成还会发生酯交换副反应。而膦催化的反应不仅反应条件简单温和,催化剂也便宜易得。至于活化烯烃的加水反应,则其他有效而实用的方法至今较少。

3. 硫醇对活化烯烃的加成反应[32,33]

硫醇也可在膦催化下与活化烯烃和炔烃进行加成反应[34,35]。例见式(6-12)[34]和式(6-13)[35]。

$$\text{ROC(O)CH}_2\text{CH}_2\text{SH} + \text{CH}_2=\text{CHCO}_2\text{CH}_2\text{C}\equiv\text{CH} \xrightarrow[\text{rt, 17 min}]{\text{Me}_2\text{PPh}} \text{ROC(O)CH}_2\text{CH}_2\text{SCH}_2\text{CH}_2\text{CO}_2\text{CH}_2\text{C}\equiv\text{CH} \quad (6\text{-}12)$$

1 : 1 100%

$$\text{HC}\equiv\text{C-CO}_2\text{Me} + \text{RSH} \xrightarrow[\text{THF}]{10\ \text{mol\%}\sim20\ \text{mol\% PBu}_3} \text{RS-CH(SR)-CH}_2\text{CO}_2\text{Me} \quad \text{R=Bu, 79\%; R=Ph, 80\%}$$

$$\text{HC}\equiv\text{C-CO}_2\text{Me} + \text{HS(CH}_2)_3\text{SH} \xrightarrow[\text{THF}]{30\ \text{mol\% PBu}_3} \text{2-(1,3-dithian-2-yl)CH}_2\text{CO}_2\text{Me} \quad 71\% \quad (6\text{-}13)$$

与炔烃的加成中首先生成 1∶1 加成产物（$RSCH{=}CHCO_2Me$），然后再加一分子 RSH 生成 2∶1 产物。硫醇对活化烯烃和炔烃的这些 β-加成分别称为 thiol-ene 和 thiol-yne 反应。Thiol-ene 和 thiol-yne 反应具备很多点击反应（click reactions）的特点：用少量的简单催化剂即可引发快速的反应；常得到近于定量的产率；反应条件和后处理简单；反应对空气和湿气不敏感等。同时由于 thiol-ene 和 thiol-yne 反应也可在自由基引发、酸碱催化等其他条件下进行[32,33,35]，把这些不同条件引发的反应按顺序组合进行，即可依次向多不饱和反应物导入不同的含硫基团。这些连续进行的 thiol-ene 和 thiol-yne 反应特别适用于合成具有网络结构的高聚物和树枝状化合物，并已在一些多功能高分子材料的合成[36-41]和对生物大分子（如蛋白质）通过定位选择性地与高聚物复合以改性[42,43]中得到广泛应用。例如式(6-14)[34]。

Me_2PPh thio-Michael "click"

RSH 光引发　(6-14)

又如，可用水溶性好的三(2-羧乙基)膦（TCEP）在水溶液中处理含有 32 个氨基酸的鲑鱼降血钙剂（salmon calcitonin，SCT），将其中的半胱氨酸-半胱氨酸连接中的 S—S 键还原切断为两个巯基，然后与丙烯酸聚乙二醇酯进行 thiol-ene 反应，合成聚合物-多肽的复合物（polymer-protein conjugate）[70]。如此改性的多肽的溶解性和稳定性均提高了，但同时又保持了降低血钙水平的生物活性。在反应中，TCEP 同时起了 S—S 键还原剂和 thiol-ene 反应的亲核催化剂的作用，见式(6-15)[43]。

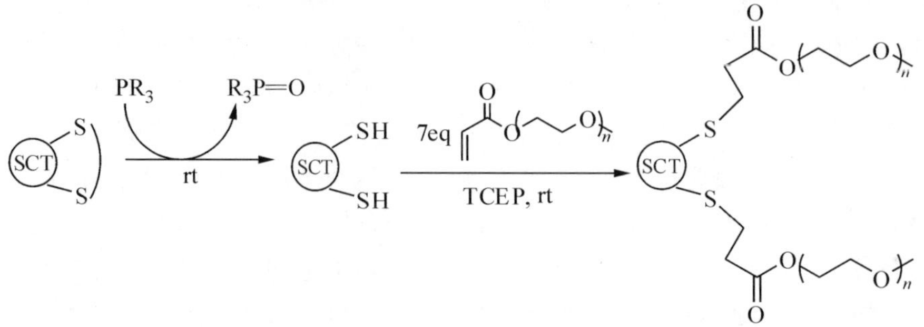

(6-15)

膦也可以催化胺、氨基甲酸酯、肟等氮亲核剂对烯烃的加成[44,45]。

6.1.2 膦催化的亲核剂对活化炔烃的加成反应

膦可以催化各类亲核剂(以 C,O,N,S,P 等为中心原子的亲核剂)对活化炔烃的加成反应。取决于炔烃的结构和反应条件(膦的结构以及是否同时还有 Brønsted 酸碱催化等),加成反应可以按 α-、β-和 γ-加成三种不同的方式进行(图 6-2)[1-4,7,9,11]。

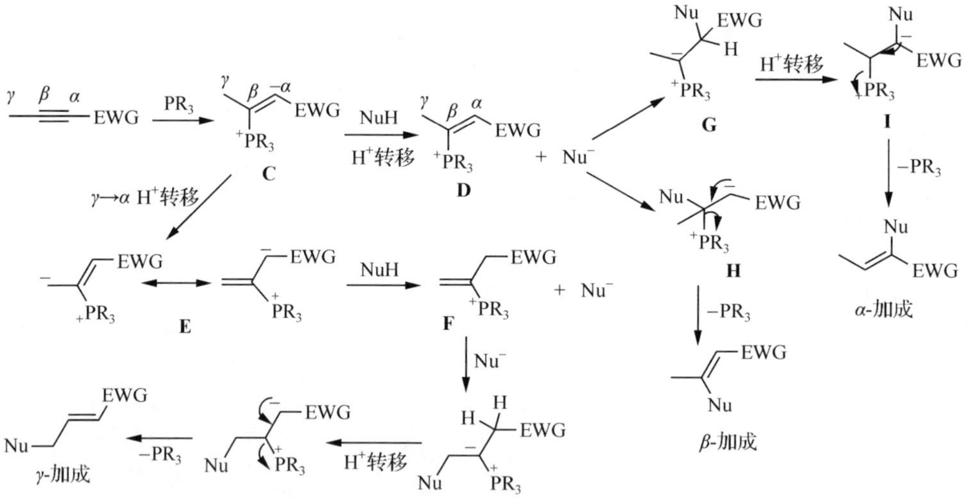

图 6-2 膦催化的亲核剂(NuH)对活化炔烃的 α-、β-和 γ-加成

β-加成的产物与 Michael 加成相同。但由于加成是发生在乙烯基鏻盐 **D** 中,β-碳的亲电性比在原料炔烃中大大增强,同时在两性离子 **C** 转变为 **D** 的过程中,亲核剂脱质子而转变为亲核性更强的共轭碱(Nu^-),反应可以在很温和的条件下进行。α-加成也是通过乙烯基鏻盐中间体 **D** 进行的。在初始的炔烃中,α-碳原子不是亲电反应中心。但由于膦对炔烃的加成,在 **D** 中,α-碳成为新的亲电反应中心。

为了进行 γ-加成，要求炔烃具有至少一个 γ-氢原子。如果反应条件适当，如在弱酸性条件下或在可提供普遍酸-碱催化的缓冲体系中进行，则表观的分子内质子转移被促进，可以有效地与亲核试剂与两性离子 **C** 之间的分子间质子转移竞争，导致中间体 **E** 的生成。**E** 与 NuH 进行质子转移后得鏻盐 **F**。在初始的炔烃中，γ-碳原子也不是亲电反应中心；而在 **F** 中，γ-碳原子表现为一个新的高度亲电的反应中心，可以与亲核试剂反应。因此，膦催化的对炔烃的 α- 和 γ-加成反应中都发生了炔烃的极性反转。

1. 亲核剂与活化炔烃的 β-加成反应——Michael 加成反应

β-加成得到的是 Michael 加成的产物。反应中，亲核剂的负离子加到中间体 **D**（图 6-2）的 β-碳原子上，得两性离子 **H**。从 **H** 中直接消去催化剂膦即得产物。β-位上没有取代基的末端炔烃，在无外加普遍酸碱（如 HOAc-NaOAc 缓冲体系）以催化分子内质子转移过程时与亲核剂反应，一般均得到 β-加成产物。

1）碳负离子作为亲核剂[14,46-48]

一些 α-碳上有烷基取代基的丙二酸酯、氰乙酸酯和丙二腈可在强路易斯碱——六甲基三胺膦（$P(NMe_2)_3$，hexamethylphosphorous triamide，HMPT）催化下与活化炔烃发生 Michael 加成反应，见式(6-16)[14]。

i-Pr‒CH₂CH₂‒CH(CN)(CO₂Et) + R‒C≡C‒Z —[10 mol%~30 mol% $P(NMe_2)_3$, MeCN, rt]→ i-Pr‒CH₂CH₂‒C(CN)(CO₂Et)‒C(R)=CH‒Z

R= H, Et, Ph; Z= COMe, COPh, COOEt. 5 例　　77% ~ 89%, (*E*)/(*Z*)22/78 ~ 78/22

i-Pr‒CH₂CH₂‒CH(Z^1)(Z^2) + HC≡C‒COMe —[10 mol%~30 mol% $P(NMe_2)_3$, MeCN, rt]→ i-Pr‒CH₂CH₂‒C(Z^1)(Z^2)‒CH=CH‒COMe

Z^1=Z^2=CN, 75 %, (*E*)/(*Z*)75∶25; Z^1=Z^2=CO_2Me, 产率为0，炔烃聚合

Ph‒CH₂CH₂‒CH(Z^1)(Z^2) + HC≡C‒COMe —[10 mol%~30 mol% $P(NMe_2)_3$, MeCN, rt]→ Ph‒CH₂CH₂‒C(Z^1)(Z^2)‒CH=CH‒COMe

Z^1=CN, Z^2=CO_2Me, 83%, (*E*)/(*Z*)3∶7;　Z^1=Z^2=CO_2Me, 79%, (*E*)/(*Z*)85∶15

(6-16)

含有两个活性 C—H 键的二元碳亲核剂（Nu^1H—Nu^2H）则可以对炔烃进行双重 Michael 加成反应，得到环状产物[46,47]。例见式(6-17)[46]。

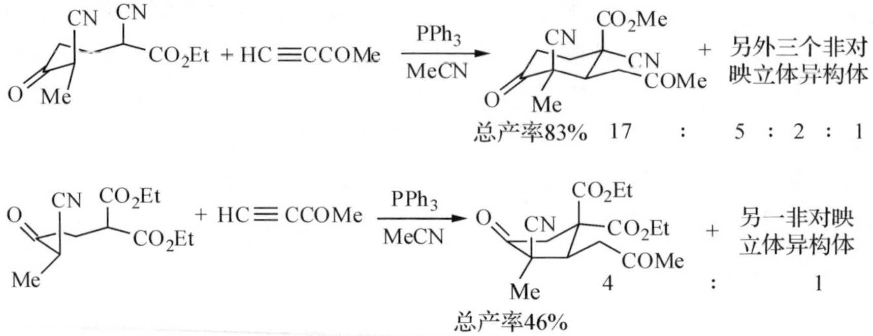

另外三个非对映立体异构体

总产率83%　17 : 5 : 2 : 1

(6-17)

另一非对映立体异构体

4 : 1

总产率46%

2）醇和酚对活化炔烃的 β-加成[49-52]

膦在中性溶液中可以催化醇对活化炔烃的共轭加成(式(6-18))[49]。

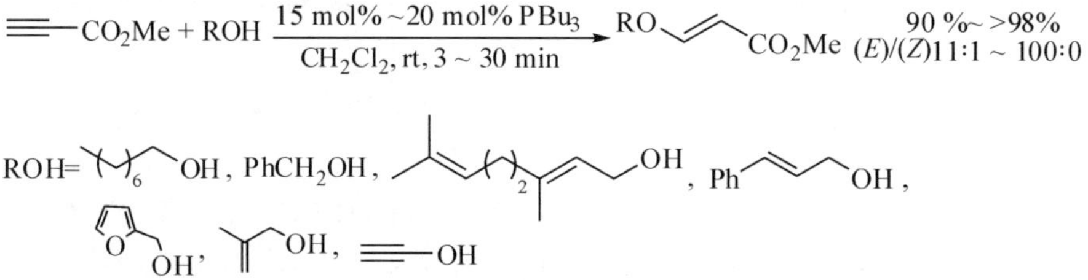

$$HC\equiv C{-}CO_2Me + ROH \xrightarrow[CH_2Cl_2,\ rt,\ 3\sim30\ min]{15\ mol\%\sim20\ mol\%\ PBu_3} RO{-}CH{=}CH{-}CO_2Me$$

90 %~ >98%　$(E)/(Z)$ 11:1 ~ 100:0

(6-18)

ROH= $CH_3(CH_2)_6CH_2OH$, $PhCH_2OH$, ..., Ph～～OH, ..., ..., ≡—OH

伯醇、苄醇和烯丙醇都以很高产率得到加成产物。但饱和仲醇和叔醇则活性很低，很难进行反应。这说明对加成的空间位阻起重要作用。在这样的反应条件下，碳亲核剂丙二酸二乙酯则不能与丙炔酸甲酯进行加成反应。这些反应比已知的 N-甲基吗啉、氰化钠和三氟甲磺酸铜催化的类似的醇对活化炔烃的 Michael 加成条件温和，催化剂用量少，反应速率快，是合成 β-烷氧基烯酮和 β-烷氧基烯酸酯的有效方法；并已在一些复杂天然产物的合成中得到应用。例如，用酚与丁炔二酸二甲酯的加成可以合成香豆素衍生物(式(6-19))[53]。

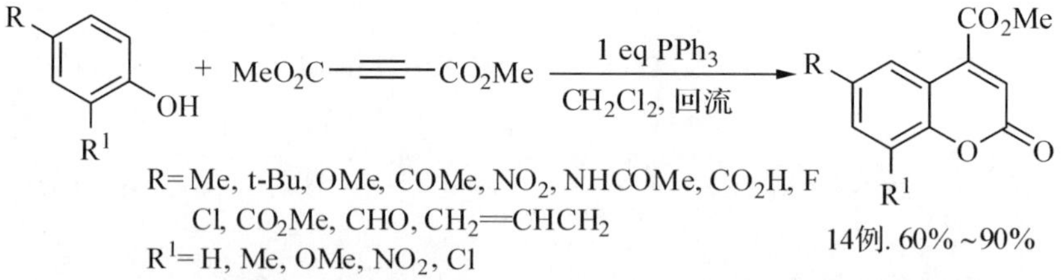

$$+\ MeO_2C{-}C\equiv C{-}CO_2Me \xrightarrow[CH_2Cl_2,\ 回流]{1\ eq\ PPh_3}$$

(6-19)

R= Me, t-Bu, OMe, COMe, NO_2, NHCOMe, CO_2H, F, Cl, CO_2Me, CHO, $CH_2{=}CHCH_2$

R^1= H, Me, OMe, NO_2, Cl

14例. 60% ~90%

肟也可以作为氧亲核剂在膦催化下对活化炔烃进行 Michael 加成[54,55]。

3）硫醇对活化炔烃的加成[35,56]

膦也可以催化硫醇和硫酚与活化的末端炔烃发生加成反应(式(6-20))[35]。

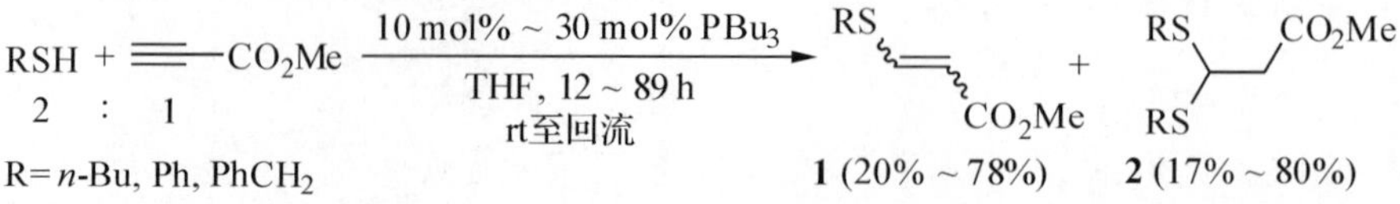

$$\underset{2\ :\ 1}{RSH + HC\equiv C{-}CO_2Me} \xrightarrow[THF,\ 12\sim89\ h,\ rt至回流]{10\ mol\%\sim30\ mol\%\ PBu_3} \underset{\mathbf{1}\ (20\%\sim78\%)}{RS{-}CH{=}CH{-}CO_2Me} + \underset{\mathbf{2}\ (17\%\sim80\%)}{(RS)_2CH{-}CH_2{-}CO_2Me} \quad (6\text{-}20)$$

R= n-Bu, Ph, $PhCH_2$

反应中分离出来的单加成产物 **1** 可以在 PBu_3 催化下与第二分子 RSH 加成而得双重加成产物 **2**，这说明反应中是先生成单加成产物烯基硫醚，后者继续与硫醇加成得硫代缩醛。实验表明，第二分子硫醇加成速率是第一分子硫醇加成速率的 1/1000。因此可经控制反应条件改变产物的比例。例如，用 1∶1 的丙炔酸甲酯和苄基硫醚在 10 mol% PBu_3 存在时，只得到单加成产物。而在使用更大量的催化剂并用 2eq 的硫醇时，双加成产物为主要产物(式(6-21))。

$$\equiv\!-CO_2Me + PhCH_2SH\ (2eq) \xrightarrow[\text{THF, rt}]{50\ mol\%\ PBu_3} (PhH_2CS)_2CH-CH_2-CO_2Me\quad 91\% \tag{6-21}$$

炔酮作为反应物比炔酯更为活泼(式(6-22))。在与式(6-20)相同的条件下，炔酮只得到双加成产物。

$$\equiv\!-COPh + n\text{-}BuSH \xrightarrow[\text{THF, rt}]{10\ mol\%\ PBu_3} (n\text{-}BuS)_2CH-CH_2-COPh \tag{6-22}$$

双加成产物硫代缩醛在有机合成中常用作酰基负离子的等价物[57]。此外，如前所述，硫醇与炔烃的这些 thiol-yne 反应常可与前述的硫醇与活化烯烃之间的 thiol-ene 反应组合，使两者在不同反应条件下进行，用于合成含硫的多功能高分子材料。例见式(6-14)和式(6-15)。

4）二元亲核剂对活化炔烃的双重亲核加成反应在合成杂环化合物中的应用

如果亲核剂分子内含有两个亲核基团，则通过膦催化的对炔烃的双重亲核加成可以合成含有一至两个杂原子的杂环化合物(式(6-23))[58-62]。例见式(6-24)[58]和式(6-25)[59]。

$$HX\frown YH + \equiv\!-EWG \xrightarrow{PR_3} \text{(X,Y-杂环)}-CH_2EWG \tag{6-23}$$

$$\textbf{3a}\sim\textbf{3h} + \equiv\!-EWG \xrightarrow[\text{MeCN, 80℃}]{10\ mol\%\ DPPP} \text{(N-Ts 五元环, R, X, }CH_2EWG) \tag{6-24}$$

R= Ph, i-Pr; X= O, S, $CH(COOMe)_2$;
EWG= COMe, CO_2Me, Ts.
8 例. 82%~93%, *cis/trans* 94:6 ~ 97:3

(i-Pr, NHTs, O, CO_2Me) **4**

$$\text{(R-芳环, Y, XH, }(CH_2)_nNHTs) + \equiv\!-EWG \xrightarrow[\text{有或无 AcONa/AcOH, rt至回流}]{20\ mol\%DPPP} \text{(稠合杂环, X, N-Ts, }CH_2EWG)\quad 80\%\sim96\% \tag{6-25}$$

n=0, 1.　X= $C(CO_2Me)_2$, $C(CO_2t\text{-}Bu)_2$, N-Ts, CH_2O, $OC(CO_2Me)_2$；　Y= CH, N;
R= H, 4-Br, 4,5-OCH_2O;　EWG= COMe, CO_2Me, COPh.　12 例

在这些反应中,两个亲核基团依次对炔键的 β-碳原子进行亲核加成(式(6-26))。反应中需使用双官能膦 1,3-二(二苯基膦基)丙烷(1,3-di(diphenylphosphino) propane, DPPP)作为催化剂。膦对炔键共轭加成生成的两性离子 **J** 与一个亲核基团的质子交换得到𬭸盐 **K**。在亲核剂的共轭碱对 **K** 进行 β-加成后得到的两性离子 **L** 中,DPPP 中的第二个膦基作为 Lewis 碱对𬭸正离子提供了稳定作用,使从 **L** 直接消去膦而得单加成的开链产物(反应途径 b)受到抑制,而优先发生 **L** 中的质子转移和后续的第二个亲核基团的亲核进攻,得到双加成的杂环产物 **M**。确实,在丙炔酸甲酯与亲核剂 **3a**(式(6-24),R=i-Pr, X=O,EWG=CO_2Me)的反应中,如果不用 DPPP,而用三苯基膦或二苯基乙基膦(Ph_2PEt)为催化剂,则双加成(成环)产物与单加成产物(式(6-24)中的 **4**)的产率分别为 35%、40%(用 PPh_3)和 42%、30%(用 Ph_2PEt)。如果用二(二苯基膦基)甲烷(di(diphenylphosphino) methane, DPPM)为催化剂,则因两个膦基间的连接链太短,第二个膦基不能与𬭸盐进行立体上有利的配位来使后者稳定,也不能很好地抑制反应途径 b。在丙炔酸甲酯与 **3a** 的反应中,用 DPPM 催化时,成环与单加成产物的产率分别为 37%和 42%。但在用含有 2、3、4 或 5 个碳原子的连接链的双膦催化剂(DPPE,DPPP,DPPB,DPPP)时,都能有效抑制途径 b,而只发生双加成反应。

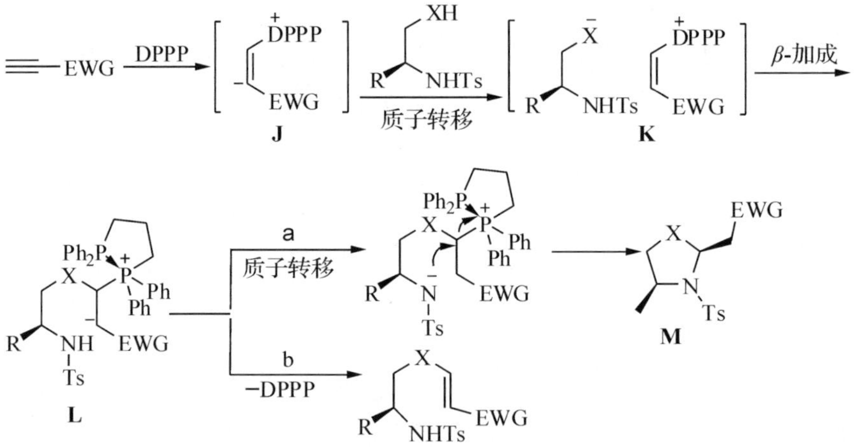

(6-26)

2. 亲核剂对活化炔烃的 α-加成

在炔烃的结构或反应条件合适时,亲核剂可以对活化炔烃进行 α-加成。显然对非末端炔,特别是当炔酮或炔酸酯等的 β-位碳原子上有不引入 γ-氢而又位阻较大的苯基取代基时,有利于 α-加成。但即使是对末端炔烃,如果反应在弱酸性介质或缓冲体系中进行,也可以发生 α-加成。这是由于从图 6-2 可见,α-加成反应中在脱去膦催化剂生成产物之前需要有一个热力学上不利的分子内质子转移过程(从 **G** 至 **I**)。如果这一过程得到由水或缓冲体系提供的普遍酸-碱催化而变得较易进行，则 α-加成得到促进。相反，如果末端炔烃在无普遍酸-碱催化的无水中性条件下进行反应，则主要发生 β-加成。由于实验上很难做到严格无水的反应条件，α-加成反应实际上并不少见。α-加成反应主要用于末端炔烃（HC≡C—EWG）和 β-苯基炔烃（Ar—C≡C—EWG）等不具有 γ-H，因此不会发生 γ-加成反应（见后）的炔烃中。

1）碳亲核剂对炔烃的 α-加成反应

β-二羰基化合物等活性亚甲基化合物，可以在膦催化时对炔酮和炔酸酯进行 α-加成。例见式(6-27)[63]。

R—≡—EWG + MeCOCH₂COMe (1 : 1.1) —[20 mol% PBu_3，甲苯或乙醚，25~110℃，0.5~18 h]→ 产物 75% ~ 90%　　(6-27)

R= Ph, 4-MeOPh, 4-HOPh; EWG= COMe, COPh, COOEt. 5 例.

用市售的连接于高分子骨架的三苯基膦型催化剂 JaudalJel triphenylphospine (JJ-TPP)也可以有效催化上述加成反应，且催化剂可回收并重复使用（式(6-28)）[64]。

ArCO—≡—Ph + EWG^1CH₂EWG^2 —[JJ-TPP]→ 产物 18% ~ 88%　　(6-28)

Ar= Ph, 4-MePh, 4-NO_2Ph, 2-呋喃基，2-噻吩基;
EWG^1= COMe, COPh; EWG^2= COMe, COOEt, COPh. 7 例.

用含异氰基的活性亚甲基化合物与炔进行 α-加成，可合成吡咯衍生物（式(6-29)）[65]。

R—≡—CO_2Et + CN—CH₂—EWG —[15 mol% DPPP，1,4-二氧六环，100℃]→ 吡咯产物 18% ~ 79%　　(6-29)

R= Me, n-C_6H_{13}, HO$(CH_2)_4$, c-C_6H_{11}, Ph, 4-MeOPh, 4-CF_3Ph, PhCO;
EWG= COOEt, COOt-Bu, $CONEt_2$, $P(O)(OEt)_2$, Ts. 11 例.

反应中碳负离子对乙烯基鏻盐加成后得到的叶立德发生分子内环化，再脱去膦催化剂而得到吡咯产物（式(6-30)）。

R_3P^+ 乙烯基鏻盐 + CN⁻CH—CO_2Et → … → … —[质子转移]→ —[$-PR_3$]→ … → 吡咯产物　　(6-30)

末端炔烃在缓冲体系中反应时，也可以得到 α-加成产物(式(6-31))[66]。

$$\equiv\!\!-CO_2R + MeCOCH_2COMe \xrightarrow[\text{甲苯, 0.5 h, 110℃}]{\text{10 mol\% PPh}_3\text{; HOAc/NaOAc}} (MeCO)_2CH\!-\!C(=CH_2)CO_2R \quad 83\% \sim 88\%$$

R= Et, $PhCH_2$, *t*-Bu

$$\equiv\!\!-CO_2R + EWG^1CH_2EWG^2 \xrightarrow[\text{0.5 ~ 2 h, 110℃}]{\text{10 mol\% ~ 30 mol\% PPh}_3\text{; HOAc/NaOAc, 甲苯}} EWG^1CH(EWG^2)\!-\!C(=CH_2)CO_2R \quad 56\% \sim 71\% \qquad (6\text{-}31)$$

R=Et, Bn, *t*-Bu

EWG^1=COMe, COPh, CO_2Et；EWG^2=CO_2Et, $P(O)(OEt)_2$. 6例.

2）氮亲核剂对活化炔烃的 α-加成反应

这是发现最早的亲核试剂对活化炔烃的 α-加成反应。在乙酸-乙酸钠的缓冲体系中，末端炔烃和中心炔烃都可以与酰亚胺、磺酰亚胺等氮亲核剂进行 α-加成(式(6-32))[67]。

$$R\!-\!\equiv\!-CO_2Et + \text{邻苯二甲酰亚胺(NH)} \xrightarrow[\text{50 mol\% HOAc, 50 mol\% NaOAc, 甲苯, 105℃}]{\text{10 mol\% PPh}_3} \text{PhthN}\!-\!C(CO_2Et)\!=\!CHR \quad 66\% \sim 95\%$$

R= H, Ph, 4-MeCOPh

$$Ph\!-\!\equiv\!-CO_2Et + 4\text{-}NO_2PhSO_2NH_2 \xrightarrow[\text{5 h}]{\text{同样条件}} 4\text{-}NO_2PhSO_2NH\!-\!C(CO_2Et)\!=\!CHPh \quad 57\%$$

$$Ph\!-\!\equiv\!-CO_2Et + \text{樟脑-}SO_2NH_2 \xrightarrow[\text{18 h}]{\text{同样条件}} \text{樟脑-}O_2S\!-\!NH\!-\!C(CO_2Et)\!=\!CHPh \quad 66\% \qquad (6\text{-}32)$$

$$\text{3,4-亚甲二氧苯基}\!-\!\equiv\!-CO_2Me + TsNH_2 \xrightarrow[\text{18 h}]{\text{同样条件}} \text{3,4-亚甲二氧苯基}\!-\!CH\!=\!C(NHTs)CO_2Me \quad 56\%$$

N-烷基硫脲也可以用作 N-亲核剂，与炔酸酯进行 α-加成得到两性离子(式(6-33)中的 **N**)，然后发生另一氨基对酯基的分子内亲核进攻而导致环化反应，得到具有广泛生物活性的甲撑硫代乙二酰脲(thiohydantoin，海硫因，乙内酰硫脲)[68]。

(6-33)

R= Me, Et, n-Bu: 产率15% ~ 76%
i-Pr: 无反应

值得注意的是，如果是用 N-芳基硫脲作为亲核剂，则因硫脲被膦对炔加成而得的两性离子脱质子后得到的负离子中，硫负离子异构体的比例更高而优先发生硫负离子对乙烯基鏻盐的加成，然后发生分子内成环，得到亚氨基噻唑啉酮(iminothiazolidinone)产物(式(6-34))。

(6-34)

3）氧亲核剂对活化炔烃的 α-加成[61, 69-71]

膦可以催化醇对炔酸酯的 α-加成，但同时伴有酯交换反应(式(6-35))[61]。

(6-35)

R= Et, i-Pr, PhCH₂

5% ~ 15% (E)/(Z) 1∶1~4∶1; 53% ~ 87% (E)/(Z) 7∶3~9∶1

如果用二元醇作为亲核剂，则可通过连续的 α-加成和分子内环化反应得到 1,4-二噁烷-2-酮产物(式(6-36))[61]。

(6-36)

R,R′ = H,H; Me,Me; Ph,Ph; $(CH_2)_4$

51% ~ 75%

苯环上没有强吸电子基如硝基的邻酚，也可作为二元氧亲核剂参与上述反应，得到苯并-[1,4]二噁烷酮产物。

4）磷亲核剂对活化炔烃的 α-加成反应

亚磷酸酯等含有酸性 P—H 键的磷化合物可以作为原亲核剂在三丁基膦催化下与炔基磷酸酯进行加成反应（式(6-37)）[72]

$$\mathrm{Ar{-}C{\equiv}C{-}P(O)(OEt)_2} + \mathrm{R^1{-}P(O)(R^2){-}H} \xrightarrow[\mathrm{EtOH}]{20\ \mathrm{mol\%\ PBu_3}} \mathrm{ArCH{=}C[P(O)R^1R^2][P(O)(OEt)_2]} \quad (6\text{-}37)$$

Ar= Ph, 3-MeOPh, 2,4-F_2Ph, PhPh, *N*-甲基咪唑-2-基.
R^1,R^2= OEt,OEt; Ph,Ph; OEt,Ph. 10例

64%～97%
(*E*)/(*Z*) 70∶30～100∶0

以上反应提供了一个合成含有 P(O)—C—P(O)结构的化合物的新方法。从这些反应可以合成不对称的（式(6-37)）或对称的（式(6-38)）二磷酯基乙烯。而常规的合成此类化合物的方法只能合成对称的（两个磷酯基相同）化合物。这些1,1-二磷酯基乙烯中的 C═C 键可用硼氢化钠等还原为 C—C 键，而得到作为一类重要药物的 1,1-二磷酸酯 $RCH_2(P(O)(OR)_2)_2$。

$$\mathrm{Ph{-}C{\equiv}C{-}P(O)(Ph)(OEt)} + \mathrm{H{-}P(O)(Ph)(OEt)} \xrightarrow[\mathrm{EtOH}]{20\ \mathrm{mol\%\ PBu_3}} \mathrm{PhCH{=}C[P(O)(Ph)(OEt)]_2}\quad 63\%$$

$$\mathrm{Ph{-}C{\equiv}C{-}P(O)Ph_2} + \mathrm{H{-}P(O)Ph_2} \xrightarrow[\mathrm{EtOH}]{20\ \mathrm{mol\%\ PBu_3}} \mathrm{PhCH{=}C[P(O)Ph_2]_2}\quad 53\% \qquad (6\text{-}38)$$

3. 亲核剂对活化炔烃的 γ-加成反应

当活化炔烃分子中具有 γ-氢原子时，亲核剂可以在膦催化下对炔烃进行 γ-加成反应（图 6-2）。但如果分子中同时还具有 δ-氢原子，则 γ-加成反应需与炔异构化为 1,3-二烯的反应（图 6.3 和 6.2 节）竞争。因此，迄今为止，γ-加成反应在合成上主要应用于具有较短碳链而不会发生向 1,3-二烯重排的炔烃，如 Me—C≡C—EWG、Ar—CH_2—C≡C—EWG 等。由图 6-2 还可见，膦对炔加成后生成的两性离子 **C**，可以发生表观上的从 γ-碳向 α-碳的分子内质子转移，生成新的两性离子 **E**，也可以与亲核剂进行分子间质子转移而得到乙烯基鏻盐 **D**。如果分子内质子转移可以有效地与 NuH 的分子间质子转移竞争（如当反应体系中有可促进分子内质子转移的酸性或碱性共催化剂存在，或反应在缓冲体系中进行时），则 γ-加成反应可以成为主要反应。

1）碳氢酸对活化炔烃的 γ-加成反应

三苯基膦、三(2,6-二甲氧基苯基)膦、三(2-甲氧基苯基)膦和 1,3-二(二苯基

膦基)丙烷(DPPP)等可以催化一些活性亚甲基化合物对丙炔酸酯、丙炔酰胺和丙炔基酮的 γ-加成反应(式(6-39)和式(6-40))[73]。

$$\equiv\!-CO_2Et + EWG^1\!\frown\!EWG^2 \xrightarrow[\text{50 mol\% HOAc, 50 mol\% NaOAc, 甲苯, 80℃}]{\text{35 mol\% PPh}_3} (EWG^1)(EWG^2)CH\text{-}CH_2\text{-}CH\!=\!CH\text{-}CO_2Et \quad 40\% \sim 71\% \tag{6-39}$$

$EWG^1\frown EWG^2$ = 2-乙酰基-γ-丁内酯, 2-甲氧羰基环己酮, $CH_2(CO_2Et)_2$, $CH_2(SO_2Ph)_2$, $MeCOCH_2CO_2Et$, $NCCH_2SO_2Ph$, $CH_3CH(CO_2Et)_2$

$$\equiv\!-CONMe_2 + CH_2(CO_2Et)_2 \xrightarrow[\text{50 mol\% HOAc, 50 mol\% NaOAc, 甲苯, 110℃}]{\text{35 mol\% PPh}_3} (EtO_2C)_2CH\text{-}CH_2\text{-}CH\!=\!CH\text{-}CONMe_2 \quad 74\% \tag{6-40}$$

亲核性更强的三丁基膦不能用于催化上述反应,它只导致炔烃聚合。实验表明,pK_a 在 16 以下的活性亚甲基化合物都可以较好地进行上述 γ-加成反应。这反映了两性离子 **C**(图 6-2)的碱性强度。

α-酯基硝基烷烃($O_2NCH_2CO_2Et$)在式(6-39)和式(6-40)的反应条件下与丁炔-2-酸乙酯进行反应,却只得到乙酸根对炔的 γ-加成产物($MeCO_2CH_2CH=CHCO_2Et$),而没有硝基烷烃加成的产物生成。但在用碱性更强的反应介质(50 mol% *t*-BuOH/*t*-BuOK,甲苯)时,则可顺利发生硝基烃对炔的 γ-加成反应(式(6-41))[74]。

$$\equiv\!-CO_2Et + R\text{-}CH(NO_2)CO_2Et \xrightarrow[\text{50 mol\% }t\text{-BuOH, 50 mol\% }t\text{-BuOK, 甲苯, 80℃, 24h}]{\text{5 mol\% PPh}_3} EtO_2C\text{-}C(NO_2)(R)\text{-}CH_2\text{-}CH\!=\!CH\text{-}CO_2Et \quad 50\% \sim 65\% \tag{6-41}$$

R= H, Me, Et, $PhCH_2$, 4-$BrPhCH_2$, EtO_2CCH_2, $CH_2=CHCH_2$

把产物中的硝基还原为氨基,即得 α-氨基-γ,δ-双脱氢己二酸二乙酯,后者是天然产物的成分,并且是合成其他 α-氨基酸衍生物的原料。

碳氢酸对活化炔烃的 γ-加成反应也可以用高分子型三苯基膦催化剂催化,在水-有机混合溶剂中进行(式(6-42))[75]。

$$\equiv\!-CO_2Me + EWG^1\!\frown\!EWG^2 \xrightarrow[\text{水/甲苯(5:1), 微波加热(150℃, 45~90 min) 或油浴加热(90℃, 20 h)}]{\text{高分子三苯基膦催化剂}} (EWG^1)(EWG^2)CH\text{-}CH_2\text{-}CH\!=\!CH\text{-}CO_2Me \quad \text{微波 } 67\% \sim 97\%,\ \text{油浴 } 61\% \sim 90\% \tag{6-42}$$

$EWG^1\frown EWG^2$ = $CH_2(COMe)_2$, $CH_2(CO_2Et)_2$, $CH_2(CO_2i\text{-}Pr)_2$, 2-乙酰基-γ-丁内酯, $CH_2(COCH_2Ph)_2$, $MeCOCH_2CO_2Me$

2）氧亲核剂对活化炔烃的 γ-加成

在常规碱催化的 Michael 加成反应中，醇是远比碳亲核剂弱的 Michael 给体。但在膦催化的对炔烃的 γ-加成反应中，醇却表现出比碳亲核剂更高的反应性能。醇的 γ-加成可在甲苯溶剂中在弱酸（乙酸）存在时进行[76]。例见式(6-43)。

R-CH2-C≡C-CO2Me（OMe 酯）＋ R'OH —[5 mol% PPh$_3$, 20 mol% HOAc；甲苯, 90~110℃,12 h]→ R-CH(OR')-CH=CH-CO$_2$Me　　(6-43)

R=H, PhCH$_2$O; R'=PhCH$_2$, 胆固醇.3例.　　48%～81%

胆固醇是仲醇，其反应速率比作为伯醇的苄醇要慢，因此在同样的反应时间(12h)内，转化率较低。这导致生成产物较少(48%)。虽然苄醇可以顺利地与4-苄氧基丁炔-2-酸甲酯($PhCH_2OCH_2C\equiv CCO_2Me$)进行 γ-加成(产率 74%)，但丙二酸酯在同样的条件下却不能与之加成。这表明醇是比碳亲核剂更好的亲核试剂。

醇对炔烃的分子内 γ-加成可用于合成四氢呋喃和四氢吡喃等杂环化合物(式(6-44))[76,77]。在这些具有 δ-H 的反应物的反应中，γ-加成得产物 **6**，它要与炔烃异构化为 1,3-二烯的反应(得产物 **5**)竞争。适当选择反应条件，可使其中一种反应成为主要反应。极性溶剂有利于异构化为二烯的反应。在 DMSO 中进行反应，二烯为主要产物。而用双官能配体 DPPP ($Ph_2P(CH_2)_3PPh_2$) 在甲苯中进行反应，则几乎只得到 γ-加成产物。用 DPPP 为催化剂，在甲苯-HOAc(20 mol%)溶液中反应，仲醇甚至叔醇也可以对分子内炔键进行 γ-加成，生成含氧杂环(式(6-45))[76]。

HO(CH$_2$)$_3$C≡C-CO$_2$Me —[PPh$_3$ or DPPP, 20 mol% HOAc；甲苯或DMSO, 85~110℃]→ HO(CH$_2$)$_2$-CH=CH-CH=CH-CO$_2$Me (**5**　3%～91%) ＋ 2-(四氢呋喃-2-基)-CH=CH-CO$_2$Me (**6**　97%～9%)　　(6-44)

CH$_2$=CH-CH(OH)-(CH$_2$)$_2$-C≡C-CO$_2$Me —[5 mol% DPPP, 20 mol% HOAc；甲苯, 85~90℃]→ 2-乙烯基-5-(CH=CH-CO$_2$Me)四氢呋喃　86%

Ph-CH(OH)-(CH$_2$)$_3$-C≡C-CO$_2$Me —[5 mol% DPPP, 20 mol% HOAc；甲苯, 85~90℃]→ 2-苯基-6-(CH=CH-CO$_2$Me)四氢吡喃　84%　　(6-45)

1-羟基环己基-(CH$_2$)$_2$-C≡C-CO$_2$Me —[5 mol% DPPP, 20 mol% HOAc；甲苯, 85~90℃]→ 螺环四氢呋喃-CH=CH-CO$_2$Me　83%

图 6-3 说明了 γ-加成反应与异构化为 1,3-二烯两条反应途径的竞争。

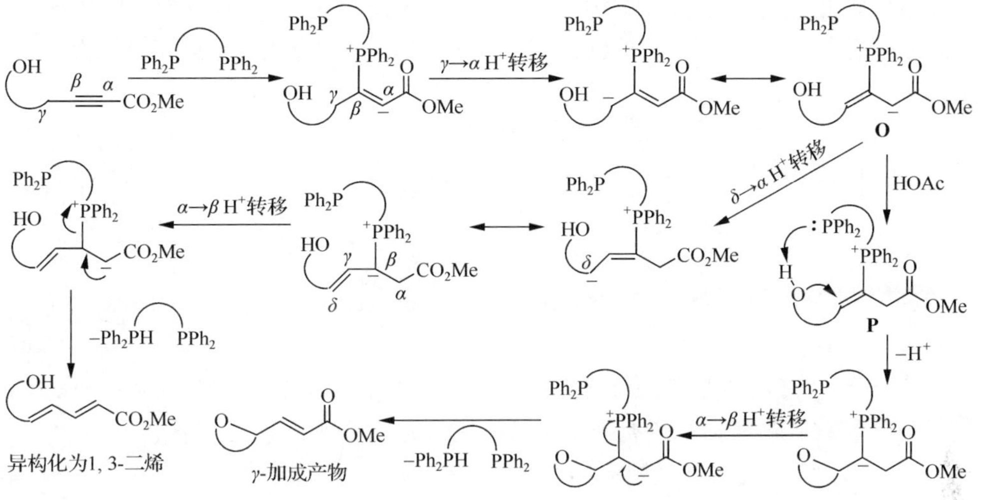

图 6-3　ω-羟基炔酸酯的 γ-加成反应与异构化为 1,3-二烯反应的竞争

从图 6-3 中可以看到，在 γ-加成和异构化为 1,3-二烯的反应中，**O** 是共同的中间体。在 **O** 中，介质中的乙酸使其负离子质子化，得到鏻盐 **P**。在 **P** 中，DPPP 中第二个膦基可能起了分子内普遍碱的作用，帮助活化羟基，增强了其亲核性，促进了羟基对 γ-碳原子的亲核进攻。这使经 **P** 进行的成环过程压制了从 **O** 经 δ→α 质子转移而进行的异构化过程而成为主要反应。这是 DPPP 比单官能的三苯基膦用于催化上述分子内的 γ-加成更好的原因。

除醇之外，羧酸负离子也可以作为氧亲核剂对炔烃进行 γ-加成，见式(6-46)[78]。

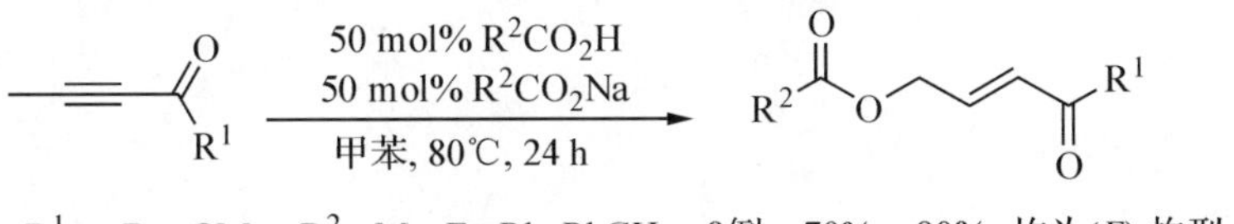

50 mol% R^2CO_2H, 50 mol% R^2CO_2Na, 甲苯, 80℃, 24 h　　(6-46)

R^1= t-Bu, OMe; R^2= Me, Et, Ph, $PhCH_2$. 8例. 70% ~ 90%, 均为(E)-构型

3）氮亲核剂对活化炔烃的 γ-加成

氮亲核剂是共轭加成中很强的 Michael 给体。但在膦催化并在缓冲体系中进行反应时，它们与具有 γ-氢的缺电子炔烃的加成也被导向到 γ-碳原子上。例见式(6-47)[79]。

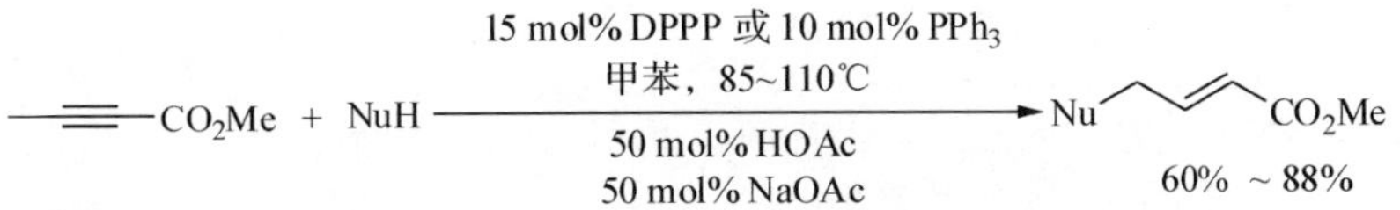

$$\text{—≡—}CO_2Me + NuH \xrightarrow[\substack{50\ \text{mol\% HOAc}\\ 50\ \text{mol\% NaOAc}}]{\substack{15\ \text{mol\% DPPP 或 } 10\ \text{mol\% } PPh_3\\ \text{甲苯, } 85\sim110℃}} Nu\text{—CH}_2\text{CH=CH}CO_2Me \quad 60\% \sim 88\% \tag{6-47}$$

NuH= n-BuCONH(OMe), i-PrCONH(OMe), BocNHCH(Me)CONH(OMe), $TsNH_2$, 邻苯二甲酰亚胺

硫代酰胺也可作为氮亲核剂参与 γ-加成反应。然后其中的硫原子作为第二个亲核剂参与分子内反应而导致成环，生成噻唑啉产物(式(6-48))。建议的反应机理见式(6-49)[80]。

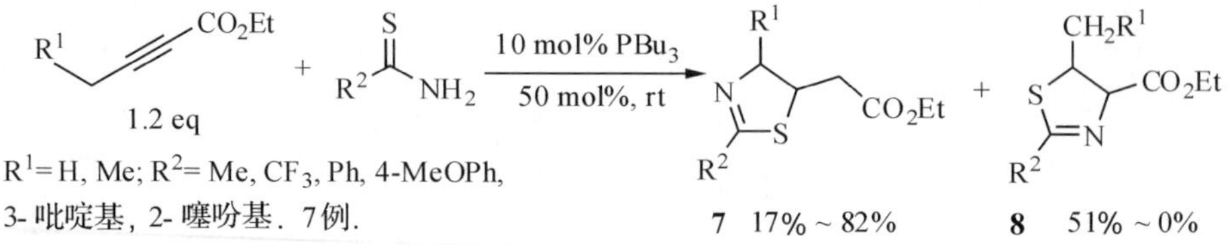

$R^1=H$, Me; $R^2=$ Me, CF_3, Ph, 4-MeOPh, 3-吡啶基，2-噻吩基．7例.

1.2 eq；10 mol% PBu_3；50 mol%, rt

7 17%～82%　　8 51%～0%

(6-48)

中间体 **Q** 有两条竞争的反应途径。当 R＝H 时，从 **Q** 进行分子内 $\gamma\rightarrow\alpha$ 质子转移(在普遍酸-碱催化下进行)比 **Q** 与硫代酰胺的分子间质子转移快。然后 **R** 经 γ-加成得产物 **7**。但当 R＝Me 时，C_γ—H 键酸性较弱，分子内质子转移(**Q**→**R**)较慢，不能有效地与分子间质子转移(**Q**→**S**)竞争。因此对于 Et—C≡C—CO_2Et 的反应，经 α-加成生成的 **8** 是主要产物。

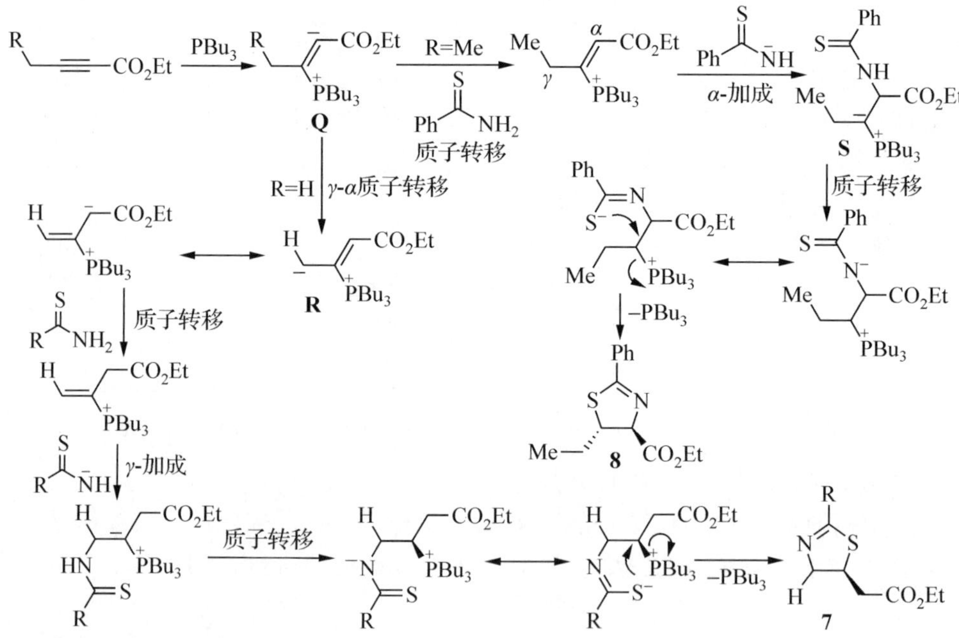

(6-49)

4. Lewis 碱催化的亲核剂对丁炔二酸二甲酯的加成反应

丁炔二酸二甲酯(dimethyl acetylenedicarboxylate, DMAD)是一个很强的亲电反应物，叔胺和膦等 Lewis 碱可以催化一系列亲核剂对它进行亲核加成反应。

在生成的初级产物中，原 DMAD 中的两个酯基以及原亲核剂中可能带入的基团可以参与各种可能的后续反应，并导致结构较为复杂的产物，成为有用的合成方法。

DMAD 与铵叶立德(ammonium ylide)的反应。

α-卤代酮与 DABCO 等叔胺反应生成的铵盐，在弱碱的作用下即可脱质子成为铵叶立德，后者可对 DMAD 进行亲核加成，得到两性离子中间体(式(6-50)中的 **T**)。后续反应的途径和最终产物与反应物的比例有关。在使用过量的卤代酮和催化量的 DABCO 时，主要产物是二氢吡喃，也得到部分呋喃产物(式(6-51))，而在使用较少的卤代酮时，则呋喃成为主要产物[81]。

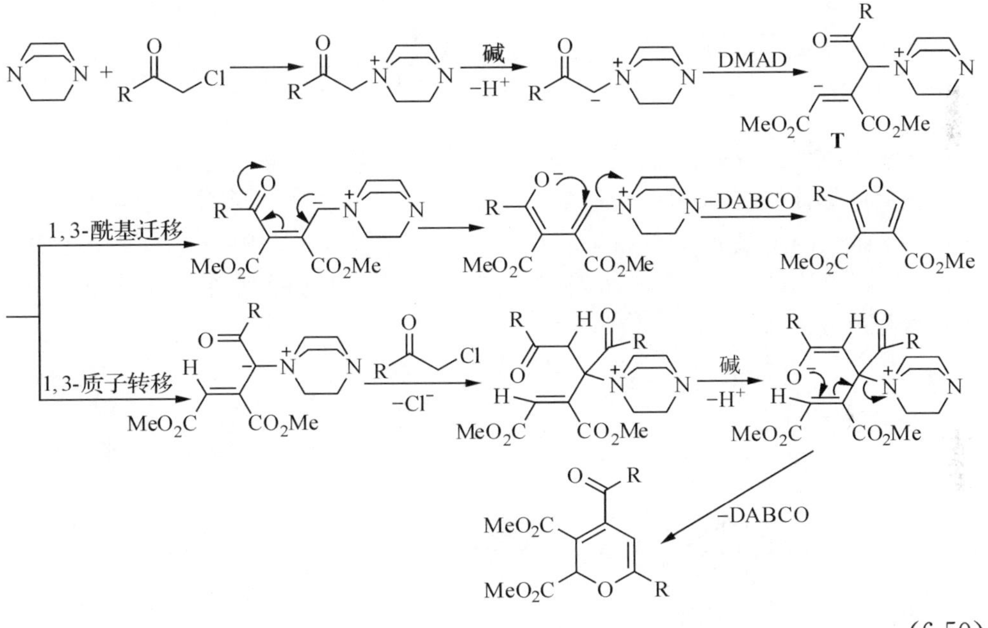

碱 $-H^+$　DMAD　**T**　MeO_2C　CO_2Me

1, 3-酰基迁移　−DABCO

1, 3-质子转移　$-Cl^-$　碱 $-H^+$

−DABCO

(6-50)

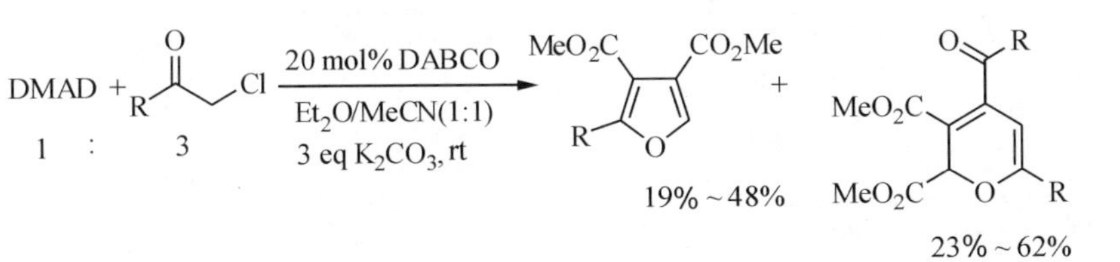

DMAD + R-CO-CH₂Cl　1 : 3　20 mol% DABCO　Et_2O/MeCN(1:1)　3 eq K_2CO_3, rt

19%～48%　　23%～62%

R= 2-噻吩基, 5-Br-2-噻吩基, Ph, 4-BrPh, 4-MePh, 4-MeOPh, 2,4-Me_2Ph, 1,2,3,4-四氢-5-萘基

(6-51)

6.1.3　膦催化的亲核剂对联烯衍生物的 γ-加成反应和 β'-加成反应

1. 亲核剂对联烯衍生物的 γ-加成反应

在碱催化的活化联烯衍生物如 2,3-丁二烯酸酯等的 Michael 加成反应中，亲核剂是加在联烯的中间碳原子即 β-碳原子上(式(6-52)中的途径 a)。但在膦催化时，丙二烯的反应性也发生极性反转，γ-碳原子成为亲电反应中心，加成反应发生在 γ-碳原子上(途径 b)。

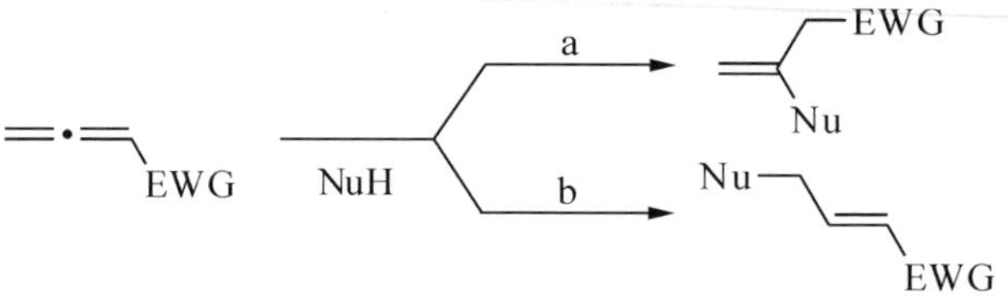

EWG　NuH　a　EWG　Nu　b　Nu　EWG　(6-52)

实际上，膦催化的对联烯的 γ-加成是通过与前述的亲核剂对炔烃的 γ-加成相似的反应中间体(式(6-53)中途径 1 中的 **U**)进行的。膦对联烯加成得到的中间体 **U** 也是膦催化的亲核剂对炔烃的 γ-加成和异构化为 1,3-二烯中的中间体(参见图 6-2 中的 **E**)。因此，在炔烃的 γ-加成中，在有些情况下不能排除有联烯作为中间产物参与反应的可能性。

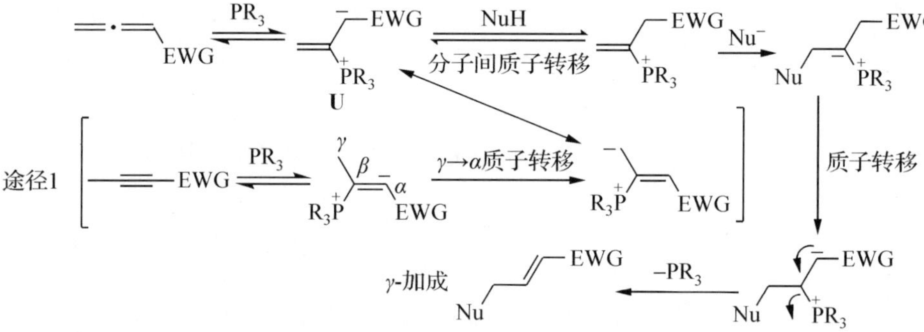

途径1　EWG　PR_3　EWG　$\overset{+}{P}R_3$　**U**　NuH　分子间质子转移　EWG　$\overset{+}{P}R_3$　Nu^-　EWG　Nu　$\overset{+}{P}R_3$

EWG　PR_3　γ　β　α　$R_3\overset{+}{P}$　EWG　$\gamma\rightarrow\alpha$质子转移　$R_3\overset{+}{P}$　EWG　质子转移

γ-加成　EWG　Nu　$-PR_3$　EWG　Nu　$\overset{+}{P}R_3$

(6-53)

途径2　β　β'　CO_2Et　PPh_3　$Ph_3\overset{+}{P}$　H　CO_2Et　**V**　H^+转移　$Ph_3\overset{+}{P}$　CO_2Et　**W**

β'　Nu　β'-加成　CO_2Et　$\bar{Nu}$　$Ph_3\overset{+}{P}$　**X**　CO_2Et　NuH　$Ph_3\overset{+}{P}$　CO_2Et

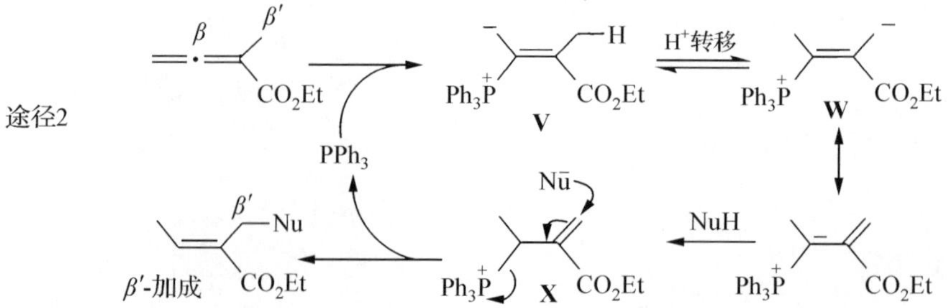

活化丙二烯作为 γ-加成的受体，比相应的活化炔烃更为活泼。因此，上述对炔烃进行 γ-加成的各类碳亲核剂以及氧[82]、氮[83]等杂原子亲核剂都可以对活化的联烯进行 γ-加成。例见式(6-54)[82]。

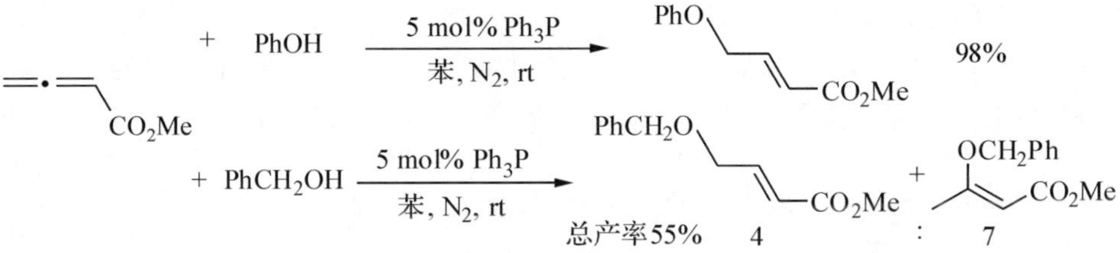

(6-54)

酚与丙二炔的反应几乎定量地得到 γ-加成产物。这是因为酚的酸性较强，在反应中可以为中间体 **U**(式(6-53)途径 1)中的质子转移提供催化作用。而伯醇(如式(6-54)中的苄醇)酸性较弱，参与 γ-加成的活性较低；因此，Michael 加成可以有效地与 γ-加成竞争。但在反应体系中加入少量乙酸作为共催化剂后，即可促进 γ-加成反应(式(6-55))。

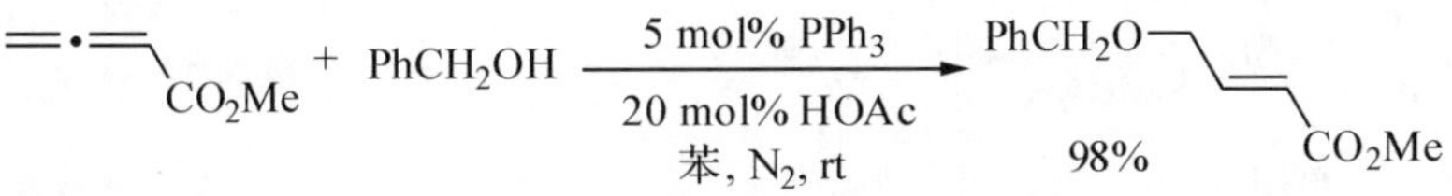

(6-55)

α-碳原子上有取代基时，丙二烯进行亲核加成的活性稍差，需用亲核性更高的膦催化剂。见式(6-56)[82]。

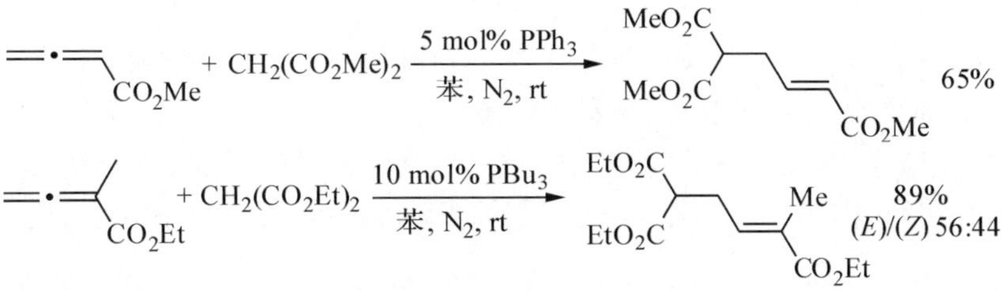

(6-56)

在使用手性膦催化剂时，碳亲核剂的 γ-加成可用于对映选择性地构制季碳中心(式(6-57))[84]。

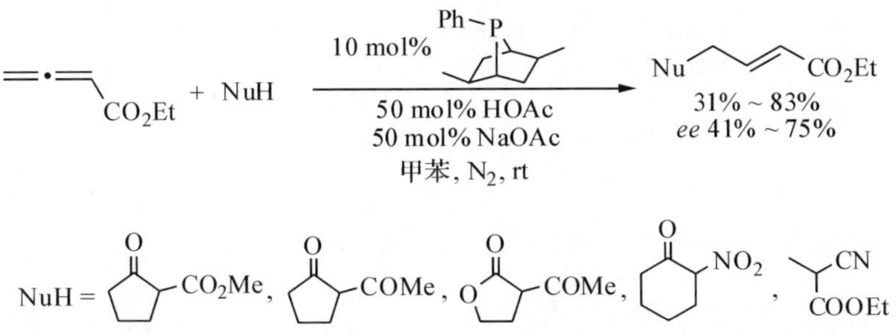

(6-57)

前已述及，当炔烃或丙二烯分子具有 δ-H 时，亲核剂对 γ-碳的加成要与异构化为 1,3-二烯的反应竞争。而且后者常为主要反应。因此，若能通过选择膦催化剂以及反应条件，使具有 δ-H 的丙二烯能与亲核剂优先进行 γ-加成而不发生异构化反应，则将扩大 γ-加成反应的应用范围（式(6-58)）。而且，此时产物中的 γ-碳是手性碳，若能再经应用手性膦催化剂，使 γ-加成具有对映选择性而可控制产物中 γ-碳原子的绝对构型，则反应的合成价值更高。这方面最近已有一些较为成功的工作。

EWG, R, δ, γ + NuH ⟶ R, δ, γ, *, Nu, EWG (6-58)

通过筛选手性膦催化剂及优化反应条件，以硝基甲烷作为碳亲核剂，对一系列具有 δ-H 的外消旋联烯衍生物的对映选择性的 γ-加成反应可以在手性膦 phosphepine (S)-Ⅰ 的催化下以较高产率和 *ee* 值进行（式(6-59)）[85]。

外消旋 1 : 5.5 + $MeNO_2$ —10 mol% (S)-Ⅰ, 10 mol% PhOH, 1,4-二氧六环, rt→ 57% ~ 94%, *ee* 73% ~ 97% (6-59)

(S)-Ⅰ ($PNEt_2$)

R= Me, *n*-Pr, *i*-Pr, *c*-$C_5H_9CH_2$, *n*-$Bu_3SiO(CH_2)_4$, $MeO_2C(CH_2)_3$, $MeO_2C(CH_2)_5$, $CH_2{=}CH(CH_2)_7$, *n*-$C_8H_{17}CH{=}CH(CH_2)_6$

硫醇作为亲核剂对外消旋联烯衍生物的对映选择性 γ-加成则可在手性膦催化剂 Tang Phos((+)-Ⅱ)的催化下进行（式(6-60)）[86]，反应中需用羧酸 **9** 作为弱酸性助催化剂，用苯酚作为助催化剂则不发生 γ-加成。硫醇对联烯酸酯的加成在没有膦催化剂时也可进行，但这时发生的是 β-加成，R′S 基加在联烯的中心碳原子上[86]。

CO_2Et 联烯 + R'SH —10 mol% (+)-Ⅱ, 50 mol% **9**, 甲苯, rt→ 产物 (OEt)

(+)-Ⅱ (*t*-Bu), **9** (Me, Me, Ph, CO_2H)

R= *n*-Pr, *c*-$C_5H_9CH_2$, $(CH_2)_7CH{=}CH_2$, $(CH_2)_2C{\equiv}CH$, $(CH_2)_4OCH_2Ph$, $(CH_2)_2CO_2Me$, $Cl(CH_2)_3$; R′=4-$MeOPhCH_2$. 72% ~ 89%, *ee* 85% ~ 93%

R= $(CH_2)_2CO_2Me$; R′= $PhCH_2$, 4-$ClPhCH_2$, 2-$BrPhCH_2$, 2,4,6-Me_3PhCH_2, $PhCH_2CH_2$, 2-呋喃基, 2-噻吩基, 1-萘甲基, *c*-C_5H_9, $(EtO)_3Si(CH_2)_3$, $HO(CH_2)_9$. 72% ~ 83%, *ee* 85% ~ 95%

(6-60)

2. 亲核剂对 α,α-二取代活化联烯衍生物的 β'-加成反应

以上讨论的都是在膦催化下亲核剂对 α-位碳原子上无取代基的联烯酸酯进

行的 γ'-加成反应，反应途径见式(6-53)中的途径 1。当联烯酸酯的 α-位碳原子上有烷基取代基时，在膦对联烯酸酯加成而生成的两性离子中间体中，可出现新的分子内质子转移途径，使另一种极性反转的加成方式——亲核剂对联烯酸酯的 β'-碳原子的加成反应成为可能(式(6-53)中的途径 2)[87]。

膦对联烯酸酯加成而得的两性离子中间体 **V**(式(6-53))可以通过分子内 1,4-质子转移与乙烯叶立德 **W** 处于平衡；**W** 被前亲核剂 NuH 质子化得乙烯基鏻盐 **X**。亲核剂 Nu^- 对 **X** 进行加成并脱去催化剂膦，得到产物。与前述对联烯酸酯的 γ-加成反应不同，对 α-取代联烯酸酯的这些 β'-加成反应可在无酸碱性的共催化剂或缓冲体系存在时仅由膦催化而顺利进行。

酚、羧酸、酸性较强的肟，如二苯甲酮肟(pK_a(水) 11.3)，以及呋喃甲醇(pK_a 9.55)等氧亲核剂可与 α-甲基或苄基联烯酸酯进行 β'-加成反应。但大多数脂醇的酸性较低，难以与两性离子 **W** 进行质子交换，不能参与 β'-加成反应。氮原子上有较强拉电子基的胺作为氮亲核剂也可进行 β'-加成反应。酸性太弱的胺，如 *N*-叔丁氧羰基苯胺，不能进行上述反应。

一些碳亲核剂也能参与此种 β'-加成反应。虽然丙二酸二甲酯和氰乙酸乙酯不能进行反应，但酸性更强的丙二腈却可参与反应。苯硫酚(pK_a 7)也可以对联烯酸酯进行 β'-加成。

6.2　膦催化的活化炔烃向 1,3-二烯的异构化反应[88]

具有 δ-氢的活化炔烃可以在膦的催化下异构化为 1,3-二烯(式(6-61))。

$$\text{EWG-alkyne} \xrightarrow{PR_3} \text{EWG-1,3-diene} \qquad EWG = COR', COOR', CONR'_2 \tag{6-61}$$

这些异构化反应最早是在研究金属配合物催化的反应时发现的[89-93]。原来发现在膦配体存在时，二价钯[$Pd(OAc)_2$]和零价钯[$Pd_2(dba)_3$][89]，二价钌[$RuCl_2(PPh_3)_3$][90]、[$RuH_2(PPh_3)_4$][91]以及铱[$IrH_5[P(i\text{-}Pr)_3]_2$][92]配合物可以催化式(6-61)所示的从炔到 1,3-二烯的异构化反应。后来发现，在没有金属存在时，配体膦本身也可催化上述反应[94-96]。炔烃进行这些反应的活性与 EWG 的拉电子能力有平行关系：炔酮(EWG＝COR 或 COAr)＞炔酯(EWG＝CO_2R)＞炔酰胺(EWG＝$CONR_2$)。而没有拉电子基团的炔烃如炔醇等不能进行异构化反应[94]。炔酮的反应一般用 PPh_3 催化即可进行，而炔酯的反应则还需加乙酸作为共催化剂。炔酰胺的反应则除需要加入乙酸外，还需要更高的反应温度才能进行(式(6-62))。

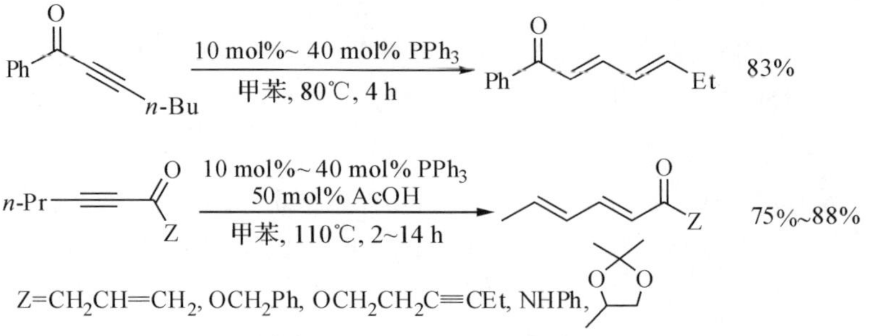

Ph(C=O)C≡C-*n*-Bu $\xrightarrow[\text{甲苯, 80℃, 4 h}]{\text{10 mol\%~ 40 mol\% PPh}_3}$ Ph(C=O)CH=CH-CH=CH-Et　83%

n-Pr-C≡C-C(=O)Z $\xrightarrow[\text{甲苯, 110℃, 2~14 h}]{\text{10 mol\%~40 mol\% PPh}_3\text{, 50 mol\% AcOH}}$ CH=CH-CH=CH-C(=O)Z　75%~88%

Z=$CH_2CH{=}CH_2$, OCH_2Ph, $OCH_2CH_2C{\equiv}CEt$, NHPh,

(6-62)

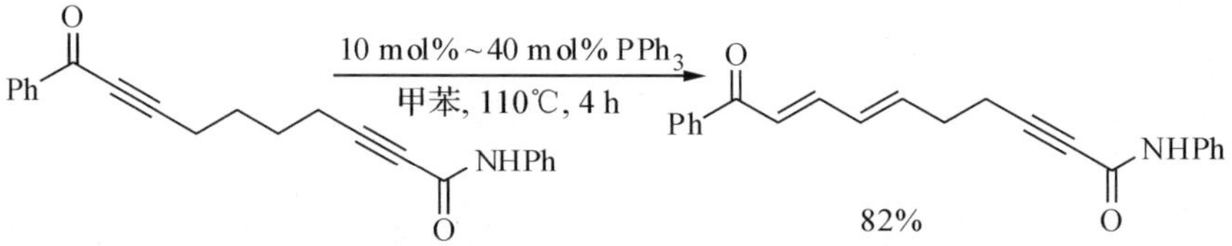

$\xrightarrow[\text{甲苯, 110℃, 4 h}]{\text{10 mol\%~40 mol\% PPh}_3}$

NHPh　　82%　　NHPh

对炔酯的反应,也可以加入醇[96]或酚[97]作为共催化剂。三苯基膦-苯酚组合已成为炔酯异构化反应中目前常用的一个催化系统。苯酚在催化一些更不活泼的炔烯酸酯(enyne ester)的异构化反应时,也表现出比乙酸更强的催化活性(式(6-63))。对炔酰胺而言,亲核性更强的三丁基膦是更为有效的催化剂[96]。在进行炔酯的异构化反应时,也可以用五氟苯基酯使酯基的拉电子能力提高。此时,反应中膦的用量可以减少,而且不需要加酚等弱酸性共催化剂[98,99]。这对应用于合成含有敏感官能团的复杂多烯是有利的。炔酸的五氟苯酯可以方便地由炔酸与五氟苯酚(PFP)在DCC-DMAP催化下[100]制备(Steglich法),且不需进一步纯化即可用于异构化反应。生成的异构化产物可以不经分离而直接用DIBAL还原为相应的醇,也可以直接与相应的胺或醇反应,转化为需要的酯或酰胺(式(6-64))。

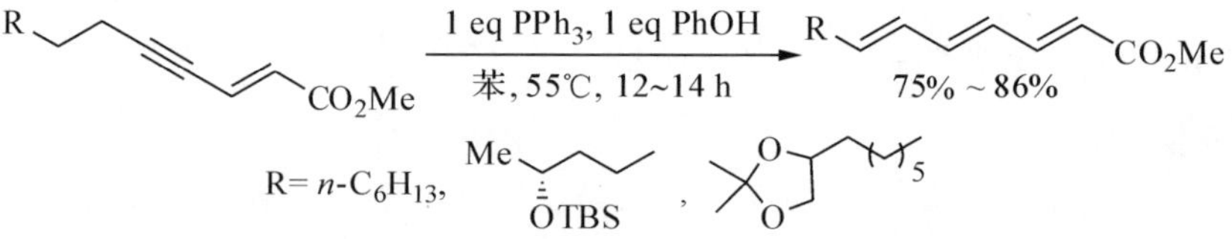

R-CH₂CH₂-C≡C-CH=CH-CO_2Me $\xrightarrow[\text{苯, 55℃, 12~14 h}]{\text{1 eq PPh}_3\text{, 1 eq PhOH}}$ R-CH=CH-CH=CH-CH=CH-CO_2Me　75% ~ 86%　(6-63)

R= *n*-C_6H_{13}, Me / OTBS,

$\xrightarrow[\text{2) 5 mol\% PPh}_3\text{, 70℃, 2天; 3) 3 eq DIBAL, 0℃, 30 min}]{\text{1) PFP, DCC, DMAP}}$ OH　66%　(6-64)

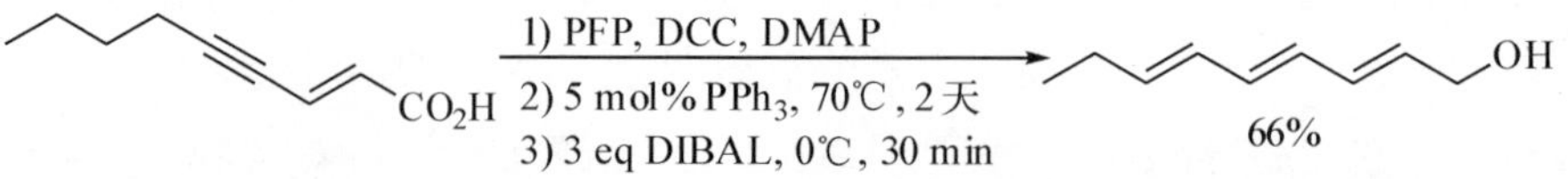

CO_2H

炔酮的异构化反应也可以在沸腾的水溶液中在三苯基膦催化下进行[101]。用连接在聚合物上的三苯基膦也可以催化炔酮和炔酸酯的异构化反应[102-105]。此时催化剂可回收。但在循环使用时,由于膦氧化物的生成,催化活性逐渐下降。

建议的炔—1,3-二烯异构化反应的机理见图 6-4[99]。

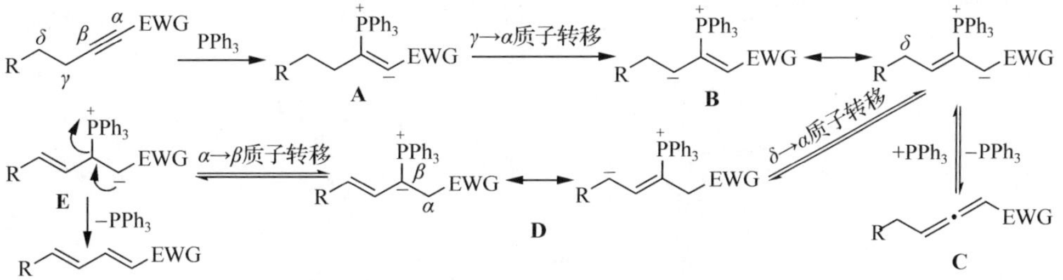

图 6-4　膦催化的炔烃异构化为 1,3-二烯的反应机理

在膦对炔键加成后生成的两性离子 **A** 中,从 γ-碳到 α-碳的质子转移导致负电荷去局部化的中间体 **B**。由 **B** 脱去 Ph_3P 可得到联烯 **C**,也可以发生从 δ-碳向 α-碳的质子转移而得中间体 **D**。在 **D** 中,从 α-碳向 β-碳的质子转移导致 **E**。从 **E** 中脱去 Ph_3P 即得产物。可见,联烯可能部分地是异构化反应的中间产物。实际上,联烯,如 **C** 确实可在膦的催化下发生异构化反应生成 1,3-二烯产物。在以上反应机理中,有几个连续的分子内质子转移。其中在 **B** 中,从酸性较弱(无拉电子基)的 δ-碳向酸性较强的(有拉电子基)的 α-碳进行的质子转移和在 **D** 中从 α-碳向 β-碳(叶立德中稳定的碳负离子)进行的质子转移,都是热力学上不利的过程。因此,异构化反应常需要外加共催化剂(HOAc,ArOH,ROH)提供普遍酸-碱催化。特别是对炔酸酯和炔酰胺,不能为 **D** 中的 $\alpha \rightarrow \beta$ 质子转移提供推动力(α-碳氢键的酸性较弱),更需要普遍酸碱催化来促进反应。

1,3-二烯是重要的有机合成中间体,也是很多天然产物如多烯大环内酯、生育酚等天然抗氧化剂和视素的结构单元或合成原料。膦催化的从炔至 1,3-二烯的异构化反应为合成各种结构的 1,3-二烯和多烯[99]及相关的天然产物提供了一个原料易得、反应条件简便温和的有效方法。这一分反应已在天然产物合成中得到广泛的应用[88, 106-115]。例如,从炔酸酯 **1** 出发,经膦-苯酚共催化的异构化得二烯 **2**,用 AD-mix-β、甲磺酰胺处理进行区域和对映选择性的 Sharpless 双羟基化反应;产物二醇 **3** 经保护后对酯和硅醚进行水解得羟基羧酸 **4**。后者在 Yamaguchi 条件下进行内酯化反应,即得从枝孢霉菌中分离出来的 12 元环内酯 cladospolide C(式(6-65))[106-108]。

如果在 **2** 的 Sharpless 双羟基化反应中是用 AD-mix-α,则得到的醇中,C4 和 C5 与式(6-65)中的 **3** 是差向异构的;继续进行上述反应,可得 cladospolide B 和 4,5-双差向异构的 cladospolide C。

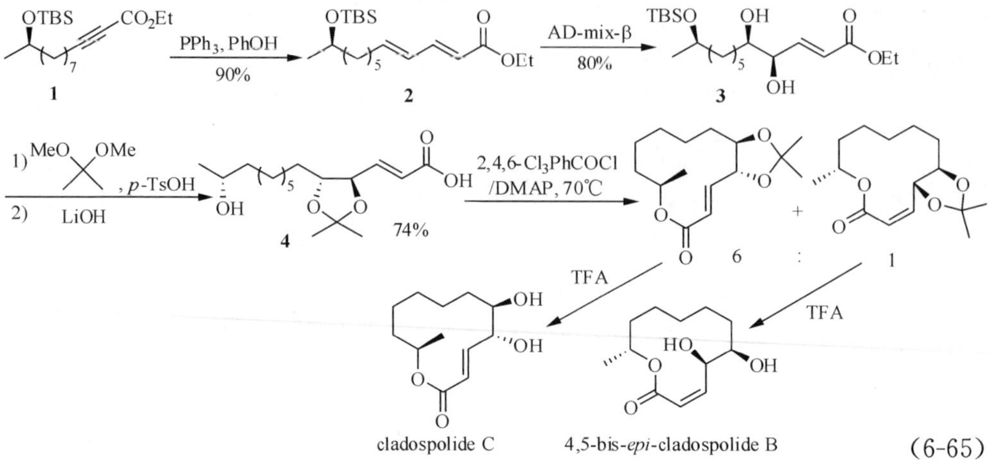

(6-65)

实际上,类似于式(6-65)中对 1,3-二烯中间体进行区域和对映选择性的双羟基化反应并保护羟基,然后使酯基和醚基水解(从 **2** → **4**)的反应系列[110],早已在很多其他环内酯的合成中得到应用,如(−)-apicularen A[111](式(6-66))、milbemycin β_3[112]以及大环内酯 palmerolide[113]和环肽 microsclerodermin A 和 B[114]的一些片段等。

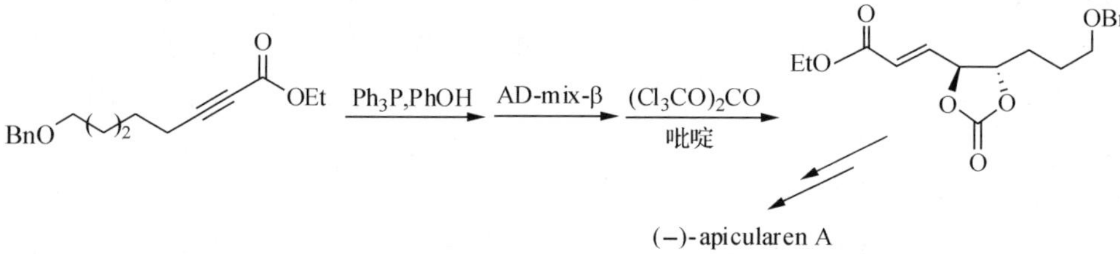

(6-66)

在合成 32 元环的五烯大环内酯 RK397 的一个片段(化合物 **5**)时,用了式(6-67)中的反应系列[115]。炔烃异构化为二烯 **6** 后,经不对称双羟基化,二醇保护和 Pd 催化还原得 δ-羟基烯酸酯 **7**。

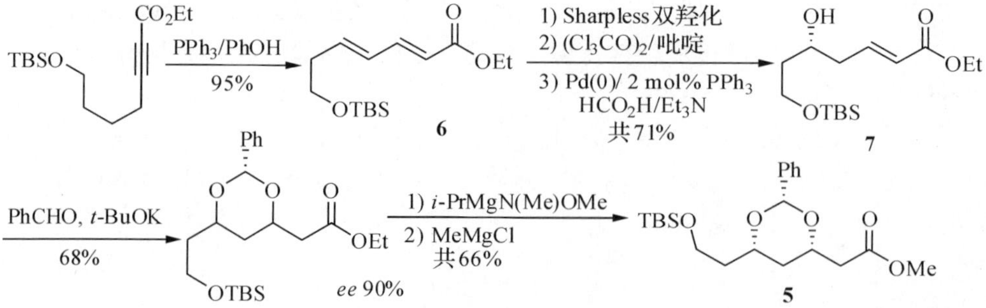

(6-67)

6.3　膦催化的活化炔烃和联烯的环加成反应[1-11]

以上讨论的亲核剂对联烯酸酯和具有 γ-氢的炔烃的 γ-加成反应，都是通过膦对联烯或炔烃加成后生成的两性离子中间体进行的。实际上这些中间体可以看作偶极(dipole)合成子。在外加的具有亲电双键(C═C,C═O,C═N)的受体(活化烯烃，亚胺和醛)存在时，取决于两性离子和外加亲电试剂的结构和反应条件(如膦的位阻和亲核性等)，也可以与后者发生多种环加成反应(式(6-68))。

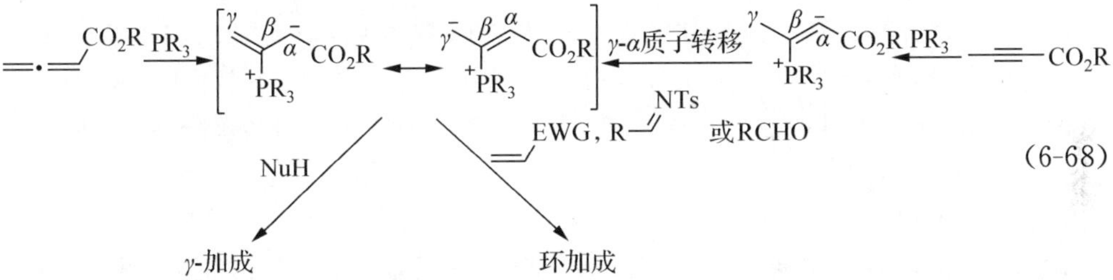

CO₂R　PR₃　γ β α CO₂R　⁺PR₃　↔　γ β α CO₂R　⁺PR₃　γ-α质子转移　γ β α CO₂R　PR₃　⁺PR₃　CO₂R

NuH　γ-加成　　EWG, R—NTs 或RCHO　环加成　(6-68)

6.3.1　联烯酸酯和丁炔-2-酸酯与活化烯烃的[3+2]环加成反应[1-11,116]

1. 反应规模和反应机理

在膦催化下，联烯酸酯可与活化烯烃进行[3+2]环加成反应(Lu [3+2] 反应)(式(6-69))[117]。

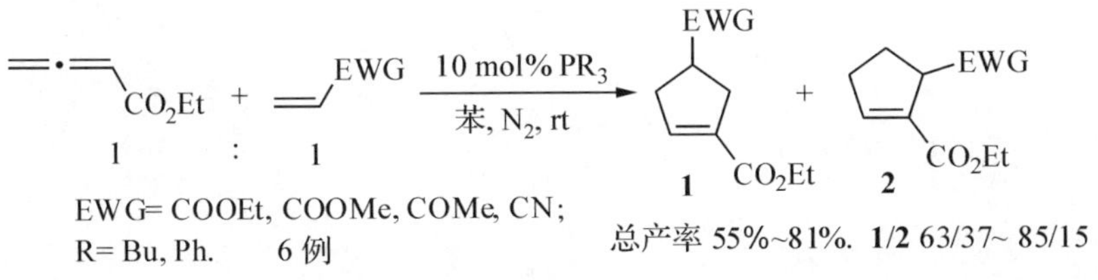

CO_2Et + EWG　$\xrightarrow[\text{苯}, N_2, rt]{10\ mol\%\ PR_3}$　EWG / CO_2Et **1**　+　EWG / CO_2Et **2**　(6-69)

1　:　1

EWG= COOEt, COOMe, COMe, CN;
R= Bu, Ph.　　6 例

总产率 55%~81%. **1/2** 63/37~ 85/15

从式(6-69)可见，反应中生成 **1** 与 **2** 两个异构体产物。反应可用三苯基膦或三丁基膦催化。用三丁基膦时，反应较快，但产率稍低。三乙胺不能催化反应。较为富电子的烯烃，如 1-己烯、巴豆酸甲酯($MeCH═CHCO_2Me$)以及甲基丙烯酸乙酯($CH_2═C(Me)CO_2Et$)都不能进行上述反应。但马来酸二乙酯和富马酸二乙酯可以进行反应，而且环加成是立体专一性的(式(6-70))。

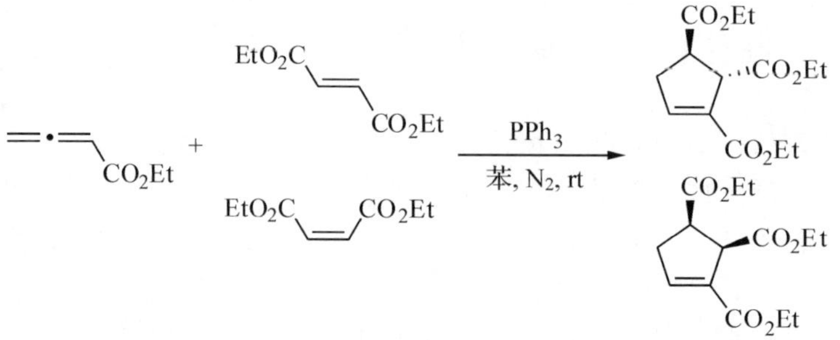

$$\text{(6-70)}$$

对上述[3+2]反应的机理已进行了一些实验[117]和理论[118-120]研究。反应按图 6-5 的机理进行。膦对联烯加成而生成 1,3-偶极 **A** 后,与烯烃的加成按分步机理进行。显然,产物 **1** 是从中间体 **A** 的 α-碳原子对烯烃进行加成而生成的。而产物 **2** 是由 **A** 中的 γ-碳原子对烯烃加成而生成的。式(6-69)的结果表明,在对末端烯烃进行加成时,总是以 α-加成(导致产物 **1**)为主要反应途径。α-和 γ-加成后得到的中间体 **B** 和 **C** 分别进行分子内成环而得到叶立德 **D** 和 **E**。在 **D** 和 **E** 中从酸性更强的与酯基相连的碳原子向邻近碳负离子进行质子转移,再脱去中性膦分子即得产物 **1** 和 **2**。

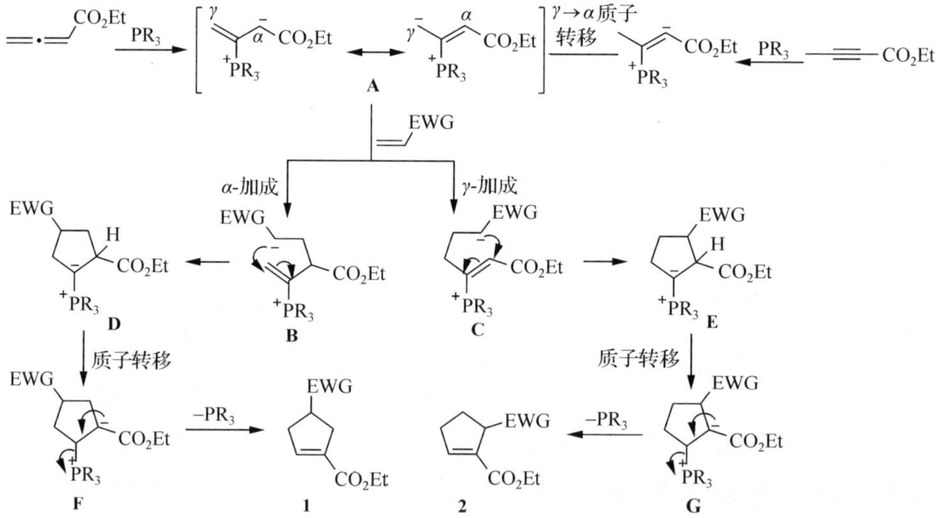

图 6-5　联烯酸酯与活化烯烃的[3+2]环加成反应

当然,由于鳞正离子对相邻的碳负离子有很强的稳定作用,叶立德 **D** 和 **E** 中的碳负离子较为稳定。虽然连有酯基的 α-碳原子的 C—H 键酸性较强,但计算结果表明,由之向叶立德中的碳负离子进行质子转移而生成新的碳负离子 **F** 和 **G** 活化能很高,动力学上是不利的[118,119]。这一质子转移过程需要得到酸碱催化。用全氘代烯烃进行的实验结果也表明,在纯苯中进行反应时,产物中 2-位碳氢键上已有 25%的 H 植入。在反应体系中加入 1 eq 水后，2 位上为 C—H 键的产物的产率上升至 88%[118]。这些表明质子转移至少在很大程度上应是在反应体系中痕量水催化下进行的(式(6-71))[118-120]。

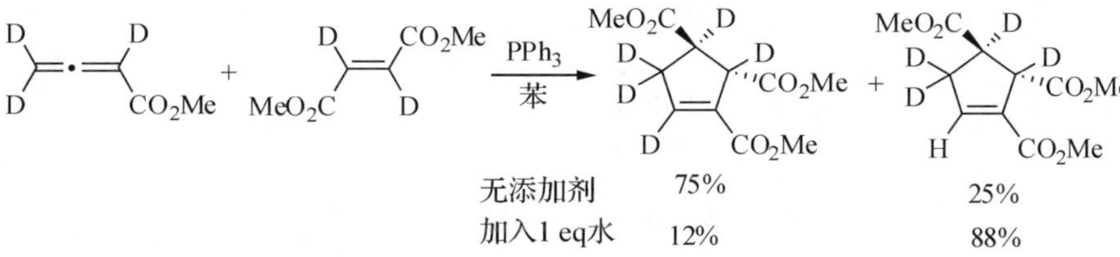

PPh$_3$，苯

无添加剂　75%　25%

加入1 eq水　12%　88%

(6-71)

虽然这些[3+2]环加成是分步进行的，但发现加成的区域选择性(产物 **1** 与 **2** 的比例)仍可以从中间体 **A** 与活化烯烃两者的前沿轨道(FMO)相互作用来解释[119]。

从图 6-5 可以看到，两性离子中间体 **A** 也可从膦与丁炔-2-酸乙酯加成得到。因此从后者出发，与烯烃也能进行[3+2]反应。但由于炔酸酯的亲电性不如联烯酸酯强，反应需用亲核性更强的三丁基膦来催化，才能在室温下反应，以较高产率得到环加成产物 **3** 与 **4**(式(6-72))[117]。产物 **3** 与 **4** 分别是由两性离子中间体(图 6-5 中的 **A**)对烯烃进行 α-和 γ-加成而得的。

式(6-72)的结果表明，从炔酸酯出发进行的[3+2]反应的产物产率和区域选择性都比从联烯酸酯出发的要高。

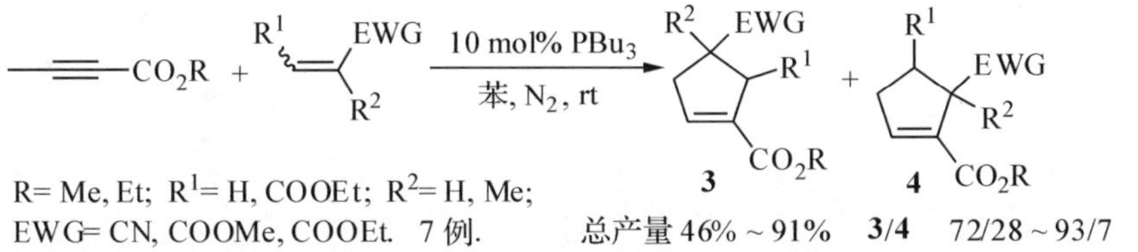

10 mol% PBu$_3$，苯, N$_2$, rt　(6-72)

R= Me, Et; R^1= H, COOEt; R^2= H, Me; EWG= CN, COOMe, COOEt. 7 例.　总产量 46% ~ 91%　**3/4**　72/28 ~ 93/7

硝基烯烃与联烯酸酯进行[3+2]反应后，环戊烯产物中硝基所接碳上的 C—H键酸性较强，可与体系中由膦对联烯酸酯加成而得的两性离子(图 6-5 中的 **A**，$H_2C=C(^+PR_3)^-CHCO_2Et$)进行质子转移而得到环戊基碳负离子和乙烯基鏻盐($H_2C=C(^+PR_3)CH_2CO_2Et$)，前者对后者进行亲核加成而得到最终产物(式(6-73))。因此，这一产物是初级[3+2]产物在膦催化下对联烯酸酯进行 γ-加成而得的(式(6-74))。对某些硝基烯($RCH=CHNO_2$)，在与联烯酸酯以等当量进行反应的过程中，确实可分离得到初级环戊烯产物(式(6-74)中两个箭头之间的化合物)，而且后者可在 P(4-FPh)$_3$ 作用下与另一分子联烯酸酯反应而得 γ-加成产物[121]。

$$H_2C{=}C{=}CHCO_2Et\ (4) + RCH{=}CHNO_2\ (1) \xrightarrow[\text{甲苯, 60℃, 12 h}]{\text{20 mol\% P(4-FPh)}_3}$$

R= 4-MeOPh, 4-MePh, 4-BrPh, 3-NO_2Ph, 3-MeOPh, 3-BrPh, 2-BrPh, 2-ClPh, 2-NO_2Ph, 2-CF_3Ph, 2-呋喃基, 1-萘基, Et, *n*-Pr, *n*-Bu, *i*-Pr, *i*-Bu, $PhCH_2CH_2$, *c*-C_6H_{11}

28% ~ 93%. *cis*/*trans* 1.6/1 ~ >99/1

(6-73)

$$\text{联烯}CO_2Et + RCH{=}CHNO_2 \xrightarrow{PR_3} \text{EtO}_2\text{C-环戊烯-R, NO}_2 \xrightarrow[\gamma\text{-加成}]{PR_3,\ \text{联烯}CO_2Et}$$

(6-74)

除了 2,3-丁二烯酸酯外，已知其他一些活化丙二烯衍生物也可以在膦催化下与活化烯烃进行[3+2]反应。联烯基磷酸酯的亲核性远比 2,3-丁二烯酸酯要差。但它们在亲核性很强的三(异丁基)膦催化时，在较高的温度下也能与活化烯烃进行[3+2]反应(式(6-75))[122]。值得注意的是，这里与 *β*-取代烯酮的加成是经过 1,3-偶极(与图 6-5 中的 **A** 相似)的 *γ*-碳原子对烯烃加成而生成的。

$$H_2C{=}C{=}CHP(O)(OEt)_2 \xrightarrow[\text{甲苯, 120℃, 5 h}]{\text{10 mol\% P}(i\text{-Bu})_3}$$

EtO_2C–CH=CH–CO_2Et → 80%

Ar–CH=CH–COR → 25% ~ 50%

R = Me, Ar = Ph

或 R = Ph, Ar = Ph, *p*-NO_2Ph, *p*-MeOPh, *p*-MePh

(6-75)

联烯基酮($H_2C{=}C{=}CHC(O)R$)中，如果 R 是烷基，也可与活化烯烃进行[3+2]反应(式(6-76))[123]。式中的吡喃产物是联烯基酮在膦催化下自身二聚的副产物。

$$\xrightarrow[\text{rt, 12 h}]{\text{20 mol\% PBu}_3} \mathbf{5} + \mathbf{6} + \text{吡喃副产物}$$

n=1,2,3; R=H, MeO, BnO. 4例.

5+**6**: 58%~82%

5/**6** 54/46~70/30

约10%

(6-76)

联烯基芳基酮($H_2C{=}C{=}CH{-}C(O)Ar$)则因亲电性太强,而常作为比反应体系中其他的活化烯更强的 Michael 受体,优先与 1,3-偶极反应而使联烯基酮的二聚成为主要反应,不适于作为与烯烃进行[3+2]反应的反应物(式(6-77))[123]。

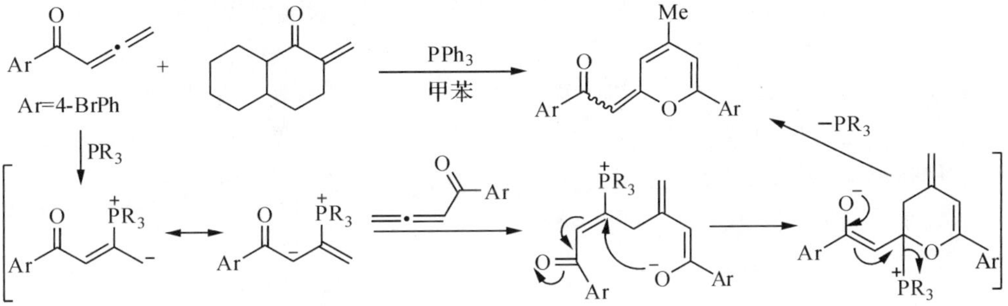

Ar=4-BrPh　PPh_3 甲苯　PR_3　$-PR_3$

(6-77)

2. [3+2]反应的区域选择性

膦催化的[3+2]反应中常生成两个区域异构体的环加成产物。在对末端烯烃的加成中,经 1,3-偶极(图 6-5 中的 **A**)的 α-碳原子进攻烯烃总是主要反应途径。但加成的区域选择性可受到联烯和烯烃中双键上取代基的性质、催化剂膦的立体与电子性质的影响。通过反应物和催化剂的这些结构上的改变,可在不同程度上调节和控制反应的区域选择性。

1) 应用 β-取代的双活化烯烃作为二碳组分

应用 β-取代的双活化烯烃作为二碳组分,有时可使加成的区域选择性得到改进,使 α-加成产物的比例提高[124],如式(6-78)的反应中只得到 α-加成产物。由于苯甲叉丙二腈是由苯甲醛和丙二腈缩合而制备的,上述反应也可以从苯甲醛、丙二腈和联烯酸酯出发直接以一锅方式进行(式(6-79))。此时为了避免丙二腈在膦催化下作为亲核剂对联烯酸酯进行 γ-加成,先把醛、丙二腈、三苯基膦和分子筛(用于除去醛与丙二腈缩合时产生的水)混合回流,然后再加入联烯酸酯。

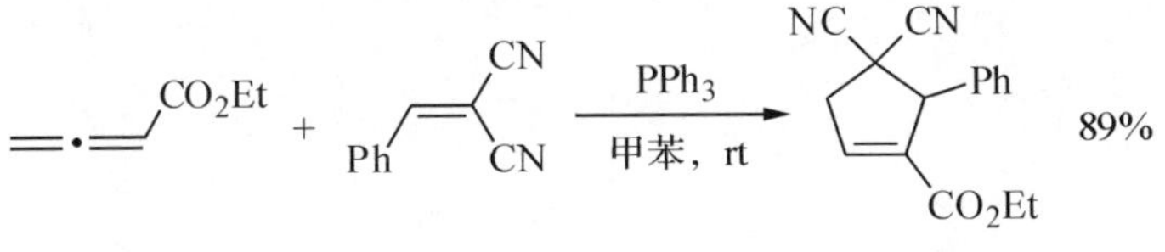

PPh_3, 甲苯, rt　89%　(6-78)

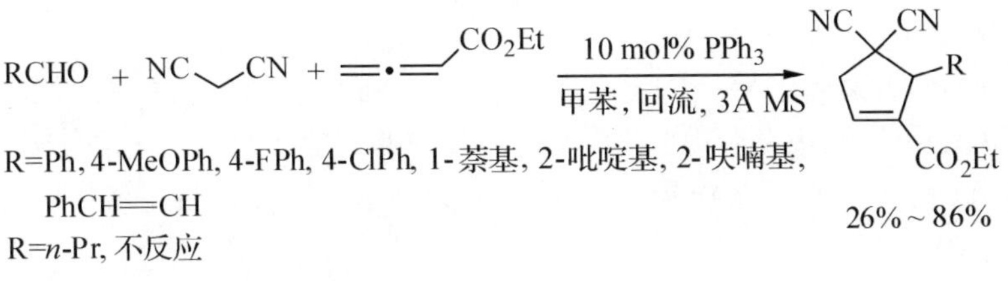

RCHO + NC⌒CN + 联烯酸酯 —10 mol% PPh_3, 甲苯, 回流, 3Å MS→ 26%~86%　(6-79)

R=Ph, 4-MeOPh, 4-FPh, 4-ClPh, 1-萘基, 2-吡啶基, 2-呋喃基, PhCH═CH

R=n-Pr, 不反应

在烯烃的β-位加入第二个取代基时表现出与以上不同的反应性能[125]。在类似的膦催化反应条件下，联烯酸酯不能与α-苯基苄叉丙二腈反应，而与异丙叉丙二腈反应得到复杂的产物(式(6-80))。但与α-甲基苄叉丙二腈的反应得到两个环戊烯产物**7**和**8**(式(6-81))。显然**7**和**8**都不是由联烯酸酯作为三碳组分而β,β-二取代烯烃作为二碳组分的正常[3+2]反应的产物，而应是前者作为二碳反应物，后者作为三碳反应物的产物。在产物**8**中，有第二分子联烯酸酯参与了反应。产物结构表明，烯烃反应物中，β-位上的甲基或取代甲基是必要的。对这一反应进行条件优化后，产物**7**成为主要产物。在优化后的反应条件下，对一系列其他β,β-二取代烯烃进行这一反应的结果见式(6-82)和式(6-83)。

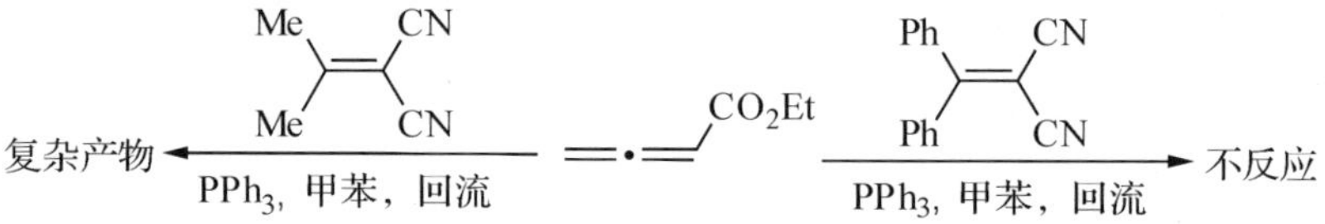

复杂产物 ← ($Me_2C{=}C(CN)_2$; PPh_3，甲苯，回流) — 联烯酸酯 (CO_2Et) — ($Ph_2C{=}C(CN)_2$; PPh_3，甲苯，回流) → 不反应　　(6-80)

联烯酸酯 (CO_2Et) + α-甲基苄叉丙二腈 (Ph, CN, CN) —PPh_3，甲苯，60℃→ **7** 70% (Ph, CN, CN, CO_2Et) + **8** 少量 (EtO, O, CO_2Et, Ph, CN, CN)

(6-81)

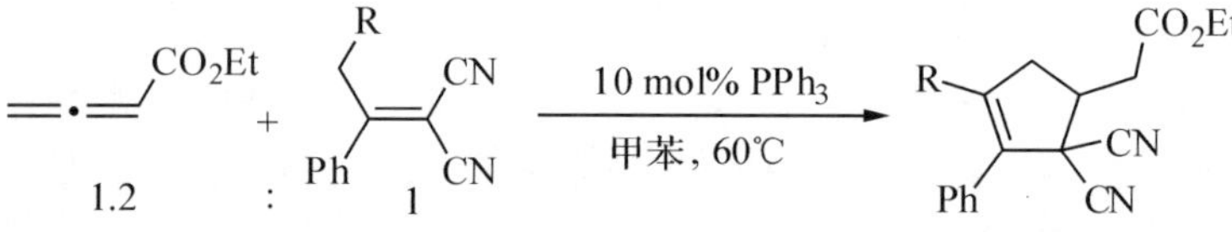

联烯酸酯 (CO_2Et) 1.2 : 烯烃 (R, Ph, CN, CN) 1 —10 mol% PPh_3，甲苯，60℃→ 产物 (R, Ph, CN, CN, CO_2Et)　　(6-82)

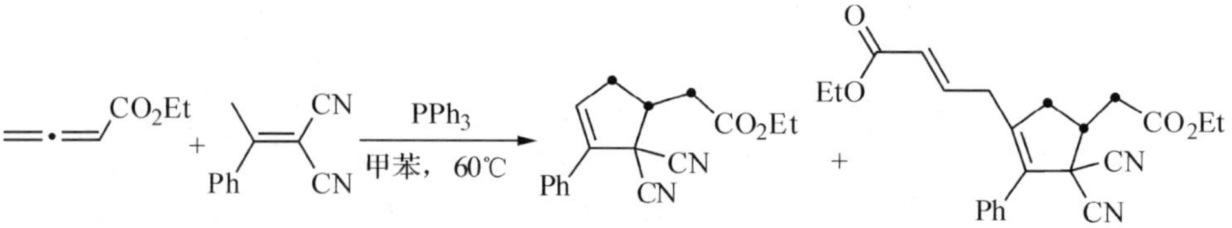

R= Me, Et, *i*-Pr, Ph, 4-NO_2Ph, COOEt. 56% ~ 82%

R= *n*-$C_{11}H_{23}$, 不反应

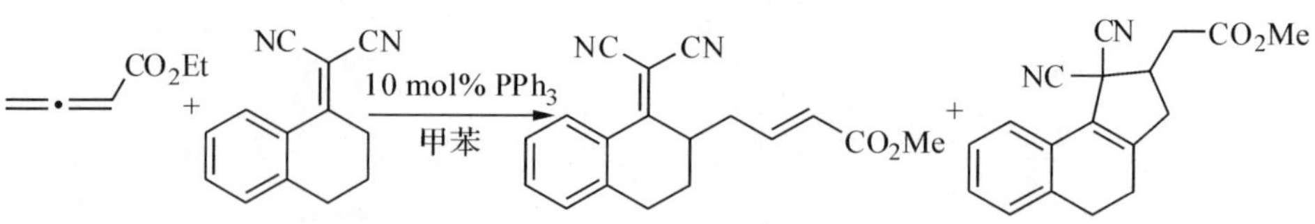

联烯酸酯 (CO_2Et) + 烯烃 (NC, CN) —10 mol% PPh_3，甲苯→ **9** 45% (NC, CN, CO_2Me) + **10** 37% (CN, NC, CO_2Me)

(6-83)

在式(6-83)的反应中得到的未成环产物**9**不能在三苯基膦存在下在甲苯中回流而转化为成环产物**10**，但却可以在PPh_3和联烯酸酯(或丙烯酸酯)同时存在下转化成成环产物。这提示**9**可能是反应的中间产物，对这一新奇的[3+2]反应建议的机理见式(6-84)。

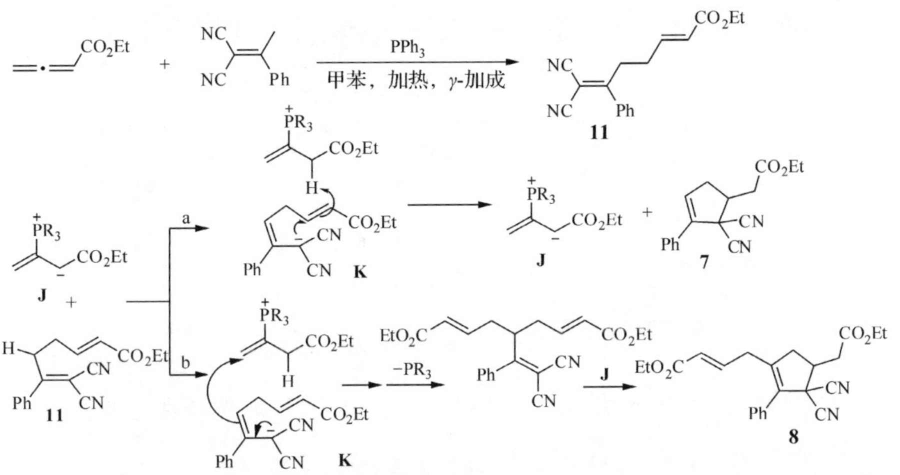

(6-84)

β,β-二取代烯烃先作为碳氢酸在膦催化下对联烯酸酯进行 γ-加成，得中间产物 **11**，后者被反应体系中存在的两性离子 **J** 作为碱在烯丙基位置上夺质子，生成碳负离子 **K**。**K** 可经分子内（途径 a）或分子间（途径 b）方式反应，分别得 1∶1 产物 **7** 和 2∶1 产物 **8**。

在其他膦催化下的联烯酸酯与芳甲叉丙二腈的[3+2]反应中，也都表现出以 α-加成产物为主的很高的区域选择性[126-128]。但其他 β-取代的双活化烯烃，如式(6-85)中的 **12** 和 **13** 并不一定都表现出相同的行为[129]。

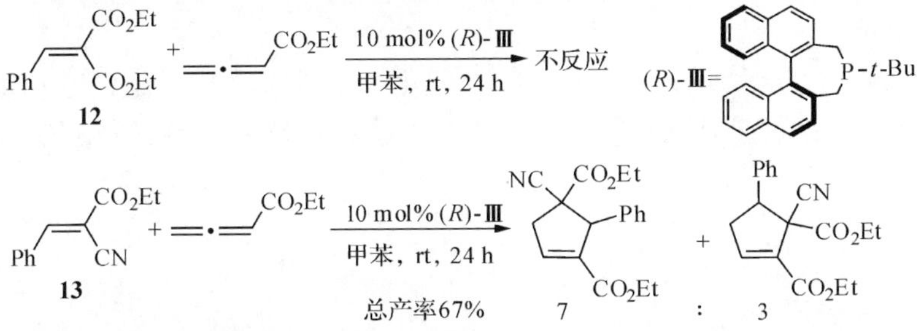

(6-85)

2）膦催化的联烯酸酯与环外双键的加成以 α-加成为主

膦催化的联烯酸酯与环外双键的加成以 α-加成为主。特别是当前者的酯基中有一个大位阻的烷基时，此种区域选择性更为提高[123,130,131]。例见式(6-86)。

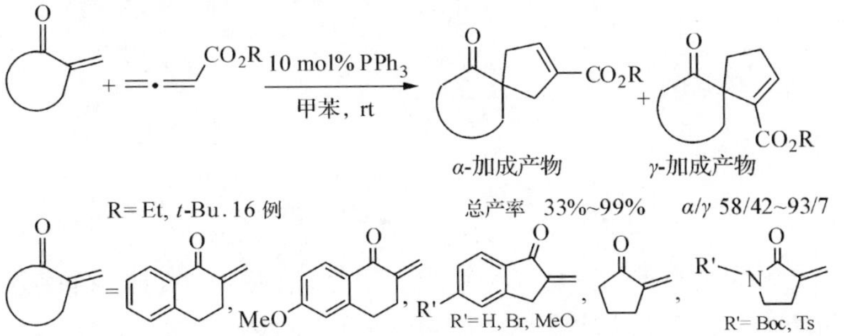

(6-86)

这些反应中的 α-加成选择性可能是由加成过渡态中的位阻因素造成的(式(6-87))。

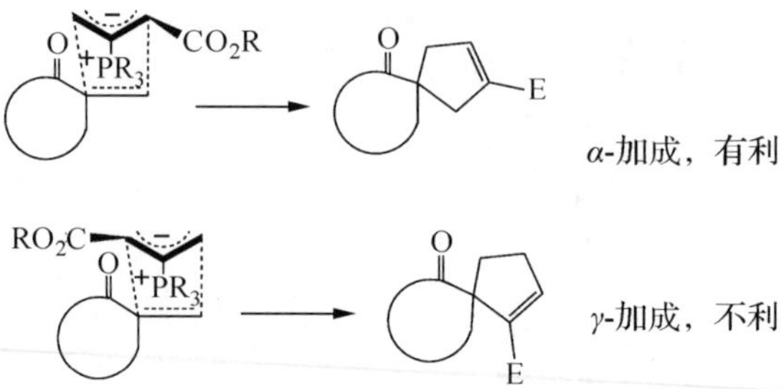

α-加成，有利

γ-加成，不利

(6-87)

如果用丁炔酸酯代替联烯酸酯进行上述[3+2]反应，区域选择性也有提高，见式(6-88)。

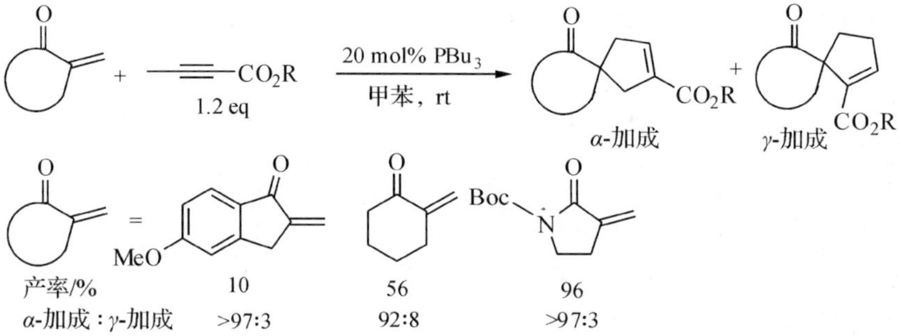

20 mol% PBu_3，甲苯，rt；1.2 eq；α-加成；γ-加成

产率/%	10	56	96
α-加成 : γ-加成	>97:3	92:8	>97:3

(6-88)

与膦不同，奎宁环(quinuclidine，QD)催化的联烯酸酯与活化烯烃的反应不按[3+2]环加成途径进行，而是得到联烯酸酯以 α-碳对环外双键进行共轭加成的产物(式(6-89))[131]。

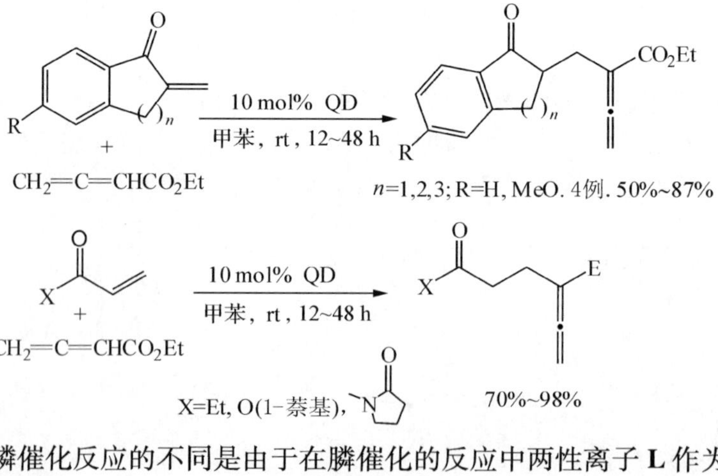

10 mol% QD，甲苯，rt，12~48 h

$CH_2{=}C{=}CHCO_2Et$

n=1,2,3; R=H, MeO. 4例. 50%~87%

(6-89)

X=Et, O(1-萘基)，

70%~98%

QD 与膦催化反应的不同是由于在膦催化的反应中两性离子 **L** 作为 1,3-偶极与联烯酸酯进行[3+2]反应后得到稳定的叶立德中间体 **M**(式(6-90))，后者经质

子转移及消去 PR_3 得环加成产物。而铵盐却不具备磷盐那样强的稳定邻近碳负离子的能力，因此不进行[3+2]反应。两性离子 **N** 的 α-碳对环外双键进行共轭加成得 **O**。**O** 不进行分子内环化反应，因为那导致不稳定的氮叶立德的生成。**O** 中发生质子转移后消去 NR_3 即得产物。

NR_3 　EtO　α　$\overset{+}{N}R_3$　**N**　1,4-加成　O　H　OEt　**O**

CO_2Et　α　1) H^+ 转移　2) $-NR_3$　OEt

PR_3　EtO　α　$\overset{+}{P}R_3$　**L**　[3+2]　CO_2Et　**M**

1) H^+ 转移　2) $-PR_3$　CO_2Et

(6-90)

3) 活化联烯与 β-取代的 α,β-不饱和羰基化合物的[3+2]反应

从式(6-87)可以看到，如果在环烯酮的环外双键的末端碳原子上连接一个取代基，则将对 α-加成产生较大的空间位阻。前面在式(6-75)中已看到，在联烯磷酸酯与 β-取代的开链烯酮的反应中，γ-加成成为主要反应。在联烯酸酯的反应中，也看到同样的情况。例如，在手性膦催化剂 phosphepine (*R*)-Ⅲ存在时，联烯酸酯与一系列查耳酮衍生物及其他 β-取代烯酮进行高区域选择性和高对映选择性的[3+2]反应(式(6-91))[129]，以较高产率得到以 γ-加成为主的产物 **14**。烯酮中的 R 和 R′是给电子基或吸电子基时均能反应，但具有给电子基的反应物，反应较慢，需用 2 eq 的联烯酸酯，而对无给电子基的烯酮，只需用 1.2 eq 的联烯酸酯。

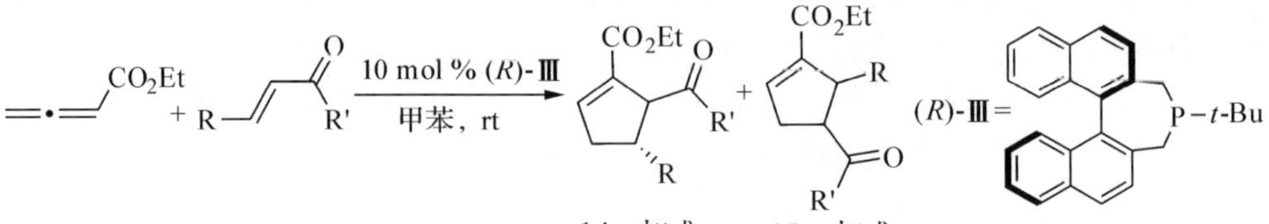

R= Ph, 4-ClPh, 4-MeOPh, 2-呋喃基, 2-喹啉基，n-C_5H_{11}, PhC≡C, Et_3SiC≡C
R'= Ph, 4-ClPh, 4-MePh, 4-MeOPh, 2-(5-甲基呋喃基)，2-噻吩基. 13 例

10 mol % (R)-Ⅲ，甲苯，rt

14 γ-加成　**15** α-加成

总产率 39%~76%
14/15 3/1~>20/1
ee(**14**) 75%~90%

(R)-Ⅲ = （P−t-Bu）

(6-91)

(R)-Ⅲ也可用于催化环外双键有 β-取代的烯酮的[3+2]反应。在这些三取代烯酮的反应中，区域选择性更高，只发生 γ-加成，得到具有相邻手性季碳和叔碳的螺环化合物(式(6-92))。

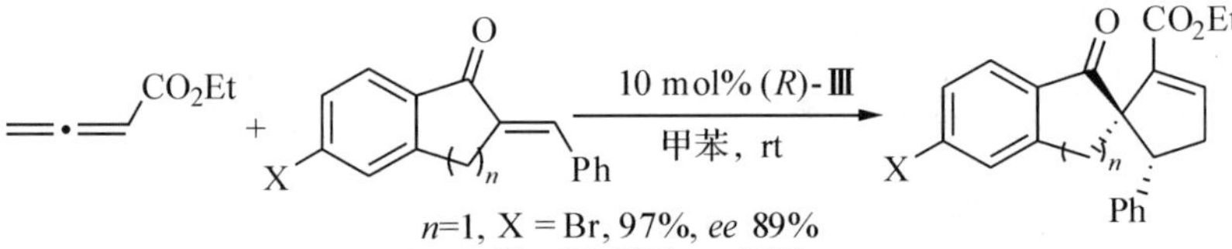

10 mol% (R)-Ⅲ，甲苯，rt

n=1, X = Br, 97%, ee 89%
n=2, X = H, 32%, ee 95%

(6-92)

对二烯酮，只选择性地在一个双键上进行 γ-加成，不发生双重加成反应(式 6-93))。

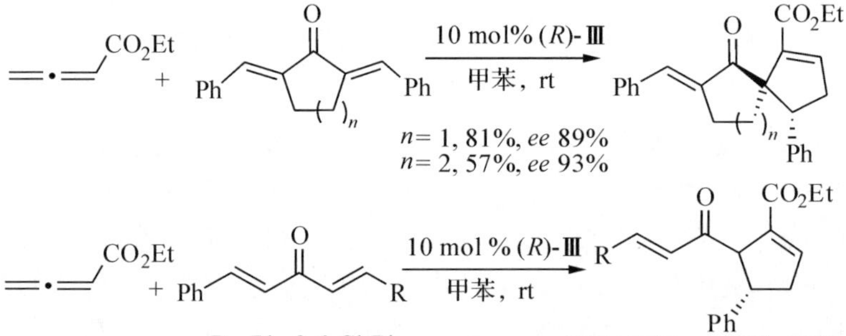

10 mol% (R)-Ⅲ，甲苯，rt

n= 1, 81%, ee 89%
n= 2, 57%, ee 93%

(6-93)

10 mol % (R)-Ⅲ，甲苯，rt

R= Ph, 2,6-Cl_2Ph　　68%~75%, ee 73%~89%

这些 ee 值很高的多取代环戊烯产物显然可作为多种后续转变的原料。例如，由式(6-91)中的一个产物与溴化乙基汞的加成反应中，得到含有四个相邻立体中心的单一对映体产物(式(6-94))。

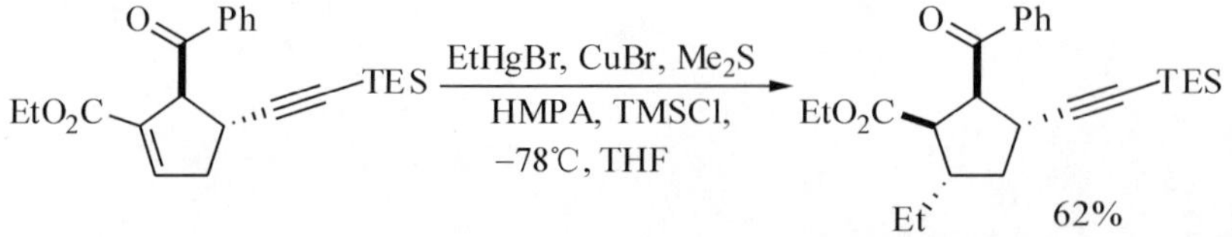

EtHgBr, CuBr, Me_2S
HMPA, TMSCl,
−78℃, THF

62%

(6-94)

除了这些 β-芳基和炔基取代的烯酮外，也已发现其他 β-取代的 α,β-不饱和羰

基化合物在膦催化下优先进行 γ-加成。例如，由二茂铁衍生的环蕃型手性膦催化剂(S,S)-Ⅳ可以催化联烯酸酯与一系列 β-取代的 α,β-不饱和羰基化合物(其中部分与式(6-91)中相同)的对映选择性的[3+2]反应(式(6-95))[132]。

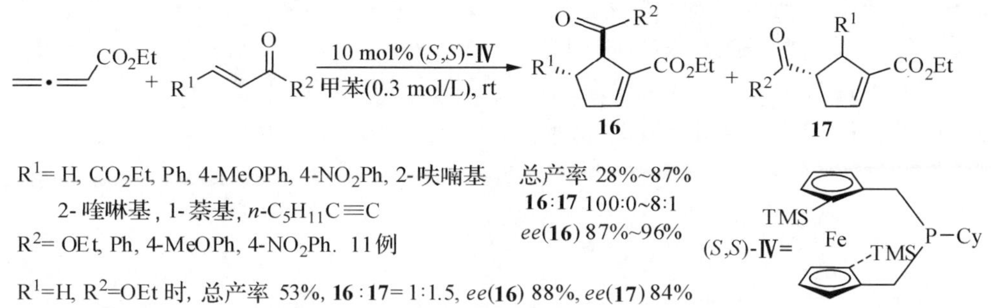

10 mol% (S,S)-Ⅳ，甲苯(0.3 mol/L), rt → 16 + 17

R^1= H, CO_2Et, Ph, 4-MeOPh, 4-NO_2Ph, 2-呋喃基，2-喹啉基，1-萘基，n-$C_5H_{11}C\equiv C$
R^2= OEt, Ph, 4-MeOPh, 4-NO_2Ph. 11例
总产率 28%~87%
16:**17** 100:0~8:1
ee(**16**) 87%~96%
R^1=H, R^2=OEt 时，总产率 53%，**16** : **17**= 1:1.5, ee(**16**) 88%, ee(**17**) 84%

(6-95)

(S,S)-Ⅳ也可以催化联烯基磷酸酯与 β-取代 α,β-不饱和羰基化合物优先发生 γ-加成，以较高的对映选择性合成环戊烯基磷酸酯(式(6-96))[133]。正如前述，联烯基磷酸酯的反应活性比一般联烯基羧酸酯要低，因此反应需要在较高的温度下进行。

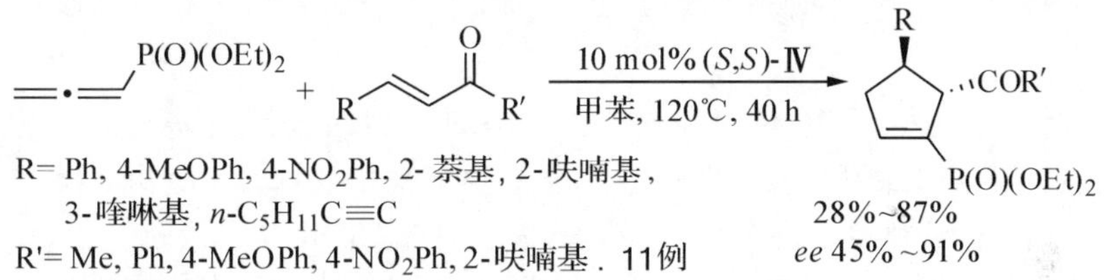

10 mol% (S,S)-Ⅳ，甲苯, 120℃, 40 h

R= Ph, 4-MeOPh, 4-NO_2Ph, 2-萘基, 2-呋喃基，3-喹啉基, n-$C_5H_{11}C\equiv C$
R'= Me, Ph, 4-MeOPh, 4-NO_2Ph, 2-呋喃基．11例
28%~87%
ee 45%~91%

(6-96)

在(S,S)-Ⅳ催化的联烯酸酯与对称或不对称二烯酮的反应中，也只选择性地在一个双键上发生加成而不进行双重加成反应。但单加成产物 **18** 可在非手性的三苯基膦催化下继续与一分子联烯酸酯反应，得到双重加成产物 **19**。手性的单加成产物对第二个加成反应有很好的立体控制，使之具有很高的非对映选择性，主要得到一个具有 C_2 对称性的手性异构体(式(6-97))[133]。

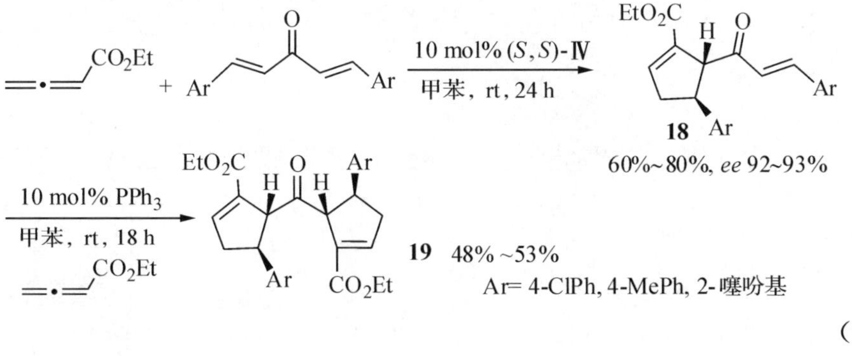

10 mol% (S,S)-Ⅳ，甲苯, rt, 24 h → **18** 60%~80%, ee 92~93%

10 mol% PPh_3，甲苯, rt, 18 h → **19** 48%~53%

Ar= 4-ClPh, 4-MePh, 2-噻吩基

(6-97)

4）联烯酸酯与活化环烯烃的[3＋2]反应

在联烯酸酯与烯烃的[3＋2]反应中，至今主要使用开链烯烃和环外双键作为烯烃组分，而用环内双键作为烯烃组分还很少研究。实际上，活化环烯烃是比相应结构的开链烯烃更好的亲偶极剂。已经发现，一些活化环烯烃在与联烯酸酯的膦催化[3＋2]反应中表现出很高的区域和立体选择性[134,135]。5-烷氧基呋喃-2-(5*H*)-酮（±）-**20** 及其 3-对甲苯亚磺酰基衍生物 **21a** 和 **21b** 与联烯衍生物进行[3＋2]反应，表现出了很高的区域选择性，只分离得到一个产物（式(6-98)和式(6-99)）[134]。

CO_2Et 联烯 + (±)-**20** (OMe) —— 30 mol% PPh_3，苯, rt, 14 h → (±)-**22**, 75%（H, O, O, EtO_2C, H, OMe）　　(6-98)

23, 96% (TolOS, O, O, EtO_2C, H, OEt) ← 2 eq **21a** (Tol, S, O, OEt)，30 mol% PPh_3，苯, rt, 3 h —— CO_2Et 联烯 —— 2 eq **21b** (Tol, S, O, OEt)，30 mol% PPh_3，苯, rt, 2.5 h → **24**, 75% (TolOS, O, O, EtO_2C, H, OEt)　　(6-99)

在联烯酸酯与（±）-**20** 的反应中，发生环加成的面选择性完全为 5-甲氧基控制。它使加成从与之相反的方向发生，只得到反式产物（反式指 OMe 与新生成的五元环为反式）。在同样条件下，三苯基膦却不能催化巴豆酸乙酯（MeCH ═ $CHCO_2Et$）与联烯酸乙酯的加成，表明（±）-**20** 比其开链类似物有更高的反应性能。

在化合物 **21a** 及 **21b** 的[3＋2]反应中，也都只得到一个反式双环产物，而未分离得到其他异构体（式(6-99)）。这表明反应的面选择性仍然完全由 5-烷氧基控制，而对甲苯亚磺酰基不起主要作用。在戊二烯-2，3-酸乙酯与 **21a** 和 **21b** 的反应中（式(6-100)），得到 *endo* 与 *exo* 两个加成产物。由于 5-烷氧基的立体控制，两者均为反式双环产物。但两个产物中，以 *endo* 产物为主（*endo* 指甲基与内酯环互为 *endo*）。这说明 **21a** 和 **21b** 中的亚磺酰基控制了 *endo*/*exo* 的选择性，得到甲基与其处于反式的产物。

25, *endo*- (TolOS, Me, O, O, EtO_2C, H, OEt)
endo / *exo* > 97:3
*endo*产率 47%
← **21a**, 30 mol% PPh_3，苯, rt, 1.5 h —— CO_2Et 联烯 (±), 1.5 eq —— **21b**, 30 mol% PPh_3，苯, rt, 3.5 h →
26, *endo*- (TolOS, Me, O, O, EtO_2C, H, OEt)
endo / *exo* > 97:3
*endo*产率 29%

(6-100)

20与**21a**、**21b**在合成上都可视为3-甲酰基丙烯酸酯的等价物。上述[3+2]反应中得到的双环产物都可以方便地转化为高度官能化的环戊烷衍生物(式(6-101)和式(6-102))。

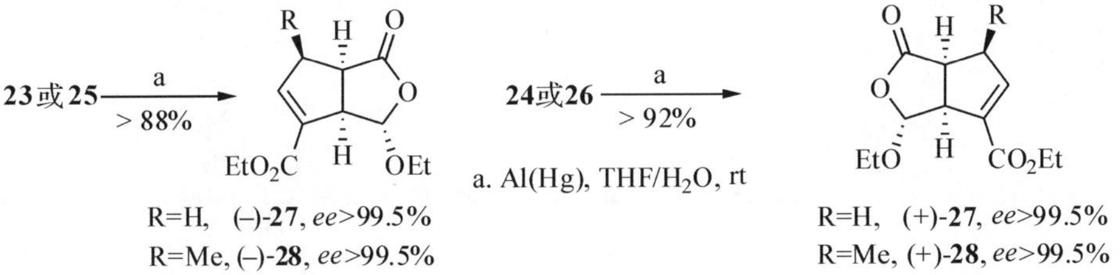

23或**25** —a, >88%→ R=H, (−)-**27**, *ee*>99.5%; R=Me, (−)-**28**, *ee*>99.5%

24或**26** —a, >92%→ R=H, (+)-**27**, *ee*>99.5%; R=Me, (+)-**28**, *ee*>99.5%

a. Al(Hg), THF/H_2O, rt

(6-101)

(±)-**22**, (−)-**27**, (−)-**28** —H_2, Pd/C, 乙酸乙酯→ (R=H 66%; R=Me 67%) + (R=H 15%; R=Me 3%) —$BF_3 \cdot Et_2O$, HS~~SH, 79%~82%→ —CH_2N_2, 100%→

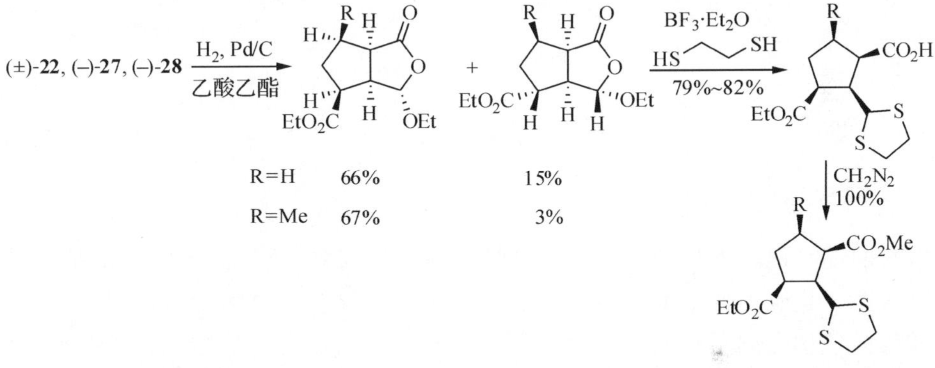

(6-102)

5）在联烯基酮的α-位上引入大位阻的三甲基硅基，也使γ-加成成为主要反应

前已述及，由于联烯基酮是比联烯酸酯更强的Michael受体，在膦催化的反应中，前者往往发生自身的[4+2]二聚(式(6-77))。特别是联烯基芳基酮，二聚常压倒与烯烃的[3+2]反应而成为主要反应。可以设想，如果在它们的α-位上加一位阻基团，如三甲基硅基($(Me)_3Si$)，则有可能抑制二聚反应。同时，α-大位阻基团的引入也会对与烯烃的α-加成产生较大位阻(式(6-87))，转而采取γ-加成，例见式(6-103)[136]。

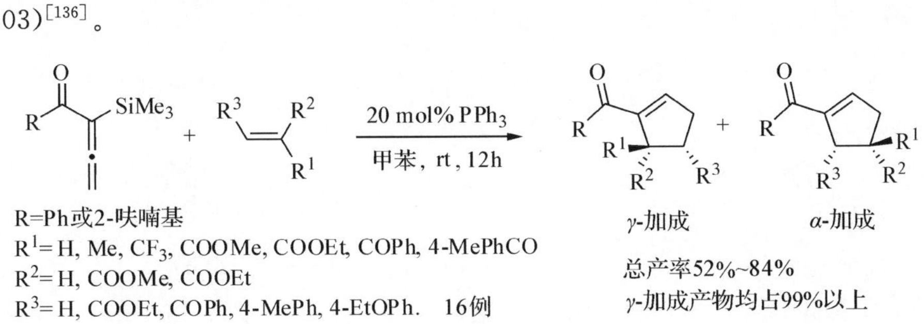

—20 mol% PPh_3, 甲苯, rt, 12h→ γ-加成 + α-加成

R=Ph或2-呋喃基
R^1= H, Me, CF_3, COOMe, COOEt, COPh, 4-MePhCO
R^2= H, COOMe, COOEt
R^3= H, COOEt, COPh, 4-MePh, 4-EtOPh. 16例

总产率52%~84%
γ-加成产物均占99%以上

(6-103)

值得注意的是，反应产物中三甲基硅基已经脱去，产物的结构与由相应的 α-位无取代的联烯基芳基酮出发得到的 γ-加成产物一样。三甲基硅基在反应中只起到化学选择性和区域选择性的控制器的作用。可能的反应机理见式(6-104)。中间体 **P** 发生了 Brook 重排式的硅基迁移，初级产物 **Q** 在反应体系中或层析分离时酸的作用下脱硅基而得产物。

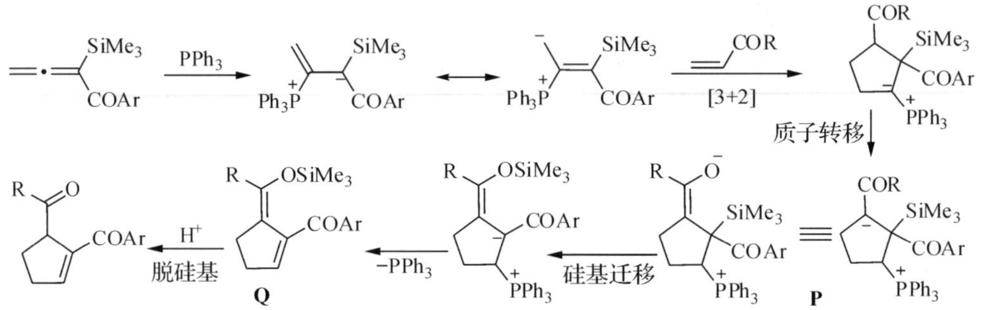

(6-104)

3. 对映选择性的[3＋2]反应

与前述其他膦催化的联烯衍生物的反应一样，膦催化的[3＋2]反应的手性化研究从这一反应发现后不久就已开始[137]，并正引起越来越多的注意，目前已有了一些较为成功的例子。前已述及，用手性 phosphepine 催化剂以很高的区域选择性和对映选择性从联烯酸酯与 β-取代的烯酮合成了手性的环戊烯衍生物[129]（式(6-91)～式(6-93)）。而手性二茂铁环蕃膦催化剂(*S*,*S*)-Ⅳ也在催化联烯酸酯与烯酮、丙烯酸酯和马来酸乙酯的[3＋2]反应中取得了很好的效果（式(6-95)～式(6-97)）[132,133]。对产物的绝对构型的研究表明，联烯酸酯与丙烯酸甲酯的主要加成产物——经 α-加成生成的环戊烯产物 **30**（式(6-95)中的 **17**）的手性碳为 *S*-构型。而与查耳酮进行 γ-加成的环戊烯产物 **29**（式(6-95)中的 **16**）和联烯酸盖酯与二亚苄叉丙酮进行 γ-加成的产物 **31**（式(6-95)中的 **16**）中，两个手性碳均为 4*S*,5*R* 构型（式(6-105)）。

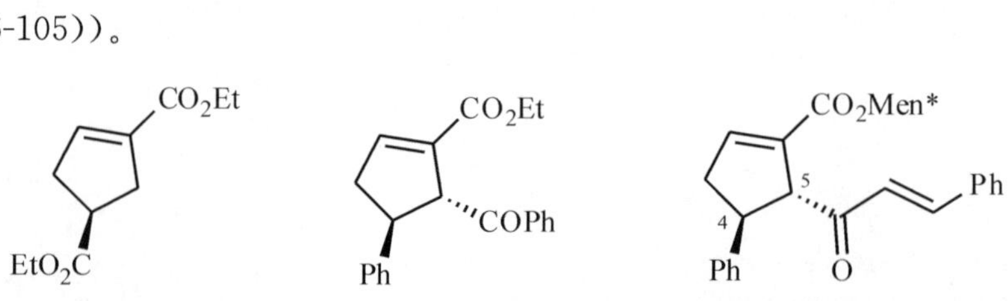

(*S*)-**30**　　(4*S*,5*R*)-**29**　　(4*S*,5*R*)-**31**　　(6-105)

为了探索(*S*,*S*)-Ⅳ为何导致具有这样构型的产物，用 DFT(marij-BP86/def2-SVP)方法对(*S*,*S*)-Ⅳ与联烯酸酯加成后生成的两性离子中间体进行了计算[133]，发现在三个与能量极小相应的立体异构体中，正是导致 γ-加成和(4S,5R)产物的生成的那一个异构体中，无论是联烯酸酯中的酯基(CO_2Et)还是 γ-碳上的亚甲基与催化剂的骨架及其位阻基团三甲硅基之间均无明显位阻；而在另两个立体异构体中，则分别在 TMS 基与酯基之间和 TMS 基与 γ-碳上的亚甲基之间存在有较大的位阻。因此环加成优先经这一能量较低的两性离子立体异构体进行。同时由于催化剂的立体屏蔽，烯烃组分只能从与催化剂相反的面对两性离子的 γ-碳原子进行加成，导致发生 γ-加成和生成(4S,5R)产物。

Phosphepine 催化剂和手性二茂铁环蕃膦催化剂也已成功地应用于催化活化联烯衍生物与环外双键进行对映选择性[3+2]反应，以合成手性螺环化合物。联烯酸乙酯与一系列 3-芳甲叉吲哚-2-酮可在 phosphepine 催化剂(**32**)和二茂铁衍生的膦催化剂(S,S)-Ⅳ的催化下以很高的对映选择性得到在吲哚天然产物和在很多生物活性吲哚衍生物中常见的吲哚螺环环戊烷产物。反应的主要产物(**33**)是联烯酸酯以 γ-碳原子对芳甲叉吲哚酮的环外双键进行加成而得到的(式(6-106))[138]。

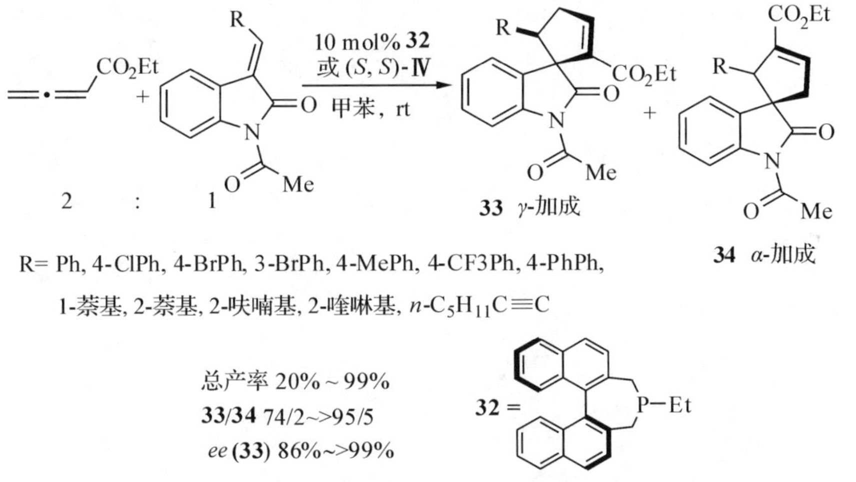

10 mol% **32** 或 (S, S)-Ⅳ；甲苯，rt

2 : 1

33 γ-加成　　**34** α-加成

R= Ph, 4-ClPh, 4-BrPh, 3-BrPh, 4-MePh, 4-CF3Ph, 4-PhPh, 1-萘基, 2-萘基, 2-呋喃基, 2-喹啉基, n-$C_5H_{11}C{\equiv}C$

总产率 20%～99%
33/**34** 74/2～>95/5
ee (**33**) 86%～>99%

32 =

(6-106)

(S,S)-Ⅳ也已应用于催化活性较低的联烯基磷酸酯的上述反应，得到 70%的产率和 92%的 ee 值(式(6-107))[138]。

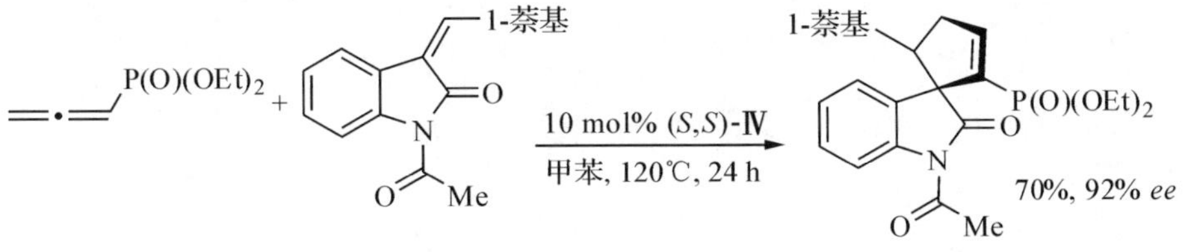

10 mol% (S,S)-Ⅳ；甲苯, 120℃, 24 h

70%, 92% ee

(6-107)

手性联萘衍生的膦催化剂在适当的反应条件下，还可以有效地催化 γ-烷基取代的联烯酸酯与 α 杂原子取代的活化烯烃的对映选择性[3+2]反应，合成含有带杂原子取代基的季碳原子的环戊烯(式(6-108)和式(6-109))[139]。这些反应对膦催化的[3+2]反应的应用范围做了重要的扩展。在筛选的几类手性膦催化剂中，联萘型的 (S)-Ⅴ效果最好；其中在 3,3′-位上用苯基取代氢原子对提高反应的对映选择性起了重要作用。而用 (S)-Ⅵ～(S)-Ⅷ时，产物的 ee 值较低。在式(6-108)和式(6-109)的反应条件下，γ-烷基取代的联烯酸酯向 1,3-二烯的异构化反应受到抑制，不能与[3+2]反应竞争。反应的区域选择性很高，以 α-加成为主。

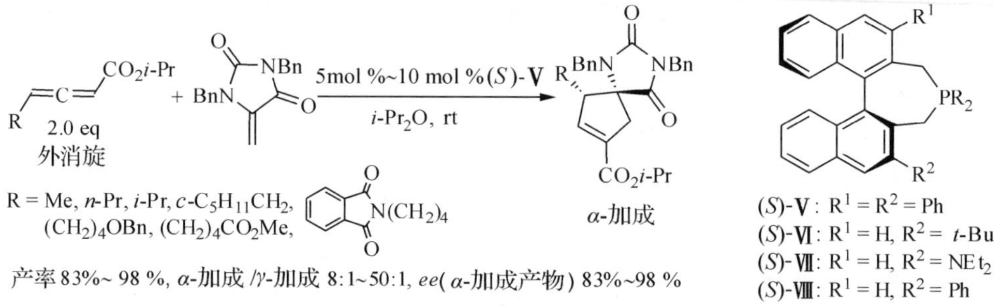

R = Me, n-Pr, i-Pr, c-$C_5H_{11}CH_2$, $(CH_2)_4OBn$, $(CH_2)_4CO_2Me$, 邻苯二甲酰亚胺基-$N(CH_2)_4$

5mol %~10 mol %(S)-Ⅴ, i-Pr_2O, rt；联烯酸酯 2.0 eq 外消旋；α-加成

产率 83%~ 98 %, α-加成 /γ-加成 8:1~50:1, ee(α-加成产物) 83%~98 %

(S)-Ⅴ: $R^1 = R^2 = Ph$
(S)-Ⅵ: $R^1 = H$, $R^2 = t$-Bu
(S)-Ⅶ: $R^1 = H$, $R^2 = NEt_2$
(S)-Ⅷ: $R^1 = H$, $R^2 = Ph$

(6-108)

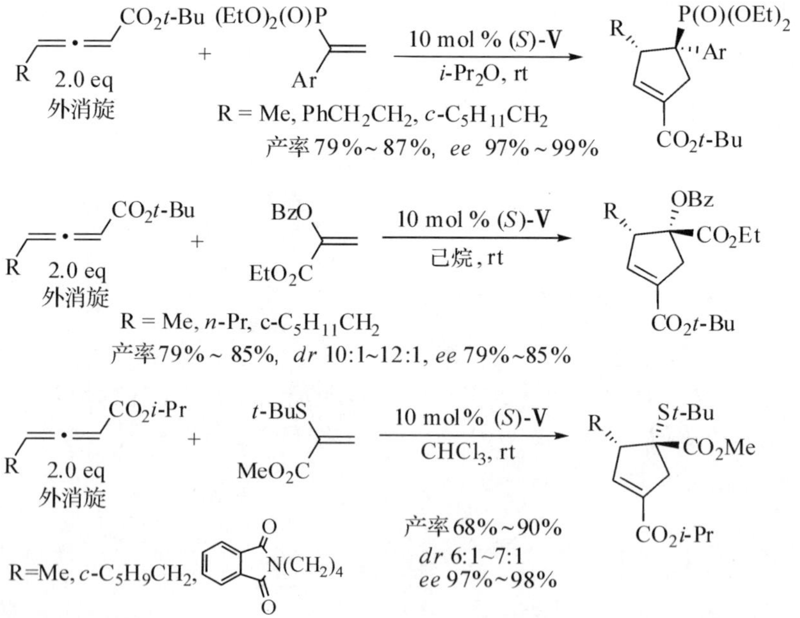

10 mol % (S)-Ⅴ, i-Pr_2O, rt；2.0 eq 外消旋
R = Me, $PhCH_2CH_2$, c-$C_5H_{11}CH_2$
产率 79%~ 87%, ee 97%~99%

10 mol % (S)-Ⅴ, 己烷, rt；2.0 eq 外消旋
R = Me, n-Pr, c-$C_5H_{11}CH_2$
产率79%~ 85%, dr 10:1~12:1, ee 79%~85%

10 mol% (S)-Ⅴ, $CHCl_3$, rt；2.0 eq 外消旋
产率 68%~90%
dr 6:1~7:1
ee 97%~98%
R=Me, c-$C_5H_9CH_2$, 邻苯二甲酰亚胺基-$N(CH_2)_4$

(6-109)

从易得的天然手性 α-氨基酸衍生的手性氨基膦催化剂也在催化对映选择性[3+2]反应中取得了很好的结果。在联烯酸酯与一系列烯酮的加成反应中，催化

剂 **35a** 在筛选的催化剂中性能最好，以高产率、较好的区域选择性（对末端烯烃，主要得到 α-加成产物）和高对映选择性得到[3＋2]产物（式(6-110)）[140]。实验表明，亚氨基 NH 的存在与其酸性对反应的对映选择性有决定性影响。如果在 **35a** 中，将氨基中的 H 原子换为 Me，则只得到外消旋的环加成产物；如果将 Boc 换为乙酰基 MeCO，反应的对映选择性大为下降；而将 Boc 换为对甲苯磺酰基则只得到外消旋产物。

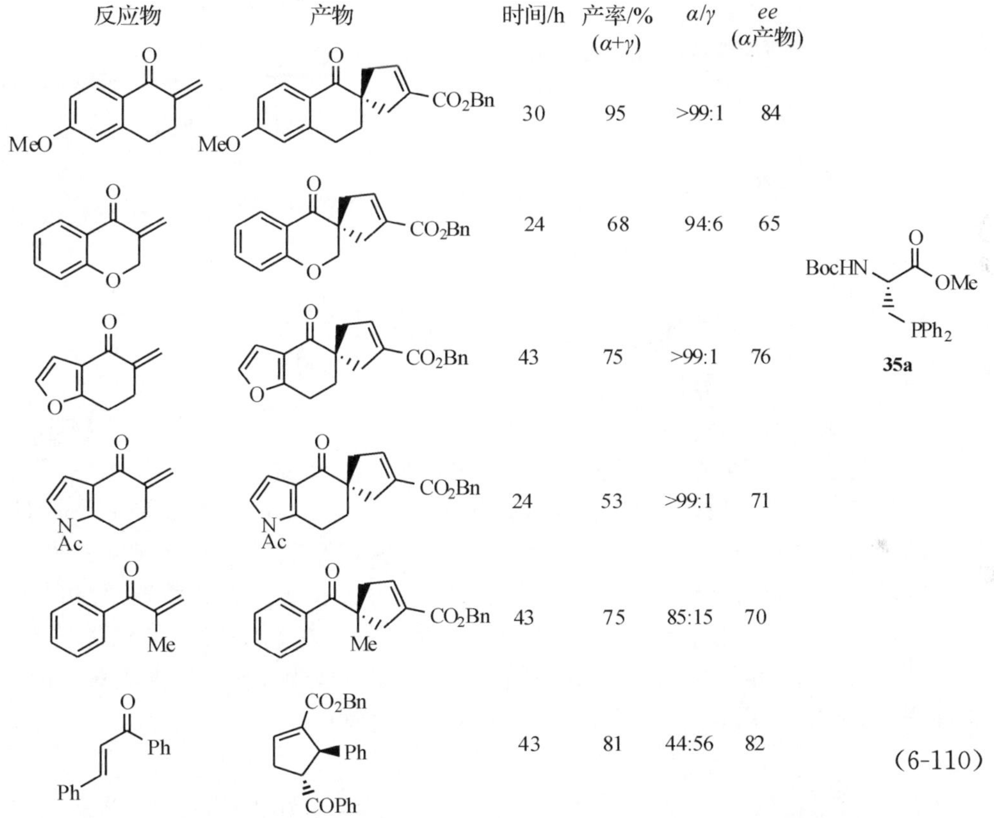

反应物	产物	时间/h	产率/% ($\alpha+\gamma$)	α/γ	ee (α产物)
MeO	CO_2Bn, MeO	30	95	>99:1	84
O	CO_2Bn, O	24	68	94:6	65
O	CO_2Bn, O	43	75	>99:1	76
N, Ac	CO_2Bn, N, Ac	24	53	>99:1	71
Me	CO_2Bn, Me	43	75	85:15	70
Ph, Ph	CO_2Bn, Ph, COPh	43	81	44:56	82

BocHN, OMe, PPh_2

35a

(6-110)

值得注意的是，在用 **35a** 催化外消旋的 γ-甲基联烯酸酯与烯酮的[3＋2]反应时，也只得到一个非对映立体异构体（式(6-111)），出现了原料的去外消旋化（deracemization）。这是由于在磷对联烯酸酯加成的中间体 **R** 中，原料中的平面手性被消除了（式(6-112)）。这可视为外消旋反应物的动态的动力学不对称转化（dynamic kinetic asymmetric transformation）。反应中反应物与催化剂通过膦的加成和 **35a** 与反应物酯基氧原子间的氢键组装，生成的可能的过渡态结构之一为 **S**。显然，在 **S** 中，烯酮只能从与膦上的一个直立苯基相反的一个 π 面去进攻1，3-偶极，得到具有式(6-110)和式(6-111)中构型的产物。

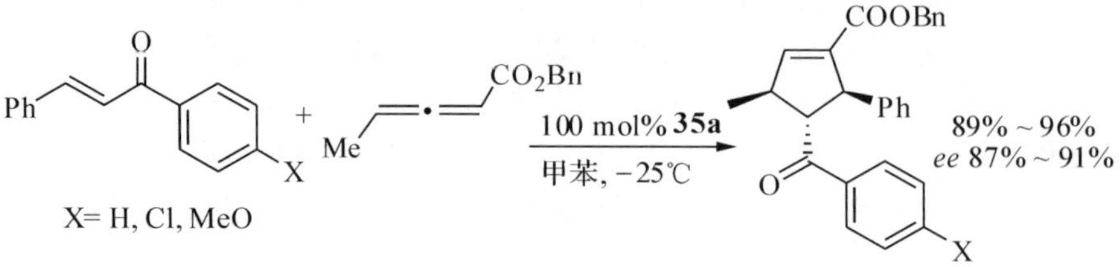

(6-111)

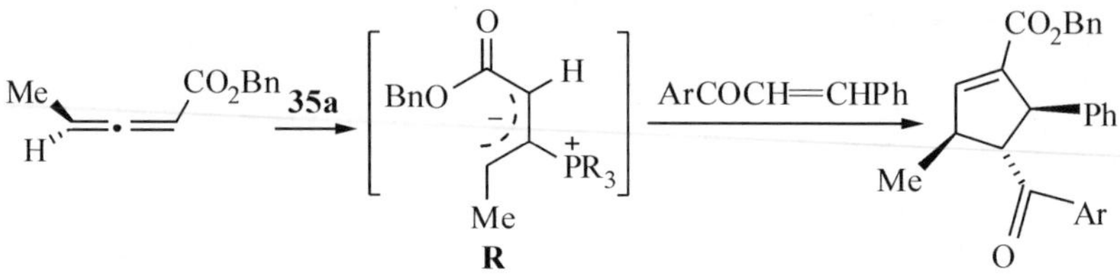

89%～96%
ee 87%～91%

100 mol% **35a**
甲苯, −25℃

X= H, Cl, MeO

(6-112)

ArCOCH=CHPh

可能的过渡态结构之一(四氢萘酮从下方接近两性离子)

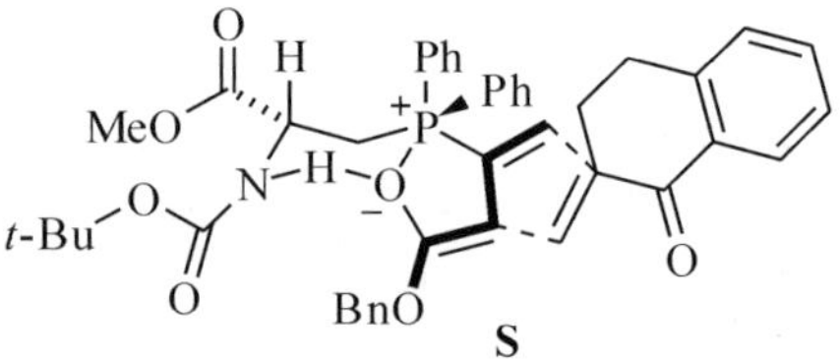

在联烯酸酯与 β-芳基-α,α-双活化乙烯的[3+2]反应中,对一系列 α-氨基酸衍生的手性膦催化剂 **36** 进行的筛选表明,**36a**(即 R^1=异丁基,R^2 为 3,5-二(三氟甲基)苯甲酰基)表现出最好的催化性能(式(6-113))[127]。为了澄清 R^1 和 R^2 对催化性能的影响,在分别固定其中一个而改变另一个时进行反应。实验结果表明,R^1 的位阻较大有利于提高对映选择性。但过大的 R^1(如叔丁基和 2-萘基)也可使催化活性降低,反应时间延长。而在固定 R^1 为 Bn 时,选择 N 原子上的保护基 R^2,使 NH 具有适中的酸性很重要。这表明在反应的过渡态中,氢键的生成对反应的手性诱导起重要作用。

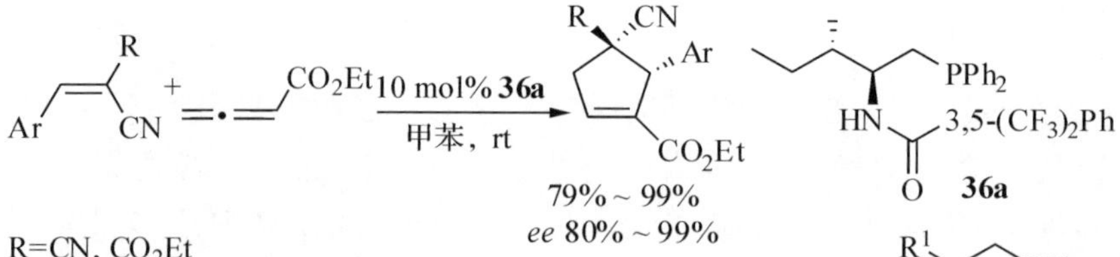

(6-113)

10 mol% **36a**
甲苯, rt

79%～99%
ee 80%～99%

R=CN, CO_2Et
Ar= Ph, 2-FPh, 2-BrPh, 2-MeOPh, 2,5-$(MeO)_2$Ph, 2,4-Cl_2Ph, 1-萘基, 2-萘基, 4-FPh, 4-ClPh, 3-BrPh, 4-BrPh, 4-MeOPh, 3-FPh, 3-ClPh, 2-噻吩基. 21 例

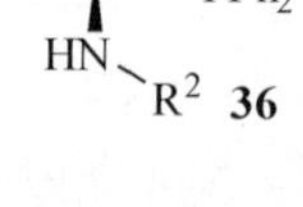

由式(6-113)可见,反应对一系列芳基上具有给电子基或吸电子基的 α,α-双活化烯烃都得到很高的产物产率和对映选择性。而且芳环上有邻位取代基时,反应的对映选择性明显要更高。但是,反应不适用于 β-脂烃基烯烃。用 γ-碳上有甲基

的外消旋 2,3-戊二烯酸酯反应时，也以较好的非对映和对映选择性得到[3+2]产物(式(6-114))。

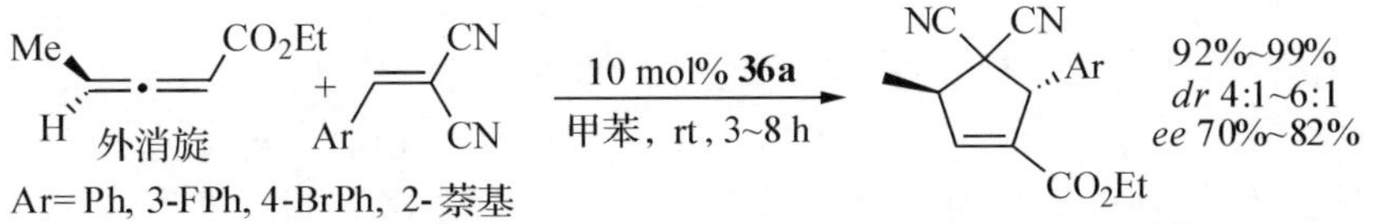

Me, CO_2Et, H, 外消旋 + CN, Ar, CN —(10 mol% **36a**; 甲苯，rt，3~8 h)→ NC, CN, Ar, CO_2Et　92%~99%，*dr* 4:1~6:1，*ee* 70%~82%　(6-114)

Ar= Ph, 3-FPh, 4-BrPh, 2-萘基

这些反应的手性环戊烯产物可方便地转变为多取代环戊烷衍生物。例见式(6-115)。

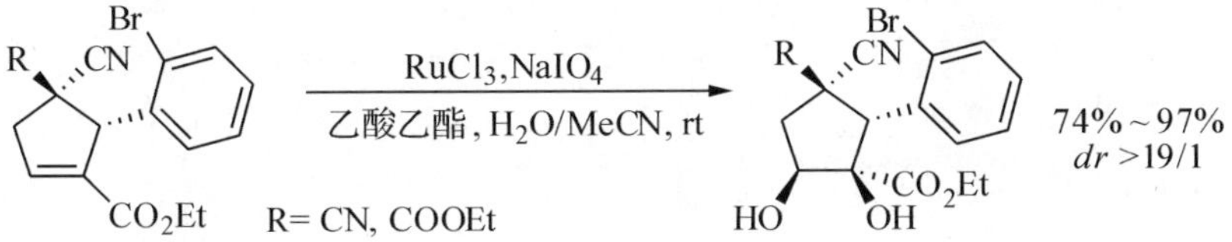

—($RuCl_3$,$NaIO_4$; 乙酸乙酯，H_2O/MeCN, rt)→　74%~97%，*dr* >19/1　(6-115)

R= CN, COOEt

反应可能是经与前述 **S** 相似的过渡态 **T** 进行的。为了避免与磷原子上一个直立苯基之间的位阻，烯烃从与其相反的一面与 1,3-偶极反应。在不对称的 α,α-双活化烯烃的反应中出现两种非对映立体异构产物，这表明环加成可能是分步进行的。

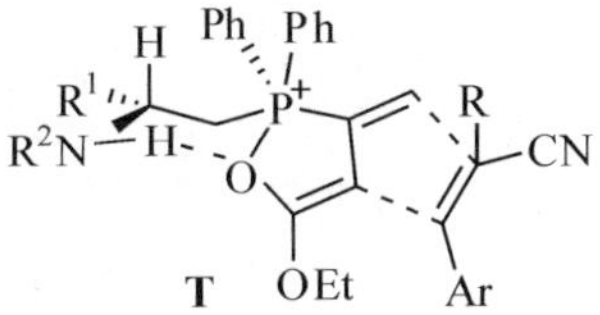

T

用二肽连接的膦可以催化联烯酸酯与 α-苯基丙烯酸菲基酯的高度区域选择性和对映选择性的[3+2]反应(式(6-116))[141]。这些催化剂中的膦基与一个伯碳原子连接，亲核性很高；而与受体之间的立体相互作用则可通过改变肽骨架上的基团 R′和 R″来调节。在筛选的二肽-膦催化剂 **37a**～**37c** 中，以 D-苏氨酸-L-*tert*-亮氨酸为二肽骨架的 **37c** 的效果最好。

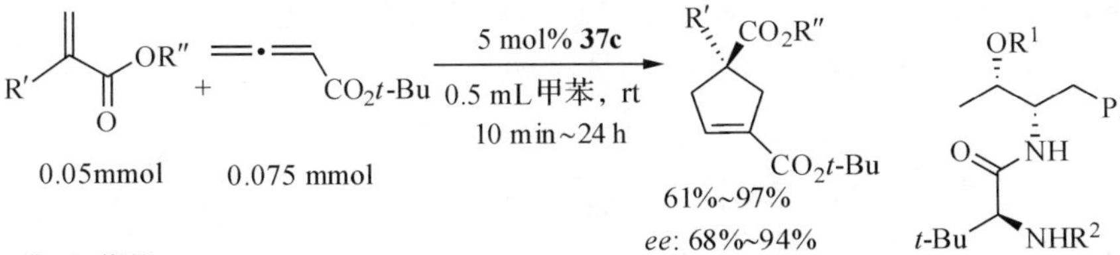

0.05mmol + 0.075 mmol —(5 mol% **37c**; 0.5 mL 甲苯，rt; 10 min~24 h)→ 61%~97%，*ee*: 68%~94%　(6-116)

R″= 9-菲基

R′= Ph, 4-ClPh, 4-BrPh, 4-MePh, 4-MeOPh, 4-*t*-BuPh, 4-CNPh, 3-MePh, 2-NO_2Ph, 3,4-Cl_2Ph, 1-萘基, 2-萘基, CH_2Ph

37a R^1=TBS, R^2=Boc

37b R^1=TBDPS, R^2=Boc

37c R^1=TBDPS, R^2=$CO_2C(Me)_2CCl_3$

37c 也在催化联烯酸酯与马来酰亚胺的对映选择性[3+2]反应时显示出很高的催化活性和优秀的手性诱导性能[142]。

用叔丁氧羰基保护的 Morita-Baylis-Hillman 反应的醇产物(碳酸烯丙基酯)(式(6-117)中的 **U**)与膦加成后脱羧而生成的乙烯基膦盐(**V**)可在脱羧时产生的碱(t-BuO$^-$)的作用下脱质子而得叶立德 **W**,后者可以与活化烯烃进行[3+2]反应。如用手性膦催化剂,则可实现对映选择性的反应。在与马来酰亚胺的反应中,应用了与式(6-116)中相似的二肽-膦催化剂 **38**(式(6-118))[143]。而在与 3-亚甲基吲哚啉-2-酮的反应中,在筛选的各种手性膦催化剂中,以(+)-Ph-BPE 的手性诱导效果最好,例见式(6-119)。在这一手性双膦催化剂的催化下,一系列氮原子上用酰胺基(CONHPh)或叔丁氧羰基保护的 3-甲叉吲哚酮可与用叔丁氧羰基保护的 Morita-Baylis-Hillman 醇在低温下以较高的产率和很高的对映选择性进行[3+2]反应,得到吲哚螺环环戊烷产物[144]。

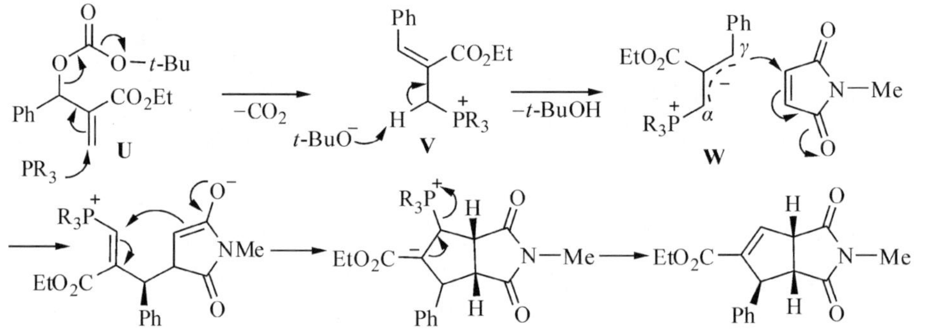

U —($-CO_2$)→ V —($-t$-BuOH)→ W → … → 产物

(6-117)

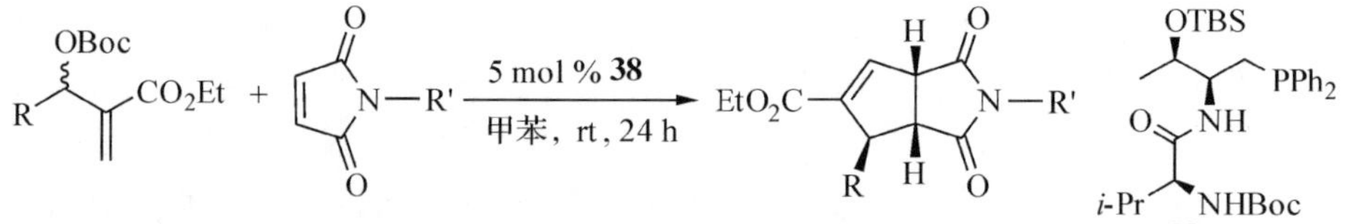

5 mol % **38**,甲苯, rt, 24 h

R = H, Me, 4-MePh, 2-BrPh, 3-BrPh, 3-ClPh, 4-ClPh, 2,4-Cl_2Ph, 4-CNPh, 4-NO_2Ph, 2-HSPh, 2-萘基, (E)-PhCH=CH, CO_2Et

R' = Me, PhCH_2, 4-MePh, 4-ClPh. 21例, 88%~98 %, dr 3:1~25:1, ee 95%~> 99 %

38

(6-118)

10 mol % (+)-Ph-BPE, CH_2Cl_2, rt, 1~12 h

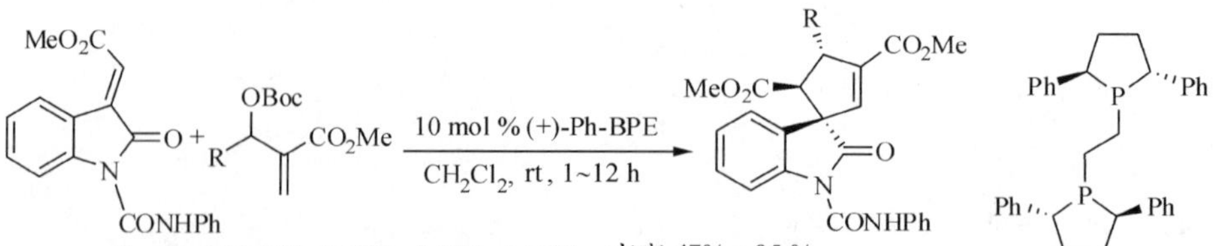

R = Ph, 4-MeOPh, 3-ClPh, 4-ClPh, 4-BrPh, 4-NO_2Ph, 4-CNPh, 2-HSPh, Me

产率 47% ~ 85 %

ee 46 % (R = Me)

91 % ~ 99 % (R = Ar)

(+)-Ph-BPE

(6-119)

4. 分子内[3+2]反应

膦催化的联烯酸酯或炔酸酯与烯烃的[3+2]环加成反应经常得到两个区域选择性不同的异构体的非对映立体异构体混合物。而在把这两个结构单元安置于同一分子内时，分子内的[3+2]反应不但天然地消除了区域选择性的问题，而且表现出很高的立体选择性。

1,7-烯炔可以在三丁基膦催化下进行立体选择性的[3+2]反应，得到双环[3.3.0]辛烷产物(式(6-120))[145]。除了带醚链的反应物(式(6-121))得到 95∶5 的两个非对映立体异构体产物外(主要产物为如式中所示)，其他反应物都只得到一个非对映立体异构体。虽然这些反应物中，炔烃部分都有 δ-H 存在，但可能由于五元环的成环反应在动力学上较为有利，未出现炔烃向 1,3-二烯的异构化反应的竞争。1,8-烯炔的类似分子内成环反应不能有效进行，产物产率和立体选择性都大为降低。

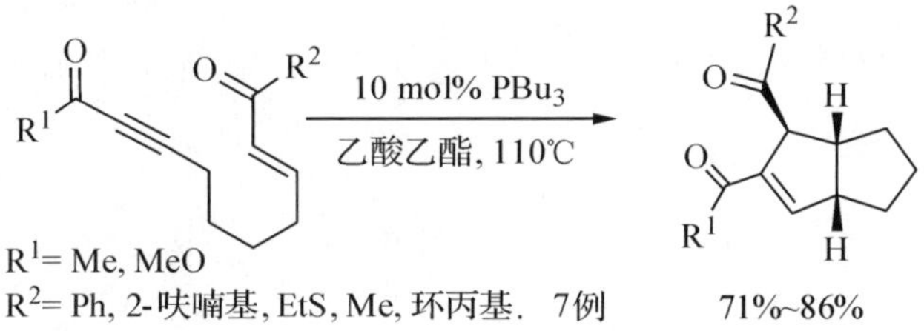

10 mol% PBu_3，乙酸乙酯, 110℃　(6-120)

R^1= Me, MeO

R^2= Ph, 2-呋喃基, EtS, Me, 环丙基. 7例　71%~86%

10 mol% PBu_3，乙酸乙酯, 110℃　75%　(6-121)

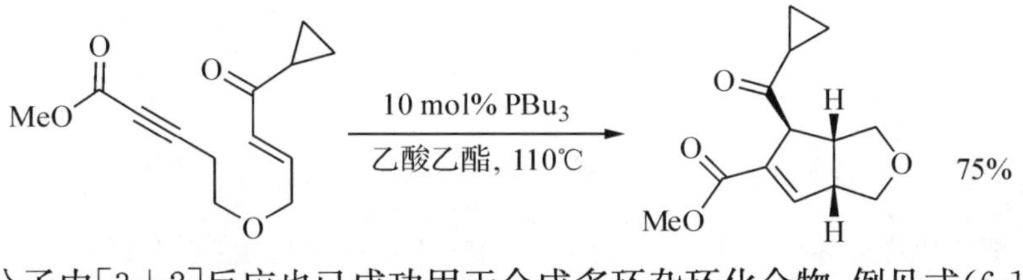

分子内[3+2]反应也已成功用于合成多环杂环化合物，例见式(6-122)[146]。

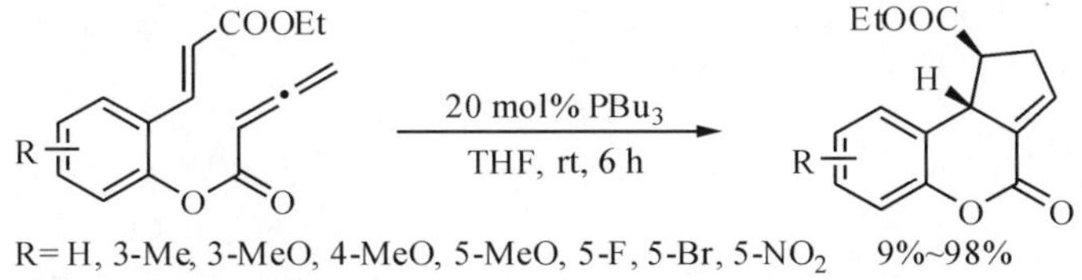

20 mol% PBu_3，THF, rt, 6 h　(6-122)

R= H, 3-Me, 3-MeO, 4-MeO, 5-MeO, 5-F, 5-Br, 5-NO_2　9%~98%

如果把原料中的酯基换成硝基，则在用三丁基膦作为催化剂时，得不到[3+2]产物。而用亲核性较弱的三苯基膦催化反应时，除了正常的[3+2]产物 **39** 外，还得到部分氮酸酯(nitronate)产物 **40**。实验中发现，降低膦的亲核性使氮酸酯的产率升高(式(6-123))。

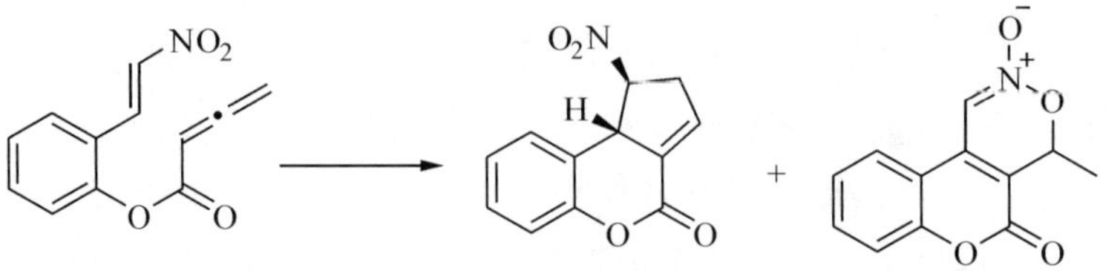

20 mol%PPh_3, THF, rt, 5h　48%　12%

20 mol% $P(p\text{-FPh})_3$, PhH, rt, 5h　19%　62%

(6-123)

氮酸酯产物可能是按式(6-124)的机理生成的。

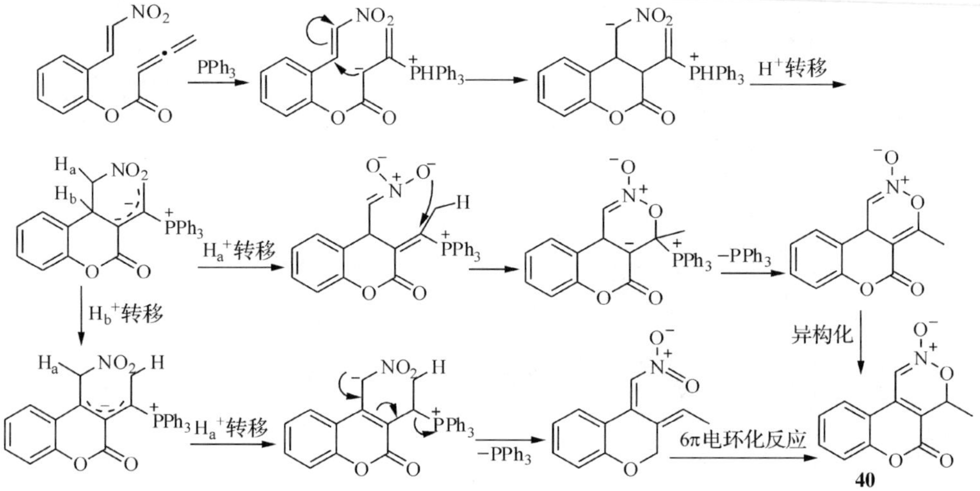

(6-124)

5. 一些膦催化的表观[3+2]环加成反应

一些炔基二酮在膦催化下可以进行分子内的表观[3+2]反应(式(6-125))[147]。

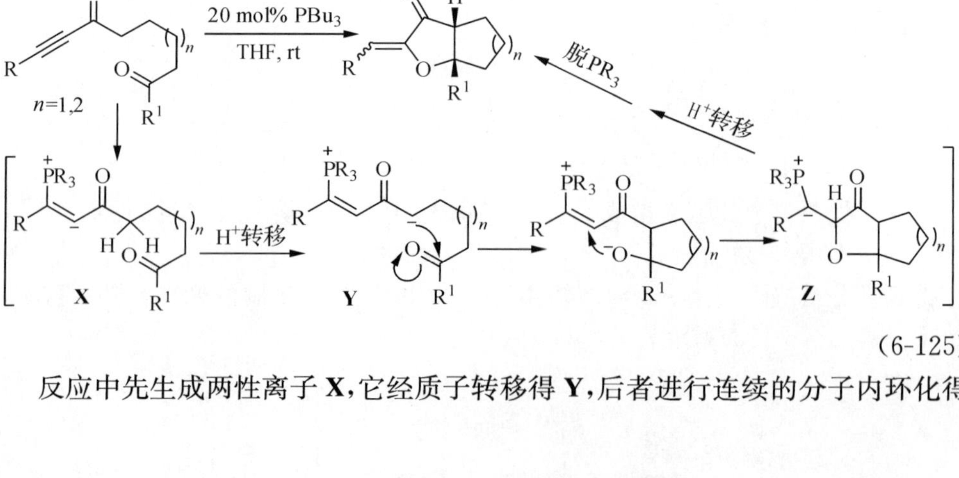

(6-125)

反应中先生成两性离子 **X**,它经质子转移得 **Y**,后者进行连续的分子内环化得

叶立德 **Z,Z** 中的质子转移继而脱去膦分子得产物。在式(6-125)的反应物中，如果亲电基团不是羰基(R^1CO)，而是一个活化烯烃，也可以从中间体 **X** 进行成环反应，得到双环化合物(式(6-126)和式(6-127))[148]。

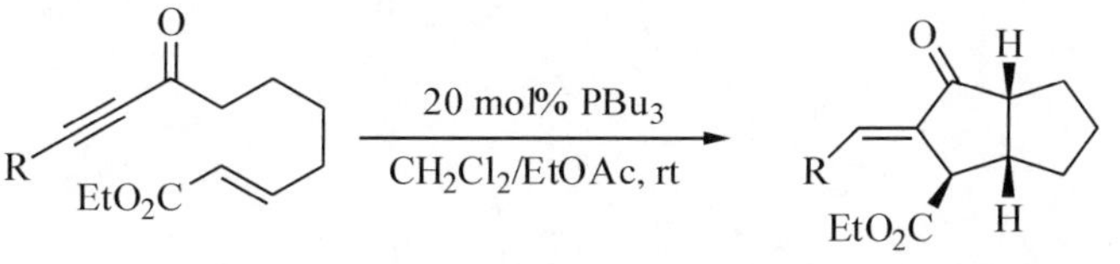

20 mol% PBu_3, CH_2Cl_2/EtOAc, rt (6-126)

R= Ph, c-C_6H_{11}, 6-甲氧基-2-萘基, 1-环己烯基 45%~89%

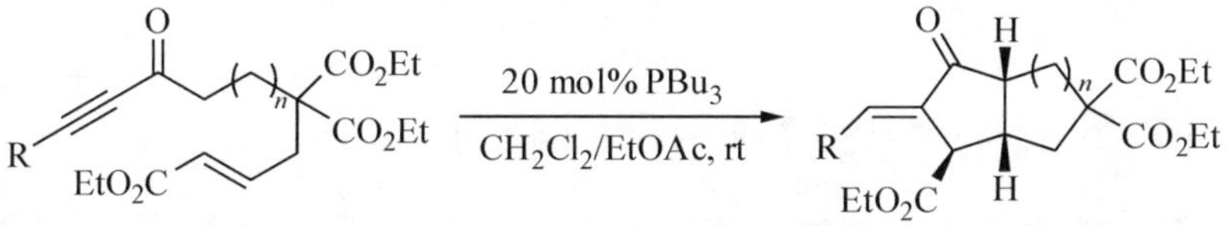

20 mol% PBu_3, CH_2Cl_2/EtOAc, rt (6-127)

n= 1,2 R= Me, n-Bu, Ph, c-C_6H_{11}, 1-环己烯基. 6例 56%~88%

这些反应都有很好的立体选择性，主要都只得到一个非对映立体异构体产物(非对映异构产物比都大于 20∶1)。

与式(6-120)和式(6-121)中的分子内[3+2]反应相比，在式(6-126)和(6-127)的反应物中，羰基是放在炔基内侧的，它阻断了炔键与饱和碳链的连接，避免了炔烃向 1,3-二烯异构化的副反应。

6. 膦催化的[3+2]反应在功能化富勒烯和碳纳米管合成中的应用

富勒烯具有活化烯烃的性质，可以在膦催化下与联烯酸酯进行[3+2]反应(式(6-128))[149,150]。炔酸酯则取决于其 β-碳原子上的取代情况，可在膦催化下分别与富勒烯进行[2+2][151,152]、[2+2+2]、生成鏻叶立德反应[153,154]等[155](式(6-128))。

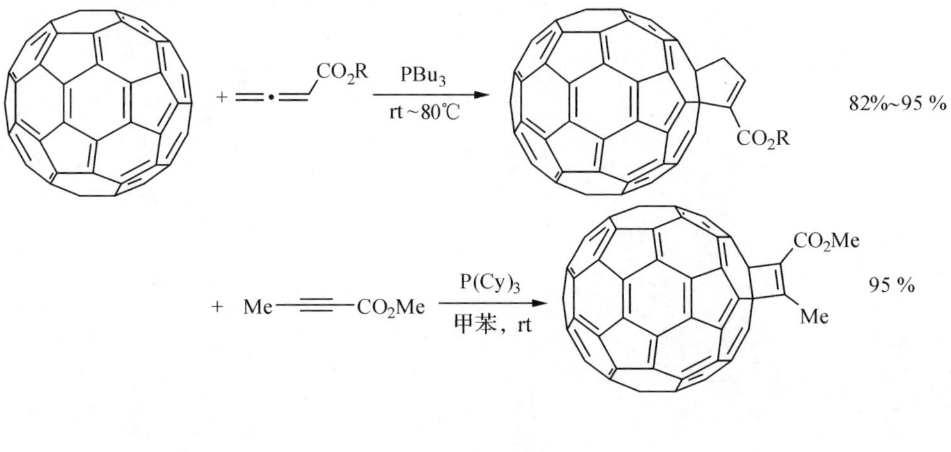

PBu_3, rt~80℃ 82%~95 %

$P(Cy)_3$, 甲苯, rt 95 %

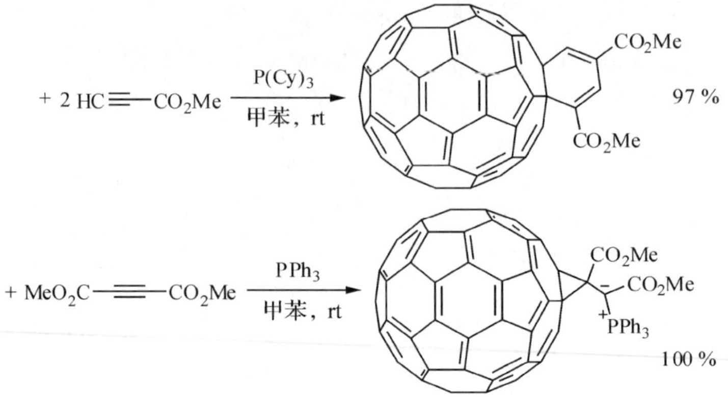

$$+ 2\ HC \equiv CO_2Me \xrightarrow[\text{甲苯, rt}]{P(Cy)_3}$$ 97 %

$$+ MeO_2C-\equiv-CO_2Me \xrightarrow[\text{甲苯, rt}]{PPh_3}$$ 100 %

(6-128)

碳纳米管也可在膦催化下与联烯酸酯进行[3+2]反应[154]。

6.3.2 联烯酸酯与3-亚甲基吲哚啉-2-酮衍生物的[4+2]环加成反应

前已述及,在膦的催化下,3-亚甲基吲哚啉-2-酮与联烯酸酯进行区域选择性的[3+2]反应((式6-106)和式(6-107))[138];但在用DABCO或DMAP这样的叔胺作为Lewis碱催化剂时,它们在与联烯酸酯的反应中表现出典型的quinone methide的性质,作为亲电的1-氧杂-1,3-丁二烯参与反应;而叔胺与联烯酸酯加成而得的两性离子则作为一个1,2-偶极子的等价物参与反应,得到[4+2]环加成的产物[156,157]。例见式(6-129)[156]。

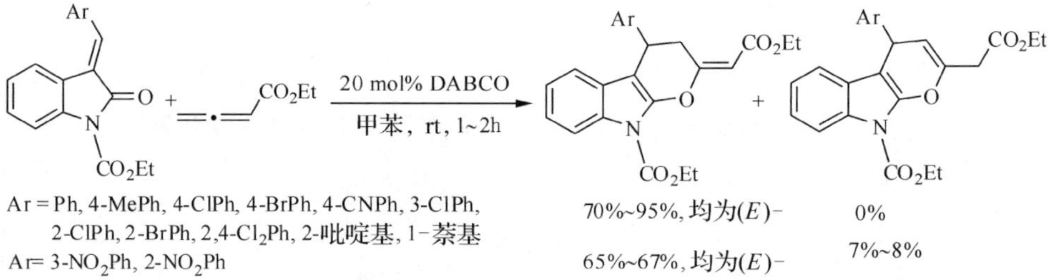

20 mol% DABCO, 甲苯, rt, 1~2h

Ar = Ph, 4-MePh, 4-ClPh, 4-BrPh, 4-CNPh, 3-ClPh, 2-ClPh, 2-BrPh, 2,4-Cl_2Ph, 2-吡啶基, 1-萘基 — 70%~95%, 均为(*E*)- ; 0%

Ar= 3-NO_2Ph, 2-NO_2Ph — 65%~67%, 均为(*E*)- ; 7%~8%

(6-129)

反应是按式(6-130)的机理进行的。

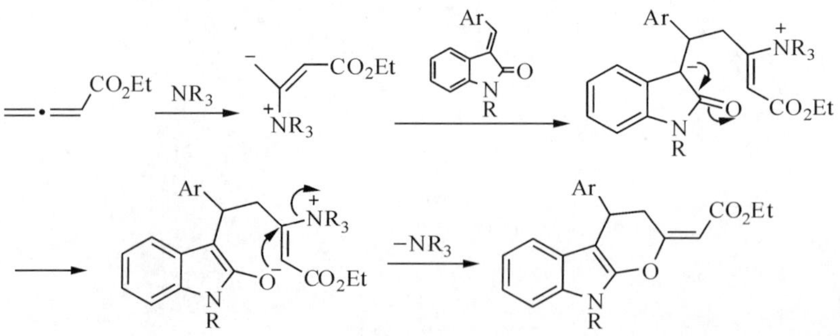

NR_3; $-NR_3$

(6-130)

显然，膦催化时反应按[3+2]进行，而用叔胺催化时按[4+2]进行；这是由于在[3+2]途径的中间体叶立德(与式(6-90)中的**M**相似)中，鏻盐具有很强的稳定与之相连的碳负离子的能力，使通过叶立德**M**生成的[3+2]反应较为有利。而铵盐则不具备这样强的稳定与之相连的碳负离子的能力，因此转而通过烯醇负离子进攻原联烯酸酯中的β-碳原子，导致叔胺的消去而得产物。

开链的α,β-不饱和酮也可以在叔胺DABCO、DMAP等的催化下与联烯酸酯进行[4+2]反应。用手性金鸡纳碱QN-OME作为催化剂，反应以较高的产率和对映选择性进行(式(6-131))[158]。产物中环外双键为(*E*)-构型，这是因为脂族叔胺催化剂(DABCO，QN-OMe等)与联烯酸酯加成后，在两性离子**A**(式(6-131))中，铵正离子与羰基氧原子间的静电相互作用使之为(*Z*)-构型，在与α,β-不饱和酮进行不受位阻影响的γ-加成(α-加成时，苯基与酯基间有较大位阻)并成环后(**B**)，消去叔胺即得(*E*)-产物。

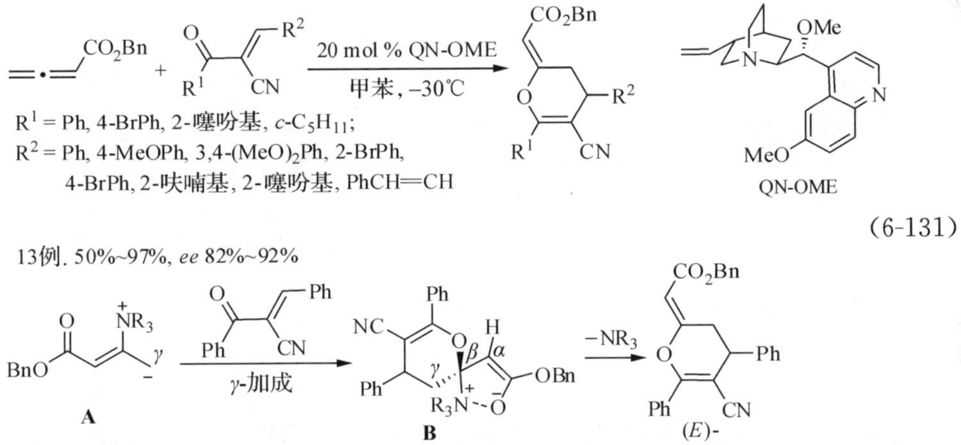

20 mol % QN-OME，甲苯，−30℃

R^1 = Ph, 4-BrPh, 2-噻吩基, c-C_5H_{11};
R^2 = Ph, 4-MeOPh, 3,4-$(MeO)_2$Ph, 2-BrPh, 4-BrPh, 2-呋喃基, 2-噻吩基, PhCH═CH

QN-OME

13例, 50%~97%, *ee* 82%~92%

γ-加成　　$-NR_3$

A　　**B**　　(*E*)-

(6-131)

还可以注意到，虽然同样具有环外1-氧杂丁二烯的quinone methide结构，2-亚甲基四氢萘-1-酮在奎宁环(QD)的催化下与联烯酸酯的反应却是按不同的反应途径进行，由联烯酸酯的γ-碳原子对2-亚甲基四氢萘-1-酮的环外C═C键进行表观的共轭加成(式(6-89)和式(6-90))[131]。这再一次显示了在Lewis碱催化两性离子的反应中，催化剂的结构与亲核性，以及反应物结构有时即使是较小的改变，也可能对反应途径产生巨大影响。

6.3.3 膦催化的活化联烯和活化炔烃与活化亚胺的[3+2]环加成反应

1. 活化联烯衍生物与亚胺的[3+2]反应

联烯酸酯可以在膦催化下与活化亚胺的C═N双键进行[3+2]反应(式(6-132))[159,160]。

$$\text{=\!\cdot\!=\!\!/\!CO_2Me}\ (1.1) + \text{R-CH=N-Ts}\ (1) \xrightarrow[\text{苯, rt}]{10\ \text{mol\% PPh}_3} \text{N-Ts-2-R-3-CO}_2\text{Me-3-吡咯啉} \tag{6-132}$$

R= Ph, 2-MePh, 4-MeOPh, 4-MePh, 4-ClPh, $4\text{-NO}_2\text{Ph}$,
1-萘基, (*E*)-PhCH═CH, 2-呋喃基, $3,4(\text{OCH}_2\text{O})\text{Ph}$, 产率53%~98%
R= *t*-Bu, 2-甲基-4-戊烯基, 产率约为0

反应有很高的区域选择性,主要产物都是经两性离子中 **C** 的 α-碳原子对亚胺进行加成而生成的(式(6-133))。

$$\text{联烯酸甲酯} \xrightarrow{\text{PPh}_3} \mathbf{C}\ (\alpha\text{-碳负离子} \leftrightarrow \gamma\text{-碳负离子}, \overset{+}{\text{P}}\text{Ph}_3) \xleftarrow{\text{质子转移}} \xleftarrow{\text{PPh}_3} \text{CH}_3\text{C≡C-CO}_2\text{Me}$$
$$\mathbf{C} + \text{R-CH=N-Ts} \xrightarrow{\alpha\text{-加成}} \mathbf{D} \longrightarrow \text{环化中间体}(\text{Ph}_3\overset{+}{\text{P}}, \text{CO}_2\text{Me}) \xrightarrow{\text{H}^+\text{转移}} \xrightarrow{-\text{PPh}_3} \text{N-Ts-2-R-3-CO}_2\text{Me-3-吡咯啉} \tag{6-133}$$

在反应规模方面,除了联烯酸酯之外,联烯基膦酸酯也能与亚胺进行上述反应,但活性较低[122];需用亲核性更强的三丁基膦或三异丁基膦催化,在较高温度进行(式(6-134))。

$$\text{=\!\cdot\!=\!\!\backslash P(O)(OEt)}_2 + \text{Ar-CH=CH-NH-Ts} \xrightarrow[\text{甲苯, 120℃, 5 h}]{10\ \text{mol\% P}(i\text{-Bu})_3} \text{N-Ts-2-Ar-3-P(O)(OEt)}_2\text{-3-吡咯啉}\quad 33\%\sim71\% \tag{6-134}$$

Ar= Ph, 2-MePh, 4-MeOPh, $4\text{-NO}_2\text{Ph}$

γ-烷基取代的联烯酸酯也能参与反应,但活性也较低,需用三丁基膦催化[161]。

亚胺方面,从式(6-132)和式(6-134)可见,碳原子上的取代基应为芳基或烯基,不能为脂烃基。此外,其他活化亚胺,如 *N*-二苯基亚膦酰基(diphenylphosphinyl, DPP)亚胺、*N*-对硝基苯磺酰基(*p*-nitrobenzene sulfonyl, Ns)亚胺、*N*-β-三甲硅基乙磺酰基(β-trimethylsilylethane sulfonyl, SES)亚胺,也都能参与[3+2]反应(式(6-135))。反应活性顺序为

$\text{PhCH}{=}\text{NSO}_2\text{CH}_2\text{CH}_2\text{SiMe}_3(\text{PhCH}{=}\text{NSES}) > \text{PhCH}{=}\text{NSO}_2\text{Ph-}p\text{-NO}_2(\text{PhCH}{=}\text{NNs}) > \text{PhCH}{=}\text{NP(O)Ph}_2(\text{PhCH}{=}\text{NDPP})$

$$\text{=\!\cdot\!=\!\!/\!CO_2R}\ (1.1) + \text{R}^1\text{-CH=N-R}^2\ (1) \xrightarrow[\text{苯, rt}]{10\ \text{mol\% PBu}_3} \text{N-R}^2\text{-2-R}^1\text{-3-CO}_2\text{R-3-吡咯啉}\quad 26\%\sim97\% \tag{6-135}$$

R= Me, Et
R^1= Ph, 4-ClPh, 4-MePh, (*E*)-PhCH═CH
R^2= Ns, SES, DPP. 7例

上述二氢吡咯产物中，*N*-原子上的保护基 Ts、Ns 和 SES 在用甲醇钠处理或在 F^- 催化条件下难以除去，却导致脱氢芳构化的吡咯副产物生成。而用 DPP 作为 N 原子的保护基，虽由于立体效应和拉电子能力的减弱，亚胺的亲电反应性能降低，但却易于从产物中脱去[160]。对以 DPP 为 N 原子保护基的亚胺与联烯酸酯的[3＋2]反应，用亲核性更强的三丁基膦催化[162]，并在反应体系中加入少量水和三乙胺（见后）[163]，可以显著加速反应（式(6-136)）。

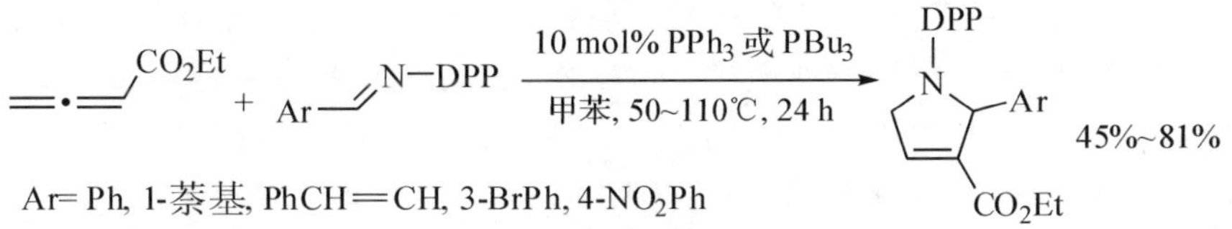

(6-136)
10 mol% PPh_3 或 PBu_3；甲苯，50~110℃，24 h；45%~81%
Ar= Ph, 1-萘基, PhCH＝CH, 3-BrPh, 4-NO_2Ph

N-硫代磷酯基（*N*-thiophosphonyl）亚胺也可以进行[3＋2]反应。由于反应活性较低，需用更多的三苯基膦来催化，反应时间也更长，产率稍低（式(6-137)）[164]。而它们与活性较低的 2，3-戊二烯酸酯的反应要用亲核性更强的 1，3，5-三氮杂-7-磷杂金刚烷（1，3，5-triaza-7-phosphaadamantane，PTA）来催化（式(6-138)）。

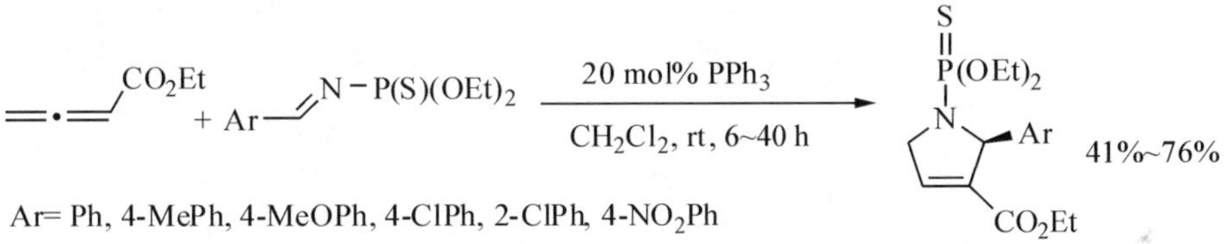

20 mol% PPh_3；CH_2Cl_2, rt, 6~40 h；41%~76%
Ar= Ph, 4-MePh, 4-MeOPh, 4-ClPh, 2-ClPh, 4-NO_2Ph
(6-137)

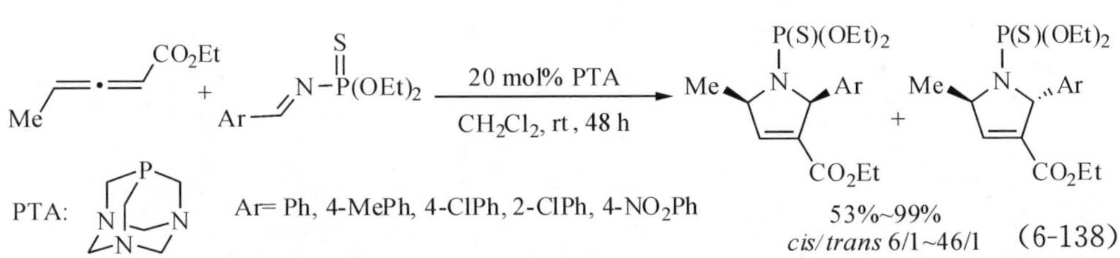

20 mol% PTA；CH_2Cl_2, rt, 48 h
PTA:
Ar= Ph, 4-MePh, 4-ClPh, 2-ClPh, 4-NO_2Ph
53%~99%
cis/*trans* 6/1~46/1　(6-138)

N-酯基亚胺在膦催化时与联烯酸酯反应不能得到[3＋2]产物，而是得到未成环的 aza-MBH 加成产物 **41**（式(6-139)）[160]。这一加成产物是在两性离子对亚胺加成后生成的中间体（式(6-133)中的 **D**）中，发生质子转移后生成的（式(6-139)）。这也间接支持了式(6-133)中建议的[3＋2]反应的分步机理。

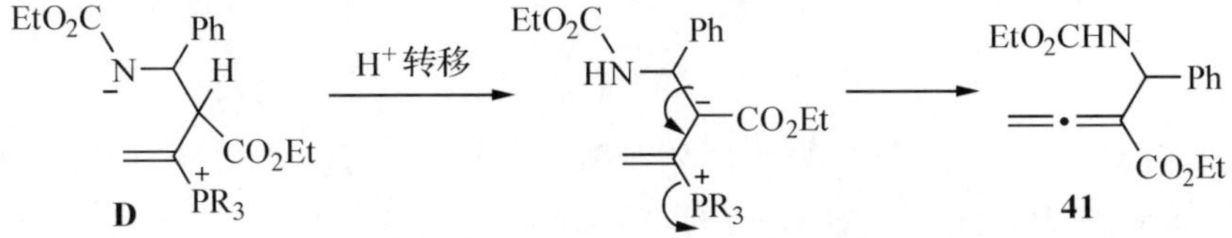

H^+ 转移
D　**41**　(6-139)

用微波加热可以促进联烯酸酯与亚胺的[3+2]反应,缩短反应时间[165]。也可以把联烯酸通过酯化连接于高分子树脂上与亚胺进行[3+2]反应,然后通过催化水解把二氢吡咯产物释放出来[166]。

2. 活化炔烃与亚胺的[3+2]反应

如同联烯酸酯与活化烯烃的[3+2]反应也可以用丁炔-2-酸酯来进行一样,由于从联烯与膦加成而生成的两性离子中间体 **C**(式(6-133))也可以由膦对丁炔-2-酸酯加成而产生,后者也可以与亚胺进行[3+2]反应。但因丁炔-2-酸酯的亲电活性比联烯酸酯稍差,反应需用三丁基膦来催化(式(6-140))[160]。除了经 α-加成生成的[3+2]产物 **42** 外,反应中还有少量炔与亚胺的 1∶2 加成产物 **43** 生成。产物 **43** 可能是经两性离子中间体 **C**(式(6-133))对亚胺进行 γ-加成后按式(6-141)中的机理生成的。

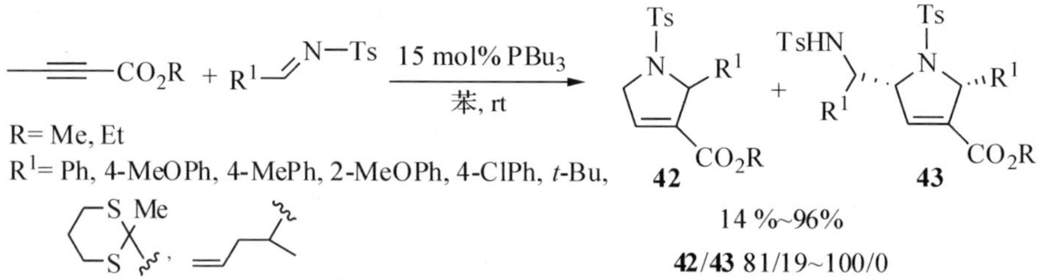

15 mol% PBu_3, 苯, rt

R= Me, Et

R^1= Ph, 4-MeOPh, 4-MePh, 2-MeOPh, 4-ClPh, *t*-Bu,

42 **43**

14 %~96%

42/**43** 81/19~100/0

(6-140)

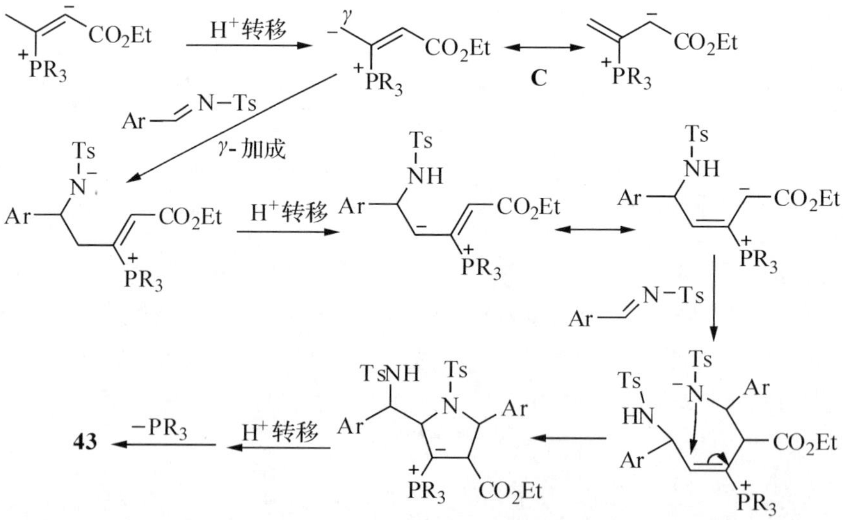

H^+转移 **C** γ-加成 H^+转移 $-PR_3$ **43**

(6-141)

除了炔酸酯以外,炔基-芳基酮也可与亚胺进行[3+2]反应,以较高产率得到顺式的二氢吡咯产物。此时也需用亲核性较高的三丁基膦催化[167]。反应也是通过两性离子对亚胺的 α-加成进行的。反应中未出现较严重的从炔至 1,3-二烯的异构化反应的竞争。例见式(6-142)。

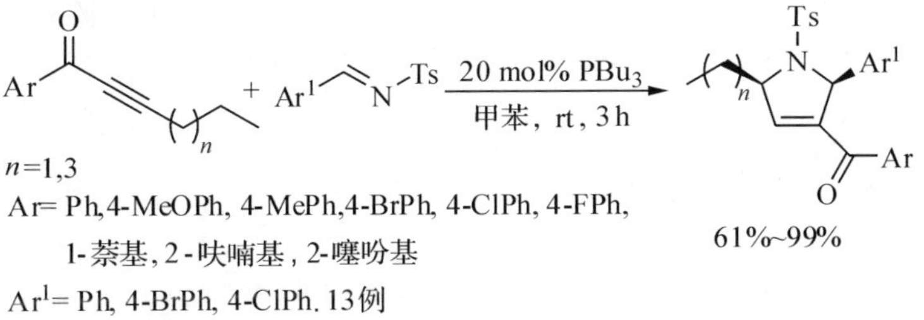

20 mol% PBu_3；甲苯，rt，3h

n=1,3

Ar= Ph,4-MeOPh, 4-MePh,4-BrPh, 4-ClPh, 4-FPh, 1-萘基, 2-呋喃基, 2-噻吩基

Ar^1= Ph, 4-BrPh, 4-ClPh. 13例

61%~99%

(6-142)

3. 手性膦催化剂催化的联烯酸酯与亚胺的对映选择性[3+2]反应

缺电子联烯或炔烃与亚胺的对映选择性[3+2]反应，只是近几年来才开始研究，但已取得了一些较好的结果。联萘衍生的手性膦 phosphepine Ⅲ 在催化联烯酸酯与亚胺的反应时显示出良好的催化活性和手性诱导效果[168,169]。对联烯酸-(D)-薄荷酯与 PhCH=NTs 的加成产物的晶体 X 射线衍射研究表明，用(S)-Ⅲ催化的加成产物中，手性碳为 S-构型(式(6-143))。

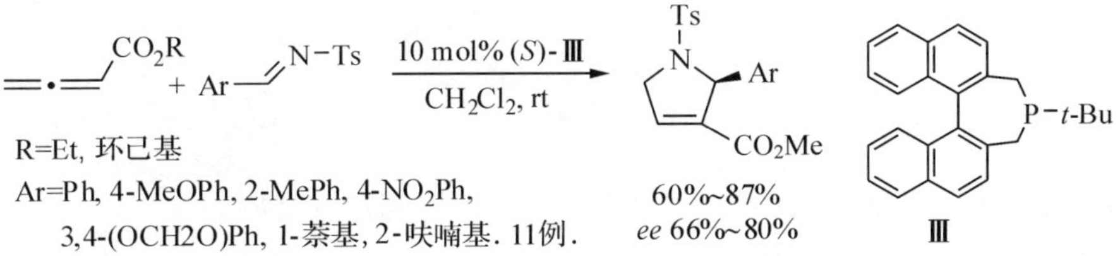

10 mol% (S)-Ⅲ；CH_2Cl_2, rt

R=Et, 环己基

Ar=Ph, 4-MeOPh, 2-MePh, 4-NO_2Ph, 3,4-(OCH2O)Ph, 1-萘基, 2-呋喃基. 11例.

60%~87%

ee 66%~80%

Ⅲ

(6-143)

在用联萘型手性膦Ⅲ催化联烯酸酯与 N-磷酰基亚胺的[3+2]反应时，得到比与 N-磺酰基亚胺反应时更好的手性诱导效果[162]。

用手性硫脲或氨基酸连接的膦是迄今效果最好的两类催化亚胺的手性[3+2]反应的催化剂。由硫脲连接手性环己基膦和丙氨酸而构成的多官能团催化剂 **44** 在催化联烯酸酯与 N-膦酰基亚胺的反应时，以较高的产率和很高的对映选择性得到产物(式(6-144))[163]。

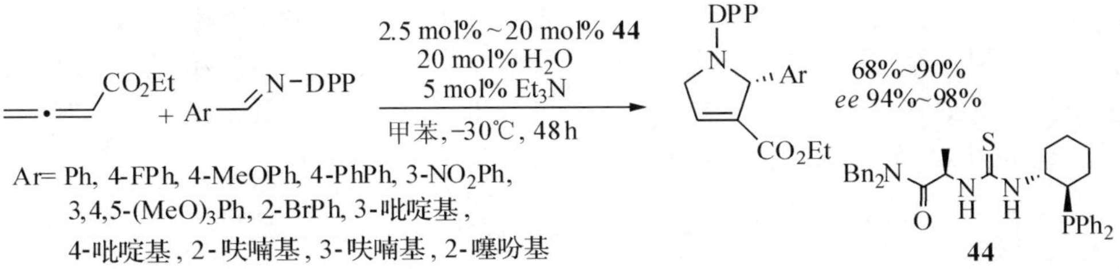

2.5 mol%~20 mol% **44**；20 mol% H_2O；5 mol% Et_3N；甲苯，-30℃，48h

Ar= Ph, 4-FPh, 4-MeOPh, 4-PhPh, 3-NO_2Ph, 3,4,5-$(MeO)_3$Ph, 2-BrPh, 3-吡啶基, 4-吡啶基, 2-呋喃基, 3-呋喃基, 2-噻吩基

68%~90%

ee 94%~98%

44

(6-144)

水和三乙胺起了加快反应的作用，但不提高反应的立体选择性。催化剂 **44** 中的硫脲部分与亚胺中的膦酰基氧之间的双氢键生成活化了亚胺，提高了其亲电性，并增强了手性控制。建议的反应的过渡态为 **45**。以磷酰基作为氮原子的保护基，还具有反应后易于从二氢吡咯产物中氮原子上除去的优点。

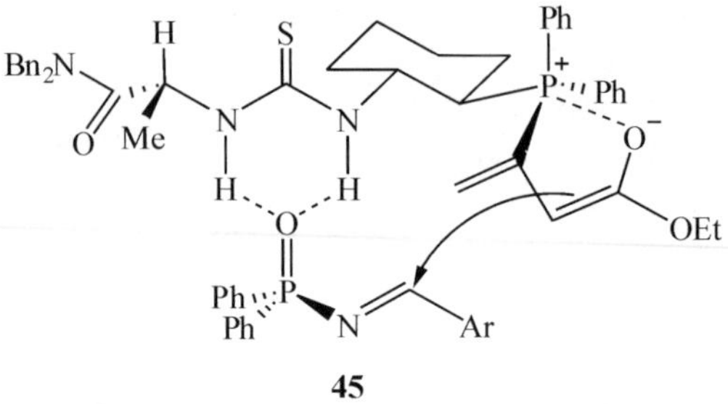

45

用二肽连接的膦也在催化上述反应时取得了同样优秀的结果。在式(6-116)中述及的几个催化剂中，**37b**(参见式(6-16))的手性诱导效果最好(式(6-145))[170]。

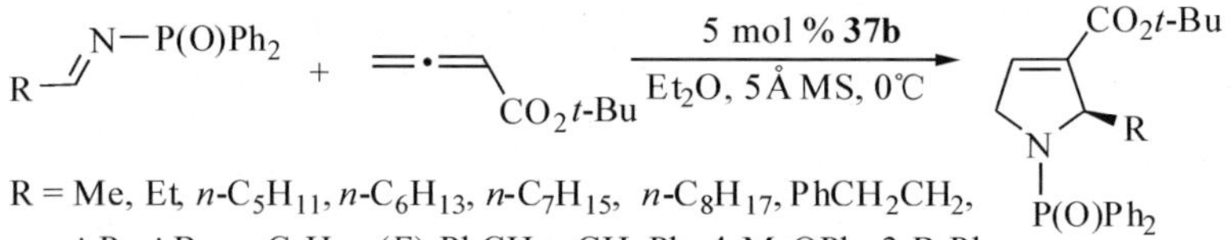

5 mol % **37b**; Et_2O, 5Å MS, 0℃ (6-145)

R = Me, Et, n-C_5H_{11}, n-C_6H_{13}, n-C_7H_{15}, n-C_8H_{17}, $PhCH_2CH_2$, i-Pr, i-Bu, c-C_6H_{11}, (E)-PhCH═CH, Ph, 4-MeOPh, 3-BrPh, 4-BrPh, 3-CNPh, 2-萘基, 2-呋喃基, 2-噻吩基. 75%~94 %, *ee* 93%~99 %

6.3.4 叔胺催化的联烯酸酯与活化亚胺的[2+2]环加成反应

与上述膦催化的[3+2]反应不同，联烯酸酯[171-173]和丁炔酸酯[167]在 DABCO 等叔胺催化下，与活化亚胺可发生[2+2]环加成反应，得到氮杂环丁烷产物。例见式(6-146)[171]。

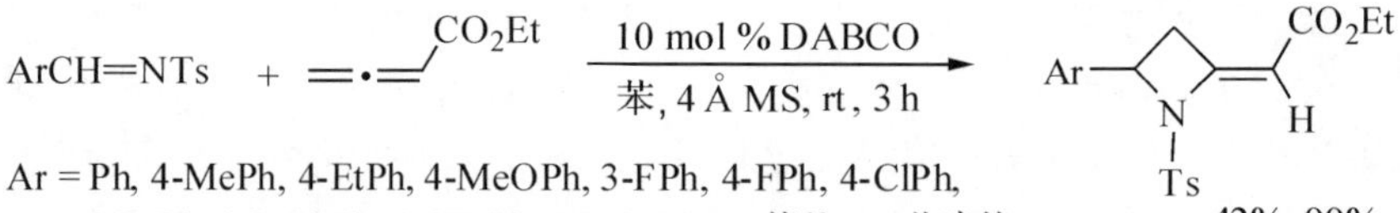

ArCH═NTs + 联烯酸乙酯 (CO_2Et) —10 mol % DABCO; 苯, 4 Å MS, rt, 3 h→ 氮杂环丁烷产物 (Ts, CO_2Et, H) 42%~99% (6-146)

Ar = Ph, 4-MePh, 4-EtPh, 4-MeOPh, 3-FPh, 4-FPh, 4-ClPh, 4-BrPh, 2,3-Cl_2Ph, 4-CF_3Ph, 3-NO_2Ph, 1-萘基, 3-吡啶基

反应经两性离子 **E** 对亚胺的 γ-加成继而以分子内成环进行(式(6-147))。4Å 分子筛的加入除去了体系中的痕量水分，促进了[2+2]反应产物 **46** 的生成，抑制了中间体 **F** 中从 γ-碳向氮负离子的质子转移和 aza-Baylis-Hillman 产物 **47** 的生成。在不加 4Å 分子筛时，反应中有部分 **47** 生成。

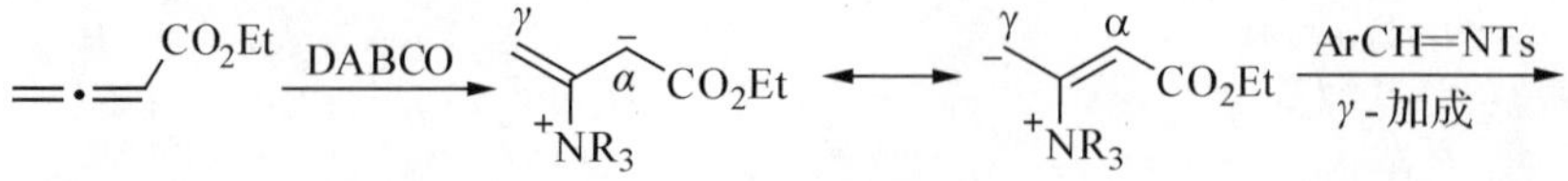

DABCO; ArCH═NTs, γ-加成

E

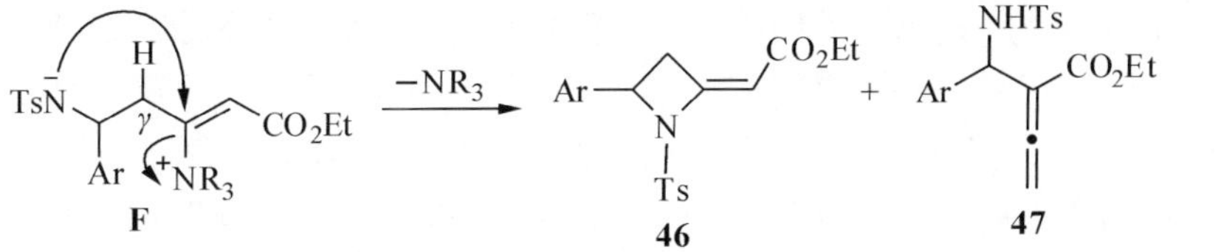

(6-147)

用手性金鸡纳碱 **48** 作为催化剂，实现了这一反应的手性化(式(6-148))[173]。

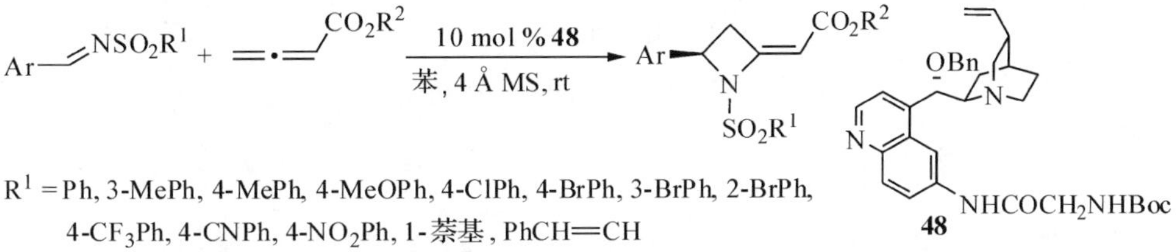

R^1 = Ph, 3-MePh, 4-MePh, 4-MeOPh, 4-ClPh, 4-BrPh, 3-BrPh, 2-BrPh, 4-CF_3Ph, 4-CNPh, 4-NO_2Ph, 1-萘基, PhCH=CH

R^2 = Et, Bn. 15例. 46%~86%, *ee* 85%~98%

(6-148)

炔基-芳基酮与亚胺的反应如果不用膦，而是用 4-(*N*,*N*-二甲氨基)吡啶(DMAP)作为 Lewis 碱催化剂，也按[2+2]反应途径进行，得到反式的氮杂环丁烷产物(式(6-149))[167]。

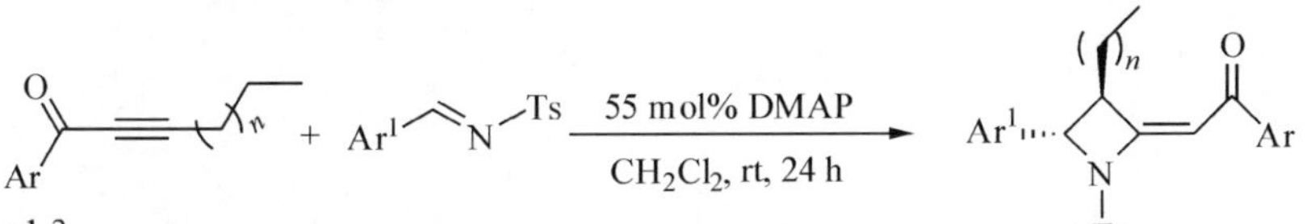

n = 1,3

Ar = Ph, 4-MePh, 4-MeOPh, 4-FPh, 4-ClPh, 4-BrPh, 4-NO_2Ph, 2-呋喃基, 2-噻唑基

Ar^1 = Ph, 4-MePh, 4-MeOPh, 4-FPh, 2-ClPh, 4-ClPh, 4-BrPh, 3,4-Cl_2Ph, 3-NO_2Ph, 4-NO_2Ph, 3,4-Cl_2Ph, 4-Me-3-NO_2Ph, 1-萘基

22 例

痕量至75%

(6-149)

这些反应是通过两性离子中间体对亚胺的 *γ*-加成进行的(式(6-150))。

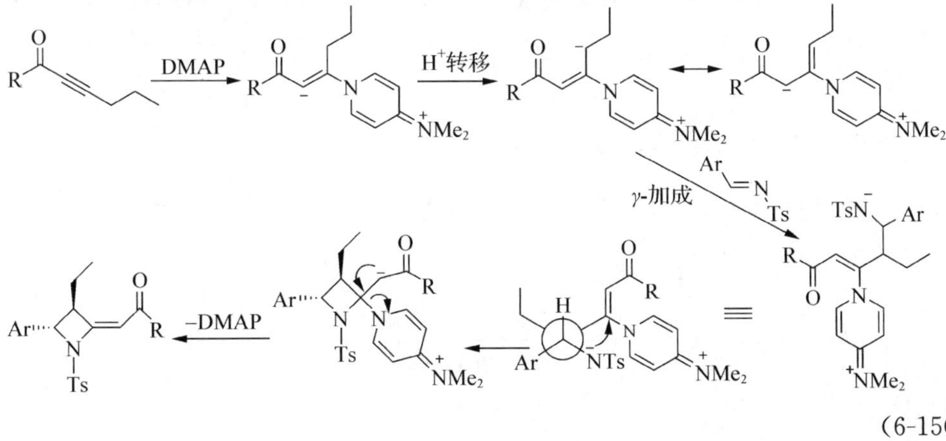

(6-150)

膦和叔胺催化的上述反应的不同在于，两性离子对亚胺加成后得到的中间体 **G** 和 **H**((式(6-151))中，**G** 中的氮负离子进攻双键上的 β-位碳原子，得到叶立德 **I**，而 **H** 中氮负离子则进攻 DMAP 正离子连接的碳原子，得到烯醇负离子 **J**。两条反应途径的选择，除可能有立体因素影响外，应与鏻正离子具有很强的稳定与之相连的碳负离子的能力，从而生成稳定的叶立德中间体有关。而铵正离子则不具备这样强的稳定邻近碳负离子的能力，因此反应采取另外的途径，经进攻 DMAP 正离子连接的碳原子而得到更为稳定的烯醇负离子 **J**。

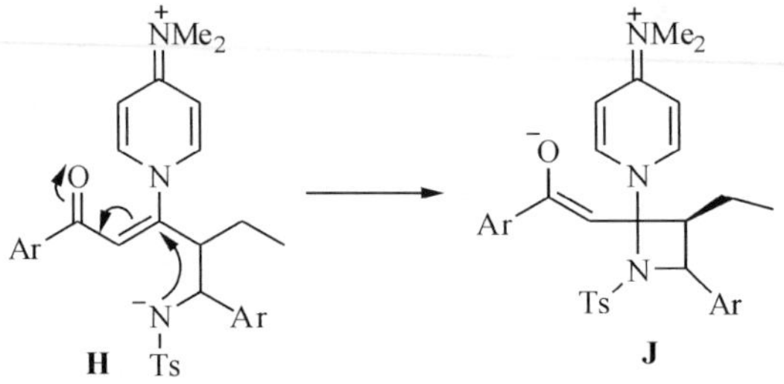

(6-151)

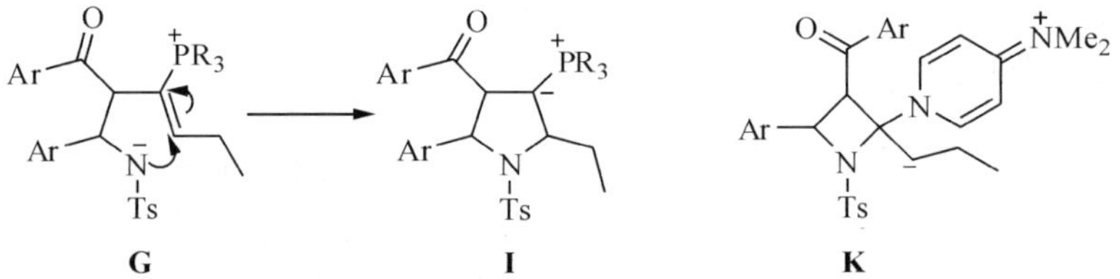

在 DMAP 催化的反应中，两性离子对亚胺进行 γ-加成而非 α-加成，是因为后者将导致较不稳定的烷基碳负离子 **K** 的生成。

6.3.5 Lewis 碱催化的联烯和炔烃与水杨醛亚胺(salicyl *N*-tosylimine)的环加成反应

在路易斯碱催化的活化联烯或炔烃与苯甲醛亚胺(ArCH ═NTs)的反应中，如果亚胺中苯环的邻位有羟基，它将作为分子内亲核基团参与反应，得到与前述不同的反应结果。

1. 联烯酸酯和联烯基酮与邻羟基苯甲醛亚胺的反应

DABCO 可以催化联烯酸酯和联烯基酮与水杨醛对甲苯磺酰亚胺的环加成反应，得到色烯衍生物(式(6-152))[174]。

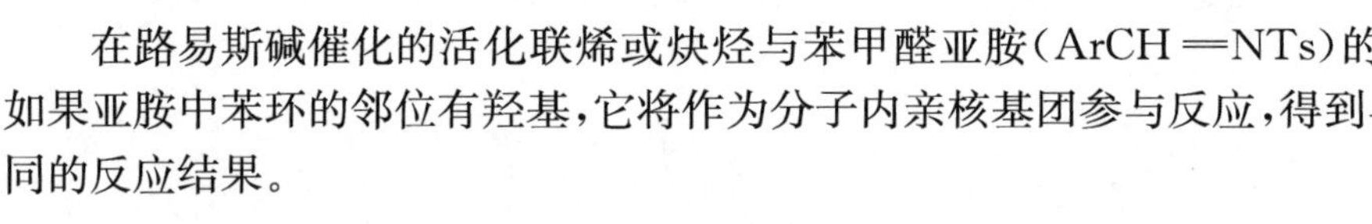

10 mol% DABCO, 4Å MS

CH_2Cl_2, rt, 1~72 h

(6-152)

R^1= H, Cl, OMe；R^2= H, Me, Cl, Br, OMe, NO_2. 6 例

59%~95%

在用膦 PPh_2Me 催化上述反应时，则只进行正常的联烯与亚胺的[3+2]反应，得到二氢吡咯产物(式(6-153))[160, 175]。

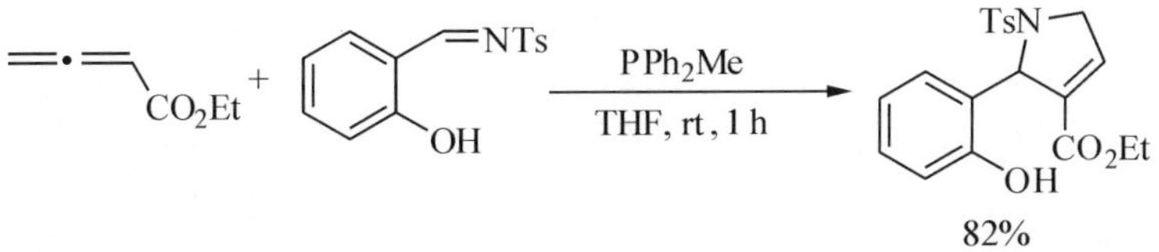

(6-153)

DABCO 和膦催化的反应的不同是膦催化时经[3+2]反应得到的膦叶立德中间体(式(6-154)中的 **L**)特别稳定，使这条途径比较有利。而在 DABCO 催化的反应中，如按[3+2]途径反应，相应的中间体中叔胺正离子对邻近的碳负离子没有那样强的稳定能力。在中间体 **M** 中，碳负离子的碱性较强，它从亚胺接受质子而得铵盐 **N**。酚氧负离子对 **N** 进行 Michael 加成，随后进行 Mannich 反应，则得色烯产物[174]。

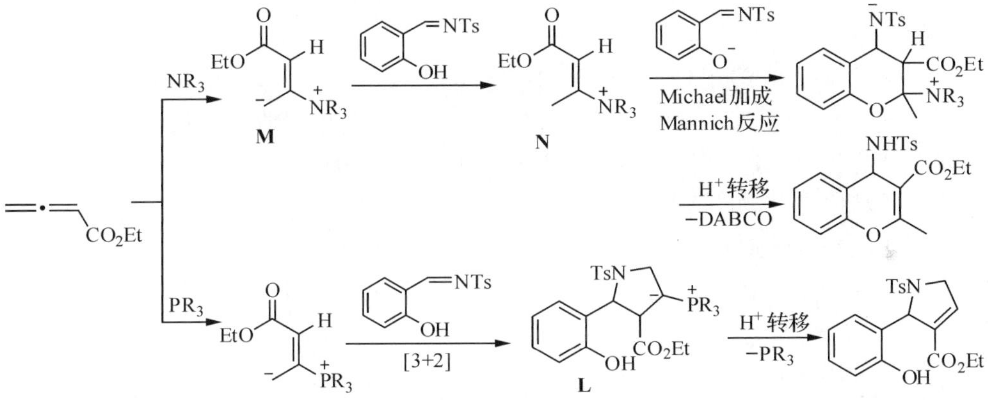

(6-154)

在 DABCO 催化的反应中，Michael 加成可能是速率决定步骤。这解释了为何在亚胺的苯环上有吸电子基时，反应较慢(酚氧负离子的亲核性较差)。

2. DABCO 催化的活化炔烃与水杨醛亚胺的反应

从式(6-154)的机理来看，如果用丙炔酸酯或乙炔基酮代替联烯酸酯，则与 DABCO 加成后产生两性离子 **O**(式(6-155))，后者也可以作为碱从亚胺得质子而生成与式(6-154)中的 **N** 相似的铵盐 **P**。后者经与酚负离子的 Michael 加成和 Mannich 反应也应得 2-位无取代的色烯产物。虽然 DABCO 催化的这些反应确实得到色烯产物(式(6-156))，但反应过程的 NMR 研究却表明反应不是由酚负离子对铵盐(**P**)的 Michael 加成进行，而是由酚氧负离子对中性炔烃进行 Michael 加成继而以分子内的 aza-Baylis-Hillman 反应进行的[176]。

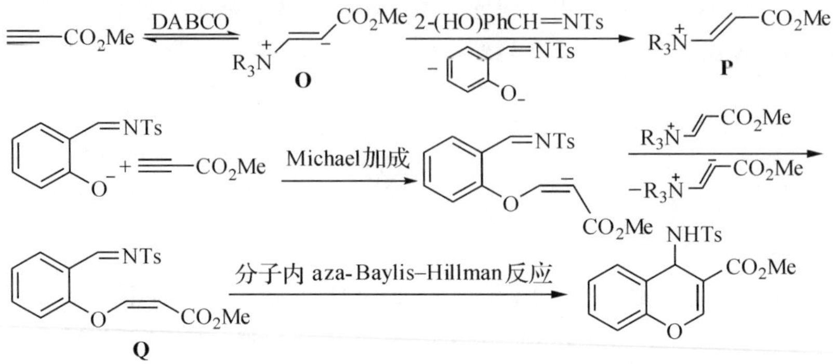

(6-155)

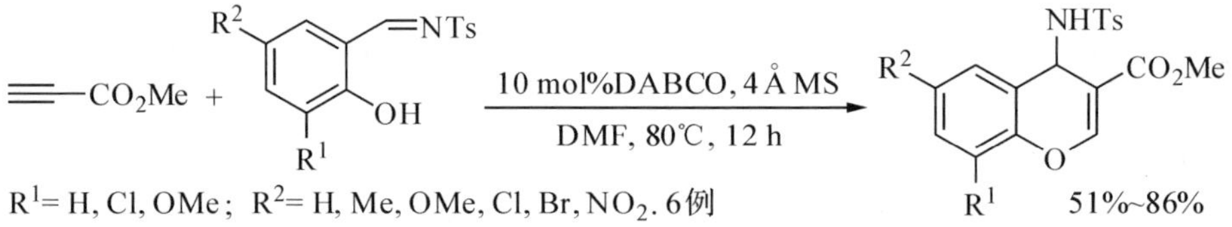

(6-156)

用^{1}H NMR 跟踪在 $CDCl_3$ 溶液中进行的上述反应表明，DABCO 加入反应体系后，反应物亚胺在 5 min 后被消耗，而出现中间体 **Q** 的吸收，后者在 24 h 内逐渐转变为产物色烯。这表明，DABCO 与炔加成后生成的两性离子在反应中可能只起了质子转移中介物的作用。

双功能膦催化剂 **49** 催化的联烯酸酯与 *N*-硫代膦酰基（*N*-thiophosphonyl）亚胺的反应与 DABCO 催化时不同，得到二氢呋喃产物（式(6-157)）[177]。

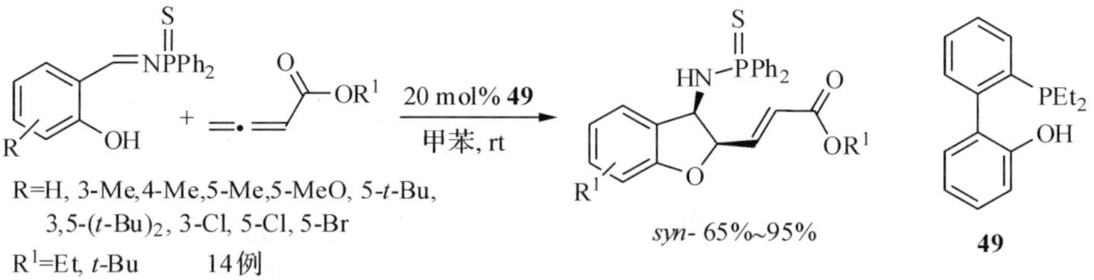

(6-157)

建议的反应机理见式(6-158)。

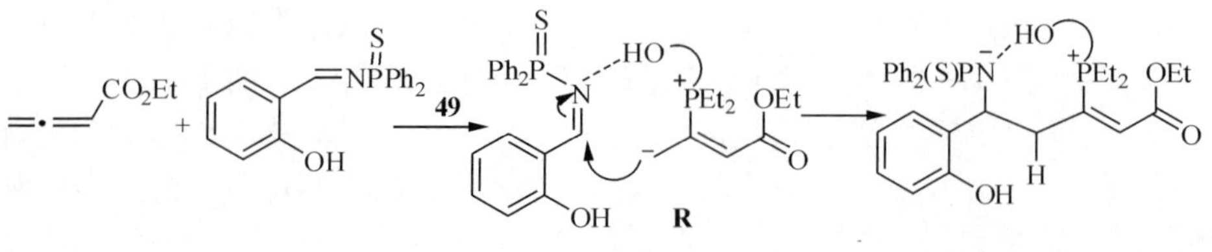

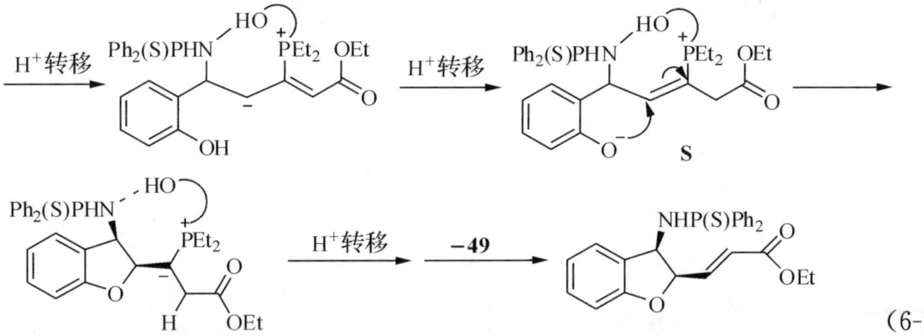

(6-158)

膦 **49** 中的羟基与亚胺 **R** 氮原子间的氢键使亚胺活化，增强了其亲电性。**R** 中联烯酸酯的 γ-碳原子对亚胺的加成和连续的质子转移产生中间体 **S**。**S** 中的氧负离子对原联烯酸酯 γ-碳原子进行亲核加成，继而经质子转移和脱去膦催化剂即得产物。**49** 中羟基与亚胺 N 原子间的氢键也决定了反应得到 *syn*-产物。

膦的结构与亲核性对上述反应的结果有很大的影响。在用 PBu_3、PMe_3 等三烷基膦催化剂时，反应按不同的途径进行，得到色烷衍生物(式(6-159))。

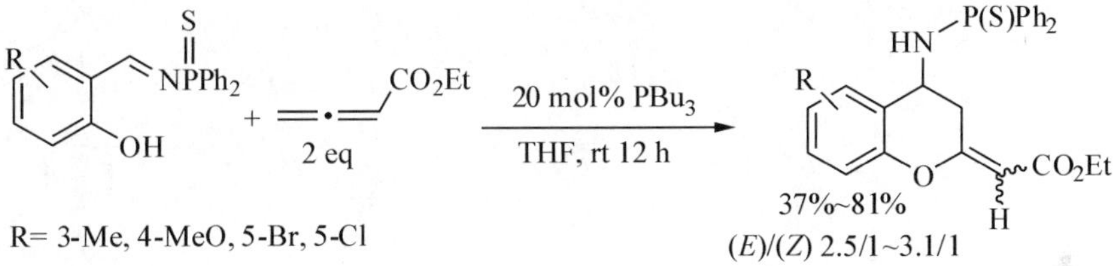

(6-159)

反应按式(6-160)的机理进行。

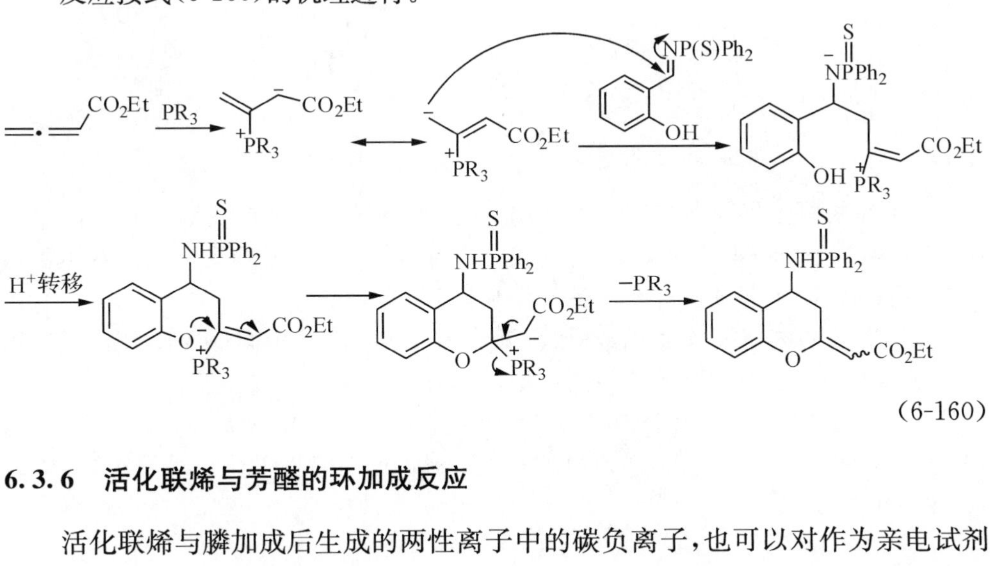

(6-160)

6.3.6 活化联烯与芳醛的环加成反应

活化联烯与膦加成后生成的两性离子中的碳负离子，也可以对作为亲电试剂的芳醛中的羰基进行加成。产物取决于所用的膦的结构和反应条件，总的反应见图 6-6。

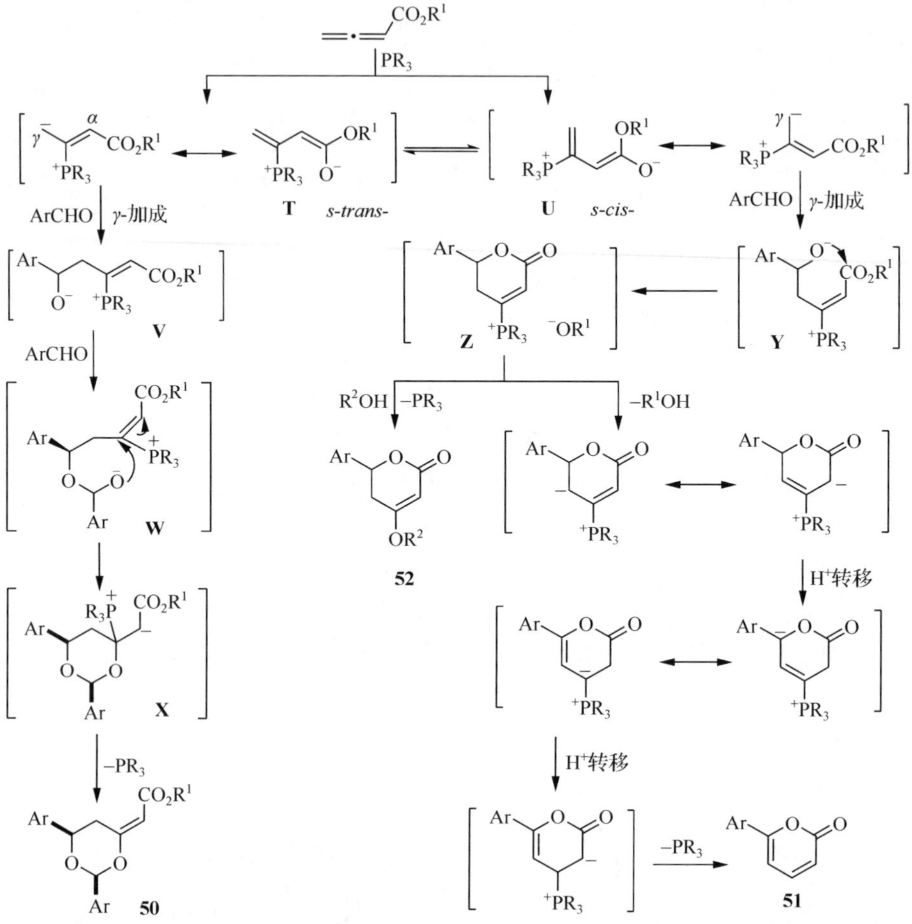

图 6-6 膦催化的活化联烯与醛的环加成反应

(1) 在使用体积较小的膦作为催化剂时，它与联烯酸酯加成后得到的两性离子中间体在 *s-trans*-构型的 **T**(图 6-6)和 *s-cis*-构型的 **U** 的平衡中，优先取构型 **T**，此时烯醇氧负离子与鏻正离子间存在着静电相互作用。

T 对芳醛的羰基进行 γ-加成后，得烯烃为(Z)-构型的中间体 **V**。由于 **V** 中氧负离子不易对与之处于反式的活化双键进行分子内亲核进攻，它转而与另一分子芳醛进行羰基加成，得到中间体 **W**。**W** 中氧负离子与双键进行 6-*exo-trig* 环化，得 **X**。后者脱去 PR_3，得到具有环外双键的 *cis*- 2,6-二芳基-1,3-二氧噁产物 **50**(式(6-161))[178]。

$$\text{=}\!\cdot\!\text{=}\!\text{/}CO_2R + ArCHO \xrightarrow[CHCl_3,\ rt]{20\ mol\%\ PMe_3} \mathbf{50}\quad 22\%\sim99\%\ (E)/(Z)\ 7/1\sim100/0 \tag{6-161}$$

R= Me, Et, *i*-Pr, *i*-Bu, *t*-Bu, FCH_2CH_2, $PhCH_2$, Me_3SiCH_2, $Me_3SiCH_2CH_2$, 新戊基
Ar= Ph, 2-ClPh, 3-ClPh, 3-CNPh, 4-CNPh, 3-NO_2Ph, 4-NO_2Ph, 2-CF_3Ph, 3-CF_3Ph
4-CF_3Ph, 3-MeOPh, 2-吡啶基, 3-吡啶基, 4-吡啶基. 25例

反应不适用于脂醛。芳醛上有吸电子基产率较高。而联烯酸酯中的烃基(R)则以位阻较大而无吸电子基者为好,这与联烯酸酯在与膦加成后发生极性反转,作为亲核试剂并以 γ-碳参与反应是一致的。

(2) 当使用体积较大的膦分子作为催化剂时,与联烯加成而得的两性离子的平衡不再倾向于 **T**,膦与酯基之间的较大位阻使之转而采取具有 *s-cis*-构型的 **U**。**U** 以 γ-加成方式进攻芳醛后得 *E*-构型的烯酸酯中间体 **Y**。**Y** 经氧负离子对空间上邻近的酯基的亲核进攻而内酯化,得中间体 **Z**,后者在从酯基中脱去的烷氧负离子 RO^- 的作用下经连续的质子转移后释出 PR_3 而得吡喃酮产物 **51**(式(6-162))[179]。

$$R'CHO + \text{=}\!\cdot\!\text{=}\!\text{/}CO_2Et \xrightarrow[CHCl_3,\ 封管,\ 60℃]{10\ mol\%\sim30\ mol\%\ P(c\text{-}C_5H_9)_3} \mathbf{51}\ 34\%\sim91\% \tag{6-162}$$

R′= Ph, 3-ClPh, 4-FPh, 2-ClPh, 4-CNPh, 4-CF_3Ph, 2-CF_3Ph,
3-MeOPh, 2-萘基, 2-呋喃基, $PhCH_2CH_2$, *n*-Pr

在采用体积较大的膦,如三(异丙基)膦、三(环己基)膦等时吡喃酮产率较高;而以三(环戊基)膦效果最好。但如使用位阻过大的三(叔丁基)膦,也得不到反应产物。

(3) 为了使两性离子平衡 **T**$\rightleftharpoons$**U** 倾向于 *s-cis*-构型的 **U**,除了用体积较大的膦以外,也可以在使用体积较小的膦的同时,向反应体系中加入作为氢键给体的醇,以与两性离子中的烯醇氧负离子形成氢键,而削弱氧负离子与鏻正离子之间的静电相互作用。此时,经中间体 **T** 进行的反应减少,而经 **U** 进行的反应增加。同时,中间体 **Z** 将与体系中较多的醇直接反应而得 4-烷氧基吡喃-2-酮产物 **52**。加入不同醇的实验结果见式(6-163)[179-181]。

$$\text{=}\!\cdot\!\text{=}\!\text{/}CO_2R \xrightarrow[\substack{3\text{-}ClPhCHO,\ 2\ eq\ R^1OH\\ CHCl_3,\ 22℃}]{25\ mol\%\ PMe_3} \mathbf{52} + \mathbf{53} + \mathbf{50} \tag{6-163}$$

R,R^1=Me,H; Me,Me; Et,Et; *i*-Pr,*i*-Pr; Bn,Bn; CH_2CH_2Cl, CH_2CH_2Cl; CH_2CH_2F,CH_2CH_2F; Me,CH_2CH_2Cl; Me,CH_2CH_2F

总产率 0~78%
52/53/50 = 16/0/84 ~ 100/0/0

适当酸性的醇有利于 4-烷氧基吡喃酮 **52** 的生成，而抑制经中间体 **T** 而得的二氧噁产物 **50**。但醇的酸性太强，反应又不能进行。例如，联烯酸甲酯(R＝Me)与 3-氯苯甲醛的反应，在加入 2 eq 三氯乙醇或三氟乙醇($R^1=CH_2CCl_3$ 或 CH_2CF_3)时，都不能进行。这可能是因为它们使最初生成的两性离子(**T** 和 **U**)质子化而猝灭了反应。未成环产物 **53** 是由中间体 **Y**(图 6-6)被外加的醇质子化而得的。为了减少 **53** 的生成，可向体系中加入少量正丁基锂，使醇转化为醇锂。这不仅减轻了 **Y** 的质子化，促进了它的内酯化，而且使环化的 **Z** 在醇锂的作用下生成 4-烷氧基吡喃酮 **52**(式(6-164))。

CO_2Me 取代联烯 + ArCHO —[25 mol% PMe_3, 2 eq MeOH; 1eq n-BuLi, CH_2Cl_2, rt, 0.5 h]→ **52** (6-164)

Ar= Ph, 3-CNPh, 4-CNPh, 3-NO_2Ph, 4-NO_2Ph, 2-CF_3Ph, 3-CF_3Ph, 4-CF_3Ph, 3-MePh, 3-MeOPh, 3-吡啶基. 36%~ 83%

联烯酸酯与醛的这些反应，显示了膦的结构和反应条件对反应途径选择的微妙影响。

6.3.7 α-取代的联烯酸酯与活化烯烃、亚胺和醛的膦催化反应

在联烯酸酯的 α-位引入一个含有酸性 C—H 键的碳原子取代基如 CH_2CO_2Et、CH_2CN、CH_2Ar 等，有可能在膦与联烯加成后生成的两性离子及其对活化烯烃、亚胺或醛等加成后生成的新两性离子中间体中导入额外的分子内质子转移途径，开启新的反应方式。

1. α-取代联烯酸酯与活化亚胺的[4＋2]环加成反应

α-取代的联烯酸酯与亚胺在膦催化下发生[4＋2]环加成反应(式(6-165)和式(6-166))[182]。反应中联烯酸酯作为四碳组分。

α-Me 联烯酸乙酯 + R-CH=N-Ts —[20 mol%~30 mol% PBu_3; CH_2Cl_2, rt]→ N-Ts 四氢吡啶-3-CO_2Et (6-165)

R= Ph, 4-MeOPh, 4-MePh, 3-ClPh, 2-ClPh, 4-吡啶基, 4-NO_2Ph, 2-(n-Bu)$_3$SiOPh, N-Boc-2-吡咯基 . 86% ~ 99%

R= 2-HOPh, n-Pr, 2-吡咯基 . 不反应

α-CH_2PhX 联烯酸乙酯 + Y-Ph-CH=N-Ts —[20 mol% PBu_3; CH_2Cl_2, rt]→ YPh, PhX 取代 N-Ts 四氢吡啶-3-CO_2Et (6-166)

X= H, 2-F, 2-Me, 3-MeO, 4-CN

Y= H, 4-MeO, 4-NO_2, 2-Cl, 3-Cl, 2-CF_3, 4-Me

11 例

80%~99%

dr 83/17~98/2

反应用三丁基膦催化。芳基亚胺的反应产率很高。反应的区域选择性和非对映立体选择性也都很高。可以看到，由于联烯酸酯中 α-取代基的存在引起的对 α-碳原子的位阻效应，反应完全是经对醛进行 γ-加成进行的，建议的反应机理见式(6-167)。

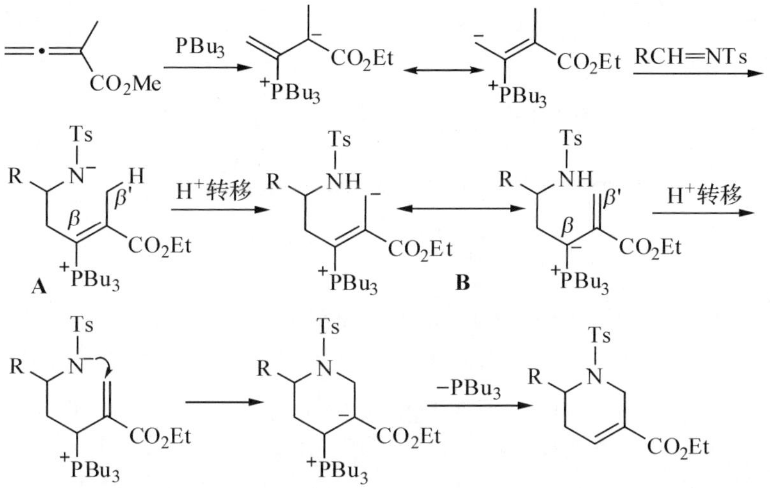

(6-167)

反应中涉及在中间体 **A** 中发生从 C(β')向氮负离子进行的质子转移以及在 **B** 中进行的从 NH 向 C(β)的质子转移。如果用 β'碳上氘代的反应物 2-全氘甲基-2,3-丁二烯酸酯与苯基亚胺在同样条件下进行上述反应，则反应速率比相应的 2-甲基-2,3-丁二烯酸酯的反应慢得多，表现出显著的一级动力学同位素效应。同时，在 β'碳原子上连接能提高 C(β')—H 键酸性的苯基，特别是有吸电子基的苯基(式(6-166))或酯基(式(6-168))，将有助于反应。例如，2-(4-氰基苯甲基)丁二烯酸酯在上述条件下的反应，在 30 min 内即可完成而得几乎定量产率的产物，这些都表明在从 **A** 到 **B** 中的质子转移是反应的速率决定步骤。

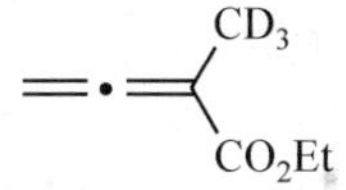

2-全氘甲基-2,3-丁二烯酸酯

在手性膦的催化下，进行对映选择性的上述[4+2]反应也已进行研究，并取得了很好的效果。在筛选的若干手性膦中，发现仍是前已述及的叔丁基取代的 phosphepine 催化剂(R)-Ⅲ不仅显示了很高的催化活性，而且手性诱导效果也很好(式(6-168))[183]。

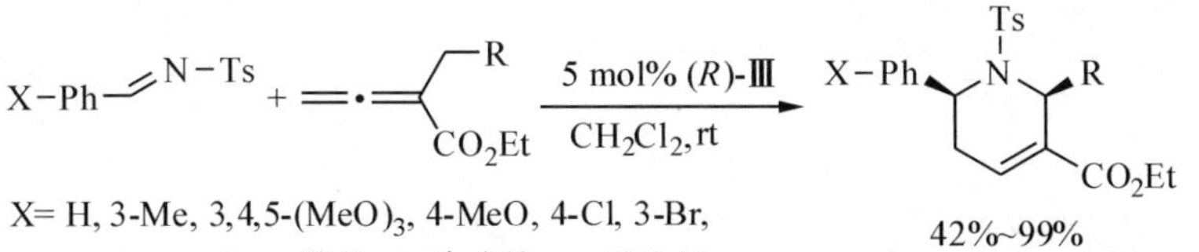

5 mol% (R)-Ⅲ，CH_2Cl_2，rt　(6-168)

X= H, 3-Me, 3,4,5-$(MeO)_3$, 4-MeO, 4-Cl, 3-Br, 2-NO_2, 2-Cl, 2-萘基, 2-呋喃基, 3-吡啶基

R= H, Ph, 4-CF_3Ph, COOEt

15 例

42%~99%

cis/*trans* 79/21~99/1

ee 60%~99%

这些对映选择性的[4+2]反应已用于合成一些 Macroline 类吲哚生物碱的骨架(式(6-169))[183,184]。

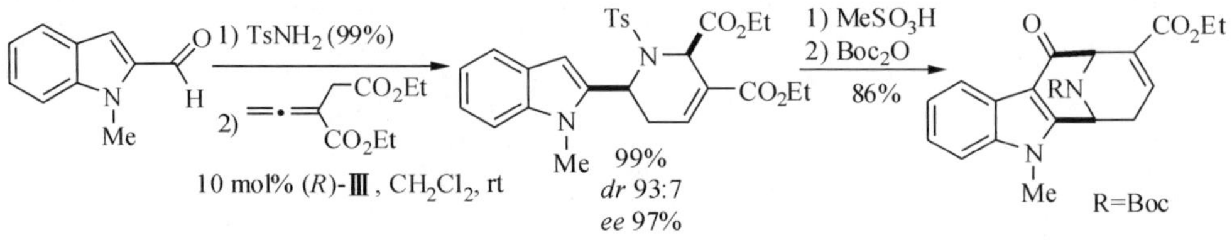

(6-169)

2. α-取代的联烯酸酯与活化烯烃的[4+2]反应

α-取代联烯酸酯在膦催化下可以与α,α-双活化烯烃进行[4+2]环加成反应;反应的区域选择性则取决于使用的催化剂膦的结构(式(6-170))。在用亲核性很强的 HMPT 催化时,膦对丙二烯加成后的中间体对烯烃进行γ-加成,得产物 **54**,而用具有拉电子基的亲核性较弱的三芳基膦催化时,则经β′碳原子对烯烃加成,得产物 **55**。反应机理见式(6-171)[185]。

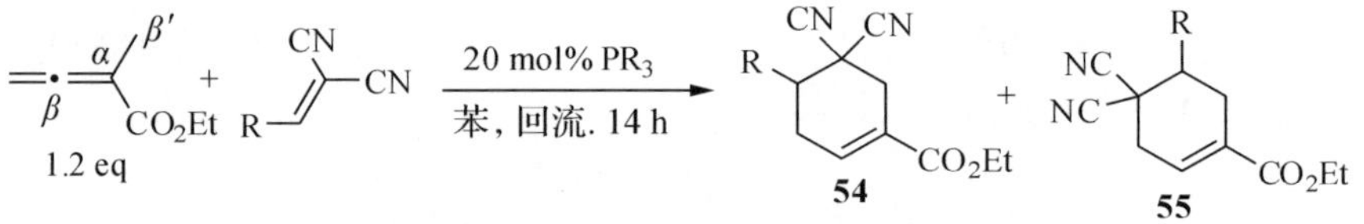

(6-170)

PR_3 = $P(NMe)_3$, γ-加成产物 **54**. R=Ph, 4-MeOPh, 4-BrPh. 86%~98%

PR_3 = P(4-FPh)$_3$, β′-加成产物 **55**. R=Ph, 4-MeOPh, 4-BrPh, 2-呋喃基, 3-吡啶基, *N*-甲基-2-吲哚基. 85%~93%

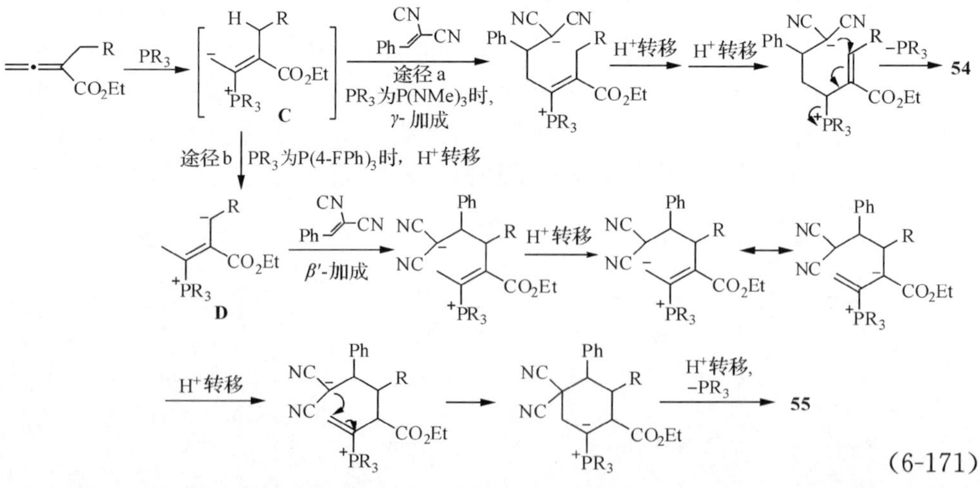

(6-171)

在用富电子的 HMPT 为催化剂时,首先生成的中间体 **C** 中,鏻正离子的吸电子能力较弱，使 C(β')—H 键酸性较弱，不易经质子转移向 **D** 转变，而同时 γ-碳原上的负电荷较为集中，因此优先对烯烃进行亲核进攻，导致产物 **54** 的生成。而在应用缺电子膦如 P(4-FPh)$_3$ 为催化剂时，中间体 **A** 中 C(β')—H 键酸性较强，易发生质子转移而得具有乙烯基叶立德结构的 **D**。后者对烯烃进行亲核进攻后得产物 **55**。

通过式(6-172)的反应可用此种[4+2]反应制备产物 **56**。它可经 Houben-Hoesch 分子内环化反应[200,201] 得到天然产物(+)-nodulisporic acid F 的四环骨架[185]。

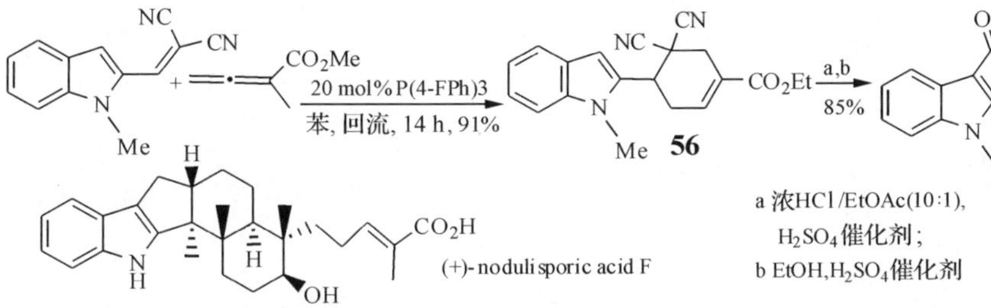

(6-172)

α-取代联烯酸酯在膦催化下与色酮衍生物的[4+2]反应已用于合成一系列与天然产物有关的增环的色酮衍生物。色酮本身因亲电性太弱而不能参与此种反应，但用 3-甲酰基色酮即可顺利进行反应。甲酰基在反应中脱除，不进入反应产物(式(6-173))[186]。

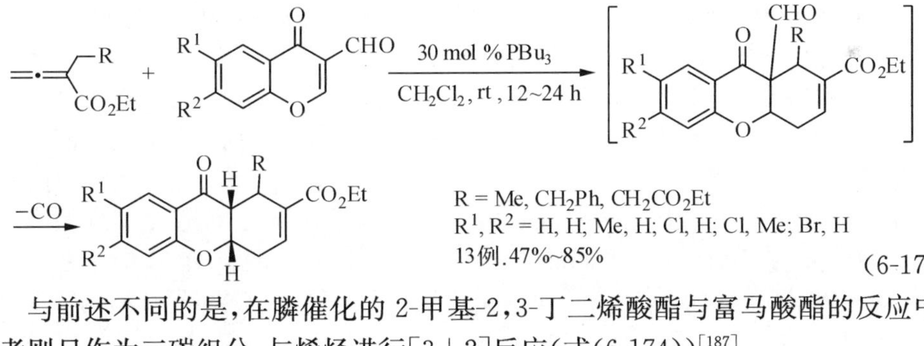

(6-173)

与前述不同的是，在膦催化的 2-甲基-2，3-丁二烯酸酯与富马酸酯的反应中，前者则只作为三碳组分，与烯烃进行[3+2]反应(式(6-174))[187]。

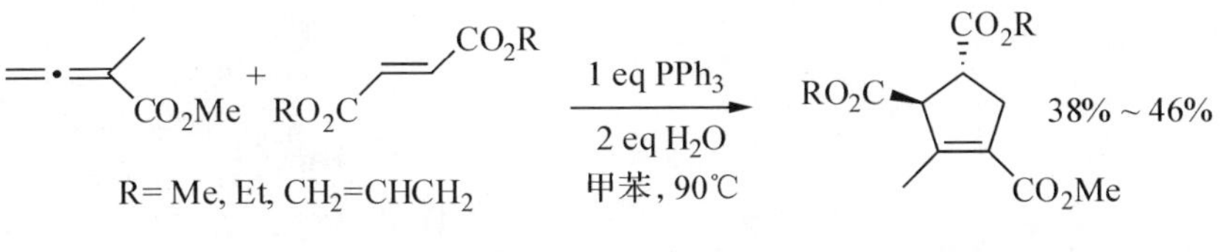

(6-174)

3. α-取代联烯酸酯在膦催化下与氮杂环丙烷的反应

氮原子上有磺酰基的氮杂环丙烷也可作为亲电试剂在膦催化下与 α-取代联烯酸酯反应。反应中，联烯酸酯和氮杂环丙烷都作为三碳组分，得到[3+3]环加成产物(式(6-175))[188]。

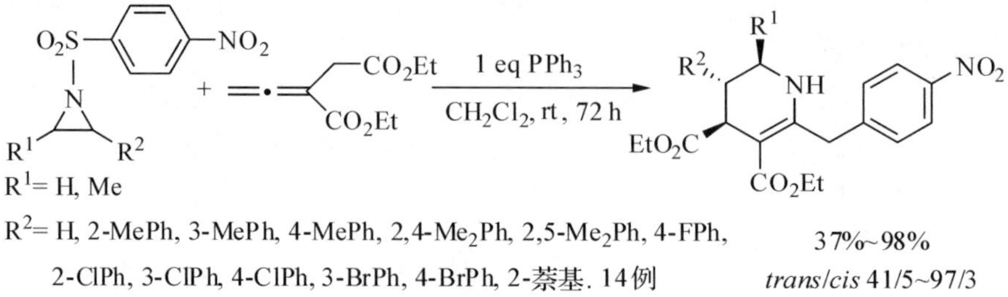

R^1= H, Me

R^2= H, 2-MePh, 3-MePh, 4-MePh, 2,4-Me_2Ph, 2,5-Me_2Ph, 4-FPh, 2-ClPh, 3-ClPh, 4-ClPh, 3-BrPh, 4-BrPh, 2-萘基. 14例

1 eq PPh_3; CH_2Cl_2, rt, 72 h

37%~98%

trans/*cis* 41/5~97/3 (6-175)

从产物结构推测的反应机理见式(6-176)。

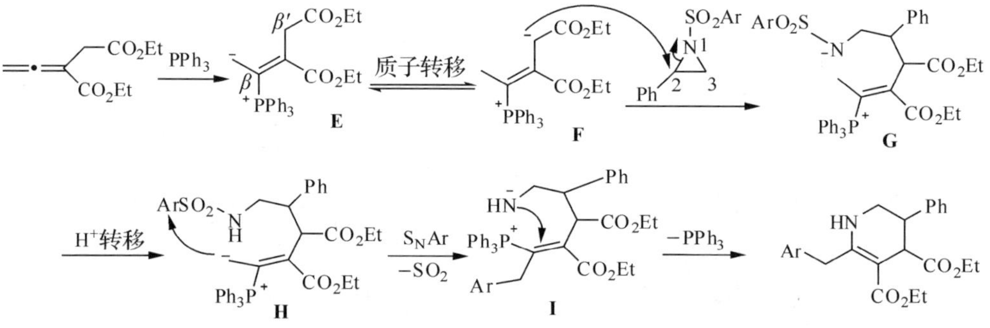

(6-176)

中间体 **E** 中,从酸性较强的 C(β')—H 键进行质子转移得叶立德 **F**,**F** 的 β'-碳对三元环中更亲电的 C(2)的 S_N2 亲核进攻,导致三元环开环,得中间体 **G**。**G** 中经质子转移得 **H**,**H** 中发生分子内 S_NAr 反应并放出 SO_2 而得 **I**,**I** 发生分子内成环得[3+3]产物。联烯酸酯的 γ-碳原子未参与成环。用氘标记 γ-碳上的两个氢原子时(92% 标记),产物中 γ-碳上保留了 19% 标记,而 β'-碳上有 27%的标记(式(6-177))。这表明在膦加成后生成的两性离子中,碳负离子曾存在于这两个原子上(中间体 **E** 与 **F**),而 **E** 与 **F** 间的质子转移是可逆的。氘标记在反应过程中的损失是反应体系中的痕量水经分子间质子转移对表观的分子内质子转移起了促进作用的证明。

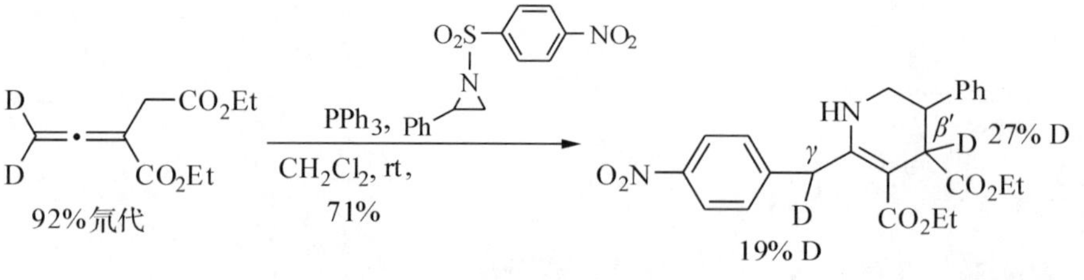

92%氘代

PPh_3; CH_2Cl_2, rt, 71%

27% D

19% D (6-177)

4. α-取代的联烯酸酯与醛酮的反应

膦催化的 α-取代联烯酸酯与醛的反应和上述与烯烃的反应一样,也显示出膦

的结构与亲核性对反应的化学选择性的决定性作用。在亲核性较强的三丁基膦存在时，膦与联烯加成后，主要经分子内质子转移生成乙烯基叶立德中间体(式(6-171)中的 **D** 和式(6-176)中的 **F**)，后者与醛发生 Wittig 反应而得四取代的 1,3-二烯产物 **57**(式(6-178))[189]。

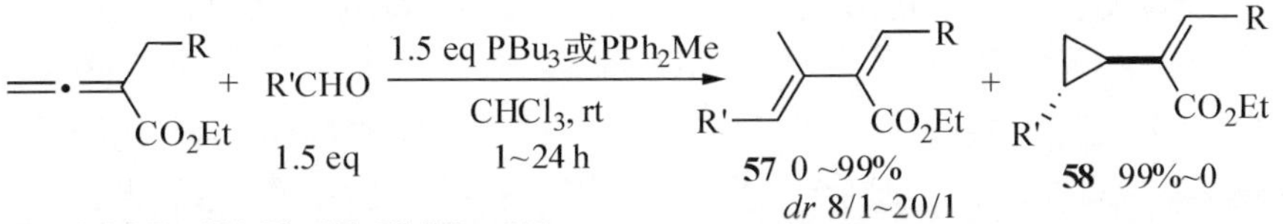

R= COOEt, CN, Ph, (*E*)-PhCH=CH

R'= Ph, 4-MePh, 4-MeOPh, 2-MeOPh, 2-HOPh, 3-Br-4-MeOPh, 4-FPh, 4-ClPh, 3-ClPh, 2-ClPh, 3-BrPh, 4-IPh, 4-NO_2Ph, 3-NO_2Ph, 4-CF_3Ph, 3-CF_3Ph, 2-CF_3Ph, 2-呋喃基, 2-噻吩基, (*E*)-PhCH=CH, Et, *n*-Pr, *i*-Bu, *n*-C_5H_{11}.　27 例　(6-178)

反应需要使用 1.5 eq 的膦，芳醛与酯醛都能进行反应，除当 R′= 2-MeOPh、2-ClPh 和 2-CF_3Ph 时以外，都以二烯为主要或唯一产物；而芳醛上有给电子基与吸电子基时都有较高产率。

在使用亲核性较弱的三苯基膦时，膦与联烯加成后生成的两性离子中间体 **J**(式(6-179))不易发生质子转移而得乙烯基叶立德 **K**。**J** 对醛进行 γ-加成，然后经质子转移而得乙烯基环丙烷 **58** 为主要产物。例见式(6-180)[190]。反应适用于 β'-碳原子上有吸电子基(CO_2Et，CN)的联烯酸酯。当芳醛上有吸电子基时，反应产率很高。当有给电子基时，产率稍低。

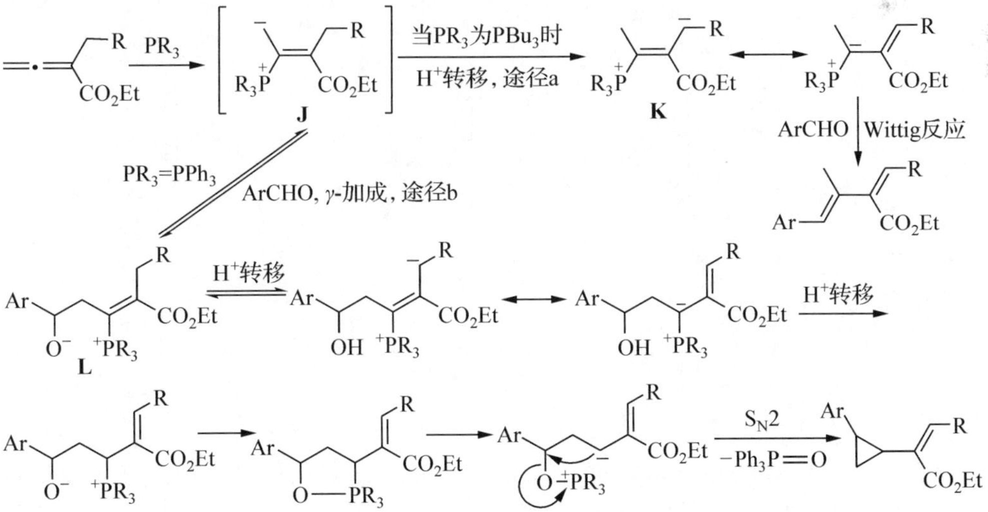

(6-179)

$$\text{=}\cdot\text{=C(CH}_2\text{R)CO}_2\text{Et} + \text{ArCHO} \xrightarrow[\text{DMF, rt, 5} \sim 71\,\text{h}]{1.5\ \text{eq PPh}_3} \text{product}\quad 31\%\sim99\%,\ dr\ 8/1\sim>20/1 \tag{6-180}$$

R= COOEt, CN

Ar= Ph, 2-FPh, 4-FPh, 2-ClPh, 4-ClPh, 2,4-Cl_2Ph, 4-IPh, 2-NO_2Ph, 3-NO_2Ph, 4-NO_2Ph, 2-CF_3Ph, 4-CF_3Ph, 2-CNPh, 2-MeOPh, 4-MeOPh, 2-吡啶基, 4-吡啶基, 2-呋喃基, 3-MeO-4-NO_2Ph. 23例

式(6-179)比较了式(6-178)和式(6-180)中两种反应的机理。在用较为富电子的三丁基膦时,两性离子 **J** 经质子转移生成 **K**,再与醛进行 Wittig 反应。而在用较为缺电子的三苯基膦时,则 **J** 经 γ-加成与醛反应。

当 β'-碳上没有共轭吸电子取代基(CO_2Et, CN, Ar, PhCH ═CH 等)存在时,上述烯化和环丙烷化反应不能进行。此时,在一定的反应条件下,可以发生其他反应。例如,在反应体系中加入三氟化硼时,可以从中间体 **K**(式(6-179))以 β'-碳原子对芳醛进攻,得到烯化产物 **59**(式(6-181))[191]。此时,三氟化硼与中间体 **K** 和醛的配位相互作用使醛的羰基与 **K** 中的 β'-碳原子接近而远离 β 碳原子。β'-碳负离子对醛羰基的亲核加成生成中间体 **L**,后者经连续的质子转移后得 1,2-oxaphosphonine(**M**),并经 retro-Diels-Alder(retro-D-A)反应得三取代的 1,3-二烯产物 **59**(式(6-182))。

$$\text{=}\cdot\text{=C(CH}_3\text{)CO}_2\text{Et} + \text{ArCHO} \xrightarrow[\text{MeCN, 80℃, 48 h}]{1\ \text{eq P(4-FPh)}_3,\ 10\ \text{mol\% BF}_3\cdot\text{Et}_2\text{O}} \textbf{59}\quad 49\%\sim66\%,\ E/Z\ 2/1\sim5/1 \tag{6-181}$$

Ar= 4-CNPh, 3-CNPh, 2-CNPh, 4-NO_2Ph, 3-NO_2Ph, 2-NO_2Ph, 3-FPh

$$\textbf{K} \xrightarrow[\text{ArCHO}]{\text{BF}_3} [\,\cdots\text{BF}_3\,] \longrightarrow \textbf{L} \xrightarrow{\text{H}^+\text{转移}} \cdots \xrightarrow{\text{质子转移}} \cdots \longrightarrow \textbf{M} \xrightarrow[-\text{R}_3\text{P=O}]{\text{retro-D-A}} \textbf{59} \tag{6-182}$$

在 α-取代联烯酸酯与烯烃和醛的这些反应中,膦催化剂和外加试剂等反应条件对化学选择性的不同影响,显示了在膦与联烯生成的两性离子中间体 **J** 的后续反应中,膦的电子和立体效应、β'-碳原子上取代基的电性与立体效应等因素的轻微改变,也可能对反应途径产生重要的影响。

与醛相比,酮较低的亲电性和羰基上较大的位阻使酮一般不能与膦对联烯酸

酯加成后生成的两性离子反应。但亲电性很强的三氟甲基酮却可以参与反应。与醛不同，酮的较大的位阻使两性离子只能对它进行 γ-加成（式(6-183)）[192]。

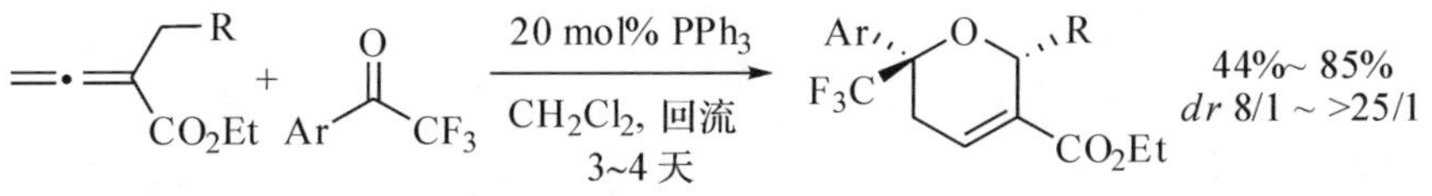

20 mol% PPh_3；CH_2Cl_2，回流，3~4 天；44%~85%，*dr* 8/1 ~ >25/1

R= Ph, 4-MePh, 2-MePh, 4-MeOPh, 4-BrPh, 3-BrPh, 2-BrPh, COOEt　　(6-183)

Ar= Ph, 4-MePh, 4-ClPh, 2-噻吩基. 11 例

由式(6-183)可见，仅当联烯酸酯的 β′-碳原子上有芳基取代时反应才能较好进行。其他有强拉电子基的芳酮，如 $PhCOCO_2Me$、PhCOCN 及 *N*-甲基吲哚-2，3-二酮等均不能进行上述反应。反应按式(6-184)的机理进行。酮比醛更大的位阻，阻碍了经中间体 **O**（与式(6-179)中的 **K** 相应）按式(6-179)中的途径 a 与酮进行 Wittig 反应而得 1，3-二烯产物；也不利于两性离子 **N**（与式(6-179)中的 **J** 相应）按式(6-179)中的途径 b 与酮进行 γ-加成后在中间体 **P** 中生成 P—O 键得到环丙烷产物；而是经 **P** 得到二氢吡喃产物。

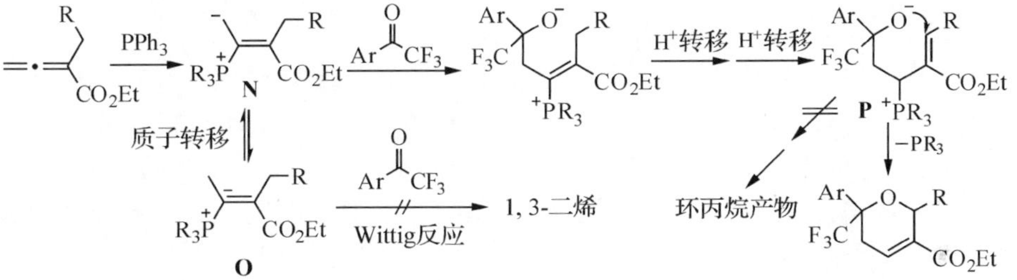

PPh_3；质子转移；H^+转移；H^+转移；$-PR_3$；1, 3-二烯；Wittig反应；环丙烷产物

(6-184)

5. α-乙酰氧甲基-2，3-丁二烯酸酯与亲核剂的[4+1]和[4+2]反应

膦对 α-乙酰氧甲基-2，3-丁二烯酸酯（**60**）的加成将导致乙酸根的脱去而产生鏻盐中间体 **Q**（式(6-185)），**Q** 与膦对前述其他丁二烯酸酯加成而得的两性离子中间体不同，不具有亲核试剂的性质，而表现为强的亲电试剂。它可与一系列从活性亚甲基化合物产生的碳负离子通过双重的 Michael 加成而得到[4+1]反应的环戊烯产物（式(6-186)）[193]。

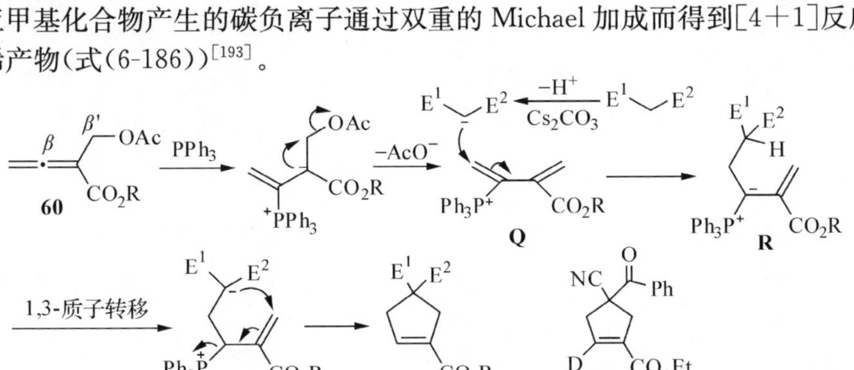

$-H^+$，Cs_2CO_3；PPh_3；$-AcO^-$；1,3-质子转移

(6-185)

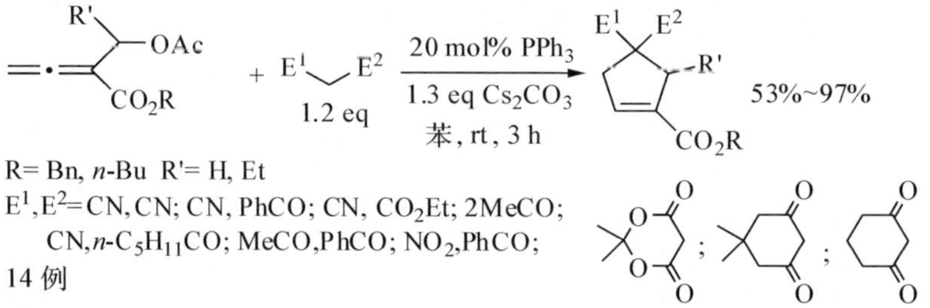

$$\text{(6-186)}$$

R= Bn, *n*-Bu R'= H, Et
E^1,E^2= CN,CN; CN, PhCO; CN, CO_2Et; 2MeCO; CN,*n*-$C_5H_{11}CO$; MeCO,PhCO; NO_2,PhCO; 14 例

从膦与联烯酸酯加成而得的两性离子中消去乙酸根即得𬭸盐 **Q**,它与活性亚甲基化合物($E^1CH_2E^2$,E^1 与 E^2 为拉电子基)的负离子加成得叶立德 **R**。**R** 中1,3-质子转移后再经分子内 Michael 加成并脱去膦即得产物。

用氘代的亲核剂 $PhCOCD_2CN$ 在式(6-186)的条件下进行反应,部分环戊二烯产物的 2-位碳(原联烯酸酯的 β-碳)原子上获得了氘标记(式(6-185)中的 **S**)。而在用非氘亲核试剂时,如在溶剂中加入 3 eq 的重水,反应产物中 2-位碳上同样也获得部分氘标记。这些都证明反应中原联烯酸酯的 β-碳原子参与了式(6-185)中的 1,3-质子转移。

用 DABCO 代替膦作为催化剂时,得到不同的结果。由于铵盐不具有磷盐那样强的稳定邻近碳负离子的能力,在 DABCO 对联烯酸酯加成并脱乙酸根生成铵盐 **T** 后(式(6-187)),亲核剂不再进攻 γ-碳原子而导致氮叶立德 **U** 的生成,而是进攻另一亲电位置 β'碳,这导致叔胺的消去而得中间产物联烯 **V**。从 **V** 脱质子得烯醇负离子 **W**,后者经 6-*endo-trig* 环化得吡喃产物(式(6-187)和式(6-188))[194]。

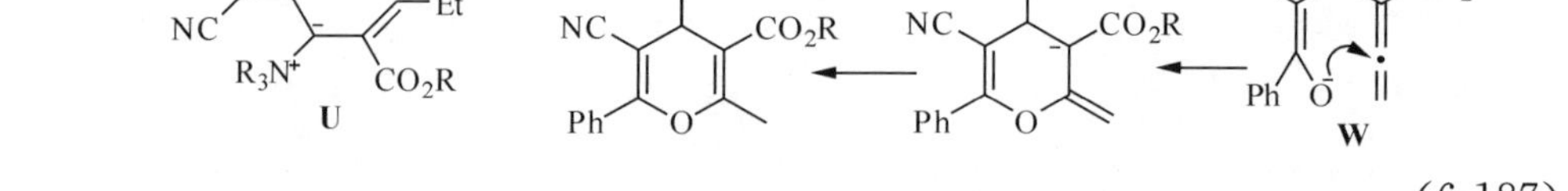

$$\text{(6-187)}$$

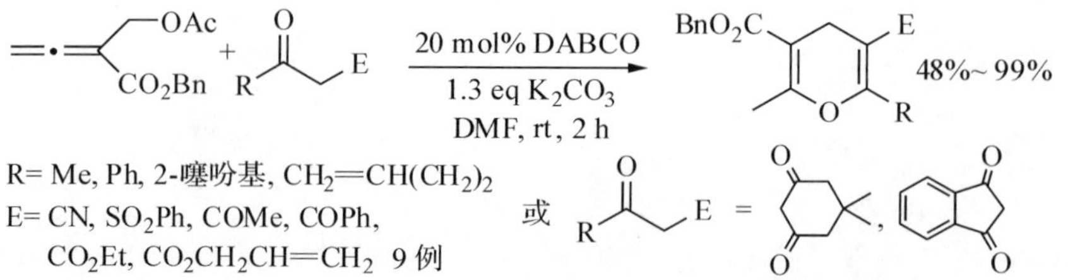

$$\text{(6-188)}$$

R= Me, Ph, 2-噻吩基, $CH_2=CH(CH_2)_2$
E= CN, SO_2Ph, COMe, COPh, CO_2Et, $CO_2CH_2CH=CH_2$ 9 例

实际上，以 $PhCOCH_2CN$ 为亲核剂前体，在苯溶液中进行上述反应时，反应开始后很快即有中间产物 **V**(式(6-187)和式(6-189))生成，并可分离。它在反应体系中逐渐转化为吡喃产物(式(6-189))，为式(6-187)中的反应机理提供了证明。从式(6-187)可见，在联烯酸酯的 β'-碳上接有取代基 R 时，产物中 4-位碳是手性碳。这也为用手性路易斯碱催化剂进行对映选择性合成提供了条件。

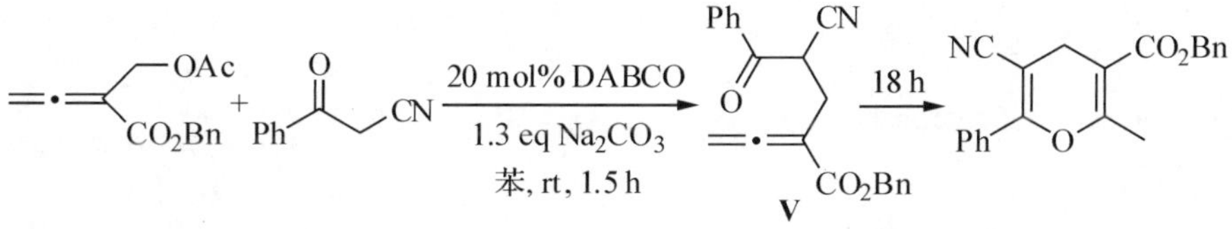

(6-189)

式(6-188)的反应中都是用 $RCOCH_2E$(E 为吸电子基)型分子作为 C,O-双亲核剂进行[3+3]反应。也可以用 N,N-双亲核剂进行反应，合成含有两个氮原子的杂环(式(6-190))。

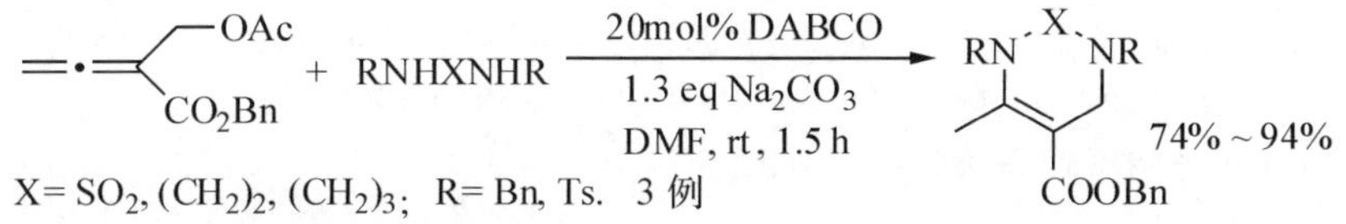

X= SO_2, $(CH_2)_2$, $(CH_2)_3$; R= Bn, Ts.　3 例

(6-190)

如果在联烯酸酯的 β'碳原子上接有一个亲核基团，则它可在膦催化下对 γ-碳原子进行亲核加成而成环，得到二氢吡咯产物(式(6-191))[195]。

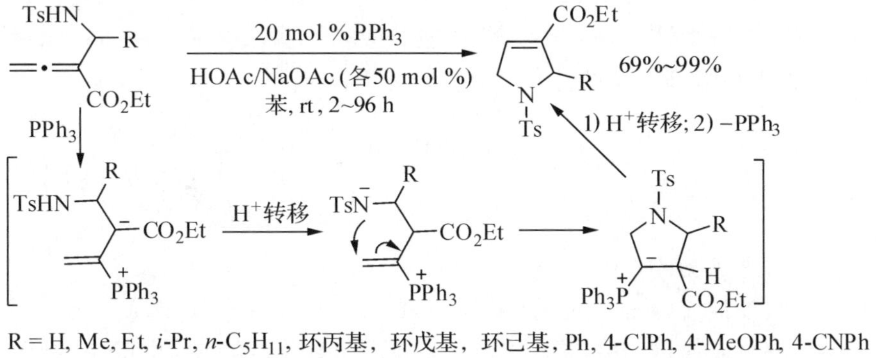

R = H, Me, Et, i-Pr, n-C_5H_{11}, 环丙基，环戊基，环己基, Ph, 4-ClPh, 4-MeOPh, 4-CNPh

(6-191)

6.3.8　γ-取代的联烯酸酯与芳醛的[3+2]反应

如果在联烯酸酯的 γ-碳原子上加上具有酸性 C—H 键的烃基取代基，则可能为膦与联烯酸酯加成得到的两性离子中间体提供新的质子转移途径，生成新的两性离子中间体，从而出现新的反应途径。虽然一些 γ-甲基取代的联烯酸酯在与活化烯烃和亚胺的反应中并未表现出与 γ-未取代的联烯酸酯不同的反应方式，仍进行正常的[3+2]反应[196]，但在与芳醛的反应中，却取决于 γ-取代基的结构和反应

条件，表现出与 γ-未取代反应物很不相同的反应性能。

用三苯基膦为催化剂，γ-甲基联烯酸酯与 2-氯苯甲醛在室温反应得到三个产物 **61**、**62** 和 **63**[197]（式(6-192)）。升高反应温度并对其他反应条件进行优化后，可以使亚甲基四氢呋喃成为主要产物（式(6-193)）。在这个反应中，联烯酸酯作为三碳组分，以其 β-、γ-和 δ-碳原子进入五元环产物。

CO_2Et + CHO Cl —— 20 mol% PPh_3 / 二甲苯, rt, 15 h → Ar O CO_2Et (Ar=2-ClPh, **61**, 26%) + Ar O O Ar CO_2Et (**62**, 29%) + Ar OH CO_2Et (**63**, 26%)

(6-192)

COOEt + ArCHO —— 5 mol%~10 mol% $P(4\text{-}FPh)_3$ / 甲苯, N_2, 100℃至回流 / 5~48 h → Ar O CO_2Et 31% ~ 98% (E)/(Z) 1/1~20/1

Ar= Ph, 2-FPh, 3-FPh, 2-ClPh, 4-ClPh, 2,4-Cl_2Ph, 2-NO_2Ph, 3-NO_2Ph, 4-NO_2Ph, 2-CF_3Ph, 4-CF_3Ph, 2-CNPh, 3-MeO-4-NO_2Ph, 5-Cl-2-NO_2Ph, 4-MePh, 2-MeOPh, 2-呋喃基, 2-噻吩基, 3-吡啶基

(6-193)

反应只适用于芳醛，脂醛不能参与反应。具有拉电子基的芳醛活性比有给电子基的要高。在联烯酸酯方面，如果 γ-位的甲基换为乙基，则除[3+2]产物外，尚得部分联烯酸酯异构化而得的 1,3-二烯产物。

γ-苄基联烯酸酯在上述条件下与芳醛反应则只得到少量烯化产物 **64**。如果用化学计量的膦，则得较高产率的烯化产物（式(6-194)）[198]。

Ph COOEt + ArCHO (Ar=2-ClPh) —— 1 eq $P(4\text{-}FPh)_3$ → Ar Ph COOEt (**64**, 80%)

(6-194)

建议的反应机理见图 6-7。

在膦对联烯酸酯加成后得到的两性离子 **A** 中，δ-α 质子转移得 **B**，后者是一个乙烯基叶立德。它可以通过与醛进行 Wittig 反应而得烯化产物 **64**，也可经表观的分子内 $\alpha \rightarrow \beta$ 质子转移并消去膦而得异构化产物 1,3-二烯 **65**。**B** 也可以用 δ 碳原子对醛进行加成而得中间体 **C**。**C** 在加热时可发生双键移位而得热力学上更为稳定的 **D**。在 **D** 中氧负离子对双键进行 Michael 加成而成环，并消去膦而得四氢呋喃产物 **61**。在室温反应时，则 **C** 中的双键移位反应要与质子转移和对第二分子醛的加成竞争。**C** 经连续的质子转移后可得产物 **63**。而 **C** 与另一分子醛加成后再经 Michael 加成而环化并继而以质子转移和脱去膦则得 1,3-二氧噁产物 **62**。

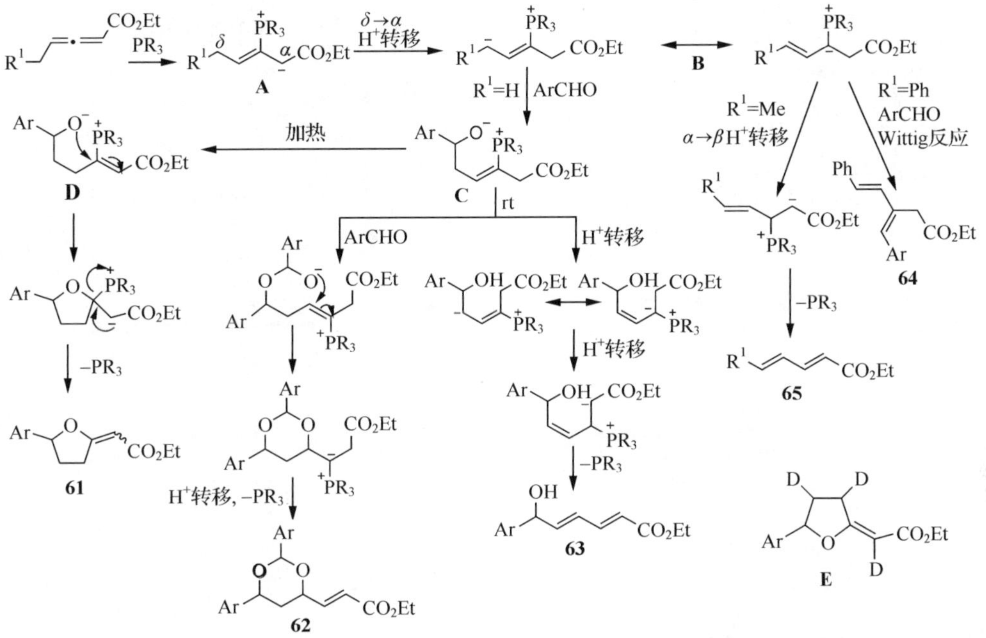

图 6-7 膦催化的 γ-取代联烯酸酯与醛的环加成反应

在反应体系中加入 1.5 eq 的重水而进行式(6-193)的反应(用 4-ClPhCHO)时，产物中的 α、γ、δ 碳原子上都有部分氘标记质子进入(图 6-7 中的 **E**)。而用 γ-三氘代甲基联烯酸酯($CD_3CH{=}C{=}CHCO_2Et$)在上述条件下进行反应时，四氢呋喃产物中，氘原子大致平均分布于原联烯酸酯部分的 α、γ、δ-碳上，但标记原子的总量损失了三分之一多。这些都表明，α、γ、δ-碳原子在反应中都参与了质子转移过程(其中部分可能是在碱催化的 **C→D** 双键移位过程中)，而且这些质子转移过程是在水的催化下进行的。

γ-碳上有碳原子取代基的联烯酸酯与水杨醛在膦催化下反应，则得色满衍生物(式(6-195))[199]。联烯酸酯作为二碳组分，以其 γ-碳原子和 δ-碳原子参与成环。

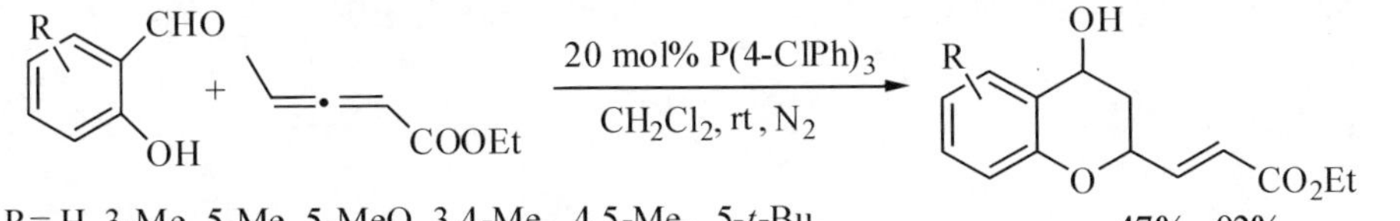

R= H, 3-Me, 5-Me, 5-MeO, 3,4-Me$_2$, 4,5-Me$_2$, 5-*t*-Bu, 5-Br, 5-Cl, 3-Cl, 3,6-Cl$_2$, 3,5-Cl$_2$, 5-COOEt

20 mol% P(4-ClPh)$_3$, CH$_2$Cl$_2$, rt, N$_2$

47%~ 92%, *trans*/*cis* 1/2 ~ 17/1

(6-195)

邻羟基苯甲醛亚胺在类似条件下反应，也得相应的色满衍生物(式(6-196))[200]。这些反应是按式(6-197)的机理进行的。

R= H, 3-Me, 5-Me, 5-*n*-Bu, 5-MeO, 3-Cl, 5-Cl, 5-Br, 5-NO_2
R'= Me, Et. 14例

30 mol% PPh_3, CH_2Cl_2, 40℃, 2~6 h

0 ~ 92%
cis/*trans* 2/1 ~ >20/1

(6-196)

(6-197)

6.3.9 膦催化的炔酸酯和炔酮与亲电试剂的反应[6]

一些具有 γ-碳原子的活性炔烃在膦或 DMAP 等 Lewis 碱催化下与活化烯烃、亚胺等亲电试剂的[3+2]环加成等反应已在前面讨论过(式(6-72)、式(6-140)、式(6-142))。这里讨论的是 Lewis 碱催化的丙炔酸酯和丁炔二酸二酯与醛、活化烯烃和亚胺等的反应。

1. 丙炔酸酯与亚胺的反应

作为末端炔烃,丙炔酸酯与膦加成后得到的两性离子(式(6-198)中的 **F**)不具有分子内质子转移的途径,它将直接与亚胺反应。在式(6-199)所示的优化反应条件下,以良好产率得到乙烯基亚胺[201]。产物是炔酯以其 α-碳原子对亚胺加成而得的。反应在炔烃不大过量且浓度较稀(0.06mol/L)的条件下进行。如果炔烃浓度较高且过量较多,产率降低并有较大量的炔烃二聚产物生成。

G **G1**: Ar=Ph, R=CH_2CO_2Et
G2: Ar=Ph, R=Bn

(6-198)

$$\text{HC}\equiv\text{C-CO}_2\text{R (1.2 eq)} + \text{Ar-CH=N-Ts} \xrightarrow[\text{甲苯, 80℃}]{\text{20 mol\% PPh}_3} \text{Ar-C(=N-Ts)-C(=CH}_2\text{)CO}_2\text{R}\quad 0\sim89\% \tag{6-199}$$

R= Me, Bn, CH_2COOEt

Ar= Ph, $PhCH_2OPh$, 4-MePh, 4-MeOPh, 4-ClPh, 4-BrPh, 4-NO_2Ph, 3,4-(OCH_2O).　10例

在式(6-198)中建议的反应机理中，两性离子 **F** 对亚胺加成后，经连续的表观分子内质子转移得中间体 **G**。由 **G** 脱去膦即得产物。

在同位素标记实验中，发现氘标记的反应物与无标记的反应物以相同速率反应(式(6-200))，无一级动力学同位素效应。因此质子转移不是反应速率决定步骤。

$$\underset{1}{\text{4-MeOPh-CD=N-Ts}} + \underset{1}{\text{4-MeOPh-CH=N-Ts}} \xrightarrow[\text{PPh}_3]{\text{HC}\equiv\text{C-COOMe}} \text{4-MeOPh-C(=N-Ts)-C(COOMe)=CHD (D 50\%)} \tag{6-200}$$

如果在反应中应用化学计量的膦，则某些反应中可以分离得到固体的中间体 **G**(式(6-198))，其中 G**1** 的结构经 X 射线结晶分析确定。回流 1∶1 的膦与乙烯基亚胺的甲苯溶液 3 h，溶液的^{31}P NMR 谱中只有两性离子 **G** 的吸收。进而，虽然 **G2** 在加有 PPh_3 的甲苯溶液中能在 80℃稳定存在而不分解，但如此时加入丙炔酸酯，则 **G2** 迅速分解而转变为产物乙烯基亚胺和膦。显然，丙炔酸酯对 PPh_3 的捕获促进了 **G2** 分解为产物。这为式(6-198)中的机理提供了直接证明。当存在较大量的膦时，**G** 的分解平衡偏向右方(式(6-198))，而当膦仅以催化量存在而迅速消耗于与炔加成时，平衡向左移动，得到产物。

β-三甲基硅基丙炔酸甲酯在 DABCO 催化下也可与亚胺反应，但需在化学计量的对甲苯磺酰胺($TsNH_2$)存在时进行，得到亚胺、炔酸酯和 $TsNH_2$ 三组分反应的产物(式(6-201))[202]。

$$\text{MeO}_2\text{C-C}\equiv\text{C-SiMe}_3 + \text{R-CH=N-Ts} \xrightarrow[\text{THF, 回流, 20 h}]{\text{1 eq TsNH}_2\text{, 1 eq DABCO}} \text{TsHN-CH(R)-C(CO}_2\text{Me)=CH-NHTs}\quad 30\%\sim49\% \tag{6-201}$$

R= Ph, 4-NO_2Ph, 4-ClPh, 2-MePh, 4-MePh, 2,6-Me_2Ph, 2-MeOPh, 4-MeOPh, 1-萘基, *t*-Bu

反应中涉及与 Brook 重排类似的硅基向氮负离子的迁移(式(6-202))。

$$\mathrm{MeO_2C{-}C{\equiv}C{-}SiMe_3} \xrightarrow{R_3N} \cdots \xrightarrow{\mathrm{RCH{=}NTs}} \cdots \rightleftharpoons \cdots \xrightarrow{\mathrm{TsNH_2}} \cdots \xrightarrow[-\mathrm{NR_3}]{\mathrm{TsNH^-}} \cdots \xrightarrow[\text{脱硅基}]{\text{后处理}} \cdots$$

(6-202)

β-三甲基硅基丙炔酸甲酯与水杨醛亚胺反应则得色烯产物(式(6-203))。

1 eq DABCO; 1) 苯, 回流, 1.5～4 h; 2) MeOH, HCl

R= H, 5-Cl, 5,6-苯并, 58%～81%.
R=5-NO_2, 0%

(6-203)

2. 炔酮与亚胺的反应

与丙炔酸酯的反应不同，乙炔基苯基甲酮在三苯基磷催化时与亚胺进行[2+2+2]环加成反应，由两分子炔和一分子亚胺生成二氢吡啶产物(式(6-204))[203]。

20 mol% PPh_3; 甲苯, 回流

Ar= Ph, 4-MePh, 4-MeOPh, 4-ClPh, 4-BrPh　　59%～90%　　**66**

(6-204)

在较低的温度(80℃)用 PhCH═NTs 进行上述反应时，除了分离得到二氢吡啶外，反应混合物的^{1}H NMR 分析表明，体系中还有部分乙烯基亚胺产物 **66** 生成(式(6-204))，但无法分离得到纯品。而当升高反应温度，并再加入 1 eq 的炔酮时，亚胺产物逐渐转化为二氢吡啶产物。这表明亚胺 **66** 可能是反应的中间产物。用式(6-199)的方法由丙炔酸酯与亚胺制备了一系列乙烯基亚胺，并与炔酮进行了[4+2]环加成反应，得到相应的 2-芳基-3-酯基二氢吡啶产物(式(6-205))。

20 mol% PPh_3; 甲苯, 回流

Ar=Ph, 4-MePh, 4-MeOPh;
Ar′=Ph, 4-MeOPh, 4-BrPh; R= Me, Bn. 7例　　50%～96%

(6-205)

建议的这些[2＋2＋2]和[4＋2]反应的机理见式(6-206)。

(6-206)

其中中间产物乙烯基亚胺 **66** 的生成机理在式(6-198)中也已述及。由于从炔酮生成的两性离子 **H** 的亲核性比从丙炔酸乙酯生成的两性离子(式(6-198)中的 **F**)要强，会进攻 **66** 使反应继续，得到二氢吡啶产物。在分别用氘代亚胺 4-MeOPh-CD═N—Ts 和氘代乙烯基亚胺 **67** 按式(6-204)和式(6-205)进行反应时，得到的二氢吡啶产物 **68** 和 **69** 中，在原炔烃组分的 β-碳原子上都有氘原子分布[204]。这也表明反应中存在着从亚胺向炔烃的 β 碳原子的质子转移(式(6-206)中的 1,2-和 1,4-质子转移)和从 **67** 向炔烃的 β-碳原子的(式(6-206)中最后的 1,3-氢迁移)氢原子转移。

67　　**68** (20%)　　**69** (30%)

式(6-205)的反应是炔酮与一个 1-氮杂二烯之间的[4＋2]反应。由于 1-氧杂二烯的亲电性更强，一些氧杂二烯也可以在膦的催化下与炔酮进行类似的[4＋2]反应，并表现出比 1-氮杂二烯更强的反应活性。反应在室温进行，以高产率得到二氢吡喃产物(式(6-207))。

20 mol% PPh_3，甲苯，rt；83%～99%　　(6-207)

Ar^1= Ph, 2-噻吩基；Ar^2= Ph, 4-MeOPh, 4-BrPh, 2-呋喃基, 2-噻吩基, PhCH═CH

由于这些 1-氧杂二烯很高的反应活性，活性不如炔酮高的丙炔酸酯也能与它们进行[4+2]反应(式(6-208))[203]。

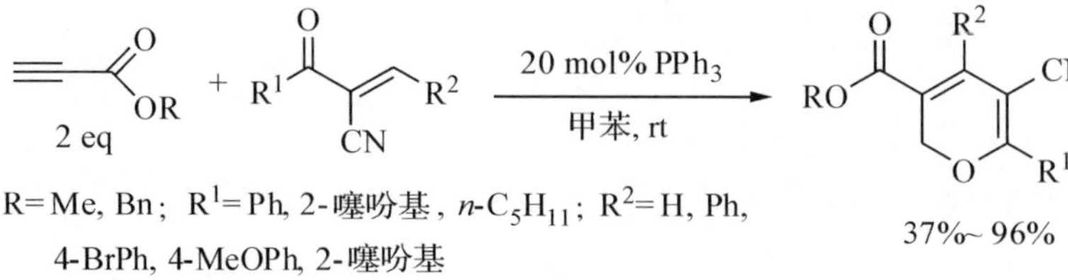

R=Me, Bn; R^1=Ph, 2-噻吩基, n-C_5H_{11}; R^2=H, Ph, 4-BrPh, 4-MeOPh, 2-噻吩基

20 mol% PPh_3，甲苯, rt；2 eq；37%~96%

(6-208)

3. 吡啶催化的丁炔二酸二酯与亲电试剂(活化烯烃,亚胺,醛等)的反应

丁炔二酸二酯与吡啶加成后生成的两性离子不可能发生分子内质子转移,它将直接与亲电试剂加成。

1) 吡啶催化的丁炔二酸二乙酯与醛的反应

吡啶作为 Lewis 碱,可以催化丁炔二酸二甲酯(dimethyl acetylenedicarboxylate, DMAD)与芳醛的加成反应(式(6-209))[205,206]。

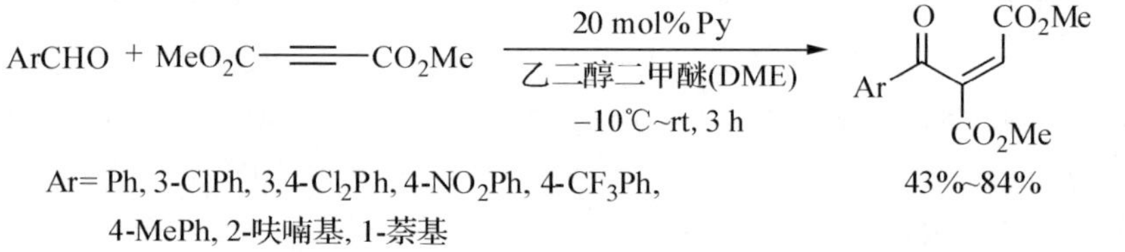

ArCHO + MeO_2C—≡—CO_2Me → (20 mol% Py，乙二醇二甲醚(DME)，−10℃~rt, 3 h)

Ar= Ph, 3-ClPh, 3,4-Cl_2Ph, 4-NO_2Ph, 4-CF_3Ph, 4-MePh, 2-呋喃基, 1-萘基

43%~84%

(6-209)

产物表观上可视为由醛对 DMAD 共轭加成而得。反应经两性离子 **I** 对醛的羰基加成,质子转移和消去吡啶进行(式(6-210))。

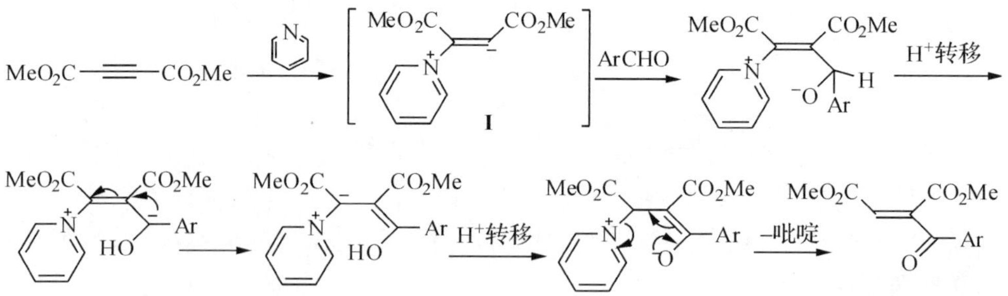

MeO_2C—≡—CO_2Me → (吡啶) [I] → ArCHO → H^+转移 → → H^+转移 → −吡啶

(6-210)

2) 吡啶催化的丁炔二酸二酯与活化烯烃的反应

芳甲叉丙二氰可在吡啶催化下与 DMAD 进行反应,产物在表观上也可视为由烯烃(HC(R)═CR_2')对 DMAD 进行共轭加成而得(式(6-211))[207]。三苯基膦不能有效催化这一反应。

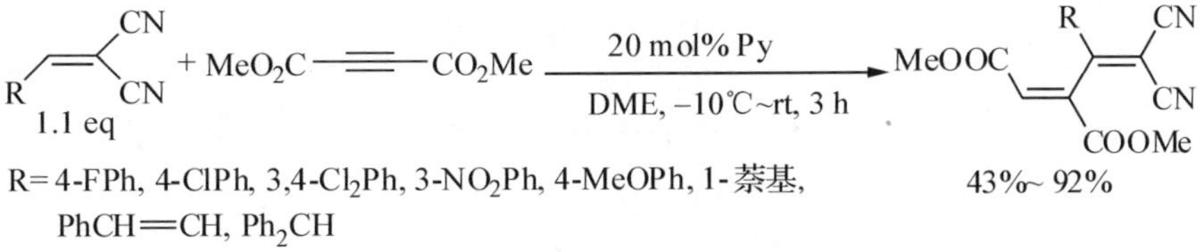

R=4-FPh, 4-ClPh, 3,4-Cl_2Ph, 3-NO_2Ph, 4-MeOPh, 1-萘基, PhCH=CH, Ph_2CH

1.1 eq；20 mol% Py；DME, −10℃~rt, 3 h；43%~92%

(6-211)

反应也是在两性离子对烯烃进行加成后经分子内质子转移进行的(式(6-212))。

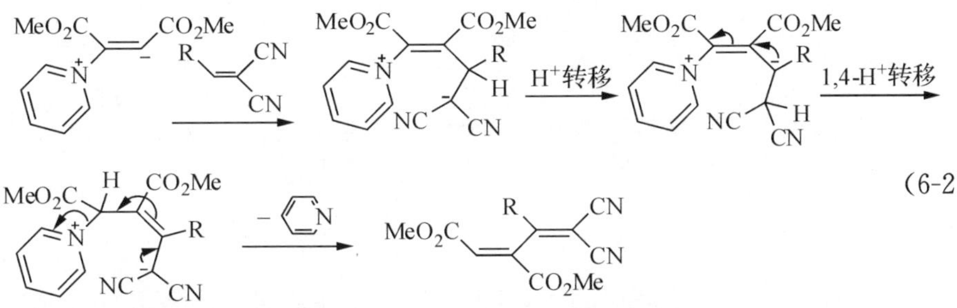

H^+转移；1,4-H^+转移

(6-212)

3）吡啶催化的 DMAD 与 1,2-二芳基乙二酮的反应

吡啶可以催化 DMAD 与 1,2-二芳基乙二酮反应，产物是 1,2 二芳甲酰基马来酸二甲酯(式(6-213))[208]。

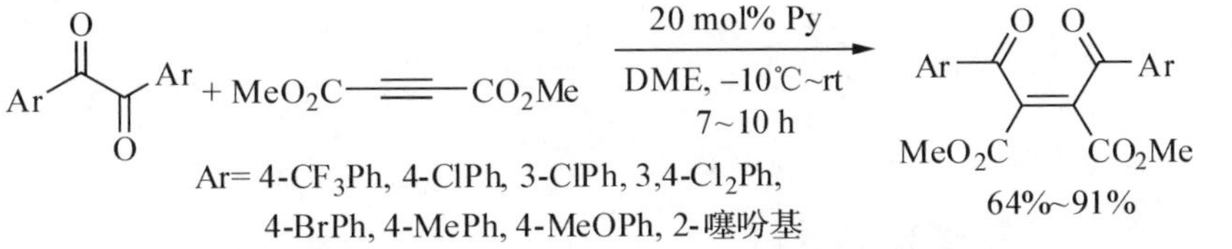

20 mol% Py；DME, −10℃~rt；7~10 h；64%~91%

Ar=4-CF_3Ph, 4-ClPh, 3-ClPh, 3,4-Cl_2Ph, 4-BrPh, 4-MePh, 4-MeOPh, 2-噻吩基

(6-213)

反应中，二酮中两个羰基间的 C—C 键断裂，两个酰基分别加到炔烃的两个碳原子上，得到 *cis*-构型的 2,3-二芳甲酰基马来酸酯，在最初建议的反应机理中，两性离子 **J**(式(6-214))与二酮进行羰基加成后得 **K**,**K** 有两条可能的反应途径。

途径 1 中先生成环氧乙烷中间体 **L**，后者开环导致原二酮中的 C—C 键断裂，再在 **M** 中发生酰基迁移而得产物。而在途径 2 中，先发生酰基迁移得 **N**，并产生环丙烷中间体 **O**。用丁二酮代替二芳乙二酮对上述反应机理进行的密度泛函理论计算(DFT-B3LYP)[209]表明，膦与 DMAD 加成时是生成更为稳定的顺式的两性离子中间体 **J**。它与二酮加成并不是得两性离子中间体 **K**，而是经过渡态 **TS-1** 转化为环状的中性产物 **P**(式(6-215))，而且 **P** 是反应途径 1 与 2 的共同中间体。**P** 的后续反应按与式(6-214)相似的两条途径进行，但在途径 1 中，**P** 经过渡态 **TS-2** 直接转变为中间体 **M** 而不涉及环氧中间体 **L** 的明确生成；这是反应速率决定步骤。而在途径 2 中，经 **TS-3** 发生酰基迁移得 **N**，这是反应速率决定步骤。**N** 经 **TS-4**

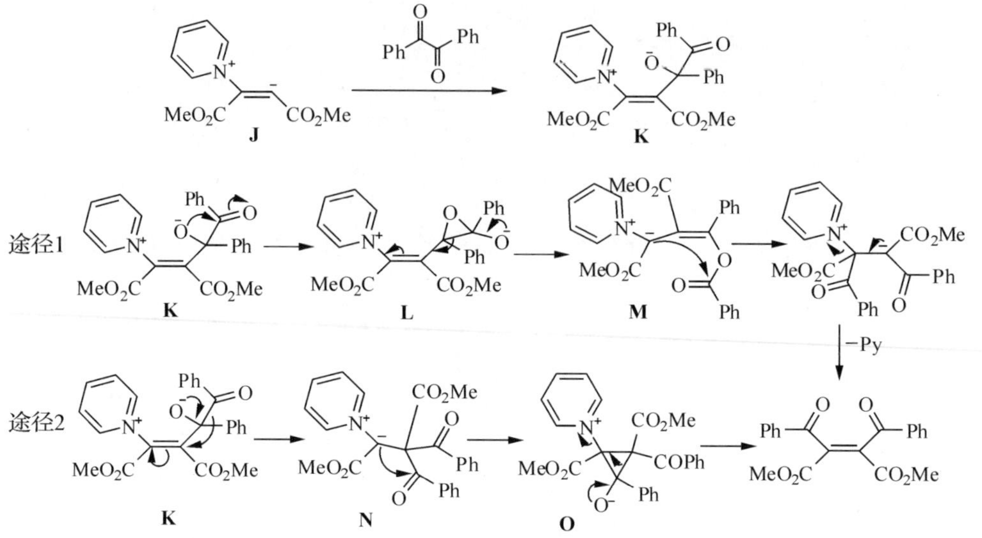

(6-214)

转化为 **Q** 并消去吡啶而得产物,并不经过环丙烷中间体 **O**。计算还表明,**P** 在途径 1 中转变为 **N** 的活化自由能比它在途径 2 中转化为 **N** 的活化自由能要低,而且由 **P→M** 是放热过程(气相中 $\Delta G^{\ominus}$ 为 -9.6 kcal/mol),而 **P→N** 为吸热过程。

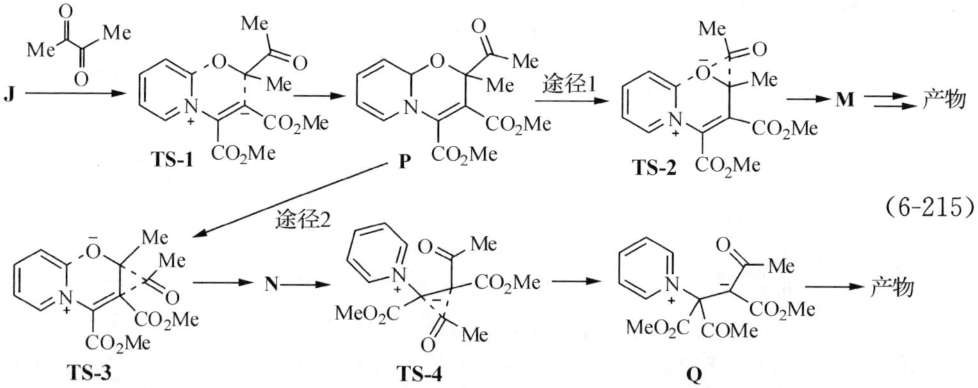

(6-215)

因此,无论从热力学还是动力学来看,途径 1 都应是比途径 2 更为优先的反应途径。而由 *cis*-中间体 **J** 生成中间体 **P**,决定了在两种途径中经后续过程得到的产物的构型。虽然在中间体 **N** 中存在着绕中间 C—C 键自由旋转而得 *trans*-2,3-二芳酰基马来酸酯的可能性,但计算的这一旋转有 10 kcal/mol 的活化自由能,因此,反应中几乎完全生成 *cis*-的产物。

4) 吡啶催化的 DMAD 与环丁烯-1,2-二酮的反应

作为 α-二酮的一个特例,可以设想环丁烯-1,2-二酮在吡啶的催化下与 DMAD 的反应可能经与上类似的羰基间的 C—C 键断裂和对炔的加成得到对苯二醌产

物。事实上，虽然发生了这个反应，但产物与反应条件有很大关系[210]。当 3，4-二苯基环丁烯-1，2-二酮与 DMAD 的反应以吡啶为溶剂进行时，确实以良好的产率得到由对苯二醌还原而得的对苯二酚产物 **70**（式(6-216)）。而在使用过量的 DMAD 并在催化量的吡啶存在时在 DME 溶液中进行反应，则主要产物是环戊烯-1，3-二酮产物 **71**（式(6-217)）。

1.1 eq　吡啶，−10℃~rt

Ar= 4-MePh, 3,4-Me_2Ph, 4-ClPh, 4-BrPh, 2-噻吩基　**70** 65% ~ 72%

(6-216)

20 mol% 吡啶　DME，−10℃~rt

Ar= 4-MePh, 3,4-Me_2Ph, 4-ClPh, 4-BrPh, 2-噻吩基　**71** 48%~ 55%　**70** 10%~ 15%

(6-217)

对这两种不同条件下的反应建议的机理见式(6-218)。

(6-218)

两性离子 **R** 对环丁烯二酮加成得中间体 **S**，它扩环为吡啶叶立德 **T**。在吡啶溶液中反应时，稍过量的 DMAD 经转变为 **R** 而消耗，体系中自由的 DMAD 浓度很小。此时 **T** 经分子内（途径 1）生成双环[3.1.0]己烷中间体 **U**，后者开环为初级产物苯醌。苯醌在反应条件下经某种途径被还原而得苯酚产物 **70**。如果使用过量的 DMAD 和催化量的吡啶,**T** 中的碳负离子进攻另一分子 DMAD 的炔键而得中间体 **V**(途径 2)。**V** 中分子内成环而得螺环中间体 **W**,从 **W** 中消去吡啶即得环戊烯产物 **71**。

5)路易斯碱催化的 DMAD 与 *N*-对甲苯磺酰基水杨醛亚胺的反应

膦和叔胺可以催化 DMAD 与水杨醛磺酰亚胺的反应,得色烯衍生物(式(6-219))[211]。

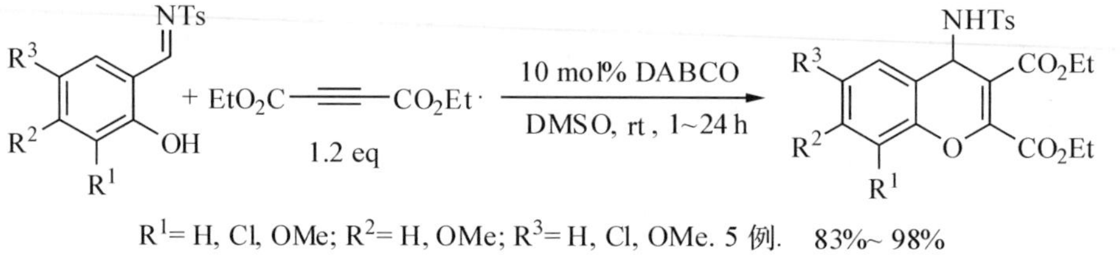

R^1= H, Cl, OMe; R^2= H, OMe; R^3= H, Cl, OMe. 5 例. 83%~ 98%

(6-219)

膦或叔胺催化的 DMAD 与水杨醛的反应也得相应的色烯产物(式(6-220))[211]。

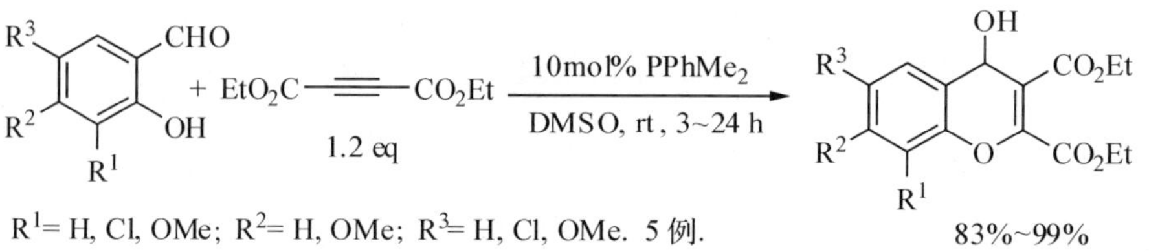

R^1= H, Cl, OMe; R^2= H, OMe; R^3= H, Cl, OMe. 5 例. 83%~99%

(6-220)

参考文献

[1] Marinetti, A.; Voituriez, A. Enantioselective phosphine organocatalysis. Synlett, 2010: 174-194.

[2] Cowen, B. J.; Miller, S. J. Enantioselective catalysis and complexity generation from allenoates. Chem. Soc. Rev., 2009, 38: 3102-3116.

[3] Methot, J. L.; Roush, W. R. Applications of tricoordinated phosphorus compounds in organocatalysis. Sci. Synth., 2009, 42: 469-501.

[4] Denmark, S. E.; Beutner, G. L. Lewis base catalysis in organic synthesis. Angew. Chem. Int. Ed., 2008, 47: 1560-1638.

[5] Ye, L.-W.; Zhou, J.; Tang, Y. Phosphine-triggered synthesis of functionalized cyclic compounds. Chem. Soc. Rev., 2008, 37: 1140-1152.

[6] Nair, V.; Menon, R. S.; Sreekanth, A. R.; et. al. Engaging zwitterions in carbon-carbon and carbon-nitrogen bond-forming reactions: a promising synthetic strategy. Acc. Chem. Res., 2006, 39: 520-530.

[7] Lu, X.; Du, Y.; Lu, C. Synthetic methodology using tertiary phosphines as nucleophilic catalysts. Pure Appl. Chem., 2005, 77: 1985-1990.

[8] Ma, S. Some typical advances in the synthetic applications of allenes. Chem. Rev., 2005, 105: 2829-2871.

[9] Methot, J. L.; Roush, W. R. Nucleophilic phosphine organocatalysis. Adv. Synth. Catal., 2004, 346: 1035-1050.

[10] Valentine, D. H., Jr.; Hillhouse, J. H. Alkyl phosphines as reagents and catalysts in organic synthesis. Synthesis, 2003: 317-334.

[11] Lu, X.; Zhang, C.; Xu, Z. Reactions of electron-deficient alkynes and allenes under phosphine catalysis. Acc. Chem. Res., 2001, 34: 535-544.

[12] Gimbert, C.; Lumbierres, M.; Marchi, C.; et. al. Michael additions catalyzed by phosphines. An overlooked synthetic method. Tetrahedron, 2005, 61: 8598-8605.

[13] Gómez-Bengoa, E.; Cuerva, J. M.; Mateo, C.; et. al. Michael reaction of stabilized carbon nucleophiles catalyzed by [$RuH_2(PPh_3)_4$]. J. Am. Chem. Soc., 1996, 118: 8553-8565.

[14] Grossman, R. B.; Comesse, S.; Rasne, R. M.; et. al. Phosphoramidites are efficient, green organocatalysts for the Michael reaction. Mechanistic insights into the phosphorus-catalyzed Michael reaction of alkynones and implications for asymmetric catalysis. J. Org. Chem., 2003, 68: 871-874.

[15] Grossman, R. B.; Pendharkar, D. S.; Patrick, B. O. [$n+1$] Annulation route to highly substituted cyclic ketones with pendant ketone, nitrile, and ester functionality. J. Org. Chem., 1999, 64: 7178-7183.

[16] Wang X.; Li, S.; Jiang, Y. A theoretical study of the mechanism of phosphine-catalyzed hydroalkoxylation of methyl vinyl ketone. J. Phys. Chem. A, 2005, 109: 10770-10775.

[17] White, D. A.; Baizer, M. M. Catalysis of the Michael reaction by tertiary phosphines. Tetrahedron Lett., 1973, 14: 3597-3600.

[18] Stewart, C.; Bergman, R. G.; Toste, F. D. Phosphine-catalyzed hydration and hydroalkoxylation of activated olefins: use of a strong nucleophile to generate a strong base. J. Am. Chem. Soc., 2003, 125: 8696-8697

[19] Liu, H.-L.; Jiang, H.-F.; Wang, Y.-G. Triphenylphosphine-catalyzed Michael addition of alcohols to acrylic compounds. Chin. J. Chem., 2007, 25: 1023-1026.

[20] Jenner, G. A highly efficient microwave-assisted solvent-free synthesis of α- and β-2′-deoxy-1,2,3-triazolyl-nucleosides. Tetrahedron Lett., 2001, 42: 4807-4811.

[21] Jenner, G. Effect of pressure on sterically congested cyanoalkylation reactions of alcohols. Tetrahedron, 2002, 58: 4311-4317.

[22] Henderson, W. A., Jr.; Streuli, C. A. The basicity of phosphines. J. Am. Chem. Soc., 1960, 82: 5791-5794.

[23] Ballinger, P.; Long, F. A. Acid ionization constants of alcohols. II. Acidities of some substituted methanols and related compounds. J. Am. Chem. Soc., 1960, 82: 795-798.

[24] Coetzeel, J. F.; Padmanabhan, G. R. Properties of bases in acetonitrile as solvent. IV. Proton acceptor power and homoconjugation of mono- and diamines. J. Am. Chem. Soc., 1965, 87: 5005-5010.

[25] Streitwieser, A.; Kim, Y. J. Ion pair basicity of some amines in THF: implications for ion pair acidity scales. J. Am. Chem. Soc., 2000, 122: 11783-11786.

[26] Yi, C. S.; Yun, S. Y.; He, Z. Conjugate addition of alcohols to acrylic compounds catalyzed by a bifunctional ruthenium-acetamido complex. Organometallics, 2003, 22: 3031-3033.

[27] Munro-Leighton, C.; Delp, S. A.; Blue, E. D.; et. al. Addition of N—H and O—H bonds of amines and alcohols to electron-deficient olefins catalyzed by monomeric copper(Ⅰ) systems: reaction scope,

mechanistic details, and comparison of catalyst efficiency. Organometallics, 2007, 26: 1483-1493.

[28] Chaphekar, S. S. ; Samant, S. D. Cyanoethylation of alcohols catalyzed by a novel aqueous agar gel-entrapped NaOH catalyst. Appl. Catal. , A, 2003, 242: 11-15.

[29] Bruson, H. A. Cyanoethylation. Organic reactions, 1949, 5, 79-135.

[30] Koelsch, C. F. A study of some Michael reactions. J. Am. Chem. Soc. , 1943, 65: 437-439.

[31] Utermohlen Jr. W. P. , Preparation of γ-alkoxy-n-propylamines. J. Am. Chem. Soc. , 1945, 67: 1505-1506.

[32] Hoyle, C. E. ; Lowe, A. B. ; Bowman, C. N. Thiol-click chemistry: a multifaceted toolbox for small molecule and polymer synthesis. Chem. Soc. Rev. , 2010, 39: 1355-1387.

[33] Hoyle, C. E. ; Bowman, C. N. Thiol-ene click chemistry. Angew. Chem. Int. Ed. , 2010, 49: 1540-1573.

[34] Chan, J. W. ; Hoyle, C. E. ; Lowe, A. B. Sequential phosphine-catalyzed, nucleophilic thiol-ene/radical-mediated thiol-yne reactions and the facile orthogonal synthesis of polyfunctional materials. J. Am. Chem. Soc. , 2009, 131: 5751-5753.

[35] Kuroda, H. ; Tomita, I. ; Endo, T. Facile synthetic method for the preparation of dithioacetals by the double conjugate addition of acetylenes bearing electron -withdrawing groups with thiols. Synth. Commun. , 1996, 26: 1539-1543.

[36] Kwisnek, L. ; Kaushik, M. ; Hoyle, C. E. ; et. al. Free volume, transport, and physical properties of n-alkyl derivatized thiol-ene networks: chain length effect. Macromolecules, 2010, 43: 3859-3867.

[37] Yu, B. ; Chan, J. W. ; Hoyle, C. E. ; et. al. Sequential thiol-ene/thiol-ene and thiol-ene/thiol-yne reactions as a route to well-defined mono and bis- end functionalized poly(N-isopropylacrylamide). J. Polym. Sci. , Part A: Polym. Chem. , 2009, 49: 3544-3557.

[38] Shin, J. ; Matsushima, H. ; Chan, J. W. ; et. al. Segmented polythiourethane elastomers through sequential thiol-ene and thiol-isocyanate reactions. Macromolecules, 2009, 42: 3294-3301.

[39] Chan, J. W. ; Yu, B. ; Hoyle, C. E. ; et. al. The nucleophilic, phosphine-catalyzed thiol-ene click reaction and convergent star synthesis with RAFT-prepared homopolymers. Polymer, 2009, 50: 3158-3168.

[40] Nurmi, L. ; Lindqvist, J. ; Randev, R. ; et. al. Glycopolymers via catalytic chain transfer polymerization (CCTP), Huisgens cycloaddition and thiol-ene double click reactions. Chem. Commun. , 2009: 2727-2729.

[41] Chan, J. W. ; Yu, B. ; Hoyle, C. E. ; et. al. Convergent synthesis of 3-arm star polymers from RAFT-prepared poly(N,N-diethylacrylamide) via a thiol-ene click reaction. Chem. Commun. , 2008: 4959-4961.

[42] Aimetti, A. A. ; Feaver, K. R. ; Anseth, K. S. Synthesis of cyclic, multivalent Arg-Gly-Asp using sequential thiol-ene/thiol-yne photoreactions. Chem. Commun. , 2010: 5781-5783.

[43] Jones, M. W. ; Mantovani, G. ; Ryan, S. M. ; et. al. Phosphine-mediated one-pot thiol-ene "click" approach to polymer-protein conjugates. Chem. Commun. , 2009: 5272-5274.

[44] Bhuniya, D. ; Mohan, S. ; Narayanan, S. Triphenylphosphine catalyzed Michael addition of oximes onto activated olefins. Synthesis, 2003: 1018-1024.

[45] Xu, L. -W. ; Xia, C. -G. Highly efficient phosphine-catalyzed aza-Michael reactions of α, β-unsaturated compounds with carbamates in the presence of TMSCl. Tetrahedron Lett. , 2004, 45: 4507-4510.

[46] Grossman, R. B. ; Pendharkar, D. S. ; Patrick, B. O. [$n+1$] annulation route to highly substituted cyclic ketones with pendant ketone, nitrile, and ester functionality. J. Org. Chem. , 1999, 64: 7178-7183.

[47] Evans，P. A.；Roseman，J. D.；Garber，L. T. An iterative approach to biologically important fused polycyclic ethers via acyl radical cyclizations. J. Org. Chem.，1996，61：4880-4881.

[48] Xue，S.；Zhou，Q.-F.；. Li，L.-Z；et. al. Triphenylphosphine-catalyzed reaction of aldehydes and acetylenic ketones with 1，3-dicarbonyl moieties. Synthesis of multi-carbonyl compounds. Synlett，2005：2990-2992.

[49] Inanaga，J.；Baba，Y.；Hanamoto，T. Organic synthesis with trialkylphosphine catalysts. conjugate addition of alcohols to α,β-unsaturated alkynic acid esters. Chem. Lett.，1993：241-244.

[50] Wende，M.；Meier，R.；Gladysz，J. A. Fluorous catalysis without fluorous solvents：a friendlier catalyst recovery/recycling protocol based upon thermomorphic properties and liquid/solid phase separation. J. Org. Chem.，1999，64：7178-7183.

[51] Wende，M.；Meier，R.；Gladysz，J. A. Fluorous catalysis without fluorous solvents：a friendlier catalyst recovery/recycling protocol based upon thermomorphic properties and liquid/solid phase separation. J. Am. Chem. Soc.，2001，123：11490-11491.

[52] Wende，M.；Gladysz，J. A. Fluorous catalysis under homogeneous conditions without fluorous solvents：a "greener" catalyst recycling protocol based upon temperature-dependent solubilities and liquid/solid phase separation. J. Am. Chem. Soc.，2003，125：5861-5872.

[53] Yavari，I.；Hekmat-Shoar，R.；Zonouzi，A. A new and efficient route to 4-carboxymethylcoumarins mediated by vinyltriphenylphosphonium salt. Tetrahedron Lett.，1998，39：2391-2392.

[54] Ngwerume，S.；Camp，J. E. Synthesis of highly substituted pyrroles via nucleophilic catalysis. J. Org. Chem.，2010，75：6271-6274.

[55] Yavari，I.；Ramazani，A. Triphenylphosphine catalyzed stereoselective synthesis of O-vinyloximes. Synth. Commun.，1997，27：1449-1454.

[56] Kuroka，H.；Tomita，I.；Endo，T. A novel phosphine-catalyzed polyaddition of terminal acetylenes bearing electron-withdrawing groups with dithiols. Synthesis of polymers having dithioacetal moieties in the main chain. Polymer，1997，38：6049-6054.

[57] Yus，M.；Najera，C.；Foubelo，F. The role of 1，3-dithianes in natural product synthesis. Tetrahedron，2003，59：6147-6212.

[58] Sriramurthy，V.；Barcan，G. A.；Kwon，O. Bisphosphine-catalyzed mixed double-michael reactions：asymmetric synthesis of oxazolidines，thiazolidines，and pyrrolidines. J. Am. Chem. Soc.，2007，129：12928-15929.

[59] Sriramurthy，V.；Kwon，O. Diphosphine-catalyzed mixed double-michael reaction：a unified synthesis of indolines，dihydropyrrolopyridines，benzimidazolines，tetrahydroquinolines，tetrahydroisoquinolines，dihydrobenzo- 1,4-oxazines，and dihydrobenzo-3,1-oxazines. Org. Letters，2010，12：1084-1087.

[60] Lu，C.；Lu，X. Tandem reactions to construct heterocycles via phosphine-catalyzed umpolung addition and intramolecular conjugate addition. Org. Lett.，2002，4：4677-4679.

[61] Gabillet，S.；Lecerclé，D.；Loreau，O.；et. al. Phosphine-catalyzed tandem α-O-addition and transesterification of oxygen pro-nucleophiles on arylpropiolates：a new route to dioxygenated heterocycles. Synthesis，2007：515-522.

[62] Gabillet，S.；Lecercle，D.；Loreau，O.；et. al. Phosphine-catalyzed construction of sulfur heterocycles. Org. Lett.，2007，9：3925-3927.

[63] Hanedanian，M.；Loreau，O.；Sawicki，M.；et. al. Tributylphosphine as a superior catalyst for the α-C-addition of 1，3-dicarbonyl compounds to electron -deficient alkynes. Tetrahedron，2005，61：2287-2294.

[64] Liu，H.-L.；Jiang，H.-F. Polymer-supported tertiaryphosphine（JJ-TPP）as a green and recyclable

organocatalyst for a-addition of carbon nucleophiles to a, b-unsaturated compounds. Tetrahedron, 2008, 64: 2120-2125.

[65] Kamijo, S.; Kanazawa, C.; Yamamoto, Y. Copper- or phosphine-catalyzed reaction of alkynes with isocyanides. regioselective synthesis of substituted pyrroles controlled by the catalyst. J. Am. Chem. Soc., 2005, 127: 9260-9266.

[66] Hansdanian, M.; Loreau, O.; Taran, F.; et. al. α-Addition of activated methylenes to alkynoates. A straightforward synthesis of multifunctional compounds. Tetrahedron Lett., 2004, 45: 7035-7038.

[67] Trost, B. M.; Dake, G. R. Nucleophilic α-addition to alkynoates. A synthesis of dehydroamino acids. J. Am. Chem. Soc., 1997, 119: 7595-7596.

[68] Carboni, M.;. Gomis, J-M.; Loreau, O.; et. al. Synthesis of thiohydantoins by phosphine-catalyzed reaction of thioureas with arylpropiolates. Synthesis, 2008: 417-424.

[69] Kuroda, H.; Tomita, I.; Endo, T. Novel phosphine-catalyzed zipper cyclization of aliphatic diyne-dione and yne-dione systems. Org. Lett., 2003, 2: 129-131.

[70] Siby, A.; Loreau, O.; Taran, F. Phosphine-catalyzed reaction of cyanohydrins with activated alkynes. Synthesis, 2009: 2365-2370.

[71] Wilson, F.; Tebby, J. C. Reactions of phosphines with acetylenes. XVI. Formation of alkoxyphosphonium ylides and vinyl ethers by methanolysis of vinylphosphonium salts. J. Chem. Soc., Perkin Trans. 1, 1972: 2830-2834.

[72] Lecerclé, D.; Sawicki, M.; Taran, F. Phosphine-catalyzed α-p-addition on activated alkynes: a new route to P-C-P Backbones. Org. Lett., 2006, 19: 4283-4285.

[73] Trost, B. M.; Li, C.-J. Novel "umpolung" in C—C bond formation catalyzed by triphenylphosphine. J. Am. Chem. Soc., 1994, 116: 3167-3168.

[74] Alvarez-Ibarra, C.; Csákÿ, A. G.; de la Oliva, C. G. Synthesis of γ,δ-didehydrohomoglutamates by the phosphine-catalyzed γ-addition reaction to acetylenic esters. J. Org. Chem., 2000, 65: 3544-3547.

[75] Skouta, R.; Varma, R. S.; Li, C. -J. Efficient Trost's c-addition catalyzed by reusable polymer-supported triphenylphosphine in aqueous media. Green Chem., 2005, 7: 571-575.

[76] Trost, B. M.; Li, C.-J. Phosphine- catalyzed isomerization - addition of oxygen nucleophiles to 2-alkynoates. J. Am. Chem. Soc., 1994, 116: 10819-10820.

[77] Chung, Y. K.; Fu, G. C. Phosphine-catalyzed enantioselective synthesis of oxygen heterocycles. Angew. Chem. Int. Ed., 2009, 48: 2225-2227.

[78] Alvarez-Ibarra, C.; Csákÿ, A. G.; de la Oliva, C. G. Carboxylates as pronucleophiles in the phosphine-catalyzed gamma-addition reaction. Tetrahedron Lett., 1999, 40: 8465-8467.

[79] Trost, B. M.; Dake, G. R. Nitrogen pronucleophiles in the phosphine-catalyzed γ-addition reaction. J. Org. Chem., 1997, 62: 5670-5671.

[80] Liu, B.; Davis, R.; Joshi, B.; et. al. Phosphine-catalyzed annulation of thioamides and 2-alkynoates: a new synthesis of thiazolines. J. Org. Chem., 2002, 67: 4595-4598.

[81] Fan, M.; Yan, Z.; Liang, Y. DABCO-catalyzed reaction of α-halo carbonyl compounds with dimethyl acetylenedicarboxylate: a novel method for the preparation of polysubstituted furans and highly functionalized 2h-pyrans. J. Org. Chem., 2005, 70: 8204-8207.

[82] Zhang, C.; Lu, X. Umpolung addition reaction of nucleophiles to 2,3-butadienoates catalyzed by a phosphine. Synlett, 1995: 645-646.

[83] Virieux, D.; Guillouzic, A.-F.; Cristau, H.-J. Phosphines catalyzed nucleophilic addition of azoles to allenes: synthesis of allylazoles and indolizines. Tetrahedron, 2006, 62: 3710-3720.

[84] Chen, Z.; Zhu, G.; Jiang, Q.; et. al. Asymmetric formation of quaternary carbon centers catalyzed by novel chiral 2, 5. dialkyl-7-phenyl-7-phosphabicyclo-[2. 2. 1] heptanes. J. Org. Chem., 1998, 63: 5631-5635.

[85] Smith, S. W.; Fu, G. C. Asymmetric carbon-carbon bond formation γ to a carbonyl group: phosphine-catalyzed addition of nitromethane to allenes. J. Am. Chem. Soc., 2009, 131: 14231-14233.

[86] Sun, J.; Fu, G. C. Phosphine-catalyzed formation of carbon-sulfur bonds: catalytic asymmetric synthesis of γ-thioesters. J. Am. Chem. Soc., 2010, 132: 4568-4569.

[87] Martin, T. J.; Vakhshori, V. G.; Tran, Y. S.; et. al. Phosphine-catalyzed β'-umpolung addition of nucleophiles to activated α-alkyl allenes. Org. Lett., 2011, 13: 2586-2589.

[88] Kwong,-C. K. -W.; Fu, M. Y.; Lam, C. S. -L.; et. al. The phosphine- catalyzed alkyne to 1,3-diene isomerization reaction. Synthesis, 2008: 2307-2317.

[89] Trost, B. M.; Schmidt, T. A simple synthesis of dienones via isomerization of alkynones effected by palladium catalysts. J. Am. Chem. Soc., 1988, 110: 2301-2303.

[90] Inoue, Y.; Imaizumi, S. Catalytic formation of conjugated dienones from ynones by a ruthenium complex. J. Mol. Catal., 1988, 49: L19-L21.

[91] Ma, D.; Lin, Y.; Lu, X.; et. al. A novel stereoselective synthesis of conjugated dienones. Tetrahedron Lett., 1988, 29: 1045-1048.

[92] Ma, D.; Yu, Y.; Lu, X. Highly stereoselective isomerization of ynones to conjugated dienones catalyzed by transition-metal complexes. J. Org. Chem., 1989, 54: 1105-1109.

[93] Ma, D.; Lu, X. Stereoselective isomerization of acetylenic derivatives as a new methodology in organic synthesis. Pure Appl. Chem., 1990, 62: 723-730.

[94] Trost, B. M.; Kazmaier, U. Internal redox catalyzed by triphenylphosphine. J. Am. Chem. Soc., 1992, 114: 7933-7935.

[95] Guo, C.; Lu, X. A novel deoxygenation-isomerization reaction of 4-hydroxy-2-ynoic esters and γ-hydroxy-α,β-ynones. J. Chem. Soc., Chem. Commun., 1993: 394-395.

[96] Guo, C.; Lu, X. Reinvestigation on the catalytic isomerisation of carbon-carbon triple bonds. J. Chem. Soc., Perkin Trans. 1, 1993: 1921-1923.

[97] Rychnovsky, S. D.; Kim, J. Triphenylphosphine-catalyzed isomerizations of enynes to (E,E,E)-trienes: phenol as a cocatalyst. J. Org. Chem., 1994, 59: 2659-2660.

[98] Kazmaier, U. A short synthesis of conjugated unsaturated amides and esters via triphenylphosphine-catalysed isomerisation of acetylenic pentafluorophenyl esters. Chem. Commun., 1997: 2305-2306.

[99] Kazmaier, U. A short synthesis of conjugated unsaturated alcohols. Tetrahedron, 1998, 54: 1491-1496.

[100] Neises, B.; Steglich, W. Simple method for the esterification of carboxylic acids. Angew. Chem., Int. Ed. Engl., 1978, 17: 522-524.

[101] Zhou, Q. F.; Yang, F.; Guo, Q. X.; et. al. Triphenylphosphine-catalyzed isomerization of alkynyl ketones in aqueous solution. Chin. Chem. Lett., 2007, 18: 1029-1032.

[102] Årstad, E.; Barrett, A. G. M.; Hopkins, B. T et. al. ROMPgel-supported triphenylphosphine with potential application in parallel synthesis. Org. Lett., 2002, 4: 1975-1977.

[103] Wang, Y.; Jiang, H.; Liu, H.; et. al. Polymeric tertiaryphosphine as a green and recyclable organocatalyst for stereoselective isomerization reaction. Tetrahedron Lett., 2005, 46: 3935-3937.

[104] Liu, H. -L.; Jiang, H. -F.; Xu, L.; et. al. Solvent-free heterogeneous organocatalysis: stereoselective isomerization of α,β-ynones to (E,E)-α,β-γ,δ-dienones catalyzed by polymer-supported

tertiaryphosphines. Tetrahedron Lett., 2007, 48: 8371-8375

[105] Choi, M. K. W.; He, H. S.; Toy, P. H. Direct radical polymerization of 4-styryldiphenylphosphine: preparation of cross-linked and non-cross-linked triphenylphosphine-containing polystyrene polymers. J. Org. Chem., 2003, 68: 9831-9834.

[106] Xing Y.; De novo asymmetric synthesis of cladospolide b-d: structural reassignment of cladospolide D via the synthesis of its enantiomer. Org. Lett., 2009, 11: 1107-1110.

[107] Xing Y.; Penn, J. H.; O'Doherty, G. A. Structure investigations of (*ent*)-cladospolide D by de novo synthesis and kinetic and thermodynamic isomerization. Synthesis, 2009: 2847-2854.

[108] Reddy, C. R.; Rao, N. N. An efficient total synthesis of (+)-cladospolide C. Tetrahedron Lett., 2009, 50: 2478-2480.

[109] Hunter, T. J.; O' Doherty, G. A. Enantioselective syntheses of colletodiol, colletol, and grahamimycin A. Org. Lett., 2002, 4: 4447-4450.

[110] Hunter, T. J.; O'Doherty, G. A. An enantioselective synthesis of benzylidene-protected *syn*-3,5-dihydroxy carboxylate esters via osmium, palladium, and base catalysis. Org. Lett., 2001, 3: 1049-1052.

[111] Li, M.; O'Doherty, G. A. De novo formal synthesis of (−)-apicularen A via an iterative asymmetric hydration sequence. Org. Lett., 2006, 8: 6087-6090.

[112] Li, M.; O'Doherty, G. A. De novo asymmetric synthesis of milbemycin β_3 via an iterative asymmetric hydration approach. Org. Lett., 2006, 8: 3987-3990.

[113] Chandrasekhar, S.; Vijeender, K.; Chandrashekar, G.; et. al. Towards the synthesis of palmerolide A: asymmetric synthesis of C1-C14 fragment. Tetrahedron: Asymmetry, 2007, 18: 2473-2478.

[114] Chandrasekhar, S.; Sultana, S. S. Stereoselective synthesis of the C1-C20 segment of the microsclerodermins A and B. Tetrahedron Lett., 2006, 47: 7255-7258.

[115] Guo, H.; Mortensen, M. S.; O' Doherty, G. A. Formal total synthesis of RK-397 via an asymmetric hydration and iterative allylation strategy. Org. Lett., 2008, 10: 3149-3152.

[116] Pinho e Melo, T. M. V. D. Allenes as dipolarophiles and 1,3-dipole precursors: synthesis of carbocyclic and heterocyclic compounds. Curr. Org. Chem., 2009, 13: 1406-1431.

[117] Zhang, C.; Lu, X. Phosphine-catalyzed cycloaddition of 2,3-butadienoates or 2-butynoates with electron-deficient olefins. a novel [3+2] annulation approach to cyclopentenes. J. Org. Chem., 1995, 60: 2906-2908.

[118] Chen, Y.; Wang, M.; Jiao, L.; et. al. An unexpected role of a trace amount of water in catalyzing proton transfer in phosphine-catalyzed (3+2) cycloaddition of allenoates and alkenes. J. Am. Chem. Soc., 2007, 129: 3470-3471.

[119] Liang, Y.; Liu, S.; Xia, Y.; et. al. Mechanism, regioselectivity, and the kinetics of phosphine-catalyzed [3+2] cycloaddition reactions of allenoates and electron-deficient alkenes. Chem. Eur. J., 2008, 14: 4361-4373.

[120] Dudding, T.; Kwon, O.; Mercier, E. Theoretical rationale for regioselection in phosphine-catalyzed allenoate additions to acrylates, imines, and aldehydes. Org. Lett., 2006, 8: 3643-3646.

[121] Guan, X.-Y.; Wei, Y.; Shi, M. Phosphine-catalyzed tandem reaction of allenoates with nitroalkenes. Org. Lett., 2010, 12: 5024-5027.

[122] Panossian, A.; Fleury-Brégeot, N.; Marinetti, A. Use of allenylphosphonates as new substrates for phosphane-catalyzed [3+2] and [4+2] annulations. Eur. J. Org. Chem., 2008: 3826-3833.

[123] Wallace, D. J.; Sidda, R. L.; Reamer, R. A. Phosphine-catalyzed cycloadditions of allenic ketones: new substrates for nucleophilic catalysis. J. Org. Chem., 2007, 72: 1051-1054.

[124] Lu, X.; Lu, Z.; Zhang, X. Phosphine-catalyzed one-pot synthesis of cyclopentenes from electron-deficient allene, malononitrile and aromatic aldehydes. Tetrahedron, 2006, 62: 457-460.

[125] Lu, Z.; Zheng, S.; Zhang, X.; et. al. An unexpected phosphine catalyzed [3+2] annulation. Synthesis of highly functionalized cyclopentenes. Org. Lett., 2008, 10: 3267-3270.

[126] Schuler, M.; Voituriez, A.; Marinetti, A. Studies on the asymmetric, phosphine-promoted [3+2] annulations of allenic esters with 2-aryl-1,1-dicyanoalkenes. Tetrahedron: Asymmetry, 2010, 21: 1569-1573.

[127] Xiao, H.; Chai, Z.; Zheng, C.-W.; et. al. Asymmetric [3+2] cycloadditions of allenoates and dual activated olefins catalyzed by simple bifunctional *N*-Acyl aminophosphines. Angew. Chem. Int. Ed., 2010, 49: 4467-4470.

[128] Guan, X.-Y.; Shi, M. Phosphine-mediated [3+2]cycloaddition reactions of ethyl 5,5-diarylpenta-2,3,4-trienoates with arylmethylidenemalononitriles and *N*-tosylimines. J. Org. Chem., 2009, 74: 1977-1981.

[129] Wilson, J. E.; Fu, G. C. Synthesis of functionalized cyclopentenes through catalytic asymmetric [3+2] cycloadditions of allenes with enones. Angew. Chem. Int. Ed., 2006, 45: 1426-1429.

[130] Du, Y.; Lu, X.; Yu, Y. Highly regioselective construction of spirocycles via phosphine-catalyzed [3+2]-cycloaddition. J. Org. Chem., 2002, 67: 8901-8905.

[131] Evans, C. A.; Miller, S. J. Amine-catalyzed coupling of allenic esters to α,β-unsaturated carbonyls. J. Am. Chem. Soc., 2003, 125: 12394-12395.

[132] Voituriez, A.; Panossian, A.; Fleury-Brégeot, N.; et. al. 2-Phospha[3]ferrocenophanes with planar chirality: synthesis and use in enantioselective organocatalytic [3+2] cyclizations. J. Am. Chem. Soc., 2008, 130: 14030-14031.

[133] Pinto, N.; Neel, M.; Panossian, A.; et. al. Expanding the scope of enantioselective ferroPHANE-promoted [3+2] annulations with α,β-unsaturated ketones. Chem. Eur. J., 2010, 16: 1033-1045.

[134] Ruano, J. L. G.; Nunez, A., Jr.; Martin, M. R.; et. al. Totally regio- and stereoselective behavior of mono- and diactivated cyclic alkenes in the Lu reaction: synthesis of enantiopure functionalized cyclopentanes. J. Org. Chem., 2008, 73: 9366-9371.

[135] Nunez, A.; Martin, M. R.; Fraile, A.; et. al. Abnormal behaviour of allenylsulfones under Lu's reaction conditions: synthesis of enantiopure polyfunctionalised cyclopentenes. Chem. Eur. J., 2010, 16: 5443-5453.

[136] Sampath, M.; Loh, T. -P. Silicon as a directing group in the phosphine-catalyzed [2+3]-cycloaddition of aryl allenones with electron-deficient olefins. Chem. Commun., 2009: 1568-1570.

[137] Zhu, G.; Chen, Z.; Jiang, Q.; et. al. Asymmetric [3+2] cycloaddition of 2,3-butadienoates with electron-deficient olefins catalyzed by novel chiral 2,5-dialkyl-7-phenyl-7- phosphabicyclo[2.2.1] heptanes. J. Am. Chem. Soc., 1997, 119: 3836-3837.

[138] Voituriez, A.; Pinto, N.; Neel, M.; et. al. An organocatalytic [3+2] cyclisation strategy for the highly enantioselective synthesis of spirooxindoles. Chem. Eur. J., 2010, 16: 12541-12544.

[139] Fujiwara, Y.; Fu, G. C. Application of a new chiral phosphepine to the catalytic asymmetric synthesis of highly functionalized cyclopentenes that bear an array of heteroatom-substituted quaternary stereocenters. J. Am. Chem. Soc., 2011, 133: 12293-12297.

[140] Cowen, B. J.; Miller, S. J. Enantioselective [3+2]-cycloadditions catalyzed by a protected, multifunctional phosphine-containing α-amino acid. J. Am. Chem. Soc., 2007, 129: 10988-10989.

[141] Han, X.; Wang, Y.; Zhong, F.; et. al. Enantioselective [3+2] cycloaddition of allenes to acrylates catalyzed by dipeptide-derived phosphines: facile creation of functionalized cyclopentenes containing

quaternary stereogenic centers. J. Am. Chem. Soc., 2011, 133: 1726-1729.

[142] Zhao, Q.; Han, X.; Wei, Y.; et. al. Asymmetric [3+2] annulation of allenes with maleimides catalyzed by dipeptide-derived phosphines: facile creation of functionalized bicyclic cyclopentenes containing two tertiary stereogenic centers. Chem. Commun., 2012: 970-972.

[143] Zhong, F.; Chen, G.-Y.; Han, X.; et. al. Asymmetric construction of functionalized bicyclic imides via [3+2] annulation of mbh carbonates catalyzed by dipeptide-based phosphines. Org. Lett., 2012, 14: 3764-3767.

[144] Tan, B.; Candeias, N. R; Barbas, C. F., Ⅲ. Core-structure-motivated design of a phosphine-catalyzed [3+2] cycloaddition reaction: enantioselective syntheses of spirocyclopenteneoxindoles. J. Am. Chem. Soc., 2011, 133: 4672-4675.

[145] Wang, J.-C.; Ng, S.-S.; Krische, M. J. Catalytic diastereoselective synthesis of diquinanes from acyclic precursors. J. Am. Chem. Soc., 2003, 125: 3682-3683.

[146] Henry, C. E.; Kwon, O. Phosphine-catalyzed synthesis of highly functionalized coumarins. Org. Lett., 2007, 9: 3069-3072.

[147] Kuroda, H.; Tomita, I.; Endo, T. Novel phosphine-catalyzed zipper cyclization of aliphatic diyne-dione and yne-dione systems. Org. Lett., 2003, 5: 129-131.

[148] Wilson, J.-E.; Sun, J.; Fu. G. C. Stereoselective phosphine-catalyzed synthesis of highly functionalized diquinanes. Angew. Chem. Int. Ed., 2010, 49: 161-163.

[149] O'Donovan, B. F.; Hitchcock, P. B.; Meidine, M. F.; et. al. Phosphine-catalysed cycloaddition of buta-2,3-dienoates and but-2-ynoates to [60]fullerene. Chem. Commun., 1997: 81-82.

[150] Shu, L.-H.; Sun, W.-Q.; Zang, D.-W.; et. al. Phosphine-catalysed [3+2] cycloadditions of buta-2,3-dienoates with [60]fullerene. Chem. Commun., 1997: 79-80.

[151] Liou, K.-F.; Cheng, C.-H. Phosphine-mediated [2+2] cycloaddition of internal alk-2-ynoate and alk-2-ynone to [60]fullerene. J. Chem. Soc., Chem. Commun., 1995: 2473-2474.

[152] Hsiao, T.-Y.; Santhosh, K. C.; Cheng, C.-H. Novel bismethanofullerenes and ethenofullerene from the reaction of propiolates with C60 in the presence of triphenylphosphine. J. Org. Chem., 1998, 63: 6119-6122.

[153] Chuang, S.-C.; Santhosh, K. C.; Lin, C.-H.; et. al. Synthesis and chemistry of fullerene derivatives bearing phosphorus substituents. unusual reaction of phosphines with electron-deficient acetylenes and C60. J. Org. Chem., 1999, 64: 6664-6669.

[154] Zhang, W.; Swager, T. M. Functionalization of single-walled carbon nanotubes and fullerenes via a dimethyl acetylenedicarboxylate-4-dimethylaminopyridine zwitterion approach. J. Am. Chem. Soc., 2007, 129: 7714-7715.

[155] Liou, K.-F.; Cheng, C.-H. Cyclotrimerization of alkynes with [60]fullerene in the presence of tricyclohexylphosphine. J. Chem. Soc., Chem. Commun., 1995: 1603-1604.

[156] Chen, X.-Y.; Wen, M.-W.; Ye, S.; et. al. Unusual formal [4+2] cycloaddition of ethyl allenoate with arylidenoxindoles: synthesis of dihydropyran-fused indoles. Org. Lett., 2011, 13: 1138-1141.

[157] Zhang, X.-C.; Cao, S.-H.; Wei, Y.; et. al. Phosphine- and nitrogen-containing Lewis base catalyzed highly regioselective and geometric selective cyclization of isatin-derived electron-deficient alkenes with ethyl 2,3-butadienoate. Org. Lett., 2011, 13: 1142-1145.

[158] Wang, X.; Fang, T.; Tong, X. Enantioselective amine-catalyzed [4+2] annulations of allenoates and oxo-dienes: an asymmetric synthesis of dihydropyrans. Angew. Chem. Int. Ed., 2011, 50: 5361-5364.

[159] Xu, Z.; Lu, X. Phosphine-catalyzed [3+2] cycloaddition reaction of methyl 2,3-butadienoate and *N*-

tosylimines. A novel approach to nitrogen heterocycles. Tetrahedron Lett., 1997, 38: 3461-3464.

[160] Xu, Z.; Lu, X. A novel [3+2] cycloaddition approach to nitrogen heterocycles via phosphine-catalyzed reactions of 2,3-butadienoates or 2-butynoates and dimethyl acelylenedicarboxylate with imines: a convenient synthesis of pentabromopseudilin. J. Org. Chem., 1998, 63: 5031-5041.

[161] Zhu, X.-F.; Henry, C. E.; Kwon, O. A highly diastereoselective synthesis of 3-carbethoxy-2,5-disubstituted-3-pyrrolines by phosphine catalysis. Tetrahedron, 2005, 61: 6276-6282.

[162] Pinto, N.; Fleury-Brégeot, N.; Marinetti, A. Enantioselective binaphthophosphepine-promoted [3+2] annulations of *N*-Ts- and *N*-DPP-imines with allenoates and 2-butynoates. Eur. J. Org. Chem., 2009: 146-152.

[163] Fang, Y.-Q.; Jacobsen, E. N. Cooperative, highly enantioselective phosphinothiourea catalysis of imine-allene [3+2] cycloadditions. J. Am. Chem. Soc., 2008, 130: 5660-5661.

[164] Zhang, B.; He, Z.; Xu, S.; et. al. Nucleophilic phosphine catalyzed [3+2] cycloaddition of allenes with *N*-(thio)phosphoryl imines and acidic methanolysis of adducts *N*-(thio)phosphoryl 3-pyrrolines: a facile synthesis of free amine 3-pyrrolines. Tetrahedron, 2008, 64: 9471-9479.

[165] Lopes, S. M. M.; Santos, B. S.; Palacios, F.; et. al. Microwave-assisted reactions of allenic esters: [3+2] anellations and allenoate-claisen rearrangement. ARKIVOC, 2010: 70-81.

[166] Castellano, S.; Fiji, H. D. G.; Kinderman, S. S.; et. al. Small-molecule inhibitors of protein geranylgeranyltransferase Type I. J. Am. Chem. Soc., 2007, 129: 5843-5845.

[167] Meng, L.-G.; Cai, P.; Guo, Q.; et. al. Cycloaddition of alkynyl ketones with *N*-tosylimines catalyzed by Bu_3P and DMAP: synthesis of highly functionalized pyrrolidines and azetidines. J. Org. Chem., 2008, 73: 8491-8496.

[168] Jean, L.; Marinetti, A. Phosphine-catalyzed enantioselective [3+2] annulations of 2,3-butadienoates with imines. Tetrahedron Lett., 2006, 47: 2141-2145.

[169] Fleury-Brégeat, N.; Jean, L.; Retailleau, P.; et. al. Screening of chiral phosphines as catalysts for the enantioselective [3+2] annulations of *N*-tosylimines with allenic esters. Tetrahedron, 2007, 63: 11920-11927.

[170] Han, X.; Zhong, F.; Wang, Y.; et. al. Versatile enantioselective [3+2] cyclization between imines and allenoates catalyzed by dipeptide-based phosphines. Angew. Chem. Int. Ed., 2012, 51: 767-770.

[171] Zhao, G.-L.; Shi, M. Aza-Baylis-Hillman reactions of *N*-tosylated aldimines with activated allenes and alkynes in the presence of various lewis base promoters. J. Org. Chem., 2005, 70: 9975-9984.

[172] Chen, X.-Y.; Lin, R.-C.; Ye, S. Catalytic [2+2] and [3+2] cycloaddition reactions of allenoates with cyclic ketimines. Chem. Commun., 2012: 1317-1319.

[173] Denis, J.-B.; Masson, G.; Retailleau, P.; et. al. Cinchona alkaloid amide catalyzed enantioselective formal [2+2]-cycloadditions of allenoates and imines: synthesis of 2,4-disubstituted azetidines. Angew. Chem. Int. Ed., 2011, 50: 5356-5360.

[174] Shi, Y.-L.; Shi, M. DABCO-catalyzed reaction of allenic esters and ketones with salicyl *N*-tosylimines: synthesis of highly functionalized chromenes. Org. Lett., 2005, 7: 3057-3060.

[175] Zhang, C.; Lu, X. Phosphine-catalyzed cycloaddition of 2,3-butadienoates or 2-butynoates with electron-deficient olefins. a novel [3+2] annulation approach to cyclopentenes. J. Org. Chem., 1995, 60: 2906-2908.

[176] Shi, Y.-L.; Shi, M. Synthesis of substituted chromenes through the DABCO-catalyzed reaction of but-3-yn-2-one and methyl propiolate with salicyl *N*-tosylimines (DABCO=1,4-diazabicyclo[2.2.2]octane). Chem. Eur. J., 2006, 12: 3374-3378.

[177] Meng, X.; Huang. Y.; Chen, R. Bifunctional phosphine-catalyzed domino reaction: highly

stereoselective synthesis of cis-2, 3-dihydrobenzofurans from salicyl n -thiophosphinyl imines and allenes. Org. Lett., 2009, 11: 137-140.

[178] Zhu, X.-F.; Henry, C. E.; Wang, J.; et. al. Phosphine-catalyzed synthesis of 1, 3-dioxan-4-ylidenes. Org. Lett., 2005, 7: 1387-1390.

[179] Zhu, X.-F.; Schaffner, A.-P.; Li, R. C.; et. al. Phosphine-catalyzed synthesis of 6-substituted 2-pyrones: manifestation of E/Z-isomerism in the zwitterionic intermediate. Org. Lett., 2005, 7: 2977-2980;

[180] Creech, G. S.; Kwon, O. Alcohol-assisted phosphine catalysis: one-step syntheses of dihydropyrones from aldehydes and allenoates. Org. Lett., 2008, 10: 429-432.

[181] Creech, G. S.; Zhu, X.-F.; Fonovic, B.; et. al. Theory-guided design of Bröated acid-assisted phosphine catalysis: synthesis of dihydropyrones from aldehydes and allenoates. Tetrahedron, 2008, 64: 6935-6942.

[182] Zhu, X.-F.; Lan, J.; Kwon, O. An expedient phosphine-catalyzed [4+2] annulation: synthesis of highly functionalized tetrahydropyridines. J. Am. Chem. Soc., 2003, 125: 4716-4717.

[183] Wurz, R. P.; Fu, G. C. Catalytic asymmetric synthesis of piperidine derivatives through the [4+2] annulation of imines with allenes. J. Am. Chem. Soc., 2005, 127: 12234-12235.

[184] Tran, Y. S.; Kwon, O. An application of the phosphine-catalyzed [4+2] annulation in indole alkaloid synthesis: formal syntheses of (±)-alstonerine and (±)-macroline. Org. Lett., 2005, 7: 4289-4291.

[185] Tran, Y. S.; Kwon, O. Phosphine-catalyzed [4+2] annulation: synthesis of cyclohexenes. J. Am. Chem. Soc., 2007, 129: 12632-12633.

[186] Baskar, B.; Dakas, P.-Y.; Kumar, K. Natural product biosynthesis inspired concise and stereoselective synthesis of benzopyrones and related scaffolds. Org. Lett., 2011, 13: 1988-1991.

[187] Liang, Y.; Liu, S.; Yu, Z.-X. Phosphine- and water-cocatalyzed [3+2] cycloaddition reactions of 2-methyl-2,3-butadienoate with fumarates: a computational and experimental study. Synlett, 2009: 905-909.

[188] Guo, H.; Xu, Q.; Kwon, O. Phosphine-promoted [3+3] annulations of aziridines with allenoates: facile entry into highly functionalized tetrahydropyridines. J. Am. Chem. Soc., 2009, 131: 6318-6319.

[189] Xu, S.; Zou, W.; Wu, G.; et. al. Stereoselective synthesis of 1,2,3,4-tetrasubstituted dienes from allenoates and aldehydes: an observation of phosphine-induced chemoselectivity. Org. Lett., 2010, 12: 3556-3559.

[190] Xu, S.; Zhou, L.; Ma, R.; et. al. Phosphine-mediated stereoselective reductive cyclopropanation of α-substituted allenoates with aromatic aldehydes. Org. Lett., 2010, 12: 544-547.

[191] Khong, S. N.; Tran, Y. S.; Kwon, O. Equilibrium between a vinylogous ylide and a phosphonium dienolate zwitterion: vinylogous Wittig olefination versus vinylogous aldol-type reaction. Tetrahedron, 2010, 66: 4760-4768.

[192] Wang, T.; Song, Y. Diastereoselective synthesis of 6-trifluoromethyl-5, 6- dihydropyrans via phosphine-catalyzed [4+2] annulation of r-benzylallenoates with ketones. Org. Lett., 2010, 12: 4168-4171.

[193] Zhang, Q.; Yang, L.; Tong, X. 2-(Acetoxymethyl) buta-2, 3-dienoate, a versatile 1, 4-biselectrophile for phosphine-catalyzed ($4+n$) annulations with 1, n-bisnucleophiles ($n=1$, 2). J. Am. Chem. Soc., 2010, 132: 2550-2551.

[194] Li, C.; Zhang, Q.; Tong, X. Amine-catalyzed ($3+n$) annulations of 2-(acetoxymethyl) buta-2, 3-

dienoates with 1,n-bisnucleophiles (n=3～5). Chem. Comm., 2010: 7828-7830.

[195] Andrews, I. P.; Blank, B. R.; Kwon O. Phosphine-catalyzed intramolecular γ-umpolung addition of α-aminoalkylallenic esters: facile synthesis of 3-carbethoxy-2-alkyl-3-pyrrolines. Chem. Commun., 2012: 5373-5375.

[196] Xu, Z.; Lu, X. Phosphine-catalyzed [3+2] cycloaddition reactions of substituted 2-alkynoates or 2,3-allenoates with electron-deficient olefins and imines. Tetrahedron Lett., 1999, 40: 549-552.

[197] Xu, S.; Zhou, L.; Song, H.; et. al. Phosphane-catalyzed [3+2] annulation of allenoates with aldehydes: a simple and efficient synthesis of 2-alkylidenetetrahydrofurans. Chem. Eur. J., 2009, 15: 8698-8702.

[198] Xu, S.; Zhou, L.; Zeng, S.; et. al. Phosphine-mediated olefination between aldehydes and allenes: an efficient synthesis of trisubstituted 1,3-dienes with high E-selectivity. Org. Lett., 2009, 11: 3498-3501.

[199] Ma, R.; Xu, S.; Tang, X.; et. al. Phosphine-mediated diverse reactivity of γ-substituted allenoates with aldehydes: syntheses of highly functionalized chromans and (E,E)-1,3-dienes. Tetrahedron, 2011, 67: 1053-1061.

[200] Meng, X.; Huang, Y.; Zhao, H.; et. al. PPh_3-catalyzed domino reaction: a facile method for the synthesis of chroman derivatives. Org. Lett., 2009, 11: 991-994.

[201] Liu, H.; Zhang, Q.; Wang, L.; et. al. PPh_3-catalyzed reactions of alkyl propiolates with n-tosylimines: a facile synthesis of alkyl 2-[aryl(tosylimino)methyl]acrylate and an insight into the reaction mechanism. Chem. Eur. J., 2010, 16: 1968-1972.

[202] Matsuya, Y.; Hayashi, K.; Wada, A.; et. al. Three-component coupling reaction and cyclization of N-tosylimines and TMS-Substituted propiolate mediated by DABCO. J. Org. Chem., 2008, 73: 1987-1990.

[203] Liu, H.; Zhang, Q.; Wang, L.; et. al. PPh_3-catalyzed [2+2+2] and [4+2] annulations: synthesis of highly substituted 1,2-dihydropyridines (DHPs). Chem. Commun., 2010: 312-314.

[204] Zhang, Q.; Fang, T.; Tong, X. Facile synthesis of highly functionalized six-membered heterocycles via PPh_3-catalyzed [4+2] annulations of activated terminal alkynes and hetero-dienes: scope, mechanism, and application. Tetrahedron, 2010, 66: 8095-8100.

[205] Nair, V.; Sreekanth, A. R.; Vinod, A. U. Novel pyridine-catalyzed reaction of dimethyl acetylenedicarboxylate with aldehydes: formal [2+2] cycloaddition leading to 2-oxo-3-benzylidinesuccinates. Org. Lett., 2001, 3: 3495-3497.

[206] Nair, V.; Sreekanth, A. R.; Vinod, A. U. Novel pyridine-catalyzed reaction of dimethyl acetylenedicarboxylate with aldehydes: formal [2+2] cycloaddition leading to 2-oxo-3-benzylidenesuccinates. Org. Lett., 2002, 4: 2807-2807.

[207] Nair, V.; Devi, B. R.; Vidya, N.; et. al. Novel pyridine catalysed reactions of dimethyl acetylenedicarboxylate (DMAD) and arylmethylidenemalononitriles: a stereoselective synthesis of highly substituted buta-1,3-dienes. Tetrahedron Lett., 2004, 45: 3203-3205.

[208] Nair, V.; Pillai, A. N.; Menon, R. S.; et. al. Pyridine-catalyzed addition of diaryl-1,2-diones to dimethyl butynedioate leading to the formation of 1,2-diaroyl dimethyl maleates via an unprecedented rearrangement. Org. Lett., 2005, 7: 1189-1191.

[209] Pillai, A. N.; Suresh, C. H.; Nair, V. Pyridine-catalyzed stereoselective addition of acyclic 1,2-diones to acetylenic esters: synthetic and theoretical studies of an unprecedented rearrangement. Chem. Eur. J., 2008, 14: 5851-5860.

[210] Nair, V.; Pillai, A. N.; Beneesh, P. B.; et. al. Engaging the pyridine-DMAD zwitterion in a novel

strategy for the selective synthesis of highly substituted benzene and cyclopentenedione derivatives. Org. Lett.，2005，7：4625-4628.

[211] Guo，Y.-W.；Shi，Y.-L.；Li，H.-B.；et. al. Reactions of salicyl *N*-tosylimines or salicylaldehydes with diethyl acetylenedicarboxylate for the synthesis of highly functionalized chromenes. Tetrahedron，2006，62：5875-5882.

第 7 章　Rauhut-Currier 反应和 Morita-Baylis-Hillman 反应

7.1　Rauhut-Currier 反应

在第 6 章中，我们讨论了膦对活化烯烃加成而得的两性离子引发和参与的一系列反应。实际上，这些两性离子中的碳负离子中心也可以作为亲核剂对另一分子活化烯烃进行 β-加成，导致烯烃的二聚。这就是 Rauhut-Currier 反应（以下简称 R-C 反应）[1,2]。反应的结果是一个活化烯烃以其 α-碳原子与另一活化烯烃的 β-碳原子成键（图(6-1)和式(7-1)）[3,4,5]。

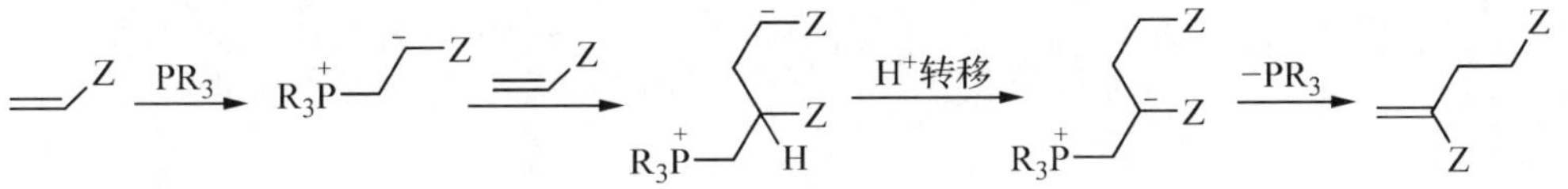

Z　PR_3　$R_3\overset{+}{P}$　Z　Z　Z　Z　$R_3\overset{+}{P}$　H　H^+转移　Z　Z　$R_3\overset{+}{P}$　$-PR_3$　Z　Z

(7-1)

7.1.1　分子间 Rauhut-Currier 反应

两个相同或不同的活化烯烃在膦催化下进行上述加成反应（式(7-2)）。

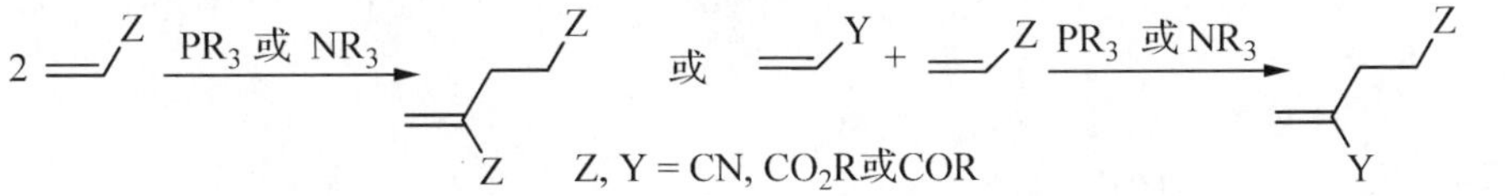

2　Z　PR_3 或 NR_3　Z　Z　或　Y　+　Z　PR_3 或 NR_3　Z　Y

Z, Y = CN, CO_2R或COR

(7-2)

例见式(7-3)[4,6]。

CN　PPh_3　t-BuOH　CN　CN　**1**　+　NC　CN　**2**

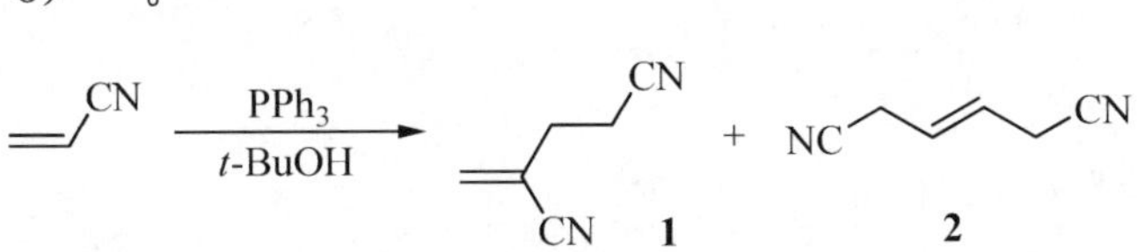

(7-3)

反应温度 45℃时, 198 h, 转化率 9%. 产率: **1**, 60%; **2**, 40%[4]

反应温度 175℃时, 8 h, 转化率15%. 产率: **1**, 45%; **2**, 39%[6]

由于丙烯酸酯和丙烯腈等活化烯烃（CH_2═CHEWG）作为 Michael 受体的能力较差，分子间的 R-C 反应常较慢；而且在应用于两个不同烯烃间的交叉偶联反应时，各烯烃的自身二聚与两种交叉偶联反应常可同时发生，选择性较难控制[6,7]。例见式(7-4)[6]。

$$\text{CH}_2\text{=CHCO}_2\text{Et} + \text{CH}_2\text{=CHCN}\ (1:1) \xrightarrow[t\text{-BuOH, 100℃}]{\text{PBu}_3}$$ 转化率21%，产物 48%、25%、22% (7-4)

但也有一些较为成功的例子(式(7-5))[8]。式中 PCy_3 为三环己基膦。

$$\text{CH}_2\text{=CHCO}_2\text{Me} + \text{EtO}_2\text{C-CH=CH-CO}_2\text{Et} \xrightarrow[70\sim100℃,\ 16\ \text{h}]{7\ \text{mol\%}\ \text{PCy}_3} 95.5\%$$ (7-5)

β-取代的活化烯烃的二聚反应较难进行，需要用亲核性较高的 $P(n\text{-}Bu)_3$ 或 $P(NMe_2)_3$ 作为催化剂并常需加压进行(式(7-6))[9]。但也有例外(式(7-7))[9]。

$$2\ \text{R}^1\text{R}^2\text{C=CH-EWG} \xrightarrow[0.1\sim300\ \text{MPa}]{5\ \text{mol\%}\sim30\ \text{mol\%}\ \text{PBu}_3\ \text{或}\ \text{P(NMe}_2)_3} 38\%\sim100\% \tag{7-6}$$

$$2\ \text{环己烯酮} \xrightarrow[50℃,\ 常压,\ 24\ \text{h}]{5\ \text{mol\%}\ \text{PBu}_3} 100\% \tag{7-7}$$

与 Morita-Baylis-Hillman 反应一样，分子间 R-C 反应也可以用叔胺催化剂来催化(式(7-8))[10,11]。

$$2\ \text{RCOCH=CH}_2 \xrightarrow[0.25\ \text{h}\sim4\ 天,\ 35℃]{15\ \text{mol\%}\ \text{DABCO}}$$ R=Me, Et, Ph, 4-MePh 49%~62%

$$2\ \text{CH}_2\text{=CHCN} \xrightarrow[10\ 天,\ 35℃]{15\ \text{mol\%}\ \text{DABCO}}$$ 40%

$$2\ \text{CH}_2\text{=CHCO}_2\text{R} \xrightarrow[9\sim14\ 天]{20\ \text{mol\%}\sim40\ \text{mol\%}\ \text{DABCO}}$$ R=酯基或芳基 89%~100%

(7-8)

显然，可以通过设计新的反应物结构来克服分子间交叉 R-C 反应的低选择性问题和提高反应效率[12-18]。例如，可以应用烯丙式卤代烃来作为 Michael 受体。此时只有由烯丙基卤代烃与 DABCO 生成的铵盐作为 Michael 受体参与反应

(式(7-9)和式(7-10)),得到 1,4-二烯为产物[12]。在烯丙基卤代烃为末端烯烃时,反应产率更高(式(7-11))[13]。

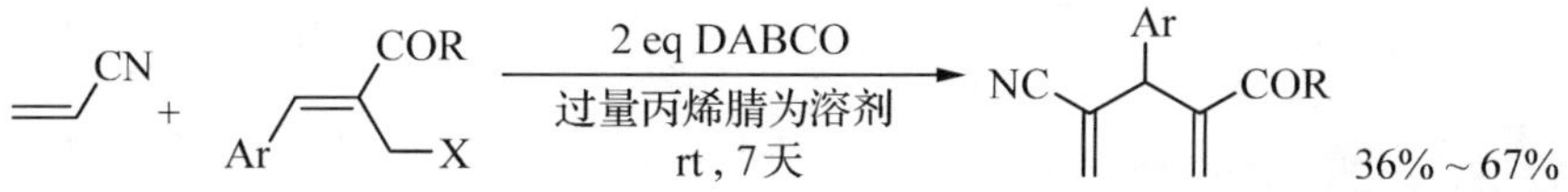

2 eq DABCO，过量丙烯腈为溶剂，rt，7天；36%～67%

Ar=Ph,2-ClPh,4-ClPh,2-MePh,4-MePh,4-EtPh,4-(-i-Pr)Ph;R=OMe,Me;X=Br,Cl.10例

(7-9)

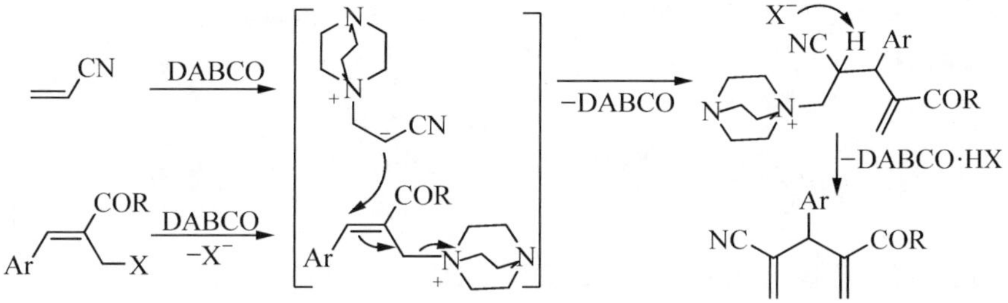

DABCO；DABCO，$-X^-$；$-$DABCO；$-$DABCO·HX

(7-10)

2 eq DABCO，过量═—EWG 为溶剂，rt，15 min～7天；13例，77%~85%

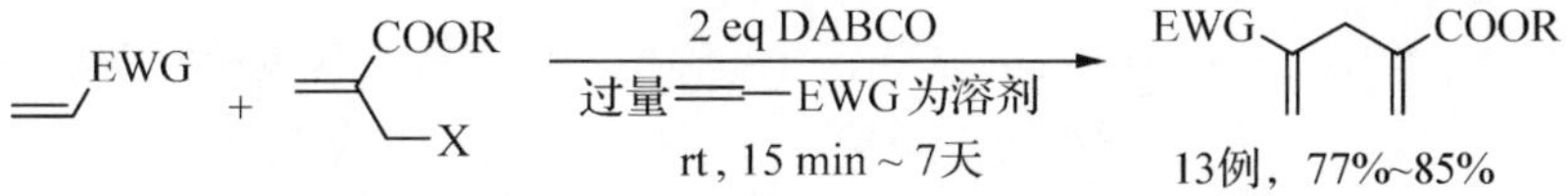

EWG= COMe, COEt, CN, COOMe, COOEt; R= Me, Et, n-Bu

(7-11)

另一个成功的分子间交叉偶联反应的例子是β-卤代的环状不饱和醛与β,γ-不饱和的α-酮酸酯在叔胺催化剂 DBU 存在时的 R-C 偶联-分子内酰化连串反应(式(7-12)～式(7-14))[14]。R-C 反应的初级产物半缩醛 **5** 为一对非对映异构体的混合物。但可用氯吡啶(pyridinium chlorochromate,PCC)在反应体系中将其直接氧化为酮 **6**。

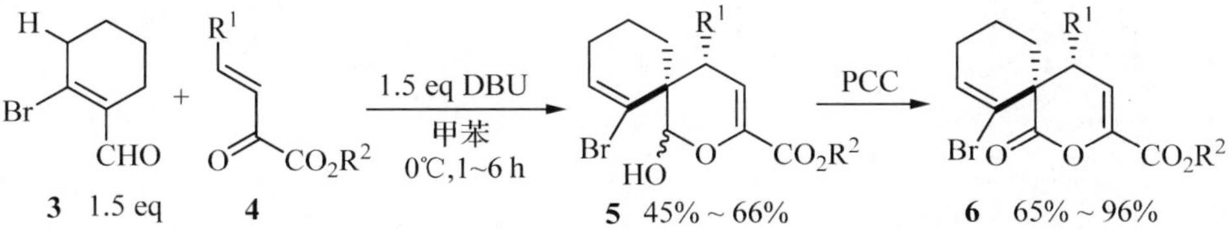

3 1.5 eq；**4**；1.5 eq DBU，甲苯，0℃,1~6 h；**5** 45%～66%；PCC；**6** 65%～96%

R^1= Ph, 4-FPh, 4-MePh, 4-MeOPh, 3-NO_2Ph, 2-呋喃基, N-对甲苯磺酰基-2-吲哚基
R^2= Me, Et. 8例

(7-12)

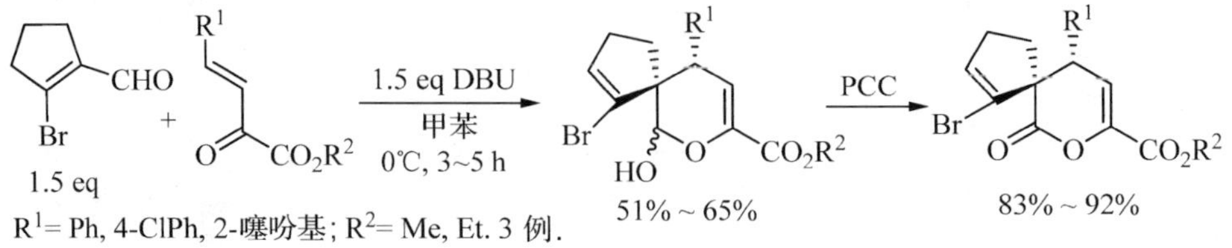

R^1= Ph, 4-ClPh, 2-噻吩基; R^2= Me, Et. 3 例.

(7-13)

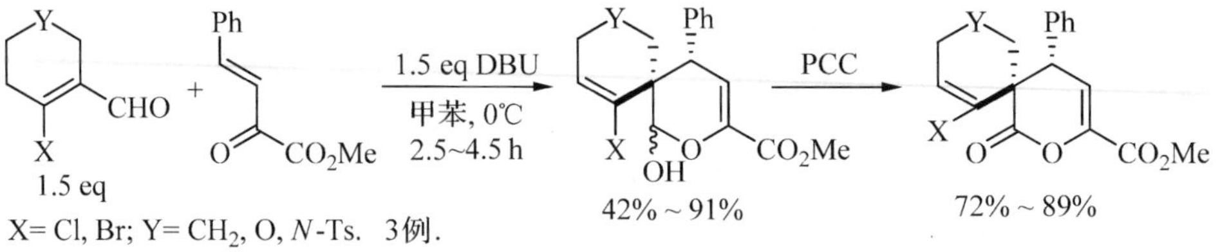

X= Cl, Br; Y= CH_2, O, *N*-Ts. 3例.

(7-14)

以式(7-12)的反应为例,建议的反应机理见式(7-15)。叔胺对 β-卤代环状不饱和醛 **3** 进行亲核加成而得的两性离子 **A** 中,正电荷得到去局部化的稳定作用。**A** 对 **4** 加成后,烯醇负离子对羰基的亲核进攻导致成环。从原 **3** 中 γ-CH 键向氧负离子的质子转移和脱去叔胺催化剂给出产物。环状 α,β-不饱和醛 **3** 中 β-位卤原子的存在可能起了阻塞由 β,γ-不饱和酮酸酯 **4** 与 DBU 生成的两性离子向 **3** 的 β-碳原子进行共轭加成的途径,使得 **4** 只有作为 Michael 受体。继而发生的分子内环化又使反应继续进行得到半缩醛产物 **5**。这些使反应表现出很高的选择性。

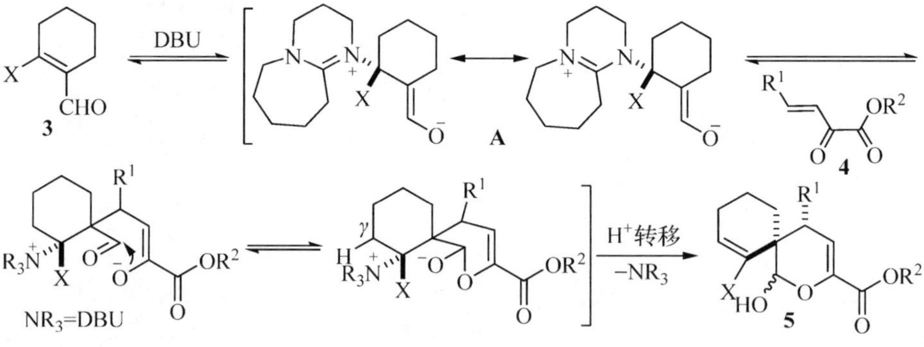

(7-15)

β-卤代的环状不饱和羰基化合物在强碱四丁基氟化铵(TBAF)催化下也可与另一活化烯烃发生交叉偶联,得到 R-C 反应的产物(式(7-16)),但反应是按不同机理进行的(式(7-17))[15]。氟负离子作为 Brønsted 碱,从环上 γ-位脱质子,得到的烯醇负离子对活化烯烃进行 Michael 加成,再经质子化而得产物。

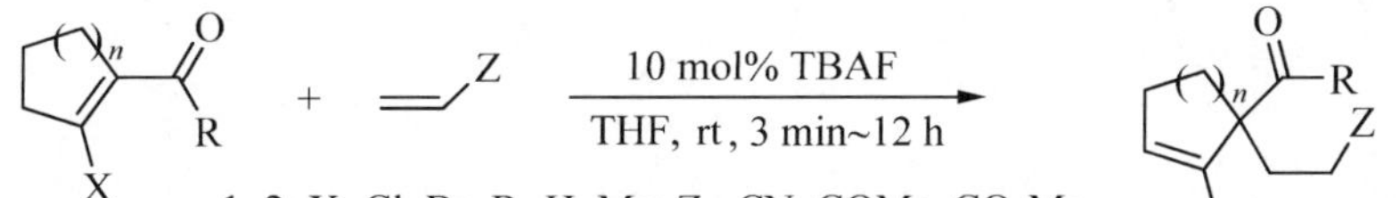

10 mol% TBAF

THF, rt, 3 min~12 h

n=1, 2; X=Cl, Br; R=H, Me; Z= CN, COMe, CO_2Me.
9例. 38%~68%

(7-16)

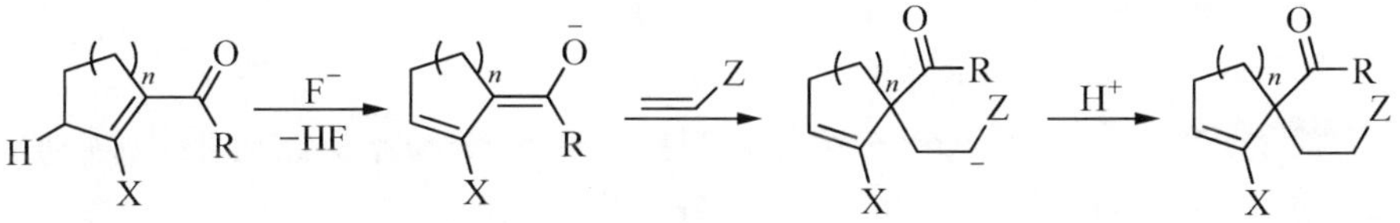

F^-

$-HF$

H^+

(7-17)

如果通过调节取代基的电性和立体效应，使一个活化烯烃可作为好的Michael受体，但同时又对催化剂的亲核进攻显示较低的活性，也可以提高反应的选择性。例如，DABCO 催化的查耳酮衍生物 α-苯甲酰基-β-苯基丙烯腈与甲基乙烯基酮（或丙烯酸酯）的反应，产率很高（（式 7-18））。反应中，催化剂 DABCO 优先与甲基乙烯基酮加成产生两性离子（式(7-19)）。该两性离子与 α-苯甲酰基-β-苯基丙烯腈加成后继而进行分子内成环，得到二氢吡喃产物 **6**[16]。

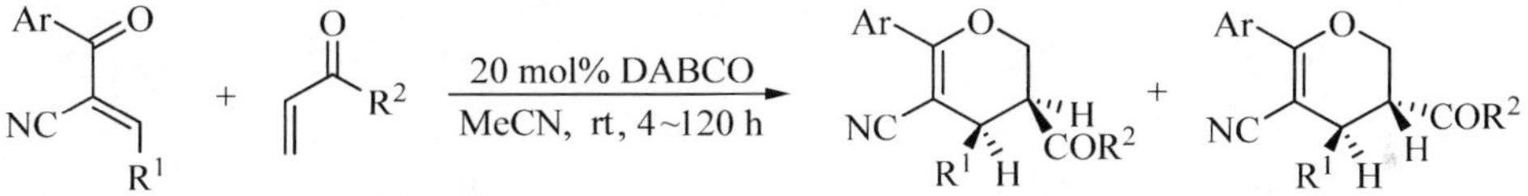

20 mol% DABCO

MeCN, rt, 4~120 h

总产率61%~98%. dr($trans/cis$): R^2=Me, Et时, > 99:1; R^2=OMe, OEt时, 1.4~2.4:1
Ar= Ph, 4-MePh, 4-MeOPh,4-BrPh
R^1= Ph, 4-ClPh, 4-BrPh, 3-BrPh, 2-BrPh, 4-FPh, 4-MeOPh, 4-NO_2Ph, 2,4-Cl_2Ph, 2-噻吩基
R^2= Me, Et, OMe, OEt. 18例

(7-18)

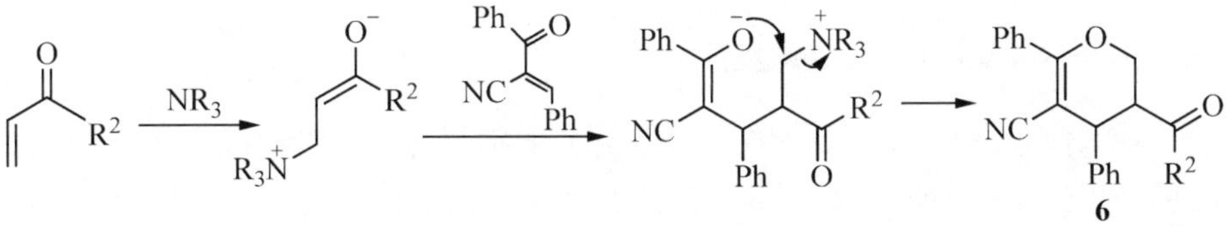

NR_3

(7-19)

硅氧基联烯在 Lewis 酸作用下可脱去硅基正离子，因而可作为 α-酰基乙烯基碳负离子的前体和等价物。用这一方法也可顺利实现分子间交叉 R-C 反应（式(7-20)）[17]。

R^3=Me; SiR_3=$SiMe_2Ph$; R^1, R^2= Me, *n*-Bu; Me, TMS; Me, *t*-Bu; Me, $(CH_2)_3OTBS$; *n*-C_7H_5, Ph; *i*-Pr, Ph. 77%~99%. (*Z*)/(*E*)20:1

SiR_3=TMS; R^1=Me; R^2=Ph; R^3=Ph, 4-MeOPh, 2-ClPh, 4-ClPh, Me, *c*-C_6H_{11}, *i*-Pr, $PhCH_2CH_2$. 74%~95%. *Z*/*E* 20:1

R^3=*t*-Bu, 0%

10 mol% $Sc(OTf)_3$；六氟异丙醇，乙腈；4Å MS，−20℃，12~24 h

(7-20)

一些分子间 Rauhut-Currier 反应已在复杂有机化合物的合成中得到应用。例如，经 1,4-戊二烯-3-酮的膦催化环化-分子内 Wittig 串联反应，可非对映立体选择性地合成高度官能化的具有两个桥头季碳的双环[3.2.1]辛烯酮衍生物(式(7-21))[18]。膦在反应中既起了亲核催化剂的作用，又用来产生叶立德进行分子内 Wittig 反应。在这个反应中，如果 R^2 = H，则在中间体 **B** 发生快速的 1,3-质子转移过程，得到正常的 R-C 反应的二聚产物 **C**。

Et_2PPh，吡啶；CH_2Cl_2，rt

PR_3　分子内Wittig反应　H^+转移

(7-21)

7.1.2 分子内 Rauhut-Currier 反应

虽然分子间的 Rauhut-Currier 反应由于选择性较难控制，目前在合成上的应用还远不如 Morita-Baylis-Hillman 反应广泛，但分子内 R-C 反应，特别是具有两个不同缺电子烯键的化合物的分子内 R-C 反应的研究，近十年来已有较大进展，并已获得较为广泛的合成应用。当两个取代情况不同的缺电子烯键存在于同一分子内时，膦优先对亲电活性更高的一个烯键加成。生成的两性离子中的碳负离子再对另一个烯键进行亲核加成，从而以较高的化学选择性得到成环的产物。此种分子内 R-C 反应是合成高度官能化的五六元环的有效方法(式(7-22))[19-25]。

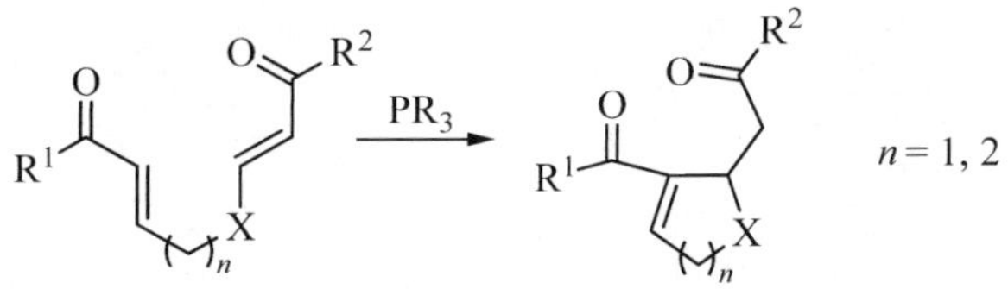

$n = 1, 2$ (7-22)

当两个烯键相同时，不存在选择性的问题，如式(7-23)所示[19]。

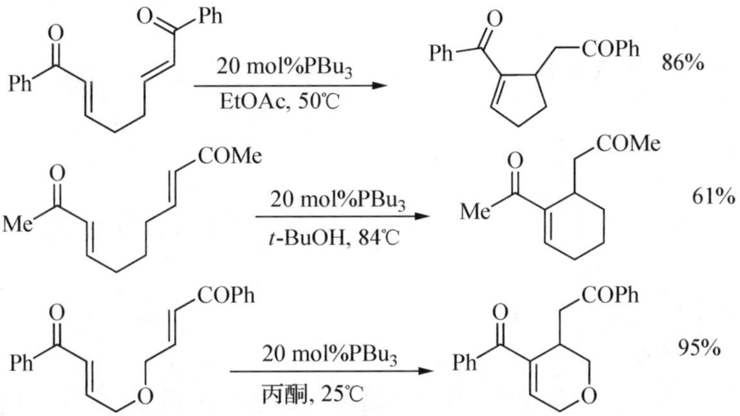

20 mol%PBu$_3$, EtOAc, 50℃ 86%
20 mol%PBu$_3$, t-BuOH, 84℃ 61% (7-23)
20 mol%PBu$_3$, 丙酮, 25℃ 95%

当两个烯键不同，但亲电性相差不大时，则可生成两种产物(式(7-24))[19]。

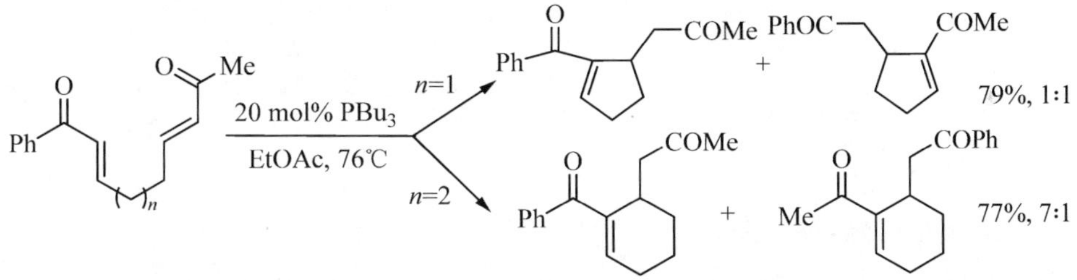

20 mol% PBu$_3$, EtOAc, 76℃; n=1: 79%, 1∶1; n=2: 77%, 7∶1

(7-24)

式(7-24)的结果表明，由于两个烯键的亲核性相近，开始膦对两个双键的加成是无选择性的。在 $n=1$ 时(生成五元环)，成环及其后步骤较快。因此得到 1∶1 的两个产物。而在 $n=2$ 即生成六元环时，成环速率不如生成五元环时快。这使膦对双键的加成成为慢的成环步骤之前的处于预平衡中的可逆过程。结果是更为稳定的一个两性离子(膦对带苯甲酰基的双键加成而生成的)更多地进入成环反应，使成环表现出较好的选择性。

当两个烯键的亲核性相差较大时，反应可有很高的选择性((式 7-25))[19,20]。

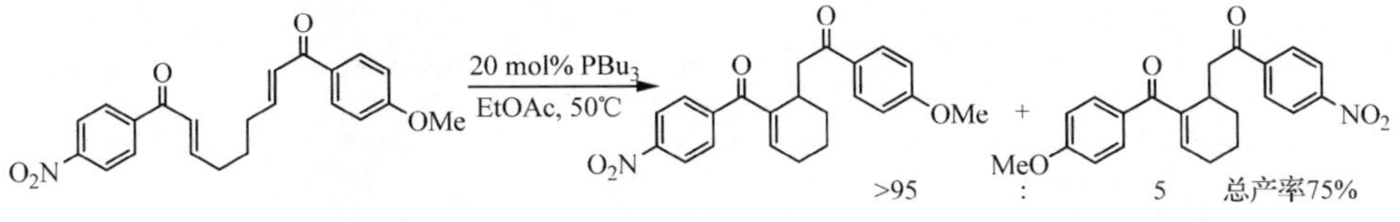

20 mol% PBu$_3$, EtOAc, 50℃ >95 : 5 总产率75%

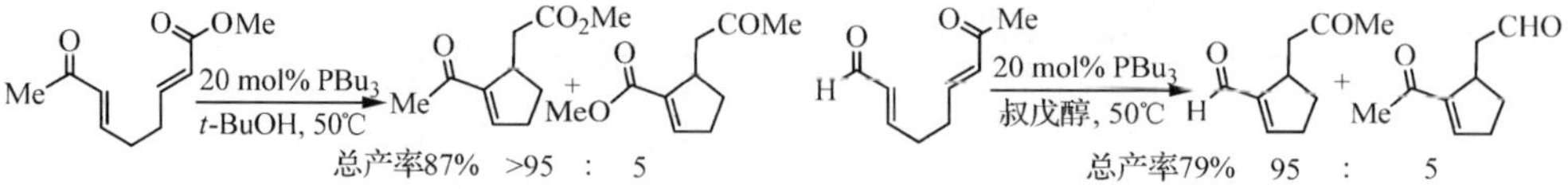

20 mol% PBu_3, t-BuOH, 50℃
总产率87% >95 : 5

20 mol% PBu_3, 叔戊醇, 50℃
总产率79% 95 : 5

(7-25)

也可以通过调节两个烯键上的位阻来提高选择性((式 7-26))[19]。

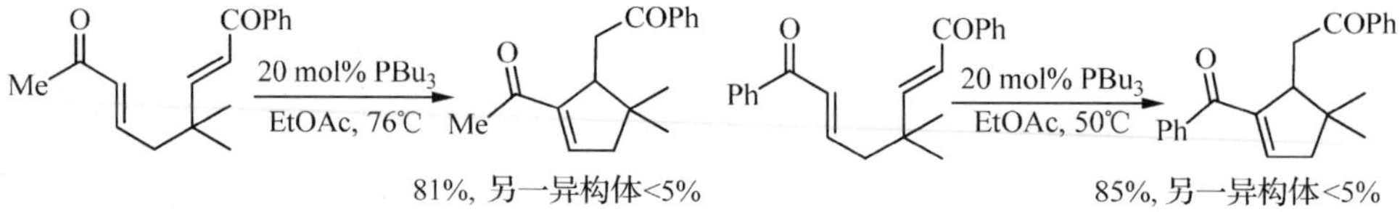

20 mol% PBu_3, EtOAc, 76℃
81%, 另一异构体<5%

20 mol% PBu_3, EtOAc, 50℃
85%, 另一异构体<5%

(7-26)

这些反应中,靠近其中一个烯键的孪生甲基的位阻很大,使膦的加成几乎全在另一个双键上发生。

酯基取代的双键的亲电性较弱,因此当分子内的两个烯键中有一个是酯基取代时,膦优先进攻另一个双键,而酯基取代的双键只作为 Michael 受体参与反应(式(7-27))[21]。当两个烯键均为酯基取代时,则在式(7-27)的条件下,不论在室温或在加热回流时都不能发生成环反应。

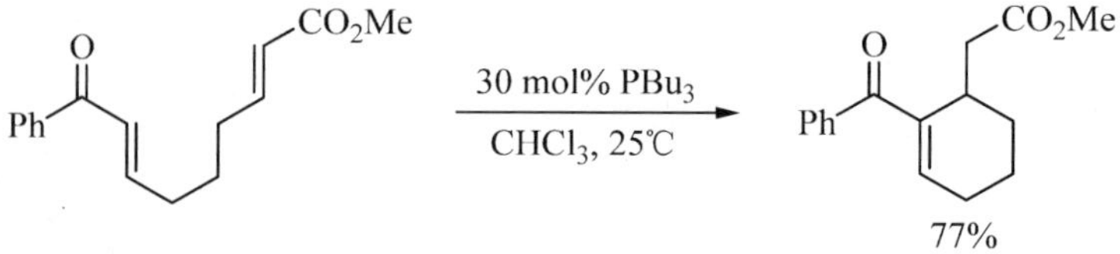

30 mol% PBu_3, $CHCl_3$, 25℃
77%
(7-27)

值得注意的是,在这类分子内环化反应中,π-烯丙基钯配合物也可以作为缺电子烯键而成为 Michael 受体。例见式(7-28)[22]。式中也给出了建议的反应机理。

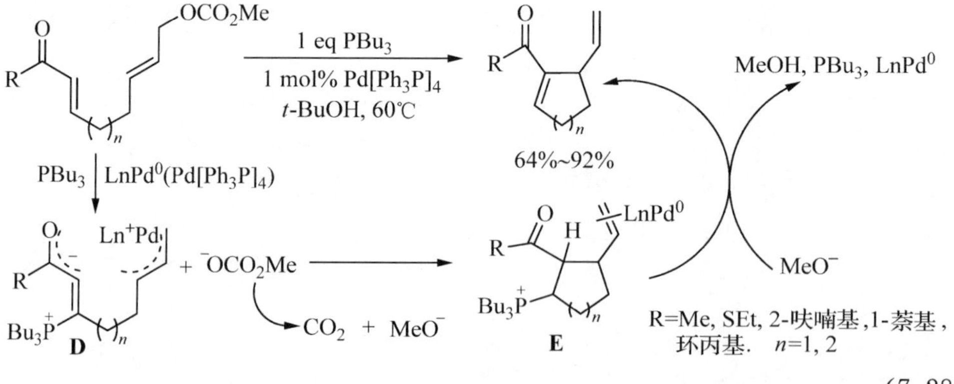

1 eq PBu_3, 1 mol% $Pd[Ph_3P]_4$, t-BuOH, 60℃
64%~92%

PBu_3 | $LnPd^0(Pd[Ph_3P]_4)$

D + $^-OCO_2Me$ → CO_2 + MeO^-

E

MeO^- → MeOH, PBu_3, $LnPd^0$

R=Me, SEt, 2-呋喃基,1-萘基,环丙基. n=1, 2

(7-28)

反应中 π-烯丙基钯(π-allyl palladium)配合物的生成使羧酸烯丙酯的双键被活化。这个反应需使用大剂量的 PBu_3，以增加两性离子中间体 **D** 的浓度。使用叔丁醇为溶剂时的产率比用 THF 时高，可能也是因为前者可经氢键溶剂化来稳定 **D** 中的烯醇负离子，提高 **D** 的稳态浓度。作为离去基团，用碳酸酯($MeOCO_2^-$)比乙酸酯($MeCO_2^-$)更好，因其释出 MeO^-，它是比乙酸根离子(OAc^-)更强的碱，有助于在中间体 **E** 中消去质子而脱去 PBu_3，完成催化循环。

上述各反应需要用亲核性较强的烷基膦(如三丁基膦)来催化，而在 Morita-Baylis-Hillman 反应中常用作催化剂的三苯基膦和叔胺(DABCO，DMAP 等)不能催化分子内的 Rauhut-Currier 反应[19,20]。除了烷基膦以外，硫酚-硫酚钠和邻-羧基或邻羟基硫酚也可催化一些分子内 R-C 反应[25]。

这些分子内 R-C 反应条件简单温和，反应物两个烯键上吸电子基的变通范围较广，还可以通过改变烯键上的取代基控制反应的化学选择性，可用于构筑具有多个手性中心的复杂环体系。此类反应已在一些天然产物及天然产物片段的合成中得到应用。式(7-29)表明了用本方法合成从苔藓植物中分离出的具有强灭螺活性的天然产物苔藓素 A(ricciocarpin A)的路线[26]。式中的中间产物 **7** 是由 R-C 环化反应合成的。它先经还原内酯化反应转变为内酯 **8a** 和 **8b**，其中 **8b** 的 C-8 构型与天然产物中相反，需先经皂化-Mitsunobu 构型反转反应转变为 **8a**，再还原为(±)-苔藓素 A。

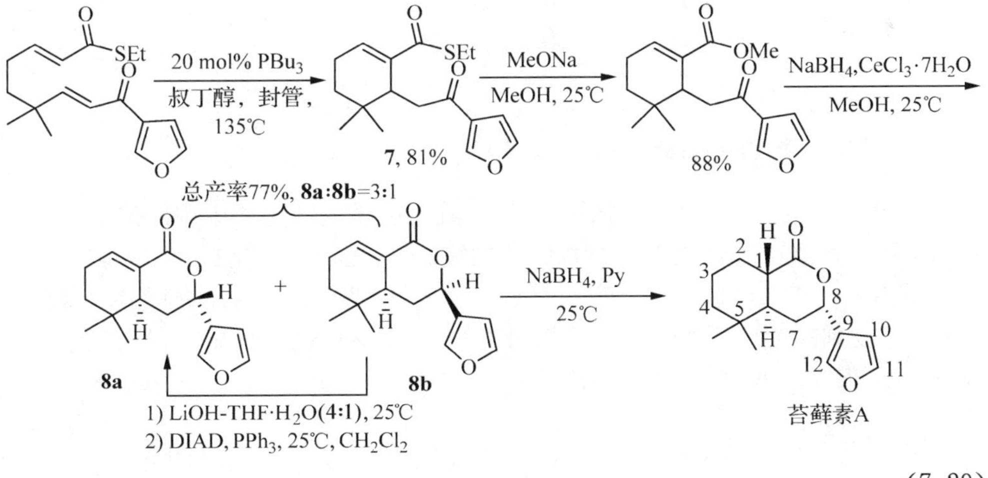

20 mol% PBu_3，叔丁醇，封管，135℃ → **7**, 81%

MeONa，MeOH, 25℃ → 88%

$NaBH_4$, $CeCl_3·7H_2O$，MeOH, 25℃ → 总产率77%, **8a**:**8b**=3:1

8a + **8b**

1) LiOH-THF·H_2O(4:1), 25℃
2) DIAD, PPh_3, 25℃, CH_2Cl_2

$NaBH_4$, Py，25℃ → 苔藓素A

(7-29)

与在分子间 R-C 反应中一样，在分子内反应中也可用烯丙基卤化物作为 Michael受体(式(7-30))[27]。

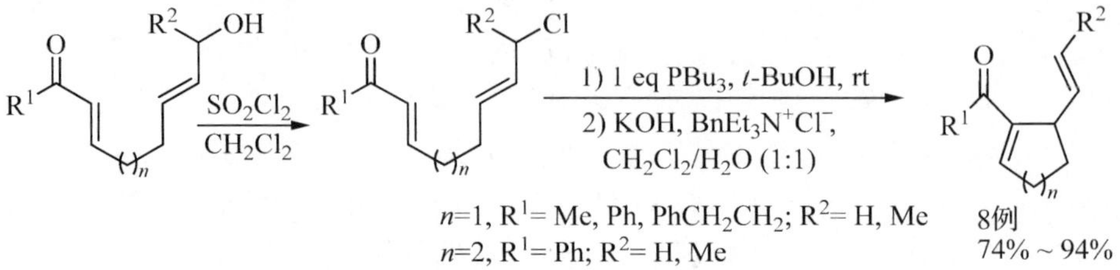

n=1, R^1= Me, Ph, $PhCH_2CH_2$; R^2= H, Me
n=2, R^1= Ph; R^2= H, Me
8例
74%～94%

(7-30)

也可以直接用卤代烃[28-30]或环氧乙烷[31]中的 sp^3 碳原子作为亲电试剂来与两性离子中的碳负离子反应而成环(式(7-31)和式(7-32))。在式(7-32)中,两性离子中的碳负离子总是优先进攻环氧乙烷中位阻较小并更为亲电的碳原子。

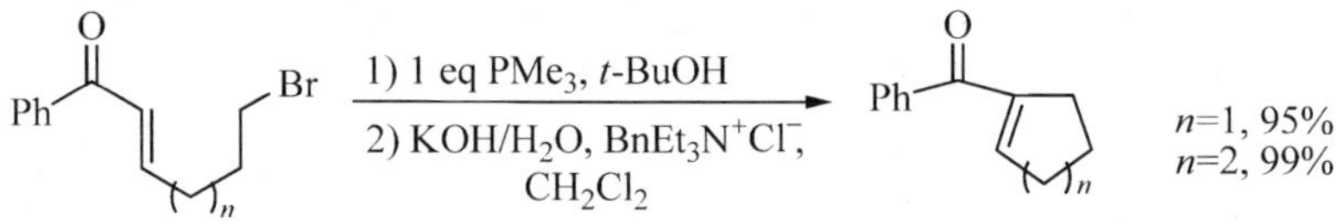

n=1, 95%
n=2, 99%
(7-31)

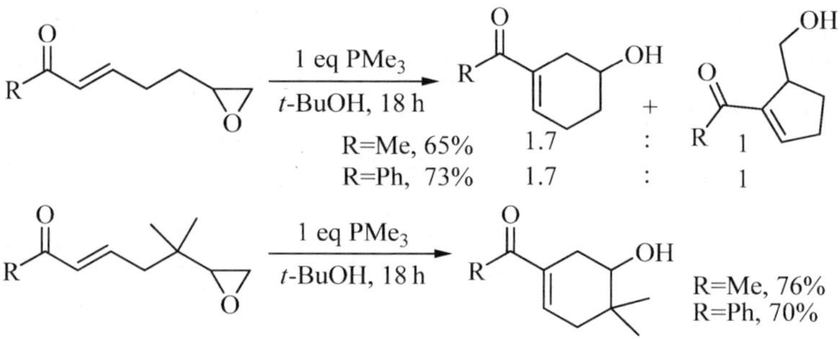

R=Me, 65% 1.7 : 1
R=Ph, 73% 1.7 : 1

(7-32)

R=Me, 76%
R=Ph, 70%

7.1.3 对映选择性的 Rauhut-Currier 反应

前已述及,作为 Lewis 碱与活化烯烃加成而生成的两性离子中的碳负离子的受体,丙烯腈、丙烯酸酯等活化烯烃的活性较低,加之存在着控制交叉偶联的选择性问题,Rauhut-Currier 反应研究只是近十年来,特别是在其分子内反应取得较大进展后才受到较为广泛的注意。与此相应,这一反应手性化的研究只是从近几年来才开始,但也已取得一些较好的结果。

1. 对映选择性的分子内 Rauhut-Currier 反应

在对映选择性的分子内 Rauhut-Currier 反应的第一篇报道中,应用了半胱氨酸衍生的手性硫醇催化剂。通过筛选,用催化剂 **9** 进行了一系列对称双烯酮的分子内成环反应,获得了较高的产率和很高的对映选择性(式(7-33))[32,33]。

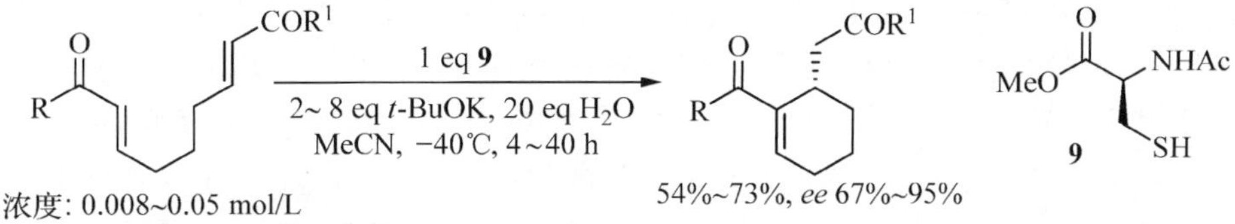

1 eq **9**
2~ 8 eq *t*-BuOK, 20 eq H_2O
MeCN, −40℃, 4~40 h

浓度: 0.008~0.05 mol/L

54%~73%, *ee* 67%~95%

9

R, R^1 = Ph, Ph; 4-BrPh, 4-BrPh; 4-MeOPh, 4-MeOPh; 4-O_2NPh, 4-O_2NPh; 2-呋喃基, 2-呋喃基; Me, OEt

(7-33)

缩短连接两个烯酮的饱和碳链的长度，用 **9** 也可以催化合成环戊烯产物，但反应的对映选择性下降。R＝R^1＝Ph 时，在上述条件下反应 12 h，环戊烯的产率为 81％，但 *ee* 值仅为 17％。

在这些反应中，硫醇负离子先对二烯酮中的一个烯酮进行共轭加成，得到的烯醇负离子再对分子内的另一个烯酮进行 Michael 加成而成环，最后消去硫醇而得产物(式(7-34))。

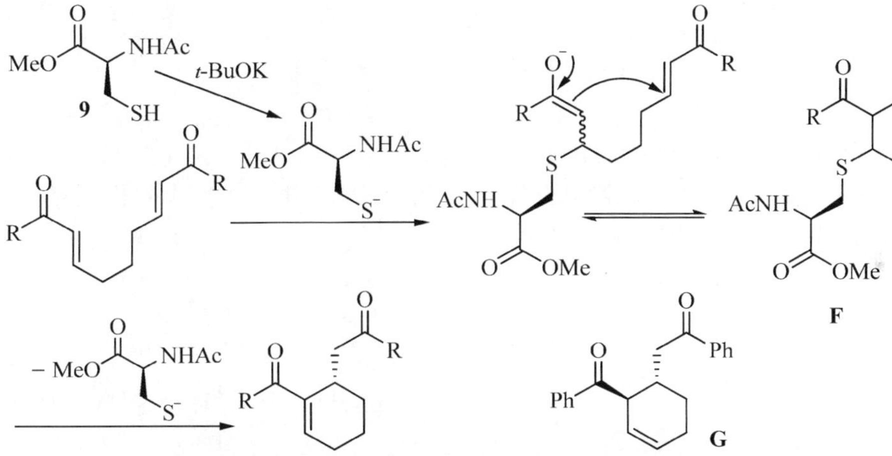

t-BuOK

9

F

G

(7-34)

在从中间体 **F** 消去硫醇负离子时，需要先进行分子内质子转移。在反应体系中加入少量水可以催化分子内质子转移。在用催化剂 **9** 时，水的加入还显著提高了反应的对映选择性。但在用其他半胱氨酸衍生的硫醇催化剂时，水也有时导致产物 *ee* 值的下降。

在 R＝Ph 的反应中，如果在低转化率时停止反应，则从反应混合物中可以分离得到部分未消去硫醇催化剂的中间产物(质子化的 **F**，为五个非对映立体异构体的混合物)。把这一中间产物先用 *m*-CPBA 氧化为砜，然后在 NaH 作用下消去硫砜基，则得环己烯产物，但其 *ee* 值只有 40％。这提示在式(7-33)的反应条件下，C—C 键的生成是可逆的，而质子转移和消去催化剂是决定对映选择性的步骤。在反应体系中加入钾离子的络合剂 18-冠-6，使双键移位的 **G**(式(7-34))成为主要产物，但产物产率(26％)和 *ee* 值(84％)都降低。用叔丁醇钠取代叔丁醇钾进行上述反应，使反应的产率和对映选择性下降。这些事实表明了钾离子的配位对反应的进行和立体选择性的作用。为了解释产物的立体化学，提出了从 **F** 生成产物的过渡态Ⅰ和Ⅱ（式(7-35)）。两种过渡态中，由于苯基与甲酰胺基之间的反向排列，都避免了催化剂与环己烷上烯醇负离子之间的烯丙式张力(allylic strain, A$^{(1,3)}$张力)，但Ⅰ更有利于烯醇氧原子和酰胺基氧原子同时与钾离子的螯合。因此这条反应途径成为导致产物生成的主要途径。

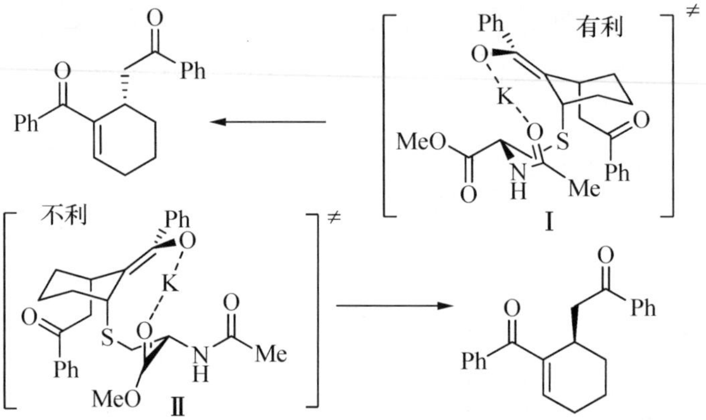

有利　Ⅰ　不利　Ⅱ

(7-35)

以过渡金属铼为手性中心的膦催化剂(S)-**10**[(η^5-C_5H_5)Re(NO)(PPh_3)(CH_2PPh_2)]也已被应用于双烯酮的分子内 R-C 反应，以较高的产率和中等的对映选择性合成了环戊烯产物(式(7-36))。[34]

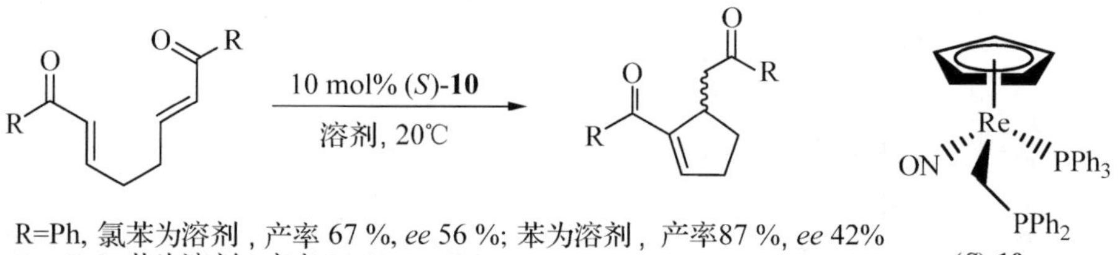

10 mol% (*S*)-**10**　溶剂, 20℃

R=Ph, 氯苯为溶剂，产率 67 %, *ee* 56 %; 苯为溶剂，产率87 %, *ee* 42%
R=*t*-PrS, 苯为溶剂，产率 81 %, *ee* 52 %

(*S*)-**10**

(7-36)

在常规的分子内 R-C 反应中，是用膦对一个 α,β-不饱和羰基化合物的共轭加成使后者的 C-2 原子转化为亲核反应中心。已经发现，用仲胺代替膦，通过二烯胺催化(dienamine catalysis)，也可以实现类似的极性转换，而引发分子内 R-C 反应。如果使用的是手性仲胺催化剂，并可能实现立体选择性的环化反应。用这个方法实现了 iridoid 类天然产物的合成(式(7-37))[35]。

20 mol% 催化剂；CH_2Cl_2, rt, 1.5~40 h；36%~73%, *ee*: 68%~96%；催化剂：(吡咯烷)-C(Ph)(Ph)OTMs · HOAc　(7-37)

EWG: PhCO, 4-NO_2PhCO, 4-ClPhCO, 4-MeOPhCO, 2-萘甲酰基, NO_2, CHO

建议的反应机理见式(7-38)(催化剂用 $R_2NH_2^+OAc^-$ 代表)。原料 α,β-不饱和醛和它与仲胺催化剂加成而得的亚胺盐 **H** 都是具有 1,3-亲电碳原子的 a^1/a^3 合成子,而 **H** 经脱质子而转化为烯胺 **I** 后,成为 2,4-碳原子显亲核性的 d^2/d^4 合成子。**I** 中分子内成环和 C-7 质子化得 **J**,**J** 中 C-2 上脱质子得烯胺 **K**,**K** 质子化为亚胺盐后经 C-4 上脱质子而得亚胺,后者水解而得产物。

$R_2NH_2^+OAc^-$；**H**；$-H^+$；**I**；H_2O 质子化；**J**；$-H^+$；**K**；H^+；H_2O 亚胺水解

(7-38)

由氨基酸衍生的手性硫脲-膦双功能催化剂也已在催化对映选择性的分子内 R-C 反应中得到应用。由缬氨酸衍生的硫脲-膦催化剂 **11** 可催化一系列对称双烯酮的成环反应,以高产率和高 *ee* 值得到环己烯产物(式(7-39))[36]。

20 mol% **11**；CH_2Cl_2, −30℃；0.25～5天；72%～99%, *ee* 81%～>99%；**11**: *i*-Pr-CH(NHC(S)NH*n*-$C_{12}H_{25}$)-CH_2PPh_2

Ar= Ph, 4-NO_2Ph, 2-FPh, 4-FPh, 2-ClPh, 3-ClPh, 4-ClPh, 2-BrPh, 3-BrPh, 4-BrPh, 3-MePh, 4-MePh, 4-MeOPh, 2-萘基, 2-呋喃基

(7-39)

式(7-40)是一个硝基烯烃和 α,β-不饱和酯之间的分子内交叉 R-C 反应[37]。反应在手性硫脲 HBC-6 和非手性胺 **12** 的作用下进行,结合应用了亲核活化与氢键催化(式(7-41))。

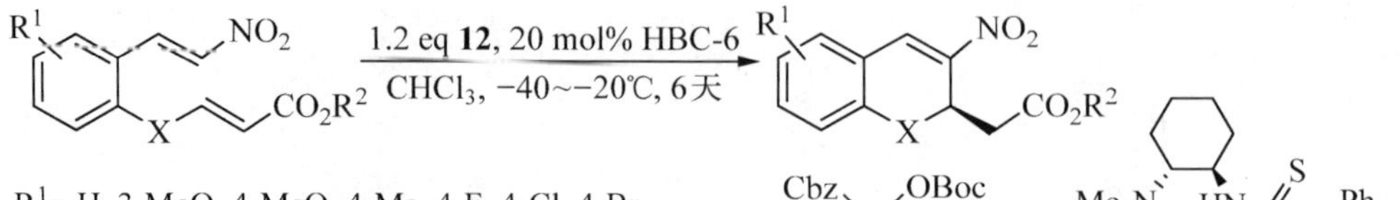

R^1= H, 3-MeO, 4-MeO, 4-Me, 4-F, 4-Cl, 4-Br
R^2 =Et, Me; X=O, S, CH_2
12例. 52%~98%, *ee* 73%~98%

1.2 eq **12**, 20 mol% HBC-6, $CHCl_3$, −40~−20℃, 6天

12 HBC-6

(7-40)

aza-Michael; H^+转移; $-\bar{N}(OBoc)(Cbz)$ retro-aza-Michael

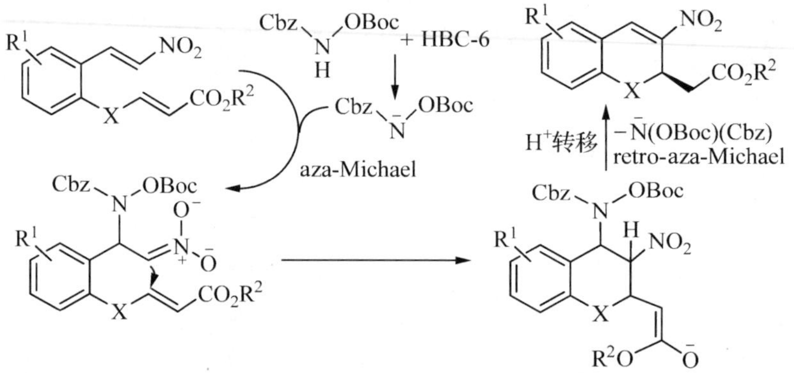

(7-41)

前手性的二烯酮 **13**(式(7-42))可在三苯基膦-苯酚的催化下进行分子内 R-C 反应,得到 α-亚甲基-γ-丁内酯 **14**,这是很多天然产物中的基本结构[38]。在尝试进行对映选择性反应时,发现在催化手性 Morita-Baylis-Hillman 反应时常用的叔胺型手性金鸡纳碱衍生物 β-ICD 不能催化反应;而一些联萘型的芳基膦,不论是否含有起共催化作用的酚羟基,也不能有效催化反应,或手性诱导效果较差。而催化剂(*S*)-**15** 则取得了很好的效果。这一催化剂中,膦与一个伯碳原子连接,因而亲核性很强;而仲胺基起了氢键给体和受体的共催化作用。建议的反应速率决定步骤(分子内成环后的质子转移)的过渡态 **L**(式(7-42))通过氨基的双重氢键组装。为了避免异丙基与原反应物中 R 基团之间的位阻,**L** 采取(*S*,*S*)-构型,使反应具有很高的非对映和对映选择性。

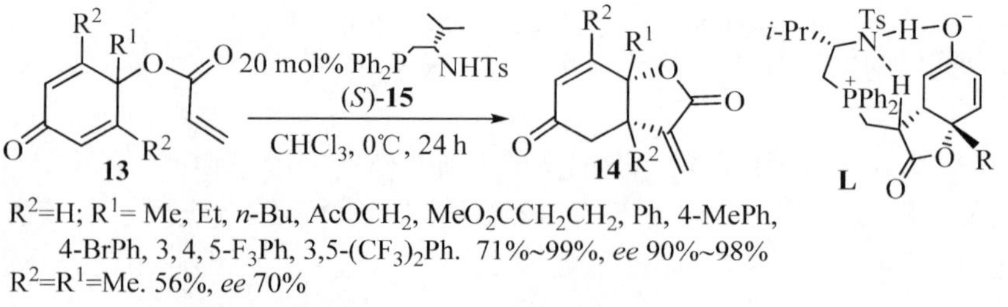

20 mol% Ph_2P—NHTs (*S*)-**15**, $CHCl_3$, 0℃, 24 h

13 **14** **L**

R^2=H; R^1= Me, Et, *n*-Bu, $AcOCH_2$, $MeO_2CCH_2CH_2$, Ph, 4-MePh, 4-BrPh, 3, 4, 5-F_3Ph, 3,5-$(CF_3)_2$Ph. 71%~99%, *ee* 90%~98%
R^2=R^1=Me. 56%, *ee* 70%

(7-42)

2. 对映选择性的分子间 Rauhut-Currier 反应

前已述及，硫醇可以用作 Lewis 碱催化双烯酮的分子内 Rauhut-Currier 反应(式(7-33)～式(7-35))。如果把硫醇置于一个活化烯烃分子中，则利用上述硫醇对另一活化烯烃的 Michael 加成以及后者的烯醇负离子再对含硫醇的第一个活化烯烃进行 Michael 加成，则可进行分子间的 R-C 反应。在手性金鸡纳碱-硫脲双功能催化剂 **16** 的存在下，已成功地进行了高度对映选择性的分子间 R-C 反应(式(7-43))[39]。

CO_2Et　NO_2　2 mol% **16**　甲苯, rt, 8~96 h　CO_2Et　NO_2　32%～99%　*ee* 92%～99%　*dr* 16:1～>30:1

X　**17**　SH　R　**18**　**19**　S　R　MeO　N　H　N　H　NHAr　H　S　N

X= H, Me, OMe;
R= Ph, 4-FPh, 4-ClPh, 2,6-Cl_2Ph, 4-BrPh, 3-BrPh, 4-MeOPh, 4-BnOPh, 2-MeOPh, 3-BnO-4-MeOPh, 2-噻吩基, *n*-Bu. 14 例.

16　Ar = 3, 5-$(CF_3)_2$Ph

(7-43)

催化剂中硫脲的两个 NH 可能通过双重的氢键相互作用活化硝基，而金鸡纳碱的叔胺则作为氢键接受体使 **17** 中的巯基活化。虽然反应表观上可视为是经硫醇对硝基烯烃 **18** 的 Michael 加成继而以硝基 α-位的碳负离子再对肉桂酸酯做 Michael加成而进行的，但已知 **16** 在催化硫醇对硝基烯烃的 Michael 加成时，手性诱导效果不佳；而在对照实验中发现，把 2-巯基肉桂酸乙酯对硝基烯烃进行 Michael加成而得的外消旋产物 **20**(式(7-44))在与式(7-43)相同的反应条件下用 **16** 进行处理时，以 94%的产率得到产物 **19**(95% *ee*，*dr*>30∶1)，而且产物具有与在 **16** 的催化下从 **17** 与 **18** 直接反应而得到的产物相同的 2*R*、3*S*、4*S* 构型。因此，式(7-43)中反应的高对映选择性应是由中间产物 **20** 在手性催化剂 **16** 存在下经可逆和高度立体选择性的 retro-Michael 及两个连续的 Michael 加成，通过动态的动力学拆分过程(dynamic kinetic resolution，DKR)而导致的(式(7-44))。整个反应是一个由 Michael—retro-Michael—Michael—Michael 反应序列组成的分子间 Rauhut-Currier 反应(式(7-45))。

CO_2Et　O_2N　H　S　Ph　**20**

10 mol% **16**, 甲苯, rt, 8 h
retro-Michael—Michael—Michael
反应

CO_2Et　NO_2　S　Ph　**19**

(7-44)

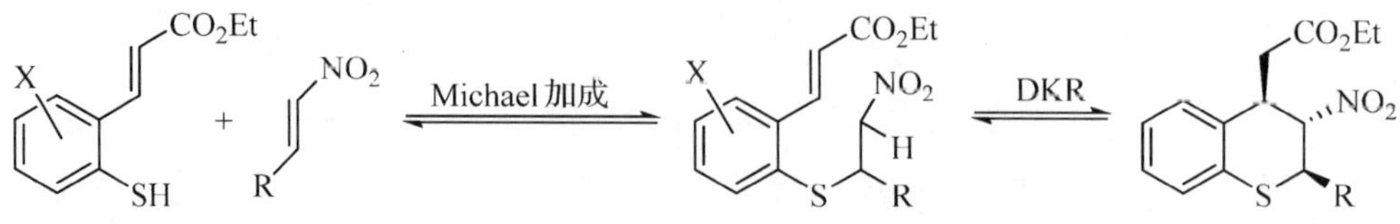

(7-45)

硝基烯烃与 α,β-不饱和醛的对映选择性交叉偶联已通过 Lewis 碱和亚胺盐双重催化的反应实现(式(7-46)[40])。硝基烯烃的亲核性远比烯醛和烯酮为强,是膦和叔胺等 Lewis 碱(LB)优先进攻的受体;而仲胺(如式(7-46)中的 **21**)则可与烯醛生成亚胺盐而使之活化,成为硝基烯烃与 LB 加成而得的两性离子中的碳负离子的更好受体。这使反应有很好的选择性。反应中把初级产物醛还原为醇,以分离非对映异构体。由于硝基所连的碳原子(产物中的 C4)的差向异构化,反应的非对映立体选择性不高,*syn*/*anti* 值为 1∶1～1∶2.5;但对映选择性很高,两个非对映异构产物的 *ee* 值都为 70%～95%。

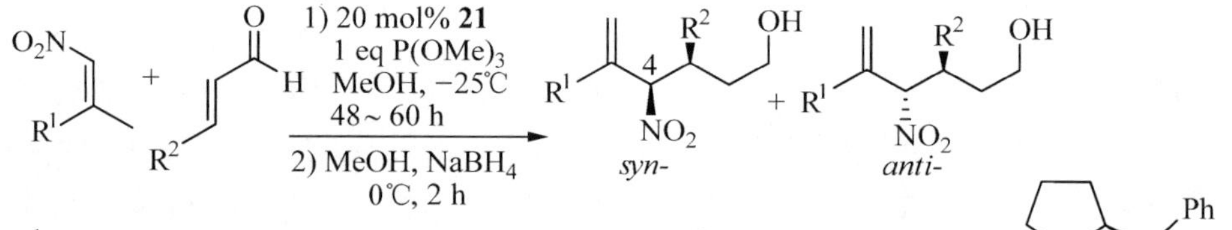

R^1=Ph, 4-MePh, 4-ClPh, 4-CNPh, 4-NO_2Ph, 呋喃基, 萘基
R^2=Ph, 4-MeOPh, 2-O_2NPh, 4-O_2NPh, 呋喃基, Me, *n*-Bu
16例. 总产率 64%~93%, *syn*/*anti* 1:1~1:2.5, *ee*: *syn* 70%~94%, *anti* 75%~95%

(7-46)

膦作为路易斯碱对硝基烯烃的亲核加成和仲胺催化剂与烯醛的亚胺盐生成实现了对反应的双重活化,并保证了交叉偶联的选择性(式(7-47))。硝基烯中 β-位上甲基的存在不仅抑制了两性离子引发的烯烃聚合,而且在加成的中间体 **M** 中提供了可消去的质子,促进了 LB 的脱去。

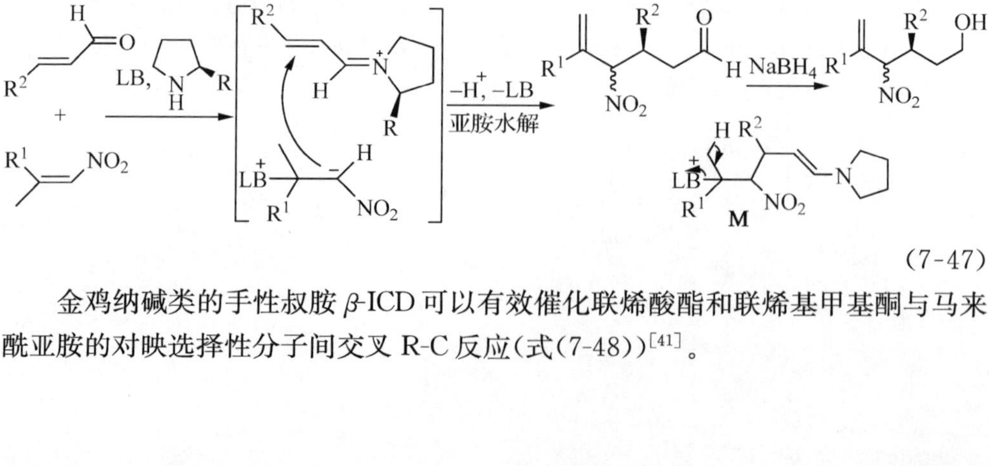

(7-47)

金鸡纳碱类的手性叔胺 β-ICD 可以有效催化联烯酸酯和联烯基甲基酮与马来酰亚胺的对映选择性分子间交叉 R-C 反应(式(7-48))[41]。

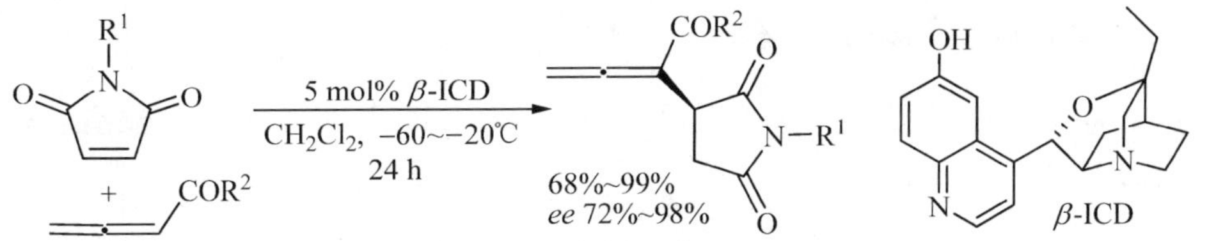

R^1=H, Me, c-$C_5H_{11}CH_2$, $XPhCH_2$(X=H, 3-MeO, 4-MeO, 3,4-$(MeO)_2$, 4-F, 4-Br), Ph_2CH, $(4\text{-}BrPh)_2CH$, 1-萘甲基, 噻吩-2-甲基, XPh (X=H, 3-Me, 4-Cl, 4-NO_2, 2,6-Br_2, 2,4,6-Br_3)
R^2= OEt, O(i-Pr), O(t-Bu), Me.　29例

5 mol% β-ICD, CH_2Cl_2, −60~−20℃, 24 h; 68%~99%, ee 72%~98%

(7-48)

7.2　Morita-Baylis-Hillman 反应

继 Rauhut 和 Currier 在 1963 年报道了膦催化的活化烯烃的二聚反应[3]之后，Morita 等于 1968 年报道了膦催化的活化烯烃与醛的反应[42,43]，得到丙烯醇产物，但反应的转化率较低，例见式(7-49)。

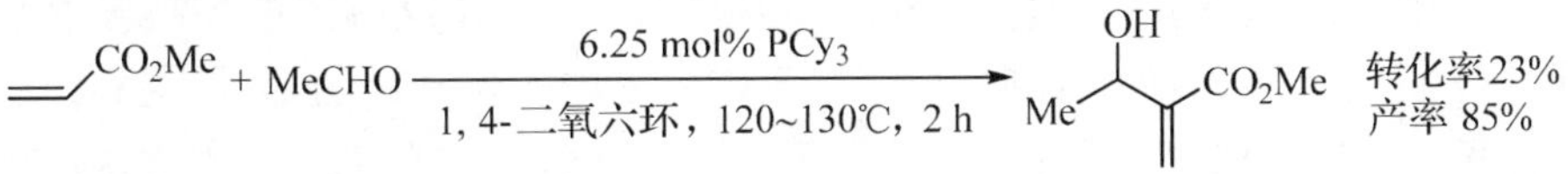

6.25 mol% PCy_3; 1, 4-二氧六环，120~130℃，2 h; 转化率23%　产率 85%

(7-49)

在这个反应中，用亲核性更强的醛代替了 Rauhut-Currier 反应中的第二分子活化烯烃，使膦与活化烯烃加成而得的两性离子优先与醛反应，抑制了活化烯烃的二聚。

其后，Baylis 和 Hillman 于 1972 年报道了用叔胺 DABCO 作为催化剂进行活化烯烃与醛的反应，反应的转化率和产率均有较大提高[44]。

在这些反应中，活化烯烃以其 α-碳原子与羰基化合物中的羰基碳原子成键。通过反应，从简单易得的原料出发，以完美的原子经济性，在一步反应中得到了含有多个可用于进行后续转化的官能团(羟基、双键、活化基团 EWG 等)的产物。由于从烯烃和前手性醛得到的产物中生成手性碳原子，也为对映选择性反应的研究提出了新的课题。这一反应现在按发现者的名字称为 Morita-Baylis-Hillman 反应，可简称为 MBH 反应[45-54]。从 20 世纪 80 年代以来，MBH 反应的研究受到广泛注意，在反应规模(活化烯烃、亲电试剂以及催化剂的类型)、反应机理、反应本身及其产物的化学转化[55-58]在有机合成中的应用等方面都已取得很大的进展。可以说，MBH 反应及类似反应已成为有机合成中的一个重要的 C—C 键生成反应。

7.2.1　Morita-Baylis-Hillman 反应的机理

下面我们将分别讨论用叔胺等路易斯碱和用 $TiCl_4$ 等路易斯酸催化的 MBH 反应的不同的反应机理。

1. DABCO 等叔胺催化的 MBH 反应的机理

在叔胺、膦等路易斯碱催化的 MBH 反应中，催化剂的亲核性与碱性、反应物（活化烯烃和亲电试剂）的结构都对反应的活性和机理具有复杂的影响，因此，反应的机理应结合具体反应加以分析；但目前对 DABCO 等叔胺催化的丙烯酸酯以及甲基乙烯基酮与取代苯甲醛的反应作为模型反应，已进行了较为深入的研究。

叔胺催化的 MBH 反应有一些与反应机理有关的显著特点：①反应多在室温进行，加热反而常使反应的转化率和产率降低；②反应较慢，且常需使用较大量的催化剂。如常规的叔胺类催化剂（DABCO，奎宁环等）常需以化学计量或亚化学计量使用。即便如此，反应有时也需经多日才能达到较高的转化率；③在反应体系中加入醇[59-63]、酚[64-66]、水[67-74]等质子性物种作为添加剂或溶剂，或在反应物[75]或催化剂[59,63]中植入羟基或酚羟基，常可显著加快反应；④在反应的早期阶段之后，常表现出自催化（self-catalysis）现象，即在反应体系中积累起来的反应产物对反应起催化作用，使反应加快[76,77]；⑤在有些反应中，有部分二氧杂环己烷酮副产物生成[78-82]。这些现象都为反应机理的研究提供了线索。

早在 20 世纪八九十年代，对叔胺催化的 MBH 反应就已提出了式(7-50)所示的机理[83-89]。

$$\text{CH}_2{=}\text{CHCOR}^1 + \text{NR}_3 \underset{k_{-1}}{\overset{k_1}{\rightleftharpoons}} \underset{\mathbf{A}}{\text{R}_3\overset{+}{\text{N}}\text{CH}_2\text{CH}{=}\text{C(R}^1)\text{O}^-} \underset{k_{-2}}{\overset{\text{R}^2\text{CHO},\ k_2}{\rightleftharpoons}} \underset{\mathbf{B}}{\text{R}_3\overset{+}{\text{N}}\text{CH}_2\text{CH(COR}^1)\text{CH(O}^-)\text{R}^2} \underset{k_{-3}}{\overset{1,3\text{-H}^+\text{转移},\ k_3}{\rightleftharpoons}}$$

$$\underset{\mathbf{C}}{\text{R}_3\overset{+}{\text{N}}\text{CH}_2\overset{-}{\text{C}}\text{(COR}^1)\text{CH(OH)R}^2} \underset{k_{-4}}{\overset{-\text{NR}_3,\ k_4}{\rightleftharpoons}} \text{R}^2\text{CH(OH)C(}{=}\text{CH}_2)\text{COR}^1 \tag{7-50}$$

反应由叔胺对烯烃的 Michael 加成引发。两性离子中间体 **A** 中的烯醇负离子然后对醛进行 Aldol 加成得到两性离子 **B**。**B** 中发生表观的 1,3-质子转移后消去叔胺催化剂即得产物。虽然这一总的反应途径被普遍接受，但对反应各阶段的细节，如反应速率决定步骤以及在 **B** 中进行 1,3-质子转移的机理等一直存在不同看法[83-89]。我们将介绍目前得到较多实验和理论研究结果支持的对叔胺催化的 MBH 反应机理的认识。

1) 反应的可逆性与平衡常数的温度关系

实验结果和理论计算都表明，MBH 反应是可逆的。一些 MBH 反应的产物在用 DABCO 处理时，可部分分解为原料醛和烯烃[87,90]。例如，把苯甲醛与丙烯酸甲酯的 MBH 反应产物与 2 eq 的 DABCO 混合后，在 120℃加热 1 h，产物会部分分解，得到 68%的苯甲醛。如把此反应混合物冷却并在室温放置，平衡又向产物方向移动。室温放置 24 h 后，产物产率又达到 72%。这不仅表明反应是可逆的，而且，高温时平衡移向左方[90]。用从头算(ab initio)MP2-6-311+G(d,p)法计算的苯甲醛与丙烯酸甲酯在甲醇中反应的标准自由焓 ΔH 为−15.0 kcal/mol，而标准自由熵 ΔS 为−45.1 cal/(mol · K)[90]，与通过变温实验测得的 $\Delta H=-13.94$ kcal/mol 和 $\Delta S=-41.3$cal/(mol · K)很接近。由于 $\Delta G=0$ 时，平衡常数 $K=1$，在$\Delta G=0$ 两侧，K 分别大于和小于 1。因此，在反应温度升高而越过式(7-51)表示的温度时，K 由大于 1 转变为小于 1。当 $\Delta G=\Delta H-\mathrm{T}\Delta S=0$ 时，

$$T=\Delta H/\Delta S \tag{7-51}$$

对 DABCO 催化的苯甲醛与丙烯酸甲酯这一模型反应体系，从其 ΔH 和 ΔS 的值可知，在温度高于约 330 K(57℃)时，$\Delta G>0$，反应变为吸热的，平衡常数变得小于 1。这就是这一反应不宜在高温下进行的原因。对这一反应，实测的反应平衡常数 K_{eq}以及标准自由能 ΔG 与温度的关系如图 7-1 的(a)、(b)所示。DABCO 催化的对硝基苯甲醛与丙烯酸甲酯反应的 ΔG 与温度的关系则与此不同。反应在约 380 K(107℃)以上时才转变为吸热而使其平衡常数变得小于 1。这表明，对这一反应，如果使用过量的丙烯酸酯，即使在较高温度进行反应(以提高反应速率)，仍可以得到较高的转化率和产率。这一计算结论得到了实验结果的证实：实验表明，DABCO 催化的对硝基苯甲醛与丙烯酸甲酯的反应在 76℃进行时，仅需4 h即可得产率为 98%的产物，而在 25℃进行时，5.5 h 后，产物产率仅为 40%，只是在

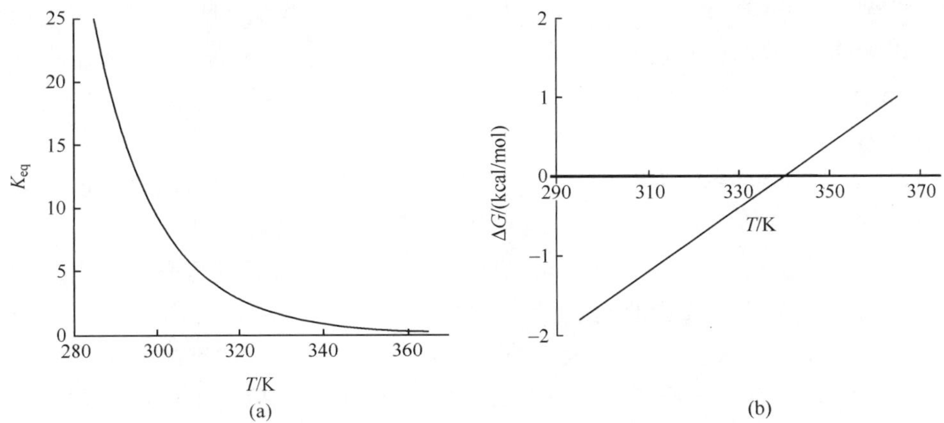

图 7-1　叔胺催化的苯甲醛与丙烯酸甲酯的 MBH 反应的 ΔG 和 K_{eq}与温度的关系

反应进行 17 h 后，产率才达到 98％[91]。相反，上述计算的结果表明，DABCO 催化的对甲氧基苯甲醛与丙烯酸甲酯的反应即使在低温进行时也极慢而难以达到实用的转化率。因此这一反应的 ΔG 与温度的关系无法实测。但用与上述同样的方法(MP2-6-311＋G(d，p))计算，可得反应的 $\Delta H = -13.7$ kcal/mol，$\Delta S = -45.4$ cal/(mol · K)(表 7-1)。因此反应在较低温度(约 300K，即约 27℃)即已转变为吸热。这解释了为何 DABCO 催化的具有强给电子基的苯甲醛与丙烯酸甲酯的反应即使在较低温度下长时间进行，也只能达到较低的转化率。

表 7-1 DABCO 催化的取代苯甲醛与丙烯酸甲酯在甲醇中反应的热力学参数[a,b]

	ΔH/(kcal/mol)	ΔS/[cal/(mol · K)]	ΔG 改变符号的温度/K
对硝基苯甲醛	−16.18(−19.01)	−46.0(−50.1)	约 380
苯甲醛	−15.0(−13.94)	−45.1(−41.3)	约 330
对甲氧基苯甲醛	−13.7	−45.4	约 300

a 用 MP2-6-311G＋(d，p)计算；b 括号中为实测值

在 MBH 反应中，涉及催化剂与活化烯烃之间以及两性离子 **A**(式(7-50))与醛之间的缔合过程，活化熵为较大负值。例如，DABCO 催化的乙醛与丙烯腈的反应的标准活化体积为 $-79 \pm 5\ cm^3/mol$[83-85]，是常见有机反应中活化体积最大的反应之一。因此，加压常有利于加成过渡态的形成，提高反应速率。

2) 反应速率决定步骤

从式(7-50)中的反应途径可以看到，叔胺对烯烃进行 Michael 加成得两性离子中间体 **A**，以及 **A** 对醛进行 Aldol 加成得两性离子 **B** 和 **B** 中经一四元环的过渡态进行分子内质子转移而得 **C** 都是动力学上较为不利的过程。实际上，在对奎宁环(quinuclidine，QD)催化的苯甲醛与丙烯酸甲酯的 MBH 反应进行 600 MHz 的核磁共振谱监测时，在整个反应过程中，除了原料、催化剂和产物之外，并未发现有显著中间体或中间产物的吸收信号(＜1％)。这表明，在最后通过热力学上有利的从 **C**(式(7-50))中消去叔胺而得产物之前的所有平衡步骤(k_1、k_2 和 k_3)确实都是压倒性地偏向于左方的[77]。但对哪一步骤是整个反应的速率决定步骤，曾有不同的意见。在早期的研究中[52,83-87]，由于动力学测量表明反应对烯烃、醛和催化剂均为一级，而且对 α-氘代烯烃 $CH_2{=}CDCO_2Me$ 和未氘代烯烃 $CH_2{=}CHCO_2Me$ 反应速率相同($k_H \approx k_D$)，未见一级动力学同位素效应，认为反应速率决定步骤中不涉及原烯烃中的 C_α—H 键的断裂(k_3 中的质子转移)，而应是两性离子 **A** 对醛的加成，即 C—C 键生成(k_2)。但近来的研究表明，反应在较高转化率(＞20％)时，已表现出产物对 **B** 中的质子转移过程的自催化作用，使反应速率决定步骤发生改变[76,77]。因此，高转化率(＞20％)时的动力学同位素实验未必能对反应速率决定步骤提供有用的结论。而在低转化率时，对奎宁环催化的苯甲醛与丙烯酸甲酯的

反应，却观察到明显的一级动力学同位素效应：在用等物质的量（等当量）的 CH_2═$CDCO_2Me$ 和 CH_2═$CHCO_2Me$ 的混合物与苯甲醛反应时，由于未氘代烯烃的反应速率高于氘代烯烃，随着反应的进行，混合物中剩余的氘代烯烃的物质的量比逐渐升高，直至达到 20% 的转化率时，反应混合物中 CH_2═$CDCO_2Me$ 与 CH_2═$CHCO_2Me$ 的物质的量比升高到 0.55。此后烯烃比例的改变停止，此时氘代和非氘代烯烃以相同速率参与反应，不再有一级动力学同位素效应[77]。在 DABCO 催化的氘代和非氘代的丙烯酸甲酯与苯甲醛和对硝基苯甲醛的反应中，在低转化率（<10%）时，也发现有明显的一级动力学同位素效应（在 DMSO 中反应时，k_H/k_D 分别为 3.3 和 6.4）[92,93]。这些动力学测量结果表明，在反应的早期，转化率较低时，存在明确的一级动力学同位素效应；反应的速率决定步骤涉及烯烃中 C_α—H(D) 键的断裂，即在中间体 **B** 中的质子转移一步。在较高转化率时，产物的自催化作用使质子转移速率加快，可使速率决定步骤改变为此前的 C—C 键生成（k_2）。最近对 DABCO 催化的苯甲醛与丙烯酸甲酯的反应的理论计算（DFT M06-2X/6-311G(d, p) 方法）[90] 也表明，中间体 **A**、**B** 和 **C** 的能量分别为 11 kcal/mol、14.8 kcal/mol和9.4 kcal/mol（图 7-2），而 **A** 的生成（k_1）、C—C 键生成（k_2）和 **B** 中的质子转移（k_3）的活化自由能分别为 15.3 kcal/mol、20.2 kcal/mol 和 41.8 kcal/mol。因此，虽然 **B** 中的质子转移是略微放热的，但若不存在产物的自催化等使之加速的因素时（图 7-2），活化自由能很高，是整个反应途径中的速率决定步骤。

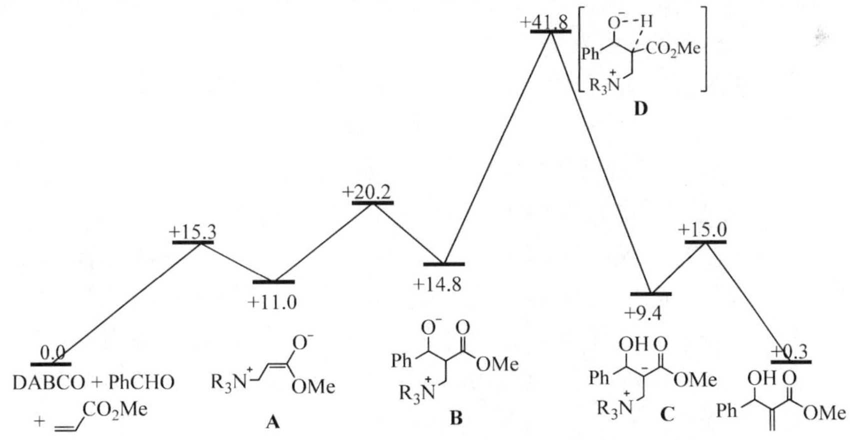

图 7-2　经四元环过渡态直接进行质子转移的 MBH 反应势能面
(DFT M06-2X/6-311G(d,p)计算，图中数值单位为 kcal/mol)

3) 中间体 **B** 中 1,3-质子转移的机理

由上述可见，在中间体 **B** 中直接经一个四元环的过渡态（图 7-2 中的 **D**）进行分子内质子转移在动力学上是极为不利的。但这一质子转移过程可有两条能量较

低的途径:①在普遍酸碱的催化下进行;②在第二分子醛的参与下进行(图 7-3)。

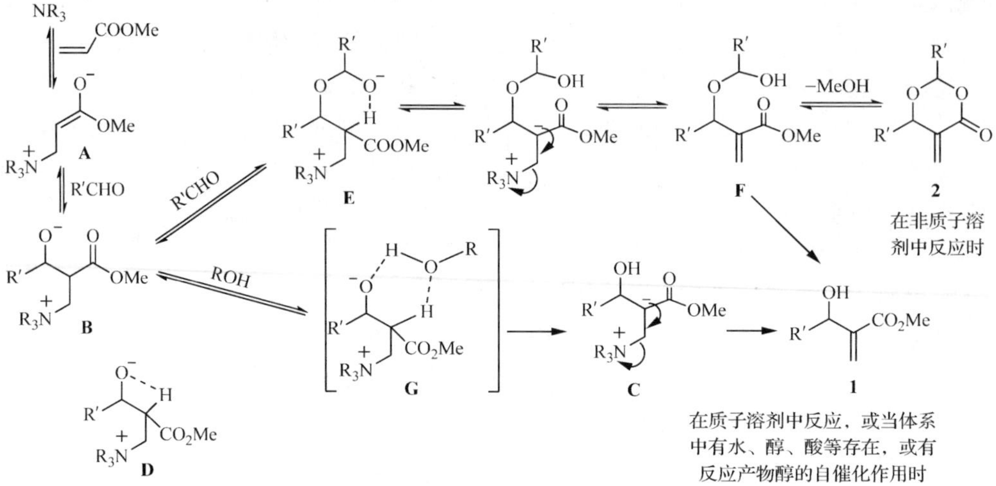

在非质子溶剂中反应时

在质子溶剂中反应、或当体系中有水、醇、酸等存在，或有反应产物醇的自催化作用时

图 7-3　在 Brønsted 酸性化合物或第二分子醛参与时的质子转移机理

(1) 实验上发现,在反应体系中加入醇[59-63]、酚[64-66]、水[67-74]等质子性化合物或用醇、水作为溶剂时,可以加速反应。这与高转化率时反应产物(醇)对反应的自催化现象是一致的。这些质子物种可能通过图 7-3 中所示的六元环的过渡态 **G** 对质子转移起普遍酸碱催化作用。也已建议,在无外加质子物种时,反应是由体系中存在的痕量水、醇等杂质引发的[77]。

(2) 动力学测量还表明,在 DABCO 催化的丙烯酸甲酯与苯甲醛或对硝基苯甲醛的反应中,转化率<10%时,反应对烯烃和 DABCO 呈一级动力学,而对醛呈二级动力学[92,93]。同时对 CH_2═$CDCO_2Me$ 和 CH_2═$CHCO_2Me$ 的反应,有明显的一级动力学同位素效应。这些表明,速率决定步骤中不仅涉及质子转移,而且质子转移的过渡态中应有两分子醛参与。由此建议了图 7-3 中经半缩醛式的中间体 **E** 进行的质子转移。在中间体 **B** 生成后,它可被另一分子醛捕获,生成中间体 **E**。后者经一个六元环的过渡态发生分子内质子转移并脱去叔胺而得到不稳定的半缩醛中间产物 **F**。后者可水解为 MBH 反应产物 **1**,也可经分子内环化而得副产物二氧杂环已烷酮 **2**(图 7-3)。

中间体 **B** 中的 1,3-质子转移作为 MBH 反应的速率决定步骤,以及水、醇等质子化合物对质子转移过程的催化作用,已得到一系列对 MBH 反应的量子化学计算结果的支持[90,94-101]。由于密度泛函理论(DFT)在计算反应途径时的计算量比用 MP2 从头算法小,而 DFT 的 M06-2X 法在计算 MBH 反应的能量时的表现比 B3LYP 法为好,已用 M06-2X/6-311G(d,p)法对 DABCO 催化的丙烯酸甲酯与苯甲醛的 MBH 反应进行了计算[90]。结果如图 7-2 和图 7-4 所示。

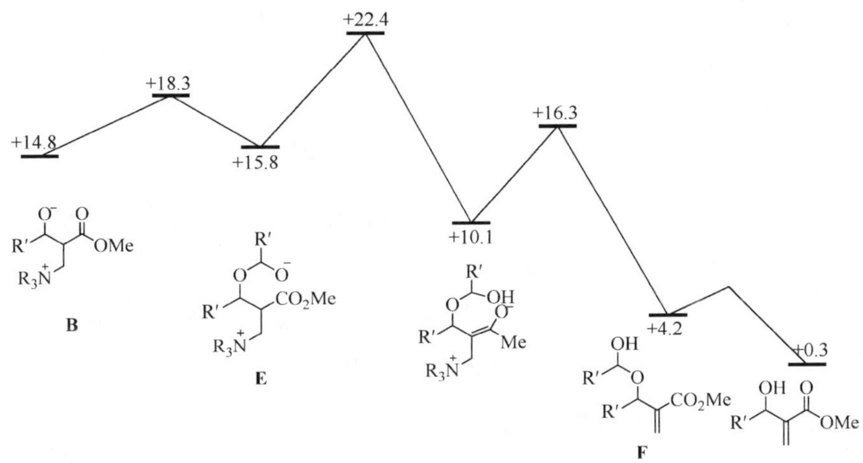

图 7-4　通过半缩醛式中间体(**E**)进行质子转移的 MBH 反应的位能面
(DFT M06-2X/6-311G(d,p)计算,图中数值单位为 kcal/mol)

这些计算表明,在非质子溶剂中进行反应时,通过图 7-2 中的四元环过渡态(**D**)进行直接的分子内质子转移活化能最高,通过第二分子醛的参与,经图 7-3 中的六元环过渡态(**E**)进行分子内质子转移,使活化能降低,但质子转移仍是反应速率决定步骤。计算还比较了水、醇、酚和 MBH 反应的产物醇对质子转移过程的催化作用(图 7-5)。结果表明,水和醇催化的经六元环过渡态(图 7-3 中的 **G**)进行的质子转移虽使活化能有所降低,但质子转移也仍是整个反应的速率决定步骤。但反应产物醇的自催化作用较强,使质子转移过渡态的能量变得比前一步 C—C 键生成的能量要低。因此,反应在达到较高转化率时,质子转移不再是速率决定步骤。而酚的催化作用比水、甲醇和产物醇都更强。用酚作为共催化剂时,C—C 键的生成是反应的速率决定步骤。

综合上述实验和理论研究结果,目前对叔胺催化的苯甲醛和丙烯酸甲酯的 MBH 反应的机理理解如下。

(1) 在非质子溶剂中反应时,1,3-质子转移是反应速率决定步骤,而质子转移是在第二分子醛的参与下经半缩醛式的中间体(图 7-3 中的 **E**)进行的。在有水或甲醇存在时,可经图 7-3 中 **G** 所示的六元环过渡态催化质子转移,但这些过程在能量上仍比经第二分子醛参与的过程稍高或接近。这有助于解释为何在DABCO催化的丙烯酸甲酯与对硝基苯甲醛的反应(THF 为溶剂)中,在向反应体系中加入少量水(0.083 mol/L)后,反应对醛仍为二级。但在加入的水的浓度较大(5.13 mol/L)时,反应转变为 1.4 级。此时,反应经第二分子醛的参与和水的催化两条竞争途径进行[93]。

(2) 在反应越过了初始阶段而达到较高转化率后,产物的自催化作用显著,

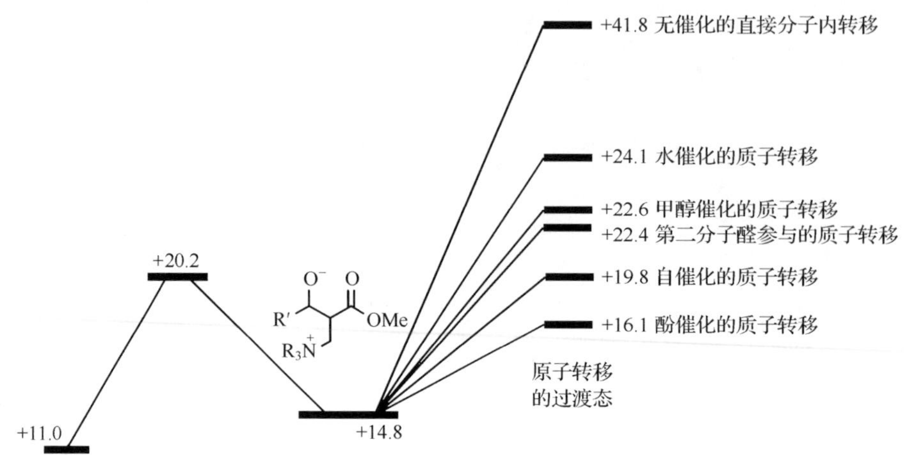

图 7-5　MBH 反应中各种可能的 1,3-质子转移途径的能量比较(图中数值单位为 kcal/mol)

C—C 键生成成为速率决定步骤。在有酚作为共催化剂时,反应速率决定步骤也是 C—C 键生成。

这些对 MBH 反应机理的认识,还得到了对反应中间体的电喷雾质谱(electron spray ionization mass spectroscopy,ESI-MS)研究的支持[102-104]。由于 MBH 反应中各阶段的中间体(图 7-3 中的 **A**,**B**,**E**)在溶液中都可以与它们的质子化的共轭酸(正离子)处于平衡,这为用质谱法检测这些中间体提供了可能。在用 ESI-MS 研究 DABCO(1 eq)催化的丙烯酸甲酯(1 eq)与过量的苯甲醛(3 eq)反应时[103],反应开始 10 min 后,用含有甲酸的乙腈稀释并淬灭反应后,在反应中检测到 DABCO 的共轭酸(m/z=113),以及由两性离子 **A**、**B** 和 **E** 质子化而得到的 **A**+H^+(m/z=199),**B**+H^+(m/z=305)和 **E**+H^+(m/z= 411)正离子。这为在无外加质子化合物条件下进行的 MBH 反应中各阶段的中间体(**A**, **B**, **E**)的存在,以及第二分子醛经半缩醛过渡态参与质子转移过程提供了证据。而在上述反应体系中分别加入 3 eq 的甲醇和 β-萘酚作为质子转移反应的促进剂时,则在反应开始后,立即分别检测到 m/z=337 和 449 的正离子,这些离子峰的出现为甲醇和 β-萘酚参与质子转移过程提供了证明(图 7-6)。

硫脲也是能与叔胺等配合而有效促进 MBH 反应的一类 Brønsted 酸性共催化剂。对噻唑-2-甲醛与丙烯酸甲酯在 DABCO 和硫脲共同催化下进行的模型反应的 ESI-MS 研究和 DFT 计算则表明,硫脲通过与氧原子形成双重氢键而对反应各步的过渡态都提供稳定作用,降低各步反应的能垒(图 7-7)[104];但分子内质子转移仍然是反应的速率决定步骤,硫脲似乎并不对质子转移起中介作用,质子转移仍需甲醇等质子化合物来催化。

在 DABCO 催化的丙烯酸的邻甲酰基苯酚酯的分子内 MBH 反应中,分离得

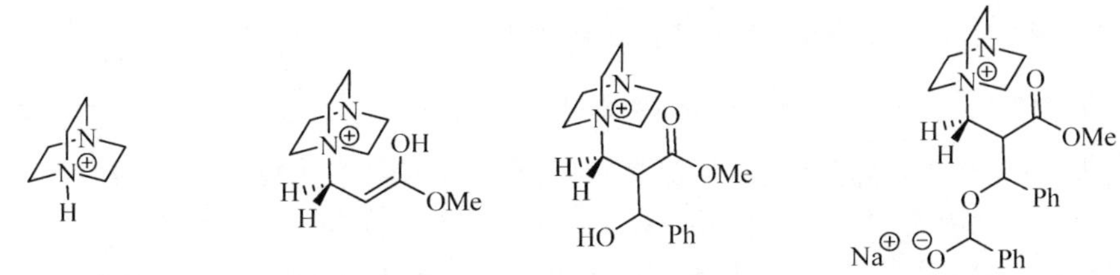

DABCO+H^+ m/z 113　**A**+H^+ m/z 199　**B**+H^+ m/z 305　**E**+Na m/z 433

图 7-6　用 ESI-MS 检测到的 MBH 反应中的一些中间体或它们的共轭酸

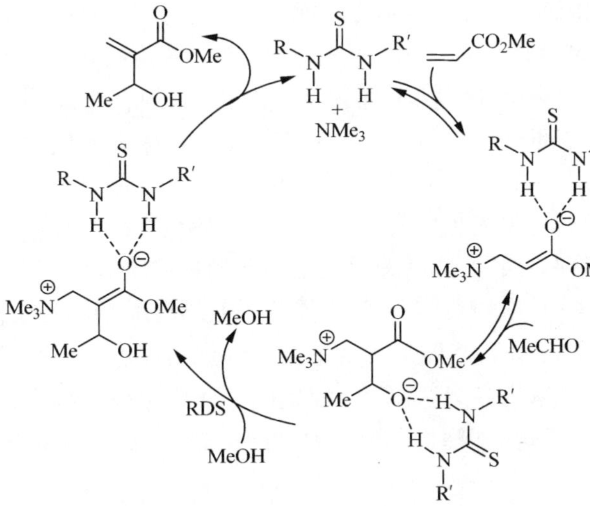

图 7-7　DABCO-硫脲共催化的 MBH 反应

到香豆素盐正离子 **I**,并测定了其晶体结构(式(7-52))。这也为 MBH 反应中 C—C 键生成而得中间体(式(7-50)中的 **C**)的存在提供了证明[105]。

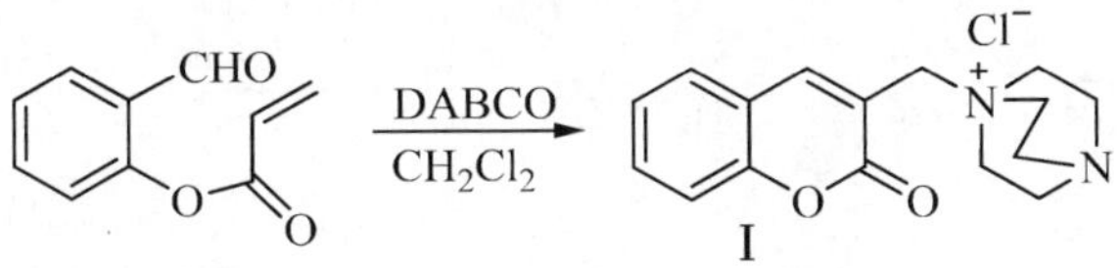

(7-52)

2. 膦催化的 MBH 反应的机理

近来用密度泛函理论(DFT-B3LYP/6-311+G(d))理论结合 IEF-PCM 溶剂化模型对 PMe_3 催化的丙烯腈与乙醛在 CH_2Cl_2 中的 MBH 反应进行的计算表明[94],与叔胺催化时的反应类似(式(7-50)),整个反应是可逆的;反应经膦对烯烃的共轭加成、两性离子中烯醇负离子对醛的亲核加成、分子内 1,3-质子转移和消去膦催化剂这一途径进行;而且也以分子内 1,3-质子转移为整个反应的速率决定步骤。

3. $TiCl_4$-硫族 Lewis 碱协同催化的 MBH 反应的机理[106,107]

硫族 Lewis 碱(R_2S,R_2Se 等)可以和 $TiCl_4$ 等 Lewis 酸协同催化开链烯酮和环烯酮等的 MBH 反应。在最初研究中,用制备薄层层析法分离产物时,只得到正常的 MBH 反应产物 **3**(式(7-53))[108,109];由此认为反应可能是按与叔胺催化时相似的反应机理进行的,即 Lewis 碱先对烯烃进行共轭加成,得到的烯醇负离子再对醛进行亲核加成,最后消去硫族催化剂而得产物(式(7-54));而 $TiCl_4$ 只是起了Lewis 酸的使烯烃活化的作用。但在后来的研究中改用硅胶柱层析法分离同样反应的产物时,发现反应的初级产物是 β-氯代的饱和产物 **4**(式(7-55));而 **4** 可在制备薄层层析或用 DBU 等碱处理时转化为 **3**[110]。虽然产物 **4** 仍有可能是由按式(7-54)生成的正常 MBH 产物在反应条件下加氯化氢而得的,但在反应中始终未能分离到式(7-54)中的锍盐中间体,这提示反应中作为亲核剂对烯烃进行加成的不是硫族 Lewis 碱,而是 $TiCl_4$ 中的氯负离子(式(7-56))。烯醇负离子 **H** 对醛进行加成后,在 **I** 中进行质子转移并脱去氯负离子而得产物。硫族 Lewis 碱在反应中起的可能作用之一是,它与 $TiCl_4$ 的配位促进了氯负离子的释出[111,112]。这解释了为何硫族 Lewis 碱-$TiCl_4$ 协同催化的反应不仅可以应用于开链烯酮和环烯酮,而且可以应用于较弱的 Michael 受体丙烯腈和丙烯酸酯[108-110],而只用 $TiCl_4$ 催化的反应迄今只能用于催化开链烯酮和环烯酮[113,114]的反应。硫族 Lewis 碱在反应中的作用的另一个表现是使用不同的碱时,产物 **4** 中两个非对映立体异构体的比例不一样(式(7-55))[110]。

应该指出,在使用特定的 Lewis 碱性较强的硫族化合物时,它仍有可能起真正催化剂的作用,通过对烯烃的亲核加成,按式(7-54)的机理来促进反应。例如,四氢噻吩可在不能释出氟负离子的 $BF_3 \cdot EtO_2$ 存在时催化乙烯基酮与醛的反应,并

3 eq CH_2═CHZ, 0.1 eq Me_2S, 1 eq $TiCl_4$, CH_2Cl_2, rt或回流1~50 h; RCHO; 3 eq 环己烯酮, 0.1 eq Me_2S, 1 eq $TiCl_4$, CH_2Cl_2, rt或回流, 10 min~1 h

3b ~ **3e** 28%~88%; **3a** 13%~43%

R= 4-NO_2Ph; Z= COMe, COOMe, SO_2Ph; CN　R= Ph, 4-MePh, 4-ClPh, $PhCH_2CH_2$

(7-53)

R_2S; R′CHO; $TiCl_4$; 质子转移; $-R_2S$

(7-54)

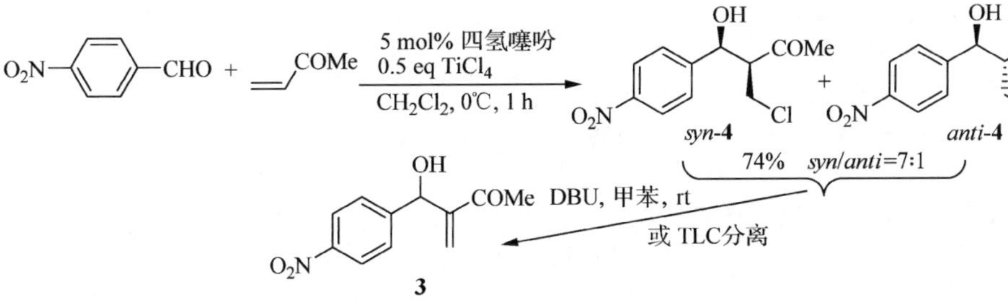

(7-55)

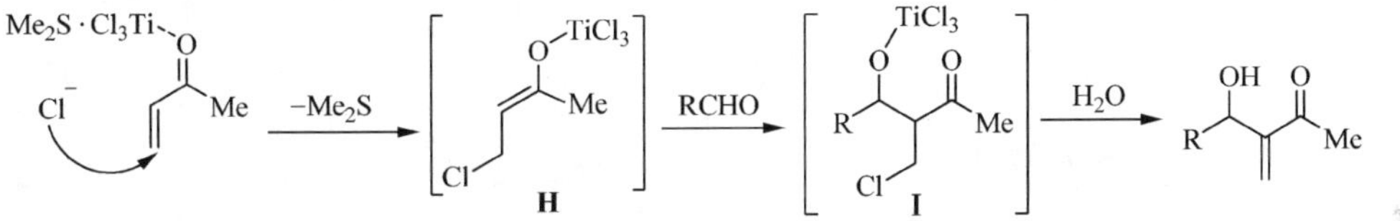

(7-56)

在用三乙胺淬灭反应后，得到正常的 MBH 反应产物(式(7-57))[115]。这些反应不能在仅有 $BF_3 \cdot EtO_2$ 存在而缺乏四氢噻吩时进行。如果用酸性水溶液来淬灭反应，则无法从 Aldol 加成的中间体(式(7-58)中的 **J**))中消去四氢噻吩，可以分离得到由 **J** 质子化后脱水而得的锍盐 **5**。这证明了四氢噻吩是对烯烃进行加成而引发反应的亲核剂，而 $BF_3 \cdot OEt_2$ 只起了 Lewis 酸的活化醛与烯烃的作用。四氢噻吩也可以在叔丁基二甲基硅基三氟甲磺酸盐(TBDMSOTf)这一 Lewis 酸存在时催化甲基乙烯基酮和环烯酮与一系列缩醛(作为醛的前体)的 MBH 反应(式(7-59)和式(7-60))[116]。

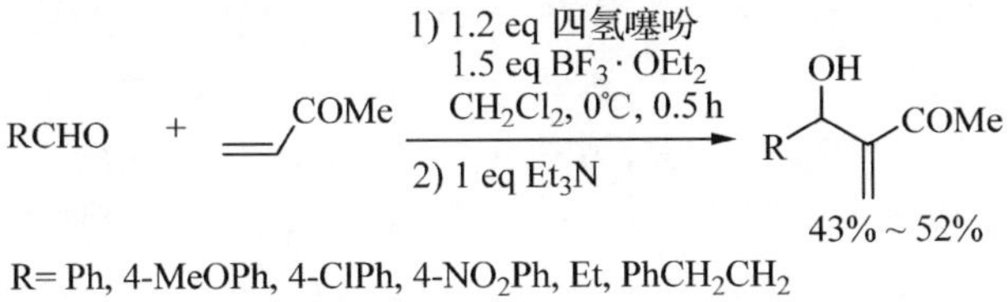

(7-57)

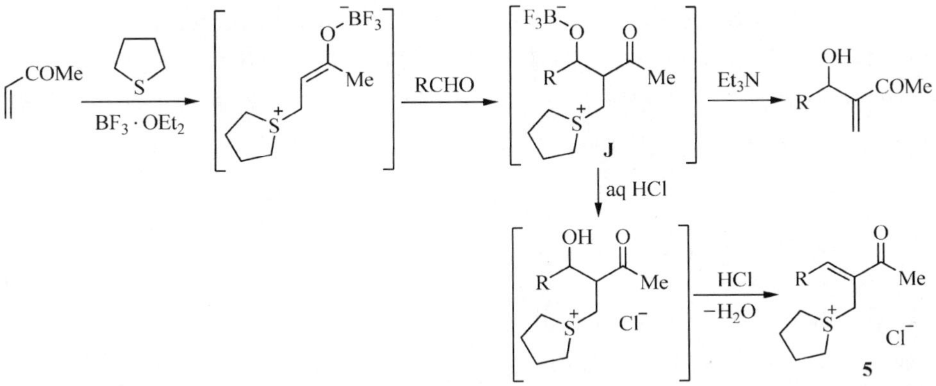

(7-58)

$$R^1COCH{=}CHR^2 + MeO(OMe)C(R^3)H\ (1.2\ eq) \xrightarrow[\substack{1.4\ eq\ TBDMSOTf \\ 1.5\ eq\ i\text{-}Pr_2EtN \\ CH_2Cl_2,\ -50\sim-20℃,1\ h}]{1.1\ eq\ \text{四氢噻吩}} R^1COC(=CHR^2)CH(OMe)R^3 \tag{7-59}$$

环己烯酮(R^1, R^2=$(CH_2)_3$): R^3=Ph, 4-MePh, 2-MePh, 4-MeOPh, 2-MeOPh, 4-ClPh, 4-FPh, 4-CF_3Ph, PhCH═CH. 产率21%~83%
环戊烯酮(R^1, R^2=$(CH_2)_2$): R^3=Ph. 产率71%
甲基乙烯基酮(R^1=Me, R^2=H): R^3=Ph. 产率55%

TBDMSTf　OTBDMS　OTf⁻　MeO　OMe　Ph　H　O　OMe　Ph　OTf⁻　(7-60)

但二甲基硫醚单独或在 $BF_3·Et_2O$ 存在时都不能有效催化对硝基苯甲醛与环己烯酮的反应[109]，而 2,6-二苯基-4H-硫代吡喃-4-酮单独或在 $BF_3·Et_2O$ 存在时也不能有效催化对硝基苯甲醛与甲基乙烯基酮的反应[117]。

由于亲核剂对活化烯烃的分子内加成要比分子间加成容易得多，在乙烯基苯基酮中苯基的邻位接有一个硫醚或硒醚基团时，后者可以通过对活化双键的分子内亲核加成而导致烯醇盐的生成，并引发对醛等亲电试剂的 MBH 反应(式(7-61))[118-120]。反应中用 2 eq 的 Lewis 酸 $BF_3·OEt_2$ 来活化烯烃和醛。^{1}H NMR 研究表明，在 CD_3CN 中把乙烯基(2-甲硫基)苯基酮与 $BF_3·EtO_2$ 混合后，有烯醇硼盐(式(7-62)中的 **K**)生成；如果反应后不是用三乙胺来淬灭，而是用偏中性的碳酸氢钠水溶液来淬灭，则在与对硝基苯甲醛的反应中，除了 MBH 反应产物(45%)之外，还分离得到 26%的环状锍盐产物(式(7-62)中的 **L**)。这些都证明了这个反应以硫醚为亲核剂的自催化机理[118,119]。

$$\text{2-XMe-}C_6H_4COCH{=}CH_2 + RCHO \xrightarrow[2)\ Et_3N]{1)\ 2\ eq\ BF_3\cdot OEt_2,\ MeCN,\ 0℃\sim rt} RCH(OH)C(=CH_2)CO\text{-}C_6H_4\text{-2-XMe}$$

X=S; R= Ph, 4-ClPh, 4-CF_3Ph, $PhCH_2CH_2$. **6**, 60% ~ 75%　**6** X=S　**7** X=Se　**8**

X=Se; R= 4-ClPh. **7**(69%), **8**(20%, *syn*-)

(7-61)

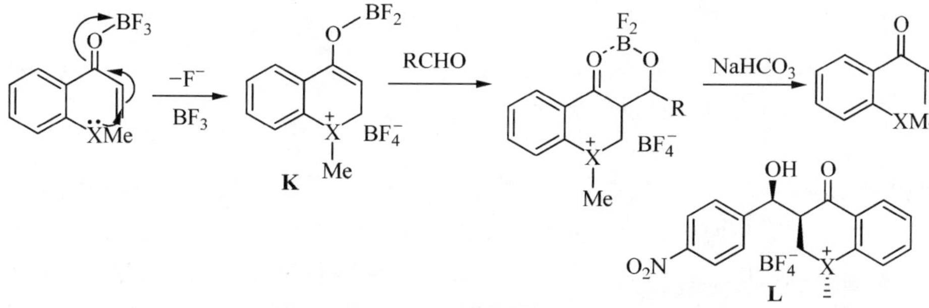

X=S, Se

(7-62)

除了醛以外，酮(产率 11%～56%)和 α-二酮(产率 29%～70%)也可在上述条件下与乙烯基(2-甲硫基)苯基酮进行 MBH 反应，但产率较低[120]。乙烯基(2-甲硒基)苯基酮在 $BF_3 \cdot EtO_2$ 存在时也可与醛、酮和 α-二酮进行反应，但产物较为复杂。在用碳酸氢钠水溶液或三乙胺淬灭反应后，可有显著数量的从硒盐中间体(式(7-62)中的 **L**)脱甲基的环状硒醚产物生成(如式(7-61)中的 **8**)[118,119]。乙炔基(2-甲硫基)苯基酮和乙炔基(2-甲硒基)苯基酮在 2 eq $BF_3 \cdot OEt_2$ 存在时与醛反应时，则因在鎓盐中间体 **M**(式(7-63))中没有通过分子内质子转移而消去硫醚或硒醚的途径，而以较低或中等产率得到从 **M** 脱甲基的硫代或硒代色酮产物[121]。

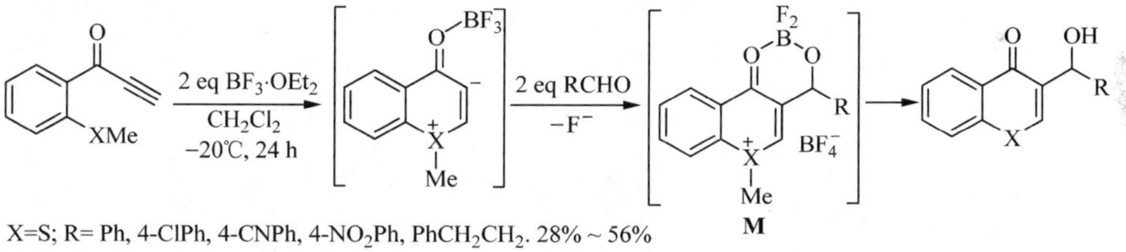

X=S; R= Ph, 4-ClPh, 4-CNPh, 4-NO_2Ph, $PhCH_2CH_2$. 28% ~ 56%
X=Se; R= Ph, 4-ClPh, 4-CNPh, $PhCH_2CH_2$. 56% ~ 65%

(7-63)

4. $TiCl_4$ 催化的 MBH 反应的机理

在没有外加 Lewis 碱的存在下，四氯化钛和四溴化钛本身可以有效地催化开链烯酮[113]和环烯酮[114]的 MBH 反应(式(7-64)和式(7-65))。

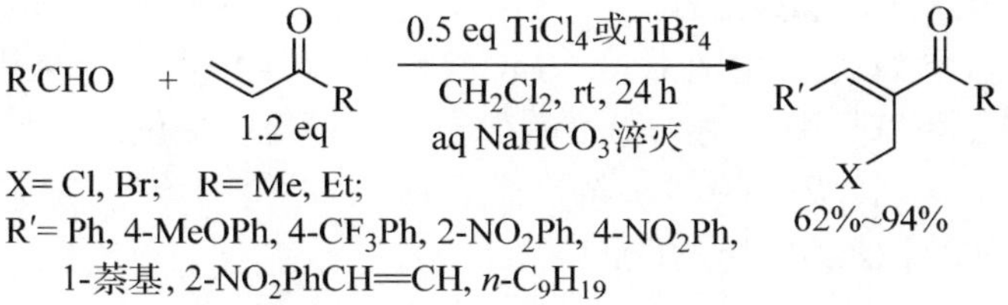

R′CHO + (1.2 eq) —— 0.5 eq $TiCl_4$或$TiBr_4$, CH_2Cl_2, rt, 24 h, aq $NaHCO_3$淬灭 —— 62%~94%

X= Cl, Br; R= Me, Et;
R′= Ph, 4-MeOPh, 4-CF_3Ph, 2-NO_2Ph, 4-NO_2Ph, 1-萘基, 2-NO_2PhCH=CH, n-C_9H_{19}

(7-64)

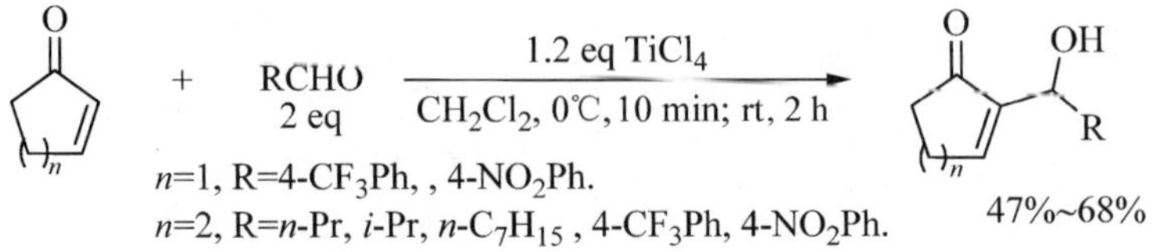

(7-65)

显然，在这些反应中，卤负离子是引发反应的亲核剂。反应经卤负离子对烯烃(被 TiX_4 活化)进行共轭加成产生烯醇盐中间体 **N**(式(7-66))，后者对醛进行亲核加成，以及在后处理中脱去催化剂进行；而氯甲基烯酮可从中间体 **O** 通过 *β*-消去或从 MBH 产物 **P** 经 S_N2' 反应生成。反应产物与烯酮的结构有关。对开链烯酮，产物是(*Z*) -氯甲基烯酮(式(7-64))，反应的立体选择性很高((*Z*)/(*E*)> 99∶1)[113]。对环戊烯酮，主要得正常的 MBH 反应产物(式(7-65))；而对环己烯酮，则除得到正常的 MBH 反应产物 **9** 之外，还得到较多的半缩醛产物 **10**(式(7-67))[122]。

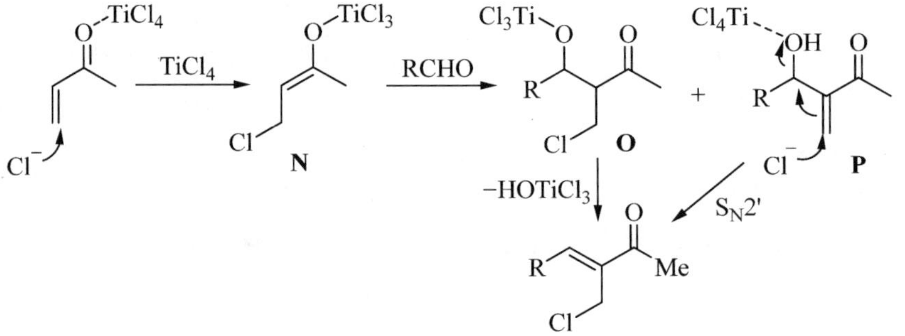

(7-66)

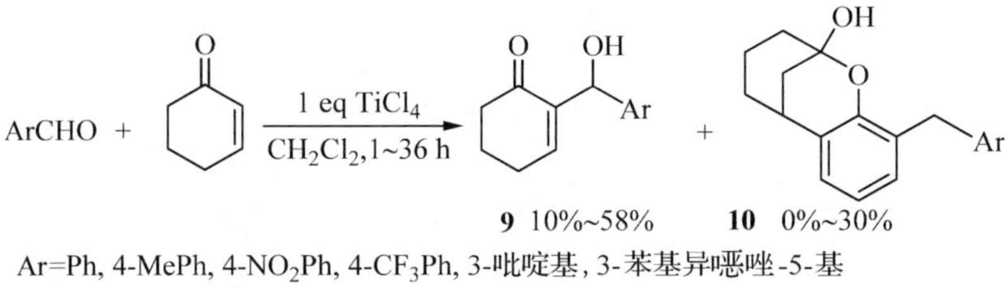

(7-67)

最近对 $TiCl_4$ 促进的乙醛与甲基乙烯基酮(MVK)的 MBH 反应中各步的中间体与过渡态进行的密度泛函理论(DFT)计算，为上述实验现象提供了一些解释(式(7-68))[123]。计算结果显示，从 $TiCl_4$-MVK-醛的三元配合物进行氯负离子向 MVK 的转移比从 $TiCl_4$-MVK 的二元配合物进行在动力学上更为有利；而在生成的氯代烯醇钛盐 **Q** 与醛的配合物中，碳碳键的生成从醛的 *si* 面和烯酮的 *re* 面进行更为有利，这导致优先生成 *anti*-的非对映立体异构体 **R**。从中间体 **R** 脱去 $HOTiCl_3$ 即得氯甲基烯酮产物 **11**，而消去 HCl 则得与钛配位的 MBH 产物 **12**。为从 **R** 中消去 $HOTiCl_3$，需先发生绕新生成的 C—C 单键的旋转，使原烯酮中的羰基解除配位，以使两个离去基团(H 和 $OTiCl_3$)接近而进行 *syn*-消去。此时，由 *anti*-

R 而得的满足这一条件的过渡态进行消去可得(Z-)氯甲基烯酮;这一过程比由 *syn*- **R** 得到的消去过渡态进行消去(得(E-)产物)更为有利。这与实验结果是一致的。计算结果还显示,对开链烯酮 MVK,从 **R** 消去 $HOTiCl_3$ 而得氯甲基烯酮 **11** 是比消去 HCl 更为有利的过程;而对环己烯酮进行的计算表明,由于在与 **R** 相应的中间体中,新生成的 C—C 单键的旋转受阻,$HOTiCl_3$ 的消去不易进行,应主要经消去 HCl 而得产物 **12**。这些也与实验结果符合。

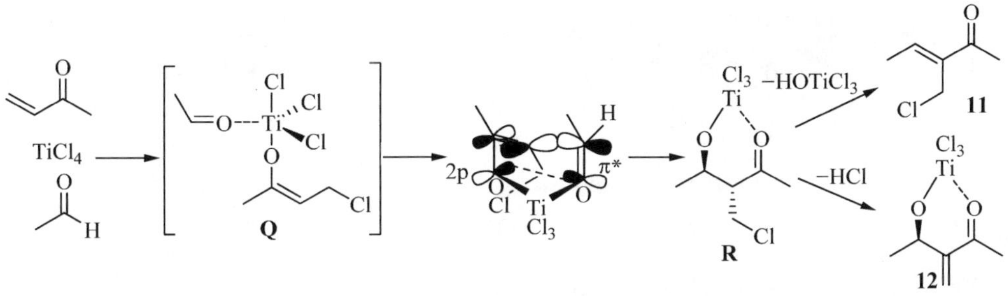

(7-68)

7.2.2　Morita-Baylis-Hillman 反应中的活化烯烃

在 MBH 反应中常用的活化烯烃有乙烯基酮、丙烯酸酯、丙烯腈、丙烯醛、丙烯酰胺、环烯酮、丙炔酸酯等。它们参与 MBH 反应的活性顺序与它们的亲电性平行。一般说来,丙烯醛≈乙烯基磺酸苯酯>乙烯基酮>丙烯腈>丙烯酸酯≈乙烯基磷酸乙酯>苯基乙烯基砜>苯基乙烯基亚砜>环烯酮和丙烯酰胺。

1. 乙烯基酮

乙烯基酮是比较活泼的 Michael 受体,它们在 Lewis 碱的催化下比较容易参与 MBH 反应。Lewis 碱催化的乙烯基甲基酮与醛的反应取决于使用的催化剂和反应条件,常在不同程度上受到一些副反应的干扰。这些副反应有:①MBH 产物与另一分子烯烃再进行一次 Rauhut-Currier 反应而得到双重加成产物[124-127];②烯烃二聚(分子间 Rauhut-Currier 反应)[128,129];③MBH 产物醇在路易斯碱的催化下作为亲核剂对另一分子烯烃进行 Michael 加成。[124-127]例见式(7-69)[126,127]和式(7-70)[125]。不过,也已有一些较为成功的处理(式(7-71)和式(7-72))。

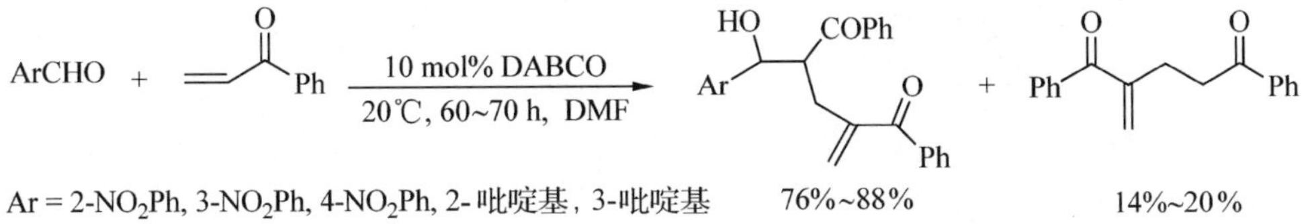

Ar = 2-NO_2Ph, 3-NO_2Ph, 4-NO_2Ph, 2-吡啶基, 3-吡啶基　　76%~88%　　14%~20%

(7-69)

$$R^1CHO + \text{CH}_2\text{=CHCOMe}\ (2\ eq) \xrightarrow[20℃,\ 20\sim140\ h,\ DMF]{10\ mol\%\ DABCO} \text{MBH 产物}\ 15\%\sim83\% + \text{二聚加成产物}\ 0\sim27\%\ (syn/anti\ 3/2\sim1/3)$$

R^1 = 4-NO_2Ph, 3-NO_2Ph, 3-NO_2Ph, 4-BrPh, *n*-Bu, 2-吡啶基, PhCH═CH

(7-70)

三苯基膦-对硝基苯酚可以有效催化甲基乙烯基酮的 MBH 反应[64]。不仅具有拉电子基的苯甲醛能较好地反应,带给电子基的醛也能反应并得到中等产率的产物(式(7-71))。

$$RCHO + \text{CH}_2\text{=CHCOMe}\ (3eq) \xrightarrow[30\ mol\%\ 4\text{-}O_2NPhOH,\ rt,\ 18\ h]{20\ mol\%\ PPh_3} \text{RCH(OH)C(=CH}_2\text{)COMe}\ \ 35\%\sim98\% \quad (7\text{-}71)$$

R = Ph, 4-ClPh, 4-BrPh, 3-FPh, 4-FPh, 2-NO_2Ph, 3-NO_2Ph, 4-NO_2Ph, 2,4-Cl_2Ph, 4-MePh, 4-MeOPh, $PhCH_2CH_2$, 2-吡啶基

L-脯氨酸/碳酸氢钠也是乙烯基酮的 MBH 反应的一个有效的催化剂体系(式(7-72))[130]。

$$ArCHO + \text{CH}_2\text{=CHCOR} \xrightarrow[DMF/H_2O\ (9:1),\ 40℃,\ 16\sim120\ h]{10\ mol\%\ \text{L-脯氨酸},\ 25\ mol\%\ NaHCO_3} \text{ArCH(OH)C(=CH}_2\text{)COR}$$

转化率 42% ~ >99%
产率 32% ~ 93%

Ar= Ph, 3-MeOPh, 4-MePh, 2-FPh, 2-ClPh, 3-ClPh, 4-ClPh, 3-BrPh, 4-BrPh, 2-CNPh, 4-CNPh, 4-CF_3Ph, 3-NO_2Ph, 4-NO_2Ph, 2,6-Cl_2Ph, 2-Cl-5-NO_2Ph, 2-呋喃基;
R= Me, Et.　　21 例

(7-72)

建议的反应机理见式(7-73)。脯氨酸与烯酮生成亚胺盐 **A**,**A** 中羧基负离子对亚胺盐的亲核进攻导致双环中间体 **B**。**B** 中富电子的烯胺双键对醛的亲核加成产生 **C**,**C** 在碳酸氢钠的作用下脱质子得双环烯胺中间体 **D**,后者开环为亚胺盐 **E**,**E** 水解得到产物。对模型反应的半经验 PM3/COSMO 计算和 ab initio/COSMO 计算表明,中间体 **B** 远比 **A** 稳定,支持了上述机理。计算还表明,碳酸氢根中的羟基与醛中羰基间的和在中间体 **C** 中与氧负离子间的氢键相互作用对 C—C 键的生成(导致中间体 **C**)和中间体 **C** 的脱质子过程都起到了促进作用。

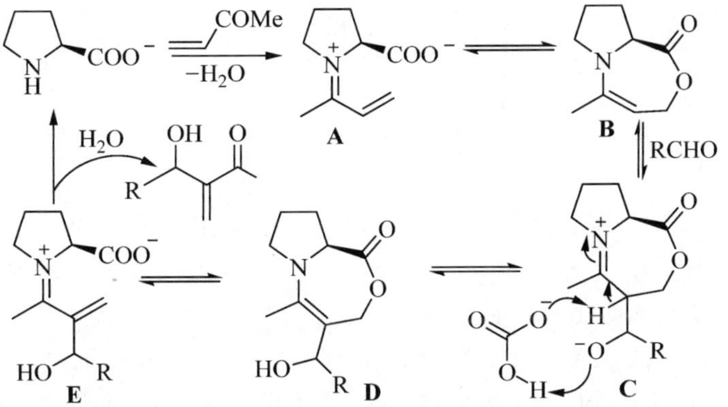

(7-73)

如式(7-69)和式(7-70)所示，乙烯基芳基酮由于亲电性太强，通常烯烃的二聚(Rauhut-Currier 反应)，以及 MBH 产物醇在路易斯碱的催化下对另一分子烯烃进行 Michael 加成(式(7-69)和式(7-70)中未示)等将成为主要反应，不能直接用于叔胺催化的 MBH 反应。但可以用 α-硅基化的乙烯基芳基酮作为反应物来避免这些副反应，合成 MBH 反应的产物[131,132](式(7-74))[131]。这可称为 sila-MBH 反应。显然，α-硅基的位阻有效地抑制了烯烃的二聚。反应中，在两性离子对醛加成而得的中间体(式(7-75)中的 **F**)中，发生了硅基的 1,3-Brook 迁移。

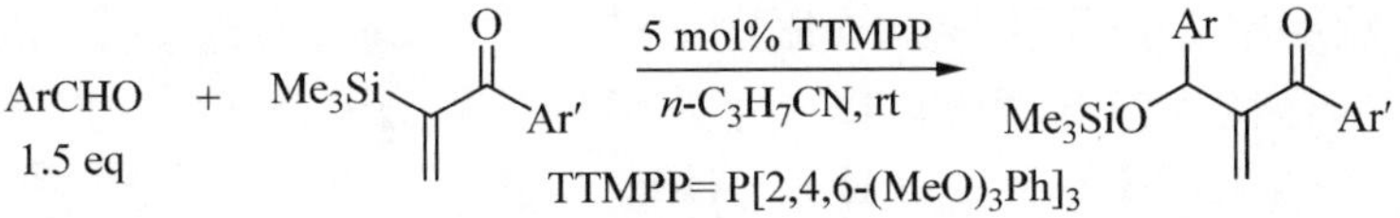

ArCHO 1.5 eq + Me_3Si… → (5 mol% TTMPP, n-C_3H_7CN, rt) TTMPP= P[2,4,6-$(MeO)_3Ph]_3$

Ar= Ph, 2-MePh, 3-MePh, 4-MePh, 4-MeOPh, 4-(n-Bu_3SiO)Ph, 4-FPh, 3-ClPh, 4-ClPh, 4-BrPh
Ar′= Ph, 4-MeOPh, 4-ClPh, 4-BrPh. 13 例. 55%~ 100%

(7-74)

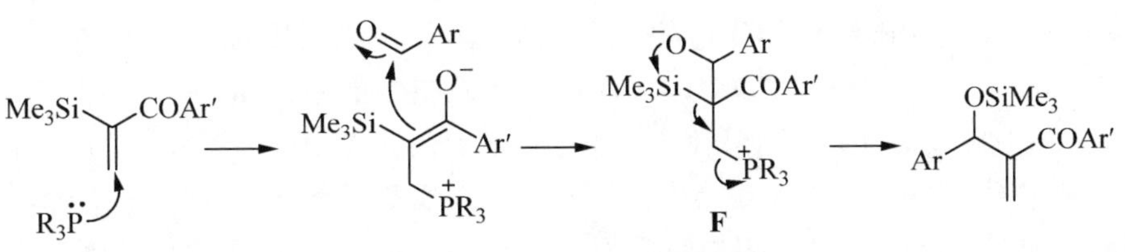

(7-75)

前已述及，$TiCl_4$-硫属元素的 Lewis 碱(硫醚和硒醚等)体系或 $TiCl_4$ 单独都可以催化乙烯基酮的 MBH 反应((式 7-53)～式(7-56)和式(7-64)～式(7-67))。与此类似，等物质的量的四氯化钛-四丁基碘化铵($TiCl_4$-$(n$-$Bu)_4NI$)混合物也可以有效促进乙烯基芳基酮与醛的反应(式(7-76))[133]。

$$\text{CH}_2\text{=CHCOR} \xrightarrow[\text{CH}_2\text{Cl}_2,\ -78^\circ\text{C}]{2\ \text{eq TiCl}_4,\ 2\ \text{eq}\ n\text{-Bu}_4\text{NI}} \xrightarrow{1.5\ \text{eq R'CHO}} \xrightarrow{\text{H}_3\text{O}^+} \text{R'CH(OH)CH(CH}_2\text{I)COR}$$

R = Ph时, R'=Ph, Me, *i*-Pr, *n*-Bu, Et_2CH. 70%~96%, *syn*/*anti* 89/11~> 99/1
R = Me时, R'=Ph, n-C_6H_{13}, 环己酮. 71%~75%, *syn*/*anti* 94/6~> 99/1

(7-76)

乙烯基甲基酮与醛的 MBH 反应还可在其他一些条件下进行：在 DABCO 催化下在 THF 溶液中进行[128,134,135]；在催化量的带憎水侧链的咪唑和三氟乙醇(各 20 mol%)的催化下在 16 eq 的水存在时进行[136,137]；在聚乙烯支持的带 4-(*N*,*N*-二甲基氨基)吡啶(DMAP)和苯酚侧链的高分子催化剂存在时在 THF 溶液中进行[138]；以马钱子碱的 *N*-氧化物为催化剂，在无溶剂条件下进行[139]；在催化量咪唑和脯氨酸存在下在 DMF 溶液中进行[140]；在咪唑和脯氨酸的共同催化下在 DMF-水(9∶1，体积比)溶液中进行[141]；在咪唑和聚乙烯支持的脯氨酸的催化下在 DMF-水(9∶1)溶液中进行[142]；在用 DMAP 功能化的介孔二氧化硅纳米微球的催化下在水-THF 中在非均相条件下进行[143]；在聚乙烯负载的 DMAP 高分子催化剂存在时在 DMF 中在非均相条件下进行[144]；在聚乙二醇负载的 DMAP 催化剂存在时在叔戊醇中进行[145]；在树枝状 DMAP 衍生物的催化下在 DMF-环己烷(1∶1，体积比)溶液中在 60℃进行(冷至室温后溶液成为两相，树枝状 DMAP 衍生物可从环己烷层中回收再用)[146]；在固定于聚乙烯-Wang 树脂上的树枝状 *N*-烷基咪唑催化剂的存在下在 DMF、THF 或它们分别与水的混合溶剂中进行[147]；以全氟辛烷磺酸镱($Yb(OPf)_3$，0.5 mol%)为催化剂，在带有全氟烷基侧链的吡啶配体(3 mol%)存在时，在由全氟代十氢萘($C_{10}F_{18}$)和甲苯组成的两相体系中进行(反应后催化剂和配体只溶于全氟溶剂中，可以回收供循环使用)[148]；用 1,3,5-三氮杂-7-磷杂金刚烷为催化剂，室温时在 THF 溶液中进行[149]；在催化量的 proazaphosphatrane sulfide和化学计量的 $TiCl_4$ 的催化下在二氯甲烷溶液中进行[150]；在二甲基硫醚(10 mol%)和 $TiCl_4$(1 eq)的催化下在二氯甲烷溶液中进行[108,109]；在四氢噻吩(1 eq)和 $BF_3\cdot Et_2O$(1.5 eq)的催化下在二氯甲烷溶液中进行[115]；用 2,6-二苯基硫代吡喃-4-硫酮(10 mol%)或 2,6-二苯基硒代吡喃-4-酮(10 mol%)与 $TiCl_4$(1 eq)为催化剂，在二氯甲烷溶液中进行[117]；用 2-甲硫基苯基乙烯基酮或 2-甲硒基苯基乙烯基酮自身具有的硫醚或硒醚基团作为催化剂，与 $BF_3\cdot Et_2O$(2 eq)一起在乙腈溶液中催化反应[118-120]；以 $TiCl_4$(1.4 eq)为催化剂，在 0.2 eq 的 Lewis 碱 PBu_3[151]、NEt_3[152]或 SMe_2[153]存在下，在二氯甲烷溶液中进行；以 $TiCl_4$(1.4 eq)为催化剂，在作为 Lewis 碱的酮、醚或醇的存在下，在二氯甲烷溶液中进行[154]；在 DABCO(1 eq)和硒盐离子液体(5 mol%)催化下在乙腈溶液中进行[155]；以DABCO(0.5 eq)为催化剂，在催化量的膦盐(10 mol%)存在下进行[156]；在 DABCO(20 mol%)催化下在聚乙二醇(PEG-400)溶液中进行[62]；用 DABCO

(15 mol%)为催化剂在 2 eq 的辛醇存在下进行[61]；在 DABCO(1 eq)和 N,N'-二芳基硫脲(0.2 eq)的催化下在室温和无溶剂条件下进行[157]；在 DABCO(20 mol%)催化下在无溶剂条件下进行[158]；用 DABCO(65 mol%)为催化剂，在超声辐射下在二氯甲烷中或在无溶剂条件下进行[159]。

2. 丙烯酸酯

由于丙烯酸酯的 MBH 反应产物中的酯基可以进行大量的后续化学转换，丙烯酸酯是迄今在 MBH 反应中研究最多的一大类活化烯烃[42-44,51]。但丙烯酸酯参与 MBH 反应的活性较低，在用催化量的 DABCO 等叔胺催化反应时，反应较慢，特别是对于活性较低的醛，如富电子芳醛和有位阻的脂醛，以及当丙烯酸酯的酯基部分的烃基有较大位阻时，常需几天至几周才能达到有实用价值的转化率[88,160,161](见式(7-77)[88]和式(7-78)[87])。对于这些涉及活性较低的反应物的反应，常需使用化学计量或更多的催化剂，使反应能以适当的速率进行[161]。提高丙烯酸酯的 MBH 反应的速率和产率还可以通过改进其他反应条件(催化剂、溶剂、反应温度、压力、微波加热和超声技术的应用等)以及改变反应物结构等途径实现。

$$\text{RCHO} + \text{=\!\!\diagup}^{CO_2Me} \xrightarrow[\text{neat, rt}]{\text{15 mol\% DABCO}} \text{RCH(OH)C(=CH}_2\text{)CO}_2\text{Me} \tag{7-77}$$

R=Ph, 6天, 39%; R=Cl(CH$_2$)$_3$, 7天, 约60%; R=CH$_2$=CMe, 20天, 33%;
R=Cl$_3$C, 20 h, >55%; R=2-呋喃基, 18 h, 63%; R=3-吡啶基, 4 h, >82%

$$\text{PhCHO} + \underset{1.3\ \text{eq}}{\text{=\!\!\diagup}^{CO_2R}} \xrightarrow[\text{neat, rt}]{\text{13mol \% DABCO}} \text{PhCH(OH)C(=CH}_2\text{)CO}_2\text{R}$$

R	Me	Et	*n*-Bu	*n*-C_8H_{17}	*n*-$C_{10}H_{21}$	*i*-C_4H_9	*t*-C_4H_9	Me[b]
反应时间/天	6	7	4	12	14	16	28	33
产率/%[a]	94	83	94	82	79	89	93	91

a 按已反应的醛计算产率；b 在1, 4-二氧噁溶液中反应

(7-78)

1) 反应条件

在讨论 MBH 反应的机理时(7.2.1 节)，我们已经看到，在反应体系中加入质子化合物(水、醇、酚等)可以促进反应。在目前比较成功的丙烯酸酯的 MBH 反应条件中，很多都利用了这一现象。

用碱性比 DABCO 更强的奎宁环(quinuclidine，QD)为催化剂，在催化量的甲醇(0.75 mol%)的存在下，丙烯酸甲酯可以与一系列包括富电子芳醛和 α,β-不饱和醛在内的醛进行反应。不仅反应速率较快，产物产率也很高(式(7-79))[76]。

$$\text{RCHO} + \text{CH}_2\text{=CHCOOMe} \xrightarrow[\text{0.75 eq MeOH, rt, 20 min\sim48 h}]{\text{0.25\sim0.5 eq QD}} \text{RCH(OH)C(=CH}_2\text{)COOMe} \quad 62\%\sim96\% \tag{7-79}$$

R = Et, Ph, 4-MePh, 4-MeOPh, 4-ClPh, 4-NO_2Ph, 2-呋喃基, 2-吡啶基, PhCH=CH

在DABCO催化的丙烯酸甲酯与芳醛的反应中，加入少量N,N'-二芳基脲(**1**)作为共催化剂可以显著提高反应速率，而且与富电子芳醛反应的产率也较高(式(7-80))。反应后，N,N'-二芳基脲(**1**)可以78%～95%的产率回收[157,162,163]。如果把**1**中的3,5-二(三氟甲基)苯基改换为苯基，则在相同的反应条件下，反应速率大为下降。显然，苯基上的强拉电子基可增强脲中NH的酸性，对提高催化活性是必要的。

$$\text{ArCHO} + \underset{\text{3 eq}}{\text{CH}_2\text{=CHCOOMe}} \xrightarrow[\text{0.2 eq }\mathbf{1}\text{, neat, rt, 1\sim96 h}]{\text{1 eq DABCO}} \text{ArCH(OH)C(=CH}_2\text{)COOMe} \quad 71\%\sim93\% \tag{7-80}$$

1: $(3,5\text{-}(CF_3)_2C_6H_3NH)_2C{=}O$

Ar = Ph, 4-MePh, 2-MeO,4-MeOPh, 4-FPh, 2-ClPh, 2-NO_2Ph, 2-呋喃基

用带羟基的离子液体固定的奎宁环(**2**)在催化丙烯酸甲酯与醛的反应时表现了比相应的无羟基离子液体固定的奎宁环更好的催化性能(式(7-81))。反应后，催化剂可以回收再利用且使用6次以上而催化活性无明显下降[164]。

$$\text{ArCHO} + \underset{\text{2 eq}}{\text{CH}_2\text{=CHCO}_2\text{Me}} \xrightarrow[\text{rt}]{\text{0.2 eq }\mathbf{2}} \text{ArCH(OH)C(=CH}_2\text{)CO}_2\text{Me} \quad 55\%\sim98\%$$

2: $HO(CH_2)_2$-咪唑啉鎓($\oplus$, Br^-)-$(CH_2)_2$-NH-奎宁环

R = n-C_3H_7, i-C_4H_9, n-C_6H_{13}, Ph, 2-ClPh, 3-ClPh, 4-MePh, 4-(i-Ph)Ph, 4-MeOPh, 2-NO_2Ph, 3-NO_2Ph, 2-吡啶基, 3-吡啶基, 4-吡啶基, 2-呋喃基

(7-81)

除了上述在催化剂和离子液体中植入羟基以及使用醇、酚等质子物种作为共催化剂外，在丙烯酸酯的酯基部分植入羟基也能加速反应(式(7-82))[75]。

$$\text{RCHO} + \text{CH}_2\text{=CHCO}_2(\text{CH}_2)_n\text{OH} \xrightarrow[\text{rt}]{\text{15 mol\% DABCO}} \text{RCH(OH)C(=CH}_2\text{)CO}_2(\text{CH}_2)_n\text{OH} \tag{7-82}$$

n = 2,　R = Et, n-Pr, Ph. 5天，产率50%～55%

n = 3,　R = Ph, 4-MePh, 2-MePh. 3～6天，产率54%～68%

n = 4,　R = Ph, 4-MePh, 2-MeOPh. 12～14天，产率56%～85%

n = 6,　R = Ph. 15天，产率80%

n = 10, R = Ph. 16天，产率78%

如前所述，MBH反应的速率对压力非常敏感。加压可以大大促进丙烯酸酯的MBH反应(式(7-83))[83-85]。

MeHC═CHCN → (EtCHO, 8 mol% DABCO; 10 kbar[1)], 55℃, 20 h) Et-CH(OH)-C(CN)═CHMe　产率 >50%

MeHC═CHCN → (丙酮, 4 mol% DABCO; 10 kbar, 55℃, 20 h) $Me_2C(OH)$-C(CN)═CHMe　产率 >50%　(7-83)

$MeHC{=}CHCO_2Me$ + MeCHO → (4.5 mol% DABCO; 10 kbar, 55℃, 20 h) Me-CH(OH)-$C(CO_2Me)$═CHMe　产率 >50%

水在结冰时体积要增加约 10%；在一封闭的高压釜中把水降温至－20℃时，会产生约 200 MPa 的高压。可以利用这一现象来进行加压下的 MBH 反应。为此只需将装有反应物并除去空气的封闭 Taflon 管置于一注满水的高压釜中，再把高压釜放入低温电冰箱中冷冻至－20℃即可。部分反应结果见式(7-84)[165]。对实验的所有芳醛，产率都比在常压下反应时(其他反应条件相同)有显著提高；但丁醛的产率(7%)比常压时(16%)略低。

R−CHO + $CH_2{=}CHCO_2R'$ → (10 mol% 3-HQD; MeOH, −20℃, 水冻结时产生的高压) R-CH(OH)-$C(=CH_2)CO_2R'$　(7-84)

R = Ph, 4-FPh, 2-ClPh, 4-ClPh, 4-BrPh, 4-MeOPh, PhCH═CH, *n*-Bu, 2-呋喃基
R′ = Me, *t*-Bu. 10例. 20~104 h， 产率除戊醛为7%外，其他为37%~89 %

也有一些关于超声处理可显著加速丙烯酸酯的 MBH 反应的报道[159,166-174]，例见式(7-85)和式(7-86)[172]。温度对 MBH 反应的速率和平衡常数都有影响。一些报道指出，在醛与丙烯酸酯的反应中，降低反应温度至 0℃可显著加快反应，提高产物产率[92,169,174-178]。

RCHO + $CH_2{=}CHCO_2R'$ (10~20 eq) → (65 mol% DABCO; 声波 (25 kHz, 180W), 5~96 h) R-CH(OH)-$C(=CH_2)CO_2R'$　65%~96%

R = Ph, 4-MeOPh, 4-*t*BuPh, 4-ClPh, 4-NO_2, 3, 5-F_2Ph, 3-吡啶基, 乙基
R′ = Me, Et. 12例

(7-85)

1) bar 为非法定单位，1bar＝10^5 Pa，下同

$$\text{R-benzodioxole-CHO} + \text{CH}_2\text{=CHCO}_2\text{Me} \xrightarrow[\text{rt}]{\text{65 mol\% DABCO, 溶剂 MeOH, MeCN 或 CH}_2\text{Cl}_2} \text{480 h无反应}$$

$$\xrightarrow[\text{超声 (25 kHz, 1000W)}]{\text{65 mol\% DABCO, 溶剂 MeOH, MeCN 或 CH}_2\text{Cl}_2} \text{R-benzodioxole-CH(OH)C(=CH}_2\text{)CO}_2\text{Me}$$

R = 6-Br, 32 h, 75 %
R = 5- MeO, 60 h, 52 %

(7-86)

2）反应物结构

烯烃和醛的亲电性越高，对反应的空间位阻越低，反应活性越高。醛的结构对反应性能的影响将在亲电试剂部分讨论(7.2.3 节)。丙烯酸酯的酯基中碳链的加长使反应减慢(式(7-78))[87,179]。这可能是由于较长的烷基链使丙烯酸酯的亲电性下降，以及长链的折叠引起位阻加大和反应介质极性的减小。这些都使催化剂叔胺对丙烯酸酯加成的平衡向左移动，使两性离子的浓度减小。酯基部分的烷基有分支(如为异丁基、叔丁基或 2-乙基正己基或金刚基)时，位阻加大，也使反应减慢[87]。在丙烯酸酯的酯基部分用较强的拉电子基团——六氟异丙基代替烷基，可以增强丙烯酸酯的亲电性，提高反应速率[82,180-185]。例如，DABCO 催化的对硝基苯甲醛与丙烯酸六氟异丙酯的反应只需 1.5 h 即可完成，而与丙烯酸甲酯的反应则需 12 天才能达到 94%的转化率[82]。在丙烯酸酯的酯基部分用苯基、萘基等芳基取代烷基，也可提高烯烃的亲电性，加快与芳醛的反应(式(7-87))[80,87,186]。但反应速率与芳环上取代基的 Hammett σ 值无平行关系；实际上，当丙烯酸芳基酯的芳基上有 4-CF_3、3-CN、4-CN、4-NO_2 等强拉电子基时，与芳醛的反应反而不能进行[87]。这可能是由于此时膦与丙烯酸酯加成而生成的两性离子的亲核性已太弱，不能再与醛进行加成。

$$\text{ArCHO} + \underset{\text{1 eq}}{\text{CH}_2\text{=CHCO}_2\text{R}} \xrightarrow[\text{无溶剂}]{\text{10 mol\% DABCO}} \text{ArCH(OH)C(=CH}_2\text{)CO}_2\text{R}$$

ArCHO	PhCHO	PhCHO	吡啶-3-甲醛	呋喃-2-甲醛	PhCHO	PhCHO	PhCHO	PhCHO
R	Ph	Ph	Ph	Ph	4-NO_2Ph	2,6-Me_2Ph	4-MeOPh	Me
反应时间	3 h	8 h	10 min	8 h	72 h	72 h	24 h	6天
反应温度/℃	rt	0	0	rt	rt	rt	rt	rt
产率/%	78	39	54	21	16[a]	49[a]	10	39

a 以氯仿为溶剂，用1.5 eq的DABCO

(7-87)

丙烯酸芳基酯与脂醛反应时，主要产物是二噁烷酮 **3**[78-82,87]。例见式(7-88)[80]。

RCHO + $CH_2{=}CHCO_2Ar$ —(0.1 eq DABCO, neat, rt)→ **3** + **4**

R	Me	Me	*i*-Pr	*i*-Pr	Me	Me	Me	Me
Ar	Ph	Ph	Ph	Ph	4-MeOPh	2,6-Me_2Ph	2,6-Me_2Ph	2,4,6-Me_3Ph
醛/烯	5	1	5	1.5	5	1	1	1
反应时间/h	2	10	24	14	8	14	6	14
反应温度/℃	rt	rt	rt	rt	rt	rt	0	rt
3:**4**	1:0	1:0	1:0	1:1	1:0	1:4	1:6	1:7
产率/%	57	52	95	25	69	26	36	43

(7-88)

由于丙烯酸芳基酯正常的 MBH 反应产物可以在 DABCO 的催化下转化为二噁烷酮,在反应中使用过量的醛并延长反应时间,可提高二噁烷酮在产物中的比例。仅当芳基有很大位阻时,正常的 MBH 反应产物才成为主要产物(式(7-88))。

丙烯酸酯与醛的 MBH 反应还曾在其他一些反应条件下进行:用 30%(质量浓度)的三甲胺水溶液(三甲胺为 12 mol%)为催化剂,在非均相条件下在 60℃进行[187];用 33%(质量浓度)的三甲胺水溶液为催化剂,在甲醇、1,4-二氧六环、四氢呋喃等溶剂中,在均相条件下在室温进行[70,188,189];在 25%(质量分数)的三甲胺甲醇溶液的催化下进行[190];在 DABCO-AcOH-H_2O(物质的量比为 1∶1∶3,DABCO用量为 20 mol%)催化下在加有少量乙腈的均相溶液中进行[191];在用盐酸调至 pH=1 的强酸性水溶液中,在 DABCO、DBU、三甲胺、三乙胺等叔胺的催化下进行[73];在价廉易得的六次甲基四胺(hexamethylenetetramine, HMT)催化下在室温进行[192];在 1 eq 的 DBU 催化下在无溶剂条件和室温下进行[193,194];用 1 eq的 DABCO 为催化剂在 5 mol%的 $La(OTf)_3$ 和 50 mol%的三乙醇胺存在时进行[60];用 DABCO 为催化剂, $La(OTf)_3$ 或 $Sm(OTf)_3$ 与二醇(如 BINOL)为共催化剂时进行[195];用 1 eq 的 3-羟基奎宁环(3-hydroxyquinuclidine,3-HQD)为催化剂,在 5 eq 的甲酰胺和 5 mol%的 $Yb(OTf)_3$ 存在时进行[69];在 10 mol%的 DMAP 催化下进行[91];用 *N*-甲基吗啉或六次甲基四胺为催化剂,在水/1,4-二氧六环溶液中进行[196];用 0.5 eq 的 DABCO 为催化剂,在环丁砜溶液中进行[197];用 20 mol%的 DABCO 为催化剂,在聚乙二醇(PEG-400)溶液中进行[62];用 50 mol%的 *N*-甲基哌啶为催化剂,在水/1,4-二氧六环溶液(1∶1,体积比)中进行[198];用15 mol%的 DABCO 为催化剂,在加有 70 mol% $LiClO_4$ 的乙醚溶液中进行[176];以 2 eq 的 *N*-甲基咪唑-3-*N*-氧化物为催化剂,在无溶剂条件下在室温进行[199];用5 mol%的 proazaphosphatrane sulfide 和 1 eq 的 $TiCl_4$ 为催化剂,在二氯甲烷溶液中进行[150];用 10 mol%~20 mol%的纳米磁性粒子固定的奎宁环为催化剂,在4 eq甲醇存在时进行[200]；用咪唑盐离子液体固定的奎宁环(QD)为催化剂，在 2 eq 甲醇存在下进行[201]；用 5 mol%～25 mol%的四甲基胍(tetramethylguanidine, TMG)为催化剂，在二氯甲烷溶液中进行[202]；用 1～2 eq 的四甲基胍为催化剂，在苯酚共催化剂存在时进行[203]；以全氟辛烷磺酸镱($Yb(OPf)_3$，0.5 mol%)为催化剂，在带有全氟烷基侧链的吡啶配体(3 mol%)存在时，在由全氟代十氢萘($C_{10}F_{18}$)和甲苯组成的两相体系中进行(反应后催化剂和配体只溶于全氟溶剂中，可回收供循环使用)[148]；用聚乙烯-Wang 树脂[204]、2-羟乙基聚乙烯[205]、2-氯三苯甲基氯树脂(2-chlorotrityl chloride resin, CTC resin)[206-208]等固定的固体丙烯酸酯与醛的 MBH 反应可在大过量的醛和叔胺催化剂(DABCO, 3-HQD 等)存在时进行；用 50 mol% DABCO 为催化剂，10 mol% 三丁基乙基鏻盐($Bu_3P^+EtOTs^-$)为共催化剂，在无溶剂条件下进行[209]；用 1 eq DABCO 为催化剂，在 1-正丁基-3-甲基咪唑六氟磷酸盐(1-*n*-butyl-3-methylimidazolium hexafluorophosphate, [bmim][PF_6])离子液体中进行[156]；用 1 eq 六次甲基四胺为催化剂，在 1-正丁基-3-甲基咪唑([bmim])盐离子液体中进行[210]；用 2 eq DABCO 为催化剂，在 1-正丁基-2,3-二甲基咪唑六氟磷酸盐([bdmim][PF6]) 离子液体中进行[211]；用 1 eq 奎宁环为催化剂，在 1,3-二甲基-2-苯基咪唑的二(三氟甲磺酰)亚胺盐(1,3-dimethyl-2-phenylimidazolinium bis(trifluoromethylsulfonyl)imide, 1,3-dimethyl-2-phenylimidazolinium $^-N(Tf)_2$)离子液体中进行[212]；用 2 eq DABCO 为催化剂，在 1,3-二[2-(2-萘氧基)丙基]咪唑盐(1,3-bis(2-(naphthalen-2-yloxy)propyl)imidazolium bromide)离子液体中进行[213]；用 1 eq DABCO 为催化剂，在 $AlCl_3$ ∶ MCl(M 为 *N*-正丁基吡啶正离子或 1-甲基-3-乙基咪唑正离子)型氯铝酸盐离子液体中进行[214]；用 2 eq DABCO 为催化剂，在 *N*-乙基吡啶四氟硼酸盐离子液体中在 60℃进行[215]；用 1 eq DABCO 为催化剂，在 *N*-乙基吡啶四氟硼酸盐离子液体中在室温进行[216]；用 1 eq DABCO 为催化剂，在(3-氯-2-羟基丙基)吡啶四氟硼酸盐离子液体中进行[217]；用 1 eq DABCO 为催化剂，5 mol%的苯基丁基乙基硒正离子的氟硼酸盐(phenyl butyl ethyl selenonium tetrafluoroborate, [pbeSe]BF_4)为共催化剂，在 1 eq的乙腈存在时进行[155]；用 0.65 eq DABCO 为催化剂，在 1 eq 的 1-丁基-3-甲基咪唑六氟磷酸盐([bmimPF_6])和大过量的丙烯酸酯(作为反应物和溶剂)存在时进行[218]；用 2 eq DABCO 为催化剂，在 1-丁基-3-甲基-1,2,3-三氮唑离子液体中进行[219]。

3. 丙烯酰胺

丙烯酰胺和 *N*-烷基丙烯酰胺作为亲电性较弱的 Michael 受体，参与 MBH 反应的活性较低。丙烯酰胺本身可在 1 eq 的 DABCO 存在时在质子溶剂水/1,4-二氧六环(1∶1,体积比)中与有拉电子基的芳醛反应[220]。这些反应常伴有质子溶剂对丙烯酰胺的 Michael 加成副反应,并且不能与无取代基的苯甲醛或富电子芳醛反应。但在下述的一些改进的反应条件下,这些限制可以在不同程度上得到克服。

碱性比 DABCO(pK_a(水)8.8)更强的奎宁环(QD,pK_a(水) 11.3)可以在催化量(0.75 eq)甲醇存在时催化丙烯酰胺与苯甲醛、呋喃甲醛和活化芳醛的反应(式(7-89))[76]。

ArCHO + ═╱CONH$_2$ (1 : 1) —0.5 eq QD, MeOH, rt→ Ar–CH(OH)–C(=CH$_2$)–CONH$_2$

Ar	反应条件	反应时间	产率/%
2-吡啶基	14 mol/L MeOH	5 h	83
2-呋喃基	13 mol/L MeOH	5 h	66
4-NO_2Ph	75 mol% MeOH, 16 mol/L DMF	4 h	65
Ph	7.5 mol/L MeOH(用 1 eq DABCO)	3天	55

(7-89)

后来发现,在较为大量的醇存在时或以醇为溶剂进行丙烯酰胺与芳醛的反应时,如使用 DMAP、DBU 和三丁基膦为催化剂,会发生较为严重的醇对丙烯酰胺的 Michael 加成的副反应(式(7-90))[65]。由于像三丁基膦(pK_a(水) 8.4)这样的弱碱也能有效催化上述 Michael 加成,这些反应不会是由催化剂碱直接从醇中夺质子,再由烷氧负离子对丙烯酰胺进行共轭加成而得的;而应是由两性离子中间体 **G** 与醇进行质子交换而引起的(式(7-91),参见 6.1.1 节,式(6-6)、式(6-10)和式(6-11))。显然,醇溶剂中中间体 **H** 的稳定性(取决于叔胺)越高,**H** 的稳态浓度也越高,Michael 加成也越严重。一些碱性较强的大位阻胺如三乙胺(pK_a(水) 10.9)和二异丙基乙基胺(pK_a(水) 11.4)不能催化这些醇对丙烯酰胺的 Michael 加成反应,也支持这一由两性离子 **G** 引发反应的机理。

PhCHO + ═╱CONH$_2$ —1 eq 催化剂, 7.5 mol/L ROH, rt, 44 h→ RO–CH$_2$CH$_2$–C(=O)NH$_2$ (**5**) + Ph–CH(OH)–C(=CH$_2$)–CONH$_2$ (**6**)

催化剂	DMAP	DMAP	DMAP	DMAP	奎宁环	奎宁环	DBU	PBu_3	TEA
溶剂	MeOH	EtOH	*t*-BuOH	*t*-BuOH/H_2O (3:7)	MeOH	*t*-BuOH/H_2O (3:7)	MeOH	MeOH	MeOH
5的产率/%	22	1	0	6	11	—	71	72	0
6的产率/%	13	3	0	27	50	52	8	0	0
5:**6**	63:37	25:75	—	18:82	18:82	—	90:10	100:0	

(7-90)

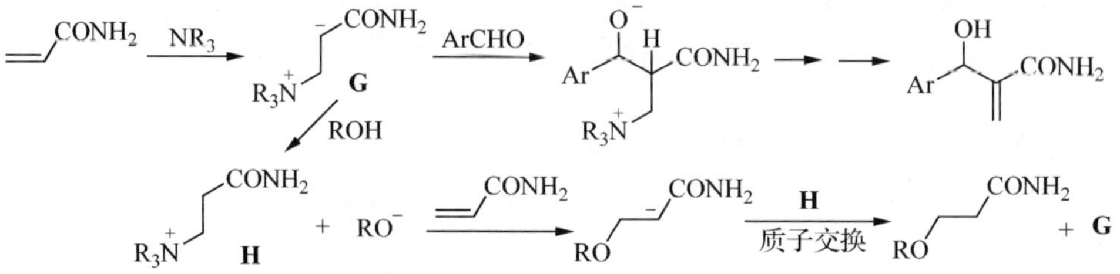

(7-91)

为了避免醇对丙烯酰胺的 Michael 加成副反应，并提高丙烯酰胺与芳醛的 MBH 反应的效率，发现用 DABCO 作为催化剂，加入苯酚为共催化剂，不仅可以有效地催化丙烯酰胺与活化芳醛的反应，而且也可以催化与富电子芳醛的反应(式(7-92))[65]。

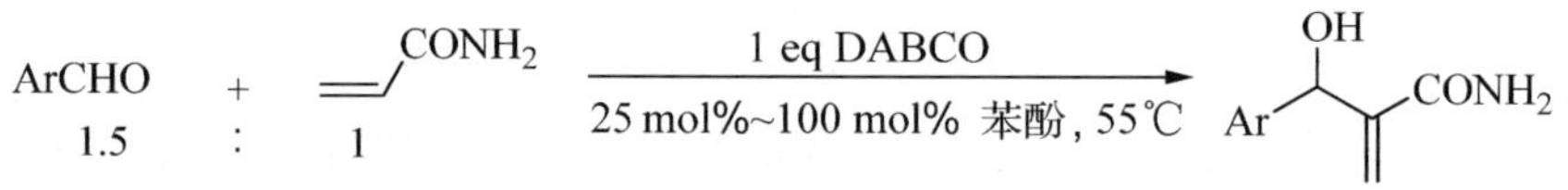

ArCHO + 丙烯酰胺 (1.5 : 1) —— 1 eq DABCO / 25 mol%~100 mol% 苯酚, 55℃ ——→ Ar-CH(OH)-C(=CH₂)-CONH₂

Ar	2-NO_2Ph	4-ClPh	Ph	2-萘基	4-MePh	2-MePh	2-MeOPh	4-MeOPh
反应条件	A	A	A	B	B	B	B	B
反应时间/天	0.75	3.2	5	6	11	7	5	11
产率/%	91	67	70	50	72	37	74	21

反应条件A：用25 mol% PhOH, 水/*t*-BuOH(7:3, 体积比)为溶剂

反应条件B：用1 eq PhOH为溶剂

(7-92)

丙烯酰胺与一些芳醛的 MBH 反应，也已在其他一些反应条件下进行：一些有拉电子基的芳醛可在 0.5～1 eq 的 DABCO 催化下在极性非质子溶剂环丁砜(sulfolane)中反应[197,221]；3-芳基异噁唑-5-甲醛可在 0.5 eq 的 DABCO 催化下在水/1,4-二氧六环溶液中进行反应[222]；苯甲醛和对氯苯甲醛的反应可在 1,3-二甲基-2-苯基咪唑盐(1,3-dimethyl-2-phenylimidazolium salt, DMPI 盐)离子液体($DMPI^+NTf_2^-$)中进行反应[212]；一些有拉电子基的芳醛可在 20 mol%的 1,3,5-三氮杂-7-磷杂金刚烷的催化下在 THF 中进行反应[223]；用六次甲基四胺(hexamethylenetetramine, HMT)为催化剂，在水/1,4-二氧六环(1∶1)中或在 *N*-丁基吡啶氟硼酸盐离子液体中进行[224]；用 *N*-甲基六氢吡啶(*N*-methylpiperidine, NMP)为催化剂，在水/1,4-二氧六环(1∶1)中于 60℃进行[198]。在 DABCO 的催化下在加压条件下进行[84,85]。

N 原子上有一个苯基或其他拉电子基的丙烯酰胺比丙烯酰胺本身的反应活性为高[225]。例如，*N*-芳基丙烯酰胺可在 DABCO 催化下在 DMF 溶液中与芳醛反应，而不需要外加醇、酚等共催化剂(式(7-93)和式(7-94))；而樟脑磺内酰胺也可在 DABCO 催化下在二氯甲烷中与脂醛反应，以很高的非对映立体选择性得到

2,6-二烷基-5-甲叉-1,3-二噁烷-4-酮产物,后者可在樟脑磺酸和甲醇作用下转化为 α-亚甲基-β-羟基丁酸酯,而手性助剂樟脑磺内酰胺则可方便地回收(式(7-95))[81]。

3-O_2N-C₆H₄CHO + CH_2=CHCONHAr (1 eq) —50 mol% DABCO / DMF, rt→ O_2N-C₆H₄-CH(OH)-C(=CH₂)CONHAr

Ar	4-NO_2Ph	4-ClPh	4-MePh	4-MeOPh
反应时间/h	8	8	15	15
产率/%[a]	85	84	28	20

a 在同样的反应条件下，间硝基苯甲醛不能与CH_2═$CHCONH_2$反应

(7-93)

ArCHO + CH_2=CHCONHAr′ —50 mol% DABCO / DMF, rt, 2~10天→ ArCH(OH)C(=CH₂)CONHAr′　(7-94)

Ar = 2-NO_2Ph, 3-NO_2Ph, 4-NO_2Ph, 2-吡啶基，3-吡啶基，4-吡啶基

Ar′= 4-NO_2Ph, 4-ClPh, 2-吡啶基. 18例. 产率52%~95%

(4-NO_2PhCHO不能与N-(4-硝基苯基)和N-(4-氯苯基)丙烯酰胺反应)

MeCHO + 丙烯酰樟脑磺内酰胺 —10 mol % DABCO / CH_2Cl_2, 0℃, 12 h→ 2,6-二甲基-5-甲叉-1,3-二噁烷-4-酮 (85%, de > 99%) —樟脑磺酸 / MeOH→ $CH_3CH(OH)C(=CH_2)COOMe$

(7-95)

虽然 N-烷基丙烯酰胺与芳醛的反应已有个别报道(式(7-96))[226],亲电反应活性更低的 N,N-二甲基丙烯酰胺的 MBH 反应至今尚无报道。相反,已知在三丁基膦的催化下与芳醛发生与 Stetter 反应类似的醛对丙烯酰胺的加成反应(式(7-97))[227]。

RCHO (2 mmol) + CH_2=CHC(O)NH-CH(Ph)Me (6 mmol) —2 mL 甲醇, 1 mL 33%三甲胺水溶液 / 25℃, 7天→ RCH(OH)C(=CH₂)C(O)NH-CH(Ph)Me

R= 4-NO_2Ph, 47 %, de 94%; R= 3-NO_2Ph, 54%, de 97%

(7-96)

ArCHO + CH_2=CHCONMe₂ (0.5~1.5 eq) —0.5~1 eq PBu_3 / THF, 40~50℃或回流, 2~4 h→ ArC(O)CH₂CH₂CONMe₂

Ar = Ph, 4-ClPh, 4-MePh, 4-MeOPh, 3-MePh, 2-萘基, 3-吡啶基. 49%~68%

(7-97)

由于 N,N-二甲基丙烯酰胺的亲电性太弱,反应可能是经膦对芳醛的优先亲核加成而进行的(式(7-98))。两性离子 I 处于分子内质子转移平衡中,叶立德对

丙烯酰胺的共轭加成继而以分子内质子转移和脱去膦即得产物。

$$\mathrm{ArCHO} \xrightarrow{PBu_3} \left[\mathrm{Ar{-}C(O^-)(H)(^+PBu_3)} \rightleftharpoons \mathrm{Ar{-}C^-(OH)(^+PBu_3)} \right] \xrightarrow{=\!\!\diagup CONMe_2} \mathrm{Ar{-}C(OH)(^+PBu_3){-}CH_2CH{=}C(O^-)NMe_2} \quad (7\text{-}98)$$

$$\xrightarrow{H^+转移} \mathrm{Ar{-}C(O^-)(^+PBu_3){-}CH_2CH_2C(O)NMe_2} \xrightarrow{-PBu_3} \mathrm{ArC(O)CH_2CH_2CONMe_2}$$

4. 丙烯腈

在 MBH 反应中，丙烯腈是反应活性比丙烯酸酯、丙烯酰胺和环烯酮更高的 Michael 受体。它在常规的 DABCO 催化的反应中，在无溶剂条件下[135,177,178,228-230]或在像 DMSO[231]或环丁砜[197,221]这样的极性非质子溶剂中，都能顺利进行反应，以良好的产率得到产物。

在 DABCO 催化的反应中，虽然使用催化量的 DABCO（如 11 mol%[135]，15 mol%[228]，或者对像 2-硝基苯甲醛这样的高活性醛，仅用 5 mol%[229]）也能在几天内使反应完成；但为了使反应时间缩短至一天以内，还是更常使用 0.5～1 eq 的催化剂。例见式(7-99)[228]和式(7-100)[177]。

$$\underset{1}{\mathrm{RCHO}} + \underset{1.5}{=\!\!\diagup CN} \xrightarrow[\text{rt, 40 h~7天}]{\text{15 mol\% DABCO}} \mathrm{RCH(OH)C(=CH_2)CN} \quad 66\%\text{~}87\% \quad (7\text{-}99)$$

R = Et, *i*-Pr, *i*-Bu, *n*-C_5H_{11}, *n*-C_9H_{19}, Ph, $PhCH_2CH_2$

$$\underset{1}{\mathrm{RCHO}} + \underset{6}{=\!\!\diagup CN} \xrightarrow[\text{0℃, 15 min~3 h}]{\text{1 eq DABCO}} \mathrm{RCH(OH)C(=CH_2)CN} \quad 98\%\text{~}100\% \quad (7\text{-}100)$$

R = 2-NO_2Ph, 3-NO_2Ph, 4-NO_2Ph, 4-BrPh, 2-吡啶基, 3-吡啶基, 4-吡啶基

已经发现，与丙烯酸酯一样，反应在 0℃ 进行比在室温时更快（式(7-101)）[177,178]。

$$3\text{-}O_2N\text{-}C_6H_4\text{-}CHO + =\!\!\diagup CN \xrightarrow{\text{1 eq DABCO}} 3\text{-}O_2N\text{-}C_6H_4\text{-}CH(OH)C(=CH_2)CN \quad (7\text{-}101)$$

反应条件	rt	rt+超声	0℃	0℃+超声
反应时间/h	20	70	20	40
产率/%	85	90	100	84

由于在上述常规的用 DABCO 为催化剂的反应中，丙烯腈已能与醛较好地反应，专门针对丙烯腈进行改进反应条件的研究不多；但在研究对丙烯酸酯等较不活泼的烯烃改进条件以提高反应速率时，也时常会顺带研究这些反应条件对丙烯腈

的应用。其中一部分也取得了较好的效果。例见式(7-102)～式(7-106)。

用便宜易得的六次甲基四胺(hexamethylenetetramine，HMT)可以催化丙烯腈与芳醛的反应，以中等至较高的产率得到产物(式(7-102))[192]。

RCHO + CN —1 eq HMT / DMSO, 60℃, 1~16天→ HO, R, CN

R = 2-NO_2Ph (80 %), Ph (69 %), 4-HOPh (90 %), 4-MeOPh (43 %), 2,5-$(MeO)_2$Ph (85 %), 4-HO-3-MeOPh (65 %), 2-萘基 (20 %), 2-吡啶基 (89 %), 3-吡啶基 (81 %)

(7-102)

在消除了一般咪唑盐离子液体中 2-位 C—H 键易脱质子生成 *N*-杂环卡宾这一问题的 1,2,3-三氮唑离子液体 **I**([bmTr][NTf_2])中，用 DABCO 催化反应时，不仅反应速率快，而且对具有强给电子基的芳醛，产物产率也很高(式(7-103))[219]。

RCHO + CN (1 : 2.01) —2.01 eq DABCO / 离子液体 I, rt→ OH, R, CN; I: N, N, N+, NTf_2^-

R = Ph (3 h, 99 %), 4-ClPh (3 h, 99 %), 4-FPh (24 h, 99 %), 4-NO_2Ph (0.05 h, 92 %), 4-MeOPh (65 h, 99 %), 3,4,5-$(MeO)_3$Ph (5.5 h, 79 %), 4-吡啶基 (0.05 h, 99 %), 2-呋喃基 (1.5 h, 99 %), PhCH═CH (9 h, 80 %)

(7-103)

用亲核性和碱性比 DABCO 更强的奎宁环(quinuclidine, QD)作为催化剂，在催化量甲醇存在时，也能很好地催化丙烯腈的反应，且催化剂用量较小(式(7-104))[76]。

RCHO + CN (1 : 1.2) —25 mol% QD / 75 mol%甲醇, rt→ HO, R, CN (7-104)

R = Et (3 h, 81 %), Ph (1 h, 87 %), 2-呋喃基 (20 min, 78 %), *i*-Pr (6 h, 76 %)

也可以用催化量的带羟基的离子液体固定的奎宁环(**7**)来催化丙烯腈的反应(式(7-105))[164]。

RCHO + CN (1 : 2) —20 mol % **7** / rt, 10 min~8 h→ OH, R, CN; **7**: $HO(CH_2)_2$—N⊕N—$(CH_2)_3$NH—(quinuclidine N), Br⊖

R = Ph (96%), 4-ClPh (97%), 4-NO_2Ph (85%), 4-MeOPh (83 %), 4-MePh (91%), 2-吡啶基 (98%), 3-吡啶基 (98%), 4-吡啶基 (98%)

(7-105)

如前所述，加压也可以有效促进丙烯腈的反应，并能使在常压下不能作为亲电试剂参与反应的酮参与反应(式(7-106))；使巴豆腈参与和醛酮的反应(见式(7-83))[84,85]。

不反应 ← 丙酮, 10 mol% DABCO, 40℃，常压 — CN — 环己酮, 2 mol% DABCO, 常压，40℃ → 不反应

HO(Me)(Me)C–C(=CH₂)CN 产率 76% ← 丙酮, 5 mol% DABCO, 5 kbar, 40℃, 4 h — 环己酮, 5 mol% DABCO, 5 kbar, 26℃, 1 h → 1-羟基环己基丙烯腈 产率 42%

(7-106)

丙烯腈与醛类的 MBH 反应也已在其他一些条件下进行：用 33%(质量浓度)的三甲胺水溶液为催化剂，在甲醇、1,4-二氧六环、四氢呋喃等溶剂中在均相条件下在室温进行[70,188,189]；在 25%(质量分数)的三甲胺甲醇溶液的催化下进行[190]；在 DABCO-AcOH-H_2O(物质的量之比为 1∶1∶3，DABCO 用量为 20 mol%)催化下在加有少量乙腈的均相溶液中进行[191]；在用盐酸调至 pH＝1 的强酸性水溶液中，在 DABCO、DBU、三甲胺、三乙胺等叔胺的催化下进行[73]；在 1 eq 的 DBU 催化下在无溶剂和室温条件下进行[193,194]；用 DABCO 为催化剂，$La(OTf)_3$ 或 $Sm(OTf)_3$ 与二醇(如 BINOL)为共催化剂时进行[195]；用 1 eq 的 3-羟基奎宁环(3-HQD)为催化剂，在 5 eq 的甲酰胺和 5 mol% 的 $Yb(OTf)_3$ 存在时进行[69]；在 10 mol%的 DMAP 催化下进行[91]；用 *N*-甲基吗啉或六次甲基四胺为催化剂，在水/1,4-二氧六环溶液(1∶1,体积比)中进行[196]；用 1 eq DABCO 为催化剂，在 60∶40(体积比)的叔丁醇-水溶液中进行[74]；用 1.1 eq DABCO 为催化剂，在水溶液中进行[232]；用 0.5 eq 的 DABCO 为催化剂，在环丁砜溶液中进行[197]；用20 mol%的 DABCO 为催化剂，在 PEG-400 溶液中进行[62]；用 0.5 eq 的 *N*-甲基哌啶为催化剂，在水/1,4-二氧六环溶液(1∶1,体积比)中进行[198]；用15 mol%的 DABCO 为催化剂，在加有 70 mol% $LiClO_4$ 的乙醚溶液中进行[176]；用 0.65 eq 的 DABCO 为催化剂，在无溶剂和超声条件下进行[159]；用5 mol%的 proazaphosphatrane sulfide 和 1 eq 的 $TiCl_4$ 为催化剂，在二氯甲烷溶液中进行[150]；用 10 mol%～20 mol%的纳米磁性粒子固定的奎宁环为催化剂，在 4 eq 甲醇存在时进行[200]；用咪唑盐离子液体固定的奎宁环(QD)为催化剂，在 2 eq 甲醇存在下进行[201]；用 5 mol%～25 mol%的四甲基胍(tetramethylguanidine，TMG)为催化剂，在二氯甲烷溶液中进行[202]；用 1 eq 的树枝状 DMAP 衍生物为催化剂，在 1∶1(体积比)的 DMF-环己烷溶液中在 60℃时进行[146]；用 20 mol%的三(*N*,*N*-二甲氨基甲基)膦($P(CH_2NMe_2)_3$)催化下在过量丙烯腈存在下进行[223]；以DABCO为催化剂，将醛与环糊精的固体配合物与 1.5～3 eq 的丙烯腈和 15 mol%的 DABCO 混合后在固相研磨条件下进

行[233]；用固定在咪唑离子液体上的奎宁环(30 mol%)为催化剂，在 2 eq 甲醇存在时进行[201]；用 0.5 eq DABCO 为催化剂，10 mol% 三丁基乙基鏻盐(Bu_3P^+ $EtOTs^-$)为共催化剂，在无溶剂条件下进行[209]；用 1 eq DABCO 为催化剂，在 1-正丁基-3-甲基咪唑六氟磷酸盐([bmim][PF_6])离子液体中进行[156]；用 1 eq 六次甲基四胺为催化剂，在 1-正丁基-3-甲基咪唑(bmim)盐离子液体中进行[210]；用1 eq DABCO 为催化剂，在 $AlCl_3$ · MCl(M 为 *N*-正丁基吡啶正离子或 1-甲基-3-乙基咪唑正离子)型氯铝酸盐离子液体中进行[214]；用 2 eq DABCO 为催化剂，在 *N*-乙基吡啶四氟硼酸盐离子液体中在 60℃进行[215]；用 1 eq DABCO 为催化剂，在 *N*-乙基吡啶四氟硼酸盐离子液体中在室温进行[216]；用 1 eq DABCO 为催化剂，在(3-氯-2-羟基丙基)吡啶四氟硼酸盐离子液体中进行[217]；用 1 eq DABCO 为催化剂，5 mol%的苯基丁基乙基硒正离子的氟硼酸盐(phenyl butyl ethyl selenonium tetrafluoroborate，[pbeSe]BF_4)为共催化剂，在1 eq的乙腈存在时进行[155]。

5. 环烯酮和 α,β-不饱和环内酯

作为 β-取代的 α,β-不饱和酮，环烯酮也是 MBH 反应中活性较低的烯烃反应物。DABCO 在常规的反应条件下(如室温时在 THF，氯仿甚至甲醇溶液中)不能有效催化环戊烯酮和环己烯酮与醛的反应[187, 234-237]。而在用三甲胺[187]或 DBU[235]为催化剂时，则常引起较严重的环烯酮的二聚反应。环烯酮的 MBH 反应的另一个问题是烯酮本身和产物醇都可以在 α'-碳原子上与醛进行 Aldol 反应[236-241]，例见式(7-107)[236]。环烯酮的 γ-碳原子有甲基取代时，位阻效应使反应性能下降，反应时间延长；而 β-碳原子上有甲基取代时(如 3-甲基环戊烯酮[122,239,240]和 3-甲基环己烯酮[238])，则不能进行 MBH 反应。但 α-羟甲基化的环戊烯酮[242-245]和环己烯酮[246-249]是合成很多天然产物和有医药价值的生物活性化合物的中间体，近年来也已发现了一些可较好用于进行环烯酮和 α,β-不饱和环内酯的 MBH 反应的反应条件。

$$\text{ArCHO} + \text{(cyclopentenone)} \xrightarrow[\text{THF, rt, 5\sim24 h}]{\text{20 mol\% PBu}_3} \mathbf{8} + \mathbf{9} \tag{7-107}$$

1 : 5

8 59%~84 %　**9** (*syn*- and *anti*-) 0~24 %

Ar = Ph, 4-ClPh, 4-EtPh, 4-MeOPh

Ar = 4-EtPh, 4-MeOPh 时, 无产物**9**

咪唑在 THF-水或甲醇-水中可以有效催化环烯酮的 MBH 反应[71,72,250]。例见式(7-108)[71]。

$$\text{RCHO} + \text{环烯酮}\ (n) \xrightarrow[\text{THF/H}_2\text{O (1:1), rt}]{\text{1 eq 咪唑}} \text{2-(CH(OH)R)-环烯酮} \tag{7-108}$$

$n = 1$, R = H, Ph, 2-NO_2Ph, 3-NO_2Ph, 4-ClPh, 4-BrPh, 4-CF_3Ph, 4-MePh, 2-呋喃基, Me_2CHCH_2, (*E*)-PhCH=CH. 24h~ 96 h. 27%~ 91%

$n = 2$, R= 4-NO_2Ph. 72 h. 53%

后来发现,加入碳酸氢钠把溶液调为弱碱性,可增加溶液中未质子化游离咪唑的浓度而进一步加快反应,提高产率。优化的反应条件是在 1 mol/L 的碳酸氢钠水-THF 溶液中(pH≈8.6)用 1 eq 的咪唑 **10a** 催化反应(式(7-109)和式(7-110))[251]。在这一弱碱性介质中,不仅是咪唑,一些在中性 THF-水溶液中不能有效催化环烯酮的 MBH 反应的碱性较弱的唑类化合物,如一些吲唑和 1,2,4-三氮唑也能有效催化反应[252]。

$$\text{环戊烯酮} + \text{RCHO} \xrightarrow[\substack{\text{2 mL 1 mol/L NaHCO}_3\text{水溶液} \\ \text{0.5 mL THF, rt, 3.5} \sim \text{60 h}}]{\text{1 eq 催化剂 \textbf{10a}或\textbf{10b}}} \text{2-(CH(OH)R)-环戊烯酮} \tag{7-109}$$

0.5 : 0.75

10a $R^1 = R^2 = H$

10b $R^1 = Me$, $R^2 = Et$

R	Ph	3-NO_2Ph	4-MePh	4-MeOPh	2,4-$(MeO)_2$Ph		4-Me_2NPh		*t*-Bu	*n*-C_5H_{11}
催化剂	**10a**	**10a**	**10a**	**10a**	**10a**	**10b**	**10a**	**10b**	**10a**	**10a**
产率/%	83	92	87	81	36	64	13	27	75	29

$$\text{环己烯酮} + \underset{\text{2 eq}}{\text{RCHO}} \xrightarrow[\substack{\text{2 mL 1 mol/L NaHCO}_3\text{水溶液} \\ \text{0.5 mL THF, rt, 8} \sim \text{90 h}}]{\text{1 eq \textbf{10a}}} \text{2-(CH(OH)R)-环己烯酮} \tag{7-110}$$

R	Ph	4-ClPh	4-NO_2Ph	3-NO_2Ph	H	*i*-Bu
产率/%	45	50	69	68	65	32

甲醇钠也可以在甲醇溶液中有效催化环烯酮的反应[238]。例如,4,4-二甲基环戊烯酮的 α′-位受到两个邻位甲基的立体屏蔽,不易受碱的进攻与醛进行 Aldol 反应;它可以在甲醇钠的催化下进行 MBH 反应(式(7-111))。α′-碳原子邻位上没有这些位阻基团的环戊烯酮和环己烯酮也能较好地进行 MBH 反应。虽然在这样强碱性的反应条件下,在反应时间较长时会受到副反应的干扰,但仍能以中等至较高产率得到产物(式(7-112))。

$$\text{RCHO} + \text{4,4-二甲基环戊烯酮} \xrightarrow[\text{MeOH, rt, 1} \sim \text{24 h}]{\text{50 mol\% MeONa}} \text{产物} \quad 33\% \sim 92\% \tag{7-111}$$

1 : 1.2

R = Ph, 2-ClPh, 4-NO_2Ph, 4-MePh, 4-MeOPh, *i*-Bu

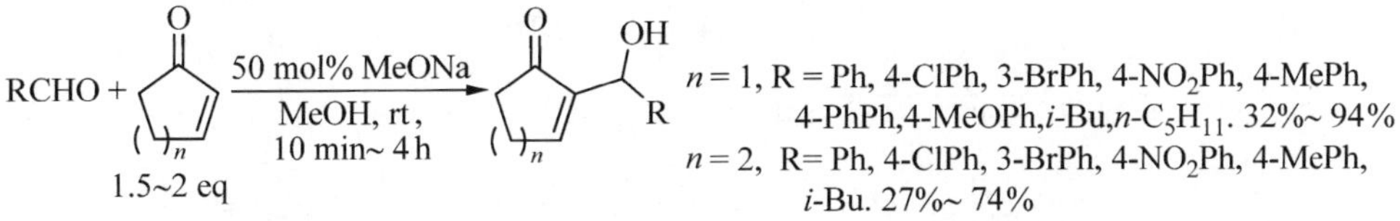

RCHO + (1.5~2 eq) —50 mol% MeONa, MeOH, rt, 10 min~ 4 h→

$n = 1$, R = Ph, 4-ClPh, 3-BrPh, 4-NO_2Ph, 4-MePh, 4-PhPh, 4-MeOPh, *i*-Bu, *n*-C_5H_{11}. 32%~ 94%

$n = 2$, R= Ph, 4-ClPh, 3-BrPh, 4-NO_2Ph, 4-MePh, *i*-Bu. 27%~ 74%

(7-112)

在上述反应中，对具有 γ-氢原子的反应物(如环戊烯酮和环己烯酮)，反应可能是经甲醇钠作为碱从 γ-碳上除去质子而得的二烯醇负离子 **J** 进行的(式(7-113))；而对不具有 γ-氢原子的反应物(如 4,4-二甲基环己烯酮和 α,β-不饱和环内酯)，则可能是先由甲醇钠作为亲核剂对 α,β-不饱和羰基化合物进行共轭加成，经烯醇负离子 **L** 进行的。

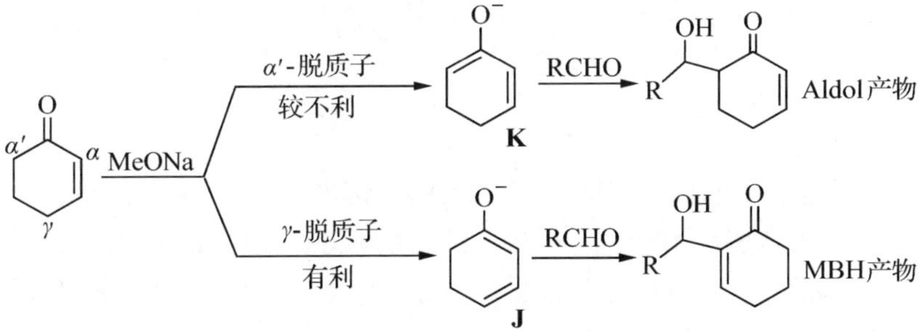

MeONa; α′-脱质子 较不利 → **K** —RCHO→ Aldol产物

γ-脱质子 有利 → **J** —RCHO→ MBH产物

(7-113)

MeONa → **L** (OMe) —RCHO→ —$-MeO^-$→

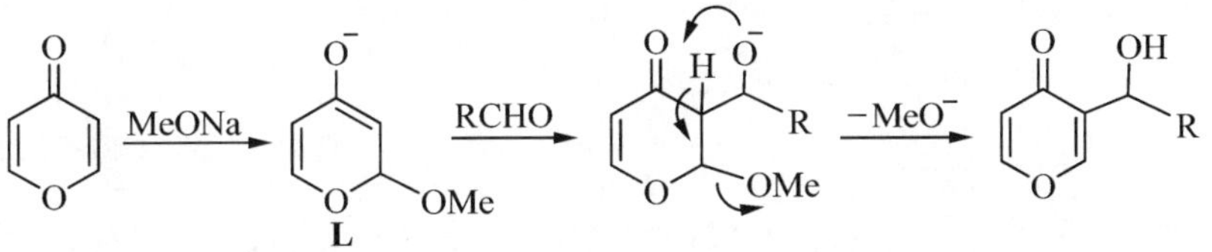

由于碱性较强的碳酸钾和 DBU 都能在甲醇溶液中把部分甲醇转化为其共轭碱 MeO^-，它们各自也能在甲醇溶液中催化环烯酮的 MBH 反应[251]。

MeO^--MeOH 这一强碱性的催化体系，不适用于催化丙烯酸酯、丙烯腈等的 MBH 反应。

二元叔胺 *N*,*N*,*N*′,*N*′-四甲基丙二胺(*N*,*N*,*N*′,*N*′-tetramethyl propanediamine, TMPDA)是一个用于环烯酮的 MBH 反应的较好催化剂(式(7-114))[253]。它比一元叔胺如三甲胺等更好的催化效果除与分子内含有两个叔胺催化中心(与 DABCO 相似)有关外，还可能与第二个叔胺基团可通过分子内离子-偶极相互作用稳定两性离子中间体 **M** 与 **N**(式(7-115))，提高它们的稳态浓度有关。但这一催化体系在应用于丙烯腈、甲基乙烯基酮(MVK)的 MBH 反应时，并未表现出比其他常用催化剂更为优越的催化性能。

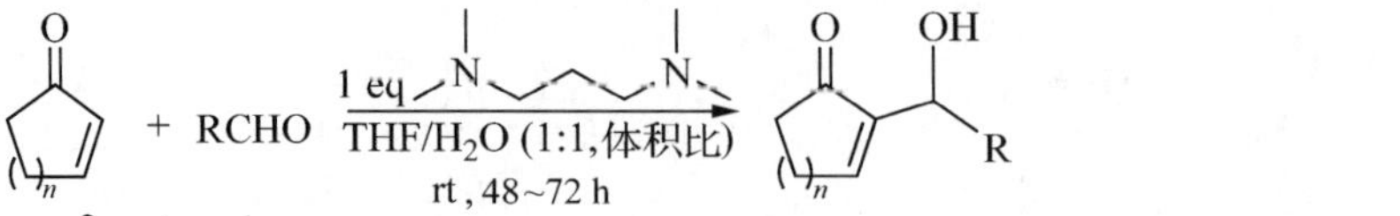

(7-114)

n=1, 2, R=Ph, 4-MePh, 4-MeOPh, H, n-C_5H_{11}. 10例. 56%~94%

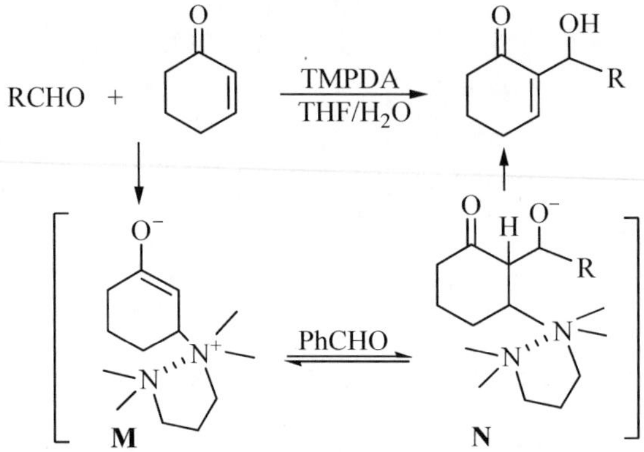

(7-115)

4-(N,N-二甲氨基)吡啶(DMAP)已成功地用于在水-THF(1∶1)溶液中催化环烯酮与甲醛[235]和其他脂醛和芳醛[250,254]的 MBH 反应。这可能是迄今最简单实用的一个用于环烯酮的 MBH 反应的催化体系,而且 DMAP 是以催化量使用的。一些反应结果见式(7-116)[235]和式(7-117)[254]。

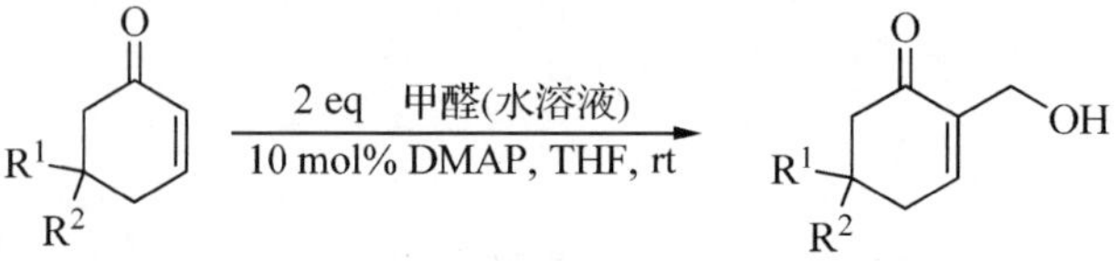

R^1	H	H	Me	H
R^2	H	Me	Me	Ph
产率/%	82	76	68	71

(7-116)

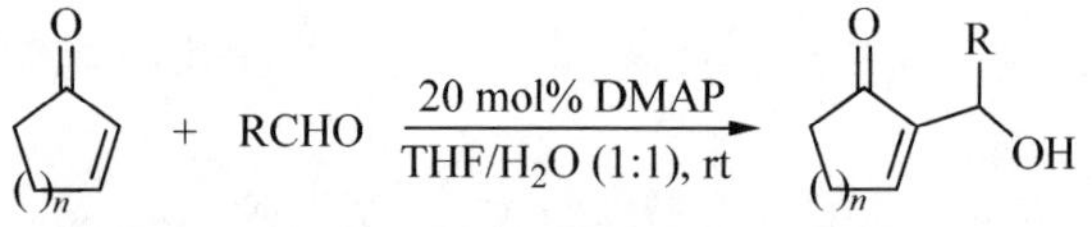

(7-117)

n=1, R=Ph, 4-NO_2Ph, n-C_5H_{11}. 12~24 h. 54%~63%
n=2, R=Ph, 2-FPh, 2-NO_2Ph, 2,4-Cl_2Ph, 3-MeOPh, 2-Cl-3-喹啉基, n-C_5H_{11}. 72~96 h. 53%~64%.

后来又发现,用 DMAP 为催化剂时,以甲醇为溶剂,在反应体系中加入催化量的 MgI_2 和 N,N,N',N'-四甲基乙二胺(TMEDA),可以加速反应,提高产率(式(7-118)和式(7-119))[255]。虽然已知 TMEDA 本身也可催化醛与环烯酮的反应[253],但^{1}H NMR 和^{13}C NMR 研究都表明,在上述体系中生成了 MgI_2-TMEDA 配合物,它在体系中起了 Lewis 酸的作用,而亲核催化剂是 DMAP。但这一催化体系不能加速开链烯酮和丙烯酸酯的 MBH 反应。

n=1, R=Ph, 4-MeOPh, 4-NO_2Ph, $PhCH_2CH_2$, PhCH=CH, i-Pr, 环己基. 62%~94%
n=2, R=Ph. 89%
n=3, R=Ph. 56%

10 mol% TMEDA, 10 mol% MgI_2, 10 mol% DMAP, MeOH, rt, 5~48 h

(7-118)

10 mol% TMEDA, 10 mol% MgI_2, 10 mol% DMAP, MeOH, rt, 5~48 h

n=1, 15 h, 86%; n=2, 48 h, 91%

(7-119)

一些膦也在催化环烯酮的 MBH 反应时取得了良好效果[256-259]。二甲基苯基膦可在甲醇-氯仿溶液中有效催化环烯酮与醛的反应;特别是在催化甲醛与环戊烯酮和环己烯酮的反应时,不仅反应时间短,产率也较高(式(7-120))[256]。

5 mol% PMe_2Ph, $MeOH/CHCl_3$ (2.5:1,体积比), rt, 1~24 h

R=H, Ph, $Ph(CH_2)_2$, 环己基, 2-呋喃基 70%~98%

5 mol% PMe_2Ph, $MeOH/CHCl_3$ (2.5:1,体积比), rt, 2~24 h

R=H, 4-Me, 5-Me, 6-Me. 71%~80%

(7-120)

三丁基膦-1,1′-联萘酚(BINOL)是另一个催化环烯酮 MBH 反应的体系。酚作为共催化剂的加入,大大增强了催化效果。用 20 mol% 的 PBu_3 在 THF 溶液中催化苯丙醛与环戊烯酮的反应时,1 h 后产率仅为 23%,但用 20 mol% 的 PBu_3 和 10 mol%的苯酚、萘酚或 BINOL 一起催化反应时,1 h 后即可得到定量产率的产物。用 PBu_3-BINOL 体系催化的一些反应结果见式(7-121)[257-259]。

20 mol% PBu_3, 10 mol% BINOL, THF, rt

n=1, R=n-C_7H_{15}, Et, $MeO(CH_2)_2OCH_2O(CH_2)_3$, $PhCH_2CH_2$, Ph. 1~24 h. 91%~100%
n=2, R=Et, $PhCH_2CH_2$, Ph. 13~48 h. 57%~90%

(7-121)

Lewis 酸四氯化钛[114,122]或四氯化钛与硫族 Lewis 碱(R_2S,R_2Se 等)构成的催化体系[106-109]也是环烯酮的 MBH 反应较好的催化剂。与前述碱性催化剂相比,这些 Lewis 酸和 Lewis 酸-硫族 Lewis 碱催化剂可显著加快环烯酮的反应速率。但由于存在一些难以避免的副反应,MBH 产物的产率常在中等至较高之间。对富电子芳醛的反应也有时较差。同时需要使用化学计量或过量的 $TiCl_4$。在讨论四氯化钛和硫族 Lewis 碱催化剂时(7.2.1 节,式(7-55)和式(7-64)),已经看到,对于开链烯酮，取决于反应条件（催化剂和温度等）和后处理（淬灭和分离）方法，使用这些催化剂时，常得到不同数量的氯代饱和醇产物（式(7-55)）和由之脱水而来的氯甲基烯酮（式(7-64)），有时它们可成为主要产物；但在环烯酮的反应中，这些产物一般较少或没有，正常的 MBH 产物常是主要产物。环戊烯酮的反应产率较好，除正常的 MBH 产物外，有时有少量的氯甲基烯酮生成；而在仅用 $TiCl_4$ 促进的环己烯酮的反应中，常有较多的半缩醛副产物生成，使正常的 MBH 产物产率不高（式(7-67)）[122]。具体的反应结果除式(7-65)和式(7-67)外，见式(7-122)和式(7-123)。

环烯酮 + RCHO (2 eq) → (1.2 eq $TiCl_4$; CH_2Cl_2, 0℃, 10 min, rt, 2 h) → 2-(羟基(R)甲基)环烯酮

n=1, R=4-CF_3Ph, , 4-NO_2Ph
n=2, R=n-Pr, i-Pr, n-C_7H_{15}, 4-CF_3Ph, 4-NO_2Ph
47%~68%

(7-122)

环烯酮 + RCHO (3 eq) → (10 mol%Me_2S(R_2Se), 1 eq $TiCl_4$; CH_2Cl_2, rt, 10 min~1 h) → 2-(羟基(R)甲基)环烯酮

n=1, R=4-NO_2Ph. 用Me_2S为催化剂时，产率68%；用R_2Se为催化剂时，产率70%

n=2,	R	4-ClPh	Ph	4-MePh	$PhCH_2CH_2$
催化剂	Me_2S	43%	25%	13%	42%
	R_2Se	57%	52%	24%	55%

R_2Se= (1,5-二硫杂环结构)

(7-123)

在各种硫族 Lewis 碱与 $TiCl_4$ 的组合中，硫代磷酰三胺衍生物 proazaphosphatrane sulfide **11** 对促进环烯酮的 MBH 反应取得了迄今最好的效果（式(7-124)）[150]。

RCHO + 环烯酮 (3 eq) → (5 mol% **11**, 1eq $TiCl_4$; CH_2Cl_2, 氩气氛, rt) → 2-(羟基(R)甲基)环烯酮

n=1, R=4-NO_2Ph. 10 min, 94%
n=2, R=Ph, 4-NO_2Ph, 4-ClPh, 4-MePh, 2-MeOPh, $PhCH_2CH_2$, 环己基, n-C_6H_{13}. 10~30 min, 81%~94%

11

(7-124)

与四氯化钛相比，二乙基碘化铝（Et_2AlI）似乎是一个更好的促进环烯酮和不饱和内酯的 MBH 反应的 Lewis 酸[260-263]。Et_2AlI 是用碘负离子对环烯酮进行亲核加成而引发反应的。它在用于环烯酮与一些富电子芳醛的反应时，也取得良好效果（式(7-125)[260]和式(7-126)[261]）。

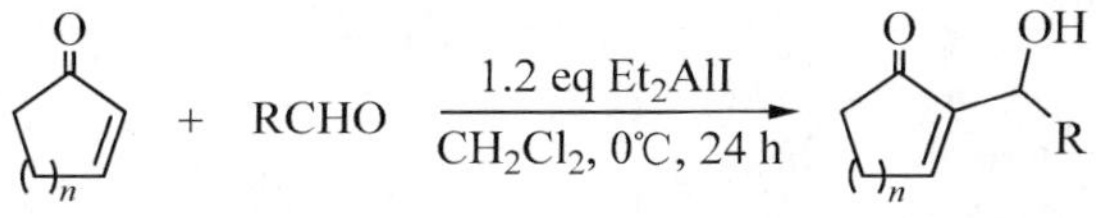

RCHO，1.2 eq Et_2AlI，CH_2Cl_2, 0℃, 24 h　(7-125)

R	Ph	Ph	Ph	4-MeOPh	4-NO_2	$PhCH_2$
n	1	2	3	2	2	2
产率/%	56	65	69	53	72	61

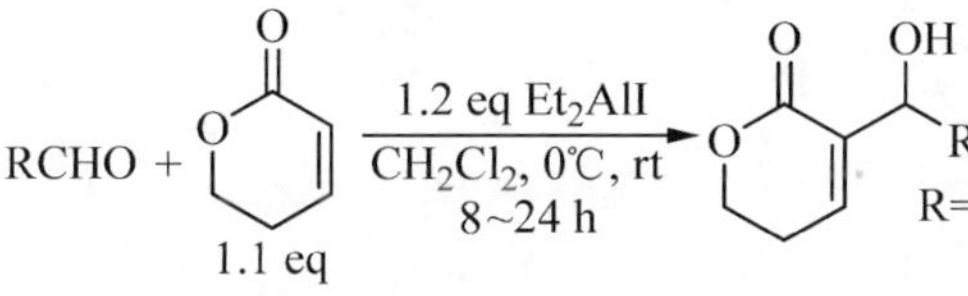

RCHO + (1.1 eq)，1.2 eq Et_2AlI，CH_2Cl_2, 0℃, rt，8~24 h

R=Ph, 4-FPh, 4-ClPh, 4-BrPh, 4-NO_2Ph, 2-MePh, 4-MeOPh, 2-萘基. 50%~73%

(7-126)

由于 α-羟甲基化的环戊烯酮[242-245]和环己烯酮[246-249]在合成很多天然产物和生物活性化合物中有重要作用，以甲醛作为亲电试剂的 MBH 反应受到特别的注意。作为直链脂醛中最活泼的成员，甲醛最常以其水溶液的形式参与反应[235,239,242,253,256,264-267]，也可以聚甲醛[187,268,269]、单体的有机溶液[266]的形式参与反应。已用于甲醛与环烯酮反应的较好催化体系有：DMAP（式(7-116)）、PMe_2Ph（式(7-120)）、咪唑（式(7-108)）、咪唑的碳酸氢钠水-THF 溶液（式(7-110)）、N,N,N',N'-四甲基丙二胺（TMPDA）（式(7-114)）、N-甲基吡咯烷（N-methylpyrrolidine，NMP）/氢氧化钡（式(7-127)和式(7-128)）[239,265]、DABCO[68,84,159]等。由式(7-127)和式(7-128)可以看到，在甲醛与环烯酮的反应中，烯酮本身和 α-羟甲基烯酮产物中 α'-碳原子上的 Aldol 副反应都比在芳醛与环烯酮的反应中更易发生，特别是在反应中使用过量甲醛时。从式(7-127)中还可以看到，在环己烯酮 4-位碳原子上的两个甲基对反应的位阻效应使反应活性降低，反应时间大为延长。式(7-129)和式(7-130)分别总结了迄今甲醛与环戊烯酮和环己烯酮反应的结果。

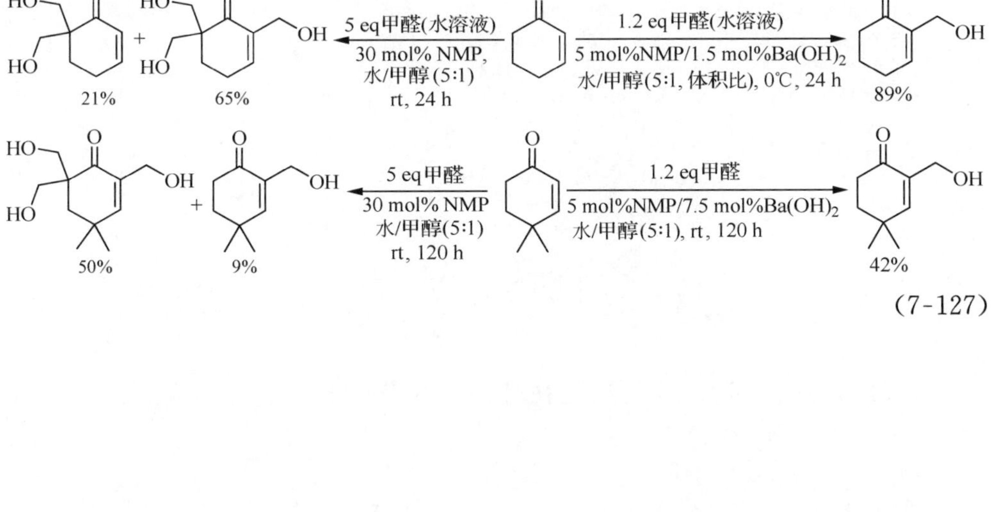

21%　65%　← 5 eq 甲醛(水溶液)，30 mol% NMP，水/甲醇(5:1)，rt, 24 h　|　1.2 eq 甲醛(水溶液)，5 mol%NMP/1.5 mol%$Ba(OH)_2$，水/甲醇(5:1, 体积比), 0℃, 24 h → 89%

50%　9%　← 5 eq 甲醛，30 mol% NMP，水/甲醇(5:1)，rt, 120 h　|　1.2 eq 甲醛，5 mol%NMP/7.5 mol%$Ba(OH)_2$，水/甲醇(5:1), rt, 120 h → 42%

(7-127)

5 eq 甲醛, 30 mol% NMP, 水, rt, 90 h → 30% + 46% + 3%

1.2 eq ArCHO, 30 mol% NMP, 水/甲醇(5:1), 1.2~50 h

Ar = Ph, 4-MeOPh, 4-NO_2Ph, 2-呋喃基, 2-萘基. 45%~83%.
仅对4-NO_2PhCHO有由产物进行Aldol反应而得的副产物(20%)

(7-128)

+ CH_2O —反应条件→

烯:甲醛	催化剂	溶剂	温度/℃	反应时间	产率/%	文献
1:5	30 mol% NMP[a]	水	rt	2.5 h	91	[239]
1:1.5	6 mol% PMe_2Ph	氯仿	rt	1 h	97	[256]
1:1.5	1 eq TMPDA[b]	H_2O-THF(1:1)	rt	72 h	56	[253]
1:2	5 mol% 咪唑	THF	rt	17天	86	[72]
1:5	1 eq 咪唑	H_2O-THF(1:1)	rt	72 h	47	[71]
	0.65 eq DABCO	—	30~40	2h(超声)	74	[159]

a NMP=*N*-甲基吡咯烷
b TMPDA=*N*, *N*, *N′*, *N′*, -四甲基丙二胺

(7-129)

+ CH_2O —反应条件→

烯/甲醛	催化剂	溶剂	温度/℃	反应时间	产率/%	文献
1:1.2	5mol% NMP[a]/1.5mol% $Ba(OH)_2$	水/甲醇(5:1)	0	8~10 h	90~94	[265]
1:1.2	30 mol%DMAP/10mol% SDS [b]	水	0	40 min	82	[264]
1: 2	10 mol% DMAP	THP	rt	15 h	82	[235]
1:1.2	5 mol% PMe_2Ph	氯仿/甲醇(1:1)	rt	2 h	80	[256]
1:1.2	5 mol% PBu_3	氯仿/甲醇(1:1)	rt	2 h	82	[256]
1:5	1 eq TMPDA [c]	H_2O/THF(1:1)	rt	72 h	94	[253]
	1 eq HMT [d]	二氧六环/水(1:1)	rt	32 h	62	[196]
	1 eq NMM [e]	二氧六环/水(1:1)	rt	36 h	60	[196]
2:1	1 eq 咪唑	1 mol/L $NaHCO_3$(2mL)/THF(0.5mL)	rt	15 h	65	[251]
1: 2	20 mol%咪唑	THF	rt	17天	93	[72]
1:5	1 eq 3-HQD[f]	H_2O	rt	4 h	99	[69]

a NMP=*N*-甲基吡咯烷;　b SDS=十二烷基硫酸钠;　c TMPDA=*N*, *N*, *N′*, *N′*-四甲基丙二胺;
d HMT=六次甲基四胺(乌洛托品);　e NMM=N-甲基吗啉;　f 3-HQD=3-羟基奎宁环

(7-130)

环烯酮与醛的 MBH 反应还已在其他一些条件下进行:在聚乙烯支持的带

4-(*N*,*N*-二甲基)吡啶(DMAP)和苯酚侧链的高分子催化剂存在时在 CH_2Cl_2 溶液中进行[138];在用 DMAP 功能化的介孔二氧化硅纳米微球(30 mol%)的催化下在水-THF 中在非均相条件下进行[143];在树枝状 DMAP 衍生物的催化下在 DMF-环己烷(1∶1,体积比)溶液中在 60℃时进行(冷至室温后树枝状 DMAP 衍生物从溶液中析出,可分离再使用)[146];用 15 mol%的 1,3,5-三氮杂-7-磷杂金刚烷为催化剂,室温时在 THF 溶液中进行[149];在四氢噻吩(1 eq)和 $BF_3 \cdot Et_2O$(1.5 eq)的催化下在二氯甲烷溶液中进行[115];用 2,6-二苯基硫代吡喃-4-硫酮(10 mol%)或 2,6-二苯基硒代吡喃-4-酮(10 mol%)与 $TiCl_4$(1 eq)为催化剂,在二氯甲烷溶液中进行[117];在 DABCO(1 eq)和硒盐离子液体(5 mol%)催化下在乙腈溶液中进行[155];在 5 eq 的甲酰胺,1 eq 的 3-羟基奎宁环和 5 mol%的 $Yb(OTf)_3$ 的存在下在室温反应[69];在 1 eq 的 DBU 催化下进行[193];在 0.4 eq 的 1,2-环己二胺双硫脲和 0.4 eq 的 DMAP 共同催化下进行[270,271];用带羟基的咪唑离子液体固定的奎宁环(20 mol%)为催化剂,在无溶剂条件下进行[164];用咪唑离子液体固定的奎宁环(30 mol%)为催化剂,在 2 eq 甲醇存在下进行[201];在纳米晶氧化镁(nanocrystalline MgO, MAP-MgO)的催化下在甲醇溶液中进行[272];用 1 eq 的六次甲基四胺(HMT,乌洛托品)或 1 eq 的 *N*-甲基吗啉催化,在二氧六环-水(1∶1)中进行[196];用 1 eq 的 BBr_3-Me_2S 配合物催化,在二氯甲烷溶液中进行;在过量的二甲基铝苯硫酚盐(Me_2AlSPh,可由三甲基铝和苯硫酚在反应现场制备)或二甲基铝甲硒醇盐($Me_2AlSeMe$,可由硒与三甲基铝在反应现场制备)存在下在−78℃进行[273-275];在稍过量的苯硒酚锂(PhSeLi)存在下在−60℃进行[276,277];在二异丁基铝苯碲酚盐的存在下在−78～−30℃进行[278,279]。甲醛与环烯酮的反应还曾用三甲胺(30%水溶液)催化在 60℃进行[187];用 30 mol%的三正丁基膦和 11 mol%的三乙基铝催化在二氯甲烷溶液中在−20～0℃下进行[268];用 0.3～1 eq 的 DMAP 为催化剂,在 0.1 eq 表面活性剂十二烷基硫酸钠(sodium dodecyl sulfate,SDS)存在时在水溶液中进行[264]。

6. 丙烯醛

丙烯醛虽是高度亲电的烯烃,参与 MBH 反应的活性应很高;但它又是极为敏感的烯烃单体,在叔胺存在下会迅速聚合[280]。因此,丙烯醛并不是较好的 MBH 反应物;它的较为成功的 MBH 反应的报道也不多。在常规的无溶剂条件下在室温用催化量的 DABCO 来催化醛与丙烯醛的反应时,主要发生后者的聚合,得不到或只能得到产率很低的 MBH 反应产物[281,282]。要使它的 MBH 反应能与聚合有效竞争,需使用活性较高的亲电试剂[223, 283],并选择适当的反应条件,如使用活性较高的催化剂系统[223]、外加盐[176]、进行分子内反应[284],以及减少叔胺催化剂的用量[84]、用 THF 等溶剂稀释反应物并在低温进行反应[281,282]等,以抑制烯烃的聚合。例见式(7-131)和式(7-132)。

$$\mathrm{RCHO} + \text{丙烯醛} \xrightarrow[\mathrm{LiClO_4},\text{乙醚}, -20\sim0^\circ\mathrm{C}]{15\ \mathrm{mol\%DABCO}} \mathrm{R{-}CH(OH){-}C(=CH_2){-}CHO}\quad (1:1)$$

R	$LiClO_4$用量	产率/%
Ph	70 mol%	69
Et	10 mol%	72

$$\mathrm{RCHO} + \text{丙烯醛} \xrightarrow[20^\circ\mathrm{C},10\text{天}]{3\ \mathrm{mol\%\ DABCO}} \mathrm{R{-}CH(OH){-}C(=CH_2){-}CHO}\quad \mathrm{R{=}Me, Et},\ \text{产率 } 65\%, 71\% \tag{7-131}$$

$$\mathrm{R_F{-}CO{-}R} + \text{丙烯醛} \xrightarrow[\mathrm{THF},\ -25\sim0^\circ\mathrm{C},\ 10\sim60\ \mathrm{min}]{10\ \mathrm{mol\%DABCO}} \mathrm{R_F{-}C(R)H{-}CH(OH){-}C(=CH_2){-}CHO} \tag{7-132}$$

R_F	CF_3	n-C_3F_7	C_6F_5	CF_3	CF_3	n-C_3F_7
R	H	H	H	Me	≡—Ph	≡—Ph
产率/%	40	50	95	12	54	50

MBH 反应有很大的负活化体积，是反应速率对压力最敏感的反应之一；加压可以显著促进反应。丙烯醛的 MBH 反应在加压下进行时，常能取得较好的效果(式(7-133))[85]。

$$\mathrm{RCHO} + \text{丙烯醛} \xrightarrow[\mathrm{rt},\ 1.5\ \mathrm{kbar},\ 25\ \mathrm{min}]{\mathrm{Et_3N}} \mathrm{R{-}CH(OH){-}C(=CH_2){-}CHO}\quad \mathrm{R{=}Me}, 95\%;\ \mathrm{R{=}Et}, 95\% \tag{7-133}$$

丙烯醛可以在过量的 $TiCl_4/(n\text{-}Bu)_4NI$ 混合试剂的作用下与一些脂醛反应。产物取决于反应温度：在－78℃反应时，主要产物是半缩醛 **13**。**13** 是由碘负离子对丙烯醛加成而得的碳负离子对脂醛进行 Aldol 加成而得的初级产物 **12** 与另一分子脂醛继续反应而得的；如在－78℃反应后，先升至 0℃再淬灭反应，则从初级产物 **12** 脱水得到 **14**(式(7-134))[133]。如果在反应中不使用过量的脂醛(丙烯醛/RCHO＝1∶1)，则反应后可以得到部分初级产物 **12**。在与式(7-134)相同的反应条件(－78℃)下，丙烯醛与苯甲醛反应得到复杂的混合物，其中只有 29%的从 **12** 中消去了 HI 而得到 MBH 产物和痕量的半缩醛 **13**。

RCHO 3 mmol + 丙烯醛 1 mmol，2 eq $TiCl_4$，2 eq $(n\text{-}Bu)_4NI$，CH_2Cl_2：

－78℃，H^+ → [**12** *syn*：R–CH(OH)–CH(CH_2I)–CHO] →(RCHO) **13**（1,3-二噁烷半缩醛）R=i-Pr,环己基, n-C_6H_{13}, $PhCH_2$；64%~74%,立体选择性>99:1

－78~0℃ → **14**：RCH=C(CH_2I)–CHO；R=i-Pr, 51%, (E)/(Z) 46/54；R=环己基,57%, (E)/(Z) 34/66

(7-134)

一些水杨醛衍生物在与丙烯醛反应时，由于前者中邻位羟基参与反应而成环，得到色烯衍生物[285-287]。例见式(7-135)。

$$\text{HO, CHO, O, Ar, R (chromene)} + \text{CH}_2{=}\text{CHCHO} \xrightarrow[\text{CHCl}_3,\ \text{rt, 72 h}]{\text{77 mol\% DABCO}} \text{product (CHO, O, O, Ar, R)}$$

7例, 产率 70%~81%

(7-135)

丙烯醛与对硝基苯甲醛的反应也曾在 0.1 eq 2,6-二苯基硫代吡喃-4-硫酮或 2,6-二苯基硒代吡喃-4-酮和 1 eq $TiCl_4$存在时在 CH_2Cl_2溶液中在 0℃进行[117]；一些有强拉电子基(2-,3-或 4-硝基及 4-氟)的苯甲醛与丙烯醛的反应曾在 20 mol% 的 1,3,5-三氮杂-7-磷杂金刚烷(PTA)催化下在 THF 溶液中进行[223]；三甲胺-甲醇也曾用来催化丙烯醛与取代苯甲醛的反应(产率 20%～25%)[190]；亲电性很强的碳硼烷甲醛也可以在 DABCO 的催化下在室温顺利与丙烯醛进行反应(产率 60%)[283]。一些对 MBH 反应机理的 ab initio[95,96]和 DFT[95,96,99]计算研究是以丙烯醛与乙醛的反应为模型体系进行的；这些计算结果表明，反应也是以消去催化剂之前的质子转移(在类似于式(7-50)中的中间体 **B** 中)为整个反应的速率决定步骤的，而且水、甲醇这样的质子物种可以催化质子转移过程。

7. 乙烯基砜、乙烯基亚砜、磺酸乙烯基酯和磷酸乙烯基酯

乙烯基砜是 MBH 反应中的另一类活性较低的 Michael 受体。只有乙烯基苯基砜的反应曾在少数条件下被研究过。常规的 DABCO 催化的乙烯基砜与醛的反应很慢，常需多日甚至几个星期才能完成，但尚能得到中等至较高的产率(式(7-136))[288-290]。由于反应时间很长，碱引发的醛的聚合和 Aldol 反应是影响产物产率的主要因素。

$$\text{CH}_2{=}\text{CHSO}_2\text{Ph} + \text{RCHO} \xrightarrow[\text{rt, 过量醛为溶剂, 14~77天}]{\text{10 mol\%DABCO}} \text{RCH(OH)C(=CH}_2\text{)SO}_2\text{Ph}$$

R=Me, *n*-Pr, *n*-Bu, *i*-Bu, Ph, 2-呋喃基.20%~84%

(7-136)

$$\text{CH}_2{=}\text{CHSO}_2\text{Ph} + \text{RCHO} \xrightarrow[\text{THF, rt, 1~77天}]{\text{10 mol\%DABCO}} \text{RCH(OH)C(=CH}_2\text{)SO}_2\text{Ph}$$

R=H(回流), Me, Et(转化率 50%), *n*-Pr, Me_2CHCH_2, Ph, 2-吡啶基, $Ph(CH_2)_2$(转化率 78%), $Ph(CH_2)_3$

产率33%~71%

用亲核性更强的奎宁环(QD)作为催化剂，可以显著加快反应(式(7-137))[76]。但已报道的用 3-羟基奎宁环(3-HQD)催化的反应，似未被明显加速[291]。

$$\text{R-CH(OH)-C(=CH}_2\text{)SO}_2\text{Ph} \xleftarrow[\text{过量醛}]{\text{17 mol\% 3-HQD}} \text{CH}_2\text{=CHSO}_2\text{Ph} + \text{RCHO} \xrightarrow[\text{rt}]{\text{25 mol\% QD}} \text{R-CH(OH)-C(=CH}_2\text{)SO}_2\text{Ph}$$

R=Me, 10天, 60%
R=n-Pr,28天, 60%

R	异丁基	Ph	4-NO_2Ph	4-ClPh
反应时间/h	72	24	24	96
产率/%	40	63	69	75

(7-137)

此外,DABCO 和 3-HQD 还曾分别用来催化一些杂环醛类与乙烯基砜的反应[292,293]。DABCO 曾用来顺利催化乙烯基砜的分子内 MBH 反应[294,136]。DBU 也曾用于催化个别醛与乙烯基砜的反应[295]。

乙烯基亚砜比乙烯基砜更不活泼。10 mol%的 DABCO 在室温无溶剂条件下不能催化它与醛的反应[288]。目前仅有的乙烯基亚砜与醛的成功的 MBH 反应应用了高压条件(式(7-138))[296]。

$$\text{CH}_2\text{=CHSOPh} + \text{RCHO} \xrightarrow[\text{19 kbar, 48 h}]{\text{5 mol\% DABCO}} \text{R-CH(OH)-C(=CH}_2\text{)-S(O)Ph} \; (R^*,R^*) + \text{R-CH(OH)-C(=CH}_2\text{)-S(O)Ph} \; (R^*,S^*)$$

(R^*, R^*) 1 : 1 (R^*, S^*)　R=Me, Ph 良好产率

(7-138)

磺酸乙烯基酯和磷酸乙烯基酯的 MBH 反应也少有研究。它们似乎都有适当的活性,可在 DABCO 的催化下与醛进行反应。例见式(7-139)[297]和式(7-140)[298]。但乙烯基二苯基膦氧化物(CH_2═CHP(O)Ph_2)在无溶剂条件下或在 CH_2Cl_2 或 DMSO 溶液中用 DABCO、3-HQD、DBU、DMAP、PPh_3 或三环己基膦催化,经 2~4 天都不能与正丁醛反应;加压(80 bar)或加镧系金属盐 Lewis 酸也不能促进反应[299]。

$$\text{Me}_2\text{CHCH}_2\text{CHO} + \text{CH}_2\text{=CHOSO}_2\text{Ph} \xrightarrow[\text{苯, rt, 3 h}]{\text{10 mol\% DABCO}} \text{Me}_2\text{HCH}_2\text{C-CH(OH)-C(=CH}_2\text{)OSO}_2\text{Ph} \quad 87\%$$

(7-139)

$$\text{RCHO} + \text{CH}_2\text{=CHOP(O)(OEt)}_2 \xrightarrow[\text{neat, rt, 7\sim29天}]{\text{20 mol\%\sim30 mol\% DABCO}} \text{R-CH(OH)-C(=CH}_2\text{)OP(O)(OEt)}_2$$

R = Me, Et, n-Pr, i-Pr, n-Bu, i-Bu. 64%~83%

(7-140)

8. β-芳基(杂芳基)硝基乙烯

在 Baylis 和 Hillman 报道 MBH 反应的原始专利中,提及用 DABCO 催化硝基乙烯与乙醛的反应[54]。虽然硝基乙烯是一个很强的 Michael 受体,而且它的

MBH反应产物中集中了硝基、C═C双键和羟基等多个官能团，它们单独或作为一个整体的后续转化应可产生多种有用的合成中间体；但在后来的研究中，却未再有过关于硝基乙烯本身与各类亲电试剂的反应的报道。硝基乙烯的MBH反应较为困难的原因可能是叔胺对硝基乙烯的亲核加成是高度可逆的[300,301]；而加成后形成的两性离子中，α-硝基碳负离子的亲核性不高，对醛进行加成的活性较差。这使两性离子可通过迅速的retro-Michael反应回到原料；而两性离子对另一分子硝基乙烯的亲核加成也可以有效地与对醛的加成竞争，导致烯烃的聚合。此外，硝基乙烯本来也是易于聚合的烯烃单体。

虽然硝基乙烯本身的MBH反应后来未见报道，但对β-芳基(杂芳基)硝基乙烯与各类亲电试剂的反应却已有一些研究。β-芳基(杂芳基)硝基乙烯可以与甲醛进行MBH反应[302,303]。在筛选的多种叔胺催化剂(DABCO，DBU，三乙胺，吡啶，DMAP，咪唑，N-甲基咪唑)中，咪唑的催化效果最好；而三苯基膦、三正丁基膦、三环己基膦和二甲基硫醚则不能催化反应。在反应体系中加入催化量的邻氨基苯甲酸(AA)，有助于加快反应，提高产率。结果见式(7-141)。

NO_2 + CH_2O —(1 eq 咪唑; 10 mol% AA, THF, rt, 15~120 h)→ OH, H, NO_2, R　(7-141)

R=2-噻吩基, 3-噻吩基, 2-呋喃基, 3-呋喃基, Ph, 4-MeOPh, 2-NO_2Ph, 4-FPh, 3,4-(OCH_2O)Ph, 3,4-$(MeO)_2$Ph, 3-MeO-4-OH-Ph. 25%~63%

这些硝基烯烃与甲醛以外的其他醛的反应则未见报道。

β-芳基(杂芳基)硝基乙烯也可在DMAP或咪唑的催化下与多种非烯醇化的α-二羰基化合物和1,2,3-三羰基化合物反应，例见式(7-142)和式(7-143)[304,305]；但丙酮酸酯和苯乙酮酸酯则不能参与这些反应。

17 + **18** ←(R^1COR^2; 40 mol% DMAP, MeCN, rt, 5~10 min)— R–CH=CH–NO_2 —(4 eq EtO_2CCOCO_2Et; 40 mol% DMAP, MeCN, rt, 20 min)→ **15** + **16**

R=环己基时，R^1,R^2=H,H; H,CO_2Et; CF_3,CO_2Me; CO_2Et, CO_2Et 61%~88%, **17/18**=3/97~92/8

R=i-Pr时，R^1,R^2=H,H; H,COMe; H,CO_2Et; CF_3,CO_2Me; CO_2Et, CO_2Et 40%~80%, **17/18**=100/0~0/100

R=4-MeOPh, 4-(Me_2N)Ph, 3,4-$(MeO)_2$Ph, 3,4,5-$(MeO)_3$Ph, 2-呋喃基 43%~85%, **15/16**=71/29~100/0

(7-142)

(2-X-苯基)二烯基-NO_2 + R^1COR^2 —(1 eq DMAP; MeCN, rt)→ **19** + **20**

X=H, OMe, NO_2. R^1,R^2=H,H; H,CO_2Et; CF_3,CO_2Me. 6例.
反应时间20~45 min. 产率63%~88%, **19/20**=0/100~100/0

(7-143)

在 DMAP 或咪唑催化的这些硝基烯与乙醛酸酯的反应中，加入共催化剂 N,N'-二芳基硫脲，可以明显促进反应[306]，将 DMAP 的用量减少至 20 mol%。这里，硫脲和水作为氢键给体活化了硝基烯和乙醛酸酯，并催化了消去催化剂之前的质子转移过程。

咪唑或 DMAP 也可以催化硝基烯烃与偶氮二甲酸二酯（作为亲电试剂）发生类似于 aza-MBH 反应的加成（式(7-144)）[307]。

$$\text{Ar-CH=CH-NO}_2 + i\text{-PrO}_2\text{C-N=N-CO}_2i\text{-Pr} \xrightarrow[\text{THF, N}_2,\ 0.5\sim48\text{ h}]{\text{1 eq 咪唑}} \text{Ar-CH=C(NO}_2\text{)-N(CO}_2i\text{-Pr)-NH(CO}_2i\text{-Pr)}\quad 83\%\sim100\%$$

Ar=Ph, 4-ClPh, 4-MeOPh, 4-Me_2NPh, 4-CF_3Ph, 4-NO_2Ph, 3,4-$(MeO)_2Ph$, 3-MeO-4-HOPh, 3,4-(OCH_2O)Ph, 2-呋喃基, 3-呋喃基, 2-噻吩基, 3-噻吩基

(7-144)

9. β-取代烯烃

β-烷基或芳基取代的烯烃如巴豆腈、巴豆酸酯和肉桂腈等不能在常规的 DABCO 催化反应条件下与醛发生反应[84,105,308,309]；这些反应只有在高压下才能进行（式(7-145)）。为了合成这些 β-取代烯烃的 MBH 反应产物，已发展了一些比 MBH 反应更为实用的其他方法[310-315]。

$$\text{Me}_2\text{C(OH)-C(CN)=CHMe}\ (>50\%) \xleftarrow[\text{10 kbar, 55℃, 20 h}]{\text{Me}_2\text{CO, 4 mol\% DABCO}} \text{MeCH=CHCN} \xrightarrow[\text{9 kbar, 50℃, 18 h}]{\text{MeCHO, 5 mol\% DABCO}} \text{MeCH(OH)-C(CN)=CHMe}\ ((Z)\text{-}, 72\%)$$

同样条件下常压 14天无反应

$$\text{MeCH=CHCO}_2\text{Me} + \text{MeCHO} \xrightarrow[\text{10 kbar, 55℃, 20 h}]{\text{4.5 mol\% DABCO}} \text{MeCH(OH)-C(CO}_2\text{Me)=CHMe}\ (>50\%)$$

(7-145)

β-位有烯基取代的丙烯酸酯，如 2,4-戊二烯酸酯[316]和 2,4-己二烯酸酯[317]，则可以在 DABCO 或 3-羟基奎宁环(3-HQD)催化下与较为活化的芳醛反应，以中等产率得到产物。例见式(7-146)。

$$\text{ArCHO} + \text{CH}_3\text{CH=CH-CH=CH-CO}_2\text{Et} \xrightarrow[\text{DMSO, rt, 72 h}]{\text{1 eq DABCO}} \text{ArCH(OH)-C(CO}_2\text{Et)=CH-CH=CH-CH}_3$$

Ar= Ph, 4-NO_2Ph, 2-NO_2Ph, 4-FPh, 4-ClPh, 2,4-Cl_2Ph, 4-CNPh, 4-PhPh. 52%~68%, (*E*), (*E*)/(*E*), (*Z*) 65/35~70/30

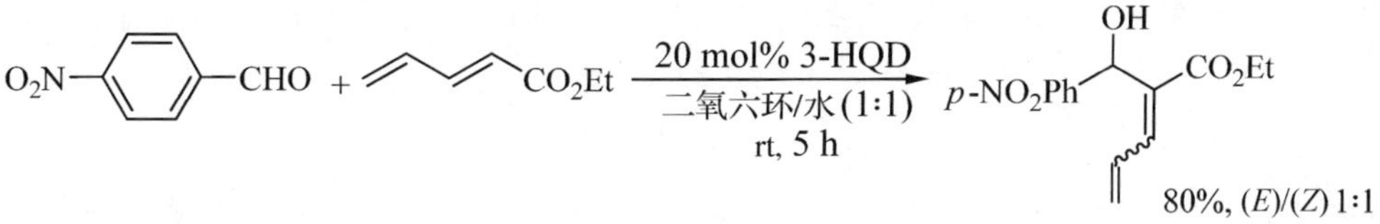

O_2N–C₆H₄–CHO + CH₂=CH–CH=CH–CO_2Et $\xrightarrow[\text{二氧六环/水(1:1), rt, 5 h}]{\text{20 mol\% 3-HQD}}$ p-NO_2Ph–CH(OH)–C(CO_2Et)=CH–CH=CH₂　80%, (E)/(Z) 1:1

(7-146)

在 α-位有羰基、氰基等拉电子基的烯酮环二硫代缩醛分子中，这些拉电子基与两个强给电子的 RS 基之间的推-拉相互作用使双键上的电子密度高度极化，α-碳原子表现为亲核反应中心。这些烯酮环二硫代缩醛可以在 Lewis 酸的催化下与醛进行 MBH 反应[318-322]。以 $TiCl_4$ 为催化剂，二氯甲烷为溶剂时，产物是双重 MBH 产物 **22**(式(7-147))[318]。建议的反应机理见式(7-148)。环二硫代缩醛 **21** 的 α-碳原子对被 $TiCl_4$ 活化的醛羰基的亲核加成继而以分子内质子转移和脱去 $TiCl_4$ 导致初级 MBH 产物 **23** 的生成；后者在 $TiCl_4$ 作用下脱羟基得碳正离子 **O,O** 被第二分子环二硫代缩醛亲核捕获，得到产物 **22**。确实，如果在低转化率时淬灭反应，可以分离得到部分产物 **23**，为这一机理提供了支持。

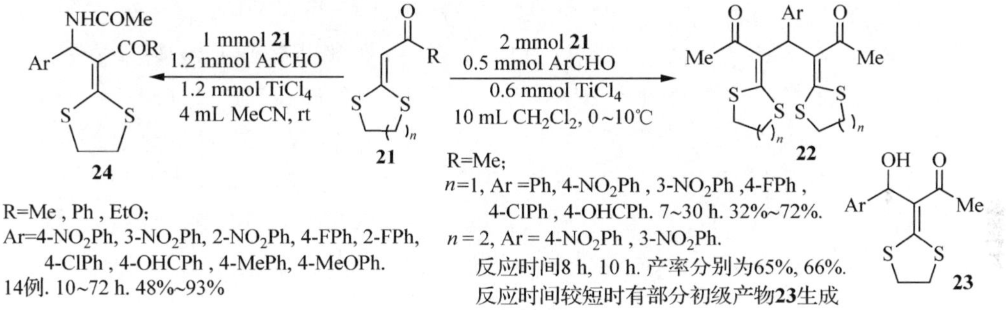

24 ← 1 mmol **21**, 1.2 mmol ArCHO, 1.2 mmol $TiCl_4$, 4 mL MeCN, rt — **21** — 2 mmol **21**, 0.5 mmol ArCHO, 0.6 mmol $TiCl_4$, 10 mL CH_2Cl_2, 0~10℃ → **22**

R=Me, Ph, EtO;
Ar=4-NO_2Ph, 3-NO_2Ph, 2-NO_2Ph, 4-FPh, 2-FPh, 4-ClPh, 4-OHCPh, 4-MePh, 4-MeOPh.
14例. 10~72 h. 48%~93%

R=Me;
n=1, Ar=Ph, 4-NO_2Ph, 3-NO_2Ph, 4-FPh, 4-ClPh, 4-OHCPh. 7~30 h. 32%~72%.
n=2, Ar=4-NO_2Ph, 3-NO_2Ph.
反应时间8 h, 10 h. 产率分别为65%, 66%.
反应时间较短时有部分初级产物**23**生成

(7-147)

21 + ArCHO·$TiCl_4$ → → ($-TiCl_4$) **23** → ($TiCl_4$, $-HCl$) → (H^+, $-TiCl_3(OH)$) **O** → **21** → → **22**

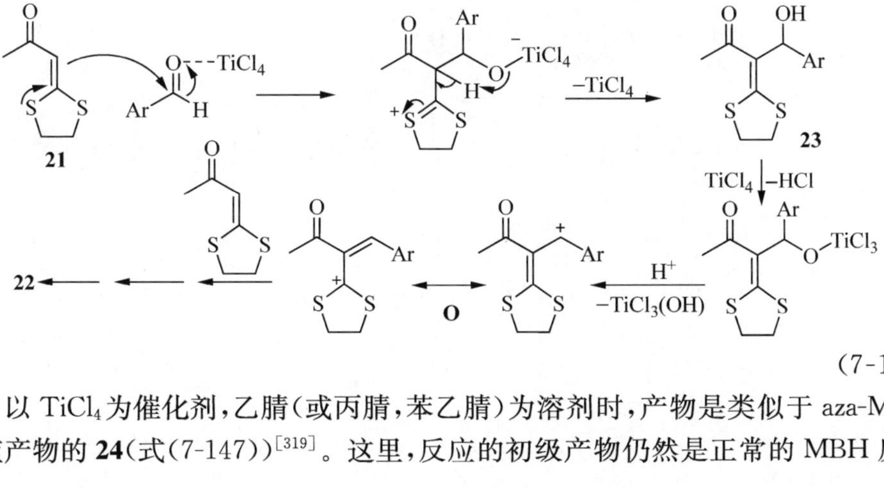

(7-148)

以 $TiCl_4$ 为催化剂，乙腈(或丙腈，苯乙腈)为溶剂时，产物是类似于 aza-MBH 反应产物的 **24**(式(7-147))[319]。这里，反应的初级产物仍然是正常的 MBH 反应产物**23**,但在 $TiCl_4$ 的作用下由**23**生成碳正离子**O**后(式(7-149)),后者被作为亲核剂的大过量的腈捕获,再水解为产物**24**(Ritter 反应)。

$$\text{O} \xrightarrow{R'CN} \text{亚胺鎓中间体} \xrightarrow{H_2O} \mathbf{24}\ (R\text{-CO-C(=C二硫戊环)-CH(Ar)NHCOR'})$$

(7-149)

10. 活化炔烃

从叔胺催化的 MBH 反应的机理(式(7-50))来看,炔基酮和炔酸酯不能参与反应。这是由于在反应的最后一步,在两性离子与醛加成后生成的中间体(与式(7-50)中的**B**相应)中,α-碳原子上没有可供进行分子内质子转移的氢原子,无法消去叔胺催化剂。但在亲核性负离子如碘负离子(I^-)与一个 Lewis 酸的共同作用下,或在具有亲核性负离子的 Lewis 酸(如 $TiCl_4$ 等)的单独作用下,它们可以与醛、酮进行反应,得到β-卤代的 MBH 反应产物。

最初发现,一些碘负离子试剂可以在 Lewis 酸的辅助下促进炔基酮与醛反应,得到β-碘代的 MBH 产物,如 TMSI/$TiCl_4$、TMSI/$(n\text{-}Bu)_4NF$、TMSI/TMSOTf、Et_2AlI、TiI_4、$BF_3/(n\text{-}Bu)_4NI$ 和 $TiCl_4/(n\text{-}Bu)_4NI$ 都是这样的碘负离子源-Lewis 酸组合。其中用 $TiCl_4/(n\text{-}Bu)_4NI$ 时反应产率和立体选择性都较好(式(7-150))[323]。产物的(*Z*)/(*E*)值与反应温度有关。如苯甲醛与乙炔基戊基酮在−78℃反应时,(*Z*)/(*E*)为 80/2,而在 0℃反应时,(*Z*)/(*E*)为 2/78。

$$RCHO + HC{\equiv}C\text{-}COR' \xrightarrow[CH_2Cl_2,\ -78℃,\ 10\ min\sim1.5\ h]{TiCl_4/(n\text{-}Bu)_4NI} (Z)\text{-} + (E)\text{-}$$

1. $R'=n\text{-}C_5H_{11}$时, R=Ph, (*Z*)- 80%, (*E*)- 2%; R=Me, (*Z*)- 71%, (*E*)- 8%.
2. R=Ph; R′=Ph, *i*-Pr, OMe. 产率83.5%, 80%, 57%. (*Z*)/(*E*) 53/4, 79/1, 82/1.5

(7-150)

而 $ZrCl_4/(n\text{-}Bu)_4NI$ 体系则可用来促进丙炔酸酯和丙炔酰胺与醛和酮的加成反应(式(7-151))[324]。

$$HC{\equiv}C\text{-}COR + R'CHO\ (1.2\ eq) \xrightarrow[CH_2Cl_2,\ 0℃,\ 3\sim5\ h]{1.1\ eq\ (n\text{-}Bu)_4NI,\ 1.2\ eq\ ZrCl_4} R'CH(OH)C(COR){=}CHI$$

(*Z*)-,主要产物

R=OMe, R′=*n*-Pr, *i*-Pr, *t*-Bu, $n\text{-}C_5H_{11}$, Ph. 79%~90%, (*Z*)/(*E*)73/27~92/8.
R=NMe_2, R′=Ph. 75%, (*E*)-产物

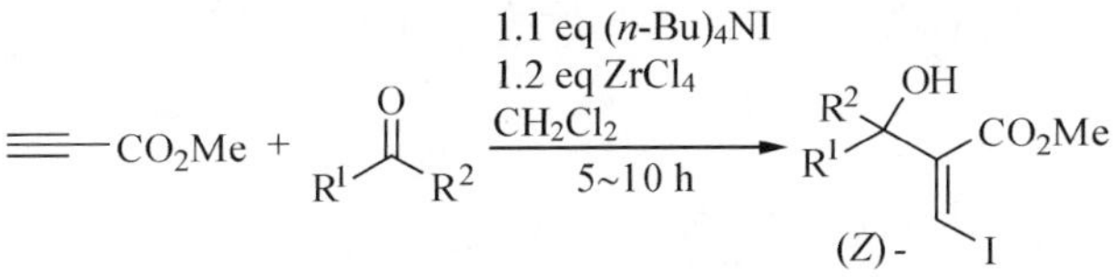

1.1 eq $(n\text{-Bu})_4NI$
1.2 eq $ZrCl_4$
CH_2Cl_2
5~10 h
R^1COR^2=苯乙酮, 环戊酮, 环己酮.
37%~60%, (Z)/(E)均为100/0
(Z)-

(7-151)

也已用$(n\text{-Bu})_4NI/LiI$ 为碘源，以催化量的手性 salen · $AlCl_3$ 配合物为手性催化剂进行了丙炔酸乙酯与一系列芳醛的反应，以较高的产率和中等的对映选择性(*ee* 值 50%～62%)得到 β-碘代的 MBH 醇产物[325]。

Et_2AlI[326]、AlI_3[327]、$BF_3 \cdot (n\text{-Bu})_4NI$[328]等试剂也在促进丙炔酸酯与醛和酮的加成反应时显示了较好的效果。MgI_2 已用来促进丙炔酸酯和乙炔基酮与醛或酮的反应[329-332]。

这些反应都是由碘负离子对炔酮加成引发，经 β-碘代丙二烯醇负离子中间体 **P**(式(7-152))对醛或酮的亲核加成进行的。

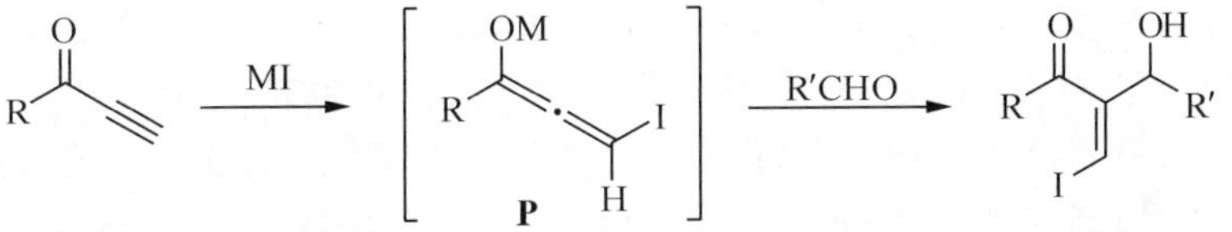

MI　　R′CHO　　**P**

(7-152)

后来发现，使用催化量的 $TiCl_4/(n\text{-Bu})_4NI$[333]，或只用略过量的 $TiCl_4$ 而无 $(n\text{-Bu})_4NI$[334]，也可引发炔酮与醛的反应，但产物不再是 β-碘代的产物，而是 β-氯代的 MBH 产物(式(7-153)[333]和式(7-154)[334])。

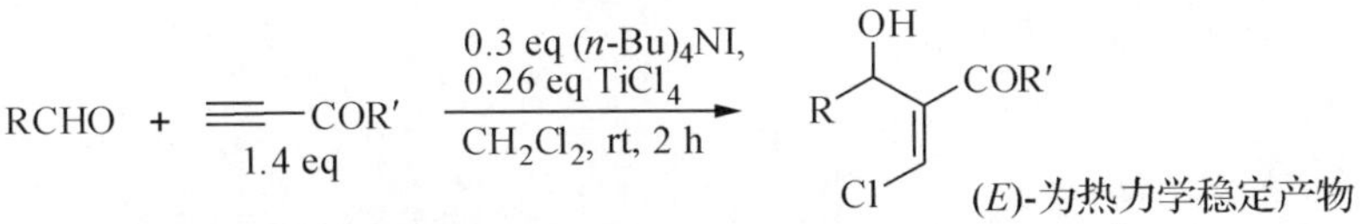

RCHO + ≡—COR′ (1.4 eq)
0.3 eq $(n\text{-Bu})_4NI$,
0.26 eq $TiCl_4$
CH_2Cl_2, rt, 2 h
(E)-为热力学稳定产物

R′=Me时, R=Ph, 4-NO_2Ph, 4-CF_3Ph, 4-FPh, 4-MePh,
(E)-2-NO_2PhCH=CH, n-C_5H_{11}. 53%~76%. (E)/(Z)>95:5.
R′=Pr时, R=4-NO_2Ph. 77%, (E)/(Z)>95:5.
R′=Ph时, R=n-C_9H_{19}, CO_2Et. 产率 60%, 76%. (E)/(Z)>95:5

(7-153)

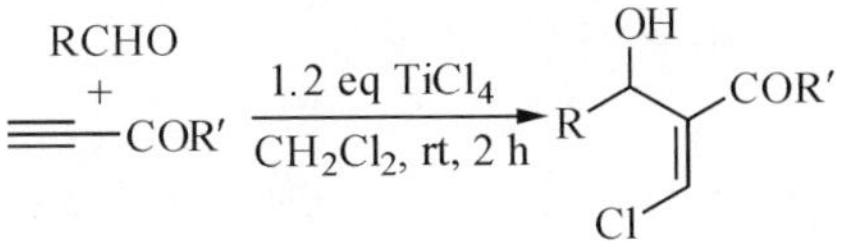

RCHO + ≡—COR′
1.2 eq $TiCl_4$
CH_2Cl_2, rt, 2 h

R′=Me时, R=Ph, 4-NO_2Ph, 4-CF_3Ph, i-Bu, n-C_5H_{11}.
61%~88%. (E)/(Z)>95:5.
R′=Ph时, R=4-CF_3Ph, n-C_9H_{19}, CO_2Et.
65%~85%. (E)/(Z) 17/1~>95/5.
R′= 环己基时, R=4-ClPh, 4-BrPh. 63%, 61%. (E)/(Z)>95:5

(7-154)

11. 联烯酸酯

与联烯酸酯在膦的催化下与芳醛通过 γ-加成进行[3+2]环加成反应不同，在

DABCO催化下，联烯酸酯可与脂醛通过 α-加成进行 MBH 反应[335,336]。例见式(7-155)[335]。

$$=\cdot=\!\!\diagup^{CO_2Et} + RCHO \xrightarrow[\text{16~34 h}]{\text{15 mol\% DABCO, } Et_2O, -6^\circ C\text{~rt}} R\text{-}CH(OH)\text{-}C(CO_2Et)=C=CH_2 \quad (7\text{-}155)$$

R = Et, 41%; R = n-C_6H_{13}, 54%

7.2.3 MBH 反应中的亲电试剂

1. 醛

实验中发现，甲醛、乙醛和其他大约六个碳以下的直链脂醛都在与活化烯烃的MBH 反应中有良好的反应活性。碳链继续延长，特别是碳链出现分叉时，电子和立体效应都使反应性能下降[159,179]。例如，三氯乙醛的反应活性远比乙醛为高[88]；但三氟乙醛、七氟丁醛等在胺的存在下极易聚合，不是好的 MBH 反应中的亲电试剂[281]。具有拉电子基的芳醛可以较快的速率和较高的产率参与 MBH 反应；而有给电子基(甲基，甲氧基，N,N-二甲氨基等)的芳醛，在通常反应条件下反应较慢，产率也较低；需通过优化反应条件，如加大催化剂用量、改变催化体系、加压等方法来加速反应，提高产率。此外，还可以通过与过渡金属配位来提高芳醛的亲电活性。例如，邻位取代的苯甲醛与三羰基铬配位后不仅反应速率大大加快，而且反应中有了面选择性。参与反应的是羰基与邻位取代基 R 处于反式的构象；两性离子优先从与三羰基铬相反的一面进攻醛基。在使用手性原料时，反应的非对映和对映立体选择性都很好(式(7-156))[337]。

$$\mathbf{1}\ (\text{ArCHO}\cdot Cr(CO)_3) + =\!\diagup^{Z} \xrightarrow[NR_3=DABCO]{NR_3} \left[\text{zwitterion } Z\text{-}CH^{-}\text{-}CH_2\text{-}\overset{+}{N}R_3 \text{ attacks CHO}\right] \xrightarrow{-NR_3} \mathbf{2} \xrightarrow[\text{空气}]{h\nu} \mathbf{3} \quad (7\text{-}156)$$

用外消旋的**1**时，Z = CO_2Me, R = OMe, Me, F, Cl. 6~93 h. **2** 的产率 87%~93%, de 68%~95%

用(S)-(+) 的**1**时，Z = CO_2Me; R = OMe. **2**为(S, S)-(−), 产率 85%, de >95%. **3**为(R)-(−), 产率 90%, ee >98%

Z = CN; R = OMe. **2**为(S, S)-(−), 产率 88%, de >95%. **3**为(S)-(−), 产率 93%, ee >98%

(7-156)

很多杂环芳醛都在 MBH 反应中表现出了高反应活性。这一方面是因为其中一部分具有比脂醛和苯甲醛更强的亲电性，另一方面也可能与环上的杂原子作为质子受体可以催化作为反应速率决定步骤的分子内质子转移过程有关。这有助于解释为什么不仅一些亲电性较高的活化杂芳醛如吡啶甲醛(式(7-157))[68,76,89,127,156,158,159,164,177,190,192,199-201,338,339])、喹啉甲醛[59,340-342]、色酮甲醛[343-346]、异噁唑甲醛[122,347-351]、噻唑-2-甲醛[68,102,104,159,171]、吡唑甲醛[352,353]等在 MBH 反应中显示了较高的活性，而且一些亲电性较弱的富电子杂芳醛，如 N-甲基[68] 和 N-(邻硝基苯基)[354] 咪唑-2-甲醛、呋喃甲醛[60,68,70,76,148,155-157,159,160,165,187,190,200,201,209,219,355-358] (式(7-158)[68,355])、噻吩甲醛[159,160,171,173,199,211,213,359]、N-烃基吲哚-2-甲醛(式(7-159))[360] 以及咔啉甲醛[361-363] 等也可以很好地进行 MBH 反应。

0.2 eq **4**，醛/烯 = 1:2；0.2 eq DABCO，neat, rt，醛/烯 = 1:1

吡啶	2-CHO	3-CHO	4-CHO
时间/h	0.5	0.5	0.5
产率/%	95	98	97

吡啶	2-CHO	3-CHO	4-CHO
时间/h	0.75	0.75	0.5
产率/%	98	100	100

(7-157)

1 eq DABCO，水/二氧六环，rt

X = H, CH_2OH, NO_2. 0.5~36 h. 62%~100%.

1 eq DBU，neat, rt, 2天

R= Me, Et, n-Bu, n-$C_{12}H_{25}$, $PhCH_2$. 40%~66%.

(7-158)

1 eq DABCO，neat, rt

R	H	CH_2Ph	CH_2═$CHCH_2$	CH_2═$CHCH_2$	CO_2Et	CO_2Et	CO_2t-Bu	CO_2t-Bu	CO_2t-Bu	CO_2t-Bu
Z	CO_2Me	CO_2Me	CO_2Me	CO_2Et	CO_2Me	CO_2Et	CO_2Me	CO_2t-Bu	丙烯腈	环己烯酮
反应时间	20天	3天	2~4天	2~4天	24天	2天	24 h	4天	3 h(0℃)	2天
产率	无反应	**5**(70%)	**5**(76%)	**5**(54%)	**6**(68%)	**6**(67%)	**5**(24%) **6**(45%)	**6**(66%)	**5**(23%) **6**(47%)	**6**(68%)

(7-159)

吡咯甲醛的 MBH 反应至今未见报道；但已知即使在 N 原子上接有强拉电子基的 N-(邻硝基苯基)吡咯-2-甲醛也不能在 DABCO 的催化下与丙烯酸甲酯进行 MBH 反应[354]。

在异噁唑甲醛[122,347-351]、吡唑甲醛[352,353] 等五元杂芳环醛的反应中，发现醛基在环上不同位置时，反应性能有较大差别；一般是醛基在杂原子邻位时，反应性能较高。例如，在异噁唑甲醛与丙烯腈、丙烯酸酯、丙烯酰胺和环烯酮等活化烯烃的 MBH 反应中(式(7-160))，醛的活性顺序为：异噁唑-5-甲醛≈异噁唑-3-甲醛＞异噁唑-4-甲醛[122,347-351]。

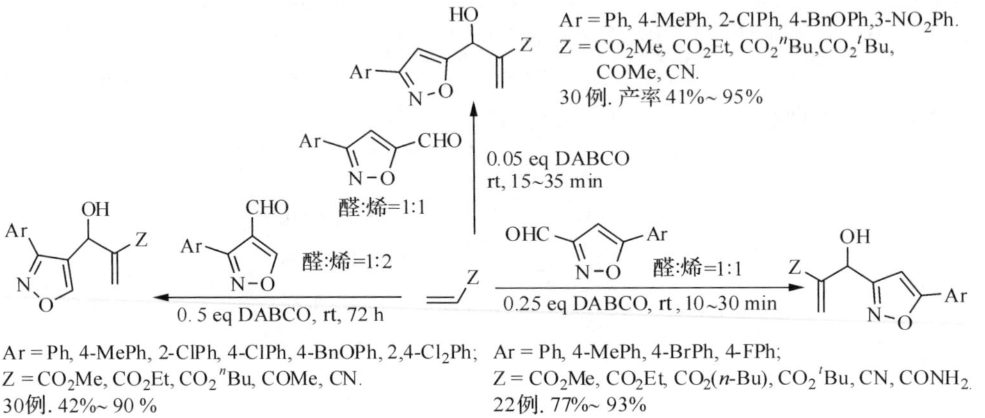

Ar = Ph, 4-MePh, 2-ClPh, 4-BnOPh, 3-NO_2Ph.
Z = CO_2Me, CO_2Et, $CO_2{}^n$Bu, $CO_2{}^t$Bu, COMe, CN.
30 例. 产率 41%~95%

0.05 eq DABCO, rt, 15~35 min; 醛:烯=1:1

0.5 eq DABCO, rt, 72 h; 醛:烯=1:2

0.25 eq DABCO, rt, 10~30 min; 醛:烯=1:1

Ar = Ph, 4-MePh, 2-ClPh, 4-ClPh, 4-BnOPh, 2,4-Cl_2Ph;
Z = CO_2Me, CO_2Et, $CO_2{}^n$Bu, COMe, CN.
30例. 42%~90 %

Ar = Ph, 4-MePh, 4-BrPh, 4-FPh;
Z = CO_2Me, CO_2Et, CO_2(*n*-Bu), $CO_2{}^t$Bu, CN, $CONH_2$.
22例. 77%~93%

(7-160)

在一系列 *N*-苯基吡唑甲醛的反应中也显示了相似的活性顺序，即 *N*-苯基-3-甲醛与 *N*-苯基-5-甲醛的反应性能相近，且都远高于 *N*-苯基-4-甲醛（式(7-161))[352]。

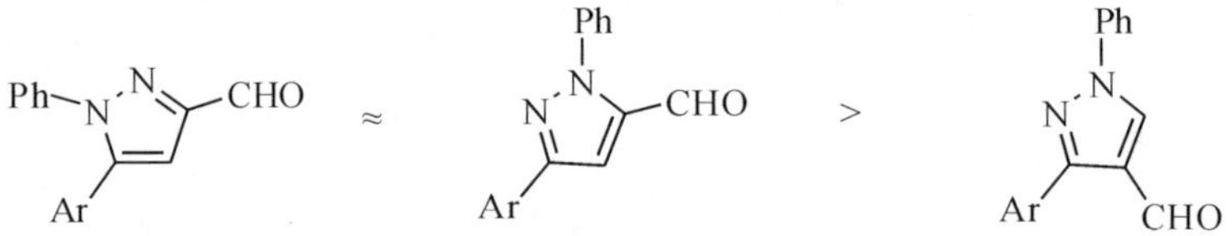

≈ > (7-161)

但在六元杂环的醛中，未发现有类似的规律。例如，吡啶甲醛的三个异构体未表现出重大的反应活性差别[59,68,158,164,177,199]。例见式(7-157)。

2. *α*,*β*-不饱和醛

丙烯醛尚未作为亲电试剂成功用于 MBH 反应；它在叔胺催化下与活化烯烃的反应只导致聚合[364]。*β*-取代的 *α*,*β*-不饱和醛，如肉桂醛和巴豆醛在常规的 DABCO 催化条件下与活化烯烃的反应很慢，产率也不高[364,365]。例如，在 15 mol%的 DABCO 催化下，巴豆醛、3-甲基丁烯-2-醛和肉桂醛在 10 mol%的水作为共催化剂存在时与 1.5 eq 的丙烯酸酯在室温反应，分别需要 20 天、25 天和 12 天，而 MBH 反应产物的产率分别为 31%、35%和 55%[365]。在一些改进的反应条件下[62,76,135,156,160,202,209,211,215,219,309,358,366]，肉桂醛的反应也能较快进行，但很多情况下产物产率未必提高。式(7-162)比较了肉桂醛与丙烯酸甲酯在不同条件下的反应结果，其中第 7～11 条是在以离子液体为溶剂或共催化剂时的反应结果。

Ph CHO + CO_2Me —反应条件→ Ph HO CO_2Me

反应条件及产率:

1. 醛/烯烃=1:1.5, 0.1 eq 3-HQD, $CHCl_3$, rt, 14天, 28%.[358]
2. 醛/烯烃=1:1.2, 0.25 eq 奎宁环(QD), 0.75 eq甲醇, rt, 3 h, 62%.[76]
3. 醛/烯烃=1:1, 0.15 eq DABCO,无溶剂, N_2, rt, 6天, 75%.[364]
4. 醛/烯烃=1:10, 0. 5 eq DABCO, MW(650 W), 45 min, 15%.[309]
5. 醛/烯烃=1:1.5, 0.2 eq DABCO, 聚乙二醇(PEG, M_w= 400)为溶剂, rt, 4 h, 65%.[62]
6. 醛/烯烃=1:1, 0.25 eq 四甲基胍(TMG), 0.3 mL CH_2Cl_2/1 mmol醛, rt, 6 h, 50%.[202]
7. 醛/烯烃=1:1.1, 0.2 eq DABCO, [bmim][PF_6](100 μL/1 mmol醛), rt, 24 h, 43%.[209]
8. 醛/烯烃=1.1:1, 0.5 eq DABCO, 0.1 eq [Bu_3PEt][OTs], rt, 24 h, 58%.[156]
9. 醛/烯烃=1.1:1, 0.5 eq DABCO, 0.1 eq [bdmim][PF_6], rt, 24 h, 57%.[211]
10. 醛/烯烃=1:2, 2 eq DABCO, [EtPy][BF_4] (100 μL/1 mmol醛), 60℃, 24 h, 34%.[215]
11. 醛/烯烃=1:2, 2 eq DABCO, (100 μL/1 mmol醛), [bmTr][PF_6], rt, 24 h, 62%.[219]
12. 醛/烯烃=1:1.5, 10 mol%(+)Fc-DMAP, 50mol% MgI_2, *i*-PrOH, –20℃, 24 h, 96%, *ee* 94%.[366]

[bmim][PF_6]　[EtPy][BF_4]　[bmTr][PF_6]　[bdmim][PF_6]

(7-162)

巴豆醛是活性比肉桂醛更低的亲电试剂，它的反应研究较少[135,364,365]。

β-取代的炔醛如 3-苯基-2-丙炔醛等则是比 *β*-取代的烯醛更为活泼的亲电试剂；它们在催化量的 DABCO，奎宁环(QD)等存在时即可顺利地与丙烯酸酯、开链烯酮和环烯酮等进行反应[76,197,367,368]。例见式(7-163)～式(7-165)。

R—≡—CHO + Z (1.2 eq) —0.5 eq DABCO / DMSO, rt, 0.5～4 h→ OH Z R　(7-163)

Z=CO_2Me和COMe;
R=Ph, 4-MeOPh, 4-ClPh, 4-FPh, 2-噻吩基, *n*-C_5H_{13}. 12例　47%~64%

R—≡—CHO + 环烯酮 —20 mol% DMAP / 水/THF (1:1), 1 h→ 产物
n=1, R=Ph, 35%
n=2, R=Ph, *n*-C_5H_{13}. 40%, 30%

(7-164)

$(i\text{-Pr})_3Si$—≡—CHO + CO_2Me
—0.25 eq QD / 0.75 eq 甲醇, rt, 0.5 h→ $(i\text{-Pr})_3Si$ OMe CO_2Me 70%
—0.25 eq QD / 无溶剂, rt, 0.5 h→ $(i\text{-Pr})_3Si$ OH CO_2Me 55%

(7-165)

此外，二茂铁甲醛[369-372]与丙烯酸酯和丙烯酰胺，以及碳硼烷甲醛[373]和丙烯酸酯在DABCO催化下的MBH反应，由于产物在有机合成、生物活性研究和功能材料研究中的用途，也已研究过。

3. 酮

与醛相比，酮较弱的亲电性和较大的位阻使它们参与MBH反应的活性较低。一般的单酮如丙酮、丁酮和环己酮在催化量的DABCO存在时，只有在加压的条件下才能参与反应(式(7-166))[84,85]。位阻更大的酮，如二异丙基甲酮、苯乙酮等则在加压条件下也不能参与反应。

$$CH_2{=}CHCN + R^1COR^2 \xrightarrow[\text{加压}]{DABCO} R^1R^2C(OH)C(=CH_2)CN$$

丙酮：10 mol% DABCO, 40℃, 常压, 14天无反应；5 mol% DABCO, 40℃, 加压10 kbar, 1.5 h, 产率65%
丁酮：6 mol% DABCO, 40℃, 常压, 14天无反应；10 mol% DABCO, 26℃, 加压10 kbar, 4 h, 产率14%
环己酮：2 mol% DABCO, 40℃, 常压, 14天, 无反应；5 mol% DABCO, 26℃, 9 kbar, 1 h, 产率42%

(7-166)

α-多氟代酮的亲电性较强，可以在常压下进行反应[374-378]；但1,1,1-三氟丙酮在叔胺存在时立即聚合，即使在低温下也不能很好地应用于MBH反应。一些α-多氟代酮在DABCO催化下的MBH反应结果见式(7-167)和式(7-168)[281]。

$$\underset{5\ \text{mmol}}{RCOR_F} + \underset{10\ \text{mmol}}{CH_2{=}CHZ} \xrightarrow[\text{neat, 或THF为溶剂}]{10\ \text{mol\% DABCO}} RR_FC(OH)C(=CH_2)Z$$

R=Me, R_F=CF_3时, Z=CHO, COMe, CO_2Et, CN. 4例. −25℃或0℃, 1 h, 产率0~12%
R=Ph, 2-噻吩基或3-吲哚基, R_F=CF_3, Z=CN, CO_2Et. 6例, rt, 10 h~7天, 产率65%~94%
R=Ph, R_F=CF_2Cl, Z=CN, CO_2Et. 2例. rt, 1~7天, 产率68%, 90%

(7-167)

$$Ph{-}C{\equiv}C{-}COR_F + \underset{2\ eq}{CH_2{=}CHZ} \xrightarrow[\text{THF, }-25\sim0℃\text{, }10\sim15\ \text{min}]{10\ \text{mol\% DABCO}} PhC{\equiv}C{-}C(OH)(R_F)C(=CH_2)Z \quad 40\%\sim75\% \tag{7-168}$$

R_F=CF_3或n-C_3F_7; Z=CN, CHO, CO_2Et, COMe. 6例

4. α-二羰基化合物

α-二酮、α-酮酸酯等是比单酮更强的亲电试剂，它们参与MBH反应的活性较高。

1) α-二酮

可烯醇化的α-二羰基化合物，其烯醇式在溶液中可与叔胺和活化烯烃发生副

反应，不适用于 MBH 反应。一些不可烯醇化的环状二酮，可以在 3-羟基奎宁环(3-HQD)的催化下，较好地进行反应(式(7-169))[282]。在类似的反应条件下，3,3,6,6-四甲基环己二酮不能进行反应。

α-二酮	反应条件	$CH_2{=}CHCN$	$CH_2{=}CHO$
樟脑醌	1 eq 3-HQD, 过量烯烃, rt, 18天	73%	聚合
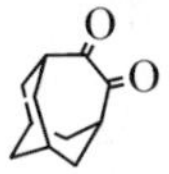 [structure]	2 mol% 3-HQD, 过量烯烃, rt, 2~4 h	70%	聚合
 [structure]	0.27 eq 3-HQD, 过量烯烃, rt, 24 h	71%	聚合
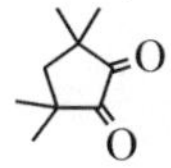 [structure]	0.1 eq 3-HQD, 过量烯烃, rt, 3天	100%	72%
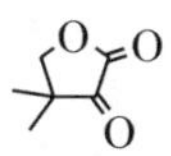 [structure]	0.2 eq 3-HQD, 过量烯烃, rt, 24 h	81%	32%

(7-169)

芳香族二酮的亲电性不如脂族二酮强。1,2-二萘醌的 MBH 反应尚未见报道；但菲醌[190,379,380]、苊醌[380]，1,2-蒽乙二酮(1,2-aceanthrenequinone)[380]和芘醌[380]都能在 $TiCl_4$ 存在时与环戊烯酮和环己烯酮进行反应，以良好的产率得到产物(式(7-170))[380]。

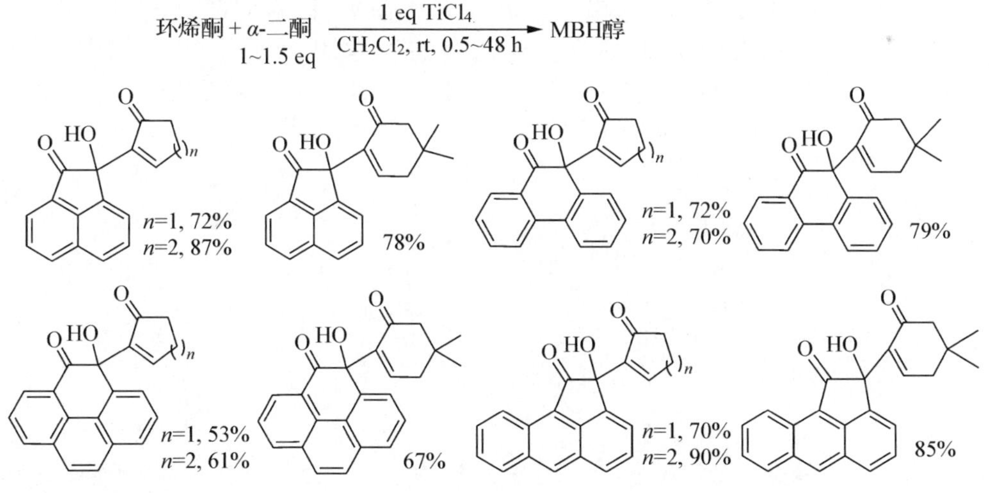

$$\text{环烯酮} + \alpha\text{-二酮}\ (1\sim1.5\ \text{eq}) \xrightarrow[CH_2Cl_2,\ rt,\ 0.5\sim48\ h]{1\ eq\ TiCl_4} \text{MBH醇}$$

n=1, 72%; n=2, 87%　　78%　　n=1, 72%; n=2, 70%　　79%

n=1, 53%; n=2, 61%　　67%　　n=1, 70%; n=2, 90%　　85%

(7-170)

2) α-酮酸酯

DABCO 可以催化丙酮酸酯和苯乙酮酸酯与丙烯腈和丙烯酸酯的反应[381,382]，例见式(7-171)[381]。DABCO 也可以催化草酰甲酸酯(2-羰丙二酸酯)与丙烯酸酯的反应[383]。

R—CO—CO—OR′ + CH₂=CH—Z (2 eq) —[0.3 eq DABCO; neat, rt, 24 h~9天]→ R′O₂C—C(OH)(R)—C(=CH₂)—Z

R=Me, Ph, 4-MePh; R′=Me, Et; Z=CN, CO_2Me. 6例. 38%~74%

(7-171)

DABCO也可催化苯乙酮酸酯与乙烯基酮的反应，但需以化学计量使用((式7-172))[384]。这些反应也可用 $TiCl_4$[241,378] 或 $TiCl_4$-Me_2S[384] 来催化。但 $TiCl_4$ 或 $TiCl_4$-Me_2S 都不能催化丙酮酸酯与乙烯基酮的反应[378,384]。

Ar—CO—CO—OEt (1 mmol) + CH₂=CH—CO—R (3 mmol) —[1 eq DABCO; CH_2Cl_2, rt, 1 h]→ EtO_2C—C(Ar)(OH)—C(=CH₂)—CO—R (7-172)

R=Me; Ar=Ph(85%), 4-BrPh(67%), 4-MePh(59%), 4-MeOPh(50%), 1-萘基(53%)
R=Et; Ar=Ph(57%), 4-BrPh(58%)

$TiCl_4$也可以催化苯乙酮酸酯与环烯酮的反应(式(7-173))[241]。

Ar—CO—CO—OR (1 mmol) + 5,5-二甲基环己-2-烯酮 (3 mmol) —[1 eq $TiCl_4$; CH_2Cl_2, rt, 6~12 h]→ 2-[C(OH)(Ar)(CO_2R)]-5,5-二甲基环己-2-烯酮

R=Et; Ar=Ph, 2-MePh, 4-MePh, 4-EtPh, 4-MeOPh. 47%~86%
R=Me; Ar=Ph, 2-MePh, 3-MeOPh, 2-MeOPh. 50%~87%
R=*i*-Pr; Ar=4-MePh. 82%

(7-173)

式(7-173)中环己烯酮5-位碳原子上孪生甲基的位阻效应抑制了6-位碳原子上可能发生的与酮酸酯的Aldol反应，使主要进行MBH反应。当5-位碳原子上没有孪生甲基时，在同样条件下进行反应，Aldol反应成为主要反应(式(7-174))。对环戊烯酮，则只得到Aldol反应产物[241]。

Ar—CO—CO—OR (1 mmol) + 环己-2-烯酮 (3 mmol) —[1 eq $TiCl_4$; CH_2Cl_2, rt, 2 h]→ **7** (2-[C(OH)(Ar)(CO_2R)]环己-2-烯酮) + **8** (6-[C(OH)(Ar)(CO_2R)]环己-2-烯酮)

R=Et; Ar=Ph, 4-MePh, 4-MeOPh, 4-BrPh, 1-萘基. (**7**+**8**)总产率31%~80%, **7**/**8**=13/87~0/100
R=Me; Ar=Ph, 4-MePh, 4-EtPh. (**7**+**8**)总产率61%~70%, **7**/**8**=15/85~0/100
R=*i*-Pr; Ar=4-MePh. (**7**+**8**)总产率65%, **7**/**8**=5/95

(7-174)

脂基膦也能催化苯乙酮酸酯与环戊烯酮的反应，但不能催化与环己烯酮、环庚烯酮以及乙烯基甲基酮的反应。在尝试的几种脂基膦中，PPh_2Me 的效果最好。反应须在无溶剂(neat)条件下进行；在反应体系中加入对硝基苯酚，有助于提高产率(式(7-175))[385]。

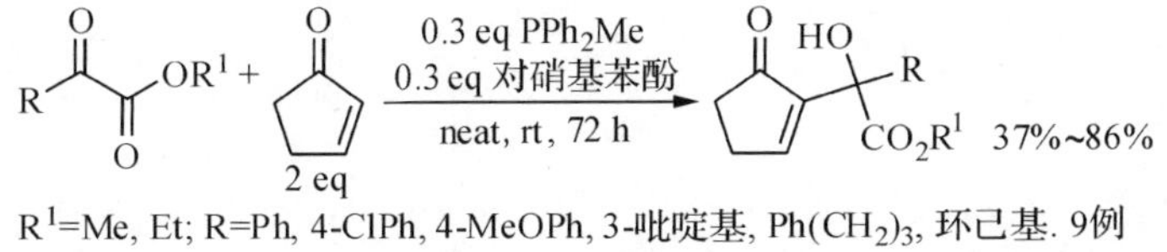

$$\text{RCOCO}_2\text{R}^1 + \text{环戊烯酮 (2 eq)} \xrightarrow[\text{neat, rt, 72 h}]{\text{0.3 eq PPh}_2\text{Me, 0.3 eq 对硝基苯酚}} \text{产物}\ \ 37\%\sim86\% \tag{7-175}$$

R^1=Me, Et; R=Ph, 4-ClPh, 4-MeOPh, 3-吡啶基, $Ph(CH_2)_3$, 环己基. 9例

靛红(indol-2,3-dione，isatin)作为 α-酮酸的酰胺衍生物，也是 MBH 反应中很好的亲电试剂[238,386]。DABCO 可以催化靛红与丙烯腈和丙烯酸酯的反应；虽然反应时间较长，但产率很高(式(7-176))[386]。

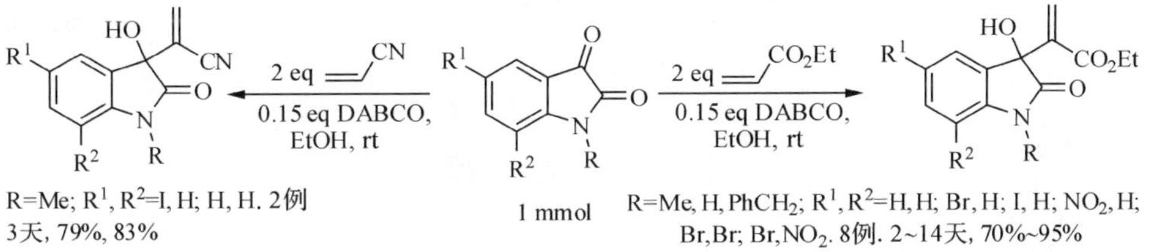

左：2 eq 丙烯腈，0.15 eq DABCO, EtOH, rt；R=Me; R^1, R^2=I, H; H, H. 2例；3天, 79%, 83%

中：1 mmol

右：2 eq 丙烯酸乙酯 (CO_2Et)，0.15 eq DABCO, EtOH, rt；R=Me, H, $PhCH_2$; R^1, R^2=H, H; Br, H; I, H; NO_2, H; Br, Br; Br, NO_2. 8例. 2~14天, 70%~95%

(7-176)

$TiCl_4$ 可以催化靛红与环烯酮的反应，例见式(7-177)。在与此式相同的条件下，一系列 5-位上有甲基、乙基、苄基和苯基取代的靛红衍生物也可与环己烯酮进行反应[380]。

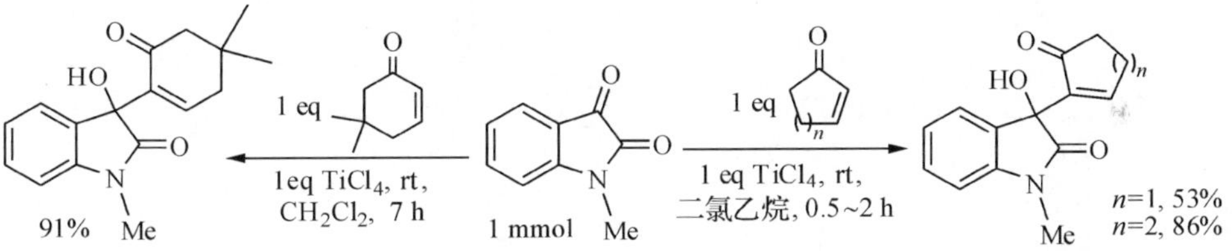

左：1 eq 5,5-二甲基环己烯酮，1 eq $TiCl_4$, rt, CH_2Cl_2, 7 h；91%

中：1 mmol (N-Me 靛红)

右：1 eq 环烯酮，1 eq $TiCl_4$, rt, 二氯乙烷, 0.5~2 h；n=1, 53%；n=2, 86%

(7-177)

靛红与一些环烯酮和环内酯的 MBH 反应也已在甲醇钠的存在下进行[238]。

靛红与丙烯腈、丙烯酸酯等的对映选择性 MBH 反应也已取得较好结果(见 7.2.9 节)。

5. 缩醛

缩醛在 $TiCl_4$、$BF_3 \cdot Et_2O$ 等 Lewis 酸的作用下，可产生 α-烷氧基碳正离子而与各种亲核试剂反应[387,388]，因此，有可能应用缩醛作为 MBH 反应中的亲电试剂。

开链和环烯酮可在催化量的 TMSOTf 和化学剂量的 $Me_3SiSePh$ 存在时与缩醛反应(式(7-178)和式(7-179))[387]。初级的硒代产物在用过氧化氢氧化后脱去苯硒酚而得 MBH 反应的醚产物。反应中 TMSOTf 用作 Lewis 酸，从缩醛中产生碳正离子。

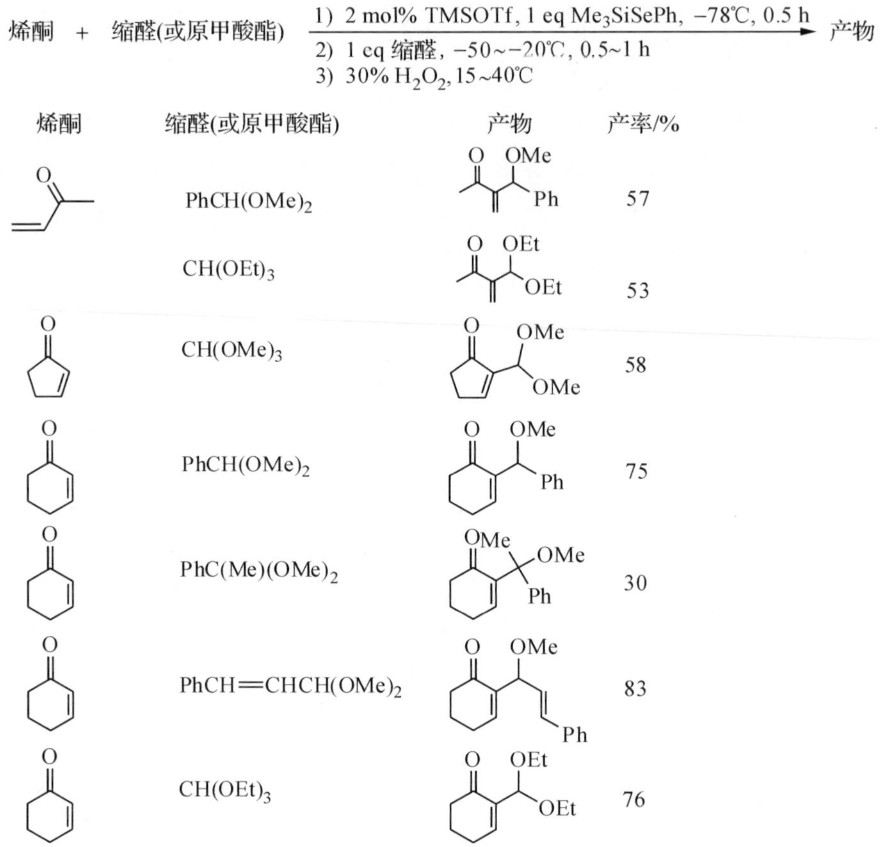

烯酮 + 缩醛(或原甲酸酯) $\xrightarrow[\substack{2)\ 1\ eq\ 缩醛,\ -50\sim-20℃,\ 0.5\sim1\ h \\ 3)\ 30\%\ H_2O_2,\ 15\sim40℃}]{1)\ 2\ mol\%\ TMSOTf,\ 1\ eq\ Me_3SiSePh,\ -78℃,\ 0.5\ h}$ 产物

烯酮	缩醛(或原甲酸酯)	产物	产率/%
3-丁烯-2-酮	$PhCH(OMe)_2$		57
	$CH(OEt)_3$		53
2-环戊烯酮	$CH(OMe)_3$		58
2-环己烯酮	$PhCH(OMe)_2$		75
2-环己烯酮	$PhC(Me)(OMe)_2$		30
2-环己烯酮	$PhCH{=}CHCH(OMe)_2$		83
2-环己烯酮	$CH(OEt)_3$		76

(7-178)

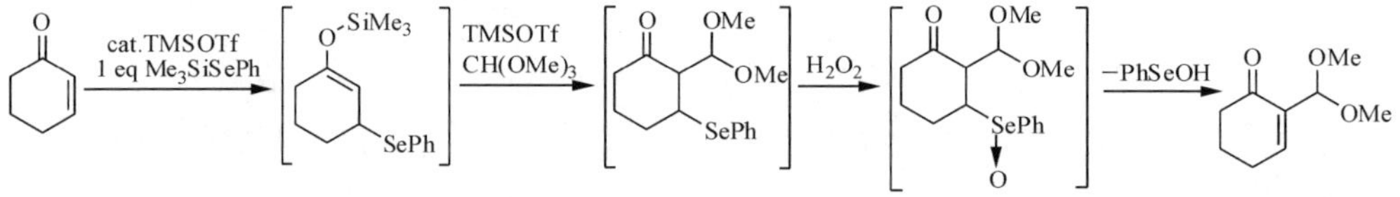

cat.TMSOTf, 1 eq $Me_3SiSePh$ → [$SiMe_3$, SePh] → TMSOTf, $CH(OMe)_3$ → [OMe, OMe, SePh] → H_2O_2 → [OMe, OMe, SePh=O] → −PhSeOH → 产物 (OMe, OMe)

(7-179)

1-(2-硫甲基苯基)-1-乙烯基甲酮和 1-(2-硒甲基苯基)-1-乙烯基甲酮可以在 $BF_3 \cdot Et_2O$ 存在时与一些缩醛或原甲酸酯进行 MBH 反应[389,390]。例见式(7-180)[389]。在这些反应中,硫属原子作为 Lewis 碱对烯酮的分子内亲核进攻产生两性离子 **A**(式(7-181)),后者进攻由缩醛或原甲酸酯在 BF_3 作用下生成的 α-烷氧基碳正离子 **B** 并脱质子而得 **C**,在 **C** 的两种可能构象中,苯基在平伏键的Ⅰ比苯基在直立键的Ⅱ更为稳定(后者中苯基与分子的原烯酮部分之间有较大位阻),因此反应的初级产物锍盐 **10** 具有 *anti*-构型。在用碱淬灭反应后,产物与使用的碱有关:用三乙胺淬灭时,从 **10** 中消去质子而得 MBH 反应产物——烯丙基醚 **9**、**12** 或 **15**(式(7-180));而

在用碳酸氢钠水溶液淬灭反应时，则会有较多的锍盐 **10** 留在产物中。

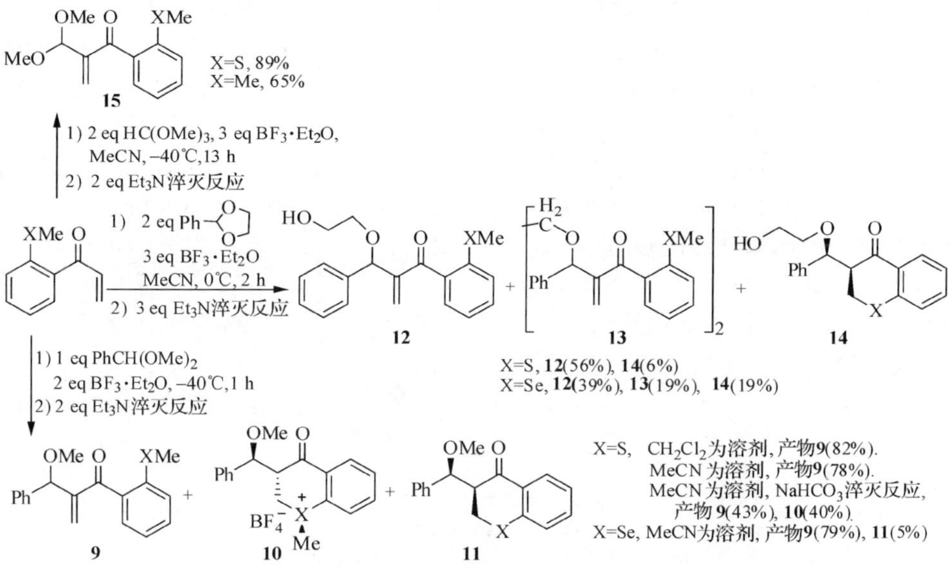

(7-180)

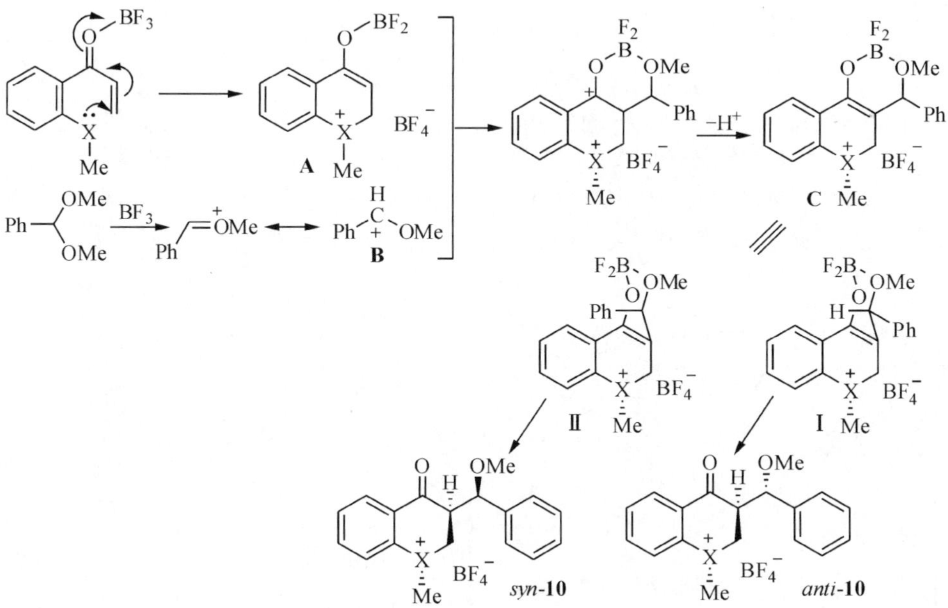

(7-181)

缩醛与烯酮的反应也可以用三氟甲磺酸叔丁基二甲基硅酯(TBDMSOTf)作为 Lewis 酸，四氢吡咯作为 Lewis 碱，在二异丙基乙基胺(i-Pr_2NEt，Hunig 碱)存在时进行[116]。

前已述及，炔醛可在DABCO的催化下与活化烯烃进行反应而得MBH产物(式(7-163)～式(7-165))。如果能把炔醛的缩醛用于MBH反应，则可合成相应的醚产物。实际上炔醛的缩醛在Lewis酸的催化下直接参与MBH反应的活性不高。例如，丁炔-2-醛的缩醛在2.5 eq的$BF_3 \cdot Et_2O$和1.2 eq的四氢噻吩的作用下与乙烯基乙基酮反应只能得到50%的MBH醚产物[391]。但已知在炔丙式位置上有一个适当的离去基团的炔烃，如果与六羰基合二钴配位，则可在Lewis酸的作用下脱去离去基团的负离子而生成炔丙基碳正离子(Nicholas cations)[392-395]。应用此法，把炔丙醛的缩醛与六羰基合二钴配位，然后在过量的$BF_3 \cdot Et_2O$和四氢噻吩的作用下与一些乙烯基酮反应，得到较高产率的钴配位的产物，后者可在*N*-甲基吗啉-*N*-氧化物或硝酸铈铵的作用下解配位而得游离的醚产物(式(7-182))。*β*-取代的烯烃如3-戊烯-2-酮和环己烯酮不能用于上述反应。

EtO OEt → $Co_2(CO)_6$ + R' ; R

1) 1.2 eq四氢吡咯，2.5 eq $BF_3 \cdot Et_2O$ CH_2Cl_2, 0℃
2) 3 eq NEt_3, CH_2Cl_2, 0℃
3) 解配位

EtO COR' R

R'=Me; R=Me, Et, Pr, Ph, 4-NO_2Ph. 54%~65%
R'=Et; R=Me, Et, Pr, Ph. 58%~71%
R'=Ph; R=Me. 56%

(7-182)

6. 亚胺盐

由*N*,*O*-缩醛在Lewis酸的作用下产生的亚胺盐可作为亲电试剂，在Lewis碱存在下与活化烯烃进行MBH类反应，导致烯烃的*α*-烷基化(式(7-183))[396]。反应的初级产物是锍盐**D**，它在用DBU处理时，消去二甲硫醚而得MBH产物。用樟脑衍生的手性硫醚**16**作为Lewis碱，可使反应有较高的对映选择性。

m OMe N PG

2 eq (n); 2.5 eq TMSOTf; 1.5 eq SMe_2; CH_2Cl_2, −78~−20℃, 3 h，饱和$NaHCO_3$水溶液淬灭反应

m N+ PG → m O n N PG Me_2S+ **D**

1.5 eq DBU, CH_2Cl_2, rt, 10 min

PG=1-咔唑基; *m*=1,2; *n*=1,2. 4例. 75%~96%
PG=Boc; *m*=1; *n*=1,2. 69%, 60%

2 eq (n); 1.5 eq **16**; 2.5 eq TMSOTf; CH_2Cl_2, <−60℃, 5 h

m=1,2; *n*=1,2;
PG=1-咔唑基, Boc.
6例. 49%~98%, *ee* 80%~98%

2 eq R Z; 2.5 eq TMSOTf; 1.5 eq SMe_2; CH_2Cl_2, −78~−20℃, 3 h，饱和$NaHCO_3$水溶液淬灭反应; 1.5 eq DBU; CH_2Cl_2, rt, 10 min

S O **16**

m N PG Z R

PG=1-咔唑基; *m*=1; R=H; Z=CO_2Me(51%), CHO(85%), COMe(95%), COSMe(90%).
m=1; R=Me; Z=CHO(94%).
PG=Ts; *m*=1; Z=COMe(90%), COSMe(90%)

(7-183)

N-三甲基硅基二烷基胺在 $LiClO_4$ 作用下脱硅基后与醛加成并脱水而产生的亚胺正离子[397]以及由 1-氨甲基苯并三氮唑脱去苯并三氮唑负离子而产生的亚胺盐也已作为亲电试剂用于 MBH 反应[398]。

7. 其他亲电试剂

酰氯可以作为亲电试剂,与膦对活化烯烃亲核加成后生成的两性离子(式(7-184)中的 **E**)反应。得到的鏻盐(**F**)可在胺的作用下脱质子得到膦叶立德 **G**,后者发生分子内 Wittig 反应而得多取代呋喃产物(式(7-185))[399]。

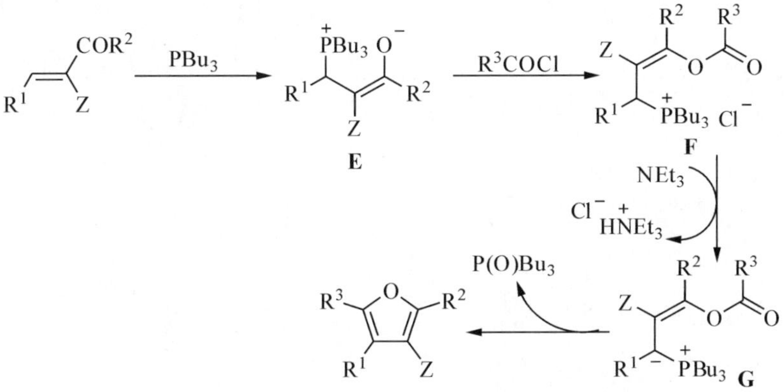

(7-184)

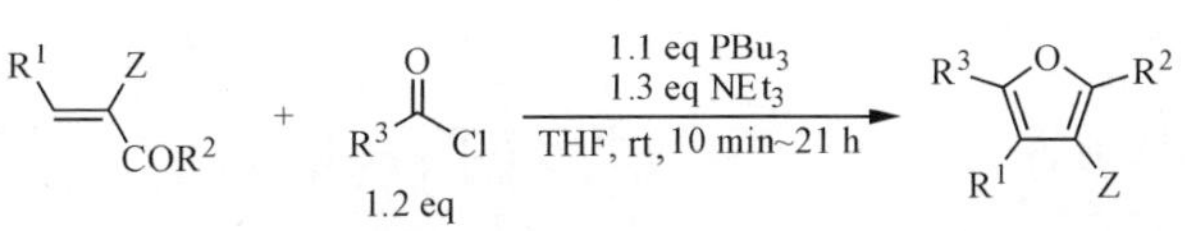

1.1 eq PBu_3
1.3 eq NEt_3
THF, rt, 10 min~21 h

1.2 eq

R^2=Ph, Z=PhCO时, R^1=4-NO_2Ph, 4-BrPh, 2-BrPh, 4-ClPh, 2-ClPh, 4-CNPh, 2-呋喃基, 2-噻吩基, CO_2Et; R^3=Ph, 4-NO_2Ph, 2-NO_2Ph, 4-BrPh, 4-ClPh, 2-ClPh, 4-MeOPh, 4-MePh, 2-呋喃基. 22例. 1.5~21 h, 71%~98%.
R^2=Ph, Z=CO_2Et时, R^1=4-NO_2Ph, 4-BrPh, 2-BrPh, 4-CNPh, 2-呋喃基, 2-噻吩基, 1-萘基, 2-萘基, CO_2Et; R^3=Ph, 4-NO_2Ph, 2-NO_2Ph, 4-BrPh, 2-BrPh, 4-ClPh, 2-ClPh, 4-MeOPh, 4-MePh, 2-呋喃基, 2-噻吩基, Me. 27例. 2~12 h, 70%~99%.
R^2=Ph, Z=CN时, R^1=Ph, 4-NO_2Ph, 4-ClPh, 4-CNPh, 2-BrPh, 4-MePh, 2-呋喃基, 2-噻吩基; R^3=Ph, 2-ClPh, 4-ClPh, CH_2═CH. 12例. 10 min~4 h. 72%~99%.

(7-185)

在以上反应的机理研究中,已分离出两性离子中间体 **H**(式(7-186)),并用光谱数据和 X 射线衍射分析确证了其结构。该两性离子可以在三乙胺的作用下与醛反应,得到相应的呋喃产物。活化烯烃也可以在酸性介质中与膦加成而得鏻盐 **I**,后者也可在三乙胺的作用下与醛反应而得呋喃产物。这些都支持了式(7-186)中的反应机理。

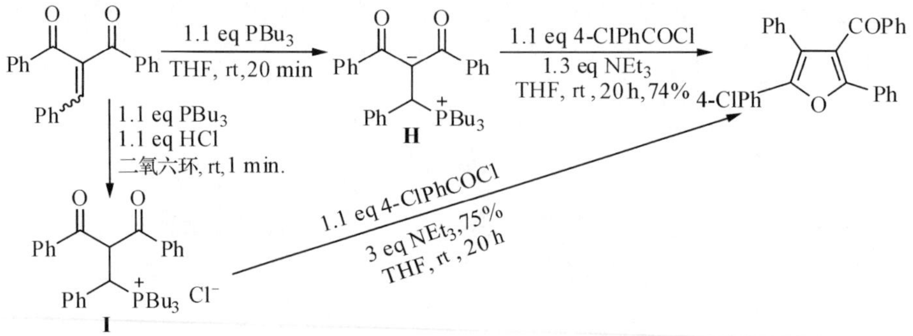

(7-186)

卤代烃和环氧乙烷也可以作为亲电试剂,在与 MBH 反应相似的条件下与活化烯烃反应,导致后者的烃化(式(7-187))[400]。

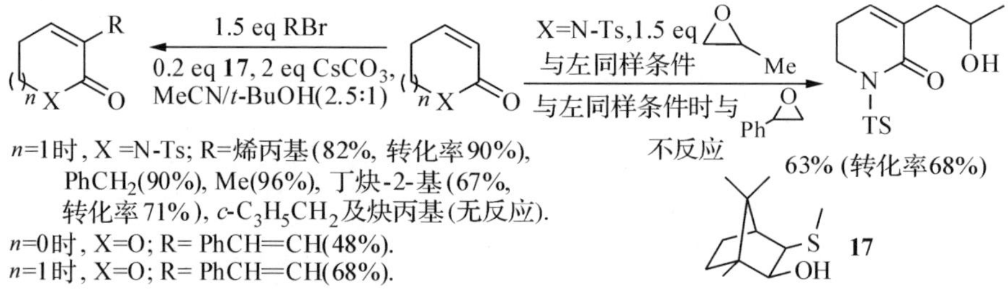

(7-187)

叔胺与开链烯酮或环烯酮加成而得的两性离子,可与作为亲电试剂的碘反应,使烯酮发生 α-碘化(式(7-188))[401]。

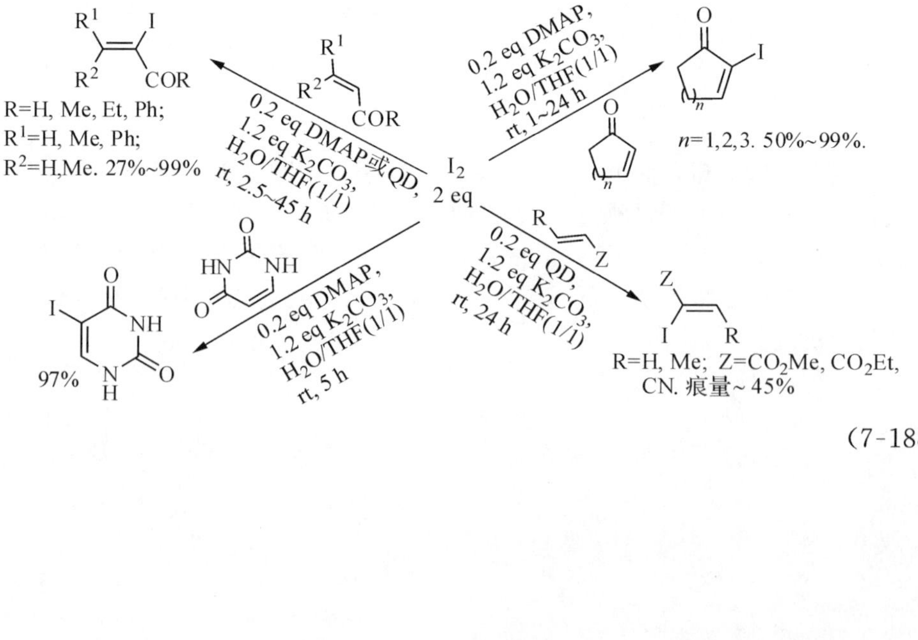

(7-188)

7.2.4 Morita-Baylis-Hillman 反应中的催化剂

在 MBH 反应中常用的催化剂是叔胺、膦等 Lewis 碱。从 7.2.1 节中对反应机理的讨论中已经看到，反应的速率决定步骤是脱除催化剂之前在中间体 **B**（式(7-50)）中进行的分子内质子转移；而此前的膦对活化烯烃的加成以及两性离子 **A** 对醛的加成步骤都是可逆的。为了提高反应速率，催化剂应有较强的亲核性，以提高对活化烯烃亲核加成的速率，同时又具有较弱的离去能力，以抑制两性离子 **A** 的离解逆反应，提高 **A** 的平衡浓度。表 7-2 中给出了 MBH 反应中常用催化剂在几种有机溶剂和水溶液中的 Mayr 亲核性参数 N[402-411]，由此可以估计催化剂的相对亲核性。对结构相似的同一系列催化剂（如 DABCO、QD 及 3-HQD 等这一双环叔胺系列），亲核性和催化 MBH 反应的能力有时可与它们的 Brønsted 碱性有较

表 7-2 MBH 反应中常用的 Lewis 碱性催化剂的亲核性和碱性

Lewis 碱	Mayr 的亲核性参数 N[402-411]					Brønsted 碱性（共轭酸的 pK_a）[412-420]			
	MeCN	CH_2Cl_2	THF	DMSO	水	MeCN	THF	DMSO	水
DABCO	18.8	18.7				18.3		8.93	8.8
奎宁环(QD)	20.5					19.5		9.8	11.0
DMAP	15.0	15.2	15.9	14.8	12.2	18.0	13.4		9.7
DBU	15.3		16.1			24.3	9.1	13.9	12
三乙胺	17.1	17.3				18.8	14.9	9.0	10.7
TMPDA	18.8					19.3	13.0		10.6
咪唑	11.5			11.6	9.6	14.2			7.1
N-甲基咪唑	11.9				9.9				
吡啶		12.9			11.0	12.5	5.5	3.4	5.3
四氢吡咯	18.6				17.2	18.6	16.0	10.8	11.3
六氢吡啶					18.7				
吗啉	15.7			17.0	15.6				
TMG		13.6				23.3	17.8	13.6	
$P(n\text{-}Bu)_3$		15.5				16.3	8.9	8.4	
$P(Cy)_3$		14.6				16.1			
PPh_3		14.3	13.6			8.0	<6	2.7	
MeS–N N–MeS [a]			21.7						

注：QD=奎宁环；3-HQD=3-羟基奎宁环；TMPDA=N,N,N',N'-四甲基丙二胺；TMG=1,1,3,3-四甲基胍；a 名称为 1,3-二(2,4,6-三甲基苯基)咪唑卡宾

好的平行关系。但在进行 MBH 反应时，应避免使用 Brønsted 碱性过强的催化剂，以避免 Aldol 反应等副反应。表 7-2 中也给出了各常用催化剂的 Brønsted 碱性（用共轭酸的 pK_a 表示）[412-420]。

1. DABCO 和其他叔胺

DABCO 由于其较强的亲核催化活性，以及相对较弱的 Brønsted 碱性而较少导致 Aldol 反应等副反应，一直是 MBH 和 aza-MBH 反应中最常用的催化剂。DABCO 催化 MBH 反应的效率，与溶剂、共催化剂、反应温度与压力等反应条件有很大关系。

一般说来，溶剂极性加大，反应加快；在质子溶剂中，反应更快。以苯甲醛（浓度为 2 mol/L）与丙烯腈（2.22 mol/L）的反应为例，在以 15 mol%的 DABCO 为催化剂在室温进行反应时，在甲苯、THF 等极性较小的溶剂中，反应很慢，一星期后才有 15%～30%的产物生成；在 DMF、DMSO 等极性非质子溶剂中或在无溶剂条件下，反应加快，3～5 天后反应可以完成，以 90%～98%的产率得到产物；在甲醇和 *N*-甲基乙酰胺中，反应更快，可在 34 h 内完成；而在水、甲酰胺或乙二醇等质子溶剂中，反应仅需 7～8 h 即可完成，并以与上相似的产率得到产物[67]。

前已述及，由于水、醇等可经氢键相互作用或使 DABCO 质子化而使之活性降低，对于较不活泼的反应物之间的反应，在这些质子溶剂中进行反应时，为了更有效地促进反应，常需使用化学计量或大过量的催化剂；而如果不把质子化合物当作溶剂，只把它们当作共催化剂，以催化量或亚化学计量使用，则可避免这个问题，既加速了反应，又减少了催化剂的用量[67,69]。

具有更强氢键给体能力的酚和硫脲，可比醇更有效地促进反应。用 DABCO-催化量酚体系可以顺利催化像丙烯酰胺[65,421,422]和 β-取代的 α,β-不饱和醛如巴豆醛、肉桂醛等这些较不活泼的烯烃[422]的 MBH 反应。DABCO-催化量硫脲体系也可以显著加速丙烯酸酯等不活泼烯烃的反应。特别是 DABCO 与手性联萘酚或手性硫脲的组合在催化对映选择性的 MBH 和 aza-MBH 反应中得到了很多应用[42-44]。

DABCO 与催化量的 Lewis 酸，如镧盐 $La(OTf)_3$[60]、$La(O\textit{i}\text{-}Pr)_3$[423]或 $LiClO_4$[424]等配合使用时，催化活性也可得到提升。

在解决 DABCO 的回收再利用方面，已通过长链全氟烷基碘与 DABCO 的相互作用制备了不溶于水和大多数有机溶剂的催化剂，如式（7-189）中的 **A-R$_f$**。在这些长链全氟烷基碘中，长链全氟烷基的强拉电子性使碘原子表现出很强的亲电性，可与 DABCO 中的氮原子经超分子相互作用而缔合。虽然如此，催化剂 **A-R$_f$** 仍然保持了较高的催化活性。10 mol%的 **A-R$_f$** 即可在 2 eq 的甲醇存在时催化芳醛与丙烯酸甲酯、丙烯腈、MVK 和环己烯酮的反应[425]。

$$R^1CHO + \text{=\!\!\diagup}Z \xrightarrow[\text{neat, 20℃, 14\sim60 h}]{\text{10 mol\% A-R}_f\text{, 2 eq MeOH}} R^1CH(OH)C(=CH_2)Z$$

R^1= Ph, 4-ClPh, 2,4-Cl_2Ph, 3-NO_2Ph, 4-NO_2Ph, 2-呋喃基;
Z= CO_2Me, COMe, CN. 环己酮. 14例.

45%~92%

A-R_f: I−(C_nF_{2n+1}), $F_{2n+1}C_n$−I　n=8

(7-189)

除 DABCO 外，还有其他一些叔胺也已在 MBH 反应中用作催化剂。其中 QD、DMAP 和 DBU 的讨论见后述。六次甲基四胺(hexamethylenetetramine, HMT；即 urotropine，乌洛托品)是亲核性较低的叔胺，为了使反应能在较短的时间(如 1～2 天)内完成，一般需以化学计量使用。但因其稳定，不吸水，毒性较低且价廉易得，也已在催化丙烯腈、丙烯酸酯、乙烯基酮和环烯酮的反应中得到应用[192,196,210,216, 224]。N-甲基六氢吡啶[198]和 N-甲基吗啉[196]也已用于催化丙烯腈、丙烯酸甲酯和丙烯酰胺的 MBH 反应。

除上述环状叔胺外，非环叔胺中只有位阻最小的三甲胺是常用的催化剂；它的水(30%～33%)[187, 189,226,426]或甲醇(25%)[70,104,190,427]溶液已用于催化丙烯腈、丙烯酸酯、丙烯酰胺等与醛的反应；但在用于催化环烯酮的反应时，尚未取得较好效果。由于是以水或甲醇为溶剂，三甲胺需以化学计量或过量使用。在用三甲胺的水溶液时，加入部分甲醇使反应混合物成为均相体系，比单纯用水为溶剂在非均相体系中反应要好[70]。目前已有少数用三乙胺作为 MBH 反应催化剂的报道[74,85,250,428,429]。N,N,N',N'-四甲基丙二胺等二元叔胺可较好地催化环烯酮的 MBH 反应。这些二元叔胺中两个氨基之间的连接碳链的长度对催化活性有很大影响(参见式(7-114)和式(7-115))[253]。

2. 奎宁环(quinuclidine, QD)和 3-羟基奎宁环(3-hydroxyquinuclidine, 3-HQD)

从表 7-2 可以看到，QD 的亲核性比 DABCO 高很多。由于对这些结构相似的双环叔胺而言，它们的亲核性与 Brønsted 碱性(共轭酸的 pK_a)有较好的平行关系，可以估计 3-HQD 的亲核性在 QD 与 DABCO 之间。与此相应，虽然 QD[54,65,69,76,165,165,200,201,430-433]和 3-HQD[59,63,86,205,282,316,343,357,434-437]只有一个叔胺氮原子，却在很多情况下是比具有两个 Lewis 碱中心的 DABCO 活性更高的 MBH 反应的催化剂。例如，从吡啶-2-甲醛与丙烯酸甲酯在无溶剂条件下进行反应的速率测得的一些双环叔胺的相对催化活性顺序为：QD＞3-HQD＞DABCO＞3-乙酰氧基 QD＞奎宁环-3-酮[76]。这与它们的亲核性的顺序是一致的。对这一系列结构相似的碱而言，它们在稳定与烯烃加成后生成的两性离子的能力上不应有显著差别，因此催化活性主要与它们的相对亲核性(决定它们与烯烃加成的速率)有关。在－20℃和 200 MPa 的高压下，研究芳醛与丙烯酸酯在无溶剂条件下的反应速率也表明，3-HQD 的催化活性比 DABCO 略高，也比 DMAP、DBU 和 PBu_3 要高[165]。

QD 在有质子化合物作为共催化剂存在时，催化活性更高。例如，QD-催化量甲醇的组合就是一个适用性较广且活性也很高的催化体系，可以有效地催化芳醛与丙烯酸甲酯、丙烯腈、丙烯酰胺、乙烯基砜，β-硅基丙烯醛、α,β-不饱和环内酯等较多类别的烯烃的反应[76]。而 3-HQD/水和 3-HQD/甲酰胺（5 eq）/$Yb(OTf)_3$（0.05 eq）体系也可有效催化醛与丙烯酸酯和环烯酮的反应[69]。

曾经认为 3-HQD 的催化活性常比 DABCO 高的原因是前者 3-位上的羟基可通过分子内氢键使它与烯烃加成后生成的两性离子稳定[434]。但后来的分子模拟研究表明，生成这一分子内氢键的立体张力很大[51]；因此 3-HQD 较高的催化活性可能部分来自其羟基对反应中脱除催化剂前的表观分子内质子转移过程的催化作用。但 3-HQD 的催化活性在很多情况下比无羟基的 QD 弱[76]，而且 3-HQD 催化的反应在甲醇溶液中或水溶液中进行时比在有机溶剂中或在无溶剂条件下进行更快[69,165,316,435-437]；这些都提示，3-HQD 时常显示出比 DABCO 高的催化活性，可能主要仍是来自于它更高的亲核性。

3-HQD 也经常在 aza-MBH 反应中作为催化剂得到应用[438-443]。

用咪唑离子液体固定的 QD 催化剂在催化丙烯腈、丙烯酸甲酯和环烯酮的 MBH 反应时显示了与未固定的单体 QD 相似的催化活性，但反应后可以回收再利用[201]。用侧链上带羟基的咪唑离子液体固定的 QD 的催化性能则更好[164]。用磁性纳米粒子固定的 QD 催化剂也在催化丙烯腈和丙烯酸酯的 MBH 反应时表现出与常规的 DABCO 催化剂相近的性能，但可简单地用磁铁进行回收后循环使用[200]。

3. 4-二甲氨基吡啶（4-dimethylaminopyridine，DMAP）

从表 7-2 可见，DMAP 的亲核性远比 DABCO 为弱；但它的 Lewis 碱性（与碳正离子反应的平衡常数）却又远比 DABCO 高[444,445,446]。这使得在反应取决于催化剂对烯烃进行亲核加成或最后从加成中间体（式(7-50)中的 **C**）脱除催化剂的速度的反应中，DABCO 是比 DMAP 更为适宜的催化剂；而在那些主要取决于催化剂与烯烃加成而得的两性离子的浓度的反应中，用 DMAP 为催化剂则可取得比 DABCO 更好的效果[444]。环烯酮与醛的 MBH 反应似乎就属于后一类反应。实际上，DMAP 也确实主要用于催化环烯酮[125,138,143,146, 235,250,254-256,264,362,447,448]和开链烯酮[125,138,143-146, 448]的反应，并在这些反应中显示出了比 DABCO 等更好的催化效果。具体讨论可见环烯酮和乙烯基酮部分，如式(7-118)和式(7-130)。为了促进中间体 **B**（式(7-50)）中的分子内质子转移，DMAP 催化的环烯酮的反应需在水-有机混合溶剂中[235,250,254,264,362,447]或在甲醇溶液中[255]进行，或加入硫脲等 Brønsted

酸作为共催化剂[270,271,449]。

DMAP 也已在丙烯腈[146]、丙烯酸甲酯[169,193]和丙烯酰胺[65]的 MBH 反应和一些分子内 MBH 反应[450]中得到应用；它是催化 β-取代的硝基烯与一系列 1,2-二羰基化合物，如 α-酮醛、丙酮酸酯、苯乙酮酸酯、乙醛酸酯等的 MBH 反应时使用的催化剂[304-307]。它也是 aza-MBH 反应中常用的催化剂之一[145,451-454]。

交联聚乙烯负载的固体 DMAP 催化剂可以在反应后回收再用，目前已有市售[144,145,454]。但由于聚合物在水中的收缩和在有机溶剂中的溶胀会影响催化活性部位与反应物的充分混合与接触，聚合物负载的催化剂的催化活性比均相小分子催化剂低。用非交联聚乙烯固定并同时含有醇羟基或酚羟基与 DMAP 的双功能催化剂在催化芳醛与环烯酮和乙烯基酮的反应时表现出比相应的不含羟基的单功能催化剂更好的催化性能；且含酚的双功能催化剂的活性比含醇的要高[138]。近年来也已出现了其他一些固体负载的 DMAP 催化剂，如介孔硅胶纳米微球负载 DMAP 催化剂可较好地催化芳醛与烯酮和环烯酮的反应[143]；磁性纳米粒子负载的 DMAP 催化剂也可用于催化 MBH 反应[455]。

一些把吡啶 4-位上的氨基氮原子置于环状结构中的具有固定构象的双环和三环 DMAP 衍生物，如 4-吡咯烷基吡啶(4-pyrrolidinopyridine，PPY，在 CH_2Cl_2 溶液中的 Mayr N 值＝15.9)和三环的 **1** 与 **2**(CH_2Cl_2 中 N＝16.7)，亲核性远比 DMAP 为高；它们对醇类的酰化反应有很高的催化活性[446,454,456,457]。PPY 和 **2** 也已在催化乙烯基酮的 aza-MBH 反应时表现出比 DMAP 更强的催化性能；而通过 1,2,3-三氮唑连接链固定于聚乙烯树脂上的 **2** 在催化这些反应时，活性比单体 DMAP 高七倍，也比单体的 PPY 略高，但仍稍低于单体 **2** 在均相反应中的催化活性[454]。

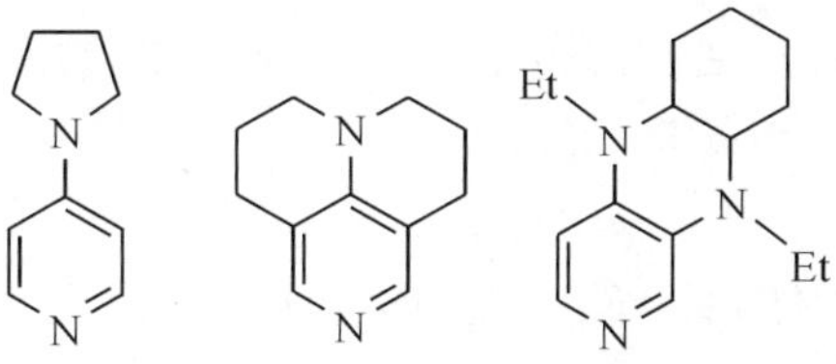

PPY **1** **2**

用 DMAP 增环的平面手性二茂铁催化剂也已在环烯酮的对映选择性的 MBH 反应中得到应用[458]。

4. 咪唑

作为较弱的 Lewis 碱，咪唑(在乙腈中 N＝11.47，水中 N＝9.63[407])和 N-甲基咪唑(乙腈中 N＝11.90，水中 N＝9.91[407])在氯仿、DMF 和 THF 中不能有效地催化醛与像乙烯基甲基酮(MVK)这样较活泼的烯烃的反应[140,459]；在乙腈、二氧六环、DMF 等有机溶剂中，咪唑不能催化对硝基苯甲醛与环戊烯酮的反应[71]，而在二氧六环、DMF、THF 中催化 5-甲基-2-氯-3-吡啶甲醛与环戊烯酮的反应的活性也不高[250]；在无溶剂条件下咪唑也不能催化醛与丙烯酸甲酯的反应[91]。但它们在有水、甲醇或其他质子性共催化剂如 L-脯氨酸、硫脲、邻氨基苯甲酸等存在时，催化活性有很大提升。咪唑在水-THF(1：1)溶液中可有效催化醛与环烯酮的反应[71,72]。咪唑的催化活性还可以通过将碳酸氢钠水溶液与 THF 混合(1 mol/L碳酸氢钠水溶液：THF＝4：1)使溶剂呈弱碱性(pH＝8.6)以提高非质子化的游离咪唑的浓度而得到进一步提高[251]。一些比咪唑更弱的唑类 Lewis 碱，如环上有吸电子基的咪唑，以及 1,2,3-三氮唑、1,2,4-三氮唑、苯并三氮唑等，在中性水-THF 溶液中主要以质子化的共轭酸形式存在，不具有催化活性；但在 pH＝8.6 的弱碱性水-THF 溶液中，它们从质子化的形式中释放出来，也可以催化上述反应[252]。

咪唑-辅氨酸体系可在 DMF 溶液中有效地催化醛与 MVK 的 MBH 反应[140]。这一反应经亚胺盐催化机理进行。已经发现，少量水的存在对这一体系发挥高催化活性是必要的；这可能与亚胺盐生成是一普遍酸催化的过程有关，水的存在催化了亚胺盐生成中的质子转移过程[141]。

咪唑-邻氨基苯甲酸体系[302-305]和咪唑-硫脲体系[306]则在 THF 溶液中催化醛与 β-取代的硝基烯的反应时显示了良好的催化活性。

在中性含水溶剂中进行反应时，咪唑的质子化较为严重，常需使用化学计量的咪唑作为催化剂；而使用催化量的咪唑时，反应时间很长。例如，用 0.2 eq 的咪唑在 THF-水(1：1)中催化甲醛与环己烯酮的反应，需 17 天反应才能完成[72]。而氮原子上接有含 10 个以上碳原子的长链烷基的咪唑在水-有机混合溶剂中会因憎水作用而缔合，使咪唑的催化活性部位被保护而不被水质子化。这使可仅用催化量的咪唑进行反应仍能在较短时间内完成。例如，0.2 eq 的 N-十四烷基咪唑与 0.2 eq的六氟异丙醇在 5～112 eq 的水存在时催化苯甲醛与 MVK 的反应，可在 12 h 内完成，以中等产率得到产物[136]。反应速率和产率与水的用量无明显关联，也不需剧烈搅拌；即使有机相与水相分层，只要两相交界面较大，反应仍能较好进行。实际上，反应是在有机相中与水的交界处进行的，这样水既发挥了共催化剂的作用，又未使催化剂咪唑失活。

通过氮原子固定至树枝状聚合物上的咪唑相对于单体的 N-烷基咪唑显示了更高的催化活性；这可能与树枝状结构中邻近的咪唑可对脱催化剂前的两性离子(式(7-50)中的 **B**)中的质子转移起催化作用有关。树枝状聚合物固定的咪唑的催化活性与唑咪及聚合物骨架之间的连接链的结构有关，连接链有吸电子基团时，催化活性较差[147]。

5. 脯氨酸和其他仲胺

脯氨酸可以在一个亲核共催化剂(通常是一叔胺)存在时对 MBH 反应进行催化[140]。反应由脯氨酸对活化烯烃进行羰基加成生成亚胺盐 **A**(式(7-190))引发;共催化剂咪唑对 **A** 的加成导致烯胺中间体 **B**,后者对醛进行亲核加成,得亚胺盐中间体 **C**,**C** 在水的作用下水解并脱去亲核剂而得 MBH 反应产物。咪唑是这类反应中常用的亲核共催化剂之一,例见式(7-191)[140]。虽然咪唑和 L-脯氨酸单独都不能催化这些反应,但两者同时存在时,却可使反应顺利进行。

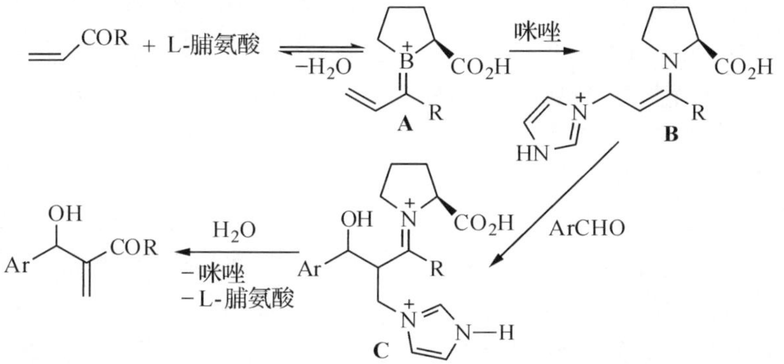

(7-190)

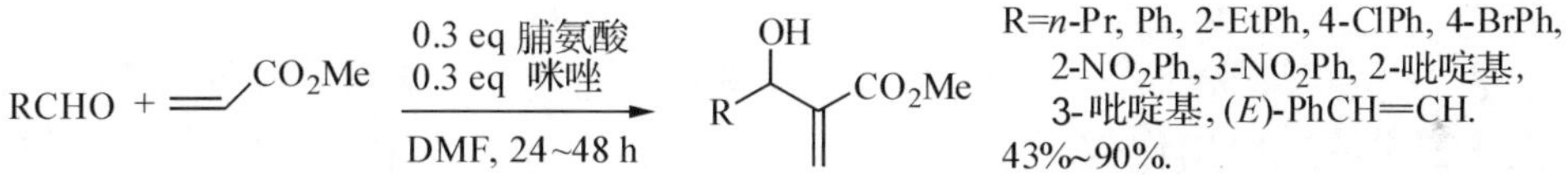

(7-191)

水的存在对完成上述催化循环是必要的,后来发现,在有机溶剂与水的混合溶剂中进行,效果更好[141]。

也有报道称超声辐射可以促进 L-脯氨酸和咪唑催化的上述反应[460]。

很多工作都表明,在这些分子间 MBH 反应中,脯氨酸中的羧基对提供良好的催化性能是必要的。例如,在醛与乙烯基酮的反应中,无羧基的四氢吡咯在同样的反应条件下,虽能引起反应,但只导致复杂的产物混合物;而 L-脯氨酸甲酯则不能有效地引起反应。羧基与吡咯环上的仲胺基之间的距离也是重要的,用 L-高脯氨酸(2-羧甲基四氢吡咯)催化时,反应速率仅为用 L-脯氨酸催化时的 0.14 倍,产物产率也远比 L-脯氨酸催化时低;而用 3-羧基六氢吡啶和 4-羧基六氢吡啶催化时,反应速率分别为用 L-脯氨酸催化时的 0.1 倍和 0.03 倍;将羧基与仲胺基分置于两个分子中,如用四氢吡咯与乙酸代替 L-脯氨酸时,反应也只导致复杂的产物混合物[130]。这些都提示,羧基可能在反应中通过氢键相互作用,稳定了某些中间体以及固定了其构象。显然,这在进行对映选择性的反应时也是重要的。

除了咪唑以外,已在这类反应中用作亲核共催化剂的还有 *N*-甲基咪唑及其多肽衍生物[459,461]、DABCO[462]、马钱子碱的 *N*-氧化物[139 463]、碳酸氢钠[130]等。

在式(7-191)的反应中，虽然使用了手性的 L-脯氨酸作为催化剂，但反应的对映选择性很低，产物的 *ee* 值只有 5%～10%。虽然如此，这一使用手性仲胺与另一亲核剂共同催化反应的方法还是为进行对映选择性的 MBH 和 aza-MBH 反应提供了新的策略。现在已发展了多种手性脯氨酸衍生物与各种手性或非手性亲核剂的组合，在催化对映选择性 MBH 和 aza-MBH 反应时取得了很好的效果(参见 7.2.9 节)。

在一些具有 γ-C—H 键的 β-烷基取代烯烃中[462,464]，以及在一些用饱和碳链连接醛基与活化烯键的分子内 MBH 反应物中[465,466]，脯氨酸催化的反应可在无外加亲核共催化剂存在时进行。此时脯氨酸对活化烯烃中的羰基进行加成而得的亚胺盐可以脱质子而得烯胺，后者对醛的亲核进攻继而以亚胺盐的水解和双键的移位即得产物(参见 7.2.9 节式(7-335))。

用聚乙二醇-聚乙烯(PEG-PS)树脂支持的 L-脯氨酸衍生物已在催化苯环 2-位有甲酰基的肉桂醛的分子内 MBH 反应时得到应用[284]。反应时以 1,4-二氧六环/水(1∶1)为溶剂，可能是由于水起了亲核共催化剂的作用，反应中不需另加其他亲核剂；而在同样的反应条件下，小分子 L-脯氨酸衍生物则不能有效地催化反应。聚乙烯支持的 L-脯氨酸衍生物也作为可回收催化剂用于催化乙烯基酮与芳醛的反应[142]。

除了上述脯氨酸和咪唑等亲核共催化剂联合催化的 MBH 反应外，仲胺除在少数分子内反应中用作催化剂以外[49,51,467]，一般不单独用作 MBH 反应的催化剂。这主要是由于仲胺的 Brønsted 碱性较强，也易与醛和活化烯烃进行亲核加成。

6. DBU(1,8-二氮杂双环[5.4.0]十一碳烷-7-烯，1,8-diazabicyclo[5.4.0]undec-7-ene，DBU)

直到不久以前，DBU 还只被认为是一个亲核性不高的强 Brønsted 碱。实际上，从 DBU 的 Mayr 亲核性常数 *N*(15.29)[406]来看，DBU 的亲核性比 DMAP(*N*=14.95)稍强。而从计算的对甲基碳正离子的亲和性(MCA)[468]来看，DBU 的 Lewis 碱性(与甲基碳正离子结合反应的平衡常数，与作为离去基团的能力成反比)又比 DMAP 稍强(DBU 和 DMAP 的 MCA 分别为 610 kJ/mol 和 581 kJ/mol)。与 DABCO(*N*=18.8，MCA=562 kJ/mol)相比，DBU 是亲核性较弱而 Lewis 碱性较强的催化剂，这与 DMAP 有些相似。近年来，已发现 DBU 在很多需要较强的 Lewis 碱性的有机催化反应中是很好的催化剂[456]。在 MBH 反应中，DBU 已成功用于催化丙烯酸酯、丙烯腈和环烯酮的 MBH 反应[193]。例如，在无溶剂条件下催化丙烯酸酯与苯甲醛的反应中，当酯、醛和催化剂的物质的量比为 1∶1∶1 时，

DBU 催化的反应的相对速率是用 DABCO 时的 50 倍，是用 DMAP 时的 2.4 倍[193]。但在这样的反应条件下，DBU 不适于催化丙烯基烷基酮这样的可烯醇化的烯烃的反应；此时 DBU 较强的 Brønsted 碱性会引起烷基酮脱质子后与醛进行 Aldol 副反应[193,385]。DBU 也不适于在质子溶剂如醇中使用，它将使醇脱质子，而烷氧负离子将作为碱或亲核剂参与反应[238]。对含有羟基的反应物，羟基也将被 DBU 脱质子而参与反应[469]。有趣的是，近来发现，在水溶液中用 10 mol%的 DBU 催化醛与二氢硫代吡喃-4-酮的反应，可导致干净的 MBH 反应，而用 Brønsted 碱性较弱的 DABCO，则只在后者的 5-位碳原子上导致 Aldol 反应(式(7-192))[429](DBU 和 DABCO 在水溶液中的 pK_a 分别为 12 和 8.8)。

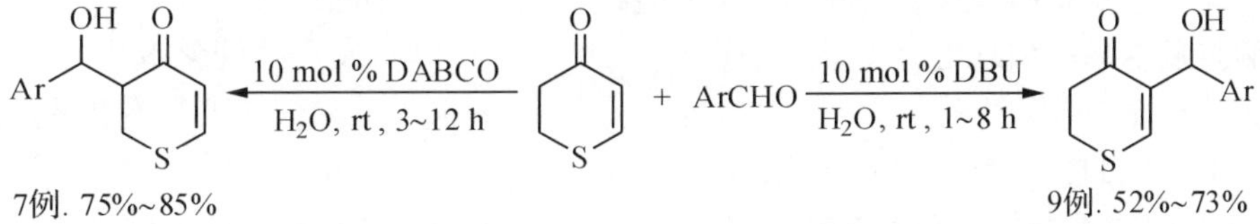

10 mol % DABCO, H_2O, rt, 3~12 h; + ArCHO; 10 mol % DBU, H_2O, rt, 1~8 h

7例. 75%~85%　　9例. 52%~73%

(7-192)

DBU 也在催化分子间[237,470]和分子内[471] aza-MBH 反应，硝基烯与 2-溴甲基丙烯酸酯的 MBH 反应[472]以及水杨醛与联烯基酮和联烯酸酯的 MBH-分子内环化反应中得到应用[52]。

7. 膦

三烷基膦的亲核性和作为离去基团的能力都与 DMAP 相近，三苯基膦的亲核性则比 DMAP 弱(参见表 7-2)[409]；它们都是比 DABCO 和奎宁环弱的亲核剂。在 Morita 等对醛与丙烯腈和与丙烯酸甲酯的反应的原始报道中[42,43]，就是使用了亲核性较差而空间位阻又较大的三环己基膦作为催化剂，同时又是在 120～130℃的较高温度下进行反应；使反应速率较慢且不能达到较高的转化率(在较高的温度下，平衡常数<1)。

膦与叔胺的一个显著的不同之处在于，由于鏻正离子稳定邻近碳负离子的能力远比铵正离子为强，因此膦对烯烃加成而生成的两性离子有经分子内质子转移而转变为叶立德的倾向。这也是时常影响和干扰膦催化的 MBH 反应的一个因素。例如，在 140℃的高温，在催化量甲醇存在时用三苯基膦催化苯甲醛与丙烯腈、丙烯酸酯或丙烯酰胺的反应时，主要产物是经叶立德中间体与醛发生 Wittig 反应而得的烯烃(式(7-193))。在用 1 mol%的三丁基膦在二氧六环溶液中催化苯甲醛与丙烯腈的反应时，反应的转化率很低(约 20%)，且除正常的 MBH 反应产物外，还观察到有痕量的三丁基磷氧化物和二烯产物生成(式(7-193))[473]。

$$\text{CH}_2\text{=CH-Z} + \text{PhCHO} \xrightarrow[140^\circ\text{C}]{\text{PPh}_3,\ \text{催化量ROH}} \text{Ph-CH=CH-CH}_2\text{-Z} \quad \text{Z=CN, CONH}_2, \text{CO}_2\text{Et. 产率 } 10\%\sim45\%$$

$$\text{CH}_2\text{=CH-CN} + \text{PhCHO} \xrightarrow[\text{二氧六环，回流}]{1\ \text{mol\% PBu}_3} \text{PhCH(OH)C(=CH}_2\text{)CN (转化率约20\%)} + (\text{Ph(CH=CH)}_2\text{CN, 痕量}) \quad (7\text{-}193)$$

对于像 N,N-二甲基丙烯酰胺这种亲电性较低的烯烃，用亲核性较强的三丁基膦催化，在不利于进行 MBH 反应的高温下与醛反应时，膦还可以优先进攻醛，导致 Stetter 类型的加成反应(式(7-97))[227]。

膦的上述性质使膦在 MBH 反应中较少单独作为催化剂使用[175,202,474]。但通过在反应体系中加入醇、酚、水、硫脲等氢键给体化合物，或在膦催化剂中导入羟基或氨基来促进 MBH 反应，可以抑制叶立德中间体的生成及经其进行的副反应，显著加快反应，提高产率。这些膦与氢键给体化合物的组合，如 PBu_3-苯酚[257]、PPh_3-对硝基苯酚[64]、PPh_2Me-对硝基苯酚[385]、PBu_3-BINOL[257] 以及 PMe_2Ph-甲醇/$CHCl_3$(1∶2.5)溶液[256]，PPh_3-甲醇/CH_2Cl_2(1∶2)溶液等已在催化很多 MBH 反应时取得很好的效果。特别是在进行对映选择性的 MBH 反应时，从手性联萘、手性联苯以及一些刚性脂环骨架等衍生出来的很多膦-酚、膦-硫脲等双功能手性催化剂得到了广泛的应用(见 7.2.9 节)。

在膦催化的反应中，加入一个 Lewis 酸作为共催化剂，以促进 MBH 反应，也可以缩短反应时间，并抑制经叶立德生成而导致的副反应，提高反应产率，如 PBu_3-$AlEt_3$[268,475]、PBu_3-$TiCl_4$[151] 等体系，也已在催化 MBH 反应时，取得了很好的效果。

Aza-MBH 反应以及分子内的 MBH[476-481] 和 Rauhut-Currier[19,20,430,482-484] 反应比较容易进行，膦也是这类反应中最常使用的催化剂。

在 sila-MBH 反应中，由于硅基环丙烯是较弱的 Michael 受体，反应需要用亲核性很强的三(2,4,6-三甲氧基苯基)膦来催化[131,132]。

有支链的脂醛的 MBH 反应，在用叔胺催化时，易有醛的自身 Aldol 反应的干扰。此时用碱性较弱的三丁基膦催化剂，可避免这些副反应[175]。烷基膦如三丁基膦对氧气敏感，需在严格除氧条件下保存并在惰性气体保护下用于反应。为了克服三丁基膦易氧化且具有自燃性的缺点，可以将其制成对氧气稳定且可在空气中长期储存的氟硼酸盐，而在使用时加入等当量的苯酚钠使三丁基膦释出，并与同时生成的苯酚组成复合催化体系。用这一方法催化 3-苯基丙醛与环戊烯酮的反应时，反应时间和产率均与直接用 PBu_3-苯酚(1∶1)催化时相近(反应 1 h 后产率分别为 94%和 96%)[485]。

1,3,5-三氮杂-7-磷杂金刚烷(1,3,5-triaza-7-phosphaadamantane，PTA)是一

个易得而又在空气中稳定的膦催化剂，其亲核性与三丁基膦相似而空间位阻又较小。它在以催化量(15 mol%～20 mol%)使用时已在催化乙烯基酮、丙烯酸酯、丙烯酰胺、丙烯醛和环戊烯酮的 MBH 反应[149,223]和乙烯基酮及丙烯酸酯的 aza-MBH 反应[486]时表现出良好的催化性能。对 PTA 与丙烯酸乙酯加成后生成的两性离子的 X 射线结晶分析表明，PTA 确实是以其磷原子与烯烃加成的。

二茂铁基二乙基膦(**3**)也是一个在空气中稳定的膦催化剂。由于磷原子与高度富电子的二茂铁基相连，它具有很高的亲核性；在以 15 mol%的催化量使用时，即可有效催化丙烯酸酯与脂醛或芳醛的 MBH 反应(式(7-194))[487]。从二茂铁衍生出来的一系列手性膦催化剂也已在对映选择性的 MBH 反应中得到应用(见 7.2.9 节)。

$$R^1CHO + \text{CH}_2{=}\text{CHCO}_2R^2 \xrightarrow[\text{THF, rt, 1～3 h}]{15\ \text{mol\%}\ \mathbf{3}} R^1CH(OH)C(=CH_2)CO_2R^2 \tag{7-194}$$

R^2=Bn; R^1= Et, c-C_6H_{13}, Ph, 4-FPh, 4-NO_2Ph, 2-吡啶基. 62%~98%.
R^2=Me; R^1= 4-NO_2Ph. 84%.

3：二茂铁基-PEt_2 (Fe)

为了解决催化剂的回收和循环使用的问题，已合成了一些用聚合物固定的膦催化剂。对用不溶性的交联聚乙烯固定的三苯基膦催化剂，研究了膦的负载量对催化 aza-MBH 反应活性的影响；在不载膦的苯基上加入了醇、醚、酯、腈等各种极性基团以考查聚合物极性对催化活性的影响[488,489]。这些不溶性催化剂可在反应后过滤回收再用。用聚合物固定的可溶性的催化剂则可经在不同溶剂中分配，或加入聚合物的不良溶剂使之沉淀来与反应产物分离。用聚乙二醇(M_w=4600)固定的苯基膦催化剂 PEG(4600)-PPh_2 可在二氯甲烷溶液中催化 MVK 和丙烯酸苯酯与活化亚胺的 aza-MBH 反应。反应后加入乙醚可使催化剂沉淀而回收[145]。催化剂中的膦在反应中会部分被氧化为膦氧化物，可用 $CeCl_3$ 或 $LiAlH_4$ 还原后再用。用非交联的可溶性聚乙烯固定并同时含有三苯基膦和醇羟基或酚羟基的双功能催化剂在催化分子内 MBH 反应时，表现出比相应的不带羟基的单功能聚合物膦更好的催化性能；而带酚羟基的双功能催化剂的催化活性又比带醇羟基者为高[138]。在杯[4]芳烃的下沿通过甲氧基连接一个膦基(—OCH_2PPh_2)的 5，11，17，23-四丁基-25-二苯膦甲氧基-26，27，28-三羟基杯[4]芳烃(5，11，17，23-tetrabutyl-25-(diphenylphosphinomethoxy)-26，27，28-trihydroxycalix[4]arene)是一个在室温稳定的膦催化剂，它可在二氯甲烷溶液中在 40℃催化 MVK 与一系列活化亚胺的 aza-MBH 反应；且可在反应后加入甲醇使催化剂沉淀而回收再利用[490]。这个催化剂的较高活性与杯芳烃下沿保留的三个羟基可通过氢键相互作用稳定膦对亚胺加成后生成的两性离子，并对反应中脱去膦之前的分子内质子转移过程起催化作用有关，因为将这三个羟基醚化后，催化剂的催化活性明显下降。

将全氟正辛基(n-C_8F_{17},R_{f8})经亚甲基链连接至磷原子的催化剂 $P[(CH_2)_3R_{f8}]_3$ 保留了三烷基膦的高亲核性,它在低于室温时不溶于乙腈,但在加热至 60～64℃时溶解,已成功用于催化一些分子内的 MBH 和 Rauhut-Currier 反应。反应在 60～72℃进行,然后将反应混合物冷却使催化剂析出而分离回收。回收的催化剂用乙腈洗涤后可再用。也可把这一催化剂机械负载于不溶性的 Teflon® 或 Gore-RastexTeflon® 全氟树脂上用来催化上述反应,反应后将催化剂直接过滤回收[491]。

8. Lewis 酸-Lewis 碱复合催化剂

除了用叔胺、膦等 Lewis 碱催化剂以外,由一个 Lewis 酸与一个较弱的 Lewis 碱配合组成的复合催化剂也可用于催化 MBH 反应。这包括 $TiCl_4$(Ti^{IV} 作为 Lewis 酸,Cl^- 作为 Lewis 碱)[114,122]、$TiCl_4$-SR_2[106-109,150]、$TiCl_4$/n-Bu_4NX[133,492,493]、(BX_3 · Et_2O)-SR_2[115,493]、Et_2AlI(Al^{III} 作为 Lewis 酸,I^- 作为 Lewis 碱)[260,261,494]、Me_2AlSPh 和 $Me_2AlSePh$[273-275]、TMSSePh[48] 等体系。这些体系中的弱 Lewis 碱单独存在时不足以引起反应,只有在同时存在的 Lewis 酸提供对烯烃的活化作用时,才能催化反应。苯硒酚锂[276-277]和苯碲酚锂[278,279]这样具有强亲核性负离子的锂盐也可用于引发 MBH 反应。

Lewis 酸-Lewis 碱复合催化剂目前较多地应用于催化开链烯酮、烯醛以及环烯酮的 MBH 反应。在用于催化开链烯酮和烯醛这些很活泼的 Michael 受体的反应时,可以避免用 DABCO 等催化剂时常见的 MBH 产物与另一分子烯烃进行加成、烯烃二聚(Rauhut-Currier 反应)和多聚等副反应。无外加其他 Lewis 碱时,$TiCl_4$ 迄今主要用于催化开链烯酮、环烯酮和丙烯酸的硫醇酯的反应[42];而 $TiCl_4$-SR_2 体系则除这些之外还用于催化丙烯腈和丙烯酸酯的反应[43]。上述体系还扩大了 MBH 反应中使用的亲电试剂的范围,以在 Lewis 酸的作用下分别从缩醛和 N,O-缩醛中产生的 α-烷氧基碳正离子[49]和亚胺盐正离子[50]作为亲电试剂参与反应。

$TiCl_4$ 和 $TiCl_4$-SR_2 催化的反应机理已在 7.2.1 节中讨论过。在这些以及上述其他 Lewis 酸-Lewis 碱复合催化剂催化的反应中,由于在用碱淬灭反应之前,中间体(见式(7-54))中的氧负离子是与 Lewis 酸配位的,碱性较弱,而且与在叔胺催化反应中碱性的反应介质中不同,分子内质子转移得不到碱的催化;同时质子转移后得到的中间体(式(7-54))在动力学上比较稳定;因此,反应中常需要使用化学计量的 Lewis 碱。只是在用 DBU 或三甲胺等进行淬灭处理后,才从中间体中释出 Lewis 碱。当然,如果反应在室温或较高温度进行,也可以直接由质子转移后的中间体中,或由初级的 MBH 产物中脱水而得烯丙基卤化物(式(7-64)和式(7-66))。

7.2.5 MBH和aza-MBH反应的反应条件

对于MBH和aza-MBH反应的反应条件(催化剂、溶剂、温度,以及压力、超声和外加盐等)对反应的影响等,在以上关于活化烯烃、亲电试剂和催化剂的各节中已经做了很多讨论。这里再做一些补充。

1. 溶剂

在讨论MBH反应的机理(7.2.1节)和各类活化烯烃的MBH反应(7.2.2节)时,我们已经看到,在反应体系中加入质子化合物(水,醇,酚等)可以促进反应。值得注意的是,虽然催化量质子化合物的应用可通过增加两性离子的浓度以及催化分子内质子转移而加速反应,但如把它们作为溶剂而过量使用,则它们对烯醇负离子的质子化可变得较为严重而降低反应速率;同时它们与叔胺催化剂之间的氢键相互作用也会使后者的亲核性降低;这使得在质子溶剂中进行反应时,常需加大催化剂的用量,如使用化学计量甚至过量的亲核催化剂[47]。用含水较多的溶剂进行反应还会导致丙烯酸酯的部分水解。而只使用催化量的水、醇、酚等质子物种作为共催化剂,或使用同时具有羟基和叔胺官能团的双功能催化剂,则可避免这个问题。酚和脲以及硫脲作为共催化剂比醇更好,这不仅是由于它们的酸性较强,也是由于酚的共轭碱亲核性较弱,不会参与对活化烯烃进行Michael加成的副反应。

MBH反应中速率决定步骤(分子内质子转移)之前的两步——膦对烯烃的加成和两性离子对醛的加成都是双分子反应,因此反应物的浓度较高时反应速率应较快。很多实验结果都表明,如果使用等当量的两个反应物,或使用稍过量的液态烯烃以帮助溶解而能和催化剂一起形成均相的溶液,则在无溶剂的条件下进行反应,常比使用外加溶剂时的反应更快[61,75,76,88,158,178,193,194,306];而且由于缩短了反应时间,副反应较少,产物产率也较高。但在反应物与催化剂不能形成均相体系,如使用较难溶的固体醛,或用少量水来促进反应等时,则可加入少量溶剂帮助形成均相体系,使反应物有良好的混合,以提高反应速率[68,70,220]。由于在反应中涉及从中性分子生成两性离子的过程,反应介质的极性较大应有利于反应。这也是为什么MBH反应很少在烃类溶剂中进行的原因。相反,有的极性非质子溶剂,如环丁砜(sulfolane)、*N*-甲基吡咯烷酮(NMP)、*N*-甲基吗啉(NMM)则在用于一些MBH反应时取得良好效果(式(7-195))[197,221]。

$$\mathrm{R{-}CH(OH){-}C(=CH_2){-}CONH_2} \xleftarrow[\text{1 eq DABCO, NMM, rt}]{\text{1.5 eq } CH_2{=}CHCONH_2} \mathrm{RCHO} \xrightarrow[\text{0.5 eq DABCO, 环丁砜, rt}]{\text{1.5 eq } CH_2{=}CHCO_2Et} \mathrm{R{-}CH(OH){-}C(=CH_2){-}CO_2Et}$$

R=H, Ph, 4-ClPh, 4-NO_2Ph, 2-呋喃基, 3-噻吩基, n-C_5H_{11}. 4~24 h, 40%~91%

R=Ph, 4-FPh, 2-ClPh, 4-NO_2Ph, PhC≡C, 3-吡啶基, 正戊基. 1~10 h, 69%~84%

(7-195)

例如，丙烯酰胺需在加压(5 kbar)下或在水-二氧六环(1∶1)中用 1 eq 的 DABCO 催化才能与 4-硝基苯甲醛进行 MBH 反应，而在环丁砜中，则可在 0.5 eq 的 DABCO 存在下在常压下进行(10 h，产率 84%)；而在 NMM 中，则丙烯酰胺还可与较不活泼的苯甲醛，以及一些杂芳醛和脂醛反应。在这些极性非质子溶剂中，丙烯酸酯与芳醛的反应也以比在水-二氧六环(1∶1)中更快的速度和更高的产率进行。这些结果可能不仅是因为溶剂的极性较高，也得益于叔胺催化剂在极性非质子溶剂中不受氢键溶剂化的影响，亲核活性较高；同时在无水体系中反应也避免了丙烯酸酯的水解。也已有通过外加盐($LiClO_4$，LiCl，LiI，NaI[67,176,424])提高介质的极性，以加快反应的报道。

2. 温度

前已述及，MBH 反应中，膦对活化烯烃的加成和两性离子对醛的加成都是粒子数减少而生成高度有序的过渡态的反应，整个反应有大负值的活化熵和活化体积。因此，加压可以加速反应。同样，降低反应温度应可减小 $T\Delta S^{\neq}$ 一项对活化自由能 $\Delta G^{\neq}$ 的不利影响，降低反应的活化自由能。此外，DABCO 等 Lewis 碱催化的 MBH 反应，取决于活化烯烃和亲电试剂的结构，呈现出不同的平衡常数-温度关系。在 DABCO 催化的对硝基苯甲醛、苯甲醛和对甲氧基苯甲醛与丙烯酸酯的反应中，平衡常数(K)随温度升高而减小；当温度分别为 107℃、57℃和 27℃时，K 即从大于 1 转变为小于 1。因此，在较低温度进行反应，也有助于提高转化率并相应地提高产物产率。与此相应，已有很多实验结果表明，在 DABCO 催化的芳醛与丙烯酸酯和丙烯腈的反应中，适当降低反应温度，确实可在加速反应，提高产率方面取得较好效果[92,169,174-178]。例如，用 9 mol% 的 DABCO 在 1,4-二氧六环中催化乙醛与丙烯酸甲酯的反应，室温时，反应需一星期才能完成，而 0℃时，只需8 h[175]。反应结果的一些例子见式(7-196)。

$$\text{=\!\!\diagup CO_2Me} + \text{RCHO} \xrightarrow[\text{二氧六环, 0℃, 4～12 h}]{\text{9 mol\% DABCO}} \text{R-CH(OH)-C(=CH_2)-CO_2Me} \qquad (7\text{-}196)$$

R= Me, Et, *i*-Pr, *i*-Bu, $PhCH_2CH_2$, Ph. 67%~74%.

3. 压力和声波的效应

MBH 反应具有负值很大的活化体积(约 −79 cm^3/mol)；因此反应速率对压力非常敏感。对反应体系加压，可以促进反应[63,83-85,165,495]。例如，在用 8 mol%的 DABCO 在 40℃催化丙烯腈与 4-甲基苯甲醛的反应时，施加 10 kbar 的压力可使反应完成所需时间从不加压时的 75 h 缩短为 2 h。而在用 10 mol%的 DABCO 在 42℃催化丙烯腈与更不活泼的 4-甲氧基苯甲醛的反应时，施加 5.6 kbar 的压力即可使反应时间从不加压时的 333 h 缩短为 22 h。在加压的条件下，一些在常压下对 MBH 反应为惰性的烯烃(如 β-取代烯烃)和亲电试剂(如酮)也能参与反应。例见式(7-83)和式(7-106)[83-85]。

前已述及,利用水在结冰时会因体积增加而在一封闭的反应器中产生高压这一现象,可以进行加压下的 MBH 反应。例见式(7-84)[165]。

声波或超声波的刺激,可在反应介质中产生局部高压和高温,因此可以影响反应速率。已有很多用声波或超声波处理来加速丙烯酸酯的 MBH 反应,或使某些惰性的醛参与反应的报道[159,166-173,496]。例如,在用 65 mol% 的 DABCO 催化一系列芳醛、杂芳醛和脂醛与丙烯酸酯的反应时,对反应体系进行超声处理(25 kHz,1000 W),可使反应速率提高 2~15 倍,并使一些具有强给电子基的惰性芳醛顺利参与反应。一些例子见式(7-85)和式(7-86)。

但也有报道称,在丙烯腈与芳醛的反应中,超声处理不能加快反应;在某些情况下,反而使反应时间延长,产率下降[178]。也已有一些关于用微波加热[309,497,498]和将反应物进行球磨[177,372,499]以加速 MBH 反应的报道。

7.2.6　Aza-Morita-Baylis-Hillman 反应[500-503]

在 aza-MBH 反应中,是用亲电性比醛更强、N 原子上有拉电子基的活化亚胺(R—CH═N—EWG)[504]作为亲电试剂,与活化烯烃反应。得到的产物是 α-亚甲基-β-氨基化合物,即 α,β-二取代烯丙胺(式(7-197))。这些高度官能化的产物已经在各种 β-氨基酸衍生物,β-内酰胺,各类五元、六元和七元含氮杂环等化合物的合成中得到广泛的应用。

R—CH═N-EWG ＋ CH₂═CH—Z —(Lewis碱性催化剂)→ R—CH(NHEWG)—C(═CH₂)—Z　(7-197)

1. Aza-MBH 反应的机理[500,501]

Aza-MBH 反应的机理与 MBH 反应相似。反应也是由 Lewis 碱催化剂(最常用的是膦与叔胺)对活化烯烃的 Michael 加成引发的(式(7-198))。得到的烯醇负离子 **A** 然后对亚胺进行 Mannich 类型的加成,得到两性离子中间体 **B**。**B** 通过表观的分子内质子转移得 **C** 并消去催化剂而得产物。这些中间体的存在已得到一些实验事实的支持。例如,在膦催化剂 2-二苯膦基-1,1′-联萘-2′-醇催化的 MVK 与醛的对甲苯磺酰亚胺的反应中,催化剂与 MVK 混合后,溶液的 ^{31}P NMR 谱中,除了膦催化剂本身在 −13.16 ppm 的吸收外,还在 25.3 ppm 出现了新的 ^{31}P 吸收,提示了与 **A** 相应的烯醇负离子的生成[505];而在 DABCO 催化的丙烯酸甲酯与对硝基苯磺酰亚胺(ArCH═NSO_2(4-NO_2Ph),即 ArCH═NNS)在二甲苯溶液中的反应中,分离到与 Mannich 加成产物 **B** 的相对分子质量相应的固体沉淀(式(7-

199)中 **B1** 的 m/z 为 489.2)[506]。这一固体可用盐酸酸化而转变为稳定的二盐酸盐固体 **D**,其结构已用 ESI-MS、^{1}H NMR、^{13}C NMR 和 IR 光谱数据表征。

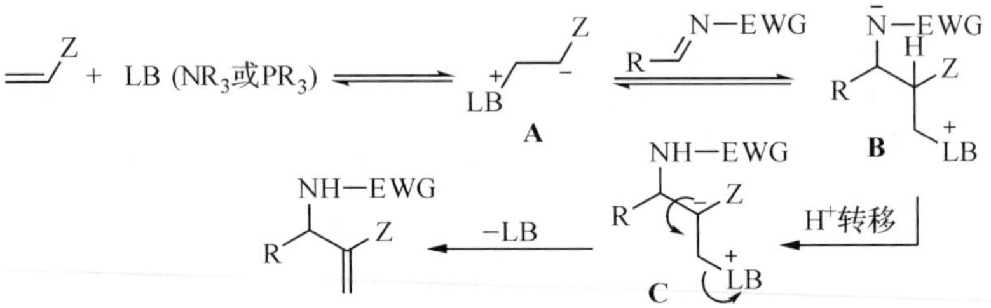

(7-198)

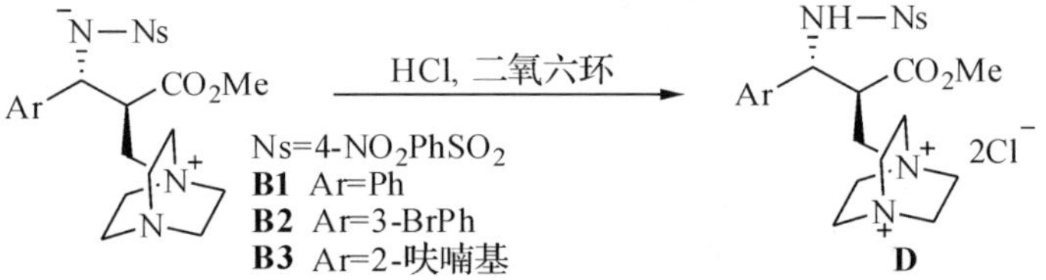

Ns=4-NO_2PhSO_2
B1 Ar=Ph
B2 Ar=3-BrPh
B3 Ar=2-呋喃基

HCl, 二氧六环

(7-199)

对不同的烯烃-亚胺组合的反应进行的动力学测量结果虽有不同[506,507],但都表明,与在 MBH 反应中一样,在反应体系中无外加质子化合物(酚、水、醇等)时,分子内质子转移是整个反应的速率决定步骤(RDS)。在式(7-199)中 DABCO 催化的对硝基苯磺酰亚胺与丙烯酸甲酯的反应中,在用氘代和非氘代的亚胺进行反应时,有显著的一级动力学同位素效应(k_H/k_D=3.81)[506]。但与 MBH 反应不同的是,在 aza-MBH 反应中,没有发现产物对反应的自催化(self-catalysis)作用[507]。对三甲胺或三甲基膦催化的丙烯醛与亚胺CH_2═N—Ts 的模型反应的 DFT 计算结果也表明,无论在气相中还是在非质子溶液中,质子转移过程都是反应的 RDS[97]。这些动力学测量和理论计算结果还表明,在反应体系中加入较弱的 Brønsted 酸性添加物(甲酸、酚、水、醇等)后,质子转移过程受到促进,而使此前的 C—C 键生成(Mannich 加成)反应成为反应的 RDS。

最近在对 DABCO 催化的丙烯酸甲酯与对甲氧基苯甲醛亚胺(4-MeOPhCH═NNs)反应的 ESI-MS 研究中,在反应初期(t<0.5 h),除了中间体 **E**(式(7-200))外,还检测到由 **E** 与另一分子亚胺加成而得的正离子 **F**(m/z=777)。在反应的稍后阶段(t>0.5 h),不再检测到 **F**,但出现由其消去 DABCO 而生成的中间体 **G**(m/z=665)[508]。在这个反应以及其他 aza-MBH 反应中,都没有发现可由 **F** 进行分子内环化而得到的嘧啶酮产物 **H**(与 MBH 反应中的 1,3-二氧噁酮产物相似)。这是因为 **F** 中氮负离子的亲核性不足以导致对羰基的分子内进攻而引起环合;但 **F** 可能通过六元环的过渡态在速率决定步骤中促进了分子内质子转移,这与在 MBH 反应中在反应体系中未加 Brønsted 酸性物种又尚未出现产物的自催化时的情况相似。虽然这一假定尚未得到动力学对反应级数测量的证实，但不能排除在 aza-MBH 反应中有如式(7-200)中的过程参与催化循环。

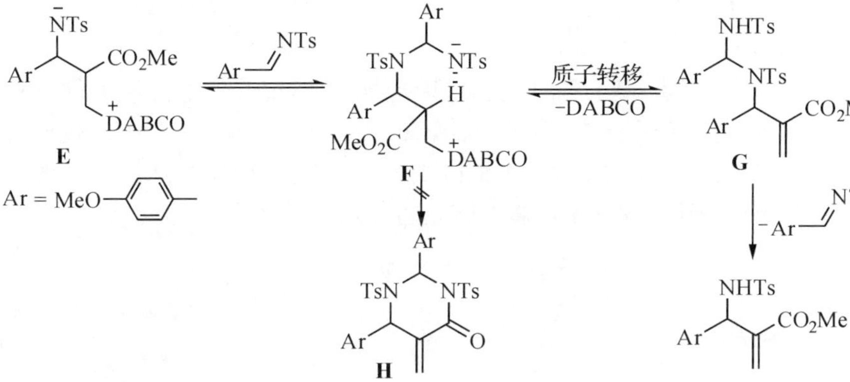

(7-200)

前述对 NMe_3 和 PMe_3 催化的丙烯醛与 CH_2 ═NTs 的反应的计算[97]还显示，对反应的每一个阶段，PMe_3 催化的反应能垒都明显小于 NMe_3 催化的反应。这表明从动力学上看来，在 aza-MBH 反应中，膦催化剂可能更为有利，这与膦催化剂在 aza-MBH 反应中得到比在 MBH 反应中更为广泛的应用的实际情况相符。

2. Aza-MBH 反应中的活化亚胺

在 aza-MBH 反应中应用的活性亚胺，多数是在亚胺的氮原子上有拉电子基团，也有一些是在亚胺碳原子上或在亚胺的 N、C 两个原子上都有拉电子基团的(图 7-8)。此外，亚胺盐以及用于在反应现场产生活性亚胺的一些亚胺前体化合物如 α-磺酰胺基砜($RCH(SO_2R)NHTs$)也已获得一些应用。

图 7-8 aza-MBH 反应中常用的活化亚胺

1) 醛的磺酰亚胺($RCH═NSO_2R^1$)

芳醛的取代苯磺酰亚胺($ArCH═NSO_2Ph$—X，X 可为 H，4-Me，4-NO_2，4-MeO，或 3-，4-位上的 F，Cl，Br 原子)的亲电性很强，在参与 aza-MBH 反应时表现出较高的反应活性。特别是芳醛的对甲苯磺酰胺(ArCH ═NTs)，是目前在 aza-MBH 反应中应用最广的亚胺反应物，已在叔胺或膦催化下与各类活化烯烃，如乙烯基酮(CH_2 ═CHCOR,R=Me,Et,Ph)、丙烯酸酯(CH_2 ═$CHCO_2R$,R=Me,Et,Ph,CH_2 ═CH,1-萘基,2-萘基)、环烯酮、丙烯醛、丙烯腈、丙烯酰胺等进行aza-MBH 反应,并取决于反应条件,以良好至较高的产率得到产物。

A. 丙烯酸酯[208, 509-511]

三苯基膦和三正丁基膦都不能在 THF 溶液中催化芳醛的对甲苯磺酰亚胺与丙烯酸甲酯的反应[509],但 DABCO[510]、$PPhMe_2$ 以及 PPh_2Me[509]则能较好催化这些反应,以中等产率得到产物(式(7-201))[510,511]。如用活性更高的丙烯酸苯酯或1-萘酯为 Michael 受体,则产率更高(式(7-202))[509]。

Ar–CH=N–Ts + CH_2=CH–CO_2Et (1 : 1) $\xrightarrow[\text{neat, 50~80℃, 17~18 h}]{\text{0.1 eq DABCO}}$ Ar–CH(NHTs)–C(=CH_2)–CO_2Et

Ar = Ph, 4-MePh, 4-MeOPh, 4-NO_2Ph. 产率53%~80%.

(7-201)

Ar–CH=N–Ts + CH_2=CH–CO_2R $\xrightarrow[\text{THF, rt, 15~100 min}]{0.1\sim 0.3\text{ eq }PPh_2Me}$ Ar–CH(NHTs)–C(=CH_2)–CO_2R (7-202)

R = Me; Ar = Ph. 6 h, 62%.

R = Ph; Ar = Ph, 3-MePh, 4-MePh, 4-MeOPh, 4-EtPh, 3-FPh, 4-ClPh, 2,3-Cl_2Ph, 4-NO_2Ph, 2-呋喃基. 71%~94%.

R = 1-萘基; Ar = Ph, 4-MeOPh, 4-ClPh. 67%~93%

很多双功能手性叔胺和膦催化剂则可有效催化丙烯酸酯与对甲苯磺酰亚胺的不对称 aza-MBH 反应(7. 2. 9 节图 7-11 和图 7-12)。

B. 乙烯基酮[489,512,513]

乙烯基酮作为比丙烯酸酯更强的 Michael 受体,很多膦和叔胺都能有效催化它们与芳醛的磺酰亚胺的反应,但反应结果对催化剂的亲核性很敏感。在 MVK 的反应中用 PPh_3 催化时,得到正常的 aza-MBH 产物,而用 PBu_3 催化时,则主要得到吡咯和 2,5-二氢吡咯产物(式(7-203))[512]。这可能是由于在三丁基膦催化的反应中,Aldol 加成的中间体 **I** 中(式(7-204)),三丁基鏻盐的离去能力较差,而 **I** 中的负离子又由于鏻盐的拉电子能力较弱而有较强的亲核性,易于进攻另一分子亚胺的原因。在苯基乙烯基酮(PVK)的反应中,则在用 PPh_3 催化时,生成正常的 aza-MBH 产物 **1**,而在用亲核性更强的 DABCO 催化时,则主要生成 PVK 与亚胺的 2∶1 产物 **2**(式(7-205))[513]。在对照试验中,产物 **1** 在 DABCO 催化下不能有效地与 PVK 反应而生成产物 **2**。这表明,**2** 应是由烯醇负离子 **J**(式(7-205))优先进攻亲电性较强的 PVK 得两性离子 **K**,再进攻亚胺而生成的。

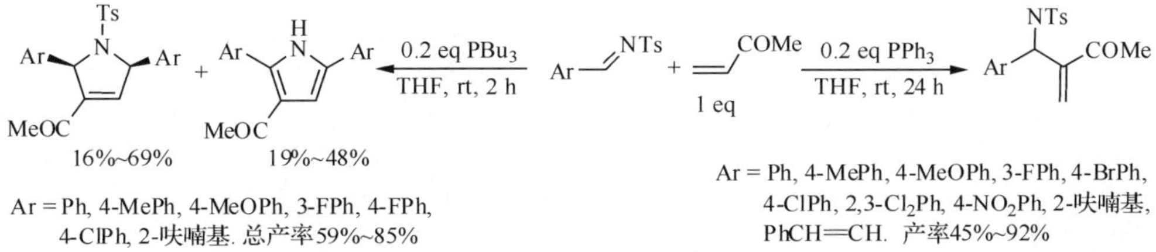

0.2 eq PBu_3, THF, rt, 2 h; 0.2 eq PPh_3, THF, rt, 24 h; 1 eq

16%~69% 19%~48%

Ar = Ph, 4-MePh, 4-MeOPh, 3-FPh, 4-FPh, 4-ClPh, 2-呋喃基. 总产率59%~85%

Ar = Ph, 4-MePh, 4-MeOPh, 3-FPh, 4-BrPh, 4-ClPh, 2,3-Cl_2Ph, 4-NO_2Ph, 2-呋喃基, PhCH=CH. 产率45%~92%

(7-203)

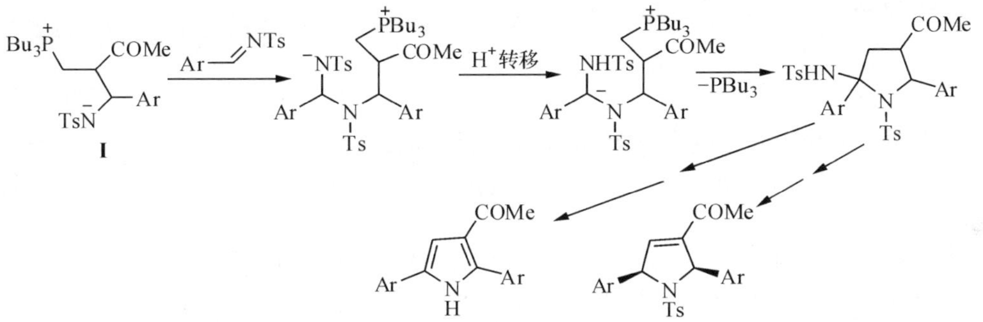

I; H^+转移; $-PBu_3$

(7-204)

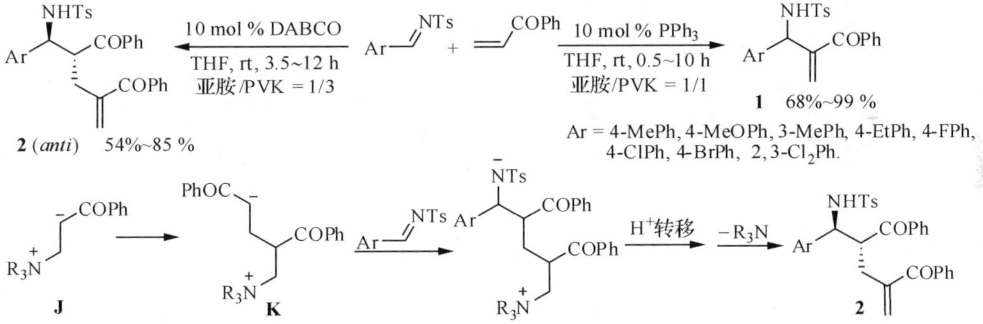

10 mol % DABCO, THF, rt, 3.5~12 h, 亚胺/PVK = 1/3; 10 mol % PPh_3, THF, rt, 0.5~10 h, 亚胺/PVK = 1/1

2 (*anti*) 54%~85 %

1 68%~99 %

Ar = 4-MePh, 4-MeOPh, 3-MePh, 4-EtPh, 4-FPh, 4-ClPh, 4-BrPh, 2,3-Cl_2Ph.

J; **K**; H^+转移; $-R_3N$; **2**

(7-205)

C. 环烯酮

在用常规的膦与叔胺催化剂催化环烯酮与芳醛的对甲苯磺酰亚胺的反应时，催化剂、溶剂、反应温度等反应条件以及环烯酮的环大小对反应速率和产物都有重要影响。DABCO 和 PPh_3 在 THF 或甲醇溶液中不能催化环戊烯酮的反应，而 DMAP、PBu_3 和 $PPhMe_2$ 则可催化反应，以中等至较高产率得到正常的 aza-MBH 产物(式(7-206))[236,237]。但当烯酮的环加大时，由烯酮的 α'-位 C—H 键脱质子而引发的 Aldol 反应及后续反应(式(7-207))将与 aza-MBH 反应竞争，导致产物的复杂化。

$$\text{ArCH=NTs} + \text{环戊烯酮} \longrightarrow \text{产物} \tag{7-206}$$

反应条件: 20 mol % DMAP, MeOH, rt. Ar=Ph, 4-EtPh, 4-ClPh, 4-NO_2Ph. 24 h. 产率 54%~82%.
20 mol % PBu_3, THF, rt. Ar=Ph, 4-MeOPh, 4-EtPh, 4-Me_2NPh, 4-ClPh, 4-BrPh, 4-NO_2Ph. 5~6 h. 产率 70%~99%

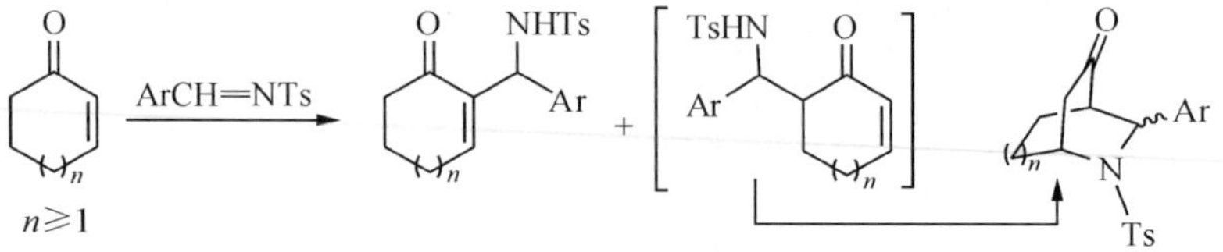

ArCH═NTs; $n \geqslant 1$ (7-207)

一些 *N*-杂环卡宾(NHC)可以有效催化环烯酮的 aza-MBH 反应，而且对环己烯酮也不引起 Aldol 反应的干扰。其中效果最好的是 **3**(式(7-208))[514,515]。实际上，NHC 可以与对甲苯磺酰亚胺加成[516]。但对照试验表明，把 **3** 与亚胺的加成产物(式(7-209)中的 **L**)与环戊烯酮和亚胺混合后，以较高产率得到正常的 aza-MBH 产物。这表明，**3** 对亚胺的加成是可逆的。在上述混合物中，**L** 可以分解为 **3** 和亚胺，再由释放出的 **3** 催化亚胺与环戊烯酮反应而得 aza-MBH 产物。建议的反应机理见式(7-209)。反应由 **3** 对烯烃的亲核加成引发，然后按 Mannich 加成，分子内质子转移的正常 aza-MBH 反应途径进行。

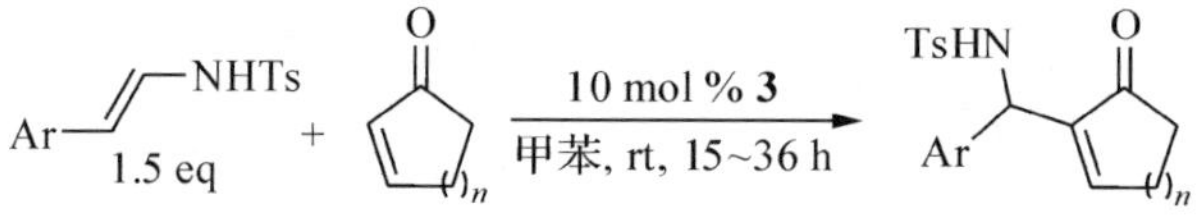

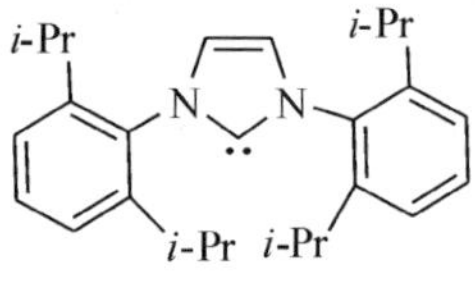

10 mol % **3**; 1.5 eq; 甲苯, rt, 15~36 h

n = 1, Ar = Ph, 4-MePh, 2-MeOPh, 3-MeOPh, 4-MeOPh, 4-FPh, 3-ClPh, 4-ClPh, 4-NO_2Ph, 2-呋喃基. 75%~99%.
n = 2, Ar = Ph, 4-MeOPh, 4-FPh, 4-ClPh. 72%~98%

3

(7-208)

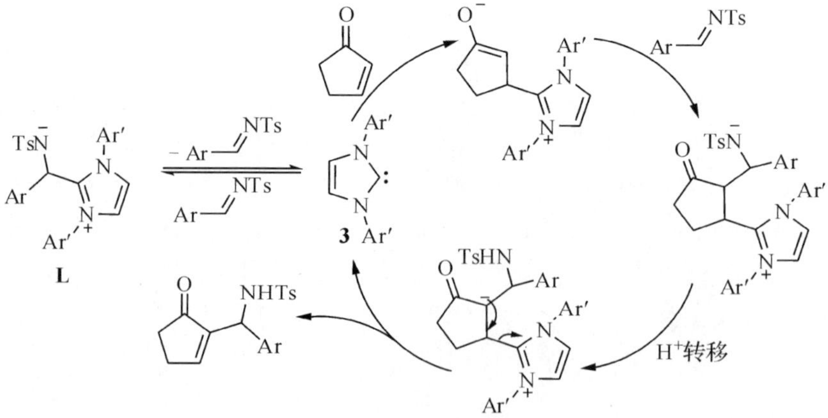

L　**3**　H⁺转移

(7-209)

3-乙烯基环己烯酮可在 PBu_3 催化下经 aza-MBH-分子内环化连续反应而得到增环的 *syn*-吡咯啉产物，例见式(7-210)[517]。虽然反应可用式中的反应途径来解释，但膦催化 β-取代的环烯酮的 aza-MBH 反应尚无先例；而且分子轨道计算表明，在 3-乙烯基环己烯酮 **4** 的 LUMO 中，α、β、γ、δ 四个原子上的原子轨道系数的大小是接近的。这表明，膦对 γ 和 δ 的亲核进攻也是可能的。膦对这些位置进攻导致生成不同两性离子中间体的过程是可逆的，并可能最终经式(7-210)中的中间体 **M** 继续反应而得产物。

纳米晶体的氧化镁(NAP-MgO)也已用于催化环烯酮的 aza-MBH 反应[272]。

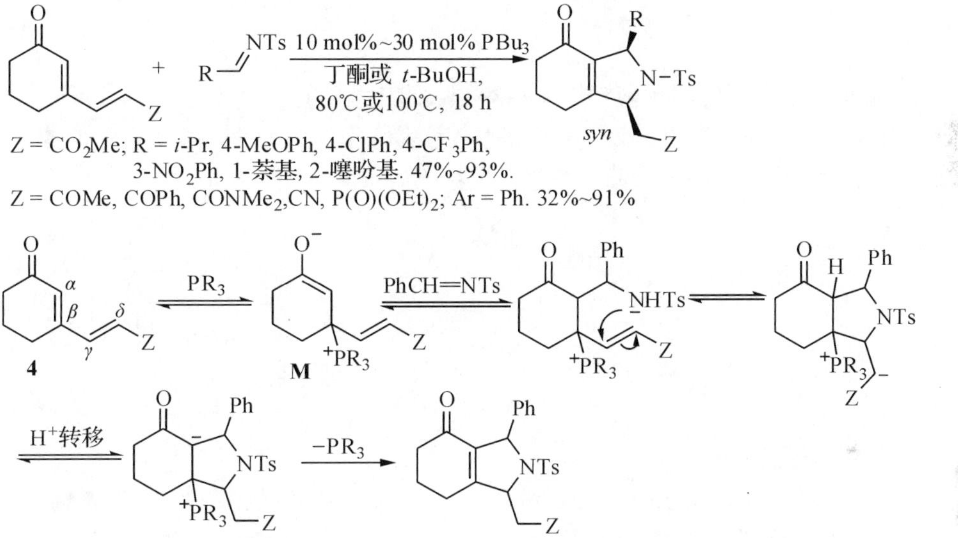

10 mol%~30 mol% PBu_3，丁酮或 *t*-BuOH，80℃或100℃，18 h

$Z = CO_2Me$; R = *i*-Pr, 4-MeOPh, 4-ClPh, 4-CF_3Ph, 3-NO_2Ph, 1-萘基, 2-噻吩基. 47%~93%.

Z = COMe, COPh, $CONMe_2$, CN, $P(O)(OEt)_2$; Ar = Ph. 32%~91%

(7-210)

D. 丙烯腈

丙烯腈与对甲苯磺酰亚胺的反应未见异常，例见式(7-211)[164]。

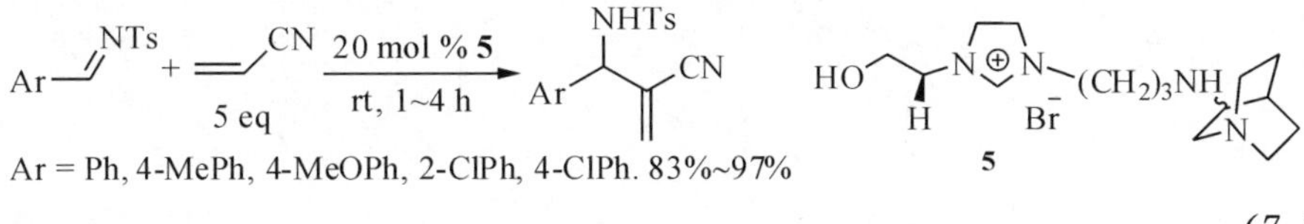

20 mol % **5**，rt, 1~4 h；5 eq

Ar = Ph, 4-MePh, 4-MeOPh, 2-ClPh, 4-ClPh. 83%~97%

(7-211)

E. 丙烯醛

丙烯醛在进行 MBH 反应的碱性条件下易于聚合，常使反应产率受到较大影响。活化亚胺的亲电性比醛强，因此 aza-MBH 反应可更有效地与丙烯醛的聚合竞争。DABCO 和双功能膦催化的丙烯醛的 aza-MBH 反应产率都较高[517-519]。例见式(7-212)[517]和式(7-213)[519]。

$$\text{ArCH=NTs} + \text{CH}_2\text{=CHCHO} \xrightarrow[\text{THF, rt, 20\sim180 min}]{\text{10 mol\% DABCO}} \text{ArCH(NHTs)C(=CH}_2\text{)CHO}$$

Ar = Ph, 4-MePh, 4-EtPh, 4-MeOPh, 4-FPh, 3-ClPh, 4-ClPh, 4-BrPh, 4-NO_2Ph. 43%~91%

(7-212)

左：20 mol % **6**，$CHCl_3$, rt, 15 min~5 h → 1-Ts-2-Ar-3-亚甲基-1,2,3,6-四氢吡啶-5-甲醛

Ar = 4-MePh, 4-FPh, 2-ClPh, 3-ClPh, 4-ClPh, 4-BrPh, 3-NO_2Ph, 4-NO_2Ph, PhCH═CH. 41%~50%

右：ArCH=NTs + 丙烯醛 (1.5 eq)，20 mol % **6**，THF, rt, 0.5~1 h → ArCH(NHTs)C(=CH$_2$)CHO

Ar = 4-MePh, 4-FPh, 2-ClPh, 3-ClPh, 4-ClPh, 4-BrPh, 3-NO_2Ph, 4-NO_2Ph, PhCH═CH, 2,4-Cl_2Ph. 80%~95%

6：2'-(PPh_2)-联苯-2-醇

(7-213)

膦催化剂 **6** 催化的反应(式(7-213))表现出明显的溶剂效应。在 THF 中反应时，得到正常的 aza-MBH 反应产物；但在用氯仿作为溶剂时，得到氢化吡啶产物。这显然是由中间体 **N**(式(7-214))进攻另一分子丙烯醛而得到。

N + 丙烯醛 → 中间体 → (H^+转移，$-PR_3$) → 4-羟基哌啶-3-甲醛 → ($-H_2O$) → 1-Ts-2-Ar-3-亚甲基-1,2,3,6-四氢吡啶-5-甲醛

(7-214)

F. 丙烯酰胺

作为不活泼的 Michael 受体，丙烯酰胺的 aza-MBH 报道较少[421]。它可在化学计量的 DABCO 和酚的共同催化下，顺利与对甲苯磺酰亚胺反应(式(7-215))[421]。在不加苯酚时，反应在 55℃时需耗时数天，这导致醛亚胺水解为醛，从而出现醛与烯烃的 MBH 反应与 aza-MBH 反应竞争，得到两种产物的混合物。

$$\text{ArCH=NTs} + \underset{1\text{ eq}}{\text{CH}_2\text{=CHCONH}_2} \xrightarrow[55^\circ\text{C, 2\sim6 h}]{\text{1 eq DABCO, 2 eq 苯酚}} \text{ArCH(NHTs)C(=CH}_2\text{)CONH}_2 \quad 71\%\sim93\%$$

Ar=Ph, 4-MeOPh, 3,5-$(MeO)_2$Ph, 2-HOPh, 4-FPh, 2-ClPh, 4-ClPh, 2-NO_2Ph, 4-NO_2Ph, 4-吡啶基

(7-215)

G. β-取代烯烃

前已述及，β-烷基取代的烯烃只有在高压条件下才能与醛进行 MBH 反应[84,85]。与此相反，亲电活性比醛更高的亚胺却可以在亲核性较强的 Lewis 碱的催化下在常压与 β-烷基烯烃进行反应。

DABCO 和三苯基膦都不能在 THF 溶液中催化巴豆醛的反应，但用亲核性比三苯基膦更强的 PPh_2Me 却可顺利催化反应，以中等产率得到产物(式(7-216))[520]。

Ar = Ph, 3-MePh, 4-MePh, 3-FPh, 4-FPh, 4-ClPh, 4-BrPh, 2-NO_2Ph, 4-NO_2Ph, 2,3-Cl_2Ph. 40%~80 %, (*E*)/(*Z*)> 99/1

20 mol% PPh_2Me, THF, rt, 15~72 h; 2 eq; (*E*)-; (*Z*)-

(7-216)

PPh_2Me 和 $PPhMe_2$ 也可以用于催化(*E*)-丙烯基苯基酮的反应，例见式(7-217)。但如把丙烯基苯基酮换为亲电性稍弱的 3-戊烯-2-酮（MeCH ═ CHCOMe)，则 PPh_2Me 不再能催化反应。

20 mol % PPh_2Me, THF, rt, 38~72 h; (*E*)-; (*Z*)-

Ar = Ph, 3-MePh, 4-ClPh, 4-NO_2Ph, 1-萘基. 45%~86 %, (*E*)/(*Z*)44/56~100/0

(7-217)

烯烃 β-位上烷基加大时，位阻效应也使其反应活性下降。例如，己烯-2-醛与活化亚胺的反应需用亲核性比 PPh_2Me 更高的 $PPhMe_2$ 催化，且反应的产率不高。

巴豆酸甲酯是比上述巴豆醛和丙烯基苯基酮更弱的 Michael 受体。与此相应，DABCO、PPh_3、PPh_2Me、$PPhMe_2$、PBu_3、DMAP、DBu 等叔胺和膦催化剂都不能在室温下在 THF 溶液中催化它与芳醛的对甲苯磺酰亚胺的反应，但对活性更高的巴豆酸苯酯、1-萘酯和乙烯酯，虽然 DABCO、PPh_3、PPh_2Me 和 DMAP 仍然不能催化，$PPhMe_2$ 却可以有效催化反应，以中等至较高产率得到以(*E*)-产物为主的(*E*)-和(*Z*)-产物的混合物(式(7-218)和式(7-219))[521]。在对照实验中，(*E*)-产物并不会在 $PPhMe_2$ 的作用下分解为原料，但可部分异构化为(*Z*)-产物。因此，两个异构体的生成可能是在反应中 Michael 加成后在烯醇中间体中异构化和产物在膦的作用下异构化两者共同造成的。

25 mol % $PPhMe_2$, THF, rt, 3~48 h; 2 eq; (*E*)-; (*Z*)-

Ar = Ph, 4-MePh, 4-MeOPh, 4-FPh, 4-ClPh, 4-BrPh, 3-NO_2Ph, 4-NO_2Ph. 44%~79 %, (*E*)/(*Z*)73/27~91/9.

(7-218)

2 eq; 25 mol% $PPhMe_2$, THF, rt, 2~120 h; (*E*)-; (*Z*)-

Ar = Ph, 4-MePh, 4-MeOPh, 4-FPh, 4-ClPh, 4-BrPh, 3-NO_2Ph, 4-NO_2Ph. 60%~91%, (*E*)/(*Z*)73/27~94/6

2 eq; 25 mol% $PPhMe_2$, THF, rt, 4~216 h; (*E*)-; (*Z*)-

Ar = Ph, 4-MePh, 4-MeOPh, 4-FPh, 4-BrPh, 3-NO_2Ph, 4-NO_2Ph. 44%~77%, (*E*)/(*Z*)74/26~90/10

(7-219)

与上述情况相反，$PPhMe_2$不能催化 2,4-戊二烯酸苯酯与芳醛的磺酰亚胺的反应，而 DABCO 却可以催化反应(式(7-220))[521]。

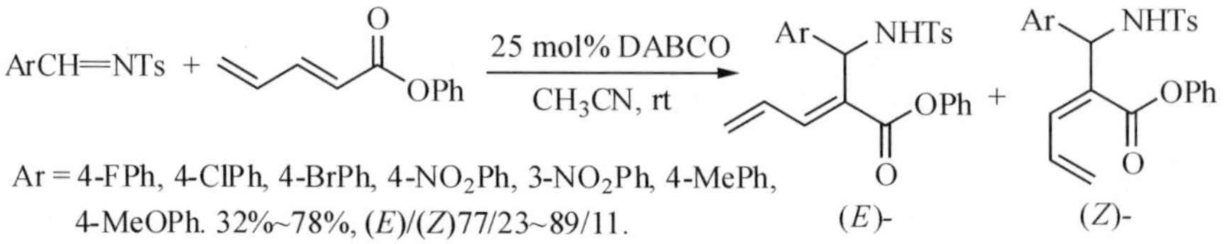

ArCH=NTs + 2,4-戊二烯酸苯酯 —(25 mol% DABCO, CH_3CN, rt)→ (E)- + (Z)-

Ar = 4-FPh, 4-ClPh, 4-BrPh, 4-NO_2Ph, 3-NO_2Ph, 4-MePh, 4-MeOPh. 32%~78%, (E)/(Z)77/23~89/11.

(7-220)

H. 联烯衍生物和炔烃

活化联烯与活化亚胺的反应有多种可能的反应途径。这取决于联烯的结构(联烯上的活化基团和是否存在 α-取代基)，亚胺氮原子上的活化基团(取代苯磺酰基，酰基，酯基，磷酰基等)和催化剂以及外加试剂(如分子筛)等反应条件，可分别进行[2+2]、[3+2]、[4+2]环加成反应或 aza-MBH 反应(图 7-9)。

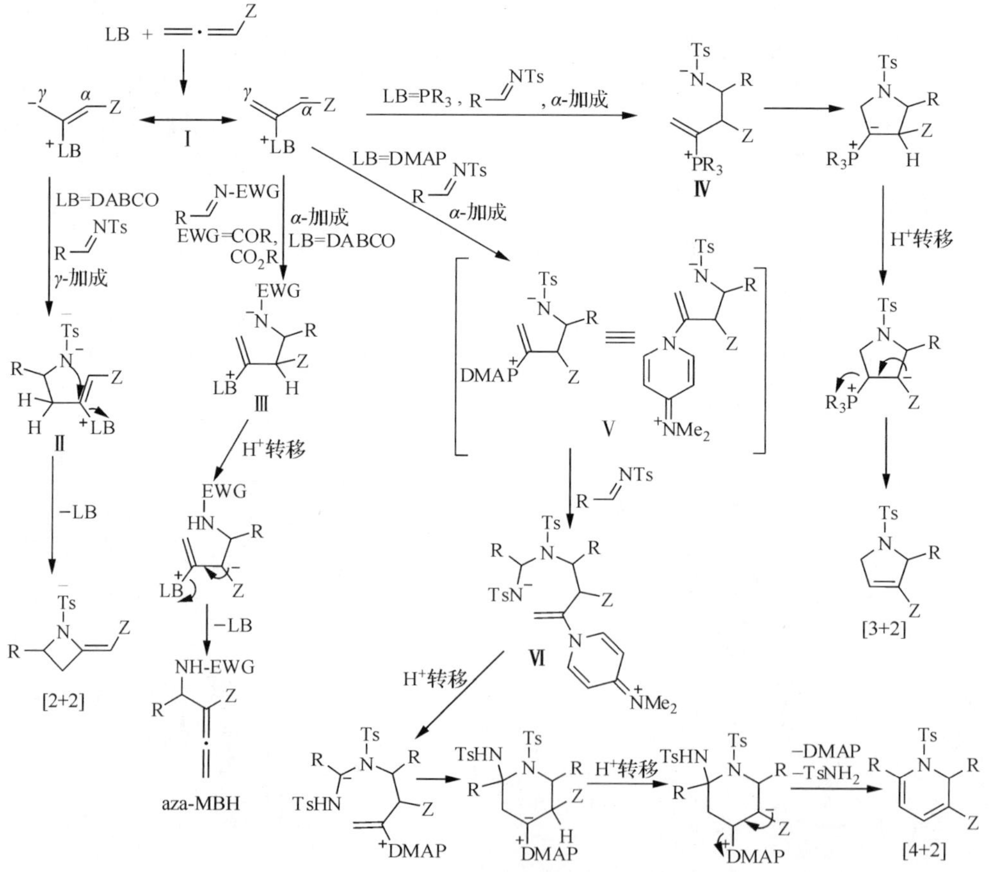

图 7-9 活化联烯与活化亚胺的可能反应途径

联烯酸酯在 DABCO 催化下与芳醛的对甲苯磺酰亚胺在干燥的苯溶液中反应时，以较高产率得到氮杂环丁烷产物；而在不加分子筛以除水时，反应中还有一定数量的 aza-MBH 产物同时生成(式(7-221))[451,452]。从图 7-9 中可以看到，这两个产物是通过两性离子(Ⅰ)分别以 γ-和 α-碳原子对亚胺进行加成而生成的。中间体Ⅱ生成后。可以经 4-*exo-trig* 环化并脱去 DABCO 而得氮杂环丁烷产物。而中间体Ⅲ可经表观的分子内质子转移并消去 DABCO 而得 aza-MBH 产物。由于分子内质子转移需要有外加 Brønsted 酸性化合物(如水)的催化，在反应体系中加入分子筛除水后，由Ⅲ经分子内质子转移而生成 aza-MBH 产物的途径不能与经Ⅱ进行分子内环化的反应途径竞争，结果只得到氧杂环丁烷产物。与此相应，在用金鸡纳碱衍生的叔胺催化的联烯酸乙酯与芳醛的对甲氧基苯磺酰亚胺的反应中，在体系中加入催化量(10 mol%)的 4-硝基苯酚、β-萘酚或三氟乙醇等 Brønsted 酸，则氮杂环丁烷产物产率下降，同时有不同数量的 aza-MBH 产物生成，有时后者可成为主要或者是唯一的产物[522]。联烯酸酯中的酯基的结构也对反应途径的竞争有一定的影响：加入大位阻手性辅基的反应物 **7** 在 DABCO 和 4 Å 分子筛存在时与芳醛的苯磺酰亚胺反应时，却生成 aza-MBH 产物，而没有氮杂环丙烷生成[523]。这可能是因为中间体Ⅱ(图 7-9)中，大位阻的手性辅基阻碍了分子内环化而引起的。

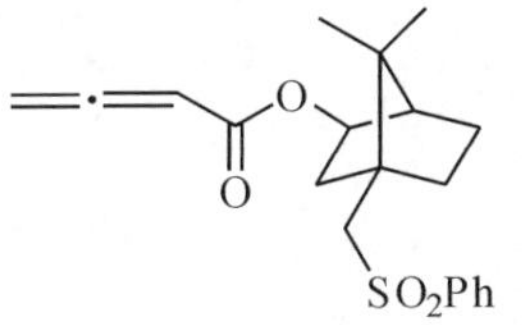

O
SO_2Ph
7

NHTs　Ar　CO_2Et　+ Ar　N　Ts　CO_2Et　← 10 mol % DABCO, PhH, 5 h　Ar⁄NTs + ═•═⁄CO_2Et　→ 10 mol % DABCO, PhH, 4Å MS　Ar　N　Ts　CO_2Et

8%~41%　45%~69%　42%~99%

Ar = Ph, 4-MePh, 4-MeOPh, 3-FPh, 4-FPh, 4-ClPh, 4-BrPh

Ar = Ph, 4-MePh, 4-EtPh, 4-MeOPh, 3-FPh, 4-FPh, 4-ClPh, 4-BrPh, 4-CF_3Ph, 2,3-Cl_2Ph, 3-NO_2Ph, 1-萘基, 3-吡啶基

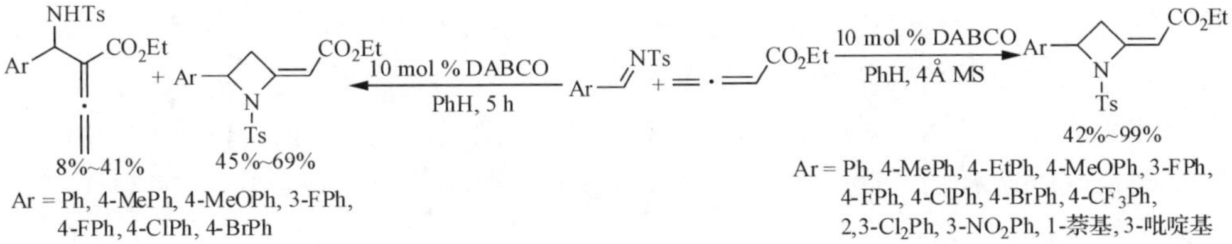

(7-221)

联烯酸酯与活性亚胺生成氮杂环丁烷反应的手性化也已有少数尝试[522]。用金鸡纳碱衍生的多功能手性叔胺催化剂 **8** 在分子筛存在下催化联烯酸乙酯与活性亚胺的反应以较高产率和很高的 *ee* 值得到(*R*)-构型的产物(式(7-222))。

R'=Et; Ar=Ph, 3-MePh, 4-MePh, 4-MeOPh, 4-CNPh, 4-ClPh, 2-BrPh, 3-BrPh, 4-CF_3Ph, 4-NO_2Ph, 2-萘基, PhCH=CH. 46%~93%, *ee* 85%~96%.
R'=Bn; Ar=Ph, 4-MePh, 3-BrPh, 4-CNPh. 58%~76%, *ee* 96%~98%

(7-222)

在建议的 Mannich 加成过渡态中,亚胺经其氮原子与催化剂中两个 NH 基的双重氮键作用而活化,同时喹啉环与亚胺磺酰基中的芳环中的 π-π 相互作用也帮助固定了构型。在这一过渡态(**O**)中,原联烯中的 γ-碳负离子只能从亚胺的 *re* 面进攻,导致中间体 **P** 的生成,后者在成环和消去催化剂后得(*R*)-构型的产物。

DABCO 催化的联烯基酮与 *N*-磺酰基醛亚胺反应,也主要得到[2+2]的氮杂环丁烷产物。但因副反应较多,主产物产率为 31%~55%[452]。

联烯酸酯与醛的苯磺酰亚胺在膦的催化下反应,则得到[3+2]环加成的吡咯啉产物(见 6.3.3 节式(6-132)~式(6-138)。这主要是由于在中间体 Ⅰ(图 7-9)以其 α-碳原子对亚胺进行加成得到的两性离子Ⅳ中,氮负离子以 5-*endo-trig* 方式进攻双键而成环将导致很稳定的鏻叶立德的生成,使反应的活化自由能较低;而叔胺催化剂则缺乏此种由于极化度效应而导致的很强的稳定 α-碳负离子的能力,因而不易采取 [3+2]反应的途径。

β-烷基联烯酸酯与活化亚胺在膦催化时也发生[3+2]反应,但因 β-烷基对环加成的位阻效应,反应需用活性较高的 $PPhMe_2$ 催化(式(7-223))[452]。

28%~95 %
syn/anti 8/1~>30/1

Ar = Ph, 4-MePh, 4-EtPh, 4-MeOPh, 4-Me_2NPh, 4-FPh, 4-ClPh, 4-BrPh, 2,3-Cl_2Ph, 3-NO_2Ph, 4-NO_2Ph, 3-吡啶基

(7-223)

氰基联烯在膦催化下与活性亚胺的反应也按[3＋2]途径反应(式(7-224))[524]。

6例. 51%~81 %, *syn*/*anti* >90/1

R = 4-MePh; Ar=4-MePh, 4-CF_3Ph, 3-呋喃基, PhCH=CH.
R = Ph; Ar=Ph.
R = $SO_2CH_2CH_2SiMe_3$(SES); Ar=4-MePh

1.2 eq，20 mol% $PPhBu_2$；1.2 eq，20 mol% PPh_3，PhH, rt, 16 h

4例. 63%~95%

R = Ph; Ar=Ph, 4-MeOPh.
R = 4-MePh; Ar=4-BrPh, 4-CF_3Ph

(7-224)

以上反应中的亚胺都是芳醛的磺酰亚胺。酮的磺酰亚胺由于制备较难且反应活性不如醛亚胺，它们与联烯酸酯等活化联烯在 Lewis 碱催化下的反应尚未研究过。但环状的磺酰亚胺如化合物 **9**，作为酮的磺酰亚胺，在与联烯酸酯反应时表现出与上述芳醛的磺酰亚胺平行的反应性能，即在以 DABCO 和以膦为催化剂时，分别按[2＋2]和[3＋2]的途径进行区域选择性的环加成反应(式(7-225))[525]。

20 mol% PPh_3，甲苯, rt, 3天；2 eq；20 mol% DABCO，甲苯, rt, 24~36 h

R'=Et; R = Ph, 3-MePh, 4-MePh, 4-BrPh, 3-CNPh, 4-CNPh, 3,5-$(CF_3)_2$Ph, 2-吡啶基. 54%~79%.
R'=*t*-Bu; R = Ph, 4-MeOPh. 产率73%, 67%.

R'=Et; R = Ph, 3-MePh, 4-MePh, 4-MeOPh, 4-BrPh, 4-CNPh, 3,5-$(CF_3)_2$Ph, 2-吡啶基. 45%~96%.
R'=*t*-Bu; R = Ph, 4-MeOPh. 产率94%, 61%.

(7-225)

联烯酸酯与 *N*-磺酰基醛亚胺在叔胺 DMAP 催化下反应，通过中间体Ⅰ(图 7-9)以 *α*-碳原子对亚胺的加成而得的Ⅴ对另一分子亚胺的加成得Ⅵ，后者经分子内质子转移和 6-*endo* 环化，以中等产率得[4＋2]的二氢吡啶产物(式(7-226))[452]。

1.2 eq，10 mol% DMAP，CH_2Cl_2, 10 min，30%~60%　　(7-226)

Ar = Ph, 4-MePh, 4-MeOPh, 3-FPh, 4-FPh, 4-ClPh, 4-BrPh, 4-CF_3Ph, 3-NO_2Ph

除催化剂外，联烯中的活化基团和是否有 *α*-烷基取代，以及活化亚胺中氮原子上的拉电子基团对反应方式也有重要的影响。虽然联烯酸酯与 *N*-磺酰基亚胺的反应只在 DABCO 催化时，在含水和 Brønsted 酸(酚等)时才给出部分 aza-MBH 反应产物，但 *N*-酰基亚胺(如 ArCH ═NCOPh)和 *N*-酯基亚胺(ArCH ═NCO_2R)与联烯酸酯在叔胺的催化下却主要得到 aza-MBH 产物(见后)。*α*-烷基取代的联烯基酮与 *N*-磺酰基亚胺的反应也得到 aza-MBH 产物(式(7-227))[453, 470]。此时，*α*-烷基的位阻使中间体Ⅰ(图 7-9)经 *γ*-碳原子对亚胺加成，并阻碍中间体Ⅱ进行分子内环化反应，使 aza-MBH 反应成为主要反应途径。

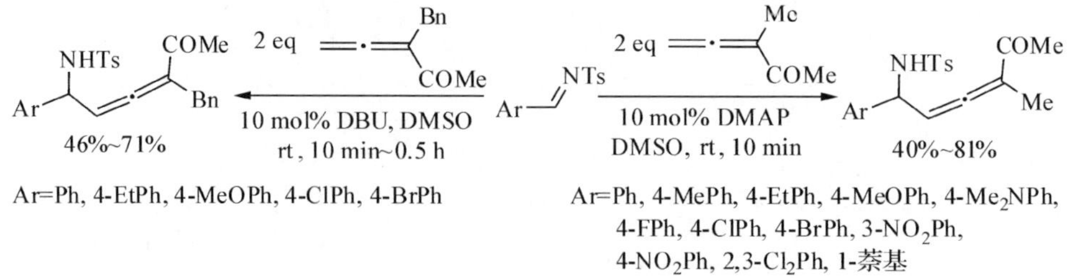

Ar=Ph, 4-EtPh, 4-MeOPh, 4-ClPh, 4-BrPh

Ar=Ph, 4-MePh, 4-EtPh, 4-MeOPh, 4-Me_2NPh, 4-FPh, 4-ClPh, 4-BrPh, 3-NO_2Ph, 4-NO_2Ph, 2,3-Cl_2Ph, 1-萘基

(7-227)

I. 活化的共轭二烯

由砜基、酮羰基(COMe 和 COPh)、酯基(CO_2Me)和氰基活化的 1,3-二烯可在 3-羟基奎宁环(3-HQD)和甲醇的共同催化下，与 *N*-磺酰基亚胺反应而得(*E*)-和(*Z*)-的 aza-MBH 产物混合物(式(7-228))[438,443]。在与砜基、酮羰基、酯基活化的二烯反应时，一般以(*E*)-产物为主，而在与氰基 1,3-二烯的反应中，则以(*Z*)-产物为主。这说明氰基与前面这些基团相比位阻较小。砜基和酯基 1,3-二烯的 aza-MBH 反应产物可以在碱的作用下环化为四氢吡啶的产物[439]。

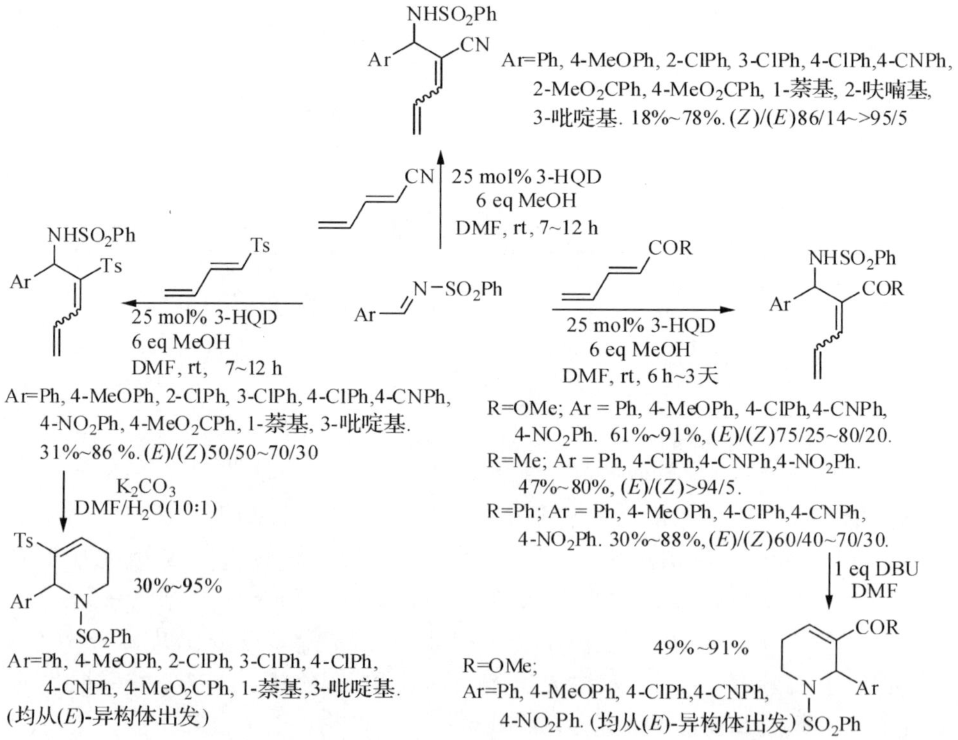

Ar=Ph, 4-MeOPh, 2-ClPh, 3-ClPh, 4-ClPh, 4-CNPh, 2-MeO_2CPh, 4-MeO_2CPh, 1-萘基, 2-呋喃基, 3-吡啶基. 18%~78%. (*Z*)/(*E*)86/14~>95/5

Ar=Ph, 4-MeOPh, 2-ClPh, 3-ClPh, 4-ClPh, 4-CNPh, 4-NO_2Ph, 4-MeO_2CPh, 1-萘基, 3-吡啶基. 31%~86 %. (*E*)/(*Z*)50/50~70/30

R=OMe; Ar = Ph, 4-MeOPh, 4-ClPh, 4-CNPh, 4-NO_2Ph. 61%~91%, (*E*)/(*Z*)75/25~80/20.
R=Me; Ar = Ph, 4-ClPh, 4-CNPh, 4-NO_2Ph. 47%~80%, (*E*)/(*Z*)>94/5.
R=Ph; Ar = Ph, 4-MeOPh, 4-ClPh, 4-CNPh, 4-NO_2Ph. 30%~88%, (*E*)/(*Z*)60/40~70/30.

Ar=Ph, 4-MeOPh, 2-ClPh, 3-ClPh, 4-ClPh, 4-CNPh, 4-MeO_2CPh, 1-萘基, 3-吡啶基. (均从(*E*)-异构体出发)

R=OMe; Ar=Ph, 4-MeOPh, 4-ClPh, 4-CNPh, 4-NO_2Ph. (均从(*E*)-异构体出发)

(7-228)

戊二烯酸苯酯也可在 DABCO 催化下与 N-磺酰基亚胺反应，得 aza-MBH 反应产物(式(7-229))[521]。

Ar = Ph, 4-MePh, 4-MeOPh, 4-FPh, 4-ClPh, 4-BrPh, 3-NO_2Ph, 4-NO_2Ph

25 mol% DABCO, MeCN, rt, 6~120 h; 32%~78 %, (E)/(Z) 77/23~89/11

(7-229)

膦催化的联烯酸酯和炔酮与 N-磺酰基醛亚胺的反应已在 6.3.3 节中讨论过(式(6-132)～式(6-145))。

2) N-磷酰基活化的亚胺

N-磷酰基醛亚胺 ArCH=NP(O)Ph_2 的亲电活性不如相应的 N-磺酰基醛亚胺高，也不如后者稳定；但它与活化烯烃的 aza-MBH 反应仍较易进行，而且可以方便地通过酸催化水解从 aza-MBH 反应的产物中除去磷酰基得到游离的烯丙胺产物[526,527]，因此也受到一定的关注。它可以在适当的叔胺或膦的催化下与各类活化烯烃反应。例见式(7-230)和式(7-231)[528,529]。

1.2 eq 甲基乙烯基酮, 10 mol% PPh_3, MeCN, rt, 24~48 h; 77%~99 %; Ar = Ph, 4-EtPh, 4-MeOPh, 4-FPh, 4-ClPh, 4-BrPh, 4-NO_2Ph

20 % HCl, 回流, 2 h; Ar = 4-ClPh, 96 %

1.2 eq 丙烯酸甲酯, 10 mol% PPh_2Me, CH_2Cl_2, rt, 4~96 h; 40%~92 %; Ar = Ph, 4-EtPh, 4-MeOPh, 4-FPh, 4-ClPh, 4-BrPh, 4-NO_2Ph, PhCH=CH

1.2 eq 丙烯腈, 10 mol% DABCO, MeCN, rt, 24~72 h; 27%~69 %; Ar = Ph, 4-EtPh, 4-MeOPh, 4-FPh, 4-ClPh, 4-BrPh, 4-NO_2Ph, PhCH=CH

10

(7-230)

1.2 eq 环戊烯酮, 10 mol% PBu_3, THF, rt, 6~24 h; 60%~97%

1.2 eq 环己烯酮, 10 mol% PPh_2Me, THF, rt, 24~72 h; 42%~85%

Ar = Ph, 4-EtPh, 4-MeOPh, 4-FPh, 4-ClPh, 4-BrPh, 4-NO_2Ph, PhCH=CH

(7-231)

在与丙烯酸甲酯的反应中，如用亲核性更强的 $PPhMe_2$ 或 PBu_3 作为催化剂，则还有部分膦对丙烯酸甲酯加成而得的烯醇负离子对 aza-MBH 产物加成

(Rauhut-Currier 反应)而得产物 **10**(式(7-230))。

N-二苯基硫代磷酰基亚胺(ArCH ═NP(S)Ph_2)可以在较稳定的膦催化剂 PTA(参见 7.2.3 节中对膦催化剂的讨论)的催化下与 MVK 和丙烯酸甲酯(式(7-232))[486]进行反应。用 3.75 mol/L HCl-甲醇溶液在室温进行醇解,即可方便地从产物中除去硫代磷酰基[223,486]。

NHP(S)Ph_2, CO_2Me, Ar, 57%~72 % ← CO_2Me (acrylate), 30 mol% PTA, 60~84 h ← Ar–CH=NP(S)Ph_2 → COMe (MVK), 10 mol% PTA, MeCN, rt, 48~72 h → NHP(S)Ph_2, COMe, Ar, 33%~92%

Ar = Ph, 3-FPh, 2-ClPh, 4-BrPh, 3-CF_3Ph.

Ar = Ph, 4-MePh, 2-MeOPh, 3-FPh, 2-ClPh, 4-BrPh, 3-CF_3Ph, 4-NO_2Ph, PhCH═CH.

HCl, MeOH, rt → NH_2, CO_2Me, Ar, Ar = Ph 90%

PTA

HCl, MeOH, rt → NH_2, COMe, Ar, Ar = Ph 97%

(7-232)

N-二乙氧基硫代磷酰基亚胺(ArCH ═NP(S)$(OEt)_2$)比 *N*-二苯基硫代磷酰基亚胺容易制备并更为稳定。它们也可在 PTA 催化下与 MVK 反应(式(7-233))[486]。

Ar–CH=N–P(=S)$(OEt)_2$ + COMe (MVK) → 10 mol% PTA, MeCN, rt, 60~108 h → NHP(=S)$(OEt)_2$, COMe, Ar, 67%~92%

Ar = Ph, 4-MePh, 3-MeOPh, 4-ClPh, 4-BrPh, 4-NO_2Ph, 2-呋喃基.

(7-233)

N-二苯基磷酰基亚胺与联烯酸酯在膦催化下的反应,则给出[3+2]环加成的产物(式(6-135)~式(6-138),式(6-144),式(6-145))。

3) *N*-酰基和 *N*-酯基亚胺

从上面的叙述可以看到,*N*-磺酰亚胺和 *N*-磷酰亚胺在 Lewis 碱催化下与活化联烯的反应,主要通过[3+2]、[2+2]、[4+2]等环加成途径进行(图 7-9)。与此不同,*N*-酰基和 *N*-酯基亚胺不仅在与普通活化烯烃反应时得到 aza-MBH 反应产物[462,530-535],而且在与活化联烯反应时也按 aza-MBH 反应途径进行[536]。例如,*N*-酯基醛亚胺与联烯酸酯的反应在膦或叔胺催化下均得 aza-MBH 反应产物(式(7-234)[537,538]和式(7-235))[539]。

Ph–CH=N–CO_2Et + =·=–CO_2Bn → 10 mol% 催化剂, 甲苯, rt, 24 h → NHCO_2Et, CO_2Bn, Ph (7-234)

催化剂: PPh_3, 产率 57%
吡啶, 产率 75%

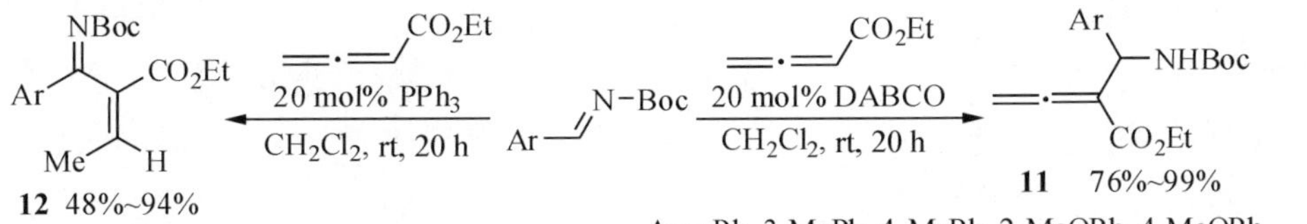

Ar = Ph, 4-MePh, 4-MeOPh, 3-ClPh, 4-CF$_3$Ph, 4-FPh, 2-呋喃基.

Ar = Ph, 3-MePh, 4-MePh, 2-MeOPh, 4-MeOPh, 3,4,5-(MeO)$_3$Ph, 4-FPh, 2-ClPh, 3-ClPh, 4-CF$_3$Ph, 2-呋喃基.

(7-235)

在式(7-235)的反应中，DABCO 催化得正常的 aza-MBH 产物 **11**。而 PPh_3 催化的反应中则以 **12** 为主要产物，但在降低反应物浓度或改用甲苯为溶剂时，反应中也会有部分正常的 aza-MBH 产物 **11** 生成。由于产物 **11** 不能在以上反应条件下(20 mol% PPh_3，CH_2Cl_2，rt，20 h)有效地转化为 **12**，后者可能是从 Mannich 加成的中间体 **Q** 中经连续的表观分子内质子转移生成稳定的鏻叶立德中间体 **R** 而生成的(式(7-236))。

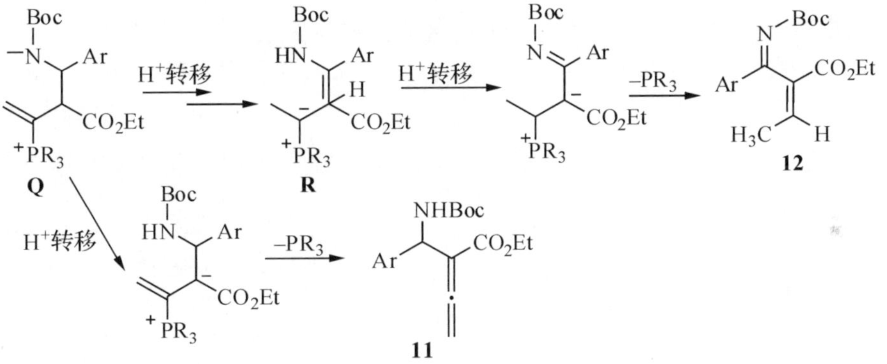

(7-236)

N-酰基亚胺与联烯酸酯的 aza-MBH 反应可在手性吡啶基丙氨酸四肽 **13** 的催化下进行，以较高产率和良好的对映选择性得到产物(式(7-237))[537,538]。

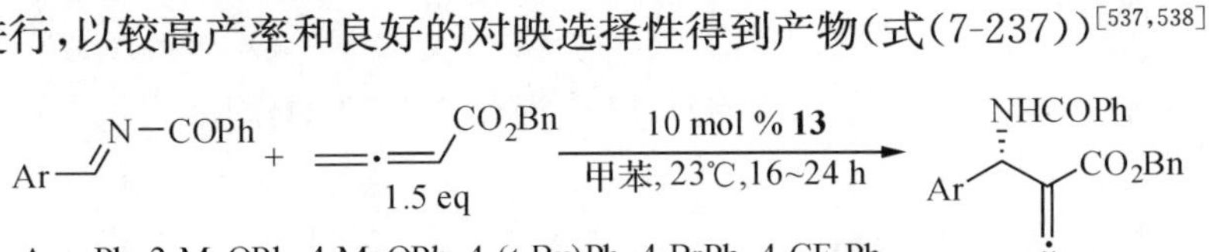

Ar = Ph, 2-MeOPh, 4-MeOPh, 4-(*t*-Bu)Ph, 4-BrPh, 4-CF$_3$Ph, 1-萘基, 2-萘基.

(7-237)

13 (吡啶基丙氨酸-D-脯氨酸-氨基异丁酸-L-苯基丙氨酸四肽)

4) *N*-亚磺酰基亚胺

手性 *N*-亚磺酰基亚胺的纯对映体较易制备[540]。虽然它们的亲电性比 *N*-磺酰亚胺差，但仍能在 3-HQD 和 Lewis 酸($M(OTf)_3$，M=Sc，Yb，In)的共同催化下(参见 7.2.9 节式(7-362))[541]或在亲核性强的膦($PPhMe_2$)催化下(式(7-238))[542]进行立体选择性的 aza-MBH 反应。虽然反应时间较长，但可获得中等至较高的非对映选择性。

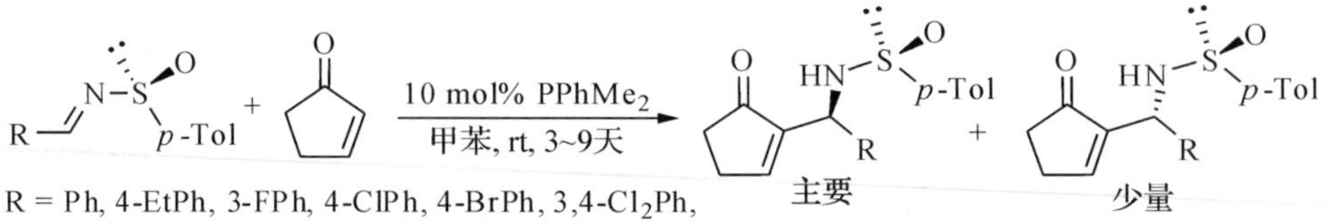

R = Ph, 4-EtPh, 3-FPh, 4-ClPh, 4-BrPh, 3,4-Cl_2Ph, $PhCH_2CH_2$, *n*-Bu. 52%~83%, *dr* 88/12~93/7

10 mol% $PPhMe_2$；甲苯, rt, 3~9天；主要；少量

(7-238)

5) 邻羟基苯甲醛亚胺

邻羟基苯甲醛的活化亚胺与联烯酸酯的反应已在 6.3.5 节讨论。

6) 其他活化亚胺

亚胺中的拉电子活化基团不仅可以像在上述各种亚胺中那样连接在 N 原子上，也可以安置在 C=N 双键的碳原子上。(*N*-苯基亚氨基)乙酸酯(*N*-phenylimino acetate)有足够的亲电性，可以在 DABCO 或 PPh_3 催化下与乙烯基酮进行反应(式(7-239))，但在 DABCO 催化的反应中，得到的是双键重排了的产物[543]。

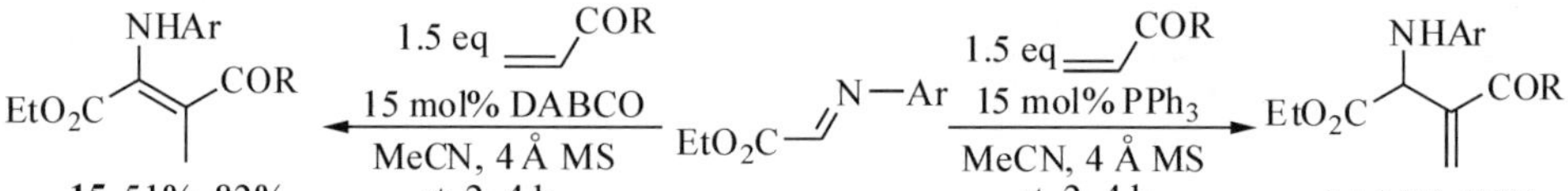

1.5 eq COR；15 mol% DABCO；MeCN, 4 Å MS；rt, 2~4 h；**15** 51%~82%

1.5 eq COR；15 mol% PPh_3；MeCN, 4 Å MS；rt, 2~4 h；**14** 34%~85%

R = Me, Ar = Ph, 3-MePh, 4-MePh, 4-ClPh, 4-BrPh, 3-CF_3Ph, 2-Me-4-ClPh

R = Et, Ar = Ph, 3-MePh, 4-MePh, 2-Me-4-ClPh

(7-239)

对照试验表明，正常的 aza-MBH 产物 **14** 可在 DABCO(30 mmol%)的催化下高产率地转化为 **15**。因此，**15** 可能是 **14** 在碱 DABCO 的作用下通过脱质子-质子化反应而生成的。

(*N*-苯基亚氨基)乙酸酯在 2-(二苯基膦基)-2′-羟基-1，1′-联萘催化下的不对称 MBH 反应，将在 7.2.9 节中讨论[544]。

在亚胺 C=N 双键的 C、N 原子上都连接有拉电子基团的(*N*-磺酰基亚氨基)乙酸乙酯(EtO_2CCH=N—Ts)可在溴化镁存在时与联烯基酮进行反应，得到从联烯的 γ-和 α-碳原子分别进攻亚胺而生成的产物 **16** 与 **17**(式(7-240))[545]。在同样反应条件下，联烯酸酯不能进行这一反应。产物 **17** 可在叔丁醇作用下消去 HBr 而得 aza-MBH 反应产物。

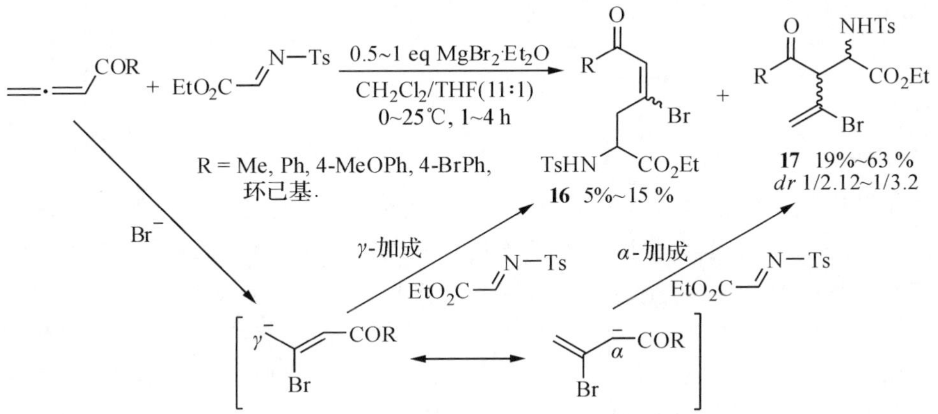

(7-240)

全氟苯基(C_6F_5)和 2,3,5,6-四氟-4-氯苯基是很强的拉电子基,以它们作为氮原子上活化基团的亚胺也已用于 aza-MBH 反应[442,546,547]。它们在与丙烯酸酯和丙烯腈反应时,以中等至较高产率得到 aza-MBH 产物(式(7-241))[442];而在与 MVK 反应时,除正常的 aza-MBH 产物外,有少量第二分子 MVK 在膦催化下与 aza-MBH 产物进行 Rauhut-Currier 反应得产物 **18**[442]。

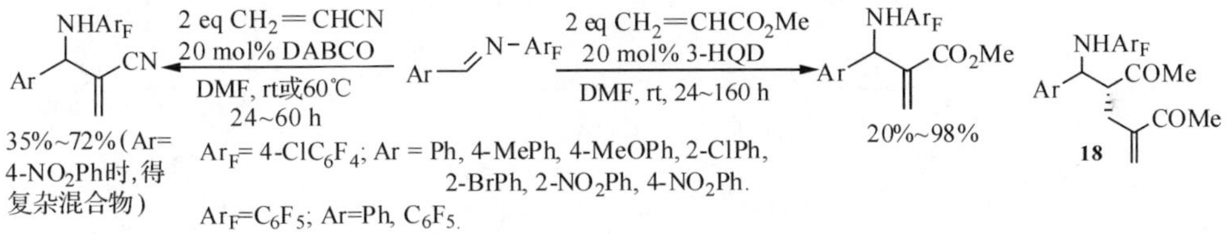

(7-241)

7) 用 α-酰胺基砜作为亚胺的前体

用 *N*-磺酰基亚胺和 *N*-酯基亚胺等作为亲电试剂参与 aza-MBH 反应的一个缺点是这些亚胺在进行反应的碱性条件下不稳定。芳香族亚胺水解为醛,导致 MBH 反应等副反应发生。特别是脂肪族活化亚胺(如 $RCH_2CH=N—EWG$)在碱性条件下易互变异构为不稳定的烯胺($RCH=CH—NH—EWG$)并发生后续反应。虽然在少数情况下,通过应用高效的双功能催化剂并在反应体系中加入 β-萘酚等共催化剂以加速 aza-MBH 反应,可以使部分脂族的 *N*-磺酰基亚胺在与丙烯酸萘酯等高活性烯烃的反应中以中等产率得到 aza-MBH 产物(例见 7.2.9 节中的式(7-293)~式(7-295)),但一般不能直接使用脂族亚胺进行 aza-MBH 反应。解决活化亚胺稳定性问题的一个方法是用 α-酰胺基砜(α-amido sulfones)作为亚胺前体,在反应现场逐渐释出亚胺并随即参与反应。α-酰胺基砜 **19** 和 **20** 是易于制备和纯化并可较长时间储存的稳定的晶状化合物,可以在碱的作用下释放出相应的亚胺[548]。

$$\underset{\mathbf{19}}{R{-}CH(NHSO_2R^1)(SO_2R^2)} \qquad \underset{\mathbf{20}}{R{-}CH(NHBoc)(SO_2R^1)}$$

早期应用α-酰胺基砜作为亚胺前体参与 aza-MBH 反应的一些工作,虽然成功地得到较高产率的产物,但因只用了碱性不强的 DABCO 作为碱而未加入无机碱等以帮助释放亚胺,反应中需要用化学计量的 DABCO 催化,并用大过量的活化烯烃。例见式(7-242)[549,550]。式中产物 **21** 是从亚胺前体中释出的 4-MePhSO$_2^-$ 对丙烯酸酯加成而生成的。反应中 DABCO 先作为碱从亚胺前体中释放亚胺,再作为催化剂催化 aza-MBH 反应(式(7-243))。

$$ArCH(NHCO_2CH_2Ph)SO_2\text{4-MePh} + \underset{2.5\ eq}{CH_2{=}CHCO_2Me} \xrightarrow[\text{rt, 9~12 h}]{\text{1 eq DABCO}} \underset{85\%\sim94\%}{ArCH(NHCO_2CH_2Ph)C({=}CH_2)CO_2Me} + \underset{\mathbf{21}}{\text{4-MePh}S(O_2)CH_2CH_2CO_2Me} \tag{7-242}$$

Ar = Ph, 4-MePh, 4-MeOPh, 4-(*i*-Pr)Ph, 3, 4-(MeOPh)$_2$Ph, 3, 4, 5-(MeOPh)$_3$Ph, 4-ClPh, 3-NO$_2$Ph, 4-NO$_2$Ph, 4-OH-3-MeOPh, 2-萘基, 2-呋喃基, 3-噻吩基

$$ArCH(NHCbz)SO_2Tol \xrightarrow[-DABCO\cdot H^+]{DABCO} ArCH{=}N{-}Cbz + \text{4-MePhSO}_2^- \xrightarrow{CH_2{=}CHCO_2R} \text{4-MePhO}_2SCH_2CH{=}C(O^-)OR \xrightarrow{DABCO\cdot H^+} DABCO + \mathbf{21}$$
$$DABCO \xrightarrow{CH_2{=}CHCO_2R} DABCO^+CH_2CH{=}C(O^-)OR \xrightarrow{ArCH{=}NCbz} ArCH(N^-Cbz)CH(CO_2R)CH_2DABCO^+ \xrightarrow[-DABCO]{H^+\text{转移}} ArCH(NHCbz)C({=}CH_2)CO_2R \tag{7-243}$$

在反应体系中加入 KF、K_3PO_4、Cs_2CO_3 等无机碱则可促进亚胺的释出,减少反应中 Lewis 碱催化剂的用量,并允许使用 Brønsted 碱性更弱的催化剂膦等[462,532,533,548,551]。一些具有酚羟基或酰胺基的双功能催化剂如 2-二苯膦基-1,1′-联萘-2′-醇[533]和带酰胺基的金鸡纳碱催化剂(7.2.9 节式(7-296))[552]似乎也能同时促进亚胺释放和催化 aza-MBH 反应,而只需以催化量使用且不需外加其他无机或有机碱。

8) 亚胺盐

由各种前体在反应现场产生的亚胺盐亲电性很强,可以作为亲电试剂参与 aza-MBH 反应[396,397,553-555]。

N-三甲硅基叔胺(R_2NSiMe_3)可以在醚溶液中在高浓度的高氯酸锂的作用下与苯甲醛反应生成亚胺盐,后者可与丙烯酸酯进行 aza-BMH 反应。反应中过量的

硅基叔胺将作为亲核试剂对 aza-MBH 产物进行加成，得到最终产物（式(7-244)和式(7-245)）[397]。

$$\text{ArCHO} + \underset{2.5\ \text{eq}}{\text{R}_2\text{NSiMe}_3} + \underset{1.25\ \text{eq}}{\text{CH}_2{=}\text{CHCO}_2\text{Me}} \xrightarrow[\text{乙醚, rt, 5 h}]{\text{10 mol\% DBU, LiClO}_4\text{ (5 mol/L)}} \text{ArCH(NR}_2\text{)CH(CO}_2\text{Me)CH}_2\text{NR}_2 \tag{7-244}$$

Ar = Ph, 4-MeOPh, 4-ClPh, 2,4-Cl_2Ph, 4-BrPh, 3-NO_2Ph

R_2N = Et_2N, Me_2N, 吡咯烷基, 吗啉基.

11例. 65%~95 %

$$\text{ArCHO} \xrightarrow[\text{LiClO}_4]{\text{R}_2\text{NSiMe}_3} \text{ArCH}{=}\overset{+}{\text{N}}\text{R}_2;\quad \text{CH}_2{=}\text{CHCO}_2\text{Me} \xrightarrow{\text{DBU}} \overset{+}{\text{DBU}}\text{CH}_2\overset{-}{\text{C}}\text{HCO}_2\text{Me} \longrightarrow \text{ArCH(NR}_2\text{)CH(CO}_2\text{Me)CH}_2\overset{+}{\text{DBU}} \longrightarrow \text{ArCH(NR}_2\text{)C(}{=}\text{CH}_2\text{)CO}_2\text{Me} \xrightarrow[\text{LiClO}_4]{\text{R}_2\text{NSiMe}_3} \text{ArCH(NR}_2\text{)CH(CO}_2\text{Me)CH}_2\text{NR}_2 \tag{7-245}$$

3. 三组分一锅 aza-MBH 反应

与以上讨论的用预先制备和纯化了的亚胺进行 aza-MBH 反应不同，在三组分一锅内反应中，是直接把合成亚胺的原料（醛和 *N*-磺酰基或 *N*-酰基胺）与活化烯烃和 Lewis 碱催化剂在反应现场混合，让在反应混合物中生成的亚胺与活化烯烃反应。较早的一个例子是用三苯基膦催化丙烯酸甲酯（或 MVK）与醛和一系列磺酰胺或氨基甲酸酯的反应（式(4-246)）[556]。

$$\text{RCHO} + \text{R}^1\text{NH}_2 + \text{CH}_2{=}\text{CHCOR}^2 \xrightarrow[i\text{-PrOH, 40℃, 40 h}]{\text{0.8 eq PPh}_3} \text{RCH(NHR}^1\text{)C(}{=}\text{CH}_2\text{)COR}^2 \tag{7-246}$$

R^1 = Ts: R^2 = OMe, R = Ph. 98%; R^2 = OMe, R = *n*-Pr, 80%

R^1 = Boc, R^2 = Me, R = Ph. 50%

R^1 = CO_2CH_2Ph, R^2 = OMe, R=Ph. 53%

进行一锅反应时易遇到的一个问题是：亚胺在室温时的生成速度可能较慢，而且亚胺生成是平衡反应，使溶液中可能有较高浓度的醛，引起 aza-MBH 和 MBH 反应的竞争，使反应的化学选择性不高。为减轻这一问题，可向反应体系中加入分子筛以除去亚胺生成时释出的水，促进平衡移向亚胺生成方向。也可以选用能选择性地活化亚胺而不是醛的 Lewis 酸[557]作为共催化剂，使亚胺优先参与反应而避免 MBH 反应的竞争。同时应仔细优化 Lewis 碱催化剂和溶剂、温度等反应条件。在研究芳醛和 *N*-磺酰胺与活化烯烃的反应时，系统地筛选了亲核催化剂和 Lewis 酸共催化剂并优化了反应条件后，发现 3-HQD 或 DABCO 与 Ti(O*i*-Pr)$_4$是较好的亲核催化剂-Lewis 酸组合；在加入分子筛后，反应在 *i*-PrOH 中进行，获得较好的结果（式(7-247)）[433,440,441,558]。

$$\mathrm{ArCHO} + \mathrm{RNH_2} + \text{=}\!\!\diagup^{Z} \xrightarrow[\text{4Å MS, } i\text{-PrOH, rt, 6~24 h}]{\text{15 mol\% 3-HQD; 2 mol\% Ti(O}i\text{-Pr)}_4} \mathrm{ArCH(NHR)C(=CH_2)Z} \tag{7-247}$$

R=Ts时，
Z=CO_2Me; Ar=Ph, 4-MeOPh, 3-ClPh, 3-NO_2Ph, 4-NO_2Ph, 2-萘基, 2-呋喃基, 2-吡啶基. 58%~94%, (aza-MBH/MBH) 产物比92/8~>99/1.
Z=Boc;　Ar=Ph. 53%, (aza-MBH/MBH) 产物比>99/1.
Z=CN;　Ar=Ph. 64%, (aza-MBH/MBH) 产物比83/17.
Z=SO_2Ph;　Ar=Ph. 12%, (aza-MBH/MBH) 产物比78/22.
R=4-NO_2PhSO_2, Z=CO_2Me. Ar=Ph, 77%, (aza-MBH/MBH) 产物比> 99/1.

SES($SO_2CH_2CH_2SiMe_3$)是一个常用的亚胺保护基团。它的优点是易于从亚胺反应后的产物中除去[559]。将 SES 与聚乙二醇(PEG)连接得到的固体 PEG—SES—NH_2 可在过量的丙烯酸甲酯中与醛进行非均相的反应(式(7-248))[560,561]。

$$\text{PEG—SES—NH}_2 + \underset{40\text{ eq}}{\mathrm{RCHO}} + \underset{40\text{ eq}}{\text{=}\!\!\diagup\mathrm{CO_2Me}} \xrightarrow[\text{70℃, 12 h}]{\text{4 eq DABCO}} \mathrm{RCH(NH{-}SES{-}PEG)C(=CH_2)CO_2Me}\quad 77\%\sim96\% \tag{7-248}$$

R = Ph, 3-MePh, 4-MePh, 3-OHPh, 4-ClPh, 2-IPh, 4-NO_2Ph, 4-MeO_2CPh, 3, 5-(MeO)$_2$Ph, 2-(CH_2=CHCH_2)Ph, 2-呋喃基, 2-噻吩基, 2-吡啶基, *i*-Bu

这个非均相反应的优点是可以在反应中使用大过量的醛和烯烃以加快反应，提高产率，而反应后只需经过滤即可把固体产物分离出来；同时，MBH 副反应产物也留在溶液中。此种把亚胺固定于高聚物上进行反应的方法与把丙烯酸酯连接于高聚物上(polymer-OCOCH=CH_2)再与醛和磺酰胺进行三组分反应[208]相比，前者除丙烯酸外还可以与其他活化烯烃反应，而且也没有后者中连接高聚物与烯烃的酯链在碱性条件下较易水解断裂的问题。

小分子的 SES—NH_2 也可以直接用于三组分反应(式(7-249))[562-564]。此时，如用式(7-247)中的反应条件(3-HQD，Ti(O*i*-Pr)$_4$，4 Å MS，*i*-PrOH，rt)，反应较慢，并有 MBH 反应的竞争。改用 DABCO 为催化剂后，反应较快，选择性也较好[562]。反应产物中的 NH 基团用烯丙基溴进行烃化后，经二烯的闭环复分解(ring closing metathesis, RCM)反应后可得二氢吡咯，后者在碱的作用下可脱去 SES 基，同时芳构化，得 2，3-二取代吡咯(式(7-249))[562-564]。

$$\mathrm{SESNH_2} + \underset{5\text{ eq}}{\mathrm{RCHO}} + \underset{5\text{ eq}}{\text{=}\!\!\diagup\mathrm{CO_2Me}} \xrightarrow[i\text{-PrOH, 70℃, 6~72 h}]{\text{0.5 eq DABCO}} \mathrm{RCH(NHSES)C(=CH_2)CO_2Me}$$

R = Ph, 3-MePh, 3, 5-Me$_2$Ph, 3, 5-(MeO)$_2$Ph, 3-FPh, 4-ClPh, 2-BrPh, 2-IPh, 4-MeO_2CPh, 4-NO_2Ph, 4-TMSC≡C, 3, 4-(OCH_2O)Ph, 2-呋喃基, 2-萘基. 60%~90%

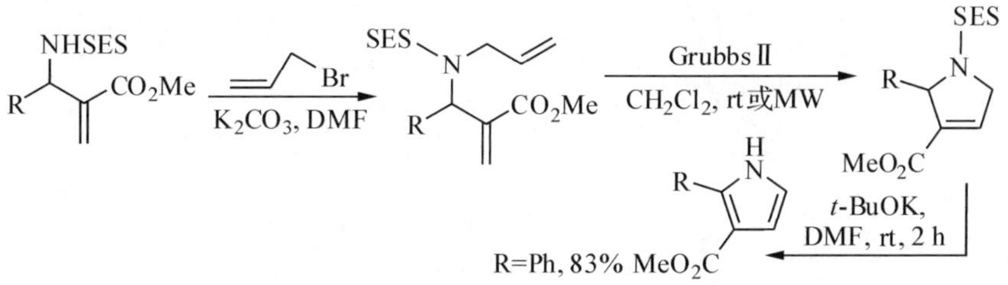

NHSES, R, CO_2Me → (Br, K_2CO_3, DMF) → SES, N, R, CO_2Me → (Grubbs Ⅱ, CH_2Cl_2, rt或MW) → SES, N, R, MeO_2C → (t-BuOK, DMF, rt, 2 h) → H, N, R, MeO_2C; R=Ph, 83%

(7-249)

7.2.7 分子内 MBH 反应和 aza-MBH 反应

当亲电基团(羰基或活化亚氨基)与活化烯烃两者通过适当的连接链被置于同一分子中时,可在 Lewis 碱的催化下进行分子内 MBH 反应,生成官能化的碳环或杂环化合物[42-44,49,565]。

1. 分子内 MBH 反应

已经研究过的亲电基团-活化烯烃组合主要是醛与各类活化烯烃如乙烯基酮[138,467,477,482,491,565-570]、丙烯酸酯[105,467,476,567,568,571]、丙烯酸硫醇酯[450]、乙烯基砜[294,572]、丙烯醛[284,465,466,573]、炔酸酯[279]等的组合;酮-丙烯酸酯[476]、酮-丙烯酰胺[431,574,575]组合以及以钌-苯环配合物作为亲电基团与丙烯酰胺进行的分子内 MBH 反应也已见报道[481]。

DABCO[105,294,571]、膦[138,477,481,482,491,566-568]、DMAP[450]、DBU[572]、奎宁环[431]、邻羧基或邻羟基苯硫酚[576]、L-脯氨酸衍生物[465,570]、手性脯氨酸-咪唑[465,466,573]等 Lewis 碱以及 $TiCl_4$-R_4NX(X=Cl 或 I)[569]、PhTeLi[279]等 Lewis 酸碱复合体系已用于催化这些分子内 MBH 反应。

生成的环状产物的结构取决于亲电试剂与烯烃间的连接链的结构和连接方式。如果醛通过连接链连接于活化烯烃的 C═C 双键上,则生成 2-位官能化的烯丙醇产物。例见式(7-250)的反应(a)[566]、式(7-251)[569]、式(7-252)[569]、式(7-253)[450]和式(7-254)[284,278,279]。

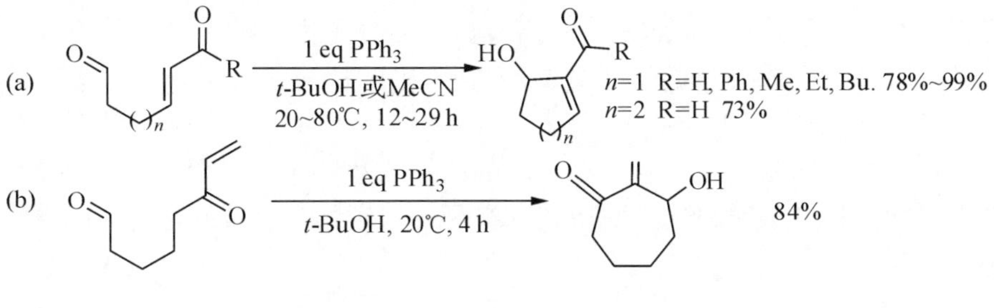

(a) O, O, R, n → (1 eq PPh_3, t-BuOH或MeCN, 20~80℃, 12~29 h) → HO, O, R, n; n=1 R=H, Ph, Me, Et, Bu. 78%~99%; n=2 R=H 73%

(7-250)

(b) O, O → (1 eq PPh_3, t-BuOH, 20℃, 4 h) → O, OH 84%

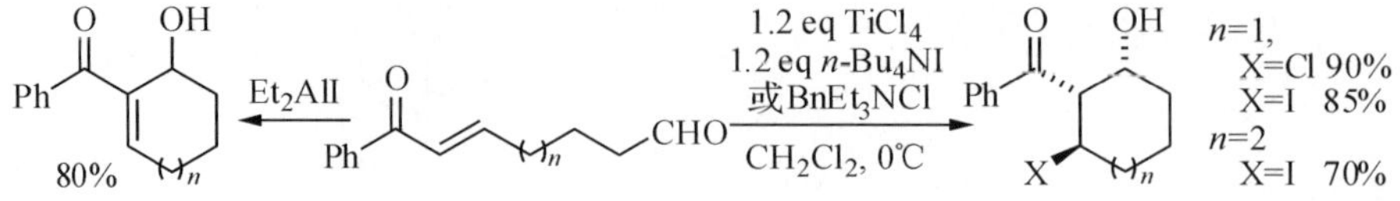

(7-251)

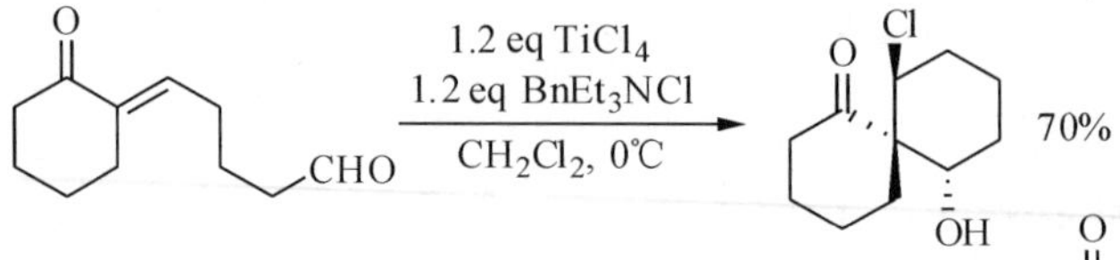

(7-252)

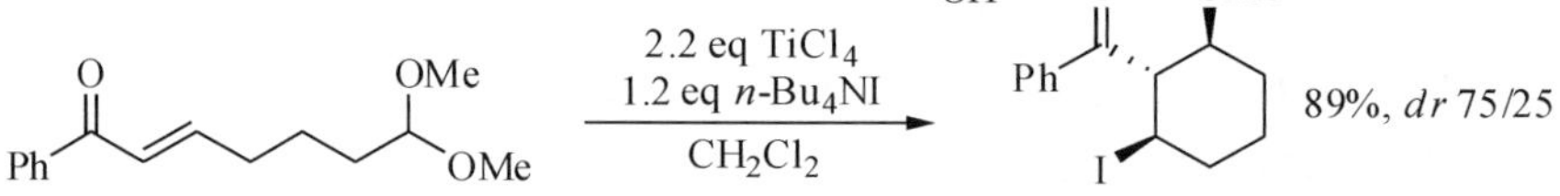

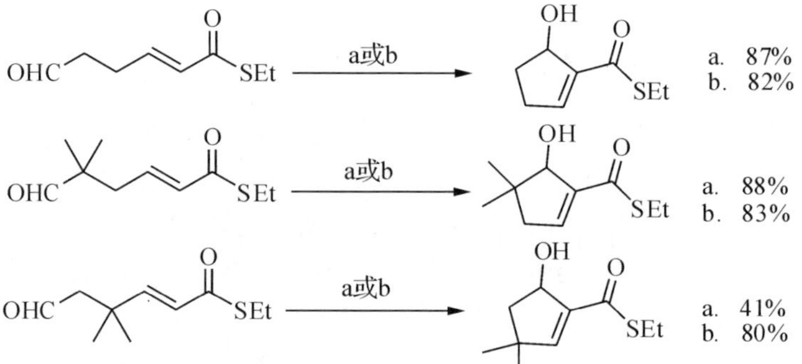

(7-253)

a. 1 eq DMAP, 0.25 eq DMAP·HCl, EtOH, 78℃, 1 h
b. 1 eq PMe_3, CH_2Cl_2, rt, 15 h

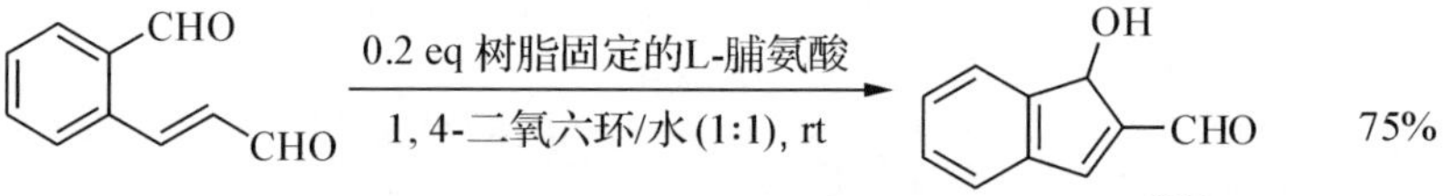

(7-254)

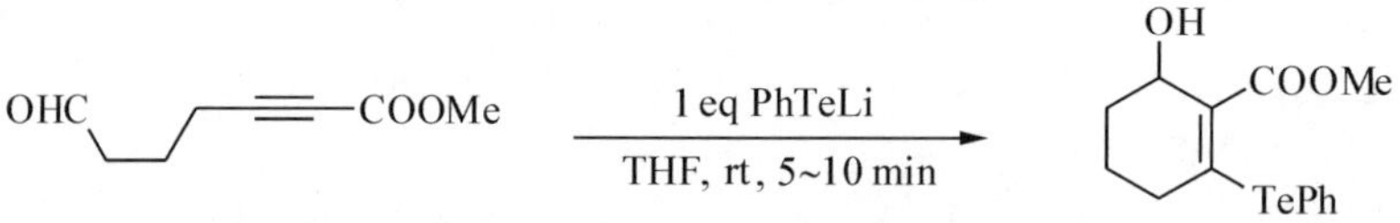

当醛基通过连接链连接于活化烯烃的羰基时，经分子内环化可合成具有环外双键的碳环或杂环。生成碳环的例子见式(7-250)中的反应(b)[566]。另一个有趣的例子是，在手性脯氨酸衍生物 L-**3** 催化下，α,β-不饱和醛 **1** 与 Nazarov 试剂 **2** 可在一锅内经连续的 **2** 的碳负离子对 **1** 的 Michael 加成-分子内 MBH 反应，以较高的非对映选择性和很高的对映选择性得到具有环外双键的高度官能化的环己烯醇产物 **4**(式(7-255))[570]。

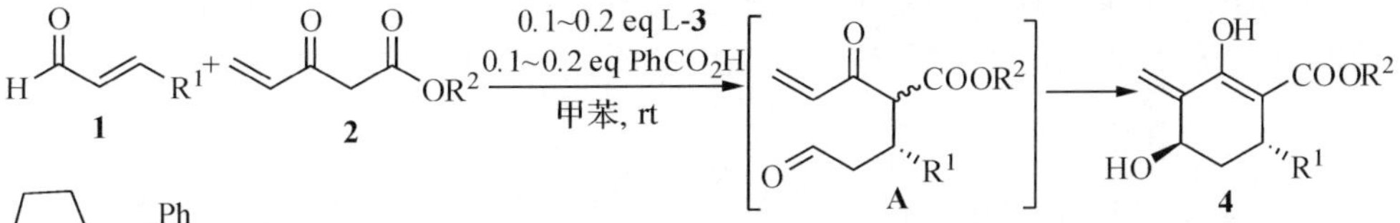

0.1~0.2 eq L-**3**, 0.1~0.2 eq $PhCO_2H$, 甲苯, rt

1 + **2** → [**A**] → **4**

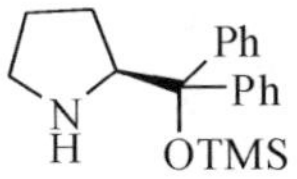

L-**3**

R^1= Ph, 4-MeOPh, 4-ClPh, 4-NO_2Ph, 2-噻吩基, 2-呋喃基, COOEt, Et, (*Z*)-CH_3CH_2CH=$CHCH_2CH_2$;

R^2= Et, *t*-Bu, 烯丙基. 13例. 45%~69%, *dr* 3:2~11:1, 主要异构体*ee* 86%~98%

(7-255)

实际上，在这个反应中，如果把反应温度降至 4℃，部分中间产物 **A** 可以分离，并在催化剂 L-**3** 或 DABCO、PPh_3 等的催化下发生环化，以与式(7-255)相似的 *dr* 和 *ee* 值得到产物 **4**。这表明在成环中，立体选择性是由 Michael 加成时在醛基的 *β*-位生成的立体中心控制的。

如果醛基经过连接链与丙烯酸酯或丙烯酰胺中的氧原子或氮原子相接，则成环时生成具有环外双键的 *γ*-或 *δ*-内酯或内酰胺。这一合成 *α*-亚烷基内酯或内酰胺的方法已在一些天然产物合成中得到应用[431,571,574,575,577]。例如，从海洋放线菌中分离出来的抗肿瘤生物碱 salinosporamide A 是一个双环 *γ*-内酰胺-*β*-内酯，它的人工合成就应用了丙烯酰胺-酮的分子内 MBH 反应(式(7-256))[431]。

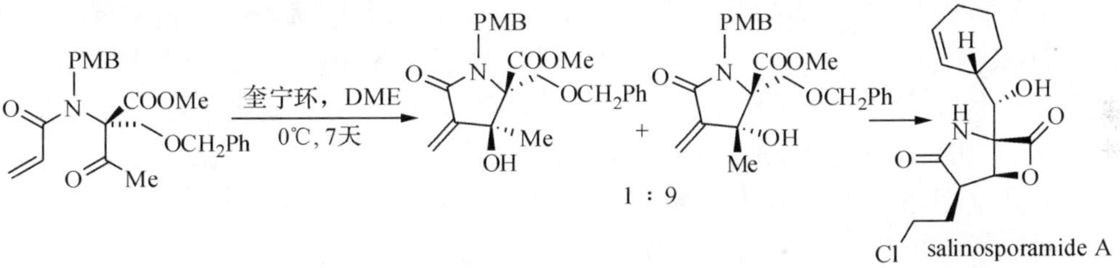

奎宁环，DME, 0℃, 7天

1 : 9

salinosporamide A

(7-256)

在蛋白酶体抑制剂 antiprotealide 的合成中，也用到类似的分子内成环反应(式(7-257))[574,575]。这里，先用从四异丙氧基钛和环戊基溴化镁在反应体系中产生的 Kulinkovich 试剂处理丙烯酰胺-酮反应物 **5**，然后经碘化得到 *α*-碘甲基 *γ*-内酰胺。后者再用三乙胺处理即得到单一的非对映异构体产物 **6**。

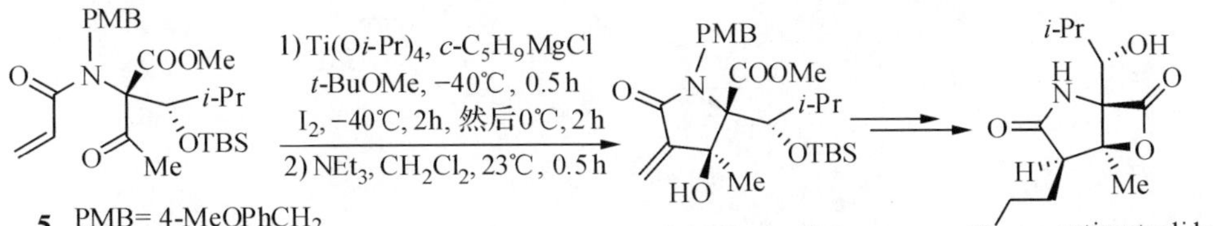

1) $Ti(O\textit{i}\text{-}Pr)_4$, *c*-$C_5H_9MgCl$, *t*-BuOMe, −40℃, 0.5 h; I_2, −40℃, 2h, 然后0℃, 2 h
2) NEt_3, CH_2Cl_2, 23℃, 0.5 h

5 PMB= 4-MeOPhCH_2
TBS= *t*-BuMe_2Si

6 85%, *dr*>99:1

antiprotealide

(7-257)

分子内 MBH 反应也已用于从开链的磺酰胺合成 5-亚甲基磺内酰胺(sultam)产物,反应的非对映立体选择性很高。例见式(7-258)和式(7-259)[294]。

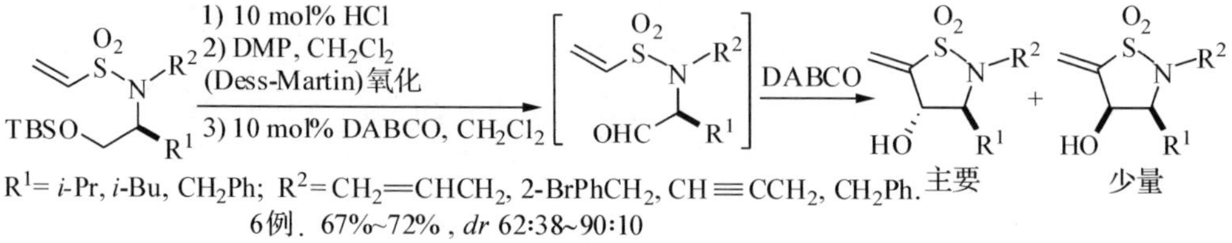

R^1= *i*-Pr, *i*-Bu, CH_2Ph; R^2= CH_2=$CHCH_2$, 2-BrPhCH_2, CH≡CCH_2, CH_2Ph. 主要　少量

6例. 67%~72%, *dr* 62:38~90:10

(7-258)

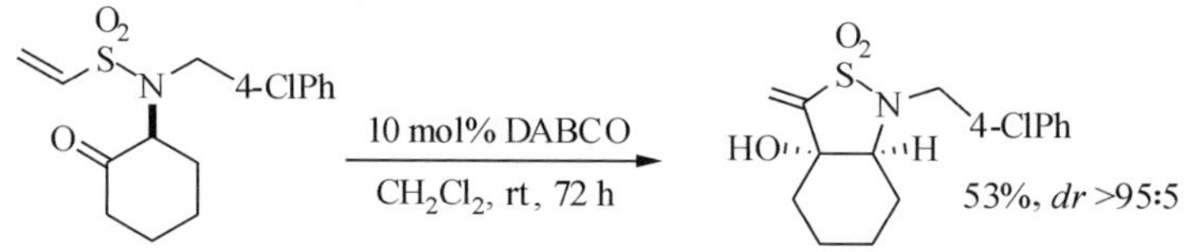

10 mol% DABCO, CH_2Cl_2, rt, 72 h　53%, *dr* >95:5　(7-259)

在式(7-258)中,先把用硅基保护的磺酰胺原料用高价碘试剂 DMP(Dess-Martin periodinane)氧化为相应的醛,再用 DABCO 催化进行分子内环化。

除醛、酮以外,金属钌-芳烃配合物也可作为亲电试剂,参与分子内环化反应(式(7-260))[481]。无金属配合时,相应的 *N*-苄基丙烯酰胺在 PBu_3 催化下既不能进行分子内环化,也不能与对硝基苯甲醛进行分子间 MBH 反应,而在与金属钌配位后,反应物在对硝基苯甲醛存在时仍只发生分子内反应,而不与对硝基苯甲醛反应。这表明,反应不仅得益于钌的配位增强了苯环的亲电性,也是分子内环化反应比分子间反应更易进行的结果。反应中,烯醇负离子对钌配位苯环的进攻发生于与金属钌相反的一面,这决定了产物的立体化学。由式(7-260)可见,*β*-取代和*β*,*β*-二取代丙烯酰胺也都可以顺利参与反应,但对后者,可生成两个异构体产物,其中*β*,*γ*-不饱和产物是主要或唯一产物。

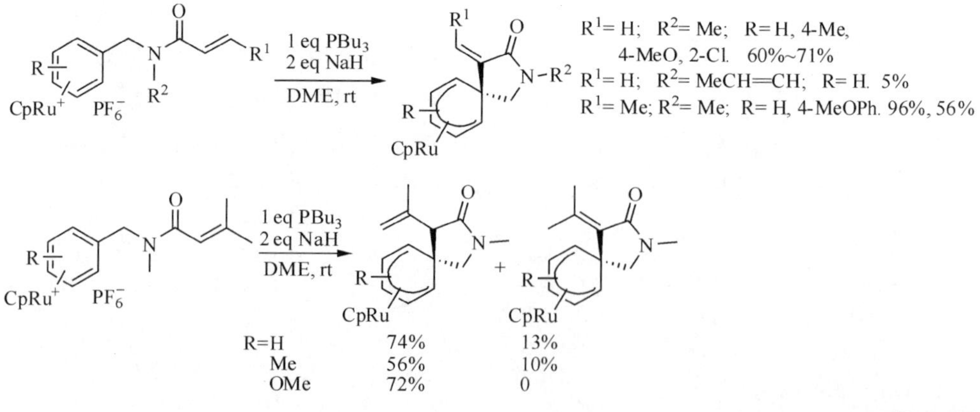

R^1= H; R^2= Me; R= H, 4-Me, 4-MeO, 2-Cl. 60%~71%
R^1= H; R^2= MeCH=CH; R= H. 5%
R^1= Me; R^2= Me; R= H, 4-MeOPh. 96%, 56%

R		
R=H	74%	13%
Me	56%	10%
OMe	72%	0

(7-260)

醛-丙烯酸酯的分子内环化则导致 *α*-亚甲基-*β*-羟基内酯的生成,例见式(7-

261)和式(7-262)[571]。

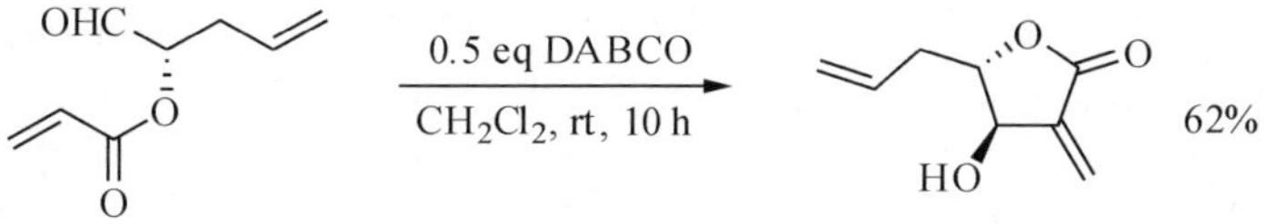

0.5 eq DABCO
CH_2Cl_2, rt, 10 h
62%　(7-261)

8, 88%
0.5 eq DABCO
CH_2Cl_2, rt, 10 h
7
0.5 eq DABCO
CH_2Cl_2/ROH
rt, 10 h
R=Me, Et, *i*-Pr, 2-Bu, *n*-Bu　8, 10%~24%　9, 67%~83%

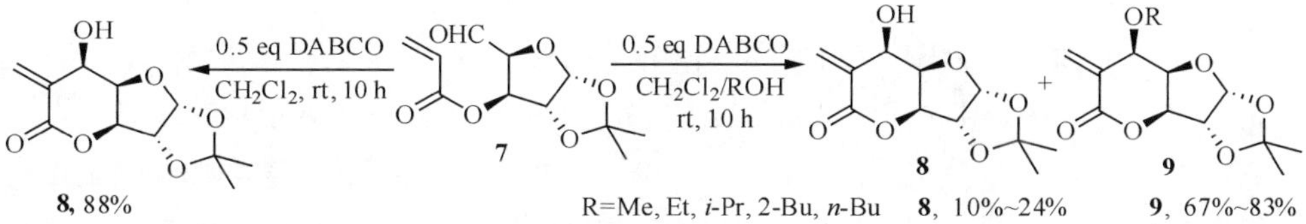

(7-262)

式(7-262)中，由糖衍生的反应物 **7** 的分子内 MBH 反应中，立体选择性很高(de>95%)，产物 **8** 和 **9** 中新生成的季碳都为 R 构型。

与此相似，当醛通过磺基与烯键相连时，可经分子内环化合成磺酸内酯(式(7-263)和式(7-264))[572]。

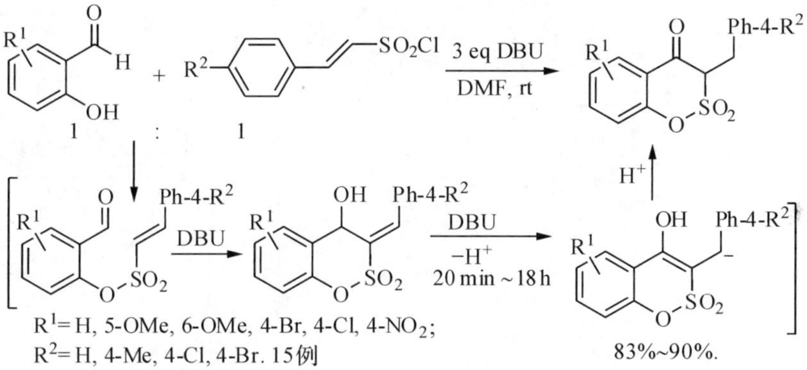

1 : 1
3 eq DBU
DMF, rt
DBU
DBU
$-H^+$
20 min ~18 h
H^+
R^1= H, 5-OMe, 6-OMe, 4-Br, 4-Cl, 4-NO_2;
R^2= H, 4-Me, 4-Cl, 4-Br. 15例
83%~90%.

(7-263)

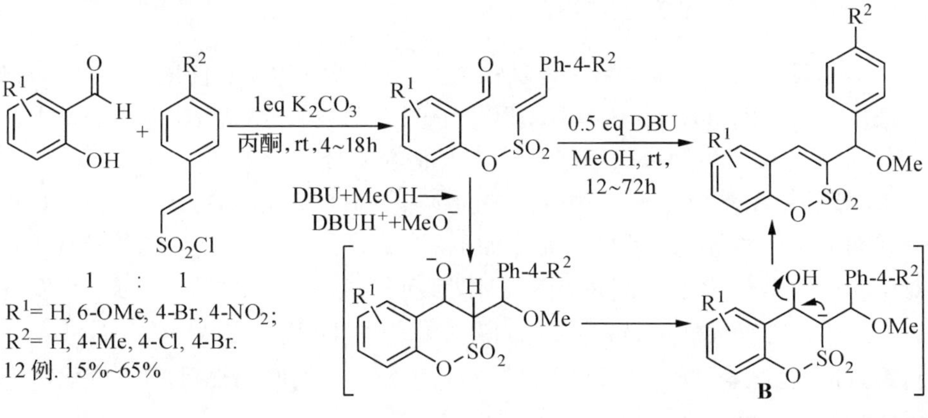

1eq K_2CO_3
丙酮, rt, 4~18h
0.5 eq DBU
MeOH, rt,
12~72h
DBU+MeOH⟶
$DBUH^+$+MeO^-
1 : 1
R^1= H, 6-OMe, 4-Br, 4-NO_2;
R^2= H, 4-Me, 4-Cl, 4-Br.
12 例. 15%~65%
B

(7-264)

在式(7-264)的反应中,DBU与甲醇的质子交换中得到的甲氧基负离子作为亲核试剂促进了分子内MBH类型的反应,但在中间体**B**中,不是消去MeO^-(得到正常的MBH产物),而是消去羟基得到不饱和磺酸内酯。

2. 分子内aza-MBH反应

关于分子内aza-MBH反应的报道还较少[471,578-580]。在吲哚生物碱akuammicine的全合成中,用分子内aza-MBH反应构建了关键中间体**C**中的D环(式(7-265))[578]。在六环生物碱(—)-leuconicine A和B的ABCE四环结构的构筑[579]和萜类五环吲哚生物碱(+)-ibophyllidine E环的构筑[580]中,也应用了类似的分子内成环反应。

AgOTf, DTBMP, PhMe, rt; DTBMP= 2,6-di-tert-butyl-4-methylpyridine; DBU, rt, 12 h, 63%; 1) EtO_3BF_4 2) $NaBH_4$, MeOH, 75%

(7-265)

对映选择性的分子内MBH反应和aza-MBH反应将在7.2.9节中讨论。

7.2.8 离子液体在MBH反应中的应用

作为制备方便、高度稳定、无挥发性而又可以回收和重复使用的"绿色溶剂",离子液体(ionic liquid,IL)在MBH反应中的应用也早已引起注意。在MBH和aza-MBH反应中已应用过的一些主要离子液体见图7-10。

MBH反应中涉及多种两性离子中间体,从这个角度来看,离子性的IL可能与一些起Lewis酸催化作用的金属盐如$La(OTf)_3$、$LiClO_4$相似,能通过其正负离子对反应中的两性离子中间体起稳定作用而促进反应。在早期研究中,发现用1-丁基-3-甲基咪唑盐([bmim][PF_6],图7-10中的Ⅰ)代替在MBH反应中常用的乙腈为溶剂,能显著加快DABCO[209,581]或六次甲基四胺(HMT)[210]催化的醛与丙烯酸酯的反应,但产物产率不高(式(7-266))[209]。

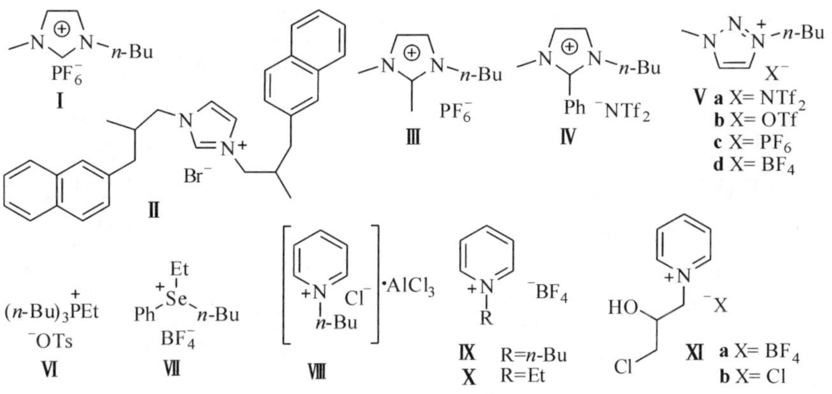

图 7-10 MBH 和 aza-MBH 反应中已应用的一些离子液体

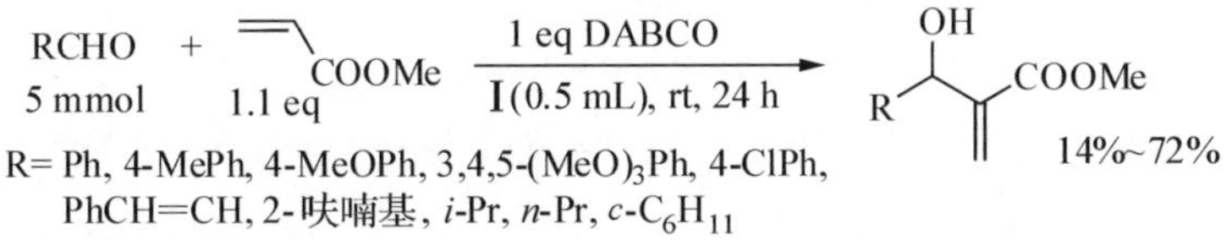

$$\text{RCHO (5 mmol)} + \text{CH}_2\text{=CHCOOMe (1.1 eq)} \xrightarrow[\text{I (0.5 mL), rt, 24 h}]{\text{1 eq DABCO}} \text{RCH(OH)C(=CH}_2\text{)COOMe}\ \ 14\%\sim72\% \tag{7-266}$$

R= Ph, 4-MePh, 4-MeOPh, 3,4,5-$(MeO)_3$Ph, 4-ClPh, PhCH=CH, 2-呋喃基, *i*-Pr, *n*-Pr, *c*-C_6H_{11}

在像Ⅰ这样的1,3-二烷基咪唑盐 IL 中,环上 C(2)—H 键具有弱酸性(pK_a(DMSO)为 22.1[582])。人们早已熟知它们可以在强碱作用下脱去质子生成氮杂环卡宾(*N*-heterocyclic carbene,NHC)[583]。后来发现,即使是在像 3-HQD 和 DABCO(pK_a(DMSO)=9[584])这样的弱碱催化的 MBH 反应中,Ⅰ也容易脱去质子而生成 NHC(式(7-267)中的 **A**),而后者则与反应体系中的苯甲醛加成而得到 **B**。这导致苯甲醛的迅速消耗,使 MBH 反应产物的产率下降[585]。

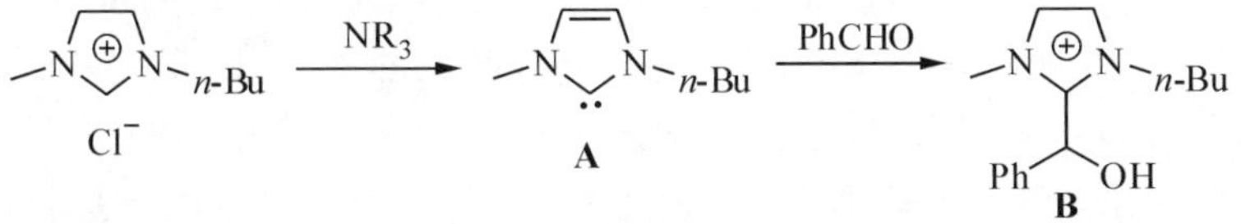

$$\text{I (Cl}^-\text{)} \xrightarrow{\text{NR}_3} \mathbf{A} \xrightarrow{\text{PhCHO}} \mathbf{B} \tag{7-267}$$

虽然Ⅰ在作为溶剂时,MBH 反应产率较低,但有个别1,3-二烷基咪唑盐,如图 7-10 中的Ⅱ,在作为 DABCO 的共催化剂而以催化量使用时,却在醛与丙烯酸酯和 MVK 的反应中取得了较高的产率[213]。

也有报道称,在低温(0℃)和以大过量的丙烯酸甲酯为溶剂时,DABCO 和咪唑盐Ⅰ共同催化的反应不仅反应速率比只用 DABCO 催化时快,而且产物产率也很高[218],例见式(7-268)。在其他条件相同时,在 50℃进行上述反应,多数醛(苯甲醛、4-甲基苯甲醛、吡啶-2-甲醛、庚醛)的产物产率下降,但也有的醛(2-溴苯甲醛和丙醛)的产率略有提高。

$$\text{RCHO (2 mmol)} + \text{CH}_2\text{=CHCOOMe (10 mL)} \xrightarrow[0℃,\ 1\sim96\ \text{h}]{0.65\ \text{eq DABCO},\ 1\ \text{eq I}} \text{RCH(OH)C(=CH}_2\text{)COOMe}\quad 34\%\sim>99\% \tag{7-268}$$

R= Ph, 4-MePh, 2-BrPh, 4-NO_2Ph, 3-吡啶基, 3-氯喹啉基, Et, n-C_6H_{13}

这些结果表明,似乎咪唑盐离子液体中 1,3-位上的取代基、IL 在反应体系中的浓度、碱的性质和用量以及反应温度等对反应产率都有影响,其原因可能与咪唑盐的脱质子反应以及 IL 在反应体系中与反应物之间的相互作用强度(如低温有利于形成更为有序的、相互作用较强的排列)[586]等因素有关。

改用 C(2)上有甲基的咪唑盐Ⅲ代替Ⅰ作为溶剂进行式(7-266)中的反应,产率有明显提高[211]。但后来证明,即使是Ⅲ中 C-2 上的甲基,仍可在像三乙胺(pK_a(DMSO)=9)这样的弱碱作用下,在重水中发生 H/D 交换[587]。也已有用 2-苯基咪唑盐Ⅳ作为溶剂进行 MBH 反应的报道[212]。

为了解决 bmim 离子液体中 C(2)—H 键的酸性问题,还合成了 1,2,3-三氮唑盐离子液体(Ⅴc),并成功地用于醛和丙烯酸甲酯以及丙烯腈的反应(式(7-269))[588]。

$$\text{RCHO} + \text{CH}_2\text{=CHZ} \xrightarrow[\text{rt},\ 0.05\sim66\ \text{h}]{2\ \text{eq DABCO},\ \textbf{Vc}\ (0.1\ \text{mL})} \text{RCH(OH)C(=CH}_2\text{)Z}\quad \begin{matrix} Z=\text{COOMe} & 41\%\sim93\% \\ Z=\text{CN} & 51\%\sim99\% \end{matrix} \tag{7-269}$$

R= Ph, 4-MeOPh, 4-FPh, 4-ClPh(仅用于丙烯腈), 4-CF_3Ph, 4-NO_2Ph, 3,4,5-$(MeO)_3$Ph, PhCH=CH, 4-吡啶基, 2-呋喃基, n-Bu(仅用于丙烯酸甲酯)

在用电喷雾质谱(ESI-MS)法研究 DABCO 与[bmim][X]($X=PF_6^-$、BF_4^-、CF_3COO^-)共同催化的噻唑-2-甲醛与丙烯酸甲酯的反应时,观测到 bmim 正离子与醛、与烯醇负离子、与 Michael 加成中间体和与反应产物之间的超分子物种(**C**~**G**)的存在[589]。这提示,bmim 正离子可通过与醛的相互作用(**C**)来提升醛的亲电性,并通过与反应各阶段的两性离子中的负离子的相互作用(**D**~**F**)以及通过 IL 中的负离子与两性离子中的正离子的相互作用(**G**),为这些中间体提供稳定作用,促进反应的进行。

[噻唑-2-甲醛 · $bmim^+$] **C**

[DABCO$^+$–CH_2CH=C(OH)OMe, $bmim^+$ X^-] **D**

[DABCO$^+$–CH_2C(=C(OH)OMe)–CH(OH)–噻唑基, $bmim^+$ X^-] **E**

[噻唑基–CH(OH)–C(=CH_2)COOMe, $bmim^+$] **F**

[MeO(HO)C=CHCH_2–DABCO$^+$ X^- $^+$DABCO–CH_2CH=C(OH)OMe] **G**

除了咪唑盐 IL 之外，其他一些在进行 MBH 反应的碱性条件下呈惰性的离子液体也已用作这些反应的溶剂或共催化剂。

催化量的乙基三丁基鏻盐Ⅵ在与 DABCO 一起催化醛与丙烯酸酯的反应时，产物产率比只用 DABCO 催化时有明显提高(式(7-270))[156]。例如，苯甲醛的反应产率为 92%，而只用 DABCO 催化时仅为 31%。

$$\text{RCHO} + \text{CH}_2\text{=CH–COOMe (1.1 eq)} \xrightarrow[\text{neat, rt, 24 h}]{\text{0.5 eq DABCO, 0.1 eq VI}} \text{RCH(OH)C(=CH}_2\text{)COOMe}\quad 31\%\sim99\% \tag{7-270}$$

R= Ph, 2-MePh, 3-MePh, 4-MePh, 3-FPh, 4-FPh, 2-ClPh, 4-ClPh, 4-BrPh, 4-NO_2Ph, (*E*)-PhCH=CH, 4-吡啶基, 2-呋喃基, *n*-Pr, *i*-Pr, *c*-C_6H_{11}

苯基丁基乙基硒的氟硼酸盐([pbeSe][BF_4]，Ⅶ)也可作为共催化剂，与 DABCO一起催化一系列活化烯烃与醛的反应(式(7-271))[155]。与只用 DABCO 催化时相比，加入 5 mol%的[pbeSe][BF_4]后，反应时间缩短，产物产率提高。

$$\text{RCHO} + \text{CH}_2\text{=CH–Z} \xrightarrow[\text{1 eq MeOH, rt, 2~24 h}]{\text{2 eq DABCO, 5 mol\% VII}} \text{RCH(OH)C(=CH}_2\text{)Z} \tag{7-271}$$

Z= CO_2Me 或 CN;　R= Ph, 2-呋喃基, *n*-C_5H_{11}, *n*-C_6H_{13}. 8 例. 39%~78%.
Z= COMe;　R= Ph, 2-呋喃基. 45%, 48%.

N-丁基吡啶盐与三氯化铝的复合物(Ⅷ)在室温时为澄清的无色液体，用含有 45 mol% $AlCl_3$的该复合物作为溶剂时，DABCO 催化的醛与丙烯酸酯和丙烯腈反应的反应速率和产物产率均比同样条件下用乙腈作为溶剂时有明显提高[214]。反应后可将离子液体回收，并在 DABCO 催化的苯甲醛与丙烯酸甲酯的反应中重复使用六次，而产物产率无明显下降。

N-丁基吡啶盐(Ⅸ)本身也可在六次甲基四胺催化的醛与丙烯酸甲酯、丙烯腈和丙烯酰胺的反应中用作可循环使用的溶剂。反应速率比用二氧六环-水(1∶1)为溶剂时快，而产物产率与后者相似或稍高[224]。与上述 *N*-丁基吡啶盐 · $AlCl_3$复合物相比，使用这一无金属的 IL 更为方便，且对水汽不敏感。

N-乙基吡啶氟硼酸盐([EtPy][BF_4]，Ⅹ)的熔点为 53～54℃。它在加热至 60℃时，可用作 DABCO 催化的醛与丙烯酸甲酯反应的溶剂，反应速率比用[bmim][PF_6]或[bmim][BF_4]时快，而产物产率在多数情况下也有提高(式(7-272))[215]。

$$\underset{\text{1 mmol}}{\text{RCHO}} + \underset{\text{2 eq}}{\text{CH}_2\text{=CH–Z}} \xrightarrow[\text{60℃}]{\text{2 eq DABCO, [EtPy][BF}_4\text{](0.1mL)}} \text{RCH(OH)C(=CH}_2\text{)Z}$$

Z = CO_2Me, 2~24 h, 34%~98%
Z = CN, 15min~24 h, 43%~99%
Z = COMe, 15min~24 h, 41%~99%

R= Ph, 2-MeOPh, 4-MeOPh, 4-FPh, 4-ClPh, 4-BrPh, 2-NO_2Ph, (*E*)-PhCH=CH, Et, *n*-Pr. 各10例

(7-272)

后来发现，当Ⅹ中含有少量氟硼酸钠时，熔点降低，室温时即为液态。在从[EtPy][Br]制备[EtPy][BF_4]时，使用稍过量的氟硼酸钠，即可得含氟硼酸钠的Ⅹ。用它为溶剂时，可在室温进行上述反应(式(7-273))[216,590]。

$$\underset{3\text{ mmol}}{\text{RCHO}} + \underset{2\text{ eq}}{\text{CH}_2\text{=CH-Z}} \xrightarrow[\text{rt}]{0.33\text{ eq DABCO, [EtPy][BF}_4\text{](5mL)}} \text{RCH(OH)C(=CH}_2\text{)Z} \quad \begin{array}{l} Z = CO_2Me,\ 2\sim12\text{ h},\ 58\%\sim83\% \\ Z = CN,\ 0.5\sim10\text{ h},\ 62\%\sim93\% \end{array} \tag{7-273}$$

R=Ph, 4-ClPh, 2,4-Cl_2Ph, 4-Cl-3-NO_2Ph, 2-NO_2Ph, 3-NO_2Ph, 4-NO_2Ph, 3-OHPh, 4-OH-3-MeOPh, Me, *n*-Pr. 各11例

具有醇羟基的吡啶盐离子液体Ⅺ可在DABCO催化的芳醛与丙烯腈和丙烯酸甲酯的MBH反应中用作溶剂。其中，在Ⅺ**a**中进行的反应产率更高(式(7-274))[217]。

$$\underset{5\text{ mmol}}{\text{ArCHO}} + \underset{2\text{ eq}}{\text{CH}_2\text{=CH-Z}} \xrightarrow[\text{rt, }6\sim36\text{ h}]{1\text{ eq DABCO, XIa (5 mL)}} \text{ArCH(OH)C(=CH}_2\text{)Z} \tag{7-274}$$

Z=CN, Ar=Ph, 3-NO_2Ph, 4-MeOPh, 2,4-Cl_2Ph, 4-OHCPh. 21%~85%.
Z=CO_2Me, Ar=Ph, 2,4-Cl_2Ph, 3-NO_2Ph. 34%~70%

用咪唑盐离子液体固定的奎宁环(QD)也已作为可回收再利用的[164,201]催化剂用于MBH反应(参见7.2.2节式(7-81)和式(7-105))。它们也已成功用于催化丙烯酸酯和丙烯腈与一系列芳醛的对甲苯磺酰亚胺的aza-MBH反应[164]。

从上面的叙述可以看到，离子液体在促进MBH反应时的作用与一些作为Lewis酸的金属盐($Y(OTf)_3$，Y＝La、Yb、Sm等和$LiClO_4$等)的作用有一些相似之处。它们都可通过对醛的活化和对两性离子中间体的稳定作用来促进反应，但也与用金属盐Lewis酸促进反应时一样不宜大量使用，以免它们与Lewis碱催化剂的相互作用使后者减活或失活。虽然用催化量的IL往往可以促进Lewis碱催化的MBH反应，但如IL用量较大，它们也会与催化剂有一定程度的相互作用。因此，在以较大量的IL作为反应溶剂时，DABCO等Lewis碱催化剂常需以化学计量或超化学计量(1 eq或2 eq)使用。

手性离子液体一般要比手性的有机溶剂容易合成，它们已在不对称MBH反应和aza-MBH反应中得到应用。见7.2.9节"不对称MBH反应和aza-MBH反应"。

7.2.9 不对称MBH反应和aza-MBH反应

在活化烯烃与前手性醛或前手性亚胺进行的MBH或aza-MBH反应中，原羰基或亚胺碳原子将在产物中转化为一个手性碳原子。因此，需要研究进行对映选择性反应，以得到富集了某一对映体或纯为某一对映体的产物。虽然从MBH反应开始受到较多注意的20世纪80年代开始，不对称MBH反应就已陆续有一些研究，但这些早期工作的手性诱导效果都难称理想。直到近十几年来，特别是在对

MBH 和 aza-MBH 反应的机理有了更为深入的认识后，由于设计合成了一些较好的双功能或多功能手性催化剂和催化体系，这一领域才有了迅速的进展，出现了一批产物产率和立体选择性都很高的反应[591-599]。

1. 使用手性催化剂进行的不对称 MBH 和 aza-MBH 反应

从 MBH 和 aza-MBH 反应的机理来看，催化剂胺或膦对活化烯烃进行 Michael加成后生成的两性离子在对前手性醛进行 Aldol 加成或对亚胺进行 Mannich加成时，可以产生含有两个手性中心的两性离子 **A** 的全部四种可能的非对映立体异构体(式(7-275))[77]。但在反应体系中无 Brønsted 酸或氢键给体共催化剂，或反应尚未出现明显的自催化作用时，整个反应的速率决定步骤并不是这一 C—C 键的生成步骤，而是此后在 **A** 中进行的表观分子内质子转移。在 C—C 键生成步骤中优先生成的非对映立体异构体，不一定就是能最快进行质子转移并消去催化剂而得到产物的一个；而速率决定步骤之前的各步(Michael 加成和 Aldol 或 Mannich 加成)都处于可逆平衡中。因此，整个反应的对映选择性，不仅与生成 **A** 的四种非对映体时的选择性有关，而且也与这些异构体进行分子内质子转移的相对速率有关。外加的氢键给体或 Brønsted 酸(水、羧酸、酚、醇等)，虽可以催化分子内质子转移，但它们的催化作用对四种可能的非对映体时常是没有选择性的，因此可能无助于进行对映选择性的反应(但在 aza-MBH 反应中也发现，有时在反应体系中加入催化量的氢键给体如 2-萘酚或苯甲酸，不仅可以提高反应速率，也可导致反应对映选择性的反转，并使得反应具有较高的 *ee* 值。例见后述式(7-293)和式(7-295)[600,601]。这可能是由于外加氢键给体以特定方式参与了从 **A** 进行质子转移的过渡态。)

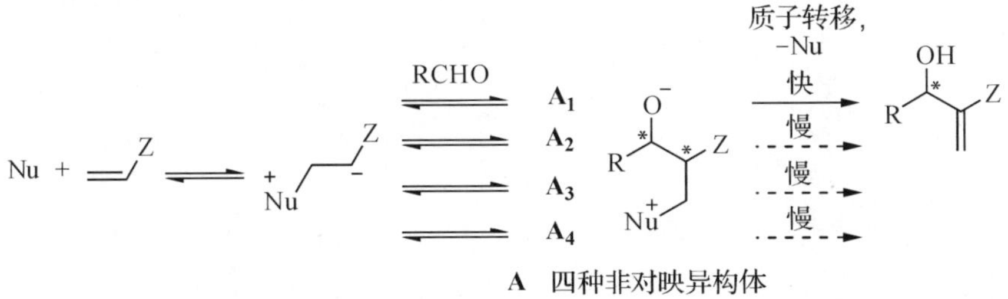

质子转移，−Nu
RCHO
A_1 快
A_2 慢
A_3 慢
A_4 慢

A　四种非对映异构体

(7-275)

如果在手性叔胺或膦催化剂分子内的适当位置直接植入某种氢键给体或 Brønsted 酸性部位，则有可能选择性地催化某一种非对映体的质子转移，导致优先生成某一对映体产物，使反应具有较高的 *ee* 值。如果该催化剂又在此前的 C—C键生成反应中，同样选择性地催化这一异构体的优先生成，则反应的 *ee* 值将很高。因此在设计催化剂时，需要顾及使之既具有较高的亲核性，又使其在其后的

C—C 键生成反应和分子内质子转移过程中具有较好的且最好是匹配的选择性。当然，由于 MBH 反应机理的复杂性，如速率决定步骤可能因反应物结构和反应条件(如催化剂中含有或反应体系中外加了氢键给体化合物)而改变，以及反应可在较早阶段即出现自催化作用而使得反应速率决定步骤改变(aza-MBH 反应中未发现自催化作用)等，恰当的催化剂的选择，除经缜密的结构设计外，仍需经细致的实验筛选；而且催化剂的适用性也会受到反应物结构和反应条件有时是不大的改变的影响。

在对映选择性 MBH 和 aza-MBH 反应中已使用的催化剂主要有手性叔胺、膦等催化剂，以及手性 Lewis 酸-非手性 Lewis 碱、手性 Brønsted 酸-非手性Lewis碱、非手性 Lewis 酸-手性 Lewis 碱、手性脯氨酸-非手性 Lewis 碱等催化体系。

1) 手性叔胺催化剂

叔胺的亲核性较强，是 MBH 反应中最常用的催化剂之一。在对映选择性 MBH 和 aza-MBH 反应中已应用的主要手性叔胺催化剂见图 7-11。迄今在手性 MBH 和 aza-MBH 反应中取得了较好的效果，即产物产率和 *ee* 值均较高的叔胺催化剂，多是分子中适当部位带有一个或多个较强的氢键给体基团(酚羟基、脲氨基、硫脲氨基、酰胺基)的双功能或多功能催化剂。醇羟基的氢键给体能力较弱，分子中具有醇羟基的叔胺的催化活性和手性诱导效果多不理想。早期设计合成的某些不具氢键给体基团的单功能催化剂以及一些仅具有醇羟基的“双功能催化剂”即属此类。例如，在具有 C_2 对称性的一系列单功能手性 DABCO 催化剂 **1**(2，3-二烷氧甲基 DABCO，见图 7-11)中，手性诱导效果较好的 **1a**，也需在加压和优化的反应条件下来催化芳醛与 MVK 的反应，最好的 *ee* 值为 47%(式(7-276))[602]。3-羟基奎宁环(3-HQD)(**2**)在催化上述反应时未显示手性诱导性能，产物的 *ee* 值为 0[63]。

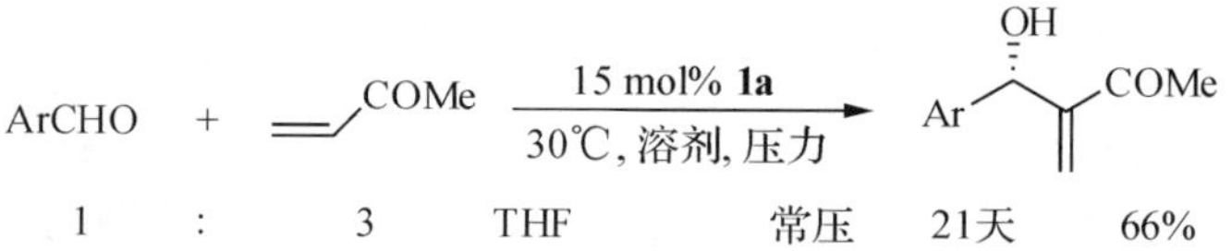

ArCHO + ═╱COMe —(15 mol% **1a**; 30℃, 溶剂, 压力)→ Ar–CH(OH)–C(=CH₂)–COMe

Ar	ArCHO : MVK	溶剂	压力	时间	产率	*ee*
Ar = 4-NO_2Ph	1 : 3	THF	常压	21天	66%	*ee* 12%
	1.5 : 1	THF	5 kbar	12 h	45%	*ee* 47%
Ar = Ph	1 : 3	THF/MeOH (5:1)	10 kbar	23 h	72%	*ee* 10%

(7-276)

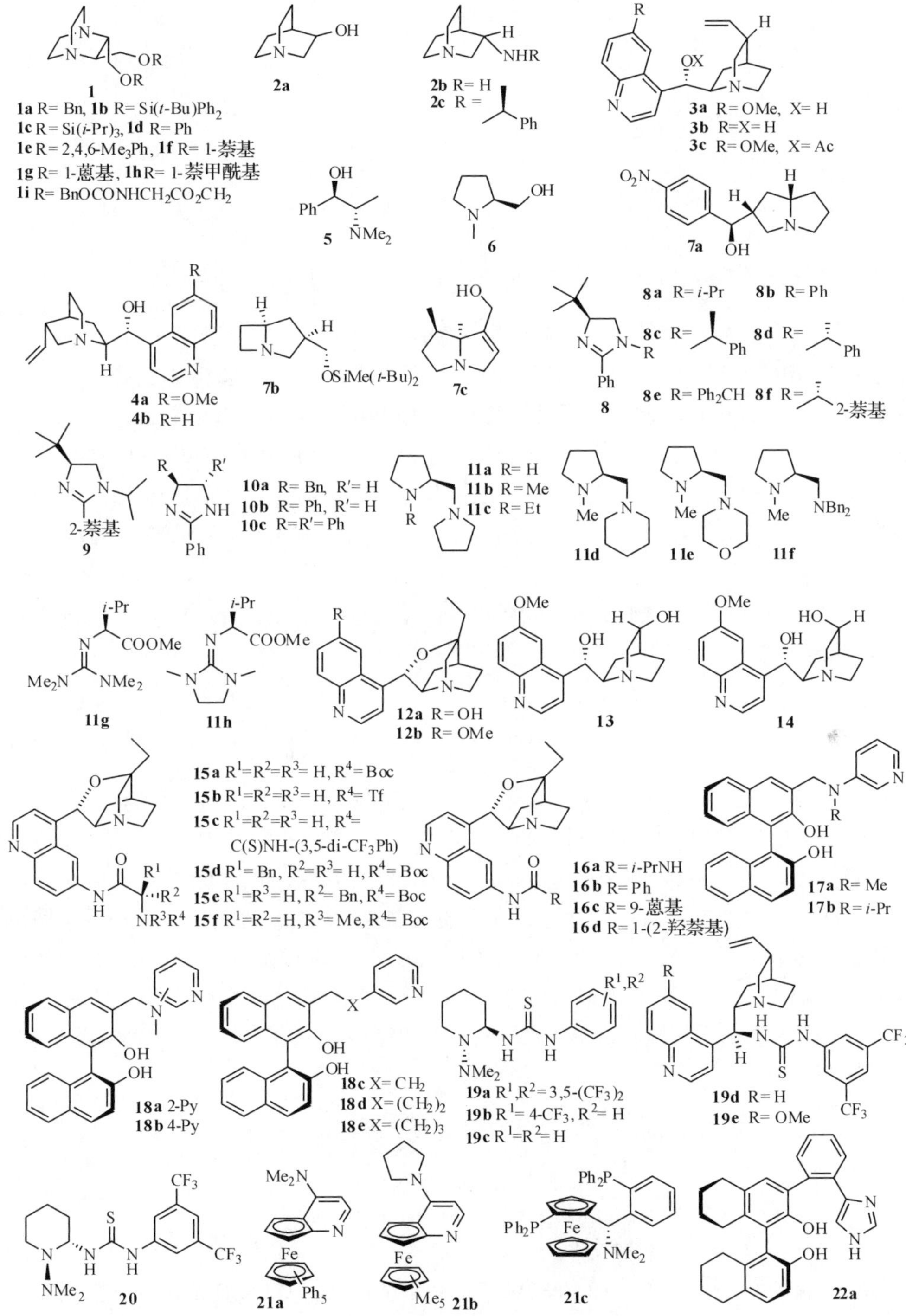

1
1a R= Bn, **1b** R= Si(t-Bu)Ph_2
1c R= Si(i-Pr)$_3$, **1d** R= Ph
1e R= 2,4,6-Me_3Ph, **1f** R= 1-萘基
1g R= 1-蒽基, **1h** R= 1-萘甲酰基
1i R= BnOCONHC$H_2CO_2CH_2$

2a

2b R= H
2c R = (1-phenylethyl)

3a R= OMe, X= H
3b R=X= H
3c R= OMe, X= Ac

5

6

7a

4a R=OMe
4b R=H

7b

7c

8
8a R= i-Pr **8b** R= Ph
8c R= (1-phenylethyl) **8d** R= (1-phenylethyl)
8e R= Ph_2CH **8f** R= (1-(2-萘基)ethyl)

9 (2-萘基)

10a R= Bn, R′= H
10b R= Ph, R′= H
10c R=R′= Ph

11a R= H
11b R= Me
11c R= Et

11d

11e

11f

11g

11h

12a R= OH
12b R= OMe

13

14

15a R^1=R^2=R^3= H, R^4= Boc
15b R^1=R^2=R^3= H, R^4= Tf
15c R^1=R^2=R^3= H, R^4= C(S)NH-(3,5-di-CF_3Ph)
15d R^1= Bn, R^2=R^3= H, R^4= Boc
15e R^1=R^3= H, R^2= Bn, R^4= Boc
15f R^1=R^2= H, R^3= Me, R^4= Boc

16a R= i-PrNH
16b R= Ph
16c R= 9-蒽基
16d R= 1-(2-羟萘基)

17a R= Me
17b R= i-Pr

18a 2-Py
18b 4-Py

18c X= CH_2
18d X= $(CH_2)_2$
18e X= $(CH_2)_3$

19a R^1,R^2= 3,5-$(CF_3)_2$
19b R^1= 4-CF_3, R^2= H
19c R^1=R^2= H

19d R= H
19e R= OMe

20

21a

21b

21c

22a

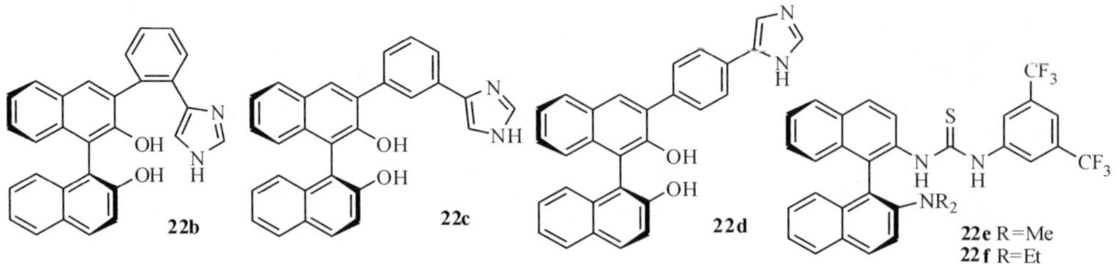

图 7-11　不对称 MBH 和 aza-MBH 反应中已使用的手性叔胺催化剂

分子内具有醇羟基的金鸡纳碱衍生物如奎尼丁(**3a**)、辛可宁(**3b**)，也需在加压下催化脂肪醛和 MVK 的反应，才能以中等产率和不高的 *ee* 值得到产物。而奎宁(**4a**)、辛可尼定(**4b**)、*N*-甲基麻黄碱(**5**)和 *N*-甲基脯氨醇(**6**)则即使在 10～11 kbar 的压力下催化反应，也只给出 10%～15%的 *ee* 值[63]。但醇羟基的存在对产生这些不高的对映选择性仍是必要的。如果把醇羟基酰化为 **3c**，则反应几无对映选择性。值得注意的是，在上述反应中，压力与 *ee* 值的关系随醛的结构改变而改变。

后来注意到，*N*-甲基脯氨醇(**6**)催化的反应如果在含水溶剂中并在低温下进行，对映选择性可稍有提高(式(7-277))[603]。

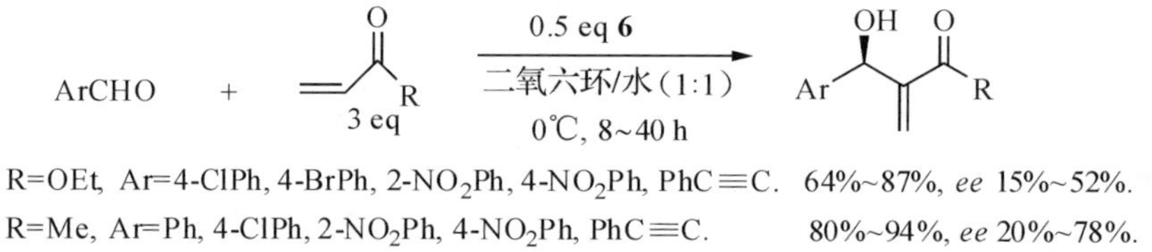

$$\text{ArCHO} + \underset{3\text{ eq}}{\text{CH}_2{=}\text{CHCOR}} \xrightarrow[\text{0°C, 8~40 h}]{\text{0.5 eq }\mathbf{6}\text{, 二氧六环/水(1:1)}} \text{ArCH(OH)C(=CH}_2\text{)COR} \tag{7-277}$$

R=OEt, Ar=4-ClPh, 4-BrPh, 2-NO_2Ph, 4-NO_2Ph, PhC≡C.　64%~87%, *ee* 15%~52%.

R=Me, Ar=Ph, 4-ClPh, 2-NO_2Ph, 4-NO_2Ph, PhC≡C.　80%~94%, *ee* 20%~78%.

具有醇羟基的双稠吡咯啶(pyrrolizidine)衍生物 **7a** 在催化芳醛与乙烯基乙基酮(EVK)反应时也表现出了一定的手性诱导能力(式(7-278))[604]。而环丁胺的双环衍生物双环[3.2.0]庚烷 **7b**，则由于桥头氮原子的四面体化程度增加，对烯烃加成位阻减小而具有比 **7a** 更高的亲核催化活性。但因分子内无羟基，它在相似条件下催化 2-硝基苯甲醛与 EVK 的反应，*ee* 值仅为 26%(用 **7a** 为催化剂时，*ee* 值为 67%)[605]。

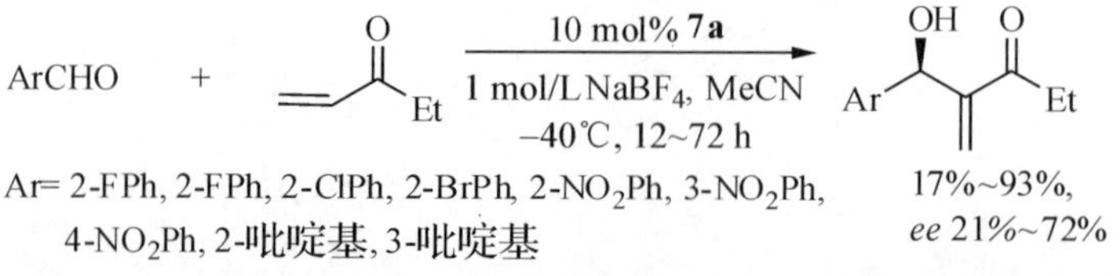

$$\text{ArCHO} + \text{CH}_2{=}\text{CHCOEt} \xrightarrow[-40\text{°C, 12~72 h}]{\text{10 mol\% }\mathbf{7a}\text{, 1 mol/L NaBF}_4\text{, MeCN}} \text{ArCH(OH)C(=CH}_2\text{)COEt} \tag{7-278}$$

Ar= 2-FPh, 2-FPh, 2-ClPh, 2-BrPh, 2-NO_2Ph, 3-NO_2Ph, 4-NO_2Ph, 2-吡啶基, 3-吡啶基　17%~93%, *ee* 21%~72%

手性咪唑啉衍生物 **8**～**10** 也已用于催化 MBH 反应[606]，其中 **8f** 在催化丙烯酸酯和 MVK 与具有强拉电子基的芳醛反应时，产物产率较高，但 *ee* 值为 14%～

78%(式(7-279))。

$$\text{ArCHO} + \text{CH}_2\text{=CHCOOR} \xrightarrow[\text{neat, rt, 4\sim14天}]{\text{1 eq } \mathbf{8f}} \text{ArCH(OH)C(=CH}_2\text{)COOR} \quad 50\%\sim90\%, ee\ 14\%\sim54\%$$

R=Me, *n*-Bu, $PhCH_2$; Ar= 4-CNPh, 2-NO_2Ph, 3-NO_2Ph, 4-NO_2Ph, 2-Cl-5-NO_2Ph. 8例

$$\text{ArCHO} + \text{CH}_2\text{=CHCOR} \xrightarrow[\text{甲苯, rt, 3\sim13天}]{\text{0.5 eq } \mathbf{8f}} \text{ArCH(OH)C(=CH}_2\text{)COR} \quad 60\%\sim96\%, ee\ 47\%\sim78\%$$

R=Me, Et, *c*-C_6H_{11}; Ar= Ph, 4-CNPh, 3-NO_2Ph, 4-NO_2Ph, 4-CF_3Ph. 11例

(7-279)

一些手性二元叔胺(**11a**～**11f**)也已用于催化芳醛与 MVK 的反应,其中效果最好的是 **11a**,可以以中等至较高的产率和中等的对映选择性得到产物(式(7-280))[607]。

$$\text{ArCHO} + \underset{\text{5 eq}}{\text{CH}_2\text{=CHCOCH}_3} \xrightarrow[\text{EtOH, 0℃或23℃, 2\sim6天}]{\text{30 mol\% } \mathbf{11a}} \text{ArCH(OH)C(=CH}_2\text{)COCH}_3 \quad 40\%\sim96\%,\ ee\ 44\%\sim75\%$$

Ar=Ph, 2-ClPh, 4-ClPh, 4-BrPh, 4-CNPh, 2,4-Cl_2Ph, 2-NO_2Ph, 4-NO_2Ph, 2-呋喃基

(7-280)

手性胍 **11g** 在用于催化丙烯酸甲酯与对硝基苯甲醛的反应时,只以 51%的产率得到外消旋的产物,但如在反应体系中加入 1 eq 的三苯基膦作为共催化剂,则不仅产率提高至 70%,而且具有了较高的对映选择性,可以 88%的 *ee* 值得到(*S*)-产物。对其他芳醛,产物的 *ee* 值为 10%～76%(式(7-281))[608]。

$$\text{ArCHO} + \underset{\text{3 eq}}{\text{CH}_2\text{=CHCOOMe}} \xrightarrow[\text{THF, 10℃, 10 h}]{\text{20 mol\% } \mathbf{11g},\ \text{1 eq PPh}_3} \text{ArCH(OH)C(=CH}_2\text{)COOMe} \quad (7\text{-}281)$$

Ar=Ph, 4-ClPh, 4-BrPh, 2-NO_2Ph, 4-NO_2Ph.　44%~70%, *ee* 10%~88%.

在没有膦时,胍作为亲核剂对丙烯酸酯加成,生成的烯醇负离子与醛加成后,胍中的手性基团无法对各非对映异构体的后续分子内质子转移进行选择性催化,因此只得到外消旋产物。在加入膦后,膦作为催化剂对烯烃亲核加成,得到的烯醇负离子对醛进行 Aldol 加成,得到中间体 **B**(式(7-282)),**B** 与胍加成得到中间体 **C**,它可以对速率决定步骤的质子转移进行选择性催化,达到动力学拆分的效果。但这一途径需与经中间体 **B** 直接进行质子转移而得到外消旋产物的反应竞争,这使得整个反应的对映选择性降低。

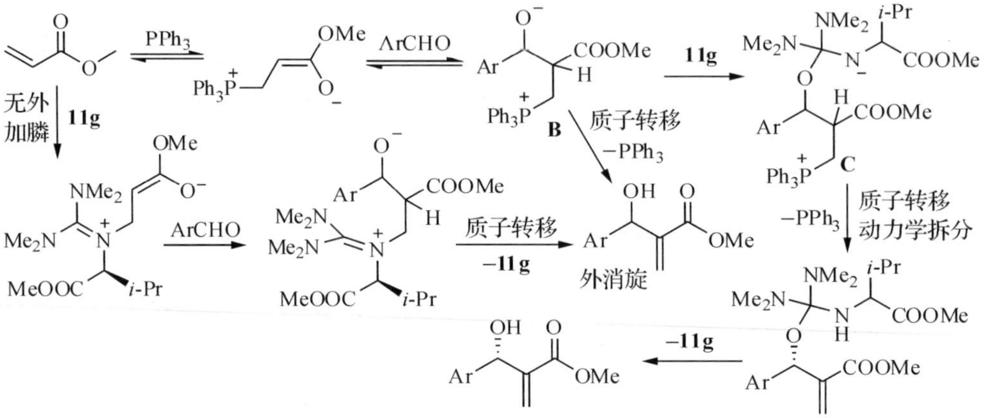

(7-282)

1999 年，金鸡纳碱衍生物 isocupreidine(β-ICD，**12a**)被成功用于催化一系列芳醛和脂醛与高度亲核的丙烯酸六氟异丙酯的 MBH 反应，是将双功能手性催化剂应用于不对称反应的一个重大突破[82,181,182]。反应结果见式(7-283)[82]。β-ICD 中刚性的三环笼状结构和酚羟基的存在是反应呈现很高的对映选择性的原因：三环结构使作为亲核中心的奎宁环上氮原子周围的空间位阻减小，又在组装 Aldol 加成和分子内质子转移的过渡态时施加了更为严格的立体要求；它还使得 β-ICD 分子在溶液和固体中的有利构象中，酚羟基都与氮原子处于较近的距离，有利于催化两性离子 **A**(式(7-275))的特定的异构体的质子转移过程。不同时具备这两个结构特点的其他一些金鸡纳碱衍生物，包括此前应用过的以奎宁环为核心结构且只具有醇羟基且不具三环笼状结构的奎尼丁(**3a**)、辛可宁(**3b**)以及 **13**、**14** 等(图 7-11)，则对式(7-283)的反应都不具备良好的手性诱导效应。

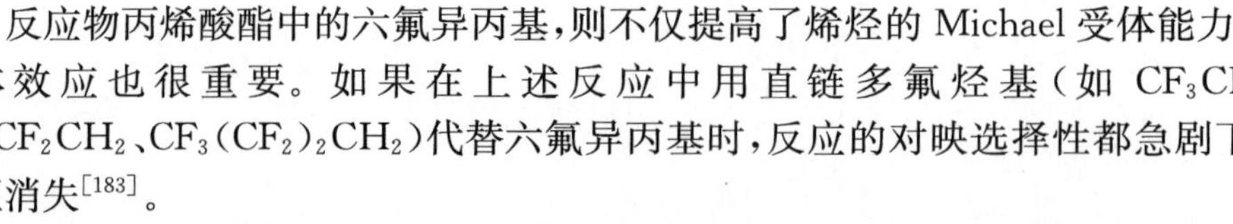

R=Ph, 4-NO_2Ph, (*E*)-PhCH═CH, Et, Me_2CHCH_2, *i*-Pr, *c*-C_6H_{11}.

(7-283)

反应物丙烯酸酯中的六氟异丙基，则不仅提高了烯烃的 Michael 受体能力，其立体效应也很重要。如果在上述反应中用直链多氟烃基(如 CF_3CH_2、$CF_3CF_2CH_2$、$CF_3(CF_2)_2CH_2$)代替六氟异丙基时，反应的对映选择性都急剧下降甚至消失[183]。

式(7-283)反应的一个缺点是反应中有相当数量的副产物二氧杂环己酮生成，使得 MBH 反应产物产率仅为 31%～58%。这与建议的此反应导致高对映选择性的机理有关。在 Aldol 加成中生成的两性离子中间体的可能的立体异构体中，有两种可经分子内氢键相互作用而得到稳定，且因为原酯中 α-H 原子与 QD 中的季铵氮原子处于反平行位置因而也适合于进行 β-消去。其中 **E** 构象中原醛中的烃基 R 与酯基和奎宁环之间有较大位阻，这阻碍了经 **E** 进行 β-消去，它转而进攻另一分子醛，导致二氧杂环己酮的生成。**D** 中则无此种位阻，它可经 β-消去得到产物。由于在 **D** 和 **E** 中，新生成的手性碳原子的构型相反，MBH 反应产物和二氧杂环己酮产物的手性碳原子构型相反[82]。

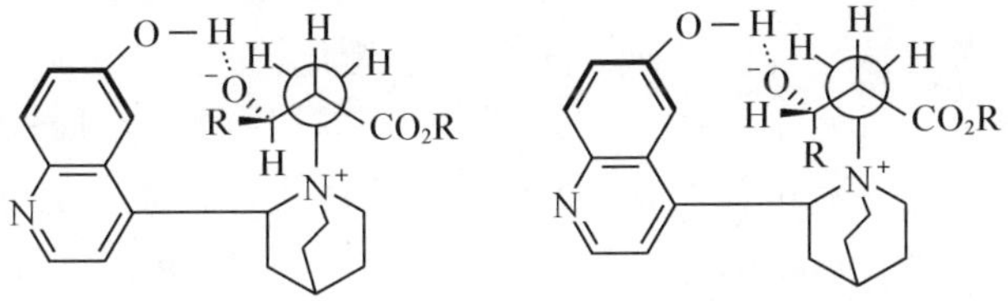

后来发现，在进行式(7-283)中的反应时使用的催化剂(使用前从甲醇-水中重结晶纯化)的分子式实为 β-ICD · MeOH · H_2O，而催化剂中的水会引起丙烯酸六氟异丙酯的部分水解。通过反复从 THF 中恒沸蒸馏除去催化剂中的水后，再用来催化上述反应，在保持产物很高的 *ee* 值的同时，产率也有明显提高[183]。

β-ICD 作为手性催化剂的一个缺点是较难获得其对映体来催化具有相反对映选择性的反应。虽然也可以从奎宁(quinine)出发合成仅在 3-和 5-位碳上的基团与其对映体稍有不同的化合物 **12c** 并可用于催化醛和丙烯酸六氟异丙酯的反应，以与 β-ICD 催化时相反的对映选择性得到产物[181,182]，但该催化剂合成路线较长，尚未得到广泛应用。

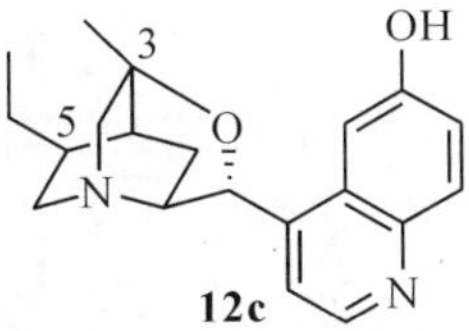

β-ICD 后来又被成功用于催化吲哚醌(靛红)与丙烯酸酯[609,610](例见式(7-284)[609])和丙烯醛(式(7-285))[611]的手性 MBH 反应。

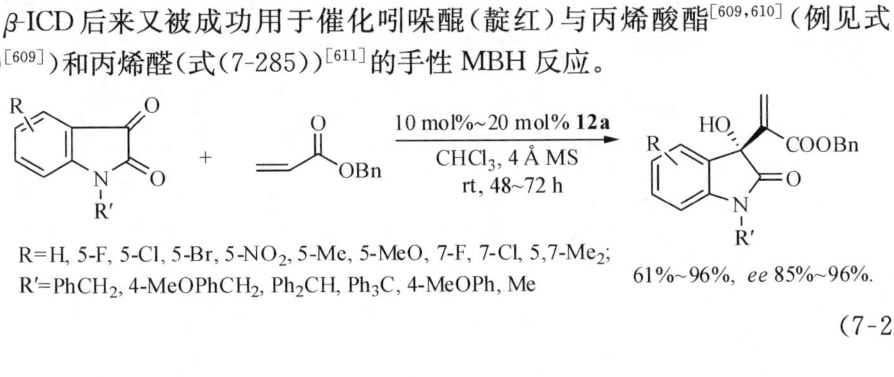

(7-284)

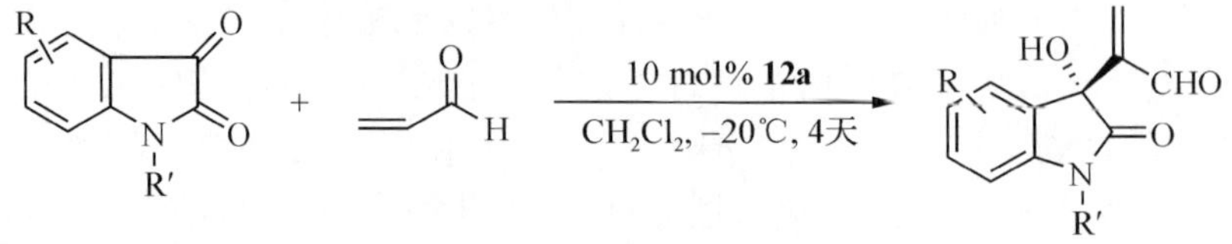

(7-285)

R= H, 5-F, 5-Cl, 5-Br, 5-CF_3, 5-NO_2, 5-Me, 5-MeO, 6-Br, 7-Cl, 5,7-Br_2;
R′= H, Me, Bn. 23 例. 65%~97%, *ee* 90%~99%

从手性 α-氨基醛的 MBH 反应可以得到多官能化的 α-亚甲基-β-羟基-γ-氨基酸产物。但反应中 α-氨基醛的 α-碳原子易外消旋化，使反应的非对映选择性不高。而在用 β-ICD 催化一系列 α-氨基醛与丙烯酸六氟异丙酯的反应时，醛的 α-碳原子不发生外消旋化。产物除正常的 α-取代丙烯酸酯外，有部分二氧杂环己酮生成(式(7-286))。对于非环状的 α-氨基醛，L-构型反应的活性(产率)和非对映(*syn*-)选择性都较好，D-构型则两者均较差。与之相反，对于环状的 α-氨基醛，则 D-构型的反应活性和产物的 *anti*-选择性均较好，而 L-构型较差[185]。β-ICD 催化的 α-氨基醛与丙烯酸六氟异丙酯的反应已在天然产物 epopromycin B 的中间体的立体选择性合成中得到应用[612]。

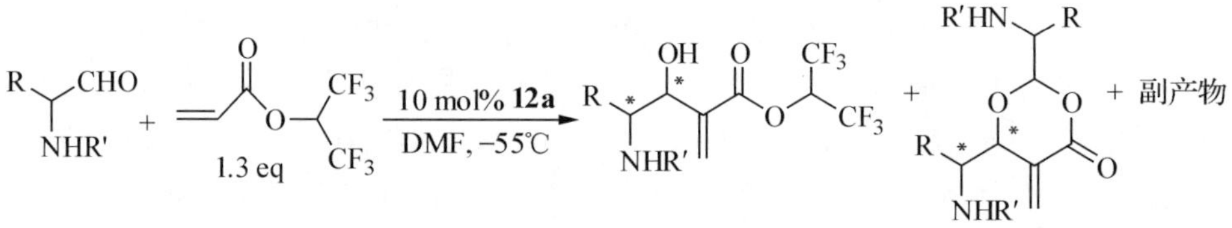

(7-286)

β-ICD 也已用于催化醛与丙烯酸的 1-萘酯(产率 24%～78%，*ee* 7%～49%)及与 MVK(产率 17%～61%，*ee* 33%～92%)的 MBH 反应[613]。

在催化 aza-MBH 反应时，β-ICD 的应用范围比在 MBH 反应中更为广泛。它已成功地用于催化甲(乙)基乙烯基酮(式(7-287))[533,614,615]、丙烯酸酯(式(7-288))[615]、丙烯醛(式(7-289))[615]和丙烯酸六氟异丙酯(式(7-290))与活化亚胺[526,527]的反应。它还可以与外加的 Lewis 酸四异丙醇钛一起，用于催化芳醛、对甲苯磺酰胺和丙烯酸酯的一锅内三组分反应(式(7-291))[433]。

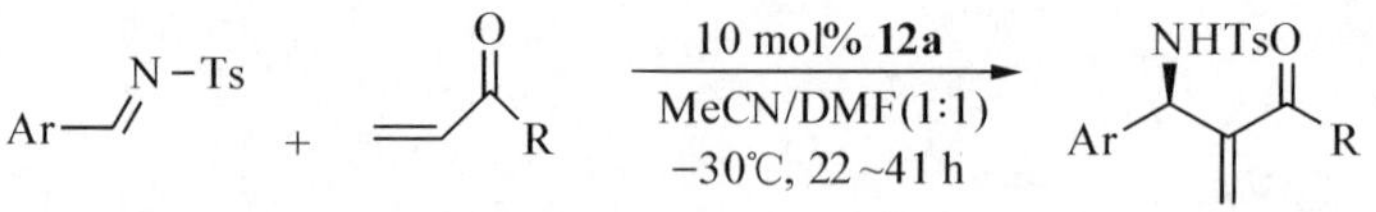

(7-287)

R= Me; Ar= Ph, 4-MePh, 4-EtPh, 4-MeOPh, 4-NO_2Ph, 3-FPh, 4-ClPh, 2-呋喃基, PhCH=CH. 54%~80%, *ee* 46%~99%
R= Et; Ar= Ph, 4-MePh, 4-FPh, 4-ClPh. 46%~ 54%, *ee* 82%~94%

Ar—CH=N−Ts + CH_2=CH−C(O)OR —10 mol% **12a**, 溶剂, 温度, 时间→ Ar−CH(NHTs)−C(=CH₂)−C(O)OR (7-288)

R= Me, CH_2Cl_2, 0℃, 32 ~ 72 h. Ar= Ph, 4-MePh, 4-EtPh, 4-MeOPh, 4-NO_2Ph, 3-FPh, 4-ClPh, 2,3-Cl_2Ph. 58%~ 87%, *ee* 70%~ 83%.
R= Ph, MeCN, −20℃, 8 ~ 72 h. Ar= Ph, 3-MePh, 4-MePh, 3-FPh, 2,3-Cl_2Ph. 67%~ 84%, *ee* 67%~ 82%.
R= 1-萘基, MeCN, 0℃, 12 h. Ar= Ph, 4-ClPh. 85%, 67%. *ee* 80%, 78%.

Ar—CH=N−Ts + CH_2=CH−CHO —10 mol% **12a**, THF, −25℃, 4.5~20 h→ Ar−CH(NHTs)−C(=CH₂)−CHO (7-289)

Ar= Ph, 4-MePh, 4-FPh, 3-ClPh, 4-ClPh, 4-BrPh. 55%~72%, *ee* 83%~ 89%

对于乙烯基酮 MVK 和 EVK(式(7-287))、丙烯酸酯及丙烯醛的反应(式(7-288)～式(7-289))中产物构型的不同,建议的反应机理假定是由于乙烯基酮中的烷基比其他烯烃中的 COOR 基团、H 具有更大的位阻,使得它在 Mannich 加成中得到的两性离子中进行质子转移时采取了与后者不同的构象所致。

β-ICD 催化的丙烯酸六氟异丙酯与活化亚胺的反应得到的也是(S)-构型的产物(式(7-290))[526,527]。*N*-磷酰基亚胺(ArCH=NP(O)Ph_2)反应的效果最好,而且磷酰基也可以方便地用盐酸处理而从产物中除去,得到 *α*-亚甲基-*β*-氨基酸产物。

Ar—CH=N−Z + CH_2=CH−C(O)O−CH(CF_3)$_2$ —10 mol% **12a**, DMF, −55℃, 2~120 h→ Ar−CH(NHZ)−C(=CH₂)−C(O)O−CH(CF_3)$_2$ (7-290)

Z= COPh; Ar= Ph. 73%, *ee* 13%. Z= SO_2Me, Ar= Ph. 100%, *ee* 66%
Z= Ts; Ar= Ph. 74%, *ee* 46%
Z= P(O)Ph_2; Ar= Ph, 4-MeOPh, 4-NO_2Ph, 1-萘基. 42% ~ 97%, *ee* 54%~73%;
产物重结晶后, 产率32%~57%, *ee* 93%~100%

在式(7-287)～式(7-290)的反应中,用双环结构的奎尼丁等金鸡纳碱催化剂或酚羟基被甲基化的 *β*-ICD 衍生物(**12b**)作为催化剂时,产物产率和 *ee* 值都严重下降或完全没有催化活性。这再一次表明,*β*-ICD 中的三环结构和酚羟基的存在对其较高的亲核催化活性和手性诱导效果是必需的。

在催化一锅内 aza-MBH 反应时,反应体系中加入了四异丙醇钛和 4 Å 分子筛,以促进亚胺在反应现场的生成(式(7-291))[433]。双环结构的金鸡纳碱衍生物如辛可尼定、氢化奎尼丁等,也不能有效催化这个反应。

ArCHO + $TsNH_2$ + CH_2=CH−C(O)OR (1 : 1 : 1.1) —15 mol% **12a**, 2 mol% Ti(O*i*-Pr)$_4$, THF, 4Å MS, rt, 48 h→ Ar−CH(NHTs)−C(=CH₂)−C(O)OR

R= Me; Ar= Ph, 3-ClPh, 3-NO_2Ph, 4-NO_2Ph, 2-吡啶基, 2-呋喃基, 2-萘基. 78%~ 95%, *ee* 49%~74%
R= *t*-Bu; Ar= Ph. 12%, *ee* 52%

(7-291)

这些β-ICD催化的 aza-MBH 反应中产物的构型不仅对活化烯烃的结构很敏感，而且产物的 *ee* 值对反应条件如溶剂、反应温度等也很敏感。需对这些反应条件逐项进行优化。

β-ICD 也已被尝试用于催化α-取代联烯基甲基酮的手性 aza-MBH 反应，以中等产率和10%～33%的 *ee* 值得到产物(式(7-292))[453,470]。

Ar–CH=N–SO_2(1-Naph) (2 eq) + CH_2=C=C(R)COMe $\xrightarrow[\text{DMF, rt}]{\text{10 mol\% 12a}}$ Ar–CH(NHSO_2(1-Naph))–CH=C=C(R)COMe

R= Bn, Ar= 3-ClPh, 4-ClPh, Ph. 45%~63%, *ee* 22%~33%
R= Me, Ar= 4-ClPh, 4-BrPh, 3-NO_2Ph. 40%~ 54%. *ee* < 10%

(7-292)

β-ICD 作为手性双功能催化剂的另一个优点是其6′-位碳(喹啉环上的6-位碳)上的羟基可以改换为其他具有不同氢键给体能力和立体要求的 Brønsted 酸性基团，以调节催化剂的催化性能，适应更广范围的手性反应的需要。

一系列6′-酰胺基-β-ICD衍生物 **15** 已用于催化丙烯酸2-萘酯的反应。它们的催化活性和手性诱导能力都比β-ICD本身要好，其中效果最好的是 **15a**(式(7-293))[600]。在反应体系中加入催化量的β-萘酚(pK_a(水) 9.5，pK_a(DMSO) 17.2)作为附加的氢键给体共催化剂，可以使反应产率和 *ee* 值都有提高。例如，在与苯甲醛的对甲氧基苯磺酰亚胺反应时，使用新制备的不含β-萘酚的丙烯酸2-萘酯时(CH_2Cl_2，−30℃)，产率与 *ee* 值分别为80%和79%，而加入10 mol%的β-萘酚后，产率与 *ee* 值分别为95%和92%。值得注意的是，催化剂 **15a** 不仅可以很好地催化芳香族亚胺的反应，而且在催化不稳定的脂肪族亚胺的反应时，也以中等的产率和较高的 *ee* 值得到产物。这是脂肪族亚胺首次在 aza-MBH 反应中取得较好的结果。

R–CH=N–SO_2PMP + CH_2=CH–CO–O–(2-萘基) $\xrightarrow[\text{CH}_2\text{Cl}_2,\ -30℃或0℃,\ 24\sim80\ \text{h}]{\text{10 mol\% 15a, 10 mol\% β-萘酚}}$ R–CH(NHSO_2PMP)–C(=CH_2)–CO–O–(2-萘基)

PMP=4-MeOPh

R= Ph, 3-MePh, 4-MePh, 4-MeOPh, 4-ClPh, 3-BrPh, 4-NO_2Ph, 2,6-Cl_2Ph, 3-呋喃基, 2-萘基, PhCH=CH. −30℃反应. 52%~95%, *ee* 85%~98%
R= PhCH_2CH_2, *n*-Bu, *n*-C_5H_{11}, *i*-PrCH_2, *c*-$C_6H_{11}CH_2$. 0℃反应. 38%~57%, *ee* 84%~87%

(7-293)

式(7-293)的反应是在 MBH 反应中外加氢键给体试剂可以提高反应的对映选择性的少数例子之一。在建议的反应机理中，认为由于脱去催化剂之前的质子转移步骤得到较强的催化作用，反应的速率决定步骤可能已转变为此前的 Mannich加成一步；而在进行 Mannich 加成的可能过渡态中，由于存在烯醇负离子和中性亚胺的氮原子两个氢键受体部位，而同时又有催化剂中的 NH 和萘酚中的酚羟基两个氢键给体部位，应是较强的氢键给体酚羟基优先与较强的氢键受体烯醇负离子生成氢键，而给体能力较弱的催化剂中的 NH 则与中性亚胺氮原子生成氢键，这样的氢键配对应更为稳定且立体阻碍也较小，还可以得到两个苯基之间 π-π 相互作用的稳定。在满足这一氢键配对要求的两种可能过渡态(式(7-294)中只画出了 **F** 一种)中，**F** 在立体上位阻更小。考虑到 Mannich 反应的可逆性较小，这一能量较低的过渡态所导致的加成产物 **G** 应优先生成，它在 β-萘酚的催化下快速消去催化剂后得到式(7-293)中的(S)-构型产物。

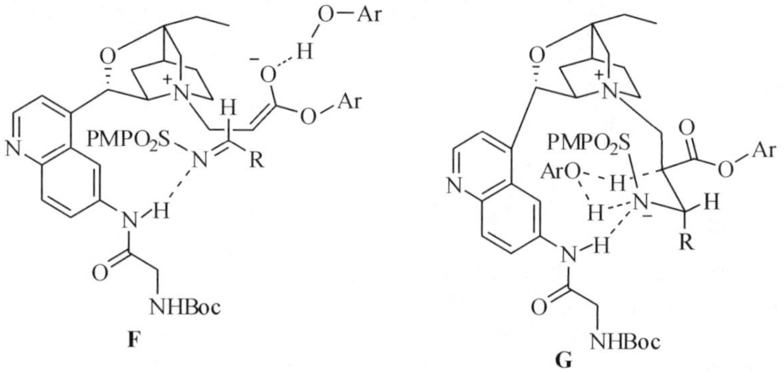

F　　G　　(7-294)

6′-酰胺基-β-ICD 与 β-萘酚的组合也可催化乙烯基酮的 aza-MBH 反应(式(7-295))[601]。实验中用催化剂 **16a**～**16d** 都比用 β-ICD 得到更高的产率和 *ee* 值，而以 **16c** 的效果最好。脂肪族亚胺也可以顺利进行这个反应，以中等产率和很高的 *ee* 值得到产物。一个值得注意的现象是，加入 β-萘酚后，产物中手性碳的构型与不加萘酚时发生反转。例如，在用 **16c** 催化 MVK 与 $PhCH{=}NSO_2Ph$ 的反应时，不加 β-萘酚时产物为(R)-构型(*ee* 39%)，而加入 β-萘酚进行反应时，产物为(S)-构型(*ee* 89%)。对照实验表明，催化剂 **16c** 中的 NH 基和萘酚中的酚羟基对得到高 *ee* 值都是必需的。

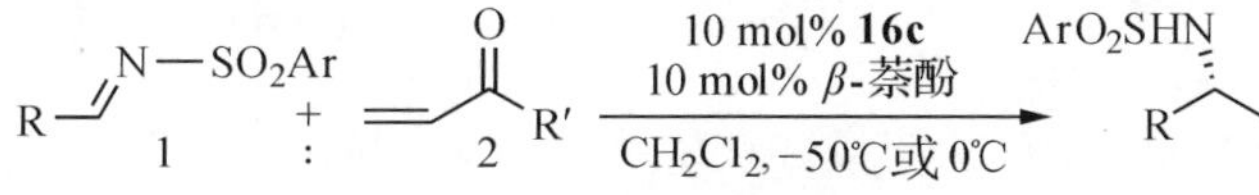

1 : 2　10 mol% **16c**, 10 mol% β-萘酚, CH_2Cl_2, −50℃或 0℃　(7-295)

R= Ph, 3-MePh, 4-MePh, 4-MeOPh, 4-ClPh, 2-BrPh, 3-BrPh, $4\text{-}CF_3Ph$, PhCH=CH;
R′= Me, Et. −50℃反应, 48 h. 11例. 62%~99%, *ee* 94%~98%
R= *i*-$PrCH_2$, *n*-Bu, *n*-C_5H_{11}, *c*-$C_6H_{11}CH_2$, $PhCH_2CH_2$;
R′= Me, Et. 0℃ 反应, 12 h. 6例. 36%~71%, *ee* 81%~93%

外加氢键给体共催化剂导致对映选择性反转的现象此前在其他反应中也不乏实例，其原因尚无明确解释。在式(7-295)的反应中，与式(7-293)一样，假定外加萘酚的存在，使得反应的速率决定步骤转为 Mannich 加成，而萘酚与 **16c** 中酰胺基的两个氢键给体和反应物中烯醇负离子和亚胺氮原子两个氢键受体的存在，使得发生选择性的氢键配对作用(式(7-294)中的 **F**),导致生成具有特定立体排列的 Mannich 加成产物(式(7-294)中的 **G**)。后者快速消去催化剂得到(S)-构型产物。而在不加入萘酚时,消去催化剂之前的分子内质子转移为速率决定步骤。Mannich加成中可有若干非对映体生成,它们在其后的速率决定步骤中以不同速率进行分子内的质子转移而得到产物。进行质子转移的最优势的过渡态导致(*R*)-构型产物的优先生成。

在式(7-293)和式(7-295)的反应中,脂肪族亚胺虽可进行 aza-MBH 反应,但产物的产率仍不高。为了改进脂肪族亚胺的反应,可以应用 *α*-磺酰胺基砜(式(7-296)中的 **H**)为亚胺前体,在外加碱的作用下,在反应现场逐渐产生亚胺,并立即投入反应,以提高产率。6′-酰胺基-*β*-ICD 衍生物 **16b** 和 **16c** 是催化这一反应的很好的催化剂[552]。

$$R^1CH(NH-SO_2R^2)(SO_2Ph)\ (\mathbf{H}) + CH_2{=}CH-C(O)R^3\ (3\ eq) \xrightarrow[CH_2Cl_2,\ 4\ \text{Å}\ MS,\ 10℃,\ 12\ h]{10\ mol\%\ \mathbf{16b}或\mathbf{16c},\ 10\ mol\%\ \beta\text{-}萘酚} R^2O_2SHN-CH(R^1)-C(=CH_2)-C(O)R^3 \quad (7\text{-}296)$$

丙烯酸萘酯(R^3 = *O*-(1-萘基)或*O*-(2-萘基)):
R^1 = *n*-Pr, *n*-Bu, *i*-Pr, *i*-Bu, *c*-$C_6H_{11}CH_2$; R^2 = 4-MeOPh, $Me_3SiCH_2CH_2$.
6 例. 67%~>99%, *ee* 91%~94%.
乙烯基甲基酮(MVK, R^3 = Me):
R^1 = Et, *n*-Pr, *n*-Bu, *i*-Bu, *c*-$C_6H_{11}CH_2$; R^2 = 4-MeOPh. 5例. 63%~93%, *ee* 91%~93%.
丙烯醛(R^3 = H):
R^1 = *i*-Bu, *c*-$C_6H_{11}CH_2$; R^2 = 4-MeOPh. 2例. 54%, 56%. *ee* 86%, 87%.

在这些反应中,萘酚的加入也是不但使反应速率增加,*ee* 值提高,还使反应的对映选择性反转。而且使用磺酰胺基砜作为亚胺前体,按式(7-296)进行反应的产率要比直接用相应的亚胺(R′CH=N—Ar)进行反应时高。

式(7-293)~式(7-296)中在用 6′-酰胺基-*β*-ICD 催化反应时,外加萘酚使得反应的对映选择性发生反转的发现,为克服 *β*-ICD 的拟对映体(pseudoenantiomer)较难合成的缺点提供了一个解决办法,可以只用 *β*-ICD 就以较高产率和 *ee* 值分别获取两种对映体产物。

手性联萘酚是另一类在设计双功能或多功能手性催化剂时用作催化活性官能团载体的"优先"手性骨架。已研究过的这类叔胺型双功能催化剂,主要是以不同方式接入了 *N*,*N*-二甲氨基吡啶(DMAP)的 BINOL 分子(见图 7-11 中的 **17**,**18**)[32,33]。其中接入间位吡啶基的 **17b** 已在催化乙烯基酮和丙烯醛的 aza-MBH 反应中取得了很好效果(式(7-297))[616,617]。

$$\text{ArCH=N-Ts (1)} + \text{CH}_2\text{=CHC(O)R (3)} \xrightarrow[\text{甲苯-环戊基甲基醚(1:9)},\ -15^\circ\text{C},\ 12\sim168\ \text{h}]{10\ \text{mol\%}\ \mathbf{17b}} \text{ArCH(NHTs)C(=CH}_2\text{)C(O)R} \tag{7-297}$$

R= Me; Ar= Ph, 4-MeOPh, 3-ClPh, 4-ClPh, 4-BrPh, 4-NO_2Ph, 2-呋喃基, 2-萘基. 91%~100%, *ee* 87%~95%.
R= Et; Ar= 4-NO_2Ph. 88%, *ee* 88%.
R= H; Ar= 4-NO_2Ph. 95%, *ee* 94%

它催化的反应在产率和手性诱导效果上都比单纯将 *m*-DMAP 与 BINOL 混合(各 10 mol%)催化更好。虽然对位 DMAP 和邻位 DMAP 的亲核性应比间位的 DMAP 强,但前两者接于 BINOL 上时(**18a**,**18b**),对上述反应没有明显的催化性能。把 BINOL 直接与 DMAP 的吡啶环相连接,或除去 BINOL 与吡啶环的连接链中的脂氨基(**18c**～**18e**),或把吡啶基改为苯基,也无催化性能。把BINOL中的 2′-位的羟基甲基化后,催化性能大为降低;而 2-位羟基甲基化则使催化性能完全丧失。这些都表明在成功的催化剂中,不仅叔胺的亲核性很重要,对叔胺与酚羟基的相对位置也需要精细调节,使这两个催化活性基团能在反应各阶段的过渡态和中间体中协同发挥作用,导致较好的立体选择性。

在用 **17b** 催化丙烯醛的反应时(式(7-297)),如果增加催化剂的用量,提高反应温度并改变溶剂,还可以使得 aza-MBH 产物继续与另一分子醛反应,得到四氢吡啶产物(式(7-298))[618]。也可以使 MVK 的 aza-MBH 产物继续与一分子丙烯醛反应,得到 4-甲基四氢吡啶产物。

$$\text{ArCH=N-Ts} + \text{CH}_2\text{=CHCHO (3 eq)} \xrightarrow[(\text{ClCH}_2)_2,\ 3\text{Å MS},\ 0\sim25^\circ\text{C},\ 24\sim48\ \text{h}]{20\ \text{mol\%}\ \mathbf{17b}} \text{N-Ts-2-Ar-3-亚甲基-5-CHO-四氢吡啶} \tag{7-298}$$

Ar= Ph, 2-ClPh, 3-ClPh, 4-BrPh, 4-CNPh, 4-NO_2Ph, 3,4-$(MeO)_2$Ph, (*E*)-PhCH=CH. 40%~60%, *ee* 75%~88%

手性叔胺与硫脲构成的双功能催化剂 **19a**～**19e** 和 **20** 都可以催化 2-苯基-1-硝基丙烯与活化亚胺的 aza-MBH 类型的反应。其中 **19a** 的效果最好,可以高产率和高非对映及对映选择性地得到 β-硝基-γ-氨基烯产物(式(7-299))[619]。而后者可氧化为 α-硝基-β-氨基羰基化合物或还原为 2,3-二氨基烯,是有用的有机合成原料。催化剂(1*R*,2*R*)-**19a** 的对映体 **20** 则可用于催化该反应而以中等但相反的非对映和对映选择性得到产物。

$$\text{RCH=N-Ts (1)} + \text{Ph(CH}_3\text{)C=CHNO}_2\ (3) \xrightarrow[\text{间二甲苯},\ -40^\circ\text{C},\ 24\sim90\ \text{h}]{20\ \text{mol\%}\ \mathbf{19a}} \text{CH}_2\text{=C(Ph)CH(NO}_2\text{)CH(R)NHTs} \tag{7-299}$$

R= Ph, 2-MePh, 3-MePh, 4-MePh, 4-MeOPh, 2-FPh, 3-ClPh, 4-ClPh, 2-BrPh, 4-BrPh, 4-CNPh, 4-NO_2Ph, 2-呋喃基, *n*-Pr. 80%~95%, *anti*/*syn* 35/65 ~<1/99, *ee*(*syn*-) 72%~91%

催化剂中硫脲苯环上的取代基(CF_3)的存在与位置对反应速率影响不大,但对反应的立体选择性有重要影响。

反应的产物不是正常的 aza-MBH 反应中的烯丙基胺。这是因为反应中，Mannich 加成后生成的中间体Ⅰ(式(7-300))中，发生的不是 1,3-质子转移，而是通过一个六元环的过渡态从原硝基烯的甲基向氮负离子进行质子转移[619,620]。

1,3-质子转移 / 正常的aza-MBH反应产物; 1,5-质子转移 (7-300)

从二茂铁衍生的具有平面手性的催化剂 **21a**～**21c** 被用于较不活泼的肉桂醛与环戊烯酮的反应。虽然它们不能单独催化反应，但在反应体系中加入 0.5 eq 的碘化镁作为 Lewis 酸共催化剂之后，反应即可进行[366]。芳醛的反应，产物产率和 *ee* 值都很高，而在脂醛的反应中，得到中等的产率和 *ee* 值(式(7-301))。这一催化体系不能催化其他环烯酮和开链烯酮的反应。

RCHO + 环戊烯酮 —(20 mol% **21a**, 50 mol% MgI_2; *i*-PrOH, −20℃, 24~48 h)→ 产物 (7-301)

R= Ph, 4-NO_2Ph, 4-CF_3Ph, 4-MePh, 4-MeOPh, 1-萘基, (*E*)-PhCH=CH. 73%~96%, *ee* 89%~98%

R= *i*-Pr, $PhCH_2CH_2$, *c*-C_6H_{11}. 54%~68%, *ee* 53%~63%

从 BINOL 衍生的手性双功能咪唑催化剂 **22a**～**22d** 也已合成，并试用于催化 β-芳基硝基烯的 aza-MBH 反应，其中只有咪唑基与羟基距离较近的 **22a** 和 **22b** 能有效催化反应，以中等的对映选择性得到产物[621]。

以手性联萘为骨架的叔胺-硫脲双功能催化剂 **22e**、**22f** 可以有效催化环己烯酮的不对称 MBH 反应，其中 **22e** 的催化活性更高(式(7-302))[622]。脂肪醛的对映选择性很高(*ee* 80%～94%)，而芳醛的产物产率和 *ee* 值均较低(2-氯苯甲醛，产率 55%，*ee* 60%)。

RCHO + 环己烯酮 —(10 mol% **22e**; MeCN, 0℃, 48~120 h)→ 产物 (7-302)

R= $PhCH_2CH_2$, *i*-Pr, Me_2CHCH_2, *n*-Bu, *n*-C_5H_{11}, *n*-C_6H_{13}, *n*-C_7H_{15}, $MeCH_2CH{=}CH(CH_2)_2$, *c*-C_5H_9, *c*-C_6H_{11}. 63%~84%, *ee* 80%~94%

R= 2-ClPh. 55%, *ee* 60%

2）手性膦催化剂

膦，特别是三芳基膦的亲核性，比一些常用的叔胺催化剂（如具有 DABCO、QD、DMAP 结构的）稍弱，因此在需要亲核性较强的催化剂的 MBH 反应中，手性叔胺催化剂得到较多的应用；而手性膦催化剂则在对催化剂的亲核性要求较低的 aza-MBH 反应中得到更多的应用。膦较弱的亲核性也可借在催化剂分子内加入氢键给体基团形成双功能或多功能催化剂来解决。

在进行不对称 MBH 和 aza-MBH 反应时已使用过的手性膦催化剂见图 7-12。

虽然目前已经合成了大量手性膦化合物，且相当一部分已有市售，但它们大多是在过渡金属催化的手性反应中用作金属的配体而设计出来的[623]，如果单独当作手性催化剂用于 MBH 等反应，则亲核性和手性识别能力都未必能满足要求。实际上，在 MBH 和 aza-MBH 反应中，早期试用的一些单功能手性膦催化剂和仅具有醇羟基的双功能手性膦催化剂（图 7-12 中的 **23**[476]、**24**、**25**[624]、**26**[556]、**27**、**28**[487]、**29**[625] 和 **30**[482]），催化活性和手性诱导效果都不很理想。在某些反应中，膦催化剂（如三苯基膦）还可在反应时间较长时引起产物的外消旋化。而近年来开发的在催化手性 MBH 和 aza-MBH 反应中取得较好效果的手性膦催化剂几乎都是含有酚羟基或酸性 NH 基（如硫脲和酰胺中的）的双功能催化剂。

与在手性叔胺催化剂中相似，手性 1,1′-联萘也是用于负载亲核基团和氢键给体基团的“优先”手性结构之一。

2-(二苯基膦基)-2′-羟基-1,1′-联萘（图 7-12 中的 **31**）是这类手性联萘双功能膦催化剂中结构最简单，但也是迄今效果最好的成员之一。它在催化乙烯基酮的 aza-MBH 反应时，产物的产率和对映选择性都很高（式(7-303)）[505,543,544,626]。在应用于丙烯酸苯酯和丙烯醛的反应时，也得到良好的效果（式(7-304)）[505,626]。它还被用于催化乙烯基酮与芳亚氨基乙酸酯（ethyl (arylimino) acetates）的反应（式(7-305)）[543,544]。但对于 MVK、丙烯腈、丙烯酸苯酯等活化烯烃与 *N*-磷酰基亚胺的反应，产物的产率和 *ee* 值不高[528]，它也不能催化醛与烯烃的 MBH 反应[627]。

Ar–CH=N–Z + CH2=CH–C(O)R —[(*R*)-**31** (10 mol%), THF, −30~−10℃, 18~96 h, 加或不加4Å分子筛]→ Ar–CH(NHZ)–C(=CH2)–C(O)R

Z=COPh; R=Me; Ar= Ph, 4-MePh, 4-EtPh, 3-FPh, 4-FPh, 2-ClPh, 3-ClPh, 4-ClPh, 4-BrPh, 2-NO_2Ph, 4-NO_2Ph, (*E*)- PhCH═CH. 82%~96%, *ee* 61%~95%.

Z=Ts; R=Et; Ar= Ph, 3-FPh, 4-FPh, 3-ClPh, 4-BrPh, 4-NO_2Ph. 52%~85%, *ee* 80%~92%.

Z=$MeSO_2$, 4-$ClPhSO_2$, $Me_3SiCH_2CH_2SO_2$; R=Me; Ar=4-ClPh. 53%~94%, *ee* 82%~89%

(7-303)

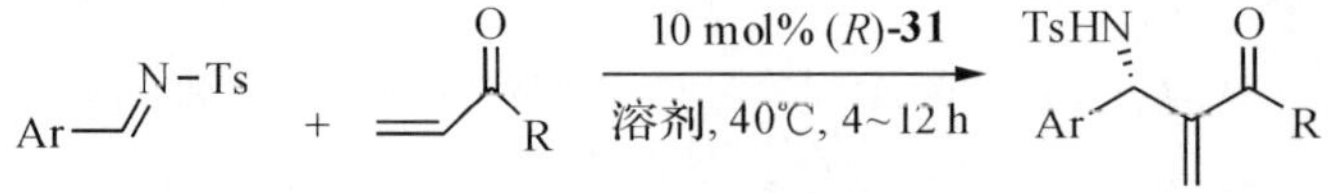

10 mol% (*R*)-**31**

溶剂, 40℃, 4~12 h

(7-304)

R= OPh, CH_2Cl_2; Ar= Ph, 4-EtPh, 3-FPh, 4-FPh, 3-ClPh, 4-BrPh, 3-NO_2Ph, 4-NO_2Ph, 4-CF_3Ph. 60%~97%, *ee* 52%~77%

R= H, THF; Ar= Ph, 4-MePh, 4-MeOPh, 4-FPh, 3-ClPh, 4-ClPh, 4-BrPh. 74%~99%, *ee* 76%~86%

10 mol% (*R*)-**31**

Et_2O, −10℃, 4 Å MS, 48~60 h

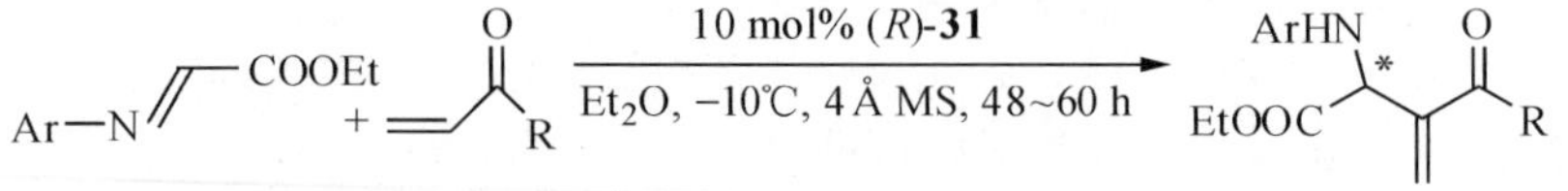

Ar= Ph, 3-MePh, 4-MePh, 4-MeOPh, 4-FPh, 4-ClPh, 4-BrPh, 2-CF_3Ph, 2-Me-3-ClPh; R= Me, Et. 17 例. 53%~99%, *ee* 66%~97%

(7-305)

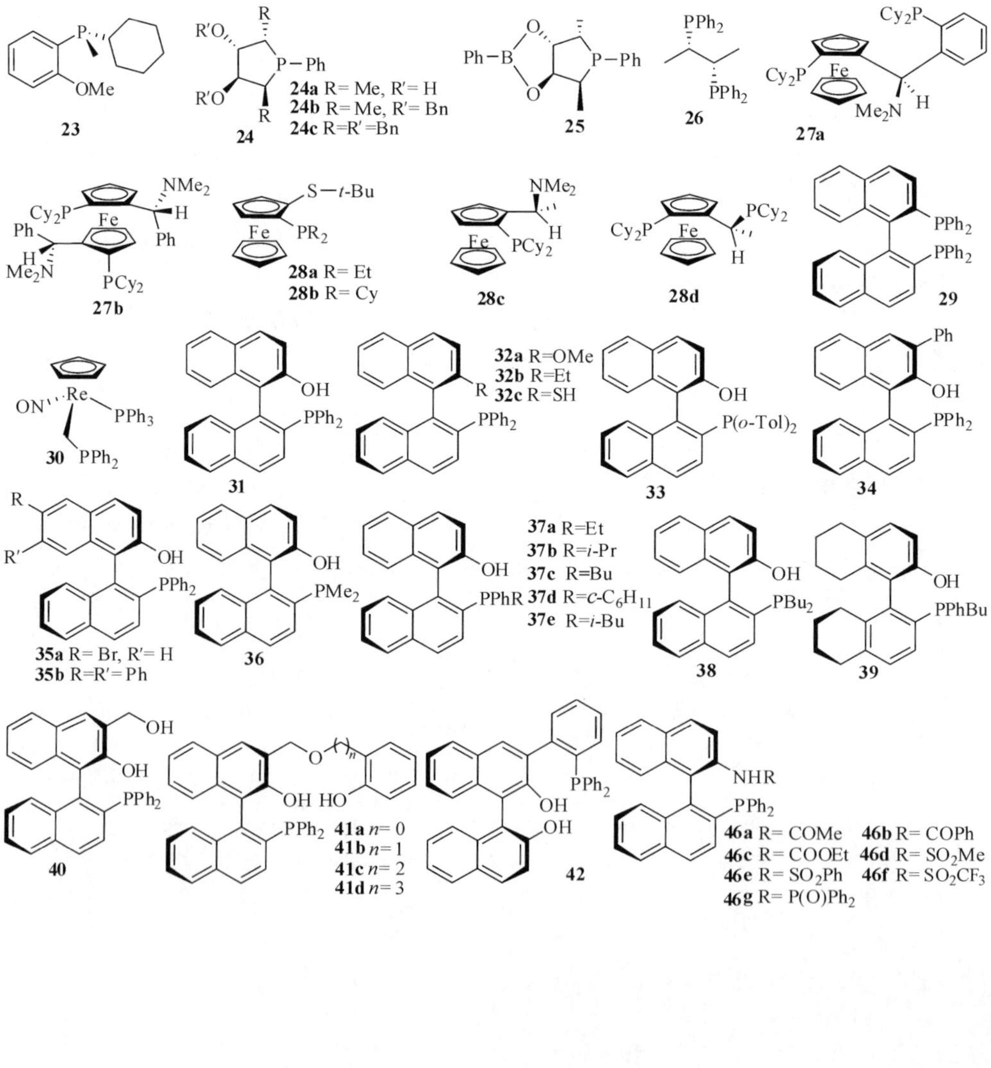

23　**24**: **24a** R= Me, R′= H; **24b** R= Me, R′= Bn; **24c** R=R′=Bn　**25**　**26**　**27a**

27b　**28a** R= Et; **28b** R= Cy　**28c**　**28d**　**29**

30　**31**　**32a** R=OMe; **32b** R=Et; **32c** R=SH　**33**　**34**

35a R= Br, R′= H; **35b** R=R′= Ph　**36**　**37a** R=Et; **37b** R=*i*-Pr; **37c** R=Bu; **37d** R=*c*-C_6H_{11}; **37e** R=*i*-Bu　**38**　**39**

40　**41a** *n*= 0; **41b** *n*= 1; **41c** *n*= 2; **41d** *n*= 3　**42**　**46a** R= COMe; **46b** R= COPh; **46c** R= COOEt; **46d** R= SO_2Me; **46e** R= SO_2Ph; **46f** R= SO_2CF_3; **46g** R= P(O)Ph_2

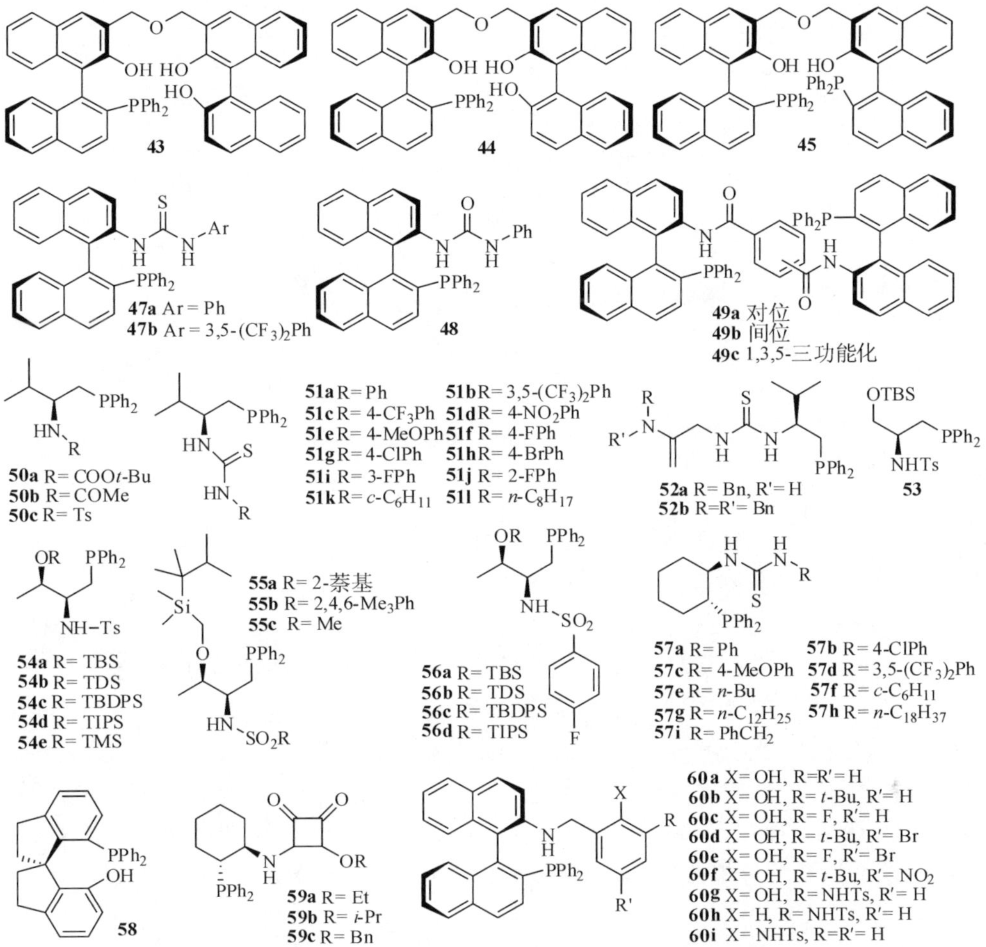

43　**44**　**45**

47a Ar = Ph
47b Ar = 3,5-$(CF_3)_2$Ph

48

49a 对位
49b 间位
49c 1,3,5-三功能化

50a R = COOt-Bu
50b R = COMe
50c R = Ts

51a R = Ph　**51b** R = 3,5-$(CF_3)_2$Ph
51c R = 4-CF_3Ph　**51d** R = 4-NO_2Ph
51e R = 4-MeOPh　**51f** R = 4-FPh
51g R = 4-ClPh　**51h** R = 4-BrPh
51i R = 3-FPh　**51j** R = 2-FPh
51k R = c-C_6H_{11}　**51l** R = n-C_8H_{17}

52a R = Bn, R′ = H
52b R = R′ = Bn

53

54a R = TBS
54b R = TDS
54c R = TBDPS
54d R = TIPS
54e R = TMS

55a R = 2-萘基
55b R = 2,4,6-Me_3Ph
55c R = Me

56a R = TBS
56b R = TDS
56c R = TBDPS
56d R = TIPS

57a R = Ph　**57b** R = 4-ClPh
57c R = 4-MeOPh　**57d** R = 3,5-$(CF_3)_2$Ph
57e R = n-Bu　**57f** R = c-C_6H_{11}
57g R = n-$C_{12}H_{25}$　**57h** R = n-$C_{18}H_{37}$
57i R = $PhCH_2$

58

59a R = Et
59b R = i-Pr
59c R = Bn

60a X = OH, R = R′ = H
60b X = OH, R = t-Bu, R′ = H
60c X = OH, R = F, R′ = H
60d X = OH, R = t-Bu, R′ = Br
60e X = OH, R = F, R′ = Br
60f X = OH, R = t-Bu, R′ = NO_2
60g X = OH, R = NHTs, R′ = H
60h X = H, R = NHTs, R′ = H
60i X = NHTs, R = R′ = H

图 7-12　MBH 和 aza-MBH 反应中已应用的手性膦催化剂

在用 **31** 催化 aza-MBH 反应时，如果亚胺中苯环的 2-位有一活化双键，则 Mannich 加成的中间体 **J** 将发生分子内环化反应，得到异吲哚啉产物(式(7-306)和式(7-307))。反应的立体选择性很高，以很高的 *ee* 值得到一个非对映异构体产物[628]。如果改用空间位阻较大的手性催化剂，如 β-ICD、**17b**、**34** 或 **42** 来催化这个反应，则 **J** 中的分子内环化将被抑制，而要与直接进行分子内质子转移并消去催化剂而得到正常反应产物的途径竞争，使得成环产物产率下降。

R¹= Me, Et, Ph, H, OPh; R^2= H, 5-Me, 5-F, 5-Cl, 6-Cl; R^3= Me, Et, Bn. 11例, 49%~98%, *ee* 68%~93%. (7-306)

(7-307)

像 **31** 这样的联萘基双功能手性膦催化剂的一个优点是，可以在保留手性联萘骨架的同时，改变膦基中的烃基以调节其亲核性和立体效应；也可把 2′-位上的羟基改换为硫脲基、酰胺基等其他基团，以调节氢键给体能力；还可以改变膦基和氢键给体基团在分子中的相对位置，来进一步调控催化性能。在这方面，已进行了很多工作。把 **31** 中的二苯基膦基改换为二甲基膦基(**36**)，催化剂的亲核性增强，可以催化较不活泼的环烯酮的 aza-MBH 反应(式(7-308))[629]。

Ar= 4-MePh, 4-MeOPh, 3-ClPh, 4-ClPh, 4-BrPh, 3-NO_2Ph, 4-NO_2Ph. 70%~93%, *ee* 30%~64%. (7-308)

而催化剂 **37a**～**37d** 也可有效催化 aza-MBH 反应，但手性诱导效果不如 **31**[630]。**37a**～**37e** 以及 **38** 和 **39** 也可以催化 MBH 反应，其中最有效的是 **37c**，它催化醛与乙烯基酮的反应，以中等产率和 *ee* 值得到产物(式(7-309))[627]。

RCHO + 甲基乙烯基酮 —(10 mol% **37c**, THF, 25℃, 24 h)→ 产物 65%~78%, *ee* 28%~51%. (7-309)

R= Et, *n*-Pr, *i*-Pr, *n*-Bu, *n*-C_7H_{15}, *c*-C_6H_{11}, $Ph(CH_2)_2$, 2-ClPh.

以手性联萘为骨架，合成了一系列含有两个酚羟基的多功能手性膦催化剂 **41a**～**41d**[631] 和 **42**[632]。它们可以高效地催化乙烯基酮的 aza-MBH 反应，以与 **31**

相似的高产率和高 *ee* 值得到产物。其中催化活性最好的是 **41c**($n=2$)，它在仅以 1 mol%的催化用量使用时，即可很好地催化反应(式(7-310))[631]。

$$\text{Ar-CH=N-Ts} + \underset{3\text{ eq}}{\text{CH}_2\text{=CHCOCH}_3} \xrightarrow[\text{THF, 0℃, 17～160 h}]{1\text{ mol\% }\mathbf{41c}} \text{Ar-CH(NHTs)-C(=CH}_2\text{)COMe} \quad 71\%\sim100\%,\ ee\ 87\%\sim96\% \tag{7-310}$$

Ar=Ph, 4-MePh, 4-FPh, 4-NO_2Ph, 2-萘基, (*E*)-PhCH=CH

也已出现了一些将两个联萘基连接起来的含两个以上酚羟基的多功能手性膦催化剂(**43**～**45**)[633]。实验结果表明，增加羟基的数目，可在膦对烯烃加成后的两性离子中经多重分子内氢键的生成，使烯醇负离子得到更为有效的稳定，并创造更为紧凑而固定的立体构象，有利于提高反应速率和对映选择性。其中效果最好的是 **43**。虽然 **43** 的相对分子质量较大，但它催化 aza-MBH 反应时的手性诱导效果略好于 **31**。

为了调节催化剂的氢键给体能力，已合成了一系列把羟基改换为酰胺基(**46a**，**46b**[634])、硫脲基和脲基(**47** 和 **48**[635])的手性膦催化剂，其中在催化乙烯基酮的 aza-MBH 反应时，效果最好的是 **46a**[634] 和 **47a**[635]，它们的催化效果与 **31** 相似。也合成了一些通过苯环将两个或三个含酰胺基的膦基联萘连接起来的多功能催化剂，如 **49**，但它在催化乙烯基酮的 aza-MBH 反应时的产物产率和手性诱导效果，也未超过 **31**[636]。

除了以手性联萘作为分子骨架以外，近年来也出现了一些以其他新颖的手性结构为基础的双功能手性膦催化剂。

一些天然的手性氨基酸是构建双功能催化剂的良好骨架。其中的羧基可方便地转化为膦基，被部分保护的氨基则提供了与膦基靠近且酸性可调节的氢键给体基团。氨基酸中的烃基则可对催化性能提供立体和电性调控(式(7-311))。

$$\text{R-CH(NHR')-CH}_2\text{COOH} \longrightarrow \text{R-CH(NHR')-CH}_2\text{PR''} \tag{7-311}$$

立体和电性调控(R)；Brønsted 酸(NHR′)；Lewis 碱(PR″)

一系列从 L-缬氨酸(**50**[637]、**51**[638]、**52**[639])、丝氨酸(**53**[637])和苏氨酸(**54**、**55**[637]、**56**[639])衍生的膦催化剂已用于催化 aza-MBH 和 MBH 反应。从苏氨酸衍生的具有对甲苯磺酰胺基的 **54b** 在催化丙烯酸 2-萘酯的 aza-MBH 反应时，以很高的产率和对映选择性得到产物(式(7-312))[637]。

$$\text{Ar-CH=N-SO}_2\text{(4-MeOPh)} + \text{CH}_2\text{=CHCO}_2\text{(2-Naph)} \xrightarrow[\text{THF, }-30℃\text{, 48 h}]{10\text{ mol\% }\mathbf{54b}} \text{Ar-CH(NHSO}_2\text{(4-MeOPh))-C(=CH}_2\text{)CO}_2\text{(2-Naph)}$$

Ar= Ph, 3-MePh, 4-MePh, 4-EtPh, 2-FPh, 4-FPh, 2-ClPh, 3-ClPh, 4-ClPh, 2-BrPh, 4-BrPh, 2-CF_3Ph, 4-CF_3Ph, 4-NO_2Ph, 2-呋喃基, 2-噻吩基, 2-萘基. 76%～96%, *ee* 88%～97%

(7-312)

这些氨基酸衍生的膦也已用于催化丙烯酸酯的 MBH 反应，而且不只可催化活性较高的丙烯酸-1-萘酯的反应，也可以催化丙烯酸甲酯的反应，以中等至较高的产率和较高的 *ee* 值得到产物[638,639]。例见式(7-313)[638]。

ArCHO + $CH_2=CHCO_2R$ —[10 mol% **51a**, THF, 25℃, 47~72 h]→ ArCH(OH)C(=CH_2)CO_2R 11% (Ar=Ph)~96%, *ee* 50%~83% (7-313)

R=Me, Et, *n*-Bu;
Ar=Ph, 2-NO_2Ph, 3-NO_2Ph, 4-NO_2Ph, 4-BrPh, 4-CF_3Ph. 14例

以环己烷为骨架的手性硫脲-膦催化剂(**57**)也在催化丙烯酸酯的 MBH 反应时表现出良好的催化活性。其中效果最好的是 **57g**(式(7-314))[640]。醛的苯基上有邻位基时，产物的 *ee* 值低(如 2，4-二氯苯甲醛的产物 *ee* 值为 7％)。从 L-缬氨酸衍生的硫脲-膦催化剂(**51**)也已用于催化丙烯酸酯的 MBH 反应[638]。

ArCHO + $CH_2=CHCO_2R$ —[8 mol% **57g**, THF, 25℃, 5~24 h]→ ArCH(OH)C(=CH_2)CO_2R (7-314)

R= Et; Ar= Ph, 2-NO_2Ph, 3-NO_2Ph, 4-NO_2Ph, 4-CF_3Ph, 4-ClPh, 4-BrPh, 2,4-Cl_2Ph, 2-呋喃基. 24%~96%, *ee* 7%~77%.
R= *n*-Bu; Ar= 2-NO_2Ph, 3-NO_2Ph, 4-NO_2Ph, 4-CF_3Ph, 4-ClPh. 36%~94%, *ee* 33%~76%.

而 **57a** 则用于催化乙烯基甲基酮(式(7-315))[641]的 MBH 反应，以中等至较高的产率和高 *ee* 值得到产物。

ArCHO + $CH_2=CHCOCH_3$ —[10 mol% **57a**, $CHCl_3$, 13℃, 15 min~3 h]→ ArCH(OH)C(=CH_2)$COCH_3$ (7-315)

Ar= Ph, 2-NO_2Ph, 3-NO_2Ph, 4-NO_2Ph, 2-ClPh, 4-ClPh, 4-BrPh, 4-CNPh, 4-CF_3Ph, 2,4-Cl_2Ph, 2-萘基. 15%~91%, *ee* 87%~94%

这些 1-膦基-2-脲(硫脲)基环己烷也可催化丙烯酸酯与靛红的反应，其中以 **57a** 的手性诱导效果较好，以中等至较高产率和中等的 *ee* 值得到产物[642]。

手性螺环化合物是近年来出现的一类优良手性配体和催化剂的手性骨架，如 1，1-螺环双茚烷(1，1-spiroindane)也已成为构建手性配体和催化剂的一个“优先”结构[643]。以 1，1-螺环双茚烷为骨架，合成了第一个同时含有 Lewis 碱和 Brønsted 酸催化中心的手性催化剂 **58**[644]。它在催化乙烯基酮的 aza-MBH 反应时的催化活性和手性诱导效果甚至略好于手性联萘双功能膦催化剂(*S*)-**31**(式(7-316))。这可能与它的刚性结构可在反应的过渡态中提供一个更为固定的手性环境而减少构象的松弛性有关系。

Ar–CH=N–Ts + CH_2=CH–C(O)R $\xrightarrow[\text{CHCl}_3,\ 3\text{Å MS},\ -10℃]{10\ \text{mol\%}\ \mathbf{58}}$ Ar–CH(NHTs)–C(=CH_2)–COR　(7-316)

R=Me; Ar=Ph, 4-FPh, 2-ClPh, 3-ClPh, 4-ClPh, 4-BrPh, 2-CNPh, 3-CNPh, 4-CNPh, 2-NO_2Ph, 3-NO_2Ph, 4-NO_2Ph, 2-萘基. 72%~99%, *ee* 85%~97%

R= Et; Ar= 4-NO_2Ph. 73%, *ee* 98%

除了上述双功能催化剂之外，也已有设计合成三功能手性膦催化剂的尝试。催化剂 **60** 中除了双功能催化剂中具有的 Lewis 碱（—PPh_2）和 Brønsted 酸（酚羟基、NHTs）基团外，又加入了一个 Brønsted 碱性基团（—NH—）。其中某些（**60a，60d，60f，60i**）已在催化 MVK 的 aza-MBH 反应中取得良好效果，例见式(7-317)[645-649]。

R–C_6H_4–CH=N–Ts + CH_2=CH–C(O)CH_3 $\xrightarrow[\text{CH}_2\text{Cl}_2,\ \text{rt},\ 0.5\sim3\ \text{h}]{10\ \text{mol\%}\ \mathbf{60d},\ 10\ \text{mol\%}\ \text{PhCO}_2\text{H}}$ R–C_6H_4–CH(NHTs)–C(=CH_2)–COMe　43%~>95%, *ee* 72%~93%　(7-317)

R= 4-Me, 2-MeO, 3-MeO, 4-F, 2-Cl, 4-Cl, 4-Br, 2-NO_2, 3-NO_2, 4-NO_2

反应需在外加催化量的羧酸后才能很好进行，而以苯甲酸的效果最好。无外加酸时，反应较慢而且没有对映选择性。温度对反应的对映选择性没有明显影响，不需要在低温进行。反应速率较快，可在 0.5～3 h 内完成。对照实验表明，催化剂中的三个活性基团（膦基、酚羟基和氨基）对催化活性和手性诱导能力都是必需的。催化性质对外加酸的结构也很敏感。例如，加入 10 mol%乙酸时，手性诱导的方向与加入苯甲酸时相反。这些都表明，催化剂中的三个活性基团在外加酸的参与下，协同发挥催化作用，但具体的作用机理尚待深入研究。

总之，手性双功能膦催化剂在应用于对映选择性 aza-MBH 反应时已取得很大成功。但到目前为止，这类手性膦催化的 aza-MBH 反应仍多以乙烯基酮和丙烯醛，以及较活泼的丙烯酸酯（如丙烯酸-2-萘酯）为活化烯烃，对其他烯烃的研究仍不多。而在 MBH 反应方面，虽然近年来开发的一些双功能膦催化剂，如从手性氨基酸衍生的氨基-膦和以 1，2-二取代环己烷为骨架的膦-硫脲，以及 1，1-螺环双茚烷膦-酚等在催化乙烯基酮和丙烯酸酯的 MBH 反应中已取得较好效果（（式 7-313）～式(7-315)），但手性膦催化剂在 MBH 反应中的应用，仍处于较早期阶段，有待开发更多的亲核催化活性和手性诱导效果都很好的催化剂。

3）手性 Brønsted 酸-非手性 Lewis 碱催化体系

在上述双功能或多功能手性叔胺和膦催化剂中，是将能够通过氢键相互作用来活化亲电试剂（醛或亚胺）、稳定 Michael 加成和随后的 Aldol（或 Mannich）加成中间体，并促进质子转移过程的 Brønsted 酸性物种（酚、硫脲等）与亲核催化剂（叔胺或膦）以适当的方式置于同一催化剂分子的手性骨架中。与此不同的是，也可以把分开的 Brønsted 酸性共催化剂与胺、膦等亲核催化剂在反应中加以组合。由于非手性的酚、硫脲、水等往往是无对映选择性地催化在 Aldol 或 Mannich 加成中生成的各个非对映立体异构体的质子转移，非手性 Brønsted 酸与手性叔胺或膦的组合尚未在催化手性 MBH 和 aza-MBH 反应中取得较好效果（但在协助催化硫脲-膦双功能手性催化剂的反应时已有成功的例子（见式(7-295)和式(7-296))。与此相反，手性 Brønsted 酸（硫脲、酚等）与非手性叔胺或膦的组合则已取得了一定的成功。考虑到以各种现成的手性骨架为基础合成手性硫脲等的衍生物比较容易，而且可以较为不受限制地选择各种 Lewis 碱催化剂与之配合使用，这一领域的研究应有良好的发展前景。

A. 手性硫脲-非手性亲核催化剂组合

前已述及，加入非手性脲和硫脲可以显著促进 DABCO 催化的非手性 MBH 反应[157,449]。近十年来，已设计合成了一些连接于手性骨架或具有手性基团的硫脲和双硫脲化合物，与叔胺或膦联用，以催化 MBH 和 aza-MBH 反应（图 7-13）。

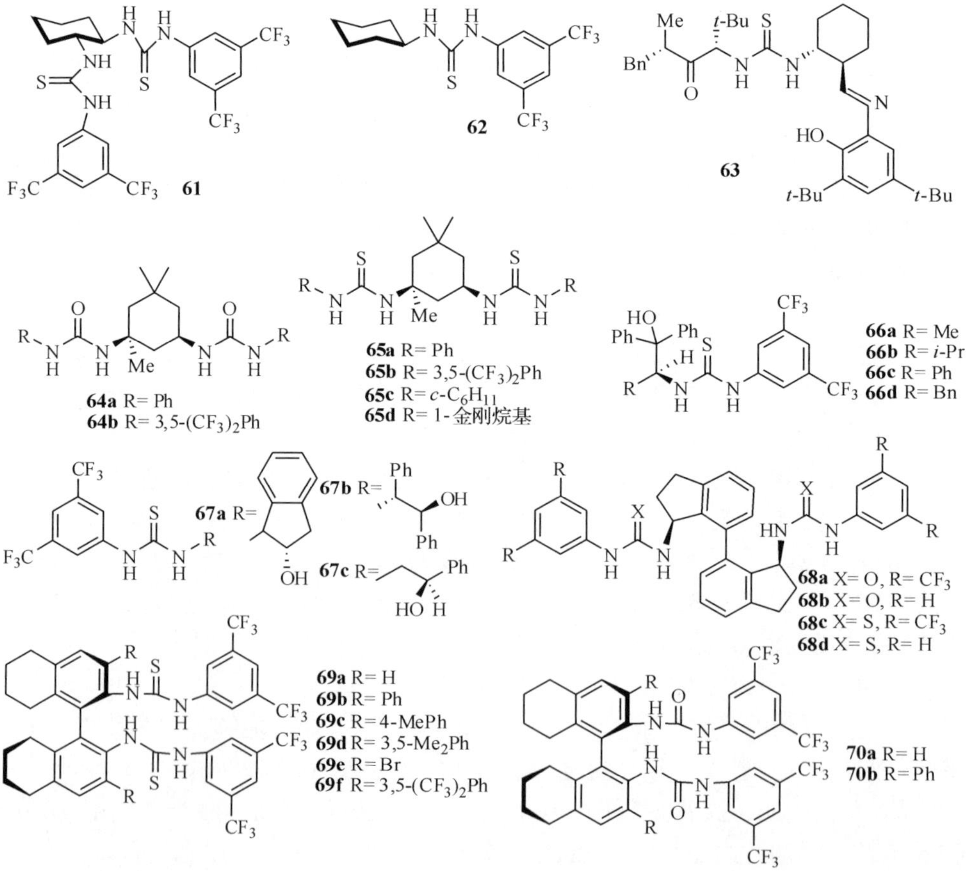

61 62 63

64a R= Ph
64b R= 3,5-(CF_3)$_2$Ph

65a R= Ph
65b R= 3,5-(CF_3)$_2$Ph
65c R= c-C_6H_{11}
65d R= 1-金刚烷基

66a R= Me
66b R= i-Pr
66c R= Ph
66d R= Bn

67a 67b 67c

68a X= O, R= CF_3
68b X= O, R= H
68c X= S, R= CF_3
68d X= S, R= H

69a R= H
69b R= Ph
69c R= 4-MePh
69d R= 3,5-Me_2Ph
69e R= Br
69f R= 3,5-(CF_3)$_2$Ph

70a R= H
70b R= Ph

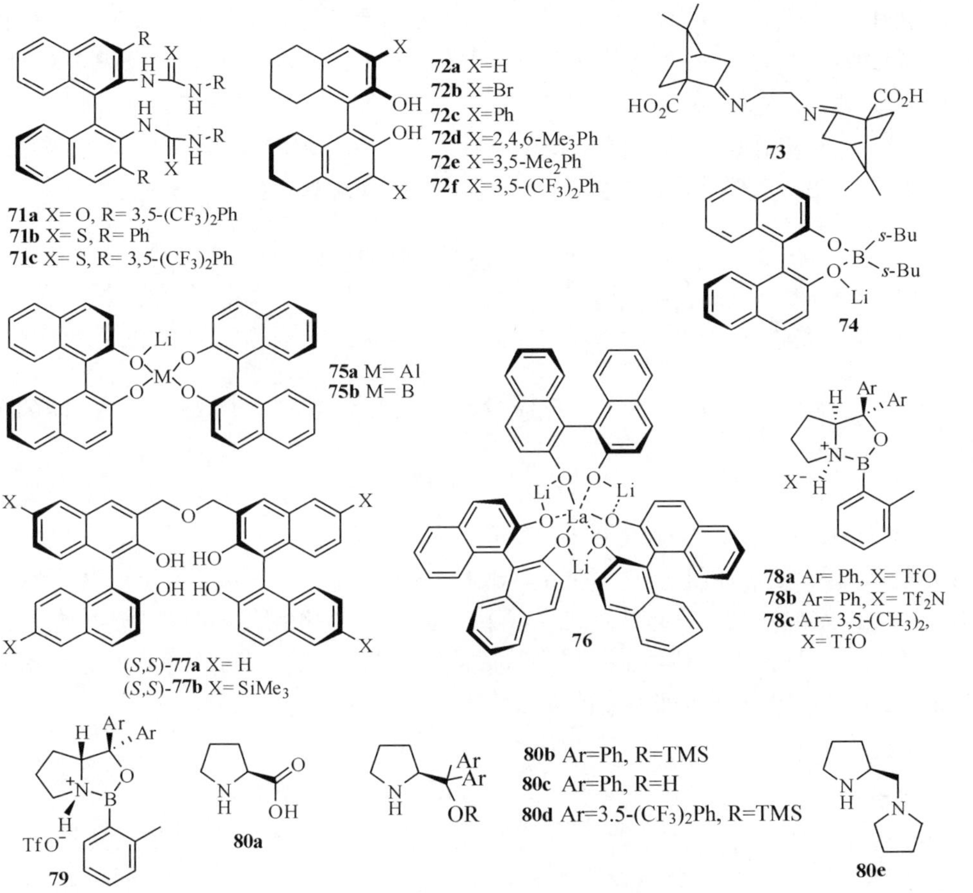

71a X= O, R= 3,5-$(CF_3)_2$Ph
71b X= S, R= Ph
71c X= S, R= 3,5-$(CF_3)_2$Ph

72a X=H
72b X=Br
72c X=Ph
72d X=2,4,6-Me_3Ph
72e X=3,5-Me_2Ph
72f X=3,5-$(CF_3)_2$Ph

73

74

75a M= Al
75b M= B

76

78a Ar= Ph, X= TfO
78b Ar= Ph, X= Tf_2N
78c Ar= 3,5-$(CH_3)_2$, X= TfO

(*S*,*S*)-77a X= H
(*S*,*S*)-77b X= $SiMe_3$

79　80a

80b Ar=Ph, R=TMS
80c Ar=Ph, R=H
80d Ar=3.5-$(CF_3)_2$Ph, R=TMS

80e

图 7-13　MBH 和 aza-MBH 反应中与非手性 Lewis 碱一起使用的手性 Brønsted 酸性共催化剂

以 1,2-反式环己二胺为手性骨架的双硫脲 **61** 与 DMAP 联用，可催化环烯酮与脂肪醛和芳醛的反应，以中等至较高的产率和中等的 *ee* 值得到产物(式(7-318))[270,271]。在相同的反应条件下，**61** 催化的反应的对映选择性比单硫脲 **62** 催化的要高，表明两个互相靠近的硫脲单元的存在有助于提高手性诱导效果。同时，硫脲中苯基 3,5-位上两个三氟甲基的增强 NH 键氢键给体能力以及较大的位阻作用对催化活性和手性诱导效应也是重要的。而 Lewis 碱的结构，不仅决定了亲核催化活性，而且对反应的对映选择性也有很大影响。

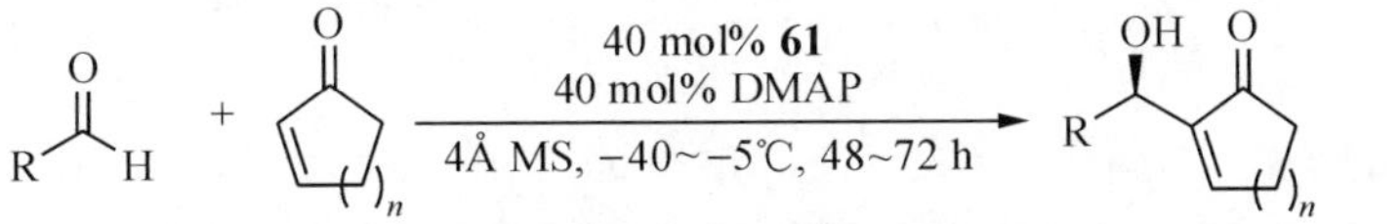

40 mol% **61**
40 mol% DMAP
4Å MS, −40~−5℃, 48~72 h　(7-318)

n=1, 2. R= Ph, 4-CF_3Ph, $Ph(CH_2)_2$, *n*-C_6H_{13}, *i*-Pr, Et_2CH, *c*-C_5H_9, *c*-C_6H_{11}.
12例. 33%~99%, *ee* 33%~90%

同样从反式 1,2-(*R*,*R*)-环己二胺衍生的手性硫脲-酚 **63** 在与 DABCO 联用催化丙烯酸酯与对硝基苯磺酰基亚胺（ArCH＝N—Ns，Ns＝4-NO_2PhSO_2）的 aza-MBH 反应时以＜50％的产率但很高的 *ee* 值（87％～99％）得到产物（式（7-319））[506]。但如亚胺氮原子上的保护基换为 Ts、Boc、磷酰基或烷基，则反应几乎无对映选择性。亲核催化剂与溶剂对反应的产率和对映选择性也有很大影响。

10 mol% **63**, 1 eq DABCO；二甲苯, 3Å MS, 4℃, 16~36 h　　(7-319)

Ar=Ph, 3-MePh, 3-MeOPh, 3-ClPh, 4-ClPh, 3-BrPh, 1-萘基, 2-噻吩基, 3-呋喃基.
25%~49%, *ee* 87%~99%

在二甲苯中进行反应时，可在反应过程中分离得到部分消去催化剂之前的中间产物——内盐 **K**（式（7-320））。

在反应中应是同时有 *syn*-（式（7-320）中的 **L**）与 *anti*-（**K**）两个非对映异构的中间体，而 **K** 中的空间位阻使质子与氮负离子不易达到便于这一质子转移的重叠或近重叠构象，使之不能顺利消去 DABCO 而在体系中积累析出，使产物产率降低。**L** 的构象则使其可进行快速的质子转移而转变为产物。同时，可能 **L** 在生成时 *ee* 值很高，而 **K** 在生成时 *ee* 值较低，这使得在与二甲苯不同的对 **K** 有较好溶解度的溶剂中进行反应时，产物总的 *ee* 值下降。

K (*anti*-) —空间位阻→ 沉淀；**L** (*syn*-) —质子转移，消去DABCO→ 产物

(7-320)

以工业上大量生产的异佛尔二胺（isophoronediamine）为手性骨架的双脲 **64** 及双硫脲 **65** 与 DABCO 联用催化环己烯酮与醛的 MBH 反应，以中等至较高的产率和 *ee* 值得到产物（式（7-321））[650]。但这个体系用于环戊烯酮和丙烯酸甲酯与醛的反应时，产物的 *ee* 值不高。

20 mol% **64a或65b**，20 mol% DABCO；10℃, 72 h；28%~100%, *ee* 34%~96%　　(7-321)

R=Ph, 4-NO_2Ph, 4-MeOPh, *i*-Pr, Ph$(CH_2)_2$, *c*-C_6H_{11}.

从市售的手性氨基醇衍生的硫脲 **66** 和 **67** 也可与 DABCO、DMAP、*N*-甲基咪唑、PEt_3 和 NEt_3 等 Lewis 碱联用，催化环烯酮与醛的反应。其中与三乙胺联用时，反应产率和对映选择性最好（式（7-322））[428]。

$$\text{RCHO} + \text{环己烯酮 (4 eq)} \xrightarrow[\text{4℃, 100~147 h}]{\text{20 mol\% 66c, 20 mol\% NEt}_3} \text{产物}\quad 45\%\sim92\%,\ ee\ 36\%\sim84\% \tag{7-322}$$

R=Ph, 4-MeOPh, 2-ClPh, (*E*)-PhCH═CH, *i*-Pr, $Ph(CH_2)_2$, *c*-C_5H_9, *c*-C_6H_{11}

与式(7-318)和式(7-321)中的反应一样，也是当以芳醛为亲电试剂时，产物的 *ee* 值比脂肪醛的低。

由手性联芳基二胺衍生的双脲和双硫脲催化剂 **68** 在与 DABCO 联用催化环己烯酮的 MBH 反应时，取得比上述从 1,2-环己二胺衍生的双硫脲稍好的效果(式(7-323))[651]：不仅脂肪醛的反应产物的 *ee* 值较高，而且对一般在不对称 MBH 和 aza-MBH 反应中较难获得高对映选择性的芳醛，产物的 *ee* 值也较高。

$$\text{RCHO} + \text{环己烯酮 (3 eq)} \xrightarrow[\text{rt, 10~96 h}]{\text{20 mol\% 68c, 20 mol\% DABCO}} \text{产物} \tag{7-323}$$

R=Ph, 4-MeOPh, 3-FPh, 4-FPh, 3-ClPh, 4-NO_2Ph. 48%~86%, *ee* 62%~84%

R=*i*-Pr, *n*-C_6H_{13}, $Ph(CH_2)_2$, *c*-C_6H_{11}. 54%~70%, *ee* 84%~96%

将手性联萘二胺衍生的双硫脲(脲)**69**～**71** 与 DABCO 联用，也在催化芳醛与环己烯酮的 MBH 反应时取得较好的效果，以较高产率和中等至较高的 *ee* 值得到产物[652]。

B. 手性酚-非手性 Lewis 碱组合

前已述及(式(7-121))，手性 BINOL 作为共催化剂的加入，可以促进膦催化的环己烯酮与醛的反应，但产物的 *ee* 值很低。后来发现，用联萘酚衍生物 **72** 与膦联用，可以使反应的对映选择性大为提高，**72** 中联萘环的部分氢化和 3,3′-位上大位阻基团的存在这两个结构特点对反应的高立体选择性都是必要的，而以 **72e** 或 **72f** 与三乙基膦组合的效果最好(式(7-324))[653,654]。同时，如果把 **72** 中两个羟基中的一个醚化，则不仅反应速率明显下降，而且几乎完全失去对映选择性。

$$\text{RCHO (1)} + \text{环己烯酮 (2)} \xrightarrow[\text{THF, −10℃, 48 h}]{\text{10 mol\% 72e/72f, 2 eq PEt}_3} \text{产物} \tag{7-324}$$

R= Ph (**72f**), PhCH═CH (**72e**). 40%, 39%. *ee* 67%, 81%

R= $Ph(CH_2)_2$, $BnO(CH_2)_2$ (**72f**), EtCH═$CH(CH_2)_2$, *c*-C_6H_{11}, *i*-Pr, (2,2-二甲基-1,3-二氧六环-5-基) (**72e**).
70%~88%, *ee* 82%~96%

4）手性 Lewis 酸-非手性 Lewis 碱催化体系

在 MBH 反应中，Lewis 酸的加入可通过活化醛与烯烃中的羰基而加快反应，但也有可能与 Lewis 碱催化剂配位而阻滞反应，因此仅当 Lewis 酸的种类与用量恰当时,才能较好地促进反应。而将手性配体与金属盐配位形成的手性 Lewis 酸与 Lewis 碱催化剂联用,也为进行对映选择性 MBH 反应提供了一条可能的途径。

在早期的工作中,曾研究镧系金属盐 $M(OTf)_3$(M=La、Sm、Eu、Ga、Yb)和 $Sc(OTf)_3$ 与一系列手性二元醇、三元醇、氨基二醇和三醇,以及手性 Salen 等配体的配合物对醛与丙烯酸酯反应的影响。虽然在很多情况下反应速率有提高,但产物的 *ee* 值最高只有 5%[60]。后来发现,这类反应可在以樟脑为骨架的手性 Schiff 碱配体 **73** 和镧系金属盐 $M(OTf)_3$(M=La、Eu、Yb)存在时以 DABCO 为催化剂很好地进行[655]。即使对最不活泼的丙烯酸甲酯,反应也能在 10 h 内完成。对丙烯酸-1-萘酯和苄酯的反应,对映选择性很高(式(7-325))。有给电子基和拉电子基的芳醛都以较高的对映选择性参与反应,而且与多数手性 MBH 反应不同,这里芳醛反应的对映选择性反而比脂肪醛为好。

$$\text{RCHO} + \text{CH}_2\text{=CHCOOR}' \xrightarrow[\text{0.3 eq DABCO, MeCN, rt}]{\text{6 mol\% } \mathbf{73}\text{, 3 mol\% La(OTf)}_3} \text{RCH(OH)C(=CH}_2\text{)COOR}' \tag{7-325}$$

R′= 1-萘基: R= Et, $Ph(CH_2)_3$, c-C_6H_{11}, Ph, 4-MeOPh, 4-NO_2Ph, 20 min. 35%~88%, ee 70%~95%

R′= Bn: R= Me, Et, Ph, 4-MeOPh, 4-NO_2Ph, 10h. 50%~93%, *ee* 65%~95%

R′= Ph: R= Ph, 10h. 97%, *ee* 75%

R′= Me: R= Me, Et, Me_2CH, 4-MeOPh, 10h. 55%~89%, *ee* 6%~66%

手性异核双金属配合物催化剂同时具有 Lewis 酸和 Brønsted 碱的性质,已在很多不对称反应中得到应用[656]。此类配合物 **74**~**76** 与三丁基膦联用,在催化环烯酮的 MBH 反应时,对脂肪醛以中等至较高的 *ee* 值(52%~99%)得到产物(式(7-326))[657],而苯甲醛的对映选择性较差(*ee* 15%~19%)。

$$\text{RCHO} + \text{cycloalkenone (1.5 eq)} \xrightarrow[\text{−40℃, 0℃ 或 rt; 3.5~288 h}]{\text{16 mol\% } \mathbf{74}\text{; 10 mol\% P}(n\text{-Bu})_3} \text{MBH adduct} \tag{7-326}$$

n=1; R=$Ph(CH_2)_2$, t-Bu, c-C_6H_{11}, Ph. 42%~93%, *ee* 19%~97%

n=2; R=$Ph(CH_2)_2$, Et, i-Pr, c-C_5H_9, c-C_6H_{11}, Ph. 23%~94%, *ee* 15%~99%

用醚链连接的双联萘酚配体(S,S)-**77** 与异丙醇镧(La(Oi-Pr)$_3$)的 1∶1 配合物与 DABCO 联用,可以催化不活泼的丙烯酸甲酯与 N-磷酰基亚胺(ArCH=N—P(O)Ph_2)的 aza-MBH 反应(式(7-327))[423]。实验表明,无论是 DABCO 或 **77** 与 La(Oi-Pr)$_3$ 的配合物,都不能单独地有效催化反应。在反应中加入催化量的大位阻酚 4,4′-thiobis(6-t-butyl-m-cresol)可显著加速反应。

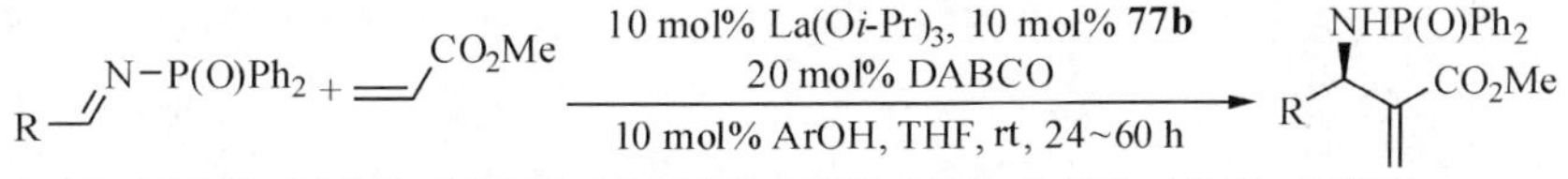

$$\ce{R-CH=N-P(O)Ph2 + CH2=CH-CO2Me ->[10 mol\% La(O\textit{i}-Pr)_3, 10 mol\% \textbf{77b}, 20 mol\% DABCO][10 mol\% ArOH, THF, rt, 24\sim60 h] R-CH(NHP(O)Ph2)-C(=CH2)-CO2Me} \tag{7-327}$$

R=Ph, 2-MePh, 3-MePh, 4-MePh, 3-MeOPh, 3-FPh, 4-FPh, 4-ClPh, 4-BrPh, 4-CNPh, 4-MeCOPh, 2-呋喃基, 3-呋喃基, 2-噻吩基, 3-噻吩基, 呋喃-2-乙烯基, *n*-Pr, *i*-Bu, $PhCH_2CH_2$, 环丙基, 环己基, 环己甲基

产率 67%~99%, *ee* 81%~98%

对有给电子基和拉电子基的芳醛和杂芳醛，以及直链和支链脂醛，产物的产率和 *ee* 值都很高。动力学测量表明，反应对烯烃和 DABCO 分别为 1 级和 1.4 级，而对亚胺和 **77b**-La(O*i*-Pr)$_3$ 配合物为 0 级。在以 *α*-氘代丙烯酸甲酯(CH_2 ═ CL—CO_2Me, L＝H 或 D)进行的动力学同位素实验中，$k_H/k_D=1$。因此在这个反应中，速率决定步骤(RDS)是 DABCO 对烯烃的 Michael 加成，而后续的 Mannich 加成以及分子内质子转移都是快速步骤。这是因为金属配合物活化了亚胺，而外加酚又促进了分子内质子转移(式(7-328))，实际上，在不加酚时，用 CH_2 ═CL—CO_2Me 进行的动力学同位素实验中，$k_H/k_D=2.5$。此时分子内质子转移为 RDS。在中间体 **N** 中，亚胺因与金属的配位而被活化，并与烯醇负离子组装于一构象固定了的过渡态中。由于质子转移是快速步骤，对映选择性可能是在立体选择性的 C—C 键生成过程中(中间体 **N**)出现的。此外，还应注意到，镧盐 La(OTf)$_3$ 在没有配体 **77** 存在时，不能单独与 DABCO 催化上述反应。这可能是因为 DABCO 与烯烃加成后生成的烯醇负离子直接与镧盐配位(与 **M** 类似，但无配体)，亲核性太弱(与 **M** 相比)。

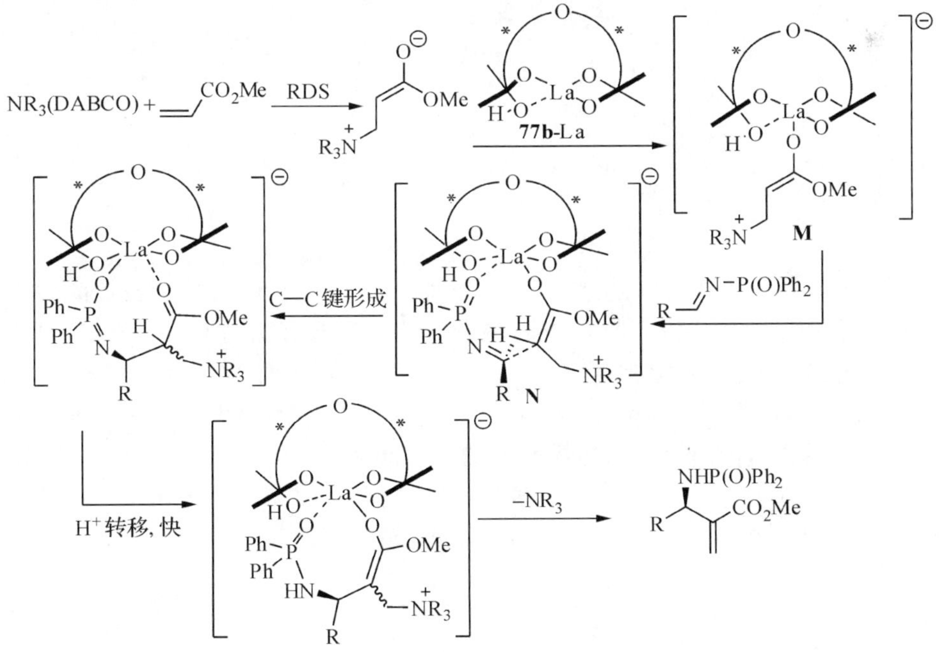

NR$_3$(DABCO) + CH_2=CH-CO_2Me —RDS→ 烯醇负离子 —**77b**-La→ [**M**]$^⊖$ —R-CH=N-P(O)Ph$_2$→ [**N**]$^⊖$ —C—C 键形成→ [ ]$^⊖$ —H$^+$转移, 快→ [ ]$^⊖$ —$-NR_3$→ R-CH(NHP(O)Ph$_2$)-C(=CH$_2$)-CO$_2$Me

(7-328)

在讨论 MBH 反应的机理、反应物和催化剂时，我们已经看到，在具有亲核性负离子的 Lewis 酸 Et_2AlI、$TiCl_4$ 等的作用下，活化炔烃可以与醛反应得到 β-卤代的 MBH 产物(式(7-150)～式(7-152))。如果在反应体系中加入适当的手性配体与金属形成手性配合物，则有可能实现立体选择性反应，得到具有非对映选择性((*E*)/(*Z*))和对映选择性(*ee* 值)的产物。

用(*R*,*R*)-Salen 配体 **81**(式(7-329))与 Et_2AlI 联用，可引发炔酸酯与脂醛和芳醛的反应，以较高产率和中等的 *ee* 值得到产物[658]。

t-Bu, OH, HO, t-Bu, N, N, t-Bu, t-Bu, **81**

2 eq 丙炔酸乙酯 (OEt) + RCHO —(1.3 eq Et_2AlI, 1.3 eq **81**; CH_2Cl_2, −20℃)→ R–CH(OH)–C(=CHI)–C(O)OEt

R=Ph, 4-MePh, 4-MeOPh, 4-BnOPh, 4-FPh, 4-ClPh, 4-BrPh, 4-CF_3Ph
1-萘基, 2-萘基. 71%～92%, *ee* 49%～76%
R=*i*-Pr, 环已基, (*E*)-MeCH=CH, (*E*)-Ph–CH=CH.
37%～74%, *ee* 33%～48%

(7-329)

手性噁唑硼烷盐 **78** 和 **79** 是易于与醛生成配合物的强 Lewis 酸[659,660]，它们与作为碘负离子源的 TMSI 联用，已用于引发丙炔酸酯与醛的立体选择性反应，以较高的产率、很高的(*Z*)/(*E*)和 *ee* 值得到产物((式 7-330))[661]。除 4-甲基苯甲醛(*ee* 值为 62%)外，其他芳醛与脂醛的产物的 *ee* 值都在 90%以上。

丙炔酸酯 (OR) 2 + R′CHO 1 —(20 mol% **78a**, **78b**, 或 **78c**; 1.5 eq TMSI; CH_2Cl_2, −78℃; 1.5～30 h)→ R′–CH(OH)–C(=CHI)–C(O)OR

R=Et; R′ = Ph, 4-MePh, 4-PhPh, 4-FPh, 4-ClPh, 2-BrPh, 4-BrPh, 4-CNPh, 4-CF_3Ph,
4-NO_2Ph, 2-萘基, *n*-Pr, *i*-Pr, *n*-C_6H_{13}. 50%～99%, (*Z*)/(*E*) 92/8～>99/1, *ee* 62%～96%
R = Me; R′ = Ph. 92%, (*Z*)/(*E*) = 99/1, *ee* 84%

(7-330)

反应的(*Z*)/(*E*)和对映选择性可由碘负离子对丙炔酸酯进行亲核加成后得到的联烯醇负离子对醛进行亲核进攻时两种可能的过渡态Ⅰ与Ⅱ(式(7-331))的立体化学来解释。在Ⅱ中，醛的烃基 R 与 I 原子之间有较大位阻，而Ⅰ中无此位阻，是优势过渡态；而由之生成的是(*Z*)-异构体。在Ⅰ中，醛羰基背后的苯基屏蔽了羰基的 *re* 面(后方)，使丙炔酸酯的烯醇负离子只能从 *si* 面(羰基的前方)进攻，这使得产物具有(*R*)-构型。由于 **78c** 中的两个 3,5-二甲基苯基比 **78a** 中两个苯基的屏蔽作用更强，用 **78c** 时，反应产物的 *ee* 值比用 **78a** 时高 1%～7%。

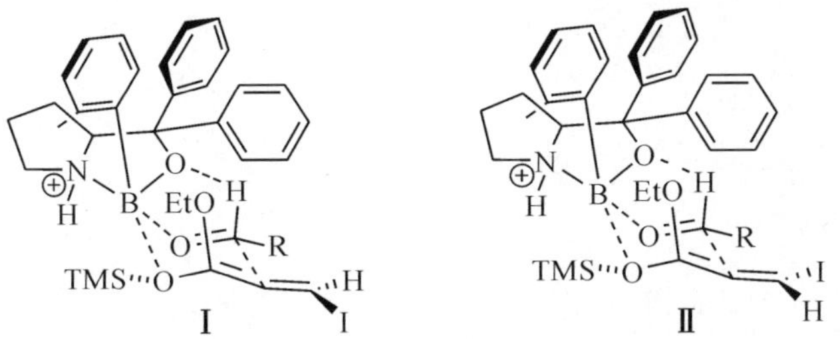

(7-331)

5) 脯氨酸催化的不对称 MBH 反应

在讨论 MBH 反应的催化剂时(7.2.4 节),我们已经看到,脯氨酸与 DABCO、咪唑、*N*-甲基咪唑等亲核催化剂配合,可以催化 MBH 和 aza-MBH 反应(式(7-190)和式(7-191));虽然用的是手性的 L-脯氨酸,却未表现出显著的手性诱导效应。后来发现,通过改变亲核催化剂以及反应条件等,可以应用此种(手性脯氨酸-亲核试剂)二元催化系统,实现高对映选择性的反应。

一些手性多肽在与 L-脯氨酸联用时,可以催化 MVK 与芳醛的不对称反应。在扫描的从二肽至十肽的 105 种亲核试剂中,发现肽的结构和长度对反应的手性诱导效果有很大影响,而以八肽 **82** 的效果最好(式(7-332))[459,461]。L-脯氨酸或 **82** 都不能单独有效催化这个反应,用 L-脯氨酸与 **82** 组合时,产物为(*R*)-构型;如果用 D-脯氨酸与 **82** 联用,则不仅反应的 *ee* 值下降很多,产物也变为(*S*)-构型,这说明 D-脯氨酸与 **82** 是不匹配的(mismatched)手性催化剂组合,而且在上述反应中,是脯氨酸而不是多肽 **82** 的手性决定了反应的对映选择性。产物 *ee* 值的高低与肽亲核剂结构的关系表明在反应的过渡态中,脯氨酸与多肽之间应通过氢键产生紧密的相互作用。可能多肽中的 *N*-甲基咪唑作为亲核试剂加至脯氨酸与 MVK 形成的亚胺盐上。其中一种可能的过渡态为Ⅲ。

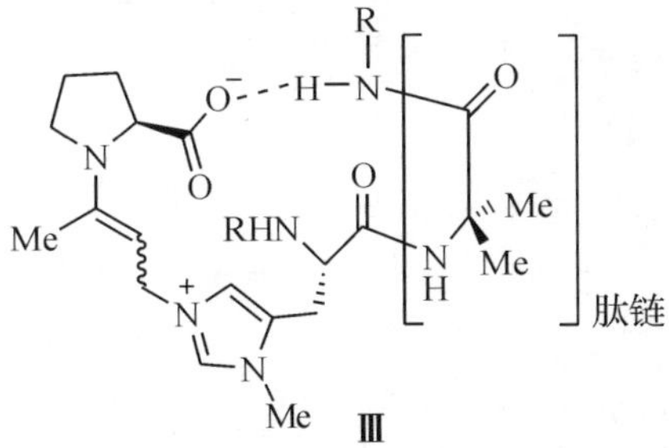

Ⅲ

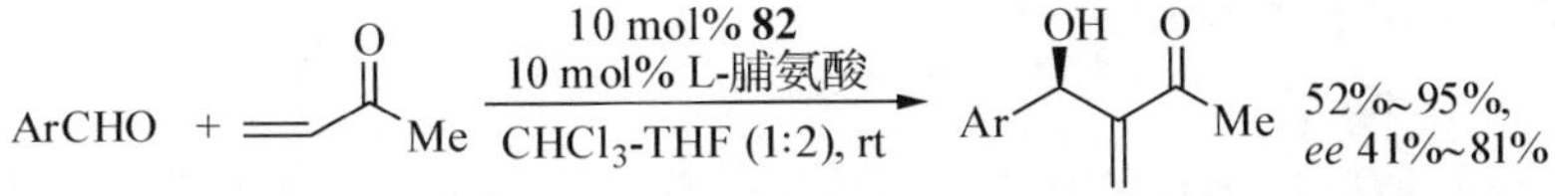

ArCHO + MVK —(10 mol% **82**, 10 mol% L-脯氨酸, $CHCl_3$-THF (1:2), rt)→ 产物 52%~95%, *ee* 41%~81%

Ar=Ph, 2-FPh, 2-CF_3Ph, 2-NO_2-3-MeOPh, 2-NO_2Ph, 3-NO_2Ph, 4-NO_2Ph, 2,4-$(NO_2)_2$Ph, 1-硝基-2-萘基, 2-呋喃基

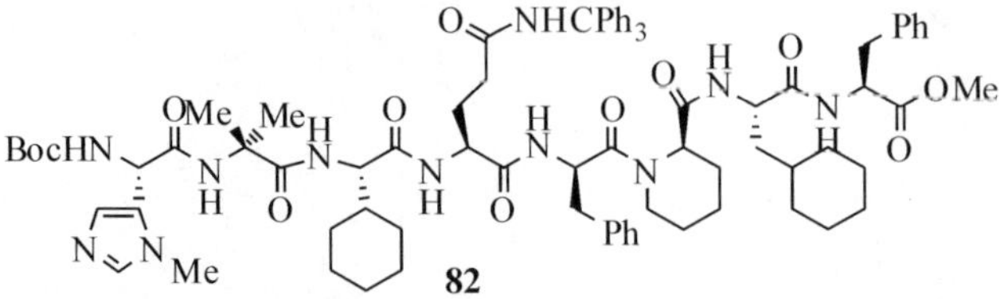

(7-332)

手性叔胺 **83**、**84**、**85** 和 **86** 作为亲核催化剂也已被设计合成(式(7-333)),它们可以与脯氨酸联用,催化 MVK 与芳醛的 MBH 反应。例如,用 **84**(5 mol%)-L-脯氨酸(25 mol%)催化反应时,以 44%～76 %的产率和 31%～83%的 *ee* 值得到产物[662-664]。

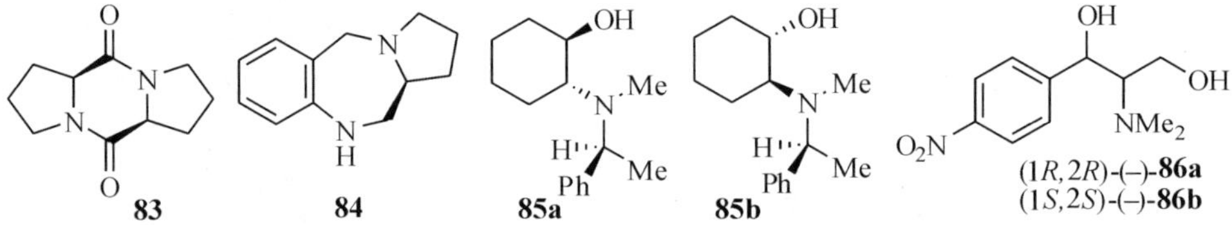

(7-333)

在用 **86a** 与 L-脯氨酸催化 2-硝基苯甲醛的反应时,产物为(*R*)-构型,*ee* 值为 82%;而用 **86a** 的对映体 **86b** 与 L-脯氨酸联用时,产物的 *ee* 值下降为 69%,但仍为(*R*)-构型。这说明 **86b** 与脯氨酸也是不匹配的组合,而产物的构型是由 L-脯氨酸决定的。

虽然 L-脯氨酸及其与简单的非手性亲核试剂如咪唑、DABCO 等联用,尚未在催化末端烯烃(如 MVK,丙烯酸酯等)的 MBH 和 aza-MBH 反应中取得良好的手性诱导效果,但已在催化一些 β-烷基取代的丙烯醛(如巴豆醛)的不对称 aza-MBH 反应时得到很好的结果。例如,L-脯氨酸可以与咪唑一起催化 β-烷基-α,β-不饱和醛与 α-亚氨基酯的反应,以中等产率和很高的对映选择性得到产物(式(7-334))[464]。

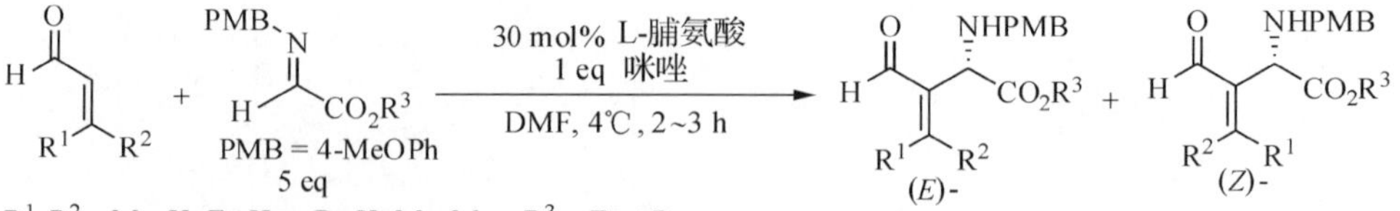

R^1, R^2 = Me, H; Et, H; *n*-Pr, H; Me, Me.　R^3 = Et, *i*-Pr.
5例. 产率 39%~68%, (*E*)/(*Z*) 4/1~16/1, *ee* 91%~99%.
烯醛反应物中的 R^1、R^2 必须有一个是具有 α-氢的烷基

(7-334)

虽然 L-脯氨酸单独也能催化这个反应,并以很高的 *ee* 值得到产物,但加入咪唑可以加快反应并提高产率。产物的(*E*)/(*Z*)值在用硅胶柱层析纯化产物的过程中会发生改变。在 4-甲基戊烯-2-醛(R^1 = *i*-Pr, R^2 = H)的反应中,除(*E*)-和(*Z*)-

两个共轭产物外可分得少量不共轭的产物 **87a**(式(7-335)),而它可以在咪唑的作用下转化为(*E*)-和(*Z*)-两个共轭产物,且(*E*)/(*Z*)比随处理时间加长而提高。这些都支持反应按 Mannich 加成-烯烃异构化的机理进行。亚胺盐 **O** 脱质子得到二烯胺 **P**,它对亚胺进行 Mannich 加成得到 **Q**。**Q** 经水解和双键异构化(或先异构化再水解)而得到共轭产物。

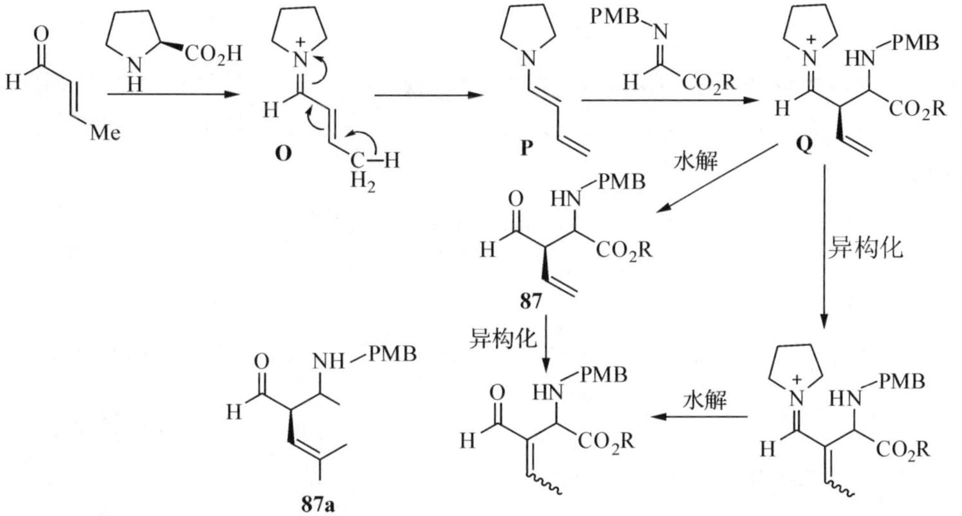

(7-335)

L-脯氨酸及其衍生物(**80b** 和 **80e**,见图 7-13)也可以和 DABCO 联用,来催化这类 *β*-烷基丙烯醛的不对称 aza-MBH 反应,但仍以脯氨酸本身的催化效率和手性诱导效果最好(式(7-336))[665],可以中等的产率、较高的(*E*)/(*Z*)和很高的 *ee* 值得到产物。与式(7-335)不同的是,L-脯氨酸不能单独有效催化反应。

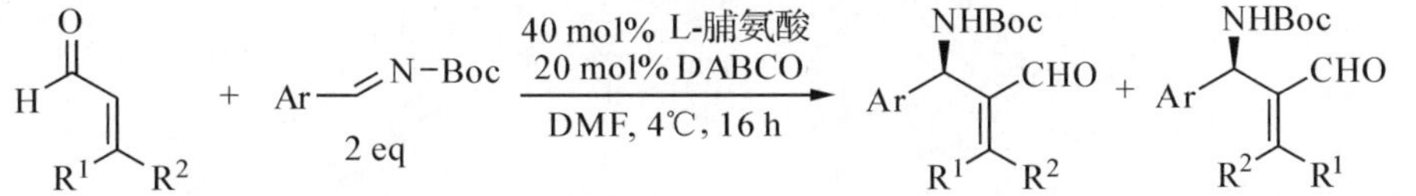

Ar=Ph, 4-ClPh, 4-MeOPh, (*E*)-PhCHCH$_2$; R^1, R^2=Me, H; Et, H; CH$_2$=CH(CH$_2$)$_2$, H; Me, Me.
6例. 产率45%~61%, (*E*)/(*Z*) 4/1~9/1, *ee* 97%~99%

(7-336)

烯醛反应物中的 R^1、R^2 也应至少一个为烷基,且均不应为芳基,如肉桂醛(R^1=Ph, R^2=H)在上述条件下不反应;而用 3-苯基巴豆醛(Ph(Me)C=CHCHO)时,产率仅为 9%。这些都表明反应至少部分是经由式(7-335)相似的二烯胺中间体进行的;但因 L-脯氨酸单独不能有效促进反应,经 DABCO 对亚胺盐加成后再对亚胺进行 Mannich 加成的反应途径也可能同时存在。在 C—C 键生成时,两条反应途径的可能过渡态分别为Ⅳ与Ⅴ(式(7-337))。两种情况中,烯胺都

是从 *si* 面进攻亚胺碳原子得到产物。

(7-337)

也可以用更为稳定的 α-酰胺基砜作为亚胺的前体，在过量氟化钾的作用下，在反应现场生成亚胺而参与反应(式(7-338))[462,532]。反应产物的(*E*)/(*Z*)和 *ee* 值都很高。

40 mol% L-脯氨酸, 20 mol% DABCO, 5 eq KF, $CHCl_3$, 20℃

46%~87%, (*E*)/(*Z*)14/1(4-BrPh)~19/1, *ee* 95%~99%.

Ar=Ph, 4-MeOPh, 4-FPh, 3-ClPh, 4-ClPh, 4-BrPh, 4-AcOPh, 4-NO_2Ph, 2-呋喃基, 2-噻吩基.
R=Me, Et, *n*-Bu, CH_2=$CHCH_2CH_2$, $MeO_2C(CH_2)_8$. 14例.

(7-338)

脯氨酸 **80a** 和由之衍生的仲胺催化剂 **80b**～**80d** 可催化水杨醛的磺酰亚胺与炔醛经 oxa-Michael-aza-MBH 反应生成 4-氨基色烯(式(7-339))[666]。反应的对映选择性很高。

80b Ar = Ph, R = TMS
80c Ar = Ph, R = H
80d Ar = 3,5-$(CF_3)_2$Ph, R = TMS

20 mol% **80d**, 甲苯, rt, 2 h

55%~97%, *ee* 94%~99%

R^1= Ph, 4-MePh, 4-MeOPh, 2-MeOPh, 4-(*t*-Bu)Ph, 4-C_5H_{11}Ph, 3,5-$(CF_3)_2$Ph, *n*-C_5H_{11}, 1-环己烯基

(7-339)

2. *以手性离子液体为溶剂的 MBH 和 aza-MBH 反应*

迄今在手性离子液体(chiral ionic liquid, CIL)中进行的 MBH 和 aza-MBH

反应还很少，这些反应也未对范围较广的反应物取得较高的对映选择性。

DABCO 可在由麻黄素衍生的 CIL(**88**)(式(7-340))中催化芳醛与丙烯酸甲酯的反应，以中等至较高的产率和不高的 *ee* 值得到产物[667]。这是在 CIL 中的手性 MBH 反应的第一例报道。如果在反应中把 CIL 的用量从 1 eq 增加到 3 eq，产物的 *ee* 值可稍有提高，但反应速率下降，产率降低。**88** 中羟基的存在对手性诱导起重要作用，当 **88** 中 Z 为 OAc 而不是羟基时，产物 *ee* 值大大降低。

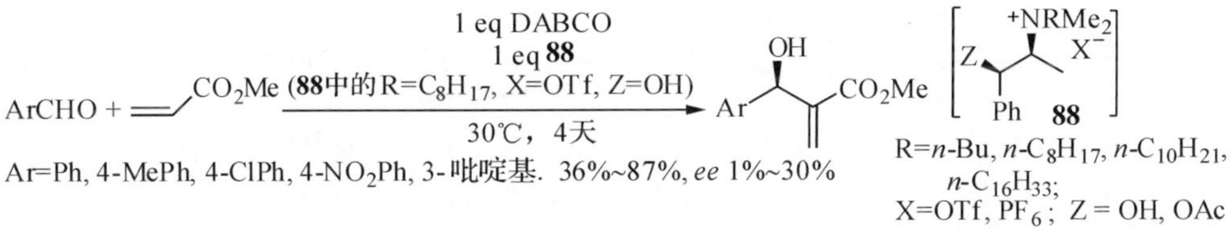

(7-340)

在咪唑环的 2-位接有一个带 NH 基和 OH 基的手性侧链的 CIL **89** 和 **90** 也可作为溶剂，用 DABCO 为催化剂，进行醛与丙烯酸甲酯的反应(式(7-341))[668]。虽然反应的对映选择性仍然不高，但这类离子液体咪唑环的 2-位上有取代基后，不会再在碱的作用下脱质子为卡宾而引起副反应。反应后 CIL 可以 95%～98%的产率回收。如果在反应中用 CH_2Cl_2、THF、甲苯、甲醇或水等作为共溶剂稀释离子液体，则不仅反应变慢，产物的 *ee* 值也下降。

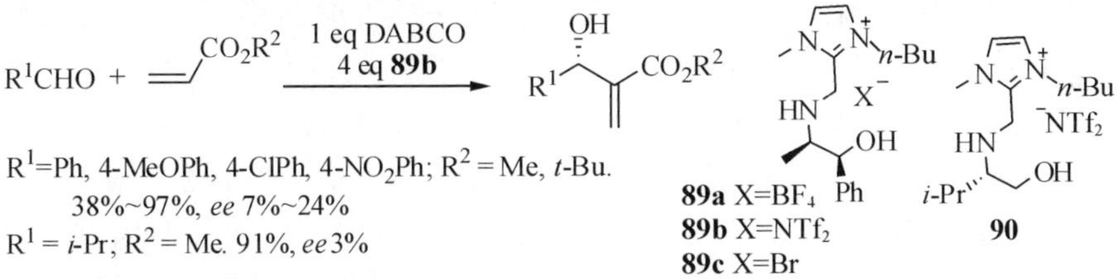

(7-341)

用含有手性负离子的 CIL **91** 为溶剂，三苯基膦催化的 aza-MBH 反应在较窄的受体范围内取得了较好的效果。MVK 与对溴苯甲醛的磺酰亚胺反应 24 h 后，产物的 *ee* 值高达 71%～84%；但在同样反应条件下，对硝基苯甲醛的磺酰亚胺反应的产物 *ee* 值只有 10%(式(7-342))[669]。

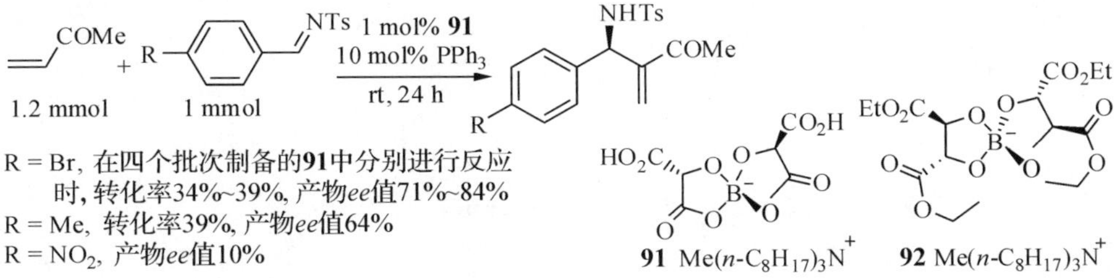

(7-342)

91 中的两个羧基对良好的亲核催化性能和手性诱导效果都是必要的。如果用无羧基的 **92** 作为溶剂进行上述反应，则只以很低的转化率得到外消旋的产物。在反应体系中加入 THF、CH_2Cl_2 等有机共溶剂，也使反应变慢而只得到少量外消旋产物。这些都表明，为取得较好的手性诱导效果以及加快反应，应使离子液体与反应的中间体或过渡态之间在对映选择性的反应步骤中有较强的静电和氢键相互作用。

3. 应用手性 Michael 受体和手性亲电试剂的不对称 MBH 和 aza-MBH 反应

原则上不对称 MBH 和 aza-MBH 反应也可以通过应用手性 Michael 受体(活化烯烃等)或手性亲电试剂(醛和活化亚胺等)，或同时应用两者来实现。在早期的工作中，在这方面取得了一定成功[597,598]。但进行这些反应需要制备化学计量的手性原料，反应后又需要把手性辅助基团从产物中除去，常不如用手性催化剂催化非手性反应物的反应方便实用。因此，这一领域的工作已远不如应用手性催化剂的研究那样活跃和成果丰硕。

1）应用手性活化烯烃进行的反应

由于合成较为方便，且酯基中的手性辅助基团较易在反应后从反应产物中除去，至今在进行不对称 MBH 反应时应用的手性烯烃主要是 Michael 受体能力较弱的丙烯酸酯和丙烯酰胺。此外，应用手性烯烃进行的不对称反应，都是与醛进行的 MBH 反应。这可能是因为不对称 aza-MBH 反应的研究开始较迟，从一开始就已集中于应用手性催化剂的研究了。

丙烯酸蓋酯(menthyl acrylate)**93a** 及其类似物 **93b**～**93d** 在 DABCO 催化下与一些脂醛和芳醛反应，以 2%～70%的 *de* 值得到产物[670-672]。但用三甲胺的水溶液为催化剂时，反应的非对映选择性较高(式(7-343))[673,674]。由式(7-343)可见，Michael 受体能力较差的手性丙烯酰胺与 4-硝基苯甲醛的反应也有很高的非对映选择性。在有些情况下，压力对反应的立体选择性有明显的影响[671]。

ArCHO + 手性丙烯酰胺 (2.5 eq 33 % aq. Me_3N, MeOH, 25℃, 7天) →
Ar = 3-NO_2Ph, 54%, *de* 97%
Ar = 4-NO_2Ph, 47%, *de* 94%

ArCHO + 3 eq **93a** (2.5 eq 33 % aq. Me_3N, 二氧六环-水, 25℃, 7天) →
Ar=4-HOPh, 4-FPh, 3-ClPh, 4-CF_3Ph, 2,4-Cl_2Ph, 3-NO_2Ph, 4-NO_2Ph, 2,4-$(NO_2)_2$Ph. 57%~91%, *de* 39%~99%
Ar=5-甲基-2-呋喃基, 59%, *de* 12%

93a R = *i*-Pr; **93b** R = Ph; **93c** R = NO_2; **93d** R = CMe_2Ph

(7-343)

(*R*)-(+)-泛解酸内酯((*R*)-(+)-pantolactone)衍生物的丙烯酸酯 **94** 与一系

列脂醛反应，以较高的 *de* 值得到二氧杂环己酮产物(式(7-344))，但与苯甲醛和三氯乙醛的反应，以较低的 *de* 值得到正常的 MBH 产物[78,79,675]。

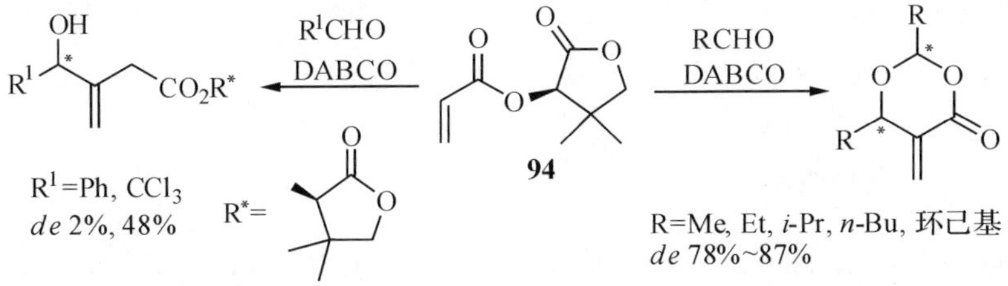

R^1CHO, DABCO; RCHO, DABCO; 94; R^1=Ph, CCl_3, *de* 2%, 48%; R^*=; R=Me, Et, *i*-Pr, *n*-Bu, 环己基, *de* 78%~87%

(7-344)

由手性樟脑磺酰胺衍生的丙烯酸酯 **95a**～**95c** 在 DABCO 催化的 MBH 反应中只显示了中等的非对映选择性[672,676]，而 **95d** 反应的 *de* 值为 22%～95%[677]。以手性樟脑磺内酰胺为手性源的丙烯酰胺衍生物 **96** 则在 DABCO 催化的与脂醛的反应中有很高的非对映选择性，只得到一个非对映体二氧杂环己烷的一个纯对映体(*ee*>99%)(式(7-345))[81,174,678]。烯烃中的手性辅助基团在反应中自动脱落，不出现在产物中，并可在柱层析分离时以高达 90%的回收率回收再用。这些光学纯的二氧杂环己酮产物可用甲醇开环为 MBH 产物[174]。

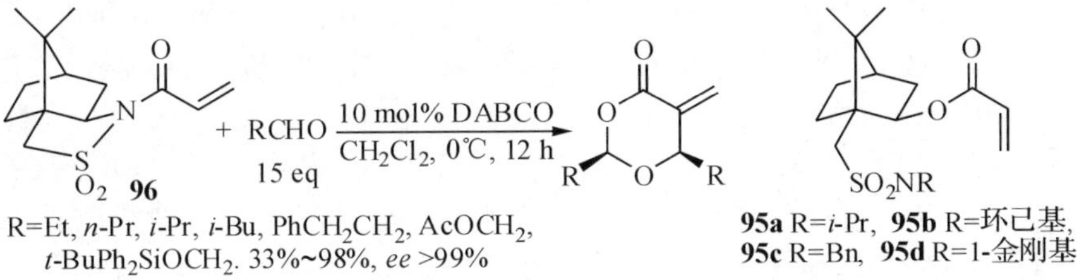

96 + RCHO (15 eq) → 10 mol% DABCO, CH_2Cl_2, 0℃, 12 h

R=Et, *n*-Pr, *i*-Pr, *i*-Bu, $PhCH_2CH_2$, $AcOCH_2$, *t*-$BuPh_2SiOCH_2$. 33%~98%, *ee* >99%

SO_2NR: **95a** R=*i*-Pr, **95b** R=环己基, **95c** R=Bn, **95d** R=1-金刚基

(7-345)

与此不同的是，从(+)-樟脑酸和苯肼出发制备的手性丙烯酰胺 **97** 的 MBH 反应却以很高的非对映选择性直接给出正常产物(式(7-346))[679]。有趣的是，在把反应溶剂从 DMSO 改为 THF/水(5∶1)时，产物中新生成的手性碳的构型发生反转。显然，在 C—C 键生成或分子内质子转移步骤中，过渡态的构象与溶剂有密切关系。

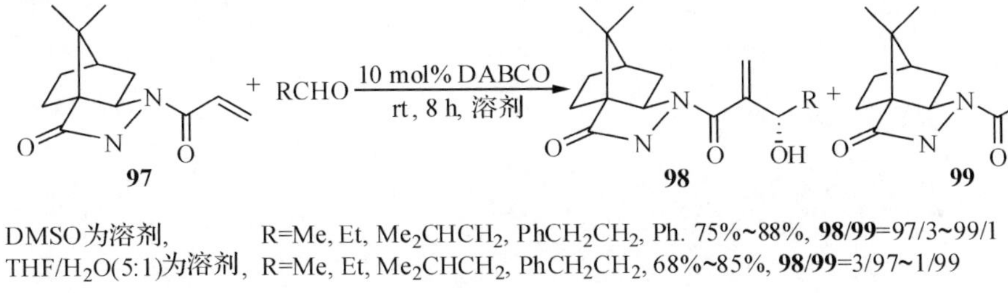

97 + RCHO → 10 mol% DABCO, rt, 8 h, 溶剂 → 98 + 99

DMSO为溶剂，　R=Me, Et, Me_2CHCH_2, $PhCH_2CH_2$, Ph. 75%~88%, **98/99**=97/3~99/1

THF/H_2O(5:1)为溶剂，R=Me, Et, Me_2CHCH_2, $PhCH_2CH_2$, 68%~85%, **98/99**=3/97~1/99

(7-346)

C(6)上用酰基保护的 enuloside(**100**)在 $TiCl_4$-$(n\text{-}Bu)_4NI$ 存在时与脂醛和芳醛在低温时以中等至较高产率和很高的非对映选择性进行反应，多数情况下只得到一个非对映体产物(3-位上带侧链的 2,3-双去氧糖)(式(7-347))[680,681]。

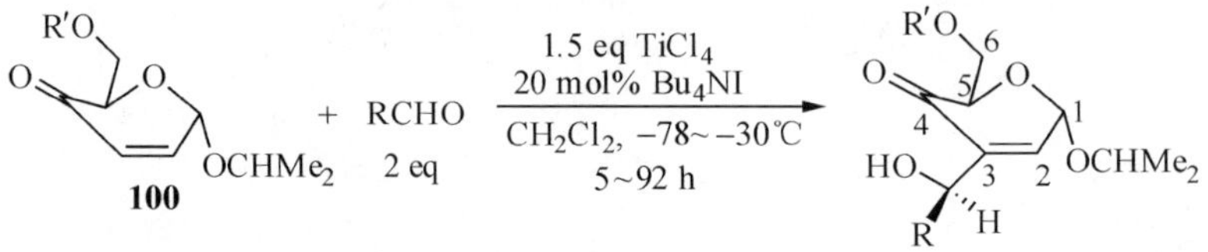

R'=$COCMe_3$; R=n-Pr, n-C_9H_{19}, Ph, 4-FPh, 4-CF_3Ph, 2-NO_2Ph, 3-NO_2Ph, 4-NO_2Ph. 26%~86%, dr >99/1.
R'=H, MeCO, 4-NO_2PhCO, (t-Bu)Ph_2Si, (t-Bu)Me_2Si; R=4-NO_2Ph. 28%~88%, dr 66/34~>99/1

(7-347)

由 D-葡萄糖制备的 α,β-不饱和 δ-内酯 **101** 在 DABCO 催化下与芳醛的反应则以较好的产率和中等的 *de* 值得到 2-位支链化的葡萄糖苷产物(式(7-348))[682]。

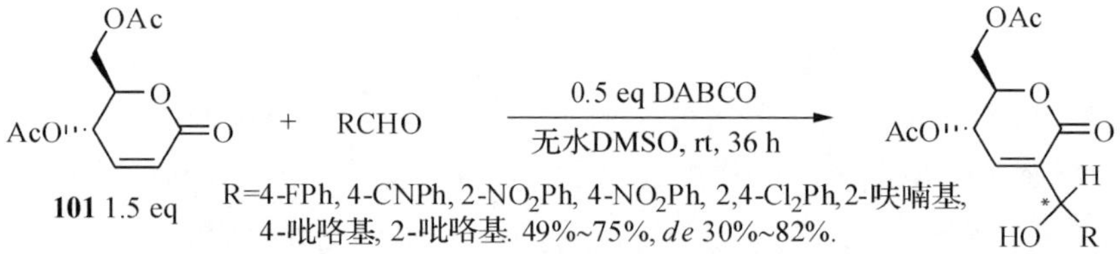

R=4-FPh, 4-CNPh, 2-NO_2Ph, 4-NO_2Ph, 2,4-Cl_2Ph, 2-呋喃基, 4-吡咯基, 2-吡咯基. 49%~75%, de 30%~82%. (7-348)

以单糖衍生物为手性辅基的丙烯酸酯 **102a**～**102d** 在 DABCO 催化的与芳醛和脂醛的反应中，非对映选择性不高(产率 67%～97%，*de* 0～40%)[683]；而 **102a** 与几个 β-烃基丙炔醛(R—C≡C—CHO)的反应，产物的 *de* 值也不高(24%～44%)[368]。但 **102a** 在与一系列有手性辅助基团的醛通过双重不对称诱导(double asymmetric induction)进行反应时，反应的非对映选择性得到改进。在与由单糖衍生的手性醛 **103a**～**103g** 反应时，产物的 *de* 值在 33%至>95%之间(式(7-349))[684]。

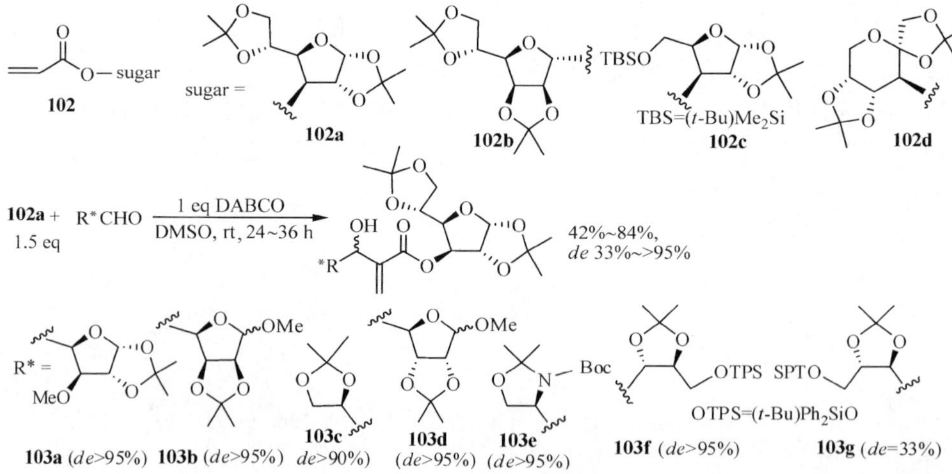

TBS=(t-Bu)Me_2Si

OTPS=(t-Bu)Ph_2SiO

103a (de>95%) **103b** (de>95%) **103c** (de>90%) **103d** (de>95%) **103e** (de>95%) **103f** (de>95%) **103g** (de=33%)

(7-349)

丙炔酸 L-薹酯 **104** 作为手性炔烃可在 Et_2AlI[685] 或 MgI_2[329] 作用下与芳醛和脂醛反应，以中等的非对映选择性得到 β-碘代的 MBH 产物(式(7-350))。也可在 $TiBr_4$ 作用下与芳醛反应，以中等至很高的 *de* 值得到 β-溴代的 MBH 产物[686]。

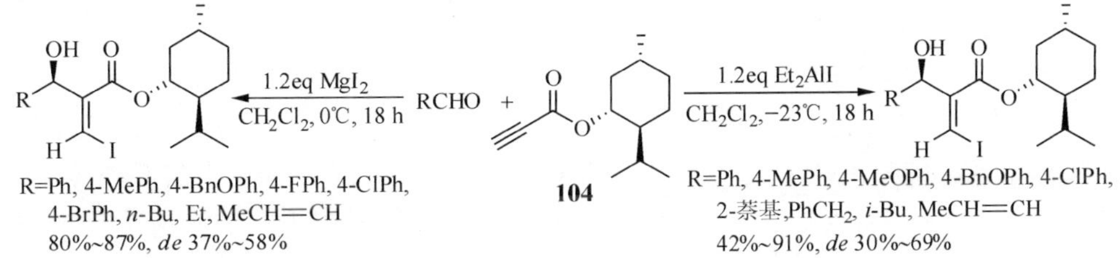

R=Ph, 4-MePh, 4-BnOPh, 4-FPh, 4-ClPh, 4-BrPh, *n*-Bu, Et, MeCH═CH
80%~87%, *de* 37%~58%

R=Ph, 4-MePh, 4-MeOPh, 4-BnOPh, 4-ClPh, 2-萘基, $PhCH_2$, *i*-Bu, MeCH═CH
42%~91%, *de* 30%~69%

(7-350)

手性薹醇的丁烯酸内酯 **105** 在具有强亲核性负离子的苯硒酚锂(PhSeLi)的作用下，与芳醛和酯醛在不同条件下反应，以很高的非对映选择性分别得到消去或未消去 PhSe 基的产物 **106** 或 **107**(式(7-351))[276]。如果在－60℃用饱和 NH_4Cl 的水溶液淬灭反应，则得未消去 PhSe 基的产物 **106**。如果在－60℃向中间产物 **R** 中加入 $BnBr/n\text{-}Bu_4NI$ 的 THF 溶液并搅拌过夜，然后再用饱和的 NH_4Cl 水溶液淬灭反应，或直接把 **R** 的溶液加热至－20℃，则得消去 PhSe 基的正常 MBH 反应产物 **107**。

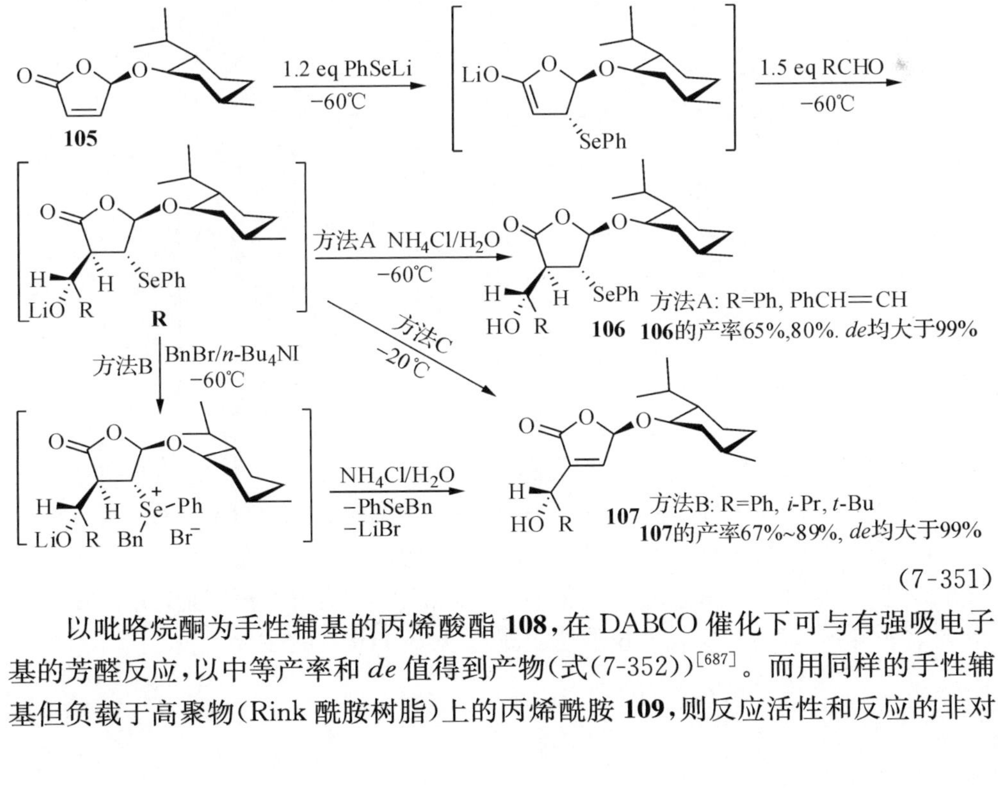

方法A: R=Ph, PhCH═CH
106的产率65%,80%. *de*均大于99%

方法B: R=Ph, *i*-Pr, *t*-Bu
107的产率67%~89%, *de*均大于99%

(7-351)

以吡咯烷酮为手性辅基的丙烯酸酯 **108**，在 DABCO 催化下可与有强吸电子基的芳醛反应，以中等产率和 *de* 值得到产物(式(7-352))[687]。而用同样的手性辅基但负载于高聚物(Rink 酰胺树脂)上的丙烯酰胺 **109**，则反应活性和反应的非对映选择性都有下降。

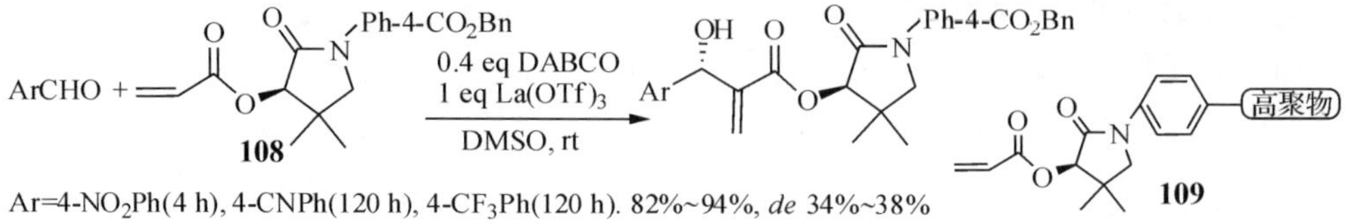

ArCHO + 108 —(0.4 eq DABCO, 1 eq $La(OTf)_3$, DMSO, rt)→ 109

Ar=4-NO_2Ph(4 h), 4-CNPh(120 h), 4-CF_3Ph(120 h). 82%~94%, *de* 34%~38%

(7-352)

以手性咪唑啉酮为手性辅基的丙烯酰胺 **110** 在 DABCO 催化下与乙醛酸乙酯的反应,在有和没有外加 Lewis 酸($LiClO_4$)的情况下,产物的立体选择性反转(式(7-353))[688]。这可能是由于锂离子的配位造成 Michael 加成后两性离子的构型改变为两个羰基氧原子处于 *syn* 式(式(7-354)中的 **S** 与 **T**),使与乙醛酸乙酯加成时的立体选择性改变。

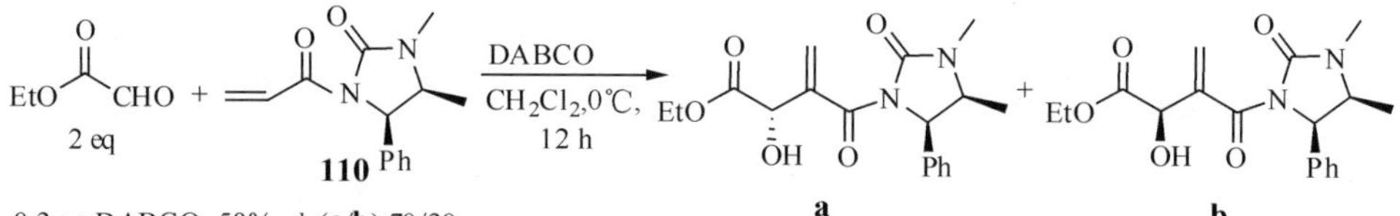

EtO(CO)CHO (2 eq) + 110 —(DABCO, CH_2Cl_2, 0℃, 12 h)→ a + b

0.3 eq DABCO, 58%, *dr*(**a**/**b**) 70/30

0.5 eq DABCO, 1 eq $LiClO_4$, 67%, *dr*(**a**/**b**)10/90

(7-353)

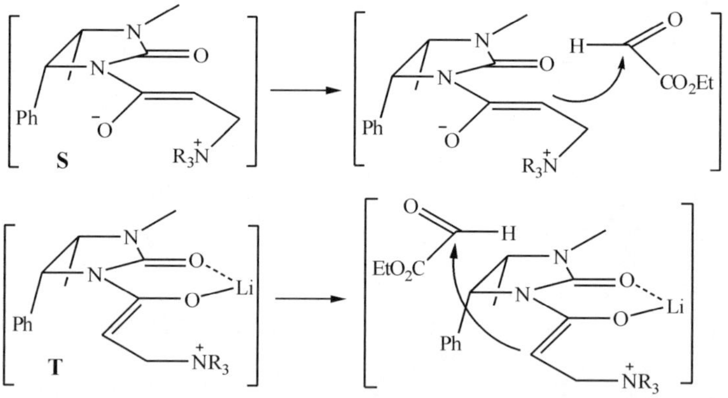

(7-354)

2) 应用手性亲电试剂进行的反应

在早期的研究中,曾用一系列手性 α-烷氧基醛 **111a**～**111f** 等与活性烯烃反应[689,690,436]。例如,*O*-保护的乳醛 **111a** 和 α-烷氧基苯乙醛 **111b** 在 DABCO 和 3-HQD 催化下与丙烯酸酯和 MVK 反应,都有中等的非对映选择性(*dr* 为 60/40～72/28)[689]。而 3-苄氧基丁醛 **112** 在 DABCO 催化下与丙烯酸甲酯反应,则以 75/25 的比例得到产物[690]。这些反应中都是以 *anti*-异构体为主要产物。

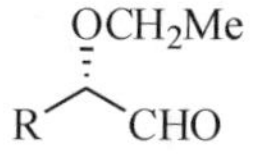

OCH$_2$Me　111a R=Me　111b R=Ph　111c R=Bn　R　CHO
OBn　111d R=Me　111e R=*i*-Pr　111f R=PhCO$_2$CH$_2$　R　CHO
OBn　CHO　112

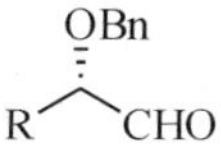

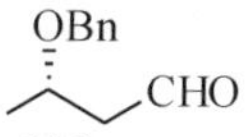

一系列手性 α-氨基醛如 **113**[691-694]、**114a**～**114c**[691-694,436]、**115**[693]等在 DABCO 催化的与丙烯酰胺和丙烯酸酯的反应中以较低至中等的非对映选择性得到产物[691-694,436]。例如，**113c** 和 **113l** 与丙烯酸酯的反应，分别以 26/74 和 70/30 的 *dr* 值得到两个非对映产物[691]。这些反应中，手性 α-氨基醛在较长时间暴露于 DABCO 作用下时发生外消旋，是反应立体选择性不高的原因之一[692,693]。但这些氨基醛(**113b**～**113d**，**114a**，**115a**，**115c**)在超声条件下与丙烯酸甲酯反应，则反应中不发生醛的外消旋化，反应的 *dr* 值有提高[693]。

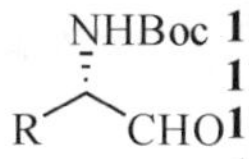

NHBoc　R　CHO
113a R=*i*-Bu
113b Bn
113c Me
113d *i*-Pr
113e BnOCH$_2$
113f 吲哚-3-CH$_2$
113g BocNH(CH$_2$)$_4$

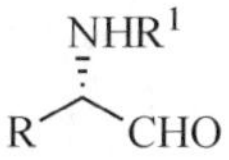

NHR^1　R　CHO
113h R=Bn, R^1=CO$_2$Bn
113i R=*i*-Pr, R^1=CO$_2$Bn
113j R=Me, R^1=4-MePhSO$_2$

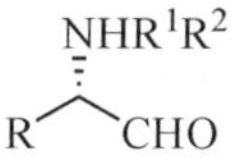

NHR^{1}R^2　R　CHO
113k R=Me, R^1=R^2=Bn
113l R=R^1=R^2=Bn
113m R=Me, R^1,R^2=

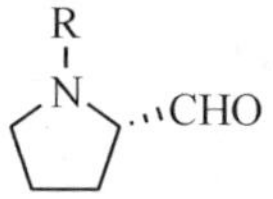

R　N　CHO
114a R=Boc
114b R=4-NO$_2$Ph
114c R=PhSO$_2$

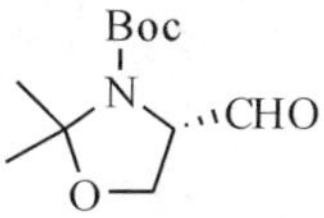

Boc　N　CHO　O　**115a**
O　CHO　O　**115b**
CHO　N　Boc　**115c**

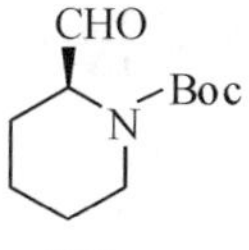

平面手性的苯甲醛—Cr(CO)$_3$ 配合物在 DABCO 催化的与丙烯酸甲酯或丙烯腈的反应中显示了很高的非对映和对映选择性(见 7.2.3 节中的式(7-156))[337]。而苯甲醛亚胺—Cr(CO)$_3$配合物 **116** 则在 aza-MBH 反应中得到很高的立体选择性(式(7-355))[695]。

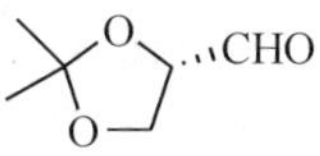

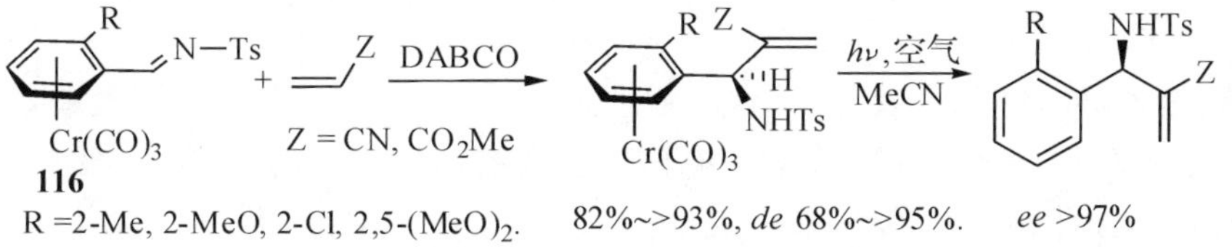

R　N—Ts　Cr(CO)$_3$　**116**　+　Z　Z = CN, CO$_2$Me　DABCO　R　Z　H　NHTs　Cr(CO)$_3$　*hν*,空气　MeCN　R　NHTs　Z

R =2-Me, 2-MeO, 2-Cl, 2,5-(MeO)$_2$.　82%~>93%, *de* 68%~>95%.　*ee* >97%

(7-355)

光学纯的 4-羰氮杂环丁烷-2-甲醛 **117** 在 DABCO 催化下与 MVK、丙烯腈和丙烯酸甲酯在低温反应，以很高的非对映选择性得到产物(式(7-356))[696,697]。反应中，**117** 的手性碳原子不发生外消旋化。以氮杂环丁烷-3,4-二酮 **118** 作为亲电试剂，在 DABCO 催化下与 MVK、丙烯腈和丙烯酸甲酯和乙烯基苯基砜反应时，除丙烯腈的反应 *dr* 为 97/3 外，其他反应都只得到一个非对映体产物(*dr*100/0)(式(7-357))[698-700]。

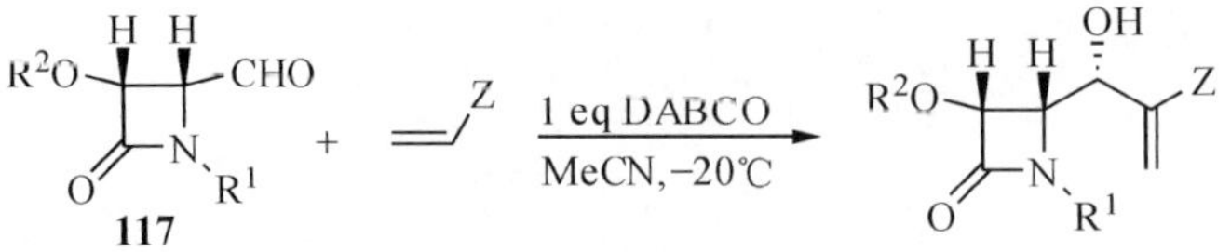

(7-356)

Z=COMe; R^1= CH_2=$CHCH_2$, CH_2=$CH(CH_2)_2$, CH≡$C(CH_2)_n$, n= 1,2,3,4;
R^2=Ph. 6例. 17 ~ 72 h, 60%~ 80%, *dr* 96/ 4 ~ 99/ 1.
R^1= CH_2=$CHCH_2$; R^2=Me. 144 h, 71%, *dr* 81/ 19.
Z=CN; R^1= CH_2=$CHCH_2$; R^2=Ph. 192 h, 84%, *dr* 93/ 7.
Z=CO_2Me; R^1= CH_2=$CHCH_2$; R^2=Ph. 120 h, 58%, *dr* 99/ 1

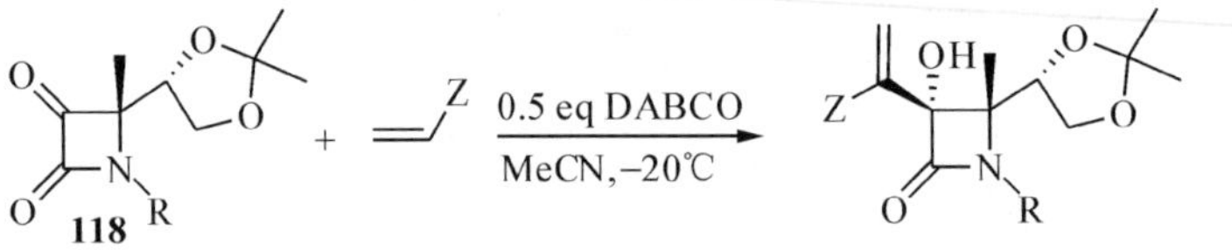

(7-357)

Z=COMe; R=4-MeOPh, CH_2=$CHCH_2$, CH_2=$CH(CH_2)_2$, CH_2=$CH(CH_2)_3$, HC≡C—CH_2, HC≡C—$(CH_2)_2$, HC≡C—$(CH_2)_3$ .7例. 2~12 h, 47%~80%.
Z=CN; R=4-MeOPh. 24 h, 90% (*dr* 93/7).
Z=CO_2Me; R=4-MeOPh. 3 h, 产率87%.
Z=SO_2Ph; R=4-MeOPh. 30 h, 产率69%

手性薁醇的乙醛酸酯 **119** 作为亲电试剂与环烯酮在 $TiCl_4$-Me_2S 体系作用下进行反应(式(7-358)),当 **119** 中的 R 为氢时,不对称诱导效果较差。但当 R 为位阻较大的苯基时,反应有很高的立体选择性[701]。

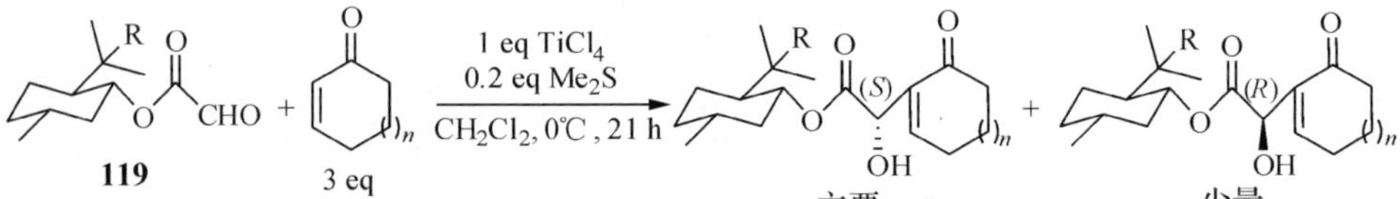

n=1, R=H. 总产率 45%, *de* 87%.
n=1, R=Ph. 78%, *de* >95%.
n=0, R=Ph. 76%, *de*>95%.

(7-358)

在式(7-346)中已经看到,手性樟脑吡唑啉酮是一个很好的手性辅助基团,由之衍生的乙醛酸的酰胺 **120** 作为亲电试剂也在与活性烯烃的反应中显示出很好的非对映立体选择性(式(7-359))[702]。

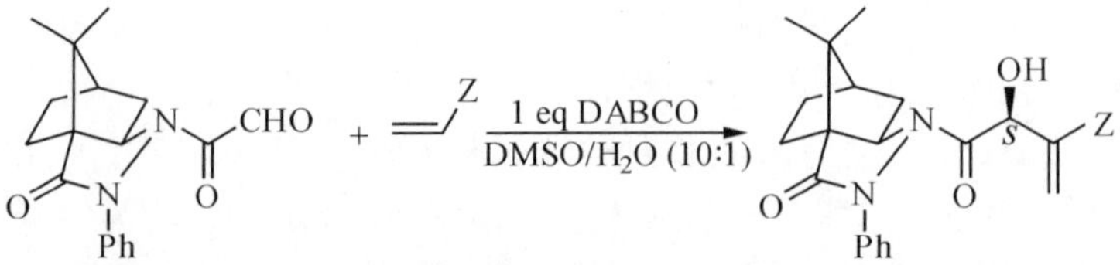

(7-359)

Z=CO_2Me, CO_2Bn, CO_2Ph, CO_2(1-萘基), CO_2(2-萘基), COMe, COEt. 6~60 h. 61%~75%, *de* >95/5.
Z=CN, DMSO为溶剂, 60 h. 54%, *de* >95/5

糖类是来源丰富的天然手性源化合物。一系列从糖衍生的手性醛 **121**～**130** 可在 DABCO 催化下与活性烯烃反应，显示了从中等至较高的非对映选择性(式(7-360))[703]。醛基旁取代基的空间位阻越大，反应的非对映选择性越高。因此，醛基在季碳原子上的 **130** 与丙烯酸乙酯和丙烯腈的反应产物的 *de* 值最高，分别为＞95％和 90％。

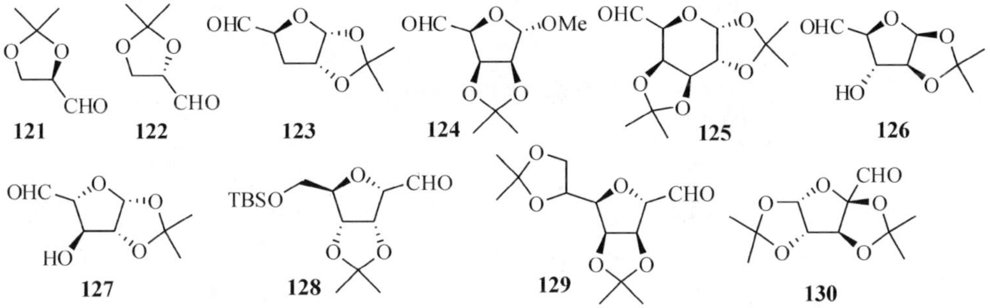

121　**122**　**123**　**124**　**125**　**126**　**127**　**128**　**129**　**130**

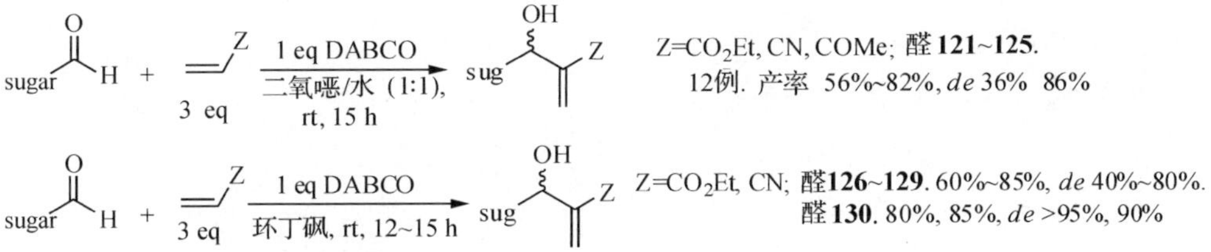

sugar-CHO + 3 eq CH_2=CH-Z → (1 eq DABCO，二氧噁/水 (1:1)，rt，15 h) sug-CH(OH)-C(=CH_2)-Z　Z=CO_2Et, CN, COMe；醛 **121~125**. 12例. 产率 56%~82%, *de* 36%　86%

sugar-CHO + 3 eq CH_2=CH-Z → (1 eq DABCO，环丁砜，rt，12~15 h) sug-CH(OH)-C(=CH_2)-Z　Z=CO_2Et, CN；醛**126~129**. 60%~85%, *de* 40%~80%. 醛 **130**. 80%, 85%, *de* >95%, 90%

(7-360)

手性环氧乙烷甲醛可以方便地从烯丙醇经 Sharpless 不对称环氧化制备，应用于进行不对称反应。醛 **131**～**137** 在 DABCO 催化的与丙烯酸乙酯和与丙烯腈的反应中以中等的非对映选择性得到产物(式(7-361))[704]。

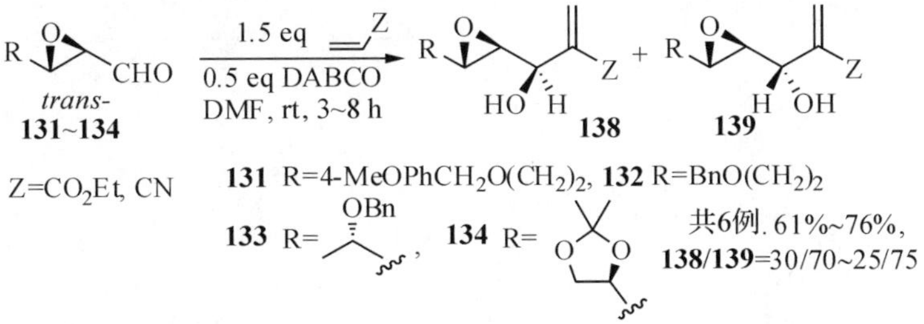

trans-**131~134** + 1.5 eq CH_2=CH-Z → (0.5 eq DABCO，DMF，rt，3~8 h) **138** + **139**

Z=CO_2Et, CN　**131** R=4-MeOPhCH$_2$O(CH$_2$)$_2$, **132** R=BnO(CH$_2$)$_2$

133 R=CH(OBn)CH$_3$, **134** R=(2,2-二甲基-1,3-二氧戊环-4-基)　共6例. 61%~76%, **138/139**=30/70~25/75

(7-361)

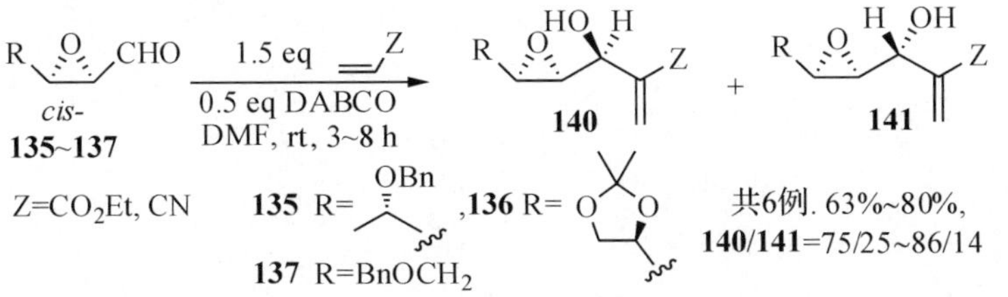

cis-**135~137** + 1.5 eq CH_2=CH-Z → (0.5 eq DABCO，DMF，rt，3~8 h) **140** + **141**

Z=CO_2Et, CN　**135** R=CH(OBn)CH$_3$, **136** R=(2,2-二甲基-1,3-二氧戊环-4-基)　共6例. 63%~80%, **140/141**=75/25~86/14

137 R=BnOCH$_2$

以上都是用手性醛等与活化烯烃的反应，而用手性亚胺进行的不对称 aza-MBH 反应的报道则很少。手性的 *N*-亚磺酰亚胺（*N*-sulfinimine）**142a** 和 **142b** 的亲电性比磺酰亚胺要弱。但仍能在 3-羟基奎宁环（3-HQD）和 Lewis 酸的共同催化下与 4-硝基苯甲醛和正丁醛反应，以较高的非对映选择性得到产物（式(7-362)）[541]。

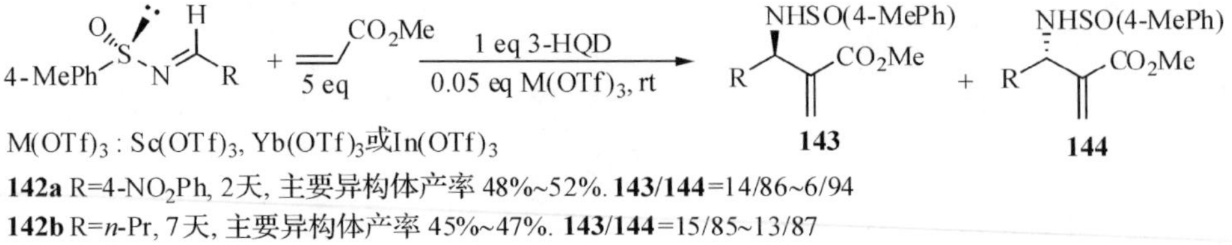

M(OTf)$_3$: Sc(OTf)$_3$, Yb(OTf)$_3$或In(OTf)$_3$

142a R=4-NO$_2$Ph, 2天, 主要异构体产率 48%~52%. **143/144**=14/86~6/94

142b R=*n*-Pr, 7天, 主要异构体产率 45%~47%. **143/144**=15/85~13/87

(7-362)

从（*S*）-手性联萘酚衍生的磷酰亚胺 **145a**～**145f** 在以稳定且亲核性很强的三烷基膦 PTA（1,3,5-三氮杂-7-磷杂金刚烷（1,3,5-triaza-7-phosphaadamantane，参见式(7-232)）为催化剂时，可与 MVK 反应，以中等至很高的 *de* 值得到产物（式(7-363)）[486,705]。

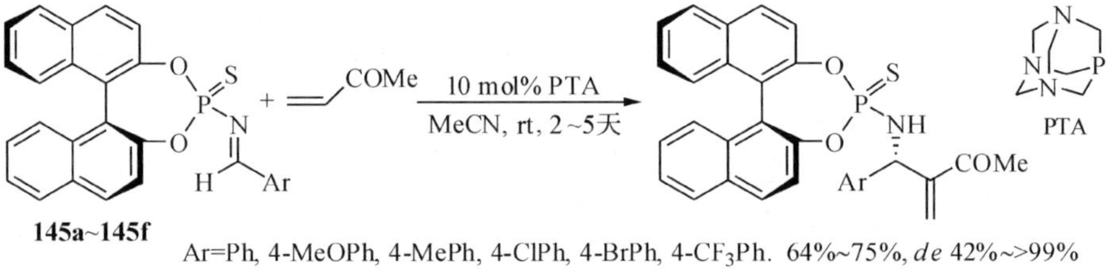

145a~145f Ar=Ph, 4-MeOPh, 4-MePh, 4-ClPh, 4-BrPh, 4-CF$_3$Ph. 64%~75%, *de* 42%~>99%

(7-363)

（*R*）-和（*S*）-甘油醛 **146** 在 PhSeLi 存在时分别与手性 α,β-不饱和内酰胺反应，以较好的非对映选择性得到 MBH 产物，后者可转化为非对映异构的多羟基环庚烷（式(7-364)）[706]。

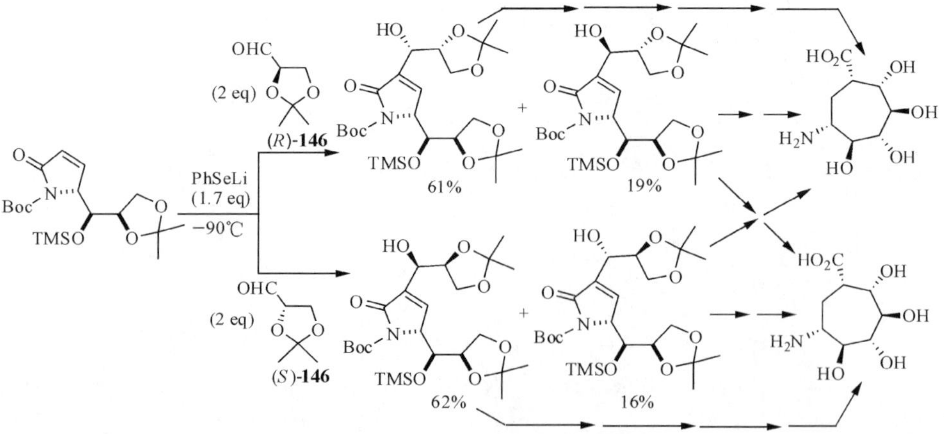

(7-364)

4. 对映选择性的分子内 MBH 反应

对映选择性的分子内 MBH 反应的报道还不多。在 1992 年最早的报道中[476]，用 *ee* 值为 62％的手性膦(－)-CAMP(环己基邻甲氧基苯基甲基膦)催化 6-羰庚烯-2-酸甲酯($MeCOCH_2CH_2CH=CHCO_2Me$)的环化反应，以 40％的分离产率和 14％的 *ee* 值得到产物。近几年来的工作集中在用手性脯氨酸-咪唑[465,466,573]以及用带氢键给体的手性膦[478-480]来催化反应。

用 L-哌啶酸(六氢吡啶-2-甲酸)和 *N*-甲基咪唑(NMI)可以催化醛-烯酮体系的环化反应，以 51％～84％的 *ee* 值得到产物(式(7-365))[573]。反应在含水溶剂(THF/水，3∶1，体积比)中进行，以抑制碱引发的反应物的分子间 Aldol 反应。这一体系的催化效果比脯氨酸-*N*-甲基咪唑的效果要好。

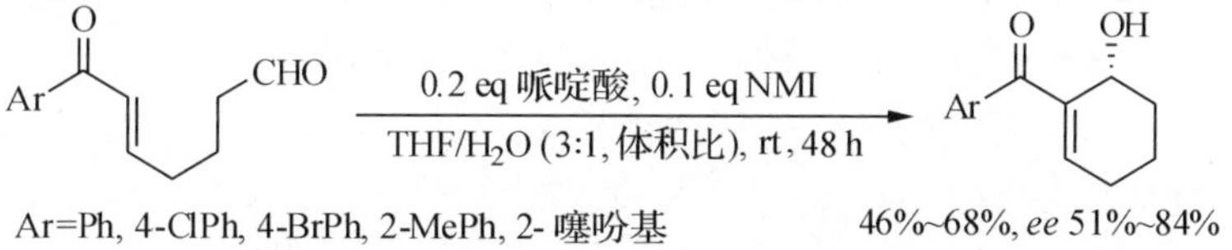

0.2 eq 哌啶酸, 0.1 eq NMI
THF/H_2O (3:1, 体积比), rt, 48 h

Ar=Ph, 4-ClPh, 4-BrPh, 2-MePh, 2- 噻吩基

46%~68%, *ee* 51%~84%

(7-365)

如果在反应后对反应混合物进行手性多肽催化的动力学拆分，则另一对映体更快地被乙酰化，可使 *ee* 值提高(式(7-366))。

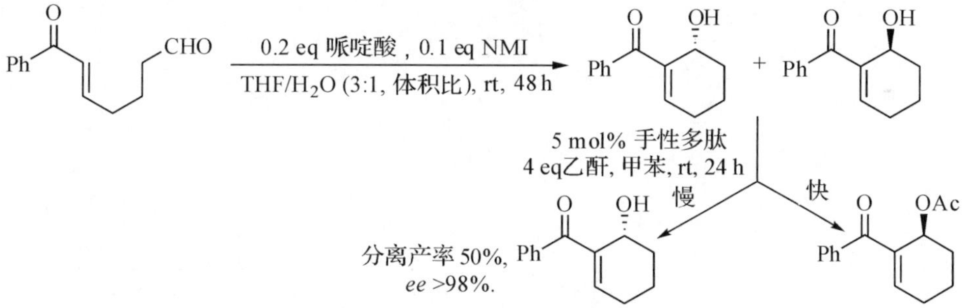

0.2 eq 哌啶酸 , 0.1 eq NMI
THF/H_2O (3:1, 体积比), rt, 48 h

5 mol% 手性多肽
4 eq乙酐, 甲苯, rt, 24 h
慢 快

分离产率 50%, *ee* >98%.

(7-366)

用 L-脯氨酸-咪唑体系催化 2-庚烯二醛 **147** 的对映选择性分子内 MBH 反应也得到较好的效果，发现在加入咪唑作为共催化剂时，反应加快，产率和对映选择性也可有改进，但产物的构型发生反转(式(7-367))[465]。

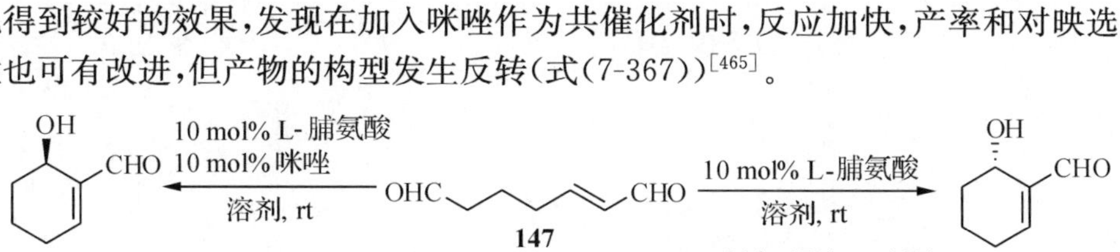

10 mol% L-脯氨酸
10 mol% 咪唑
溶剂, rt

(*R*)-

MeCN 6 h, 71%, *ee* 59%
DMF 4 h, 79%, *ee* 24%

147

10 mol% L-脯氨酸
溶剂, rt

MeCN 24 h, 67%, *ee* 15%
DMF 5 h, 73%, *ee* 45%

(*S*)-

(7-367)

在没有咪唑共催化剂存在时，反应机理与脯氨酸催化的分子间 MBH 反应相

似(参见式(7-190)),是经过烯胺中间体直接发生分子内环化的[465,466]。DFT 计算表明,最低能量的反应途径如式(7-368)所示[466]。计算表明,脯氨酸中的羧基和在生成亚胺时释出的水分子在从亚胺盐转化为烯胺的过程中起着重要作用。虽然最初生成的(*syn*,*E*)亚胺盐中间体 **U** 要比 **V**(*anti*,*E*)(这里 *syn* 与 *anti* 是指羧基与环外 N—C 键上连接的碳链之间相对于 N—C 键轴的立体关系)的能量稍高(在乙腈溶液中约高 2.2 kcal/mol),它在水的催化下进行质子转移生成可以继续发生环化反应的(*syn*,*E*,*Z*)构型的烯胺 **W** 的途径却在能量上比 **V** 在水催化下转化为同样可进行环化反应的(*anti*,*E*,*Z*)烯胺 **X** 更为有利。**W** 中单键旋转为 **X** 后优先经能量较低的过渡态 **Y**(*anti*,*E*,*Z*)(*S*)发生环化反应,得到烯胺从羰基的 *si* 面进攻而生成的(*S*)-构型产物。这比从 **X** 的另一过渡态(*anti*,*E*,*Z*)(*R*)经烯胺双键进攻羰基 *re* 面而得到(*R*)-产物的活化自由能低 4 kcal/mol。从 **W** 也可以发生分子内环化而得到(*S*)-和(*R*)-产物,但计算的活化自由能都远比从 **X** 进行环化时为高。从对 **X** 和 **W** 这四种可能的环化途径的计算估计,从 **W** 至 **X**,经过渡态 **Y**(*anti*,*E*,*Z*)(*S*)进行反应而得到(*S*)-产物是主要途径,这与实验结果相符合。但计算的乙腈中反应的 *ee* 值(63%)比实验值(15%)高,这可能是由于对过渡态 **Y** 计算的溶剂化稳定能相对于导致(*R*)-产物的过渡态的溶剂化稳定能偏高的关系。

(7-368)

在加入咪唑后,咪唑将作为亲核试剂进攻亚胺盐可导致烯胺生成,这也与脯氨酸-咪唑催化的分子间反应(参见式(7-190))相似。计算的最低能量的反应途径见式(7-369)。此时,咪唑在水的参与下对能量较低的(*anti*,*E*)构型的亚胺盐经过渡态(*anti*,*E*)进行亲核加成和质子转移,得到烯胺 **Z**(*anti*,*S*),这是反应速率决定步骤。在 **Z** 中烯胺的 C=C 键经过渡态 TS(*R*)从羰基的 *si* 面进攻,得到原羰基碳原子转化为(*R*)构型的亚胺盐 **A′**,后者水解而得到(*R*)-构型产物。而从 **Z**(*anti*,*S*)出发,经过渡态 TS(*S*)进行环化得到(*S*)-构型产物的另一条反应途径的活化能要高出 2.4 kcal/mol。因此,主要生成(*R*)-产物,这也与实验结果相符。但计算的乙醚溶液中反应的 *ee* 值为 99%,也比实验值 59%偏高。

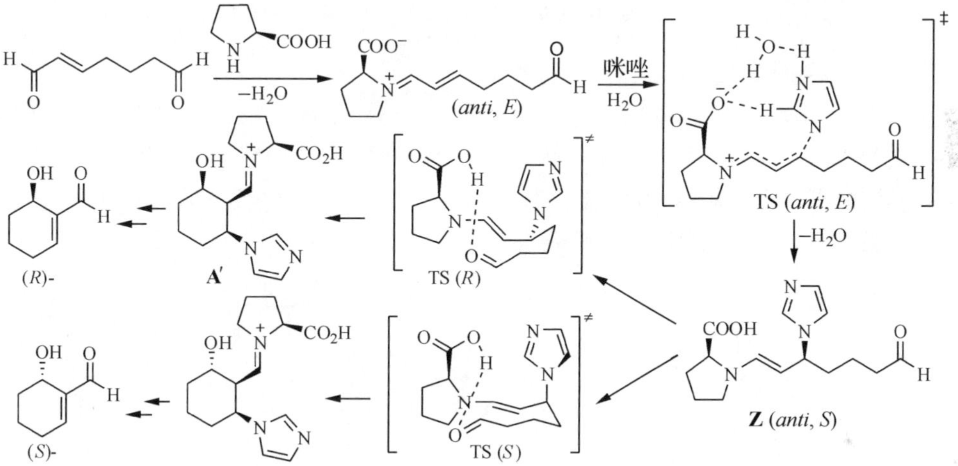

(7-369)

一些具有氢键给体基团的手性膦催化剂也已在催化对映选择性的分子内 MBH 反应时取得良好效果。手性硫脲 **148**[480] 与 **149**[479] 可用于催化醛-烯酮的分子内 MBH 反应。其中 **148d** 与 **149b** 的手性诱导效果最好,例见式(7-370)[479]。

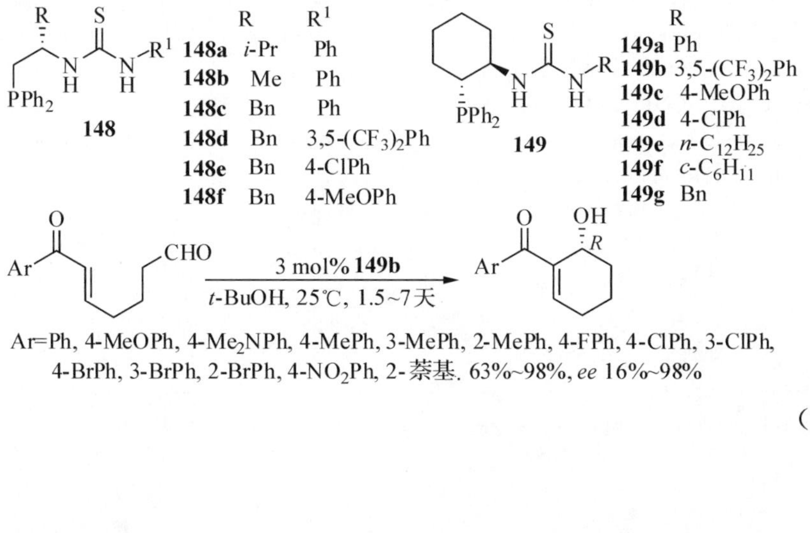

	R	R^1
148a	*i*-Pr	Ph
148b	Me	Ph
148c	Bn	Ph
148d	Bn	3,5-$(CF_3)_2$Ph
148e	Bn	4-ClPh
148f	Bn	4-MeOPh

	R
149a	Ph
149b	3,5-$(CF_3)_2$Ph
149c	4-MeOPh
149d	4-ClPh
149e	*n*-$C_{12}H_{25}$
149f	*c*-C_6H_{11}
149g	Bn

3 mol% **149b**, *t*-BuOH, 25℃, 1.5~7天

Ar=Ph, 4-MeOPh, 4-Me_2NPh, 4-MePh, 3-MePh, 2-MePh, 4-FPh, 4-ClPh, 3-ClPh, 4-BrPh, 3-BrPh, 2-BrPh, 4-NO_2Ph, 2-萘基. 63%~98%, *ee* 16%~98%

(7-370)

方酸二酰胺与硫脲相似，具有两个可作为氢键给体的氨基，而且两个氨基间的距离比在硫脲中大，可作为具有刚性骨架的双官能催化基团；而方酸单酰胺则可作为单氢键催化基团。接有二苯膦基团的方酸单酰胺 **150** 在催化 7-苯基-7-羰基-5-庚烯醛的分子内 MBH 反应时，取得了比上述手性膦基硫脲催化剂 **148** 与 **149** 更好的效果，其中 **150a** 的手性诱导效果最好(式(7-371))[478]。

3 mol% **150a**；EtOH, 25℃, 1.5~3.5天　　(7-371)

150a R= Et
150b R= *i*-Pr
150c R= Bn

Ar=Ph, 4-MePh, 3-MePh, 2-MePh, 4-MeOPh, 4-FPh, 4-ClPh, 3-ClPh, 4-BrPh, 3-BrPh, 2-BrPh, 4-NO_2Ph, 2-萘基.
1.5~7 h. 91%~99%, *ee* 80%~93%

与 **150** 相反，方酸二酰胺-手性膦催化剂如 **151**，反而不能催化这个反应。建议反应式(7-371)中的手性诱导过渡态为 **B′**。膦对烯酮的共轭加成产生烯醇负离子，同时方酸酰胺的氨基经氢键活化醛基并组装了反应的过渡态。手性的环己基骨架迫使与膦相连的烯醇负离子经 *si* 面进攻醛基而生成(*S*)-构型的产物。

151　　**B′**　　(7-372)

对 PMe_3 和 *N*-杂环卡宾催化的分子内 MBH 反应，也已进行了计算研究[707]。

参 考 文 献

[1] Aroyan, C. E.; Dermenci, A.; Miller, S. J. The Rauhut-Currier reaction: a history and its synthetic application. Tetrahedron, 2009, 65: 4069-4084.

[2] Aroyan, C. E.; Dermenci, A.; Miller, S. J. Development of a cysteine-catalyzed enantioselective Rauhut-Currier reaction. J. Org. Chem., 2010, 75: 5784-5796.

[3] Rauhut, M. M.; Currier, H. Dialkyl 2-methyleneglutarates: US, 3074999. 1963-01-22.

[4] Baizer, M. M.; Anderson, J. D. Electrolytic reductive coupling. VIII. Utilization and new preparation of α-methyleneglutaronitrile. J. Org. Chem., 1965, 30: 1357-1360.

[5] McClure, J. D. Dimerization of acrylonitrile: US 3225083. 1965-12-12.

[6] McClure, J. D. Triarylphosphine-catalyzed dimerization of acrylonitrile and related reactions. J. Org. Chem., 1970, 35: 3045-3048.

[7] Shanbhag, P.; Nareddy, P. R.; Dadwal, M.; et. al. Rauhut-Currier type homo- and heterocouplings involving nitroalkenes and nitrodienes. Org. Biomol. Chem., 2010, 8: 4867-4873.

[8] Morita, K.; Kobayashi, T. New addition reactions of acrylic compounds with fumaric acid esters catalyzed by tervalent phosphorus compounds. Bull. Chem. Soc. Jpn., 1969, 42: 2732.

[9] Jenner，G. Phosphine -catalyzed dimerization of activated alkenes under ambient and high-pressure conditions. Tetrahedron Lett.，2000，41：3091-3094.

[10] Basavaiah，D.；Gowriswari，V. V. L.；Bharathi，T. K. 4-Diazabicyclo[2. 2. 2]octane catalyzed dimerization of α，β-unsaturated ketones and nitriles. Tetrahedron Lett.，1987，28：4591-4592.

[11] Drewes，S. E.；Emslie，N. D.；Karodia，N. DABCO-catalyzed dimerization of some α，β-unsaturated esters. Synth. Commun.，1990，20：1915-1921.

[12] Basavaiah，D.；Kumaragurubaran，N.；Sharada，D. S. Baylis-Hillman chemistry：a novel synthesis of functionalized 1，4-pentadienes. Tetrahedron Lett.，2001，42：85-87.

[13] Basavaiah，D.；Sharada，D. S.；Kumaragurubaran，N.；et. al. The Baylis-Hillman reaction：one-pot facile synthesis of 2，4-functionalized 1，4-pentadienes. J. Org. Chem.，2002，67：7135-7137.

[14] Yao，W.；Wu，Y.；Zhang，Y.；et. al. Tertiary amine mediated tandem cross-Rauhut-Currier/acetalization reactions：access to functionalized spiro-3，4-dihydropyrans. Angew. Chem. Int. Ed.，2009，48：9713-9716.

[15] Zhang，J.-L；Gong，Y.-F. Cross-coupling reactions of two different activated alkenes through tetrabutylammonium fluoride（TBAF）promoted deprotonation/activation strategy：a regioselective construction of quaternary carbon centers. Org. Lett.，2011，13：176-179.

[16] Liu，W.；Zhou，J.；Zheng，C.-W.；et. al. Tandem cross-Rauhut-Currier /cyclization reactions of activated alkenes to give densely functionalized 3，4-dihydropyrans. Tetrahedron，2011，67：1768-1773.

[17] Reynolds，T. E.；Binkley，M，S.；Scheidt，K. A. Lewis acid-catalyzed conjugate additions of silyloxyallenes：a selective solution to the intermolecularRauhut-Currier problem. Org. Lett.，2008，10：2449-2452.

[18] McDougal，N. T.；Schaus，S. E. Highly diastereoselective synthesis of bicyclo[3. 2. 1]octenones through phosphine-mediated condensations of 1，4-dien-3-ones. Angew. Chem. Int. Ed.，2006，45：3117-3119.

[19] Wang，L.-C.；Luis，A. L.；Agapiou，K.；et. al. Organocatalytic Michael cycloisomerization of bis (enones)：the intramolecular Rauhut-Currierreaction. J. Am. Chem. Soc.，2002，124：2402-2403.

[20] Frank，S. A.；Mergott，D. J.；Roush，W. R. The vinylogous intramolecular Morita-Baylis-Hillman reaction：synthesis of functionalized cyclopentenes and cyclohexenes with trialkylphosphines as nucleophilic catalysts. J. Am. Chem. Soc.，2002，124：2404-2405.

[21] Brown，P. M.；Käppel，N.；Murphy，P. J. Tandem Michael/Michael reactions mediated by phosphines or aryl thiolates. Tetrahedron Lett.，2002，43：8707-8710.

[22] Jellerichs，B. G.；Kong，J. R.；Krische，M. J. Catalytic enone cycloallylation via concomitant activation of latent nucleophilic and electrophilic partners：merging organic and transition metal catalysis. J. Am. Chem. Soc.，2003，125：7758-7759.

[23] Pigge，F. C；Dhanya，R.；Swenson，D. C. Synthesis of polycyclic cyclohexadienyl ruthenium(ii) complexes from η^6-arene precursors via phosphine-promoted intramolecular nucleophilic aromatic addition. Organometallics，2009，28：3869-3875.

[24] Erguden J. K.；Moore，H. W. A new tandem route to angular tetraquinanes. Synthesis of the waihoensene ring system. Org. Lett.，1999，1：375-379.

[25] Selig，P. S.；Miller，S. J. Ortho-acidic aromatic thiols as efficient catalysts of intramolecular Morita-Baylis-Hillman and Rauhut-Currier reactions. Tetrahedron Lett.，2011，52：2148-2151.

[26] Agapiou, K.; Krische, M. J. Catalytic crossed Michael cycloisomerization of thioenoates: total synthesis of (±)-ricciocarpin. Org. Lett., 2003, 5: 1737-1740.

[27] Krafft, M. E.; Haxell, T. F. N. Organomediated Morita-Baylis-Hillman cyclization reactions. J. Am. Chem. Soc., 2005, 127: 10168-10169.

[28] Krafft, M. E.; Seibert, K. A. Organocatalysis of the Morita-Baylis-Hillman alkylation using trialkylphosphines. Synlett, 2006: 3334-3336.

[29] Krafft, M. E.; Seibert, K. A.; Haxell, T. F. N. Morita-Baylis-Hillman alkylation of unsaturated thioesters. Synlett, 2010: 2583-2588.

[30] Krafft, M. E.; Haxell, T. F. N.; Seibert, K. A.; et. al. Mechanistic implications in the Morita-Baylis-Hillman alkylation: isolation and characterization of an intermediate. J. Am. Chem. Soc., 2006, 128: 4174-4175.

[31] Krafft, M. E.; Seibert, K. A.; Haxell, T. F. N.; et. al. Unprecedented reactivity in the Morita-Baylis-Hillman reaction; intramolecular alpha-alkylation of enones using saturated alkyl halides. Chem. Commun., 2005, 46: 5772-5774.

[32] Aroyan, C. E.; Dermenci, A.; Miller, S. J. Development of a cysteine -catalyzed enantioselective Rauhut-Currier reaction. J. Org. Chem., 2010, 75: 5784-5796.

[33] Aroyan, C. E.; Miller, S. J. Enantioselective Rauhut- Currier reactions promoted by protected cysteine. J. Am. Chem. Soc., 2007, 129: 256-257.

[34] Seidel, F.; Gladysz, J. A. Enantioselective catalysis of intramolecular Morita-Baylis-Hillman and related reactions by chiral rhenium-containing phosphines of the formula (η^{5}-C_5H_5)Re(NO)(PPh_3)(CH_2PAr_2). Synlett, 2007: 986-988.

[35] Figueiredo, R. M.; Christmann, M. Crossed intramolecular Rauhut-Currier-type reactions via dienamine activation. Org. Lett., 2009, 11: 4116-4119.

[36] Gong J. J.; Li, T. Z.; Pan K.; et. al. Enantioselective intramolecular Rauhut-Currier reaction catalyzed by chiral phosphinothiourea. Chem. Commun., 2011: 1491-1493.

[37] Wang, X. F.; Peng, L.; An, J.; et. al. Enantioselective intramolecular crossed Rauhut-Currier reactions through cooperative nucleophilic activation and hydrogen-bonding catalysis: scope and mechanistic insight. Chem. Eur. J., 2011, 17: 6484-6491.

[38] Takizawa, S.; Nguyen, T. M.-N.; Grossmann, A.; et. al. Enantioselective synthesis of a-alkylidene-g-butyrolactones: intramolecular Rauhut-Currier reaction promoted by acid/base organocatalysts. Angew. Chem. Int. Ed., 2012, 51: 5423-5426.

[39] Wang, J.; Xie, H.; Li, H.; et. al. A highly stereoselective hydrogen-bond-mediated Michael-Michael cascade process through dynamic kinetic resolution. Angew. Chem., Int. Ed., 2008, 47: 4177-4179.

[40] Zhong, C.; Chen, Y.; Petersen, J. L.; et. al. Enantioselective intermolecular crossed-conjugate additions between nitroalkenes and α,β-enals through a dual activation strategy. Angew. Chem. Int. Ed., 2009, 48: 1279-1282.

[41] Zhao, Q. Y.; Pei, C. K.; Guan, X. Y.; et. al. Enantioselective intermolecular Rauhut-Currier reaction of electron-deficient allenes with maleimides. Adv. Synth. Catal., 2011, 353: 1973-1979.

[42] Morita, K.; Kobayashi, T. New addition reactions of acrylic compounds with fumaric esters catalyzed by tetravalent phosphorous compounds. Bull. Chem. Soc. Jpn., 1969, 42: 2732-2732.

[43] Morita, K.; Suzuki, Z.; Hirose, H. Tertiary phosphine-catalyzed reaction of acrylic compounds with

aldehydes. Bull. Chem. Soc. Jpn., 1968, 41: 2815-2815.

[44] Baylis, A. B.; Hillman, M. E. D. Acrylic compounds: Germany, 2155113. 1972-05-10.

[45] Basavaiah, D.; Reddy, B. S.; Badsara, S. S. Recent contributions from the Baylis-Hillman reaction to organic chemistry. Chem. Rev., 2010, 100: 5447-5674.

[46] Basavaiah, D.; Rao, J.; Satyanarayana, T. Recent advances in the Baylis-Hillman reaction and applications. Chem. Rev., 2003, 103: 811-892.

[47] Basavaiah, D.; Rao, P. D.; Hyma, R. S. The Baylis-Hillman reaction: a novel carbon-carbon bond forming reaction. Tetrahedron, 1996, 52: 8001-8062.

[48] Basavaiah, D.; Veeraraghavaiah, G. The Baylis-Hillman reaction: a novel concept for creativity in chemistry. Chem. Soc. Rev., 2012, 41: 68-78.

[49] Basavaiah, D.; Rao, K. V.; Reddy, R. J. The Baylis-Hillman reaction: a novel source of attraction, opportunities, and challenges in synthetic chemistry. Chem. Soc. Rev., 2007, 36: 1581-1588.

[50] Ma, G.-N.; Jiang, J.-J.; Shi, M.; et. al. Recent extensions of the Morita-Baylis-Hillman reaction. Chem. Commun., 2009: 5496-5514.

[51] Carrasco-Sanchez, V.; Simirgiotis, M. J.; Santos, L. S. Morita-Baylis-Hillman reaction: Insights into asymmetry and reaction mechanisms by electrospray ionization mass spectrometry. Molecules, 2009, 14: 3989-4021.

[52] Singh V.; Batra S., Advances in the Baylis-Hillman reaction-assisted synthesis of cyclic frameworks. Tetrahedron, 2008, 64: 4511-4574.

[53] Ciganek, E. The catalyzed α-hydroxyalkylation and α-aminoalkylation of activated olefins (the Morita-Baylis-Hillman reaction). Org. React., 1997: 201-350.

[54] Drewes S. E.; Roos G. H. P., Synthetic potential of the tertiary-amine-catalysed reaction of activated vinyl carbanions with aldehydes. Tetrahedron, 1988, 44: 4653-4670.

[55] Gowrisankar, S.; Lee, H. S.; Kim, S. H.; et. al. Recent advances in the Pd-catalyzed chemical transformations of Baylis-Hillman adducts. Tetrahedron, 2009, 65: 8769-8780.

[56] Kim, J. N.; Lee, K. Y. Synthesis of cyclic compounds from the Baylis-Hillman adducts. Curr. Org. Chem., 2002, 6: 627-645.

[57] Zhong, W.; Liu, Y.; Wang, G., et al. Recent advances in construction of nitrogen-containing heterocycles from Baylis-Hillman adducts. Org. Prep. Proced. Int., 2011, 43: 1-66.

[58] Liu, T.-Y.; Xie, M.; Chen, Y.-C. Organocatalytic asymmetric transformations of modified Morita-Baylis-Hillman adducts. Chem. Soc. Rev., 2012, 41: 4101-4112.

[59] Ameer, F.; Drewes, S. E.; Freese, S.; et. al. Rate enhancement effects in the DABCO catalyzed synthesis of hydroxyalkenoate esters. Synth. Commun., 1988, 18: 495-500.

[60] Aggarwal, V. K.; Mereu, A.; Tarver, G. J.; et. al. Metal- and ligand-accelerated catalysis of the Baylis-Hillman reaction. J. Org. Chem., 1998, 63: 7183-7189.

[61] Park, K. S.; Kim, J.; Choo, H.; et. al. Octanol-accelerated Baylis-Hillman reaction. Synlett., 2007: 395-398.

[62] Chandrasekhar, S.; Narsihmulu, C.; Saritha, B.; et. al. Poly(ethylene glycol) (PEG): a rapid and recyclable reaction medium for the DABCO-catalyzed Baylis-Hillman reaction. Tetrahedron Lett., 2004, 45: 5865-5867.

[63] Marko, I. E.; Giles, P. R.; Hindley, N. J. Catalytic enantioselective Baylis-Hillman reactions.

Correlation between pressure and enantiomeric excess. Tetrahedron, 1997, 53: 1015-1024.

[64] Shi, M. ; Liu, Y. H. Traditional Morita-Baylis-Hillman reaction of aldehydes with methyl vinyl ketone co-catalyzed with triphenylphosphine and nitrophenol. Org. Biomol. Chem. , 2006, 4: 1468-1470.

[65] Faltin, C. ; Fleming, E. M. ; Connon, S. J. Acrylamide in the Baylis-Hillman reaction: expanded reaction scope and the unexpected superiority of DABCO over more basic tertiary amine catalysts. J. Org. Chem. , 2004, 69: 6496-6499.

[66] Pohmakotr, M. ; Thamapipol, S. ; Tuchinda, P. ; et. al. Morita-Baylis-Hillman reaction of masked 5-alkylidene-2-cyclopentenones: general entry to 5-alkylidene-2-(hydroxyalkyl)-2-cyclopentenones. J. Org. Chem. , 2007, 72: 5418-5420.

[67] Auge, J. ; Lubin, N. ; Lubineau, A. Acceleration in water of the Baylis-Hillman reaction. Tetrahedron Lett. , 1994, 35: 7947-7948.

[68] Yu, C. ; Liu, B. ; Hu, L. Efficient Baylis-Hillman reaction using stoichiometric base catalyst and an aqueous medium. J. Org. Chem. ,2001, 66: 5413-5418.

[69] Aggarwal, V. K. ; Dean, D. K. ; Mereu, A. ; et. al. Rate acceleration of the Baylis-Hillman reaction in polar solvents (water and formamide). Dominant role of hydrogen bonding, not hydrophobic effects, is implicated. J. Org. Chem. ,2002, 67: 510-514.

[70] Cai, J. ; Zhou, Z. ; Zhao, G. ; et. al. Dramatic rate acceleration of the Baylis-Hillman reaction in homogeneous medium in the presence of water. Org. Lett. ,2002, 4: 4723-4725.

[71] Luo, S. ; Zhang, B. ; He, J. ; et. al. Aqueous Baylis-Hillman reactions of cyclopent-2-enone using imidazole as catalyst. Tetrahedron Lett. ,2002, 43: 7369-7371.

[72] Gatri, R. ; El Gaied, M. M. Imidazole-catalysed Baylis-Hillman reactions: A new route to allylic alcohols from aldehydes and cyclic enones. Tetrahedron Lett. ,2002, 43: 7835-7836.

[73] Caumul, P. ; Hailes, H. C. Baylis-Hillman reactions in aqueous acidic media. Tetrahedron Lett. ,2005, 46: 8125-8127.

[74] De Souza, R. O. M. A. ; Pereira, V. L. P. ; Esteves, P. M. ; et. al. The Morita-Baylis-Hillman reaction in aqueous-organic solvent system. Tetrahedron Lett. , 2008, 49: 5902-5905.

[75] Basavaiah, D. ; Sarma, P. K. S. Terminal hydroxyalkyl acrylates as substrates for Baylis-Hillman reaction. Synth. Comm. , 1990, 20: 1611-1615.

[76] Aggarwal, V. K; Emme, I; Fulford, S. Y. Correlation between pK_a and reactivity of quinuclidine-based catalysts in the Baylis-Hillman reaction: discovery of quinuclidine as optimum catalyst leading to substantial enhancement of scope. J. Org. Chem. ,2003, 68: 692-700.

[77] Aggarwal, V. K. ; Fulford, S. Y. ; Lloyd-Jones, G. C. Reevaluation of the mechanism of the Baylis-Hillman reaction: Implications for asymmetric catalysis. Angew. Chem. Int. Ed. , 2005, 44: 1706-1708.

[78] Drewes, S. E. ; Emslie, N. D. ; Karodia, N. ; et. al. Facile diastereoselective synthesis of 2,6-dialkyl-5-methylene-1,3-dioxan-4-ones via α-activated vinyl esters. Chem. Ber. ,1990, 123: 1447-1448.

[79] Khan, A. A. ; Emslie, N. D. ; Drewes, S. E. ; et. al. (*R*)-(+)-Pantolactone acrylate as a chiral auxiliary in the Baylis-Hillman reaction. Chem. Ber. , 1993, 126: 1477-1480.

[80] Perlmutter, P. ; Puniani, E. ; Westman, G. The reactions of aryl acrylates under Baylis-Hillman conditions. Tetrahetron Lett. , 1996, 37: 1715-1718.

[81] Brzezinski, L. J. ; Rafel, S. ; Leahy, J. W. The asymmetric Baylis-Hillman reaction. J. Am. Chem.

Soc. ,1997, 119: 4317-4318.

[82] Iwabuchi, Y. ; Nakatani, M. ; Yokoyama, N. ; et. al. Chiral amine-catalyzed asymmetric Baylis-Hillman reaction: a reliable route to highly enantiomerically enriched (α-methylene-β-hydroxy) esters. J. Am. Chem. Soc. ,1999, 121: 10219-10210.

[83] Hill, J. S. ; Isaacs, N. S. Mechanism of substitution reactions of acrylic derivatives. J. Phys. Org. Chem. ,1990, 3: 285-288.

[84] Hill, J. S. ; Isaacs, N. S. Nucleophile-catalyzed additions of aldehydes and ketones to acrylic compounds. The effectiveness of high pressures. J. Chem. Res. , Synop. , 1988: 330-331.

[85] Hill, J. S. ; Isaacs, N. S. Functionalization of the alpha-position of acrylate systems by the addition of carbonyl-compounds — highly pressure-dependent reactions. Tetrahedron Lett. ,1986, 27: 5007-5010.

[86] Kaye, P. T. ; Bode, M. L. A kinetic and mechanistic study of the Baylis-Hillman reaction. Tetrahedron Lett. ,1991, 32: 5611-5614.

[87] Fort, Y. ; Berthe, M. C. ; Caubere, P. The Baylis-Hillman reaction-mechanism and applications revisited. Tetrahedron,1992, 48: 6371-6384.

[88] Hoffmann, H. M. R. ; Rabe, J. DABCO-catalyzed couplings of acrylic acid esters with aldehydes. 1. Synthesis of 2-(1-hydroxyalkyl) acrylic acid esters; simple three-step synthesis of mikanecic acid. Angew. Chem. , 1983, 95: 795-796.

[89] Hoffmann, H. M. R. ; Rabe, J. A new, efficient and stereocontrolled synthesis of trisubstituted alkenes via functionalized acrylic esters. Angew. Chem. Int. Ed. ,1983, 22: 796-797.

[90] Cantillo, D. ; Kappe, C. O. A unified mechanistic view on the Morita-Baylis-Hillman reaction: computational and experimental investigations. J. Org. Chem. , 2010, 75: 8615-8626.

[91] De Souza, R. O. M. A. ; Vasconcellos, M. L. A. A. Intrinsic catalytic activity of tertiary amines: a mechanisticproposal to the unexpected temperature effect in Baylis-Hillman reaction. Catal. Commun. , 2004, 5: 21-24.

[92] Price, K. E. ; Broadwater, S. J. ; Jung, H. M. ; et. al. Baylis-Hillman mechanism: a new interpretation in aprotic solvents. Org. Lett. ,2005, 7: 147-150.

[93] Price, K. E. ; Broadwater, S. J. ; Walker, B. J. ;et. al. A new interpretation of the Baylis-Hillman mechanism. J. Org. Chem. ,2005, 70: 3980-3987.

[94] Xu, J. Probing the mechanism of Morita-Baylis-Hillman reaction in dichloromethane by density functional theory. J. Mol. Struct. : THEOCHEM,2006, 767: 61-66.

[95] Roy, D. ; Sunoj, R. B. Ab initio and density functional theory evidence on the rate-limiting step in the Morita-Baylis-Hillman reaction. Org. Lett. ,2007, 9: 4873-4876.

[96] Roy, D. ; Sunoj, R. B. Water catalysis in the Morita-Baylis-Hillman reaction: a mechanistic perspective. Chem. Eur. J. ,2008, 14: 10530-10534.

[97] Roy D. ; Patel C. ; Sunoj R. B. Mechanistic insights and the role of cocatalysts in aza-Morita-Baylis-Hillman and Morita-Baylis-Hillman reactions. J. Org. Chem. , 2009, 74: 6936-6943.

[98] Li, J. ; Jiang, W.-Y. Density functional theory study on the mechanism of trimethylamine-catalyzed Baylis-Hillman reaction. J. Theor. Comput. Chem. , 2010, 9(Supp. 1): 65-75.

[99] Fan, J.-F. ; Yang, C.-H. ; He, L.-J. DFT study on the role of methanol solvent in Morita-Baylis-Hillman reaction. J. Int. Quantum Chem. ,2009, 109: 1311-1321.

[100] Robiette, R. ; Aggarwal, V. K. ; Harvey, J. N. Mechanism of the Morita-Baylis-Hillman reaction: a

computational investigation. J. Am. Chem. Soc. ,2007, 129: 15513-15525.

[101] Cheong, P. H. Y. ; Legault, C. Y. ; Um, J. M. ; et. al. Quantum mechanical investigations of organocatalysis: mechanisms, reactivities, and selectivities. Chem. Rev. , 2011, 111: 5042-5137.

[102] Santos, L. S. ; Pavam, C. H. ; Almeida, W. P. ; et. al. Probing the mechanism of the Baylis-Hillman reaction by electrospray ionization mass and tandem mass spectrometry. Angew. Chem. Int. Ed. ,2004, 43: 4330-4333.

[103] Amarante, G. W. ; Eberlin, M. N. ; Milagre, H. M. S. ; et. al. Dualistic nature of the mechanism of the Morita-Baylis-Hillman reaction probed by electrospray ionization mass spectrometry. J. Org. Chem. ,2009, 74: 3031-3037.

[104] Amarante, G. W. ; Benassi, M. ; Milagre, H. M. S. ; et. al. Brønsted acid catalyzed Morita-Baylis-Hillman reaction: a new mechanistic view for thioureas revealed by ESI-MS(/MS) monitoring and DFT calculations. Chem. Eur. J. , 2009, 15: 12460-12469.

[105] Drewes, S. E. ; Njamela, O. L. ; Emslie, N. D. ; et. al. Intramolecular Baylis-Hillman reaction: a pathway to substituted coumarins. Synth. Commun. ,1993, 23: 2807-2815.

[106] Kataoka, T. ; Kinoshita, H. Chalcogenide -Lewis acid mediated tandem Michael aldol reaction-n alternative to the Morita-Baylis-Hillman reaction and a new development. Eur. J. Org. Chem. , 2005: 45-58.

[107] McGarrigle, E. M. ; Myers, E. L. ; Illa, O. ; et. al. Chalcogenides as organocatalysts. Chem. Rev. , 2007, 107: 5841-5883.

[108] Kataoka, T; Iwama, T; Tsujiyama, S. - I. The chalcogeno -Baylis -Hillman reaction: the first examples catalyzed by chalcogenides in the presence of Lewis acids. Chem. Commun. , 1998:197-198.

[109] Kataoka, T. ; Iwama, T. ; Tsujiyama, S. - I. ; Iwamura, T. ; Watanabe, S. -I. The chalcogeno-Baylis-Hillman reaction: a new preparation of allylic alcohols from aldehydes and electron-deficient alkenes. Tetrahedron, 1998, 54: 11813-11824.

[110] Kataoka, T. ; Kinoshita, H. ; Iwama, T. ; et. al. Reexamination of products and the reaction mechanism of the Chalcogeno -Baylis-Hillman reaction: chalcogenide -$TiCl_4$-mediated reactions of electron-deficient alkenes with aldehydes. Tetrahedron,2000, 56: 4725-4731.

[111] Lewkebandara, T. S. ; McKarns, P. J. ; Haggerty, B. S. ; et. al. Adducts of titanium tetrachloride with organosulfur compounds. Crystal and molecular structures of $TiCl_4(C_4H_8S)_2$ and $(TiCl_4)_2(CH_3SSCH_3)$. Polyhedron, 1997, 17: 1-9.

[112] Levason, W. ; Patel, B. ; Reid, G. ; et. al. Hard/soft interactions in early transition metal chemistry: synthesis, properties and structures of thioether and selenoether complexes of titanium (IV). J. Chem. Soc. , Dalton Trans. , 2000:3001-3006.

[113] Li, G. ; Gao, J. ; Wei, H. -X. ; et. al. New C:C bond formation via nonstoichiometric titanium(IV) halide mediated vicinal difunctionalization of α,β-unsaturated acyclic ketones. Org. Lett. , 2000, 2: 617-620.

[114] Li, G. ; Wei, H. -X. ; Gao, J. ; et. al. $TiCl_4$-mediated Baylis-Hillman and Aldol reactions without the direct use of a Lewis base. Tetrahedron Lett. , 2000, 41: 1-5.

[115] Walsh, L. M. ; Winn, C. L. ; Goodman, J. M. Sulfide-BF_3 · OEt_2 mediated Baylis-Hillman reactions. Tetrahedron Lett. , 2002, 43: 8219-8222.

[116] Rao, J. S. ; Briere, J. -F. ; Metzner, P. ; et. al. An efficient and rapid chalcogenide-Morita-Baylis-

Hillman process promoted by TBDMSOTf and a thiolane. Tetrahedron Lett., 2006, 47: 3553-3556.

[117] Wama, T.; Kinoshita, H.; Kataoka, T. 2,6-Diphenyl-4H-chalcogenopyran-4-ones and 2,6-diphenyl-4H-chalcogenopyran-4-thiones: a new catalyst for the Baylis-Hillman reaction. Tetrahedron Lett., 1999, 40: 3741-3744.

[118] Kinoshita, H.; Kinoshita, S.; Munechika, Y.; et. al. Chalcogeno Morita-Baylis-Hillman reaction of 2-(methylchalcogeno)phenyl vinyl ketones with aldehydes, ketones, and α-dicarbonyl Compounds. Eur. J. Org. Chem., 2003: 4852-4861.

[119] Kataoka, T.; Kinoshita, S.; Kinoshita, H.; et. al. Self-assisted tandem Michael-Aldol reactions of α,β-unsaturated ketones with aldehydes. Chem. Commun., 2001: 1958-1959.

[120] Kataoka, T.; Kinoshita, H.; Kinoshita, S.; et. al. The chalcogeno -Baylis-Hillman reaction of ketones and α-dicarbonyl compounds. J. Chem. Soc., Perkin Trans. 1, 2002, 18: 2043-2045.

[121] Kataoka, T.; Kinoshita, H.; Kinoshita, S.; et. al. Tandem Michael-aldol reaction via 6-endo-dig cyclization of ynone-chalcogenides: synthesis of 2-unsubstituted 3-(hydroxyalkyl) chalcogenochromen-4-ones. Tetrahedron Lett., 2002, 43: 7039-7041.

[122] Patra, A.; Batra, S.; Joshi, B. S.; et. al. $TiCl_4$-promoted Baylis-Hillman reactions of substituted 5-isoxazolecarboxaldehydes with cycloalkenones. J. Org. Chem., 2002, 67: 5783-5788.

[123] Patel, C.; Sunoj, R. B. $TiCl_4$-promoted Baylis-Hillman reaction: mechanistic rationale toward product distribution and stereoselectivity. J. Org. Chem., 2010, 75: 359-367.

[124] Shi, M.; Li, C.-Q.; Jiang, J.-K. New discovery in the traditional Baylis-Hillman reaction of arylaldehydes with methyl vinyl ketone. Chem. Comm., 2001: 833-834.

[125] Shi, M.; Li, C. Q.; Jiang, J.-K. Reexamination of the traditional Baylis-Hillman reaction. Tetrahedron, 2003, 59: 1181-1189.

[126] Shi, M.; Li, C.-Q.; Jiang, J.-K. Baylis-Hillman reaction of arylaldehydes with phenyl vinyl ketone, phenyl acrylate, and phenyl thioacrylate. Helv. Chim. Acta, 2002, 85: 1051-1057.

[127] Shi, M.; Li, C.-Q.; Jiang, J.-K. Different reaction patterns in the Baylis-Hillman reaction of aryl aldehydes with phenyl vinyl ketone, phenyl acrylate and phenyl thioacrylate. Molecules, 2002, 7: 721-733.

[128] Basavaiah, D.; Gowriswari, V. V. L. A simple synthesis of α-methylene-β-hydroxyalkanones. Tetrahedron Lett., 1986, 27: 2031-2032.

[129] Basavaiah, D.; Gowriswari, V. V. L.; Rao, P. D.; et. al. The Baylis-Hillman reaction: a novel method for the synthesis of α-methylidene-β-hydroxy ketones and 2-methylidene 1,5-diketones. J. Chem. Res., Synopses, 1995, 7: 267.

[130] Gruttadauria, M.; Giacalone, F.; Lo Meo, P.; et. al. First evidence of proline acting as a bifunctional catalyst in the Baylis-Hillman reaction between alkyl vinyl ketones and aryl aldehydes. Eur. J. Org. Chem., 2008: 1589-1596.

[131] Trofimov, A.; Gevorgyan, V. Sila-Morita-Baylis-Hillman reaction of arylvinylketones: overcoming the dimerization problems. Org. Lett., 2009, 11: 253-255.

[132] Chuprakov, S.; Malyshev, D. A.; Trofimov, A.; et. al. Sila-Morita-Baylis-Hillman reaction of cyclopropenes. J. Am. Chem. Soc., 2007, 129: 14868-14869.

[133] Uehira, S.; Han, Z.; Shinokubo, H.; et. al. Highly stereoselective coupling reaction of acrolein or vinyl ketone with aldehydes. Org. Lett., 1999, 1: 1383-1385.

[134] Basavaiah, D. ; Bharathi, T. K. ; Gowriswari, V. V. L. A general synthesis of a α-methylene-β-hydroxyalkanones. Synth. Commun. , 1987, 17: 1893-1896.

[135] Amri, H. ; Villieras, J. Hydroxyalkylation of methyl vinyl ketone and acrylonitrile in the presence of 1,4-diazabicyclo[2. 2. 2]octane. Tetrahedron Lett. , 1986, 27: 4307-4308.

[136] Asano, K. ; Matsubara, S. Morita-Baylis-Hillman reaction on water without organic solvent, assisted by a "catalytic" amount of amphiphilic imidazole derivatives. Synthesis, 2009:3219-3226.

[137] Asano, K. ; Matsubara, S. N-alkylimidazole as amphiphilic organocatalyst: 'catalytic' Morita-Baylis-Hillman reaction on water without organic solvent. Synlett. , 2009:35-38.

[138] Kwong, C. K. W. ; Huang, R. ; Zhang, M. ; et. al. Bifunctional polymeric organo catalysts and their application in the cooperative catalysis of Morita-Baylis-Hillman reactions. Chem. Eur. J. , 2007, 13: 2369-2376.

[139] Oh, K. ; Li, J. Y. ; Ryu, J. Brucine *N*-oxide-catalyzed Morita-Baylis-Hillman reaction of vinyl ketones: a mechanistic implication of dual catalyst system with praline. Org. Biomol. Chem. , 2010, 8: 3015-3024.

[140] Shi, M. ; Jiang, J. -K. ; Li, C. Q. Lewis base and L-proline co-catalyzed Baylis-Hillman reaction of aryl aldehydes with methyl vinyl ketone. Tetrahedron Lett. , 2002, 43: 127-130.

[141] Davies, H. J. ; Ruda, A. M. ; Tomkinson, N. C. O. Aminocatalysis of the Baylis-Hillman reaction. An important solvent effect. Tetrahedron Lett. , 2007, 48: 1461-1464.

[142] Giacalone, F. ; Gruttadauria, M. ; Marculescu, A. M. ; et. al. Polystyrene-supported proline as recyclable catalystin the Baylis-Hillman reaction of arylaldehydes and methyl or ethyl vinyl ketone. Catal. Commun. , 2008, 9:1477-1481.

[143] Chen, H. T. ; Huh, S. ; Wiench, J. W. ; et. al. Dialkylaminopyridine-functionalized mesoporous silica nanosphere as an efficient and highly stable heterogeneous nucleophilic catalyst. J. Am. Chem. Soc. , 2005, 127: 13305-13311.

[144] Corma, A. ; Garcia, H. ; Leyva, A. Heterogeneous Baylis-Hillman using a polystyrene-bound 4-(*N*-benzyl-*N*-methylamino)pyridine as reusable catalyst. Chem. Commun. , 2003:2806-2807.

[145] Huang, J. -W. ; Shi, M. Polymer-supported Lewis bases for the Baylis-Hillman reaction. Adv. Synth. Catal. , 2003, 345: 953-958.

[146] Yang, N. -F; Gong, H. ; Tang, W. -J. ; et. al. Phase selectively soluble dendritic derivative of 4-(*N*, *N*-dimethylamino)pyridine: an easily recyclable catalyst for Baylis-Hillman reactions. J. Mol. Catal. A: Chem. , 2005, 233: 55-59.

[147] Goren, K. ; Portnoy, M. Supported *N*-alkylimidazole-decorated dendrons as heterogeneous catalysts for the Baylis-Hillman reaction. Chem. Commun. ,2010: 1965-1967.

[148] Yi, W. -B. ; Cai, C. ; Wang, X. A novel ytterbium/perfluoroalkylated-pyridine catalyst for Baylis-Hillman reactions in a fluorous biphasic system. J. Fluorine Chem. , 2007, 128: 919-924.

[149] He, Z; Tang, X. ; Chen, Y. ; et. al. The first air-stable and efficient nucleophilic trialkylphosphine organocatalyst for the Baylis-Hillman reaction. Adv. Synth. Catal. , 2006, 348: 413-417.

[150] You, J. ; Xu, J. ; Verkade, J. G. A Highly active and selective catalyst system for the Baylis-Hillman reaction. Angew. Chem. Int. Ed. ,2003, 42: 5054-5056.

[151] Shi, M. ; Jiang, J. -K. ; Cui, S. -C. ; et. al. Titanium(IV) chloride, zirconium(IV) chloride or boron trichloride and phosphine-promoted Baylis-Hillman reaction of aldehydes with α,β-unsaturated ketone.

J. Chem. Soc., Perkin Trans. 1, 2001, 4:390-393.

[152] Shi, M.; Jiang, J.-K.; Feng, Y.-S. Titanium(IV) chloride and the amine-promoted Baylis-Hillman reaction. Org. Lett., 2000, 2: 2397-2400.

[153] Shi, M.; Jiang, J.-K. Amendment in titanium(IV) chloride and chalcogenide-promoted Baylis-Hillman reaction of aldehydes with α,β-unsaturated ketones. Tetrahedron, 2000, 56: 4793-4797.

[154] Shi, M.; Jiang, J.-K.; Cui, S.-C. Titanium(IV) chloride and oxy-compounds promoted Baylis-Hillman reaction. Tetrahedron, 2001, 57: 7343-7347.

[155] Lenardao, E. J.; Feijo, J. D. O.; Thurow, S.; et. al. Selenonium ionic liquid as efficient catalyst for the Baylis-Hillman reaction. Tetrahedron Lett., 2009, 50: 5215-5217.

[156] Johnson, C. L.; Donkor, R. E.; Nawaz, W.; et. al. Novel application of phosphonium salts as co-catalysts for the Baylis-Hillman reaction. Tetrahedron Lett., 2004, 45: 7359-7361.

[157] Maher, D. J.; Connon, S. J. Acceleration of the DABCO-promoted Baylis-Hillman reaction using a recoverable H-bonding organocatalyst. Tetrahedron Lett., 2004, 45: 1301-1305.

[158] Saikia, M.; Sarma, J. C. Baylis-Hillman reaction under solvent-free conditions-remarkable rate acceleration andyield enhancement. Can. J. Chem., 2010, 88: 1271-1276.

[159] Coelho, F.; Almeida, W. P.; Veronese, D.; et. al. Ultrasound in Baylis-Hillman reactions with aliphatic and aromatic aldehydes: scope and limitations. Tetrahedron, 2002, 58: 7437-7447.

[160] Foucaud, A.; El Guemmout, F. Preparation of allylic amines from methyl 3-alkoxy-2-methylenepropionates substituted in the 3-position by an aromatic or heteroaromatic group. Bull. Soc. Chim. Fr., 1989, 3: 403-408.

[161] Basavaiah, D.; Gowriswari, V. V. L.; Sarma, P. K. S.; et. al. Dharma. Chiral acrylates as substrates in Baylis-Hillman reaction. Tetrahedron Lett., 1990, 31: 1621-1624.

[162] Connon, S. J. The design of novel, synthetically useful (thio)urea-based organocatalysts. Synlett, 2009:354-376.

[163] Rodriguez, A. A.; Yoo, H.; Ziller, J. W.; et. al. New architectures in hydrogen bond catalysis. Tetrahedron Lett., 2009, 50: 6830-6833.

[164] Mi, X.; Luo, S.; Xu, H.; et. al. Hydroxyl ionic liquid (HIL)-immobilized quinuclidine for Baylis-Hillman catalysis: synergistic effect of ionic liquids as organocatalyst supports. Tetrahedron, 2006, 62: 2537-2544.

[165] Hayashi, Y.; Okado, K.; Ashimine, I.; et. al. The Baylis-Hillman reaction under high pressure induced bywater-freezing. Tetrahedron Lett., 2002, 43: 8683-8686.

[166] Roos, G. H. P.; Rampersadh, P. Temperature and ultrasound rate enhancement in the Baylis-Hillman reaction. Synth. Commun., 1993, 23: 1261-1266.

[167] Mateus, C. R.; Feltrin, M. P.; Costa, A. M.; et. al. Diastereoselectivity in heterogeneous catalytic hydrogenation of Baylis-Hillman adducts. Total synthesis of (±)-sitophilate. Tetrahedron, 2001, 57: 6901-6908.

[168] Almeida W. P.; Coelho, F. An easy and stereoselective synthesis of *N*-Boc-dolaproine via the Baylis-Hillman reaction. Tetrahedron Lett., 2003, 44: 937-940.

[169] Octavio, R.; de Souza, M. A.; Vasconcellos, M. L. A. A. The use of DMAP as catalyst in the Baylis-Hillman reaction between methyl acrylate and aromatic aldehydes. Synth. Commun., 2003, 33: 1383-1389.

[170] Coelho, F.; Diaz, G.; Abella, C. A. M.; et. al. The Baylis-Hillman reaction with chiral α-amino aldehydes under racemization-free conditions. Synlett, 2006:435-439.

[171] Amarante, G. W.; Rezende, P.; Cavallaro, M.; et. al. Acyloins from Morita-Baylis-Hillman adducts: an alternative approach to the racemic total synthesis of bupropion. Tetrahedron Lett., 2008, 49:3744-3748.

[172] Ferreira, B. R. V.; Pirovani, R. V.; Souza-Filho, L. G.; et. al. Najera oxime-derived palladacycles catalyze intermolecular Heck reaction with Morita-Baylis-Hillman adducts. An improved and highly efficient synthesis of α-benzyl-β-ketoesters. Tetrahedron, 2009, 65: 7712-7717.

[173] Pirovani, R. V.; Ferreira, B. R. V.; Coelho, F. Highly functionalized spirocyclohexadienones from Morita-Baylis-Hillman adducts. Synlett, 2009:2333-2337.

[174] Brzezinski, L. J.; Rafel, S.; Leahy, J. W. The asymmetric Baylis-Hillmanreaction as a template in organic synthesis. Tetrahedron,1997, 53: 16423-16434.

[175] Rafel, S.; Leahy, J. W. An unexpected rate acceleration-practical improvements in the Baylis-Hillman reaction. J. Org. Chem., 1997, 62: 1521-1522.

[176] Kawamura, M.; Kobayashi, S. Lithium perchlorate-accelerated Baylis-Hillman reactions. Tetrahedron Lett., 1999, 40: 1539-1542.

[177] Barbosa, T. P.; Junior, C. G. L.; Silva, F. P. L.; et. al. Improved synthesis of seven aromatic Baylis-Hillman adducts (BHA): Evaluation against Artemia salina Leach and Leishmania chagasi. Eur. J. Med. Chem., 2009, 44: 1726-1730.

[178] Junior, C. G. L.; de Assis, P. A. C.; Silva, F. P. L. Efficient synthesis of 16 aromatic Morita-Baylis-Hillman adducts: Biological evaluation on Leishmania amazonensis and Leishmania chagasi. Bioorg. Chem., 2010, 38: 279-284.

[179] Basavaiah, D.; Suguna H., R. Synthetic applications of the Baylis-Hillman reaction: simple synthesis of [2*E*]-2-butyloct-2-enal and [2*E*]-2-tridecylheptadec-2-enal. Tetrahedron, 1996, 52: 1253-1258.

[180] Iwabuchi, Y.; Furukawa, M.; Esumi, T.; et. al. An enantio- and stereocontrolled synthesis of (−)-mycestericin E via cinchona alkaloid-catalyzed asymmetric Baylis-Hillman reaction. Chem. Commun., 2001:2030-2031.

[181] Nakano, A.; Ushiyama, M.; Iwabuchi, Y.; et. al. Synthesis of an enantiocomplementary catalyst of β-isocupreidine (β-ICD) from quinine. Adv. Synth. Catal., 2005, 347: 1790-1796.

[182] Nakano, A.; Takahashi, K.; Ishihara, J.; et. al. Synthesis of a pseudoenantiomer of β-isocupreidine (β-ICD), a chiral amine catalyst for asymmetric Baylis-Hillman reactions. Heterocycles, 2005, 66: 371-383.

[183] Nakano, A.; Kawahara, S.; Akamatsu, S.; et. al. β-Isocupreidine-hexafluoroisopropyl acrylate method for asymmetric Baylis-Hillman reactions. Tetrahedron, 2006, 62: 381-389.

[184] Mocquet, C. M.; Warriner, S. L. Metal-free bifunctional catalysis of the asymmetric Baylis-Hillman reaction. Synlett, 2004:356-358.

[185] Nakano, A.; Takahashi, K.; Ishihara, J.; et. al. β-Isocupreidine-catalyzed Baylis-Hillman reaction of chiral *N*-Boc-α-amino aldehydes. Org. Lett., 2006, 8: 5357-5360.

[186] Lee, W.-D.; Yang, K. S.; Chen, K. A remarkable rate acceleration of the Baylis-Hillman reaction. Chem. Commun., 2001:1612-1613.

[187] Basavaiah, D.; Krishnamacharyulu, M.; Rao, J. The aqueous trimethylamine mediated Baylis-

Hillman reaction. Synth. Commun., 2000, 30: 2061-2069.

[188] Guo, Yujuan; Shao, Guang; Li, Lanning; et. al. A general approach to the synthesis of 2-amino acid derivatives via highly efficient catalytic asymmetric hydrogenation of α-aminomethylacrylates. Adv. Synth. Catal., 2010, 352: 1539-1553.

[189] Yu, C.-R.; Xu, L.-H.; Tu, S.; et. al. Synthesis and bioactivity of novel [3-chloro-5-(trifluoromethyl)pyridin-2-yloxy]phenyl containing acrylate and acrylonitrile derivatives. J. Fluorine Chem., 2006, 127: 1540-1546.

[190] Basavaiah, D.; Rao, A. J.; Krishnamacharyulu, M. Methanolic trimethylamine mediated Baylis-Hillman reaction. Arkivoc, 2002: 136-145.

[191] Song, Y.; Ke, H.; Wang, N.; Wang, L.; Zou, G. Baylis-Hillman reaction promoted by a recyclable protic-ionic-liquid solvent-catalyst system: DABCO-AcOH-H_2O. Tetrahedron, 2009, 65: 9086-9090.

[192] De Souza, R. O. M. A.; Meireles, B. A.; Aguiar, L. C. S.; et. al. Hexamethylenetetramine as a cheap and convenient alternative catalyst in the Baylis-Hillman reaction: synthesis of aromatic compounds with anti-malarial activity. Synthesis, 2004: 1595-1600.

[193] Aggarwal, V. K.; Mereu, A. Superior amine catalysts for the Baylis-Hillman reaction: the use of DBU and its implications. Chem. Commun., 1999: 2311-2312.

[194] Mamaghani, M.; Radmogadam, K.; Badrian, A. Rate acceleration of Baylis-Hillman reaction with lithium bromide and 1,8-diazabicyclo[5.4.0]undec-7-ene in solvent free medium. Asian J. Chem., 2006, 18: 840-844.

[195] Aggarwal, V. K.; Tarver, G. J.; McCague, R. First examples of metal and ligand accelerated catalysis of the Baylis-Hillman reaction. Chem. Commun., 1996: 2713-2714.

[196] Krishna, P. R.; Sekhar, E. R.; Kannan, V. *N*-methylmorpholine and urotropine as useful base catalysts in Baylis-Hillman reaction. Synthesis, 2004: 857-860.

[197] Krishna, P. R.; Manjuvani, A.; Kannan, V.; et. al. Sulpholane-a new solvent for the Baylis-Hillman reaction. Tetrahedron Lett., 2004, 45: 1183-1185.

[198] Zhao, S. H.; Chen, Z.-B. *N*-Methylpiperidine. A useful base catalyst in the Morita-Baylis-Hillman reaction. Synth. Commun., 2005, 35: 3045-3053.

[199] Lin, Y.-S.; Liu, C.-W.; Tsai, T. Y. R. 1-Methylimidazole 3-*N*-oxide as a new promoter for the Morita-Baylis-Hillman reaction. Tetrahedron Lett., 2005, 46: 1859-1861.

[200] Luo, S.; Zheng, X.; Xu, H.; et. al. Magnetic nanoparticle-supported Morita-Baylis-Hillman catalysts. Adv. Synth. Catal., 2007, 349: 2431-2434.

[201] Mi, X.; Luo, S.; Cheng, J.-P. Ionic liquid-immobilized quinuclidine-catalyzed Morita-Baylis-Hillman reactions. J. Org. Chem., 2005, 70: 2338-2341.

[202] Leadbeater, N. E.; van der Pol, C. Development of catalysts for the Baylis-Hillman reaction: application of tetramethylguanidine and attempts to use a supported analog. J. Chem. Soc., Perkin Trans. 1, 2001: 2831-2835.

[203] Grainger, R. S.; Leadbeater, N. E.; Masdeu Pamies, A. The tetramethylguanidine catalyzed Baylis-Hillman reaction: effects of co-catalysts and alcohol solvents on the reaction rate. Catal. Commun., 2002, 3: 449-452.

[204] Kulkarni, B. A.; Ganesan, A. Solid-phase synthesis of β-keto esters via sequential Baylis-Hillman

and Heck reactions. J. Comb. Chem., 1999, 1: 373-378.

[205] Rolfing, K.; Thiel, M.; Kunzer, H. Combinatorial synthesis of C(2), C(3)-disubstituted 3-hydroxypropionamides utilizing Baylis-Hillman reactions on solid support. Synlett, 1997: 325-326.

[206] Batra, S.; Srinivasan, T.; Rastogi, S. K.; et. al. Combinatorial synthesis and biological evaluation of isoxazole -based libraries as antithrombotic agents. Bioorg. Med. Chem. Lett., 2002, 12: 1905-1908.

[207] Richter, H.; Jung, G. Solid phase synthesis of allylic alcohols via the Baylis-Hillman reaction. Mol. Diversity, 1998, 3: 191-194.

[208] Richter, H.; Jung, G. Substituted sulfonamides via a three component reaction on solid support. Tetrahedron Lett., 1998, 39: 2729-2730.

[209] Rosa, J. N.; Afonso, C. A. M.; Santos, A. G. Ionic liquids as a recyclable medium for the Baylis-Hillman reaction. Tetrahedron, 2001, 57: 4189-4193.

[210] De Souza, R. O. M. A.; Fregadolli, P. H.; Goncalves, K. M.; et. al. Hexamethylenetetramine-ionic liquids-catalyzed Baylis-Hillman reactions. Lett. Org. Chem., 2006, 3: 936-939.

[211] Hsu, J. C.; Yen, Y. H.; Chu, Y. H. Baylis-Hillman reaction in [bdmim][PF_6] ionic liquid. Tetrahedron Lett., 2004, 45: 4673-4676.

[212] Jurčík V.; Wilhelm, R. An imidazolinium salt as ionic liquid for medium and strong bases. Green Chem., 2005, 7: 844-848.

[213] Lin, Y. S.; Lin, C. Y.; Liu, C. W.; et. al. A highly active ionic liquid catalyst for Morita-Baylis-Hillman reaction. Tetrahedron, 2006, 62: 872-877.

[214] Kumar, A.; Pawar, S. S. The DABCO -catalysed Baylis-Hillman reactions in the chloroaluminate room temperature ionic liquids: rate promoting and recyclable media. J. Mol. Catal. A: Chem., 2004, 211: 43-47.

[215] Gong, H.; Cai, C. Q.; Yang, N. F.; et. al. Application of non-imidazolium-based ionic liquid in the Baylis-Hillman reactions: Rate and yield promoted. J. Mol. Catal. A: Chem., 2006, 249: 236-239.

[216] Zhao, S. -H.; Zhang, H. -R.; Feng, L. -H.; et. al. Pyridinium ionic liquids-accelerated amine-catalyzed Morita-Baylis-Hillman reaction. J. Mol. Catal. A: Chem., 2006, 258: 251-256.

[217] Zhao, S.; Zhao, E.; Shen, P.; et. al. An atom-efficient and practical synthesis of new pyridinium ionic liquids and application in Morita-Baylis-Hillman reaction. Ultrason. Sonochem., 2008, 15: 955-959.

[218] Porto, R. S.; Amarante, G. W.; Cavallaro, M.; et. al. Improved catalysis of Morita-Baylis-Hillman reaction. The strong synergic effect using both an imidazolic ionic liquid and a temperature. Tetrahedron Lett., 2009, 50: 1184-1187.

[219] Jeong, Y.; Ryu, J. -S. Synthesis of 1,3-dialkyl-1,2,3-triazolium ionic liquids and their applications to the Baylis-Hillman reaction. J. Org. Chem., 2010, 75: 4183-4191.

[220] Yu, C. Z; Hu, L. Q. Successful Baylis-Hillman reaction of acrylamide with aromatic aldehydes. J. Org. Chem., 2001, 67: 219-223.

[221] Krishna, P. R.; Manjuvani, A.; Sekhar, E. R. Novel aprotic polar solvents for facile Baylis-Hillman reaction. Arkivoc, 2005: 99-109.

[222] Patra, A.; Batra, S.; Bhaduri, A. P.; et. al. Isoxazole-based derivatives from Baylis-Hillman chemistry: assessment of preliminary hypolipidemic activity. Bioorg. Med. Chem., 2003, 11:

2269-2276.

[223] Tang, X.; Zhang, B.; He, Z.; et. al. 1,3,5-Triaza-7-phosphaadamantane (PTA): a practical and versatile nucleophilic phosphine organocatalyst. Adv. Synth. Catal., 2007, 349: 2007-2017.

[224] Zhao, S.-H.; Bie, H.-Y.; Chen, Z.-B. Improved procedures for the Baylis-Hillman reaction. Org. Prep. Proced. Int., 2005, 37: 231-237.

[225] Guo, W.; Wu, W.; Fan, N.; et. al. Synthesis of α-substituted *N*-aryl acrylamide derivatives through Baylis-Hillman reaction. Synth. Commun., 2005, 35: 1239-1251.

[226] He, K.; Zhou, Z. H.; Zhao, G. F.; et. al. Chiral activated alkenes induced asymmetric Baylis-Hillman reaction in Me_3N/H_2O/solvent medium. Heteroat. Chem., 2006, 17: 317-321.

[227] Gong, J. H; Im, Y. J; Lee, K. Y.; et. al. Tributylphosphine-catalyzed Stetter reaction of *N*,*N*-dimethylacrylamide: synthesis of *N*,*N*-dimethyl-3-aroylpropionamides. Tetrahedron Lett., 2002, 43: 1247-1251.

[228] Basavaiah, D.; Gowriswari, V. V. L. A simple synthesis of 2-(1-hydroxyalkyl) acrylonitriles. Synth. Commun., 1987, 17: 587-591.

[229] Familoni, O. B.; Klaas, P. J.; Lobb, K. A.; et. al. The Baylis-Hillman approach to quinoline derivatives. Org. Biomol. Chem., 2006, 4: 3960-3965.

[230] Majhi, T. P.; Neogi, A.; Ghosh, S.; et. al. An efficient synthesis of novel dibenzo-fused nine-membered oxacycles using a sequential Baylis-Hillman reaction and radical cyclization. Synthesis, 2008: 94-100.

[231] De Souza, R. O. M. A.; Pereira, V. L. P.; Muzitano, M. F.; et. al. High selective leishmanicidal activity of 3-hydroxy-2-methylene-3-(4-bromophenyl) propanenitrile and analogous compounds. Eur. J. Med. Chem., 2007, 42: 99-102.

[232] Chen, P.-Y.; Chen, H.-M.; Chen, L.-Y.; et. al. Claisen rearrangement/Baylis-Hillman reaction/ring-closing metathesis as bases for the construction of substituted cyanonaphthalenes. Tetrahedron, 2007, 63: 2824-2828.

[233] Reddy, L. R.; Rao, K. R. Rate acceleration of the Baylis-Hillman reaction using crystalline cyclodextrin complexes. Org. Prep. Proced. Int., 2000, 32: 185-188.

[234] Hwu, J. R.; Hakimelahi, G. H.; Chou, C. T. Simple method for α-alkylation of α,β-unsaturated enones through the Michael addition. Tetrahedron Lett., 1992, 33: 6469-6472.

[235] Rezgui, F.; El Gaied, M. M. DMAP-catalyzed hydroxymethylation of 2-cyclohexenones in aqueous medium through Baylis-Hillman reaction. Tetrahedron Lett., 1998, 39: 5965-5966.

[236] Shi, M.; Xu, Y.-M.; Zhao, G.-L.; et. al. Lewis base effects in the Baylis-Hillman reaction of arenecarbaldehydes and n-arylidene-4-methylbenzenesulfonamides with α,β-unsaturated cyclic ketones. Eur. J. Org. Chem., 2002, 21: 3666-3679.

[237] Shi, M.; Xu, Y.-M. Lewis base effects in the Baylis-Hillman reaction of imines with cyclohex-2-en-1-one and cyclopent-2-en-1-one. Chem. Commun., 2001: 1876-1877.

[238] Luo, S.; Mi, X.; Xu, H.; et. al. Efficient Baylis-Hillman reactions of cyclic enones in methanol as catalyzed by methoxide anion. J. Org. Chem., 2004, 69: 8413-8422.

[239] Guerra, K. P.; Afonso, C. A. M. Efficient tandem Morita-Baylis-Hillman /double cross-aldol reaction between cyclic enones and formaldehyde promoted by n-methylpyrrolidine. Eur. J. Org. Chem., 2011: 2372-2379.

[240] Zaidlewicz, M. ; Sokol, W. ; Wojtczak, A. ; et. al. Syntheses with organoboranes. Part 14. Enolization-aldolization of conjugated cyclohexenones via dienolborinates. Tetrahedron Lett. , 2002, 43: 3525-3528.

[241] Basavaiah, D. ; Sreenivasulu, B. ; Rao, A. J. Steric factors direct Baylis-Hillman and aldol reactions in titanium tetrachloride mediated coupling between α-keto esters and cyclohex-2-enone derivatives. J. Org. Chem. ,2003, 68: 5983-5991.

[242] Kurteva, V. B. ; Afonso, C. A. M. Synthesis of cyclopentitols by ring-closing approaches. Chem. Rev. ,2009, 109:6809-6857.

[243] Schwartz, B. D. ; Tilly, D. P. ; Heim, R. ; et. al. Towards the total synthesis of vibsanin E, 15-O-methylcyclovibsanin b, 3-hydroxyvibsanin E, furanovibsanin A, and 3-*O*-methylfuranovibsanin A. Eur. J. Org. Chem. ,2006:3181-3192.

[244] Baker, L. A. ; Williams, C. M. ; Bernhardt, P. V. ; et. al. Azedaralide: total synthesis, relative and absolute stereochemical assignment. Tetrahedron,2006, 62: 7355-7360.

[245] Dunn, P. J. ; Hughes, M. L. ; Searle, P. M. ; et. al. The chemical development and scale-up of sampatrilat. Org. Process Res. Dev. ,2003, 7: 244-253.

[246] Smith, A. B. III; Branca, S. J. ; Pilla, N. N. ; et. al. Stereocontrolled total synthesis of (±)-pentenomycins. I-III, their epimers, and dehydropentenomycin I. J. Org. Chem. , 1982, 47: 1855-1869.

[247] Smith, A. B. III; Branca, S. J. ; Guaciaro, M. A. ; et. al. 2-Hydroxymethyl-2-cyclopentenone. Org. Synth. Coll. Vol. VII, 1990: 271-275.

[248] Kato. T. ; Ishii, H. ; Kawai, K. ; et. al. Synthesis and analgesic activity of cyclohexylmethyl amines and related compounds. Chem. Pharm. Bull. ,1984, 32: 2279-2289.

[249] Nicolaou, K. C. ; Peng, X.-S. ; Sun, Y.-P. ; et. al. Total synthesis and biological evaluation of cortistatins A and J and analogues thereof. J. Am. Chem. Soc. , 2009, 131: 10587-10597.

[250] Narender, P. ; Gangadasu, B. ; Ravinder, M. ; et. al. Baylis-Hillman adducts between pyridine carboxaldehyde derivatives and cyclic enones. Tetrahedron, 2006, 62: 954-959.

[251] Luo, S. ; Wang, P.-G. ; Cheng, J.-P. Remarkable rate acceleration of imidazole-promoted Baylis-Hillman reaction involving cyclic enones in basic water solution. J. Org. Chem. , 2004, 69: 555-558.

[252] Luo, S. ; Mi, X. ; Peng, G.-W. ; et. al. The azoles: effective catalysts for Baylis-Hillman reaction in basic water solution. Tetrahedron Lett. , 2004, 45: 5171-5174.

[253] Lee, K. Y. ; GowriSankar, S. ; Kim, J. N. *N,N,N′,N′*-Tetramethyl-1,3-propanediamine as the catalyst of choice for the Baylis-Hillman reaction of cycloalkenone: rate acceleration by stabilizing the zwitterionic intermediate via the ion-dipole interaction. Tetrahedron Lett. , 2004, 45: 5485-5488.

[254] Lee, K. Y. ; Gong, J. H. ; Kim, J. N. The most simple and convenient synthesis of the Baylis-Hillman adducts of cycloalkenones: use of DMAP in aqueous THF. Bull. Korean Chem. Soc. , 2002, 23: 659-660.

[255] Bugarin, A. ; Connell, B. T. Acceleration of the Morita-Baylis-Hillmanreaction by a simple mixed catalyst system. J. Org. Chem. ,2009, 74: 4638-4641.

[256] Ito, H. ; Takenaka, Y. ; Fukunishi, S. ; et. al. A practical preparation of 2-hydroxymethyl-2-cyclopenten-1-one by Morita-Baylis-Hillman reaction. Synthesis, 2005:3035-3038.

[257] Yamada, Y. M. A. ; Ikegami, S. Efficient Baylis-Hillman reactions promoted by mild cooperative

catalysts and their application to catalytic asymmetric synthesis. Tetrahedron Lett., 2000, 41: 2165-2169.

[258] Wasnaire, P.; de Merode, T.; Marko, I. E. Intramolecular Stetter cyclisation of Morita-Baylis-Hillman adducts: a versatile approach towards bicycloenediones. Chem. Commun., 2007:4755-4757.

[259] Chapuis, C.; Buchi, G. H.; Wuest, H. Synthesis of cis-Hedione and methyl jasmonate via cascade Baylis-Hillman reaction and Claisen ortho ester rearrangement. Helv. Chim. Acta, 2005, 88: 3069-3088.

[260] Pei, W.; Wei, H.-X.; Li, G. The Baylis-Hillman condensation of α,β-conjugate cycloketones with aldehydes using diethylaluminum iodide alone as the promoter. Chem. Commun., 2002:2412-2413.

[261] Karur, S.; Hardin, J.; Headley, A.; et. al. A novel approach to Morita-Baylis-Hillman (MBH) lactones via the Lewis acid-promoted couplings of α,β-unsaturated lactone with aldehydes. Tetrahedron Lett., 2003, 44: 2991-2994.

[262] Pei, W; Wei, H.-X.; Li, G. Lewis acid-promoted Baylis-Hillman-type reaction of an α,β-unsaturated ethyl thioester with aldehydes without the use of a Lewis base. Chem. Commun., 2002:1856-1857.

[263] Zhu, Y.-H.; Vogel, P. Synthesis of a C-disaccharide analog of the Thomsen-Friedenreich (T) epitope. Synlett, 2001:79-81.

[264] Schwartz, B. D.; Porzelle, A.; Jack, K. S.; et. al. Cyclic enones as substrates in the Morita-Baylis-Hillman reaction: Surfactant interactions, scope and scalability with an emphasis on formaldehyde. Adv. Synth. Catal., 2009, 351: 1148-1154.

[265] Guerra K. P.; Afonso, C. A. M. An efficient and simple Morita-Baylis-Hillman reaction based on the *N*-methylpyrrolidine-$Ba(OH)_2$ catalytic system. Tetrahedron, 2011, 67: 2562-2569.

[266] Fikentscher, R.; Hahn, E.; Kud, A.; et. al. 2-(1-Hydroxymethyl)acrylonitrile and esters from it. DE3444098-A. CA, 1986, 105:115538.

[267] Turki, T.; Villieras, J.; Amri, H. An efficient synthesis of alkyl α-(hydroxymethyl) acrylates induced by DABCO in an aqueous medium. Tetrahedron Lett., 2005, 46: 3071-3072.

[268] Genski, T.; Taylor, R. J. K. The synthesis of epi-epoxydon utilizing the Baylis-Hillman reaction. Tetrahedron Lett., 2002, 43: 3573-3576.

[269] Erkoc, S.; Mathias, L. J.; Acar, A. E. Cyclopolymerization of tert-butyl α-(hydroxymethyl) acrylate (TBHMA) ether dimer via atom transfer radical polymerization (ATRP). Macromolecules, 2006, 39: 8936-8942.

[270] Sohtome, Y.; Takemura, N.; Takagi, R.; et. al. Thiourea-catalyzed Morita-Baylis-Hillman reaction. Tetrahedron, 2008, 64: 9423-9429.

[271] Sohtome, Y.; Tanatani, A.; Hashimoto, Y.; et. al. Development of bis-thiourea-type organocatalyst for asymmetric Baylis-Hillman reaction. Tetrahedron Lett., 2004, 45: 5589-5592.

[272] Kantam, M. L.; Chakrapani, L.; Choudary, B. M. Baylis-Hillman reaction of cyclic enones with arenecarbaldehydes and *N*-arylidene-4-methylbenzenesulfonamides by using NAP-MgO. Synlett, 2008:1946-1948.

[273] Itoh, A.; Ozawa, S.; Oshima, K.; et. al. Aldol reaction of aluminum enolate resulting from 1,4-addition of R_2AlX to α,β-unsaturated carbonyl compounds. A 1-acylethenyl anion equivalent. Bull. Chem. Soc. Jpn., 1981, 54: 274-278.

[274] Itoh, A.; Ozawa, S.; Oshima, K.; et. al. Aldol reaction of aluminum enolate resulting from 1,4-

addition of dimethylphenylthioaluminum to α,β-unsaturated carbonyl compound. A 1-acetylethenyl anion equivalent. Tetrahedron Lett., 1980, 21: 361-364.

[275] Zhu, Y.-H.; Vogel, P. Synthesis of a (2*R*,6*R*)-2-(hydroxymethyl)-6-propa-1,2-dienyl-2H-pyran-3(6H)-one derivative, a new enone for the convergent construction of C-glycosides of C-disaccharides. Synlett, 2001:82-86.

[276] Jauch, J. A new protocol for Baylis-Hillman reactions: chirality transfer in a lithium phenylselenide induced tandem-Michael-aldol-retro-Michael reaction. J. Org. Chem., 2001, 66: 609-611.

[277] Jauch, J. A Short Synthesis of mniopetal F. Eur. J. Org. Chem., 2001:473-476.

[278] Sasaki, K.; Aso, Y.; Otsubo, T.; et. al. Organotelluriums. Part XVII. 1,4-Addition of diisobutylaluminum benzenetellurolate to α,β-unsaturated carbonyl compounds and aldol reaction of resulting aluminum enolates. Chem. Lett., 1989:607-610.

[279] Marino J. P.; Nguyen, H. N. Electrotelluration: a new approach to tri- and tetrasubstituted alkenes. J. Org. Chem., 2002, 67: 6291-6296.

[280] Yamashita, N.; Yoshihara, M.; Maeshima, T. Polymerization of acrolein by several cyclic amines and water system. J. Macromol. Sci., Chem., 1973, 7: 569-571.

[281] Reddy, M. V. R; Rudd, M. T.; Ramachandran, P. V. Study of fluorocarbonyls for the Baylis-Hillman reaction. J. Org. Chem., 2002, 67: 5382-5385.

[282] Strunz, G. M.; Bethell, R.; Sampson, G.; et. al. On the Baylis-Hillman reaction of acrylate, acrylonitrile, and acrolein with some non-enolizable α-dicarbonyl compounds: synthesis of phytotoxic bipolaroxin models. Can. J. Chem., 1995, 73: 1666-1674.

[283] Reddy, V. J.; Roforth, M. M.; Tan, C.; et. al. Synthesis of functionalized carboranes as potential anticancer and BNCT agents. Inorg. Chem., 2007, 46: 381-383.

[284] Akagawa, K.; Sakamoto, S.; Kudo, K. Synthesis of indenes by intramolecular Morita-Baylis-Hillman reaction in aqueous media catalyzed by resin-supported proline. Synlett, 2011:817-820.

[285] Kaye, T. P.; Nocanda, W. X. A convenient general synthesis of 3-substituted 2H-chromene derivatives. J. Chem. Soc., Perkin Trans. 1, 2002:1318-1323.

[286] Raghotham, A.; Lavanya, T.; Reddy, P. P. New entry to 9-acetyl/formyl-substituted 2H,8H-pyrano[2,3-f]chromen-2-ones through Baylis-Hillman reaction. Synth. Commun., 2008, 38: 2459-2464.

[287] Reddy, S. S.; Krupadanam, G. L. D. Facile Synthesis of 9-acetyl/formyl/cyano-substituted pyrano[2,3-f]flavones and chromones using the Baylis-Hillman reaction. Synth. Commun., 2010, 40: 1292-1304.

[288] Auvray, P.; Knochel, P.; Normant, J. F. Preparation and nucleophilic substitution of (*E*)-1-bromo-2-phenylsulfonyl-2-alkenes and 3-acetoxy-2-phenylsulfonyl-1-alkenes. Tetrahedron, 1988, 44: 6095-6106.

[289] Auvray, P.; Knochel, P.; Normant, J. F. An easy synthesis of the 2-(phenylsulfonyl)-substituted allylic bromides and acetates and their reactivity towards nucleophiles. Tetrahedron Lett., 1986, 27: 5095-5098.

[290] Weichert, A.; Hoffmann, H. M. R. Synthesis and reactions of α-methylene-α-ketosulfones. J. Org. Chem., 1991, 56: 4098-4112.

[291] Jackson, R. F. W.; Standen, S. P.; Clegg, W.; et. al. Stereocontrol in the nucleophilic epoxidation

of α-(1-hydroxyalkyl)-α,β-unsaturated sulfones. J. Chem. Soc., Perkin Trans. 1, 1995: 141-148.

[292] Nayak, S. K.; Thijs, L.; Zwanenburg, B. Baylis-Hillman reaction of *N*-trityl aziridine-2-(*S*)-carboxaldehyde. Tetrahedron Lett., 1999, 40: 981-984.

[293] Song, Y. S.; Lee, K. -J. A new route to 6-substituted pyrrolo[2,1-b]thiazoles from Morita-Baylis-Hillman adducts of thiazole-2-carboxaldehyde. Synthesis, 2007:3037-3043.

[294] Zhou, A.; Hanson, P. R. Synthesis of sultam scaffolds via intramolecular oxa-Michael and diastereoselective Baylis-Hillman reactions. Org. Lett., 2008, 10:2951-2954.

[295] Kaye, P. T.; Nocanda, X. W. A convenient Baylis-Hillman synthesis of 3-substituted 2H-1-benzothiopyrans. Synthesis, 2001:2389-2392.

[296] Ando, D.; Bevan, C.; Brown, J. M.; et. al. Contrasting pathways for the directed homogeneous hydrogenation of vinyl sulfoxides and vinyl sulfones. J. Chem. Soc., Chem. Commun., 1992: 592-594.

[297] Wang, S. Z.; Yamamoto, K.; Yamada, H.; et. al. Stereochemical study on the palladium(0)-catalyzed carbonylation of 3-(methoxycarbonyloxy)-2-methylenealkanoates and analogs. Tetrahedron, 1992, 48: 2333-2348.

[298] Amri, H.; El Gaied, M. M.; Villieras, J. Hydroxyalkylation of diethyl vinylphosphonate in the presence of DABCO. Synth. Commun., 1990, 20: 659-663.

[299] Fox, D. J; Medlock, J. A; Vosser, R.; et. al. Allene synthesis by an asymmetric Baylis-Hillman style reaction on vinylphosphine oxides. J. Chem. Soc., Perkin Trans. 1, 2001:2240-2249.

[300] Bernasconi, C. F.; Renfrow, R. A.; Tia, P. R. Nucleophilic addition to olefins. 16. Unusual substituent effects in the reaction of amines with β-nitrostyrenes. Solvent effect on intrinsic rate constants. J. Am. Chem. Soc., 1986, 108: 4541-4549.

[301] Gottlieb, L.; Hassner, A. Cycloadditions. 53. Stereoselective synthesis of functionalized pyrrolidines via intramolecular 1,3-dipolar silyl nitronate cycloaddition. J. Org. Chem., 1995, 60: 3759-3763.

[302] Rastogi, N.; Namboothiri, I. N. N; Cojocaru, M. α-Hydroxymethylation of conjugated nitroalkenes via the Morita-Baylis-Hillman reaction. Tetrahedron Lett., 2004, 45: 4745-4748.

[303] Mohan, R.; Rastogi, N.; Namboothiri, I. N. N.; et. al. Synthesis and evaluation of α-hydroxymethylated conjugated nitroalkenes for their anticancer activity: inhibition of cell proliferation by targeting microtubules. Bioorg. Med. Chem., 2006, 14: 8073-8085.

[304] Deb, I.; Dadwal, M.; Mobin, S. M.; et. al. Hydroxyalkylation of conjugated nitroalkenes with activated nonenolizable carbonyl compounds. Org. Lett., 2006, 8: 1201-1204.

[305] Deb, I.; Shanbhag, P.; Mobin, S. M.; et. al. Morita-Baylis-Hillman reactions between conjugated nitroalkenes or nitrodienes and carbonyl compounds. Eur. J. Org. Chem., 2009:4091-4101.

[306] Kuan, H. H.; Reddy, R. J.; Chen, K. An efficient Morita-Baylis-Hillman reaction for the synthesis of multifunctional 2-hydroxy-3-nitrobut-3-enoate derivatives. Tetrahedron, 2010, 66: 9875-9879.

[307] Dadwal, M.; Mobin, S. M.; Namboothiri, I. N. N. Highly efficient hydrazination of conjugated nitroalkenes via imidazole or DMAP mediated Morita-Baylis-Hillman reaction. Org. Biomol. Chem., 2006, 4: 2525-2528.

[308] Van Rozendaal, E. L. M.; Voss, B. M. W.; Scheeren, H. W. Effect of solvent, pressure and catalyst on the (*E*)/(*Z*)-selectivity in the Baylis-Hillman reaction between crotononitrile and benzaldehye. Tetrahedron, 1993, 49: 6931-6936.

[309] Kundu, M. K.; Mukherjee, S. B.; Balu, N.; et. al. Microwave mediated extensive rate enhancement of the Baylis Hillman reaction. Synlett, 1994: 444.

[310] Fukushima, M.; Takushima, D.; Kimura, M. Dienyl homoallyl alcohols via palladium catalyzed ene-type reaction of aldehydes with 1,3-dienes. J. Am. Chem. Soc., 2010, 132: 16346-16348.

[311] Concellon, J. M.; Huerta, M. Highly selective reaction of α-halo-α,β-unsaturated esters with ketones or aldehydes promoted by SmI_2: an efficient alternative access to Baylis-Hillman adducts. J. Org. Chem., 2005, 70: 4714-4719.

[312] Cha, J. H.; Pae, A. N.; Choi, K. I. I.; et. al. An efficient approach to (*E*)-β-methyl Baylis-Hillman adducts via indium-mediated allylation of aldehydes in aqueous media. J. Chem. Soc. Perkin Trans. 1, 2001:2079-2081.

[313] Ramachandran, P. V.; Reddy, M. V. R.; Rudd, M. T. Vinylalumination of activated carbonyl compounds. Tetrahedron Lett., 1999, 40:627-630.

[314] Ramachandran, P. V.; Reddy, M. V. R.; Rudd, M. T. An improved vinylalumination procedure replacing HMPA with NMO for the hydroalumination of α-acetylenic esters and ketones. Chem. Commun., 1999:1979-1980.

[315] Li, G.; Wei, H.-X.; Wills, S. A new stereospecific synthesis of unusual (*Z*)-β-branched Baylis-Hillman adducts. Tetrahedron Lett., 1998, 39: 4607-4610.

[316] Seck, M.; Franck, X.; Seon-Meniel, B.; et. al. A Baylis-Hillman approach to the synthesis of C(1)-C(11) fragment of caribenolide I. Tetrahedron Lett., 2006, 47: 4175-4180.

[317] Krishna, P. R.; Narsingam, M.; Reddy, P. S.; et. al. Novel protocol for the generation of β-branched Baylis-Hillman adducts from ethyl sorbate and aryl aldehydes. Tetrahedron Lett., 2005, 46: 8885-8888.

[318] Yin, Y.; Wang, M.; Liu, Q.; et. al. A C-C bond formation reaction at the α-carbon atom of α-oxo ketene dithioacetals via the Baylis-Hillman type reaction. Tetrahedron Lett., 2005, 46:4399-4402.

[319] Pan, W.; Dong, D.; Sun, S.; et. al. One-pot synthesis of substituted indole *N*-oxides: $TiCl_4$-mediated Baylis-Hillman reaction of α-oxo cyclic ketene-*S*,*S*-acetal with ortho-nitrobenzaldehydes and subsequent intramolecular cyclization. Synlett, 2006:1090-1094.

[320] Zhang, Q.; Liu, Y.; Wang, M.; et. al. Highly efficient C—C bond-forming reactions of an α-cyanoketene dithioacetal with aldehydes and ketones. Synthesis, 2006:3009-3014.

[321] Yin, Y.; Zhang, Q.; Li, J.; et. al. $TiCl_4$-mediated Michael addition reactions of α-cyanoketene-*S*,*S*-acetals with enones. Tetrahedron Lett., 2006, 47: 6071-6074.

[322] Zhang, Q.; Sun, S.; Hu, J.; et. al. $BF_3 \cdot Et_2O$-catalyzed direct carbon-carbon bond formation of α-EWG ketene-(*S*,*S*)-acetals and alcohols and synthesis of unsymmetrical biaryls. J. Org. Chem., 2007, 72: 139-143.

[323] Taniguchi, M; Hino, T; Kishi, Y. Aldol reaction of allenolates generated via 1,4-addition of iodide anion or its equivalent to α,β-acetylenic ketones. Tetrahedron Lett., 1986, 27: 4767-4770.

[324] Zhang, C.; Lu, X.-Y. Stereoselective synthesis of methyl (*Z*)-3-iodo-2-(1-hydroxyalkyl) prop-2-enoates and their further transformation to α-(*Z*)-iodomethylene-β-lactones. Synthesis, 1996:586-588.

[325] Chen, D.; Guo, L; Kotti, S. R. S. S; et. al. The first asymmetric catalytic halo aldol reaction of β-iodo allenoates with aldehydes by using chiral salen catalyst. Tetrahedron: Asymmetry, 2005, 16: 1757-1762.

[326] Wei, H.-X.; Gao, J. J.; Li, G.; et. al. Synthesis of β-iodo-α-(hydroxyalkyl) acrylates: a convenient and stereoselective reaction. Tetrahedron Lett., 2002, 43: 5677-5680.

[327] Lee, S.; Hwang, G.-S.; Ryu, D. H. Aluminum iodide promoted highly Z-stereoselective synthesis of β-iodo Morita-Baylis-Hillman esters with ketones as aldol acceptors. Synlett, 2007: 59-62.

[328] Lee, S.; Hwang, G.-S.; Shin, S. C.; et al. A highly e-stereoselective approach to β-iodo Morita-Baylis-Hillman esters: synthesis of secokotomolide A. Org. Lett., 2007, 9: 5087-5089.

[329] Wei, H.-X.; Chen, D.; Xu, X.; et. al. Asymmetric synthesis of chiral β-iodo Baylis-Hillman esters using MgI_2 as promoter via a one-pot three-component reaction. Tetrahedron: Asymmetry, 2003, 14: 971-974.

[330] Wei, H.-X.; Hu, J.; Purkiss, D. W.; et. al. Stereoselective aldol coupling of α,β-acetylenic ketones promoted by MgI_2. Tetrahedron Lett., 2003, 44: 949-952.

[331] Deng, G.-H.; Hu, H.; Wei, H.-X.; et. al. The aldol reaction of allenolates with aldehydes in the presence of magnesium diiodide (MgI_2) as catalyst. Helv. Chim. Acta, 2003, 86: 3510-3515.

[332] Wei, H.-X.; Hu, J.; Jasoni, R. L.; et. al. Synthesis of substituted α-(hydroxymethyl)-β-iodoacrylates via MgI_2-promoted stereoselective aldol coupling. Helv. Chim. Acta, 2004, 87: 2359-2363.

[333] Wei, H.-X.; Gao, J. J.; Li, G. Substoichiometric $TiCl_4$-mediated vicinal difunctionalization of α,β-acetylenic ketones for the synthesis of β-halo Baylis-Hillman olefins. Tetrahedron Lett., 2001, 42: 9119-9122.

[334] Wei, H.-X.; Kim, S. H.; Caput, T. D.; et. al. Highly stereoselective α-hydroxyalkylation/chlorination of α,β-acetylenic ketones-an efficient approach to β-halogeno Baylis-Hillman adducts. Tetrahedron, 2000, 56: 2397-2401.

[335] Tsuboi, S.; Takatsuka, S.; Utaka, M. A novel reaction of ethyl 2,3-butadienoate with aldehydes in the presence of base. Chem. Lett., 1988: 2003-2004.

[336] Zhao, Q.-Y.; Lian, Z.; Wei, Y.; et. al. Morita-Baylis-Hillman reactions of isatins with allenoates. Tetrahedron, 2012, 68: 4899-4905.

[337] Kuendig, E. P.; Xu, L. H.; Romanens, P.; et. al. Highly diastereoselective coupling reactions between chiral benzaldehyde tricarbonylchromium complexes and activated double bonds. Tetrahedron Lett., 1993, 34: 7049-7052.

[338] Narender, P.; Srinivas, U.; Gangadasu, B.; et. al. Anti-malarial activity of Baylis-Hillman adducts from substituted 2-chloronicotinaldehydes. Bioorg. Med. Chem. Lett., 2005, 15: 5378-5381.

[339] Kim, E. S.; Lee, H. S.; Kim, J. N. An efficient synthesis of Baylis-Hillman adducts of acrylamide: Pd-catalyzed hydration of Baylis-Hillman adducts of acrylonitrile. Tetrahedron Lett., 2009, 50: 6286-6289.

[340] Sun, S.; Wang, M.; Deng, H.; et. al. A practical route to 2,3-di-/1,2,3-trisubstituted indolizines from α-EWG ketene S, S-acetals and their application in bis (1-indolizinyl) methane synthesis. Synthesis, 2008: 573-583.

[341] Rodrigues, M. T., Jr.; Gomes, J. C.; Smith, J.; et. al. Simple and highly diastereoselective access to 3,4-substituted tetrahydro-1,8-naphthyridines from Morita-Baylis-Hillman adducts. Tetrahedron Lett., 2010, 51: 4988-4990.

[342] Bode, M. L.; Kaye, P. T. Indolizine studies. Part 2. Synthesis and NMR spectroscopic analysis of 2-

substituted indolizines. J. Chem. Soc, Perkin Trans. 1, 1993:1809-1813.

[343] Molefe, D. M.; Kaye, P. T. Catalytic effects in Baylis-Hillman reactions of chromone-3-carbaldehydes with acrylonitrile and methyl acrylate. Synth. Commun., 2009, 39: 3586-3600.

[344] Kaye, P. T.; Nchinda, A. T.; Sabbagh, L. V.; et. al. Chromone studies. Part 14. Unprecedented dimerization of chromone-3-carbaldehyde-derived Baylis-Hillman adducts. J. Chem. Res., Synop., 2003:111-113.

[345] Kaye, P. T.; Molefe, D. M.; Nchinda, A. T.; et. al. Chromone studies. Part 15. Formation and condensation of Baylis-Hillman adducts in DABCO-catalyzed reactions of chromone-3-carbaldehydes withacrylonitrile. J. Chem. Res., Synop., 2004:303-306.

[346] Elmorsy, S. S.; Badawy, D. S.; Nour, M. A.; et. al. The iodotrichlorosilane induced reactions of aromatic aldehydes with acrylonitrile: a unique route to unsaturated iminoaldehydes. Tetrahedron Lett., 1991, 32: 5421-5422.

[347] Batra, S.; Rastogi, S. K.; Kundu, B.; et. al. A novel isoxazole-based scaffold for combinatorial chemistry. Tetrahedron Lett., 2000, 41: 5971-5974.

[348] Patra, A.; Batra, S.; Kundu, B.; et. al. 5-isoxazolecarboxaldehyde: a novel substrate for fast Baylis-Hillman reaction. Synthesis, 2001:276-280.

[349] Patra, A.; Roy, A. K.; Joshi, B. S.; et. al. The Baylis-Hillman chemistry in aqueous media: elucidation of mechanism for synthesis of ether side-product leads to an efficient approach to C—O bond formation. Tetrahedron, 2003, 59: 663-670.

[350] Roy, A. K.; Batra, S. Facile Baylis-Hillman reaction of substituted 3-isoxazolecarbaldehydes: the impact of a proximal heteroatom within a heterocycle on the acceleration of the reaction. Synthesis, 2003: 2325-2330.

[351] Roy, A. K.; Batra, S. Highly substituted isoxazoles: the Baylis-Hillman reaction of substituted 4-isoxazolecarboxaldehydes and attempted cyclization to isoxazole-annulated derivatives. Synthesis, 2003:1347-1356.

[352] Nag, S.; Singh, V.; Batra, S. Studies on the Baylis-Hillman reaction of pyrazolecarbaldehydes under the influence of DABCO: positional effect on the reactivity of the formyl group. Arkivoc, 2007: 185-203.

[353] Nag, S.; Nayak, M.; Batra, S. First copper-catalyzed intramolecular amidation in substituted 4-iodopyrazoles leading to the synthesis of pyrazolo[4,3-b]pyridin-5-ones. Adv. Synth. Catal., 2009, 351: 2715-2723.

[354] Mishra, A.; Batra, S. Expeditious synthesis of imidazole- and pyrrole-fused benzodiazocines. Eur. J. Org. Chem., 2010:4832-4840.

[355] Patil S. N.; Liu, F. Fluoride-assisted regioselective conversion of functionalized furans to á-substituted γ-hydroxybutenolides using singlet oxygen. J. Org. Chem., 2007, 72: 6305-6308.

[356] Patil S. N.; Liu, F. Base-assisted regio- and diastereoselective conversion of functionalized furans to butenolides using singlet oxygen. Org. Lett., 2007, 9: 195-198.

[357] Shang, Y.; Wang, D.; Wu, J. Novel $Sc(OTf)_3$/3-HQD catalyst for Morita-Baylis-Hillman reaction. Synth. Commun., 2009, 39: 1035-1045.

[358] Drewes, S. E.; Emslie, N. D.; Khan, A. A.; et. al. 1,2-Addition of activated vinyl carbanions to α,β-unsaturated carbonyls. Synth. Commun., 1989, 19: 959-964.

[359] Fort, Y. ; Berthe, M. C. ; Caubere, P. Selective mono and biscondensations of dialdehydes with methyl acrylate. Synth. Commun. , 1992, 22: 1265-1275.

[360] Biswas, S. ; Singh, V. ; Batra, S. Morita-Baylis-Hillman reaction of indole-2-carboxaldehyde: new vistas for indole-annulated systems. Tetrahedron, 2010, 66: 7781-7786.

[361] Singh, V; Hutait, S. ; Batra, S. Baylis-Hillman reaction of 1-formyl-β-carboline: one-step synthesis of the canthin-6-one framework by an unprecedented cascade cyclization reaction. Eur. J. Org. Chem. , 2009:6211-6216.

[362] Singh, V. ; Hutait, S. ; Batra, S. Advancing the Morita-Baylis-Hillman chemistry of 1-formyl-β-carbolines for the synthesis of indolizino-indole derivatives. Eur. J. Org. Chem. , 2010:3684-3691.

[363] Hutait, S. ; Batra, S. RCM-based approach to seven- and eight-member ring-fused b-carbolines. Tetrahedron Lett. , 2010, 51: 5781-5783.

[364] Van Heerden, F. R. ; Huyser, J. J. ; Holzapfel, C. W. Preparation of multifunctional stereodefined dienes. Synth. Commun. , 1994, 24: 2863-2872.

[365] Janecki, T. A novel route to substituted trienes and tetranes. Synth. Commun. , 1993, 23: 641-650.

[366] Connell, B. T. ; Bugarin, A. MgI_2-accelarated enantioselective Morita-Baylis-Hillman reactions of cyclopentenone utilizing a chiral DMAP catalyst. Chem. Comm. , 2010: 2644-2646.

[367] Park, S. P. ; Ahn, S. H. ; Lee K. J. 3,5-Disubstituted 6H-pyrrolo[1,2-c][1,2,3] triazoles from Morita-Baylis-Hillman adducts of propargyl aldehydes. Tetrahedron, 2010, 66: 3490-3498.

[368] Krishna, P. R. ; Sekhar, E. R. ; Kannan, V. The use of acetylenic aldehydes in Baylis-Hillman reactions: synthesis of versatile allyl propargyl alcohols. Tetrahedron Lett. , 2003, 44: 4973-4975.

[369] Kumar, K. S. ; Swamy, K. C. K. Ferrocenyl substituted chlorostilbenes and butadienes. J. Organomet. Chem. , 2001, 637: 616-620.

[370] Shanmugam, P. ; Vaithiyanathan, V. ; Viswambharan, B. ; et. al. A facile and efficient stereoselective synthesis of highly functionalised trisubstituted alkene derivatives of ferrocenealdehyde. Tetrahedron Lett. , 2007, 48: 9190-9194.

[371] Kathiravan, S. ; Raghunathan, R. A facile one-pot three-component synthesis of ferrocene-grafted dispiro pyrrolidine/pyrrolizidine scaffolds through intermolecular [3+2] cycloaddition reaction of ferrocenyl Baylis-Hillman adduct. Tetrahedron Lett. , 2009, 50: 6116-6120.

[372] Shanmugam, P. ; Madhavan, S. ; Selvakumar, K. ; et. al. A first one-pot synthesis, isomerization and synthetic utility of mono- and bis- Morita-Baylis-Hillman adducts of 1,1′-ferrocenedialdehyde. Tetrahedron Lett. , 2009, 50: 2213-2218.

[373] Jonnalagadda, S. C. ; Verga, S. R. ; Patel, P. D. ; et. al. Novel methodologies for the synthesis of functionalized lipophilic carboranes. Appl. Organomet. Chem. ,2010, 24: 294-300.

[374] Ramachandran, P. V. ; Reddy, M. V. R. ; Rudd, M. T. Carbonyl and olefin reactivities for the Baylis-Hillman reaction of fluorocarbonyls. Chem. Commun. , 2001:757-758.

[375] Khodakovskiy, P. V. ; Volochnyuk, D. M. ; Shivanyuk, A. ; et. al. Baylis-Hillman reactions of 2-(trifluoroacetyl)-1,3-azoles. Synthesis,2008:3245-3252.

[376] Golubev, A. S. ; Galakhov, M. V. ; Kolomiets, A. F. ; et. al. Polyfluorinated ketones in the Baylis-Hillman reaction. Izv. Akad. Nauk, Ser. Khim. , 1992: 2763-2767. CAN 120:54166.

[377] Nenajdenko, V. G. ; Druzhinin, S. V. ; Balenkova, E. S. Baylis-Hilman reaction for α,β-unsaturated trifluoromethyl ketones. Mendeleev Commun. ,2006, 16: 273-274.

[378] Basavaiah, D. ; Sreenivasulu, B. ; Reddy, R. M. ; et. al. The Baylis-Hillman reaction: $TiCl_4$ mediated coupling of alkyl vinyl ketones with α-keto esters and aldehydes. Synth. Commun. , 2001, 31: 2987-2995.

[379] Basavaiah, D. ; Sreenivasulu, B. ; Rao, J. S. A novel Baylis-Hillman protocol for the synthesis of functionalized fused furans. Tetrahedron Lett. ,2001, 42: 1147-1149.

[380] Basavaiah, D; Roy, S. ; Das, U. Toward understanding the scope of Baylis-Hillman reaction: synthesis of 3-(2-hydroxyphenyl)indolin-2-ones and polycyclic fused furans. Tetrahedron, 2010, 66: 5612-5622.

[381] Basavaiah, D. ; Bharathi, T. K. ; Gowriswari, V. V. L. DABCO Catalyzed coupling of α-ketoesters with acrylonitrile and methyl acrylate. Tetrahedron Lett. ,1987, 28: 4351-4352.

[382] Grundke, C. ; Hoffmann, H. M. R. Dimethyl 2,3-dimethylenebutanedioate from methyl pyruvate and methyl acrylate. Chem. Ber. ,1987, 120: 1461-1462.

[383] Basavaiah, D. ; Gowriswari, V. V. L. Diethyl ketomalonate: a fast reacting substrate for Baylis-Hillman reaction. Synth. Commun. ,1989, 19: 2461-2465.

[384] Basavaiah, D. ; Muthukumaran, K. ; Sreenivasulu, B. α-Keto esters as electrophiles for the chalcogeno-Baylis-Hillman reaction. Synlett, 1999:1249-1250.

[385] Shi, M. ; Zhang, W. Organocatalysts of tertiary-phosphines and amines catalyzed reactions of α-keto esters with cyclopent-2-enone. Tetrahedron,2005, 61: 11887-11894.

[386] Garden, S. J. ; Skakle, J. M. S. Isatin derivatives are reactive electrophilic components for the Baylis-Hillman reaction. Tetrahedron Lett. ,2002, 43: 1969-1972.

[387] Suzuki, M. ; Kawahigashi, T. ; Noyori, R. A new procedure for α-alkoxyalkylation of α, β-unsaturated ketones. Tetrahedron Lett. ,1981, 22:1809-1812.

[388] Noyori, R. ; Murata, S. ; Suzuki, M. Trimethylsily triflate in organic synthesis. 11. Tetrahedron, 1981, 37:3899-3910.

[389] Kinoshita, H. ; Osamura, T. ; Kinoshita, S. ; et. al. Chalcogeno-Morita-Baylis-Hillman reaction of enones with acetals: simple á-alkoxyalkylation of enones. J. Org. Chem. ,2003, 68: 7532-7534.

[390] Kataoka, T. ; Kinoshita, H. Chalcogeno-Morita-Baylis-Hillman reaction of chalcogenide-enones with carbonyl compounds. Phosphorus, Sulfur Silicon Relat. Elem. ,2005, 180:989-992.

[391] Krafft, M. E. ; Campbell, M. J. ; Kerrigan, S. ; et. al. Intermolecular Morita-Baylis-Hillman reactions using dicobalthexacarbonyl complexed acetylenic acetals. Tetrahedron Lett. , 2011, 52: 1090-1092.

[392] Teobald, B. J. The Nicholas reaction: the use of dicobalt hexacarbonyl-stabilised propargylic cations in synthesis. Tetrahedron, 2002, 58: 4133-4170.

[393] Nicholas, K. M. Chemistry and synthetic utility of cobalt complexed propargyl cations. Acc. Chem. Res. ,1987, 20: 207-214.

[394] Bromfield, K. M. ; Graden, H. ; Ljungdahl, N. ; et. al. Synthetic applications of cationic iron and cobalt carbonyl complexes. Dalton Trans. , 2009:5051-5061.

[395] Diaz, D. D. ; Betancort, J. M. ; Martin, V. S. The Nicholas reaction: a powerful tool for the stereoselective synthesis of bioactive compounds. Synlett, 2007:343-359.

[396] Myers, E. L. ; de Vries, J. G. ; Aggarwal, V. K. Reactions of iminium ions with Michael acceptors through a Morita-Baylis-Hillman-type reaction: enantiocontrol and applications in synthesis. Angew.

Chem. Int. Ed.，2007，46：1893-1896.

[397] Azizi，N.；Saidi，M. R. A new protocol for the Baylis-Hillman reaction：the reaction of iminium salts prepared in situ with methyl acrylate. Tetrahedron Lett.，2002，43：4305-4308.

[398] Katritzky，A. R.；Kim，M. S.；Widyan，K. The Baylis-Hillman reaction of substituted aminomethylbenzotriazoles. Arkivoc，2008：91-101.

[399] Kao，T.-T.；Syu，S.-E.；Jhang，Y.-W.；et. al. Preparation of tetrasubstituted furans via intramolecular Wittig reactions with phosphorus ylides as intermediates. Org. Lett.，2010，12：3066-3069.

[400] Suarez del Villar，I.；Gradillas，A.；Dominguez，G.；et. al. Morita-Baylis-Hillman reaction of lactams and lactones with alkyl halides and epoxides catalyzed by hydroxysulfides. Org. Lett.，2010，12：2418-2421.

[401] Krafft，M. E.；Cran，J. W. A convenient protocol for the α-iodination of α,β-unsaturated carbonyl compounds with I_2 in an aqueous medium. Synlett，2005：1263-1266.

[402] Ammer，J.；Baidya，M.；Kobayashi，S.；et. al. Nucleophilic reactivities of tertiary alkylamines. J. Phys. Org. Chem.，2010，23：1029-1035.

[403] Kanzian，T.；Nigst，T. A.；Maier，A.；et. al. Nucleophilic reactivities of primary and secondary amines in acetonitrile. Eur. J. Org. Chem.，2009：6379-6385.

[404] Brotzel，F.；Chu，Y. C.；Mayr，H. Nucleophilicities of primary and secondary amines in water. J. Org. Chem.，2007，72：3679-3688.

[405] Brotzel，F.；Kempf，B.；Singer，T.；et. al. Nucleophilicities and carbon basicities of pyridines. Chem. Eur. J.，2007，13：336-345.

[406] Baidya，M.；Mayr，H. Nucleophilicities and carbon basicities of DBU and DBN. Chem. Commun.，2008：1792-1794.

[407] Baidya，M.；Brotzel，F.；Mayr，H. Nucleophilicities and Lewis basicities of imidazoles，benzimidazoles，and benzotriazoles. Org. Biomol. Chem.，2010，8：1929-1935.

[408] Streidl，N.；Denegri，B.；Kronja，O.；et. al. A practical guide for estimating rates of heterolysis reactions. Acc. Chem. Res.，2010，43：1537-1549.

[409] Kempf，B.；Mayr，H. Rates and equilibria of the reactions of tertiary phosphanes and phosphites with benzhydrylium ions. Chem. Eur. J.，2005，11：917-927.

[410] Maji，B.；Breugst，M.；Mayr，H. *N*-Heterocyclic carbenes：organocatalysts with moderate nucleophilicity but extraordinarily high Lewis basicity. Angew. Chem. Int. Ed.，2011，50：6915-6919.

[411] Mayr，H. Mayr's Database Of Reactivity Parameters. [2013-10-11]. http://www.cup.uni-muenchen.de/oc/mayr/DBintro.html.

[412] Rõõm，E.-I.；Kütt，A.；Kaljurand，I. et. al. Brønsted basicities of diamines in the gas phase，acetonitrile，and tetrahydrofuran. Chem. Eur. J.，2007，13：7631-7643.

[413] Kaljurand，I.；Kuett，A.；Soovaeli，L.；et. al. Extension of the self-consistent spectrophotometric basicity scale in acetonitrile to a full span of 28 pK_a units：unification of different basicity scales. J. Org. Chem.，2005，70：1019-1028.

[414] Kaljurand，I.；Rodima，T.；Leito，I.；et. al. Self-consistent spectrophotometric basicity scale in acetonitrile covering the range between pyridine and DBU. J. Org. Chem.，2000，65：6202-6208.

[415] Li, J.-N.; Fu, Y.; Liu, L.; et. al. First-principle predictions of basicity of organic amines and phosphines in acetonitrile. Tetrahedron, 2006, 62: 11801-11813.

[416] Streitwieser, A.; Kim, Y.-J. Ion pair basicity of some amines in THF: implications for ion pair acidity scales. J. Am. Chem. Soc., 2000, 122: 11783-11786.

[417] Benoit, R. L.; Lefebvre, D.; Frechette, M. Basicity of 1,8-bis(dimethylamino)naphthalene and 1,4-diazabicyclo[2. 2. 2]octane in water and dimethyl sulfoxide. Can. J. Chem., 1987, 65: 996-1001.

[418] Hine, J.; Chen, Y. J. Basicity of, S_N2 reactivity of, and basic catalysis by 1-azabicyclo[2. 2. 1] heptane. J. Org. Chem., 1987, 52: 2091-2094.

[419] Kaljurand, I.; Rodima, T.; Pihl, A.; et. al. Acid-base equilibria in nonpolar media. 4. Extension of the self-consistent basicity scale in THF medium. Gas-phase basicities of phosphazenes. J. Org. Chem., 2003, 68: 9988-9993.

[420] Rodima, T.; Kaljurand, I.; Pihl, A.; et. al. Acid-Base Equilibria in nonpolar media. 2. Self-consistent basicity scale in THF solution ranging from 2-methoxypyridine to EtP1(pyrr) phosphazene. J. Org. Chem., 2002, 67: 1873-1881.

[421] Wu, Z.; Zhou, G.; Zhou, J.; et. al. Aza-Baylis-Hillman reaction of *N*-tosylated imines with acrylamide or N-arylacrylamide. Syn. Commun., 2006, 36: 2491-2502.

[422] Kim, K. H.; Lee, H. S.; Kim, Y. M.; et. al. Remarkable rate acceleration of Baylis-Hillman reaction of notorious α,β-unsaturated aldehydes catalyzed byproton donor. Bull. Korean Chem. Soc., 2011, 32: 1087-1090.

[423] Yukawa, T.; Seelig, B.; Xu, Y.; et. al. Catalytic asymmetric Aza-Morita-Baylis-Hillman reaction of methyl acrylate: role of a bifunctional La(O-*i*Pr)$_3$/linked-BINOL complex. J. Am. Chem. Soc., 2010, 132: 11988-11992.

[424] Kumar, A.; Pawar, S. S. Salt effects on the Baylis-Hillman reaction. Tetrahedron, 2003, 59: 5019-5026.

[425] Dordonne, S.; Crousse, B.; Bonnet-Delpon, D.; et. al. Fluorous tagging of DABCO through halogen bonding: Recyclable catalyst for the Morita-Baylis-Hillman reaction. Chem. Commun., 2011: 5855-5857.

[426] Nakagawa, K.; Makino, M.; Kita, Y. Method of preparing a vinyl compound with hydroxy group. Eur. Patent Appl. EP 669,312,1995. Chem. Abstr. 1995, 123, 285218v.

[427] Basavaiah, D.; Rao, A. J. 1-Benzopyran-4(4H)-ones as novel activated alkenes in the Baylis-Hillman reaction: a simple and facile synthesis ofindolizine-fused-chromones. Tetrahedron Lett., 2003, 44: 4365-4368.

[428] Lattanzi, A. Aymmetric Morita-Baylis-Hillman reaction catalyzed by simple amino alcohol derived thioureas. Synlett, 2007:2106-2110.

[429] Abaee, M. S.; Mojtahedi, M. M.; Pasha, G. F.; et. al. Switching the reactivity of dihydrothiopyran-4-one with aldehydes by aqueous organocatalysis: Baylis-Hillman, Aldol, or Aldol condensation reactions. Org. Let., 2011, 13: 5282-5285.

[430] Krafft, M. E.; Song, E.-H.; Davoile, R. J. Intramolecular Morita-Baylis-Hillman adducts via sequential MBH and ring-closing-metathesis reactions. Tetrahedron Lett., 2005, 46:6359-6263.

[431] Reddy, L. R.; Sarvanan, P.; Corey, E. J. A simple stereocontrolled synthesis of salinosporamide A. J. Am. Chem. Soc., 2004, 126:6230-6231.

[432] Evans, C. A.; Miller, S. J. Amine-catalyzed coupling of allenic esters to α,β-unsaturated carbonyls. J. Am. Chem. Soc., 2003, 125: 12394-12395.

[433] Balan, D.; Adolfsson, H. Chiral quinuclidine-based amine catalysts for the asymmetric one-pot, three-component aza-Baylis-Hillman reaction. Tetrahedron Lett., 2003, 44: 2521-2524.

[434] Drewes, S. E.; Freese, S. D.; Emslie, N. D.; et. al. Synthesis of 3-hydroxy-2-methylene carbonyl compounds. Synth. Commun., 1988, 18: 1565-1572.

[435] Bailey, M.; Marko, I. E.; Ollis, W. D.; et. al. Stereoselective epoxidation of hydroxyenones. The synthesis of the sidechain of clerocidin. Tetrahedron Lett., 1990, 31: 4509-4512.

[436] Manickum, T.; Roos, G. Stereoselective addition of methyl acrylate to α-amino aldehydes. Synth. Commun., 1991, 21: 2269-2274.

[437] Ji, S.; Bruchmann, B.; Wurm, F.; et. al. Functional, hyperbranched polyesters via Baylis-Hillman polymerization. J. Polym. Sci., Part A: Polym. Chem., 2012, 50: 25-34.

[438] Back, T. G.; Rankic, D. A.; Sorbetti, J. M.; et. al. Morita-Baylis-Hillman reaction and cyclization of 1-(p-toluenesulfonyl)-1, 3 butadiene with aldimines. Org. Lett., 2005, 7: 2377-2379.

[439] Clary, K. N.; Back, T. G. Preparation of unsaturated aminonitriles from the aza-Morita-Baylis-Hillman reactions of aldimines with penta-2,4-dienenitrile. Synlett, 2007: 2995-2998.

[440] Balan, D.; Adolfsson, H. Selective formation of α-methylene-β-amino acid derivatives through the aza version of the Baylis-Hillman reaction. J. Org. Chem., 2001, 66: 6498-6501.

[441] Balan, D.; Adolfsson, H. Titanium isopropoxide as efficient catalyst for the aza-Baylis-Hillman reaction. selective formation of α-methylene-β-amino acid derivatives. J. Org. Chem., 2002, 67: 2329-2334.

[442] Liu, X.; Chai, Z.; Zhao, G.; et. al. Aza-Morita-Baylis-Hillman reactions of N-(benzylidene) polyfluoroanilines with methyl acrylate and acrylonitrile. J. Fluorine Chem., 2005, 126: 1215-1221.

[443] Sorbetti, J. M.; Clary, K. N.; Rankic, D. A.; et. al. Aza-Morita-Baylis-Hillman reactions and cyclizations of conjugated dienes activated by sulfone, ester, and keto groups. J. Org. Chem., 2007, 72: 3326-3331.

[444] Baidya, M.; Kobayashi, S.; Brotzel, F.; et. al. DABCO and DMAP-why are they different in organocatalysis? Angew. Chem. Int. Ed., 2007, 46: 6176-6179.

[445] Murugan, R.; Scriven, E. F. V. Applications of dialkylaminopyridine (DMAP) catalysts in organic synthesis. Aldrichimica Acta, 2003, 36: 21-27.

[446] De Rycke, N.; Berionni, G.; Couty, F.; et. al. Synthesis and reactivity of highly nucleophilic pyridines. Org. Lett., 2011, 13: 530-533.

[447] Sugahara, T.; Ogasawara, K. Baylis-Hillmann protocol in an enantiocontrolled synthesis of pentenomycin I. Synlett, 1999: 419-420.

[448] Helms, B.; Guillaudeu, S. J.; Xie, Y.; McMurdo, M.; Hawker, C. J.; Frechet, J. M. J. One-pot reaction cascades using star polymers with core-confined catalysts. Angew. Chem. Int. Ed., 2005, 44: 6384-6387.

[449] Jones, C. E. S.; Turega, S. M.; Clarke, M. L.; et. al. A rationally designed cocatalyst for the Morita-Baylis-Hillman reaction. Tetrahedron Lett., 2008, 49: 4666-4669.

[450] Keck, G. E.; Welch, D. S. Intramolecular Baylis-Hillman and Morita reactions using unsaturated thiol ester substrates containing enolizable aldehydes. Org. Lett., 2002, 4: 3687-3690.

[451] Zhao, G.-L; Huang, J. -W; Shi, M. Abnormal aza-Baylis-Hillman reaction of *N*-tosylated imines with ethyl 2,3-butadienoate and penta-3,4-dien-2-one. Org. Lett., 2003, 5: 4737-4739.

[452] Zhao, G.-L.; Shi, M. Aza-Baylis-Hillman reactions of *N*-tosylated aldimines with activated allenes and alkynes in the presence of various Lewis base promoters. J. Org. Chem., 2005, 70: 9975-9984.

[453] Zhao, G.-L.; Shi, M. Baylis-Hillman reactions of *N*-tosyl aldimines and aryl aldehydes with 3-methylpenta-3,4-dien-2-one. Org. Biomol. Chem., 2005, 3: 3686-3694.

[454] D'Elia, V.; Liu, Y.; Zipse, H. Immobilized DMAP derivatives rivaling homogeneous DMAP. Eur. J. Org. Chem., 2011: 1527-1533.

[455] O'Dalaigh, C.; Corr, S. A.; Gun'ko, Y.; et. al. A magnetic-nanoparticle-supported 4-*N*,*N*-dialkylaminopyridine catalyst: excellent reactivity combined with facile catalyst recovery and recyclability. Angew. Chem. Int. Ed., 2007, 46: 4329-4332.

[456] De Rycke, N.; Couty, F.; David, O. R. P. Increasing the reactivity of nitrogen catalysts. Chem. Eur. J., 2011, 17: 12852-12871.

[457] Heinrich, M. R.; Klisa, H. S.; Mayr, H.; et. al. Enhancing the catalytic activity of 4-(dialkylamino)pyridines by conformational fixation. Angew. Chem. Int. Ed., 2003, 42: 4826-4828.

[458] Connell, B. T.; Bugarin, A. MgI_2-accelarated enantioselective Morita-Baylis-Hillman reactions of cyclopentenone utilizing a chiral DMAP catalyst. Chem. Comm., 2010: 2644-2646.

[459] Vasbinder, M. M.; Imbriglio, J. E.; Miller, S. J. Amino acid-peptide-catalyzed enantioselective Morita-Baylis-Hillman reactions. Tetrahedron, 2006, 62: 11450-11459.

[460] Mamaghani, M.; Dastmard, S. An efficient ultrasound-promoted synthesis of the Baylis-Hillman adducts catalyzed by imidazole and L-proline. Ultrason. Sonochem., 2009, 16: 445-447.

[461] Imbriglio, J. E.; Vasbinder, M. M.; Miller, S. J. Dual catalyst control in the amino acid-peptide-catalyzed enantioselective Baylis-Hillman reaction. Org. Lett., 2003, 5: 3741-3743.

[462] Cihalova, S.; Dziedzic, P.; Cordova, A.; et. al. Asymmetric aza-Morita-Baylis-Hillman-Type reactions: the highly enantioselective reaction between unmodified α,β-unsaturated aldehydes and *N*-acylimines by organo-co-catalysis. Adv. Synth. Catal., 2011, 353: 1096-1108.

[463] Oh, K.; Li, J.-Y. A cooperative catalysis approach to the Morita-Baylis-Hillman reaction of aryl vinyl ketones. Synthesis, 2011: 1960-1967.

[464] Utsumi, N.; Zhang, H.; Tanaka, F.; et. al. A way to highly enantiomerically enriched aza-Morita-Baylis-Hillman-type products. Angew. Chem. Int. Ed., 2007, 46: 1878-1880.

[465] Chen, S.-H.; Hong, B.-C.; Su, C.-F.; et. al. An unexpected inversion of enantioselectivity in the proline catalyzed intramolecular Baylis-Hillman reaction. Tetrahedron Lett., 2005, 46: 8899-8903.

[466] Duarte, F. J. S.; Cabrita, E. J.; Frenking, G.; et. al. Density functional study of proline-catalyzed intramolecular Baylis-Hillman reactions. Chem. Eur. J., 2009, 15: 1734-1746.

[467] Black, G. P.; Dinon, F.; Fratucello, S.; et. al. An intramolecular Baylis-Hillman reaction catalyzed by secondary amines. Tetrahedron Lett., 1997, 38: 8561-8564.

[468] Wei, Y.; Sastry, G. N.; Zipse, H. Methyl cation affinities of commonly used organocatalysts. J. Am. Chem. Soc., 2008, 130: 3473-3477.

[469] Shah, B. A.; Taneja, S. C.; Sethi, V. K.; et. al. The formation of novel 1,3-dioxolanes: atypical Baylis-Hillman reaction of a sesquiterpene lactone parthenin. Tetrahedron Lett., 2007, 48: 955-960.

[470] Shi, M.; Guo, Y.-W.; Li, H.-B. Baylis-Hillman reactions of sulfonyl aldimines or aryl aldehydes

with 3-methylpenta-3,4-dien-2-one or 3-benzylpenta-3,4-dien-2-one. Chin. J. Chem. , 2007, 25: 828-835.

[471] Sirasani, G. ; Andrade, R. B. Sequential one-pot cyclizations: concise access to the ABCE tetracyclic framework of strychnos alkaloids. Org. Lett. , 2009, 11: 2085-2088.

[472] Ballini, R. ; Barboni, L. ; Bosica, G. ; et. al. Fast diastereoselective Baylis-Hillman reaction by nitroalkenes: synthesis of di- and triene derivatives. Tetrahedron, 2004, 60: 4995-4999.

[473] Palmelund, A. ; Myers, E. L. ; Tai, L. R. ; et. al. A new manifold for the Morita reaction: Diene synthesis from simple aldehydes andacrylates/acrylonitrile mediated by phosphines. Chem. Commun. , 2007:4128-4130.

[474] Miyakoshi, T. ; Saito, S. Addition of alkyl vinyl ketones to aldehydes catalyzed by tertiary phosphine. Nippon Kagaku Kaishi, 1983: 1623-1628. CAN 100:156191.

[475] Imagawa, T. ; Uemura, K. ; Nagai, Z. ; et. al. Synthesis of 2-(1-hydroxyalkyl)acrylonitriles by the cocatalysis of a base and an acid. Synth. Commun. , 1984, 14: 1267-1273.

[476] Roth, F. ; Gygax, P. ; Frhter, Georg. An intramolecular Baylis-Hillman reaction. Tetrahedron Lett. , 1992, 33: 1045-1048.

[477] Teng, W. -D. ; Huang, R. ; Kwong, C. K-W. ; et. al. Influence of Michael acceptor stereochemistry on intramolecular Morita-Baylis-Hillman reactions. J. Org. Chem. , 2006, 71: 368-371.

[478] Song, H. -L. ; Yuan, K. ; Wu, X. -Y. Chiral phosphine-squaramides as enantioselective catalysts for the intramolecular Morita-Baylis-Hillman reaction. Chem. Comm. ,2011: 1012-1014.

[479] Yuan, K. ; Song, H. -L. ; Hu, Y. ; et. al. Enantioselective intramolecular Morita-Baylis-Hillman reaction using chiral bifunctional phosphinothiourea as an organocatalyst. Tetrahedron: Asymmetry, 2010, 21: 903-908.

[480] Gong, J. -J. ; Yuan, K. ; Song, H. -L. ; et. al. The enantioselective intramolecular Morita-Baylis-Hillman reaction catalyzed by amino acid-derived phosphinothiourea. Tetrahedron, 2010, 66: 2439-2443.

[481] Pigge, F. C. ; Dhanya, R. ; Hoefgen, E. R. Morita-Baylis-Hillman cyclizations of arene-Ruthenium-functionalized acrylamides. Angew. Chem. Int. Ed. , 2007, 46: 2887-2890.

[482] Seidel, F. ; Gladysz, J. A. Enantioselective catalysis of intramolecular Morita-Baylis-Hillman and related reactions by chiral rhenium-containing phosphines of the formula (η^5-C_5H_5)Re(NO)(PPh_3)(CH_2PAr_2). Synlett, 2007:986-988.

[483] Krafft, M. E. ; Haxell, T. F. N. ; Seibert, K. A. ; et. al. Implications in the Morita-Baylis-Hillman alkylation: isolation and characterization of an intermediate. J. Am. Chem. Soc. , 2006, 128: 4174-4175.

[484] Zanardi, F. ; Appendino, G. ; Casiraghi, G. The vinylogous intramolecular Morita-Baylis-Hillman reaction. Chemtracts, 2002, 15: 490-497.

[485] Netherton, M; Fu, G. C. Air-stable trialkylphosphonium salts: simple, practical, and versatile replacements for air-sensitive trialkylphosphines. Applications in stoichiometric and catalytic processes. Org. Lett. , 2001, 3: 4295-4298.

[486] Xu, X. ; Wang, C. ; Zhou, Z. ; et. al. The aza-Morita-Baylis-Hillman reaction of *N*-thiophosphoryl imines catalyzed by 1,3,5-triaza-7-phosphaadamantane (PTA)-convenient synthesis of α-methylene-β-amino ketone or acid derivatives. Eur. J. Org. Chem. ,2007:4487-4491.

[487] Pereira, S. I; Adrio, J.; Silva, A. M. S.; et. al. Ferrocenylphosphines as new catalysts for Baylis-Hillman reactions. J. Org. Chem., 2005, 70: 10175-10177.

[488] Zhao, L.-J.; Kwong, C. K.-W.; Shi, M.; et. al. Optimization of polystyrene-supported triphenylphosphine catalysts for aza-Morita-Baylis-Hillman reactions. Tetrahedron, 2005, 61: 12026-12032.

[489] Zhao, L.-J.; He, H. S.; Shi, M.; et. al. Polystyrene-supported phosphine-catalyzed aza-Baylis-Hillman reactions and the relationship between resin loading level and catalyst efficiency. J. Comb. Chem., 2004, 6: 680-683.

[490] Zhong, W.; Zheng, Y.; Zhou, J.; et. al. First application of air-stable and reusable phosphine-containing calix[4]arene in catalytic aza-Morita-Baylis-Hillman reaction. Synlett, 2010: 3057-3060.

[491] Seidel, F. O.; Gladysz, J. A. Catalysis of intramolecular Morita-Baylis-Hiliman and Rauhut-Currier reactions by fluorous phosphines; facile recovery by liquid/solid organic/fluorous biphase protocols involving precipitation, teflon (R) tape, and gore-rastex (R) fiber. Adv. Synth. Catal., 2008, 350: 2443-2449.

[492] Han, Z.; Uehira, S.; Shinokubo, H.; et. al. $TiCl_4$-n-Bu_4NX (X = I, Br, and Cl) combination-induced coupling of α,β-unsaturated ketones with aldehydes. J. Org. Chem., 2001, 66: 7854-7857.

[493] Iwamura, T.; Fujita, M.; Kawakita, T.; et. al. Dimethyl sulfide-boron trihalide-mediated reactions of α,β-unsaturated ketones with aldehydes: one-pot synthesis of Baylis-Hillman adducts and α-halomethyl enones. Tetrahedron, 2001, 57: 8455-8462.

[494] Ozawa, S.; Oshima, K.; Nozaki, H. Aldol reaction of aluminum enolate resulting from 1,4-addition of R_2AlX to α,β-unsaturated carbonyl compounds. A 1-acylethenyl anion equivalent. Bull. Chem. Soc. Jpn., 1981, 54: 274-278.

[495] Schuurman, R. J. W.; van der Linden, A.; Grimbergen, R. P. F.; et. al. Effect of branching in alkyl groups of tertiary amines on their performance as catalysts in the high pressure promoted Baylis-Hillman reaction. Tetrahedron, 1996, 52: 8307-8314.

[496] Bruckmann, A; Krebs, A; Bolm, C. Organocatalytic reactions: effects of ball milling, microwave and ultrasound irradiation. Green Chem., 2008, 10: 1131-1141.

[497] De Souza, R. O. M. A.; Miranda, L. S. M. Recent advances in the Morita-Baylis-Hillman reaction under microwave irradiation. Mini-Rev. Org. Chem., 2010, 7: 212-220.

[498] De Rodrigo, S. O. M. A.; Andrea de, S. L. F.; Fernandez, T. L.; et. al. Morita-Baylis-Hillman reaction in water/ionic liquids under microwave irradiation. Lett. Org. Chem., 2008, 5: 379-382.

[499] Mack, J.; Shumba, M. Rate enhancement of the Morita-Baylis-Hillman reaction through Mechanochemistry. Green Chem., 2007, 9: 328-330.

[500] Declerck, V.; Martinez, J.; Lamaty, F. Aza-Baylis-Hillman reaction. Chem. Rev., 2009, 109: 1-48.

[501] Shi, Y.-L.; Shi, M. Aza-Baylis-Hillman reactions and their synthetic applications. Eur. J. Org. Chem., 2007: 2905-2916.

[502] Vilaivan, T.; Bhanthumnavin, W.; Sritana-Anant, Y. Recent advances in catalytic asymmetric addition to imines and related C=N systems. Curr. Org. Chem., 2005, 9: 1315-1392.

[503] Kobayashi, S.; Mori, Y.; Fossey, J. S.; et. al. Catalytic enantioselective formation of C—C bonds by addition to imines and hydrazones: a ten-year update. Chem. Rev., 2011, 111: 2626-2704.

[504] Appel, R.; Mayr, H. Quantification of the electrophilic reactivities of aldehydes, imines, and enones. J. Am. Chem. Soc., 2011, 133: 8240-8251.

[505] Shi, M.; Chen. L.-H.; Li, C.-Q. Chiral phosphine Lewis bases catalyzed asymmetric aza-Baylis-Hillman reaction of *N*-sulfonated imines with activated olefins. J. Am. Chem. Soc., 2005, 127: 3790-3800.

[506] Raheem, I. T.; Jacobsen, E. N. Highly enantioselective aza-Baylis-Hillman reactions catalyzed by chiral thiourea derivatives. Adv. Synth. Catal., 2005, 347: 1701-1708.

[507] Buskens, P.; Klankermayer, J.; Leitner, W. Bifunctional activation and racemization in the catalytic asymmetric aza-Baylis-Hillman reaction. J. Am. Chem. Soc., 2005, 127: 16762-16763.

[508] Regiani, T.; Santos, V. G.; Godoi, M. N.; et. al. On the mechanism of the aza-Morita-Baylis-Hillman reaction: ESI-MS interception of a unique new intermediate. Chem. Commun., 2011: 6593-6595.

[509] Xu, Y.-M.; Shi, M. Highly efficient aza-Baylis-Hillman reaction of *N*-tosylated imines with MVK, acrolein, and phenyl acrylate or α-naphthyl acrylate: Lewis base effects and a convenient method to synthesize α,β-unsaturated β-amino carbonyl compounds. J. Org. Chem., 2004, 69: 417-425.

[510] Perlmutter, P.; Teo, C. C. A simple synthesis of 2-methyledene-3-aminopropanoates. Tetrahedron Lett., 1984, 25: 5951-5952.

[511] Campi, E. M.; Holmes, A.; Perlmutter, P.; et. al. A simple, mild synthesis of 3-aryl-2-methylidene-3-(*p*-tolylsulfonylamino) propanoates. Aust. J. Chem., 1995, 48: 1535-1540.

[512] Shi, M.; Xu, Y.-M. Lewis base effects in the Baylis-Hillman reaction of imines with methyl vinyl ketone. Eur. J. Org. Chem., 2002: 696-701.

[513] Shi, M.; Xu, Y.-M. An unexpected highly stereoselective double aza-Baylis-Hillman reaction of sulfonated imines with phenyl vinyl ketone. J. Org. Chem., 2003, 68: 4784-4790.

[514] He, L.; Jian, T.-Y.; Ye, S. *N*-heterocyclic carbene catalyzed aza-Morita-Baylis-Hillman reaction of cyclic enones with *N*-tosylarylimines. J. Org. Chem., 2007, 72: 7466-7468.

[515] He, L.; Zhang, Y.-R.; Huang, X.-L.; et. al. Chiral bifunctional *N*-heterocyclic carbenes: synthesis and application in the aza-Morita-Baylis-Hillman reaction. Synthesis, 2008: 2825-2829.

[516] He, M.; Bode, J. W. Catalytic synthesis of γ-lactams via direct annulations of enals and *N*-sulfonylimines. Org. Lett., 2005, 7: 3131-3134.

[517] Duvvuru, D.; Betzer, J. F.; Retailleau, P.; et. al. An easy, stereoselective synthesis of hexahydroisoindol-4-ones under phosphine catalysis. Adv. Synth. Catal., 2011, 353: 483-493.

[518] Madhavan, S.; Shanmugam, P. Activated alkene dependent one-pot, three-component aza-Morita-Baylis-Hillman reaction of ferrocenealdehyde: synthesis of highly functionalized diverse ferrocene derivatives. Org. Lett., 2011, 13: 1590-1593.

[519] Meng, X.; Huang, Y.; Chen, R. A novel selective aza-Morita-Baylis-Hillman (aza-MBH) domino reaction and aza-MBH reaction of *N*-sulfonated imines with acrolein catalyzed by a bifunctional phosphine organocatalyst. Chem. Eur. J., 2008, 14: 6852- 6856.

[520] Shi, Y.-L.; Xu, Y.-M.; Shi, M. Aza-Baylis-Hillman reaction of β-substituted activated olefins with *N*-tosyl imines. Adv. Synth. Catal., 2004, 346: 1220-1230.

[521] Shi, Y.-L.; Shi, M. Aza-Baylis-Hillman reaction of *N*-tosylated imines with β-substituted α,β-unsaturated esters. Tetrahedron, 2006, 62: 461-475.

[522] Denis, J.-B.; Masson, G.; Retailleau, P.; et. al. Cinchona alkaloid amide catalyzed enantioselective formal [2 + 2] cycloadditions of allenoates and imines: synthesis of 2, 4-disubstituted azetidines. Angew. Chem. Int. Ed., 2011, 50: 5356-5360.

[523] Santos, B. S.; Cardoso, A. L.; Matos Beja, A.; et. al. Diastereoselective aza-Baylis-Hillman reactions: synthesis of chiral α-allenylamines and 2-azetines from allenic esters. Eur. J. Org. Chem., 2010: 3249-3256.

[524] Kinderman, S. S; van Maarseveen, J. H; Hiemstra, H. Phosphine-catalyzed [3+2] annulation of cyanoallenes. Synlett, 2011: 1693-1696.

[525] Chen, X.-Y.; Lin R.-C.; Ye, S. Catalytic [2+2] and [3+2] cycloaddition reactions of allenoates with cyclic ketimines. Chem. Commun., 2012: 1317-1319.

[526] Weinreb, S. M.; Orr, R. K. *N*-Phosphinoylimines: an emerging class of reactive intermediates for stereoselective organic synthesis. Synthesis, 2005: 1205-1227.

[527] Kawahara, S.; Nakano, A.; Esumi, T.; et. al. β-Isocupreidine-catalyzed asymmetric Baylis-Hillman reaction of imines. Org. Lett., 2003, 5: 3103-3105.

[528] Shi, M.; Zhao, G.-L. Aza-Baylis-Hillman reactions of *N*-(arylmethylene) diphenylphosphinamides with activated olefins in the presence of various Lewis bases. Adv. Synth. Catal., 2004, 346: 1205-1219.

[529] Shi, M.; Zhao, G.-L. Baylis-Hillman reactions of *N*-arylidenediphenylphosphinamides with methyl vinyl ketone, methyl acrylate, and acrylonitrile. Tetrahedron Lett., 2002, 43: 4499-4502.

[530] Takagi, M.; Yamamoto, K. Carbamate-directed stereoselective hydrogenation and kinetic resolution of *N*-protected α-(α-aminoalkyl) acrylates. Tetrahedron, 1991, 47: 8869-8882.

[531] Yamamoto, K.; Takagi, M.; Tsuji, J. Diastereoselective hydrogenation of methyl 2-[α-(methoxycarbonylamino) benzyl]acrylate catalyzed by Ru(II) or Rh(I) complexes. Bull. Chem. Soc. Jpn., 1988, 61: 319-321.

[532] Cihalova, S.; Remes, M.; Cisarova, I.; et. al. Highly enantioselective aza-Baylis-Hillman-type reaction of α,β-unsaturated aldehydes with in situ generated *N*-Boc- and *N*-Cbz-imines. Eur. J. Org. Chem., 2009: 6277-6280.

[533] Guan, X.-Y.; Wei, Y.; Shi, M. Asymmetric aza-Morita-Baylis-Hillman reactions of alkyl vinyl ketones with *N*-protected imines or in situ generated *N*-protected imines. Eur. J. Org. Chem., 2010: 4098-4105.

[534] Sergeeva, N. N.; Golubev, A. S.; Hennig, L.; et. al. An improved approach to trifluoromethyl substituted Morita-Baylis-Hillman adduct: Fluorinated dehydro-β-amino acids. J. Fluorine Chem., 2001, 111: 41-44.

[535] Génisson, Y.; Massardier, C.; Gautier-Luneau, I.; et. al. Effective enantioselective approach to α-aminoalkylacrylic acid derivatives via a synthetic equivalent of an asymmetric Baylis-Hillman reaction: application to the synthesis of two C-2′ hydroxymethyl analogues of docetaxel. J. Chem. Soc. Perkin Trans. 1, 1996: 2869-2872.

[536] Xu, Z.; Lu, X. A novel [3 + 2] cycloaddition approach to nitrogen heterocycles via phosphine-catalyzed reactions of 2, 3-butadienoates or 2-butynoates and dimethyl acelylenedicarboxylate with imines: a convenient synthesis of pentabromopseudilin. J. Org. Chem., 1998, 63: 5031-5041.

[537] Cowen, B. J.; Saunders, L. B.; Miller, S. J. Pyridylalanine (Pal)-peptide catalyzed enantioselective

allenoate additions to *N*-acyl Imines. J. Am. Chem. Soc., 2009, 131: 6105-6107.

[538] Saunders, L. B.; Cowen, B. J.; Miller, S. J. Pyridylalanine (Pal)-peptide catalyzed enantioselective allenoate additions to *N*-acyl imines proceed via an atypical "aza-Morita-Baylis-Hillman" mechanism. Org. Lett., 2010, 12: 4800-4803.

[539] Guan, X.-Y.; Wei, Y.; Shi, M. Beyond the aza-Morita-Baylis-Hillman reaction: Lewis base-catalyzed reactions of *N*-Boc-imines with ethyl 2, 3-butadienoate. J. Org. Chem., 2009, 74: 6343-6346.

[540] Jiang Z. Y.; Chan, W. H; Lee, A. W. M. Synthesis of enantiopure sulfinimines (thiooxime *S*-oxides) catalyzed by $Yb(OTf)_3$ from p-toluenesulfinamide and aldehydes in mild reaction conditions. J. Org. Chem., 2005, 70: 1081-1083.

[541] Aggarwal, V. K.; Castro, A. M. M.; Mereu, A.; et. al. The use of enantiomerically pure *N*-sulfinimines in asymmetric Baylis-Hillman reactions. Tetrahedron Lett., 2002, 43: 1577-1581.

[542] Shi, M.; Xu, Y.-M. Diastereoselective Baylis-Hillman type reactions of chiral non-racemic *N*-sulfinimines with cyclopent-2-en-1-one. Tetrahedron: Asymmetry, 2002, 13: 1195-1200.

[543] Gao, J.; Ma, G.-N.; Li, Q.-J.; et. al. Aza-Morita-Baylis-Hillman reaction of ethyl (arylimino) acetate with methyl vinyl ketone and ethyl vinyl ketone. Tetrahedron Lett., 2006, 47: 7685-7688.

[544] Shi, M.; Ma, G.-N.; Gao, J. Chiral bifunctional organocatalysts in asymmetric aza-Morita-Baylis-Hillman reactions of ethyl (arylimino) acetates with methyl vinyl ketone and ethyl vinyl ketone. J. Org. Chem., 2007, 72: 9779-9781.

[545] Davis, L. O.; Tobey, S. L. A halide-initiated aza-Baylis-Hillman reaction: generation of unnatural amino acids. Tetrahedron Lett., 2010, 61: 6078-6081.

[546] Liu, X.; Zhao, J.; Jin, G.; et. al. An unexpected highly diastereoselective double Baylis-Hillman reaction of per- (or poly) fluorophenyl aromatic aldimines with methyl vinyl ketone. Tetrahedron, 2005, 61: 3841-3851.

[547] Sergeeva, N. N.; Golubev, A. S.; Burger, K. Synthesis of partially fluorinated β-amino acids via Morita-Baylis-Hillman reaction. Synthesis, 2001:281-285.

[548] Yin, B.; Zhang, Y.; Xu, L.-W. Recent applications of α-amido sulfones as in situ equivalents of activatedimines for asymmetric catalytic nucleophilic addition reactions. Synthesis, 2010: 3583-3595.

[549] Das, B.; Damodar, K.; Chowdhury, N.; et. al. α-Amido sulfones: novel substrates for the practical and efficientaza-Morita-Baylis-Hillman reaction under neat conditions. Tetrahedron, 2008, 64: 9396-9400.

[550] Gajda, A.; Gajda, T. *N*-Carbamate protected α-amidoalkyl-*p*-tolylsulfones: convenient substrates in the aza-Morita-Baylis-Hillman reaction. J. Org. Chem., 2008, 73: 8643-8646.

[551] Mazzotta, S.; Gramigna, L.; Bernardi, L.; et. al. One-Pot Synthesis of optically active β-amino-α-methylene carbonyl derivatives from α-amidosulfones using quinine-based phase-transfer catalysts. Org. Process Res. Dev., 2010, 14: 687-691.

[552] Abermil, N.; Masson, G.; Zhu, J. Enantioselective aza-Morita-Baylis-Hillman reaction using aliphatic α-amidosulfones as imine surrogates. Adv. Synth. Catal., 2010, 352: 656-660.

[553] Kitulagoda, J. E.; Palmelund, A.; Aggarwal, V. K. Synthesis of highly functionalized 2, 5-disubstituted pyrrolidines via an aza-Morita-Baylis-Hillman-type reaction. Tetrahedron, 2010, 66: 6293-6299.

[554] Myers, E. L.; Butts, C. P.; Aggarwal, V. K. $BF_3 \cdot OEt_2$ and TMSOTf: a synergistic combination of Lewis acids. Chem. Commun., 2006: 4434-4436.

[555] Killen, J. C.; Leonard, J.; Aggarwal, V. K. A novel asymmetric azaspirocyclisation using a Morita-Baylis-Hillman-type reaction. Synlett, 2010:579-582.

[556] Bertenshaw, S.; Kahn, M. Phosphine-mediated synthesis of 2-methylidene-3-amino esters and ketones. Tetrahedron Lett., 1989, 30: 2731-2732.

[557] Kobayashi, S.; Busujima, T.; Nagayama, S. A novel classification of Lewis acids on the basis of activity and selectivity. Chem. Eur. J., 2000, 6: 3491-3494.

[558] Balan, D.; Adolfsson, H. Efficient microwave-assisted formation of functionalized 2, 5-dihydropyrroles using ruthenium-catalyzed ring-closing metathesis. Tetrahedron Lett., 2004, 45: 3089-3092.

[559] Ribière, P.; Declerck, V.; Martinez, J.; et. al. 2-(Trimethylsilyl)ethanesulfonyl (or SES) group in amine protection and activation. Chem. Rev., 2006, 106: 2249-2269.

[560] Ribière, P.; Enjalbal, C.; Aubagnac, J.-L.; et. al. Preparation of poly(ethylene glycol) sulfonamide: synthesis of *N*-supported β-aminoesters via the aza-BaylisYadav-Bhatnagar Hillman reaction. J. Comb. Chem., 2004, 6: 464-467.

[561] Ribière, P.; Yadav-Bhatnagar, N.; Martinez, J.; et. al. Microwave-assisted aza-Baylis-Hillman reaction. Preparation of poly(ethylene glycol) supported α-methylene-β-aminoester. QSAR Comb. Sci., 2004, 23: 911-914.

[562] Declerck, V.; Ribière, P.; Martinez, J.; et. al. Sequential aza-Baylis-Hillman/ring closing metathesis/aromatization as a novel route for the synthesis of substituted pyrroles. J. Org. Chem., 2004, 69: 8372-8381.

[563] Declerck, V.; Allouchi, H.; Martinez, J.; et. al. 2-Trimethylsilylethanesulfonyl (SES) versus tosyl (Ts) protecting group in the preparation of nitrogen-containing five-membered rings. A novel route for the synthesis of substituted pyrrolines and pyrrolidines. J. Org. Chem., 2007, 72: 1518-1521.

[564] Vasudevan, A.; Tseng, P.-S.; Djuric, S. W. A post aza-Baylis-Hillman/Heck coupling approach towards the synthesis of constrained scaffolds. Tetrahedron Lett., 2006, 47: 8591-8593.

[565] Moyano, A.; Rios, R. Asymmetric organocatalytic cyclization and cycloaddition reactions. Chem. Rev., 2011, 11: 4703-4832.

[566] Yeo, J. E.; Yang, X.; Kim, H. J.; et. al. The intramolecular Baylis-Hillman reaction: easy preparation of versatile substrates, facile reactions, and synthetic applications. Chem. Commun., 2004:236-237.

[567] Dinon, F.; Richards, E.; Murphy, P. J.; et. al. Tandem Michael/intramolecular aldol reactions mediated by secondary amines, thiols and phosphines. Tetrahedron Lett.,1999, 40: 3279-3282.

[568] Richards, E. L.; Murphy, P. J.; Dinon, F.; et. al. Assessing the scope of the tandem Michael/intramolecular aldol reaction mediated by secondary amines, thiols, and phosphines. Tetrahedron, 2001, 57: 7771-7184.

[569] Yagi, K.; Turitani, T.; Shinokubo, H.; et. al. Intramolecular tandem Michael-type addition/aldol cyclization induced by $TiCl_4$-R_4NX combinations. Org. Lett.,2002, 4: 3111-3114.

[570] Cabrera, S.; Aleman, J.; Bolze, P.; et. al. An unexpected organocatalytic asymmetric tandem Michael/Morita-Baylis-Hillman reaction. Angew. Chem. Int. Ed.,2008, 47: 121-125.

[571] Krishna, P. R. ; Kannan, V. ; Sharma, G. V. M. First diastereoselectiveintramolecular Baylis-Hillman reaction: an easy access to chiral α-methylene-β-hydroxylactones. J. Org. Chem. ,2004, 69: 6467-6469.

[572] Ghandi, M. ; Hasani, B. A. ; Nazari, S. H. ; et. al. Solvent-dependent reactions for the synthesis of β-keto-benzo-δ-sultone scaffolds via DBU-catalyzed o-sulfonylation/ intramolecular Baylis-Hillman/1, 3-H shift or dehydration tandem sequences. J. Org. Chem. , 2011, 76: 9975-9982.

[573] Aroyan, C. E. ; Vasbinder, M. M. ; Miller, S. J. Dual catalyst control in the enantioselective intramolecular Morita-Baylis-Hillman reaction. Org. Lett. ,2005, 7: 3849-3851.

[574] Reddy, L. R. ; Fournier, J. -F. ; Reddy, B. V. S. ; et. al. New synthetic route for the enantioselective total synthesis of salinosporamide and biologically active analogues. Org. Lett. , 2005, 7: 2699-2701.

[575] Reddy, L. R. ; Fournier, J. -F. ; Reddy, B. V. S. ; et. al. An efficient, stereocontrolled synthesis of a potent omuralide-salinosporin hybrid for selective proteasome inhibition. J. Am. Chem. Soc. , 2005, 127: 8974-8976.

[576] Selig, P. S. ; Miller, S. J. Ortho-acidic aromatic thiols as efficient catalysts of intramolecular Morita-Baylis-Hillman and Rauhut-Currierreactions. Tetrahedron Lett. , 2011, 52: 2148-2151.

[577] Albrecht A. ; Albrecht L. ; Janecki T. Recent advances in the synthesis of α-alkylidene-substituted δ-lactones, γ-lactams and δ-lactams. Eur. J. Org. Chem. , 2011:2747-2766.

[578] Sirasani, G. ; Paul, T. ; Dougherty, W. , Jr. ; et. al. Concise total syntheses of (±)-strychnine and (±)-akuammicine. J. Org. Chem. , 2010, 75: 3529-3532.

[579] Sirasani, G. ; Andrade, R. B. Total synthesis of (−)-leuconicine A and B. Org. Lett. , 2011, 13: 4736-4737.

[580] Andrews, I. P. ; Kwon, O. Enantioselective total synthesis of (+)-ibophyllidine via an asymmetricphosphine-catalyzed [3 + 2] annulation. Chem. Sci. , 2012, 3: 2510-2514.

[581] Kim, E. J. ; Ko, S. Y. ; Song, C. E. Acceleration of the Baylis-Hillman reaction in the presence of ionic liquids. Helv. Chim. Acta, 2003, 86: 894-899.

[582] Chu, Y. ; Deng, H. ; Cheng, J. -P. An acidity scale of 1, 3-dialkylimidazolium salts in dimethyl sulfoxide solution. J. Org. Chem. , 2007, 72: 7790-7793.

[583] Herrmann W. A. ; Schutz J. ; Frey G. D. ; et. al. *N*-heterocyclic carbenes: synthesis, structures, and electronic ligand properties. Organometallics, 2006, 25:2437-2448.

[584] Crampton, M. R. ; Robotham, I. A. Acidities of some substituted ammonium ions indimethyl sulfoxide. J. Chem. Res. , Synop. , 1997, 1:22-23.

[585] Aggarwal, V. K. ; Emme, I. ; Mereu, A. Unexpected side reactions of imidazolium-based ionic liquids in the base-catalyzed Baylis-Hillman reaction. Chem. Commun. , 2002:1612-1613.

[586] Dupont, J. On the solid, liquid and solution structural organization of imidazolium ionic liquids. J. Braz. Chem. Soc. , 2004, 15: 341-350.

[587] Handy, S. T. ; Okello, M. The 2-position of imidazolium ionic liquids: substitution and exchange. J. Org. Chem. , 2005, 70: 1915-1918.

[588] Jeong, Y. ; Ryu, J. -S. Synthesis of 1,3-dialkyl-1,2,3-triazolium ionic liquids and their applications to the Baylis-Hillman reaction. J. Org. Chem. , 2010, 75: 4183-4191.

[589] Santos, L. S. ; Da Silveira Neto, B. A. ; Consorti, C. S. ; et. al. The role of ionic liquids in co-

catalysis of Baylis-Hillman reaction: Interception of supramolecular species via electrospray ionization mass spectrometry. J. Phys. Org. Chem., 2006, 19: 731-736.

[590] Zhao, S.-H.; Zhao, M.-G.; Zhang, H.-R.; et. al. Baylis-Hillman reactions in non-traditional media. Youji Huaxue, 2007, 27: 322-328.

[591] Zhou, Z.; Wang, Y.; Tang, C. Nucleophilic tertiary phosphine organocatalysts in asymmetric reactions. Curr. Org. Chem., 2011, 15: 4083-4107.

[592] Wei, Y.; Shi, M. Multifunctional chiral phosphine organocatalysts in catalytic asymmetric Morita-Baylis-Hillman and related reactions. Acc. Chem. Res., 2010, 43: 1005-1018.

[593] Wei, Y.; Shi, M. Privileged chiral catalysts in asymmetric Morita-Baylis-Hillman /aza-Morita-Baylis-Hillman reaction. Chin. Sci. Bull., 2010, 55: 1699-1711.

[594] Mansilla, J.; Saá, J. M. Enantioselective, organocatalytic Morita-Baylis-Hillman and aza-Morita-Baylis-Hillman reactions: stereochemical issues. Molecules, 2010, 15: 709-734

[595] Marinetti, A.; Voituriez, A.. Enantioselective phosphine organocatalysis. Synlett, 2010:174-194.

[596] Masson, G.; Housseman, C.; Zhu, J. The Enantioselective Morita-Baylis-Hillman reaction and its aza counterpart. Angew. Chem. Int. Ed., 2007, 46: 4614-4628.

[597] Krishna, P. R. Asymmetric Baylis-Hillman reaction: an enchanting expedition. Synlett, 2008: 2897-2912.

[598] Krishna, P. R.; Sharma, G. V. M. Asymmetric Baylis-Hillman reaction: use of novel chiral aldehydes as electrophiles, chiral base catalysts and auxiliaries. Mini-Rev. Org. Chem., 2006, 3: 137-153.

[599] Langer, P. New strategies for the development of an asymmetric version of the Baylis-Hillman reaction. Angew. Chem. Int. Ed., 2000, 39: 3049-3052.

[600] Abermil, N.; Masson, G.; Zhu, J. Highly enantioselective aza Morita-Baylis-Hillman reaction catalyzed by bifunctional β-isocupreidine derivatives. J. Am. Chem. Soc., 2008, 130: 12596-12597.

[601] Abermil, N.; Masson, G.; Zhu, J. Invertible enantioselectivity in 6′-deoxy-6′-acylamino-β-isocupreidine-catalyzed asymmetric aza-Morita-Baylis-Hillman reaction: key role of achiral additive. Org. Lett., 2009, 11: 4648-4651.

[602] Oishi, T.; Oguri, H.; Hirama, M. Asymmetric Baylis-Hillman reactions using chiral 2,3-disubstituted 1,4-diazabicyclo[2.2.2]octanes catalysts under high pressure conditions. Tetrahedron: Asymmetry, 1995, 6: 1241-1244.

[603] Krishna, P. R.; Kannan, V.; Reddy, P. V. N. *N*-Methylprolinol catalysed asymmetric Baylis-Hillman reaction. Adv. Synth. Catal., 2004, 346: 603-606.

[604] Barrett, A. G. M.; Cook, A. S.; Kamimura, A. Asymmetric Baylis-Hillman reactions: catalysis using a chiral pyrrolizidine base. Chem. Commun., 1998:2533-2534.

[605] Barrett, A. G. M.; Dozzo, P.; White, A. J. P.; et. al. Synthesis of chiral bicyclic azetidine derivatives. Tetrahedron, 2002, 58: 7303-7313.

[606] Xu, J.; Guan, Y.; Yang, S.; et. al. Asymmetric Baylis-Hillman reactions promoted by chiral imidazolines. Chem. Asian J., 2006, 1: 724-729.

[607] Hayashi, Y.; Tamura, T.; Shoji, M. The chiral diamine mediated asymmetric Baylis-Hillman reaction. Adv. Synth. Catal., 2004, 346: 1106-1110.

[608] Shah, J.; Yacob, Z.; Bunge, A.; et. al. A new dual catalytic system for asymmetric Morita-Baylis-

Hillman reaction. Synlett, 2010:2079-2082.

[609] Zhong, F.; Chen, G.-Y.; Lu, Y. Enantioselective Morita-Baylis-Hillman reaction of isatins with acrylates: Facile creation of 3-hydroxy-2-oxindoles. Org. Lett., 2011, 13: 82-85.

[610] Guan, X.-Y.; Wei, Y.; Shi, M. Construction of chiral quaternary carbon through Morita-Baylis-Hillman reaction: an enantioselective approach to 3-substituted 3-hydroxyoxindole derivatives. Chem. Eur. J., 2010, 16: 13617-13621.

[611] Liu, Y.-L.; Wang, B.-L.; Cao, J.-J.; et. al. Organocatalytic asymmetric synthesis of substituted 3-hydroxy-2-oxindoles via Morita-Baylis-Hillman reaction. J. Am. Chem. Soc., 2010, 132: 15176-15178.

[612] Iwabuchi, Y.; Sugihara, T.; Esumi, T.; et. al. An enantio - and stereocontrolled route to epopromycin B via cinchona alkaloid-catalyzed Baylis-Hillman reaction. Tetrahedron Lett., 2001, 42: 7867-7871.

[613] Shi, M.; Jiang, J.-K. An exploration of asymmetric Baylis-Hillman reactions catalyzed by quinidine-derived chiral amines. Tetrahedron: Asymmetry, 2002, 13: 1941-1947.

[614] Shi, M.; Xu, Y.-M. Catalytic, Asymmetric Baylis-Hillman reaction of imines with methyl vinyl ketone and methyl acrylate. Angew. Chem. Int. Ed., 2002, 41: 4507-4510.

[615] Shi, M.; Xu, Y.-M.; Shi, Y.-L. Catalytic, asymmetric aza-Baylis-Hillman reaction of *N*-sulfonated imines with activated olefins by quinidine -derived chiral amines. Chem. Eur. J., 2005, 11: 1794-1802.

[616] Matsui, K.; Takizawa, S.; Sasai. H. Bifunctional organocatalysts for enantioselective aza-Morita-Baylis-Hillman reaction. J. Am. Chem. Soc., 2005, 127: 3680-3681.

[617] Matsui, K.; Tanaka, K.; Horii, A.; et. al. Conformational lock in a Brønsted acid-Lewis base organocatalyst for the aza-Morita-Baylis-Hillman reaction. Tetrahedron: Asymmetry, 2006, 17: 578-583.

[618] Takizawa S.; Inoue N.; Sasai H. An enantioselective organocatalyzed aza-MBH domino process: application to the facile synthesis of tetrahydropyridines. Tetrahedron Lett., 2011, 52: 377-380.

[619] Wang, X.; Chen, Y.-F; Niu, L.-F; et. al. Diastereo- and enantioselective aza-MBH-type reaction of nitroalkenes to *N*-tosylimines catalyzed by bifunctional organocatalysts. Org. Lett., 2009, 11: 3310-3313.

[620] Lu, N.; Meng, L.; Chen, D.; et. al. Enantioselectivity of aza-MBH-type reaction of nitroalkene to *N*-tosylimine catalyzed by thiourea-tertiary amine: a theoretical study. RSC Advances, 2011, 1: 1113-1118.

[621] Takizawa, S.; Horii, A.; Sasai, H. Acid-base organocatalysts for the aza-Morita-Baylis-Hillman reaction of nitroalkenes. Tetrahedron: Asymmetry, 2010, 21: 891-894.

[622] Wang J.; Li H.; Yu X.; et. al. Chiral binaphthyl-derived amine -thiourea organocatalyst-promoted asymmetric Morita-Baylis-Hillman reaction. Org. Lett., 2005, 7:4293-4296.

[623] Börner, A. Phosphorus Ligands in Asymmetric Catalysis. Weinheim: Wiley-VCH, 2008.

[624] Li, W.; Zhang, Z.; Xiao, D.; et. al. Synthesis of chiral hydroxyl phospholanes from d-mannitol and their use in asymmetric catalytic reactions. J. Org. Chem., 2000, 65: 3489-3495.

[625] Hayase, T.; Shibata, T.; Soai, K.; et. al. An enantioselective Baylis-Hillman reaction catalyzed by chiral phosphines under atmospheric pressure. Chem. Commun., 1998:1271-1272.

[626] Shi, M. ; Chen, L. -H. Chiral phosphine Lewis base catalyzed asymmetric aza-Baylis-Hillman reaction of *N*-sulfonated imines with methyl vinyl ketone and phenyl acrylate. Chem. Commun. , 2003: 1310-1311.

[627] Lei, Z. -Y. ; Liu, X. -G. ; Shi, M. ; et. al. Binfunctional chiral phosphine -containing lewis base catalyzed asymmetric Morita-Baylis-Hillman reaction of aldehydes with activated alkenes. Tetrahedron: Asymmetry, 2008, 19: 2058-2062.

[628] Takizawa S. ; Inoue N. ; Hirata S. ; et. al. Enantioselective synthesis of isoindolines: an organocatalyzed domino process based on the aza-Morita-Baylis-Hillman reaction. Angew. Chem. Int. Ed. , 2010, 49: 9725-9729.

[629] Shi, M. ; Li, C. -Q. Catalytic, asymmetric aza-Baylis-Hillman reaction of N-sulfonated imines with 2-cyclohexen-1-one and 2-cyclopenten-1-one in the presence of a chiral phosphine Lewis base. Tetrahedron: Asymmetry, 2005, 16: 1385-1391.

[630] Lei, Z. -Y. ; Ma, G. -N. ; Shi, M. A fast catalytic asymmetric aza-Morita-Baylis-Hillman reaction of *N*-sulfonated imines with methyl vinyl ketone in the presence of chiral bifunctional phosphane Lewis bases. Eur. J. Org. Chem. , 2008:3817-3820.

[631] Ito, K. ; Nishida, K. ; Gotanda, T. Highly enantioselective aza-Morita-Baylis-Hillman reaction with a bisphenol-based bifunctional organocatalyst. Tetrahedron Lett. , 2007, 48: 6147-6149.

[632] Matsui, K. ; Takizawa, S. ; Sasai, H. A Brønsted acid and Lewis base organocatalyst for the aza-Morita-Baylis-Hillman reaction. Synlett, 2006:761-765.

[633] Liu, Y. -H. ; Chen, L. -H. ; Shi, M. Asymmetric aza-Morita-Baylis-Hillman reaction of *N*-sulfonated imines with activated olefins catalyzed by chiral phosphine Lewis bases bearing multiple phenol groups. Adv. Synth. Catal. , 2006, 348: 973-979.

[634] Qi, M. -J. ; Ai, T. ; Shi, M. ; et. al. Asymmetric catalytic aza-Morita-Baylis-Hillman reaction using chiral bifunctional phosphine amides as catalysts. Tetrahedron, 2008, 64: 1181-1186.

[635] Shi, Y. -L. ; Shi, M. Chiral thiourea-phosphine organocatalysts in the asymmetric aza-Morita-Baylis-Hillman reaction. Adv. Synth. Catal. , 2007, 349: 2129-2135.

[636] Shi, Y. -L. ; Shi, M. Aza-Baylis-Hillman reactions and their synthetic applications. Eur. J. Org. Chem. , 2007:2905-2916.

[637] Zhong, F. ; Wang, Y. ; Han, X. ; et. al. L-Threonine-derived novel bifunctional phosphine -sulfonamide catalyst-promoted enantioselective aza-Morita-Baylis-Hillman reaction. Org. Lett. , 2011, 13: 1310-1313.

[638] Gong, J. -J. ; Yuan, K. ; Wu, X. -Y. Valine-derived phosphinothiourea as organocatalyst in enantioselective Morita-Baylis-Hillman reactions of acrylates with aromatic aldehydes. Tetrahedron: Asymmetry, 2009, 20: 2117-2120.

[639] Han, X. ; Wang, Y. ; Zhong F. ; et. al. Cooperativity in the counterion catalysis of Morita-Baylis-Hillman reactions promoted by enantioselective trifunctional organocatalysts. Org. Biomol. Chem. , 2011, 9: 6734-6740.

[640] Yuan, K. ; Song, H. -L. ; Hu, Y. ; et. al. Chiral phosphinothiourea-catalyzed asymmetric Morita-Baylis-Hillman reactions of acrylates with aromatic aldehydes. Tetrahedron, 2009, 65: 8185-8190.

[641] Yuan, K. ; Zhang, L. ; Song, H. -L. ; et. al. Chiral phosphinothiourea organocatalyst in the enantioselective Morita-Baylis-Hillman reactions of aromatic aldehydes with methyl vinyl ketone.

Tetrahedron Lett., 2008, 49: 6262-6264.

[642] Wang, C.-C.; Wu, X.-Y. Catalytic asymmetric synthesis of 3-hydroxyl-2-oxindoles via enantioselective Morita-Baylis-Hillman reaction of isatins. Tetrahedron, 2011, 67: 2974-2978.

[643] Xie, J.-H.; Zhou, Q.-L. Chiral diphosphine and monodentate phosphorus ligands on a spiro scaffold for transition-metal-catalyzed asymmetric reactions. Acc. Chem. Res., 2008, 41: 581-589.

[644] Takizawa, S.; Kiriyama, K.; Ieki, K.; et. al. A bifunctional spiro-type organocatalyst with high enantiocontrol: application to the aza-Morita-Baylis-Hillman reactions. Chem. Commun., 2011: 9227-9229.

[645] Anstiss, C.; Garnier, J.-M.; Liu, F. Mechanistic investigations of multidentate organocatalyst-promoted counterion catalysis for fast and enantioselective aza-Morita-Baylis-Hillman reactions at ambient temperature. Org. Biomol. Chem., 2011, 9: 8505.

[646] Anstiss, C.; Garnier, J.-M.; Liu, F. Mechanistic investigations of multidentate organocatalyst-promoted counterion catalysis for fast and enantioselective aza-Morita-Baylis-Hillman reactions at ambient temperature. Org. Biomol. Chem., 2010, 8: 4400-4407.

[647] Anstiss, C.; Liu, F. Cooperativity in the counterion catalysis of Morita-Baylis-Hillman reactions promoted by enantioselective trifunctional organocatalysts. Tetrahedron, 2010, 66: 5486-5491.

[648] Garnier J. M.; Anstiss, C.; Liu F. Enantioselective trifunctional organocatalysts for rate-enhanced aza-Morita-Baylis-Hillman reactions at room temperature. Adv. Synth. Catal., 2009, 351: 331-338.

[649] Garnier, J. M.; Liu, F. Trifunctional organocatalyst-promoted counterioncatalysis for fast and enantioselective aza-Morita-Baylis-Hillman reactions at ambient temperature. Org. Biomol. Chem., 2009, 7: 1272-1275.

[650] Berkessel, A.; Roland, K.; Neudoerfl, J. M. Asymmetric Morita-Baylis-Hillman reaction catalyzed by isophoronediamine-derived bis(thio)urea organocatalysts. Org. Lett., 2006, 8: 4195-4198.

[651] Nakayama, Y.; Gotanda, T.; Ito, K. Asymmetric Morita-Baylis-Hillman reactions of 2-cyclohexen-1-one catalyzed by chiral biaryl-based bis(thiourea) organocatalysts. Tetrahedron Lett., 2011, 52: 6234-6237.

[652] Shi, M.; Liu, X.-G. Asymmetric Morita-Baylis-Hillman reaction of arylaldehydes with 2-cyclohexen-1-one catalyzed by chiral bis(thio)urea and DABCO. Org. Lett., 2008, 10: 1043-1046.

[653] McDougal, N. T. Asymmetric Morita-Baylis-Hillman reactions catalyzed by chiral Brønsted acids. J. Am. Chem. Soc., 2003, 125: 12094-12095.

[654] Rodgen, S. A.; Schaus, S. E. Efficient construction of the clerodane decalincore by an asymmetric Morita-Baylis-Hillman reaction/Lewis acid promoted annulationsstrategy. Angew. Chem. Int. Ed., 2006, 45: 4929-4932.

[655] Yang, K.-S.; Lee, W.-D.; Pan, J.-F.; et. al. Chiral Lewis acid-catalyzed asymmetric Baylis-Hillman reactions. J. Org. Chem., 2003, 68: 915-919.

[656] Shibasaki, M.; Sasai, H.; Arai, T. Asymmetric catalysis with heterobimetallic compounds. Angew. Chem., Int. Ed. Engl., 1997, 36: 1236-1256.

[657] Matsui, K.; Takizawa, S.; Sasai, H. Enantioselective Morita-Baylis-Hillman (MBH) reaction promoted by a heterobimetallic complex with a Lewis base. Tetrahedron Lett., 2005, 46: 1943-1946.

[658] Chen, D.; Timmons, C.; Liu, J.; et. al. The first enantioselective halo aldol reaction of ethyl propiolate and aldehydes. Eur. J. Org. Chem., 2004:3330-3335.

[659] Ryu, D. H.; Corey, E. J. Triflimide activation of a chiral oxazaborolidine leads to a more general catalytic system for enantioselective Diels-Alder addition. J. Am. Chem. Soc., 2003, 125: 6388-6390.

[660] Ryu, D. H.; Corey, E. J. Highly enantioselective cyanosilylation of aldehydes catalyzed by a chiral oxazaborolidinium ion. J. Am. Chem. Soc., 2004, 126: 8106-8107.

[661] Senapati, B. K.; Wang, G.-S.; Lee, S.; et. al. Enantioselective synthesis of β-iodo Morita-Baylis-Hillman esters by a catalytic asymmetric three-component coupling reaction. Angew. Chem. Int. Ed., 2009, 48: 4398-4401.

[662] Tang, H.; Zhao, G.; Zhou, Z.; et. al. Chiral tertiary amine/L-proline cocatalyzed enantioselective Morita-Baylis-Hillman (MBH) reaction. Eur. J. Org. Chem., 2008: 126-135.

[663] Tang, H.; Gao, P.; Zhao, G.; et. al. (1*R*, 2*R*)-(−)-2-Dimethylamino-1-(4-nitrophenyl)-1, 3-propanediol/L-proline cocatalyzed enantio selective Morita-Baylis-Hillman reaction. Catal. Commun., 2007, 8: 1811-1814.

[664] Tang, H.; Zhao, G.; Zhou, Z.; et. al. Synthesis of some new tertiary amines and their application as co-catalysts in combination with L-proline in enantioselective Baylis-Hillman reaction between *o*-nitrobenzaldehyde and methyl vinyl ketone. Tetrahedron Lett., 2006, 47: 5717-5721.

[665] Vesely, J; Dziedzic, P.; Cordova, A. Aza-Morita-Baylis-Hillman-type reactions: highly enantioselective organocatalytic addition of unmodified α,β-unsaturated aldehydes to *N*-Boc protected imines. Tetrahedron Lett., 2007, 48: 6900-6904.

[666] Alemán, J.; Núnez, A.; Marzo, L.; et. al. Asymmetric synthesis of 4-amino-4*H*-chromenes by organocatalytic oxa-Michael/aza-Baylis-Hillman tandem reactions. Chem. Eur. J., 2010, 16: 9453-9456.

[667] Pegot, B.; Vo-Thanh, G.; Gori, D.; et. al. First application of chiral ionic liquids in asymmetric Baylis-Hillman reaction. Tetrahedron Lett., 2004, 45: 6425-6428.

[668] Garre, S.; Parker, E.; Ni, B. K.; et. al. Design and synthesis of bistereogenic chiral ionic liquids and their use as solvents for asymmetric Baylis-Hillman reactions. Org. Biomol. Chem., 2008, 6: 3041-3043.

[669] Gausepohl, R.; Buskens, P.; Kleinen, J.; et. al. Highly enantioselective aza-Baylis-Hillman reaction in a chiral reaction medium. Angew. Chem. Int. Ed., 2006, 45: 3689-3692.

[670] Brown, J. M.; Cutting, I.; Evans, P. L.; et. al. Factors affecting stereochemical control in directed homogeneous hydrogenation of α-hydroxyalkylacrylates. Tetrahedron Lett., 1986, 27: 3307-3310.

[671] Gilbert, A.; Heritage, T. W.; Isaacs, N. S. Asymmetric induction in the Baylis-Hillman reaction. Tetrahedron: Asymmetry, 1991, 2: 969-972.

[672] Basavaiah, D.; Gowriswari, V. V. L.; Sarma, P. K. S.; et. al. Chiral acrylates as substrates in Baylis-Hillman reaction. Tetrahedron Lett., 1990, 31: 1621-1624.

[673] He, K.; Zhou, Z. H.; Tang, H. Y.; et. al. Asymmetric Baylis-Hillman reaction between chiral activated alkenes and aromatic aldehydes in Me_3N/H_2O/solvent medium. Chin. Chem. Lett., 2005, 16: 1427-1430.

[674] He, K.; Zhou, Z.; Zhao, G.; et. al. Chiral activated alkenes inducedasymmetric Baylis-Hillman reaction in Me_3N/H_2O/solvent medium. Heteroat. Chem., 2006, 17: 317-321.

[675] Drewes, S. E.; Emslie, N. D.; Field, J. S.; et. al. A novel tetrahydrofuran derivative via a tertiary

ketol-type rearrangement. Tetrahedron Lett., 1993, 34: 1205-1208.

[676] Jensen, K. N.; Roos; G. H. P. Camphor-derived chiral acrylates in the Baylis-Hillman reaction. S. Afr. J. Chem., 1992, 45: 112-114.

[677] Duggan, A. R.; Kaye, P. T. Synthesis of 2-exo-acryloyloxy-*N*-(1-adamantyl) bornane -10-sulfonamide diastereomers as chiral scaffolds. J. Chem. Res., 2007: 148-151.

[678] Piber, M.; Leahy, J. W. Enantiospecific generation of anti-aldol adducts via conjugate addition to 5-methylene-1,3-dioxan-4-ones. Tetrahedron Lett., 1998, 39: 2043-2046.

[679] Yang, K.-S.; Chen, K. Diastereoselective Baylis-Hillman reactions: the design and synthesis of a novel camphor-based chiral auxiliary. Org. Lett., 2000, 2: 729-731.

[680] Sagar, R.; Pant, C. S.; Pathak, R.; et. al. A substrate controlled, very highly diastereoselective Morita-Baylis-Hillman reaction: a remote activation of the diastereofacial selectivity in the synthesis of C-3-branched deoxysugars. Tetrahedron, 2004, 60: 11399-11406.

[681] Saquib, M.; Gupta, M. K.; Sagar, R.; et. al. C-3Alkyl/Arylalkyl-2, 3-dideoxy hex-2-enopyranosides as antitubercular agents: Synthesis, biological evaluation, and QSAR study. J. Med. Chem., 2007, 50: 2942-2950.

[682] Krishna, P. R.; Reddy, P. S.; Narsingam, M.; et. al. Diastereoselective Baylis-Hillman reaction: first use of sugar-derived alpha, beta-unsaturated-lactone as chiral Michael acceptor. Synlett, 2006: 595-599.

[683] Krishna, P. R.; Kannan, V.; Ilangovan, A.; et. al. Asymmetric Baylis-Hillman reaction using sugar acrylates-synthesis of optically active α-methylene -β -hydroxy alkanoates. Tetrahedron: Asymmetry, 2001, 12: 829-837.

[684] Krishna, P. R.; Sachwani, R.; Kannan, V. Double asymmetric induction′ as a novel tool for high stereocontrol in Baylis-Hillman reaction. Chem. Commun., 2004: 2580-2581.

[685] Xu, X.; Chen, D.; Wei, H.-X.; et. al. First asymmetric synthesis of chiral β-iodo Baylis-Hillman esters via tandem 1,4-conjugate addition/carbonyl coupling reactions. Chirality, 2003, 15: 139-142.

[686] Shi, M.; Wang, C.-J. Titanium(IV) bromide promoted diastereoselective reactions of arylaldehydes with optically active propiolates. J. Chem. Res., 2004: 107-110.

[687] Calmès, M.; Akkari, R.; Barthes, N.; et. al. Asymmetric Baylis-Hillman reactions using (*R*)-4-(3-hydroxy-4,4-dimethyl-2-oxopyrrolidin -1-yl) benzoic acid acrylate derivatives in solution and on solid support. Tetrahedron: Asymmetry, 2005, 16: 2179-2185

[688] Marcucci, E.; Martelli, G.; Orena, M.; et. al. Stereodivergent Baylis-Hillman reaction of a chiral acryloyl imide exploiting ion-chelation effect: mechanistic insight on the rearrangement of trichloroacetimidates of the Baylis-Hillman adducts to trichloroacetamides. Monatsh. Chem., 2007, 138: 27-33.

[689] Drewes, S. E.; Manickum, T.; Roos, G. H. P. Stereoselective synthesis of α-methylene-β-hydroxy-γ-alkoxy esters and ketones. Synth. Commun., 1988, 18: 1065-1070.

[690] Drewes, S. E.; Njamela, O. L.; Roos, G. H. P. Cyclization of a chiral α-(δ'-benzyloxyalkyl) acrylate to a novel tetrahydrofuran derivative. Chem. Ber., 1990, 123: 2455-2456.

[691] Bussolari, J. C.; Beers, K.; Lalan, P.; et. al. Addition of acrylamide to amino aldehydes to generate non-Baylis-Hillman adducts formation of novel *N*-acylhemiaminals. Chem. Lett., 1998: 787-788.

[692] Drewes, S. E.; Khan, A. A.; Rowland, K. Chiral, cyclic amino aldehydes in the Baylis-Hillman

reaction - a route to sphingosine analogs. Synth. Commun. , 1993, 23: 183-188.

[693] Coelho, F. ; Diaz, G. ; Abella, C. A. M. ; et. al. The Baylis-Hillman reaction with chiral α-amino aldehydes under racemization-free conditions. Synlett, 2006: 435-439.

[694] Manickum, T. ; Roos, G. H. P. Acyclic stereoselection in the tertiary amine-catalyzed addition of activated vinyl systems (Baylis-Hillman reaction) to protected chiral α-hydroxy and α-amino aldehydes. S. Afr. J. Chem. , 1994, 47: 1-16.

[695] Kundig, E. P. ; Xu, L. H. ; Schnell, B. Planar chiral arylaldehydeimine tricarbonylchromium complexes in the asymmetric Baylis-Hillman coupling reaction. Synlett, 1994:413-414.

[696] Alcaide, B. ; Almendros, P. ; Aragoncillo, C. Straightforward asymmetric entry to highly functionalized medium-sized rings fused to β-lactams via chemo- and stereocontrolled divergent radical cyclization of Baylis-Hillman adducts derived from 4-oxoazetidine-2-carbaldehydes. J. Org. Chem. , 2001, 66: 1612-1620.

[697] Alcaide, B. ; Almendros, P. ; Aragoncillo, C. Diastereoselective Baylis-Hillman reaction of 4-oxoazetidine-2-carbaldehydes: rapid, stereocontrolled and divergent radical synthesis of highly functionalized β-lactams fused to medium rings. Chem. Commun. , 1999:1913-1914.

[698] Alcaide, B. ; Almendros, P. ; Aragoncillo, C. ; et. al. Straightforward asymmetric entry to highly functionalized 3-substituted 3-hydroxy-β-lactams via Baylis-Hillman or bromoallylation reactions. J. Org. Chem. , 2004, 69: 826-831.

[699] Alcaide, B. ; Almendros, P. ; Aragoncillo, C. Straightforward asymmetric entry to highly functionalized medium-sized rings fused to β-lactams via chemo- and stereocontrolled divergent radical cyclization of Baylis-Hillman adducts derived from 4-oxoazetidine-2-carbaldehydes. J. Org. Chem. , 2001, 66: 1612-1620.

[700] Alcaide, B. ; Almendros, P. ; Aragoncillo, C. Symmetric synthesis of densely functionalized 3-substituted 3-hydroxy-β-lactams via novel, highly stereoselective Baylis-Hillman and allylation reactions of enantiopure 3-oxo-2-azetidinones. Tetrahedron Lett. , 1999, 40: 7537-7540.

[701] Bauer, T. ; Tarasiuk, J. Asymmetric Morita-Baylis-Hillman reaction of chiral glyoxylates. Tetrahedron: Asymmetry, 2001, 12: 1741-1745.

[702] Pan, J.-F. ; Chen, K. Diastereoselective Baylis-Hillman reaction using N-glyoxyloyl camphorpyrazolidinone as an electrophile: synthesis of optically pure 2-hydroxy-3-methylene succinic acid derivative. Tetrahedron Lett. , 2004, 45: 2541-2543.

[703] Krishna, P. R. ; Manjuvani, A. ; Kannan, V. Steric determinants in diastereocontrol during Baylis-Hillman reaction of sugar-derived aldehydes. Tetrahedron: Asymmetry, 2005, 16: 2691-2703.

[704] Krishna, P. R. ; Krishna R, L. ; Kannan, V. Diastereoselective Baylis-Hillman reaction: first use of chiral 2,3-epoxy aldehydes as novel electrophiles. Tetrahedron Lett. , 2004, 45: 7847-7850.

[705] Lu, A. ; Xu, X. ; Gao, P. ; et. al. Chiral N-thiophosphoryl imine-induced diastereoselective aza-Morita-Baylis-Hillman reaction Tetrahedron: Asymmetry, 2008, 19: 1886-1890.

[706] Curti, C. ; Zanardi, F. ; Battistini, L. ; et. al. New enantioselective entry to cycloheptane amino acid polyols. J. Org. Chem. , 2006, 71: 225-230.

[707] Zhao, L. ; Chen, X. Y. ; Ye, S. ; et. al. Computational mechanistic study of PMe_3 and N-heterocyclic carbene catalyzed intramolecular Morita-Baylis-Hillman-like cycloalkylations: the origins of the different reactivity. J. Org. Chem. , 2011, 76: 2733-2743.

附录Ⅰ 本书中使用的一些缩写词的全称

官能团

Boc *t*-butoxycarbonyl 叔丁氧羰基 CO_2*t*-Bu

Cbz carbobenzyloxy 苄氧羰基 CO_2CH_2Ph

Fc ferrocenyl 二茂铁基

MOM methoxymethyl 甲氧基甲基 $MeOCH_2$

Ms methanesulfonyl 甲烷磺酰基 $MeSO_2$

Ns 4-nitrophenylsulfonyl 4-硝基苯磺酰基 4-NO_2PhSO_2

PMB 4-methoxybenzyl 4-甲氧基苄基 4-$MeOPhCH_2$

PMP 4-methoxyphenyl 4-甲氧基苯基 4-MeOPh

SES β-trimethylsilylethanesulfonyl β-三甲硅基乙烷磺酰基 $Me_3SiCH_2CH_2SO_2$

TBS *t*-butyldimethylsilyl (*t*-Bu)Me_2Si

TBDPS *t*-butyldiphenylsilyl (*t*-Bu)Ph_2Si

Tf trifluoromethanesulfonyl 三氟甲磺酰基 CF_2SO_2

TMS trimethylsilyl 三甲基硅基 Me_3Si

Ts 4-methylphenylsulfonyl 对甲苯磺酰基 4-$MePhSO_2$

化合物

DABCO 1，4-diaza-bicyclo [2. 2. 2] octane 1，4-二氮杂双环[2. 2. 2]辛烷

DBU 1,8-diazabicyclo[5. 4. 0]-undec-7-ene 1，8-二氮杂双环[5,4,0]十一碳-7-烯

DBN 1,5-diazabicyclo[4. 3. 0]non-5-ene 1,5-二氮杂双环[4. 3. 0]壬-7-烯

DIAD diisobutyl azodicarboxylate 偶氮二甲酸二异丙酯

DIBAL diisobutyl aluminum hydride 二异丁基氢化铝

DMAP 4-(*N*,*N*-dimethylamino)pyridine 4-(*N*,*N*-二甲氨基)吡啶 4-$Me_2NC_5H_4N$

DPPP 1,3-bis-diphenylphosphinopropane 1，3-二(二苯基膦基)丙烷 $Ph_2P(CH_2)_3PPh_2$

HMPA hexamethylphosphoramide 六甲基磷酰三胺 $P(O)(NMe_2)_3$

HMPT hexamethylphosphoroustriamide 六甲基亚磷酸三酰胺 $P(NMe_2)_3$

3-HQD 3-hydroxyquinuclidine(3-hydroxy-1-azabicyclo[2. 2. 2]octane) 3-

羟基-1-氮杂环[2.2.2]辛烷,3-羟基奎宁环

β-ICD　β-isocupreidine (1,8-diazabicyclo[5.4.0]-undec-7-ene)

LDA　lithium diisopropylamide　二异丙基胺锂　LiN(i-Pr$)_2$

LTMP　lithium 2,2,6,6-tetramethylpiperidide　2,2,6,6-四甲基哌啶锂

LHMDSA　lithium hexamethyldisilylamide (lithium bis(trimethysilyl)amide)　双三甲硅基胺锂　$LiN(SiMe_3)_2$

MCPBA　m-chloroperbenzoic acid　间氯过氧苯甲酸　m-$ClPhCO_3H$

MVK　methyl vinyl ketone　甲基乙烯基酮　$MeCOCH=CH_2$

NBS　N-bromosuccinamide　N-溴代琥珀酰亚胺

NCS　N-chlorosuccinamide　N-氯代琥珀酰亚胺

NIS　N-iodosuccinamide　N-碘代琥珀酰亚胺

Py　pyridine　吡啶　C_5H_5N

QD　quinuclidine(1-azabicyclo[2.2.2]octane)　1-氮杂环[2.2.2]辛烷,奎宁环

TBAF　tetrabutylammonium fluoride　四丁基氟化铵

TECDA　N,N,N',N'-tetraethylcyclohexane-1,2-diamine　N,N,N',N'-四乙基-1,2-环己二胺

TMEDA　N,N,N',N'-tetramethylethylenediamine　N,N,N',N'-四甲基乙二胺　$Me_2NCH_2CH_2NMe_2$

TPP　triphenylphosphine　三苯基膦　PPh_3

溶剂

DME　1,2-dimethoxyethane　1,2-二甲基乙烷　$MeCH_2CH_2Me$

DCE　dichloroethane 1,2-二氯乙烷　$ClCH_2CH_2Cl$

NMP N-methylprrolidinone　N-乙酰基吡咯烷酮

附录Ⅱ 一些有机化合物的气相酸性(ΔH_A,ΔG_A)和在溶液中的平衡酸性(pK_a)[a,b]

化合物	气相酸性/(kcal/mol)		pK_a (DMSO)	pK_a(THF)		pK_a (MeCN)	pK_a (水)
	ΔH_A	ΔG_A		Cs^+	Li^+		
烷烃和环烷烃							
CH_4	417	409	(56)				(48)
CH_3CH_3	420	412					
$MeC\underline{H}_2Me$	419	411					(51)
$MeC\underline{H}_2CH_2Me$	416	407					
$Me_3C\underline{H}$	413	406					(53)
$C(C\underline{H}_3)_3$	409	400					
环丙烷	412±6	403±7					(46)
环丁烷	417±2	408±2					
环戊烷	416±2	407±2					
环己烷	404	>398					
烯烃							
$CH_2=CH_2$	409	401					(44)
$PhCH=CH_2$(环上邻位氢)	391	383					
$CH_2=CH\text{-}CH=C\underline{H}_2$	400	391					
$CH_2=CH\text{-}C\underline{H}=CH_2$		389					
$CH_2=C=CH_2$	381	373					
$CH_2=C=O$	365	358					
1,1-二甲基环丙烯	383	374					
1,2,3-三苯基环丙烯	385	377					
炔烃							
$CH\equiv CH$	379	371	24				25
$MeC\equiv CH$	381	373					
$PhC\equiv CH$	371	363	28				23

续表

化合物	气相酸性/(kcal/mol)		pK_a (DMSO)	pK_a(THF)		pK_a (MeCN)	pK_a (水)
	ΔH_A	ΔG_A		Cs^+	Li^+		
芳烃							
苯	402	393		44.8	39.5		(43)
萘(C^1-H)	394	384					
萘(C^2-H)	396	387					
蒽(C^9-H)	387(计算)						
甲烷衍生物							
Me_3SiCH_3	391	382					
CH_3OCH_3	407	398	(~49)				
CH_3SCH_3	390	383	(45)				
$PhOCH_3$	402	394	(~49)				
$PhSCH_3$	382	374	(~42)				
Me_2NCH_3	>406	>398					
Me_2PCH_3	385	378					
CH_3F	409	401					
CH_3Cl	396	389					
CH_3Br	393	386					
CH_3I	386	379					
$CH_2{=}CH{-}C\underline{H}_3$	389	384	(44)				43
$H_3CC{\equiv}CCH_3$	389	382					44
$(Me_3Si)_2CH_2$	374	366					
$PhCH_3$	381	374	(43)	(41)		42.2	41.2
4-甲基吡啶(甲基氢)	375	368	(~35)				
3-甲基吡啶(甲基氢)	378	371					
2-甲基吡啶(甲基氢)	377	370					
$C\underline{H}_3CHO$	366	359					16.5
CH_3CONMe_2	375	368	34~35				29.4
CH_3SOCH_3	374	366	35.1				33
$CH_3SO_2CH_3$	366	358	31.1	28.8			23
$CH_2(SO_2Me)_2$			15.0				14
CH_3CN	373	365	31.3				28.9
$CH_2(CN)_2$	336	328	11.1				11.2

续表

化合物	气相酸性/(kcal/mol)		pK_a (DMSO)	pK_a(THF)		pK_a (MeCN)	pK_a (水)
	ΔH_A	ΔG_A		Cs^+	Li^+		
$CH(CN)_3$		289(计算)	−7			5.1	−5.1
CH_3COCH_3	369	362	26.5				19.3
$(MeCO)_2CH_2$	344	337	13.3				9.09
$(MeCO)_3CH$		329	8.6				5.9
$PhSO_2CH_3$	363	355	29.5	27.3		27.2	23
$(PhSO_2)_2CH_2$			12.3				11.2
$PhCOCH_3$	361	355	24.7	24.5			17.7
CH_3CO_2Et	372	365	29.5				24.5
$CH_3P(O)(OEt)_2$			~32.5				
$Me_3\overset{+}{N}—CH_2CN$			20.6				
$CN—CH_3$	381	373					
$CH_2=N—\underline{CH_3}$	1609	1582					
CH_3COF		356					
CH_3NO_2	357	351	17.2				10.24
$CH_2(NO_2)_2$			3.6				3.6
$CH(NO_2)_3$	—	298(计算)					0.06
CF_3COCH_3	349	342					17.3 (计算)
$(CF_3CO)_2CH_2$	317	310	2.32				5.4
$(CF_3CO)_3CH$		301	<2				
CH_3COCN	345	338					
$CF_3SO_2CH_3$	347	340	18.8				
$(CF_3SO_2)_2CH_2$	—	302	2.7				
$(CF_3SO_2)_3CH$		289	<2			−3.7	
$(FSO_2)_3CH$						−1.2	
碳硼烷(carborane)	241±29						
CF_3CH_3		369					
$(CF_3)_2CH_2$	352	344	15.8				
$(CF_3)_3CH$	334	327	12.6				
1,3-二羰基化合物							
MeCOCH$_2$COMe	344	337	13.3				9.03

续表

化合物	气相酸性/(kcal/mol)		pK_a (DMSO)	pK_a(THF)		pK_a (MeCN)	pK_a (水)
	ΔH_A	ΔG_A		Cs^+	Li^+		
$MeCOCH_2CO_2Et$			14.2				10.7
$CH_2(CO_2Et)_2$	348	342	15.9				13.3
$PhCOCH_2COPh$			13.4				9.0
$NCCH_2CO_2Et$	340	334	12.5				10.2
$MeCOCH_2CONMe_2$			18.2				
1,3-环戊二酮(2-位氢)	344	327					
1,3-环己二酮(2-位氢)			11.15				
[5,5-二甲基-1,3-环己二酮结构式]	339	331	11.2				5.25
[2,2-二甲基-1,3-二氧六环-4,6-二酮结构式]	332	325	7.3				4.83
巴比妥酸 [结构式]	335	327	8.4				4.01
环酮							
环丙酮							
环丁酮(α-氢)	367	359	25.05				19.7～20.2
环戊酮(α-氢)	368	360	25.8				
环己酮(α-氢)	369	361	26.4				
环庚酮(α-氢)	367	360	27.8				
开链多烯和环多烯							
[戊二烯基-CH_3结构式]	369	364					
环戊二烯	354	348	18	16.1		16.25	16
五甲基环戊二烯	361	355	26.1				
1,4-二苯基环戊二烯	338	341	14.3				15.4
五氟环戊二烯							14
五(三氟甲基)环戊二烯							≤−2
2,3,4,5-四氰基环戊二烯						−2.6	

续表

化合物	气相酸性/(kcal/mol)		pK_a (DMSO)	pK_a(THF)		pK_a (MeCN)	pK_a (水)
	ΔH_A	ΔG_A		Cs^+	Li^+		
茚(1-位氢)	352	345	20.1	19.8		19.93	20.2
2-甲基茚(1-位氢)			21.8				
2-苯基茚(1-位氢)			19.4				18.6
1,3-二苯基茚(1-位氢)	335	329	13.1	12.7	13.3	13.62	
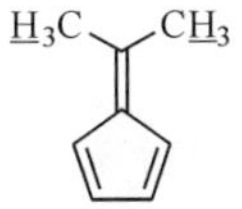 H_3C CH_3	354	347	22.7				
芴(9-位氢)	351	343	22.6	22.6	22.6	23.04	22.2
9-甲基芴	351	344	22.3	22.3	22.5	22.33	22.1
9-MeO 芴	351	343	22.1				
9-MeS 芴			18.0				
9-PhO 芴			19.9				
9-PhS 芴			15.4				
9-Me_2N 芴			22.5				
9-Ph 芴	343	336	17.9	18.2	17.6	18.49	18.5
9-CN 芴		321	8.3				11.4
9-$PhSO_2$芴			11.6	11.8			
1,2,3,4,5,6,7,8-八氟芴		317	10.8	10.8			
八氟-9-C_6F_5芴		302	3.76				
9-Me_3N^+芴			17.8				
9-(n-Bu)$_3P^+$芴			9.8				
9-Me_2S^+芴			6.5				13.7
9-Me_3Si 芴			21.5				
fluoradene	333	325	10.5				14
薁 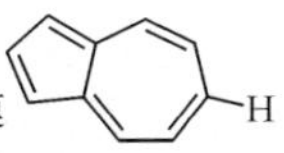 H	368	360					
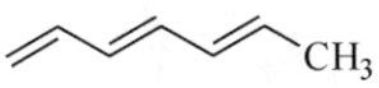 CH_3	365	359					
环庚三烯(CH_2)	375	369	30.9				

续表

化合物	气相酸性/(kcal/mol)		pK_a (DMSO)	pK_a(THF)		pK_a (MeCN)	pK_a (水)
	ΔH_A	ΔG_A		Cs^+	Li^+		
多环烷烃和烯烃							
 H	400	391					
 H	402	394					
 1-和2-H	403	395					
立方烷	403	397					
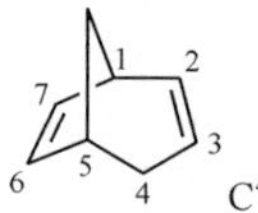 1 2 3 4 5 6 7 C^4—H	391	383					
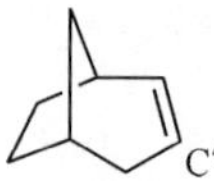 C^4—H	380	373					
1,3-二噻烷衍生物							
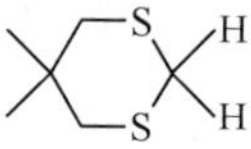 S S H H	374	367		(39)			
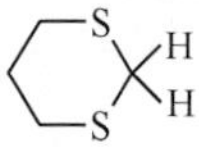 S S H H			39.3	36.5		31.1	
2-CH_3-1,3-二噻烷				38.2		37.8	
2-Ph-1,3-二噻烷			30.7	30.5	29.4	29.6	
2-CN-1,3-二噻烷			19.1				
2-Me_3Si-1,3-二噻烷				53.5			
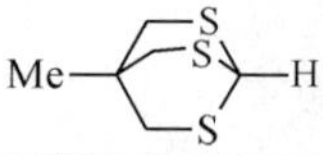 Me S S S H			30.5			27.3	
卤仿							
HCF_3	378	370				30.5	32
$HCCl_3$	358	350				24.4	24
$HCBr_3$	350	342				22.7	
HCI_3						22.5	

续表

化合物	气相酸性/(kcal/mol)		pK_a (DMSO)	pK_a(THF)		pK_a (MeCN)	pK_a (水)
	ΔH_A	ΔG_A		Cs^+	Li^+		
多氟代烷烃							
CF_3CF_2H		367					
CH_3F							
CH_2F_2	389	381					
$(CF_3)_2CH_2$		344					
$(CF_3)_3CH$	334	327	12.6				
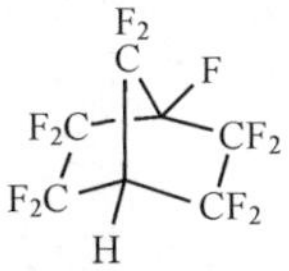 F_2 C F F_2C CF_2 F_2C CF_2 H	342	334	～20			20.5	
取代苯							
PhH	401	391				43	
苯甲醚(C^4-H)	398	391					
苯甲醚(C^3-H)	401	394					
苯甲醚(C^2-H)	402	394					
氯苯(C^4-H)	394	387					
氯苯(C^3-H)	391	383					
氯苯(C^2-H)	388	380					
1,4-二氯苯	377	369					
1,2,4,5-四氯苯	362	354		32.9		31.1	
五氯苯	355	347		31.1		29.9	
氟苯(C^4-H)	394(计算)						
氟苯(C^3-H)	387	379					
氟苯(C^2-H)	396(计算)						
1,2-二氟苯(C^3-H)	378	370				35	
1,4-二氟苯	380	372					
1,3-二氟苯	374	366		34.3			
1,2,3-三氟苯(C^4-H)	376	367					
1,2,4-三氟苯(C^3-H)	370	363		31.6			
1,3,5-三氟苯	370	361		33.1			
1,2,3,4-四氟苯	370	362		32.2	31.5	31.5	

续表

化合物	气相酸性/(kcal/mol)		pK_a (DMSO)	pK_a(THF)		pK_a (MeCN)	pK_a (水)
	ΔH_A	ΔG_A		Cs^+	Li^+		
1,2,3,5-四氟苯(C^4-H)	363	355		29.9			
1,2,4,5-四氟苯	361	353		28.4	23.1		
五氟苯	357	349		25.6	21.5	25.8	
三氟甲基苯(C^2-H)	387	379					
三氟甲基苯(C^3-H)		381					
三氟甲基苯(C^4-H)		380					
五(三氟甲基)苯		331	20				
苯甲腈(C^2-H)	383	375					
硝基苯(C^4-H)	354	347					
1,3,5-三硝基苯			12.9				
1,3,5-三(三氟甲磺酰基)苯			7.0				
溴苯(C^4-H)		385					
芳基甲烷和杂芳基甲烷							
甲苯及其衍生物							
$PhCH_3$	381	374	(43)	(41)		(41.2)	(41.2)
p-Me_2NPhCH_3	386	379					
m-Me_2NPhCH_3	382±5	375±5					
p-$MePhCH_3$	382	375					
m-$MePhCH_3$	381	374					
p-$FPhCH_3$	380	372					
m-$FPhCH_3$	375	368					
o-$FPhCH_3$	375	368					
p-$ClPhCH_3$	374	366					
m-$ClPhCH_3$	374	367					
o-$ClPhCH_3$	374	367					
p-$BrPhCH_3$	374	367					
o-$IPhCH_3$		365					
m-$IPhCH_3$		365					
p-$IPhCH_3$	372	365					
m-CF_3PhCH_3	369	362					
p-CF_3PhCH_3	367	360	27.1				

续表

化合物	气相酸性/(kcal/mol)		pK_a (DMSO)	pK_a(THF)		pK_a (MeCN)	pK_a (水)
	ΔH_A	ΔG_A		Cs^+	Li^+		
m-$CNPhCH_3$	369	362					
p-$CNPhCH_3$	361	353	30.8				
p-$MeSOPhCH_3$	366	359					
p-$CONMe_2PhCH_3$	365	359					
p-$MeCOPhCH_3$	362	355					
p-$PhCOPhCH_3$	360	354	26.8				
p-NO_2PhCH_3	353	345	20.4				
m-NO_2PhCH_3	363	356	33.5				
o-NO_2PhCH_3	356	349	25.2				
p-NO_2PhCH_3	352	345					
m-$NOPhCH_3$	368	361					
p-$CF_3COPhCH_3$	351	344					
p-$COCNPhCH_3$	346	339	21.5				
p-$PhSO_2PhCH_3$	359	352	29.9				
p-$CF_3SO_2PhCH_3$		341	2.41				
p-$CH_3SO_2PhCH_3$	359	352					
p-$MeOCOPhCH_3$	362	355					
p-$HCOPhCH_3$	360	353	31.1				
m-$HCOPhCH_3$		364					
3,5-$(CF_3)_2PhCH_3$	361	354					
$(CF_3)_5PhCH_3$		319					
2,4,6-三硝基甲苯	316	309	10.4				14.4
2,4,6-$(CF_3SO_2)_3PhCH_3$		306	3.6				
五氰基甲苯		302	8.2				
$C_6F_5CH_3PhCH_3$	361	355	27.5				
$(C_6F_5)_2CH_2PhCH_3$			22.0				21.3
$Ph_2CH_2PhCH_3$	364	358	32.2	33.3		33.7	33.4
$Ph_3CHPhCH_3$	359	351	30.6	31.3		31.45	31.5
$(C_6F_5)_3CHPhCH_3$	326	318	~12				15.5
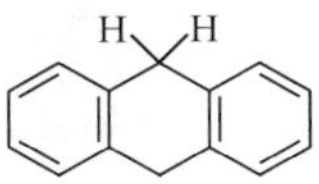 H H			30.1			30.6	

续表

化合物	气相酸性/(kcal/mol)		pK_a (DMSO)	pK_a(THF)		pK_a (MeCN)	pK_a (水)
	ΔH_A	ΔG_A		Cs^+	Li^+		
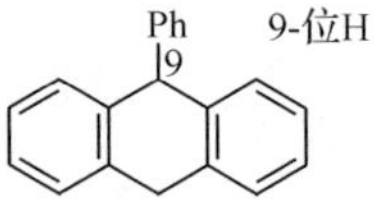 Ph 9 9-位H			27.9			28.49	
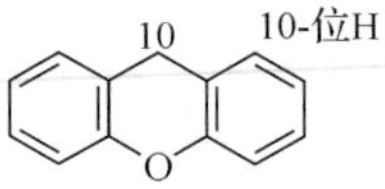 10 10-位H O			30.0				
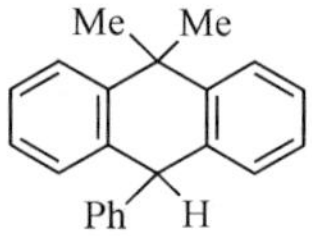 Me Me Ph H				28.1			
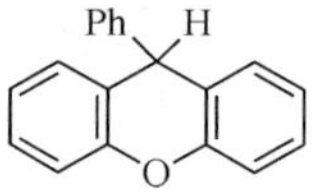 Ph H O				28.7			
1-甲基萘(甲基氢)	374	366	42				37
2-甲基萘(甲基氢)	373	365	42				37.5
9-甲基蒽	362	355	31.1				
杂芳基甲烷							
2-甲基吡啶	377	370					
3-甲基吡啶	378	371					
4-甲基吡啶	375	368	35				
2-甲基噻吩			42				
2-甲基呋喃			43				
杂环化合物(母环上的C—H键)							
呋喃(2-H)	391	383	35.0				
噻吩(2-H)	381	373	32.5			38.42(Cs^+)[c]	
噻唑(2-H)			29.4			29.5(Cs^+)[c]	
N-甲基吡咯(2-H)	393	386	38.8				
N-甲基吡咯(3-H)		399(计算)					
1-甲基咪唑(5-H)	388	380	33.1				
1-甲基吡唑(5-H)	384	377	33.8(计算)				

续表

化合物	气相酸性/(kcal/mol)		pK_a (DMSO)	pK_a(THF)		pK_a (MeCN)	pK_a (水)
	ΔH_A	ΔG_A		Cs^+	Li^+		
异噻唑(2-H)			29.4			29.50(Cs^+)[c]	
苯并呋喃(2-H)			32.7			36.84(Cs^+)[c]	
苯并噻吩(2-H)			32.9			37.05(Cs^+)[c]	
N-甲基吲哚(2-H)			37.3				
N-甲基吲哚(3-H)			40.4				
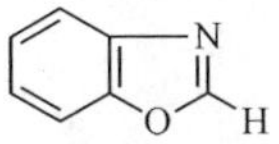			24.4				
吡啶(4-H)	391	383					
吡嗪	393	383					
嘧啶(5-H)	385	377					
哒嗪(4-H)	382	373					
喹啉(4-H)	386	377	4.69				
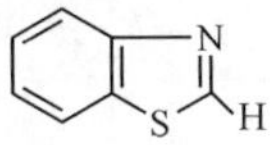			27.0			28.08 (Cs^+)[c]	
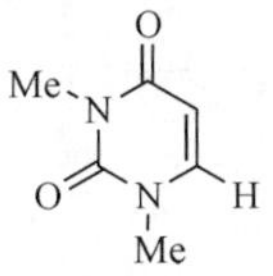	371	363	29±1				
1-甲基-4-吡啶酮(3-位氢)	378	370					
1-甲基-2-吡啶酮(5-位氢)	378	370	31±1				32
1-甲基-4-吡啶酮(2-位氢)	377		≥32				32
鎓盐及含 S,P 取代基的化合物							
$Me_3S^+CH_3$							28.5
$Me_3P^+CH_3$							29.4
$CH_3P(O)(OEt)_2$			32.5				
$Ph_3\overset{+}{P}CH_3$			22.4				
$Ph_3\overset{+}{As}CH_3$			29.3				
$Ph_3\overset{+}{P}CH_2COPh$			6.0				
$Ph_3\overset{+}{P}CH_2CO_2Et$			9.3				
$Ph_3\overset{+}{As}CH_2COPh$			8.6				

续表

化合物	气相酸性/(kcal/mol)		pK_a (DMSO)	pK_a(THF)		pK_a (MeCN)	pK_a (水)
	ΔH_A	ΔG_A		Cs^+	Li^+		
$Me_3\overset{+}{N}CH_2COCH_3$			16.3				
$Me_3\overset{+}{N}CH_2Ph$			31.9				
$t\text{-}Bu_3\overset{+}{P}CH_2Ph$			21.9				
$(EtO)_2P(O)CH_2Ph$			27.6				
$Ph_2P(O)CH_2Ph$			27.5				
$Me_2\overset{+}{Se}CH_2Ph$			23.1				
$Me_2\overset{+}{S}\text{-}CH_2Ph$			17.8				
$Me_3\overset{+}{N}CH_2COPh$			14.6				
$(PhS)_3CH$			22.8				
$(PhS)_2CH_2$			30.8				
$PhSCH_3$	380	372					
9-取代芴(9-位 H)							
$9\text{-}Me_3\overset{+}{N}$			17.8				
$9\text{-}Bu_3\overset{+}{P}$			10.7				
$9\text{-}Ph_3\overset{+}{P}$			6.6				
$9\text{-}Me_2\overset{+}{S}$			6.5				
$9\text{-}Bu_2\overset{+}{S}$			6.5				
$9\text{-}Ph_3\overset{+}{As}$			9.8				
$9\text{-}Bu_2\overset{+}{Te}$			10.4				
9-PhS			15.4				

a　此表中的气相和溶液酸性数据由第 2 章中的参考文献中辑录而来

b　括号中的数值是估计的近似值

c　指环己基胺(CHA)/环己基胺铯盐(Cs^+CHA^-)体系中的离子对酸性

索　引